리라이팅 클래식 010

종의 기원,
생명의 다양성과 인간 소멸의 자연학

리라이팅 클래식 010
종의 기원, 생명의 다양성과 인간 소멸의 자연학

초판1쇄 펴냄 2010년 4월 20일
초판5쇄 펴냄 2023년 4월 25일

지은이 박성관
펴낸이 유재건
펴낸곳 (주)그린비출판사
주소 서울시 마포구 와우산로 180, 4층
대표전화 02-702-2717 | **팩스** 02-703-0272
홈페이지 www.greenbee.co.kr
원고투고 및 문의 editor@greenbee.co.kr

편집 이진희, 구세주, 송예진, 김아영 | **디자인** 권희원, 이은솔
마케팅 육소연 | **물류유통** 유재영, 류경희 | **경영관리** 유수진

저작권법에 의하여 한국 내에서 보호를 받는 저작물이므로 무단전재와 무단복제를 금합니다.
책값은 뒤표지에 있습니다. 잘못 만들어진 책은 구입처에서 바꿔 드립니다.
ISBN 978-89-7682-346-5 03400

學問思辨行: 배우고 묻고 생각하고 판단하고 행동하고

독자의 학문사변행을 돕는 든든한 가이드 _그린비 출판그룹

그린비 철학, 예술, 고전, 인문교양 브랜드
엑스북스 책읽기, 글쓰기에 대한 거의 모든 것
곰세마리 책으로 크는 아이들, 온가족이 함께 읽는 책

종의 기원,
생명의 다양성과 인간 소멸의 자연학

박성관 지음

그린비

1869년의 찰스 다윈

ON

THE ORIGIN OF SPECIES

BY MEANS OF NATURAL SELECTION,

OR THE

PRESERVATION OF FAVOURED RACES IN THE STRUGGLE FOR LIFE.

By CHARLES DARWIN, M.A.,
FELLOW OF THE ROYAL, GEOLOGICAL, LINNÆAN, ETC., SOCIETIES;
AUTHOR OF 'JOURNAL OF RESEARCHES DURING H. M. S. BEAGLE'S VOYAGE ROUND THE WORLD.'

LONDON:
JOHN MURRAY, ALBEMARLE STREET.
1859.

The right of Translation is reserved.

1859년 발간된 『종의 기원』의 초판 표지

프롤로그 _ "『종의 기원』을 읽자!"

창조론을 비판하며 진화론을 확립한 과학 역사상 최고의 고전, 서구를 비롯하여 전세계를 뒤바꾼 혁명의 서(書), 뭐 이 밖에도 셀 수 없이 많은 찬사들이 『종의 기원』을 장식하곤 한다. 그런데 『종의 기원』을 읽는 사람은 찾아보기 힘들다. 다윈 탄생 200주년이자 『종의 기원』 출간 150주년이었던 2009년에도 상황은 거의 바뀌지 않았다. 여러 매체에서 하루가 멀다 하고 다윈에 대한 칭송과 기획 특집을 아무리 쏟아 내도 『종의 기원』은 거의 읽히지 않았다. 다윈에 대한 풍문은 가득한데, 정작 『종의 기원』은 뒷전인 꼴이다. 고전이란 '누구나 읽어야 한다고 생각하지만 아무도 읽지 않는 책'이라는 웃지 못할 명언이 여기도 해당되는 것일까? 물론 그런 것도 있겠지만 『종의 기원』의 경우는 유독 그 정도가 심하다. 나는 10여 년 전 다윈과 만나 연애를 시작한 뒤로 그의 생애와 다른 책들까지 모두 사랑하게 되었다. 『종의 기원』을 한 번, 또 한 번 읽을 때마다 사랑은 깊어만 갔고, 나는 다윈 애호가이자 전도사가 되었다. 그러면서 사람들이 왜 이 책을 읽지 않는지 점점 더 잘 이해하게 되었다.

사람들은 진화론에 대해 얼추 안다고 생각한다. 중고교 시절 과학 시간에 이미 진화론을 배웠고 그다지 어려운 얘기도 아니었다. 그리고 진화론을 받아들이느냐 여부와 무관하게 창조론이 틀린 것은 자명하다고 느낀다. 말도 안 되는 미신을 가지고 우겨 대는 것에 불과한 창조론. 그러니 창조론을 비판한 책을, 그것도 150년이나 묵은 고물탱이를, 더욱이 요즘 판형으로 900쪽 안팎이나 되는 목침 같은 책을 '굳이' 들었다 놨다 할 필요가 있겠는가? 그렇게 보면 『종의 기원』을 읽지 않는다는 게 그리 기이할 것도 없다.

하지만 직접 읽어 본 사람도 어딘가에는 생존해 있지 않겠는가? 그런데도 어디 어디가 참 감동적이라든가, 이런저런 새로운 통찰력을 얻었다는 얘기는 찾아보기 힘들다. 추천사를 보면 그 옛날에 벌써 그토록 높은 수준의 진화론을 정립했다는 게 놀랍다든가, 서구를 지배하던 낡은 창조론을 전복시켰다는 점에서 역사적 의의가 크다는 정도의 얘기들이 대종을 이룬다. 흔히 이런 추천사를 읽으면 언젠가는 읽어야겠구나 싶어지지만 참으로 신기하게도 그 시간은 오지 않는다. 당신이 그렇지 않은가? 많은 사람들이 펼쳐 보긴 했을 것이다. 그리고 그 중 끝까지 읽은 사람은 극소수에 불과하다. 제일 비참한 사실은 애써 완독을 했다 해도 남는 게 거의 없다는 점이다. 저명한 과학도서 번역가 이한음 선생의 아주 재미있는 일화를 소개해 드리겠다. 그가 번역한 『신중한 다윈 씨』에 붙인 「옮긴이의 글」의 처음 부분이다.

아주 오래전 일이 떠오른다. 없는 돈으로 한두 권씩 책을 사 보는 일에 한껏 재미가 들렸을 무렵, 이제 『종의 기원』을 한번 독파해 볼까나, 그렇게 마음먹고 문고판으로 나온 두 권짜리 다윈의 『종의 기원』을 샀다.

먼저 차례를 펼치니 좀 생소한 느낌이 들었다. 장이나 절 제목이 한눈에 들어오는 짧은 단어나 어구로 똑똑 끊어져 있지 않고 줄표로 죽 이어진 것이 왠지 좀 접근을 거부하는 듯했다.

아무튼 그냥 넘어가서 본문을 읽기 시작했는데…… 몇 쪽 읽지도 않았는데 졸음이 찾아오기 시작했다. 재미가 없다고는 할 수 없었다. 차근차근 읽으면 재미가 있긴 한데, 뭐랄까…… 이 책과 나는 궁합이 맞지 않는구나 하는 생각이 연신 일어나는 하품과 함께 문득문득 떠올랐다. 그래도 자칭 독서를 즐기는 사람이 한 번 펼친 책을 그냥 덮을 수는 없는 법이 아니던가. 게다가 생물학 사상에 변혁을 일으킨 대가의 고전인데. 그렇게 강력한 의지를 발휘하여 졸음을 참으며 계속 읽었다. 눈은 문장을 줄줄 읽어 나가고 있었지만, 뇌는 딴 짓을 하다가 이따금 이제 끝났겠지 하면서 드문드문 단어를 보는 시간이 잠시 이어졌다. 이윽고 인내의 한계를 넘어선 뇌는 명령을 내렸다. 그만 자라! 읽을 때마다 그런 일이 되풀이되는 바람에, 결국 끝까지 읽지 못했다. 사실 어디까지 읽었는지, 무슨 내용들이었는지도 제대로 기억나지 않는다. 그랬으면서도 다윈 책을 번역하고 있다니 좀 얄궂은 운명 같기도 하다.[1]

나는 이만큼 『종의 기원』에 대한 독서체험을 실감나게 그린 글을 본 적이 없다. 이한음 선생은 여러분도 잘 아시다시피 생물학을 전공하고 여러 권의 저서도 낸 바 있으며, 우리 독자들을 위해 수많은 과학도서들을 깔끔한 문체로 번역해 주신 고마운 분이다. 그도 이런 경험을 했다

---

1) 데이비드 쾀멘, 『신중한 다윈씨』, 이한음 옮김, 승산, 2008, 325~326쪽.

니……. 『종의 기원』을 읽으려고 한 번이라도 시도해 보신 분이라면, 이 한음 선생의 이 글에 크게 공감하실 것이다. 일반 독자들 중에 읽었다는 사람들도 위대한 고전이라니까 참고 읽는 것이고, 읽고 나서 뭔가 알 수 없는 뿌듯함을 느낄 뿐이지, 아마 한 번 더 읽으라고 하면 머리를 절레절레 흔들지 않을까 싶다. 그런데 이런 상황은 생물학자들 또한 마찬가지인 듯하다. 또 하나의 흥미로운 사례를 보여 드리겠다. 식물학자 신현철 교수가 마이어의 『진화론 논쟁』을 번역 출간하면서 「옮긴이 후기」로 붙인 글의 앞부분이다.

진화란 무엇일까? 대학에 들어와 졸업을 하고, 석, 박사 학위 과정을 거쳐 오늘에 이르기까지 약 20년이란 세월이 흘렀지만, 아직도 이것이다 라고 자신 있게 대답할 수 없음을 생각하면 커다란 자괴감마저 느낀다. 한때 다윈이 쓴 『종의 기원』을 읽으면 조금이나마 이해할 수 있지 않을까 하여, 후배들과 함께 어두컴컴한 다방 한구석에 앉아 재미도 지지리 없던 『종의 기원』을 처음부터 끝까지 읽으면서 토론하기도 했다. 그러나 너무나 방대한 다윈의 업적에 대비된 우리들의 능력을 생각하면 계란으로 바위치기 격이었다고나 할까. 석 달여에 걸친 완독 후 소주 한 잔 하는 자리에서 우리는, 우리들의 무지를 한탄하였을 뿐 '진화란 무엇인가', '이 책에는 어떤 내용이 담긴 것일까'에 대해서는 아무것도 알아낸 것이 없다고 결론지었던 기억이 있다. 번역된 책에는 그림이 단 한 개였다는 것만이 확실히 알게 된 유일한 것이라는 자조와 함께.[2]

---

2) 에른스트 마이어, 『진화론 논쟁』, 신현철 옮김, 사이언스북스, 1999, 239쪽.

일반인들은 뭐 그렇다 치고, 심지어 생물학에 조예가 깊은 분들까지도 『종의 기원』을 읽고 나서 이토록 절망과 무의미에 치를 떨게 되는 이유는 뭘까? 그 이유를 생각해 보기 전에 잠시 내 경험을 소개해 보고 싶다. 사실 나는 이 두 분보다 더 심하게 당했다. 『종의 기원』을 읽으며 졸지 않은 적이 없었고, 한없이 계속 이어지는 온갖 사례들의 숲 속에서 헤매다가 어디까지 읽었는지도 알 수 없는 지경에 빠진 적이 한두 번이 아니다. 한참을 읽다 보면 조금 아까 읽었던 대목이었다. 그런데도 무슨 운명의 장난인지 어느덧 열 번도 더 읽게 되었다. 그것도 곳곳에서 경탄과 신비에 감탄하며 무지하게 재미있게 읽었다. 한마디로 말해 졸음과 재미를 함께 주는 희한한 책이었다는 말씀이다. 두 분과 달리 내가 『종의 기원』을 재미있게 읽고, 그것도 여러 차례 읽을 수 있었던 것은 아마도 내가 생물학과 진화론에 거의 무지했기 때문일 것이다. 진화론이 맞고 틀리고를 따지기 이전에 다윈이 소개하는 생물들의 모습에 나는 황홀해졌고 생명의 한없는 신비에 경탄을 거듭했다. 또 한 가지 원인은 이 책을 생물학 책을 넘어서 고전 사상서로서 읽었기 때문이 아닌가 싶다. 인간중심주의와 목적론이 다윈에 의해 철저히 바스라지는 꼴을 보며 나는 얼마나 통쾌했던가! 그렇다면 일반인들의 경우는 어떻게 설명해야 할까?

우선은 좋은 번역본이 아직 없다는 게 제일 큰 원인이다. 번역의 수준 문제 이전에 상식적으로는 문장을 이해할 수 없게 번역이 되어 있다. 게다가 여기저기서 튀어나오는 오자와 탈자들이 가뜩이나 뻐근한 머리를 더 어지럽힌다. 그럼 나는 이 첫번째 관문을 어떻게 뚫었는가? 나는 우연히 『종의 기원』의 몇 구절에 강렬한 호기심을 느꼈다. 그래서 더

『종의 기원』의 세계를 알아보고 싶어졌는데, 어떤 번역본을 봐도 말뜻이 이어지지 않는 것이었다. 하는 수 없이 몇 종의 번역서와 다윈이 쓴 원서 및 일본어 번역본 등을 참조하며 꾸역꾸역 읽어 나갔다. '아하, 이런 대목은 이렇게 번역하는 거구나!'라든가, '어? 이건 번역을 잘못했네!' 하며, 한동안은 『종의 기원』 내용보다 번역 문제에 더 관심을 가지면서 계속 읽어 나갔다. 자못 변태적인 독서였달까? 영어도 잘 못하니까 원서를 줄줄 읽을 수도 없었다. 다윈의 빅토리아 식 만연체는 한 문장을 몇 번에 걸쳐 읽도록 강요했다. 문장이 끝날 듯 끝날 듯 계속 이어지고 겨우 정리되었다 싶으면, 예외도 있으니 보편적인 현상은 아니라며 무릎의 힘을 쏙 빼놓았다. 그러니까 실은 번역이 제대로 되었다고 해도 쉽게 읽히지는 않는 책인 셈이다. 그렇지만 다윈의 책임은 거기까지다. 실제로 읽어 보면 문장은 평이하기 이를 데 없고, 게다가 난해한 구절도 없으며, 심지어 무슨 전문 용어들로 범벅인 책도 아니다. 문장이 좀 길다는 점을 빼고는 고전 중에서도 가장 쉬운 책 중의 하나다. 얼른 와닿지 않는 분은 뉴턴의 『프린키피아』나 아인슈타인의 저술들을 펴 보시라. 『종의 기원』은 그런 책들에 비하면 한참 양반이다. 그런데도 왜 사람들은 『종의 기원』을 (거의) 읽지 않는 것일까? 또 읽으면 왜 그리도 힘든 걸까? 그리고 결정적으로, 왜 고생을 해가며 읽어도 별 소득이 없는 걸까?

그것은 바로 우리가 진화론이 지배하는 세상에 살고 있기 때문이다. 이미 현대 과학이 다 증명해 놓은 이론을 구태여 150년 전의 책까지 먼지 털어 가며 읽을 필요가 어디 있는가? 지동설이 맞다는 걸 확신하기 위해 갈릴레오를 읽는 사람이 있을까? 그걸 하나하나 증명하는 책을 당신이라면 읽고 싶겠는가? 끝까지 하품을 참아 가며 마침내 마지막 쪽까지 닿을 수 있겠는가? 교황조차 진화론을 더 이상 하나의 가설이 아니라 다양한 과학 분야에 의해 공통적으로 지지되는 과학 이론이라고 인정하지 않는가(그렇다고 해서 천주교계가 진화론이 맞고 창조론이 틀렸다고 하지는 않는다)? 아무리 이해하려 해도 도대체 왜 예전 사람들이 창조론을 믿었는지 이해가 되지 않는데, 그 창조론을 대하장편소설 길이로 비판하는 책이 얼마나 지루하겠는가!

우주에 비행선을 보내고 유전자를 조작하여 새로운 종류의 생명체를 '만들어' 내는 시대, 빅뱅 이론은 세상이 처음 비롯되는 순간의 10^{43}분의 1초까지 밀고 들어가는 시대. 이런 개명한 세상에서 하나님이 천지를 창조하고 생물을 종별로 빚어 내셨다는 말이 가당키나 한가? 이도 안 들어갈 소리다. 그러니 다윈 당시의 시대 또한 이해할 수가 없다. 그냥 기독교[3]라는 낡은 종교가 진화론이라는 새로운 과학을 억압했을 뿐이라고 '이해'해 버리고 만다. 그런데 사실 이렇게 했을 때 이해된 것은 없다. 틀린 게 틀린 것이라는 동어반복뿐이다. 창조론에는 이해고 오해고 간에 검토해 볼 수 있는 근거라는 게 없다. 창조론자들은 다만 진화론이 해명하지 못한 것들이 얼마나 많은지를 지적할 뿐이다. 그렇다면 읽어야 할 것은 150년 전의 『종의 기원』이 아니라 현대 생물학자들의 첨단 연구가 실려 있는 책들이어야 할 것이다. 이런 상황에서는 오히려 『종의 기원』을 굳이 챙겨 읽는 사람이야말로 특이한 축에 속하지 않겠는가!

---

[3] 이 책에서 말하는 기독교는 천주교와 개신교를 함께 지칭하는 용어다.

150년 전에는 상황이 정반대였다. 창조론이 상식이었기 때문에 선의를 가진 사람이라도 진화론에 찬성하기는커녕, 왜 그런 희한한 생각을 하는지부터가 이해할 수 없었다. 생물들이 다양하게 변화할 수는 있다고 해도 원숭이와 인간, 아니 하마나 도롱뇽, 금붕어 같은 동물들과 우리의 조상이 같다니 말이 되는가(하긴 학교 다닐 때 보면 이런 반론을 무색케 하는 친구들이 한 반에 한두 명씩은 꼭 있었다. ^^; 하마, 소머리표, 잘들 살고 있니)? 민들레와 버섯 같은 것까지 생각하면 도대체가 말이 안 되지 않는가? 진화론을 끝까지 밀고 나가면 결국 저 돌멩이나 바닷물 같은 데서 생물이 생겨났다는 건데 이 무신 해괴망측한 말인가? 창조론에 군데군데 의심이 이는 것은 사실이었지만, 도대체가 진화론은 너무 황당한 얘기로만 보였다. 다수의 사람들이 진화론을 반대했던 것은 당연한 일이었다.

당시 상황을 거꾸로 뒤집으면 바로 오늘날의 상황이다. 평범한 교양인들은 진화론이 옳다고 생각하며 창조론은 검토 이전에 배척한다. 이건 창조론이 합리적으로 검토하기 힘든 논리 구조를 갖고 있기 때문에 불가피한 반응이기도 하다. 그렇지만 진화론을 100% 진실이라 여기는 것도 아니며, 실제 그런지 안 그런지를 끝까지 파고들어 결론에 이르는 사람은 거의 없다. 다만 진화론은 이런저런 의문점도 있지만 얼추 수용할 수 있는 데 반해, 창조론은 도대체가 너무 황당해 보이는 것이다. 다수의 사람들이 창조론을 반대하는 것은 당연한 일이다.

다윈이 등장하기 이전까지 과학자들이 참 외로웠겠다고 생각하실 분도 있을 것이다. 웬걸! 진화론에 반대한 대표선수들은 놀랍게도 당대의 저명한 과학자들이었다. 다시 말해서 창조론자와 다수의 박물학자

(naturalist)들이 진화론을 반대하고 있었다(당시에는 생물학자를 포함한 과학자들을 박물학자라 불렀다). 그럼 『종의 기원』의 출간 이후에는 상황이 정반대로 바뀌었겠네? 의아하시겠지만, 많은 과학자들이 '과학적인 근거를 들어' 다윈의 진화론에 반대했다. 그래서 다윈은 13년 뒤인 1872년에 『종의 기원』 6판을 내면서 아예 한 장(章)을 새로 끼워 넣어 과학자들의 비판에 일일이 답해야 했다(여러분은 앞으로 과학자들이 진화론을 반대하는 진풍경을 수도 없이 보게 될 것이다). 바로 이 상황, 당대의 창조론자와 과학자들의 이론을 다윈이 모두 비판해야만 했던 이 상황을 이해하지 않고서는 '다윈 혁명'을 이해할 수 없다.

한 가지 재미있는 것은 다윈과 이전 이론들의 관계가 천동설과 지동설의 관계와 흡사하다는 것이다. 혹시 알고 계시는가? 서구인들에게는 지구를 중심으로 삼는 모델이 오랫동안 합리적이자 과학적인 천체 이론이었으며, 그에 반해 태양 중심 모델은 현실적으로도 안 맞고 과학적으로도 한없이 취약한 '설'이었다는 사실을! 코페르니쿠스는 지동설을 주장했지만 거의 인정받지 못했고, 갈릴레이 직후에도 지동설은 근소한 차로 우위를 차지했을 뿐이었다. 우째 그런 일이!

우선 우리가 날마다 눈으로 확인하듯이, 태양과 별과 달 등 모든 것들이 지구 주위를 돈다. 그리고 만약 지구가 도는 것이라면 사람들의 머리칼이 휘날리는 것은 물론 여기저기서 사람들이 비틀거리며 쓰러져야 할 텐데, 그런 일이 어디에 있는가? 모든 물체가 아래로 낙하하는 것만 봐도 그렇다. 지구가 우주의 중심이라는 증거가 아니고 무엇이겠는가! 지구가 정지해 있으니 별의 시차(視差)가 측정되지 않는 건 당연지사! 무엇보다도 지구 중심 모델이 태양 중심 모델보다 행성 궤도를 훨씬 더 잘 예측하지 않는가! 코페르니쿠스 자신도 실제 천체 관측에서는 천동설을 종종 이용해야 했다. 지동설을 주장하는 코페르니쿠스가 실제 관측에서는 천동설을 이용해서 계산하는 모습, 상상만 해도 우스꽝스럽지 않은가![4] 심지어 갈릴레이 혁명 직후에도 지동설은 지구 중심 모델에 대해 6 대 4 정도의 우위밖에 차지하지 못했다.[5]

지구 중심 모델은 오랜 세월 동안 합리적인 상식이요 과학이었다. 따라서 이것이 정반대 모델로 대체되는 데에는 당연히 치열한 고투와 우여곡절이 필요했다. 이것은 다윈 이전의 창조론의 역사와도 유사한 측면이다(물론 똑같지는 않지만). 창조론은 오랜 역사와 전통을 거치면서 녹록지 않은 합리적 근거를 보유하고 있었던 반면, 진화론은 한없이 엉성한 논리에 빈약한 근거들밖에 없는 상태였다. 진화론은 종교에 의해 탄압을 받기 이전에 이론적으로나 실제적인 근거에서 창조론에 한참 밀리고 있었다. 천문학의 경우와 다른 점은 다윈의 등장 이후 진화론이 단기간에 전세를 역전시켰다는 사실이다. 쉽게 말해서 다윈 이전의 박물학자들은 대다수가 창조론자였다. 그에 반해 진화론자들은 극소수인 데다가 불온사상 소지자로 낙인찍혀 있었고 근거박약에 논리적 비약까지, 참으로 볼만한 지경이었다. 라마르크(Jean-Baptiste Lamarck, 1744~1829)가 배척당한 것은 혁신적인 사상을 제시해서가 아니라, 구시대적인 논리를 펼쳤기 때문이었다. 현대의 독자들은 창조론이 당시에 왜 합리적인 이론이었는지 이해할 수 없으니 다윈이 왜 그런 미신

---

[4] 사이먼 싱, 『사이먼 싱의 빅뱅』, 곽영직 옮김, 영림카디널, 2006, 44~45쪽.
[5] 같은 책, 82~83쪽을 참조.

을 '이론적으로' 비판해야 했는지를 이해할 수가 없다. 모처럼 마음먹고 『종의 기원』을 펼쳐 보더라도, 밉살스런 창조론을 일거에 격침시킬 결정적 증거 같은 것은 찾아보기 힘들다. 현대 사회의 공식 지정 이론이 된 지 오래라 그나마 불온사상이 줄 수 있는 긴장감마저 느낄 수가 없다. 눈이, 눈이 감긴다.

다윈의 시대에는 창조론자들과 (오늘날의 과학자들에 해당하는) 박물학자들이 있었고, 박물학자들 중에 소수의 진화론자들이 있었다. 다윈은 이들 모두를 비판했다. 실제로 책을 펼쳐 보면 창조론에 대한 비판과 박물학자들에 대한 비판이 거의 구별되지 않는다. 다윈에게 이 둘은 같은 것이었다. 특히 라마르크를 혹독하게 비판하는 대목은 인상적이다. 뭐야, 다윈이 라마르크를 비판했다고? 라마르크는 비록 조야한 형태긴 하지만 진화론의 위대한 선구자가 아닌가? 그런데 다윈이 대선배님에게 그런 짓을? 라마르크만이 아니었다. 다윈은 다양한 종류의 박물학자들을 집요하고도 철저하게 비판했다.

고개를 갸우뚱할 만한 당시 상황을 종합해 보면 이렇다. 다윈 직전의 박물학자들은 다수가 (다양한 의미에서) 창조론자였다. 소수의 진화론자들도 물론 존재했다. 그런데 다윈의 진화론은 창조론 못지않게 기존의 진화론과도 전혀 다른 것이었다. 이 차이를 쉬운 예를 들어 대비시켜 보자. 창조론자들은 태초에 하나님이 천지를 창조했다고 믿었고 다양한 생명 현상들을 창조주의 섭리로 설명하였다. 진화론자들은 그에 반해 태초에 물질이 있었으며 진보의 법칙에 의해 진화해 왔다고 주장했다. 그에 반해 다윈의 주장은 세상의 비밀이 '태초'의 섭리나 법칙에 들어 있지 않다는 것이었다. 그 무엇에 의해서도 예정되어 있지 않은 무수한 과정들이 역사를 산출해 왔을 뿐이었다. 이로부터 다윈의 두 가지 과제가 도출된다. 우선은 기존의 과학이 모종의 섭리나 법칙에 지배된다는 점에서 창조론과 다를 바 없다는 점을 증명해야 했다. 둘째로는 어떤 섭리나 법칙도 전제하지 않고 자연의 역사가 흘러온 과정만으로 자연현상을 모두 설명해야 했다. 그것은 참으로 지난한 과정이었고, 다윈은 그 과업에 평생을 바쳐야 했다.

그러나 다윈은 알았을까? 자신의 이론이 미처 꽃을 피워 보기도 전에 핵심을 거세당하고 진화론이라는 결론만 덩그러니 남아 버릴 운명이었다는 것을. 그런데 운명이란 또 얼마나 기묘한 것인지, 그 흉한 모습이 완전 대박이었다. 기존의 과학에 대한 다윈의 비판은 잊혀지고 창조론과 맞짱 뜬 거인으로만 우뚝 서자 사람들은 더더욱 열광했다. 당연히 라마르크는 복권되었다. 비록 오류는 있었지만 험난한 시절에 진화론을 개척한 선구자 라마르크! 니체는 근대가 신을 살해했을 뿐 신의 자리는 그대로 남겨 두었다고 갈파한 바 있다. 다윈에 의해 잠시 비워졌던 그 자리도 마찬가지였다. 시간적으로는 큰 꽝!(Big Bang)이 들어앉았고, 구조적으로는 물질의 기본 입자가 차지했으며, 그 모든 과정의 절정에는 가장 고등한 존재로 진화한 우리 인간이 늠름하게 서 있었다. 인간은 결코 유일하게 특별한 존재가 아니며, 이 세상의 비밀은 거룩한 기원에 있지 않다는 다윈의 메시지는 유폐되었다.

지난 150년간 부르주아들(혹은 근대인들)은 다윈의 생각을 근대적 메스로 끊임없이 수술하고 성형하였다. 우선 다윈의 과학 비판은 종교 비판으로 협소화시켰다. 자연선택은 자연도태와 적자생존으로 변형시켰고, 생존투쟁과 상호의존은 생존경쟁으로 바뀌쳐 버렸다. 그리하여 다윈은 종교비판가이자 부르주아적 가치의 대변자로 타락했다. 우리가 아는 다윈이 탄생한 것이다. 이제 다윈은 창조론 앞에서만 으르렁거릴 뿐 현대의 앎의 체계에 대해서는 아무런 불평도 없다. 아니 아예 현대의 앎의 체계를 든든히 보증해 주는 아이콘이 되어 버렸다. 150년 전에 당대의 세계와 모든 앎의 체계를 의문시했던 다윈은 사라져 버렸다.

나도 다윈처럼 내가 사는 세계와 앎의 체계에 의문을 품어 왔다. 그러던 차에 『종의 기원』과 만났고 거기서 다윈의 의문들과 불온성과 매력을 발견하였다. 그것은 새로운 과학을 가리키는 풍요로운 빛살이었다. 나는 이제 여러분과 함께 『종의 기원』을 새로 읽음으로써 그것을 소생시키고 싶다. 『종의 기원』이라는 오래된 미래에 새로운 생명력을 불어넣고 싶다. 그러기 위해 여러분과 나는 타임머신을 타고 150년 전으로 돌아가야 한다. 그리하여 다윈이 왜 기존의 주류 과학자들과 진화론자들을 모두 비판해야 했는지를 이해해야 한다. 그럴 때 우리는 그의 생각이 얼마나 불온한 것이었는지, 그리고 왜 그 불온성이 거세되어야 했는지를 이해할 수 있을 것이다. 바로 그때 『종의 기원』은 단지 창조론을 격파한 과거의 유물이기를 그치고 21세기의 불온한 사상으로 들끓기 시작할 것이다.

당신에게 다윈의 인적사항 같은 사전 정보는 없어도 좋다. 이 책 자체가 다윈에 대한 사전 정보이기도 하다. 우리는 다윈의 손을 잡고 찬찬히 『종의 기원』의 구절들을 따라가면 된다. 그러다가 당신이 고개를 갸우뚱할 때만 내가 나타나 "그러니까 다윈 말은……" 하며 대화를 이어줄 것이다. 또한 다윈의 다른 책들도 틈틈이 소개받을 것이다. 『종의 기원』 말고도 그가 얼마나 흥미롭고 대단한 책들을 썼는지 알면 당신은 흥분할 것이다. 뒤로 갈수록 당신은 무심결에 내 손을 놓고 찰스와 직접 대화하게 될 것이다. 그것은 얼마나 기쁘고도 즐거운 일이겠는가! 나아가 타임머신 여행이 끝나고 돌아올 때쯤, 우리 모두 새로운 과학에 대한 꿈을 꿀 수 있다면 그 얼마나 놀라운 일이겠는가!

나는 설명하고 다윈은 주장할 것이다. 뒤로 갈수록 설명도 그가 떠맡는 일이 잦아질 것이다. 다윈 자신의 글이 그 누구의 것보다도 명쾌하고 깊이가 있기 때문이다. 내가 몇 가지 걸림돌을 제거하는 데 성공만 한다면, 당신은 금세 그와 친구가 되어 희희낙락할 수 있을 것이다. 최대한 다윈을 직접 인용한 데에는 또 다른 이유도 있다. 이 책을 읽고 나서도 피치 못할 사정으로(?) 이번 생에 『종의 기원』을 못 읽을 분들을 배려해서다(이 분들께 미리 심심한 위로를!). 『종의 기원』 전체에서 3분의 1 정도는 인용하지 않았나 싶다. 원래는 반 정도를 인용했다. 그러나 몇몇 사람들에게 원고를 미리 읽혀 보니 대부분 '좀 힘들다'는 표정을 지었다. 아쉽지만 이 책은 하나의 출발에 불과하므로 과도한 욕심은 내지 않기로 했다.

『종의 기원』을 인용할 때는 다윈의 주요 자료들을 집적해 놓고 있는 'The Complete Work of Charles Darwin Online'(http://darwin-online.org.uk)의 『종의 기원』을 정본으로 번역하였다(참고로 이 사이트에는 『종의 기원』이 초판부터 6판까지 모두 실려 있다. 물론 『종의 기원』 이외의 자료들도 풍부하다). 다윈의 지나치게 만연한 문체에는 안타깝지만 손질을 가하지 않을 수 없었다. 그걸 모두 그대로 살렸다가는 대부분의 독자들이 한 문장 안에서도 여러 번 길을 잃을 것이기 때문이다. 표현을 간명하게 바꾸기도 하고, 많은 예가 나열될 때는 그 중 몇 가지를 생략하기도 했다. 또한 수식-피수식 관계가 불분명할 때는 괄호( )를 사용하여 혼동을 피하고자 했다. 다윈도 종종 괄호를 사용했는데 내가 삽입한 것과 따로 구별하지는 않았다(제대로 하려면 구별해 주어야 옳지만, 그렇게 해봤더니 인용문이 너무 지저분해져서 그렇게 하지 않았다. 양해 바란다). 또한 인용문만으로는 내용을 충분히 이해할 수 없을 때에는 관례대로 대괄호 안에 내가 내용을 추가하기도 했다. 또한 굵은 글씨로 강조한 것은 특별한 언급이 없는 한 다 내가 한 것이다. 이런 여러 가지 장치에 불만스러워할 독자들도 계시겠지만, 『종의 기원』을 읽으며 고전해 본 독자들이라면 어느 정도는 헤아려 주시리라 믿는다. 단, 이런 여러 가지 변경에도 불구하고 한 가지 원칙만은 철저히 지켰다. 다윈의 문장을 더 잘 읽히게는 노력할지언정, 그가 쓴 내용 자체를 바꾸려고 하거나, 현대 과학의 성과를 반영하여 개선하겠다는 어쭙잖은 노력은 일체 하지 않기! 그것은 이 책의 취지에 어긋날 뿐만 아니라, 본디 다윈의 문장이 다른 사람의 변경에 의존할 만큼 가난하지 않기 때문이다. 이 책의 인용문들에 의심을 버리지 못하겠는 독자들은 『종의 기원』을 직접 읽어 보시라. ^^;

끝으로 이 책은 『종의 기원』의 초판을 중심으로 쓰여졌음을 밝혀 둔다. 초판이 그의 생각을 가장 야생적인 형태로 담고 있다는 연구자들의 의견에 나도 동의하기 때문이다(물론 필요할 때는 다른 판본들도 적극적으로 활용하였다). 한 가지 아쉬운 것은 3판에서 추가된 「역사적 개요」라는 장과 6판에서 추가된 「자연선택설에 대한 여러 가지 이견」(과학자들의 비판에 대한 다윈의 반론)이라는 장은 제외하였다는 점이다. 그것을 포함했다면 책은 이것보다 훨씬 더 두꺼워졌을 것이다. 그것은 아마

당신도 원치 않을 것이다.

 나는 방금 전에 아무런 사전 정보도 필요없다고 썼다. 그러므로 우리는 곧장 이 책 안에 담겨 있는 『종의 기원』을 펼치기로 하자. 아까부터 다윈은 마당까지 마중나와 당신을 기다리고 있었다. 인사들 하시라!
"어? 당신이 찰스로군요. 우와~ 반가워요!"

차례

프롤로그 _ "『종의 기원』을 읽자!" 6

0장 _ '신비 중의 신비'를 풀었다 27

간주곡 _ 『종의 기원』 직전의 세계 56

1장 _ 감금, 변이, 기형, 선(善) 63

습성의 작용 81 | 상관 변이 86 | 비둘기 마니아 다윈 89 | 예로부터 행해진 선택의 원리 95 | 방법적 선택과 무의식적 선택 101

2장 _ 차이와 변이들로 들끓는 도가니 107

개체적 차이 113 | 라마르크와 퀴비에 116 | 다윈의 라마르크 비판 120 | 퀴비에 122 | 창조론, 퀴비에, 라마르크 125 | 파리 아카데미 논쟁 127 | 의심스러운 종 130 | 다윈의 코페르니쿠스적 전환 134 | 보편적인 종이 가장 많이 변이한다 138 | 큰 속의 종이 작은 속의 종보다 많이 변이한다 139

3장 _ 식구(食口)는 나의 적! 149

식구가 나의 적이다 162 | 맬서스 이전에 페일리를 읽다 166 | 광의의 생존투쟁 169 | 부모와 다를수록 유리하다 177 | 자연계 모든 동식물의 복잡한 관계 181

종의 기원,
생명의 다양성과 인간 소멸의 자연학

4장 _ 인식의 나무 = 생명의 나무 187

당연해 보이는 이야기 189 | 두 가지 과제와 한 가지 난점 192 | '자연선택'의 깊이와 풍요로움 203 | 상식을 거부했던 적자생존론 206 | 다윈의 언어 209 | 새로운 자연의 이미지 217 | 성선택 219 | 자연선택 작용의 상상적인 예 232 | 다윈의 급소 236 | 교배와 혼교 240 | 가시밭길을 자처한 다윈 243 | 식물계에서 보편적으로 행해지는 교배 260 | 동물계에서 보편적으로 행해지는 교배 264 | 교잡 : 지극히 어렵고도 중요한 문제 266 | 대륙이냐 섬이냐? 269 | 멸종이 중요한 결정적인 이유 278 | 형질 분기 283 | 생명의 나무, 진화의 나무 293 | 생명의 나무, 거대한 동물 317 | 신들의 세상 321 | 과정과 패턴의 과학 324 | 동시에 발견된 상이한 역사 328 | 다윈의 이상한 가족 331 | 보론 : 다다익선(多多益善)의 사상 - 맬서스 비틀기 334

5장 _ 과학, 변화의 패턴을 읽는 것 337

'본성 대 양육' 논쟁의 불모성 339 | 당대의 통념 '혼합유전설' 342 | 변이와 유전 그리고 자연선택 345 | 변이는 왜 발생하는가? 349 | 원인과 불확정성 352 | 동일한 사실과 상반된 결론 356 | 용불용 혹은 획득형질의 유전 360 | 어떤 형질이 더 잘 변할까? 365

6장 _ 사실 진화론의 약점은 …… 371

다윈의 메모술 375 | 다윈 진화론의 난점들 377 | 날개는 처음에 어떻게 생겨났을까? 379 | 박쥐는 어떻게 날게 되었을까? 381 | 변신 이야기 392 | 곰이 고래가 되었다고? 394 | 절반의 눈이라고? 그런 걸 뭐에 써? 400 | 이거 설계한 놈이 대체 누구야? 414 | 다윈의 방법 : 이행 418 | 하찮아 보이는 기관들 419 | 공리주의를 비판하는 다윈 423 | 월리스와 다윈의 대결 427 | 인간중심주의의 거처 431 | 세상은 왜 아름다운가? 436

7장 _ 세상에나, 본능이 진화한다고? 443

본능을 별도로 다루다 446 | 자연신학, 라마르크, 다윈 448 | 다윈이 문제를 설정한 방식 449 | "라마르크, 꼼짝마랏!" 458 | 다시 인위선택에 기대는 다윈 462 | 가축의 본능, 그 기원과 상실 466 | 아주 특별한 네 가지 사례 469 | 자연신학의 취약점 470 | 뻐꾸기의 본능 472 | 노예를 만드는 본능 475 | 누가 주인이고 누가 노예인가? 481 | 걸식과 자선, 근면-자조-협동 483 | 개체가 아니라 무리이며, 사랑이 아니라 연대다 488 | 꿀벌이 벌집을 짓는 본능 492 | 다윈의 무서운 생각 499 | 일생일대의 난제 503 | 해결의 열쇠 508 | 차이의 심오함 512

8장 _ 불륜은 힘이 세다 521

불임과 잉태 534 | 변화의 과학 545 | 남은 문제 1. 자연선택과 불임성 550 | 남은 문제 2. 종간 장벽은 실재하는가? 552 | 다윈의 식물 연구 『식물의 수정』 555

9 & 10장 _ 멸종과 진화의 전지구적 드라마 565

고생물학자들과 지질학자들에 맞서는 다윈 568 | 자연의 불연속성 570 | 종의 불연속성 573 | 퇴적과 침식, 광대한 시간 575 | "도저히 설명할 수 없는 문제" 586 | 캄브리아기 지층을 더 파보니…… 589 | 반전 590 | 새로운 반전과 진검 승부 596 | 연속성 대 단속성 597 | 굴드가 옳았을까 : 마이어의 경우 603 | 도킨스의 강력한 카운터 펀치 609

11장 _ 신들의 자취 621

점점이 떨어져 있는 고산성 생물들 650 | 빙하기의 추억 652 | 『종의 기원』 집필 직전의 변경 657

종의 기원,
생명의 다양성과
인간 소멸의
자연학

12장 _ 알과 씨앗들의 방랑 이야기 669

방랑자들을 주목하라! 677 | 비슷하지만 다른 690 | 여기가 아메리카 대륙인감? 691

13장 _ 박물학의 끝, 자연학의 탄생 703

분류 705 | 자연의 체계란 무엇인가? 708 | 중요한 기관이 중요하다? 726 | 너무너무 하찮은 특징들 733 | 분류의 실태 734 | 성체보다 배가 중요하다? 737 | 너무너무 복잡하고 방사적인 744 | 분류학의 새출발 747 | 13장이 쓰여진 사정 751 | 형태학 753 | 다윈 시대의 한계를 넘어서: 호메오 유전자 768 | 발생학 772 | 새로운 내용이 추가되다 804 | 흔적기관, 위축기관, 미발육기관 813 | 현대 생물학이 그린 자연의 체계 820 | 진화의 주된 동력과 메커니즘 824 | 다윈의 망설임 848 | 보론 : 박테리아는 언제나 나를 흥분시킨다 858

14장 _ 최후의 불안과 고뇌, 그리고 환희 865

세상에서 가장 긴 논의 867 | 다윈의 모순? 878 | 최후의 문제 885 | 난제이자 꼭 풀고 싶었던 문제 888

부록 897

『종의 기원』의 원목차 898 | 이 책을 쓰면서 만난 책들 901 | 찾아보기 911

| 일러두기 |

1 이 책이 인용한 『종의 기원』의 원문은 Charles Darwin, *On the Origin of Species by Means of Natural Selection, or the Preservation of Favoured Races in the Struggle for Life*, London : John Murray, 1859(1판)를 저본으로 저자가 옮긴 것이다. 『종의 기원』을 인용한 경우, 각 인용문의 뒤에 해당 쪽수를 명기했으며, 2~6판을 참고한 경우에는 쪽수 앞에 참고한 판을 명기했다. 『종의 기원』의 원문은 'The Complete Work of Charles Darwin Online'(http://darwin-online.org.uk)에서도 볼 수 있다.

2 이 책은 각 장이 『종의 기원』의 해당 장들과 대응하도록 구성되어 있다. 각 장의 시작 부분에 『종의 기원』의 해당 장 제목을 명기했다.

3 단행본·정기간행물은 겹낫표(『 』)로, 논문·영화제목 등은 낫표(「 」)로 표시했다.

4 외국 인명이나 지명, 작품명은 2002년에 〈국립국어원〉에서 펴낸 외래어 표기법을 따라 표기했다.

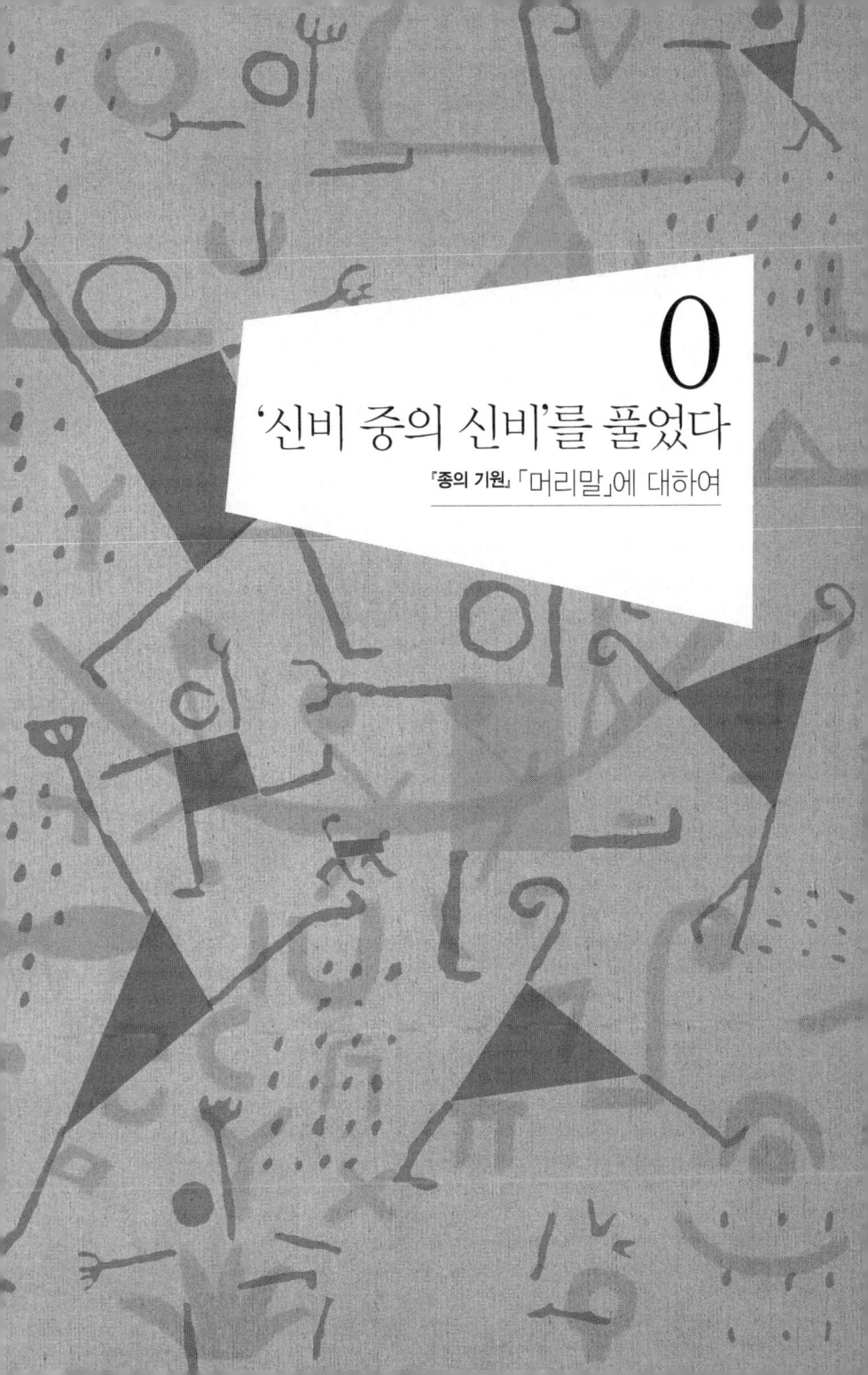

0
'신비 중의 신비'를 풀었다
『종의 기원』 「머리말」에 대하여

원숭이의 후손이라고! 오, 맙소사! 우리 모두 그것이 사실이 아니기를 바랍시다. 만약 사실이라면 그것이 널리 알려지지 않도록 기도합시다.
— 『종의 기원』 출간 후 우스터(Worcester) 주교의 부인이 토한 탄식.

'신비 중의 신비'를 풀었다

나는 박물학자로서 영국 군함 비글호를 타고 항해하던 중 남아메리카에 서식하는 생물들의 분포와, 과거 이 대륙에 서식했던 생물과 현존하는 생물 간의 지질학적 관계에서 볼 수 있었던 여러 가지 사실로부터 적지 않은 충격을 받았다. 그 사실들은 우리나라의 가장 위대한 철학자 중 한 사람이 '신비 중의 신비'[1]라고 표현했던 종의 기원 문제에 대해 서광을 던져 주는 듯했다.(p.1)

이게 그 유명한 『종의 기원』의 첫 문장이다. 막바로 배에 오르니 좀 황당하실 수도 있겠다. 아무리 그래도 다윈의 생애에 대한 최소한의 정보라도 좀……. 걱정마시라. 이 책을 읽는 과정에서 여러분은 그의 시대와 그가 겪은 여러 가지 사건사고에 대해 충분히 알게 될 것이다. 일단

---

1) 허셸(John Herschel)은 『지질학 원리』의 저자인 라이엘에게 보낸 편지에서 이런 표현을 썼다. 화석 기록에 나타나는 현상 즉 예전 종들이 멸종하고 신종이 나타나는 현상은 인간으로서는 풀기 힘든 '신비 중의 신비'라고 했던 것이다. 다윈은 '우리나라의 가장 위대한 철학자' 허셸을 비글호 항해의 귀로에서 만나기도 한다.

여기서는 그의 생로병사 정도만 확인해 두기로 하자.[2]

다윈은 1809년 2월 12일, 그러니까 미국의 유명한 대통령 에이브러햄 링컨과 똑같은 날짜에 태어났다. 22세인 1831년 영국 군함 비글호에 올라 5년간 전세계를 돌아다닌다. 세상에 대해, 거기 살고 있는 다양한 생물들에 대해 많은 것을 배운 그는 일생 동안 지속될 물음 하나를 품고 귀국하였다. 이후 평생 병고에 시달리는 몸이었지만 많은 저작들을 남겼고, 1882년 4월 19일 73세를 일기로 생을 마감했다. 흠, 간단해서 좋다. 거의 '외국에서 태어난 유명한 분으로 오래전에 작고하셨다' 수준이구만. 뭐 그래도 지금으로서는 이 정도로 충분하다. 우리는 필요할 때에는 언제든지 그의 생애 속으로 들어가 현미경을 들이대고 샅샅이 살펴볼 것이다.

1859년 여름, 50세가 된 다윈은 생애 최고의 걸작 『종의 기원』의 교정을 보며 마지막 마무리를 짓고 있었다. 두꺼운 원고를 모두 마치고 끝으로 「머리말」 부분을 쓰기 위해 펜을 들었을 때, 뭉클해진 그의 가슴은 자신이 살아온 과거의 시간 속으로 한없이 거슬러 올라갔다. 그 시간의 끝에서 파릇파릇하던 20대의 자신이 비글호에 타고 있었다. 그는 평생 병을 안고 산 사람이었다. 건강이 안 좋아 언제 닥칠지 모를 죽음에 대비해서 유서를 쓴 적도 있었고, 아버지의 장례식조차 참석할 수 없어 남

---

[2] 이와 관련하여 스티븐 제이 굴드, 『다윈 이후』, 홍욱희·홍동선 옮김, 사이언스북스, 2009, 특히 1부 「다윈주의」를 추천한다(1장 「다윈에 대한 오해와 이해」, 2장 「비글호에서의 5년」, 3장 「다윈의 딜레마」, 4장 「다윈은 잠들지 않는다」). 굴드는 다윈의 결정적 순간 중 하나인 비글호 시절을 중심으로 다윈이라는 사람과 그의 학설을 멋지게 포착해 냈다. 굴드를 왜 다윈 이후 가장 위대하고 가장 글을 잘 쓰는 생물학자 부르는지 알 수 있게 해주는 한 편의 추리소설과도 같은 작품. 한편 다윈의 자서전도 번역되어 있으니 참고하시길……. 찰스 다윈, 『나의 삶은 서서히 진화해왔다』, 이한중 옮김, 갈라파고스, 2003.

몰래 울기도 했다. 그런 그가 거친 바다 생활의 연속이었던 비글호 시절을, 그것도 원래 예정이었던 2년을 훌쩍 넘긴 5년의 세월 동안 계속 이어간 것은 가히 운명이라 할 만하다. 그는 과연 그때 거기에서 무엇을 보았을까? "남아메리카에 서식하는 생물들의 분포와, 과거 이 대륙에 서식했던 생물과 현존하는 생물 간의 지질학적 관계에서 볼 수 있었던 여러 가지 사실로부터" 어떤 충격을 받았길래 "신비 중의 신비라고 표현했던 종의 기원 문제에 대해 서광을" 느꼈던 것일까? 계속해서 읽어 보자.

> 귀국한 뒤 나는 이 문제와 관련될 성싶은 모든 사실들을 꾸준히 수집하고 숙고하다 보면 뭔가 알 수 있을 것 같다는 생각이 들었다. 그때가 1837년이었다. 그후 5년 동안 이 일에 매달려 골몰한 결과, 나는 이 주제에 대한 생각을 정리하여 짧으나마 기록을 남길 수 있게 되었다. 1844년에는 거기에 살을 붙여서 그즈음 내게 꽤 그럴 듯해 보이는 결론을 개요 형태로 정리했다. 내가 이렇게 사적인 사항까지 이야기하는 것은, 내가 경솔하게 결론을 내린 것이 아님을 독자들이 알아주기를 바라서이며 이 점에 대해 양해를 구하는 바이다.(p. 1)

다윈은 이런 사람이다. 뭔가 확실히 감을 잡기 위해서는 "모든 사실들을 꾸준히 수집하고 숙고"해야 한다고 생각하는 사람이요, 또 실제로 그렇게 한 사람이었다. 그러니 독자 여러분은 앞으로 다윈이 하는 말들을 허투루 듣지 말아 주시기 바란다. 다윈은 그런 고투를 통해 1842년(33세) 짧은 메모를 해놓고 1844년 거기에 살을 붙여 조금 긴 결론을 개요 형태로 정리한다.[3] 그 뒤 50세에 이르러서야 책을 냈으니, 결코 "경솔하게 결론을 내리는" 사람은 아니었던 것이다. 오히려 자신의 생각을 책으로 출간하는 데 너무 주저해서 주변 친구들이 성화를 부려 댈 정도였다. 오죽했으면 데이비드 쾀멘(David Quammen)이 책 제목을 『신중한 다윈씨』(The Reluctant Mr. Darwin)라고 달았겠는가! 계속 다윈 얘기를 들어 보자.

지금 나의 연구는 거의 끝나가지만 완성까지는 아직도 2~3년은 더 걸릴 것이다. 그러나 건강이 썩 좋은 편이 아니기 때문에 우선 이 초본(Abstract)을 발표하기로 마음먹었다.(p. 1)

건강도 안 좋고 완성까지는 아직도 2~3년은 더 필요하다면서 왜 갑자기 출간을 서두르게 된 것일까? 게다가 초본이라고 내놓은 게 500쪽 가량(현재 우리 기준으로는 약 900쪽 안팎)의 두꺼운 책이라면 원래 다윈이 쓰겠다고 주변에 공언했던 '큰 책'(a big book)은 대체 얼마나 방대한 책이었단 말인가? 이 극적인 문제들에 대해서는 아무래도 짚고 넘어가지 않을 수가 없겠다.

다윈은 오래전부터 생물은 진화해 왔다는 걸 확신하고 있었다. 정확히 언제부터라고 확정할 수는 없지만 꽤 오랜 세월 동안 그 확신을 묵

---

[3] Charles Darwin, The Foundations of The Origin of Species: Two Essays written in 1842 and 1844, ed. Francis Darwin, Charleston, S.C.: BiblioBazaar, 2008에 두 편이 모두 실려 있다. 짧다고 하지만 1842년 메모는 약 35쪽, 1844년 개요는 약 230쪽이나 된다. 통상적인 관례에 따라 본서에서도 전자를 「스케치」, 후자를 「에세이」라 부르기로 한다.

히면서 갈고 다듬었다는 사실만은 분명하다.[4] 대체 무슨 사정이 있었길래 다윈은 그토록 중요한 생각을, 게다가 단박에 저명한 과학자로 뜰 수도 있는 기회를 마다한 채 오래디오랜 침묵에 잠겼던 것일까? 이유는 여러 가지가 있다. 콤멘이 말한 대로 '신중'했기 때문이기도 하고 스티븐 제이 굴드가 지적한 대로 자신이 '유물론자'임을 세상에 드러내기를 꺼려했기 때문이기도 하다. 허나 가장 중요한 원인은 다윈의 작업 자체가 그토록 오랜 세월을 필요로 했기 때문이다. 그는 방대한 사실을 수집했고 수도 없이 실험을 반복했으며, 그런 사실들과 실험 결과들을 바탕으로 치밀한 논리를 조직해야 했다. 다윈의 진화론은 기존의 창조론적 과학자들과 진화론자들 모두에 대한 공격이었다. 오늘날 우리들은 당시 창조론이 얼마나 합리적이었고 그에 반해 진화론이 얼마나 허약했는지를 간과하기 때문에, 다윈이 발표를 지연한 것 자체를 대단히 기이하게 여기고 그 '비밀'을 밝혀내려고 여러 가지 가설을 제시해 왔다. 다윈이 넘어서야 했던 논적이 창조론뿐만 아니라 진화론, 즉 당대의 모든 박물학자들이었다는 것을 깊이 유념한다면, 다윈이 왜 그렇게 발표를 지연했는지, 또한 『종의 기원』을 출간하는 시점에 가서도 왜 자신의 책이 불완전하기 그지없는 '초본'에 불과하다고 강조했는지 '충분히' 이

---

[4] 다윈 본인은 비글호 항해에서 돌아온 지 약 반 년 후, 즉 1837년 3월께라고 말한 바 있는데, 이는 사후 발견된 노트 등의 연구를 통해 거의 정확한 것으로 확인되고 있다. 다민 이띤 사림이 뭔가에 대해 확신하게 된 시점을 정확히 꼬집어 내기는 힘들지 않겠느냐는 정도의 이견이 있을 뿐이다. 다윈의 1872년 저서 『인간과 동물의 감정 표현에 대하여』를 보면 이런 구절도 나온다. "[인간과 동물의 감정 표현에 대한] 관찰들은 1838년부터 시작되었다. 그때부터 지금까지 때때로 이 주제에 관해 관심을 기울였다. 1838년경에 나는 이미 진화의 원리라든가, 하등생물 또는 다른 생물들로부터 새로운 종이 분화되어 나온다는 것을 믿고 있었다." 찰스 다윈, 『인간과 동물의 감정 표현에 대하여』, 최원재 옮김, 서해문집, 1999, 25쪽.

해할 수 있다. 게다가 다윈의 투쟁은 『종의 기원』 출간을 계기로 큰 고개를 넘기는 했지만 여전히 미완이었다. 창조론자들이 아직도 기세등등했기 때문만은 아니다. 많은 학자들이 언어와 예술, 이성 등등을 논거로 인간을 여전히 특별한 존재라 주장했기 때문이다. 그런 점에서 본다면 다윈의 사상은 지금에 이르기까지 한 번도 주류가 된 적이 없었다고 할 수 있다.

다시 『종의 기원』 집필 직전의 시점으로 돌아가자. 비글호에서 돌아온 지 20년이 지난 1856년, 47세의 다윈은 드디어 '큰 책'을 쓰기 시작한다. 더 이상 미룰 수 없다고 생각했기 때문이다. 그런데 병약한 몸을 이끌고 힘겹게 원고를 써 나가던 그에게 운명적인 1858년 6월이 왔다. 훗날 다윈과 동시에 자연선택에 의한 진화론을 창시한 인물로 기록되는 월리스(Alfred Russel Wallace, 1823~1913)로부터 편지 한 통이 도착한 것이다. 「머리말」에서는 이 사건을 이렇게 기록하고 있다.

> 그런데 이 밖에도 특별히 이 책을 간행하게 된 계기가 있다. 그것은 현재 말레이 군도에서 박물학을 연구하고 있는 월리스 씨가 종의 기원에 대해 나와 거의 똑같은 결론에 도달했다는 것이다. 그는 작년에 이 주제에 관한 논문을 내게 보내면서 찰스 라이엘 경에게 전해 달라고 요청해 왔다.(pp. 1~2)

다윈이 지금 언급하고 있는 것은 월리스의 「변종이 원형에서 한없이 멀어지는 경향에 대하여」라는 논문이었다. 다윈은 월리스의 이 논문을 읽고 인생 최대의 충격을 받았다. 그의 말대로 월리스의 논문에 "종의 기원에 대해 나와 거의 똑같은 결론"이 또렷이 적혀 있었기 때문이다. 쇠망치로 머리와 가슴을 통타당한 것 같았다. 얼마 전, 서두르지 않으면 심각한 문제가 생길 수도 있다며 출간을 재촉했던 라이엘(Charles Lyell, 1797~1875)의 말이 가슴을 후벼팠다. 허둥지둥하던 다윈은 라이엘에게 편지를 썼다. "당신이 한 말이 하나도 틀림없이 이루어졌습니다. …… 저는 이렇게 놀라운 일치를 본 적이 없습니다. …… 제가 1842년에 작성해 놓은 「스케치」를 월리스가 보았다 해도 이렇게 잘 요약해 내지는 못했을 것입니다! 그가 쓴 용어가 이제는 제가 쓴 장(章)의 제목이 되었습니다."[5] 다윈은 평생을 연구해 온 결과가 모두 물거품이 되는 듯했다. 자연선택에 의한 진화론의 발견자는 월리스가 되고, 자기는 기껏해야 그의 이론을 입증하는 몇몇 사례를 제공한 사람으로 남을 것이 뻔했다.

월리스는 이미 1855년에도 「새로운 종의 형성을 조절하는 법칙에 관하여」라는 논문을 써서 다윈에게 보낸 바 있다.[6] 다윈은 그 논문에 대해 "거의 모든 말에 동의한다"고 말했었다. 이 논문은 다윈이 얼른 '큰 책'을 집필해야겠다고 결심하는 데에도 큰 영향을 끼쳤다. 그렇긴 했지만 다윈이 보기에 아직 월리스는 종의 기원에 관한 비밀을 충분히 풀어내지는 못한 것 같았다. 천만다행이었다. 한숨 돌리고 나서 1856년부터 본격적으로 책을 쓰고 있는 중이었는데 월리스의 논문이 또 한 편 날아드는 것이었다. 이번에는 상황이 장난이 아니었다. 월리스의 수장이 자신

---

[5] 마이클 셔머, 『과학의 변경 지대』, 김희봉 옮김, 사이언스북스, 2005, 382쪽. 저자는 월리스 연구자로서 다윈과 월리스의 관계에 대해 대단히 흥미로운 일화들을 소개해 준다.
[6] 이 논문은 1855년 9월 『자연사 연보 및 잡지』(*The Annals and Magazine of Natural History*)에 실렸다.

의 생각과 너무나도 흡사했던 것이다. 다윈은 어쩔 줄 몰라 하며 거의 자포자기 상태에 빠졌다. 전부터 다윈에게 집필을 촉구했던 당대의 저명한 과학자 라이엘과 후커가 괴로워하는 다윈을 보다 못해 묘안을 짜냈다. 그들의 묘안인즉슨, '린네 협회'에서 다윈과 월리스의 생각을 공저 논문의 형식으로 발표하자는 것. 공저 논문의 제목은 「종의 변종 형성 경향과 자연선택에 의한 종과 변종의 영속에 대하여」였다. 이 논문은 ①다윈 논문의 짤막한 요약, ②다윈이 1857년에 미국 식물학자 그레이에게 보낸 서신의 일부분(이것은 다윈의 우선권을 입증하기 위한 조치였다), ③월리스의 논문, 이렇게 세 부분으로 구성되어 있었다.[7] 월리스는 이역만리에서 떠돌고 있었으니 이 같은 사실을 전혀 알 수 없었다. 게다가 다윈에 비해 학계에서의 위상도 현저하게 떨어졌기 때문에, 다윈과 그의 동료들은 월리스의 동의도 구하지 않은 채 이런 식으로 일을 진행했던 것이다.

발표가 끝난 뒤, 다윈은 그때까지와는 전혀 다른 사람이 되었다. 이제는 더 이상 출간을 미룰 수 없다는 게 명약관화해졌다. 그동안 끙끙거리며 써오던 책을 집어치우고 기껏해야 약 500쪽에 불과한(ㅠㅠ;) 분량의 새 책을 일사천리로 써 나갔다.[8] 그렇게 일 년 반 만에 책을 완성한 다음 「머리말」을 쓰던 그가 월리스의 편지를 회상한 것은 그러므로 당연한 것이었다. 우리 모두가 잘 알다시피 나중에 다윈은 인류 역사상 가장

---

7) 피터 J. 보울러, 『찰스 다윈』, 한국동물학회 옮김, 전파과학사, 1999년, 145쪽.
8) 다윈은 결국 '큰 책'을 쓰지 못했고 초본이라고 한 책만이 세상에 태어났다. 그게 우리가 현재 보고 있는 『종의 기원』이다. 다행히 그가 진행하던 미완의 큰 책은 아직 남아 있는데 그것 역시 약 500쪽에 달하는 분량이다. Charles Darwin, *Charles Darwin's Natural Selection*, ed. Robert C. Stauffer, Cambridge: Cambridge University Press, 1987.

위대한 과학자이자 사상가 중 한 사람이 되었고, 월리스는 다윈을 언급할 때나 잠시 나타났다가 얼른 모습을 감춰야 하는 '비운의 샴룡이'가 되었다. 라이엘, 후커, 다윈의 행위는 악질적이라고까지는 할 수 없어도 개운치 않은 일종의 스캔들을 과학사에 남긴 셈이다.

그럼 월리스는 나중에 이 문제에 대해 어떤 입장을 취했을까? 그는 다윈이 자기와 동일한 의견을 가졌다는 말에 크게 기뻐하였으며 우선권 문제에 대해서도 당연히 그것은 다윈 샘의 차지라고 겸손한 태도를 보였다. 실제로 30년 뒤 1889년 그가 자신의 생각을 담아 출간한 책의 제목도 『다윈주의』(*Darwinism*)였다. 여기까지 들으면 여러분은 이 두 사람의 이야기야말로 과학사에 길이 남을 미담이 아닐까 여기시겠지만, 그들의 운명은 『종의 기원』이 출간된 이후 대단히 기이한 행로를 밟게 된다. 다윈과 월리스는 언젠가부터 의견이 어긋나기 시작하더니 결국 완전히 상반되는 결론에 도달하게 된 것이다. 그런데 그렇게 된 이유가 걸작이다. 월리스는 자연선택에 의한 진화론을 끝까지 고수했는데 다윈은 그러지 않아 갈라섰으니 말이다. 우째 이런 일이? 그들이 갈라선 것도 이상한데, 월리스가 자연선택에 의한 진화론을 끝까지 고수해서 그리 되었다고? 이것은 다윈과 다른 진화론자들의 근본적인 차이를 잘 보여 주는 대목인데, 「머리말」의 마지막 문장에 이 점이 조금 드러나 있다.

> 또한 나는 '자연선택'이 변화의 주된 방법이기는 하지만 유일한 방법은 아니라는 것도 확신하고 있다.(p. 6)

앨프리드 러셀 윌리스와 『다윈주의』의 표지
윌리스 역시 다윈과 거의 같은 시기에 자연선택에 의한 진화론을 발견했지만, 다윈이 이야기될 때에만 한 번씩 언급되는 비운의 인물이 되었다. 하지만 윌리스는 저서의 제목을 '다윈주의'라고 붙일 정도로 다윈의 우선권을 인정했다.

이것은 「머리말」의 마지막 문장이다. 이처럼 다윈은 자연선택이 비록 주된 방법이긴 하지만 유일한 원인은 아니라고 보았던 반면, 윌리스는 진화의 온갖 현상을 모두 자연선택에 의해 설명하려고 했다. 과학사에는 윌리스와 다윈이 자연선택에 의한 진화론을 비슷한 시기에 각각 독립적으로 정립했다고 쓰여 있지만, 양자 간에는 무시할 수 없는 차이가 있었다. 언뜻 보기에는 자연선택을 강직하게 고수하던 윌리스가 다윈보다 훨씬 더 과학적인 것처럼 느껴질 것이다. 하지만 너무 강한 것은 쉽게 부러진다. 오직 자연선택만을 고집하며 연구를 거듭한 끝에 윌리스는 결국 자연선택만으로는 설명하기 힘든 현상들과 마주치게 되었다. 그리하여 결국 신비주의(심령주의)로 빠져든다. 이럴 수가! 월리스만이 아니었다. 다윈 생전에도 많은 사람들이 자기가 다윈의 지지자요 다윈과 생각을 같이 한다고 믿었지만, 시간이 흐르면서 하나 둘 다윈의 곁을 떠나갔다. 무늬만 진화론자인 자들이 범접할 수 없는 사유의 공간 속에서 다윈은 외로웠다.

앞서도 말했듯이 다윈은 일찍부터 생물의 진화를 확신했고, 자신의 확신이 자연계의 보편적 사실임을 확증하기 위해 오랜 세월 동안 관찰하고 자료를 모으고 논리를 가다듬었다. 다윈의 연구를 얼핏 알고 있던 주변 학자들은 제발 이제 연구는 그만 좀 하고 얼른 책으로 펴내라고 성화가 이만저만이 아니었다. 다윈은 조금만 더, 조금만 더 하며 연구를 계속했다. 그리고 몰래 노트에다가 자신의 놀라운 생각, 자기 자신마저 소스라치게 놀란 생각들을 계속 적어 나갔다. 아마도 월리스의 편지가 없었다면 다윈은 지금 우리가 갖고 있는 『종의 기원』의 몇 배나 되는 방대한 분량의 책을 시도하다가 끝내 완성하지 못하고 죽었을지도 모른다. 그러고 보면 다윈을 서두르게 만든 월리스는 『종의 기원』의 출생을 결정적으로 도운 산파였다고 할 수 있겠다. 다윈과 월리스의 관계에 대해서는 월리스가 1858년 1월 4일에 베이츠에게 보낸 편지를 보면서 맺도록 하자.

자네도 그럴 테지만, 종의 변이에 관한 내 논문[앞에서 말한 월리스의 1855년 논문]의 주제에 대해 많이 생각해 보지 않은 사람에게는 내 말이 분명치 않게 느껴질 것이네. 그 논문은 물론 이론을 공표한 것뿐이고 자세한 설명은 들어 있지 않아. 나는 광범위한 연구로 전체를 포괄하고 논문에 제시한 것을 세부적으로 증명하려고 계획하고 있네. 나는 다윈의 편지를 받고 매우 기뻤다네. 이 편지에서 그는 내 논문의 '거의 모든 말'에 동의한다고 했어. 그는 지금 '종과 변종'에 대한 큰 책을 준비하고 있는데, 그걸 위해 20년 전부터 자료를 수집했다고 하네. 만일 그가 자연에서 종과 변종의 기원이 차이가 없음을 증명한다면, 나는 내 가설을 설명하기 위해 글을 쓰는 수고를 하지 않아도 될 것이네. 어쩌면 다른 결론에 도달해서 나를 수고롭게 할지도 모르지만 어쨌건 그의 책을 두고 볼 일이지. 자네와 나의 수집품들은 이 가설이 보편적으로 적용된다는 것을 보여 줄 가치 있는 증거들이라네.[9]

월리스 얘기를 하다 보니「머리말」의 마지막 문장을 먼저 보게 되었다. 다시 원래의 자리로 돌아가자. 아무튼 이렇게 책을 내게 된 경위를 밝힌 다윈은 자기가 지금 내는 책이 얼마나 불완전한 것인지를 또 한번 표나게 강조한다.

지금 내가 간행하는 이 '초본'이 불완전하다는 점에는 의심의 여지가 없다. 이 책에서는 나의 여러 논술에 대한 근거나 저자의 이름을 열거할 수가 없다. 내가 정확하다는 것을 독자들이 믿어 주기를 기대하는 수밖에 없다. …… 내가 내린 결론의 기초가 된 모든 사실과 그 전거에 대해 나중에 상세하게 발표할 필요를 가장 절감하고 있는 것은 누구보다도 나 자신이다. 왜냐하면 이 책 속의 어떠한 논점에 대해서도, 내가

---

9) 셔머,『과학의 변경 지대』, 387쪽.

도달한 결론과는 종종 정반대되는 결론으로 이끄는 듯한 사실들이 제시될 수 있을 것이기 때문이다.(p. 2)

다윈의 말에는 과장이나 관습적인 표현이 거의 없다는 말을 기억하시는가! 실제로 다윈의 주장들에 위배되는 듯한 사실들이 쌔고 쌨으며, 심지어 다윈의 논거들을 전혀 다른 결론의 근거로 탈바꿈시킬 수도 있을 정도였다. 다윈의 말은 결코 겸손한 언사가 아니었다. 『종의 기원』이 출간되자 토머스 헉슬리(Thomas Huxley, 1829~1895)는 "허참! 이렇게 간단하고 쉬운 걸 내가 왜 생각 못했지?!" 하며 곧장 '다윈의 불독'을 자처하였다. 그러고는 다윈의 적들을 물어뜯으러 불원천리(不遠千里)하며 싸돌아다녔다. 헉슬리만이 아니라 책의 내용에 불쾌해하던 사람들마저도 대부분 다윈의 진화론 자체는 자명한 얘기처럼 읽고 있었다. 하지만 헉슬리를 비롯한 당대인들은 거대한 오해를 하고 있었다. 다윈의 학설은 완벽한 과학 이론이 아니었을 뿐만 아니라, 정확히 말하자면 당시 사람들이 어엿한 과학이면 당연히 갖추어야 한다고 믿었던 요건들을 결여한 것이었다. 그럼에도 불구하고 방대한 근거와 치밀한 논리를 잘 편집하여 당대인들로부터 헉슬리류의 반응을 끌어냈으니 다윈의 글솜씨가 어느 정도였는지 알 만하다.

진화론이라는 것은 그 성격이 묘해서 본래부터 100% 실증될 수 없게 되어 있다. 천문학이나 지질학을 비롯하여 크게 보아 우주와 지구의 진화를 다루는 과학은 역사를 포함한다. 본래 과학은 역사적·사회적 조건에 따라 달라서는 아니 되는 학문이다. 예컨대 수소와 산소가 만나면 물이 된다는 과학적 사실이 지금 실험하면 되는데 신라시대에는 안 되었다든가, 아니면 제주도에서는 되는데 평양에서 실험하면 안 된다든가 하면 과학이 아닌 것이다. 그런데 진화론은 우리도 잘 알다시피 생물과 지구의 역사를 다루는 과학이다. 역사학에서 과거는 탐구될 뿐 결코 재현될 수 없는 것처럼, 진화론도 수많은 근거와 과학적 추론을 통해 사실에 최대한 근접해 갈 수 있을 뿐이다. 진화론의 이런 특성은 과학으로서 미흡하기 때문일까, 아니면 과학의 영역을 확장한 결과일까?

다윈은 진화론의 이런 기본 성격을 잘 알고 있었다. 그리하여『종의 기원』을 크게 세 부분으로 나누어 기술함으로써 난점들을 해결하고자 했다. 1장부터 5장까지는 주로 논리적으로 진화론을 주장한다. 6장부터 9장까지는 (기존의 진화론을 포함하여) 진화론에 제기되는 난점들을 자세히 해부하여 하나하나 '처치'한다. 10장부터 13장까지에서는 자신의 학설에 따르면 세상이 어떻게 보이고, 생물학은 어떻게 정립되어 갈지를 박진감 있는 문체로 기술한다. 마지막 14장은 제목 그대로 「요약과 결론」이다. 이렇게 간략히 내용을 요약하니 여러분 중에는 "아하! 전반부는 논증이고 후반부는 실증이구나!"라고 생각하는 분들도 계실 것 같다. 그렇지만 실상은 조금 다르다. 다윈이 「요약과 결론」 첫 문장에서 "이 책 전체가 하나의 긴 논의(혹은 논증, argument)"라고 밝혔듯이, 다윈 식 진화론은 물리학 같은 과학과는 달리, 논리적인 접근과 실증적인 접근이 상호보완적으로 작용하여 하나의 강력한 효과를 내야만 한다. 둘 중 하나만 있으면 날개가 한쪽밖에 없는 것과 같은 꼴이 된다. 진화론이라는 거대한 새가 창공을 웅비할 수 없는 것이다.

그래야만 하는 첫번째 이유는 진화론이 그 역사성 때문에 실험이나 논리만 가지고는 완전히 증명될 수 없기 때문이다(다윈 시대에는 진화론이 충분히 발달하지 않아서 그랬으리라고 생각하면 문제의 본질을 놓치게 된다). 두번째 이유는 진화론은 다른 과학과 달리 그것을 수용하는 과학자 및 대중의 감정이 아주 중요한 요소로 작용하기 때문이다(여러분도 아주 잘 알고 있지 않은가). 100% 실증할 수는 없다는 성격과도 관련되지만, 이상하게도 진화론에 대해 자세히 듣기도 전에 반감부터 갖는 사람들이 있다. 이것을 가장 잘 표현하고 있는 사람들이 바로 창조론자들이다. 지고한 존재가 이 세상을 만들고 운영하며 내세도 주관하지 않는다면, 우리 삶의 의미는 무엇이고 인간이라는 존재의 이유는 또 무엇이겠는가! 윤리적으로 살아야 할 근거는 또 어디에서 찾을 수 있단 말인가. 실제로 당시 다윈의 진화론에 가해진 격렬한 비판의 밑바닥에는 삶의 의미 상실과 윤리의 부재에 대한 불안감이 짙게 깔려 있었다. 하긴 그때뿐이겠는가! 나는 텔레비전에 나와 '진화론은 자라나는 청소년들의 윤리 의식에 심각한 해악을 끼칠 수 있기 때문에 건전한 이론이 아니다'라고 태연히 주장하는 사람을 본 적이 있다. 당시 어떤 학자는 『종의 기원』의 내용은 말도 안 되는 것이라며 "동정녀 마리아가 예수를 잉태했다는 것이나 예수님이 삼 일 만에 부활하셨다는 게 사실이 아니라는 주장만큼이나 황당하다"고 비판했는데, 이런 말에 대해서는 어떤 표정을 지어야 옳은 건지……. 당시에 또 어떤 학자는 이렇게 다윈을 비판했다.

그 이론은 지속적으로 이끌고 조절해 온 지성적 존재를 충분하게 고려하지 않았고, …… 어떻게 동물이 설계되었느냐에 대한 주장도 현재 있는 동물에 대해서는 제대로 맞는 것이 없고, …… 그렇지만 우리 주변에 보면 지성적 존재가 있고 모든 것이 감사할 만큼 잘 설계되었다는 절대적인 증거가 얼마든지 있어…… 모든 생물은 언제나 계시는 조물주이자 지배자에 의지한다는 것을 우리에게 가르치고 있다.[10]

당시에 이런 말을 한 신학자는 누굴까? 놀라지 마시라. 이런 말을 한 사람은 신학자가 아니라 과학자였다. 절대온도를 도입하고 클라우지우스(Rudolf Clausius, 1822~1888)와 독립적으로 열역학 제2법칙을 발견한 이 사람, 훗날 켈빈 경이라는 작위까지 받게 되는 윌리엄 톰슨(William Thomson, 1824~1907)이 바로 이 말을 한 것이다(전자를 발견한 J. J. 톰슨[Joseph John Thomson]과는 전혀 다른 사람이다). 그런 톰슨이 1871년 영국학회 회장 연설에서 이렇게 말했으니……. 같은 영국 사람이고 나이도 다윈보다 한참 어린 게 위대한 다윈 샘을 이렇게 까대다니…….

톰슨은 『종의 기원』이 출간되고 얼마 지나지 않은 1862년, 지구의 냉각속도에 입각하여 지구의 나이를 계산해 보니 1억 년을 넘는 것은 불가능하며 기껏해야 2천만 년 미만일 것이라고 주장하였다. 다윈을 비롯한 당대의 진화론자들은 지구의 역사가 모르긴 몰라도 최소한 몇억 년은 되어야 진화론이 성립할 수 있다고 믿었다. 극히 미미한 변화가 점진적으로 누적되려면 몇천만 년 갖고는 좀 부족하지 않을까 싶었던 것이다. 톰슨이 저명한 물리학자였고, 일반적으로 생물학자보다 물리학

---

10) 한스 크리스찬 폰 베이어, 『맥스웰의 도깨비가 알려주는 열과 시간의 비밀』, 권영욱 옮김, 성균관대학교출판부, 2006, 190쪽.

자를 더 쳐주는 분위기 속에서 다윈의 처지가 참 초라해졌다. 지구의 나이가 갑자기 줄어들자 지질학자와 생물학자들은 거대한 힘이 마치 대격변처럼 우연히 등장하여 지질의 형태와 생명 형태의 진화를 가속화시켰다고 가정하는 식으로 이론을 수정했다. 찌질한 시절이었다. 진화론자들이 노아의 방주 이야기 같은 대격변설에 무릎을 꿇어야 했다니! 다윈은 무척이나 고통스러워하며 톰슨에게 비판받은 『종의 기원』의 해당 부분을 제3판부터는 삭제하지 않을 수 없었다.[11]

이후 지구의 나이에 관한 과학 분야의 논쟁은 1903년 피에르 퀴리(Pierre Curie)와 알베르 라보르드(Albert Laborde)가 라듐염이 끊임없이 열을 방출한다고 발표하여 지구의 나이를 크게 늘려 줌으로써 톰슨의 참담한 패배로 끝났다. 그리고 이런 흐름은 오늘날까지도 뒤바뀌지 않았다. 앞으로도 수차 강조하겠지만, 다윈의 진화론은 간단한 아이디어가 아니라 대단히 많은 요건들을 필요로 하는 정교한 이론이다. 그런 요건들을 충족시켜 가는 단계단계마다 손톱만 한 편견이라도 끼어들면 전체가 흔들릴 수밖에 없다. 이 편견의 이름은 바로 인간중심주의와 목적론인데, 그로 인해 수많은 다윈의 동료들이 진화론을 배신했고 오늘날에도 인간의 고유함을 부지불식간에 믿는 많은 사람들이 우리의 다윈 샘을 배신한다.

11) 이런 주장을 한 사람이 저명한 물리학자였다는 사실은 우연처럼 보인다. 그렇지만 또 다른 저명한 비교해부학자 퀴비에는 앞서 말한 격변설을 주장하며 진화론에 결단코 반대했다. 이들을 비롯하여 많은 과학자들이 진화론에 반대되는 길을 택했다. 과학이 발달하면 종교가 쇠퇴한다는 것은 그러므로 진실이 아니다. 오히려 역사는 이들의 종교적 열정과 과학적 열정이 같은 뿌리를 갖고 있었다는 것을 증거한다. 다윈은 이들의 공통 뿌리를 제거하려 하였다. 인간중심주의와 목적론이라는 지긋지긋한 뿌리.

사람들이 인간중심주의와 목적론에 그토록 쉽사리 빠져드는 이유는 허무와 슬픔을 두려워하고 이 세계가 뭔가 장엄하고 의미 있는 것이기를 은연중에 바라기 때문이다. 우연의 세계를 한없이 불안하게 느끼고 필연의 세계를 편안하게 느끼는 인간. 사람들은 수소와 산소가 만나서 물이 된다든가, 광합성을 통해 우리가 숨쉬는 산소가 생산된다든가, 생명의 정보가 DNA에 들어 있다든가 하는 이야기에 대해서는 단순 명백한 과학적 사실로 곧장 받아들인다. 그런데 그 똑같은 사람들이, 인간이 동물의 한 종류이고 동일한 진화의 법칙에 따라 진화해 왔다고 하면 곧장 안면을 바꾸는 이유는 바로 이 때문이다. 무지는 단순히 텅 빈 백지가 아니라 적극적이고도 강렬한 적의를 낳는다는 사실, 다윈은 그것을 너무나도 잘 알고 있었다. 따라서 다윈은 진화의 메커니즘을 밝혀내는 것과 동시에 (과학자들을 포함하여) 사람들의 반감이 솟아나는 원천을 파헤쳐야만 했다. 지난한 과제이기는 했지만 그 덕분에 다윈은 단순한 과학 탐구를 뛰어넘어 대단히 풍요로운 사상적 깊이를 획득할 수 있었다.

다윈은 진화를 입증해야 했으며 진화론으로 바라본 세상이 허무하지도, 무의미하지도 않으며 창조론 못지않게 장엄한 것임을 설득력 있게 표현해야 했다. 생물과 생물 간의 관계가, 그리고 생물과 환경 간의 관계가 보여 주는 아름다운 적응(beautiful adaptation) 앞에서 황홀해하는 다윈의 모습을 보라! 적응이 창조주의 설계 가설이 아니고도 자연스러운 과정을 통해 얼마든지 설명될 수 있음을 논증하는 대목을 보라! 『종의 기원』의 마지막 문장은 그런 의미에서 자못 의미심장하다.

생명은 수많은 힘과 함께 처음에 소수의 것, 혹은 단 하나의 형태에 불어넣어졌다고 하는 이 견해, 그리고 이 행성이 확고한 중력의 법칙에 따라 회전하는 동안, 이렇게도 단순한 발단에서 극히 아름답고 극히 경탄할 만한 무한한 형태가 생겨났고 지금도 생겨나고 있다는 이 견해 속에는 장엄함이 깃들어 있다.(p. 490)

이 문장을 잘 읽어 보면 장엄한 것은 이 세상이기도 하지만 그보다도 "이 견해" 즉 다윈 자신의 진화론이다. 다윈이 그토록 노심초사하며 연구하고 용어들을 갈고 다듬은 것은 진화론이 과학적으로 옳을 뿐 아니라 창조론 이상으로 장엄한 견해임을 독자들에게 감동적으로 설파하기 위해서였다. 다윈의 진화론은 삶의 의미와 윤리적 근거를 없애는 과학이 아니라, 새로운 삶의 의미와 윤리적 근거를 창조하자고 하는 열정적 제안이다. 그렇기 때문에 그의 자연 연구가 인생관 및 세계관과 서로 상통한다는 것은 극히 자연스러운 일이다. 우리의 21세기인들은 어떠한가? 과학적 사실을 부인하고 종교에서만 삶의 의미를 찾는 사람들, 종교는 무지의 산물이라고 무시한 채 목적도 방향도 없는 이 세계를 과학적으로 연구해 갈 뿐인 과학자들, 혹은 과학자로서 성실히 연구는 하되 인생의 의미와 목적에 대해서는 종교 영역에서 추구하는 과학자들. 다윈은 이 셋 모두 아니었다. 다시 『종의 기원』의 「머리말」로 돌아가자.

생물 상호 간의 유연(類緣)관계와 그들의 발생학적 관계, 지리적 분포, 지질학적 천이(遷移) 그리고 그 외의 여러 가지 사실들을 숙고하는 박물학자라면, 종이 기원 문제와 관련하여 종은 따로따로 창조된 것이 아

니라 변종과 마찬가지로 다른 종에서 유래한 것이라는 결론에 도달할 수 있다.(p. 3)

그러니까 당시에도 진화론 자체는 과학적이고 상식적인 생각을 가진 학자라면 무리 없이 가질 수 있는 생각이었다는 것이다. 그러나 삶의 의미와 윤리적 근거, 즉 종교가 제시해 온 소중한 가치들이 거기에는 빠져 있었다. 그 위에 이런 문제까지 겹친다면…….

하지만 이 같은 결론은 비록 그 이유가 지당하다 해도, 이 세계에 존재하는 무수한 종들이 어떻게 변화해 왔는지, 그리고 경탄을 금치 못할 만큼 완전한 구조와 상호 적응성은 어떻게 획득되었는지에 대해 확실히 설명하지 못하는 한, 만족할 만한 것이 못 될 것이다.(p. 3)

현대인들도 마찬가지다. 진화론이 옳다고 생각하면서도 생물의 신체 구조가 너무나 완벽하다든가, 아주 어린 생물들이 경험해 본 적이 없었을 일련의 행동을 본능에 따라서 태연히 수행하는 것을 보면 왠지 모를 신비함과 경이로움에 빠지게 된다. 게다가 생물과 생물, 생물과 환경 간의 상호적응과 조화 현상에 깊이 감동할수록 이 세상에는 뭔가 알 수 없는 신비가 작동하고 있음에 '틀림없다'고 생각한다. 사실 그 순간 우리가 '틀림없다'고 느낀 것은 알 수 없다는 것이고, 따라서 확실하다는 느낌은 무지가 낳은 메아리에 불과하다. 하지만 어쩌겠는가, 그런 방식으로 느끼고 사유하도록, 즉 어떤 일에는 반드시 그 원인이 있게 마련이라는 인과론을 갖도록 진화해 온 생물이 바로 인간이라는 종이니! 그러니 다른 수가 없다. 다윈처럼 그런 모든 신비롭고 경이로운 현상이 우리가 매일매일 살아가는 일상의 결과임을, 다시 말해서 이 세상 바깥 어디에선가 입력된 고등한 설계의 결과가 아님을 보여 줄 수밖에.

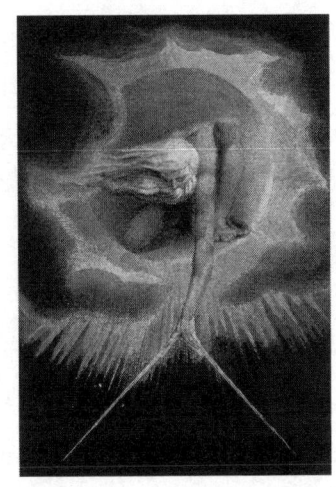

만물을 설계하는 신
다윈에게는 진화의 증거였던 신비롭고 경이로운 자연이 창조론자들에게는 세상 바깥에 있는 완벽한 설계자의 존재를 증명하는 것으로 비쳐졌다. 그림은 윌리엄 블레이크(William Blake)의 「태고의 날들」(The Ancient of Days).

진화론을 옳다고 믿는 사람들에게는 다윈의 이러한 증명과정이 한없이 지루하고 불필요하게 여겨질 수도 있다. 『종의 기원』을 읽다 보면 끝없이 이어지는 논증과 사례들 때문에 화가 치밀기까지 한다. 그렇지만 다윈은 이 작업을 중요한 과학적 과업이라 여기며 즐겁게 수행했다. 그는 『인간의 유래』(The Descent of Man)에서 이렇게 말했다.

잘못된 사실이 오랫동안 자리를 차지하는 경우가 흔하기 때문에 과학의 진보에 큰 해악을 끼친다. 그러나 잘못된 견해도 어느 정도의 증거들 바탕으로 지지된다면 서의 해를 끼치지 않는다. 왜냐하면 그것이 잘못되었다는 걸 밝히는 과정에서 모든 사람은 건전한 즐거움을 갖기 때문이다. 그리고 그것이 잘못이라는 게 밝혀지면 잘못으로 향하는 경로 하나가 폐쇄되는 동시에 진심로 향하는 길이 열리기 때문이다.[12]

착하고 긍정적인 성품이 든든히 배어 있는 문장이다. 창조론이든 뭐든 좋다. 어느 정도의 증거를 바탕으로 지지되는 가설이라면 얼마든지 검토해서 인류의 지혜를 더욱 발전시키도록 하자.

이제 「머리말」의 여섯번째 단락인데, 다윈은 여기서 우리를 크게 놀래킨다.

박물학자들은 언제나 변이의 가장 유력한 원인으로 기후나 먹이 등 외부적 조건만을 제시한다. 극히 한정된 의미에서는 그 말이 사실일 때도 있다. 그러나 예컨대 딱따구리의 발, 꼬리, 부리, 혀 같은 구조가 나무껍질 밑에 있는 곤충을 잡기 위해서 훌륭하게 적응해 있다는 것을 외적인 조건 탓으로만 돌리는 것은 무리다. 겨우살이는 어떤 나무들로부터 영양을 섭취하고, 그 종자는 어떤 새들에 의해 운반되어야 하며, 그 꽃은 암수가 따로따로여서 꽃가루가 한 꽃에서 다른 꽃으로 운반되려면 어떤 곤충들에 의해 매개되는 것이 절대적으로 필요하다. 이런 기생식물의 구조와 그것이 몇몇 전혀 다른 생물들과 맺는 관계들을 외적인 조건이나 습성, 식물 자체의 의지 등의 작용으로 설명하는 것 또한 무리한 일이다.(pp. 3~4)

이게 무슨 소린가? 진화론은 생물들의 구조와 습성을 설명할 때, 창조론처럼 어떤 전능한 존재가 각각의 생물 안에 그 모든 내용을 설계도처럼 넣어 놓으셨다고 보지 않고, 주변 환경 등의 외적인 조건을 중심으

---

12) 찰스 다윈, 『인간의 유래 2』, 김관선 옮김, 한길사, 2006, 55쪽.

로 설명하는 '자연과학적' 이론이 아니던가. 헌데 다른 사람도 아니고 다윈이 그런 견해를 극히 한정된 의미에서만 인정할 뿐, 대체적으로는 무리스러운 이론이라고 비판하고 있다니! 게다가 끝부분에서는 외적인 조건은 물론이고 생물 자체의 습성이나 의지로 설명하는 것도 무리라니. 그럼 외적인 조건도 아니고 내적인 의지나 습성도 아니라면 대체 저 정교하고도 복잡한 자연현상을 빚어낸 원인은 뭐란 말인가?

『창조의 자연사적 흔적』의 저자는 몇 대인지 알 수 없지만 여러 세대를 거듭한 후에 어떤 새가 딱따구리를, 또 어떤 식물이 겨우살이를 생기게 해서 우리가 현재 보는 바와 같은 완전한 모습으로 되었다고 주장하는 모양이다. 그러나 이 가정은 생물 간의 상호적응이나 생활조건에 대한 상호적응의 경우를 전혀 언급하지 않았으며 그러려는 시도도 하지 않았기 때문에 내게는 설명이라고 여겨지지 않는다. 그런 점에서 변화와 상호적응의 방법에 대해 명확한 통찰을 하는 것은 고도로 중요하다.(pp. 4~5)

『창조의 자연사적 흔적』은 진화론을 대중적으로 전파하는 데에 크게 기여했지만 엉성한 논리와 근거부족으로 폭탄세례와도 같은 비판을 당했던 책이다. 다윈의 말로 미루어 알 수 있듯이 『창조의 자연사적 흔적』은 여러 세대가 오래노록 거듭되다 보면 생불늘이 완전한 모습이 되지 않았겠느냐는, 대단히 무책임하고 비과학적인 서술로 가득 차 있었다. 혹독한 비판을 당해도 싼 책이었다고나 할까. 다윈의 비판인즉슨, 그 책이 각 생물체의 완전성에 대해서도 설명하지 못하고 있지만, 설령 그게 되었다 쳐도 생물들 간에 보이는 상호적응이나 생활조건에 대한 정교한 적응에 대해서는 또 어떻게 설명하겠느냐는 것이다.

이 대목을 통해 우리는 『종의 기원』이 밝혀내려는 내용을 미리 짐작할 수 있다. 첫째 생물이 어떻게 완벽에 가까울 정도로 변화(진화)하였는가, 그리고 둘째 생물들은 어떻게 해서 다른 생물이나 주변 환경에 완벽에 가까울 정도로 상호적응하게 되었는가. 나중에 확인들 하시겠지만 다윈은 놀랍게도 이 두 가지 주제를 한 가지 메커니즘으로 모두 설명해낸다. 그게 과연 뭘까? 자! 여러분도 한번 생각해 보시기 바란다. 외적 조건도 아니고 내적인 의지나 습성의 반복도 아니고, 그렇다고 해서 오랜 시간이 흐르다 보니(설명 참 빈약하다. 거의 애걸복걸 수준이다) 훌륭한 모습으로 변한 것도 아니라면 과연 무엇이 이토록 다양하고도 풍요로운 자연세계를 설명할 수 있단 말인가? 창조론이 아니라면…….

다음에 이어지는 「머리말」의 나머지 내용은 『종의 기원』 전체의 구성을 짧게 개관하는 것이다. 우리는 어차피 『종의 기원』의 내용을 직접 보게 될 테니 개관 부분은 건너뛰기로 하고 곧장 「머리말」의 마지막 단락으로 이동하자. 그런데 이게 또 뜬금없다.

우리 주위에서 생활하고 있는 모든 생물들의 상호관계에 관해 우리가 몹시 무지하다는 사실을 솔직하게 시인하는 사람이라면, 종 및 변종의 기원에 관해 아직 설명되지 않은 것이 아무리 많다고 해도 결코 놀라서는 안 된다. 왜 어떤 종은 널리 분포되어 있고 개체수가 많은 데 반해, 그와 비슷한 어떤 종은 왜 좁게 분포되어 있고 개체수도 적은가를 설명할 수 있는 사람이 있을까? 그런데 이런 관계는 이 세계에 사는 모든 것의 현재의 평안은 물론, 미래의 성공 및 변화까지도 결정하는 일이라 대단히 중요하다. 이 세계의 역사에 있어서 과거의 여러 지질 시대에 살았던 **무수한 생물들의 상호관계**에 관해서는 우리가 아는 바가 너무나 적다. 아직 밝혀지지 않은 것이 많이 있고 앞으로도 오랫동안 뚜렷하지 않은 채로 남을 것도 많으리라. 그러나 나는 성의를 다해 신중히 연구했고 냉정한 판단을 내린 결과, 대다수의 박물학자가 품고 있었고 나도 전에는 인정하고 있었던 견해, 즉 각각의 종은 독립적으로 창조된 것이라는 견해는 잘못이라는 사실에 대해 의심을 품을 수 없게 되었다. 나는 종은 불변하는 것이 아니며 같은 속(屬)에 속하는 몇몇 종들은 일반적으로 멸종된 어떤 다른 종에서 유래한 후손이라는 것을, 어떤 종의 변종들이 그 종의 후손이라는 것과 마찬가지로 확신하고 있다. 그리고 또한 '자연선택'이 변화의 유일한 방법은 아니지만 주요한 방법이라는 것도 확신하고 있다.(p.6)

다윈은 생물의 변화와 상호적응을 해명하는 데 가장 중요한 것이 바로 생물들 간의 상호관계라고 본다. 그리고 「머리말」을 통해 바로 그런 상호관계를 깊이 연구함으로써 생물들의 진화를 확신하게 되었다고 털어놓은 것이다. 다윈은 앞서 자연계의 비밀이 외적인 조건에도 들어 있지 않고 생물 자체 내에 들어 있지도 않다고 했다. 그것은 바로 생물과 생물 사이의 관계, 생물과 수변 환경 사이의 관계, 즉 모든 존재들의 '사이'에 있었던 것이다. 아직은 이게 어떻게 진화론으로까지 이어질지 얼떨떨하시겠지만 그것은 이 책 전체를 다 읽은 후에 확인해 보기로 하자. 한편 다윈은 「머리말」 마지막에서 자신이 발견한 '자연선택'이라는 메커니즘은 대단히 중요한 것이긴 하지만 유일한 메커니즘은 아니라고 못 박아 두었다. 예컨대 성선택(sexual selection) 같은 것도 무시할 수 없을 만치 중요한 메커니즘이다. 성선택은 『인간의 유래』에서 중점적으로 다루어지는데, 그 책의 원 제목이 '인간의 유래와 성선택'이다. 성선택은 뒤에서 별도로 다루게 될 테니, 여기에서는 다윈이 '자연선택'만을 고집하지 않고 다양한 메커니즘을 인정했다는 점만 확인해 두기로 하자.

이제 겨우 「머리말」이 끝났다. 더 쓰고 싶은 게 많았지만 「머리말」이 네 쪽 정도밖에 안 되는데 여기서만 맴돌 수는 없는 노릇이다. 대신 「머리말」을 떠나기 전에 한 가지만 덧붙이기로 하자. 방금 위에서 생물의 변화와 상호적응을 얘기한 다음에 곧바로 상호관계로 이어지는 대목에서도 그러했듯이, 『종의 기원』은 그냥 읽어서는 단락과 단락이 매끄럽게 연결되지 않는 경우가 종종 있다. 그 이유는 크게 두 가지를 들 수 있는데 우선은 이 책이 무려 150년 전에 나온 책이기 때문이다. 『종의 기원』 이후 과학을 포함하여 사회 전체가 얼마나 빠른 속도로 발전해 왔는가! 그러니 당시의 사람들이 우리와 얼마나 다른 지식의 세계 속에서 이 책을 쓰고 또 읽었겠는가! 당대인들이 당연시하던 상식 및 상식의 체계가 우리의 것과는 크게 다르다는 점을 잊지 말기로 하자. 우리가 이 점을 유념하기만 한다면, 단락과 단락 사이의 덜컥거리는 부분을 통하여 다윈 당시와 지금 우리가 살고 있는 세계의 커다란 차이를 확연히 알게 될 것이다. 그것은 『종의 기원』의 장 속으로 단숨에 진입할 수 있는 지름길이기도 하다.

두번째는 우리가 동식물들에 대해 당대인들보다 현저히 무지하기 때문이다. 읽어 나가는 과정에서 여러분도 확인하게 되겠지만 수많은 동식물의 다양한 모습들이 우리를 꽤나 어지럽게 한다. 당대인들은 우리보다 훨씬 더 자연과 친밀한 생활을 했기 때문에 다윈이 드는 예 하나하나에서 생동감을 느꼈을 것이다. 우리는 어떠한가? 육상동물 쪽에 대해서는 사정이 좀 낫겠지만 식물에 대해서는 참으로 아는 게 별로 없고 조류 쪽에서도 그리 내세울 만한 처지는 못된다. 그러니 당대인들은 침을 꼴깍꼴깍 삼켜 가며 흥미진진했을 동식물 얘기가 현대의 독자들에게는 한없이 지루한 사실의 나열로 읽히기 십상이다. 책의 중요한 구성 요소인 동식물들의 삶을 그냥 눈으로 대충 훑고 지나가므로, 재미도 반감되고 내용도 잘 이어지지 않는다고 느끼게 되는 것이다. 이러한 사정을 감안한다면, 과학이 발달한 21세기인으로서 우쭐대기만 하기보다는 좀더 겸손한 마음으로 한 구절 한 구절 따라가기로 하자. 이 기회에 동식물의 삶에 대해서도 좀더 많은 관심을 기울이면서 다윈의 얘기를 찬찬히 들어 보도록 하자.

간주곡 _ 『종의 기원』 직전의 세계

우리가 학교에서 배운 내용이나 일반적인 교양서적들에 따르면, 창조론은 오래도록 허무맹랑한 미신에 불과했다고 한다. 한편 17세기 이래 과학이 급속히 발달하며 과학적 지식이 누적되면서 진화론이 부상하기 시작했다. 그것의 정점이 바로 다윈의 『종의 기원』이고 그 이후 진화론은 창조론을 과학의 성소에서 쫓아 버렸다. 그렇게 보면 다윈은 기존의 과학 지식을 집대성한 사람이고 우리는 그 유산을 더욱 발전시켜 현대 생물학에까지 이르고 있는 셈이다. 참으로 매끄러운 이야기다. 그러나 우리도 경험을 통해 알고 있다시피 현실의 과정은 그리 매끄러울 수가 없다. 특히 매끄러운 역사란 대부분 진실의 반만 담고 있으며, 그 반도 대부분 지금을 기준으로 크게 변형된 것들이지 않던가! 진화론의 통상적인 역사 또한 그러하다. 이 책은 지금부터 그런 쉽고 단순한 역사를 파헤쳐 마구 어지럽힐 것이다. 그러나 다른 한편 우리가 알고 있는 상식들이 전혀 근거가 없는 것은 아니다. 그것도 나름대로 진화론의 역사를 구성하는 한 부분이다. 우리는 『종의 기원』의 본문에 들어가기 전에, 소위 다윈 진화론의 전사(前史)를 그런 통상적인 관점에서 훑어 보기로 한다. 독자 여러분에게도 그리 낯설지 않을 그 풍경, 먼저 갈 곳은 산업혁명이 한창 진행 중이던 영국이다.

흔히들 1760년경에 영국에서 시작되었다고 하는 산업혁명은 진화론의 형성에도 크게 영향을 미쳤다. 우선 산업이 발달하자 금속과 석탄의 수요가 증가하게 되었고 그 결과 광업이 발달하게 되었다. 아울러 쉴 새 없이 생산되는 물건들을 실어 나르기 위해 운하 개발이 가속화되면서 운하와 운하를 잇는 수로 공사도 활발해졌다. 광업도 발전시키고 수로도 효율적으로 잘 뚫기 위해서 지층 측량술이 발전하고 학문 분야에서는 지질학이 발전하게 된다. 지질학이 발전하자 땅속에 묻혀 있던 비밀들이 속속 드러났는데, 이것이 당대인들에게 엄청난 충격을 주었다. 예를 들어, 당시 교회에서는 『성경』의 내용을 이리저리 따져보고 정교하게 아귀를 맞춰 계산한 결과 지구의 나이를 6천 살이라고 주장하였다. 아마(Armagh) 주의 대주교였던 아일랜드의 성직자 제임스 어셔(James Ussher, 1581~1656)는 신이 기원전 4004년 10월 23일 월요일 오전 9시라는 성스럽고 완벽한 순간에 중단 없이 신속하게 천지를 창조하셨다는 연구 결과를 발표했다.[1] 동료 성직자들은 이를 지지하였고 실제로 18세기 『성경』에는 어셔가 계산한 연대가 주석으로 붙어 있었다.

4년 뒤 신학자 라이트푸트(John Lightfoot, 1602~1675)는 신이 기원전 4004년 9월 17일 금요일 아침 9시에 땅의 흙을 가지고 아담을 빚있다고 했다. 날짜와 요일에 시간까지 들어 가며 호언을 했으니 그냥 해 본 얘기는 결코 아니었다. 그런데 지질학의 발전에 따라 더 깊은 지층으

---

[1] 사이먼 윈체스터, 『세계를 바꾼 지도』, 임지원 옮김, 사이언스북스, 2003, 35쪽.

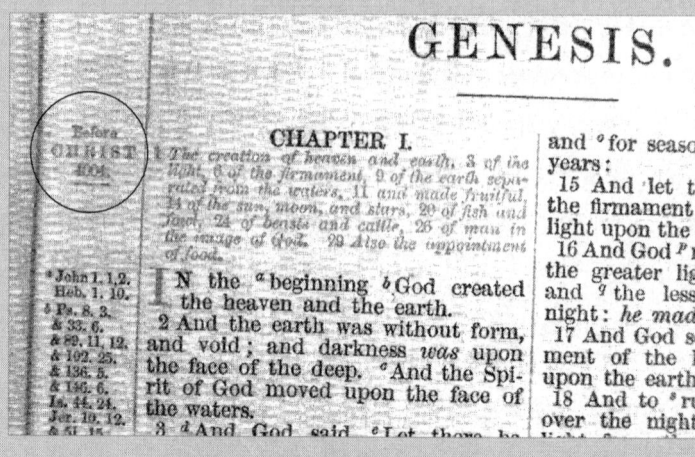

창세의 시점이 구체적으로 적혀 있는 18세기의 『성경』.
원 안에 제임스 어셔가 지구 창조의 시점으로 계산한 '기원전 4004'라는 표기가 보인다.

로 파고 들어갈수록 6천 년으로 감당하기에는 너무나 오랜 세월이 그 안에 담겨 있었다. 지층마다 기나긴 시간이 담겨 있는 듯하였고 지층과 지층 사이는 차라리 한없는 심연만큼이나 멀어 보였다. 1억, 5억 등 부정부패 사건 발표에나 등장할 법한 숫자들이 지구의 나이로 주장되기도 했고, 『지질학 원리』로 유명한 찰스 라이엘은 '감히' 무한하다고 말하기도 했다. 그러고 보니 창조과학회 같은 데서는 요즘도 지구의 나이를 1만 년 정도로 설명한다던데 지하에 잠들어 계실, 아니 천상에 계실 어셔 주교도 외롭지만은 않을 것이다.

지구의 나이만 문제된 것이 아니었다. 린네(Carl von Linné, 1707~1778)의 동식물 분류표는 더 심한 욕을 보았다. 린네는 스웨덴 출신으로, 속명-종명으로 구성된 (우리도 잘 알고 있는) 이명법(二名法)으로 유명한 자연사학자였다. 그는 『식물철학』(*Philosophia Botanica*, 1752)에서 수많은 식물들을 강, 목, 속, 종으로 분류했다. 먼저 그는 수술의 수에 따라 모든 식물들을 24강으로 나누고, 그 하부 단위인 목은 암술 수에 따라 나누었다.[2] 참고로 그 중 23강까지가 현화식물(顯花植物)이고 마지막 24강째가 은화식물(隱花植物)이었다. 이런 체계적인 분류는 매끄럽고 완벽했지만 그 대신 분류 기준 이외의 다양한 특징들은 모두 무시당해야 했다. 그런 단점에도 불구하고, 그의 분류 자체는 어쨌거나 대단히 완벽하고 정교했다. 식물들은 모두 그에게서 새로이 이름을 얻는 것처럼 보일 지경이었다. 그로 인해 린네는 당시 제2의 아담이라고 불리기까지 했다. 당시 사람들 말마따나 "신은 창조했고 린네는 배열했다". 사람들은 린네의 분류표가 시간이 흘러도 변치 않는 신의 영광과 우주의 질서를 완벽하게 증거한다고 찬양했다. 세계는 오늘도 창조의 그날처럼 의연히 아름답다. 창조된 유기체의 수와 형태들을 보라. 린네의 분류법에 따라 눈부시게 드러나는 꼼꼼하고 엄밀한 질서를 보라. 생명의 종류는 너무 많지도 너무 적지도 않았다. 선한 창조주이자 수학자이신 신에게 영광을!

그런데…… 그런데…… 지층들이 파헤쳐질 때마다 듣도 보도 못하던 동물들의 화석이 발견되었다. 멸종 동물들의 화석은 그 생김새만큼이나 불길한 것이었다. 생물의 수는 물론 형태도 신에 의해 완벽하게 창

---

2) 참고로 수술이 암술보다 더 상위의 분류 기준인 것을 두고 남존여비 사상의 반영이라고 간주하는 경우가 있지만 실은 그렇지 않다. 식물의 압도적인 다수가 암술 하나이기 때문에, 이것을 기준으로 해서는 분류의 의미나 효과가 너무 적어지기 때문이었다. 松永俊男, 『博物学の欲望: リンネと時代精神』, 講談社現代新書, 1992, 21쪽. 한편 다윈의 할아버지 이래즈머스 다윈은 『식물의 사랑』(The Love of Plants)에서 이러한 린네의 '성에 따른 체계'를 시적인 문체로 소개해 베스트셀러 작가가 되기도 했다.

화석의 발견
지층을 파헤칠 때마다 드러나는 멸종생물들의 화석은 '창조'의 완전성을 무너뜨렸다. 신의 영광과 우주의 완결성을 상징했던 린네의 분류표는 난관에 봉착했고, 지구 나이를 6,000년 정도로 계산했던 창조론자들의 주장도 허구로 드러났다.

조되었다고 믿었었는데, 그래서 분류표는 그토록 아름다울 수밖에 없다고 철석같이 믿었었는데, 멸종된 생물들이 있었다니! 그렇다면 신은 생물의 가짓수를 잘못 헤아렸단 말인가, 아니면 처음의 계획을 변경하셨단 말인가? 어느 쪽을 택하든 한 가지는 분명했다. 린네가 과시한 신의 아름다운 설계는 온전한 것이 아니었다는 사실. 교회는 가만히 있을 수 없었다. 얼른 노아의 홍수를 상기시키면서 멸종된 동물들이야말로 『성경』이 올바르다는 사실을 증명한다며 도리어 화를 내기 시작했다.

당대의 생물학자들도 린네의 분류표에 그 기이한 생명체들을 여기저기 끼워 넣는 데 최선을 다했다. 그러나 야속하게도 화석들은 점점 더 많이 발견되었다. 과거 생물의 유해와 현존 생물 간의 차이가 드러나면서 이제는 종의 불변설까지도 슬슬 의문시되었다.

신대륙에서 속속 발견되는 새로운 생물들은 분류학자들의 가벼운 두통을 깨질 듯한 편두통으로 발전시켰다. 도대체 이 많은 놈들을 분류표 어디에 소속시켜야 한단 말인가? 완벽성으로 인해 신의 영광을 드러낸다고 믿었던 분류표는 이제 누더기가 되었다. 분류체계 중 어느 쪽은 너무 생물들이 많아졌고 다른 쪽은 너무 빈약해졌으며, 멸종된 놈들은 분류표에 어떤 식으로 넣어야 할지도 난감했다. 린네를 비롯한 생물학자들은 분류표가 완성되기만 하면 매끄러운 기하학적 질서, 즉 신의 질서를 보여 줄 것이라고 믿었지만 시간이 흐를수록 분류표는 일그러져만 갔고 게다가 구멍까지 숭숭 뚫린 흉측한 몰골이었다.[3] 멸종된 동물들은 신의 저주를 받은 것이라고 궁색한 변명도 해보았다. 퀴비에(Georges Cuvier, 1769~1832) 같은 저명한 해부학자는 한 번의 홍수로는 모든 문제를 해결할 수 없다고 판단하고는 급한 대로 복홍수설(復洪水說)을 주장했다. 노아의 홍수 같은 사건이 한 번만 일어난 게 아니라는 얘기였다. 한 가지 난처한 사실은 멸종된 동물들 가운데 물고기도 있다는 사실이었다. 홍수가 일어나서 생물들이 멸종한 것이라면 물고기

---

[3] 린네의 박물학에 대해서는 국내에 잘 소개되어 있지 않아 아쉬운 대로 제임스 버크, 『우주가 바뀌던 날 그들은 무엇을 했나』, 장석봉 옮김, 지호, 2000을 참조했는데, 더 잘 정리된 것으로는 Daniel R. Headrick, *When Information Came of Age: Technologies in the Age of Reason and Revolution, 1700~1850*, Oxford: Oxford University Press, 2000 중 2장 "Organizing Information: The Language of Science"이 있다. 그 외에 松永俊男, 『博物學の欲望』도 참조할 수 있다.

들은 멸종하지 말았어야 하는 것 아닌가?

땅속에서만 문제가 발생한 건 아니었다. 학자들 간의 논쟁과는 무관하게 당시 일반인들은 이미 생물이 크게 변할 수 있다는 걸 몸으로 알고 있었다. 아니 그 정도가 아니라 한참 유행하던 원예를 통해 다양한 신품종들을 육성하고 있었다.[4] 해부학의 발달도 빼놓을 수 없는데, 이로 인해 외부형태가 서로 다른 동물 간에도 내부기관의 유사성이 판명되었고, 또 흔적기관의 존재도 밝혀져 가면서 동물 상호 간의 유연관계(類緣關係)에 대한 인식이 심화되었다. 종과 종 간의 뚜렷한 경계가 흐려지기 시작한 것이다.『종의 기원』이 발간되기 전 북부 프랑스 아브빌 근처에서는 부싯돌이 발견되었다. 지층을 분석해 본 결과 『성경』이 주장하던 연대기보다 훨씬 더 앞서 있는 게 분명했다. 그 아득한 옛날에 누군지 모르지만 부싯돌을 사용한 존재가 있었던 것이다. 1856년 발견된 네안데르탈인 화석은 정말이지, 뭔가 불길한 일이 벌어지고 있음을 어둡게 예언하고 있었다(『종의 기원』 출간 후에는 파충류와 조류의 중간으로 보이는 시조새의 화석까지 발견되었다). 뭔가 터져도 크게 터질 것만 같은 숨막히는 분위기였다. 그런 뜨거운 시기에 다윈은 시골 구석에 처박혀 나쁜 건강과 싸우며『종의 기원』집필에 박차를 가하고 있었다. 그것은 불온한 시대 분위기를 바탕으로 전혀 새로운 과학을 구성하는 목숨을 건 고투였다. 이제 1장을 펴자.

---

[4] 그런데 이 사실 자체만으로는 종 불변설이 뒤집어지지 않는다. 대부분 사람들은 새로운 품종들이 인위적인 결과이기 때문에 야생상태에서는 다시 자연스러운 종의 모습을 회복할 거라고 믿었다. 이것은 오늘날 유전공학에 의해 새로운 종들이 마구 생산되어도 창조론자들이 전혀 생각을 바꾸지 않는 것과 같은 이치다.

1
감금, 변이, 기형, 선(善)
『종의 기원』 1장 사육재배하에서의 변이

푸코 씨는 그것의 몇몇 특별한 양상을 추적하고자 합니다. …… 그것들 중 하나는 벌써 준비가 되었습니다. 그것은 19세기의 유전의 앎에 대한 것입니다. 그것은 …… '투입된' 앎의 문제입니다. 이 앎은 농학과 사육의 실행에서 이미 쓰이고 있었던 것입니다. 생물학과 유전학으로 발전되기 이전에 흥미로운 변종의 추구나 고정, 순종의 보존, 일부 돌연변이의 유지 같은 방법을 이미 실제 농업에서 허용했던 것은 바로 이것입니다. 19세기 농업기술의 발전은 얼마간은 이 앎의 발전과 관계가 있습니다. 그것은 또 현대 유전학의 관점에서 보면 과학이 아니지만 그렇다고 해서 단순히 전통적 속설도 아닌, 스스로의 논리성을 갖춘 '앎'을 형성하고 있는 그러한 인식의 총체입니다. 다윈이 인간의 동물 사육을 종(種)의 진화의 모델로 삼은 것에서 우리는 그 증거를 볼 수 있습니다.

— 콜레주 드 프랑스, 1970년 4월 12일 교수회의. '사유체계의 역사' 강의를 맡을 미셸 푸코의 저서 소개를 위한 질르 뷔유맹의 보고서. 디디에 에리봉, 『미셸 푸코』.

감금, 변이, 기형, 선善

『종의 기원』의 1장의 제목은 「사육재배하에서의 변이」다.[1] 조금 실망스럽다. 뭔가 짜잔 쿵쾅쿵쾅! 하며 근사한 대목부터 시작할 줄 알았는데, 제목이 좀 그렇다. 다윈은 왜 이렇게 칙칙한 주제로 출발했을까?

우리도 잘 알다시피 다윈이 발견한 진화의 주된 메커니즘은 자연선택이다. 헌데 그런 메커니즘에 의해 진화가 이루어지는 순간을 자연 속에서 포착하기는 거의 불가능하다. 그래서 다윈은 가축의 세계에서 그것을 발견하고자 하였다. 뭐 이렇게 말하니까 꽤나 당연한 수순처럼 보이지만 당시에는 전혀 당연치가 못했다. 물론 가축과 야생동물 사이에 뚜렷한 차이가 있다는 것쯤은 누구나 알고 있었고, 박물학자들은 말할 것도 없었다. 그렇지만 다윈처럼 가축을 중용(重用)한 박물학자들은 없었다. 예컨대 린네는 가축의 뚜렷한 특징들이 인간 사회라는 일시적이고 특수한 환경 때문에 생긴 것이라 보았다. 따라서 가축을 야생상태로

---

[1] '사육재배'란 영어의 domestication을 번역한 말이다. 영어에서는 동물이든 식물이든 인간이 기르는 것을 모두 domestication이라고 하는데, 우리말에서는 동물은 사육, 식물은 재배라고 따로 부르기 때문에 한 단어로 번역하기가 곤란하다.

돌려보내면 즉시 신이 창조하신 원래의 모습으로 회귀할 것이라고 확신했다. 그러니 가축을 연구해서 자연의 보편성을 알아낸다는 식의 발상은 상식과 거리가 먼 것이었다.

그럼 자연선택설의 동시발견자라는 월리스는 어땠을까? 그의 유명한 1858년 논문 「변종이 원형에서 한없이 멀어지는 경향에 대하여」를 보도록 하자.

> 그러므로 **가축에서 일어나는 변이를 관찰해서 그것을 근거로 자연상태에서의 변종에 대해 추론하는 건 불가능하다는 걸** 알 수 있다. 양자는 모든 생존 환경 하나하나가 거의 **정반대**이기 때문에, 한쪽에 적용되는 사실은 다른 쪽에는 거의 틀림없이 적용 불가능하다. **가축은 정상적이지 않고 불규칙하며 인공적이다.** 따라서 자연상태에서라면 결코 일어나지 않고 또 일어날 수도 없는 변이가 생겨나기 쉽다. 그들의 생존부터가 인간이 돌봐 주지 않으면 불가능하다. 그들 대부분은 자신의 자원만으로 살아가야 하는 동물이 생존을 유지하고 자손을 낳을 수 있는 수단, 즉 여러 가지 능력의 적합한 비율과 신체 구조의 제대로 된 균형으로부터 너무나 멀리 떨어져 있다.[2]

그러므로 가축은 제외되어야 했고 월리스는 자연상태의 동물들만 가지고 자연선택에 의한 진화론을 펼친다. 그러면서 자기 논문의 목적을 이렇게 표명한다.

---

[2] 1858년 '린네 협회' 회보 3권의 61쪽. http://people.wku.edu/charles.smith/wallace/S043.htm에서 재인용.

본 논문의 목적은 …… 자연계에는 하나의 **일반원리**가 있는데, 이 원리에 의해 많은 변종들이 부모종보다 오래 살아남아 원래의 형으로부터 점점 더 멀어져 가는 변이를 계속적으로 낳는다는 사실, 그리고 이 원리는 또한 가축에 있어서는 변종이 부모의 형태로 돌아가는 경향을 낳는다는 사실을 밝혀내는 데 있다.[3]

요컨대 월리스는 가축과 자연상태의 야생동물은 처한 조건이 정반대며, 따라서 가축들의 변종은 야생동물들의 변종과는 달리 원래 상태로 회귀하는 게 일반원리라고 믿었다. 우리도 같이 생각해 보자. 가축에게서 변종들이 태어나는 것은 흔한 현상이다. 그런데 그것은 극히 미미한 정도에 불과하다. 개에게서 개가 태어나고 콩을 심으면 콩이 나지 않는가. 색깔이나 크기가 조금씩 다를 수는 있지만 그래도 개는 개고 콩은 콩이다. 조상회귀 현상도 이런 생각을 거들었다. 조상회귀란 격세유전이라고도 하는데, 부모에게 없는 어떤 형질이 자손에게 나타날 경우, 그것은 조부모나 몇 대 더 위의 조상으로부터 전해진 형질이라고 보는 설이다(실제로 이런 사례가 많이 발견되기도 한다). 왜 몇 세대를 건너뛰어 나타나는지는 이해할 수 없었지만 조상회귀 현상이 있는 것만은 분명했다. 그러니 변종을 일시적이고 인위적인 환경에서 떼어 내 자연상태로 돌려보내면 원종으로 돌아갈 가능성은 매우 크지 않겠는가! 이렇게 생각하는 게 상식적으로도 훨씬 자연스럽다. 월리스가 다른 학자들과 차이를 보인 것은, 야생상태의 변종들이 점점 더 원종으로부터 멀어진

---

[3] 1858년 '린네 협회' 회보 3권의 53쪽. http://people.wku.edu/charles.smith/wallace/S043.htm에서 재인용.

다고 보았던 점이다. 그러나 그도 사육재배하의 변종에 대해서는 당시의 상식을 공유하고 있었다. 그러나 다윈은 그 길을 가지 않았다.

다윈은 자연상태에서 시작하면 안 된다고 생각했다. 자연상태에서는 변종이 발생하는 것도, 그후 그 변종이 어떻게 되어 가는지도 직접 관찰하기 곤란하다. 그러므로 자연상태로 곧바로 뛰어들면 사변적인 논의로 흐를 수밖에 없다. 그 결과는 기껏해야 사변적인 진화론 아니면 다시 창조론으로의 회귀였다. 그러나 다윈은 정교한 라마르크가 아니었다. 그는 사육재배 생물들의 장점을 제대로 알아보았다. 사육재배 생물들은 관찰도 쉽고 특정한 개체끼리 짝을 지어 교배를 해볼 수도 있다. 충분한 표본에 자유로운 실험, 이보다 좋을 수는 없다. 그런데 월리스는 이들을 택하지 않았다. 가축은 불규칙하고 인공적이며 비정상적인 존재요, 따라서 자연상태에서라면 일어날 수 없는 변이가 생겨나기 쉽다고 믿었기 때문이다.

이렇듯 다윈 앞에는 대다수의 창조론적 과학자들을 제외하고도 라마르크가 간 길과 월리스가 간 길이 있었다. 두 곳 모두 넓고 평탄해 보였다. 그렇지만 다윈은 아주 작게 난 길을 택했다. 가축을 중요한 출발점으로 삼기로 한 것이다. 다윈이 그럴 수 있었던 것은 가축 또한 자연의 일부라고 생각했기 때문이다. 자연에서 일어나는 일 중에 자연스럽지 않은 일은 없다. 인간도, 가축도 모두 자연의 특수한 표현들이다. 세상의 모든 존재들은 어떤 방식으로 자연스러우냐에만 차이가 나는 것이지, 자연스럽지 않은 존재는 없다. 그런 면에서 다윈에게 자연은 어떤 특정한 장소에 있지 않았다. 자연은 명사가 아니라 사태가 자연스럽게 진행되는 패턴을 가리키는 말, 즉 형용사나 부사였다. 그러나 여기에는 앞서 말한 장애물이 가로막고 있었고 다윈은 이를 넘어야만 다음 단계로 나아갈 수 있었다.

앞에서 조상의 모습이나 체질이 후손에게 나타나는 문제에 관해 언급했으므로 박물학자들의 말을 여기에 인용해 두겠다. 그들은 사육재배 변종은 자연상태에 놓아 기르게 되면 차츰, 그리고 확실하게 원종의 형질로 돌아간다고 주장한다. **따라서 사육재배 품종으로부터 자연상태의 종에 관해 추론을 끌어내서는 안 된다고 주장해 왔다.** 나는 사람들이 얼마나 확실한 사실들을 근거로 저렇게 빈번하고도 대담하게 그런 설을 주장했는지 발견하려고 애써 보았지만 헛일이었다. 이런 견해를 증명할 만한 것은 그 그림자조차 찾아볼 수 없었다.(p. 14)

인간이나 사회가 뭔가 특별한 존재라고 믿는 사람이라면 가축의 변종이 부모종으로 되돌아간다는 주장에 고개를 끄덕였을 것이다. 게다가 많은 학자들이 "빈번하고도 대담하게" 그리 주장하지 않았는가? 하지만 인간과 사회 또한 자연의 일부라고 보는 다윈에게는 의심이 들었다. 왜 그렇지? 정말 신기하네! 헌데 그게 정말 사실일까? 그리고 조사를 해보았다. 결과는 아무 근거도 없었고, 제대로 조사된 적도 없었다. 많은 조사를 거듭한 끝에 이 사실을 확인한 다윈은 1장을 '사육재배하에서의 변이'로 시작할 수 있었다. 이렇게 출발함으로써 자연선택이라는 메커니즘을 (단순한 사변이 아니라) '실증'할 수 있는 발판이 확보되었다. 1장의 주제는 특별할 게 없어 보이고 이야기 전개는 지극히 평범해 보인다. 현대의 독자들에게는 지루하지 않을 도리가 없다. 그렇지만 그곳에는 깊은 회의와 방대한 조사에 의해 당대의 통념을 뛰어넘은 거인의 일보일보가 가득하다. 월리스를 비롯한 당대의 박물학자들을 대놓고 비판하는 다윈. 당시의 과학자들은 1장부터 긴장하기 시작했다.

책을 '사육재배하의 변이'로 시작한 것은 이처럼 이론적인 이유에서였지만, 부차적인 효과도 꽤나 쏠쏠했다. 당시에는 사육재배가 대유행이었기 때문에, 일반 독자들도 처음부터 주체적인 독서를 할 수 있었다. 자신이 날마다 하고 있는 행위가『종의 기원』속에 들어 있었으므로, 사람들은 자기의 경험과 다윈의 통찰력을 생생하게 비교하며 읽어 갈 수 있었다. 특히 전문적인 과학자들보다 일반인들의 의견을 더 높이 사곤 하는 다윈의 모습은 독자들을 열광시켰다. 과학적 진화론 정립을 위한 결정적 일보. 그리고 과학자들의 긴장과 독자들의 열광.『종의 기원』의 1장은 이러한 고도의 계산 속에서 배치된 것이었다. 제목에 이어 본문의 첫 문장부터 다윈은 공격을 개시한다. 긴장하시라!

> 우리가 오래전부터 사육재배해 온 동식물의 같은 변종이나 아변종에 속하는 모든 개체들을 볼 때, 제일 먼저 강하게 받는 인상은 일반적으로 자연상태하에 있는 종 또는 변종의 여러 개체보다도 서로의 차이가 훨씬 뚜렷하다는 점이다.(p.7)

이거 뭐 놀랍긴커녕 무슨 말인지 모르겠네. 게다가 한두 번 더 읽어보면 별 내용도 없는데 이게 공격 개시라고?『논어』첫 대목보다 심하잖아! 그러나『종의 기원』출간 이후 150년이나 흘렀다는 사실을 잊지 말자. 그리고 우리가 출발할 때 건너 뛴 부분으로 돌아가자.「머리말」부터 출발했는데 뭘 빠뜨렸단 말인가? 바로 목차다. 머리털 나고 이 책을 한 번도 펼쳐 보지 않은 분들은 이 기회에 목차라도 보시기 바란다(독자들 중에는 앞부분에서만 맴돈다고 불평인 분도 있을 것 같다. 하지만 어쩌겠는가, 지금 우리는 150~200년 전의 지층을 향해 파내려 가고 있으니).

머리말

1장 사육재배하에서의 변이

2장 자연하에서의 변이

3장 생존투쟁

4장 자연선택

5장 변이의 법칙

6장 학설의 난점

7장 본능

8장 잡종

9장 지질학적 기록의 불완전에 대하여

10장 생물의 지질학적 천이(遷移)에 대하여

11장 지리적 분포(1)

12장 지리적 분포(2)

13장 생물의 상호 유연관계: 형태학, 발생학, 흔적기관

14장 요약과 결론[4]

---

4) 독자들이 갖고 계신 한국어판 『종의 기원』 중에는 총 15장으로 되어 있는 판본도 있을 것이다. 그건 다윈이 6판에서 「자연선택설에 대한 여러 가지 의견들」을 7장으로 끼워 넣어 한 장이 더 늘어났기 때문이다.

얼추 보면 생존투쟁(어? 생존경쟁이 아닌가?)이나 자연선택 같은 낯익은 개념들이 보이고 본능이나 잡종 같은 제법 흥미로워 보이는 제목들도 있다. 한두 번 더 훑다 보면 1장, 2장, 5장 모두에서 변이라는 단어가 등장한다는 사실에 눈길이 멈추는 독자들도 있을지 모르겠다. 적어도 목차상으로만 보면 『종의 기원』에서 가장 중요한 것은 변이인 것처럼 보이기도 한다. 재미있고도 놀라운 사실은 바로 그것이 진실이라는 점이다. 목차가 그대로 드러내듯이 『종의 기원』은 변이에 대해 쓴 책이며 무한한 변이를 찬양한 책이다. 종의 기원이니 뭐니 하는 따위에 정신 팔지 말고, 끝없는 변이들이 흘러넘치는 세상, 변이의 소용돌이 속으로 흘러들어 가자고 손짓하는 책이 바로 『종의 기원』인 것이다. 다윈이 변이에 이렇게 지대한 관심을 쏟은 것은, 1868년에 아예 '변이'만을 주제로 1,150쪽이 넘는 두 권짜리 대저 『사육재배 동식물의 변이』(The Variation of Animals & Plants under Domestication)를 출간했다는 사실에서도 확인할 수 있다. 당시의 영어책들은 오늘날 우리나라의 책에 비해 한 쪽의 분량이 훨씬 많았다는 점도 염두에 두시라. 그러니 천 쪽이 넘는 책이라면 2천 쪽도 더 되는 책이라고 보시면 된다. 대체 변이가 뭐길래!

변이(變異, variation)란 같은 부모에게 태어난 자손들이 습성과 구조가 다를 때 지칭하는 말이다. 그리고 그 결과 생겨난 집단 내의 다양성도 함의하는 용어다. 우리가 흔히 말하는 돌연변이는 말 그대로 변이 중에서도 특히 갑작스러운 변이를 가리킨다. 주변으로부터 이런 말을 들으며 자란 분이라면 더 설명이 필요없을 터이다. 돌연변이도 아니고 그냥 변이가 다윈에게 가장 중요한 주제였으며 그것이 모든 신비를 푸는 열쇠였다는 사실이 놀랍지 않은가! 특이한 건 이렇게 중요한 단어 '변이'를 다윈은 5판과 최종판인 6판에서 거의 다 '개체적 차이 및 변이'라고 바꿨다는 점이다. 개체적 차이란 세상 모든 개체들이 서로 조금씩 다른 것을 말한다. 당연한 말이다. 안 그럴 수가 있는가! 사람도 개인마다 다르고 동물이든 식물이든 무생물이든 모든 삼라만상이 서로 조금씩 다를 수밖에 없다. 그런데 다윈은 바로 이런 차이들로 인해 수많은 종들이 진화되어 나왔다고 믿었다. 그러니 어찌 다윈이 개체 간의 **차이와 변이**에 대해 주목하지 않을 수 있겠는가!

이만큼 눈을 씻었으니 이제 새로운 눈으로 『종의 기원』 1장의 첫 문장을 다시 한번 보도록 하자.

> 우리가 오래전부터 사육재배해 온 동식물의 같은 변종이나 아변종에 속하는 모든 개체들을 볼 때, 제일 먼저 강하게 받는 인상은 일반적으로 자연상태하에 있는 종 또는 변종의 여러 개체보다도 서로의 차이가 훨씬 뚜렷하다는 점이다.(p. 7)

당대의 창조론적 과학에 대해 전면 전쟁을 선포한 다윈이 독자를 가장 먼저 데려간 전장은 태곳적 어느 순간도 아니요, 무슨 원소 같은 것들로 가득한 몽롱한 우주 공간도 아니었다. 따뜻한 원시 수프가 담겨 있는 해묵은 연못[5]은 더더욱 아니었다. 당시 사람들이 매일 보고 사육

---

[5] 오늘날 생명의 기원을 논할 때 가장 대표적인 모델로 등장하는 '따뜻한 연못'도 실은 다윈이 어느 서신에서 가볍게 썼던 말이다.

재배하는 '여러 개체들'이었다.[6] 이를 통해 다윈은 독자들에게 그 모든 개체들과 그들 간의 무수하고도 뚜렷한 '차이'에 주목하라고 호소하고 있었다. 개체들 사이의 수많은 차이와 무한히 발생하는 변이. 다윈은 제목과 목차 및 책 전편에 걸쳐서 이것을 반복 강조했다(제목에 대해서는 후술하겠다). 하지만 세상은 그 모든 것을 뿌리치고 거기서 진화라는 결론만을 보려 했다. 『종의 기원』의 힘은 모두 겉에 드러나 있다. 『종의 기원』이라는 책을 생명의 기원 지점이 아니라 우리가 일상적으로 보는 생물의 차이에서 출발시켰다는 것. 거기에는 기원을 신성시하는 관점 자체를 전복하려는 다윈의 의도가 그대로 담겨 있었다. 그가 보기에 기원이라는 자리는 그대로 두고 그 내용을 신에서 물질로만 바꾸는 것은 변장한 창조론에 불과하였다. 다윈이 만약 되살아나 오늘날의 빅뱅론이나 생명기원론을 본다면 뭐라 생각했을까? 목차랑 첫 구절 가지고 너무 많이 나갔다고 생각할 독자들도 물론 있을 것이다. 그런 분들을 위해 질리언 비어는 다윈이 얼마든지 다르게 시작할 수도 있었다고 말해 주었다.

기원이나 우주창조론에 정신이 팔려 있었다면 지질학상의 기록으로부터 시작하였을 것이고, 단일 생물의 일생을 모델로 간주하는 발생론자였다면 배(胚, embryo)를 제일 처음에 놓았을 터이다. 하지만 다윈은 개

---

[6] 한글과 영어의 문장구조가 달라 잘 드러나지 않지만, 본래 다윈이 쓴 문장은 이러하다. "When we look to the individuals of the same variety or subvariety of our older cultivated plants and animals……." 그러니까 영어권 독자들이 맨 처음 맞닥뜨린 구절은 "When we look to the individuals……" 즉, "우리가 여러 개체들을 볼 때"라는 것이었다.

체의 풍성함, 그들의 변이성, 종의 다양성을 강조하면서 이야기를 시작한다.[7]

다윈이 선택하지 않은 앞의 두 가지 길이 당시에는 훨씬 더 보편적인 길이었다. 우선, 지질학상의 기록에서부터 출발하는 길. 지금보다야 여러 모로 부족했지만, 당시의 지질학도 최소한 캄브리아기 지층까지는 파고 들어가 나름 다양한 화석 기록들을 확보한 상태였다. 다윈 이전의 진화론자들은 각 지층별 화석들이 현 시대로 다가올수록 진보적으로 진화해 오는 양상을 보인다고 주장했다. 두번째는 배의 발생과정을 진화사의 축소판으로 보고 거기서 출발하는 길도 있었는데, 여기에는 대우주와 소우주의 일치라는 오래된 생각이 깔려 있었다. 그렇지만 다윈은 달랐다. 그는 자신이 지금 풀어야 하는 문제가 무엇인지를 정확히 설정하고 있었다. 우리는 오늘날 '종의 기원'이라고 하면 무심코 '생명의 기원'을 떠올리는 경향이 있다. 그런데 다윈 당시에는 그것이 문제의 핵심이 아니었다. 다윈은 『종의 기원』에서, 생명의 기원 문제는 다루지 않겠다고 공언하기까지 한다. 그럼 뭘 다루겠다는 거지? 그는 종이 불변한다는 사람들의 통념이야말로 과학적 진화론의 정립에 최대의 장애물이라고 판단했다(실제 논쟁도 종의 불변성 여부를 둘러싸고 벌어졌다). 다윈은 종이 변할 수 있음을 보여 주고자 했고, 또한 지금도 다양한 생물들이 진화하고 있음을 논증하고자 했다. 한마디로 말해서, 다윈 진화론의 핵심은 아득한 과거가 아니라 바로 '지금-여기'에서의 진화를 입

---

7) Gillian Beer, *Darwin's Plots*, Cambridge: Cambridge University Press, 2000, pp. 59~60.

증하는 것이었다(오늘날 생물학의 접근법과도 얼마나 다른가!). 우리가 지금 보고 있는 수많은 생물들과 다양한 자연조건들로 진화론을 정립하는 것이다(화석 기록들은 보조적으로 활용된다). 이것은 놀랄 만한 일대 전환이었다. 다윈은 이런 독창적 출발점에 서서 이제 어떤 종이 다른 종으로 변할 수 있는지를 드러낼 것이다. 이 험난한 여정을 다윈은 개체 간의 차이, 그것도 사육재배 생물들 간의 현저한 차이로부터 출발하고 있다. 다윈은 맨 처음 사육재배하의 생물들의 변종들 간에는 자연상태의 경우보다 차이가 훨씬 뚜렷하다고 말했다. 그건 관찰을 통해서도 충분히 공감할 수 있는 내용이었다. 그런데 그 이유는 과연 무엇일까?

> 몇 세기 동안 아주 다른 기후에서 사육되어 온 동식물들이 그토록 다양한 것을 생각해 보면, 이러한 커다란 변이성은 그들이 조상종이 살았던 자연환경과는 **다른 조건**, 즉 좀더 불안정하고 한결같지 못한 생활조건에서 길러져 왔기 때문이라고 결론짓지 않을 수 없다. 음식물을 지나치게 많이 섭취한 데에 기인한다는 앤드루 나이트의 의견에도 일리가 있다고 나는 생각한다. 하나의 커다란 변이가 일어나려면 생물은 몇 세대에 걸쳐 새로운 생활조건하에 있어야 한다는 것, 그리고 일단 체제가 변이하기 시작하면 그것은 일반적으로 이후 수많은 세대에 걸쳐 계속 변이된다는 것은 대단히 명백한 사실로 보인다. **변이하기 쉬운 생물이 사육재배하에서 변이를 멈추었다는 예는 전혀 기록되어 있지 않다.** 가장 오래된 작물인 밀도 여전히 새 변종을 낳고, 가장 오래된 사육동물인 개도 역시 급속히 개량 또는 변화시킬 수가 있는 것이다.(pp. 7~8)

생활조건의 변화로 인해 사육재배 생물들은 커다란 변이성을 보인다. 당연한 얘기다. 그런데 여기서 눈여겨 봐야 할 것은 다윈이 변이에 어떤 한도도 부여하고 있지 않다는 점이다. 다윈과 달리 당시 과학자들은 생물에게는 어떤 넘을 수 없는 장벽이 있다고 믿었다. 생물들에게는 어떤 일이든 일어날 수 있지만 종과 종 사이의 경계를 뛰어넘는 일만은 불가능하다고 철석같이 믿었다. 하긴 개가 개를 낳고 사람이 사람을 낳는 것은 자명한 사실 아닌가! 기괴하거나 끔찍한 기형이 생겨날 수는 있어도 다른 종이 태어날 수는 없다. 만일 그렇지 않다면 이 세계가 얼마나 혼란스럽겠는가! 금수들이 아무리 어지럽게 짝짓기를 해도(금수 같은 놈들!) 넘을 수 없는 장벽으로 인해 자연계는 질서정연하게 유지되고 있다. 이 장벽이 어디서 왔겠는가? 그것을 창조론자들은 신이 부여하신 질서라 불렀고, 과학자들은 자연법칙이라고 불렀다. 혹은 자연법칙을 신이 부여하셨다고 믿는 사람도 있었다. 어느 쪽이든 자연계에는 위반 불가능한 질서가 있고 그것은 생물들 외부에서 왔다고 생각했다는 점에서는 차이가 없었다. 그러나 다윈은 변이에 어떤 식으로든 한계가 있다는 기록은 없다며 과학자들을 비판하고 있다. 나아가 밀이나 오래된 가축들을 살아 있는 증거로 내세웠다.

이 문제를 오랫동안 연구해 본 결과, 생활조건은 생물에게 직접적으로 작용하여 체제 전체 혹은 봄의 일부를 변화시키거나, 아니면 생식계통에 영향을 끼침으로써 간접적으로 작용하는 경우가 있는 것 같다. 먼저 전자, 즉 직접적 작용과 관련해서는 …… 두 가지 요인이 관련된다. 바로 생물체 자체의 성질과 외적 조건의 성질이다. 그 중에서도 생물체의 성질이 특히 중요한 것 같다. 외적 조건이 동일해도 상이한 변이들이 생겨난다든가, 다른 외적 조건하에서도 동일한 변이가 생겨나는 일들이 있기 때문이다. 따라서 변이의 특수한 형태를 결정함에 있어서 외적 조건의 성질은 생물의 성질에 비해 중요성이 뒤떨어진다고 볼 수 있다. 이는 어떤 가연성 물질에 점화하는 불똥의 성질이 그 불꽃의 성질을 결정하는 데 아무런 중요성이 없는 것과 같은 일이다.(6판 pp. 5~8)

변화된 조건의 간접작용, 즉 생식계통이 영향을 받아 생기는 변이에 관해 생각해 보자. …… 생식력이라는 문제는 그 양상이 너무너무 복잡한 문제다. 원산지에서 자유롭게 생활하지만 새끼를 낳지 않는 동물들이 얼마나 많은지 모른다. 이것은 일반적으로 본능이 손상된 탓이라고들 하지만, 그것은 잘못된 생각이다. 최고도의 생활력을 나타내면서도 종자는 (거의) 맺지 않는 작물들을 생각해 보라. 몇몇 경우에는 생장기 중 어떤 시기에 물이 약간 많다거나 적다거나 하는 아주 사소한 변화 때문에 식물의 종자가 맺히느냐 아니냐가 결정되는 일도 있다.(6판 p. 7)

나는 이 신기한 문제에 대해 내가 수집한 자료들을 여기서 장황하게 말할 수는 없다. 따라서 우리 안에 갇힌 동물의 생식을 결정하는 법칙이 얼마나 기이한 것인지만 잠시 보여 드리겠다. 육식동물은, 가령 열대 지방이 원산지일지라도 영국에서 꽤 자유로이 우리 안에서 번식을 한다(다만 곰과科만은 예외다). 또 육식 조류는 극소수의 예외를 제외하면 수정란을 좀처럼 낳지 않는다. 한편 사육재배 생물 중에는 가끔 허약하고 병에 걸리기 쉬운 데도 불구하고 갇힌 상태하에서 자유롭게 번식하는 것들이 있다. 반면 개체가 어렸을 때 자연상태로부터 떼어져서 충분히 길들여진 결과 몸도 건강하고 수명도 길었지만, 어떤 분명치 않은 원인으로 생식계통에 심한 장애를 받아서 생식 작용을 영위하지 못하는 것들도 있다.(pp.8~9)

대체 무슨 얘기를 하려고 이런 일관성 없는 현상들을 늘어놓을까? 그래 놓고 다윈이 한다는 얘기라는 게 겨우 구속하에 있는 생물의 생식을 결정하는 법칙은 대단히 기이해서 한마디로 말할 수 없다는 것이다. 이렇게 허무할 데가! 여러분은 앞으로 다윈의 이런 이야기 방식을 지겹도록 보게 될 것이다. 자료를 많이 모았는데 여기서 다 소개할 수 없다고 말한 다음, 대단히 일관성 없는 사례들을 늘어놓는 방식. 그런데 희한한 건 이런 불규칙성과 다양성이 곧 다윈의 근거가 된다는 점이다.

이렇게 다양한 현상을 볼 때, 생식계통은 갇힌 상태하에서 불규칙해지므로 양친을 닮지 않은 새끼가 태어난다고 해서 그리 놀랄 일은 못 된다. 불임성은 원예가 망하는 원인이라고 일컬어져 왔다. 그러나 위에 말한 견해에 따르면 불임성이 생겨나는 원인 때문에 변이성이 생겨나는 것이다. 그리고 변이성이야말로 밭에서 나는 모든 멋진 산물의 원천이다.(p.9)

지금까지 다윈의 얘기는 이런 것이다. 사육재배라는 것 자체가 야생상태에서 데려온 동식물에게는 커다란 조건 변화다. 그 변화는 주로 생식계통에 영향을 끼쳐 생물들이 강한 변이성을 유발한다. 변이란 대체로 안 좋은 것이지만 좋은 결과의 원천이기도 하다. 한 가지 덧붙인다면 이 변이성에 한도가 있다는 증거는 어디에도 없다는 정도.

이상으로 『종의 기원』 1장의 첫번째 항목 '변이성의 원인'에 대해 이야기했는데, 원서로는 약 네 쪽 정도 되는 분량이다. 빠른 사람들은 『종의 기원』의 이 대목쯤부터 벌써 좌절하기 시작한다. 읽다 보면 나아지겠지, 나아지겠지 하면서 다음 문장, 다음 문장으로 옮겨 보지만 『종의 기원』은 처음부터 끝까지 주구장창 이런 식이다. 어려운 단어는 하나도 없는데 문장이 만연체인 데다가 악센트는 약에 쓰려고 해도 찾아볼 수가 없다. 뭐가 그리도 중요한지 전혀 알 수 없는 미묘한 사실들의 끝없는 나열을 속수무책으로 받아들이다 보면 어느새 눈이, 눈이 감긴다. 미리 고백하자면 나는 『종의 기원』을 읽으며 지금까지 졸지 않은 적이 거의 한 번도 없었다. 무슨 말인지 도통 모르겠거나 아니면 반대로 너무나 당연한 사실들을 계속 나열하기 때문이다. 하지만 한 번, 두 번 읽다 보면 무지의 안개가 서서히 걷히며 무슨 말인지를 알게 된다. 그런데 정작 문제는 그때부터다. 이해가 되어 곰곰이 생각해 보면 다윈이 하는 말들이 도대체가 당연해 보이지 않게 되는 것이다. 그러나 에서 멈출 수는 없다. 다윈이 무슨 문제를 제기했는지 이해하게 된다면 그 질문이 얼마나 새롭고 독창적인지를 공감하게 되고, 그 문제에 대한 답이 무엇인지 너무너무 궁금해지기 때문이다. 그래서 다시 한 번, 두 번 읽고 나면 다윈이 왜 그렇게 말했는지까지 이해할 수 있게 된다. 바로 그 순간, 그와 동시에 지금까지와는 전혀 다른 생각을 하고 있는 내 모습을 발견하며 가슴이 뛰고 머리가 흔들린다. 나의 전 존재가 잠에서 깨어난다.

아마 150년 전의 독자들은 우리와 읽는 방식이 많이 달랐을 것이다. 우리는 다윈의 문제 공간으로 들어가기 위해 제목부터 목차, 첫 문장 등을 세세히 검토해야 했다. 그리고 다윈이 기존의 과학자들과 어디가 달랐는지, 또 그러기 위해 어떤 장벽들을 넘어야 했는지 이해해야 했다. 나는 이런 과정들 하나하나가 힘들고도 재미있었는데, 여러분은 지금 어떤 심정이신지? 진화론을 이해하기 위해 굳이 이런 번거롭고 힘든 과정을 거쳐야 하는지 의구심이 드는 분들도 있겠다. 그러나 책을 읽는 것은 지금 알고 있는 것을 확인하기 위해서가 아니라, 지금과는 다른 생각을 하게 되고 지금과는 다른 세상을 꿈꾸기 위해서다. 책을 읽는 것은 내 마음과 몸이 변화되는 과정이다. 책을 읽고 나서 새로운 삶을 시작할 수 있는 것은 내가 이미 변해 있기 때문이다. 그런 점에서 독서는 실천이자 수행이다. 『종의 기원』의 테마는 '지금-여기'로부터, 나로부터 벗어나는 것이다. 그것이 진화 아닌가! 이 책 또한 그런 의도로 쓰여졌다. 다시 말해서, 이미 알고 있는 진화론을 더 잘 이해하기 위해서나 확신하기 위해서가 아니라, 바로 거기로부터 멀어지기 위해서다. '지금-여기'로부터 멀어질 때 우리에게는 두 갈래 길이 동시에 열린다. 하나는 다윈의 시대로 거슬러 올라가는 길이고 또 하나는 지금과 다른 새로운 미래로 열리는 길이다. 내가 두 갈래로 갈라지는 것, 그런 점에서 책을 읽는 것은 실천이고 수행이며 변신이다.

습성의 작용

우리의 '과학 상식'에 따르면, 용불용설과 획득형질 유전설은 라마르크가 제창한 것이고 다윈은 그것을 비판하면서 자신의 진화론을 수립했다고 되어 있다. 그리고 이 대목이야말로 다윈과 라마르크의 핵심적인 차이라고 알고 있다.

라마르크의 진화론은 '용불용설'로 표현된다. 이는 생물은 환경에 대한 적응력이 있어, 자주 사용하는 기관은 발달하고 사용하지 않는 기관은 퇴화하여 없어진다는 것이다. 그러나 실제로는 라마르크가 말한 것처럼 획득형질은 유전되지 않는다. 이 사실을 알아낸 다윈은 생물의 종은 환경에 적합한 방향으로 진화한다는 '자연선택설'을 주장해 진화론을 사실상 완성했다.[8]

그런데 『종의 기원』을 보면 이런 우리의 '과학 상식'을 보기 좋게 배신하는 대목이 수도 없이 나온다.

한편 생물의 습성도 큰 영향을 끼친다. …… 사육동물 가운데 귀가 처져 있지 않은 것은 어느 나라에도 없다. 이는 동물들이 위험한 일에 처하는 일이 드물어 귀의 근육을 사용하지 않았기 때문일 것이다. 소나 염소의 젖을 짜는 나라에서는 다른 나라와 비교할 때 이들 동물의 유방이 크다. 집오리는 물오리보다 날개뼈는 가볍고 다리뼈는 무겁다(전체적인 비율이 그렇다는 것이다).(p. 11)

다윈이 라마르크를 좇아 버젓이 용불용설을 주장하고 있지 않은가!

---

8) 유용하, 「[다윈의 부활] 다윈 진화론의 핵심은 종의 다양성」, 『매일경제신문』, 2009년 3월 11일자.

5장의 한 대목은 또 어떤가?

> 가축의 경우, 많이 사용하는 부분은 강하고 커지며 잘 사용하지 않는 부분은 약해진다. 그리고 **이런 변화는 거의 유전된다**.(p. 134)

자주 사용해서 생긴 변화, 즉 후천적으로 획득된 형질이 후대에 유전된다고 하고 있지 않은가? 그러니 다윈이 라마르크의 획득형질 유전설을 부정했다는 상식은 전혀 사실무근인 것이다. 고전을 직접 펼쳐 보면 이처럼 우리의 상식을 배신하는 경우가 종종 생긴다. 그럼에도 불구하고 잘못된 상식의 힘은 때로 진실보다 강하다. 지금도 신문이나 잡지, 심지어 생물학 관련 서적에서도 이 잘못된 상식을 유포하는 경우를 심심찮게 볼 수 있다. 이런 황당한 상황과 관련해서 스티븐 제이 굴드는 흥미진진한 얘기를 들려준 바 있다. 굴드에 따르면, 우선 획득형질의 유전은 라마르크 진화론의 핵심이 아니며, 또 라마르크가 창시한 것도 아니다. 특히 기린의 목에 관해 수도 없이 반복된 예는 라마르크가 다른 중요한 주장을 하는 과정에서 지나가는 투로 추론적인 언급을 했을 뿐이다. 둘째로 다윈이 용불용설을 반대했다고 하는데, 이는 방금 전 우리도 직접 본 바와 같이 사실과 정반대다(다윈이 라마르크를 근본적으로 비판한 것은 사실이지만, 그것은 다른 측면에서다).[9]

그럼 왜 이런 오해가 널리 퍼진 걸까? 그것은 현대의 생물학 책들이 20세기 진화론과 구시대의 진화론의 차이를 압축적으로 표현하는 과

---

9) 라마르크의 주장 및 그에 대한 다윈의 비판은 2장에서 다룬다.

정에서 다윈과 라마르크의 이론을 너무 단순화시켰기 때문이다. 20세기 진화론의 핵심은, 변이가 무작위적으로 발생하고 거기에 자연선택이 작용하여 생물이 진화해 간다는 것이다. 그러니까 변이 자체에는 어떤 방향성이나 목적이 없으며, 그런 방향이나 목적을 부여하는 것은 자연선택뿐이다. 그에 반해 라마르크의 경우에는, 만약 어떤 형질이 생존에 유리하다면 동물은 그 필요성을 인식하여 그것을 발전시키고 나아가 그 잠재성을 후손에게 물려준다고 보았다. 따라서 다윈의 자연선택설과 라마르크의 진화론이 메커니즘상 크게 상반된다는 것 자체는 사실이다. 그러나 지금 우리도 확인했듯이 다윈이 용불용설과 획득형질 유전설을 받아들인 것 또한 사실이다. 이 두 가지 원리는 자연선택보다는 못하지만 진화과정에서 빼놓을 수 없는 요소이기 때문이다.[10] 그럼 다윈은 라마르크의 이 두 가지 주장을 자연선택설 내에 어떻게 포섭했던 것일까? 이 문제는 5장에서 자세히 보게 될 것이다.

다윈에 대한 오해는 그렇다고 치고, 정작 더 중요한 문제는 다른 데 있다. 다윈이나 진화론 관련 서적들을 보면 이 대목을 들어 다윈이 오류를 범했다고 지적한다. 거의 모든 책이 한결같이 그렇게 주장한다(그렇지 않은 책은 한 번도 본 적이 없다). 리처드 리키가 출간한 『종의 기원』 발췌본에도 역시 마찬가지로 되어 있다.

---

10) 사태의 진행과정이 대단히 재미있는데, 좀 복잡하기 때문에 유감스럽게도 여기서는 충분히 소개할 수가 없다. 관심 있는 독자들께는 굴드의 글을 추천드린다. 스티븐 제이 굴드, 『판다의 엄지』, 김동광 옮김, 세종서적, 1998, 2부 중 「라마르크의 미묘한 색조」, 89~100쪽. 스티븐 제이 굴드, 『레오나르도가 조개화석을 주운 날』, 김동광·손향구 옮김, 세종서적, 2008 중 3장 「가장 큰 키 이야기」, 376~397쪽.

한 개체가 일생동안 획득한 형질(소위 획득형질)은 그 자손에게 전해질 수 없다. 비록 다윈은 습성과 사용 및 불사용(소위 용불용)의 효과는 유전된다고 잘못 생각했지만, 그렇다고 그러한 획득형질의 유전을 그의 이론에 필수적인 것이라고 보지는 않았다. 『종의 기원』 초판에서는 이 주제를 거의 강조하지 않았지만, 뒷날 다윈은 그렇게 많은 진화가 단순히 무작위적으로 이루어지는 변이의 누적에 의해서 일어나기에는 시간적으로 충분치 않다는 비판에 대답하기 위하여 그것을 더욱 강조하게 되었다.[11]

현대 과학자들의 주장처럼 획득형질은 정말 유전되지 않는 걸까? 다윈은 정말 이 문제에 커다란 오류를 범한 걸까? 상식적으로 생각하면 후천적인 형질들 중에는 유전되는 것도 있고 안 되는 것도 있다. 따라서 라마르크처럼 획득형질의 유전을 중시하는 사람도 있고[12] 다윈처럼 덜 중시하는 사람도 있다. 그런데 현대 유전학은 후천적으로 습득된 형질은 결코 유전되지 않는다고 단언한다. 과학자들이 이처럼 상식에 반하는 주장을 자신 있게 펼칠 수 있는 것은 프랜시스 크릭(Francis Crick)이 주장한 소위 '중심 원리'(central dogma) 때문이다. 나는 이 원리가 생물학 연구의 원리가 될 수 없으며, 그와 왓슨(James Watson)이 제창한 이중나선 모델은 "이후 분자생물학의 발전에 원동력이 되었던 동시에

---

11) 찰스 다윈, 리처드 리키 엮음, 『종의 기원』, 박영목·김영수 옮김, 한길사, 1994, 72~73쪽.
12) 라마르크는 주로 획득형질 유전설로 유명하지만, 이것은 그의 이론의 핵심이 아니라 핵심 이론이 요청하는 보조 이론이었다.

장애요인이 되기도"[13] 했다고 생각한다. 그러나 여기서는 이 문제를 자세히 다루지 않기로 한다. 왜냐하면 첫째, 이 문제가 『종의 기원』의 주요 논지와는 직결되지 않기 때문이다. 둘째, 중심 원리 비판은 현대 생물학의 핵심을 뒤흔드는 것이기 때문에 매우 여러 수준에서의 이야기를 필요로 하기 때문이다.[14]

상관 변이

이어서 다윈은 상관 변이(correlated variation)[15]라 불리는 매우 신기한 사례들을 소개한다. "상관 변이란, 한 생물의 전 체제는 성장발달 기간 중 긴밀히 결합되어 있어서, 어느 한 부분이 변하고 그것이 자연선택에 의해 축적되면, 다른 부분도 변화하게 되는 걸 가리킨다."(p. 134) 여기

---

13) 미셸 모랑쥬, 『분자생물학』, 강광일 외 옮김, 몸과마음, 2002, 171쪽.
14) '중심 원리'는 유전정보가 DNA를 출발점으로 해서 RNA, 단백질 등을 거쳐 신체의 특징들로 발현되는 순서만을 따른다는 주장이다. 따라서 생명체에서 의미 있는 변화는 오직 DNA 수준에서만 우연히 발생할 수 있다. 물론 DNA 외에서도 변화는 발생할 수 있으나 그것이 다음 세대로 유전될 수는 없다는 것이다. 이것이 바로 모든 후천적 형질, 소위 획득형질의 유전을 부정하는 과학적 근거다. 그러나 '중심 원리'는 생물학 연구의 원리일 수가 없다. 거기에 들어맞지 않는 '현상'이 있기 때문이다. 예컨대 "테민(H. Temin)은 레트로바이러스에 대한 연구를 통해서 RNA를 통해 DNA를 바꿀 수 있음을 입증했고, 이후 '역전사효소'를 분리해 내는 데 성공한다. 이는 '중심 도그마'에 직접적으로 반하는 것이었다. 또 이는 반대방향의 인과계열이 충분히 성립됨을 함축하는 것이었는데, 이후 DNA의 염기서열을 변형시키려는 유전공학에 가장 중요한 기술적 방법을 제공하게 된다." 이진경, 「생명과 공동체」, 『미-래의 맑스주의』, 그린비, 2006, 340~341쪽. 상식은 예외가 있는 것을 원리가 아니라 대체적인 경향이라든가 뭐 다른 이름으로 부른다. 그러나 현대 생물학자들은 이런 상식을 거부한다. 그 결과 중대한 문제가 발생하는데, 어떤 희한한 현상이 관찰되어도 중심 원리를 근거로 기각할 수 있게 된다. 중심 원리는 정말이지 예외를 갖지 않는 원리로 군림하고 있는 것이다. 현대 생물학이 유전자에 대해 갖고 있는 실체론적 태도 및 그에 반하는 사례들에 대해서는 이진경, 「생명과 공동체」를 참조.
15) 원래는 '성장의 상관'(Correlation of Growth)이었던 것을 5판부터 '상관 변이'로 바꾼다.

에는 원인을 알 수 없는 기기묘묘한 예들이 많다.

태아나 유충에게 일어나는 어떤 변화는 거의 확실하게 동물의 성체에 영향을 끼쳐 변화를 유발한다. 눈이 푸른 고양이는 대개 귀머거리고 다리가 긴 동물은 거의 대부분 머리 부분이 길게 늘어나 있다. …… 흰 양과 돼지는 어떤 식물에게 해를 입는데, 빛깔이 있는 양과 돼지는 그렇지 않다. 털이 없는 개는 이빨이 불완전하다. 털이 길거나 거친 동물은 뿔이 길거나 마른 경향이 있다고 한다. 발에 새털이 나 있는 비둘기는 바깥쪽으로 향한 발가락 사이에 막이 있고, 부리가 짧은 비둘기는 발이 작으며, 부리가 긴 것은 발이 크다. 따라서 인간이 어떤 특징에 주목하여 동물을 계속 번식시킨다면, 그는 상관 변이 법칙으로 인해 다른 여러 부분의 구조를 무의식적으로 변화시킬 것임에 틀림없다.

이렇듯 원인을 확실히 알 수 없는 변이들로 인해 생물들은 무한히 복잡하고 다양해진다. 히아신스, 감자, 달리아 같은 오래된 재배식물들에 대한 논문들을 주의 깊게 연구하는 것은 매우 가치 있는 일이다. 그리고 변종과 아변종(亞變種)이 구조 및 체질에 있어서 무수히 다른 점에 주목한다면 실로 놀라운 바가 있다. 생물의 전 체제(organization)는 가소적(可塑的)으로 되어 온 것 같으며, 본래의 조상 형태(parental type)로부터 조금씩 멀어져 가는 경향을 볼 수 있다.(pp. 11~12)

상관 변이는 우리도 쉽게 이해할 수 있는 문제다. 어느 부분이 변하면 그와 인접해 있거나 관련된 부분이 함께 변한다는 얘기니까. 이것은 오늘날 호메오 유전자(Homeotic gene) 연구를 통해 많은 사실이 밝혀지고 있는 중이지만[16] 다윈 당시에는 뭔가 상관관계가 있을 거라는 정도의 생각밖에는 할 수 없었다. 다만 이때에도 생물이 얼마나 가소적인지, 변종과 아변종은 서로 얼마나 다른지에 대해 주목하는 것만은 잊지 않는다. 한 가지 생각해 둘 것은 생물의 이러저러한 변화가 꼭 어떤 유용성 때문에 발생하는 것은 아니라는 점이다. 단지 주변의 어떤 부분이 변해서 함께 변하게 되는 일이 있는 것이다.

유전적 구조의 편차(벗어남, deviation)는 사소한 것이건 생리적으로 매우 중요한 것이건 그 가짓수가 무한하고 또한 다양하다. …… 유전의 경향이 대단히 강력하다는 점에 대해 의심하는 육종가는 없다. 닮은 것이 닮은 것을 낳는다는 것은 육종가의 신념이다. 이 원리에 의문을 제기하는 자는 이론적인 저술가들뿐이다. …… 선천적 백피증(白皮症)이나 닭살, 다모증(多毛症) 등이 같은 가족 안에서 나타나는 것을 보라. 이처럼 기묘하고 드문 구조의 편차가 유전하는 것이라면 덜 기묘하고 보편적인 편차도 유전적이라고 인정할 수 있을 것이다. **따라서 모든 형질은 유전되는 것이 규칙(the rule)이며 유전되지 않는 것은 변칙(the anomaly)이라고 보는 것이 이 주제 전체에 대한 올바른 견해일 것이다.** 그러나 유전을 지배하는 법칙은 전혀 알려져 있지 않다. …… 어떤 형질이 왜 어느 때는 유전되고 어느 때는 유전되지 않는지, 또 어떤 형질은 왜 부모가 아니라 조부모나 더 먼 조상으로부터 물려받는지, 어떤 형질은 암수 모두에게 유전되는데 왜 어떤 형질은 어느 한쪽의 성에만 유전되는지 설명할

---

16) 호메오 유전자에 대해서는 이 책의 13장을 참조.

수 있는 사람은 없다. …… 그러나 이런 얘기는 할 수 있을 것이다. 자연계에 있어서 생활조건이 변화하고, 형질의 변이나 조상회귀가 일어날 때, 그런 새로운 형질들이 어느 정도까지 유지될지를 결정하는 것은 자연선택이다(이 점은 나중에 설명할 것이다).(pp. 12~15)

유전학이 거의 발달하지 않았던 시절 다윈은 유전 현상에 관한 수많은 사실들을 수집하고, 또 궁리도 해보았다. 물론 뾰족한 결론은 내리지 못했다. 그러나 형질들이 유전되는 강력한 경향은 확인할 수 있었으며, 또한 형질들이 유전되지 않는다면 진화론은 성립할 수가 없다는 것도 잘 알고 있었다. 어떤 새로운 형질도 유전에 의해 누적되지 않으면 안 되기 때문이다. 따라서 그는 유전이라는 주제를 전체적으로 볼 때 "모든 형질은 유전되는 것이 규칙이고 유전되지 않는 것이 변칙"이라고 정리하였다. 아울러 어떤 새로운 형질이 출현하더라도 그것이 앞으로 얼마나 유지되며 누적될지는 자연선택이 결정할 것이라는 점을 덧붙였다.

비둘기 마니아 다윈

당시 박물학자들 사이에서는 예로부터 사육재배되어 온 동식물이 하나의 야생종에서 비롯된 것인지 아니면 다수의 야생종에서 유래된 것인지에 대해 논란이 있었다. 짐작하시겠지만 이것은 진화론과 관련해서도 상당히 중요한 문제였다. 다윈은 생물에 따라 다르지만 확실히 알 수 있는 경우도 있다면서 득의의 주제인 비둘기의 세계로 들어간다. 이제부터 여러분은 다윈이 가장 신나서 휘갈긴 대목 중 하나를 보게 될 터인데… 그게… 좀… 길다. 다 읽고 나서 여러분이 분노와 환희 중 어느 쪽의 감정을 느낄지가 궁금해진다. 참고로 다윈 당시에는 비둘기에 대한 관심이 대중적으로 매우 높았다는 점을 알아 두자.

나는 어떤 특수한 집단을 연구하는 게 가장 좋다고 늘 믿기 때문에 심사숙고한 끝에 집비둘기를 취급해 보기로 했다. 나는 돈으로 쉽게 살 수 있거나 그밖의 방법으로 손에 넣은 품종들은 모두 길렀으며, 또한 세계 각지로부터 박제된 비둘기를 기증받기도 했다. 수많은 논문들을 읽고, 여러 뛰어난 사육사들과 사귀며, 런던에 있는 비둘기 클럽 두 곳에 가입하기도 했다. 그렇게 열심히 연구를 해본 결과, 이들의 품종의 다양함은 놀라울 정도였다. 영국의 전서(傳書)비둘기와 단면(短面)공중제비비둘기(short-faced tumbler)를 비교해 보면, 부리가 현저히 다르고 두개골도 그에 상응하는 만큼 차이가 난다. 전서비둘기, 그 중에서도 특히 수컷은 머리 둘레에 살점이 놀랄 만큼 발달되어서 두드러지게 눈에 띈다. 게다가 눈꺼풀이 현저히 길게 늘어져 있고, 바깥 콧구멍이 매우 크며 입도 가로로 쭉 찢어져 있다. 단면공중제비비둘기는 부리 모양이 핀치류(finch)와 거의 똑같이 생겼다. 그리고 보통 공중제비비둘기는 떼를 지어 공중으로 높이 날아올라 공중제비를 하는 별난 습성을 지니고 있다. 런트(runt)는 몸집이 굉장히 큰데, 어떤 아품종은 목이 아주 길고 또 어떤 것들은 날개와 꼬리가 길며, 어떤 것들은 꼬리가 짧다. 바브(barb)는 전서비둘기와 비슷하지만, 부리가 매우 짧고 넓적하다. 파우터(pouter)는 몸집과 날개, 다리가 매우 길고 모래주머니가 굉장히

다윈의 비둘기들

다윈이 『종의 기원』에서 묘사한 비둘기들을 스케치한 그림이다. 왼쪽 위부터 시계 방향으로 영국 파우터, 영국 전서비둘기, 영국 공작비둘기, 단면공중제비비둘기, 아프리칸 아울, 영국 바브, 가운데는 야생 참비둘기.

크게 발달하였다. 이 비둘기는 이것을 으스대듯 부풀려서 과시하지만, 우리를 놀라게 하기는커녕 웃음을 터뜨리게 한다. 터빗(turbit)은 부리가 짧고 원뿔 모양이며, 가슴 밑에 거꾸로 선 깃털이 난 줄이 하나 있고, 식도의 윗부분을 쉴 새 없이 부풀리는 습성이 있다. 자고뱅(jacobin)은 목 뒷덜미를 따라 거꾸로 된 깃털이 잔뜩 나 있어서 마치 두건을 쓴 것 같으며 몸집에 비해 날개와 꽁지깃이 긴 편이다. 나팔(trumpeter)비둘기와 웃음(laugher)비둘기는 이름 그대로 다른 품종과 매우 다른 소리를 낸다. 큰비둘기과의 종들은 보통 꽁지깃이 12~14개인데, 공작비둘기는 30~40개나 된다. 이 깃털들을 쭉 펴서 곧추세우고 다니면 머리와 꼬리가 거의 닿을 정도며 지방선은 아주 퇴화해 버렸다. 그밖에도 특징이 특별나지 못한 품종도 몇 가지 더 있다.(pp. 20~22)

몇몇 품종의 골격을 비교해 보면, 얼굴뼈의 발달에 있어서의 길이와 폭과 굴곡 방식에서도 몹시 다르다. 아래턱의 좌우 양 가닥의 모양과 폭과 길이도 뚜렷하게 차이가 난다. 꼬리뼈나 엉덩이뼈의 수, 늑골의 수도 다르며, 상대적인 크기와 돌기(突起) 상태의 유무도 다르다. 가슴뼈의 구멍 크기와 모양 역시 몹시 다르다. 입을 벌렸을 때의 상대적인 넓이, 눈꺼풀과 콧구멍과 혀(부리의 길이와 항상 엄밀히 비례되지는 않는다)의 상대적인 길이, 모이주머니나 식도 윗부분의 크기, 지방선의 발달과 퇴화, 날개와 꽁지깃의 수, 날개와 꼬리 상호 간 및 몸집에 대한 상대적인 길이, 다리나 발의 상대적인 길이, 발가락에 있는 비늘의 수, 발가락 사이의 피부 발달 등은 모두 구조상의 변화를 나타내는 점들이다. 완전한 깃털이 생기는 시기도, 갓 깐 새끼의 몸을 덮고 있는 솜털의 상태도 서로 다르다. 알의 모양이나 크기에도 변화가 있다. 나는 방식에도 현저한 차이가 있다. 또 몇몇 품종에서는 목소리와 기질도 다르다. 마지막으로 어떤 품종에서는 암수가 약간씩 다르기도 하다.(p. 22)

다윈이 황홀한 표정으로 미친 듯이 이 대목을 쓰는 모습과 당대 일반 독자들이 숨을 죽이고 침을 묻혀 가며 빠져드는 모습, 그리고 당신의 깊은 한숨 소리가 겹쳐진다. 얼마나 많은 현대의 독자들이 이 대목에서 실신했을까? 다윈이 이러는 이유는, 비둘기들 간의 차이가 얼마나 큰지를 주장하기 위해서다.

> 만약 조류학자들에게 이 집비둘기들을 야생 조류라고 하며 보여 준다면, 그는 아마 최소한 20가지의 명확한 종으로 분류할 것이다. 나아가 어떤 조류학자라도 영국의 전서비둘기, 단면공중제비비둘기, 런트, 바브, 파우터, 공작비둘기 등을 같은 속(屬)에 포함시키지는 않을 것이다.(pp. 22~23)

자, 이렇게 심하게 다른 비둘기들은 과연 하나의 야생종에서 비롯된 것일까, 다수의 종에서 유래된 것일까? 다윈의 답을 들어 보자.

> 비둘기의 여러 품종 간에 차이가 이렇게나 크지만 나는 박물학자들에게는 상식과도 같은 의견, 즉 비둘기의 모든 품종은 야생종인 참비둘기(Columba livia)에서 유래되었다고 확신한다.(p. 23)

다윈은 그 이유를 명약관화하게 논증하는데, 이미 비둘기의 다양한 사례에 지쳤을 여러분에게 그것까지 전하고 싶지는 않다. 관심 있는 분들은 『종의 기원』을 직접 읽어 보시라고 권할 수밖에. 다만 그 뒤에 이어지는 비둘기의 털빛을 다루는 대목은 하도 아름다워서 그냥 지나칠 수가 없다. 좀 길지만 함께 읽어 보기로 하자. 총천연색 빛깔들을 상상하며 읽어 보시기를…….

비둘기의 털빛에 관한 몇 가지 사실들은 충분히 고찰해 볼 만하다. 참비둘기는 회색을 띤 푸른빛이고 허리는 희다. 꽁지 끝에는 검은 줄이 있고 바깥쪽 날개의 밑부분은 하얗게 테를 두르고 있다. 날개에는 두 가닥의 검은 줄이 있다. 반(半)사육 품종 및 순수한 야생 품종의 날개에는 두 가닥의 검은 줄 외에 검은빛의 체크 무늬가 있다. 이런 여러 가지 무늬는 비둘기과를 통틀어 보아도 다른 종에서는 동시에 나타나는 일이 없다. 그런데 사육 품종들은 충분히 사육되기만 하면 앞에서 말한 모든 무늬가 나타나는 수가 있다. 게다가 푸른 색깔의 서로 다른 품종 두 마리를 교배시키면 어느 쪽도 푸른빛이 아니며, 또한 앞에서 말한 무늬는 가지고 있지 않더라도, 잡종의 새끼는 갑자기 이런 형질을 갖고 태어나는 경우가 매우 많다. 예컨대 나는 여러 번 흰 공작비둘기와 검은 바브를 교배시켜 보았다. 그 새끼는 얼룩 갈색과 검정색이었다. 다음에 나는 이들 새끼를 서로 교배해 보았는데, 순수하게 흰 공작비둘기와 순수하게 검은 바브의 손자는 허리는 희고 날개에 두 가닥의 검은 줄이 있으며 꽁지깃에는 검은 줄과 하얀 테가 있어, 완전히 야생의 아름다운 푸른색 참비둘기 그대로였다. 우리는 이 사실을 모든 사육 품종이 참비둘기에서 유래한 것이라고 할 때 이해할 수 있다(잘 알려진 조상회귀라는 원리가 여기에 결합되어야 함은 물론이다).(p. 25)

나 자신의 독서 체험을 소개하자면, 잘 알지도 못하는 비둘기의 온갖 종류와 특징에 시달리며 거의 혼절 직전까지 갔다가 "완전히 야생의 아름다운 푸른색 참비둘기"가 '짜잔!' 출현하는 대목에서 갑자기 눈앞이 환해지던 기억이 있다. 오래도록 잊지 못할 것이다.

이 뒤에 다윈은 자신의 주장에 대한 가능한 반론들을 '대단히+상세하게' 검토하지만, 여러분이 모종의 중대결단을 내릴까 봐 이만 그치기로 한다. 한 가지 기억해 둘 것은, 다윈이 연구를 해가는 과정에서 전문학자들만이 아니라 사육사들을 비롯한 일반 민중들, 심지어는 '야만인 사회' 원주민들의 경험과 의견을 소중히 경청했다는 사실이다.『종의 기원』에서도 이름 없는 수많은 민중들이 등장해서 이 위대한 저작에 피와 살을 채우고 있다.

예로부터 행해진 선택의 원리

그럼 여기서 하나의 종으로부터건 또는 몇 개의 유사한 종으로부터건, 사육재배하의 여러 품종들이 생겨나온 단계에 대해 간단히 생각해 보기로 하자. 어떤 결과는 **외부적인 생활환경의 직접적인 작용** 때문일 것이고, 또 어떤 결과는 **습성** 때문일 것이다. 그러나 사역마와 경주마, 그레이하운드와 블러드하운드, 전서비둘기와 공중제비비둘기 간의 차이까지도 이러한 작용에 의해 설명하려는 사람이 있다면, 그는 참 대담한 사람이다. 모든 사육재배 품종의 가장 뚜렷한 특징 중 하나는 **그들이 생물 자신의 이익을 위해서가 아니라 인간의 용도와 애완**을 위해 적응했다는 사실이다.(pp. 29~30)

이 짧은 문장에 다윈은 자기의 주장을 잘도 담아 놓았다. 우리는 지금까지 사육동물들의 현저한 차이에 관해 많은 생각을 해왔다. 이제 이 문제에 대해 '생각'해 볼 시기가 왔다. 대체 왜 이들은 이렇게까지 차이가 커지며 다양해질 수 있었을까? 생물들이 변화해 온 원인 중에 가장 먼저, 가장 중요하게 떠올릴 수 있는 것은 역시 외부적인 생활환경이나 습성이다(생틸레르를 비롯하여 당시 많은 과학자들이 이렇게 생각했다). 그런데 사역마와 경주마, 그레이하운드와 블러드하운드, 전서비둘기와 공중제비비둘기의 차이까지 그 두 가지 원인으로 충분히 설명하기는 불가능하다. 혹은 창조론자일지라도 원래부터 그렇게 창조되었다고는 생각지 않을 것이다. 생물이 그들 자신의 이익을 위해 변화해 온 것도 물론 아니다. 가장 상식적인 것은 이 생물들이 인간의 용도와 애완 목적에 적합하도록 적응해 있다고 생각하는 것이다.

다윈의 자연스러운 이야기가 어느덧 기존의 창조론과 과학자들의 의견을 마구 흠집 내고 있다는 게 느껴지시는가? 만일 자연계의 생물들을 대상으로 하였다면 논의가 이렇게 간단하게는 안 되었을 것이다. 우리가 알지 못하는 외적 조건이나 습성이 작용했을 수도 있지 않겠느냐라든가, 그런 특징이 그 생물에게 유용하지 말란 법이 어디 있겠느냐라는 등의 '과학적인' 반론이 얼마든지 가능한 것이다. 창조론의 반론은 말할 것도 없다. 그런데 사육재배 생물들을 택하였기 때문에, 인간의 용도와 애완 목적에 적합하도록 적응되어 있다는 주장이 설득력 있게 받아들여질 수 있는 것이다.

사역마와 경주마, 혹이 하나 있는 낙타와 두 개 있는 낙타, …… 끈질기게 싸우는 싸움닭과 별로 싸우기를 좋아하지 않는 닭, 여러 가지 용도로 인간에게 유익한 개의 많은 품종들을 비교해 보라. 그리고 절대로 알을 품으려고 하지 않는 주제에 계속 알을 낳기만 하는 닭과 아름답고 우아한 밴텀(bantam) 닭 등을 비교해 보라. 또한 시시각각으로 변하는 계절이나 목적에 따라 인간에게 가장 유용하고, 또 인간에게 가장 아름답게 보이는 수많은 농작물, 채소, 과수, 화초의 품종을 비교해 보라. 그러면 우리는 **단지 변이성만이 아니라 그 외의 다른 점**에 주목하지 않을 수 없으리라. 우리는 이들 품종이 모두 오늘날 보는 바와 같이 **완전하고 유용한 것**으로 단번에 생겼다고는 상상도 할 수 없다. 사실상 많은 경우에 있어서 그들의 생활역사(history)가 그렇지 않았다는 것을 우리는 알고 있다. 이 열쇠는 바로 **선택을 거듭해 나갈 수 있는 인간의 능력**에 있다. 자연은 계속해서 변이를 일으키고, 인간은 그것을 자신에게 유용하도록 일정한 방향으로 합산해 간다. 이런 의미에서 **인간은 자기에게 유익한 품종을 만들어 내고 있다**고 할 수 있다.(p. 30)

수많은 사육재배 품종들이 처음부터 완전하고 유용한 것으로 단번에 생겼다고 그 누가 주장할 수 있겠는가! (창조론적 과학자들은 들으라!) 사육재배 생물들의 현저한 차이는 신에 의해 처음부터 그렇게 창조된 것도 아니며, (사변적 진화론자들은 들으라!) 마구잡이로 변이들이 생겨나다 보니 우연히 그렇게 된 것도 아니지 않은가? (특히 라마르크는 잘 들으라!) 외적 조건이나 생물 자신의 의지 및 습성에 의한 결과도 아니지 않은가? 인간이 제 목적에 맞게 면밀하게 선택해 온 행위의 결과임을 부정할 자 그 누구랴! 이 간단한 사례를 통해 다윈은 '인간의 목적-선택-다양한 품종의 창조!'라는 계열을 만들어 냈다. 창조론과 달라진 것은 신의 목적이 인간의 목적으로, 신의 능력이 인간의 능력으로 바뀌었다는 점뿐이다(이 책에서는 창소론과 과학자들의 이론이 늘 동시에 취급된다는 점을 잊지 말자). 성직자들과 과학자들의 표정은 일그러졌고, 날마다 자기에게 유익한 품종을 만들어 내고 있던 일반 독자들은 자기가 신이라도 된 듯 가슴이 쿵쿵! 뛰었다.

선택의 이러한 원리가 위대한 힘을 가지고 있다는 것은 가설이 아니다. 많은 우수한 육종가들은 그들의 일생 동안에 소나 양의 여러 품종들을 상당히 변화시켰다. …… 농업 분야에 박식하고, 동물감정가이기도 했던 유아트(Youatt)는 선택의 원리가 "농업가로 하여금 가축의 형질을 부분적으로 변경시킬 수 있게 할 뿐만 아니라 완전히 변화시킬 수도 있게 한다. **이것은 원하는 형태에다 생명을 불어넣는 마술의 지팡이다**"라고 말했다. 서머빌 경(Lord Somerville)은 육종가들이 양에 대해 이룩한 업적에 관해 "그것은 벽에 분필로 완전한 형태를 그려 놓고 그 다음에 거기에 생명을 불어넣어 준 것과 같다"라고 말했다. 숙련된 육종가인 존 세브라이트 경(Sir John Sebright)은 비둘기에 대해 늘 이렇게 말했다. **"어떤 날개도 3년만 있으면 만들 수 있다. 그러나 머리와 부리는 6년 걸린다."**(pp. 30~31)

가히 육종과 창조의 시대였다. 많은 사람들이 여기에 참여했고 농축산업은 눈부신 속도로 발전하고 있었다. 그런데 분필로 원하는 형태를 완전하게 그려 놓고 거기에 생명을 불어넣는 육종가들의 모습은 누구를 닮았는가? 그런 글을 쓴 사람도, 읽는 독자들도 거기서 '제 형상대로 인간을 지으시고 거기에 생명의 숨을 훅 불어넣으신 하나님'을 연상한 것은 당연한 일이었다. 어떤 날개도 3년이면 만들 수 있고 머리와 부리는 좀 어려워서 6년은 걸린다고 호언장담하던 생명공학의 시대. 생물들이 이렇게 마구 변할 수 있으니, 그럼 이리하여 창조론은 붕괴되고 진화론이 승리하게 되었는가? 물론 전혀 아니다. 이런 변화들은 자연스럽지 못한 것이었고, 따라서 자연상태로 되돌리면 다시 원종으로 돌아간다고 믿었다고 하지 않았는가! 그랬기 때문에 이런 현상들을 보고 또 직접 행하였으면서도 태연한 표정으로 진화론을 믿지 않을 수 있었던 것이다.

그런데 이러한 선택을 하기 위해서는 특별한 눈이 필요하다. "**선택원리의 중요성은 경험이 없는 안목으로는 절대로 판별할 수 없는 차이**를 여러 세대에 걸쳐 일정한 방향으로 집적시킴으로써 큰 효과를 얻어내는 데에 있다. 우수한 육종가가 될 수 있게 해주는 정확한 안목과 판단력을 가진 사람은 천 명에 한 명도 안 된다."(p. 32) 그러니까 무조건 좋은 형질을 가진 품종을 교배한다고 해서 원하는 결과가 나오지는 않는다. 한편 선택에는 반대의 측면도 있다.

어떤 품종의 식물이 일단 확립되면 종묘가(種苗家)들은 그 중 가장 좋은 식물을 선택하는 게 아니라 정해진 표준에서 벗어난 좋지 않은 것을 뽑아서 버린다. 동물에 있어서도 실제로는 이와 똑같은 방법으로 선택을 시행하고 있다. 가장 나쁜 동물을 번식시킬 정도로 부주의한 사람은 아무도 없기 때문이다.(pp. 32~33)

다윈은 지금 선택의 원리가 곧 도태의 원리임을 설파하고 있다. 자연선택(natural selection)이 일본이나 한국에서 주로 '자연도태'라고 번역되는 이유도 여기에 있다. 그렇지만 몇 가지 이유에서 나는 '자연도태'라는 번역에 반대하는데, 이건 4장 「자연선택」에서 보기로 하자. 그런데 "선택의 원리가 의도적인 방법으로 사용된 게 70~80년 정도밖에 안 되었으므로 반대 의견이 있을 수 있다. 하지만 이 원리가 근년에 이르러 더욱 주목을 받고 있는 게 사실이라 해도, 발견이 근년에 이루어진 것은 사실이 아닙니다". 그러면서 다윈은 박물학자로서의 박학다식을 유감없이 발휘하기 시작한다. 즐감하시길!

매우 오래전 시대의 저서들로부터 이 원리가 얼마나 중요했는지를 증명할 수 있는 문장을 얼마든지 인용할 수도 있다. 영국의 역사를 보면 미개한 야만 시대에도 우량한 가축을 자주 수입했고, 또 그 수출을 막기 위한 법령까지 선포된 적도 있었다. 일정한 크기 이하의 말을 없애라는 법령도 있었는데, 이것은 묘목 배양가가 좋지 않은 식물을 뽑아 버리는 것과 비교해 볼 수 있겠다. 고대 중국의 백과전서에 선택의 원리가 분명히 쓰여 있는 것을 나는 보았다. 로마의 고전 필자들 중에도 이 규칙에 관해 명확하게 기록한 사람이 있다. 「창세기」 속에는 그 오래전 시대에도 가축의 빛깔에 매우 주의를 기울였다는 기록이 적혀 있다.[17] …… 남아프리카의 야만인은 짐 끄는 소를 털 색깔에 따라 교배시키고, 에스키모는 개를 그렇게 교배시킨다. …… 이런 사실들 중에는 진정한 의미의 선택을 나타내지 않는 것도 있지만, 어쨌든 고대에 있어서도 가축의 계통에 얼마나 세심한 주의가 기울여졌는지를 …… 증

---

[17] 「창세기」 30장 25절에서 43절까지에는 다소 신비적인 형태이긴 하나, 야곱이 양 떼를 엄격하게 선택하고 교배시킴으로써 얼마나 커다란 차이가 초래되었는지가 잘 그려져 있다.

명하고 있다. 티에라 델 푸에고(Tierra del Fuego)의 야만인들도 동물의 가치를 크게 인정하고 있음은, 그들이 기근에 처했을 때 노파를 개보다 가치 없는 것으로 여겨서 먹어 버린 일로도 알 수 있다. 좋은 성질과 좋지 않은 성질이 유전한다는 것은 틀림없는 사실이기 때문에 만약 번식에 대해 주의를 기울이지 않았다면 그게 오히려 이상한 일일 것이다.(pp. 33~36)

방법적 선택과 무의식적 선택

다윈은 방법적(조직적) 선택의 누적 효과가 얼마나 강력한지를 설득력 있게 제시한 다음, 방향을 틀어 선택의 무의식적 측면을 강조한다.

> 뛰어난 사육가는 뚜렷한 목적을 가지고 체계적인 선택에 의해서 ……우수한 새 품종을 만들려고 노력한다. 그러나 우리의 논의에서는 '무의식적'인 선택, 즉 모든 사람이 가장 우수한 동물을 소유하고 그것을 번식시키려고 한 결과 나타나는 선택 쪽이 훨씬 더 중요하다. 예컨대 포인터(pointer)를 기르려는 사람들은 우선 가능한 한 좋은 개를 골라서 기를 것이고, 이어서 자기가 소유한 개 중에 가장 좋은 개들을 번식시키려고 할 텐데, 그렇게 한다고 해서 이 사람이 품종을 완전히 바꾸겠다는 희망이나 기대를 품는 것은 아니다. 그럼에도 불구하고 이 방법이 몇 세기 동안 계속 이어진다면 어떤 품종도 틀림없이 개량되고 변화할 것이다.(pp. 34~35)

하긴 선택의 원리를 의식적으로 시행한 사람들에 비해 무의식적 선택 쪽이 훨씬 더 역사도 오래고, 훨씬 더 많은 사람들이 (무의식적으로) 참여한 것이니 당연하기도 하다. 복잡하게 생각할 것도 없다. 과일 가게 앞에서 더 큰 사과를 고르려고 눈을 부라리고, 더 좋은 향기가 나는 딸기를 고르려고 코를 킁킁대며, 잘 익은 걸 골라 보겠다고 수박 꼭지와 똥꼬를 번갈아 살펴보다가 손가락으로 통통 두드려 보기도 하는 당신의 모습을 떠올려 보라. 품종을 개량하겠다든가 심지어 애들을 한번 진화시켜 보겠다는 식의 생각은 털끝만치도 없다. 그렇지만 우리는 그런 선택 행위를 결코 소홀히 하지 않는다. 아무거나 막 담아 주는 가게 주인한테는 심지어 얼굴을 찡그려 보이거나 볼멘소리를 하기도 한다. 전 세계에서 날마다 이런 풍경이 펼쳐질 거라는 데 의심을 품을 수 있겠는가. 나아가 제아무리 뛰어난 원예가들이나 육종가들의 선택 행위도 기본적으로는 우리의 그런 무의식적인 선택을 기초 데이터 삼아 이루어지지 않겠는가!

고대의 원예가들은 손에 넣을 수 있었던 최상의 배를 재배했지만, 먼 후대의 우리가 얼마나 우수한 과실을 먹을 수 있는지는 생각하지 않았다. 그래도 우리가 먹는 우수한 과실은 그들이 최선을 다해 찾아낸 최상의 변종을 자연스레 선택하고 보존해 온 덕이 아니겠는가.(p. 37)

다윈의 얘기에 수긍이 가지 않을 도리가 없다. 그런데 이거 어디서 많이 듣던 소리다. 소비자들이 오직 자기 자신의 이익만을 위해 상품을 선택하는데, 이것이야말로 더 좋은 상품이 만들어지는 최상의 메커니즘이라는 것. 이 대목에서 우리는 애덤 스미스와 그의 유명한 '보이지 않는 손'을 떠올리지 않을 수 없다. 그리고 국가가 할 수 있는 최선의 일은 생산자와 소비자들이 자유롭게 경쟁하고 선택할 수 있도록 '자유방임'하는 것이라는 주장도 마찬가지다.[18] 맬서스의 경제학과 다윈의 진화론이 얼마나 깊이 연관되어 있는지는 수도 없이 지적되어 왔지만, 다윈의 학설은 그 이상으로 경제학 전체와 근본적인 관련 속에서 성립되었다. 그건 그렇고, 아무튼 그래서 인간의 (무의식적인) 선택이 품종의 변화에 대단히 중요한 역할을 해왔는데, 그렇게 생각해 보면

> 사육재배 품종의 구조나 습성이 왜 그토록 인간의 필요나 기호에 적응하고 있는지 명백해진다. 또한 사육재배 품종들은 …… 외적인 형질에서는 차이가 크지만 내부의 부분이나 기관의 차이는 비교적 경미하다는 사실도 이해할 수 있을 것이다. 인간들은 외관상 볼 수 있는 부분을 제외하고는 구조상의 편차를 선택할 수가 거의 없고, 설령 선택할 수 있다 해도 매우 힘든 일이기 때문이다. 그리고 실제로 사람들이 품종의 내적인 면에 주의를 기울이는 일은 드물다.(p. 38)

그런데 인간의 선택이 아무리 중요하다고 해도, "처음에 자연에 의해 약간의 변이가 주어지지 않고서는 인간이 마음대로 변이를 선택할

---

18) "모든 개인이 자신이 생산하는 제품이 최고의 가치를 산출하도록 노력을 기울이면서 자기 이익만을 추구할 때, 그의 의도와는 전혀 관계없는 목적을 증진시키는 보이지 않는 손의 인도를 받게 된다……. 그는 자신의 이익을 추구함으로써 실제로 그가 사회의 이익을 증진시키고자 노력할 때보다 훨씬 더 능률적으로 그것을 신장시키는 경우가 많다." 애덤 스미스, 스티븐 제이 굴드, 『다윈 이후』, 홍욱희·홍동선 옮김, 사이언스북스, 2009, 137~138쪽에서 재인용.

수가 없다. 꽁지가 보통 비둘기보다 조금 더 발달된 비둘기를 볼 때까지는 아마도 공작비둘기를 만들려고 하는 사람은 없었을 것이며, 보통보다 이상한 모이주머니를 볼 때까지는 파우터를 만들려고 한 사람도 없을 것이다".(pp. 38~39) 요컨대 자연이 일으키는 다양한 변이는 기본 조건이고 인간이 특정한 방향으로 그 변이들의 선택을 거듭하는 것이야말로 결정적인 요소라는 말씀. 1장은 이렇게 마무리된다. "'변화'의 다른 원인들보다도, '선택'의 누적 작용 쪽이 훨씬 더 뛰어난 '힘'(Power)이라고 나는 확신한다. 선택이 방법적이고 급속하게 이루어진 것이든, 무의식적이고 완만하게, 그러면서 한층 효과적으로 이루어진 것이든 그렇다."(p. 43)

다윈의 이러한 주장은 자연만으로는 안 되고 인간의 선택 작용이 결정적이라고 보았다는 점에서 인간 자신을 찬양하는 것일까? 물론 그렇지 않다. 그렇긴커녕 정반대다. 다윈의 모든 저작의 핵심 주제는 목적론 타파와 함께 인간중심주의와의 결별이다. 우리는 4장에서 이 점을 생생하게 확인할 것이다.

지금까지 1장의 내용을 대략 살펴보았는데 2장 「자연하에서의 변이」에서도 비슷한 방식으로 얘기가 이어진다. 현대의 독자들은 내부문 두 장에 걸쳐서 계속되는 좌충우돌식의 장황한 이야기에 질려 그만 독서를 포기해 버린다. 반면 다윈 당시의 독자들은 1, 2장을 우리보다 훨씬 흥미진진하게 읽었다.『종의 기원』출간 전 미리 원고를 검토한 두 사람 중 한 명은, 비둘기 이야기가 너무나 생생하게 잘 쓰여져서 그것만 따로 책으로 내도 대성공을 거둘 거라고 조언했을 정도다. 그러나 우리는 당시 맥락도 잘 모르는 데다가 동식물들의 다양한 세계에 대해서도 당대의 독자들보다 많이 어둡다. 그런 처지인데 다윈이 거의 지엽말단 적인 것처럼 보이는 동식물들의 온갖 차이들을 한없이 만연한 문체로 계속 실어 나르니 당해 낼 재간이 없다. 그래서 대부분의 독자들은 정작 다윈의 진화론이 논리적으로 정리되어 있는 3장 「생존투쟁」과 4장 「자연선택」에는 가 보지도 못하고 하산한다. 참으로 아쉬운 일이다. 그러나 그렇다고 해서 3장과 4장을 먼저 읽는 것은 다윈 이론의 핵심을 놓쳐 버리는 첩경이니 주의하시길. 다윈이 1, 2장의 많은 분량을 할애해서 동식물들의 온갖 차이들을 끝없이 쏟아 낸 데에는 당연히 중요한 이유가 있지 않겠는가!

다윈은 사람들이 진화론에 반대하고 창조론을 고수하는 것은, 생물들 간에 얼마나 다양한 차이가 존재하는지, 생물들이 얼마나 변이성이 큰지를 잘 모르기 때문이라고 통찰했다. 먼저 동식물들의 수많은 '개체적 차이 및 변이'의 양상이 독자들의 가슴에 충분히 젖어 들어야만, 그런 비옥한 토양에서만 자신의 이론이 생명력을 가질 수 있다고 확신했다. 그래서 다윈은 1, 2장에 걸쳐 생물들의 변이성은 대단히 큰 것이며 거기에는 어떤 한계도 없다는 사실을 먼저 확실히 심어 주고자 했다. 그것은 독자의 신체와 마음을 변형시키는 과정이자, 종과 종 간의 확고해 보이는 경계를 최대한 묽게 하는 사전 공작이었다. 뒤에서 보겠지만 다윈은 종과 기형과 변종 사이에 절대적인 구분선을 긋지 않았다. 그런 입장에서 보면 종과 기형과 변종은 실은 상호이동하는 관계에 있는 매우 유동적인 상태에 붙이는 명칭에 불과하다. 쉽게 말해서 종에서 변종과 기형이 생기기도 하지만, 그 종이란 건 실은 기형이나 변종이 뚜렷해져서 탄생하는 것이다. 그런데 이것은 진화론을 전제해야 받아들일 수 있는 사실 아닌가! 따라서 다윈은 처음에는 한 종 내의 개체들이 실제로는 얼마나 다른지, 그 변이성은 얼마나 큰지에 대해서만 끊임없이 반복해야 했다. 혹여 벌써부터 마음이 약해진 독자들이 있다면 이런 흐름을 이해하시고, 계속 다윈의 사전 공작에 신체를 맡기기로 하자.

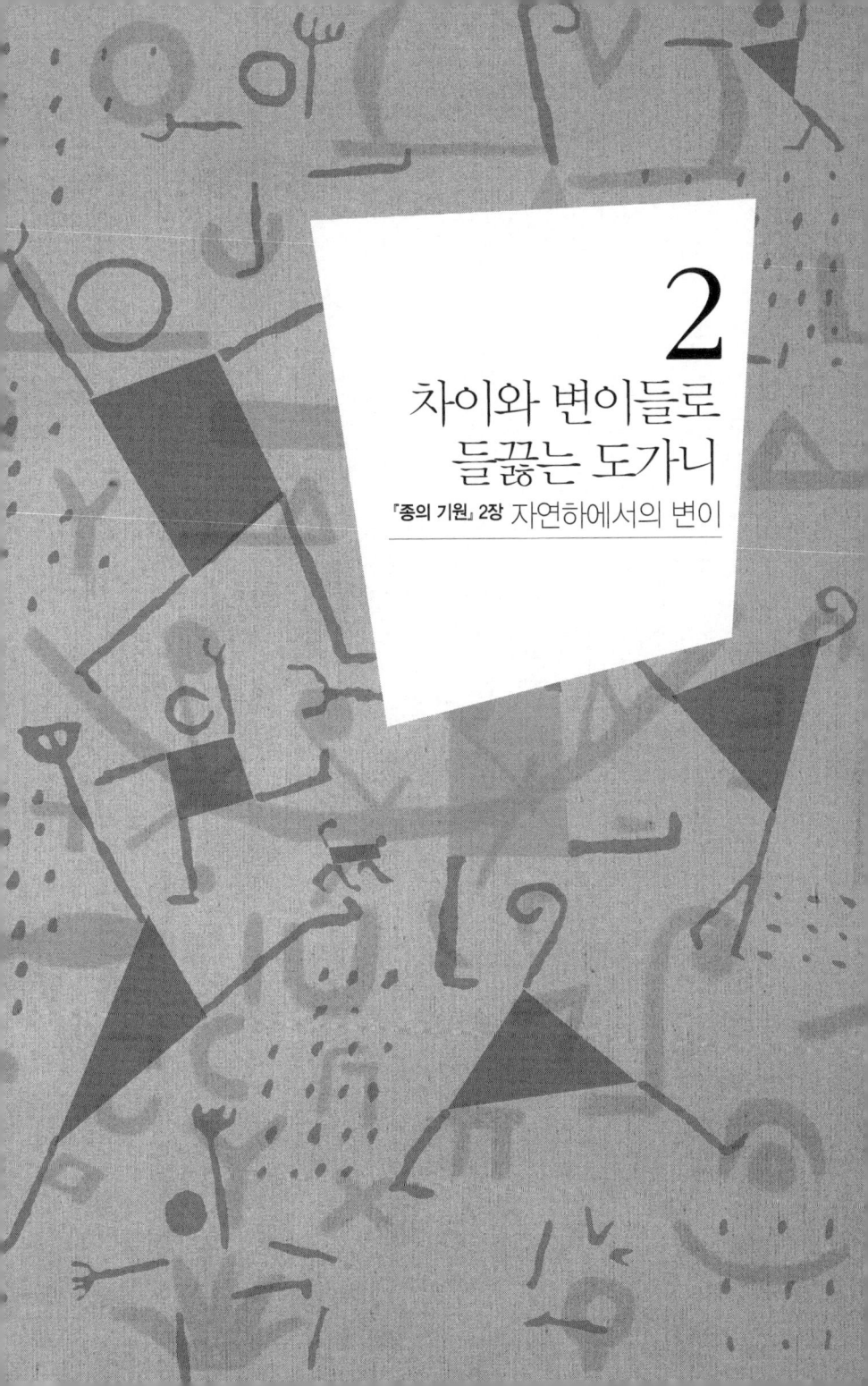

2
차이와 변이들로 들끓는 도가니

『종의 기원』 2장 자연하에서의 변이

하지만 식물 표본집에 있는 식물을 보고 자연의 토양에서 자라고 있는 식물의 모습을 상상할 수 있는 사람이 얼마나 되겠는가? 온실에서 선택적으로 키우는 식물들만 보고 그것들을 숲 차원으로 확대하거나 정글에 빽빽이 들어차 있는 것으로 생각할 수 있겠는가? 곤충학자의 채집 상자 속에 있는 화려하고도 이국적인 나비나 특이한 매미 표본을 조사하면서, 이처럼 생명 없는 대상물을 열대 태양이 작열하는 나른한 오후에 끊임없이 들려오는 매미의 거친 울음소리와 느리게 날갯짓하는 나비에 연결할 수 있단 말인가?

―찰스 다윈, 『비글호 항해기』.

차이와 변이들로 들끓는 도가니

이제 자연하에서의 변이를 다룰 차례다. 그런데 변이를 다루려면 원래의 형태, 즉 원형을 알고 있어야 한다. 이것이 우리가 잘 알고 있는 종이라는 것이다. 그러므로 다윈도 종에서 시작한다. 그런데 우리는 시작부터 곤경에 처할 수밖에 없게 된다. 비슷하게 생겨 먹은 수많은 생물들 중에서 어떤 것을 종으로 삼을지, 아니 그 전에 종이라는 개념을 어떻게 설정할지부터가 문제이기 때문이다. 이것은 오늘날에도 시원하게 해결되지 못한 문제로 현대 생물학은 고육지책으로서 종 개념을 상정해 그럭저럭 처리해 나가는 중이다.[1] 다윈 당대에는 어떠했겠는가!

---

1) 현대 생물학에서는 생물학적 종 개념, 형태학적 종 개념, 생태학적 종 개념, 계통 발생학적 종 개념 등 20여 가지 이상의 종 개념이 제안되어 있다. 일반적으로는 에른스트 마이어가 제안한 생물학적 종 개념을 중심으로 삼되 상황에 따라 다른 송 개념을 직질히게 결합하여 종합하는 식으로 종을 규정하고 있다. 생물학적 종 개념에서 한 종의 구성원들은 자연상태에서 서로 교배하여 생식능력이 있는 자손을 낳을 수 있는 잠재성이 있는 한 무리의 집단들이다. 쉽게 말해서 다른 종이란 서로 교배를 하지 않거나, 교배를 해도 자손을 낳을 수 없는 경우, 그리고 자손을 낳아도 그 자손이 생식능력이 없는 경우를 가리킨다. 하지만 어떤 종 개념을 선택하든, 혹은 몇 가지 종 개념을 종합하든 난점은 있고, 또 학자들 간에 완전히 의견일치를 볼 수 없는 경우가 여전히 많이 있다. 닐 캠벨 외, 『생명과학』, 전상학 외 옮김, 바이오사이언스, 2008, 491~496쪽.

나는 여기서 종이라는 술어에 대한 여러 가지 정의에 대해 논하지 않겠다. 모든 박물학자를 만족시킨 정의는 아직 하나도 없다. 그러나 박물학자라면 누구나 종에 관해 말할 때 그것이 무엇을 뜻하는가는 막연히 알고 있다. 일반적으로 이 말은 독특한 창조행위(a distinct act of creation)라는 미지의 요소를 내포하고 있다.(p. 44)

그럼 변종이라는 말은 어떨까?

'변종'(variety)이라는 용어도 거의 마찬가지로 정의하기가 곤란하다. 다만 이 경우에는 어떤 생물과 유래가 같다는 뜻이 거의 보편적으로 함축되어 있다. 물론 그것을 증명할 수 있는 경우는 거의 없다고 할 수 있다. 또한 '기형'(monstrosity)이라 불리는 것이 있는데, 이는 앞으로 변종으로 이행해 갈 존재다. 내 생각으로는 기형이란 구조상의 일부분이 종에게 해롭거나 무익한 편차를 뚜렷이 나타내고, 게다가 대개는 그것이 전반적으로 확산되어 있지 않은 것을 가리킨다.(p. 44)

학자들은 종이라는 용어에 관해 각자의 정의나 대략적인 느낌을 가지고 생물들을 분류했다. 그러므로 분류 활동이 활발하게 벌어졌음에도 불구하고 학문적으로는 모든 것이 불분명한 상태였고 의견의 불일치도 많았다. 과연 종이란 게 자연계의 질서라는 '실재'를 반영하는 것인지 아니면 그저 인간이 편의상 만들어 낸 발명품에 불과한지에 대해서도 논란이 끊이지 않았다. 다윈은 이 문제 전체를 13장의 주제로 잡아 전반적으로 취급한다. 그 전에 2장에서는 그 중 핵심적인 문제의 하나, 즉 '종이란 과연 무엇이고 종은 어떤 의미와 특성을 가지는가'만을 다룬다. 주목해야 할 것은 다윈이 이 문제를 어떻게 다루는가 하는 점이다. 사상의 천재란 획기적인 해답의 발견 이전에 문제를 새롭게 설정할 수 있는 능력이 아니겠는가!

다윈은 언제나처럼 도대체가 분명한 게 없는 상황을 기술한다. 종은 정의부터가 곤란한 개념이고 변종도 기형도 마찬가지다. 실제 분류에서는 더 큰 난관과 의견의 불일치가 어지럽게 뒤엉켜 있다. 이런 상황에서 과학자 다윈은 무슨 일을 해야겠는가? 좀더 과학적인 정의를 시도하거나 체계적인 분류법을 만드는 것? 다윈은 그런 길은 거들떠도 보지 않는다. 아예 "여기서 종이라는 술어에 대한 여러 가지 정의에 대해 논하지 않겠다"라고까지 하였다. 그럼 뭘 하겠다는 거지?

다윈은 이 어지러운 상황을 앞에 두고 숙고에 숙고를 거듭했다. 그리고 나서 종과 변종과 기형을 정의할 수도 없고, 그것들을 구별할 명확한 기준도 없는 이 상황 전체야말로 진실을 담고 있다는 것을 알아챘다. 종과 기형과 변종은 애시당초 전혀 다른 종류가 아니기 때문에 따로 정의할 수도 없고 실제로 구별하기도 거의 불가능한 것이다. 단 종이라는 관념에는 별도로 창조되었다는 측면이 들어 있고(다분히 창조론적 관념), 변종이라는 관념에는 '유래의 공통성'을 함축한다는 점에서 진화론적인 요소가 들어 있다는 점은 잊지 않는다. 한마디로 창조론적인 관념과 진화론적인 관념이 뒤섞여 있었으며, 그 중에서 진화론적인 관념은 일시적이고 불규칙하며 부차적인 변종과 기형 개념 속에 들어 있는 상황이었다.

다윈은 모든 종이 하나님에 의해 따로따로 창조되었다는 창조론에 반대했다. 그러니 창조론적 종 개념에 반대했던 것은 당연하다. 그럼 자연은 그저 무질서하며 종, 변종, 기형 등은 인간이 질서 있는 분류를 위해 편의적으로 만들어 낸 용어에 불과할까? 물론 이런 견해 역시 반대했다. 양자는 서구 중세의 실재론과 유명론의 대립과도 이어지는 오랜 논쟁 맥락을 가지고 있었다. 다윈은 그 중 어느 한쪽을 택하기 전에, **대체 왜 자연계에는 이런 상황이 비롯되었을까, 어떤 원인이 작동한 것일까**를 생각했다. 그 순간 다윈은 전통적인 두 가지 입장을 가로지르며 전혀 새로운 공간 속으로 날아올랐다. 그리고 거기서 변이가 종과 변종과 기형을 **생산했으며 지금도 생산하고 있는** 이 세계를 보았다. 다윈은 이번에도 변이(혹은 개체적 차이 및 변이)에서 시작한다.

> 어떤 학자들은 '**변이**'라는 말을 **생활의 물리적 조건**의 직접적인 결과에서 오는 변형이라는 뜻으로 쓴다. 그리고 **이런 의미의 '변이'는 유전되지 않는 것으로 상상하고 있다**. 하지만 발틱 해의 민물에 사는 조개류가 작아진 거라든가, 알프스 산정에 사는 작아진 식물, 북극 지방의 동물의 털가죽이 두꺼워진 사실 등을 보라. 그들이 적어도 몇 세대 동안에 유전되어 내려온 것이라는 주장에 반대할 수 있는 사람이 있을까? 이 경우 그 생물은 하나의 **변종**이라 불러도 무방하다고 나는 생각한다.(pp. 44~45)

변이가 유전을 통해 계속 이어진 것, 그것이 변종이라는 이야기. 이건 다윈이 아니라 다른 진화론자들도 다 했던 얘기다(다윈은 이걸 결론이 아니라 가벼운 출발점으로 삼았다는 점이 다른 것이다). 진화론자들만이 아니라 다른 사람들도 다양한 변이 현상에 대해 잘 알고 있었다. 하지만 그것은 생활조건의 변화로 인한 일시적 변화이므로 자연상태로 되돌리면 다시 원종으로 돌아갈 것이라고 믿었다. 그냥 믿은 게 아니었다. 생활의 **물리적 조건** 때문에 변화들이 생긴 것이므로, 조건이 정상화되고 **자연화되면** 당연히 원래대로 돌아갈 것이라고 생각했던 것이다. 이것이 바로 당대의 과학적 사고방식이었다. 합리적이지 않은가! 게다가 조상회귀 현상이 이들의 믿음을 선명하게 뒷받침하고 있었다. 몇 세대가 흐른 뒤에도 자신의 조상형을 찾아가는 생생한 실례들을 보라! 변이는 일시적인 것이고 영원한 것은 그 생물체의 원형뿐이다. 창조론자들도 이렇게 생각했다. 모든 생물은 종별로 창조되었고 그들 중에 우연한 변이가 일어나 변종들이 발생된 것이라고. 결국 창조론이든 과학적 사고방식이든 그 바탕에는 보편성을 담지한 종이 자리 잡고 있었다. 변종은 어떤 이유에서든 그로부터 많이 달라진 일시적 존재로서, 자연스러운 조건으로 되돌려지면 원래의 모습을 찾을 것이다. 그러나 다윈은 그들이 말하는 원형이라는 게 근거 없이 가정된 것에 불과하다고 생각했다. 변종이 부자연스럽고 일시적인 존재에 불과하다는 것도 마찬가지였다. 일단 여기서는 발틱 해의 조개류가 작아진 것이나, 알프스 산정의 작아진 식물, 북극 지방의 동물의 털가죽이 두꺼워진 사실 등, 가벼운 잽을 날리는 것으로 그친다.

개체적 차이

다음으로 같은 부모에게서 태어난 자손들이 보이는 많은 사소한 차이들을 **개체적 차이(individual differences)**라 할 수 있다. 또한 똑같은 지역에 사는 부모에게서 태어난 자손들의 많은 차이들도 여기에 포함된다. …… 개체적 차이는 우리에게 매우 중요하다. 인간이 사육재배 생물의 개체적 차이를 축적시킬 수 있는 것과 마찬가지로, 이들 개체적 차이야말로 변이와 함께 자연선택을 위한 축적의 재료를 제공하기 때문이다.(p. 45)

다윈은 이처럼 변이에 이어 개체적 차이에 대해 말했다. 변이와 차이, 이게 다윈의 핵심적 출발점이다. 앞으로 여러분은 『종의 기원』이라는 책이 이 두 가지 가지고 진화라는 큰 이야기를 만들어 내는 걸 보게 될 것이다. 우선 생각해 둘 것은, 개체 간의 차이는 개체들이 갖고 있는 속성도 아니며 개체 외부의 환경도 아니라는 점이다. 다윈 진화론의 핵심 동력인 차이는 바로 개체와 개체 **사이**에 있다. 변이라는 것 또한 차이에 의해 규정되는 개념이다. 변이 전의 생물과 변이 후의 생물이 다르기 때문에 가능한 개념이다(생물의 자기차이화). 다시 말하면 차이(변화)가 변이 전의 자신과 변이 후의 자신을 생산한 것이다. 하나는 과거의 방향 쪽으로, 다른 하나는 미래의 방향 쪽으로.

개체적 차이와 변이에서 출발함으로써 다윈의 사상은 주체 철학이나 환경 결정론에 빠지지 않을 수 있었다. 다윈이 주목한 것은 주체도 환경도 아니었다. 이 세상 만물이 어쨌든 서로서로 다르다는 평범한 진실, 그리고 세상 모든 것은 날마다 시시각각 변한다는 사실. 다르기 때문에 변하고 변하기 때문에 다르다는 세계상. 그것이 다윈의 근본적인 힘이었으며, 그로 인해 신이든 신비한 섭리나 원초적인 원리든, 일체의 목적론이 끼어들 여지를 주지 않았다. 다윈이 '변이'를 이후 판본에서 대부분 '개체적 차이 및 변이'라고 바꾸어 놓았다는 사실을 깊이 음미하기로 하자.

당시 학자들이나 일반인들도 개체 간에 크고 작은 차이가 존재한다는 것을 몰랐을 리가 없다. 또한 다종다양한 변이 현상도 잘 알고 있었다. 문제는 차이나 변이에는 한도가 있으며 그 한도란 바로 종이라고 믿었다는 점에 있다. 고양이들이 아무리 서로 다르다고 해도 고양이 무리에서 개가 태어나지는 않는다. 그런데 이런 생각도 해볼 수 있지 않나? 한 부모로부터 태어나도 자손들은 저마다 다른 특징들을 갖는 것으로 보아, 대단히 특이한 형질을 갖고 태어난 자손도 있지 않겠나? 생물학 분류상 아주 가까운 종들은 이렇게 해서 생겨난 것일 수도 있지 않나? 당시에는 왜 이런 당연한 추리를 하지 못했을까? 당신이 이렇게 생각한다면 이제 거의 150년 전으로 진입할 준비가 된 셈이다.

당시 사람들, 물론 그런 생각했다. 아니 그 정도가 아니라 속이나 과 같은 상위 수준도 마구 넘나들 수 있다고 생각한 사람들이 다윈 이전에도 많이 있었다. 뭐라고? 그게 정말인가? 다윈 이전의 상황을 너무 과장하는 거 아닌가? 만일 그게 사실이라면 다윈이 왜 종의 진화를 주장해야 했는가? 또 (속이나 과 수준도 아니고) 겨우 종의 진화를 주장한 그의 책이 왜 그리 커다란 충격을 주었단 말인가? 혹은 정반대로 이런 반론도 가능하다. 그건 그다지 놀랄 일이 아니지 않은가? 그런 진화론의 개척자요 선구자들이 있었기 때문에 다윈이 등장할 수 있었다는 건 과학사의 상식 아닌가!

그런데 문제는 그리 간단치 않다. 그런 주장을 펼친 수많은 과학자들이 바로 창조론자였기 때문이다. 더 황당한 것은, 대부분의 과학자들이 저마다 과학적 근거들을 들어 진화론을 극력 반대하고 창조론을 더욱 확고히 했다는 사실이다. 그러니까 다윈이 맞섰던 창조론자들은 모든 생물종들이 태초에 뿅! 하고 창조되어 아무 변화도 하지 않았다고 주장하는 사람들이 아니었다. 그들은 물리적 조건을 중시하는 과학적 방법하에 생물들을 연구했으며, 그 결과 창조론을 도출해 냈던 것이다. 혹시 당신은 이쯤 해서 뭐가 뭔지 알 수 없게 되었거나 아니면 슬슬 이 책을 불신하기 시작했을지도 모른다. 그래서 나는 이제 여러분을 진짜 150년 전, 아니 200년 전 무렵으로 데려가야 할 것 같다. 성직자들이 아니라 당시 저명한 과학자들은 대체 무슨 연구를 어떻게 한 건지 '구체적으로' 알아보기로 하자.

라마르크와 퀴비에[2]

이제부터 살펴볼 과학자는 18세기 말과 19세기 초에 활약한 라마르크(1744~1829)와 퀴비에(1769~1832)다. 진화론의 개척자(?)와 진화론이라면 쌍지팡이를 짚고 반대했던 당대 최고의 과학자. 우선 이 두 사람을 통해 다윈이 등장하기 이전 과학계의 풍경 속으로 조금 들어가 보자.

  라마르크의 진화론은 우리에게 가장 익숙한 것으로, 한마디로 말해서 직선적 발전관에 입각한 진화론이다. 무생물에서 생물이 진화해 나왔고 그것이 갈수록 고등해져서 마침내 인간이 탄생했다는 생각이다.

---

[2] 이후 라마르크와 퀴비에 및 파리 아카데미 논쟁은 이케다 기요히코, 『굿바이 다윈?』, 박성관 옮김, 그린비, 2009의 내용을 정리한 것이다.

언뜻 들으면 현대 진화론하고 하등 다를 바가 없어 보인다. 그런데도 당시에는 과학자들로부터 구시대적 통념에 빠진 사람 취급을 받았다. 왜 그랬을까?

그는 먼저 지구의 초기에 어떤 물체가 생물로 진화했다고 생각했다. 이것이 점점 고등해지면서 짚신벌레, 지렁이, 물고기, 원숭이 등

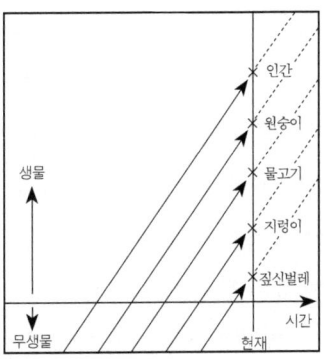

라마르크 진화론의 도식
라마르크는 무생물에서부터 인간까지 직선적으로 진화한다고 생각했다.

을 거쳐 마침내 인간으로 진화했다. 이보다 조금 늦게 생물이 된 물체도 있었다. 이것 또한 짚신벌레, 지렁이 등을 거치지만 출발이 늦었기 때문에 아직 원숭이 단계에 머물러 있다. 더 늦게 생겨난 생물은 물고기, 출발이 많이 늦었던 놈은 짚신벌레가 되었다는 식이다. 그러니까 우리가 지금 보고 있는 짚신벌레는 지구 역사에서 아주 늦게 생겨난 생물인 셈이다. 물론 원숭이나 물고기, 짚신벌레 같은 것들도 앞으로 시간이 많이 흐르면 보다 고등한 존재로 진화한다. 이렇듯 그는 생명의 전 역사를 시간 좌표 위에 올림으로써 하등생물부터 고등생물까지 빈틈없이 설명할 수 있었다. 이는 서구에서 아주 오래된 관념, 즉 모든 존재가 빈틈없이 서로 이어져 있다는 '존재의 대연쇄' 관념에도 잘 부합되었다. 또한 이 세상 모든 존재는 물리화학적 자연법칙이 시간의 흐름에 따라 실현된 것이며, 여기에 **신의 개입 따위는 필요치 않다. 다만 모든 존재는 점점 더 고등하게 진화해 간다는 법칙만이 필요하다.** 현재의 진화론과 대동소이해 보이지 않는가! 이런 라마르크를 다윈은 왜 그리 혹독하게 비판한

것일까? 그러나 라마르크의 진화론과 현대의 진화론은 크게 다르다. 우선 가장 큰 차이로, 현대 진화론은 (학자마다 차이가 있을 수 있지만) 현 생물들을 진화의 좌표 위에 올려 놓지 않는다. 즉, '짚신벌레→지렁이→물고기→원숭이→사람' 순으로 진화했다고 보지 않는 것이다. 라마르크를 비롯한 진화론자들과 다윈과의 차이는 차차 더 살펴보기로 하고 일단은 다음으로 넘어가자.

지금까지의 설명에서 알 수 있듯이, 라마르크의 이론이 성립하려면 지구 역사 초기에 생물이 무생물에서 자연히 발생되었어야 한다. 또한 하등생물은 라마르크 시대에도 얼마든지 관찰될 수 있었으므로 당시에도 자연발생에 의해 생겨나고 있어야 했다. 즉, 그의 이론에는 자연발생설이 전제되어 있는 것이다. 자연발생설은 아리스토텔레스까지 거슬러 올라갈 수 있는 것으로, 누더기천같이 더럽고 축축한 것에서 쥐 같은 생물이 생겨난다는 설이다. 이는 17세기 이후로 여러 면에서 비판을 받았지만 18세기까지만 해도 기생충 같은 것들은 여전히 자연발생된다는 주장이 강력히 버티고 있었다.[3] 그러므로 라마르크도 그런 주장을 할 수 있었던 것이다. 그러나 그 위세는 많이 약해진 것 또한 사실이었다. 자연발생설이라는 낡은 관념에 얼마나 현실성이 있는지 의구심이 있었고 『성경』에도 위배되는 내용이었기 때문에 크게 환영받지도 못했다.

---

3) 파스퇴르는 실험을 통해 자연발생설을 파탄내고 생물은 (무생물이 아니라) 생물에서 생겨난다는 것을 입증했다고 한다. 우리도 잘 알다시피 이후 걸레에서 하등한 생물이 생겨난다는 식의 주장은 명함도 내밀 수 없게 되었다. 그렇지만 본질적인 물음에 있어서 이 논쟁은 당시 끝나지 않은 상태였다. 자연발생설이 반박된 것은 사실이지만, 그럼 최초의 생물은 어디서 생겨났느냐는 실질적인 물음이 아직 해결되지 않았기 때문이다. 현대 과학에 따르면 결국 생물은 무생물에서부터 비롯된 것이다. 조야한 자연발생설과는 다르지만 어쨌거나 생물은 무생물에서 생겨난다는 점에서 자연발생설 논쟁에는 미묘한 바가 있다.

너무 간략하긴 하지만, 이것이 본래 라마르크가 주장한 진화론의 핵심이다. 그에 반해 획득형질 유전설이나 용불용설은 그의 진화론에 제기되는 난점들을 해결하기 위해 보조 가설로서 도입된 것일 뿐이다. 이 과정을 잠시 살펴보자. 그의 진화론에 따르면 모든 생물들은 하등한 것에서 고등한 것까지 연속적으로 배열될 수 있어야 한다. 그러나 생물들은 무척 다양하기 때문에 이 생물과 저 생물 중 어느 쪽이 더 고등한지 단정할 수 없는 경우도 적지 않다. 하물며 모든 생물을 하등에서 고등으로 빠짐없이 늘어놓는 일은 완전히 불가능했다. 이것은 연구의 부족에 따른 결과라기보다는 생물 자체의 우열이 본래 그리 판명하지 않기 때문인 것으로 보였다. 그렇다면 시간의 흐름에 의해 모든 존재를 설명하려는 라마르크의 진화론에 결정적인 구멍이 뚫려 버린다. 시간이 거꾸로 흐르는 것도 아닐 테고 자연법칙이 적용되지 않는다는 것도 정의상 말이 안 되고…….

이런 난처한 상황에서 벗어나기 위해 라마르크는 이런 생각을 해냈다. 만일 모든 생물이 동일한 환경에 산다면 시간의 흐름만으로 충분한 설명이 가능하다. 하지만 생물들은 물속이나 나무 위, 사막 지대 등, 다양한 환경 속에서 살아간다. 생물들이 자신의 처지에 적응하는 과정에서 필요한 기관은 더 발달시키고 불필요한 기관은 퇴화되었을 것이다. 그 결과 이 세계에는 직선적인 발전관만으로는 다 설명할 수 없는 불규칙성이 발생한 것이다. 요컨대 각각의 생물이 처한 환경하에서 어떤 기관은 많이 사용하고 다른 것은 (거의) 사용하지 않는, 소위 용불용의 효과 때문에 복잡한 불규칙성이 발생했다는 것이다. 그런데 이 설명만으로는 부족하다. 용불용에 의해 어떤 특징이 아무리 발달하더라도 자손에게 유전되지 않는다면 후대에 정착할 방법도 없고, 점차 누적되고 강화될 수도 없지 않은가! 따라서 그는 생물이 획득한 형질이 유전된다는 획득형질 유전설을 만들었다. 이리하여 자연법칙과 시간의 흐름을 주 내용으로 삼고, 용불용설과 획득형질 유전설을 보조 가설로 하는 라마르크의 진화론이 탄생하였다.

이상으로 우리는 라마르크의 진화론에 대해 간략히 살펴보았다. 라마르크가 '왜' 그런 이론을 제기했는지 '이해'하셨을 것이다. 이제 퀴비에로 넘어가야 할 순서인데, 라마르크의 이론과 관련된 워낙 중요한 사항이 한 가지 있어 여기에 끼워 넣기로 한다.

다윈의 라마르크 비판

앞서 라마르크의 진화론에는 '신의 개입 따위는 필요치 않다. 다만 모든 존재는 점점 더 고등하게 진화해 간다는 법칙만이 필요하다'라고 말했다. 자연법칙과 시간의 흐름만으로 모든 것을 설명하는 모습을 보면, 현대 과학의 입장에서도 흠잡을 데가 없으리만치 과학적인 이론으로 보인다. 그런데 거기에는 모든 존재가 고등하게 진화해 간다는 중대한 전제가 작동하고 있었다. 다윈은 우선 라마르크의 이런 진보주의를 비판했다(물론 이 지점 말고도 중요한 비판점들이 또 있다). 그에 반해 용불용설이나 획득형질 유전설은 비판하기는커녕 그대로 계승해 자기 이론의 보조 근거로 활용했다. 다윈이 라마르크의 보조 가설을 계승했다는 것, 그러나 핵심적인 지점에서 그를 비판했다는 것, 이 두 가지 얘기는 우리가 대충 알고 있는 상식과는 정반대되는 사실이다. 이런 주장을 믿기 힘들어 할 독자들도 있을 테니 다윈의 얘길 직접 들려 드리겠다. 『종의 기원』 출간보다 무려 15년 전에 친우(親友)에게 보낸 서신의 일부다.

> 나는 갈라파고스 제도의 생물들의 분포와 아메리카의 화석 포유류의 특징에 강한 충격을 받은 나머지, 종이 무엇인가라는 문제와 관련된 모든 사실들을 닥치는 대로 긁어모으기로 결심했습니다.[4] 엄청난 수에 달하는 농업과 원예에 관한 서적을 읽으며 쉴 새 없이 여러 사실들을 계속 수집했지요. 그리고 마침내 광명이 찾아왔습니다. 그 순간 내가 거의 확신하게 된 것은 (처음의 생각과는 정반대로) 종이 결코 (마치 **살인을 고백하는 듯한 기분이 드는군요**) 불변의 존재가 아니라는 사실이었습니다. '**전진에의 경향**(tendency to progression)**이나 '동물의 둔한 의지**(slow willing of animals)**에 의한 적응'이라는 라마르크의 잠꼬대 같은 말과 혼동하지 마시기 바랍니다. 그러나 내가 도달한 결론은 라마르크의 것과 큰 차가 없습니다. 단지 변화의 방도**(means)**가 전혀 다른 것이지요.** 나는 종이 각각의 목적에 따라 정교하게 적응하게 되는 단순한 방법을 발견해 냈다고 (외람스럽지만) 생각하고 있습니다.[5]

여기서 전혀 다른 방도란 당연히 자연선택 메커니즘을 가리킨다. 다윈이 생각한 이 메커니즘에는 '전진에의 경향' 같은 초역사적 법칙도

---

4) 이 대목은 우리가 앞서 본 『종의 기원』의 「머리말」 첫 부분을 연상시킨다.
5) 1844년(35세) 1월 11일 친우 후커에게 보낸 서신의 일부. 이 시점은 1842년의 「스케치」와 1844년의 「에세이」 사이에 위치하는 것으로, 다윈의 생각이 거의 기본적인 꼴을 갖춘 시점이었다. 정용재, 『찰스 다윈』, 민음사, 1900, 94~95쪽. 또한 Janet Browne, *Charles Darwin: The Power of Place*, New York: Alfred A. Knopf, Inc., 2002, p. 452.

없고 '동물의 의지' 같은 생물의 주체적 요인도 들어 있지 않았다. 라마르크는 자연법칙과 시간만으로 모든 것을 설명했다고 생각했지만 '전진에의 경향'을 동시에 전제하지 않고서는 한발짝도 '전진'할 수 없었다. 이런 점을 볼 때, 다윈의 진화론이 라마르크의 견해에서 사변성을 제거하고 그것을 좀더 구체적이고 과학적으로 다듬은 것이라는 예전의 평가는 크게 방향을 잘못 잡은 것이다. 진화론이라는 결론이 중요한 게 아니라, 그 메커니즘이 목적론과 주체 철학에서 벗어나 있다는 게 핵심이기 때문이다.

퀴비에

퀴비에는 당시 파리 과학계를 좌지우지하고 있던 최대의 거물이었으며 진화론의 격렬한 반대자였다. 그런 그가 비교해부학을 무기로 동식물을 관찰해 보니, 생물계에는 그다지 완벽한 질서가 존재하지 않는다는 사실이 드러났다. 퀴비에는 본래 자연의 질서는 인간의 생각이나 신의 생각과는 직접 관계가 없다고 생각했다. 그러므로 군데군데 단절되어 있다고 해도 딱히 이상할 것은 없었다. 그에 반해 라마르크는 생물들이 기본적으로 가장 하등한 것부터 가장 고등한 것까지 간극 없이 배열된다고 생각했다. 퀴비에가 볼 때 라마르크는 '존재의 대연쇄'라는 낡은 관념을 옹호하는 시대착오적인 학자로 비쳐졌다.

퀴비에는 다양한 동물들의 형태와 기능을 샅샅이 관찰한 결과, 동물의 왕국을 척추동물, 연체동물, 극피동물, 관절동물(articulata),[6] 이렇게 네 부문[7]으로 나누었다. 그리고 이 네 부문하에 린네의 분류 단위(강,

진화론의 개척자(?)와 반대자
오늘날 진화론의 시작처럼 여겨지는 라마르크(왼쪽)는 당대에는 '존재의 대연쇄'라는 구시대적 사고를 고수하는 사람으로 여겨졌다. 반대로 창조론자인 퀴비에(오른쪽)는 탁월한 해부학적 지식을 가진 합리적인 과학자로 비쳐졌다. 하지만 두 사람은 모두 다윈의 비판을 피할 수 없었다.

목, 과, 속, 아속, 종)를 종속, 편입시켰다. 그러니까 퀴비에에 따르면 자연계의 모든 동물들은 기본적인 신체 설계를 기준으로 크게 넷으로 나눌 수 있었고, 각 부문마다 특정한 신경계를 가지고 있었다. 다시 말해 각 부문 안에서는 얼마든지 변형(transformation)이 가능하지만, 부문들 간에는 결코 건널 수 없는 심연이 있었다. 연체동물의 위상을 동형으로 유지한 채 변화시키면 다른 연체동물이 될 수 있다. 하지만 어떤 변형에 의해서도 연체동물 이외의 것이 될 수는 없다. 그렇다면 극피동물, 관절동물, 척추동물, 연체동물의 공동 조상 따위는 있을 수 없다. 라마르크

6) 관절동물은 오늘날의 절지동물(arthropod)에 해당한다.
7) 이 네 가지 부문은 오늘날 분류체계의 문(門, phylum)에 해당한다고 할 수 있다.

2장_차이와 변이들로 들끓는 도가니 | 123

식으로 말하면 오징어(연체동물)가 오랜 세월이 흐르면 사람(척추동물)으로 진화한다는 것인데, 그건 일고의 가치도 없는 사변적인 생각이다.

퀴비에의 이론은 문과 문 사이에 넘을 수 없는 심연을 파 놓았다는 점에서는 진화론과 크게 다른 것이었다. 그는 실제로 진화는 '상상조차 할 수 없는 것'이라 확신했다. 그러나 다른 한편, 문 수준 내의 변형을 주장했다는 점에서 퀴비에는 완고한 창조론자들과는 격이 달랐다. 한 가지 주의할 것은, 그가 말한 문 내에서의 변형이란 실제 역사의 과정에서 이뤄진 진화가 아니었다는 점이다. 그는 창조주께서 네 가지 기본 설계를 바탕으로 다양한 생물들을 창조하셨다고 보았던 것이다. 퀴비에의 이론은 당대 상황을 아주 잘 보여 주는 전형적 사례다. 첫째, 그가 문 안에서나마 여러 생물종들 간의 깊은 연관성을 파악했다는 것은, 이미 종과 종이 전혀 별개의 존재라는 전통적 종 불변론이 깨지고 있던 상황을 보여 준다. 둘째, 그러나 그런 상황이 곧장 진화론으로 이어지지 않는다는 점도 잘 보여 준다. 과학자들의 다양한 연구 결과들은 더욱 정교하고 체계적으로 종 불변론과 창조론을 지지하는 재료가 되었던 것이다.

비교해부학자로서 수많은 생물들을 해부하여 다양한 기능과 형태를 숙지하고 있었기 때문에 그의 논거는 구체적이고도 과학적이었다. 많은 사람들이 퀴비에의 학설을 첨단 연구 기법에 의한 과학적 이론으로 여기고, 라마르크의 진화론은 사변을 바탕으로 한 구시대의 유물로 보았던 것도 무리가 아니었다. 이렇게 철저한 과학정신의 화신이었던 퀴비에가 노아 설화 수준의 복홍수설을 주장했다는 사실은 참으로 기이해 보인다(이 점은 앞서 「간주곡」에서 이미 밝힌 바 있다). 하지만 이 책을 계속 읽어 나가다 보면 여러분은 이런 기이한 경우가 당시 과학계의 매우 보편적인 현상이었음을 확인하시게 될 것이다. 일단 여기서는, 창조론으로 열린 길이 하도 넓고 평탄해서 퀴비에 같은 과학자도 언제고 빠져들 수밖에 없었다는 점만을 기억해 두자. 그러니까 앞서 말했듯이, 다윈은 착상 한번 바꾼 것으로 순조롭게 진화론을 정립한 게 아니라, 창조론으로 뚫려 있는 허다한 길들을 모두 피하면서 좁디좁은 진화론의 길을 개척했던 것이다. 그리고 우리도 잘 알다시피 그 길은 평생을 걸어도 다 걷지 못할 길이었다.

창조론, 퀴비에, 라마르크

자! 당신이 19세기 초에 살았다고 가정해 보자. 전통적 창조론과 퀴비에류의 과학적 창조론, 그리고 라마르크 식 진화론 중, 과연 어떤 이론을 가장 합리적이고 과학적인 이론이라 생각했겠는가? 아마도 다수는 퀴비에에 찬성했을 것이다. 우리도 확인했듯이 그는 결코 꽉 막힌 과학자가 아니었다. 그렇긴커녕 종 수준을 훨씬 뛰어넘어 거의 최상위 분류군인 문 수준 내에서 얼마든지 변형이 가능하다고 주장했다. 그리고 그런 관점에서 진화론의 구시대적 공상성을 비판했던 것이다. 기독교 신앙을 전통적인 행태로 고수하던 사람들은 조금 의심이 들긴 했겠지만 기존의 창조론에 머물렀을 것이다. 그리고 소수의 사람들이 라마르크의 진화론에 찬성했을 것이다. 물론 시대적 상황이라는 건 이렇게 논리적인 문제로만 환원되지는 않는다. 「간주곡」에도 썼듯이 창조론에 뚫린 구멍은 점점 커져만 갔고 구멍들이 다른 구멍들과 연결되기 시작하면서 상황은 갈수록 통제불능의 상태로 치닫고 있었다 사실 퀴비에도 전형적인 창조론자는 아니지 않았던가! 이미 같은 집단에 속해 있는 종들 간에는 허다한 유사성이 확인되었다. 단, 한 종이 다른 종으로 건너간다는 식의 발상은 거의 불가능했다. 퀴비에의 네 가지 부문도 서로 독립된 것이지 어느 부문이 다른 부문으로부터 진화된 게 아니었다.

상황은 복잡하고도 다양했다. 창조론 진영과 진화론 진영으로 명확히 구분되지도 않았고, 매우 혁신적인 발상과 한없이 고색창연한 통념이 한 사람의 생각 안에서 아무렇지도 않은 듯 동거하고 있었다. 우리가 이해하기 힘든 진영으로 패가 갈려 논쟁이 벌어지기도 했다. 바로 이런 상황 속에 다윈이 있었다. 그는 자기의 생각이 기존의 어떤 것과도 같지 않다는 걸 알았다. 학자들은 저마다 다양한 주장을 내세웠고, 때로 크게 대립하기도 했지만 다윈의 눈에는 모두 하나로 보였다. 그들은 모두 생물들의 구체적인 역사 외부에 초월적인 질서와 법(칙)을 상정하고 있었다. 그리고 이 질서와 법은 생물들의 변화에 절대적인 한계를 부여하고 있었다. 그는 기존의 어떤 입장도 택할 수 없었다. 그렇다고 해서 그가 시대와 전혀 무관한 사람은 아니었다. 다윈은 차라리 창조론의 토대가 들썩이는 불온한 시대적 분위기 전체에 몸을 실었다고 하는 편이 정확하지 않을까?

이상으로 미흡하지만 라마르크와 퀴비에를 통해 당시 과학계의 풍경을 살펴보았다. 당시 진화론은 논리와 근거가 모두 박약했고 다수의 과학자들이 진화론에 반대했다던 앞의 내용이 이로써 다소나마 설명되었길 바란다. 그럼 퀴비에는 당대인들에게 이론의 여지없이 받아들여졌을까? 역시 그렇지 않다. 당시에도 과학적인 논쟁은 오늘날 못지않게 치열했다. 그 중에서 가장 유명한 파리 아카데미 논쟁을 보도록 하자.

파리 아카데미 논쟁

당시에 또 한 명의 저명한 과학자 조프루아 생틸레르(Geoffroy Saint-Hilaire, 1772~1844)가 있었다. 그는 모든 동물이 하나의 유형(type), 즉 원형(archetype)에서 전부 도출될 수 있다고 보았다. 네 가지 부문을 설정했던 퀴비에와 대립하는 것은 당연한 일이었다. 논쟁의 발단이 된 것은 생틸레르의 두 제자가 쓴 논문이었다. 거기에는 연체동물(두족류)과 척추동물이 동일한 유형에서 생겨났다는 내용이 들어 있었다. 그림을 보라. 인간의 배꼽을 정점으로 하여 등을 둘로 접으면 오징어와 같은 형(形)이 된다. 이렇게 보면 인간과 오징어는 하나의 유형에서 파생된 두 종류일 뿐이다. 분개한 퀴비에는 외관상으로 보면 물론 그렇지만 안에 있는 장기는 절대로 변환 불가능하다는 것을 상세한 내부해부도를 사용하여 철저히 논파한다. 이 대결이 바로 '파리 아카데미 논쟁'이라고 불리는 논쟁으로, 이 논쟁은 퀴비에의 압도적인 승리로 끝났다.[8]

퀴비에 같은 일급 학자가 왜 진화론을 반대했는지, 아니 반대할 수밖에 없었는지 어느 정도는 공감을 하셨을 것이다. 퀴비에는 문 수준 안에서는 어떤 커다란 변형도 인정했다. 하지만 모든 동물이 하나의 유형에서 유래되었다는 생틸레르의 견해나 심지어 모든 생물이 무생물에서 유래되었다는 라마르크의 진화론 같은 것은 비교해부학상의 관찰 내용과 너무나 불일치했다. 다시 한번 강조히건데 공통의 조상에서 유래되었다는 견해는 창조론에 위배되기도 했지만 이렇듯 과학 연구의 결과

---

8) 기노이코, 『굿바이 다윈?』, 70~72쪽.

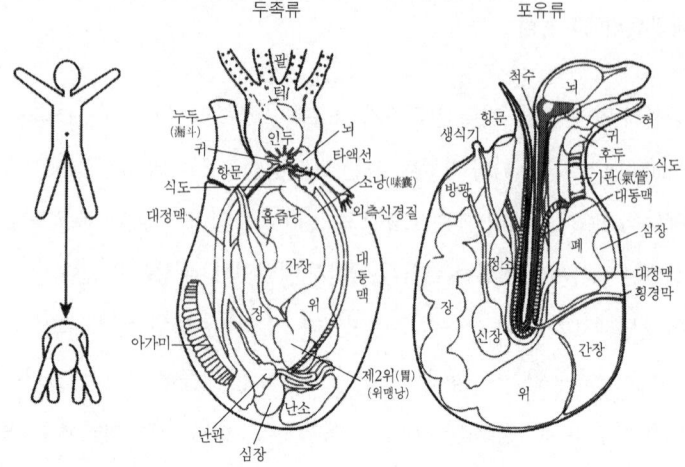

포유류와 두족류의 위상학
등쪽을 반으로 접은 포유류와 두족류(문어, 오징어)는 외부 형태는 닮았어도 내부 형태의 위치관계는 전혀 다르다.

와도 배치되었기 때문에 다수의 지지를 획득하지 못했던 것이다. 한편 생틸레르는 어떤 근거로 하나의 유형에서 모든 동물이 파생되었다는 주장을 했던 걸까? 궁금하실 수도 있는데, 여기서 모든 얘기를 다 할 수 없으므로 이 부분은 13장에서 좀더 자세히 보기로 하겠다. 나중에 보면 아시겠지만 생틸레르의 주장은 그야말로 흥미진진하다. 다만 여기서 미리 얘기해 둘 것은, 그의 주장은 물론 파리 아카데미 논쟁도 진화론과는 하등 상관없는 맥락 속에 들어 있었다는 점이다.

이상에서 보았듯이 생물종들 간에 절대적인 구분선을 그었던 전통적 창조론은 다윈의 등장 이전에 이미 낡은 얘기가 되어 있었다. 그러나 그 구분선은 좀더 체계적이고 정교한 형태로 바뀌었을 뿐이다. 파리 아카데미 논쟁도 실제적인 진화와 무관하게, 동물의 기본적인 신체 설계가 네 종류냐 한 종류냐를 둘러싸고 벌어진 것이었다. 여전히 현실 속의 종들 간에는 넘을 수 없는 장벽이 있었다. 그에 반해 다윈은 관찰과 실험 및 연구의 결과가 뒷받침해 주지 않는 한, 변이에 어떤 한계도 가하지 않았다. 그는 종이 과연 넘을 수 없는 장벽인지 아닌지에 대해 연구실에서 생각을 굴리고만 있지는 않았다. 대신 가장 구체적이고 소소한 변화, 즉 개체적 차이 및 변이에서 시작했다. 이제부터 다윈과 함께 이 소소한 병졸들이 학자들의 굳건한 성채를 공격할 것이다. 변이의 한계를 짓부술 장대한 오디세이가 시작된다.

일반적으로 학자들은 중요한 기관은 절대로 서로 달라질 수 없다고 주장한다. 그러나 나는 **같은 종의 개체들 사이에서 생리학적으로나 분류학적으로 중요한 부분들이 서로 크게 다른 사례를 긴 목록으로 제시할 수 있다.** 확신컨대 많은 경험을 쌓은 박물학자라도 구조상의 중요 부분에 이러한 변이성의 예가 얼마나 많은지를 알면 놀랄 것이다. …… 최근에 J. 러보크 씨는 패각충의 주요 신경에 나타나는 변이성을 제시했는데, 그것은 마치 한 나무에서 뻗어 나온 불규칙한 가지에 비견될 수 있다. 나아가 그는 어떤 곤충의 유충들은 근육이 결코 균일하지 않다는 사실을 제시했다. 중요한 기관은 절대로 변이하지 않는다는 학자들의 말은, 순환논법의 오류에 불과하다. 그들은 실제로는 변이하지 않는 제부(體部)를 중요한 것으로 삼고 있기 때문이다(몇몇 박물학자는 이 점을 솔직히 고백하기도 했다).(pp. 45~46)

다윈은 당시 학자들의 주장과는 다르게 중요한 부분들도 크게 변이할 수 있다는 사실을 강조한다. 당시 학자들의 주장은 연구의 결과라기보다는 선험적인 가정에 불과하며, 학자들 스스로가 연구과정에서 그 원칙을 부정하고 있었다. 그들 또한 실제로는 **변이 여부를 기준으로** 삼고 있었다.

의심스러운 종

상당한 정도로 종의 형질을 갖추고 있으나 동시에 다른 형태의 생물과도 현저히 닮았다든가, 혹은 중간 형태에 의해 다른 형태의 생물과 밀접하게 연결되어 있어 박물학자들이 독립된 종으로 여기지 않은 생물(즉 의심스러운 종)이 우리한테는 여러 면에서 가장 중요하다. 이러한 근연 형태들은 …… 대부분 우리가 아는 한 진정한 종만큼이나 오랫동안 그 형질을 유지해 왔다. 실제로 박물학자들은 두 종류의 생물이 중간적 형질을 갖는 여러 형태로 연결될 수 있을 경우에 한쪽을 다른 쪽의 변종으로 삼는데, 보편적으로 보이는 쪽을 종으로 삼기도 하지만 때로는 먼저 기록된 것을 종의 위치에 놓고 나중에 기록된 것을 변종으로 삼는다.(p. 47)

이거 뭐, 주먹구구가 따로 없네. 먼저 기록된 것을 종으로 하고 나중에 기록된 것을 변종으로 삼는다니! 그럼 만약 발견의 순서가 거꾸로였다면 현재 종의 위치를 차지하고 있는 생물은 변종이 되었겠네(지금 인용문에서 다윈이 비일비재하다고 지적한 경우가 바로 이런 경우다). 과학자들의 분류라는 게 이런 식이었단 말이야? 하긴 그들의 고충도 이해 못할 바는 아니다. 생물들의 수많은 특징 중에서 어떤 게 보편적 특징이고 어떤 게 부차적 특징인지 정확히 결정하기가 얼마나 어렵겠는가! 현대 생물학 또한 이 문제를 만족스럽게 해결하지 못하고 있는 실정이다. 종 개념을 둘러싸고 수많은 논란이 벌어지고 있을 뿐만 아니라, 가장 보편적으로 사용되는 생물학적 종 개념도 극히 한정된 생물들에서만 적용 가능하다. 이 개념의 제창자인 에른스트 마이어(Ernst W. Mayr)도 "생물학적 종 개념은 오직 유성생식을 하는 생물에만 적용할 수 있다"(『진화란 무엇인가』, 332쪽)라고 말했다. 그러나 실제로는 주로 유성생식을 하는 동물에 좀더 잘 적용되는 정도다. 당장 식물만 해도 이 개념에서 벗어나는 사례가 너무 많다.[9] 화석생물들에게는 적용할 엄두도 못

---

9) 마이어의 생물학적 종 개념에는 종에 대한 실체론적 태도가 담겨 있다. 이것은 매우 중요한 문제지만 따로 이야기할 기회가 없으니 여기서 간략히만 짚기로 하겠다. 마이어는 생물학적 종 개념을 이렇게 명제로 표현했다. "종은 상호교배가 가능한 자연적 개체군들의 집단으로 다른 집단과는 생식적으로 격리되어 있다." 에른스트 마이어, 『진화란 무엇인가』, 임지원 옮김, 사이언스북스, 2008, 328쪽. 한편 상이한 종들이 생식적으로 격리되어 있는 이유는 이렇게 설명했다. "종의 격리 기작은 균형 잡힌 조화로운 유전자형을 그 상태 그대로 보전하기 위한 장치라고 할 수 있다. 개체와 개체군을 종이라는 단위로 조직화하는 것은 균형 잡힌 성공적인 유전자형이 합치되지 않는 외부의 유전자형과의 교배를 통해 훼손되는 것을 막아 준다. 그렇게 함으로써 격리 기작은 열등하거나 생식력 없는 잡종이 생겨나는 것을 막는다. 따라서 종의 보전을 자연선택이 유지시킨다고 볼 수 있다." 같은 책, 334쪽.
이러한 견해에는 종에 대한 실체론적 태도가 담겨 있다(물론 그는 진화론자이므로 영원한 실체로 생각하는 것은 물론 아니다). 이 점을 다윈과 대비해서 살펴보자. 우선 마이어는 생물들이 상이한 종들로 구분되어 있는 것에는 중요한 이점이 있고 그래서 한동안 유지된다고 말한다. 반면 다윈에게 종과 종이 뚜렷이 구별되는 것은 주로 그 사이를 이어 주는 중간형들이 멸종됨으로써 파생되는 결과일 뿐이다. 그 구별은 어떤 이점 때문에 생겨나거나 유지되는 것이 아니다. 두번째로 마이어는 잡종의 탄생을 해로운 것으로 보는 데 반해, 다윈은 그런 점도 인정하지만 동시에 잡다한 교잡을 통해 생물들은 번식력이 강해진다는 점을 강조한다(이 점에 대해서는 특히 8장 「잡종」에 상세히 기술되어 있다). 다윈은 창조론을 비판하는 맥락에서 만일 각 종이 뚜렷이 구분되는 것이라면 왜 신은 잡종이 태어나게 했느냐고 반문한다.

낸다(죽은 자들은 짝짓기를 하지 못한다!). 13장의 끝부분에서 살펴보겠지만, 동물과 식물을 다 합쳐도 전체 생물 종류의 1/10도 되지 않는다는 점을 생각해 볼 때 생물학적 종 개념의 적용 범위는 너무 협소하다. 뭐 그건 그렇다 치고 어쨌거나 종 개념의 정의와 실제 종을 분류하는 문제는 현재에도 많은 난점들이 있을 정도로 쉬운 문제가 아니다. 과연 다윈은 이 문제를 어떻게 해결했을까?

그래서 어떤 생물이 종인지 변종인지를 결정하기 위해서는, 건전한 판단력과 풍부한 경험을 가진 박물학자의 의견에 따를 수밖에 없다. 그런데 문제는 박물학자들의 견해가 일치하지 않는 경우가 많다는 점이다. 그래서 대개의 경우에는 박물학자들의 다수결로 정해야 한다. 주의 깊게 관찰되고 잘 알려진 변종치고 몇몇 유능한 감정가들에 의해서 종으로 분류되지 않은 것은 거의 없다고 해도 과언이 아니기 때문이다. …… H. C. 왓슨은 일반적으로는 변종으로 여겨지지만, 식물학자들은 모두 종으로 분류하고 있는 영국산 식물을 182종이나 가르쳐 주었다.(pp. 47~48)

점입가경이구만! 과학자들이 다수결이라니 이게 될 말인가, 그게 무슨 과학인가! 지엽말단적인 문제라면 몰라도 한 생물을 종이라고 볼 건지, 변종이라고 볼 건지 하는 가장 기본적인 문제에서 그렇다는 건……. 하지만 다윈은 지금 논평자 같은 태도로 빈정거리고 있는 것이 아니다.

여러 해 전에 나는 갈라파고스 제도의 서로 근접해 있는 섬들에 사는 새들을 상호 간에 비교해 보았다. 또한 그들을 아메리카 대륙의 새들과 비교해 보고, 나아가 다른 사람들이 비교하는 것도 보았다. 그러고 나서 나는 종과 변종의 구별이 얼마나 애매하고 임의적인 것인가를 뼈저리게 느꼈다.(p. 48)

우리가 잘 아는 '다윈의 핀치'도 이런 사례 중 하나다. 그는 거리도 무척 가깝고 자연환경도 대단히 유사한 갈라파고스 제도의 여러 섬들에서 핀치나 거북이(그 유명한 갈라파고스 거북이) 등을 잡아서 영국으로 데리고 왔다. 귀국해서 다른 전문가들에게 조회한 결과 많은 핀치와 거북이들이 서로서로 다른 종들이라는 사실이 밝혀졌다. 자연조건도 비슷하고 외관도 구별이 잘 안 되어 당연히 같은 종이라 여기고 한데 묶어 왔는데 다른 종들이라니…….

더 말할 필요도 없다. 종과 변종의 구별이 얼마나 어려운지, 그래서 과학자들이 얼마나 자의적으로 그때그때 대처하고 있는지 더 이상 설명할 필요가 있을까? 이런 상황에서 정신이 제대로 박힌 과학자라면 당연히 개념 정의부터 정확히 하려고 할 것이다. 만일 여러 시도를 해보았지만 결국 그런 개념 정의는 불가능하다는 걸 알게 된다면 분류 범주들은 편의상의 용어에 불과하다는 판단을 내릴 것이다. 그리고 자신이 할 수 있는 일은 분류 범주들을 최대한 잘 설정하고 실제 분류 활동에서 최대한 정확히 구사하는 것이라고 생각할 것이다. 그런데 다윈은 이렇게 생각하지 않았고, 여기서 코페르니쿠스적 전환을 한다. 과연 어떻게?

다윈의 코페르니쿠스적 전환

많은 경우 박물학자들은 좀더 세밀한 연구과정을 거침으로써 의심스러운 종류에게 어떤 지위를 부여할지에 대해 의견 일치에 도달할 수 있을 것이다. 하지만 실제로는 아주 많은 조사가 이뤄진 나라에서 의심스러운 종류가 가장 많이 발견된다는 역설적 사실을 고백하지 않을 수 없다. 보통 떡갈나무를 보라. 이것은 얼마나 세밀히 연구되었는가? 하지만 독일의 한 학자는 대부분 변종으로 간주하는 떡갈나무 중에서 열 가지도 넘는 종이 있다고 주장하였다. 그리고 영국에서는 꽃자루가 없는 떡갈나무와 꽃자루가 있는 떡갈나무, 이 두 가지를 확실히 다른 종으로 인정하는 입장과 단순한 변종으로 분류하는 입장 쌍방을 식물학의 최고 권위자나 경험이 풍부한 사람의 저작에서 인용할 수 있다.(p. 50)

확실히 종과 아종(종에 매우 가깝지만 그만한 지위에 아직 이르지 못한 것) 사이에 명확한 경계선은 아직 그어져 있지 않다. 아종과 뚜렷한 변종 사이, 또는 **정도가 낮은 변종과 개체적 차이의 사이**에서도 마찬가지다. 이러한 차이들은 서로 융합해 눈에 띄지 않는 계열을 만들고 있다. 그리고 그러한 계열은 **실제적인 추이**(an actual passage)라는 관념을 우리 마음에 새겨 준다.(p. 51)

이것이 다윈의 코페르니쿠스적 전환이다. 종과 아종과 변종이 뚜렷이 구분되지 않는 것은 우리가 일시적으로 혼동하고 있거나 연구가 미진하기 때문이 아니다. 실제 생물들이 연속적인 계열을 이루고 있기 때문에 애시당초 뚜렷이 구분될 수가 없는 것이다. 학자들이 분류에 애를 먹어 온 것은 생물들이 종별로 뚜렷이 구분된다고 근거 없이 가정했기 때문이다. 그에 반해 다윈은 현실의 동식물들이 인간이 만든 불연속적 분류 단위에 맞춰져야 하는 게 아니라, 분류체계가 현실의 동식물들이 보여 주는 연속성을 반영해야 한다고 보았다. 어? 그럼 얘기가 어떻게 되는 거지? 그리고 연속성을 어떻게 분류체계에서 사유할 수 있지?

그래서 나는 분류학자들에게 별로 흥미를 끌지 못하는 **개체적 차이**를, 박물학 책에 기록할 만한 가치가 있을까 말까 한 그런 **사소한 변종으로 나아가는 첫걸음**으로서 우리에게 **고도로 중요한 것**이라고 간주하는 것이다. 또한 나는 그보다 약간 뚜렷하고 영속적인 변종을, 그보다 더 현저하고 영속적인 변종으로 **나아가는** 단계로 간주하며, 이 후자를 아종으로, 더 나아가서는 종으로 **나아가는** 단계로 간주한다.(pp. 51~52)

종, 아종, 변종, 기형, 개체적 차이를 뚜렷이 구분할 수 없는 이유는 실제의 동물과 식물들이 그런 식으로 고정되어 있지 않기 때문이다. 그리하여 그는 기존의 정적이고 단절적인 분류체계를 동적인 시간 좌표 위로 이동시킨다. 분류 항목들 자체가 시간에 따른 실질적 변화를 함축하게 만든 것이다. 종을 규정하는 어떤 본질이 있다는 사고가 다윈에 의해 해체되는 역사적 순간! 이 종과 저 종은 단질된 실제라는 관념, 하나의 생물종에 속해 있는 개체들은 똑같은 본질을 지니고, 그들이 서로 유사한 것도 그 때문이라는 관념. 바로 이 관념이 해체되어 버린 것이다.

다윈에 따르면 종은 상이한 개체들의 잠정적 구성물이다. 헌데 이 개체들은 모두 '다르며' 저마다 사소한 변종으로 나아간다. 그것은 이후 좀더 뚜렷하고 영속적인 변종으로 나아가며 결국 아종을 거쳐 뚜렷한 종으로 나아간다. 물론 이렇게 확립된 종에는 수많은 개체적 차이 및 변이들이 춤추며 지금 말한 과정이 끝없이 이어진다. 종은 처음도 아니며 끝도 아니다. 종, 아종, 변종, 기형 사이에는 어떤 위계도 없다. 그들은 모두 서로서로 이행 중인 것들이다. 지금까지는 어떤 개체들이 같은 종으로 묶이는 것을, 그 개체들이 종의 본질을 부분적으로 구현하기 때문이라고 생각해 왔다. 그리고 변종이나 아종은 종의 본질로부터 일탈한 것이며 기형은 구제불능일 정도로 탈선한 것이었다. 즉 모든 생물들은 종의 보편적 본질을 얼마나 담고 있느냐에 따라 구분되었던 것이다. 그러나 다윈의 세계에서는 종, 아종, 변종, 기형 중 그 어느 것도 특권을 가지지 못하고 다만 끊임없이 이행해 갈 뿐이다. 게다가 이 모두는 개체들의 차이와 변이의 산물들이지, 개체들이 이런 분류 단위의 산물이 아닌 것이다. 그러므로 이제 중요한 것은 본질이나 공통성이 아니라, 이러한 이행의 가장 기본적인 원동력, 즉 개체적 차이와 변이다. 물론,

모든 변종들이 반드시 종의 지위에 도달할 거라고 상상할 필요는 없다. 그런 것은 발단의 종 상태에서 절멸될 수도 있으며, 대단히 오랜 시간 동안 변종인 채로 있을 수도 있다. 만일 어떤 변종이 번영하여 개체수에서 원종을 능가하게 되면, 그것은 종의 지위에 오르고, 기존의 종 쪽을 변종으로 삼게 될 것이다. 또한 양자가 공존하면서 양쪽 모두 독립된 종으로 인정받을지도 모른다.(p. 52)

종이든, 변종이든, 아종이든 모두 유동적인 진화의 강물 속에서 '흘러가는' 것들이다. 그리고 이후 어떻게 되어 갈지는 "그 생물의 성질이나 서로 다른 물리적 조건보다는" "자연선택이 구조상의 차이를 어느 일정한 방향으로 축적해 가느냐"에 따라 규정될 것이다. 뒤에서 보겠지만, 자연선택의 결과는 미리 주어져 있지 않다. 즉 특별히 선호되는 형질도 없고, 어떤 물리적 조건도 필연적인 결과를 낳지 못한다. 오직 그때그때의 상황에 따라 자연스럽게 선택될 뿐이다.

종이란 서로 비슷한 일련의 개체들에 대해 편의상 임의로 부여된 이름이며, 변종이란 그보다는 덜 특수하고 좀더 변화가 많은 형태에 대하여 주어진 이름이다. 양자는 이렇듯 그 본질상 다르지 않은 말이다. 마찬가지로 변종 또한 단순한 개체적 차이와 비교하여 편의상 임의로 적용된 이름일 뿐이다.(p.52)

다윈이 분류 항목들에 대해 어떤 의미를 부여하고 있는지가 잘 드러나 있는 문장이다. 그런데 이런 의문이 든다. 그렇다면 다윈은 종, 아종, 변종 등이 모두 무의미한 말이라고 생각한 것일까? 또한 이 용어들 모두가 임의적인 것이라고 생각한 것일까? 그렇지는 않다. 이 범주들 간에 드러나는 계열은 그들 간의 **실제적인 추이**를 반영하고 있다는 점에서 오히려 실제적인 측면도 가지고 있다. 또한 그것들을 선용함으로써 우리는 생물들 간의 현실적 관계를 발견할 수 있기 때문에 매우 중요한 것이기도 하다. 다만 종과 아종과 변종은 고정된 무엇이 아니라 '나아가는' 것이라는 사실, 그리고 이 모두는 개체적 차이와 변이가 생산한 걸

과들이라는 사실을 잊지 말아야 한다. 자, 그럼 이제부터 종, 아종, 변종 같은 범주들을 선용해 보기로 하자.

보편적인 종이 가장 많이 변이한다

나는 면밀히 연구된 식물군에 나타난 모든 변종들을 도표로 열거해 보면, 가장 많이 변이하는 종들의 특성과 여러 관계들에 대해 흥미로운 결과를 얻을 수 있을지 모른다고 생각했다. 그러나 실제로 해보니 거기에는 지금 다 밝힐 수 없는 여러 가지 많은 난점이 있었다. 이 난점에 대한 논의나 여러 도표들은 장래의 저서에서 본격적으로 다루기로 하고 여기서는 필요한 사항만 살펴보기로 한다.(p. 53)

알퐁스 드 캉돌을 비롯한 여러 학자들은 매우 넓은 분포 구역을 가진 식물에는 일반적으로 변종이 있다는 사실을 제시하였다. 그런 일은 당연히 예상할 수 있는 일이다. 이들은 다양한 물리적 조건에 노출되어 있으며 또한 여러 다른 생물들과 경쟁을 하게 되기 때문이다. 그러나 나의 도표는 더 나아가서, 어떤 특정한 나라에 한정해서 보더라도 가장 흔한 종(가장 개체수가 많은 종)이나 그 나라에서 가장 분산성이 높은 종은, 식물학 책에 기록될 만큼 특징이 뚜렷한 변종들을 가장 빈번히 발생시킨다는 점도 나타내 주었다. 그러니까 특징이 뚜렷한 변종(내가 발단의 종이라 부르는 것)을 가장 빈번하게 낳는 종은 가장 번영하는 종, 가장 우세한 종인 셈이다.(pp. 53~54)

만일 우리가 설정한 종이나 변종이라는 개념이 완전히 임의적인 것이라면 이런 현상은 좀 이상해 보인다. 가장 개체수가 많은 종이 특징이 뚜렷한 변종들을 가장 빈번하게 낳을 이유가 따로 있겠는가! 그런데 어쨌거나 다윈이 면밀하게 연구된 식물군들을 가지고 통계를 내보니, 희한하게도 그런 경향이 나타난다는 것이다. 왜 그럴까? 헌데 이상한 건 이뿐만이 아니다.

큰 속의 종이 작은 속의 종보다 많이 변이한다

나는 종이란 것을 단지 특징이 현저하여 충분히 확정된 변종이라고 간주하기 때문에, 큰 속의 종은 당연히 작은 속의 종보다 빈번하게 변종을 만들어 낸다는 것을 예상할 수 있었다. 한 속에 그렇게 많은 종들이 형성된 곳이라면 지금도 많은 변종이나 초기의 종이 형성 중일 것이기 때문이다. 어떤 속의 종들이 변이에 의해 많이 형성된 곳이라면, 그 주위의 환경이 이 변이에 대해 유리하였다는 얘기가 되지 않겠는가! 커다란 나무가 많이 있는 곳에는 지금도 어린 나무들이 많이 자라나고 있지 않겠는가! 이런 나의 생각과 달리, 각각의 종이 특수한 창조 작용에 의해 생겨났다고 하는 입장에서는 왜 종의 수가 적은 무리보다 종의 수가 많은 무리 쪽에서 변종이 더 많이 생기는지가 불분명하다.

이런 사실은 종이란 뚜렷한 특징을 가진 영속적인 변종에 불과하다고 하는 견해에 입각하면 그 의미가 명백해진다. 같은 속에 속하는 종이 많이 형성되는 곳에서는, 또는 이런 표현을 해도 무방하다면 종의 제조 공장(the manufactory of species)이 계속 활동해 온 곳에서는 일반적으

개체의 다양성

따개비의 다양한 형태. 이렇게 다채로운 개체적 차이들은 변종이나 기형이, '괴물'이 아니라 종의 다양성을 낳는 기초라는 비밀을 우리에게 드러내 주는 듯하다.

로 지금도 그 제조가 활발할 것이기 때문이다.(pp. 55~56)

평범한 얘기가 이어지는 듯했는데, 갑작스레 이런 얘기가 튀어나오다니! 종이 변종과 본질상 다르지 않다는 말도 불경한데 종의 제조, 아니 종을 제조하는 공장이라니! 당시 서구인들에게 이런 표현이 무방했을 리가 없다. 그러나 다윈은 마구 나아간다. 이 장의 맨 앞부분에서는 이런 말을 하지 않았던가!

또한 '**기형**'이라 불리는 것이 있는데, 이는 앞으로 변종으로 이행해 갈 존재다. 내 생각으로는 기형이란 구조상의 일부분이 종에게 해롭거나 무익한 편차를 뚜렷이 나타내고, 게다가 대개는 그것이 전반적으로 확산되어 있지 않은 것을 가리킨다.(p. 54)

아까 대충 지나갔던 말이 지금은 엄청난 폭탄이 되어 버렸다. 다윈의 이야기를 따라가다 보니 어느새 종, 아종, 변종, 기형이 모두 개체적 차이 및 변이에 의해 하나의 계열로 연결되어 버리지 않는가! 종이 변종에서 온 것이고 변종은 기형에서 이행해 온 존재라면, 결국 성스러운 종의 기원은 바로 기형이라는 것이 아닌가? 사실 1장에서도 다윈은 이런 이야기를 슬쩍 깔아 놓은 바 있다. "기형을 단순한 변이와 구별하는 명확한 경계선을 그을 수는 없다." 그때에는 스쳐 지나가듯 말했기 때문에 그냥 그러려니 했고, 2장 앞 대목에서 "기형은 앞으로 변종으로 이행해 갈 존재"라고 했을 때에도 문제의 심각성은 그리 크게 느껴지지 않았었다.

2장_차이와 변이들로 들끓는 도가니 | **141**

영어에서는 기형을 monstrosity라고 한다. 괴물이라는 것이다. 악마 혹은 사탄의 자식? 다행히 그놈들은 "구조상의 일부분이 종에게 해롭거나 무익한 편차를 뚜렷이 나타내고, 게다가 대개는 그것이 전반적으로 확산되어 있지 않다". 그런데 그 괴물들이 종의 기원이라니! 눈치 빠른 사람들의 안색은 흙빛이 되어 버렸다. 저 금수들만이 아니라 인간마저도 진화의 산물이라면 결국 우리의 아버지는 전지전능하신 하나님이 아니라 악마 혹은 사탄이 되어 버리지 않는가! 당시 독자들에게 다윈의 얘기가 얼마나 사악하게 느껴졌을지 능히 감이 오지 않는가! 다윈 스스로도 이런 생각을 하는 자신이 "악마의 사도"처럼 느껴진다며 치를 떤 적이 있었다.

허나 다윈의 사유는 그런 평범한 곳보다 훨씬 더 깊은 곳에서 노닐고 있었다. 그에게 이 세계는 신의 것도 아니었지만 악마의 것도 아니었다. 달리 표현하자면 신과 악마가 다른 게 아니었다. 이런 생각이 불경하게 느껴지는 사람이 있다면, 먼저 자기 자신이 신과 악마, 선과 악, 정상과 기형을 절대적으로 구분하고 있지 않은지 돌아보아야 한다. 세상을 그런 식으로 구분하지 않는 사람은 다윈의 생각에서 어떤 불경함도 느끼지 않는다. 오히려 다윈의 생각은 세상을 가장 풍요롭게 느끼는 자의 것이다. 뒤로 갈수록 분명해지겠지만 그는 『종의 기원』에서 기형, 불임, 잡종 등 서구에서 오래도록 저주받아 온 음습한 개념들을 종들의 정원에서 마구 날뛰게 한다. 앞서 보았던 구절을 상기해 보시라. "불임성은 원예가 망하는 원인이라 일컬어져 왔다. 그러나 위에 말한 견해에 따르면 불임성이 생겨나는 원인 때문에 변이성이 생겨나는 것이다. 그리고 변이성이야말로 밭에서 나는 모든 멋진 산물의 원천이다." 불임과 잡종은 8장 「잡종」에서 아주 중요한 주제로 다뤄진다. 기대하시길…….

굳이 하나님께서 모든 생물들을 창조하셨다고 우기고 싶은 사람이 있다면, 그는 하나님을 (종을 제조하는) 공장주, 심지어는 괴물을 낳고 기뻐하는 사탄으로 만들어 버리는 사람이다. 고대에는 기하학자이기도 했었고 애덤 스미스 시대에는 가장 효율적으로 자원을 분배하는 보이지 않는 경제가(economist)가 되기도 했었는데, 그때가 그나마 나았던 것일까? 아니면 현대처럼 DNA 프로그래머로 숭배받는 쪽이 나을까? 아냐 아냐! 정신 차려야지. 너무 겁먹을 필요 없어. 다윈이 지금까지 한 얘기라는 게 거의 사변적인 수준에 불과하지 않은가! 이렇게 모욕적이고도 불경스러운 다윈 놈의 말이 찬란하게 빛나는 진리일 리가 없어. 과학적으로 증명될 리는 더더욱 만무하지. 이 놈의 구라가 앞으로 더 실제적인 얘기, 더 과학적인 차원으로 옮아가기만 하면 여기저기서 허점이 드러날 게야. 암 그렇구 말구. 그런데, 그런데, 그게 어째 좀 불안하단 말이야…….

큰 속의 종과 변종 사이에는 그밖에도 주목할 만한 관계가 있다. 종과 특징이 뚜렷한 변종을 구별할 절대적인 기준이 없다는 것은 앞서 말한 바 있다. 그렇기 때문에 박물학자들이 두 종류의 생물을 종으로 분류하느냐 변종으로 분류하느냐는 결국 **차이의 양**(amount of differnce)에 따라 달라진다. 그런데 프리스(Fries)는 식물에 관해, 웨스트우드(Westwood)는 곤충에 관해, 큰 속에서는 종 사이의 차이의 양이 현저하게 적은 경우가 종종 있다는 사실에 주목했다. 나는 이를 숫자적으로 평균치를 내어 보였는데, 불완전한 결과의 범위 내에서는 그들의 견해가 옳다는 사실을 확인했다. 또 명석하고 경험이 풍부한 관찰자들에게 의견을 구했더니, 그들은 깊이 생각한 끝에 이 견해에 동의했다. 따라서 큰 속의 종은 작은 속의 종보다 변종과 더 유사하다고 할 수 있다. 달리 말할 수도 있다. 평균 이상의 변종이나 발단의 종이 현재 제조되고 있는 큰 속에서는, 이미 제조된 많은 종들이 지금도 여전히 어느 정도까지는 변종과 비슷하다고. 왜냐하면 이 종들의 상호 차이의 양은 보통의 경우보다 적기 때문이다.(pp. 56~57)

게다가 큰 속과 그 속에 속한 종의 관계는, 한 종과 그 종에 속한 변종들의 관계와 동일하다. 한 속의 모든 종들 사이의 차이가 다 같다고 주장하는 박물학자는 없다. 그래서 다양한 종들은 일반적으로 속보다 하위의 아속(亞屬)이나 항(項, section) 또는 더욱 작은 무리로 묶일 수 있다. 프리스가 훌륭하게 설명한 바와 같이, 일반적으로 종의 작은 군(群)은 다른 종의 주위에 마치 위성처럼 모여 있다. 그런데 변종이란 바로 이처럼 상호 부등한 관계 속에서 어떤 형태의 생물(즉 그들의 부모 종)의 주변에 뭉쳐 있는 무리가 아니라면 무엇인가?(p. 57)

종과 변종의 관계와, 속과 그 속에 속한 종의 관계에 이처럼 유사성이 있다는 건 무엇을 뜻하겠는가? 큰 속의 종은 종 속의 변종과 마찬가지라는 것 이외에.

큰 속 중에서 가장 번성해 있는 종은 가장 많이 변이한다. 그리고 뒤에서 설명하겠지만 변종은 새롭고 뚜렷한 종으로 바뀌어 가는 경향이 있다. 그래서 큰 속은 한층 더 커지는 경향이 있다. 또한 자연계를 통틀어 현재 우세한 종류는 변화한 많은 우세한 자손을 남기게 되므로 한층 더 우세해져 가는 경향이 있다.(p. 59)

이렇게 『종의 기원』 2장은 끝이 난다. 어? 벌써 끝났나? 뭐 특별한 얘기도 그닥 없었던 거 같은데…… 하며 뒤를 돌아보니 이런! 기존의 통념들이 구멍 나고 부서진 채로 여기저기 널려 있다. 흉하게시리.

우선 종 개념은 대단히 유동적인 것이 되었다. 하나님이 종별로 창조하신 것도 아닐 뿐만 아니라, 변종이나 기형 같은 것과 같은 급이 되어 버렸다. 당황한 것은 성직자들만이 아니었다. 굳이 말하자면 종에 어떤 불변의 실체를 가정했던 과학자들이 더했다. 아리스토텔레스 이래로 종이란 형태상으로나 구조상으로 안정적인 실재가 아니었던가? 또한 다른 종과는 불연속적인 것이 아니었던가? 그런데 다윈의 말을 따라가다 보니 그게 모두 근거 없는 가정에 불과했다. 가장 우세한 종일수록 가장 많이 변이한다니 더더욱 그러했다.

린네의 분류 체계를 떠올려보자. 그에게 강, 목, 과, 속, 종 같은 분류 단위는 현실 속의 개체들보다 더 참된 것이었다. 린네는 특히 속과 종은 자연의 참된 실재라고 생각했다. 그리고 그런 분류 단위들로 『자연의 체계』(Systema Naturae)를 구성하였다. 그는 이 체계를 완성하기 위해 수많은 동식물들을 조사하고 연구하여 모두 이 체계 안에 집어넣었다. 그러나 그 체계가 완벽하게 들어맞았을 리가 만무하다. 하지만 그는 이 체계야말로 신의 질서를 완벽하게 표현하는 것이기 때문에 불완전할 리가 없다고 생각했다. 그래서 제자들을 풀어 전세계로 보내 더 많은 생물들을 찾아오게 했다. 그렇게 해서 수집된 온갖 생물들로 최대한 기존의 체계를 잘 가다듬고자 애썼다. 잘 들어가지 않는 생물들은 억지로라도 구겨 넣어야 했다. 불규칙한 현실과 불완전한 경험은 참다운 체계에 복종해야 했다. 그런 린네의 분류 단위와 체계를 다윈이 전복시켜 버린 것이다.

여러분 중에는 혹시 다윈의 이런 주장이 너무 자의적이라고 느끼는 분도 계실지 모르겠다. 학자들이 이러저러하게 분류한 목록들을 가지고 통계를 낸 다음, 종은 변종 못지않게 불안정하다느니, 큰 속의 종은 작은 속의 종보다 변종과 더 유사하다느니 하는 결론을 내리는 게 객관성이 너무 부족하다고 말할지도 모르겠다. 큰 속이라든가, 종과 변종의 차이의 양이라든가, 더 유사하다든가 하는 게 모두 너무 주관적이라고 말할지도 모르겠다. 학자들이 속과 종과 변종 등의 단위하에 정리한 내용이 완전히 옳다는 보장이 어디에 있는가? 게다가 다윈도 말했듯이 학자들 간에 견해 차이는 또 얼마나 큰가? 그러니 그런 걸 근거로 이러저러한 판단을 내린다는 게 얼마나 신뢰성이 있겠는가?

100% 동의한다. 다윈과 내가 이구동성으로 하는 말이 바로 그것이다. 지금까지 연구된 결과를 가지고는 누구도 종과 변종과 아종과 기형 같은 분류 단위들이 객관적인 실재라고 할 수가 없다. 분류 단위가 실재성을 가지려면 개체적 차이 및 변이에서 출발하는 생물들의 변화에 철저히 따라야만 한다. 그런 말을 가장 하고 싶은 사람이 바로 다윈이었다. 실상이 이러한데 거꾸로 그런 단위들이 현실의 개체들보다 더욱 참된 실재를 표현한다고 주장한 자들이 누구였던가? 현실의 개체들이 아무리 많은 차이를 보여도, 자연에서 아무리 많은 변종이 발견되어도 그

것은 일시적이고 비정상적이어서 언젠가는 원종으로 돌아간다고 주장했던 게 누구였는가? 바로 창조론자들과 기존의 과학자들이었다. 다윈은 그들의 믿음을 충실하게 밀고 나감으로써 역으로 그 믿음의 허구성을 드러낸 것이다.

이것은 단지 생물학에만 한정된 문제가 아니었다. 범주나 체계가 생물들의 삶의 과정에 의해 생산된다는 다윈의 주장은 서구 사상 전체를 전복한 일대 사건이었다. 다윈 이전에는 어떠했는가? 먼저 무언가가 있었다. 그것은 하나님, 섭리, 진리 등 뭐라고 불리건 어쨌거나 먼저 존재하는 하나의 무엇이었다. 그리고 종을 비롯한 개념이나 이런저런 법칙들은 그 존재를 표현하는 것이었다. 마지막으로 맨 꼴찌에 오는 것이 개체들 혹은 그들의 현실이었다. 개체와 그들의 현실은 법칙이나 개념의 불완전하고 불안정하며 일시적인 반영이었다. 그런데 우리 인간은 불완전한 존재라서 하나님이나 섭리 등을 직접 알 수 없다. 우리가 경험할 수 있는 것은 오직 개체들의 생활뿐이다. 오직 이 개체들의 모습 속에서 어떤 법칙들을 찾아내야 했고 그를 통해 세계의 진리 혹은 신의 모습을 엿보아야 했다. 다행인 것은 우리 인간이 특별한 존재라는 사실이다(혹은 특별하게 창조되었다는 사실이다). 우리 인간은 태어나면서부터 가지고 있는 이성을 도구로 불규칙한 현실들을 질서 있게 정돈하고, 고도의 종합력을 바탕으로 적합한 판단을 내릴 수 있다(축복받은 존재, 너 인간이여!). 경험 이전에 합리적인 개념이나 논리가 있었다. 온갖 개체들이 연출하는 현실은 개념이나 논리에 복종해야 했고 그러한 개념이나 논리는 신이나 섭리의 표현이었다. 신이나 섭리만이 참되고 우리의 경험은 그것을 불완전하게 모방한 것에 불과했다.

다윈이 나타나자 이 모든 것이 전복되었다. 종은, 혹은 종이나 변종이나 기형 등은 생물들의 변화과정을 따라가기에 급급한 이름들이다. 다윈은 우리가 분류를 할 수 있는 근거를 신이나 섭리에서 모든 개체들과 그 개체들의 생활로 옮겨 버렸다. 이제 다윈이 설정한 종, 변종, 아종, 기형 등의 단위를 가지고 가장 중요한 대상, 개체들과 만나기로 하자. 다윈이 진화론을 논증하는 3장과 4장이 드디어 시작된다.

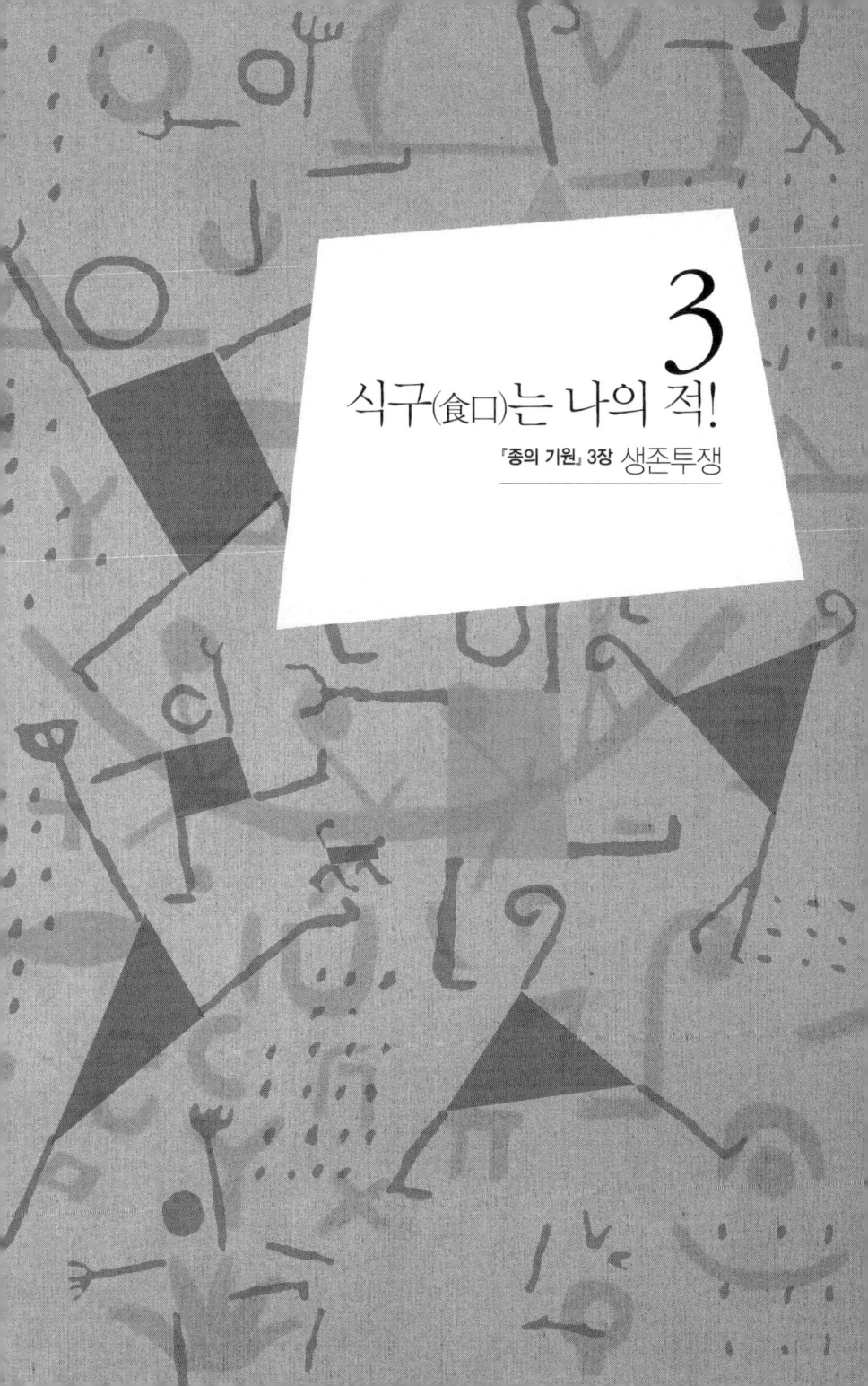

3
식구(食口)는 나의 적!
『종의 기원』 3장 생존투쟁

나는 종의 이론에 대한 초고를 막 끝냈소. 그러니 내가 갑자기 죽을 경우에 대비해서, 나의 가장 경건한 마지막 청으로 다음과 같이 쓰니, 당신은 그것을 내 유서에 법적으로 씌어 있는 것과 마찬가지로 여겨 줄 것으로 믿소. 우선 400파운드를 들여서 책으로 발행하고 그 뒤로는 당신이나 아니면 헨슬레이 웨지우드를 통해서 수고스럽더라도 이것을 진전시키는 일을 맡아 주어야겠소. 나는 내 초고가 유능한 사람에게 맡겨져 나머지 돈으로 그 사람이 그 일을 진전시키고 확대시키는 수고를 맡게 했으면 하고 바라오. 편집인으로는, 맡아만 준다면 찰스 라이엘 씨가 제일 좋을 것이오. 그가 그 작업이 흥미 있다는 것을 알게 될 것이며, 거기서 새로운 어떤 사실들을 배우게 될 것이라고 나는 믿고 있소. 후커 박사도 괜찮을 것이오.

— 다윈이 1844년 7월 5일에 아내에게 보낸 편지에서. 제이콥 브로노프스키, 『인간등정의 발자취』.

식구(食口)는 나의 적!

우리는 이제 개체들의 세계로 들어왔다. 다윈 진화론의 바탕이자 핵심인 개체들 간의 차이와 변이 속으로 들어온 것이다. 조금씩이나마 모두 서로 다르고, 또 끊임없이 변화하는 이 세계 속에서는 대체 어떤 일이 벌어지고 있는가? 다윈은 당시 많은 사람들과 마찬가지로 거기서 치열한 경쟁과 도태를 보았다. 진화론 하면 떠오르는 것, 진화론이 후대의 비평자들로부터 온갖 비판을 한몸에 받도록 해준 일등공신, 바로 '생존경쟁'을 본 것이다.

아버지 드 캉돌(The elder De Candolle)과 라이엘은 모든 생물이 심한 경쟁(severe competition)에 노출되어 있다는 점을 광범위하게, 또한 철학적으로 분명히 밝혔다. …… 생활을 위한 투쟁이 보편적으로 벌어지고 있다는 것이 진리임을 입으로 인정하는 것처럼 쉬운 일은 없지만, 이 결론을 항상 마음에 새겨 두는 것 이상으로 어려운 일은 없다. 적어도 나는 그렇다는 것을 알았다. 하지만 이 결론이 철저하게 마음에 사무치지 않는다면 자연의 질서 전체나 그에 포함되는 분포, 희소성, 풍부

모성 또는 잔혹
새끼에게 먹이를 물어다 먹이는 어미새의 모습은 인간들에게 '모성의 숭고함'을 연상시키곤 한다. 그러나 어미새의 부리 끝에 물려 있는 곤충 또한 누군가의 새끼이거나 어미일 것이다. 자연의 이러한 잔혹함은 보통 잘 드러나지 않는다.

함, 멸종, 변이 등의 모든 사실이 어렴풋이 인정될 뿐이거나 또는 전적으로 오해될 것이라고 나는 믿는다.

우리는 '자연'의 얼굴이 기쁨에 빛나는 것을 본다. 이따금 식량이 남아돌아갈 때도 있다. 하지만 우리는 우리 주위에서 한가롭게 지저귀는 새들이 대체로 곤충이나 씨앗을 먹고 살아가며 이리하여 끊임없이 생명을 파괴하고 있다는 사실을 보지 않거나 잊고 있다. 우리는 이들 노래하는 새나 그 알, 그들의 새끼가 육식을 하는 조류나 짐승들에게 얼마나 많이 파괴되는지를 잊고 있다. 우리는 지금은 식량이 남아돌아가지

만 매 년, 매 계절마다 그렇지는 못하리라는 것을 항상 유념하지는 않는다.(p. 62)

새들이 여유롭게 지저귀며 그 새끼나 알들과 다정하게 있는 걸 보면, 우리는 자연의 평화나 안식, 가족애 등을 느끼며 흐뭇해한다. 이들이 언젠가는 육식 조류나 짐승들에게 죽임을 당하리라는 걸 잊곤 한다. 어쩌다 그들이 죽임을 당하는 순간과 맞닥뜨리기라도 하면 대면하고 싶지 않았던 자연의 흉한 모습에 불쾌해지기도 한다. 그러나 그렇게 잡아먹힌 새의 부리 또한 그동안 수도 없는 다른 생물들의 피로 물들어 있었다는 사실은 잊고 있다. 우리는 지금은 식량이 남아돌아가지만 매 년, 매 계절마다 그렇지는 못하리라는 것을 잘 알고 있다. 그러나 그 사실을 충분히 인정하고 싶어 하지 않는 인간의 마음은 평화롭고 풍족한 풍경을 전면에 내세우고 잔혹한 풍경을 이면으로 감춘다. 어미새가 날마다 잡아 와 앙증맞은 새끼들에게 먹여 왔던 먹이는 뉘집 자식이나 부모를 죽여서 데려온 것인지 알고 싶어 하지 않는다. 이러한 자연의 어두운 측면에 눈감으려는 의지가 우리를 진실로부터 멀어지게 만든다. 이것이 바로 자연계 생물들의 분포와 희소성과 풍부함과 멸종과 변이 등 그 모든 사실들의 원인과 과정에 대해, 그리고 자연계 전체의 질서에 대해 오해하게 만드는 원인이다. 그런데 이 꺼림칙한 일은 왜 그토록 광범위하게 벌어지는 것일까? 거기에 무슨 중대한 의미라도 있는 것일까?

생존투쟁은 모든 생물이 높은 비율로 증가하는 경향의 불가피한 결과다. 모든 생물은 전 생애를 통해 수많은 알이나 씨앗을 만들지만 생애의 어느 시기, 어느 계절, 또는 어느 해엔가는 파괴를 당할 수밖에 없다. 만약 그렇지 않다면 등비수열적 증가의 원칙에 의해 개체수가 금세 과도하게 증대하여 어느 곳에서도 그것을 다 수용할 수 없게 된다. 이처럼 생존할 수 있는 것보다 더 많은 개체가 생겨나기 때문에, 온갖 경우에 있어서 같은 종의 다른 개체 사이에, 또는 다른 종의 개체와의 사이에, 또한 생활의 물리적 조건과의 사이에 생존투쟁이 당연히 생겨나게 된다.(p. 63)

이 대목은 경제학자 맬서스의 이론을 가지고 자연계의 상황을 번역한 것이다. 다윈은 자서전에서 맬서스가 『인구론』에서 밝힌 "식량은 등차수열적으로 증가하는데 인구는 등비수열적으로 증가한다"[1]라는 원리를 1838년에 읽었고, 이것이 자연선택이라는 메커니즘을 발견하는 데 커다란 계기가 되었다고 회상했다.[2] 흥미로운 것은 월리스 또한 『인구론』을 읽고 진화의 메커니즘을 발견했다고 말했다는 점이다. 실제로 맬서스가 다윈과 월리스의 학설에 끼친 영향은 아무리 강조해도 지나치지 않다. 아마도 맬서스가 없었다면 특히 다윈의 이론은 핵심의 한 부분이 결여된 불구가 되었을 것이다. 그러나 좀더 정확히 말한다면 당시

---

1) 대부분 '산술급수'와 '기하급수'라고 오역하지만, '등차수열'과 '등비수열'이 옳은 번역이다.
2) "1838년 10월 체계적으로 질문을 시작한 지 15개월이 지나서 나는 우연히 맬서스의 『인구론』을 재미삼아 읽었다. 동식물의 습성을 오랫동안 관찰해 온 덕에 생존투쟁에 대해 공감하는 바가 컸던지, 이런 상황에서라면 유리한 변이는 제대로 보존될 것이며 불리한 경우 사라지고 말 것이라는 생각이 곧바로 떠올랐다. 그리고 그 결과는 새로운 종이 만들어지는 일이라고 생각했다. 이 시점에서 나는 작업에 쓸 만한 이론을 하나 얻게 된 셈이다." 찰스 다윈, 『나의 삶은 서서히 진화해왔다』, 이한중 옮김, 갈라파고스, 2003, 147쪽.

영국인들은 맬서스를 읽었느냐 여부와 무관하게 대체로 이런 방식으로 세계를 바라보고 있었다.[3] 다윈과 월리스가 동일하게 맬서스적 세계관을 바탕으로 매우 유사한 결론에 도달한 것을 보라. 그것은 우연의 일치이기도 했지만 그보다는 두 사람 모두 영국인이었다는 사실에서 생겨난 자연스러운 일이기도 했던 것이다(게다가 『인구론』은 당대의 베스트셀러기도 했다). 맬서스는 그 내용보다도 오히려 '등차수열'이나 '등비수열' 같은 표현을 통해 다윈에게 강렬한 영향을 끼쳤다. 다윈은 살아간다는 일의 고단함이 막연한 이미지가 아니라 수학적으로 법칙화될 수 있다는 데 깊은 인상을 받았다. 맬서스의 도식을 장착하자 자신의 진화론이 나무랄 데 없는 과학적 이론으로까지 느껴졌다.

이것은 맬서스의 학설을 몇 배 더 강력하게 모든 동식물계에 적용한 것이다. 왜냐하면 맬서스가 그려 보인 인간 사회와 달리 동식물계에는 먹이의 인위적인 증가도 없고, 결혼의 신중한 제한도 있을 수 없기 때문이다. 현재 다소간 급속히 개체수가 늘어나고 있는 종도 있지만 모든 종이 그런 건 아니다. 이 세계가 그것들을 모두 유지할 수는 없기 때문이다. 모든 생물이 자연적으로 멸망하지 않는다면, 단 한 쌍의 자손만으로도 곧 지구가 가득 채워질 만큼의 높은 비율로 증가할 것이라는 법

---

3) 사회진화론으로 유명한 스펜서의 경우 또한 그러하다. "1850년대 동안 스펜서는 모든 진보의 바탕에는 차별화 관념(the idea of differentiation)이 있다는 개인적 철학의 틀을 마련하는 데 몰두하였다. 1852년에는 「발달 가설」이라는 논문을 출판했는데, 여기서 그는 동물의 종 간 변이 이론을 옹호했다. 뒤이어 『웨스트민스터 리뷰』에 실린 맬서스주의적 논문 「인구 이론」에서는 인구 압력이 가장 약한 개체들을 한계로 내몰았다고 주장했다. Janet Browne, *Charles Darwin: The Power of Place*, New York: Alfred A. Knopf, Inc., 2002, p. 20

칙에는 예외가 없다. 번식이 느린 인간조차도 25년 동안에 배로 불어났다. 이 비율로 가면 2~3천 년 이내에 문자 그대로 자손들이 서 있을 자리조차 없을 것이다. 가장 번식이 느린 것으로 알려진 코끼리도 (출산율을 아주 낮게 잡더라도) 한 쌍의 코끼리 자손에게서 1,500만 마리의 코끼리가 생겨나게 될 것이다.(pp. 63~64)

다윈은 이런 단순 산술 이외에도 자연상태하의 여러 동물들이 단기간 내에 놀랄 만큼 급속한 증가를 보인 예를 더하고 있다. 물론 알이나 씨앗을 많이 낳는 생물도 있고 적게 낳는 생물도 있다. 하지만 어느 쪽이든 적당한 조건과 일정한 시간만 주어진다면 무한히 증식할 수 있다는 사실에는 변함이 없다. 예컨대,

콘도르는 알을 2개 낳고 타조는 20개나 낳지만 같은 나라 안에서 콘도르의 수가 더 많을 수도 있다. 풀머 갈매기는 알을 1개밖에 낳지 않지만, 세계에서 가장 개체수가 많은 새로 알려져 있다. 결국 알이나 씨앗의 수가 많다는 사실의 참다운 중요성은 생애의 어느 시기엔가는 일어나고야 마는 대량의 파괴를 보충할 수 있다는 데 있다. 그리고 이 시기는 대부분의 경우 생애 중 이른 시기에 일어난다. 그래서 모든 경우에 있어서 동물이건 식물이건 평균 개체수는 알이나 씨앗의 수에 간접적으로만 의존할 뿐이다.(p. 66)

자연을 관찰할 때 가장 중요한 것은 앞서 말한 고찰을 항상 명심해 두는 일이다. 즉 우리 주위에 있는 어떤 생물도 자신의 수를 늘리기 위

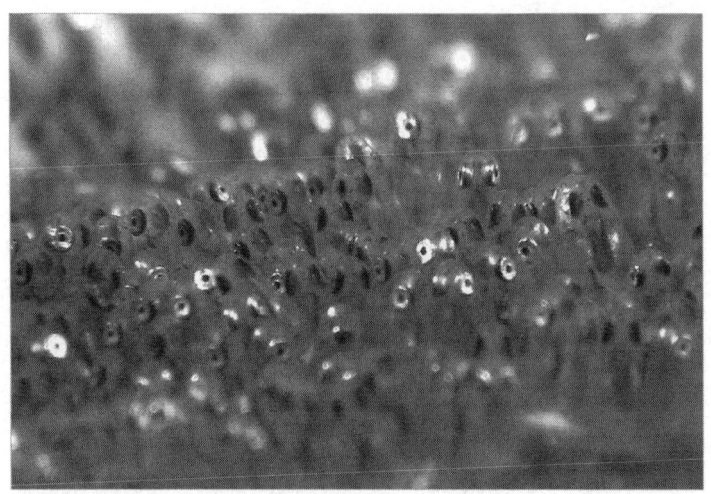

파괴를 위한 준비
많은 포식자를 상대해야 하는 '약한' 종의 경우, 많은 자손을 남기는 방식으로 개체수를 유지하기도 한다. 이런 식으로 대규모의 파괴를 미리 준비하는 것이다. 하지만 꼭 포식자의 위협이 아니더라도 수많은 식구들 사이에서 이미 경쟁과 파괴는 시작되고 있다. 사진은 클라운피시의 치어들이다.

해서 최대한 노력하고 있고, 각 생물은 생애의 어느 시기엔가 투쟁을 거쳐 살아남는 것이며, 각 세대마다 또는 어떤 주기적인 간격을 두고 되풀이해서 어리거나 늙은 것들이 불가피하게 중대한 파괴를 겪는다는 사실을 잊어선 안 된다. 얼마간이라도 방해를 적게 받고 파괴를 완화시킨다면 종의 개체수는 거의 곧장 얼마든지 증가하게 될 것이다.(pp. 66~67)

그렇다면 무한히 증가하려는 '자연적 경향'을 필사적으로 저지하는 또 다른 '자연적 경향'은 무엇인가?

어떤 종의 개체수가 증가하려는 자연적 경향을 방해하는 원인들이 정확히 무엇인지 구체적으로 다 알아내기는 불가능하다. 우리가 어떤 동물보다 잘 알고 있는 인류에 대해서조차 이 점에 대해 우리가 얼마나 무지한가! 나는 장래의 저서에서 몇 가지 방해작용에 관해 자세하게 다룰 작정이다. 여기서는 독자에게 몇 가지 중요한 점을 일깨워 주는 것으로 그치려 한다.(p. 67)

알이나 매우 어린 동물은 가장 쉽게 파괴당할 것이라고들 생각하지만, 반드시 그렇지는 않다. 식물의 경우 씨앗이 많이 파괴당하는 건 물론 사실이다. 그러나 나는 여러 가지로 관찰한 결과, 가장 심하게 해를 입는 것은 싹이라는 사실, 그리고 이미 다른 식물들이 빽빽하게 돋아 있는 땅에서 발아하는 싹이 가장 심하게 파괴당한다는 사실을 알았다. 싹은 또한 여러 종류의 적에 의해 대량으로 파괴당한다. 예컨대 나는 길이 3피트, 폭 2피트의 좁은 토지를 일구어 풀을 뽑아 다른 식물의 방해를 받지 않도록 해놓고서, 자생 잡초의 싹이 나올 때마다 이 모든 것에 표시를 했다. 그렇게 해보았더니 375포기 중 295포기 이상이 주로 괄태충(括胎蟲)과 곤충들에 의해 파괴당하고 말았다. 오랫동안 깎아서 다듬어 왔던 잔디밭을 풀이 돋아나는 대로 내버려 두면 상대적으로 연약한 식물들은 비록 완전히 성장하더라도 더 강한 식물들에게 차츰 죽임을 당하고 만다. 이리하여 작은 잔디밭(길이 3피트, 폭 4피트)에 돋아난 20종 중 9종이 **다른 종의 자유로운 성장에 의해 멸망하고 말았다.**(pp. 67~68)

생명이 파괴되는 것은 무척 흔한 현상인지라, 우리는 거기에 뭔가 알 수 없는 미지의 법칙이 작용한다고 느끼기도 한다. 정해진 수명이 있다는 둥, 제명에 죽지 못했다는 둥……. 그런데 다윈이 관찰하고 실험해 본 결과 가장 보편적인 현상은 비슷한 다른 개체, 천적들에 의해 죽는다는 것이다. 요컨대 '다른 종의 자유로운 성장'에 의한 결과가 바로 누군가의 멸망인 것이다. 누군가의 자유와 성장이 다른 누군가의 멸망의 원인이라는 역설적이고도 음산한 진실. 근데 다윈은 바로 이 사실을 토대로 진화론이라는 장대한 체계를 정립했다. 참으로 사악한 이론이었다.

각각의 종이 증가할 수 있는 한도와 관련하여 먹이의 양이 얼마나 중요한지는 말할 필요도 없다. 그러나 어떤 종의 평균 개체수의 결정이 먹이 여하에 달려 있는 게 아니라, 다른 동물의 먹이가 되느냐 안 되느냐에 따라 결정되는 수가 지극히 많다. 예를 들어 넓은 수렵지에 사는 자고새, 유럽들꿩 및 토끼의 개체수는 주로 그들에게 해를 끼치는 유해한 동물을 얼마만큼 잘 파괴했느냐에 따라 결정된다는 것은 거의 의심할 여지가 없다.(p. 68)

뭐 그런 것도 중요하겠지만 자연환경도 중요한 거 아닌가? 물론 그렇다. 기후 또한 빼놓아선 안 될 중요한 요소다.

극도로 한랭하거나 건조한 기후가 주기적으로 돌아온다는 것은 모든 억제 작용 중에서 가장 강력하다고 여겨진다. 내가 어림 계산해 본 바에 따르면 1854년과 1855년 사이의 겨울에 나의 소유지에 사는 새 가운데 5분의 4가 죽어 버렸다. 나는 이 사실을 주로 봄에 둥지의 수가 현

3장_식구(食口)는 나의 적! | **159**

저하게 줄었다는 사실로부터 추측할 수 있었다. 전염병으로 인한 인간의 사망률이 10%만 된다고 해도 너무 가혹하게 느껴진다는 점을 생각해 볼 때, 위에 말한 새들의 경우는 가히 전적으로 가공할 만한 파괴력이라고 할 수 있다.(p. 68)

이처럼 기후조건만 해도 생물들의 삶에 엄청난 영향을 끼칠 수 있다. 그리고 **"기후의 작용은 얼핏 보기에는 생존투쟁과는 전혀 관계가 없는 것처럼 보인다".**(p. 68) 그러나,

기후는 주로 먹이를 감소시키는 작용을 하는 한, 같은 종류의 먹이를 먹고 사는 같은 종이나 다른 종의 개체 간에 매우 가혹한 투쟁을 일으킨다. 예컨대 혹한이 직접적으로 생존에 영향을 끼치는 경우라 할지라도 이로 인해 가장 심한 피해를 입는 것은 가장 약한 것, 또는 겨울 동안 먹이를 조금밖에 먹지 못한 개체들이다. 우리가 남쪽에서 북쪽으로, 또는 습한 지방에서 건조한 지방으로 여행해 보면, 언제나 어떤 종은 차츰 줄어들다가 마침내 완전히 모습이 사라지는 것을 관찰할 수가 있다. 기후의 변화는 현저하게 나타나기 때문에 우리는 **이런 현상을 기후의 직접적 변화 탓이라고 생각하기 쉽다. 그러나 이것은 잘못된 견해다.**(pp. 68~69)

각각의 종은 아무리 그 수가 많이 모인 곳에서라도 생애의 어느 시기에는 적에 의해 파괴를 당하거나, 혹은 같은 장소에서 같은 먹이를 얻으려는 경쟁자에 의해 거대한 파괴를 당한다는 사실을, 우리는 잊고 있는 것이다. 이런 적이나 경쟁자는 기후가 아주 조금이라도 변화하여 그

때문에 조금이라도 이익을 얻는다면(유리한 상황에 처하게 된다면), 자신의 개체수를 늘리게 될 것이다. 그런데 모든 지역은 이미 입주자들(inhabitants)로 빽빽이 채워져 있기 때문에 한 종의 증가는 다른 종의 감소로 이어진다. 만일 우리가 남쪽을 향해 여행하다가 어떤 종의 개체수가 줄어 가는 것을 보았다면, 그 원인은 이 종이 피해를 입었기 때문이지만, 그와 똑같은 정도로 다른 종이 유리해졌기 때문임에 틀림없다고 생각해도 좋은 것이다.(p.69)

기후가 중요한 조건이라는 건 두말할 필요도 없는 사실이다. 그렇지만 다윈은 언제나 그렇듯, 외부조건이 생물에게 그대로 작용한다는 논리에 대해서는 거의 알레르기 같은 반응을 보인다. 그러한 조건조차도 생물과 생물의 관계를 통하여 작용한다고 해석해야지 직성이 풀리는 것이다. 조건하고 웬수진 조상이 있는 것도 아닐 텐데 왜 그리도 일관되게 민감했던 걸까? 이것은 당대의 인식 전반을 비판하려 했던 다윈의 기획과 관련이 있다. 예컨대 우리는 다윈의 진화론 하면 창조론에 반대했으니까 당연히 신이 정해 준 숙명이 아니라 자연조건에 의해 자연을 설명할 것이라고 생각한다. 하지만 지금까지 보아 온 것만으로도 전혀 그렇지 않다는 것을, 오히려 정반대에 가깝다는 것을 충분히 인식하셨을 것이다. 사실 창조론자든 과학자든 당대의 학자들은 주로 외적인 조건들에 의한 설명방식을 택했다. 온도나 습도 같은 소선들. 어? 그런 것은 주로 과학적인 인식방식 아닌가? 이상허네. 이게 어떻게 된 거지?

우리가 이런 식의 의문을 갖게 되는 것은 자연스러운 일이다. 우리는 과학과 종교를 대립시키는 19세기 후반 이후의 틀로 그 이전을 보려

하기 때문이다. 그러고는 서둘러 그때는 과학적 인식이 있긴 했지만 불충분했으며 게다가 신학적 사고방식에 억눌려 있었다, 다윈에 이르러서야 진정한 과학적 생물학이 확립되었다, 뭐 이런 식으로 대충 생각하고는 지나간다. 그러나 현대인이 바보가 아니듯이 다른 시대의 사람들 또한 그리 멍청하지는 않았다. 창조론자들도, 과학자들도 자연조건에 의해 자연현상들을 설명하려 했다. 세상에 저리도 많은 생물들이 있고 자연조건은 저리도 변화무쌍한데, 생물들은 다른 생물들 및 자연조건과 너무나도 훌륭하게 적합한 관계를 맺으며 살아간다. 창조론자들은 그것을 전능하고 선한 신이 존재한다는 증거로 믿었고, 과학자들은 자연법칙이 자연현상을 지배하는 증거로 믿었다. 그리고 여러 번 이야기했듯이 양자가 별로 대립하지 않았다. 자연현상을 외부의 무언가로 설명하려 한다는 점에서 강한 친화성을 느꼈기 때문이다. 아니 대립 이전에 양자가 뚜렷이 구별되어 있지도 않았다. 뛰어난 과학자들 상당수가 성직자에서 배출되던 시대임을 잊지 말자. 요컨대 기존 학자들은 주로 외적인 조건을 중시했으며 자연법칙이 자연현상을 지배한다고 믿었다. 반면 다윈은 첫째, 생물들과 외적 조건을 분리하지 않았다. 둘째, 자연법칙이 자연현상을 지배하는 게 아니라, 자연계의 다양한 현상들이 여러 법칙들을 생산한다고 보았다.

식구가 나의 적이다

자연계 안의 현상들은 헤아릴 수 없이 복잡한 연관관계 속에서 그때그때 결정된다. 그리고 결정된 사항들은 또 금세 다른 흐름으로 바뀐다.

이것은 위대한 변화의 사상이었다. 그런데 다윈은 대영제국의 유복한 신사답게 그러한 변화의 핵심 동력을 치열한 경쟁에서 찾았다. 그 결과 다윈은 끝없이 변화하는 진화론을 정립하는 데 성공했지만, 동시에 진화론은 이후 오랫동안 협소한 경쟁 원리 안에 매이게 된다. 뭐 이건 차차 생각하기로 하고, 일단은 다윈이 경쟁을 어떻게 사고했는지를 좀더 살펴보자.

투쟁은 거의 언제나 동종의 개체 간에서 가장 가혹할 것이다. 왜냐하면 그들은 같은 땅에 살고, 같은 먹이를 필요로 하며, 같은 위험에 처해 있기 때문이다. 나아가 같은 속에 속하는 종과의 투쟁이 다른 속에 속하는 종과의 투쟁보다 더 가혹하다.(p. 75)

같은 속에 속하는 종들은 대개 습성이나 체질, 구조에 있어서 다소의 유사점을 가지고 있으므로, 같은 속 내의 종 간 경쟁이 다른 속의 종과의 경쟁보다 가혹하다. 이러한 사실은 최근 미국에서 제비 한 종이 여러 지방에 퍼진 결과, 다른 종이 감소한 예에서 발견할 수 있다. 근래 스코틀랜드의 여러 지방에서는 큰개똥지빠귀가 늘고 그 때문에 노란개똥지빠귀가 줄었다. …… 이상으로 우리는 자연질서에 있어서 **거의 같은 장소에 사는 서로 닮은 종류 사이에서 왜 경쟁이 가장 격렬한가**에 대해 어렴풋이 알았다. 그러나 아마도 우리는 생활을 위한 거대한 선부에서 왜 한 종이 다른 종을 눌러 승리했는가에 관해 단 하나의 경우라도 정확히 대답할 수는 없을 것이다.(p. 76)

이제까지의 기술로부터 가장 중요한 한 가지 결론을 내릴 수 있다. 즉 모든 생물의 신체 구조는 먹이와 서식지를 둘러싸고 경쟁하거나, 피해야 하거나 혹은 먹이로 삼는 다른 모든 생물의 구조와 극히 본질적인 (표면에는 잘 드러나지 않는) 방식으로 관계 맺고 있다는 사실이다. 이런 사실은 호랑이의 이빨이나 발톱, 또 호랑이의 몸털에 붙어 사는 기생충의 발이나 갈고리 발톱에서도 명백히 볼 수 있다. 아름다운 털이 달린 민들레의 씨앗이나 물방개의 넓적하고 가장자리에 털이 난 다리는 얼핏 보기에는 그 관계가 공기나 물 같은 요소에만 국한된 것처럼 생각된다. 그런데 털이 달린 씨앗의 이점은 의심할 바 없이 지면이 이미 다른 식물로 빈틈없이 덮여 있을 경우와 밀접한 관계를 가지고 있다. 왜냐면 씨앗은 널리 퍼져서 비어 있는 지면에 떨어질 수 있기 때문이다.[4] 물방개는 다리 구조가 잠수하는 데 적합한데, 그 때문에 물속에 사는 다른 곤충들과 경쟁하거나 자기의 먹이를 사냥할 수 있으며, 다른 동물의 먹이가 되는 걸 모면할 수도 있다.(p. 77)

많은 식물의 씨앗 속에 저장되어 있는 영양분은 얼핏 보아 다른 식물과 관계가 없는 것처럼 느껴진다. 그렇지만 이들 씨앗(예컨대 여러 종류의 콩)들을 긴 풀이 돋아나 있는 틈에 뿌렸을 때, 거기서 돋아난 싹이 힘차

---

4) 민들레 씨앗이 지면에 떨어졌는데 마침 그곳이 다른 식물들로 가득 차 있는 경우, 깃털이 별로 없는 것들은 그 자리에서 생을 마감해야 한다. 하지만 깃털이 많은 씨앗들은 자그마한 바람에도 이리저리 날아갈 수 있고 그러다가 혹여나 어떤 빈 곳에 떨어지면 새로운 생명으로 자라날 수가 있다. 이것은 우리가 직접 체험하고 있는 것으로, 오늘날 우리가 도시에서 만나는 민들레들은 한반도의 토종 민들레가 아니라 죄다 서양민들레다. 서양민들레가 토종민들레보다 털도 많고 또 몇 가지 다른 유리한 이유로 인해 토종민들레를 밀어 낼 수 있었던 것이다.

게 자라나는 것을 보면, 나는 씨앗 속에 있는 영양분의 중요한 용도는 어린 싹이 주위에서 왕성하게 성장하고 있는 식물들과 싸우면서 성장하는 것을 돕는 데 있지 않나 생각한다.(p. 77)

그러므로 우리가 만약 어떤 식물의 개체수를 증가시키고 싶다면 그 식물의 경쟁자, 혹은 그 식물을 먹이로 삼는 동물을 능가하는 어떤 이점을 그 식물에게 주어야 한다. …… 북극 지방이나 사막의 끝처럼 극한에 이르기 전에는 경쟁은 그치지 않을 것이다. 토지는 극도로 추워지거나 건조해지기도 하지만, 그때에도 소수의 종 사이 또는 같은 종의 개체 사이에서는 가장 따뜻하고 가장 습한 장소를 찾아 경쟁이 발생할 것이다.(p. 78)

따라서 우리는 식물이나 동물이 새로운 나라에서 새로운 경쟁자들의 한가운데에 놓이게 되면, 설령 **기후는 이전에 서식하던 곳과 완전히 똑같더라도 생활조건은 본질적으로 변할** 것이라는 걸 알 수 있다. 그러므로 만약 그러한 경우에 처한 생물의 개체수를 증가시키고 싶다면, 새로운 경쟁자와 적을 물리칠 수 있는 새로운 이점을 그 생물에게 주어야 한다.(p. 78)

세상의 도처에서 비슷한 종류끼리의 치열한 생존경쟁을 보려는 다윈의 집요함. 그것은 슬픈 열정이었다. 3장을 끝맺으며 다윈도 스스로 이렇게 자위하지 않을 수 없었다.

우리는 이 투쟁에 관해 생각할 때 **자연의 전쟁**(war)은 끊임없는 게 아니라는 점, 두려움은 느껴지지 않는다는 점, 죽음은 일반적으로 순간적이라는 점, 그리고 강건하고 건강하며 행운이 있는 자가 **생육하고 번성한다**는 점을 완전히 믿음으로써 스스로를 위로할 수 있다.(p. 79)

우리 마음을 한없이 어둡게 하는 이 피비린내나는 진실 앞에서 그는 짐짓 태연함을 보이고자 한다. 『성경』을 인용하면서("생육하고 번성하라"survive and multiply) 애써 보기도 한다. 그러나 슬픔은 가시지 않는다. 그나마 몇 가지 사항을 "완전히 믿음으로써" 겨우 위안을 찾을 수 있을 뿐이다. 다윈은 생명 가진 것들의 가혹함에 대하여 맬서스나 토머스 홉스, 혹은 드 캉돌("자연의 전쟁") 등과 유사한 감정을 가지고 있었으며, 이것의 그의 이론의 전체적인 색조를 어둡게 만들었다. 그러나 이것이 그의 전부는 아니었다. 다윈은 그렇게 단순한 사람이 아니었다. 자연 현상을 그렇게 쉽고 간단하게 이해할 수 있다고 보지도 않았다. 3장이 어두운 기조(基調) 위에서 쓰여진 것은 분명하지만 여기저기서 미묘하게 출몰하는 다른 흐름 또한 존재한다. 이제 그 흐름을 좀더 꿈틀거리게 해보자. 우선 맬서스가 다윈에게 미친 영향부터 좀더 세세하게 뒤적여 보도록 하자.

맬서스 이전에 페일리를 읽다

생물들이 살 장소와 먹을 먹이는 한정되어 있다, 그런데 생물들은 대체로 무한히 증식하려는 경향을 가지고 있다. 그러므로 치열한 경쟁과 도태는 필연적이다. 많은 연구자들이, 아니 장본인인 다윈 자신부터가 이런 생각을 맬서스로부터 가져 왔다고 믿었다. 그러나 사실은 그리 간단치 않다. 그런 정도의 생각은 당시 서구사회를 널리 지배하고 있던 통념이었다. 경제학자들이 그 두 가지 생각을 결합시켜 희소성을 발견하게 되는 것도 사회 전반의 분위기 때문에 가능한 것이었다(경제학자들은 희소성이 초역사적 원리나 되는 양 착각하였다. 그런데 오늘날 가만히 보면 경제학자들은 이 착각에서 깨어나려는 마음 자체가 없는 것 같다). 다시 말해서 다윈은 맬서스를 읽기 전부터 이미 그런 분위기에 익숙해져 있었다. 다윈은 케임브리지 대학에 다닐 때 시계공 비유로 유명한 성직자 페일리(William Paley, 1743~1805)의 『자연신학』(*Natural Theology*, 1802)을 숙독했다.[5] 페일리의 저서들은 당시 많은 교과목에서 읽어야 할 책으로 지정되어 있었다. 다윈의 자서전을 보자.

『자연신학』의 논리는 유클리드에서 맛보았던 것과 같은 즐거움을 주었다. 이러한 저서들의 내용 중 어느 부분이라도 기계적으로 암기하려 하지 않고 깊이 공부한 것만이, 대학 과정에서 나의 정신을 함양하는 데 조금이라도 도움이 되었다고 느꼈던 전부였다. 당시나 지금이나 이 생각에는 변함이 없다. 또 당시에는 페일리의 전제 때문에 내가 골머리를

---

[5] 널리 퍼져 있는 오해 한 가지를 바로잡고자 한다. 다윈이 성직자가 될 목적으로 케임브리지 대학에 입학한 것은 맞지만, 케임브리지 대학 신학부에 입학했다는 것은 사실이 아니다. 당시에는 옥스퍼드나 케임브리지 대학을 졸업하기만 하면 거기서 배운 내용이 무엇이냐에 상관없이 성직자가 될 자격을 얻을 수 있었던 것이다. 물론 신학 전공이 따로 있었던 것은 사실이다. 그런데 신학 전공 학위는 대학을 나오지 않고 성직자가 된 24세 이상의 목사가 아무 컬리지든 10년간 적을 둠으로써 용이하게 취득할 수 있는 학위였다. 결국 신학 전공 학위는 다윈과는 아무 상관이 없는 것이었다. 『現代思想 四月號臨時增刊號 ダーウィン'種の起源'の系統樹』, 青土社, 2009, 50쪽.

썩는 일은 전혀 없었다. 그런 기본적인 신뢰와 함께 그의 긴 논증에 매혹되어 확신을 갖기까지 했다.[6]

다윈이 페일리에 얼마나 매혹되었는지는, 그가 자서전에서 아예 책 전체를 줄줄 외울 수 있었다고 회상한 데서도 잘 알 수 있다. "페일리에 대한 이러한 경도는 다윈만이 아니라 당시 영국에서는 일반적인 현상이었다. 특히『자연신학』은 종파의 차이를 떠나 과학자들의 공통의 토대이기도 했다. 19세기 전반 영국 과학자들 중 태반은 페일리의 신봉자였다."[7] 다윈이 읽어야 했고, 또 깊이 감탄하며 경도되었던『자연신학』에는『종의 기원』과 극히 유사한 내용들이 놀라울 정도로 여러 곳에서 발견된다. 우리가 지금 다루는 주제와 관련해서는 26장「신의 선량함」이 눈에 띤다. 페일리는 거기서 "선한 신에 의해 창조된 세계에 악으로 보이는 현상이 존재하는 이유는 무엇인지" 묻는다. 이 질문을 통해 페일리는 동물이 다른 육식동물에게 잡아먹히는 현상을 설명한다. 페일리는 모든 동물은 너무나 다산성(多産性)이어서 자연이 유지해 줄 수 있는 용량을 넘어선다고 한다. 따라서 개체수를 조정하는 메커니즘이 불가결한데 다른 생물에게 잡아먹히는 것도 그 중 하나다. 이는 먹이가 된 개체에게는 불행하지만 그 종 자체에게는 유리하고 필요한 일이라는 것이다. 맬서스 이름만 안 나올 뿐이지, 맬서스의 논리 그대로다. 이 책을 숙독한 다윈은 1838년 맬서스의『인구론』을 읽기 한참 전인 대학 시

---

6) 찰스 다윈,『나의 삶은 서서히 진화해왔다』, 이한중 옮김, 갈라파고스, 2003, 57~58쪽.
7) 松永俊男,『ダーウィンの時代: 科学と宗教』, 名古屋大学出版会, 1999 중 1장 4절「페일리의 자연신학」(ペイリーの自然神学), 47, 50쪽.

절에 이미 맬서스의 원리를 내용적으로 배운 셈이다.[8]

다윈은 페일리와 맬서스에 깊이 공감했다. 그도 어김없이 시대의 자식이었던 것이다. 허나 그는 동시에 시대를 뛰어넘은 혁명가이기도 했다. 그는 치열한 생존경쟁과 비대칭적인 또 하나의 힘을 발견했다. 그건 바로 생물들이 긴밀히 상호의존(interdependence)한다는 점이었다. 자연계는 이 두 힘이 비대칭적으로 작용하면서 변화무쌍하게 펼쳐지는 거대한 세계였다. 결코 생존경쟁으로 환원되지 않는 복잡성은 다윈의 가슴을 언제나 뛰게 했고, 또한 그가 경쟁으로 모든 걸 환원시키지 않게 끊임없이 방해했다. "식량을 구하는 것도 중요하지만 다른 생물의 식량이 되지 않는 것도 중요하다"라고 말하며 식량의 희소성 테제를 비트는 모습을 보라. 또 "생활을 위한 거대한 전투에서 왜 한 종이 다른 종을 눌러 승리했는가에 관해 단 하나의 경우라도 정확히 대답할 수는 없을 것"이라며 어떤 생물과 다른 생물 및 무생물 간의 복잡한 연관성을 강조하는 모습을 보라. 다윈의 이런 태도는 3장 전편에 걸쳐 잊을 만하면 불쑥불쑥 고개를 내밀곤 한다. 물론 3장 앞부분에서 생존투쟁을 폭넓게 정의할 때처럼 분명히 드러내는 경우도 있다. 이건 무슨 얘긴가?

광의의 생존투쟁

'생존경쟁'은 '적자생존'과 더불어 디인의 진화론이 연상시키는 가장 대중적인 표현이다. 생존경쟁은 진화론의 승리 이후 극히 자명한 사실

[8] 같은 책 p.53

로 간주되어 왔고, 오늘날까지도 '경쟁 지상(至上)주의자들'과 '무한경쟁 반대론자들' 간에 이를 둘러싸고 치열한 논란이 벌어지고 있다. 이것은 struggle for existence의 번역어인데, 정확히 번역하자면 '생존경쟁'이 아니라 '생존을 위한 투쟁 혹은 분투'라고 할 수 있겠다(이 책에서는 '생존투쟁'으로 번역하기로 한다). 그런데 왜 우리나라에서는 다윈이 말한 '생존투쟁'을 한결같이 '생존경쟁'이라고 옮기는 것일까? 이것은 다윈의 개념 규정과도 어긋나는 처사다.

나는 '생존투쟁'이라는 말을, 어떤 생물이 다른 생물에게 의존한다는 것, 그리고 더 중요하게는 개체가 살아가는 일뿐만 아니라 자손을 남기는 데 성공하는 것까지 포함시켜 넓게 그리고 비유적인 의미로 쓴다는 점을 미리 말해 두고자 한다. 굶주린 두 마리의 육식동물이 먹이를 얻고 살아가기 위해 서로 싸워야 한다는 것은 확실하다. 그러나 사막 끝에 돋아 있는 한 그루의 식물도 건조한 기후에 맞서 생활을 위한 투쟁(struggle for life)[9]을 벌이고 있다고 말할 수 있다. 비록 더 적절하게 말하자면 습기에 의존한다고 해야 할 터이지만. 해마다 천 개의 씨앗을 만들지만 평균적으로 그 중 1개만이 성체로 자라나는 식물은 이미 그 땅을 무성하게 덮고 있는 같은 종류 혹은 다른 종류의 식물들과 투쟁하고 있다고 표현하는 게 더 진실에 가까울 것이다. 겨우살이는 사과나 그밖의 다른 나무들에 의존한다. 이걸 겨우살이가 이 나무들과 투쟁한다고 말하는 건 견강부회의 의미에서만(only in a far-fetched sense) 가능할 뿐이다. 같은 나무에 겨우살이가 너무 많이 붙어 살면 그 나무는 시들어 죽어 버릴 것이라는 식으로 말이다. 그러나 그보다는 같은 가지에 총총히 돋아난 겨우살이의 많은 싹들이 서로 투쟁하고 있다고 말하는 쪽이 진실에 더욱 가까울 것이다. 겨우살이의 씨앗은 새들에 의해 퍼지므로 그들의 존속(생존)은 새들에 의존하는데, 비유적으로는 겨우살이가 다른 과실수들과 투쟁한다고도 말할 수 있다. 즉, 겨우살이는 새들을 다른 식물들 쪽이 아니라 자기가 붙어 있는 나무의 열매를 먹도록 유인함으로써 결과적으로 자기의 씨앗을 살포시키려 하는 것이다. 나는 서로 상통하는 이 여러 가지 의미들을 편의상 생존투쟁이라는 일반적인 말을 사용해 표현하는 것이다.(pp. 62~63)

여러분도 확인했듯이, 다윈이 규정한 생존투쟁 개념에는 자손을 남기는 데에 성공하는 것과 다른 생물에 의존하는 것도 함께 포함되어 있었다. 오늘날 우리가 이 개념에 부여하는 사생결단식 생존경쟁보다 훨씬 '넓고' 또 '비유적인' 개념이었던 것이다. 사실 우리는 다른 존재들과

9) 다윈은 『종의 기원』에서 '생활을 위한 투쟁'과 '생존투쟁'이라는 두 가지 표현을 사용하는데, 말뜻 그대로만 따진다면 전자는 살아나가면서 겪는 온갖 어려움과의 투쟁을, 후자는 살아남는 것 자체를 건 투쟁을 가리킨다. 전자 쪽이 생물의 일상에 가깝다면 후자 쪽은 결정적인 순간을 포착한다고 할 수 있으며 더 가혹한 함의를 담고 있다고 할 수 있다. 그런데 다윈은 이 두 가지 표현을 엄밀하게 정의하지는 않았으며 『종의 기원』에서도 두 표현을 혼용하였다. 그래서 연구자들 사이에서도 별로 중요한 가치를 부여받지 못해 왔다. 하지만 엄밀하게 구분하지 않으면서도 끝내 어느 한 표현을 버리지 않은 데에는 중요한 이유가 있다. 우선 목숨을 걸어야만 하는 생존투쟁의 참혹함이 다윈의 마음에 너무 어두운 가시를 박아 놓았다는 점이다. 이 점은 다윈 자신이 생존투쟁 개념을 나름 풍부하게 규정해 놓고서 『종의 기원』 곳곳에서 협소하게 패배자의 죽음과 동치시키는 경우에서 쉽게 확인할 수 있다. 그러나 다윈의 가슴에 새겨진 또 하나의 강렬한 감정이 있었으니, 그것은 생물들이 날마다 열렬히 분투하는 모습, 그리고 그 열렬한 분투가 이 세계에 새로운 장을 구성해 낸다는 세계상이었다. 뒤에 등장할 '형질의 분기'에서 가장 극적으로 드러날 테지만, '생활을 위한 투쟁'이 펼치는 세계상은 생존투쟁의 세계상 못지않게 중요한 요소였다. 다윈의 가슴은 이런 비대칭적인 힘이 서로 충돌하고 어지러이 비껴 가는 격전장이었고, 이 격전장이 뜨겁게 가열될수록 다윈은 더 멀리 나아갈 수 있었다.

다투기도 하지만, 또한 다른 존재들과 상호의존함으로써 살아간다(투쟁인지 의존인지를 뚜렷이 구별할 수 없는 경우도 많다).[10] 이것은 너무나 당연한 이야기다. 더 잘 살기 위해서, 혹은 최소한 곧장 죽지는 않기 위해서 우리는 경쟁자들과 다투기도 하고, 또 다른 존재들과 긴밀하게 상호의존하고 있지 않은가! 다윈이 생존투쟁이라는 개념에 상호경쟁과 상호의존의 측면을 모두 포함시킨 것은 그런 점에서 하등 이상할 것이 없다.

그러나 다윈이 개념을 규정한 방식을 좀더 파고들어가 보면 우리는 거기서 매우 중대한 사태를 발견할 수 있다. 우선 struggle이란 말에는 매우 힘겨운 분투와 경쟁이라는 뜻만 있을 뿐, 의존이라는 의미가 전혀 없다.[11] 그런데도 그는 이 개념 안에 의존관계를 포함시켜 버렸다. 상식적으로 이해할 수 없는 일이다. 보통 사람이라면 '생존·생활을 위한 투쟁' 대신 '생존·생활을 위한 상호관계' 같은 개념을 선택해서 경쟁과 의존의 측면을 모두 포함시켰을 터이다. 꼭 그렇지 않더라도 치열한 생존경쟁과 긴밀한 상호의존을 모두 포괄하는 개념을 만드는 게 뭐 그리

---

10) 다윈이 생존투쟁이라는 말을 쓸 때 주로 "피로 물든 이빨과 발톱"을 떠올린 건 사실이다. 그러나 인용문에서의 개념 규정에서도 알 수 있듯이, 그에게 생존경쟁은 생존투쟁보다 작은 개념이었다. 이 점은 그가 『종의 기원』에서 '투쟁, 분투'(struggle)라는 말과 '경쟁'(competition)이라는 말을 종종 구별해서 사용한 데서도 확인된다.

11) "'투쟁'(struggle)이라는 단어는 다윈의 장서에 있던 존슨 박사 영어사전 간약판(簡約版)에 따르면 '힘겹게 노력하는 것, 어렵사리 행동하는 것, 분투하는 것, 다투는 것, 경쟁하는 것…… 어려운 지경에 처해 괴로워하는 것, 고통 속에 처하거나 고뇌하는 것'이라고 되어 있다." Gillian Beer, *Darwin's Plots*, Cambridge: Cambridge University Press, 2000, p. 253. 참고로 다윈은 독일어 번역본과 프랑스어 번역본이 나올 때 번역의 세세한 수준에까지 신경을 썼을 정도로 언어 표현에 극도로 민감하고 섬세했다. 특히 생존투쟁이나 자연선택 같은 핵심 개념과 관련해서는 면도날만큼만 어긋나도 심히 불만스러워했다.

어려운 일이었겠는가! 그러나 다윈은 그런 상식적인 길을 애써 외면한 채, 매우 무리스러워 보이는 은유까지 구사하면서 의존관계를 대항관계나 투쟁관계 속으로 회수해 버렸다. 게다가 『종의 기원』 곳곳에서 그는, 스스로 규정한 개념 규정과 동떨어지게도 생존투쟁을 곧장 사생결단식 생존경쟁과 동치시키곤 한다. 다른 사람도 아닌 다윈이 대체 왜 그랬을까?

매우 힘겨운 생존투쟁은 자연계의 실상을 포착하는 핵심 개념일 수 없다. 이는 누구보다도 다윈 자신이 잘 알고 있는 사실이었다. 그 스스로가 「머리말」에서 동일한 겨우살이에 대해 이렇게 기술하지 않았던가!

> 겨우살이는 어떤 나무들로부터 영양을 섭취하고, 그 종자는 어떤 새들에 의해 운반되어야 하며, 그 꽃은 암수가 따로따로여서 꽃가루가 한 꽃에서 다른 꽃으로 운반되려면 어떤 곤충들에 의해 매개되는 것이 절대적으로 필요하다. 이런 기생식물의 구조와 그것이 몇몇 전혀 다른 생물들과 맺는 관계들을 외적인 조건이나 습성, 식물 자체의 의지 등의 작용으로 설명하는 것 또한 무리한 일이다.(p. 3)

겨우살이만이 아니다. 세상 모든 생물은 다른 생물이나 무생물적 조건에 의존하지 않고서는 한날한시도 살아갈 수 없다. 사실 자연계에서 가장 보편적으로 관찰되는 상황은 국지적으로 조성되는 다양한 의존관계다. 그런 의존관계가 누구에게 이득이 되고 누구에게 손해가 되느냐, 그 의존관계가 경쟁관계냐 협동관계냐는 보편적이고 상시적인 의존관계 위에서 가능한 얘기다. 이 대목에서 약육강식 관계를 떠올릴 사람들도 있겠지만, 그것이 얼마나 제한된 생물들 간에 조성되는 관계인가? 게다가 struggle이라는 단어에 짙게 깔려 있는 매우 힘겨운 상황이라는 전제 또한 문제다. 자연계의 실상이 과연 그러한가? 자연계에는 너무나도 많은 종류의 생물들이 살아가고 있기 때문에 그들이 처하게 되는 상황을 보편화하기란 그리 쉬운 일이 아니다. 또한 생물마다 다르겠지만 많은 생물들이 대부분의 시간을 한가롭게 지내고 있다. 인간이 아닌 생물들이 실제로 그런 상태에서 평화나 풍요, 여유 같은 걸 느끼는지 아니면 무료함을 느끼는지는 확언할 수 없지만 말이다. 어쨌거나 매우 힘겨운 상황이나 치열한 생존경쟁이 보편적인 실상이라고 주장할 수 있는 과학적 근거는 없다. 다윈에게 그런 게 있었을 리 만무하다. 사실 힘겨운 생존경쟁이라는 이미지는 사실을 관찰해서 얻은 결과가 아니기 때문이다. 그것은 과학적 이론을 제작하기 위해 다윈이 (이후의 과학자들도 포함하여) 자연에 투사한 인위적 이미지였을 뿐이다. 굳이 보편적인 관계를 추려 내자면 경쟁보다는 의존이 훨씬 더 진실에 가깝다. 다윈의 은유적 번역 수법을 구사하면 약육강식도 충분히 의존관계에 포함시킬 수 있으니까 말이다. 그런데도 다윈은 왜 훨씬 더 협소한 경쟁관계를 뽑아 냈으며, 그것을 생존투쟁의 대표적인 이미지로 상정하였을까? 거기에는 크게 두 가지 이유가 있었다.

    우선 다윈을 비롯해서 당시의 영국인들, 나아가 당시의 서유럽인들은 날마다 가혹한 생존경쟁을 체험하고 있었다. 자본가가 지배하던 당시의 세계에서 노동자들은 하루하루가 살아남기 위한 발버둥의 연속이었다. 내가 살아남기 위해서 다른 사람의 처지 따위를 돌아볼 여유가 없었다. 이것은 피지배층만의 문제는 아니었다. 자본가들은 노동자들과의 화해할 수 없는 전쟁을 치르고 있었고, 다른 자본가와의 경쟁도 갈수록 치열해졌다. 국가들끼리는 새로운 식민지 개척과 기존의 식민지를 둘러싸고 긴장과 충돌이 계속되었다. 그야말로 '너 아니면 내가 죽는 판'이었다. 해외에서는 백인종들에 의해서 유색인종들이 가혹한 착취를 당하고 있었고, 많은 원주민들이 노예가 되거나 보호구역에 유폐되면서 사멸의 길로 접어들고 있었다. 최소한 인간 사회에서는 '매우 힘겨운 생존경쟁'이 보편적인 현실이었던 것이다. 그런데 서유럽인들은 이러한 '인간적' 상황을 역사 전체와 자연계 전체에 투사하였다. 다윈의 개념규정은 논리상으로는 오류지만 현실적으로는 더할 나위 없이 적실한 것이었다. 『종의 기원』이 단기간 내에 승리를 거둔 데에는 이런 생존경쟁의 이미지가 대중적으로 강한 호소력을 가졌던 데에도 크게 기인한다.

그런데 우리가 좀더 주목하려고 하는 것은 이론적인 측면이다. 생존경쟁을 중심으로 삼는 다윈의 개념규정은 그의 진화론에 있어서 필수적인 요소였다. 우선, 다윈은 자연조건의 물리적 변화 가지고는 진화의 역사를 설명할 수 없다고 판단하였다. 하긴 물리적 변화 자체가 시간의 흐름에 따라서 특정한 방향으로 흘러왔을 리는 없지 않은가!(이러한 판단은 당시의 지질학 연구에 바탕을 둔 것이었다). 따라서 여러 생물들이 그냥 자연조건에 의존하고 적응하는 것만으로는 일정한 한도 내에서의 변화니 지연조건의 **순환**에 따른 순환적인 변화밖에 도출할 수 없다.[12] 전자는 진화론자 아니어도 누구나 인정하는 사실이었고 후자, 즉 순환적인 변화는 예컨대 다윈의 절친이었던 찰스 라이엘의 주장이었다. 다윈의 진화론은 그처럼 자연조건에 의해 규정되어서는 안 되었다. 치열한 생존투쟁이 핵심 상황으로 설정되어야만 생존 및 생식에서 차등적인 성공을 거둔 '새롭고 개량된' 종류들이 끊임없이 진화하여 나올 수 있었다.

이것은 서구의 전통적 사유방식을 통째로 전복시켜 버렸다. 그것은 다윈 이전에 아무도 상상할 수 없었고 지금까지도 종종 망각될 정도로 기이한 사유였다. 어떤 점에서 그러한가? 다윈 이전에는 종이 하나의 본질을 가진 실체였다. 이 종과 저 종이 다른 것은 그 본질이 다르기 때문이었다. 이것은 창조론자나 진화론자 모두 마찬가지였다. 반면 다윈은 종이라는 실체는 없고, 우리가 종이라 부르는 것은 유사하면서도 서로 다른 개체들이 치열한 생존경쟁을 벌이는 장이라고 보았다. 그게 뭐가 그리 특이하냐구? 한 종 내의 개체들이 서로 다르다는 것, 혹은 한 종은 다양한 개체들로 구성된다는 걸 모르는 사람이 어디 있느냐구? 물론 그걸 모를 수는 없다. 그런데 다윈 이전의 과학자들에게 그 다양한 차이들은 모두 그 종의 본질을 얼마나 구현했느냐 하는, 정도의 차이였다. 종의 본질에서 조금 벗어나긴 했지만 그래도 꽤나 많이 구현한 애들은

---

12) 현대의 생물학자들은 대부분 자연환경의 변화를 중심으로 진화를 이해한다. 생물은 기본적으로 자연환경에 적응하며 살아가는데, 이것이 정태적인 결과 대신 역동적인 진화로 계속 나아갈 수 있는 것은 자연환경 자체가 끊임없이 변화하기 때문이라는 것이다. 그런데 다윈의 접근법은 이런 태도와는 매우 다른 것이다. 우선 첫째로 자연환경의 변화 자체는 진화에 있어서 거의 의미를 생산하지 못한다. 다윈이 여러 차례 강조했듯이, 환경의 직접적 작용은 생물에게 미미한 변화만을 야기할 수 있다. 둘째, 그 외의 자연환경이란 실은 어떤 생물이 다른 생물들과 맺는 관계와 분리될 수 없다. 한 생물의 환경에는 무기적 환경도 있지만 수많은 동식물들이 조성하는 다양한 생태계야말로 매우 중요한 환경이라는 점에서 그러하다. 셋째, 진화에서 가장 중요한 측면은 외적인 자연환경보다는 한 생물이 같은 종 내의 개체들이나 다른 종의 개체들과 맺는 관계다. 이런 몇 가지 점에서 다윈은 외적인 환경을 중시하는 기존의 창조론적 과학자들 및 진화론자들과 결정적으로 갈라졌다. 다윈의 이러한 진화관과 현대 생물학의 진화관 중 어느 것이 더 적합한지는 차치하고, 우선은 양자가 기본적인 관점에서 크게 다르다는 점만 기억해 두기로 하자.

기형, 더 많이 벗어난 애들은 변종, 뭐 이런 식이었다. 그러니까 개체들이 아무리 다양해도 그 차이는 동일한 척도(종의 본질)에 의해 측정되어 상호비교될 수 있는 균질적인 것이었다. 조금 이상하면 기형, 심하게 이상하면 변종이라고 부르면 된다. 그러나 아무리 특이한 놈이 태어나도 개는 개고 장미는 장미다.

반면 다윈에게 종이란 어떤 실체나 본질이 아니라 다양한 개체들이 치열한 생존경쟁을 벌이는 장이었다. 개체들 간의 차이는 생존경쟁으로 인해 점점 더 벌어지고 결국 그 차이가 너무 심해져서 더 이상 같은 종으로 묶일 수 없을 때, 그것이 곧 새로운 종의 탄생이다. 한 종에 속한 몇몇 개체들이 새로운 종(혹은 종들)으로 진화하는 것이다. 이것은 기존의 진화론, 예컨대 라마르크 식 진화론과는 전혀 다른 것이었다. 라마르크에게 진화란 한 종이 점점 변화하여 결국 다른 종으로 진화하는 것이었다.

부모와 다를수록 유리하다

신종이 탄생하는 메커니즘에 한 단계 더 들어가 보면 다윈의 사상 혁명이 좀더 분명하게 이해된다. 우선 다윈의 말대로, 아득한 옛날의 조상에게서 유래된 수많은 개체들 중 몇 종류가 새로운 종으로 진화했다고 하자. 과연 어떤 개체들이 생존과 번식에서 승리하여 신종으로 이어진 것일까? 다윈이 정말로 기발했던 것은, 이 승리자들이 가장 강하거나 가장 빠른 자들이 아니라고 생각했다는 점이다(놀랍지 않은가!). 만일 그렇게 생각했다면 다윈의 진화론은 훨씬 더 평범한 것으로 그쳤을 것이다. 기이하게도 다윈은 평균적으로 보아 가장 부모를 닮지 않은 개체들, 상궤에서 벗어난 개체들, 다시 말해 가장 이상(異常)한 개체들이 성공할 것이라고 생각했다. 물론 단기적으로 보면 부모를 많이 닮을수록 생존과 번식에서 유리할 것이다. 그러나 장기적으로 보면 결국 부모를 가장 덜 닮은 극단적인 개체들이 생존과 번식에서 승리를 거둔다는 것이 다윈의 생각이었다. 극단적인 개체들은 하나일 수도 있고 둘이나 셋 이상일 수도 있다. 어쨌거나 부모를 가장 닮지 않은 개체들이 신종으로 진화한다.

기존의 진화론에 따르면 하나의 종이 점점 더 변화하여 더 고등한 종으로 진화한다. 그러나 다윈의 진화론에 따르면 (종이 아니라) 한 부모에게서 오랜 세월 뒤에 복수(複數)의 신종이 진화된다. 이렇게 보면 종이란 한 부모에게서 태어난 자손들이 오랜 세대를 거치면서 일정한 규모의 개체군으로 증식된 상태를 잠정적으로 가리키는 말이다. 그리고 이 개체군은 많은 시간이 흐른 뒤에 복수의 종들로 나뉠 것이며, 각 종 내에서는 또 이런 과정이 시작될 것이다. 다윈의 분기 진화론은 이처럼 하나의 종, 하나의 개체가 전혀 다른 여러 종류로 갈라진다는 정말이지 희한한 발상이었다.[13] 다윈의 이러한 분기 진화론은 4장에서 본격적으로 다뤄질 터이니, 좀더 자세한 것은 거기서 살펴보기로 하자. 여기서는 일단 다윈이 종을 무수한 개체적 차이 및 변이들을 가진 개체들의 싸움터라 보았다는 점, 그리고 바로 그런 차이와 투쟁이 진화의 근본 동력이라고 보았다는 점을 잘 기억해 두기로 하자.

---

13) 이케다 기요히코, 『굿바이 다윈?』, 박성관 옮김, 그린비, 2009, 84쪽.

한 가지 덧붙이자면, 생존경쟁을 중심으로 보는 자연관은 또한 다윈의 진보주의를 만족시켜 주었다. 많은 다윈 연구자들이 주장하듯이, 다윈은 생물이 진보하는 내적인 법칙 따위는 없다고 보았다(또 실제로 그렇게 말하기도 했다). 즉, 역사 외부에 존재하는 진보 법칙이 역사를 규정하는 것도 아니고, 또한 모든 생물 내에 필연적인 진보의 법칙이 새겨져 있는 것도 아니었다. 그런 점에서 다윈은 분명히 당대의 통상적인 진보주의자는 아니었다. 그러나 그의 진화론이 약한 의미의 진보주의였던 것 또한 사실이다. 다른 개체들보다 생존경쟁에서 뭔가 조금이라도 유리한 놈들이 살아남기 때문에, 비록 필연적이지는 않지만 좀더 새롭고 좀더 나은 개체들이 살아남아 진화하는 경향을 띠게 된다. 이것이 바로 다윈 식 진보주의다. 그리고 인간을 포함한 고등동물의 진화는 자연선택의 최고의 작품이었다(다윈 식 진보주의 문제는 매우 논쟁적인 주제이므로 이후 14장에서 조금 더 다루기로 한다).

지금까지 우리는 다윈의 생존투쟁 개념이 어떻게 생산되었고 또 어떤 방식으로 구사되었는지, 그리고 이론적으로 꼭 필요한 이유는 무엇이었고 그 혁명적 측면은 무엇이었는지를 살펴보았다. 그 중에서도 개체 간의 차이가 진화를 낳는다는 점은 특히 유념해 둘 필요가 있다. 질 들뢰즈(Gilles Deleuze)는 다윈 사상의 이러한 혁명적 의의를 이렇게 표현하였다. "다윈의 위대한 참신성은 아마 개체적 차이를 처음 사유했다는 데 있을 것이다.『종의 기원』을 끌고 가는 주제, 그것은 개체적 차이가 무엇을 할 수 있는지 알 수 없다는 것이다! 자연선택과 결합될 경우, 도대체 개체적 차이가 어디까지 이를 수 있는지 알 수 없는 노릇이다. …… 자연선택의 한 가지 본질적 역할은 차이를 분화(分化)시키는

데 있다(가장 멀리까지 분기된 것들만이 생존할 수 있다)."[14]

다윈의 진화론에서 개체적 차이가 갖는 의의와 그것이 자연선택과 결합될 때의 위력, 그리고 가장 멀리 분기된 것들(부모와 가장 덜 닮은 양극단의 개체들)만이 생존한다는 점까지 잘 요약되어 있다. 이처럼 개체적 차이를 사유했고 그것이 진화론의 동력임을 간파했다는 점에서 다윈은 사상 혁명을 이룩했다. 다윈은 생존경쟁이 동종 내의 개체 사이에 가장 심하다고 했다. 이것은 흔히 다윈이 경쟁을 너무 절대시했다고 비판하는 근거가 된다. 그것은 정당한 지적이다. 그런데 그가 그토록 동종 내 개체 간의 생존경쟁을 중시한 데에는 종 본질론을 해체하는 맥락 또한 있음을 간과하지 말아야 한다. 생존경쟁은 당시 서구 사회를 자연계에 투사한 것이기도 하지만, 종 본질론을 해체하는 핵심 계기이기도 했던 것이다. 다만 그가 개체적 차이를 주로 사생결단식 상호경쟁의 차원에서 파악함으로써 자신의 진화론은 물론 이후 진화론의 발전에도 많은 제약을 가하게 되었다.

그는 물론 생물들이 다른 생물들 및 외적 조건들과 벌이는 상호작용과 상호의존 관계를 깊이 알고 있었고 또 대단히 중시하였다. 그러나 그걸 온전히 이론화하는 데까지는 이르지 못했다. 우리도 쉽게 이해할 수 있는 일이지만, 상호경쟁 관계에서는 차이나 그 차이가 점점 더 심화되어 나가는 것을 그래도 수월하게 파악할 수 있다. 그러나 상호의존 관계라면 어떨까? 그것은 차이를 희석시키는 것 아닌가? 상호의존 관계에서 어떻게 차이가 심화되어 마침내 진화로 이어질 수 있을까? 이 문

---

14) 질 들뢰즈, 『차이와 반복』, 김상환 옮김, 민음사, 2004, 528쪽.

제는 오늘날의 생물학도 거의 접근하지 못하고 있는 난제다. 현대 생물학자들이 생존경쟁만을 진화의 동력으로 보는 것은 근대적 가치관과 이데올로기에 지배되고 있어서이기도 하지만, 이런 난제를 풀지 못한 사정과도 어느 정도 관련이 있다.

한 가지 눈부신 예외는 린 마굴리스(Lynn Margulis)의 세포 내 공생설이다. 그녀에 따르면, 어떤 생물과 박테리아가 긴밀하게 상호의존함으로써 진화의 역사에 거대한 차이가 생성되었고, 결국 오늘날 헤아릴 수 없이 많은 진핵생물들의 진화로 이어졌다. 전혀 다른 두 생물의 우발적 의존이 진핵생물이라는 거대한 생물군의 진화를 낳은 것이다(이것은 13장의 끝부분에서 자세히 다루기로 한다). 『종의 기원』에서도 경탄스러운 상호의존 관계들이 근사하게 그려져 있긴 하지만, 그것은 산발적인 지위를 벗어나지는 못한다. 우리는 이후 『종의 기원』에서 산발적으로나마 그려져 있는 상호의존 관계들을 새롭게 구성하려고 시도할 것이다.

자연계 모든 동식물의 복잡한 관계

오늘날에도 여전히 반복되고 있는 '경쟁이냐 협동이냐' 하는 논쟁은 불모의 논쟁이다. 어느 쪽을 지지하더라도 출발점은 언제나 개체라는 점에서 그렇다. 따라서 자연계나 인간 사회에서 협동하는 예들을 산더미처럼 제시해 봤자 그것도 다 자기에게 이익이 되기 때문이라는 반론이 준비되어 있다. 사실 그렇다. 개체를 출발점으로 삼으면 단기적 이익이냐 장기적 이익이냐의 차이만 기능할 뿐, 자신에게 손해되는 일을 할 존재는 없기 때문이다. 다양한 희생 사례들도 별 도움이 되지 못한다. 명예나 집단 전체의 이익을 들어 반론이 얼마든지 가능하기 때문이다.

우리는 이 논쟁에서 어느 한쪽을 택하기 전에, 과연 개체에서 출발하는 것이 자연스러운가를 따져 봐야 한다. 인간뿐만 아니라 이 세상 어느 누구도 혼자서는 살지 않으며, 혼자서 살 수도 없다. 경쟁이나 협동은 어쨌거나 함께 사는 데서 발생하는 일일 뿐이다. 미국의 전직 대통령 빌 클린턴은 빈곤퇴치와 기후보호를 연설을 할 때 단락마다 마지막을 대부분 다음과 같은 짧은 문장으로 끝냈다. "우리는 서로가 없으면 살 수 없습니다."[15] 이는 단순한 만큼 보편적이며 근본적인 사실이다. 공동체가 없다면 경쟁도 협동도 불가능하다.[16] 단적으로 말해 식물이 광합성을 하지 않으면 대부분의 생물이 한시라도 살 수 없는 것 아닌가! 이것이 경쟁인가? 이것이 협동인가? 그런 질문 자체가 참으로 부자연스럽지 않은가! 우리에게는 '함께 살아간다는 것'에 대한 깊은 성찰이 많이 부족한 게 아닐까! 특히 개체 간의 경쟁, 나아가 유전자들 간의 경쟁을 핵심적 설명원리로 삼고 있는 현대 생물학은 그러하다. 다윈은 비록 생존경쟁을 중심으로 이론을 구성했지만, 동시에 전혀 다른 생물들조차 "서로 없으면 살 수 없다"는 자연계의 실상을 깊이 느끼고 있었다.

---

15) 하랄트 슈만·크리스티아네 그레페, 『글로벌 카운트다운』, 김호균 옮김, 영림카디널, 2009, 107쪽.
16) 개체를 중심이자 출발점으로 보는 견해에 반해, 우리는 공동체 대신 무리를 대비시킬 수도 있다. 그런데 무리는 같은 종의 생물들, 즉 공통점을 가진 생물들이 공동의 목표를 위해 상호협동하는 쪽으로 협소화된다. 그러나 자연계의 실상을 보면 이 생물과 저 생물, 나아가 무생물들은 여러 가지 차원의 생태계를 구성하면서 살아간다(동종끼리 무리를 이루는 것은 이런 다양한 생태계의 극히 일부분이다). 상이한 개체들이 공통의 리듬을 생산함으로써 조성되고 변화해 가는 생태계들, 우리는 이를 공동체라 부르기로 한다.

생물의 다양한 관계망
생물들은 단지 먹고 먹히는 관계만을 갖지 않는다. 자연의 체계 속에서 동떨어져 있는 듯 보이는 생물들도, 장대한 자연의 그물 속에서 긴밀하게 얽혀 있다. 생물들 사이에서만 관계가 맺어지는 것도 아니다. 생물과 환경 간에도 복잡한 관계가 얽히고설켜 있다. 사진은 붉은토끼풀에서 꿀을 빨고 있는 벌의 모습.

나는 자연의 체계에서 서로 매우 멀리 떨어져 있는 식물과 동물이 **복잡한 관계의 그물**로 얽혀 있는 예를 하나 더 들고자 한다. 영국의 난초과 식물은 대부분 그 꽃가루를 옮겨 수태시키기 때문에 여러 나방들의 방문을 필요로 한다. 나는 또 팬지(pansy)가 수정되기 위해서는 땅벌이 필수불가결하다고 생각한다. 왜냐하면 다른 벌들은 이 꽃을 찾지 않기 때문이다. 내가 죄근에 한 실험에서는 어떤 클로버종의 수정에는 벌의 방문이 불가결까지는 아니지만 적어도 매우 유익하다는 것을 알게 되었다. 예컨대 20그루의 흰토끼풀에서 2,290알의 씨앗이 생겨났지만, 벌이 달라붙지 못하게 해놓은 20그루에서는 씨앗이 하나도 생겨나지 않았다. 또한 100그루의 붉은토끼풀에는 2,700알의 씨앗이 생겼는데, 벌을 얼씬도 못하게 한 것에는 한 알도 생기지 않았다. 그러나 붉은토끼풀에 날아드는 것은 땅벌뿐이다. 다른 벌은 꿀샘까지 도달할 수 없다. 사람들은 나방이 토끼풀을 수정시키는 역할을 한다고들 말해 왔다. 하지만 나는 붉은토끼풀의 경우에는 그 말을 의심스럽게 여긴다. 나방은 꽃잎을 내리누를 만큼 무겁지 않기 때문이다. 그래서 나는 만약 영국에서 땅벌 속(屬)이 모두 멸종되거나 희귀해지면, 팬지와 붉은토끼풀은 매우 희귀해지거나 완전히 없어져 버릴 것임에 의심의 여지가 없다고 생각한다. 어느 지방에서나 땅벌의 개체수는 이 벌의 밀방(蜜房)이나 벌집을 파괴하는 들쥐의 수에 의해 크게 좌우된다.(1판 pp. 73~74, 3판 pp. 76~77에서 내용 추가)[17]

다양한 생물들이 참여하는 복잡하고도 섬세한 생명의 그물. 게다가 상호협동 대신 상호의존 개념을 선택함으로써 무생물들까지 이 그물망에 적극적으로 참여시킬 수 있게 된다. 자연의 체계에서 크게 동떨어진 존재들이 장대한 자연의 그물을 가로지르며 상호관계를 맺는다. 생물과 생물, 그리고 환경과의 관계는 이토록 복잡하게 얽히고설켜 있으므로 "한 종의 평균 개체수나 심지어는 그 종의 생존까지도 이 모든 관계들이 함께 작용하여 결정"되는 것이다.

다윈의 진화론은 기본적으로 생존경쟁과 자연선택이라는 양대 축

---

17) 물론 현대 생물학은 이런 현상 또한 예컨대 난초의 이익과 나방의 이익이라는 관점에서 설명하고 있다. 그러나 그들은 이때 상호변신이 발생한다는 사실을 보지 못한다. 따라서 변신의 순간 이전 생물의 '자기'가 사라지며 나아가 새로운 공통관계가 조성된다는 사실을 알아채지 못한다.

을 중심으로 전개된다. 그것이 우리도 얼추 알고 있는 극히 간단한 플롯의 진화론이다. 그러나 앞으로 보시겠지만, 이 플롯은 전개과정에서 끊임없이 방해당하고 또 엉뚱한 데로 반전되기도 한다. 복잡하게 얽히고설킨 상호관계들이 플롯 여기저기서 출몰하여 이야기에 미묘한 색조를 더하고 방향을 틀기도 한다. 그리하여 전체적인 스토리는 어마무지하게 복잡하고 풍부해진다. 게다가 다윈의 가슴은 생존경쟁의 처절한 상황에 진저리를 치고 있었음에도 불구하고, 지성의 힘으로 끝내 생존경쟁 대신 생존투쟁 개념을 지켜냈다. 생존투쟁은 한편으로는 상호의존 관계를 제대로 담지 못한 개념이지만, 다른 한편으로는 자연계의 모든 관계들이 생존경쟁 관계로 협소하게 환원되지 못하도록 저지하는 최후의 보루였다. 다윈에게 상호의존 관계가 매우 중요했다고 하는 것은, 다윈이 상호협동도 나름 강조했다는 수준의 얘기가 아니다. 상호의존은 상호협동과는 차원이 크게 다르기도 하지만, 다윈의 진화론을 기존의 진화론과(어쩌면 현대의 진화론과도) 크게 차이짓는 중대한 측면이기 때문이다.

3장 「생존투쟁」의 내용을 간략히 정리하고 4장으로 넘어가자. 이 세상의 동식물들은 무수히 증식하려는 경향이 있으며, 개체마다 서로 다르고, 또 끊임없이 변이가 발생한다. 인간은 그런 변이와 개체적 차이들 중 특정한 것들을 선택하여 특정 방향으로 누적시킴으로써 마침내 뚜렷한 특징을 가진 생물을 만들어내 왔다. 과연 자연계에도 이와 같은 일이 일어날 수 있을까? 끝없는 증식경향과 개체적 차이 및 변이까지는 자연계에서도 뭐 대동소이하게 확인할 수 있을 것이다. 하지만 자연에는 인간처럼 차이를 인식하고 그것을 특정 방향으로 누적시킬 수 있는 존재, 즉 지성과 의지와 능력을 갖춘 존재가 없다. 그렇다면 아무리 많은 차이가 생기고 변이가 발생해도 아무런 방향성 없이 그냥 희석되고 말 것이다. 자연계에서 진화가 일어나려면 선택의 주체가 있어야 한다. '그'는 과연 어디에 있는 것일까?

4

인식의 나무 = 생명의 나무

『종의 기원』 4장 자연선택

인심(人心)을 진작하야 희망을 품게 하고 날로 문명에 나아가 황금국토를 작(作)케 하는 자, 진화설이 바로 그것이라. …… 대저(大抵) 19세기 이래로 세계문명의 진보가 돌연히 그 속도를 증가하야 일 년간의 진보가 과거 수천 년보다 속(速)하야 도도한 대세가 황하대하의 일도천리함과 같아 어느새 유사 이후 최초의 신천지를 작(作)하였으니 이것이 누구의 공(功)이뇨, 왈(曰) 따위인씨의 공이니라. 따위인씨는 어떤 술법으로 이 공을 이루었나뇨. 왈 그 지은 바 경쟁진화론으로 이루었느니라.
— 『대한매일신보』 1908년 2월 8일 논설. 정용재, 『찰스 다윈 : 인간 다윈과 다위니즘』.

문을 걸어 잠그고 고립되어 있으면 장차 하늘의 법칙에서 도태되어 날마다 퇴화할 것이다. 그리하여 원숭이가 되고, 새가 되고, 조개가 되고, 물풀이 되고, 마침내는 무생물에 이를 것이다.
— 루쉰, 『무덤』.

인식의 나무 = 생명의 나무

당연해 보이는 이야기

다윈의 진화론은 자연선택설이라 불린다. 자연선택 메커니즘에 의해 진화를 설명한다는 말이다. 그러므로 '자연선택'이라는 말은 다윈 진화론의 일부가 아니라 그 자체라고 할 수도 있을 정도로 중요한 것이다. 다윈이 『종의 기원』 직전까지 쓰던 '큰 책'의 제목도 '자연선택'이었다. 놀라운 것은 다윈의 이 이론이 너무나 당연한 이야기들로 구성되어 있다는 사실이다. 그래서 굴드는 자연선택 원리가 "단순하기 이를 데 없는 것으로, 오직 절대로 부인할 수 없는 두 가지 사실과 도저히 빠져나갈 수 없는 한 가지 결론에 근거를 두고 있다"고 말했다. 여러분도 굴드가 정리한 내용을 한번 읽어 보시라.

1. 생물들은 서로 다르고(변이), 이런 변이는 (적어도 그 일부는) 자손에게 유전된다.
2. 생물들은 살아남을 수 있는 수보다 더 많은 자손을 낳는다.

3. 평균적으로 보아 환경에 유리한 방향으로 가장 다양하게 변화한 자손이 살아남아 자손을 퍼뜨릴 수 있다. 따라서 환경이 선호하는 변이가 자연선택을 통해 각 개체군(個體群)에 축적된다.[1]

매우 현실적인 내용들로 구성되어 있고 논리의 비약도 없다. 이 주장이 현실과 맞지 않는다며 반대할 수 있는 사람이 있을까? 너무나 쉽고 평이해서 이게 무슨 대단한 과학 이론이 될 수 있을까 싶기까지 하다. 그런데 신기하게도 다윈 당시에 자연선택 원리를 받아들인 사람은 거의 없었다. 창조론자들은 물론이려니와, 다윈을 지지하는 진화론자들이 이 이론에 크게 반대했다(헉슬리부터가 그랬다). 그들은 다윈이 제시한 방대한 근거들만으로 충분한데 왜 다윈은 그런 불필요하고 신비적인 메커니즘을 주장했는지 이해할 수가 없었다. 자연선택 메커니즘의 내용과 의인법적 표현에 대해 다양한 비판이 쏟아진 것은 당연했고 다윈은 이 비판에 계속 응수하며 '자연선택'이라는 표현을 지켜냈다.

다윈의 불독 헉슬리는 『종의 기원』을 읽고 이렇게 탄식했다. "이런 걸 생각지 못했다니 이렇게 멍청할 수가!" 그리고 이런 말도 한 적이 있다. "생물들의 변이성, 생존을 위한 투쟁, 생활조건에 대한 적응 같은 사실들은 우리도 너무나 잘 알고 있었다. 그러나 다윈과 월리스가 어둠을 걷어 내기 전까지는, 『종의 기원』이라는 횃불이 그 무지몽매함을 환히

---

[1] 스티븐 제이 굴드, 『다윈 이후』, 홍욱희·홍동선.옮김, 사이언스북스, 2009, 8쪽. 굴드만이 아니라 마이어 등 다른 학자들도, 수많은 생물학 교과서들도 다윈의 진화론을 거의 비슷하게 정리하고 있다. 에른스트 마이어, 『진화란 무엇인가』, 임지원 옮김, 사이언스북스, 2008, 233쪽, 닐 캠벨 외, 『생명과학』, 전상학 외 옮김, 바이오사이언스, 2008, 461쪽, 피터 J. 러셀 외, 『생명과학』, 홍영남 외 옮김, 라이프사이언스, 2009, 409쪽을 참고하라.

비춰 주기 전까지는, 아무도 그 사실들 사이에 종 문제의 핵심에 이르는 길이 나 있다는 사실을 알아채지 못했다."[2] 헉슬리의 말은 굴드의 요약과 마찬가지로 다윈의 생각이 매우 단순명료한 현실들로 이루어진 지극히 당연한 논리라는 인상을 준다. 그런데 만일 그렇다면 헉슬리가 자연선택 원리에 반대했다는 사실이 너무나 이상하지 않은가? 더 이상한 것은 과연 그렇다면 헉슬리가 『종의 기원』을 읽고 곧장 다윈에 동의한 것은 무엇에 대해서였단 말인가? 변이성과 생존투쟁, 적응 같은 진화론의 핵심 재료들은 이미 잘 알고 있었다고 했으니 그건 아니고, 그 재료들을 결합시킨 자연선택 원리는 명시적으로 반대했으니 그것도 아니다. 그는 대체 『종의 기원』에서 무엇을 보았던 것일까?

자연선택 원리에 반대한 것은 헉슬리만이 아니었다. 『종의 기원』이 출간된 1859년부터 이후 1930년대까지 많은 과학자들은 "자연선택이라는 게 실제로 존재하기는 하느냐"[3]고 따져 물었다. 그러다 1940년대에 신다윈주의자들이 자연선택을 다윈 진화론의 핵심 메커니즘으로 파악하면서 이후 널리 확산되기 시작했던 것이다. 그러나 신다윈주의는 자연선택 원리를 매우 협소화하고 단순화했으며, 이후 이 문제를 둘러싸고 종종 논란이 벌어지기도 한다. 대부분의 과학자들이 20세기 중반 무렵이나 되어서 자연선택 개념을 받아들인 것은 어째서일까? 게다가

---

2) Robert J. Richards, "4 Darwin's Theory of Natural Selection and Its Moral Purpose", *The Cambridge Companion to The "Origin of Species"*, eds. Michael Ruse and Robert J. Richards, Cambridge: Cambridge University Press, 2009, p. 47을 참조.

3) Jean Gayon, "From Darwin to Today in Evolutonary Biology", *The Cambridge Companion to Darwin*, eds. Jonathan Hodge and Gregory Radick, Cambridge: Cambridge University Press, 2003, p. 287을 참조.

당연하고 단순하게만 보이는 자연선택 개념을 둘러싸고 무슨 논란이 가능한 것일까? 무엇보다도 만일 자연선택 개념이 그렇게 단순한 것이었다면 인류는 왜 수천 년의 세월 동안 그걸 발견하지 못했던 것일까?

시카고 대학의 리처즈(Robert J. Richards)는 말한다. "만일 자연선택이라는 생각이 헉슬리가 시사하고 수많은 학자들이 지지한 대로 그토록 간단하고 기본적인 것이었다면, 다윈이 그 이론을 발견한 뒤 책으로 출간하기까지 왜 그렇게 오랜 시간이 걸렸을까? 그 이론이 진실하다는 걸 밝히는 데 왜『종의 기원』같이 긴 책이 필요했을까?" 리처즈는 이렇게 물은 다음 "자연선택 원리는 **그리 간단한 논리가 아니라 매우 복잡하며**, 다윈이 그 이론을 형성하기까지 매우 점진적인 과정을 거쳐야 했다"고 주장한다.[4] 실제로 자연선택설을 정립하는 과정은 험하고도 먼 여정이었다. 어찌나 힘들고 괴로웠던지 다윈은 하마터면 이 원리를 포기할 뻔도 했었다. 실제로 월리스는 나중에 이 원리를 포기하고 대신 심령주의로 빠져든다(그는 다윈보다 훨씬 더 강력하게 자연선택 원리를 주장한 사람이었는데……). 과연 자연선택이란 게 뭐였길래 이런 드라마틱한 일이 벌어진걸까?

두 가지 과제와 한 가지 난점

다윈의 진화론에는 두 가지 과제와 한 가지 난점이 있었다. 첫번째 과제는 진화가 어떻게 이루어지는지를 구체적으로 밝히는 것이었고, 두번째 과제는 그 결과 자연계에 조화와 적응이 가득 차게 되었음을 보이는 것이었다. 한편 난점은 사육재배의 경우에는 인간이라는 선택자가 있지만, 자연상태에는 의식적인 선택자가 없다는 점과 관련이 있다.

다윈은 1, 2장을 통해 "온갖 개체들에게 변이성이 있다든지, 뚜렷한 변종들이 존재"한다는 것을 상세한 예들과 함께 보여 주었다. 하지만 그것만으로는 "종이 어떻게 해서 자연계에 생겨났는지"는 설명되지 않는다. 그것은 그저 한없이 유동하는 세계일 뿐이다. 차이와 변이들이 어떻게 새로운 종의 탄생으로 이어지는지를 해명하는 것, 이것이 첫번째 과제였다.

그리고 만일 (기존 진화론자들의 주장처럼) 종이 "마구 변하다 보니 어쩌다가" 생겨났다고 한다면 생물의 "체제(organization)의 한 부분이 다른 부분과 어쩌면 그렇게 절묘하게 적응관계에 있는지, 또 어떤 생물이 다른 생물과, 그리고 자신의 생활조건과 어쩌면 또 그렇게 절묘한 적응관계에 있는지"는 어떻게 설명할 수 있단 말인가? 우리는 이 같은 멋진 상호적응 현상을 "딱다구리나 겨우살이, 그리고 짐승의 털이나 새의 깃털에 달라붙어 사는 지극히 하찮은 기생충에게서도, 물속에 사는 갑충류의 신체 구조에서도, 미풍에 떠돌아다니는 깃이 달린 씨앗에서도 확인할 수 있다. 요컨대 **우리는 모든 곳에서, 그리고 생물의 모든 부분에서 멋진 적응 현상(beautiful adaptations)을 볼 수 있다**". 이는 진화의 경로를 해명하는 것과는 다른 차원의 문제였다. 예컨대 어떤 사람이 창조론에 의심을 품고 그 대신 자연법칙과 우연으로 진화를 설명하는 진화론자들에 동감할 수도 있다. 하지만 그는 생물체 내부 부분들 간의 관계, 이

---

4) Richards, "4 Darwin's Theory of Natural Selection and Its Moral Purpose", *The Cambridge Companion to The "Origin of Species"*, p. 60. 이 논문은 다윈이 '자연선택' 원리를 정립해 가는 과정을 세세하게 추적하고 있다.

생물과 저 생물의 관계, 그리고 생물과 환경과의 관계, 이 모든 관계가 과시하는 절묘하고도 훌륭한 적응 현상 앞에 서면 다시 한번 뭔지 알 수 없는 어떤 섭리를 느끼지 않을 수 없다. "모든 곳에서, 모든 부분에서 멋진 적응 현상"이 발견되는 이 세계를 어떤 섭리도 끌어들이지 않고 대체 어떻게 충분히 이해할 수 있단 말인가! 다윈은 이 물음에 답해야 했다. 만일 이 답변에 성공하지 못한다면 결정적으로 사람들의 마음을 바꿀 수 없었다. 한마디로 진화와 절묘한 상호적응을 일관된 원리(즉 변화를 수반하는 유래)로 설명해야만 했던 것이다. 이것이 두번째 과제였다.

마지막으로 난점은 자연계에 선택자가 없는데 어떻게 유리한 변이들만 따로 가려지고(선택의 문제), 또 그런 변이를 가진 개체들끼리만 짝짓기를 해서 유리한 변이가 계속 누적될 수 있느냐(일정한 방향의 문제)는 문제였다. 자, 이제『종의 기원』을 펴고 4장「자연선택」으로 가자. 다윈의 자연선택 원리란 대체 무엇인지, 두 가지 과제와 한 가지 난점은 어떤 식으로 해결했는지 직접 확인하기로 하자.

3장에서 아주 간단하게 설명하긴 했지만, 생존투쟁은 과연 변이에 대해 어떤 작용을 하는 걸까? 인간의 손에 의해 그렇게 효과적으로 작동했던 선택의 원리가 자연계에서도 그만큼 강력하게 적용될 수 있을까? 우선, 사육재배하에서보다는 못하지만 자연계의 생물 또한 변이한다는 점과, 또 유전적 경향이 얼마나 강한지를 유념해 주기 바란다. 그리고 모든 생물들의 상호관계 및 그들과 생활의 물리적 조건과의 관계가 얼마나 복잡하고 또 밀접하게 적합한 것인지도 유념해 주기 바란다. 그런데 인간에게 유용한 변이가 확실히 일어난다는 걸 잘 알고 있는 우리가, 생물들이 생존투쟁을 하는 과정에서 수천 세대 동안 각 개체에게 유용한 변이가 일어날 가능성이 없다고 생각할 수 있을까? 만일 그런 일(유용한 변이의 발생)이 일어난다면, 게다가 생존할 수 있는 것보다 훨씬 많은 개체가 태어난다는 사실을 아직 잊지 않았다면, 아주 사소할지라도 다른 개체보다 유리한 점을 지닌 개체들이 생존과 번식에서 성공할 기회를 가장 많이 갖는다고 생각할 수는 없는 것일까? 한편 극히 사소한 것이라도 유해한 변이는 엄중히 제거된다는 것도 확실하다고 느껴진다. 이처럼 **유리한 개체적 차이 및 변이가 보존되고, 유해한 변이는 제거되는 것을 나는 '자연선택'이라고 부른다.**(pp. 80~81)[5]

요컨대 자연상태는 사육재배상태보다는 못하지만 변이성, 유전적 경향 등이 역시나 작동할 것이다. 가장 문제가 되는 것은 인간과 같은 선택자가 있느냐는 것이다. 다윈에 따르면 그런 선택자는 없지만, 자연스러운 메커니즘(유익한 변이가 보존되고 해로운 변이는 제거된다)에 의해 선택효과가 작동한다. 다윈은 이런 현상을 인위선택과 대비해서 자

---

5) 간혹 진화론에 관해 '어떻게 모든 차이나 변이가 이롭거나 해로운 것으로만 나뉠 수가 있겠느냐'며 비판하는 경우가 있다. 그런데 아마 어떤 진화론자도 모든 차이나 변이가 이로운 것과 해로운 것으로만 나뉜다고는 생각지 않을 것이다. 다윈도 마찬가지였다. 이 인용문 바로 다음에 이어지는 문장을 보자. "이롭지도 않고 해롭지도 않은 변이는 자연선택의 작용을 받지 않고 다만 변동적인 요소로 남을 것이다. 그것은 아마도 다형적(polimorphic)이라고 불리는 종에서 볼 수 있을 것이다." 그러니까 이런 요소들이 있는 것은 사실이며(당연하지 않은가!), 그 생물에게 매우 중요한 특징일 수도 있다. 그러나 자연선택의 작용을 받지 않기 때문에 그런 변이는 특정한 방향으로 향하기보다는 변동적인 요소로 남을 것이라는 말이다. 한편 현대의 학자들 중에서 기무라 모토(木村資生)를 중심으로 하는 중립진화론자들은 유전자형의 분자적 변이가 상당 부분 중립적이라는 점에 주목한 바 있다. 그러나 마이어는 그런 변이가 상당히 존재한다는 사실을 수긍하면서도 그런 변이는 개체의 진화에 아무런 영향을 주지 않는다고 비판하였다. 마이어, 『진화란 무엇인가』, 389~390쪽.

연선택이라고 부르고 있다. 여기서도 알 수 있듯이 자연선택이라는 말은 자연계에서의 선택 현상을 가리킴과 동시에, 어떤 주체도 없지만 자연스럽게 선택이 이루어진다는 뜻을 담고 있다. 그러므로 간단히 '자연선택'이라고 할 때도 '자연계의 선택 현상'과 '자연스러운 선택'이라는 의미가 함께 들어 있다는 걸 기억해 주시기 바란다. 아울러 비어는 다윈이 이 용어로 자연신학에 맞섰다고 주장하는데 주목할 만한 지적이다.[6] 나는 비어와 조금 다른 의미에서 이 용어에 주목하고자 한다. 서구의 하나님 신학에서 선택은 핵심적인 개념이다. 하나님은 인간을 창조하셨을 뿐만 아니라 자신의 영광을 가장 훌륭하게 드러낼 존재로 선택하기도 했다. 특히 이스라엘 민족은 자신이 선택받은 민족, 즉 선민이라고 믿는다. 또한 인간은 자신만이 이성을 가지고 있기 때문에 판단할 수 있는 존재라고 믿곤 한다. 인간은 다른 동물처럼 본능에 그대로 따르는 게 아니라, 이것과 저것을 비교해서 가치 판단을 내리고 선택을 한다는 점에서 특별한 존재라는 것이다. 그런데 다윈에 따르면 이 모든 선택은 자연계에서도 자연스럽게 이루어진다. 그건 선택의 주체 이전에 자연계의 메커니즘 자체다. 이렇게 보면 인간이 사육재배하는 동식물을 비교하고 판단해서 선택하는 행위도 자연스러운 행위에 속한다. 인위선택

---

[6] "신이 물질 세계에서 활동한다는 것을 보여 주기 위해 자연신학자들이 택한 핵심 개념은 '설계'와 '창조'였다. 다윈은 그들과 반대로 '생산'(production)과 '(돌연)변이'(mutation)를 바탕으로 새로운 이론을 정립하려 하였다." 문제는 그가 사용할 재료들(주요 용어와 사고방식들)이 이미 자연신학자들에 의해 상당히 물들어 있는 상태였다는 점이다. 아무리 혁명적 사상가라 해도 모든 것을 다 바꿀 수는 없는 법이다. 그렇다면 어떻게 할 것인가. 한 가지 방법은 기대기 전법이다. 그것은 자연신학의 어떤 개념에 상응하면서도 그 개념을 근저에서부터 뒤흔드는 표현을 발명하는 전법이었다. '자연선택'은 그런 고뇌 끝에 만들어진 표현으로서 "'자연신학'(natural theology)에 대한 간결하고도 힘찬 항변이요 응답이었다". Gillian Beer, *Darwin's Plots*, Cambridge: Cambridge University Press, 2000, p. xviii.

과 자연선택 모두 자연스러운 선택이라는 말이다.

우리는 앞에서 사육재배의 경우보다는 못하지만 자연계의 생물들도 변이한다고 말했다. 또한 인간 같은 선택자는 없지만 선택 효과가 작동한다고도 했었다. 그렇다면 다윈은 인위선택보다는 약하지만 자연선택도 현실적으로 작동하는 원리라는 정도의 주장을 한 것일까? 물론 그렇지 않다. 다윈은 여기서부터 기존의 통념에 대한 대반격의 포문을 연다. "인간은 방법적으로나 무의식적으로 선택을 해서 위대한 결과를 거둘 수 있어 왔는데, 자연이 그것을 못할 리가 있겠는가?"라고 물음으로써, 자연과 인간에 대한 오래된 통념을 역전시키고 인류에게 '자연선택'이라는 위대한 원리를 선물한다.

> 인간은 다만 외적이고 가시적인 형질에 작용할 수 있을 뿐이다. 그런데 자연은 어떤 생물에게 외관이 유용할 경우를 제외하고는 외관의 특징에 전혀 구애받지 않는다. 자연은 모든 내부 기관, 모든 정도의 체질적 차이 및 생명의 모든 기계적 장치(whole machinery)에 대해 작용할 수 있다. 인간은 자기 좋을 대로 선택하지만, 자연은 자신이 돌보는 존재가 **좋을 대로만 선택한다.**[7] 또한 **선택되는 모든 형질은 자연에 의해 충분히 훈련을 받는다.** [자연에 의해 충분히 훈련을 받는다는 건 무슨 말인가? 자연계에서와 달리 사육재배하의 조건에서] 인간은 다양한 기후에서 태어난 여

---

[7] "Man selects only for his own good; Nature only for that of the being which she tends." (p. 83) 여기서 good이란 단어가 두 번 나오는데(두번째는 that), 이것은 '이익'이라는 뜻이지만 '좋다'(善)라는 뜻도 함축하고 있다. 한편 바로 다음 다음 단락에서 다윈은 이 점을 다시 한번 강조한다. "자연선택은 가까이 생물의 이익을 위해, 그리고 오직 그 때문에(only through and for the good of each being, p. 84) 작용할 수 있지만……."

러 생물들을 같은 지역 안에서 함께 사육재배한다. 게다가 선택된 각각의 형질을 특수하고 적절한 방법으로 훈련시키는 일은 거의 없다. 부리가 긴 비둘기나 짧은 비둘기를 선택하긴 하지만, 똑같은 자연환경하에서 똑같은 먹이로 키운다. 반면 자연은 선택된 모든 형질을 제각각 적합한 생활조건하에서 자라게 한다. 또한 인간은 가장 강건한 수컷들이 암컷을 얻기 위해 투쟁하도록 만들지도 않는다. 열등한 동물이라고 아예 멸종시켜 버리는 일도 없을 뿐 아니라 계절 변화 속에서도 최대한 자기가 소유한 생물을 보호한다. 하지만 자연하에서는 구조나 체질에 있어 아무리 경미한 차이라도 생활을 위한 투쟁에서 정밀하게 균형잡힌 척도를 변화시키고, 또 그 때문에 보존될 수 있는 것이다.(pp.83~84)

다윈은 어떤 변이가 발생했을 때 그것이 자연계와 인간 사회에서 각각 어떻게 처리되는지를 설득력 있게 비교하고 있다. 사육재배라는 조건은 두 가지 유리한 점이 있다. 첫째 (아마도) 자연계에서보다 변이성이 크다는 점, 둘째 인간이라는 선택자가 있어 유리한 변이를 골라내 계속 누적시켜 갈 수 있다는 점. 다윈에 따르면 이 이외의 모든 부문에서 자연계 쪽이 월등하다. 사육재배하에서는 인간이 식별할 수 있는 외적 차이가 아니면 아무리 유리한 변이라 해도 선택될 수 없다. 하지만 자연계에서는 어떤 변이든 유리하기만 하면 선택된다. 또 사육재배 생물들의 경우는 인간의 이익을 기준으로 유리한 것만 선택되지 그 이외의 변이는 아무리 그 생물의 생존에 유리해도 선택될 수가 없다. 또한 자연계에서는 선택되는 형질들이 자연스럽게 강화되지만 인간 사회에서는 약화된다. 예컨대 어떤 비둘기가 특정한 자연환경에서 자랐거나 특정한 먹이를 선호하여 부리가 길어졌을 경우 자연계에서는 계속 그 자연환경에 그 먹이가 누적됨으로써 부리가 더욱 길어질 수가 있다. 부리가 짧아진 경우도 마찬가지다. 그러나 인간들은 이들을 모두 같은 자연환경하에서, 똑같은 먹이로 키운다. 또한 사육재배하의 수컷들은 암컷을 얻기 위해 투쟁할 필요도 거의 없다. 그에 반해 자연계의 생물들은 암컷을 얻기 위해 투쟁하는 과정에서 뿔이 커지거나 이빨이 뾰족해질 수가 있다. 끝으로 자연계에서는 아무리 작은 차이라도 발생하기만 하면 그 생물과 다른 생물들의 생활조건을 바꾸어 계속 누적될 수가 있다. 예컨대 어떤 나방 종류 중 특정한 집단이 독성이 있는 다른 종류의 나방과 조금이라도 비슷한 색깔을 띠게 된다면 그 집단은 천적으로부터 더 잘 보호될 것이다. 그러나 같은 종류의 다른 집단들은 그 순간 천적의 마수에 걸려들 가능성이 더 높아진다. 이처럼 "자연하에서는 구조나 체질에 있어서 아무리 경미한 차이라도 생활을 위한 투쟁에서 정밀하게 균형잡힌 척도를 변화시키고, 또 그 때문에 보존될 수 있는 것이다".

이처럼 자연계에는 몇 가지 약점도 있지만, 그런 약점을 상쇄하고도 남을 만큼의 강점이 있다는 논의를 펼친 다음, 다윈은 당시 『성경』에 익숙해 있던 독자들의 가슴에 절절히 호소한다.

> 인간의 열망이나 노력은 얼마나 덧없는 것인가? 인간의 시간은 얼마나 짧은가? 그 때문에 인간이 만들어 낸 성과는 자연이 모든 지실 시내에 걸쳐 축적해 온 것과 비교하면 얼마나 초라한 것인가?(p.84)

「진도시」에서도 말하지 않았던가!

헛되고 헛되다. 헛되고 헛되다. 모든 것이 헛되다. 사람이 세상에서 아무리 수고한들, 무슨 보람이 있는가? 세대가 가고 또 세대가 오지만, 세상은 언제나 그대로다. 해는 여전히 뜨고, 또 여전히 져서, 제자리로 돌아가며, 거기에서 다시 떠오른다.[8]

인간의 유한함과 덧없음에 대해 공감하지 않을 자 그 누구랴![9] 결국 이 세상은 모두 그러하므로 영원한 것은 오직 하나님밖에 없다고「전도서」는 결론 내린다. 다윈은 인간의 한계에 대해 유보 없이 동의를 하면서도 허무함으로 빠져드는 대신 다른 길을 열고 있다. 그 길은 영원히 유전(流轉)하는 자연의 위대함으로 이어진다.

> 이리 생각해 볼 때, 인간의 산물에 비해 자연의 산물 쪽이 훨씬 더 완전한(참된) 형질(far truer in character than)을 가질 것이며, 또한 매우 복잡한 생활조건에 대해 더없이 잘 적응하고 있으며, 틀림없이 훨씬 더 뛰어난 장인의 솜씨가 남겨 놓은 각인(the stamp of far higher workmanship)을 가지고 있을 것이라는 데 대해 의심할 수 있겠는가?(p. 84)

다윈의 글은 당대 독자들에게 큰 충격을 주었다. 그의 말에 따르면 저 금수가 사는 야만의 자연 속에 인간 사회보다 더 뛰어난 작품들이 생

---

[8] 「전도서」 1:2~5.
[9] "우리의 한평생은 짧고도 덧없으며"(「전도서」 5:18과 6:12), 게다가 "아무도 이 세상에서 이루어지는 일을 이해할 수가 없다. 그 뜻을 찾아보려고 아무리 애를 써도, 사람은 그 뜻을 찾지 못한다"(「전도서」 8:17).

산되고 있다. 하긴 오랜 세월이 만든 기암절벽이나 장대한 풍광들을 보라. 아무도 가꾸지 않았지만 어떤 미술작품보다도 아름답고 다채로운 풍경들을 보라. 거기 무슨 장인이니 제작자가 따로 있겠는가? 그런데도 동서고금의 모든 예술가들은 그런 자연의 예술작품들을 모방하는 데 급급하지 않았는가! 인간은 기껏해야 자기 이익을 위해서만 선택을 하는데, 자연계에서는 어떤 생물의 것이든 선하고 아름답고 뛰어난 것들은 모두 선택되고 길러지지 않는가! 한없이 복잡한 생활조건에 그토록 다양한 생물들이 너나없이 잘 적응하고 있지 않은가! 자연계에는 인간도 없는데 어떤 조화옹(造化翁)이 있기에 저런 조화와 선과 미가 창조되었단 말인가! 인간보다 더 뛰어나고 선한 장인, 그는 과연 누구인가? 당연히 하나님이어야 하지 않겠는가? 그런데 다윈이 이끄는 대로 가 보니 그 자리에는 '아무도' 없었다. 오직 다양한 생물들과 무생물들, 그리고 그 모든 것들이 맺는 상호관계밖에 없었다. 이로운 차이 및 변이는 보존되고 해로운 차이 및 변이는 제거된다는 단순한 원리, 즉 자연스러운 선택작용밖에 없었다. 다윈은 여기에 그치지 않았다. 「전도서」는 또 뭐라 했던가!

만물이 다 지쳐 있음을 사람이 말로 다 나타낼 수 없다. 이미 있던 것이 훗날에 다시 있을 것이며 이미 일어났던 일이 훗날에 다시 일어날 것이다. 이 세상에 새 것이란 없다. '보아라, 이것이 바로 새 것이다' 하고 말할 수 있는 게 있는가? 그것은 이미 오래전부터 있던 것, 우리보나 앞서 있던 것이다.[10]

---

10) 「전도서」 1:8~10.

세대(generations)가 가고 또 세대가 오지만 세상(the earth)은 언제나 그대로다.[11]

반면 『종의 기원』의 생물과 무생물들은 전혀 지쳐 보이지 않는다. 여기저기에서 가열찬 생존투쟁을 벌이고 있고 그 과정에서 온갖 새로운 생물들이 진화해 나오고 있다. 피로를 모르는 생물들의 '생존을 위한 투쟁'과 '진화'! 그러므로 다윈에게 있어서 자연은 예전처럼 야만의 숲도 아니었고, 알 수 없는 미지의 공포도 아니었으며, 기계적 법칙에 의해 지배당하는 뉴턴의 자연도 아니었다. 다윈 식의 자연은 그 모든 것을 포함하면서도 그 이상인 곳이었다. 「전도서」에서는 "지금 있는 것은 이미 있던 것이고, 앞으로 있을 것도 이미 있는 것이다. 하나님은 하신 일을 되풀이하신다"고 했다. 하지만 다윈의 자연계는 훨씬 더 참된 산물을 낳는 곳이며, 반복이 아니라 진화가 늘상 일어나는 곳이기도 하다. 곳곳에서 신종들이 움터 나오는 자연. 게다가 이것은 그저 생물들이 다음 세대를 낳고 그 세대가 또 다음 세대를 낳으면서 발생하는 것이다. 그렇다면 우리가 늘상 접하는 세대(generation)의 연속, 즉 일상적인 생식(ordinary generation)이 이 지구를 완전히 새롭게 만들고 있는 셈이다. 일상과 생식과 분투가, 이런저런 생물들과 무생물들이 맺는 치열한 상호작용이 바로 하나님이요, 하나님 이상이었다. 자연은 생식의 되풀이 속에서 전에 없던 새로운 것들을 낳고, 그러한 창조가 영원히 계속되는 눈부신 세계였다. 한 번의 창조 후 정원사 하나님에 의해 면밀히 관

11) 「전도서」 1:4.

리되는 정원이 아니라, 창조가 또 다른 창조를 부르며 끝없이 이어지는 야생의 벌판!

'자연선택'의 깊이와 풍요로움

헌데 '자연스러운 선택'이라니…… 대체 자연스럽게 선택한다는 말이 가능키나 한가? 흔히 자연스럽다는 말은 '억지로 꾸미지 않는다', '힘들거나 애쓰지 않고 저절로 된다'는 의미다. 즉 어떤 의도나 목적을 갖지 않는 것이다. 그에 반해서 선택이란 여러 대상들을 놓고 가치 판단을 해서 골라 뽑는다는 의미다. 그러므로 적어도 사전적인 의미만 보면 인위선택이란 말은 가능해도 자연선택이란 말은 모순이다. 근데 다윈은 자연계가 작동하는 핵심 원리가 '자연스러운 선택'이며, 나아가 자연스러운 선택 이외에는 불가능하다는 것 아닌가! 인간의 언어로는 명백히 모순이지만, 지구상 어디에서도 위반이 불가능한 자연법! 참 미묘한 말이었다.

    여기서 잠시 내가 경험한 재미있는 사건을 한 가지 소개해 드리겠다. 이 책의 원고를 쓰던 어느 날 한밤중이었다. 휴식도 할 겸 다윈에 관해 인터넷 검색을 하다가 '다윈 탄생 200주년 기념 - 자연선택설은 모순이다!'라는 동영상 제목을 발견했다. '자연선택설이 모순'이라고? 어떤 화상이 또 저런 희한한 얘길 했나? 어떤 창조론자인지 얼굴이나 한번 보자는 심산으로 클릭을 했다. 버퍼링을 하는 동안에 아래에 달린 댓글들이 눈에 들어왔다. 어처구니없다, 말도 안 된다 등등 비난성 댓글들이 수북이 쌓여 있었다. '흠! 역시 그렇군!' 히머 돌이가기 시작하는 동영상 쪽으로 눈을 돌렸다. 순간 허걱! 너무 놀라 뒤로 자빠질 뻔했다. 동영상 화면에서 강의하는 사람이 내가 아닌가! 더욱 당혹스러운 것은 댓글에서 내 강의를 비난한 사람들이 창조론자가 아니라 과학에 관심이 많은, 필경 진화론을 맞다고 생각할 사람들이었다는 사실이다. 다윈의 '자연선택'이라는 말은 문법상으로만 보면 상호모순되는 말이라는 것, 그런데도 당대인들은 다윈이 하도 구라를 잘 푸는 바람에 자연스럽게 그 표현을 받아들였다는 것, 그 결과 거기에 담긴 다윈의 깊은 고뇌와 투쟁은 주목받지 못했다는 것, 대충 이 정도가 내가 강의 전체에서 한 얘기였다.

그런데 동영상에는 자연선택이라는 표현이 상호모순되는 단어로 구성되었다는 걸 설명하는 대목만 들어 있었다. 게다가 처음 강의를 편집한 분들이 제목을 '자연선택설은 모순이다?'라고 뽑아 올렸고(이것도 좀 이상한데), 그것을 퍼서 인터넷에 뿌린 사람이 '자연선택설은 모순이다!'라고 바꿔 버렸다. 그러니 제목만 보면 (나도 그랬듯이) 창조론자의 주장일 거라는 지레짐작을 하기 십상이고, 또 내용도 계속 "다윈의 얘기는 언뜻 들으면 맞는 것 같지만 자세히 뜯어 보면 고개를 갸우뚱할 만한 구석이 많다"고 계속 강조하고 있으니……. 그 사이트에 따로 댓글을 달진 않았지만, 혹시나 하는 노파심에 다시 한번 강조해 둔다. 자연선택설이 모순이라는 게 아니라, '자연스러운'과 '선택'이라는 말이 상호모순된다는 것이며, 그로 인해 다윈의 서사는 팽팽한 긴장과 강력한 힘을 가지게 되었다는 얘기다.

자연선택은 적합한 변이(특징)를 가진 자가 생존하고 그렇지 못한 자가 도태된다는 뜻이다. 그러므로 "이로운 변이가 보존된다"는 것은 곧 "해로운 변이가 엄중히 제거된다는 것"이다. 결국 동전의 양면이라는 얘긴데, 그럼에도 불구하고 다윈은 '자연선택' 쪽을 선택했다. 왜 그랬을까? 여기에는 몇 가지 이유가 있었다. 첫째, 이 세계의 작동 원리가 '선하다'는 것을 나타내고자 했다. 물론 자연계에는 승리하는 생물들 못지않게 패배하는 생물들이 존재한다. 그러나 그것은 그저 자연스러운 일일 뿐이다. 다만 그것이 우연이 아니라 더 나은 종류가 승리하고 그보다 못한 종류가 패배한다는 점에서 자연선택의 원리는 선한 것이다. 둘째, 다윈은 하나님을 상정하지 않고도 얼마든지 지혜롭고 강력한 선택 행위가 가능하다는 걸 주장하려 했다. 마지막으로 '자연선택'에는 이 세상이 생물이고 무생물이고 할 것 없이 선택하고 선택되는 자들이라는 우주론적 메시지가 담겨 있었다. 우리는 이제부터 이렇게 다양한 자연선택의 의미에 대해 차근차근 음미할 것이다.

다윈은 여러 가지 의미를 담아서 자연선택이라는 개념을 개발하였고, 그것을 끝까지 고수하려 애를 썼다. 그러나 다윈 당시는 물론이고 이후의 사람들도 이것을 '자연도태', 즉 우승열패의 학설로 받아들였다. 지배계급은 다윈을 근거로 들먹이며 무능한 놈이 사회에서 도태되는 것은 당연한 자연의 법칙이라고 했다. 그에 맞서는 민중들은 다윈의 이론을 사악하다고 비난하거나, 혹은 정반대로 그것을 진보의 과학, 해방의 이데올로기로 받아들였다. 다윈을 근거로 해서 우리도 서구처럼 강해질 수 있고, 또 강해져야만 살아남을 수 있다고 믿었던 것이나. 그리하여 현대사에서 '자연도태'는 제국주의의 지배 이데올로기이자 비서구 사회의 투쟁 이데올로기로 적극 활용되었다. 세상에 이런 이데올로기가 있을 수 있을까? 지배하는 놈들이나 그에 항거하는 분들이 모두 동의하는 이데올로기라니![12)

자연선택을 충분히 이해하지 못하는 것은 현대의 진화론자들도 마찬가지다. 예컨대 마이어는 "자연선택이란 다름 아닌 적자생존(the survival of the fittest)이라고 말했던 허버트 스펜서가 옳았다"고 하면서 "자연선택은 사실상 제거과정이며 다윈은 자신의 후기 저작에서 스펜서의 비유를 채택했다"고 주장했다. 마이어의 말대로 다윈이 주변 성화에 못이겨 5판 이후 '자연선택'을 '자연선택 혹은 최적자생존'이라고 고친 것은 사실이다. 그러나 마이어의 말이 맞다면 다윈은 왜 자연선택이라는 개념을 선택했으며, 오랫동안 주변의 요구에 불응했던 것일까? 게다가 5판 이후에는 결국 최적자생존이라는 표현을 받아들이면서도 깔끔하게 '최적자생존'이라고 하지 않고, '자연선택 혹은 최적자생존'이라고 함으로써 '자연선택'을 끝내 살리려고 한 이유는 또 무엇일까?

상식을 거부했던 적자생존론

한편 자연선택과 마찬가지로 사용된 적자생존은 당대인들의 상식과 과학에 반하는 주장이었다. "거참, 별 소릴 다 들어 보겠네. 그럼 환경에

---

12) 이것은 유럽 내부에서도 각기 상반된 근거로 활용되었다. "노동운동을 주도하던 진보세력들은 다윈이 자연세계에서 확인한 '자연의 필연적인 발전적 인과관계'를 노동운동의 필요성을 설명하는 역사적이고 정치적인 기본 근거로 활용하였으며, 사회주의 이론가들은 사회의 발전을 하나의 자연사적 과정으로 개념화하고 역사의 정체와 인간 사회의 영원함은 자연적으로 허용될 수 없다는 이론적 토대를 제시했다. 반면 당시의 사회주의적 노동운동의 활성화에 공포를 느끼며 기존의 질서를 고수하려던 반동적 시민 이데올로기는 다윈의 이론을 사용하여 사회적 불평등과 박해 그리고 착취는 '자연적인 일'이며 '자연의 법칙'이라고 변호하였다." 전복희, 『사회진화론과 국가사상』, 한울, 1996, 21쪽.

적합한 놈이 살아남지, 부적합한 놈이 살아남나?" 이런 반문이 당장에 떠오르실 텐데, 이것은 우리가 다윈의 승리 이후를 살고 있기 때문이다. 그 당시에는 적자생존이 해괴망칙한 별소리였고, 다른 많은 진화론자들은 적자(適者)가 필멸(必滅)한다고 주장했다. 적합한 자는 잘 설계된 자고 잘 설계된 자는 반드시 멸망한다는 것. 도저히 알아먹을 수 없는 이 역사의 한 장면. 스티븐 제이 굴드가 이 흥미로운 사태를 친절히 소개해 준다.

> 지금까지 어느 누가 빈약하게 설계된 생물이 승리를 거둘 것이라는 의견을 진지하게 내놓기라도 했단 말인가? 그렇다. 사실은 많은 사람들이 그와 같은 의견을 제시했다. 다윈의 시대에는 …… 수많은 진화론들이 적자(適者, 가장 잘 설계된 생물)는 반드시 멸망한다고 단언했었다. 예컨대 앨피어스 하이엇(Alpheus Hyatt)은 진화계통에도 개체와 마찬가지로 청년기, 장년기, 노년기와 사망(멸종)의 사이클이 있다고 주장했다. 종의 역사에는 쇠퇴와 멸종의 요인이 이미 짜여져 들어가 있다는 것이다. 그에 따르면 장년기에서 노년기로 옮아감에 따라 가장 우수한 설계로 이루어진 개체들이 죽고, 종족의 노년기에 볼 수 있는 불완전하고 기형적인 개체들이 그 자리를 차지하게 된다. 또 다른 반(反)다윈적인 사상 중에 정향진화론(orthogenesis)이라는 것이 있는데, 이에 따르면 어떤 경향이 일단 시작되고 난 뒤에는 정지시킬 수가 없고, 점차 열등화되는 설계에 의해 종은 멸종에 이르게 된다고 한다.[13]

---

13) 굴드, 『다윈 이후』, 54~55쪽.

이어서 굴드는 그들의 근거까지 제시해 준다.

적지 않은 19세기의 진화론자들(아마도 과반수)이 아일랜드엘크(Irish elk)는 진화에 의한 뿔의 성장을 억제하지 못해 멸종하게 되었다는 의견을 내놓았다. 아일랜드엘크는 뿔이 너무 자라서 나무에 걸리거나 늪에 빠져 머리가 처박혀 죽었다. 그와 마찬가지로 '검치(劍齒)호랑이'(Smilodon)들은 이빨이 너무 자라 턱을 아무리 벌려도 이빨을 쓸 수가 없었기 때문에 멸종되었다는 말을 흔히 해왔다. 그러므로 적자생존은 동어반복이 아니었다.[14]

듣고 보니 적자필멸론도 이해가 된다. 개인도 생로병사가 있듯이, 문명, 국가, 가문, 계절, 생태계 등 모든 것에 흥망성쇠의 사이클이 작동하지 않는가! 우리가 순환론적 세계관이라고 부르는 게 바로 그런 세계 아닌가! 이에 반하는 세계관은 흔히 직선적 세계관이라 불리며, 기독교적 종말론, 진보주의적 진화론 등이 여기에 해당된다. 이런 구도에 비춰 보면 다윈이 역사관에도 새로운 혁명을 가져왔음이 잘 드러난다. 다윈은 역사가 순환하지도 않고 진보하지도 않는다고 보았다. 그가 본 세계는 끝없이 진화하기 때문에 결코 순환하지 않으며, 진화과정에 진보의 필연성이 내장되어 있지도 않았다. 변이에 한계는 없으며 한편에 멸종이 있다면 다른 편에 신종의 진화가 있었다.

---

14) 굴드, 『다윈 이후』, 55쪽.

다윈의 언어

한편 『종의 기원』 출간 후 이 용어와 관련해서 다양한 비판이 다윈에게 제기되었는데, 다윈은 이후 판본들에서 몇 가지 비판에 대해 답변을 시도한다.

심지어는 자연선택이 변이성을 유발한다고 상상한 사람들도 있었다. 자연선택은 이미 일어난 변이 중 그 생물의 생존조건에 유리한 것들을 보존한다는 의미만을 지니는데도 말이다. 또 혹자는 '선택'이라는 용어가 동물계에 의식적인 선택을 함축한다는 점에서 반대했다. **문자 그대로의 의미에서 말하자면 물론 자연선택은 잘못된 명명이다.** 그러나 여러 가지 원소들의 선택적 친화력(selective affinities)을 말하는 화학자들에 대해 이의를 제기한 자가 있었을까? 그런 엄밀한 기준에 따른다면 산(酸)이 우선적으로 결합할 염기(鹽基, base)를 선택한다는 말도 할 수 없는 것 아닌가?

또 내가 '자연선택'을 어떤 **능동적인 힘(active power)**이나 **'신성'(神性, Deity)**으로서 논한다고 말들하는데, 그러나 한 저자가 중력이 행성들의 운동을 지배한다고 말할 때 누가 이에 대해 이의를 제기할 것인가? 이 같은 비유적 표현이 무엇을 뜻하는지는 누구나 다 아는 것이고, 또 이것은 간결함을 위해서도 거의 필수적이다. 하여 이 책에서도 자연을 인격화하지 않기는 어려운 일이다. 하지만 내가 말하는 **'자연'**은 **수많은 자연법칙들의 복합적인 작용 및 그 소산**(the aggregate action and product of many natural laws)을 의미할 뿐이다. 그리고 '자연법칙'에서 **'법칙'**이라는 말은 우리에 의해 확인된 **사건들의 연쇄**(the sequence of events)를 의미할 뿐이다.(6판 p. 63)[15]

예컨대 다윈과 친했던 세지윅(Adam Sedgwick, 1785~1873)은 직접 편지까지 보내서 이렇게 타박했다. "지금 막 자네 책을 읽었는데 기쁘기는커녕 괴롭네. 어떤 부분에 대해서는 매우 감탄했지만 또 어떤 부분은 우스워서 배가 아플 정도일세. 그것은 이만저만 잘못된 것이 아니고 또한 매우 해롭다고 생각되네……. 자네는 자연선택이라는 것에 마치 **선택하는 계획적 능력**이 있는 것처럼 쓰고 있지 않은가!"[16] 이런 반응을 비롯한 다양한 비판에 다윈은 앞의 인용문으로 대응했다. 다윈의 답변만 보면 세지윅 같은 견해는 단순한 오해에 불과하다. 그러나 사태는 그렇게 간단치 않다. 만일 그런 것이라면 다윈은 왜 자연선택이라는 표현을 적자생존으로 바꾸는 데 그렇게 주저했겠는가? 아니 적자생존을 받아들이면서도 자연선택을 끝내 버리지 않은 이유는 무엇일까? 그의 진화론은 결코 '변화무쌍한 자연환경에 비추어 적합한 자가 살아남는다'는 식의 단순한 이론이 아니었다는 사실에 유념하자! 겨우 그런 것이었다면 애시당초 자연선택 같은 용어를 쓰지도 않았을 것이다. 세지윅을 비롯한 많은 사람들이 자연선택에서 '모종의 능력', '능동적인 힘', '신성' 같은 것을 감지했던 것은 결코 우연이 아니었다. 그들은 자기도

---

15) 다윈이 어떤 불변의 법칙을 선험적으로 설정하는 것이 아니라, 우리에 의해 확인된 사건들의 계열을 법칙이라 부르는 데 유의하시기 바란다. 바로 앞 구절을 포함하여 원문은 이렇다. "but I mean by Nature, only the aggregate action and product of many natural laws, and by laws the sequence of events as ascertained by us."
16) 정용재, 『찰스 다윈』, 103쪽.

모르는 사이에 느꼈던 것이다. 다윈이 자연선택이라는 개념에 담고자 무진 애를 썼던 자연계의 신비한 힘을. 그것은 숙명적인 반복만을 낳는 자연법칙도 아니었고 초자연적으로 개입하는 신비적인 힘도 아닌, 능동적이고 신적인 어떤 힘이었다. 다윈은 "수많은 자연법칙들의 복합적인 작용 및 그 소산"에서, 그리고 "사건들의 연쇄"에서 그 힘을 느꼈다.

다윈은 『종의 기원』을 쓸 때 문장을 고치고 또 고쳤으며, 용어들을 가다듬고 또 가다듬었다. 우선 제목부터가 그랬다. 다윈은 초판을 낸 뒤 제목 "자연선택, 혹은 생존투쟁에서 유리한 품종의 보존에 의한 종의 기원에 대하여"(On the Origin of Species by Means of Natural Selection, or the Preservation of Favoured Races in the Struggle for Life)에서 '보존'(Preservation)이라는 단어가 영 마음에 걸렸다. 생존투쟁에서 유리한 품종들이 보존된다는 게 어쩐지 생물들의 자발성을 너무 약화시키는 느낌을 준다는 점, 나아가 유리한 품종이 '보존'된다고 하면 보존하는 주체가 들어설 여지가 조금이라도 있지 않을까 하는 점, 이렇게 두 가지 문제가 있다고 다윈은 '섬세하게' 느꼈다. 이후 판본에서 그는 preservation 자리에 survival을 넣었다. '보존'이라는 말이 곧장 '보존자가 누구지'라는 질문과 함께 어떤 신 같은 존재를 떠올리게 하는 반면, '생존'이라고 하면 '생존자가 누구지' 하는 자연스러운 질문에도 '유리한 품종'이 떠오르기 때문에 그럴 위험이 훨씬 적었다. 게다가 '보존'보다는 '생존' 쪽이 그나마 생물들의 자발성을 조금은 담을 수 있다고 생각했기 때문이다. 생물의 자발성을 너무 강조하는 것도, 너무 약화시키는 것도 다윈의 뜻이 아니었다.[17]

그렇게 고심 끝에 싯고 구사한 용어들 중에는 자연선택을 포함해서

의인화된 용어들이 차고 넘치게 많았다. 예컨대 원래 태어난 장소에서 거주하는 생물을 '거주자'(혹은 정주자, 주민, inhabitant)라고 썼고, 태어난 곳을 '출생지'(birthplace)라 썼다. 이런 사례는 너무나 많지만 한글 번역본에서는 이를 살리기가 참으로 힘들다. 하지만 영어권 독자들은 『종의 기원』을 읽으며 온갖 동식물들과 인간인 자신을 따로 떼어서 생각할 수가 없었다. 이는 다윈이 인간을 중심으로 세상을 바라보는 인간중심주의자여서가 아니라, 정반대로 인간을 이 자연의 일부이며 하나의 생물종이자 동물이라는, 지극히 당연하지만 누구도 '온전히' 인정하지 않는 사실을 사무치도록 새겨넣기 위한 전략이었다. 『종의 기원』에서 인간은 거의 등장하지도 않지만(인간을 특별히 많이 등장시킬 이유가 다윈에게는 전혀 없었다), 두 번인가 흐릿하게나마 등장할 때에도 다른 생물들과 하등의 차이를 부여받지 못했다.

앞서 말했듯이, 다윈은 5판에서 '자연선택'을 '자연선택 또는 최적자생존(the Survival of the Fittest)'이라고 고친다. 최적자생존 쪽이 훨씬 더 명확하며 의인화의 성격을 제거할 수 있다고 주변에서, 특히 월리스가 촉구했기 때문이었다. 『종의 기원』에서 생존투쟁의 승리자를 굳이 구분한다면 적자(the fit), 좀더 적합한 자(the fitter), 최적자(the fittest)로 나눌 수 있다. 이 중에서 주연은 '좀더 적합한 자'이고 조연은 적자가 맡는다. 그리고 최적자는 '행인 3'이나 '포졸 7' 같은 배역에 불과하다. 그런 점에서 다윈의 수정은 옳지 않은 결정이었다. 주변 환경과 다른 생물들과의 관계는 계속 변하는 것이고, 또한 무수히 다양한 측

---

17) Beer, *Darwin's Plots*, p.59.

면을 가진다는 점에서 '최적자'란 다윈의 진화론에서는 적용범위가 극히 협소한 개념이다. 나아가 적자생존은 자연선택에 비해 풍부함과 깊이도 떨어지고, '자연(스러운)'과 '선택', 이 두 말의 모순이 야기하는 긴장감이 현저히 부족하다는 점에서 아쉬운 결정이기도 했다. 그렇지만 다윈이 고치기 전부터 당시 독자들은 이미 자연선택을 스펜서(Herbert Spencer, 1820~1903)의 '최적자생존'으로 읽고 있었다. 독자들의 실감 쪽에서도 후자가 훨씬 더 뛰어났다. 불행 중 다행인 것은 자연선택을 썼던 자리에 '자연선택 혹은 최적자생존'이라고 씀으로써 '자연선택'을 폐기하지 않았다는 점이다.[18] 아울러 다윈은, 스펜서는 가장 적합한 자(the fittest)를 말한 데 반해, 자신은 "어떤 생물이 지금 처해 있는 국지적 환경에 더 적합하다는 의미(better adapted for immediate, local environment)를 담은 은유"라고 분명히 한정했다.[19]

다윈에게 자연선택은 대단히 강력하며 세심하며 선한 것이다. 인간보다 뛰어난 것은 물론 하나님보다도 그러하다.

비유적으로 이렇게 말할 수 있을 것이다. 자연선택은 날마다 그리고 매시간마다 온 세계에서 아주 경미한 것까지 포함하여 온갖 변이를 자세

---

[18] 이런 측면 때문에 이후의 판본들보다 초판 쪽이 더 다윈의 사상에 가깝다고 평가하는 연구자들이 있다. 예컨대 『종의 기원』의 마지막 문장도 그렇다. 다윈은 "생명은 그 수많은 힘과 함께 최초에 소수의 것, 혹은 단 하나의 형태에 불어넣어졌다고 하는 이 견해, 그리고……"를 2판에서 "불어넣어졌다" 앞에 "조물주에 의해"(by the Creator)를 추가하였다.

[19] 허버트 스펜서는 『종의 기원』을 읽고 나서 1864년에 『생물학 원리』(Principles of Biology)를 출간하면서 이 용어를 처음 사용했다. 이 책에서 그는 자신의 경제 이론과 다윈의 생물학 이론 간에 평행관계가 있다며 이렇게 말했다. "최적자생존이라는 나의 용어는 다윈의 '자연선택 혹은 생존투쟁에서 유리한 품종의 보존'과 같은 말이다."

히 조사한다. 좋지 않은 것은 제거하고 **좋은 것은 모두 보존하고 축적한다**. 각 생물을 다른 생물 및 주변 생활조건에 관해 개량하는 일을 두드러지지 않게 말없이 계속한다. 우리는 많은 세월이 흘러간 뒤에 시간의 손이 표시해 줄 때까지 그러한 완만한 변화가 진행되고 있다는 것을 깨닫지 못한다.(p. 84)

자연선택 원리는 이토록 지속적이고 전면적이며 강력하지만, 불가능한 게 딱 한 가지 있다. "자연선택은 각각의 생물의 이익을 통해, 그리고 그 때문에만 작용할 수 있다." 거꾸로 말하면 각각의 생물의 이익(good), 즉 선(善)을 위해서가 아니라면 조금도 작동할 수 없다는 것이다. 그러므로 자연에 악은 불가능하다. 자연 안에서 악은 금지된 게 아니라 불가능한 것이다. 아무리 사소해 보이는 형질이나 구조도 자연선택은 외면하지 않는다. 아니 외면하는 게 불가능하다.

나뭇잎을 먹고 사는 곤충은 녹색이고 나뭇껍질을 먹고 사는 것은 회색점박이이며, 높은 산의 서양들꿩은 겨울에는 백색이고 붉은서양들꿩은 히스(heath) 색이고, 검은서양들꿩은 이탄토(泥炭土) 빛깔을 하고 있는 것을 보라. 빛깔로 인해 곤충이나 점박이가 위험을 모면하는 데 유리하다고 믿지 않을 수 있겠는가! …… 그러므로 서양들꿩의 각 종류에 고유한 빛깔을 주고 그 빛깔을 일단 얻게 되면 그것을 언제까지나 변함없이 유지하는 데에, 자연선택이 가장 큰 효과를 미치고 있다는 사실을 의심할 만한 이유를 발견할 수 없는 것이다.(pp. 84~85)

이어서 과실의 부드러운 털이나 과육의 빛깔도 사소한 특징이지만 해충이나 질병과 관련해서 얼마나 결정적인 요소인지를 보여 준다.

자연선택은 새끼의 구조를 어미와의 관계에 있어서 **변화시키고**, 또 어미의 구조를 새끼와의 관계에 있어서 **변화시킬 것이다**. 사회성 동물의 경우 자연선택은 각 개체의 구조를 공동체의 이익(the benefit of the community)을 위해 **적응시킬 것이다**. 그 결과 각 개체가 선택된 변화로 인해 이익을 얻는다면 말이다. 또한 병아리의 부리끝이 단단한 것은 알에서 깨고 나올 수 있기 위한 것이며 곤충이 고치를 여는 데에만 사용되는 큰 턱을 가진 것도 마찬가지다. 일생에 단 한 번밖에 쓰이지 않을지라도 이익을 주는 것이라면 자연선택은 **어느 정도는 그쪽 방향으로 변화시켜 준다**. 부리가 짧은 가장 뛰어난 공중제비비둘기는 알을 깨고 나오는 것보다 알 속에서 죽어 버리는 게 많다는 사실이 확인되었다. 그러므로 자연의 변화과정 속에서 오랜 시간에 걸쳐 단단한 부리를 가진 알 속의 병아리가 엄중히 선택되었을 것이다. **또는 얇고 깨지기 쉬운 껍데기가 선택되었는지도 모른다. 껍데기의 두께도 다른 모든 구조와 마찬가지로 변이하는 것으로 알려져 있기 때문이다.**(pp. 86~87)

자연선택이 발휘하는 거의 신적인 능력을 보라. 심지어 껍데기마저 선택된다. 생물이든 무생물이든 변이하는 모든 것은 선택된다. 비판자들은 『종의 기원』에서 자연선택이 마치 능동적인 행위를 하는 주체처럼 의인화되어 있다고 지적했다. 다윈의 글을 읽고 누군들 그렇게 느끼지 않겠는가! 다윈은 3판에서 그런 표현을 한 건 단지 간결함을 위해서였다고 변명하듯 말했다.(3판 p.85) 『종의 기원』은 초판 이후에 이런 해명을 포함해 수많은 수정과 보완이 이루어진 책이다. 우리는 그런 변경을 어떻게 생각해야 할까? 나는 다윈의 새로운 말들이 논란의 여지를 없앰으로써 글을 더 명료하게 만들었고 독자들이 받아들이기도 그만큼 편해졌다고 생각한다. 동시에 이 과정에서 풍만했던 텍스트가 갈수록 여위어지는 혹독한 대가를 치러야 했다는 점에서 아쉽게도 생각한다.

우리는 특히 『종의 기원』 초판을 읽을 때, 다윈이 자연스러운 선택 과정을 얼마나 광범위하고 세심하며 풍요롭게 느끼고 있었는지 저절로 깨닫게 된다. 그리하여 이 텍스트는 전편에 걸쳐서 독자들이 자연에 대한 통념을 쇄신하도록 강하게 촉발하였다. 우리는 통상적인 자연의 이미지 안에서 광물이나 식물들은 그저 변화를 겪을 뿐이고 동물의 경우는 행동을 하지만 그것은 단지 본능에 대한 순종일 뿐이라고 생각한다. 오직 인간만이, 오직 인간만이 본능에 머물지 않고 의식과 판단을 바탕으로 능동적인 행위를 할 수 있다. 그리고 이러한 인간의 능력이 상상할 수 있는 한 최고도에 달한 게 바로 신이다. 전지전능하다는 신의 이미지는 이처럼 인간으로부터 유추된 파생물이다. 다윈은 자연의 힘과 행위가 인간의 그것에 비해 얼마나 강력하고도 체계적인지, 그로 인해 인간보다 얼마나 더 위대한 업적을 이룩해 왔는지 독자들이 느끼게 하고 싶었다. 읽을 때마다 한없이 우리를 감동시키는 알 껍데기 이야기를 보라. 살아 있다든가 의식이 있다든가 하는 그런 인간중심적인 기준보다, 개체 간 차이가 있느냐 변이하느냐가 훨씬 더 중요하다. 세상 모든 존재는 다 다르고 계속 변이하기 때문에 다른 존재에게 작동하고 다른 존재에 의해 작동받는다. 우주의 전 존재는 모두 활(活)/동(動)한다. 그리고 이들이 벌이는 활동 하나하나가 모두 신적 활동이요, 신의 표현이다. 이제부터 우리는 지구의 무수한 신들이 어떻게 활/동하는지를 보게 된다.

새로운 자연의 이미지

다윈이 낸 초판에서 4장 「자연선택」은 80쪽에서 130쪽까지이며, 지금까지의 내용은 그 중 첫번째 항목인 '자연선택'에 해당된다. 이것은 80쪽에서 87쪽까지 일곱 쪽에 불과한 분량이다. 다윈은 이미 자연선택 원리도 설명했고 다양한 사례들도 제시하였다. 그럼 나머지는 대체 어떤 내용들이 들어 있을까? '자연선택'이라는 주제하에 더 설명되어야 할 내용이라는 게 무엇일까?

    이어지는 내용들 중 약 24쪽에 걸쳐서 성선택/곤충을 이용한 식물의 타가수정 경향/식물과 동물의 교잡/멸종/'형질 분기' 등이 기술되어 있다('자연선택'부터 '형질 분기'까지가 「자연선택」의 약 3/5에 해당된다). 물론 이 중에는 성선택이나 형질 분기 등, 자연선택과 관련된 항목들도 들어 있고, 따라서 현대 생물학 교과서는 이들을 자연선택 항목에 넣어 함께 다루고 있다. 그런데 타가수정 경향이나 식물과 동물의 교잡 같은 것은 자연선택과 직접 상관이 없지 않은가? 굳이 연결시킨다면 진화과정의 특별한 예나 어떤 패턴이라고 할 수 있으며, 그렇다면 앞의 '자연선택' 항목에 들어가거나 아예 다른 장에서 다루었어야 할 것이다. 생물학 교과서들이 이 내용들을 따로 다루고 있는 것도 그래서다. 그렇지만 다윈은 이 주제들을 따로 분리시키지 않았으며 다윈이 원래 쓰고 있던 큰 책 『자연선택』에서도 이는 마찬가지였다.

나는 여기에 두 가지 이유가 있었다고 생각한다. 첫번째는 다윈이 지긋지긋할 정도로 강조했듯이 자연선택 원리만으로는 진화를 설명할 수 없었기 때문이다.[20] 그러므로 성선택이나 형질 분기, 획득형질 유전, 용불용 등을 동원하여 자연선택 원리에 힘을 보태는 것은 지극히 당연한 일이었다. 두번째는 자연선택이라고 할 때 우리는 보통 '선택'에 초점을 맞추지만 다윈은 그에 못지않게 '자연'(혹은 '자연스럽다는 것')이 중요하다고 생각했다는 점이다. 다윈은 사람들이 흔히 생각하는 것과는 아주 다른 자연관을 가지고 있었다. 그러므로 자연선택설이 온전히 이해되려면 선택의 메커니즘뿐만 아니라, 자신의 새로운 자연관을 독자들이 깊이 공감해야만 했다. 그럼 이제부터 자연선택 이외의 원리들은 어떤 것인지, 또 다윈의 자연관은 어떤 것인지 따라가 보기로 하자.

---

20) 다윈은 누차에 걸쳐서 '자연선택은 진화의 유일한 동인이 아니다'고 밝혔다. 그러나 많은 사람들은 이를 부인하였고 심한 경우에는 다윈을 마구 왜곡하였다. 다윈은 6판에서 분노 섞인 푸념을 늘어놓았다. "그러나 나의 결론이 최근에 크게 오해되어 내가 종의 변화를 오직 자연선택만의 결과라고 한 것처럼 알려졌기 때문에, 나는 본서의 초판 및 그 이후 판에서 가장 눈에 잘 띄는 곳에, 즉 「머리말」의 끝에 다음과 같이 써 놓았다는 사실을 강조하고 싶다. "나는 자연선택이 변화의 주요한 수단이기는 하지만 유일무이한 수단은 아니었다고 확신한다". 다윈으로서는 이 정도면 정말이지 극도로 분노했을 때나 쓸 수 있는 표현이었다. 오죽했으면 로메인즈(G. J. Romanes)는 다윈이 쓴 모든 글 중에서 이보다 더 격분한 표현은 찾을 수 없다고 말했겠는가!. Stephen J. Gould, *The Structure of Evolutionary Theory*, Cambridge, MA.: The Belknap Press of Harvard University Press, 2002, p. 147을 참조. 그러나 이런 격한 표현도 다 소용없었다. "끊임없이 계속되는 오해의 힘, 그것은 실로 엄청난 것이었다."(6판 p. 421) 독자들은 이런 오해가 다윈 당대에나 횡행했겠지 싶으시겠지만, 오늘날에도 오해의 힘은 실로 엄청나다. 『진화하는 진화론』의 저자 스티브 존스를 보라. 그는 다윈의 이론이란 "진화의 유일한 동인은 자연선택이라고 보고 모든 변화가 점진적이라고 보는 생각"이라고 태연하게 말하고 있지 않은가!. 스티브 존스, 『진화하는 진화론』, 김혜원 옮김, 김영사, 2008, 613쪽을 참조. 당사자가 그토록 아니라고 하는 걸 왜 제3자들이 이렇게 일관되게 오해하는 것일까?

성선택[21]

먼저 성선택(혹은 자웅선택, sexual selection)을 보자.

성선택은 다른 생물이나 외적인 조건에 관계된 게 아니고 암컷을 소유하기 위해 수컷 사이에서 일어나는 투쟁과 관계가 있다. 그 결과는 패배한 경쟁자가 죽어 버리는 게 아니라, 자손을 조금밖에 남기지 못하거나 전혀 남기지 못하는 것이다. 그 때문에 성선택은 자연선택만큼 엄격한 것은 아니다.(p. 88)[22]

물론 어떤 생물들은 짝짓기를 위해 대단히 격렬하게 경쟁하며 심지어는 죽음을 불사하기도 한다. "수사슴들 중에는 뿔이나 다리가 부러지

---

21) 현대 생물학은 다윈의 성선택론을 이어받아 동물의 성을 연구하고 있다. 대중적인 저작으로는 존 스파크스, 『동물의 사생활』, 김동광 외 옮김, 까치글방, 2000을 권하고 싶다. 저자의 현란한 입담과 (다윈의 책에 나오는 흑백 그림들보다 훨씬 더) 화려한 컬러 사진들이 즐거운 독서를 보장해 준다. 다만 통찰력이나 시야의 방대함, 풍부한 시사점 등에서는 150여 년 전의 저자에 못 미친다.

22) 자연선택은 생존투쟁과 동전의 양면과도 같은 관계다. 그러므로 성선택과정이 자연선택만큼 엄격하지는 않다는 말은 곧 생존투쟁보다는 덜 엄혹하다는 말이다. 헌데 다윈은 생존투쟁을 말할 때 무의식 중에 가장 가혹한 생존경쟁 이미지를 떠올리곤 했다. 그 중에서도 가장 전형적인 이미지는 잔학한 포식동물에게 연약한 동물들이 잡아먹히는 장면이다. 그런데 다윈의 개념 설정에 따르면 중요한 의미에서의 생존경쟁은 포식동물과 연약한 동물 간에 벌어지는 게 아니라, 연약한 동물들 사이에서 벌어진다. 누가 더 빠르고 영리하게 포식자들로부터 도망치는가에 따라 생과 사가 판가름 나는 것이다. 이처럼 맹수들이 연약한 동물들의 생존투쟁에 영향을 끼치는 건 사실이지만, 그 방식은 주로 연약한 동물들 간의 차등적인 생존력(적합도, 적응도)을 매개로 관철되는 것이다.
한편 생존투쟁에는 이처럼 천적으로부터 잘 피하는 것도 있지만, 먹이를 잘 구하는 것, 쾌적한 서식지를 마련하는 것, 그리하여 자손을 많이 남기는 것 등이 모두 포함된다. 이러한 생존투쟁에서는 남보다 뛰어난 경쟁력도 중요하지만 동종의 생물들과 협력하는 것, 다른 생물이나 무생물 조건들과 긴밀히 상호의존하는 것 등이 모두 포함된다. 따라서 생존투쟁이 반드시 생과 사의 기로는 아니며, 성선택과정이 생존투쟁보다 더 엄혹할 때도 종종 있다.

고, 심지어는 한쪽 눈이 멀기도 한다. 한 개체군에서 우위를 차지하기 위해서 벌어지는 싸움에서 성숙한 수컷의 20%가 목숨을 잃는다. 독일의 경우 매년 5%의 수사슴이 이런 싸움에서 죽는다. 앞머리의 구조가 강화되었음에도 불구하고 사향노루 수컷의 약 10%가 두개골 파열로 목숨을 잃으며, 일각 고래의 약 60%가 부러진 엄니를 가지고 있거나 비틀린 엄니의 일부가 살 속에 박혀 있는 모습을 볼 수 있다." 또한 사향노루 수컷 등은 서로를 향해 전력으로 돌진해서 상대와 머리를 들이받는 치열한 박치기 싸움을 벌인다.[23]

그러나 역시 성선택과정은 자연선택보다 통상적으로 덜 가혹하다.

일반적으로는 가장 강건한 수컷이 가장 많은 새끼를 남긴다. 하지만 승리가 일반적인 강건성(general vigour)에 의존하는 것은 아니다. 수컷만이 지니는 어떤 특수한 무기에 의존하는 경우도 많다. 뿔이 없는 수사슴이나 며느리발톱이 없는 수탉은 자손을 남길 기회를 별로 갖지 못할 것이다. 성선택은 항상 승리자에게 번식을 허용함으로써, 잔인한 투계꾼[鬪鷄家]이 가장 우세한 수탉들을 주의깊게 선택하여 이루어 내는 것과 똑같은 방식으로 그 생물에게 불굴의 용기를 주고 며느리발톱을 길게 해주며, 날개에게 며느리발톱 달린 발을 공격할 수 있는 강한 힘을 부여해 준다. 악어 수컷은 암컷을 차지하기 위해 인디언이 전투무용을 출 때와 마찬가지로 싸우기도 하고 소리를 지르며 빙글빙글 돌기도 한다. 연어 수컷은 하루종일 싸운다고 기록되어 있다. 집게벌레 수컷은 다

---

23) 스파크스, 『동물의 사생활』, 20~21쪽.

진화의 또 다른 동력, 성선택
공작의 꼬리는 먹이를 찾거나 포식자로부터 도망가는 데에는 전혀 도움이 되지 않는다. 오히려 움직임을 둔하게 하여 생존의 기회를 줄일 뿐이다. 만약 자연선택만이 진화의 유일한 원리라고 한다면 공작의 꼬리는 설명할 수가 없다. 바로 이런 경우 암컷을 매혹하거나 성적 경쟁자들을 물리치기 위한 특질들을 발전시키는 성선택의 역할이 부각된다.

른 수컷의 거대한 큰턱에 물려 상처를 입는다. 이 싸움은 아마도 일부 다처성 동물의 수컷들 사이에서 가장 격렬할 것이다.(p. 88)

이것이 『종의 기원』에서 다윈이 전개하는 성선택에 대한 설명이다. 다윈은 대부분의 문제에 대해서 그랬듯 성선택 문제 또한 오래전부터 연구를 계속해 왔다. 이쯤 해서 '아니, 다윈이 무슨 신도 아니고 뭐든지 그렇게 오래전부터 생각해 왔을 수가 있는가' 하는 항변성 감정을 느낄 독자들이 계실 것이다. 하지만 여러분도 성선택 문제라는 게 얼마나 대단한 주제인지를 아신다면, 오랜 기간의 연구가 필요했다는 사실에는 수긍을 하지 않을까 싶다. 성선택은 단지 어떤 암컷이 수컷을 선호한다는 정도가 아니라 그런 선호과정이 결국 진화를 초래한다는 이야기인 것이다. 이걸 믿을 사람이 얼마나 되겠는가? 다윈 또한 그 결론에 이르기까지 얼마나 여러 가지 의문과 난점들이 있었겠는가? 다윈은 오랫동안 연구했을 뿐만 아니라 『종의 기원』 출간 이후에도 관찰과 자료수집과 숙고를 오래도록 거듭해야 했다. 우리는 『종의 기원』에 이르기까지의 과정 중 1842년에 쓴 「스케치」와 1844년에 쓴 「에세이」만을 보기로 한다. 이 두 편의 글은 『종의 기원』 출간보다 15~17년 전의 것이다. 이때부터 『인간의 유래와 성선택』을 출간하는 1871년까지의 세월을 고려해 보라. 최소한 27~29년 동안 성선택에 대한 관심이 이어진 것이다.

먼저, 「스케치」에서 성선택과 관련된 부분을 읽어 보자. 다윈은 과연 33세 때 무슨 생각을 했을까?

> 죽음에 의한 선택[자연선택] 이외에, 양성 동물에서는 ……[24] 시간이 흘러가는 과정 속에서 가장 완벽하게 강건한 자가 선택되는 것, 즉 수컷 간의 투쟁(struggle). 심지어 짝을 형성하는 동물의 경우에도 과잉과 전투가 있는 것으로 보인다. 아마도 인간의 경우와 마찬가지로 수컷은 암컷보다 많이 태어나는 것 같다. 전쟁을 통한, 혹은 매력에 의한 투쟁(struggle of war or charms). 따라서 그 시점에서 가장 강건한 것, 혹은 그 종 특유의 무기나 장식을 가장 잘 갖추고 있는 것, 그런 수컷이 수백 세대를 거치는 가운데 몇 가지 작은 유리함을 획득하고, 그렇게 획득된

---

24) "……"는 판독이 불가능한 구절이다.

형질을 그 자손에게 전달할 것이다. 그리고 그 자손들을 가장 강건하고 가장 숙련된, 그리고 가장 근면한 암컷이 양육할 터인데(그녀의 본능은 가장 잘 발달되어 있다), 그녀는 보다 많은 자손을 양육할 것이며 이 자손들은 아마도 이 암컷의 좋은 특징들도 갖추고 있을 것이므로 대단히 많은 수가 자연의 투쟁에 준비를 갖추게 될 것이다. 좋은 품종의 수컷만을 이용하는 사람[육종가]에 비교하라. 이 후자 쪽은 성징의 변이에만 한정적으로 적용된다. 여기에 라마르크와의 대조를 도입 —— 습성의 불합리성, 혹은 우연?? 혹은 외적 조건, 그것들이 딱따구리를 나무에 적응시킬까?[25]

다음은 35세 때 쓴 「에세이」에서 성선택 관련 부분이다.

이러한 자연적 선택수단(이 수단에 의해 알이나 씨앗의 상태에서든, 성숙한 상태에서든 자연 속에서 점하고 있는 장소에 가장 잘 적응되어 있는 개체들이 보존된다) 이외에 마찬가지 효과를 내는 경향이 있는 제2의 인자가 있다. 많은 양성동물에 있어서 암컷을 구하는 수컷의 투쟁이 바로 그것이다. 이 투쟁은 일반적으로는 전투(battle) 법칙에 의해 결정된다. 그러나 조류의 경우에는 분명히 노래에 의한 매력이나 수컷의 아름다움 혹은 춤추는 기아나(Guiana)의 바다직박구리처럼 수컷의 구애능력에 의해 결정된다. **짝을 형성하는 동물에서조차 수컷은 과잉인 것으로 보이는데,**

---

25) Charles Darwin, *The Foundations of The Origin of Species: Two Essays written in 1842 and 1844*, ed. Francis Darwin, Charleston, S.C.: BiblioBazaar, 2008, p. 38.

이런 상황이 투쟁을 야기하는 보조적 원인이 될 것이다. 사슴, 소, 가금의 경우에서 그러하듯이 일부다처성 동물들 간에는 가장 심한 투쟁을 예상할 수 있다. 일부다처성 동물의 수컷들이야말로 상호전쟁을 벌이기에 가장 적합하도록 성장해 있는(best formed) 동물들이 아닐까? 가장 강건한 (그러므로 완벽하게 적응되어 있을) 수컷들은 일반적으로 적잖은 투쟁(contests)에서 승리를 거둘 것임에 틀림없다. 이런 선택은 자연적 선택에 비해 엄격하지는 않다. 성공하지 못한 자의 죽음을 요구하는 자연적 선택과는 달리 이 선택은 성공하지 못한 자에게 성공한 자보다 적은 자손을 부여한다는 점에서 그러하다. 게다가 이 투쟁은 1년 중 일반적으로 먹거리가 풍부한 시기에 일어난다. 아마도 이를 통해 생기는 주된 효과는 성징(性徵)의 변화, 그리고 개체의 여러 형태의 선택일 것이다. 이는 먹거리를 얻는 능력이나 자연의 적으로부터 자신을 지키는 능력과는 전혀 관계가 없고, 맞서 싸울(fighting) 때 동원되는 능력과 관계가 있다. 이러한 수컷 간의 자연적인 투쟁은 효과에 있어서 다음과 같은 농업가가 자아내는 효과와 비교될 수 있을 것이다(단 그 효과는 농업가의 경우보다 덜하다). 즉 어린 동물을 번식시키려고 할 때는 늘 어떤 놈을 선택할지에 대해 크게 관심을 기울이지 않지만, 때때로 하게 되는 우량 수컷의 선발 시에는 보다 높은 관심을 기울이는 농업가 말이다.[26]

「스케치」와 「에세이」를 15~17년 후에 쓰여진 『종의 기원』과 비교해 보면 대단히 유사하고 공통점이 많다는 게 우선 놀랍다. 다른 한편

---

26) Darwin, *The Foundations of The Origin of Species*, p. 92.

미묘한 차이들도 언뜻언뜻 보이는데 그 중에는 의미심장한 것들도 있다. 예컨대 '자연선택' 쪽은 그 패턴이나 명칭 모두 확립되어 있는 데 비해, '성선택' 쪽은 패턴은 파악되어 있지만 '성선택'이라는 명칭은 아직 사용되지 않았다. 이것은 '성선택'이 개념화 수준에 이르지 못했기 때문이며, 또한 '선택'이라는 관점에서 자연 전체를 바라보는 시야가 아직 트이지 못했기 때문일 것이다. 이에 비하면 『종의 기원』에서는 자연선택에 이어 성선택을 다루고, 이어서 다른 종류의 경이로운 선택 현상들을 한 무리로 묶어 기술하고 있다. 또한 「스케치」에서는 자손을 양육하는 암컷의 역할과 그것의 좋은 특성들이 자손에게도 전달될 것이라는 점 등이 기술되어 있지만, 「에세이」와 『종의 기원』에서는 빠져 있다. 이런 차이점들을 비롯해서 「스케치」와 「에세이」를 분석하고 그걸 『종의 기원』과 비교하는 것은 무척 흥미로운 작업이 될 것이다. 그러나 여기서는 그렇게 할 수가 없다. 아쉽지만 이 정도로 보아 두고 다시 『종의 기원』으로 돌아가자.[27]

성선택은 어찌 보면 자연선택과 다르지 않거나 기껏해야 그 원리의 응용 정도로 느껴진다. 결국 더 쎈 놈이 성선택에서도 승리를 거둔다는 것 아닌가! 월리스가 바로 이렇게 생각했다. 그래서 그는 다윈의 성선택론에 끝까지 반대하면서 자연선택만으로 충분하다고 주장했다(월리스가 다윈보다 더 자연선택의 원리를 강고하게 견지했다는 기묘한 사태는 앞에서도 언급한 바 있다). 다윈은 『인간의 유래와 성선택』에서 여러

---

[27] 「스케치」와 「에세이」에 대한 시론적인 논의는 다음을 참조. 齋藤光, 「ダーウィンにおける性選擇(sexual selection)の問題」, 『現代思想 四月號臨時增刊號 ダーウィン '種の起源'の系統樹』, 靑土社, 2009, 190~201쪽.

가지 사례들을 근거로 월리스의 자연선택 만능론을 비판했다. 물론 다윈도 자연선택과 성선택이 언제나 뚜렷이 구분되는 것은 아니라고 생각했다. 그렇지만 자연선택만으로 설명될 수 없는 경우가 분명히 존재하고, 두 가지 선택원리를 결합해서 이해해야 하는 경우도 있으며, 어느 것이 더 중요한지 판단할 수 없는 경우도 있었다. 그리고 결정적으로 이 두 가지 선택은 기본 성격이 전혀 다르다. 성선택은 수컷의 공격수단과 방어수단도 중요하지만 특히 조류에게서 볼 수 있듯이 매력도 못지않게 중요했다(이것은 자연선택에서는 찾아볼 수 없는 특징이다). 수컷들이 암컷에게 매력을 과시하기 위해 아름다운 노래를 부르거나 화려한 날개를 펼쳐 보이는 것, 거부할 수 없는 향기를 풍기는 것을 떠올려 보라. 요컨대 성선택은 어떤 측면에서는 자연선택 원리의 일부지만 다른 측면에서는 독자적인 원리로서 작동하기도 한다. 특히 매력 경쟁의 경우, 경쟁의 주체는 수컷들이지만 선택을 통해 최종 승자를 결정하는 것은 암컷이라는 점이 두드러진다.

기아나의 바다직박구리, 극락조 등 다양한 종류의 새들은 집회를 갖는다. 이때 수컷들은 차례차례 암컷들 앞에서 세심하게 공을 들여 화려한 깃을 과시하며 있는 대로 맵시 있게 모양을 부린다. 그들은 암컷들 앞에서 기묘하고 익살스런 몸짓을 해보이기도 한다. 암컷들은 구경꾼처럼 서서 보다가 마지막에 가장 마음에 든 배우자를 선택한다. 새장에 새를 넣어 길러 본 사람들은 새가 종종 특정 상대를 선호하는 것을 볼 수 있다.[28] 예컨대 헤론 경은 얼룩 수컷 공작 한 마리가 얼마나 현저하게 암컷 공작들을 **매혹**시켰는가에 대해 진술했다. 이처럼 보기에는 미약한 수단에 어떤 효과를 부여하는 것은 조금 유치한 일처럼 보일 수도 있을 것이다. **나는 지금 여기서 이 견해를 지지하는 데 필요한 설명을 자세히 진술할 여유가 없다.** 하지만 인간이 짧은 시간 안에 밴텀 종 닭에게 우아한 모습과 아름다움을, 인간 자신의 **미의 표준**에 따라 부여할 수 있음을 상기해 보라. 나는 암탉들이 그들 자신의 **미의 표준**에 따라 몇천 세대에 걸쳐 가장 노래를 잘하거나 혹은 아름다운 수컷을 선택함으로써 뚜렷한 효과를 생겨나게 하리라는 것을 의심할 만한 이유를 찾을 수가 없다.(p. 89)

동물들이 벌이는 성의 향연이 한껏 화려하다. 인간 청소년들이 이러저러한 유흥장에서 벌이는 유희가 연상되지 않는가! 머리카락 한 올에도 신경 쓰고, 과장된 제스처를 부끄러운 줄도 모르고 날리는 시절. 이성의 눈과 코를 향해 온갖 화장품 냄새와 싱싱한 것들 특유의 성적 향취를 뿜어 대는 야생의 계절. 여기저기서 유혹과 거절과 재유혹이 난무하는 가운데, 퀸카와 킹카만은 언제나 제멋대로 상대를 고르고, 그것도 한둘이 아니라…… T.T 어쨌든 저 금수들이고 인간이고 할 것 없이 반드시 짝을 짓고야 말겠다는 의지는 얼마나 강렬하게 이글거리는가! 다윈의 성선택설은 이런 강렬한 의지와 암수컷의 성적 취향 등이 결국 2차 성징의 진화를 낳는다는 얘기다. 인간의 암수가 보이는 차이 중, 특

---

28) 이 모습이 다윈에게 남긴 인상은 참으로 강렬했다. 4판에서는 이와 비슷하지만 조금 다른 예로 바꾸기도 했다. "매우 훌륭한 관찰자인 M. 파브르씨에 의하면 어떤 막시충의 수컷들은 특별한 암컷을 사지하려고 싸우는데, 이때 그 암컷은 싸움에 아무런 관련 없는 방관자처럼 그냥 앉아 있다가, 승리자와 함께 그 자리를 뜨는 것을 자주 보았다고 한다."

히 2차 성징은 이런 성선택에서 대부분 유래한 것이다. "암탉들이 자신의 미의 표준에 따라 몇천 세대에 걸쳐서 가장 노래를 잘하거나 혹은 아름다운 수컷을 선택함으로써 뚜렷한 효과를 생겨나게" 해서 그것이 결국 진화로 이어진다는 것이다. 글쎄…… 흥미롭긴 하지만 다윈 선생, 거 너무 비약이 심한 거 아니오?

어떤 동물의 수컷과 암컷이 일반적인 생활습성은 같지만 구조, 몸빛, 또는 장식에 있어서 차이가 날 때, 그 차이는 주로 성선택에 의해 생긴 것이라고 나는 믿는다. 즉 계속되는 여러 세대 동안 어떤 수컷의 개체는 무기나 방어수단이나 매력 면에서 다른 수컷보다 조금 뛰어날 것이므로, 이런 이점을 자손의 수컷에게 유전할 것이다. 그렇긴 하지만 나는 이러한 암수의 차이를 모두 이 작용에만 돌리려는 것은 아니다. 왜냐하면 사육동물의 수컷들 중에는 전투를 위해 유용하지도 않고 암컷을 유인한다고도 생각되지 않는 여러 특수한 성질이 생겨나 고정되어 가는 것을 볼 수 있기 때문이며 이와 비슷한 예는 자연계에서도 볼 수 있다.(pp. 89~90)

성선택은 동물들 사이에서 폭넓게 관찰되는 현상으로 훗날 천 쪽 안팎의 두꺼운 책에서 따로 다룰 만큼 큰 주제다. 하지만 『종의 기원』에서는 그런 식의 호사를 누릴 수 없다. 최소한 천 쪽 정도는 써줘야 겨우 독자들을 '공감'시킬 수 있을 텐데 『종의 기원』에서는 이 주제에 딸랑 세 쪽밖에 배당하지 못했다(불쌍한 다윈!). 독자들이 "너무 비약이 심한 거 아니오?"라고 추궁한다 해도 다윈은 어쩔 수 없었다. 독자 여러분 중

성선택 문제로 다윈과 맞짱뜨고 싶은 분들은 『인간의 유래와 성선택』을 펴시라. 지금 이 책에서도 성선택 문제는 자세하게 다룰 수 없다. 그렇지만 그의 성선택론의 의미에 대해서는 조금 더 짚고 넘어갈 필요가 있다.

다윈이 성선택을 통해 들려주는 진화의 모습은 어떠한가? 먼저 2차 성징과 관련된 변이는 우연히 발생하지만 이성의 선택으로 인해 한 방향으로 계속 누적되어 결국 확연한 2차 성징으로 진화한다. 환경에 의해 끊임없이 변하기만 하는 게 아니라 특정한 방향을 가질 수 있는 것이다. 두번째로 중요한 것은 이때 가장 강한 작인(作人, agent)은 이성(주로 암컷)의 선택이라는 점이다. 변화가 일어나는 것은 수컷에서지만 변화들 중 특정 형질을 선별하여 계속 누적시키는 것은 암컷이다. 다윈 자신이 여성주의자는 아니었겠지만, 다윈은 성선택론을 통해 미묘한 탁월함을 과시한다. 변이가 생겨나는 처소라는 점에서 수컷을 우월하다고 볼 수도 있지만, 그것을 선별하고 누적시켜 마침내 진화로 이끄는 쪽은 암컷이라는 점 또한 주목할 만하다. 당신은 어느 쪽을 더 높이 평가하겠는가? 뭐 사실 어느 쪽이어도 좋은데, 우리에게는 그보다 더 중요한 문제가 있다. 다윈이 제시한 상황 속에서 우리가 생각할 때, 즉 암컷과 수컷을 비교할 때, 우리가 자연스럽게 양자를 같은 척도로 비교하지 않고 이질적인 기준에 의해 비교한다는 점이다.

성선택이 자연선택과 구분되어야 하는 이유도 정리해 두자. 첫째, 두 가지 선택은 기본 원리가 다르다. 쉽게 말하자면, 수컷끼리 벌이는 매력 경쟁이나 암컷을 유혹하는 수컷의 노래, 향기 같은 것을 자연선택으로는 설명하기 곤란하다는 것이다. 두번째 이유는 성선택으로 생겨난 2차 성징은 생존에 불리하게 작용하는 경우가 꽤 있기 때문이다. 화려한 빛깔이나 노랫소리, 짙은 향기를 과시하는 수컷들은 아무래도 포식자들에게 더 쉽게 노출되지 않겠는가! 또한 수컷끼리 싸울 때야 사슴의 뿔은 크고 단단할수록 좋겠지만 맹수들로부터 달아날 때에는 그보다 더 거추장스러운 것이 어디 있겠는가! 2차 성징은 아니지만 암컷을 꼬시기 위해 둥지를 멋있게 꾸미거나 둥지에 이르는 길을 꽃으로 화려하게 장식해 놓는 수컷들도 천적들에게 발견되기 더 쉽지 않겠는가? 이처럼 성선택의 원리는 자연선택의 원리와 대립되는 경우조차 있다. "성선택은 수컷이 암컷을 매료시키기 위해 자신의 미를 과시하는 과정을 통해 작동되는데, 이러한 성선택의 효과가 (자연선택처럼) 생존에 유용하다고 주장하는 것은 견강부회의 논리에 불과하다."[29]

또 한 가지 놓칠 수 없는 측면은 생물들의 진화가 "끊임없이 변하는" 환경에 대한 수동적 적응이 아니라는 점이다. 환경과 무관한 것은 아니지만, 변이가 발생하는 것도 생물체에서고, 그것을 선택하여 누적시키는 것도 생물체다. 그리하여 이제 선택의 주체가 하나 더 늘었다. '인위선택'의 적극적 수행자(더 정확히 말하면 참여자)가 인간이라면, 성선택의 적극적 참여자는 이성(異性)이다. 물론 선택의 주체들은 선택행위의 장기적 결과를 의식하지 않는다. 의식하지는 않지만 선택효과가 발생하고 이것이 진화로 이어진다는 점에서, 어느 것이나 다 자연스러운 선택에 의한 진화임에 틀림없다.

---

29) 물론 다윈도 말했듯이 언제나 수컷들이 암컷들을 둘러싸고 경쟁하는 것은 아니다. "알락꼬리 여우원숭이(ringtailed lemur) 경우처럼 몇몇 종의 암컷들"은 수컷들을 두고 경쟁을 벌이기도 한다. 캠벨 외, 『생명과학』, 486쪽.

끝으로 『인간의 유래와 성선택』에서 본격화되는 성선택론의 의의를 간략하게 짚고 넘어가자(이 책을 읽고 『인간의 유래와 성선택』을 펼칠지도 모를 독자들을 위하여).

다윈이 성선택이라는 주제에 큰 관심을 보인 데에는 몇 가지 이유가 있다. 우선 첫째로, 성선택을 통해 2차 성징이 진화한다는 점에서 진화론의 강력한 근거를 제공한다. 생물들은 우연한 일회성 사건이 아니라 심미적인 표준에 비춰 선택하고, 같은 선택 행위를 지속적으로 반복함으로써 2차 성징을 진화시켜 왔다. 둘째, 다윈은 예술 혹은 심미적 능력을 근거로 인간을 특별한 존재라 주장하는 인간중심주의를 공격하고자 했다.

다윈에 따르면 인간만이 아니라 수많은 생물들이 다양한 방식으로 성적 경쟁을 펼친다. 춤추고, 노래하고, 집회를 열고, 날개를 부벼 음악을 연주할 뿐만 아니라, 둥지를 아름답게 가꾸는 건축 및 실내장식을 하고, 둥지 주변의 정원과 길을 조경하기도 한다. 향수를 분비해 유혹하기도 하고 짝짓기에 앞서 선물을 제공하기도 한다. 언뜻 보면 인간과 유사한 점이 두드러지며 따라서 동물들도 인간 못지않다고 생각하기 쉽다. 그러나 심미적 능력과 예술적 표현이라는 차원에서 동물계 전체의 랭킹을 매긴다면 인간은 몇 위나 할 수 있을까? 많은 생물들의 음악이나 미술이 인류가 발전시켜 온 예술작품보다 떨어진다고 누가 주장할 수 있겠는가? 심지어 멋진 기암괴석이나 숨막힐 듯 아름다운 절경, 광활한 바다 등 무생물과 생물이 오랜 세월에 걸쳐서 만들어 낸 장관 앞에 선다면 인류 역사상 최고의 예술가들도 고개를 숙이지 않겠는가! 인간의 예술이란 어찌 보면 '그들'의 장려(壯麗)함을 모방하는 것 아닌가! 수많은 수컷들의 화려하고 아름다운 자태는 암컷이 자신의 '미의 표준'을 장기간에 걸쳐 적용시킴으로써 창조된 게 아닌가! 물론 어떤 생물도 인간보다 하등하지 않듯이 인간 또한 다른 누구보다 하등하지 않다(과연 누가 더 우월하냐고 물었지만 그건 인간의 유치한 오만함을 자성自省하기 위한 질문이었을 뿐이다). 다만 우리는 긴밀한 상호작용 속에서 차이를 선택함으로써 자연을 자기 방식대로 표현할 뿐이다. 그리고 수많은 표현들이 또 새로운 차이를 생산한다. 끝없이 계속되는 차이와 변이와 진화의 놀이!

자연선택 작용의 상상적인 예

다음으로 다윈은 자연선택 작용을 설명하기 위해 몇 가지 상상적인 예를 나열한다. 그런데 이게 뒤로 갈수록 점점 더 복잡해진다. 자연선택 과정이 얼마나 복잡할 수 있는지, 또 그 과정에서 각각의 생물들과 무생물들은 어떻게 참여하는지 주목해 주시기 바란다. 먼저 늑대다. 오래전부터 수많은 동화에 출연하여 실감나는 악역 연기로 호평과 악평을 한 몸에 받아 온 성격파 배우 늑대. 헌데 다윈이 먼저 주목하는 건 늑대가 아니라 늑대의 먹이가 되는 동물들이다.

> 늑대의 먹이가 되는 동물을 떠올려 볼 때 어떤 놈은 교묘한 짓으로, 어떤 놈은 힘이 센 것을 활용하여, 또 어떤 놈은 빨리 달려서 안전하게 피하는 등 다양한 특징들이 있을 것이다. 그런데 늑대의 먹이가 가장 궁한 계절에 가장 빨리 달리는 사냥감(예컨대 사슴)이 그 나라에서 일어난

어떤 변화 때문에 수가 늘어났다든가 아니면 다른 사냥감의 수가 줄었다고 상상해 보자. 이러한 사정하에서는 가장 민활하고 날쌘 늑대가 생존의 기회를 가장 많이 얻어 선택되고 보존될 것이다. …… 이것은 인간이 면밀한 방법적 선택에 의해 그레이하운드의 질주력을 향상시키고, 혹은 각 개인이 (개의 종류를 변화시키려는 생각은 조금도 없이) 가장 좋은 개를 보존하겠다는 생각하에 행하는 무의식적 선택에 의해서 개량할 수 있듯이, 확실하다고 할 수 있다.(pp. 90~91)

다윈은 민활하고 날쌘 늑대가 선택되고 보존되는 것을 그레이하운드가 선택에 의해 개량되는 것과 순간적으로 이어붙이고 있다. 바로 이 찰나의 순간 동안에 급격한 도약이 발생하였다. 여기서 개를 선택하고 개량하는 것은 누구인가? 바로 인간이다. 한편으로는 매우 면밀하고 고도로 의식적이지만 다른 한편 개의 품종개량과 관련해서는 무의식적인 그런 선택을 통해 인간은 개를 개량한다. 그런데 다윈은 이것이 민활하고 날쌘 늑대가 선택되는 것과 같은 현상이라는 것이다. 그렇다면 늑대의 경우 선택자는 누구인가? 그것은 바로 늑대 먹잇감의 변동이다. 혹은 그렇게 변동된 조건 속에서 빨리 달리는 사슴이 민첩한 늑대를 선택한다.

다윈은 자연선택 작용의 상상적인 예를 들겠다고 했다. 자연선택 과정을 자연에서 직접 관찰하기는 불가능하므로, '상상적인 예를 통해서 구성해 보려는 것이다(좋다!). 이 첫번째 예가 너무 간단해서 도식적인 것은 사실이다. 그렇지만 이후 점점 더 복잡한 예로 나아가면서 실제 자연선택 과정과 섬섬 너 유사해질 것이니 이것도 넘어갈 수 있다! 다원이 말했듯이 민첩한 늑대가 선택되는 건 상상 속에서나마 충분히 공감 가능한 내용이다(역시 좋다!). 그리고 그걸 먹잇감의 변동이라는 상황, 혹은 빨리 달리는 사슴이 민첩한 늑대를 선택하는 것으로 본 발상도 근사하다(훌륭하다!). 그런데 그것을 인간의 지속적이고 누적적인 선택에 곧바로 비유하는 것은 어떤가? 먹잇감의 변동이라는 일시적 상황이 지속되리라는 보장이 있는가? 어떨 때는 빠른 사슴이 더 민첩한 늑대를 선택하겠지만 또 다른 때는 교묘한 수법을 구사하는 사슴이 더 영리한 늑대를 선택할 것이다. 그러니 단기적으로 어떤 특징을 가진 늑대가 우세하리라고는 가정할 수도 있겠지만, 장기적으로 특정한 특징이 늑대 집단 내에서 계속 우세를 유지하며 지속된다는 것은 매우 부자연스러운 가정이다. 다윈의 예는 별 생각 없이 읽으면 너무나 자연스러워 보이지만 실은 이렇게 다소 부자연스러운 가정이 삽입되어 있다. 다윈은 이러한 문제를 어느 정도는 의식하고 있었지만 특유의 설득력 있는 문체로 강력하게 밀어붙이며 다음의 상상적 예로 나아간다.

늑대의 사냥감이 되는 여러 동물의 상대적인 수에 전혀 변화가 없어도, 일정한 사냥감을 노리는 내적인 경향을 가진 새끼가 태어나는 때가 있다. 이것도 역시 있을 수 없는 일로 생각해서는 안 된다. 우리는 가축의 타고난 성향에 큰 차이가 있음을 종종 관찰하곤 한다. 예컨대 어떤 고양이는 쥐(rats)를, 또 어떤 고양이는 생쥐(mice)를 잡으려고 한다. 어떤 고양이는 엽조(獵鳥)를, 다른 고양이는 산토끼나 집토끼를, 또 다른 고양이는 습지에서 사냥을 해서 거의 밤마다 산도요새나 도요새를 잡는다. 생쥐보다 쥐 쪽을 잡는 경향은 유전하는 것으로 알려져 있다. 그런데 습성 또는 구조에 일어난 **어떤 경미한 내적인 변화**가 어느 늑대 한 마리에게 유익하다면 그 늑대는 생존해 새끼를 남기기 위해 가장 좋은 기회를 가지게 될 것이다. 그 늑대의 새끼 중 몇몇은 아마도 같은 습성 또는 구조를 이어받으며, 이 과정이 되풀이되어 감으로써 조상 늑대의 유형(parent-form of wolf)을 대체하거나 혹은 그와 공존하는, **새로운 변종이 형성될 수 있게 될 것이다.** 혹은 또 산지에 사는 이리와 평지에 사는 이리는 **당연히 서로 다른 사냥감을 쫓게 되고, 평지와 산지 양쪽에 가장 적합한 개체가 계속 보존되어 감으로써 서서히 두 변종이 형성될 것이다.**(p. 91)

현대의 독자인 여러분들은 이 대목을 어떻게 읽으실지 모르겠지만, 사실 이건 뭐 거의 소설 수준이다(특히 강조되어 있는 뒷부분에 주목하시라). 아마 신춘문예 같은 데 이런 내용을 담아 작품을 응모하면 문학성은 둘째 치고, 개연성 부족으로 퇴짜 맞기 딱 알맞다. 다윈은 자신이 설정한 상상의 공간에서 새로운 변종이 형성될 수 있는 요인에만 초점을 맞추고 있다. 즉 그것을 저지하는 강력한 요소들을 모두 배제해 버리고 있다. 그 결과 변종은 너무나도 순조롭게 형성된다. 이러한 비판에 대해, 많은 시간이 흐르면 가능할 수도 있다고 우기고 싶겠지만(오늘날에도 강력한 논거 중 하나다), 그것이야말로 다윈 이전의 사변적 진화론자들의 전형적인 수법이었다. 그것은 다윈이 명시적으로 반대한 논리이기도 했다.

단순한 시간의 경과 자체는 자연선택에 유리한 영향도, 불리한 영향도 끼칠 수 없다. 어떤 사람들은 내가 마치 모든 생물들이 어떤 **내재적 법칙**

(innate law)에 의해 변화를 받고 있거나 한 것처럼, **시간이란 요소가 종을 변화시키는 데 가장 중요한 역할을 한다고 가정한 것처럼 오해하기도 했다.**(6판 p. 82)

다윈에게 시간이란 물론 중요한 요소였다. 그렇지만 그것은 생물과 무생물들이 벌이는 다양한 활동과 변화 외부에, 뉴턴의 '절대 시간'처럼 군림하는 것이 아니었다. 단순한 시간의 경과 속에서는 다양한 변화들만이 생길 뿐, 특정한 방향으로 변이가 축적되어 진화로 이어지지는 않는다. 다윈의 변종 형성 논리는 그 자신의 지론에 비추어도 비약임이 명백했다. 다윈이 한순간 방심으로 그만 실족했던 것이다. 그러나 변화가 곧 진보임을 믿던 많은 유럽인들의 눈에는 그것이 보이지 않았다. 물론 비판자들도 있었는데, 그들은 아무래도 너무 비약이 아니냐고 입을 삐죽거렸다. 비록 품위가 좀 떨어지긴 했지만 사실 그것은 정당한 이의제기였다. 급기야 1866년 4판이 나온 다음 해에 『북부영국 평론』에 제대로 된 임자가 나타났다. 그는 스코틀랜드의 공학자 플리밍 젠킨(Fleeming Jenkin, 1833~1885)이었다(물론 당시 기사는 관행대로 익명으로 실렸다). 다윈은 그 비판에 크게 당황했고, 5판(1869)에서 그에 대해 답변을 시도한다.

다윈의 급소

[날씬한 늑대에 대한] 위의 설명 가운데서 주의해야 할 것이 있다. 내가 보존된다고 한 것은 **체구가 아주 날씬한 늑대 개체들이지, 결코 어떤 뚜**

렷한 특징을 가진 변이가 아니라는 점이다. [그러나] 이 책의 이전 판에서 내가 때때로 이 후자의 경우가 빈번히 일어난 것처럼 말한 것은 사실이다. …… 가령 기형과 같이 구조상의 어떤 우연한 일탈(편향, 편차, deviation)이 자연상태에서 보존되는 예는 극히 드물다는 것, 또 처음에는 보존된다 하더라도 그 뒤에 정상적인 개체와 교잡을 함으로써 일반적으로는 사라지게 된다는 것을, **나는 물론 알고 있었다**. 그럼에도 불구하고 나는 『북부영국 평론』(1867)에 실린 대단히 귀중하고도 탁월한 논문을 읽기 전까지는, 경미한 특징이건 현저한 특징이건 하나의 변이가 **영구히 보존되는 것이 얼마나 드문 사건인지를 제대로는 알지 못했다**. 이 저자가 든 예에 의하면, 어떤 한 쌍의 동물은 일생 동안 200마리의 새끼를 생산하지만, 그 가운에 여러 가지 원인의 파괴로 인해 평균 두 마리만 살아남아 자신의 종을 번식해 나간다고 한다. 이는 물론 많은 고등동물에 대해서는 좀 극단적인 계산이긴 하지만, 하등동물의 경우에는 그렇지만도 않다.

그는 또한 만일 어떤 점에서 변이하고 있는 하나의 개체가 생겨났다고 할 경우, 설혹 이 개체에게 다른 개체보다 **두 배나 뛰어난 생존 기회를 부여한다 해도, 그 개체의 생존은 아주 곤란할 것이라고 했다**. 가령 그것이 살아남아서 번식을 하고, 그렇게 생산된 자손들 중 절반이 유리한 변이를 유전받는다고 해도, 이들 자손은 생존과 번식에 있어서 극히 경미할 이점을 갖는 데 불과하며, 더욱이 그 이섬도 이후 세대를 거듭해 가는 동안 점차로 감소해 간다고 한다. 이 학설의 정당성에 대해서는 논쟁의 여지가 없다. 예를 들어 어떤 새가 구부러진 부리를 가짐으로써 매우 쉽게 먹이를 얻을 수 있다 하더라도, 또 어떤 새가 매우 구부러진 부리를 가지고 태어나 그것이 번식하였다 하더라도, 역시 이 특정 개체가 다른 형태의 것을 배척하고 자신과 같은 종류만을 영속시켜 갈 기회는 드물 것이다.(5판 pp. 103~105)[30]

다윈 말마따나 어떤 변이가 여러 세대에 걸쳐 계속 지속되기는 극히 힘들다. 그는 1판부터 5장 「변이의 법칙」에 이미 이런 계산을 제시한 바 있다. "한 조상에서 유래된 자손들은 12세대 뒤만 해도 조상의 혈액을 보유하고 있을 확률이 1/2048밖에 안 된다." 이것은 다윈의 주장이기 이전에 혼합유전설을 믿고 있던 당시의 상식이었다. 자손들은 부모의 혈액이 반반씩 섞이므로 세대가 거듭될수록 부모의 특징은 계속 반감될 수밖에 없다는 것이다. 이처럼 생식은 통상적인 경우라도 부모의 특징을 급속도로 반감시키는데, 거기에 변이가 생겨날 확률(아주 작다), 게다가 그 변이가 생존에 유리할 확률(역시 아주 작다)까지 감안하면 계산이 어떻게 되겠는가?

헌데 여러분 중에는 이런 논리에 의구심이 이는 독자들도 있을 것

---

30) 다윈은 살아 생전에 자신의 혁명적 이론이 급격히 수용되는 걸 경험한 복 많은 과학자였다. 그러나 그는 그런 복을 누리는 데 그치지 않았다. 『종의 기원』 출간 이후에도 자신의 이론을 지지하거나 반대하는 많은 사례들에 귀기울이며 생각을 계속 진화시켰고, 그 중 중요한 내용은 꾸준히 새 판에 반영하기도 했다. 최종판을 1판과 비교한 한 연구에 따르면 **무려 75%가 변경되었다고 한다**. 그런 면에서 보면 『종의 기원』은 1판이 정본이고 이후 사소한 수정이 가해진 것이라기보다는, 1판에서 6판까지가 여섯 개의 산으로 구성된 하나의 산맥이라고도 할 수 있겠다. 각각의 산은 조금씩 다른 모습이지만 전체가 하나로 연결되어 위용을 과시하는 장대한 산맥! 당대 학자들은 『종의 기원』에 대해 어떤 문제를 제기하였는지, 또 다윈은 어떻게 답했는지도 들여다볼 수 있다. 자신의 이론을 지지하는 사례가 발표되면 크게 만족하는 면모도 확인할 수 있다. 건강이 안 좋아 하루에 2~3시간 가량밖에 연구를 할 수 없었음에도 불구하고 그는 『종의 기원』의 내용을 계속 보완하면서 계속 새 판을 냈는데, 최종판인 6판이 나온 것은 63세인 1872년이었다. 그와 동시에 오랫동안 해오던 연구 주제들을 계속 이어갔으며 어느 정도 완성되면 묵직한 책으로 출간하는 것도 게을리하지 않았다.

이다. 왜 변이가 일반적으로 해롭다고 가정되어야 하는가? 변이는 유리할 수도 있고 불리할 수도 있는 것 아닌가? 물론 '논리'상으로는(순수한 확률상으로는) 그렇다. 하지만 창조론자도 진화론자도 모두 변이는 일반적으로 해롭다고 믿었다. 우선 창조론자에게 변이란 종의 본질에서 벗어나는 것이므로 당연히 해로울 수밖에 없다. 심한 변이를 가진 기형이나 변종은 말할 것도 없다. 여기서 더 심하게 나간 놈들은? 당연히…… 죽음이다. 그럼 진화론자들은 또 왜 그런가? 모든 생물들은 이미 나름대로 환경에 적응함으로써 진화해 온 존재다. 그러므로 많은 형질들이 환경에 적합하게 되어 있는 상태다. 그러니 그런 부모의 형질로부터 벗어나는 변이란 이로울 확률보다는 해로울 확률이 훨씬 높다. 이건 현대 생물학자들도 공유하고 있는 믿음이다. 신기하지 않은가, 창조론자고 구시대의 진화론자고 현대의 진화론자고 모두 변이에 대해서는 유사한 견해를 갖고 있다는 사실이!

그렇다면 다윈은 어땠을까? 다윈도 논리적으로는 마찬가지로 생각했다. 그러나 그의 가슴속에는 상당히 다른 느낌이 짙게 자리 잡고 있었다. 다윈은 생물들의 변이성이 꽤 크며 유리한 변이도 통념보다는 많이 생길 거라고 보았다. 이것은 그에게 너무도 중요한 문제였다. 그렇기 때문에 1장과 2장을 온통 변이 얘기로 채웠으며, 그것도 모자라 변이라는 단어를 후기 판본에서 대부분 "개체적 차이 및 변이"로 바꿨던 것이다. 한편 1장에서 다윈이 했던 얘기를 기억하시는가? "불임성은 원예가 망하는 원인이라고 일컬어져 왔다. 그러나 위에 말한 견해에 따르면 불임성이 생겨나는 원인 때문에 변이성이 생겨나는 것이다. 그리고 변이성이야말로 밭에서 나는 모든 멋진 산물의 원천이다." 게다가 "'기형'이라

불리는 것이 있는데, 이는 앞으로 변종으로 이행해 갈 존재"라고도 말
하지 않았는가! 이처럼 다윈은 변이성과 기형에 대해 전통적인 가치 평
가를 뒤엎으려고 무진 애를 썼다. 변이와 차이를 최대한 긍정하는 다윈
의 자연관, 그것은 창조론자들은 물론 구시대 및 현대의 진화론자들과
도 크게 다른 것이었다. 그런데 여기에는 이론적으로도 중요한 이유가
있었다. 그는 차이와 변이들의 창고를 최대한 가득가득 채워 둬야 했다.
이 재고를 엄청나게 퍼 줘야 하는 문제가 곧 발생하기 때문이다.

교배와 혼교

변이를 갖고 태어난 개체(변이체)의 생식은 통상적인 생식과는 무척 다
르다. (변이가 발생할 확률이 무척 작다고 가정되므로) 변이체가 짝짓기
를 하는 상대는 대부분 그런 변이를 갖지 않은 평범한 개체들일 것이다.
그러므로 그들의 짝짓기는 교배 혹은 혼교(cross or blend)의 효과로 인
하여 변이가 자손에게 전해질 가능성이 무척 작아지는 것이다. 사정이
이러할진대, 기형적인 어떤 개체가 자신과 같은 종류만을 영속시켜 마
침내 변종이 되고, 그리하여 신종의 진화로까지 이어진다는 건 얼마나
공상적인 얘기인가! 그러니 『종의 기원』 전편에 실린 다윈의 방대한 사
례들에 지레 겁먹지 않은 과학자라면 얼마든지 강력한 비판을 가할 수
도 있는 대목이었다. 실제로 그런 비판이 가해졌을 때 다윈이 공손하게
수긍한 것은 당연한 것이었다. 비판자를 높이 평가하고 존경심을 표하
는 걸 보라. 그러고서 한다는 말이, '나는 늑대 자손 중 날쌘한 **개체**들이
살아남을 확률이 높다는 정도로 말했지 어떤 **변이**가 보존된다고 한 건

아니었어……. 유리한 변이가 그렇게 많다든가, 또 그것이 그렇게 쉽사리 반복되고 보존되어 변종이 된다고는 나도 생각지 않아……. 당신의 주장은 이론의 여지없이 옳아!' 그러나 우리도 앞의 인용문에서 보았듯이 다윈이 날씬한 개체들에서 곧장 새로운 변종으로 비약한 것은 엄연한 사실이다. 다윈은 5판에서 이렇게 스타일 구기는 변명과 함께 몇 가지 얘기를 늘어놓지만, 뾰족한 반론은 제시하지 못한다. 사정이 이리 딱하게 된 건, 다윈이 변이를 기본적으로 무지무지 경미한 거라 믿었고 이론상으로도 그렇게 설정했기 때문이다. 그런 경미한 변이가 어떻게 전혀 존재하지도 않던 새로운 종에까지 이를 수 있겠는가?

『종의 기원』 서평에서 플리밍 젠킨은 우선 경미한 변이가 여러 세대에 걸쳐 지속될 확률보다 희석될(swamping) 확률이 압도적으로 크다는 걸 통계학적으로 논증했다. 그런 희박한 가능성이 신종의 진화로까지 이어진다구? 그렇게 느려 터진 메커니즘으로 지구가 존재해 온 극히 짧은 시간 안에 무수한 생물종들이 모두 진화되어 나왔다구?[31] 다윈이 그 "학설의 정당성에 대해서는 논쟁의 여지가 없다"고 시인했듯이 젠킨의 비판은 강력하기 그지없었다. 그러나 그는 거기서 멈추지 않았다. 사정이 이러한데도 경미한 변이가 변종 및 신종의 탄생으로까지 이를 수 있는 것은 어째서이겠는가? 젠킨은 인간을 빗대어 이렇게 말했다. "흑인을 아내로 맞은 백인 선원은 '물라토' 자식을 낳는다. 아프리카

---

[31] 이것은 사실 자연선택 원리가 가능하다고 본 학자들조차 의구심을 품었던 문제였다. Gayon, "From Darwin to Today in Evolutionary Biology", *The Cambridge Companion to Darwin*, pp. 299~230을 참조. 젠킨의 비판은 또한 톰슨의 『종의 기원』 비판과도 일맥상통하는 것이었다. 실세도 톰슨과 젠킨은 해저전선 부설사업에서 함께 파트너로 일했던 사이기도 했다. 에이드리언 데스먼드·제임스 무어, 『다윈 평전』, 김명주 옮김, 뿌리와이파리, 2009, 90?쪽.

의 해안에 고립된 한 명의 노련한 선원은 아무리 뛰어나고 재주가 많다 해도, 혼자서 '흑인의 나라를 표백시킬 수' 없다. 그러기 위해서는 몇 척의 배가 백인을 가득 싣고 와야 한다". 한마디로 "돌연변이가 동시에 많이 출현하여 그들끼리 짝을 지어야만 종이 바뀔 수 있는 것이다".[32] 게다가 이 변이가 유리할 경우, "단순한 수학을 동원하더라도 **탁월한 짐승의 자손들이 보다 열등한 형제들의 자손들을 절멸시키리란 계산이 금세 나온다**……. 그렇다면 이것은 **때때로 새로운 종이 창조된다는 것** 이외에 어떤 얘기일 수 있는가?"[33]

젠킨을 따라가다보니 결국 다다른 결론은 당시 존재하던 연속창조론(theory of successive creations)의 논리였다. 젠킨은 지금 다윈 보고 연속창조론자임을 고백하라고 강요하는 것이다. 뭐라고? 저런 얘기가 진화론이 아니고 창조론의 일종이라구? 탁월한 짐승의 자손들이 열등한 형제들의 자손들을 절멸시키고 결국 새로운 종으로 등극한다는 건 바로 다윈의 진화론 아닌가? 저런 게 어떻게 창조론일 수가 있지? 그러니까 내가 앞서 '수도 없이+지겨울 정도로' 반복하지 않았던가! 당시 창조론자들의 주장이 과학적 근거와 탄탄한 논리로 무장하고 있었다고. 과학자나 일반인들이 창조론을 지지했던 것은 종교적인 모종의 억압 이전에 그것이 합리적이고 과학적이라고 느꼈기 때문이라고.

이런 곤경을 어떻게 벗어나야 할까? 다윈의 앞에는 문제를 단박에

---

32) 데스먼드·무어, 『다윈 평전』, 909쪽.
33) Robert Olby, "Variation and Inheritance", *The Cambridge Companion to The "Origin of Species"*, eds. Michael Ruse and Robert J. Richards, Cambridge: Cambridge University Press, 2009, p. 33.

해결할 수 있는 출구들도 많이 있었다. 예컨대 변이에는 경미한 변이만이 아니라 돌연변이처럼 큰 변이도 발생한다고 상정할 수도 있었다. 혹은 유리한 변이들이 계속 이어질 수 있다고 할 수도 있었다. 아니면 변이가 한꺼번에 대단히 많이 발생한다고 상정하는 것이었다(이 마지막 것이 지금 젠킨이 다윈을 몰아붙이고 있는 쪽이었다).[34] 얼추 느끼셨겠지만 이 모든 출구는 결국 창조론의 안온한 품으로 연결된다. 새로운 종이 탄생할 수 있도록 변이가 생겨난다는 건, 곧 신이나 어떤 섭리가 변이를 인도하고 있다는 것이 아니겠는가! 창조론에 이르는 길은 넓고도 평탄하며 다양하도다!

가시밭길을 자처한 다윈

변이와 관련된 이런 문제는 다윈이 『종의 기원』 출간 전부터 오래도록 고심을 거듭해 온 문제이기도 했다. 젠킨이 문제를 제기하기 전인 3판에서 다윈은 이미 이렇게 말한 바 있다.

> 한 종에서 커다란 변화(즉 거대한 양의 변이, any great amount of modification)가 일어나기 위해서는 일단 하나의 변종이 형성되고 나서, 아마도 **오랜 시간이 흐른 후에, 이전과 마찬가지로 변이하거나, 아니면 똑같이 유리한 형질을 가진 개체적 차이를 나타내야만 한다**[오랜 시간 뒤에 동일한 변이가

---

34) 당시의 연속형ㄱ론과 관련해서는 데스먼드·무어, 『다윈 평전』, 903~909쪽을 참조. 특히 젠킨의 이러한 주장에 대해서는 909쪽을 참조.

발생할 확률이 과연 얼마나 될까?]. 그리고 이러한 개체적 차이와 변화된 성질이 보존되어 계속 나아가야 한다[이 세상에 이런 애들만 따로 사는 것도 아닌데 어떻게 계속 보존되지?]. 같은 종류의 개체적 차이는 항상 반복되는 것이므로[설마 항상 반복되겠는가!], 이것은 부당한 가정이라고만 할 수는 없는 일이다. 그러나 이것이 진실인가 아닌가는, 어디까지나 이 가설이 자연의 일반적 현상과 얼마나 일치하고, 또 그것을 얼마나 설명할 수 있는가에 의해 판가름될 뿐이다. 그러나 마찬가지로 있을 수 있는 변이량은 엄격히 제한된 것이라는 일반적 통념 또한 단순한 하나의 가정일 뿐이다.(3판 p. 89)[35]

쉽게 말하자면 이런 말이다. '변종이 점점 더 확고해지기 위해서는 수많은 특이한 사태가 계속 반복되어야만 한다. 그러나 자연계에서 이런 일이 일어나지 말라는 법은 없다. 그러므로 부당한 가정이라고만 말할 수는 없지 않느냐? 또한 변이량에는 엄격한 제한이 있다고들 하는데 그것 또한 하나의 가정 아니냐? 그렇다면 우리가 할 일은, 어떤 가정이 자연의 현상과 일치하는지, 그리고 어떤 가정이 자연현상들을 더 잘 설명하는지를 비교하는 것이다.' 다윈의 자연선택 메커니즘은 하나의 가정일 뿐이다. 따라서 그 자체로 옳은 것도 아니지만 그 자체로 그른 것도 아니다. 오직 지구 위에서 벌어지는 실제 자연현상들을 기준으로 입증되거나 반증될 수 있을 뿐이다. 마찬가지로 진화론에 반대하는 주장

---

35) 이 단락은 초판에는 없었는데, 3, 5, 6판을 거치면서 추가되고 조금씩 수정되었다. 초판에도 이런 취지가 담겨 있긴 하지만 이렇게 명시적으로 표현하지는 않았다. 그렇지만, 다윈의 머릿속에는 이런 구도가 있었고 실제 『종의 기원』의 내용이 그러하다는 것은 4장 전체를 살펴보면 명약관화하다. 더욱이 인용문 중 강조 부분은 『영국북부 평론』의 반론이 제기되기 한참 이전인 1861년(『종의 기원』이 출간된 1859년의 2년 뒤)에 나온 3판의 내용이다.

들도 입증되거나 반증될 가정이지, 그 자체로 옳거나 그른 것이 아니다. 독자 여러분은 앞에서 굴드나 다윈이 직접 정리한 자연선택 메커니즘을 기억하실 것이다. 그것은 실제 현실에서는 맞을 수도 있고 틀릴 수도 있다. 우리는 지구의 현실, 지구의 자연을 가지고 어느 가정이 맞는지 대어 보아야 하는 것이다.

다윈은 어떤 것도 전제하지 않았다. 어떤 섭리나 초월적인 존재도 전제하지 않는다면 변이가 어떤 목적에 맞게 발생할 수가 없다. 그 어떤 목적도 의식하지 않는 자연의 '일반 법칙'에 의해 생겨날 뿐이었다. 다만 어떤 변이는 그 생물의 생존 및 번식에 이롭고, 어떤 변이는 해로우며, 또 어떤 변이는 이롭지도 해롭지도 않은 것이었다. 그리고 자연선택이 생존에 유리한 형질을 가진 개체를 선택함으로써 결국은 진화에 이르는 것이다. 여기에는 어떤 섭리도, 목적도 전제되어 있지 않다. 그러나 다윈은 그 대가로 변이와 자연선택만 가지고 진화를 설명해야 한다는 가시밭길을 스스로 걸어야만 했다. 그는 이 단순한 원리만 가지고 끊임없이 자연 속으로 들어갔다. 그가 자연계를 세밀하게 관찰해 보니 생물들의 변이성이 우리의 통념처럼 그렇게 약하지만은 않았다. 그는 이 내용을 1~2장에 걸쳐 기술했다. 그러나 참으로 안타깝게도 자신이 수집한 방대한 사례들 중 한두 가지씩밖에 들 수 없었다. 그러니 얼마나 속이 터졌겠는가! 아울러 자연선택은 유리한 것을 선택하는 것이므로 개체적 차이도 변이에 준하는 효과를 낼 수 있다고도 주장했다. 그의 '개체적 차이 및 변이'론은 이렇게 나온 것이었다. 그리고 마지막으로 이런저런 변이들이 특정한 방향으로 계속 누적될 수 있다는 것을 '자연 속에서' 발견했다. 뭐라고? 자연계에서 어떻게 그런 일이?

실은 여러분도 그 중 한 가지는 이미 보신 바 있다. 그게 바로 성선택이다. 자연계에 신이나 인간 같은 선택자는 없지만, 암수선택으로 인해 특이한 성적 변이가 선택되고 누적될 수 있지 않았던가! 2차 성징은 암수가 오랜 세월에 걸쳐 성선택을 했기 때문에 뚜렷해진 것이며, 그렇지 않았다면 사슴의 큰 뿔이나 공작의 화려한 무늬는 생존투쟁 과정에서 여지없이 도태되었을 것이다. 설령 도태되지 않았더라도 교배와 혼교 과정에서 희석되고 말았을 것이다. 그러나 암컷이 늘 아무 수컷하고나 혼교하는 건 아니었다. 특정한 수컷을 선택하는 일이 비일비재했다. 수컷도 그에 못지않았다. 이렇게 암수가 특정한 이성을 선택한다는 요소는 자연선택 메커니즘에는 들어 있지 않지만, 자연계의 엄연한 '현실'이었다. 다윈은 성선택에 그치지 않았다. (좁은 의미의 자연선택이 아니라) 넓은 의미의 '자연스러운 선택'이 자연계에서 얼마나 풍부하게 펼쳐지는지를 찾아 나섰다. 이 과정을 따라가면서 여러분도 같이 생각해 보시라. 다윈이 왜 의인화의 비난을 무릅쓰고 능동성과 신성을 연상시키는 표현을 고안했을지, 왜 끝까지 자연선택이라는 말을 고수했을지, 왜 같은 말인데도 자연도태가 아니라 자연선택이란 말을 썼을지…….

여기서 잠시 자연선택이라는 용어의 두 가지 의미를 정리해야겠다. 첫번째는 우리가 잘 아는 것으로 다윈이 말했듯이 "이로운 변이가 보존되고 해로운 변이가 제거되는" 과정이다. 굴드를 비롯하여 현대의 진화론이 채택하는 개념도 바로 이것이다(이 장의 앞 부분에서 굴드가 요약한 자연선택 원리가 정확히 이 개념을 바탕으로 하고 있다). 변이는 무작위적으로 발생하지만 생물이 처해 있는 환경에 의해 그 중 특정한 변이들이 선택된다. 즉 **국지적 환경이 그 생물에게 이로운 변이를 선택**하는 것이다. 이것이 협의의 자연선택 개념이다. 그런데 『종의 기원』에는, 다윈이 비록 개념을 규정하지는 않았지만 이보다 **넓은 의미의 자연선택 개념**이 전편에 걸쳐 작동하고 있었다. 그것은 바로 자연계의 존재들이 서로 선택하고 선택되는 과정이었다. 앞서 본 성선택도 그 중 하나였다. 그런데 이 넓은 의미의 자연선택 개념은 부리기가 여간 어려운 게 아니다. 성선택만 해도 뭐 그리 특별한 게 아니라 이성(異性)이 국지적 환경으로 작용했다고 바꿔 말할 수도 있지 않은가? 그렇게 보면 성선택도 협의의 자연선택에 포함시킬 수 있게 된다. 또한 협의의 자연선택과 광의의 자연선택이 현실에서 늘 명확히 구별되지는 않는다. 그런 난점들 때문에 다윈은 협의의 자연선택과 구별되는 광의의 자연선택을 개념화하지는 못했다.

나는 2~3년 전까지만 해도 『종의 기원』에 이런 측면이 있다는 걸 알지 못했다. 그래서 「자연선택」 장을 읽다 보면 얼추 내용은 들어오는데, 장의 구성 체제가 도무지 이해되질 않았다. 어딘지 모르게 삐걱거리는 것 같았다. 그러다가 광의의 자연선택 개념을 찾아내게 됐는데, 그러자 4장의 구조가 이해되었다. 나아가 『종의 기원』 전편에 걸쳐 이 개념이 무형(無形)의 춤을 추고 있는 것을 보았다. 다윈이 왜 그토록 선택 개념을 중시했는지도 이해되었다. 그리고 보면 1장에서 얘기한 인간의 (의식적·무의식적) 선택도 자연스러운 선택의 한 종류였다. 물론 내가 틀렸을 수도 있다. 그런 개념 자체가 불가능한 것일지도 모른다. 그러나 나는 4장 전체를 그 개념 없이는 이해하기 힘들다고 생각한다. 이제부터 나머지 부분을 따라가는 동안 여러분도 함께 생각해 보시기 바란다.

다음에 이어지는 자연선택의 상상적인 예(세번째 예에 해당한다)도 변이를 한 방향으로 누적시키는 중요한 선택의 사례다. 언제 읽어도 감동적인 대목이다.

그럼 다음에는 더 복잡한 예를 들어 보자. 여러 가지 식물이 달콤한 즙을 분비한다. 아마도 체액에서 뭔가 유해한 것을 제거하는 과정일 것이다. 그런데 이 즙은 비록 분량은 적지만 곤충이 탐욕스럽게 찾는 것이다. 소량의 달콤한 즙이나 꿀이 꽃잎 안쪽의 밑부분에서 분비되는 경우를 상상해 보자. 이 경우에 곤충은 꿀을 뒤지는 과정에서 꽃가루 투성이가 되는데, 그 몸으로 또 다른 꽃으로 가서 꿀을 뒤진다. 이때 아까 그 꽃의 꽃가루가 이번에 찾아온 꽃의 암술머리로 옮겨지는 일이 가끔 일어날 것임에 틀림없다. 이리하여 같은 종에 속하는 서로 다른 두 송이의 꽃이 교배하게 된다. 교배 작용(crossing)이 매우 강건한(vigorous) 싹을 낳는다고 믿을 만한 충분한 이유가 있으며(나중에 더 자세히 진술하겠지만), 따라서 이 새싹은 번성하여 살아남을 가장 좋은 기회를 가지게 된다. 이런 새싹 중 어떤 것은 아마도 꿀을 분비하는 능력을 유전받았을 것이다. 꿀샘이 가장 크고 다량의 꿀을 분비하는 꽃은 곤충이 가장 많이 찾아 들어옴으로써 빈번하게 교배될 것이며 오랜 기간 뒤에는 우세한 변종이 될 것이다. 찾아오는 특정한 곤충들은 크기나 습성이 제각각일 터인데, 그런 그들이 꽃가루를 이 꽃에서 저 꽃으로 나르는 데 수술이나 암술이 조금이라도 유리하게 자리 잡고 있는 꽃이 있다면, 이 꽃도 마찬가지로 이익을 얻거나 선택될 것이다. 꿀이 아니라 꽃가루를 모으기 위해 곤충이 꽃을 찾는 경우를 생각해 볼 수도 있다. 꽃가루는 다만 수정만을 목적으로 만들어지므로 꽃가루가 파괴되는 것은 식물에게 전적으로 손실인 것처럼 보인다. 하지만 그 중 소량의 꽃가루라도 처음에는 우연히, 나중에는 점점 습성으로서 꽃가루를 먹는 곤충에 의해 꽃에서 꽃으로 옮겨지고 그 결과 교배가 발생한다면, 비록 꽃가루의 9/10을 잃어버린다 해도 식물에게는 큰 이익이 될 것이다. 그래서 더욱더 많은 꽃가루를 만들고 더욱더 큰 꽃밥을 가진 개체가 선택될 것이다.(pp. 91~92)

꿀을 탐욕스럽게 찾아다니는 곤충들, 그들은 꽃가루 투성이가 되어 이 꽃에서 저 꽃으로 끊임없이 옮겨 다닌다. 그러면서 이 꽃의 꽃가루와 저 꽃의 암술을 접속시킨다. 다윈이 뒤에 말하겠지만 암수한몸인 식물도 자가수정보다는 타가수정을 하는 쪽이 더 강건한 자손을 낳는다. 따라서 이 새싹은 번성하여 살아남을 가장 좋은 기회를 가지게 된다. 곤충은 특정한 꽃을 **선택**하여 그와 같은 종류의 다른 꽃과 연결시켜 주고, 그리하여 수정이 발생하는 것이다. 그런데 곤충은 어떻게 특정한 꽃을 선택하였는가? 어떤 꽃이 곤충을 유혹하지 않았다면, 곤충이 꽃에 매혹되는 사건이 발생하지 않았다면 이러한 가로지르기는 발생하지 못했을 것이다. 선택되고 선택하는 과정이 분류체계에서 그토록 멀리 떨어져 있는 꽃과 곤충을 접속시킨다. 그리하여 꽃은 새로운 방식으로 증식할 수 있게 된다. 자가수정이 아니라는 의미에서는 교배이되, 비슷한 종류 사이에 이루어진다는 점에서 무작위적인 혼교와는 다르다.

이러한 교배는 어떤 효과를 낳을까? 과연 그로부터 정상적인 자가수정 못지않게 강건한 싹이 태어날까? 그런데 놀랍게도 **교배는 통상적으로 자가수정보다 강건한 싹을 낳는다.** 어떻게 이런 일이? 다윈은 이 사실을 발견하기까지 오랜 세월을 실험하고 또 연구했다. 이 문제는 조금 뒤에서 살펴보기로 하자. 그 전에 곤충은 어떻게 해서 특정한 종류의 꽃들만을 선택하는 걸까? 그 매혹의 정체는 무엇인가? 우선, 곤충이 꽃가루를 나르는 데에 수술이나 암술이 유리하게 자리 잡고 있는 꽃들이 그를 인도한다. 그리고 특정한 꽃을 찾는 곤충의 습성이 이 교배를 반복해서 강화시킨다. 더욱더 많은 꽃가루를 가진 개체가 곤충에 의해 선택되고 꽃가루를 더 잘 운반하는 곤충이 꽃들에게 선택된다. 이들의 합작과정이 반복되면서 결국 우세한 변종이 만들어진다. 매혹, 습성, 교배, 꽃의 차이와 변이, 곤충의 차이와 변이. 이 모든 일탈이 활발히 웅성거리며 우세한 변종을 제조해 낸다.

꽃이나 곤충은 홀로 살아가는 고독한 주체가 아니다. 그들이 제각각 삶을 영위하면서 변이가 우연히 발생하고, 그 중 환경에 유리한 변이가 선택되어 점점 더 번성해 간다는 통상적인 진화론의 스토리는 가정에 불과한 것이다. 자연을 구성하는 생물들은 현대의 많은 로빈슨 크루소들처럼 그렇게 고독하지 않다. 상호작용을 통해서 서로의 구조와 특징을 변화시키고 그 자신도 변화한다. 다윈이 생각한 자연선택은 생물들이 그저 자기의 삶을 살고 시간만 흘러가 주면 뭔가 좋은 일이 생길 수 있다는 몽롱한 얘기와는 전혀 다르다. 온도나 습도 등도 물론 중요하지만 결정적으로 생물들의 열렬하고도 극도로 복잡한 상호작용이 자연스럽게 선택 효과를 낳는다.

물론 온도와 습도, 대기 등도 그저 주어지는 자연환경은 아니다. 장자도 "아지랑이와 먼지, 이는 천지 간의 생물이 서로 입김을 내뿜는 현상"[36]이라 말하지 않았던가! 우리의 대기를 생산하는 것은 박테리아와 식물들이다. 자본가들에 의해 사육되는 소들도 매탄을 뿜어내어 지구의 대기를 데우고 있다. 꽃향기 또한 꽃들의 배설물이다. 흙은 또 어떤가! 다윈이 죽기 1년 전에 출간한 『지렁이의 작용에 의한 옥토(沃土)의 형성 및 그 습성의 관찰』(The Formation of Vegetable Mould, Through the Action of Worms, with Observations on Their Habits, 1881)이 보여 주었듯이 흙 또한 지렁이 등 수많은 생물들이 변형시킨 결과가 아니던가! 그리고 이 흙이 또한 다른 생물들을 먹이고 살리고 변형시키지 않던가! 다윈도 생생하게 보여 주었듯이, 생물과 자연/환경을 구분하는 것은 극히 한정된 의미에서만 가능한 추상이다. 우리가 흔히 환경이라 부르는 것은 생물들의 삶에 영향을 끼칠 뿐만 아니라 생물들에 의해 생산되는 것이기도 하다. 아~ 얘기가 이쪽으로 빠지면 곤란해지니 여기서는 하던 얘기를 계속 이어가자.

교배가 강건한 싹을 낳는다는 것, 이것은 오늘날 상식으로 되어 있다. 하지만 다윈 당시에는 식물이 자가수정한다고 믿고 있었다. 다윈은 이런 통념을 넘어서 식물들에게 타가수정이 얼마나 보편적으로 행해지는지를 알아냈으며, 거기서 크게 한 걸음 더 내딛어 그런 교배가 더 튼튼한 싹을 낳는다는 것까지 알아냈다. 우리는 조금 있다가 이 경이로운 주제를 다윈의 또 다른 걸작 『식물의 수정』을 가지고 집중적으로 살펴볼 것이다. 여기서 일단 중요한 것은 식물과 꽃이 함께 뭔가를 하고 그것이 우세한 변종을 생산한다는 점이다.

---

36) "아지랑이와 먼지, 이는 생물이 서로 입김으로 내뿜는 현상이다." 장자, 『장자』, 안동림 역주, 현암사, 1997, 29쪽.

만약에 곤충을 더 잘 사로잡는 꽃을 가진 식물이 끊임없이 보존되어 가는 것, 즉 **자연선택 과정에 의해 곤충을 강하게 사로잡을 수 있게 되었을 때**, 곤충 자신은 의도와 무관하게 이 꽃에서 저 꽃으로 규칙적으로 꽃가루를 옮기게 될 것이다. 이것이 얼마나 효과적으로 행해지는지에 대해 많은 뚜렷한 예를 쉽게 들 수 있다. 하지만 여기서는 한 가지 예만 들기로 하겠다.(p. 93)

다윈은 지금 어떤 꽃이 다른 꽃과의 차이로 인해 어떤 "곤충을 사로잡게" 되는 과정을 말하면서 자연선택이라는 말을 사용했다. 이것이 바로 조금 아까 내가 광의의 자연선택 개념이라 부른 것이다. '국지적 환경이 특정 변이를 선호한다'는 통상적인 자연선택 개념과 얼마나 거리가 먼 것인가? 우리는 흔히 '생물'은 유기적인 것이고, '환경'은 무기적인 것으로 구분한다. 생물은 능동적이고 환경은 수동적인 것으로 보는 것도 이와 비슷한 맥락이다. 반면 생물이 환경에 적응한다는 측면에서는 수동적인 존재로 파악되기도 한다(통상적인 진화론에서의 생물 이미지가 이런 것이다). 그런데 지금 보았듯이 곤충은 특정한 꽃이라는 환경에 의해 매혹된다. 그것은 그 꽃을 선택하는 것과 **동일한** 순간이다. 이 수동적이면서 능동적인 순간이 지구상에 전혀 새로운 꽃, 즉 충매화(蟲媒花)를 진화시켰다. 환경이란 반드시 무생물적이고 무기적인 게 아닌 셈이다.

한편 곤충은 능동적으로 식물을 타가수정시킨다. 그런데 그런 능동성은 곧 어떤 꽃에 매혹되는 것이다. 이 과정은 이후 식물의 구조와 형태를, 그리고 곤충의 구조와 형태를 특정한 방향으로 이끌 것이다. 리처드 도킨스도 말했듯이, "야생 곤충들이 곤충과 비슷한 형태를 진화시킬 수도 있다. …… 이런 선례(우리에게 희망을 심어 주는)는 과거에 꿀벌들이 벌난초(꽃의 순판[脣瓣, 입술꽃부리] 형태가 벌을 닮은 난초)의 진화를 유도했다는 사실이다. 수벌들은 벌난초가 여러 세대를 거치며 누적적인 진화를 하는 동안 꽃과 교미하려고 애썼다. 그 결과 꽃가루를 운반해 주었고, 난초는 벌을 닮은 모양을 완성한 것이다."[37] 식물 또한 그렇지 않은가! 그는 곤충에 의해 선택되지만 동시에 곤충을 매혹시키는 존재다. 능동과 수동은 이처럼 동전의 양면과 같은 것이다. 특히 가장 능동적인 것은 어떤 타자에게 가장 강하게 사로잡히는 것이라는 측면에서 가장 수동적인 것이기도 하다. 능동과 수동을 생각함에 있어서 가장 주의해야 할 일은 능동을 의식, 수동을 무의식과 연관시키는 것이다. 다윈이 선택 중에서도 무의식적 선택을 유독 강조했던 것도 이런 오류를 피하기 위해서였다. 의식이 개입하든 안 하든 선택은 얼마든지 이루어질 수 있다. 사실은 인간의 선택도 자연스러운 선택 중의 하나지, 그와 구별되는 '특별한' 것 혹은 초자연적인 것이 아니다.

다윈의 자연선택 개념은 이러한 새로운 자연관 속에서 노닐고 있었다. 만일 당신이 이 세상을 유기적인 것과 무기적인 것으로, 혹은 능동적인 것과 수동적인 것으로 뚜렷이 구별된다고 생각지만 않는다면, 굳이 자연선택 개념을 협의의 것과 광의의 것으로 구분할 필요도 없다. 그러나 만일 그런 실체적 구별을 하지 않는다면, 당신은 이미 자연계가 온통 선택으로 가득 차 있다는 다윈의 자연관을 받아들인 것이다. 다윈은

---

37) 리처드 도킨스, 『눈먼 시계공』, 이용철 옮김, 사이언스북스, 2004, 115쪽.

이런 문제들을 모두 고려했기 때문에 동물인 곤충과 식물인 꽃을 선택해서 예로 들고 있는 것이다. 한편, 다윈이 생물에게 가장 중요한 것은 다른 생물과의 관계라고 했던 말을 기억하는가? 그것은 비슷한 종류와의 치열한 생존경쟁을 가리킬 때 처음 등장했지만 지금 다루고 있는 이런 상호선택 과정에서도 역시나 중요하다. 이처럼 다윈의 모든 생각들은 광의의 자연선택 개념 속에서 새로이 빛과 향기를 발하며 다투어 변형된다.

어떤 호랑가시나무는 단지 수꽃만을 피우는데, 그 꽃은 꽃가루를 조금밖에 만들지 않는 수술 네 개와 발육이 불완전한 암술 한 개를 가지고 있다. 또 다른 호랑가시나무는 암꽃만을 피우는데, 그 꽃은 큰 암술을 가지고 있으나 꽃밥이 오그라들어서 한 알갱이의 꽃가루도 찾아볼 수 없는 수술 네 개를 갖고 있다. 나는 수꽃을 피우는 어떤 나무에서 정확히 60야드 떨어진 곳에 암나무가 있는 걸 발견하고, 각기 다른 가지에서 스무 개의 꽃을 따다가 암술머리를 현미경으로 조사해 보았다. 그랬더니 어느 암술머리에서나 예외없이 꽃가루가 있었으며, 그 중에는 꽃가루가 많이 있는 것도 있었다.(p. 93)

이어지는 동화 같은 구절을 보라, 다윈과 함께 들판에 선 자신을 상상하면서…….

바람은 며칠 동안이나 암나무에서 수나무 쪽으로 불었으므로 꽃가루가 바람에 의해 옮겨질 수는 없었다. 날씨가 매우 춥고 음산했기 때문에 벌에게는 그리 좋은 조건이 아니었는데도 불구하고, 내가 조사한 암꽃은 꿀을 찾아 이 나무에서 저 나무로 날아다니는 벌들에 의해 아주 효과적으로 가루받이가 이루어져 있었다.(p. 93)

식물이 곤충을 사로잡게 되고, 꽃가루가 이 꽃에서 저 꽃으로 규칙적으로 옮겨지게 되면, 곧 또 하나의 과정이 시작될 것이다. 박물학자라면 누구나 '생리적 분업'의 이점에 대해 의심하지 않을 것이다. 따라서 우리는 어떤 꽃이나 나무에는 수술만 생겨나고, 또 다른 꽃이나 나무에는 암술만 맺는 것이 이로울 것이라고 믿을 수 있다. 재배 중이거나 또는 새로운 생활조건에 처하게 된 식물은 때로는 수컷 기관이, 또 때로는 암컷 기관이 다소간 생식 불능이 되곤 한다. 만일 이런 일이 극히 경미한 정도로라도 자연상태에서 생겨난다면 어떻게 될까? 꽃가루는 이미 이 꽃에서 저 꽃으로 규칙적으로 옮겨지기 때문에, 또 식물의 암수가 더욱더 완전히 분리되는 것은 분업의 원칙에 따라 이롭기 때문에 결국 이러한 경향을 더욱 증대시키는 개체는 끊임없이 이익을 얻거나 선택받아 마침내는 암수가 완전히 분리될 것이다.(pp. 93~94)

다윈이 광의의 자연선택 개념과 협의의 자연선택 개념을 자유자재로 구사하는 게 보이시는가? 게다가 그는 당시 영국인들이 크게 공감하던 애덤 스미스의 '분업'(the division of labour) 원리를 동원하여 설득력도 배가시키고 있다. 그런데 꽃가루의 활발한 이동에 대해 얘기하는 과정에서 다윈은 어느덧 양성이 갈라지게 되는 순간까지도 드러내고 만다. 오랜 세월 동안 너무나 많은 꿀을 모아 온 꿀벌 다윈, 다양한 종류의 꿀을 많이도 짊어지고 있기 때문에 조금만 몸을 움찔거려도 수많은 종류의 다디단 꿀물이 뚝뚝 떨어진다(그로 인해 이야기 전체가 무척 복잡하고 이곳과 저곳이 어지럽게 엮여져 있긴 하지만). 다양한 동식물들뿐만 아니라 **성 자체도 진화의 과정에서 '자연스럽게' 탄생한 것이다.** 다윈이 4판에서 드는 홍미로운 사례를 보자.

다양한 종류의 식물에서 **현재 성의 분리가 진행 중**인데 그 여러 단계들을 제시하기에는 너무나 많은 지면이 필요하다. 그렇지만 에이사 그레이(Asa Gray)에 의하면, 북미산 호랑가시나무의 어떤 종은 정확히 중간 상태, 그의 표현대로 하자면 다소간 암수딴그루의 성격을 띤 암수한그루 상태에 있다는 사실 정도는 여기서 덧붙일 수 있겠다.(4판 p. 106)

성이라는 게 처음부터 무성(無性)이나 수컷 아니면 암컷으로 확연히 나뉘어지는 게 아니라는 주장은 음미할 만한 대목이다. 너무나 홍미롭고 중요한 내용이지만 『종의 기원』에는 이런 내용이 한둘이 아니다. 그러니 옆길로 새지 말고 가던 길 계속 가자.

흔히 볼 수 있는 붉은토끼풀(Trifolium pratense, Red Clover)과 진홍색 토끼풀(Trifolium incarnatum, Crimson Clover)의 꽃부리관의 통은 겉으로 봐서는 길이가 서로 달라 보이지 않는다. 그러나 꿀벌들은 진홍색 토끼풀에서는 쉽게 꿀을 빨 수 있지만, 보통의 붉은토끼풀에서는 그렇지 못하여 여기에는 땅벌만 찾아든다. 그러니 보통의 붉은토끼풀이 자라는 넓은 들판에 귀중한 꿀이 아무리 풍부해도 꿀벌에게는 아무 쓸모가 없다. 그런데 꿀벌 또한 이 꿀을 매우 좋아하는 것은 틀림없는 사실이다. 왜냐하면 나는 비록 가을에만 본 것이긴 해도 호박벌이 꽃부리관 밑에 이미 뚫어 놓고 간 구멍을 통해 많은 꿀벌들이 꿀을 빨아 먹고 있는 것을 여러 번 목격했기 때문이다. 이 토끼풀 두 종류의 꽃부리관 길이의 차이는 분명 아주 작을 것이다. 왜냐면 붉은토끼풀을 다 베어 버린 자리에 다시 나오는 토끼풀의 꽃들은 다소 작은데 이 꽃에는 많은 꿀벌들이 찾아오기 때문이다. 그러므로 이러한 종류의 토끼풀이 풍성한 지역에서는 주둥이가 약간 더 길거나 아니면 약간 구조가 다른 주둥이를 갖는다는 것은 꿀벌에게 큰 이익이 될 수 있다. 반면에 이 토끼풀의 번식력은 그 꽃을 찾는 벌들에게 절대적으로 의존하기 때문에, 만일 어떤 지역에서 호박벌이 희귀해진다면 꿀벌이라도 그 꽃의 꿀을 빨아들일 수 있도록 꽃부리관이 더 짧아지거나 또는 더욱 깊이 갈라지는 것이 그 식물에게는 틀림없이 크게 유익할 것이다. 이리하여 나는 꽃과 벌이 어떻게 해서 비록 느리지만 서로에게 대단히 완벽하게 변모하고 적응해 갔는지를 이해하게 되었다. 그것은 꽃과 벌이 동시에, 혹은 교대로 서로에게 유리한 구조상의 경미한 편차를 나타내는 개체들을 연속해서 보존함으로써 가능했던 것이다.(pp. 94~95)

꿀벌과 토끼풀이 어떻게 공진화(coevolution)하는지가 생생하게 그려져 있다. 여기서 잠시 숨을 고르고 정리를 좀 해보자. 이때 보통의 붉은토끼풀은 꿀벌에게 무슨 짓을 한 것일까? 호박벌이 희귀해진 불리한 상황을 맞아 꿀벌이라도 자기의 꿀을 빨아들일 수 있도록 꽃부리관이 짧아지거나 더욱 깊이 갈라진 것 아닌가! 이 대목에서 다시 한번 주의해 두자면, 생물들이 그런 작용을 함에 있어서 스스로 생각해서 그렇게 하느냐, 의지가 있느냐 하는 것은 부차적인 문제다. 중요한 것은 자기 자신의 변화가 곧 상대방의 환경의 변화를 의미한다는 점이다('나'는 환경이며 따라서 '나의 변화'는 환경의 변화다). 상대방을 변화시키고 그렇게 변화된 상대방을 계속 선택하는 생물들의 모습. 다윈의 선택 개념은 얼마나 위력적인가! 암수가 특정한 이성을 계속 선택하는 것처럼 곤충과 꽃, 그리고 꿀벌과 토끼풀도 서로를 계속해서 선택하고 또 선택받는다.

생물과 생물 간의 관계, 그리고 생물과 조건과의 관계 이외에 따로 어떤 '자연이'가 있어서 개가 선택하는 게 아니다. 자연선택은 '자연스러운 선택'이다. 생물들이 자연스럽게 자신의 활동을 열정적으로 펼치는 과정이요, 이것이 선택효과를 내고 더욱 강화시켜 가는 과정이다. 자연선택 과정을 생물은 아무것도 하지 않고 다만 유리한 변이가 경제 원리에 의해서 보존/강화될 뿐이라는 이미지는 얼마나 '부자연'스러운가!(적자생존이라는 표현은 생물체들의 이런 상호작용을 현저하게 약화시킨다). 꿀벌들의 주둥이가 변화하는 것도 마찬가지다. 수많은 꽃과 곤충들은 자신의 변화로 인하여 상대방을 변화시키고 또한 상대방의 변화를 받아서 자신이 변화된다.[38] 그리고 이 과정이 습성화되어서 안정적인 패턴을 이루게 되었을 때 이들은 서로 독립된 개체라기보다는 하나의 과정에 참여하는 한 구성원이 되었다. '서로가 없으면 살 수 없는 관계.' 이걸 기존의 꽃과 꿀이 상화(相和)관계를 통해서 자신의 이익을 더 많이 충족시킨다고 보아야 할까? 오히려 꽃과 곤충 모두가 이전과는 전혀 다른 삶의 패턴을 살게 되고, 전혀 새로운 욕망을 가지고 표현하게 되었다고 보는 것이 더 적합하지 않을까? 그들은 하나의 무리로서 공생한다고 해야 하지 않을까?(함께 살지는 않지만 만나지 못하면 죽고 못 사는 끈끈한 관계). 꽃과 곤충의 새로운 욕망과 새로운 관계, 그리고 변신. 이것이 바로 풍매화(風媒花)만 있던 세상에서 충매화(蟲媒花)를 진화시켰다.[39]

토끼풀과 꿀벌의 오묘한 관계를 살핀 다음 다윈이 주목한 것은 바로 같은 종의 개체 간에 **일반적으로** 교배가 일어나는 사태였다. 교잡과 교배가 동식물계에서 널리 행해진다는 것은 다윈의 자연선택설에 빠져서는 안 될 중요한 요소였다. 헌데 이런 다윈의 주장에는 심각한 난점이 있었다. 자연계에 현실적으로 "자웅동체 동물이 많이 존재하고, 또한 대다수의 식물은 자웅동체"기 때문이다. 자웅동체 동물도 만만치 않은 문제지만, 식물이 다른 식물을 꼬셔서 교배를 한다는 게, 게다가 그게 일반적이라니…… 대체 가능키나 한 일인가!? 다윈은 여기서도 고명하신 학자들 대신 육종가들에게 기댄다.

---

38) 이와 관련하여 화이트헤드의 "현실적 존재"론을 보자. "현실적 존재를 지금의 그것일 수 있게 하는 것은 그것에 주어지는 과거의 여건만이 아니다. 그것은 또한 그 자신이 다른 현실적 존재들에 여건이 됨으로써 지금의 그것이 되고 있는 것이다. 따라서 그것의 상대성은 후속하는 현실적 존재들과의 관계까지도 포섭하는 개념이다." "한 현실적 존재를 지금의 그것으로 만드는 요인은 첫째 그것에 주어지는 여건으로서의 현실 세계와, 그 현실적 존재를 포함하는 현실 세계를 여건으로 하여 새로이 생성될 현실적 존재들이다. 현실적 존재는 선행하는 현실적 존재들을 객체화시키고 후행하는 현실적 존재들에 객체화됨으로써 지금의 그것으로서의 동일성을 지니게 되는 것이다. 현실적 존재가 근본적인 상호관계성, 즉 상대성을 갖는다는 것은 이런 의미에서다." 문창옥, 『화이트헤드과정철학의 이해: 문명을 위한 모험』, 통나무, 1999, 43~46쪽.

39) 다윈이 식물 연구를 통해 얼마나 경이로운 세상을 보았는지에 대해 관심이 생긴 독자들은 이 책의 8장 끝에 붙인 「다윈의 식물 연구(식물의 수정)」를 보아 주시기 바란다. 실험과정과 결과 모두 놀랍고 흥미진진하다.

식물계에서 보편적으로 행해지는 교배

첫째로 나는 대부분의 육종가들이 굳게 믿고 있는 신념과 일치하는 지극히 많은 사실들을 모아 보았다. 그들의 신념이란 **동물이건 식물이건 서로 다른 변종 사이의 교배로, 또는 같은 변종이라면 계통이 다른 개체 사이의 교배로 태어난 자손이 강건하고 다산성이라는 사실, 반면 근친 간의 동계(同系) 교배로 태어난 자손들은 강건성과 다산성이 감소된다는 사실**이다. 이런 연유로 해서, 모든 생물이 자손을 영속시키기 위해 자가수정을 하지는 않는다는 사실이 자연계의 일반적 법칙이며, 설령 매번까지는 아닐지라도 (아주 오랜만에 한 번씩일지라도) 다른 개체와의 교배가 이루어져야 한다고 나는 믿게 되었다.(pp. 96~97)

다윈은 지금 생물들이 대부분 매번 혹은 가끔씩이라도 다른 개체와 교배하는 게 자연계의 일반적 법칙이라고 말했다. 게다가 잡종강세와 근교약세라는 현대 생물학의 상식을 미약 발견하여 그 또한 일반적인 법칙임을 선언하고 있다(다윈이 잡종강세 및 근교약세라는 놀라운 현상을 발견하는 가슴 떨리는 과정은 8장 마지막 대목인 **"다윈의 식물 연구『식물의 수정』"**을 참고하시기 바란다).

이것이 자연계의 법칙이라고 믿지 않고서는 도저히 이해할 수 없는 많은 사실들이 있다. 잡종을 육성하는 사육자는 누구나 꽃을 습기차게 하는 게 수정에 좋지 않다는 걸 알고 있다. 하지만 얼마나 많은 꽃들이 꽃밥과 암술머리를 외부의 기후조건에 그냥 노출시키고 있는가? 참으로 이해하기 힘든 일이다. 그런데 만약 내가 말한 자연계의 법칙에 따라 때때로 교배가 필요하다고 생각하면 이 문제는 쉽게 이해된다. **식물은 기관들을 노출시킴으로써 다른 개체의 꽃가루가 자유로이 들어올 수 있는 여건을 마련하고 있는 것이다.** 게다가 대부분 식물의 꽃밥과 암술은 자가수분을 할 수 있을 정도로 근접해 있다는 점까지 생각해 보면 사태는 더욱 쉽게 이해된다.(p.97)

한편 나비꼴꽃, 즉 콩과(科)의 꽃의 경우 결실기관이 빈틈없이 닫혀 있는 꽃도 많다. 이런 꽃들의 경우, 꽃의 구조와 벌들이 그 꽃의 꿀을 들이마시는 방식은 신기할 정도로 상호적응하고 있다. 벌이 꿀을 들이마실 때 그 꽃의 꽃가루를 암술머리 위로 밀어 올리거나, 또는 다른 꽃에서 꽃가루를 옮겨 오기도 하는 것이다. 나는 실험을 통하여 나비꼴꽃에 벌의 방문이 확실히 필요하다는 것을 확인할 수 있었다. 벌이 이 꽃에서 저 꽃으로 날아다니며 꽃가루를 옮기는 것은 아주 보편적인 일이며, 이러한 벌과 꽃의 상호적응 상태가 그 꽃에게 크게 유익한 것 또한 사실이다.

그런데 여기서 주의할 것은, 이런 방식 때문에 서로 다른 식물 종 사이에 많은 잡종이 태어날 거라고 상상해서는 안 된다는 점이다. 만일 어떤 식물의 암술에 그 식물과 같은 종류의 꽃가루와 다른 종류의 꽃가루가 동시에 묻는다면, 게르트너(Gärtner)가 증명했듯이 전자가 우세한 작용을 나타내어 반드시 다른 종류의 꽃가루의 영향력을 완전히 분쇄할 것이기 때문이다.(pp.97~98)

요컨대 대다수의 식물은 암수한그루일지라도 몇 가지 메커니즘에 의해 자가수분을 억제한다는 점, 벌이 중요한 역할을 수행한다는 점, 만일 같은 종류의 꽃가루와 다른 종류의 꽃가루가 경쟁하게 될 경우에는 식물이 자체적으로 후자를 분쇄해 버린다는 점. 식물은 이런 메커니즘을 결합하여 강건성과 다산성을 높이면서도 동시에 헛된 낭비를 방지할 수 있는 것이다.

어떤 꽃의 수술이 갑자기 암술을 향해 세게 튀어 오르거나 하나씩 차례로 천천히 암술 쪽으로 움직일 때, 그 장치는 단지 자가수정을 보증하도록 적응해 있는 것처럼 보인다. 그것이 이 목적에 유익하다는 것도 의심할 바가 없다.(p. 98)

이런 현상이 많은 학자나 일반인들에게 얼마나 정묘(精妙)해 보였겠는가? 이로부터 학자들은 식물이 틀림없이 자가수정한다고 믿을 수밖에 없었다. 나아가 그런 장치는 전지전능하신 어떤 존재(혹은 섭리라고 해도 마찬가지다)가 뛰어난 지성으로 설계해서 선물해 주신 것임에 틀림없다고 믿었다. 그렇지만 다윈은 달랐다. 귀여운 곤충들의 응원을 받으며 다윈이 입을 연다.

그러나 쾰로이터(Köleuter)가 매자나무를 가지고 증명했듯이, 수술이 세게 튀어 오르게 하는 데에는 곤충의 도움이 종종 필요하다. 언뜻 보면 매자나무는 자가수정을 위해 특수한 장치를 가지고 있는 것 같지만, 이 속(屬)에서 아주 닮은 종류의 것이나 여러 변종을 상호 간 근접해서 재배해 보면, 순수한 묘목을 키우기가 거의 불가능할 만큼 대량으로 자연스럽게 교배가 발생한다는 걸 잘 알 수 있다. …… 슈프렝겔(Sprengel)의 저서나 나 자신의 관찰로 알 수 있었듯이, 암술머리가 자기 꽃의 꽃가루를 받아들이지 못하게 효과적으로 방해하는 특별한 장치(contrivances)가 있다.(p. 98)

심지어 자기 꽃의 꽃가루를 들어오지 못하게 저지하는 장치까지 있다!?[40] 그리고 그런 블로킹 장치가 없는 식물들은 시간차 플레이를 한다. 보시라!

예컨대 로벨리아 풀겐스(Lobelia fulgens)의 경우, 각각의 꽃에는 암술머리가 꽃가루를 받을 준비를 하기 전에 많은 꽃가루들을 싹 쓸어가 버리는 참으로 멋진 정묘한 장치(a really beautiful and elaborate contrivance)가 있다. 이런 **특수한 기계적 장치**가 없는 식물들은 암술머리가 수정할 채비를 마치기 전에 꽃밥이 여물어 터지거나, 꽃의 꽃가루가 준비되기 전에 암술머리가 먼저 준비됨으로써 실제로는 성이 나뉘

---

40) 다윈은 신이든, 인간이든, 생물이든, 무생물이든, 이 세상의 진화 전체를 주도하는 어떤 주체도 허용하지 않았다. 다만 다양한 생물들과 무생물의 상호작용에 의해 자연스러운 선택이 이루어질 따름이었다. 다른 한편 그는 자연선택의 이런 측면에 대해 사람들이 너무 수동적인 적응 이미지를 갖게 될까봐 큰심겠다. 그래서 기회 있는 대로 생물들이 서로 얼마나 역동적으로 상후작용을 하는지 강조하였다. 그러나 그것으로도 성에 차지 않았던 다윈은 능동성을 좀더 강조하기 위해 '장치'(혹은 고안물, contrivance)라는 단어를 사용하기도 했다. 그러나 이런 측면을 강조하다 보면 다시 생물 자체가 의식적으로 무언가를 만들어 낸다든가 그런 본능이 원래부터 있었다는 함의를 가질 위험성이 있다. 생물이 뭔가를 만들어 낸다든가, 생물에 내재하는 본능 따위를 주장하는 것은 신학을 세속적으로 변형시킨 것에 불과했다. 선험적인 주체도 없고 수동적인 적응도 아닌, 역동성으로 충만한 세상, 그것이 바로 다윈이 본 세상의 모습이었다.

어진다. 이런 식물들의 교배는 구조를 이용한 게 아니라 습성을 이용한 것이다. 같은 꽃의 꽃가루와 암술머리의 표면이 마치 자가수정을 위해서인 양 근접한 위치에 있으면서도 이처럼 많은 경우에 서로 무용하다는 것은 얼마나 기이한가! 그렇지만 다른 개체와 이따금씩이나마 교배하는 것이 유리하다는, 혹은 불가피하다는 견해에 입각하면 이런 기이한 사실들은 또 얼마나 간단하게 설명되는가!(pp. 98~99)

너무나도 기이한 사실들이 너무나도 간단하게 설명된다. 막연한 생각이나 직접적인 관찰에 따르면 분명히 자가수정을 할 것 같다. 실제로 다윈 이전의 학자들은 그렇게 생각했고, 수천수만 번 관찰을 거듭했어도 여전히 확고한 사실이었다. 그런데 자연 자체가, 사실 자체가 우리의 직관과 다른 것이다. 물론 이전의 학자들도 그런 '사실'들을 심심치 않게 관찰하였다. 그러나 그런 사례들은 발견되자마자 자명해 보이는 이론에 입각하여 해석당했고, 끝내 저항하는 놈들은 저 구석탱이에 마련되어 있는 '예외'라는 이름의 특실로 정중히 끌려가곤 했다.

동물계에서 보편적으로 행해지는 교배

육지에는 육생 연체동물이나 지렁이처럼 약간의 암수한몸 동물들이 살고 있으나 이들은 모두 짝짓기를 한다. 육생동물 중에 자가수정을 하는 경우는 한 번도 본 적이 없다. 대부분의 생물들은 반드시 교배하는 것이 필요하다는 견해에 입각하면, 동물들은 식물들처럼 **곤충이나 바람** 같은 매개 수단이 없기 때문에 두 **개체가 직접 나서서** 이따금 교배할 수밖에 없는 것이다. 수생동물 중에는 자가수정하는 자웅동체 동물이 많다. 그러나 수중에서는 물의 흐름이 이따금 교배하기 위한 명백한 수단이 된다. 한편 만각류(蔓脚類)는 이런 관점에 부합하지 않는 매우 곤란한 경우라고 오랫동안 생각해 왔다. 하지만 나는 다행히 어떤 기회에 자가수정하는 자웅동체 동물인 두 개체도 때때로 교배한다는 걸 입증할 수 있었다.(pp. 100~101)

이런 모든 고찰과 (이미 수집했지만) 여기서 다 말하지 못한 많은 특수한 사실들에 입각해 볼 때, 식물이나 동물은 모두 다른 개체와 **이따금 교배하는 것이 자연의 법칙**으로 여겨진다. 이 견해와 관련하여 난점이 한두 가지가 아니라는 것을 나는 잘 알고 있으며, 그 중 몇 가지를 지금 연구하고 있는 중이기도 하다.(p. 101)

다윈은 교배하는 게 자연법칙이라고 말한다. 이것은 앞서 나왔던 다윈의 법칙관에서 보면 극히 당연한 것이다. "내가 말하는 '자연법칙'에서 '법칙'이라는 말은 우리에 의해 확인된 사건들의 연쇄(the sequence of events)를 의미할 뿐이다". 다양한 생물과 무생물들이 복잡한 상호작용을 하는 과정에서 생산되는 일정한 상관관계, 그것이 바로 자연법칙이다. 자연의 복잡한 사건들이 다양한 법칙들을 생산하지, 법칙이 먼저 있어 자연계의 사건들이 거기에 지배당하는 게 아니다. 법칙들은 상호작용 속에서 자연스럽게 생산되며, 생물과 무생물들은 스스로 생산한 법칙을 따르게 된다.
법칙을 **따른다**고 하면 뭔가 신성불가침의 섭리가 있고 그것을 생물과 무생물이 준수한다는 이미지가 떠오른다. 이것이 바로 교회에서 신(의 섭리)이라고 부르는 것이며 실험실에서 법칙이라고 운위하는 것이다. 하긴 본래 신학의 법, 과학의 법(칙), 전제 체제의 법은 모두 같은 말이 아니던가! 만백성이 전제 군주 및 그가 세운 법을 따라야 하는 것처럼, 이 세상 만물은 신의 명령 혹은 자연법칙을 따라야 한다는 것. 그렇지 않고서는 실존 자체가 허용되지 않는다는 정언명령? 다윈은 생물과 무생물의 복잡한 상호작용 속에서(사건들의 연쇄) 법칙이 생산된다고 말함으로써 이런 전통적 법칙관을 비판하고 있다. 그리고 우리는 4장이 끝나기 전에 다윈이 이보다 훨씬 더 나아가는 아찔한 장관을 보게 될 것이다. 법칙을 구성하는 자들이 스스로 그 법칙으로부터 벗어날 것이다.

교잡 : 지극히 어렵고도 중요한 문제

가만 있자, 읽어 보니 재밌긴 한데 우리가 지금 무슨 얘길 하고 있는 거지? 4장 「자연선택」에 들어와 '자연선택의 상상적인 예들'을 다루다가 그만 교배 문제에까지 이르게 되었네! 읽어 보신 바와 같이, 다윈이 말하는 내용이 놀랍긴 하지만 이해 못할 만큼 어려운 얘기는 전혀 아니다. 문제는 교잡이라는 이 얘기가 자연선택이라는 주제와 어떻게 연관되는지다.

교배와 교잡이 활발해지면 자손들이 대체로 강건해지고 다산성도 강화된다. 따라서 어떤 생물이든지 가끔씩이라도 다른 종류와 교배를 하는 게 생물계의 일반적 법칙이다. 그런데 혹시 그런 과정을 통해 종들의 질서가 어지러워지거나 자손이 정상적으로 태어날 확률이 크게 낮아질 수도 있지 않을까? 혹은 우연히 발생한 변이들, 특히 유리한 변이들이 혼합유전의 강력한 효과로 인해 희석되지는 않을까? 희석효과는 지속적이고 강력하지만 변이는 아무런 방향도 없고, 또 지속되리라는 보장도 거의 없는 것이니 말이다. 게다가 조상의 형질로 회귀하는 경향도 언제든지 변이를 없애 버릴 수 있는 무시할 수 없는 놈이었다.

이런 난제 앞에서 다윈은 언제나 그랬듯이 사유의 힘과 자연에서 관찰한 사례들로 맞선다.

우선 자연선택에 의한 진화가 점진적인 누적에 의한 것이긴 하지만, 그 시간이 한없이 늘어지는 것만은 아니다. "모든 생물은 이른바 자연의 질서 속에서 자신의 적절한 생태적 지위를 차지하려고 노력하고 있으므로, 만약 어떤 종이 그의 경쟁자와 비슷한 정도로 변화, 개량되지 못한다면 그 종은 당장 소멸해 버리고 말기 때문이다." 한편, "새끼를 낳을 때마다 교배하는 동물, 많이 돌아다니는 동물 등을 생각해 보자. 이들(예컨대 조류)의 경우 변종은 일반적으로 각각 서로 다른 지역에 살게 될 것이다. 실제로도 그렇다고 나는 생각한다". 이러한 교잡에 의해 생겨나는 변종들은 각기 떨어진 지역에 살면서, 비슷한 변이를 갖고 있는 변종들끼리 교배를 하게 될 것이다. 종의 질서가 어지럽혀진다든가 희석효과가 강력한 효과를 발휘하기 어려운 상황이 아니겠는가!

이따금 교배하는 자웅동체 생물이나, 새끼를 낳을 때마다 교배하지만 이동하는 일이 적고 그 수가 매우 급속히 증가하는 동물들의 경우, 개량된 새로운 변종은 어느 지점에서도 신속히 생겨날 수 있으며, 또한 거기서 힘껏 살아갈 수 있고, 그 때문에 교잡이 발생해도 주로 같은 새로운 변종의 개체들 간에 행해지는 것이다. …… 게다가 같은 지역이라도 같은 동물의 여러 변종들은 저마다 다른 구역 내에서 살기 때문에, 또 약간은 서로 다른 계절에 번식하기 때문에, 또 변종들은 같은 종류의 변종과 짝짓는 것이 보통이기 때문에, 오랫동안 다른 변종인 채로 살아갈 수 있다는 것을 보여 주는 많은 사실을 나는 열거할 수 있다.(p. 103)

교배나 교잡은 오랜 세월 동안 보편적이지 않다고, 또 발생하더라도 기형적이거나 생존력이 약한 자손이 태어난다고 믿어져 왔다. 그리고 간혹 발생하는 유리한 변이들을 순식간에 희석시킨다고 믿어져 왔다. 다윈도 그러한 사실들을 완전히 부정하지는 않는다. 하지만 그는 오랜 연구를 바탕으로 정반대의 측면이 강하게 작동한다고 주장할 수 있었다.

[이런 식으로 이루어지는] 교잡(intercrossing)은 자연계에 있어서 같은 종이나 같은 변종의 여러 개체의 형질을 변화시키지 않고 균일성을 유지하는 데 매우 중요한 역할을 한다. 이들의 교잡이 설령 아주 오랜 시간에 한 번씩뿐일지라도 거기서 생겨난 새끼는 오랜 기간에 걸친 자가수정에 의해 태어난 새끼보다 **훨씬 강하고 또한 다산**이고, 그 때문에 살아남아 같은 종류를 늘릴 기회가 많다는 사실, 따라서 **오랜 세월 뒤에는 교잡에 의한 자손 쪽이 큰 영향력을 가지게 될 것임에 틀림없다**고 나는 믿는다.(pp. 103~104)

대륙이냐 섬이냐?

『종의 기원』에서 이 언저리를 읽을 때 쉽지 않다고 느껴지는 것은, 다윈이 당연해 보이는 여러 가지 통념들에 한꺼번에 대항하며 논의를 전개하고 있기 때문이다. 식물들이 자가수정한다고 믿었던 시대에 타가수정의 보편성을 말하고, 곧바로 근교약세와 잡종강세라는 충격적인 주장이 뒤를 이었다. 이제 이야기할 내용도 그러하다. 만일 사람들에게, 교잡이 활발하게 이루어지면서도 질서정연하게 이루어지는 조건을 생각해 보라고 한다면 대부분이 격리된 작은 지역을 떠올릴 것이다. 다윈은 그것이 어느 정도 작용은 하겠지만, 전체적인 비중에 있어서는 극히 미미할 것이라고 생각했다. 뭐라고?

그래서 넓은 바다 한가운데의 섬은 언뜻 보아 새로운 종을 생성하기에 대단히 알맞을 것 같다. 하지만 그런 생각이야말로 큰 착각을 불러일으킬 것이다. 격리된 작은 지역과 대륙 같은 개방된 큰 지역 중 어느 쪽이 새로운 생물을 형성하는 데에 유리한가를 확인하려면 동일한 시간을 주고 비교해 봐야 하는데, 그것은 물론 현재 우리에게는 불가능한 일이다.(p. 105)

뭐야, 결국 잘 알 수 없다는 이야기 아냐? 물론 이걸로 끝나는 것은 아니다.

새로운 종의 생산에 격리가 상당히 중요하다는 것을 나는 의심치 않지만, 전체적으로 보자면 지역이 넓은 편이 특히 장기간에 걸쳐 존속하고 널리 분포하는 종의 생성을 위해서는 더 중요하다고 나는 믿게 되었다.(p. 105)

어째서 그럴까? 지역이 넓으면 개체수도 많아 변이가 희석되기 더 쉬울 것 같은데…….

개방된 넓은 지역에서는 전체적으로 같은 종의 개체가 많으므로 유리한 변이가 나타날 기회가 많을 뿐만 아니라, 기존의 종이 많기 때문에 **생활조건이 무한히 복잡해진다**. 만약 그런 많은 종 가운데 어떤 것이 변화되거나 개량되면, 다른 것도 그에 상응하는 정도로 개량되어야 한다. 그렇지 않으면 그런 종은 모두 절멸하고 말 것이다. 새로운 각각의 생물들도 역시 크게 개량되자마자 개방되어 있는 지역에 퍼질 수 있게 되니까 보다 많은 다른 것들과 경쟁하게 될 것이다. 따라서 격리된 작은 지역보다도 큰 지역 쪽이 **새로운 장소가 보다 많이 형성되고** 그런 장소들을 차지하기 위한 **경쟁이 더 격렬해질 것이다**.(pp. 105~106)

여기서 "새로운 장소가 보다 많이 형성된다"는 대목이 중요하다. 우리는 흔히 자연조건을 정적인 것으로 치부하는 경향이 있는데, 다윈의 자연조건은 대단히 역동적인 것이었다. 온도나 습도 등이 끊임없이 변하는 것은 물론이지만, 그보다 중요한 것은 생물과 생물의 관계이며, 이를 통해 소위 외적인 자연조건들도 다른 의미로 변형된다. 예컨대 온난한 기후를 좋아하는 어떤 작은 동물이 있다고 해보자. 그 동물이 사는 지역의 기후가 온난해지면 좋은 것일까? 대부분은 그렇다고 답할 것이다. 그러나 다윈에게 가장 중요한 것이 무엇이었던가? 바로 생물 대 생물의 관계 아닌가? 그러므로 기후의 온난화가 생물계 전반에 어떤 영향을 끼칠지를 잘 살펴야 한다. 당장 그 동물을 즐겨 먹는 포식동물 또한 온난한 기후에서 가장 쾌적하게 활동할 수도 있기 때문이다. 어쩌면 조금 쌀쌀해지는 쪽이 그 포식동물의 활동을 위축시킴으로써 작은 동물에게 유리할 수도 있다. 생물의 '장소'라는 다윈의 개념은 자연에 존재하는 무기적인 '공간'이라기보다는 생물과 생물 간의 관계에 의해 새로 열리기도 하고 닫히기도 하는 역동적인 '장소'다. 작은 동물과 포식동물이 모두 좋아하는 더 작은(더 약한) 동물이나 서식처, 활동 시간대를 생각해 보라. 포식동물이 건재하는 한, 이 모든 여건들이 작은 동물에게는 그림의 떡에 불과할 것이다. 하지만 날씨가 조금 쌀쌀해져서 포식동물들이 그 지역을 떠나 버린다면 이 모든 것은 작은 동물에게 호박이 넝쿨째 굴러 들어오는 셈이다. 일단 자신에게 가장 쾌적한 곳에 서식처를 정한 다음, 자신이 가장 좋아하는 시간대에 활동하면서, 포식동물에게 잡아먹힐 염려 없이 맘껏 더 작은 동물들을 잡아먹으러 다닐 것이다. 이때 이 동물에게는 새로운 '장소'가 열린 셈이다.

 날씨 중에서 기온 하나만 갖고 생각해도 이렇게 역동적인데, 실제 외적인 조건들과 생물들 간의 관계는 얼마나 역동적이겠는가? 나아가 어떤 개체군에 유용한 변이가 발생하여 이전에는 이용하지 못하던 장소나 시간이나 먹이들을 누리게 된다면, 그가 그때까지 누리던 조건들은 그와 경쟁관계에 있던 동물들에게는 신천지가 열리는 셈이 된다. 이리한 변화는 그 지역 전체의 무수한 상호관계에 매우 입체적인 변동을

초래할 것이다.[41]

드넓게 열려 있는 장소가 자연선택에 더 유리한 이유는 첫째, 이처럼 경쟁도 치열하고 또 새로운 장소들도 자주, 많이 열리기 때문이다. 둘째, 다윈에게 진화는 이 세상의 본질적인 사태이지, 격리된 좁은 공간에서만 '예외적으로+근근이' 일어나는 사태가 아니었기 때문이다. 물론 이런 판단에는 그가 영국의 유복한 계층 출신이라는 점도 크게 작용했다. 경쟁은 필연적이며 그것이 좋은 결과를 위해 불가피하다는 것은 영국을 비롯한 유럽 지배계층의 공통적 신조요 생활감각이었다. 그런데 또한 이 대목은 다윈이 근대 경제학을 받아들이면서도 어떻게 비틀었는지를 잘 보여 준다.

맬서스로 대표되는 근대 경제학은 제한된 장소와 식량으로 인해 사람들 간에 격렬한 경쟁이 불가피하다는 세계상을 갖고 있었다. 한마디로 유한성과 희소성의 세계였다. 거기서 가능한 일은 새로운 장소를 개척하는 것과 (농업)생산력의 발달뿐이다. (농업)생산력은 아무리 높아져도 등차수열의 비율을 넘어설 수 없고(그에 반해 인구는 등비수열로 증가한다), 지구 또한 유한하기 때문에 개척할 여지는 언젠가는 무(無)

---

41) 야곱 폰 윅스퀼(Jakob von Uexküll)이 「동물과 인간 세계로의 산책」(A Stroll Through the Worlds of Animals and Men, 1957)에서 말한 '생활세계'(주변세계, Umwelt)도 다윈의 장소 개념과 함께 생각해 볼 만하다. 그는 같은 지역에 사는 동물이라도 경험하는 유기적 경험은 저마다 다를 수 있다고 생각했다. 그런데 기존의 '세계', '경험', '자연', '현실' 같은 용어는 그 다른 세계들을 충분히 설명할 수 없었기 때문에 새로운 용어를 만들어 낸 것이다. 주디스 콜·하버트 콜, 『떡갈나무 바라보기 : 동물들의 눈으로 본 세상』, 후박나무 옮김, 사계절, 2002, 20~23쪽. 간단한 예를 들자면, 초음파를 경험하는 박쥐의 세계나 (우리는 직접 볼 수 없는) 냄새와 흐릿한 영상 세계에서 살아가는 개, 그리고 자외선을 포함한 세계 속에서 살아가는 곤충이나 조류들을 생각해 보라(예컨대 푸른박새 수컷은 머리 꼭대기의 푸른 부분에서 자외선을 강력하게 반사하는데, 이로 인해 수컷의 번식 성공률이 높아진다).

가 된다. 그러므로 인간의 최선은 우울한 표정으로 금욕적인 생활을 하는 것뿐이다.

다윈의 장소 또한 기본적으로 격렬한 투쟁의 장이었으며 무한정 확대될 수는 없다는 점에서 적지 않은 공통점을 가지고 있다. 그러나 다른 점도 있었다. 다윈의 장소는 우선 생물과 생물의 관계 및 조건과의 관계가 변함에 따라, 끝없이 넓어지기도 하고 좁아지기도 하는 동적인 장이었다. 그리고 (조금 뒤에 나올) 생물의 '형질 분기'로 인해 언제라도 새로운 공간이 창출될 수 있는 장이기도 했다. 다윈의 세계 속에서 생물들은 물리적으로 제한된 장소에서 치열한 투쟁을 벌이지만, 동시에 생물들의 열정적인 분투로 인해 새로운 세계들이 한없이 창출되는 무한한 장이기도 했다. 여기서 특히 중요한 것은 이 모든 사태를 개체 중심으로 협소화시켜서는 안 된다는 사실이다. 생물들의 생활세계는 개체마다는 물론이요, 개체군마다, 종마다, 또 더 상위의 단위마다 모두 다르다. 더 정확히 말하자면 그런 분류 단위들보다 '꿀-곤충'이라든가, '바람-새-바다-섬'처럼 생물과 무생물들이 함께 얽히는 공생체들이 중요하다고 할 수 있다. 마지막으로 가장 중요한 것은 이런 생활세계는 일방적으로 주어지는 '환경'이 아니라, 생물과 무생물들이 만들어 내는 세계라는 점이다. 그런 점에서 '생활세계'는 '상호관계' 혹은 상호의존이라는 말의 다른 표현이라고도 할 수 있다. 생물과 무생물 대중이 세계'들'을 만들고, 그 세계의 리듬을 부드럽게 타며, 때로 그 제약으로부터 빗어남으로써 또 다른 세계들이 만들어지는 무한한 창출의 흐름(꽃이 꿀벌의 영양기관과 접속되고, 꿀벌이 꽃의 생식기관과 접속되는 상상을 초월하는 변신을 보라!).

결론을 내리자. 격리된 작은 지역이 새로운 종의 형성에 유리한 측면도 있지만, 변화의 경과는 일반적으로 큰 지역 쪽이 보다 빨랐다. 그리고 더 중요한 것은, 큰 지역에서 생성하여 이미 많은 경쟁자를 이긴 새로운 생물은 가장 널리 분포하는 것이고, 가장 많은 변종이나 종을 생겨나게 하는 것이어서 생물계의 변화의 역사에서 중요한 역할을 한다는 사실이다.(p. 106)

작은 섬에서는 생활상의 경쟁이 그리 격렬하지 않기 때문에 변화도 대단치 않고 멸종도 비교적 적었던 것 같다. 그리하여 새로운 생물도 넓은 구역에서보다 완만하게 형성되고, 오래된 생물도 더디게 멸종할 것이다. 바다나 대륙에 비해 작은 민물 지대를 보자. 민물 속에는 일찍이 우세했던 목(目)의 유물이라고도 할 수 있는 경린어류(硬鱗魚類)의 일곱 가지 속(屬)이 생존해 있다. 또한 민물 속에는 오리너구리 및 레피도시렌[Lepidosiren, 폐어류의 일종]처럼 현재 온 세상에서 가장 이상한 생물로 알려져 있고, 화석과 마찬가지로 자연의 단계에 있어서 현재로서는 매우 멀어져 있는 여러 목(目)들을 어느 정도까지 연결하고 있는 생물이 발견되고 있다. 이런 이상한 생물은 살아 있는 화석이라고 불러도 무방할 것이다. 이런 생물은 국한된 지역에 살면서 덜 격렬한 경쟁 속에서 현재까지 살아남았던 것이다. 또한 작은 대륙 오스트레일리아의 생물들이 넓은 지역인 유라시아 대륙의 생물에게 굴복했고, 현재도 분명히 굴복하고 있는 사실을 보라.(pp. 106~107)

이리하여 다윈은 격리된 좁은 지역보다 광대하게 열려 있는 지역 쪽이 진화에 더 유리하다고 보았다. 그러나 그것 또한 고정되게 바라보아서는 안 된다. 다음을 보라.

육지에 서식하는 생물의 경우, (아마도 해수면이 여러 차례 변동하면서 장기간에 걸쳐 여러 지역으로 단절될 수 있겠지만, 그래도) 광대한 대륙 지역이 오래 존속하고 널리 분포하는 새로운 종류의 생물들을 많이 생성시키는 데 가장 적합한 장소다. 왜냐하면 그 지역은 처음에는 대륙으로서 존속했고, 해당 시기에 개체수나 종류 모두 많았던 **거주자들**[42]이 몹시 격렬한 경쟁을 했을 것이기 때문이다. 땅이 가라앉아 몇 개의 서로 떨어진 큰 섬으로 나뉘어졌을 때, 각각의 섬에는 여전히 같은 종의 개체들이 많이 살고 있었을 것이다. 이 때문에 각 종의 분포 구역의 경계에서 이뤄지는 교배는 방해를 받았을 것이다. 게다가 어떤 종류의 물리적 변화가 일어난 후에, 이주는 저지당하고 각 섬의 체제(the polity of each island)에서의 새로운 장소는 종래의 거주자의 변화에 의해 채워져 갔을 것이다. 그리고 각 장소에서 변종들은 충분히 변화하고 완성되기 위한 시간이 주어질 것이다. 땅이 다시 융기하여 섬들이 이어져 대

---

42) 앞에서도 언급했듯이 『종의 기원』에서 사용된 많은 단어들은 다윈이 고심에 고심을 거듭하여 선택한 말들이다. '동식물'이라고 할 수도 있었겠지만 '거주자들'(inhabitants)이라고 지칭함으로써 은연중에 사람까지 포함시킨 대목을 보라. 독자들은 내용만이 아니라 다윈이 선택한 용어들로 인해 『종의 기원』의 내용을 단지 금수들의 이야기로만 지부할 수가 없었다. 성공하기 위해서는 좁은 지방에서 일등하기보다는 넓은 대도시에 가서 치고받고 뒹굴어야만 한다는 걸 연상하는 독자들도 있었을 테고, 점점 더 치열해지는 대도시의 경쟁상을 개탄하는 독자들도 있었을 것이다. 비좁은 보호구역이나 고산지대로 쫓겨나는 원주민들이 눈에서 가시지 않았던 독자들, 그리고 조국 영국이 국내에 안주하지 않고 전세계를 누비며 국력을 키워 나가는 모습에 긍지를 느끼던 독자들도 있었을 것이다. 참고로 '거주자'라는 표현 자체는 이전에도 박물학에서 종종 사용된 용법이었다. 다윈은 이 용법을 『종의 기원』의 풍요로운 맥락 속에서 대단히 효과적으로 살려 쓴 것이다.

륙이 되면 다시 격렬한 경쟁이 재개된다. 가장 적합하고 가장 개량된 변종이 분포 범위를 넓혀 갈 수 있을 것이다. 개량이 뒤떨어진 많은 종류들이 멸종되고, 새로 갱신된 대륙의 여러 거주자의 상대적인 비율 또한 변화될 것이다. 그리고 거주자를 더 한층 개량해 새로운 종을 생성시키는 자연선택이 또다시 충분한 작용을 할 수 있는 장이 펼쳐질 것이다.(pp. 107~108)

이 경우에는 격리된 좁은 지역이라는 조건이 새로운 종의 형성을 촉진한다. 이것은 사실 다윈이 연구의 초기에 중시했던 모델이며, 상대적으로 변이가 덜 희석되는 조건이라는 점에서 우리의 상식적인 감각에도 더 잘 부합된다. 또한 현대 진화론의 대표적인 모델 중 하나인 마이어의 '이소성 종 분화'(allopatric speciation) 이론과도 무척 가깝다. 그러나 이후 연구를 거듭한 끝에 다윈은 광대하게 열린 지역 쪽이 진화에 더 유리하다는 결론에 도달한다.[43] 다윈이 현대 진화론이 주장하는 모델을 한때 검토했다가 폐기하고 새로운 모델을 정립했다는 대목은 무척이나 흥미롭다(이 문제는 11장에서 좀더 자세히 다루기로 한다). 이제 다윈의 결론을 보기로 하자.

자연선택이 늘 극도로 완만하게 작용하리라는 것을 나는 전적으로 인

---

[43] 이 문제와 관련해서는 Peter J. Bowler, "Geographical Distribution in the Origin", *The Cambridge Companion to The "Origin of Species"*, eds. Michael Ruse and Robert J. Richards, Cambridge: Cambridge University Press, 2009를 참조. 아울러 Gould, *The Structure of Evolutionary Theory*, p. 226을 참조.

정한다. 자연선택의 작용은 어떤 지역의 자연**체제**(the polity of nature)[44] 안에서, 이런저런 변화를 겪으면서 살아가는 거주자들 가운데 어떤 존재가 상대적으로 더 잘 차지할 수 있는 장소들이 있느냐에 달려 있다. 종종 이러한 장소들의 존재는 대체로 지극히 완만한 물리적 변화가 어떠한지, 그리고 더 잘 적응한 종류가 이 장소로 이입(移入)하는 것이 얼마나 방해받느냐에 달려 있다. 그러나 자연선택의 작용은 그보다는 거주자 중 어떤 존재에 완만한 변화가 생기고, 그 때문에 다른 많은 거주자들간의 상호관계가 교란되는 것에 의존할 때가 더 많을 것이다. 유리한 변이가 생겨나지 않으면 아무 일도 일어나지 않고, 확실히 변이 자체는 항상 지극히 완만한 과정이다. 게다가 이 과정은 자유로운 교잡에 의해서 자주, 그리고 현저하게 지연된다. 많은 사람들은 이러한 몇 가지 원인만으로 자연선택의 작용을 완전히 정지시킬 수 있다고 장담할 것이다. 나는 그렇게 믿지 않는다. 선택의 과정은 완만하지만 약소한 인간이 인위선택의 힘으로 많은 일을 할 수 있는 걸 보면 변화의 양은 물론이요, 자연의 선택력에 의해 오랜 시간 동안에 이루어진 모든 생물의 상호 간 및 생활의 물리적 조건에 대한 상호적응의 아름다움과 극도의 복잡성에 대해서도 한계를 지을 수는 없다.(pp. 108~109)

---

44) 다윈은 외적인 자연조건과, 생물과 생물의 관계 등을 총칭할 때 polity(체제, 정체政體) 혹은 the polity of nature라는 표현을 사용한다. 자연을 이해할 때 생물학적이고 물리학적 차원 못지않게, 아니 그보다 더 정치사회적 차원을 중시했기 때문이다. 앞서 언급한 다윈의 '장소' 개념도 이런 차원에서 사용된 것이다. 흔히 인간을 다른 동물과 구별하고 싶을 때 '인간은 사회적 동물'이라는 아리스토텔레스의 말을 인용하곤 한다. 이 말은 본래 '인간은 정치적 동물(zōon politikon)'이라는 것으로, 인간은 폴리스에서 살아가는 존재라는 인식이 깔려 있었다. 다윈은 자연을 '자연의 체제'라 불렀고, 그 순간 그 속에서 살아가며 서로를 변화시켜 나가는 생물들 또한 정치사회적 생물이 되었다. 참고로 다윈의 polity에는 고대 희랍의 '폴리스'와 근대 이후의 '사회' 개념이 혼재되어 있었다.

멸종이 중요한 결정적인 이유

다음은 멸종과 형질 분기가 이어진다. 멸종은 사라지는 것이고 형질 분기는 새로운 형질들이 점점 더 뚜렷하게 갈라지는 것이다. 이렇게 상반된 두 가지 현상을 하나로 엮어 변이에 강력한 방향성을 부여하는 다윈의 솜씨, 이제부터 즐감하시라! 우선 멸종부터.

자연선택은 유리한 변이를 보존하는 방법에 의해서만 작용할 수 있다. 하지만 모든 생물이 높은 등비수열적 비율로 증가하기 때문에 어느 지역이건 이미 거주자들로 가득 차 있다. 따라서 선택된 적합한 종류의 개체수가 늘어남에 따라 덜 적합한 종류는 개체수가 줄어들어 점점 희소해진다. **지질학이 말해 주듯이, 희소화는 멸종의 전조다.** 물론 구성원이 소수인 종류들은 계절의 변동이나 적(敵)의 수의 변동으로 인해 완전히 멸종하는 경우도 많다. 그러나 멸종이라는 사태는 소수종에게만 국한되지 않는다. 새로운 종류는 끊임없이 생겨나고 종의 수는 무한히 증가할 수 없으므로, 결국 대부분은 멸종하게 되어 있다는 결론을 피할 수 없기 때문이다. 종의 수가 무한히 증가하지 않는다는 것은 지질학에 의해 명백해지고 있는데, 그 이유는 자연의 체제 안에 있는 장소의 수가 무한하지 않기 때문이다.(p. 109)

지질학에 따르면 생물들은 희소해지다가 결국 멸종한다. 혹은 멸종하기 전에 희소화 과정을 밟는다. 이거 뭐 지질학 이전에 너무 당연한 거 아닌가? 그런데 이 말이 뭐가 그리 중요한지, 다윈은 10장에서 이 걸 다시 한번 강조한다. "나는 1845년에 내가 말한 학설을 여기서 반복해 두고자 한다. 즉, 종은 일반적으로 멸종하기 전에 희소해진다." 다윈은 멸종이 자기 생애에서 가장 충격적인 사태의 하나였음을 기회가 있을 때마다 강조했다. 여러 학자들이 여기에 대해 각종 의견을 내면서 심하게 논쟁하기도 했다. 그 모든 사정을 여기서 다 다룰 수는 없다. 지금 이 맥락에서 필요한 것만 조금 짚을 수밖에. 쉽게 접근해 보자. 희소화가 멸종의 전조라고 다윈이 반복 강조하는 것은 곧 다른 학자들은 그렇게 보지 않았다는 뜻이다. 그럼 어떻게? 우선 다윈 이전에는 과연 대멸종이 있었는지부터가 논쟁거리였다. 지질학적 증거들로 볼 때 산발적인 멸종이 일어났다는 건 분명했지만, 과연 그 규모가 어느 정도였는지, 대멸종이라 부를 만한 사건도 있었는지 등이 문제였던 것이다. 게다가 멸종이란 게 그 자체로 놀랍기도 하고 『성경』 내용과도 상당히 어긋나기 때문에 일반인들도 크게 관심을 보였다(멸종을 둘러싼 논란에 관심 있는 독자들은 『대멸종』[45]을 참조하시라). 우리는 이 논란 중에서 일부분만 살펴볼 것이다.

    우선 창조론은 기본적으로 멸종에 반대했고, 대멸종에는 전적으로 반대했다는 점을 염두에 두자. 많은 과학자들이 이런 입장, 특히 대멸종에 강하게 반대하는 입장을 가지고 있었다. 그런데 퀴비에가 등장하여 비교해부학을 무기로 대멸종을 과학적으로 입증하게 된다. 그것이 바로 대홍수로 대멸종이 일어났다는, 그것도 딱 한 번이 아니었다는 퀴비

---

[45] 마이클 J. 벤턴, 『대멸종: 페름기 말을 뒤흔든 진화사 최대의 도전』, 류운 옮김, 뿌리와이파리, 2007.

에의 유명한 복흥수설이다. 과학적 연구 결과로 볼 때 대멸종은 확고한 사실이었다. 그런데 해결은 또 다른 문제를 불렀다. 그렇다면 과연 지금 지구에 살고 있는 이 많은 생물들은 대체 어디서 온 것일까? 대답은 무엇일까? 뭐 길게 고민할 것도 없다. 진화론 쪽은 고려할 가치도 없다. 지구의 역사가 그리 길지도 않은 마당에 매번 멸종이 일어날 때마다 무기물에서부터 고등생물들까지 진화해 나온다는 건 불가능하다. 당연히 새로 창조되었다고 생각할 수밖에. 이견은 이런 창조론 속에서나 가능하다. 창조론적 과학을 극복하면 다른 형태의 창조론적 과학이 나오는 이런 사태, 우리로서는 참으로 적응하기 힘들다.

한편 소수의 과학자들은 진보적 발전법칙에 따라 낡은 종들은 멸종하고 더 고등한 새로운 종들이 진화해 나왔다고 주장했다. 이들이 바로 다윈 이전의 진화론자들이다. 그들은 화석상의 생물들이 시대가 전진함에 따라 점점 더 고등해져 왔다고 말했다. 사실 이런 견해는 증명하기도 힘들고 그렇게 보이지 않는 사례들도 많아서 많은 과학자들이 실증적인 근거하에 이들의 주장에 반대했다. 끝으로 『지질학 원리』의 찰스 라이엘을 살펴보자. 그는 생물들이 멸종한 건 맞지만 대멸종이란 존재하지 않았다고 주장했다. 다만 지구의 환경조건이 변함에 따라 낡은 종류들은 가고 새로운 종류들이 온다고 말했다. 그런데 한번 멸종한 생물이라고 해서 그것으로 끝은 아니었다. 지구의 환경이 유사하게 바뀌면 다시 돌아올 것이기 때문이다. 이러한 순환론자 라이엘이 당대의 진화론에 반대했던 것은 당연한 일이다(라이엘의 기이한 순환론과 멸종관에 대해서는 이 책의 13장의 '발생학' 부분을 참조).

사실 이런 내용은 『종의 기원』 10장에서 자세히 다뤄지는 내용이다.

그런데 미리 말해 두지만, 이 책은 몇 가지 이유 때문에 『종의 기원』 10장을 거의 다루지 않을 것이다. 대신 이 대목에서 그쪽의 얘기도 끌고 와서 함께 다루려는 것인데, 그러다 보니 갑자기 멸종 얘기를 길게 하게 되었다. 10장의 제목은 「생물의 지질학적 천이에 대하여」다. 당시 과학자들이 지층을 연구해 보니 각 지층 속에는 전혀 달라 보이는 생물화석들이 들어 있었다. 이것이 소위 '생물의 지질학적 천이(遷移)'라는 것이다. 과연 이런 현상을 어떻게 해석해야 하는가? 진보적 진화론자들의 이론과 퀴비에의 반복 멸종설, 라이엘의 순환설 등은 저마다의 방식으로 이 질문에 응답했던 것이다. 그리고 다윈의 주장도 그 중 하나였던 것이다. 그럼 다윈은 어떤 주장을 했는가? 이를 알기 위해서는 9장 및 (특히) 10장을 자세히 살펴봐야 하지만, 조금 아까 말한 대로 우리는 이를 자세히 다루지 않을 것이다. 다만 다윈이 어떻게 생각했는지, 그 결론만을 보고 그것을 지금의 얘기와 연결시키기로 하겠다.

다윈은 우선 지구상에 크고 작은 멸종이 일어났지만 지구상의 모든 생물들이 완벽히 사라지는 그런 대멸종은 없었다고 본다. 이것은 지질학적 연구를 재검토함으로써 도출한 결론인데, 어쨌거나 이렇게 되면 새로운 창조가 필연적으로 요청되지는 않는다. 한편 대부분의 과학자들은 멸종과 관련해서 기후 이상 등 자연조건의 급격한 변화와 그 파괴력만을 떠올렸다. 반면 다윈은 멸종을 외적인 자연조건에 의해서만 설명할 수는 없다고 말했다. 그에게 가장 중요한 것은 생물 내 생물의 관계였다. 외적인 자연조건은 물론 중요한 요소이지만 많은 경우 생물들 간의 관계를 통해서 영향을 끼친다. 이런 관점을 갖고 있었기에 다윈은 "오래된 종류의 소멸이 새로운 종류의 출현과 서로 맞물려 있다(bound together)"는 걸 통찰할 수 있었다. 한 종류의 출현과 증식은 다른 종류의 희소화와 맞물려 돌아가는 것이며, 이 과정이 계속되면 결국 새로운 종이 탄생하고 희소화되던 종은 멸종된다.

개체수가 가장 많은 종은 어느 시기 동안에 유리한 변이를 생겨나게 하는 기회를 가장 많이 가질 것이다. 흔한 종(common species)은 변종으로 기록된 것들, 즉 발단의 종을 가장 많이 낳는다는 걸 보이기 위해 2장에서 열거했던 여러 사실들이 이를 증명한다. 그래서 희소한 종은 일정 기간 내에 더 늦게 변화하거나 개량되는데, 그 때문에 생활을 위한 경쟁에서 보다 흔한 종의 자손들에게 패배하고 마는 것이다. …… 나는 3장 「생존투쟁」에서 서로 가장 닮은 종류들(같은 종의 변종들, 같은 속의 종들, 혈연이 가까운 속의 종)이 거의 같은 구조, 체질, 습성을 가지므로 일반적으로 가장 격렬히 경쟁한다고 말했다. 따라서 새로운 변종이나 종은 그것이 형성되어 가는 과정에서 가장 혈연이 가까운 것을 가장 격렬히 압박해 멸종으로 이끄는 것이 보통이다.

단지 확률로만 본다면 유리한 변이가 계속 발생하여 특정한 방향으로 누적될 가능성은 무척 적다. 그러니 국지적 환경과 우연적 변이라는 창백하고 정적인 풍경, 확률론에만 지배되는 그런 풍경에서는 진화가 떠오를 수 없다. 그러나 다윈은 다른 자연을 보고 있었다. 게다가 그의 개념들 또한 생물처럼 작동하면서 이런저런 방향으로 흘러넘쳤다. 기형이란 변종에 이르는 것이라고 했을 때, 변종을 발단의 종으로 불렀을 때도 그러하지 않았는가! 여기서는 흔한 종이란 말에 생명을 불어넣었다. 흔한 종이란 말도 단지 숫자가 많다고 하는 정적인 개념이 아니었다. 다윈이 썼듯이, 흔한 종은 변이가 많이 생기는 종이고, 따라서 다양한 변이들로 인해 다양한 환경 속에서 살아갈 수 있다. 그들은 규모가 작은 종들을 여기저기서 몰아내며 희소화시키고 분포 구역도 감소시킨다. 빈익빈 부익부라고 했던가, 한 종류의 희소화는 다른 종류의 증식을 돕는다. 흔한 종은 다양한 변이체들을 통해 점점 더 많은 장소들을 점유하며 그렇지 못한 종들을 멸종의 길로 몰아낸다. 그 결과 그들은 더 많은 자손을 낳고 아울러 개체가 늘어 감에 따라 교잡에 의한 변이의 희석도 크게 저지된다. 자칫 희석되기 쉬운 새로운 변이들(나아가 유리한 변이들)은 이처럼 멸종과 맞물리면서 특정한 방향으로 누적될 수 있게 되는 것이다. 멸종이라는 이 주제는 바로 다음에 나오는 형질 분기론과 엮였을 때 더욱 위력을 발휘하게 된다.

형질 분기

이번에는 '형질 분기'(divergence of character)라는 원리다. 흔히 다윈의 진화론 하면 주로 생존투쟁이 부각되지만 그에 못지않게 중요한 원리가 바로 이 형질 분기 원리다. 이 원리를 발견함으로써 다윈의 진화론은 전체 체계가 얼추 완성되었던 것이다. 우선 그의 「자서전」을 통해 이것이 얼마나 중요하고도 놀라운 발견이었는지 확인해 보자.

1838년 10월 체계적으로 질문을 시작한 지 15개월이 지나서 나는 우연히 맬서스의 『인구론』을 재미 삼아 읽었다. 동식물의 습성을 오랫동안 관찰해 온 덕에 **생존투쟁**에 대해 공감하는 바가 컸던지, 이런 상황에 서라면 유리한 변이는 보존되고 불리한 변이는 파괴되고 말 것이라는 생각이 곧바로 떠올랐다. 그 결과가 바로 새로운 종의 형성일 것이었다. 이 시점에서 나는 **작업에 쓸 만한 이론**을 하나 얻게 된 셈이다.

하지만 **편견을 피하고픈 열망**이 너무 강해서 한동안은 그에 대해 간략한 스케치조차 시도할 생각이 나지 않았다. 1842년 6월 처음으로 내 이론을 35쪽 분량으로 아주 짧게나마 요약해 적어 둠으로써 만족할 수 있었다. 이것이 1844년 여름 동안에 230쪽으로 늘어났다. 깨끗이 정리한 당시의 필사본을 아직도 간직하고 있다.

하지만 당시에 나는 **엄청나게 중요한 문제를 간과하고 있었다**. 어떻게 그 문제와 그에 대한 해답을 간과할 수 있었는지 놀라울 따름이다(콜럼버스의 달걀 같은 격이라고나 할까?). 그 문제란 바로 **같은 족속에서 유래된 유기체들이 차츰 변형됨에 따라 형질이 분기되는(갈라지는) 경향**이다. 생물들이 지금까지 크게 분기되어 왔다는 사실은 모든 종류의 종이 속 아래에, 속이 과 아래에, 과가 아목 아래에 분류될 수 있다는 데서 명백히 알 수 있다.

마차를 타고 길을 가던 중에 이 해답을 얻었는데, 어찌나 신이 났던지 아직도 그 정확한 지점을 기억하고 있을 정도다. 다운에 내려온 지 한참 지나서였다. 내가 생각하기에 **해답은, 숫자를 늘려 가는 모든 우세한 종류의 변형된 자손은 자연계의 매우 다양화된 많은 장소에 잘 적응하는 경향이 있다는 점이었다.**[46]

---

46) 찰스 다윈, 『나의 삶은 서서히 진화해왔다』, 이한중 옮김, 갈라파고스, 2003, 147~148쪽.

과연 형질 분기 원리란 무엇인지 다윈의 설명을 통해서 알아보기로 하자.

이 원리는 지극히 중요한 것이며, 이것으로 많은 중요한 사실이 설명된다고 나는 믿는다. 우선 첫째로 [하나의 같은 종에서 유래된] 두 변종은 제아무리 뚜렷한 특징을 각각 가지고 있더라도, 어떤 종과 다른 종 사이의 차이보다는 뚜렷하지 못하다. [만일 그렇지 않다면 학자들은 그 변종들을 각각의 종으로 분류했을 것이다.] 하지만 그럼에도 불구하고 나는 앞에서 변종은 형성과정에 있는 종이라고 주장하면서, 발단의 종이라 부른 바 있다. 한 변종과 다른 변종 간의 덜 뚜렷한 차이는 과연 어떻게 해서 종과 종 사이의 차이만큼 커져 가는 것일까? 이른바 단순한 우연은 어떤 변종의 형질을 부모와 다르게 하고, 이 변종의 자손의 형질 또한 그 부모와 더 많이 다르게 할 수 있겠지만, **단지 이 우연만으로는 같은 속의 종들 사이에서와 같은 일정하게 큰 차이를 설명할 수 없다.**

이제까지 해왔던 것처럼 이 문제에 대해서도 사육재배 생물에서 그 단서를 찾아보자. 여기서도 우리는 어떤 유비관계를 발견할 수 있을 것이다. 우선 뿔이 짧은 소와 헤러퍼드(Hereford) 소, 경주용 말과 짐 끄는 말, 여러 종류의 비둘기 등과 같은 상이한 품종들은 단지 수많은 세대가 계속되는 동안 비슷한 변이가 우연히 누적됨으로써 산출된다고는 결코 할 수 없다. 실제로도 예컨대 어떤 사육가는 약간 짧은 부리를 가진 비둘기를 좋아할 것이고, 또 어떤 사육가는 상당히 긴 부리를 가진 비둘기를 좋아할 것이다. 그리고 "사육가는 중용을 찬미하지 않고 극단적인 것을 좋아한다"는 일반적으로 받아들여지는 원칙에 따라, 두 사육가는 더욱더 부리가 긴, 또는 더욱더 부리가 짧은 비둘기를 선택하여 생식시켜 나갈 것이다(이것은 공중제비비둘기의 아종에 있어서 실제로 일어난 일이기도 하다). 또 역사의 초기 시대에 어떤 나라 사람들은 더 빠른 말을 원했으나, 반면 다른 나라 사람들은 더 강하고 큰 말을 원했다고 가정해 보자. 초기의 차이는 지극히 미미했을 것이다. 하지만 오랜 세월 동안 한쪽에선 더 빠른 말을, 다른 쪽에선 더 강하고 큰 말을 계속 선택한 결과, 차이는 점점 더 커져서 두 개의 아종을 이루는 것으로 인정받게 되었을 것이다. 결국 몇백 년이 지난 뒤에 이 두 아종은 어엿한 두 가지 종으로 확립되었을 것이다. 한편 이 차이가 증대됨에 따라 중간적 형질을 띤 동물들은 생식에 사용되지 않게 되어 결국 소멸해 버리는 경향에 이르렀음에 틀림없다. 여기서 우리는 소위 분기 원리가 인간의 산물에 있어서 작용하는 것을 본다. **이 원리는 처음에는 거의 판별할 수 없을 정도의 경미한 차이들을 꾸준히 증대시켜 품종들의 형질이 서로에 대해, 그리고 그들의 조상에 대해 크게 달라지게 만드는 것이다. 그런데 과연 이런 원리가 자연계에도 적용될 수 있을까?** 물론이다. 그것은 어떤 한 종에서 태어난 자손이 구조, 체질, 습성에 있어서 분기되어 있는 점이 많으면 많을수록 자연의 체제에서 다수의 상이한 장소들을 차지할 수 있으므로 개체수를 늘려 갈 수 있다는 단순한 사정에 의해서다. 내가 이 사실을 알게 되기까지 참으로 많은 시간이 걸렸다.(pp. 111~112, 마지막 문장은 3판에서 추가)

멸종을 통해서 다윈은 흔한 종의 변이들이 점점 더 증대되는 흐름을 보여 주었다. 반면 형질 분기의 경우에는 형질 간의 차이가 희석되거나 양적으로만 증대되는 것을 넘어 갈수록 벌어지는 것을 보여 주고 있다. 멸종의 경우 흔한 종의 변이는 주로 더 많은 장소를 점유하는 것과 연결되어 증식했는데, 형질 분기에서는 형질이 더 다양하게 분기되어 있을수록 더 다양한 장소들을 점유하게 된다. 물론 이것이 형질을 더욱더 분기시키기도 할 것이다.

습성이 단순한 동물의 경우에는 이 점을 명백히 확인할 수 있다. 만일 습성이 단순한 어떤 동물이 그 서식처에서 생존할 수 있는 최대한의 수에 도달했다고 해보자. 만일 이들 자손 중에 종전과는 다른 먹이를 먹게 되는 놈이 나타나거나, 서식처를 달리하는 자손이 생겨나거나, 육식의 비율이 적어지는 자손이 나타나면 그 수가 더 늘어날 수 있을 것이다. …… 즉, 육식동물의 자손들의 습성이나 구조가 다양해져 가면 갈수록 보다 많은 장소를 점거할 수 있게 될 것이다.

뭐 별로 어려운 얘기가 아니다. 좀더 구체적으로 얘기해 보자면, "파충류의 한 갈래는 깃털을 발명하고 그후 비행능력을 갖게 되어 공중이라는 엄청난 적응 구역을 정복하게 되었다. 그 결과 오늘날 조류는 포유류 4,800종, 파충류 7,150종보다 많은 9,800종을 갖게 되었다. 우리가 '곤충'이라 부르는 구조 유형은 특히 성공적이어서 수백만 종을 낳았다".[47] 이러한 현상을 현대 생물학에서는 '적응 방산'(adaptive radiation)이라고 부른다. 동일한 현상을 형질 분기라는 개념하에 파악

---

47) 마이어, 『진화란 무엇인가』, 407쪽.

한 다윈과 비교해 보라.[48]

한편 습성 변화를 매우 중시하는 면모 또한 주목할 만하다. 우리는 흔히 생물의 변화라 하면 구조나 체질의 변이를 연상하고, 그에 비해 습성 변화는 일시적인 것으로 경시하곤 한다. 그러나 다윈은 한 집단 내에 새로운 식습관을 가진 개체들이 나타날 경우, 집단 전체의 다양성이 커지는 데 주목했다. 이럴 경우 그들은 더 많은 장소에 분포될 수 있다. 소수의 습성 변화가 그들 자신의 '세계'[49]는 물론 집단 전체의 세계를 변화시키며 당연히 그들과 연관된 생물 및 무생물들의 세계를 변화시킨다.

그렇다면 식물은 어떠할까? 한 구역에 한 종의 풀을 심고 비슷한 다른 구역에는 서로 다른 몇 속의 식물을 심으면, 후자 쪽이 식물의 수도 많고 건초의 중량(weight of dry herbage)도 크다는 것이 실험에 의해 확인되었다. 또한 같은 면적의 땅에 처음에는 한 종의 밀을, 다음에는 몇 가지 변종을 혼합해서 심었을 때도 똑같은 결과가 확인되었다. 그래서 만약 어떤 풀의 한 종이 계속 변이하고, 그렇게 해서 생겨난 변종들이 (다른 종이나 속의 풀들이 서로 다른 것과 마찬가지로) 계속 선택되어 간다면, **이 종에 속하는 식물 대다수와 그들의 변화된 자손들은 같은 장소에서 성공적으로 함께 살아갈 수 있을 것이다.** 게다가 우리는 풀의 각각의 종이나 변종들은 해마다 셀 수 없이 많은 씨앗을 살포하고, 수를 늘리는 데 전력

---

[48] '적응 방산'은 수동적인 적응이 양적으로 확산된다는 뜻인데, 반면 다윈은 능동적이거나 수동적인 제한을 가하지 않고 그러면서도 형질이 분기되어 나가는 역동적 과정을 잘 포착하고 있다. 물론 이 두 개념은 적용 대상이 정확히 일치하지 않기 때문에 적응 방산을 형질 분기로 대체할 수는 없다.
[49] 웩스퀼이 말한 생활세계(주변세계, Umwelt)를 연상하자.

을 다하고 있다는 사실을 잘 알고 있다. 따라서 몇천 세대가 경과한 뒤에는 그 종의 풀 중에서 가장 뚜렷하게 달라진 변종이 성공해 수를 늘리는 데 가장 좋은 기회를 가질 것이며, 덜 뚜렷한 변종들을 밀어낼 거라는 사실, 그리고 서로 아주 뚜렷한 차이를 보이는 변종들이 종의 위치에 다다를 것이라는 사실을 나는 믿어 의심치 않는다.

구조가 크게 다양화됨으로써 최대량의 생명이 가능해진다는 원칙이 진실하다는 것은 많은 자연환경에서 확인해 볼 수 있다. 극도로 좁은 지역에서, 특히 이입이 자유롭고 개체 간의 경쟁이 격렬한 곳에서는, 우리는 항상 그곳에 사는 생물들이 극히 다양하다는 것을 보게 된다. 농부들은 서로 다른 목(目)에 속하는 작물들을 윤작(輪作)함으로써 수확을 최대화할 수 있다는 것을 알고 있다. 그에 견주자면 자연은 **동시적 윤작** (simultaneous rotation)을 하고 있는 셈이다. 어떤 좁은 구역의 주변에서 가까이 살고 있는 동물들은 그곳에서 함께 살기 위해 최대의 노력을 하고 있다고 할 수 있다. 그러나 그런 동식물이 서로 밀접한 경쟁을 하도록 되어 있는 곳에서는 다음과 같은 사실을 알 수 있다. 구조가 다양할수록, 습성과 체질이 다양할수록 많은 이점을 가지기 때문에, 상호 간에 격렬하게 밀어내려고 하는 거주자들은 다른 속이나 목에 속하게 되는 것이 일반적인 규칙이라는 사실.(pp. 113~114)

인간은 윤작을 하면서 스스로의 현명함에 어깨를 으쓱한다. 그러나 다윈에 따르면 자연은 아주 '오래전부터+대규모로+동시적으로' 윤작을 해왔다는 것이다. 인간중심주의를 벗어난 다윈은 이처럼 자연계를 훨씬 더 치열하게 그러면서도 유쾌하게 볼 수 있었다.

인간의 손에 의해 외국으로 귀화(naturalization)하는 식물의 경우에서도 이 원리를 볼 수 있다. 어떤 나라에 귀화하는 데 성공한 식물은 일반적으로 그 나라 토착식물과 극히 근연(近緣)일 것이라 여겨져 왔다.(pp. 114~115)

여러분도 이렇게 생각되지 않는가? 토착식물은 그 나라의 조건에 잘 맞는 것일 테고, 외래식물이 그 나라에 귀화하는 데 성공했다면 당연히 토착식물과 비슷한 특성을 공유하고 있는 식물일 것이라고. 우리의 막연한 생각과 마찬가지로 당시의 자연신학자들이나 생물학자 대부분이 여기에 이견이 없었다. 그렇지만 다윈은 이런 상식적인 직관에 예리하게 반대하였다. 그리고 그토록 자연스러워 보이는 생각에도 창조론이 은밀히 뿌리내리고 있다는 걸 간파했다.

흔히 토착식물은 그 나라에서 특수하게 창조되었고(specially created) 적응하고 있다고 간주되었기 때문이다.(p. 115)

여기서 '특수하게 창조되었다'는 표현을 '특수하게 생겨났다'로 바꾸어도 상황은 마찬가지다. 유일신을 떠올리지 않았더라도 자연조건이나 동식물들을 정적인 것으로 간주하는 순간, 창조론은 이미 안정된 자리를 확보하기 때문이다. 다윈의 얘기를 들어 보자.

그러나 실상은 전혀 다르다. 캉돌은 그의 뛰어난 저서에서 귀화한 식물상[flora, 어떤 지역에 살고 있는 식물들의 모든 종류]은 토착식물의 속과 종의 수에 비례해 볼 때, 새로운 종보다는 새로운 속이 훨씬 더 많이 생긴다는 사실을 자세히 설명하였다. 하나만 예를 들어보자. 에이사 그레이 박사의 『미국 북부 식물상 편람』 최신판에는 260가지의 귀화식물이 열거되어 있는데, 이들은 162속에 속한다. 이를 통해 우리는 이 귀화식물들의 성질이 대단히 다양화되어 있음을 알 수 있다. 뿐만 아니라 이들은 토착식물과도 상당히 다르다. 귀화된 162속 중에서 적어도 100속 이상이 토착식물이 아닌 것이다. …… 체제가 다양화되어 있지 않은 동물들은, 구조가 매우 다양화되어 있는 동물들과 경쟁하기 어렵다.(pp. 115~116)

서로 달라지는 것, 그리하여 한없이 다양화되는 것은 얼마나 중요하고 아름다우며 선한가! 구조만이 아니라 체질이나 심지어 습성까지도. 다양화된 집단이 누적적으로 선택되면서 세계는 점점 더 많은 집단들, 더 많은 세계들로 다양해진다. 그러니 형질 분기의 원리가 가슴속에서 차올랐을 때 그 감동이 어떠한 것이었겠는가! 만일 다윈이 이 원리를 발견하지 못했다면 그의 진화론은 얼마나 빈약했겠는가! 형질이란 개체도 아니고 무리도 아니다. 개체나 무리(종, 속, …… 목, 강 등)의 부분이면서도 그런 단위들의 경계를 마구 가로지른다. 계속 갈라지고 벌어진다. 점점 더 많아지고 끝없이 달라진다. 공생(共生), 즉 함께 살아간다는 것은 어쩌면 이렇게 형질이 분기되어가는 '**끝없는 과성**'이 아닐까? 우리가 만들고 살아가야 할 공동체란 이러한 형질 분기의 원리가 생생하게 역동하는 '과정'이 아닐까?

다윈은 부르주아가 지배하던 사회에서 혜택받은 삶을 누렸다. 그러므로 체제를 부정하거나 비판할 이유는 거의 없었다. 끝없는 개선을 지향했지만 당시 사회의 기본적인 체제는 유지되고 발전되기를 바랐다. 물론 그는 토리당(보수당의 전신)에 반대하고 휘그당(자유당의 전신)을 열렬히 지지하였으며, 노예제도를 지극히 혐오했다. 그러므로 보수와 진보 중 어느 쪽이었냐 하면 분명히 진보 쪽이었으나, 급진적인 쪽과는 거리가 멀었다고 할 수 있겠다. '온정적 개선주의자' 정도였다고나 할까? 그가 그려 보인 생존투쟁과 자연선택의 세계도 기본적으로는 그런 세계상에서 배태된 것이다. 하지만 그는 또한 수많은 생물 및 무생물의 변이와 분기와 선택 등 그 모든 '과정'에 매혹된 영혼이기도 했다. 그리하여 다윈의 세계관 속에는 그의 사회관과 자연관이 치열하게 충돌하였다. 우리가 『종의 기원』에서 지배계급의 가치관과 그로부터 벗어나는 가치관을 모두 발견할 수 있는 것은 그 때문이다.

우리는 지금까지 자연선택, 그와는 독립된 원리로서의 성선택, 식물과 곤충의 상호변신 및 그로 인한 식물의 타가수정, 동물의 교배와 교잡, 보편적으로 행해지는 교배 및 교잡에 의해 강건한 자손이 태어난다는 것, 멸종, 형질의 분기 등을 이야기했다. 광의의 자연선택 개념을 통해 이 내용들을 일관되게 읽어 낼 수 있다는 이야기도 했었다. 꽤나 정신없이 달려오긴 했지만, 덕분에 다윈의 '자연'에 우리의 가슴과 머리가 충분히 젖어들지 않았나 싶다. 이제 그의 세계관을 하나로 축약한 그림, 『종의 기원』에 실려 있는 단 하나의 그림을 볼 수 있게 되었다. 『종의 기원』 전체에서 가장 풍요롭게 펼쳐져 있는 초원으로 자유롭게 질주할 시간이다. 기대하시라.

생명의 나무, 진화의 나무

우리는 지금까지 사육재배하에서의 변이, 자연에서의 변이, 생존 경쟁, 자연선택 등 네 장을 거쳐 왔고, 특히 자연선택 장에서는 몇 가지 중요한 원리들이 등장했다. 다윈은 이 모든 내용을 하나의 그림(294~295쪽)에 집약해 제시한다. 자! 여러분, 이제부터 이 기념비적인 그림에 대해 얘기를 해보겠다. 얘기 중에 어려운 내용은 하나도 없다. 단순히 그림이 어떤 약속하에 그려졌는지를 말할 것이다. 이 내용을 직접 만나서, 혹은 동영상을 통해 설명하면 아무것도 아닐 내용이다. 그러나 도면과 글만 가지고 설명하려니 약간의 애로사항이 있다는 것 정도다. 이런 점을 염두에 두고 차분히 읽어가면, 이 엄청난 그림을 쉽게, 그것도 충분할 정도로 이해할 수 있다. 자, 가볍게 유의사항을 전달했으니, 이제 함께 가 보기로 하자!

A부터 L까지는 어떤 나라의 큰 속에 속하는 종들이다. 문자와 문자 사이의 상이한 간격은 그들이 서로 닮은 정도가 다르다는 것을 표현한다. 큰 속이라고 가정했으므로, 작은 속보다 변이하는 종의 수도 많고 변이도 더 많이 낳는다고 할 수 있다. …… A는 이 중에서도 가장 흔하고 널리 퍼진 변이되어 가는 종이며, I는 그 다음으로 흔하고 널리 퍼진 종이다(지극히 보편적이고 널리 퍼져 있는 종은, 분포 구역이 한정된 희귀한 종보다 많이 변이한다고 했던 말을 상기하시라). A에서 분기되어 나온 길이가 서로 다른 점선들이 그의 변이하는 자손들이다. 변이는 극도로 경미하지만 아주 다양한 성질을 띤 것으로 가정한다. 그러나 변이들은 모두

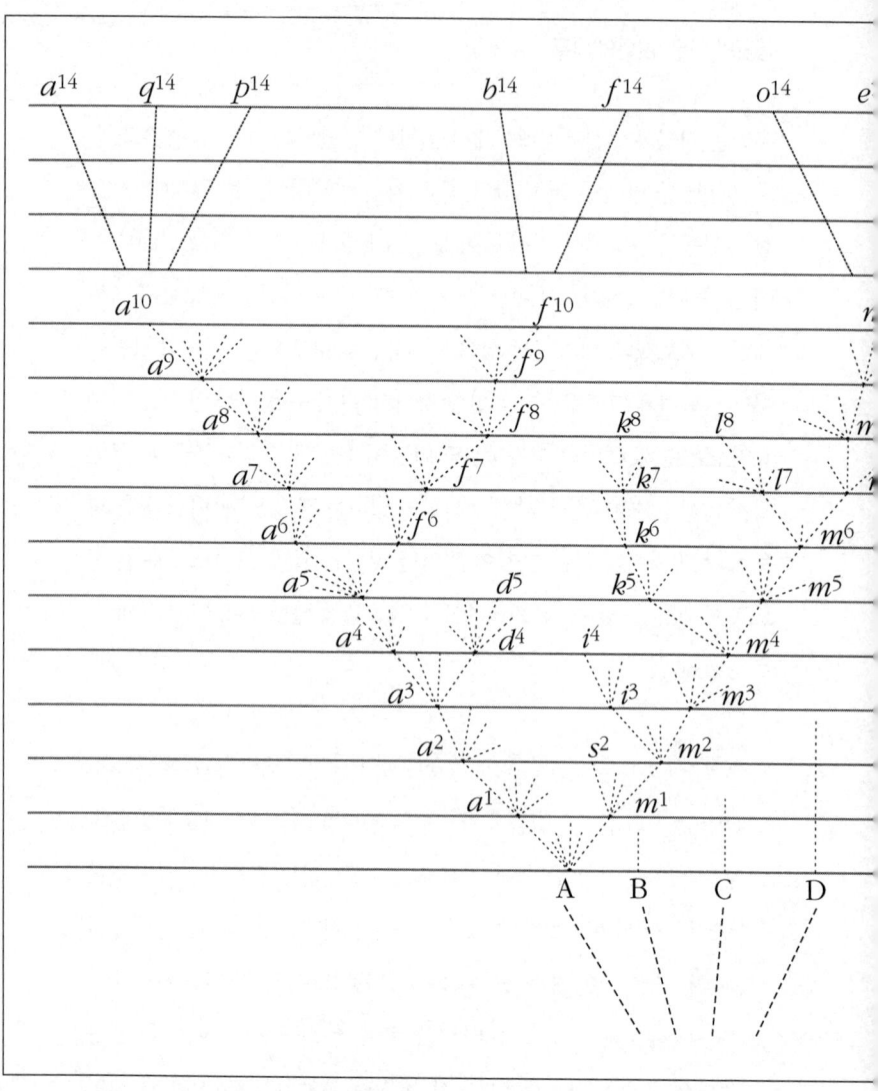

다윈이 자연선택의 중요한 원리들을 표현한 '진화의 나무'

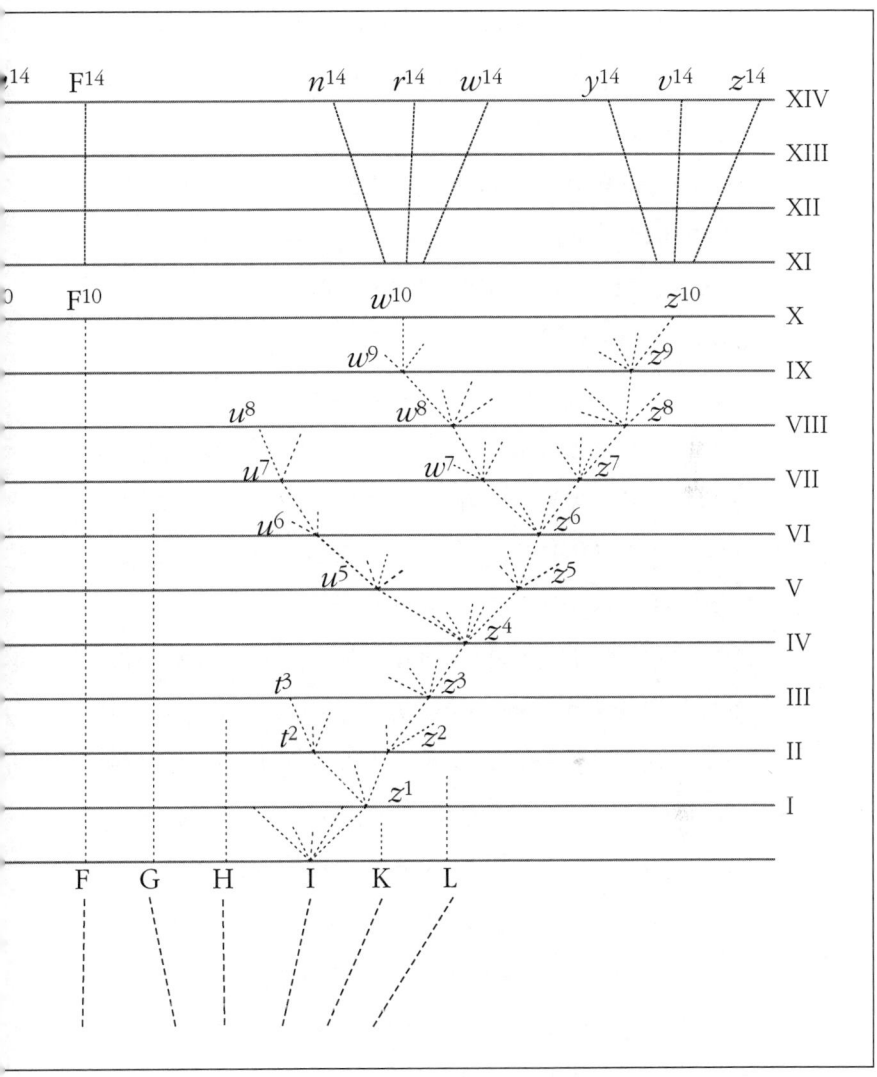

동시에 나타나지는 않고 오랜 시간을 사이에 두고 일어난다. 그 변이들이 지속하는 기간도 모두 다르다. 당연히 유리한 변이만이 자연적으로 선택될 것이다.

일반적으로 가장 많이 분기된 변이, 즉 부모와 가장 많이 달라진 변이가 자연선택에 의해 보존되고 축적된다. 이들은 부채꼴을 이루는 점선들 중 양쪽 극단에 위치한 점선들이다. 선택되는 극단적 종류는 하나일 수도 있고 둘이나 셋 이상일 수도 있다. 중요한 것은 부모와 극단적으로 다른 것일수록 장기적으로는 선택될 가능성이 높다는 점이다[3장 「생존투쟁」에서 '부모와 다를수록 유리하다'는 대목을 상기하자]. 점선이 하나의 가로줄에 도달하여 거기에 숫자가 붙은 소문자로 표시되었을 때, 그것은 분류학 서적에 기재될 만큼 대단히 뚜렷한 특징이 있는 변종을 형성하기에 충분한 변이량이 축적되었다고 가정한다.

대부분의 점선은 가로줄까지 도달하지 못한다. 그 종류는 그 시점에서 절멸되는 것이다. 가로줄(I부터 XIV까지) 사이의 간격은 각각 천 세대(혹은 그 이상의 세대)를 나타낸다. a^1과 m^1은 가로줄 I(즉 1천 세대 뒤)에 종 A로부터 생겨난 어느 정도 뚜렷한 두 변종이다. 이들 두 변종은 일반적으로 그 원종(조상종)을 변이시킨 바로 그 조건에 계속 처해 있으므로, 변이성의 경향은 그 자체로 유전적이다. 따라서 두 변종은 조상들과 거의 마찬가지로 변이해 나가는 일반적인 경향이 있을 것이다. 이들 두 변종은 다만 경미한 변화를 했을 뿐이므로 그들 조상인 A가 그 나라의 다른 대부분의 거주자들보다 개체수를 늘어나게 해준 이점들을 대체로 이어받을 것이다. 이들은 또한 그들의 원종이 속해 있던 속을 그 나라에서 큰 속이 되게 해준 일반적인 이점까지도 나누어 받았을 것이다.

이러한 모든 사정은 새로운 변종의 생성에 유리하다. 그런데 만약 이들 두 변종이 변이하는 것이라면, 역시나 가장 많이 분기한 변이가 다음 천 세대 동안 보존될 것이다. 결국 이 기간이 지난 뒤(즉 가로줄 II에 도달했을 때) 변종 a^1은 도면 안에서 변종 a^2를 낳았고, 분기의 원리에 따라 A와의 차이가 a^1보다 크다.

변종 m^1으로부터 두 변종(m^2와 s^2)이 생겨나고 그들은 물론 서로 다르지만, 공통의 조상인 A와는 더욱 현저히 다르다. 우리는 이런 단계에 의하여 이 과정을 얼마든지 계속해 나갈 수 있을 것이다. 어떤 변종은 천 세대가 지날 적마다 단 하나의 변종만을 낳지만 더욱 변화된 환경하에서는 두세 변종을 낳을 수도 있으며, 하나도 산출하지 못하는 것도 있을 것이다. 이렇게 공통 조상 A로부터 생겨난 변종, 즉 변화한 자손들은 일반적으로 차츰 수를 늘리고 형질이 계속 분기되어 갈 것이다. 도면에서 이 과정을 만 세대까지(즉 가로줄 X까지) 나타냈고, 그 이후(즉 가로줄 XI부터 XIV까지)는 단축된 형태로 만 4천 세대까지 표현되어 있다.

지금까지의 이야기는 별로 어려울 것도 없고 딱히 문제될 것도 없다. 다만 분기의 원리가 계속 작동하고 차이가 점점 더 벌어진다는 데 대해 다소간 의구심이 들지도 모르겠다. 바로 그런 문제 때문에 다윈이 앞에서 '성선택이 계속 누적적으로 작용한다는 것', '타가수정이 보편적이며 이것이 더 강한 자손을 낳아 자연선택의 경향을 강화시킨다는 것', '멸종이 자연선택의 효과를 더욱 강화한다는 것', '형질 분기의 원리' 등을 상세히 설명했던 것이다. 지금까지 보아 온 내용들이 모두 이 도면에서 한꺼번에 작용하고 있는 것이다. 또한 이 도면 안에는 최소한 몇만 세대의 수많은 생물들이 복잡한 상호작용을 하면서 생과 사의 장대한 드라마를 펼치고 있다는 것도 잊지 말자. 여기에는 무수히 다채로운 빛깔과 소리와 냄새들이 들끓고 있다. 그러니 엄청난 생산력과 참혹한 죽음, 그리고 부패로 당신의 가슴을 가득 채워 보시라. 그리고 계속 가자.

그러나 나는 이 과정이 도면에 그려져 있는 것처럼 규칙적으로 진행된다고는 생각지 않으며, 또 그렇게 연속적으로 계속된다고도 생각지 않는다. 오랫동안 변화하지 않고 남아 있다가 다시 변화하는 일도 있을 수 있다(오히려 이쪽이 더 현실성이 있을 것이다). 도면을 약간 불규칙하게 그린 것도 이런 측면들을 고려한 것이다. 나는 가장 많이 분기한 변종이 꼭 우세하게 늘어난다고는 생각지 않는다. 중간적인 것이 오래 존속하여 하나 이상의 변화된 자손을 남길 수도 있고 혹은 하나도 산출하지 않을 수도 있다. 왜냐하면 자연선택은 항상 다른 생물에 의해 (완전히) 점유되지 않은 장소의 성질에 따라 작용하는 것이며, 이런 작용은 **무한히 복잡한 관계에 의존한다**고 생각하기 때문이다. 하지만 **일반적인 규칙으로는 어떤 한 종의 자손은 구조가 다양화하면 할수록 더 많은 장소를 점거할 수 있고, 한층 더 변화된 자손도 더욱 증가할 것이다.** 도면에서 각 계통선[예컨대 a^1-a^2-a^3-······-a^{10} 혹은 m^1-m^2-m^3-······m^{10} 등]은 뒤에 숫자를 붙인 알파벳 소문자에 의해 똑같은 간격을 두고 끊어져 있는데, 이 문자들은 변종으로 기재될 만큼 충분히 뚜렷해진 형태를 나타낸다. 그러나 이렇게 단절된 점들은 가상적인 것으로서, 분기한 변이가 상당한 양까지 축적될 만큼 오랜 시간적 간격이 있은 후에 어디든 삽입할 수 있다.(pp. 118~119)

큰 속에 속하는 보편적으로 널리 퍼져 있는 종으로부터 생겨난 변화된 자손들, 이들은 조상종의 생존을 성공시킨 그 이점을 나눠 가졌을 터이므로, 그들은 대체로 수를 계속 늘려 나가고 또한 형질을 계속 분기시킨다. 이를 도면 안에서는 A에서 시작하는 많은 분기된 지선(枝線)들로 표시했다. 계통도의 여러 선에 있어서 후기에 생긴 보다 고도로 개량된 분지에서 생겨난 변화된 자손들은 아마 그다지 개량되지 않은 초기의 분지의 자리를 차지함으로써 마침내 이 분지를 멸망시키는 일이 자주 있을 것이다. 이것은 도면에서 윗부분의 가로줄까지 도달하지 못한 낮은 몇몇 지선에 의해 표시되어 있다. 물론 변화의 과정이 단일한 계통에 한정되어, 자손의 수가 늘어나지 않는 경우도 틀림없이 있을 것이다. 하지만 그럴 경우에도 분기된 변화의 양이 세대를 거듭할 때마다 증가해 갈 수는 있을 것이다. 이런 예는 a^1에서 a^{10}까지의 선만 남기고 A에서부터 비롯된 모든 선을 다 제외함으로써 나타낼 수 있다. 예컨대 영국의 경주마나 포인터는 모두 이렇게, 즉 원종으로부터 서서히 형질이 분기하되 새로운 지선(즉 새로운 품종)은 전혀 발생시키지 않고 생긴 것이라고 한다.(pp. 119~120)

우리는 지금 지구의 단단한 껍질을 뚫고 거대한 지층들을 여럿 통과해 들어간 다음, 그 아득한 곳으로부터 조금씩 나오고 있는 중이라 할 수 있다. 그토록 장구한 세월을 이렇게 간난히 처리해서는 안 되겠지만, 지성의 힘으로 최대한 생생하게 상상해 내야 한다. 70~80년 정도를 가장 자연스럽게 느끼는 인간의 척도 따위는 버려라. 그리고 지질학적 시산을 온몸으로 빈아들이시라.

그 지옥보다 깊고 어두운 층들을 지나 이제 우리는 만 세대 후에 도착했다. 여전히 뜨겁고 축축한, 수많은 생물들의 시체가 여기저기 박혀 있는 곳…….

종 A의 자손들이 만 세대를 거친 후에(즉 가로줄 X에 도달했을 때) a^{10}, f^{10}, m^{10} 이렇게 세 종류가 생겨났다. 그들은 여러 세대를 거치는 동안 형질이 분기하기 때문에, 그들 상호 간에도 다르고 공통된 조상과도 크게 다를 것이다(차이 나는 정도는 다 다를 것이다). 만일 이 도면에서 각 가로줄 간의 변화량이 아주 작다고 가정하면, 이들 세 종류는 다만 특징이 뚜렷한 변종에 지나지 않을 것이다. 우리가 이들 세 종류를 특징이 뚜렷한 종으로 취급하기 위해서는 변화과정의 여러 단계를 좀더 많게 하거나, 변화의 양을 좀더 큰 것으로 하기만 하면 된다. 이렇게 해서 이 도면은 변종을 구별짓는 작은 차이가 종으로 구별되는 큰 차이로 증대해 가는 여러 단계를 설명하고 있다. 더 많은 세대에 걸쳐서 이와 같은 과정이 계속됨으로써(도면에는 단축된 형태로 표시되어 있는데), 우리는 a^{14}에서 m^{14}까지의 문자로 표시된, 모두 A의 자손인 여덟 종을 얻을 수 있다. 이렇게 해서 종의 수가 증가하고, 속도 형성된다고 나는 믿고 있다.(p. 120)

큰 속에서는 한 종에 그치지 않고 둘 이상의 종이 변이해 갈 것이다. 이를 도면에서는 다른 종 I가 마찬가지의 단계를 밟아 만 세대 후에 w^{10} 및 z^{10}이라는 두 개의 충분히 뚜렷한 변종 혹은 두 개의 종을 산출했다고 가정한다. 변종이냐 종이냐는 가로줄 간의 간격으로 표시되는 변화량을 어느 정도로 하느냐에 따라 달라진다. 만 4천 세대 후에는 n^{14}에서 z^{14}까지의 문자로 표시된 6개의 새로운 종이 생성되었다고 가정되어 있다. 어느 속에 있어서나 이미 형질이 서로 극도로 다른 여러 종들은 일반적으로 변화된 자손을 아주 많이 산출하는 경향이 있다. 이들 종은 자연의 체제에 있어서 새롭고 매우 다양한 장소들을 차지할 가장 좋은 기회를 누릴 것이기 때문이다. 그래서 나는 도면에서 극단적인 종 A와 거의 극단적인 종 I를, 심하게 변이하여 새로운 변종 및 새로운 종을 산출한 것으로 선택한 것이다. 본래의 속 중에서 다른 아홉 종(A와 I를 뺀 B, C, D, E, F, G, H, K, L)은 변화하지 않는 자손을 오랫동안 계속해서 산출한 것으로 되어 있다. 도면에서 이들은 맨 위쪽까지 도달하지 못하고 중간에서 끝나는 점선으로 표시하였다.(pp. 120~121)

이제 여기에 '멸종의 원리'가 도입된다.

그러나 이런 과정이 진행되는 동안 또 하나의 원리, 즉 멸종의 원리가 중요한 역할을 했을 것이다. 다양한 생물들이 풍부히 살고 있는 나라에서는 어디나 자연선택이 필연적으로 작용하여, 생활을 위한 투쟁에 있어서 다른 종보다 이점을 가진 생물들이 선택된다. 그 결과 한 종의 개량된 자손들은 그 계통의 각 단계에서의 선행자와 원래의 자기 조상을 끊임없이 몰아내 마침내 멸망시켜 버리는 경향을 보인다. 경쟁은 일반적으로 습성, 체질, 구조에 있어서 가장 근연인 생물들 사이에 가장 격렬하다는 것을 상기해 주기 바란다. 그래서 같은 종의 초기 상태와 후기 상태 사이, 비꿔 말하면 별로 개량되지 않은 상태와 많은 개량이 이루어진 상태 사이의 모든 중간적 형태는 본래의 조상종과 마찬가지로, 일반적으로 소멸해 가는 경향이 있을 것이다. 아마도 이것은 다수의 평행선 위에서 같은 시간대를 살아가고 있는 생물들에 대해서도 마찬가지일 터인데, 이런 계통들은 후기의 개량된 계통에 의해 패배당하고 말 것이다. 그렇지만 어떤 종의 변화된 자손이 다른 나라로 들어가거나, 자손과 조상이 경쟁하지 않아도 되는 전혀 새로운 장소에 급속히 적응해 간다면, 자손과 조상은 계속 함께 생존할 수 있을 것이다.(pp. 120~121)

그런데 만약에 우리의 도면이 상당한 변화를 나타낸다고 가정하면, 종 A 및 모든 초기의 변종들은 결국 여덟 개의 새로운 종(a^{14}에서 m^{14}까지)으로 대체되어 버리고, 또 종 I는 여섯 개의 새로운 종(n^{14}에서 z^{14}까지)에 의해 쫓겨나 소멸될 것이다. 물론 우리는 여기서 더 앞으로 나아갈 수도 있다.(p. 122)

A부터 L까지의 원종들은, 자연계의 통례가 그러한 것처럼, 상호 간에 닮은 정도가 불균등하다고 가정한 바 있다. 다시 말해서, 종 A는 다른 종보다 B, C 및 D와 더 가까운 관계를 가지며(즉 더 많이 닮았으며), 종 I는 다른 것보다 G, H, K 및 L과 더 가까운 관계를 가진다. 종 A와 I는 또한 대단히 보편적이고 매우 널리 분포된 종이기 때문에, 당연히 그 속의 대부분의 다른 종들을 이길 수 있는 이점을 가지고 있다고 가정되었다. 만 4천 세대째에 해당하는 14종류의 변화된 자손들(F^{14}도 이 세대에 속하지만 원종으로부터 크게 변화되지 않았다는 점에서 여기에 해당되지 않는다), 이들은 아마도 그런 이점들을 다소간 유전받았을 것이다. 또한

그들은 그 나라의 자연질서 안에서 서로 관련된 많은 장소에 적응할 수 있도록, 흘러온 계통의 각 단계에서 다양하게 변화되고 개량되어 온 것이다. 이들은 조상종인 A와 I의 지위뿐만 아니라, 조상종과 극히 혈연이 가까운 원종들의 지위도 약탈한 셈이다. 따라서 본래의 여러 종 중에서 만 4천 세대 뒤까지 자손을 남긴 원종은 극히 소수였을 것이다. 두 가지 종 E와 F, 이들은 다른 9개의 원종에 가장 관련이 적은 종들인데, 우리는 이 중에서 F만이 훨씬 후대의 계통 단계까지 자손을 전했다고 가정할 수 있다.(p. 122)

이리하여 총 11종이었던 이 속은 만 4천 세대 뒤에 총 15종으로 늘어나게 되었다. 여기서 자손종이 조상종을 절멸시킨다는 것은 긴 역사를 압축했을 때 결과적으로 그런 셈이라는 말이지, 직접 때려 주고 학대하여 씨를 말려 버렸다는 말이 아니다. 자손종이 아무리 진화를 한다 해도 타임머신을 개발하지 않는 한, 과거의 조상들을 직접 소멸시킬 수는 없지 않은가!

도면 안에서 11개의 원종에서 비롯된 새로운 종은 이제 15개가 되었다. 자연선택의 분기적 경향에 따라서, 종 a^{14}와 z^{14} 사이의 형질의 차이량은 11개의 원종 중에서 가장 상이한 것들(즉 A와 L) 사이의 차이량보다도 크다. [그림에서 A와 L 사이보다, a^{14}와 z^{14} 사이가 훨씬 멀리 떨어져 있지 않은가!] 뿐만 아니라 새로운 종들 또한 현저하게 가지각색의 상호관계를 맺고 있다. A에서 비롯된 8개의 자손종 중에서 a^{14}, p^{14}, q^{14}로 표시된 세 종은 최근에 a^{10}에서 갈라져 나왔으므로 혈연상 가깝다 b^{14}와 f^{14}는 그보다 이전에 a^5에서 분기된 것이므로 앞에서 말한 세 종과는 어느 정도 뚜렷이 다르며, 마지막으로 o^{14}, e^{14}, m^{14}는 서로 근연일 것이다. 그러나 변화과정이 시작되었을 때부터 분기했으므로, 앞서 말한 5개의 종과는 현저히 달라 아속(亞屬)이나 별개의 속을 구성할 것이다.(p. 123)

이 도면은 공간상에 펼쳐져 있지만 상이한 시간의 힘으로부터 자유로운 곳은 어디에도 없다. 순전히 공간상으로만 볼 때, 'b^{14}, f^{14}'의 무리는 'a^{14}, p^{14}, q^{14}'와 'o^{14}, e^{14}, m^{14}'의 무리의 중간에 있다. 그러므로 'b^{14}, f^{14}' 무리는 구조나 체질 및 습성에서 나머지 두 무리의 중간에 해당한다. 그러므로 'b^{14}, f^{14}' 무리는, (형질상의) 유사성을 기준으로 하는 통상적인 분류에서라면, 나머지 두 무리의 중간쯤에 위치하게 될 것이다. 그에 반해 다윈의 분류학에서는 'a^{14}, p^{14}, q^{14}'의 무리와 'b^{14}, f^{14}'의 무리가 근연관계고, 상대적으로 'o^{14}, e^{14}, m^{14}'는 먼 관계다. 왜냐면 앞의 두 무리는 원종으로부터 다섯 세대 후부터(즉 V선 이후부터) 갈라졌지만, 'o^{14}, e^{14}, m^{14}' 무리는 첫 출발점부터 갈라지기 시작했기 때문이다. 다윈의 진화론적 분류학이 여타 분류학과 다른 점이 뚜렷이 드러나는 대목이다.

I에서 나온 여섯 종의 자손은 2개의 아속이나 혹은 2개의 속을 형성할 것이다. 그러나 원종 I는 원래의 속에서 A와 매우 멀리 떨어져 있었으므로, **I로부터 나온 6개의 자손종은 유전에 의한 것만으로도 A로부터 나온 8개의 자손종과 현저하게 다를 것이다.** 더구나 이 두 무리는 서로 다른 방향으로 계속 분기해 온 것으로 여겨진다. 원종 A와 I 사이에 있던 중간종들도 또한 (이것은 극히 중요한 고찰이다) F를 제외하고는 모두 소멸하여

자손을 남기지 않았다. 그런 까닭에 I에서 나온 6개의 새로운 종과 A에서 나온 8개의 자손은 상호 간에 뚜렷이 구분되는 속이 될 것이며, 심지어는 뚜렷이 구분되는 아과(亞科)가 될 수도 있을 것이다.(p. 123)

A에서 유래된 8개의 자손종과 I에서 유래된 6개의 자손종, 이 두 무리와 관련하여 두 가지 추가 설명을 해야할 것 같다. 첫째, 이 두 무리는 이 그림에서 표현된 것보다 훨씬 더 다를 것이다. 그렇지만 이 그림은 2차원 공간에 펼쳐져 있어서 이 점이 잘 드러나지 않는다. 가령 이 그림이 3차원 공간에서 펼쳐져 있다고 생각해 보라. 즉 A의 자손들은 좌우 방향으로 점점 더 벌어지고, I의 자손들은 전후 방향으로 점점 더 벌어진다고 상상해 보라(그래도 실제 상황과 비교해 보면 많이 부족하지만 말이다). 형질 분기의 원리가 이 두 무리를 이토록 크게 차이짓는 것이다. 두번째로 이 두 무리가 크게 다른 것은 B, C, D, E, G, H처럼 원래의 속 사이에 있던 원종들이 멸종되었기 때문이다. 이 두 가지를 종합해 볼 때, 세상의 모든 생물 종류들이 서로서로 크게 다른 것은 형질 분기의 원리와 멸종의 원리가 맞물려 작용하기 때문이다.

이리하여 내가 믿는 바로는, 같은 속의 둘 혹은 그 이상의 종에서 나온 변화를 겪은 자손들에 의해 2개나 그 이상의 속이 산출된다. 그리고 둘 혹은 그 이상의 종은 그보다 초기의 속의 어떤 한 종으로부터 유래된 것이라 생각된다. 도면에서 이것은 대문자 아래쪽에 있는 점선들로서, 이들은 어떤 한 점을 향해 내려가 결국 한데 합쳐지게 된다. 이 단일종이야말로 몇몇 새로운 아속 및 속의 조상인 것이다.(pp. 123~124)

여기서 잠시 새로운 종 F^{14}의 성질에 대해 고찰해 보자(이것은 중요한 문제다). F^{14}는 형질이 분기되지 않았거나 혹은 약간만 변화하는 데 그쳐, F의 형태를 유지해 온 것으로 가정되어 있다. 이 경우에 이 종과 다른 14개의 새로운 종의 혈연관계는 **기묘하고도 우회적이다**. F^{14}는 현재는 소멸되어 알 수 없는 원종 A와 I 사이에 위치하던 한 종류에서 비롯되었다. 따라서 F^{14}의 형질은 어느 정도까지는 A와 I로부터 유래해 만 4천 세대 후에 도달한 두 무리의 중간적 형질을 나타낼 것이다. 그러나 이들 두 무리는 그들 조상종의 유형으로부터 형질의 분기를 계속해 온 것이므로, F^{14}는 직접적으로 그들의 중간에 해당하는 게 아니라 두 무리의 유형의 중간을 나타내는 것이다. 박물학자들은 누구나 이런 예를 마음에 떠올릴 수 있을 것이다.(p. 124)

아주 오래전부터 비슷한 형태를 계속 유지해 온 생물, 즉 현대의 화석이라 불리는 종들이 이에 해당할 것이다. 이들은 현생종 누구와도 거의 닮지 않았다. 그보다는 현생종들의 아득한 조상들과 더 닮았을 것이다. 그러면서 동시에 그들의 형질은 현생종 중 어느 두 무리의 유형의 중간을 나타내고 있을 것이다. 심지어는 어떤 지역의 식물상 전체가 이전 시대의 식물상과 가까울 수도 있다. "마데이라(Madeira) 제도[50]의 식물상이 (이미 멸종된) 유럽의 제3기 식물상을 닮은 것"[51]도 이렇게 본다면 이해할 수 있지 않을까? 그러므로 지구는 여러 시대가 동시에 혼거(混居)하는 거대한 시간 박물관이라고도 할 수 있다.

---

50) 아프리카 서북쪽 대양 위의 제도(諸島)로서 5개의 섬으로 구성되어 있다.

지금까지 도면의 가로선들은 각각 천 세대를 나타낸다고 가정해 왔지만 백만 세대나 1억 세대를 나타낼 수도 있으며, 또한 멸종한 생물들의 화석 유해를 간직하고 있는 지각의 순차적인 지층을 표시한다고 보아도 좋겠다. 10장 「생물의 지질학적 천이에 대하여」에서 다시 이 주제를 다루겠지만, 여기서도 다음의 사실은 확인해 둘 필요가 있다. 예컨대 어떤 멸종된 생물이 현재 살아 있는 생물과 같은 목이나 과 혹은 속에 속해 있으면서, 현존하는 군과 군 사이의 중간적인 형질을 지니고 있다고 가정해 보자. 이렇게 기묘한 관계를 갖는 멸종생물의 유연(類緣, affinities)관계를 파악할 때에는, 바로 이 도면이 빛을 던져 줄 것이다. 이 도면에 따르면 그렇게 기묘한 멸종생물은 갈라져 가는 계통의 지선이 그다지 분기하지 않았던 아주 오래전 시대에 생존한 종류였음을 이해할 수 있을 것이다.(pp. 124~125)

지금 설명한 바와 같이, 나는 이 변화과정을 오직 속의 형성에만 국한시킬 이유는 없다고 생각한다. 만약 도표에서 분기하는 점선의 순차적

---

51) 지금까지 일일이 지적하진 않았지만, 『종의 기원』에는 다윈이 유럽의 자연을 다른 지역의 자연보다 더 진화된 것, 시기상 더 이후의 것으로 보는 예들이 가끔 등장한다. 이런 판단에는 다윈이 영국인이자 유럽인이었다는 게 어떤 식으로든 작용했을 것이다. 한편 그는 위대한 사람들이 대체로 그렇듯 모순덩어리였다. 그는 자기 세계를 기준으로 다른 세계를 재단하기도 했지만, 다른 세계에 온전히 매혹되는 강렬한 능력 또한 갖고 있었다. 『비글호 항해기』의 끝자락을 보자. "내가 일부 유럽의 경치들이 우리가 항해 도중에 봤던 무엇보다 뛰어날 것이라고 얘기했을 때에는 달리 비길 데가 없다고 생각되는 열대 지방은 논외로 한 것이었다. 두 지역은 서로 비교할 수 없는 것이며, 나는 이미 그 지역의 웅장함을 종종 상세히 설명한 바 있다." 그러고 나서 다윈은 그 비길 데 없는 세계를 장엄한 필치로 그려 낸다. 그는 생명력과 부패를 함께 직시했고, 황량한 초원 앞에서 이루 말할 수 없는 자유와 감동을 느꼈다. 찰스 다윈, 『비글호 항해기』, 권혜련 외 옮김, 샘터사, 679~680쪽을 참조.

인 무리로 표시되어 있는 변화량이 매우 크다고 가정한다면, a^{14}에서부터 q^{14}까지, b^{14}와 f^{14}, o^{14}에서 m^{14}까지, 이렇게 3개의 뚜렷이 다른 속을 형성할 것이다. 또한 I로부터 나와서 A의 자손과는 매우 다른 2개의 극히 뚜렷한 속이 생겨날 것이다. 그리하여 이들 5개의 속은 이 도표에 설정되어 있는 변이량에 따라서 두 개의 뚜렷한 과나 목을 형성할 것이다. 그리고 이들 과 또는 목은 원래 같은 속에 속해 있던 2개의 종(A와 I)으로부터 나온 것이고, 또 이 2개의 종은 훨씬 더 오래된 미지의 속에 속하는 종류(form)로부터 유래되었다고 생각되는 것이다.(p. 125)

어느 나라에서도 변종, 혹은 발단의 종을 매우 빈번히 낳는 것은 비교적 큰 속의 종이라는 것을 우리는 알았다. 실제로 이러한 점은 예상할 수 있는 것이다. 자연선택은 다른 종류에 비해 생존투쟁에서 모종의 이점을 가진 종류를 통해 작용하기 때문에, 이미 어떤 이점을 가진 종류가 이후로도 주로 그러한 작용을 받게 될 것이다. 그리고 어떤 군이 크다는 것은 그 군의 종들이 공통의 조상으로부터 어떤 이점을 공통적으로 유전받아 왔음을 나타내는 것이다. 그런 까닭에 새로운, **변화된 자손을 산출하려는 투쟁**(the struggle for the production of new and modified descendants)은 모두가 개체수를 증가시키려고 노력하는 큰 군들 사이에 벌어진다.(p. 125)

"새로운, 변화된 자손을 산출하려는 투쟁"이라는 구절은 얼마나 충격적이고 또 얼마나 근사한가! 모든 생물은 더 많은 자손을 낳으려고 분투한다. 자손이란 곧 자신의 분신이 아닌가? 자신과 닮은 자손들을 최대한 늘리려고 분투하는 게 생물들의 본능이라고 하지 않던가! 소위 종족 번식의 본능이라는 게 그거 아닌가! 헌데 다윈이 그들의 투쟁과정을 도면으로 그려 놓고 보니, 그것은 더 새롭고 더 변화된 자손을 산출하기 위한 투쟁이었다. 자연의 체제에서 벌어지는 치열한 투쟁은 자신을 복제하는 동일성(identity)의 정치가 아니었다. 변신, 끝없는 변신. 그러나 돌아오지 않는 화살처럼 결코 자신으로 회귀하지 않는 변신. 자신과 같은 것, 자신과 닮은 것을 더 늘리려는 투쟁이 아니라, 자신과 다른 새로운 것을 낳으려 하는 투쟁이 모든 곳에서 벌어진다. 그리하여 만 세대, 2만 세대 뒤에는 최대한 자신으로부터 멀어지고 달라진 변종, 아니 아예 새로운 종들을 무수히 낳기 위한 끝없는 분투(奮鬪)가 일어나게 된다.

자연계에서 벌어지는 투쟁의 실상이 이러하기 때문에, 이 세상은 극소수의 동일자들이 아니라 서로 다른 다양한 종들로 넘쳐 나는 것이다. 예전에도 그러했고, 지금도 그러하며, 앞으로도 그러할 것이다. 자신의 정체성(동일성)을 잃음으로써 무수한 타자들이 생성되는 것, 이것이 바로 수많은 다른 종들이 끊임없이 '창조'될 수 있는 '힘'이었다. 이러한 진화와 창조의 원리는 같은 종과 속에만 한정되지 않는다. 꿀벌과 토끼풀이 순간순간, 그리고 끊임없이 자신으로부터 벗어남으로써 상대의 변신을 이끌고, 또 상대의 변신으로 인해 자신을 변신시켜 가지 않았던가. 물과 바람과 흙과 모든 것이 이 투쟁에 참여하고 있지 않았던가!

어떤 큰 군은 다른 큰 군을 서서히 물리쳐 그들의 개체수를 감소시키고, 이렇게 함으로써 그들이 변이하고 개량되어 갈 기회를 줄일 것이다.

같은 큰 군 안에서도 나중에 생겨난 더 고도로 완성된 아군(亞群, sub-groups)이 갈라져 나가고, 또 자연의 체제 내에서 새로운 장소를 많이 차지해 나감으로써 초기에 생겨나 그다지 개량되지 않은 아군을 부단히 쫓아내 파괴시키는 경향이 있다. 세력이 약해진 작은 군과 아군은 결국 소멸해 버릴 것이다. 그렇다면 미래는 어떠할까? 현재 크고 우세하며 가장 덜 파괴된(소멸의 정도가 가장 낮은) 생물의 군은 오래도록 계속 증가할 것이라고 예언할 수는 있을 터이다. 하지만 **어떤 군이 최후의 승리자가 될지**는 아무도 예언할 수 없다. 왜냐하면 우리는 예전에는 **널리 발전하였던 많은 군들이 지금은 소멸되어 버렸다**는 사실을 잘 알고 있기 때문이다. 나아가 우리가 더 머나먼 미래를 바라본다면, 큰 군이 끊임없이 계속 증가해 가기 때문에 수많은 작은 군들은 전부 소멸하기에 이르러 변화된 자손을 조금도 남기지 않으리라고, 따라서 어느 시기에 생존하던 종 가운데서 **먼 장래까지 그 자손을 남기는 것은 극히 적으리라고** 예언할 수 있다. …… 수많은 고대의 종 가운데서 극소수만이 현재 살고 있는 변화된 자손을 갖고 있는 것은 그 때문이다. 그러나 우리는 잊지 말아야 한다. 아주 오랜 옛날의 지질 시대에도 지구는 오늘날과 거의 마찬가지로 많은 속, 과, 목, 강에 속하는 다수의 종들로 가득 차 있었으리라는 것을.(pp. 125~126)

낡은 종류들은 대부분 사라졌다. 그리고 새로운 종류들이 다양하게 분출되었다. 종류들이 그리 무상하니 개체들의 유한한 숙명 따위는 뭐 얘기할 계제가 아니다. 널리 발전하였던 많은 군들도 지금은 소멸되어 존재하지 않는다. 수많은 사연과 인연들이 있겠지만 결국은 그리 되었다. 그러니 지금 끊임없이 증가하고 있는 군들도 모두 그리 될 터이다. 이것은 허무인가 찬란인가? 아마도 다윈에게는 둘 다 아니었을 것이다. 그에게는 모든 것이 무상했고 또한 장엄했다. 그리고 무상과 장엄이 둘이 아니었다. 그가 만년에 쓴 자서전의 한 구절이 포개진다.

> 지금 내 마음속에 가장 생생하게 떠오르는 장면을 하나 꼽으라면 열대 야생식물들의 대향연을 들겠다. 파타고니아(Patagonia)의 거대한 사막과 티에라 델 푸에고(Tierra del Fuego)의 숲으로 뒤덮인 산. 그때 내가 받은 숭고한 인상은 이날 이때까지 지워지지 않고 내 가슴에 생생히 남아 있다.[52]

『비글호 항해기』 끝자락은 또 어떨까?

> 내 마음에 깊이 새겨진 장면들 중에서, 가장 숭고한 것은 인간의 손에 의해 훼손되지 않은 원시림이다. 생명력이 지배하는 브라질의 원시림이건 죽음과 부패가 만연한 티에라 델 푸에고의 원시림이건 모두 다 대자연의 다양한 산물들로 가득 찬 사원이다. 어느 누구도 이렇게 고독한 곳에서는 태연자약할 수 없으며, 인간에게는 육신의 숨결 이상의 무언가가 깃들어 있다고 느끼게 된다.[53]

---

52) 다윈, 『나의 삶은 서서히 진화해왔다』, 89쪽.
53) 다윈, 『비글호 항해기』, 679쪽.

야생식물들의 대향연, 거대한 사막과 숲으로 뒤덮인 산, 거기서 다윈은 숭고한 인상을 받았다. 생명력과 죽음 및 부패 앞에서는 제 안의 무엇인가를 느꼈다. 영국의 목가적 자연만이 전부인 줄 알던 그가 다른 세계들을 보았던 것이다. 그는 거기서 한없는 충만, 아니면 바닥 모를 허무를 느낄 수도 있었다. 그러나 다윈은 거기서 숭고함과 또 다른 무엇인가를 느꼈다고 썼다. 무상과 장엄이 둘이 아니라는 깨달음?

모든 게 사라지고, 또 새로운 것들이 움터 나온다. 이 새로운 것들 또한 모두 사라질 것이다. 그런데, 그런데 그는 "어떤 군이 최후의 승리자가 될지" 궁금해 했다. "어느 시기에 생존하던 종 가운데서 먼 장래까지 그 자손을 남기는 것은" 아무도 없으리라고 하는 대신 "극히 적으리라고 예언"했다. 최후의 승리자란 있을 수 없고, 먼 장래까지 자손을 남기는 종류 역시 없으리라는 것을 어떻게 다윈이 모를 수 있었을까? 우리는 이 물음을 14장에서 다시 펼칠 것이다.

다윈은 4장 말미에서 지금까지 펼친 자신의 '자연선택'론의 핵심을 정리해 준다. 지금까지 졸던 학생들은 여기서라도 집중할 것!!!

이 장의 내용을 요약하겠다. 만약 생물이 오랜 세월 동안 변화하는 생활조건하에서 그 체제의 여러 부분이 다소라도 변이해 간다면(여기에 대해서는 논쟁의 여지가 없다), 또 어느 종이나 높은 등비수열적 증가력 때문에 어느 시기, 어느 계절, 또는 어느 해에 격심한 생존투쟁이 일어난다면(이 또한 논쟁의 여지가 없다), 모든 생물의 상호 간 및 생활조건과의 관계의 무한한 복잡성은 그들의 구조, 체질, 습성을 그들 생물에게 유리하도록 무한히 다양화시킬 것이다. 이 같은 상황을 고려했을 때, 인간에게 유용한 변이들이 그토록 많이 생겨난 것과 마찬가지 방식으로, 각각의 생물 자신의 복리(福利, welfare)를 위해 유익한 변이가 일어난 일이 전혀 없었다고 한다면 그처럼 이상한 일은 없을 것이다. 만약에 어떤 생물에게 유용한 변이가 일어난다면, 이러한 형질을 가진 개체는 확실히 생활을 위한 투쟁에 있어서 보존될 가장 좋은 기회를 얻게 될 것이다. 그리고 유전이라는 강력한 원리의 뒷받침으로 이 개체들은 똑같은 형질을 지닌 자손을 산출하는 경향을 나타낼 것이다.

이 같은 보존의 원리를 간단히 나는 '자연선택'이라 불렀다. 특정 시기에 나타나는 특질은 자손에게서도 마찬가지 시기에 나타나도록 유전된다는 원리에 따라, 자연선택은 알이나 씨앗, 새끼 또한 성체처럼 쉽게 변형시킬 수 있다. 많은 동물에 있어서 성선택은 가장 강건하고 가장 잘 적응한 수컷에게 최대 다수의 자손을 보증함으로써 일상적인 선택에 힘을 보탤 것이다. 또한 성선택은 수컷에게만 어떤 유용한 형질을 부여하는데, 이 형질은 다른 수컷과 경쟁하거나 투쟁할 때에만 쓸모가 있는 것이다.

자연선택이 실제로 자연계에서 이런 역할을 했는지는 뒤의 여러 장에서 제시될 증거에 비추어 판정되어야 할 것이다. 하지만 우리는 이미 자연선택이 어떻게 해서 멸종을 일으키는가를 살펴보았다. 또 지질학은 멸종이 이 세계의 역사에 있어서 얼마나 광범위하게 작용했는지를 밝혀 주고 있다. 게다가 자연선택은 형질의 분기를 생겨나게 한다. 왜냐하면 생물의 구조, 습성, 체질이 더 많이 분기해 가면 갈수록 같은 지역에 더 많은 생물이 함께 살 수 있기 때문이다. 이에 대해서는 작은 면적에서는 생물이나 귀화한 생물들을 조사해 보면 분명해진다. 따라서 어떤 종의 자손들이 변화해 가는 동안, 또 모든 종이 그 개체수를 늘리기 위해 끊임없이 투쟁하고 있는 동안, 이들의 자손이 다양해질수록 생활의 전투(the battle of life)에서 성공할 기회는 많아진다. 이리하여 같은 종의 변종들을 구별하는 작은 차이는 꾸준히 커져 가서 마침내 같은 속의 종들 간의 차이나 서로 다른 속에 속하는 두 종의 차이와도 맞먹게 된다.(pp. 126~128)

매우 현저하게 변이하는 것은 각각의 강(綱, class) 내에서 큰 속에 속하는 흔한 종으로서, 분포구역이 넓고 분산성이 높은 종이라는 것을 보았다. 이런 종은 자기를 그 지역에서 우세하게 만든 장점을 변화된 자기 자손들에게 물려 주는 경향이 있다. 자연선택은 형질의 분기를 낳고, 개량이 뒤떨어진 중간적인 종류들을 다수 멸종시킨다. 나는 이런 원리에 입각해서 수많은 생물의 유연관계의 본질이 설명될 수 있다고 믿는다. 모든 동식물이 모든 시간과 모든 공간에 걸쳐 어떤 군(群)이 다른 군에 종속되는 식으로 서로서로 유연관계에 있다는 것은 참으로 놀랄 만한 사실이다(우리는 너무 익숙하기 때문에 그게 얼마나 놀라운 사실인지를 쉽게 간과한다). 즉 같은 종의 변종들은 가장 밀접한 유연을 가지고, 같은 속의 종들은 그보다 덜 밀접하고 불균등한 유연관계를 맺으며 절(節, section)[54]과 아속(亞屬)을 형성한다. 다음으로 다른 속의 종들은 밀접성이 훨씬 뒤진 유연을 가지며, 여러 가지 속들은 다양한 정도의 유연관계를 맺으며 아과(亞科), 과, 목, 아강(亞綱), 강을 형성한다.(p. 128)

---

54) 다윈 시대에 속과 종 사이에 설정해 놓았던 단위.

린네의 체계 이후 생물은 강, 목, 과, 속, 종으로 분류되었는데,[55] 그 중에서 속과 종은 자연을 직접 반영하는 실제적인 것이지만, 상위의 분류 단위인 강, 목, 과는 분류를 위한 편의적인 단위, 즉 인위적인 단위라고 간주되었다. 따라서 세상의 모든 생물을 다 알게 되고, 면밀한 연구가 진행되면 강, 목, 과를 구분하는 경계는 지워질 것이라고 믿었다. 그에 반해 다윈은 모든 분류 단위가 진화의 역사를 함축하고 있다고 보았다(매우 복잡한 방식을 통한 것이긴 하지만). 현대에도 이에 대한 논쟁은 결말이 나지 않았다. 모든 분류 단위를 자연적인 것으로 보는 입장과 특정한 단위(속이나 종 등)만 자연적인 것으로 보는 입장, 그리고 모든 분류 단위를 편의적인 것으로 보는 입장. 독자께서는 어떤 입장이 옳다고 보시는가?

다윈은 우선 모든 생물체가 신에 의해서 종별로 창조된 것이 아니라는 점을 명백히 했다. 그렇다면 모든 분류 단위나 분류 체계가 인위적이라는 입장이었을까? 그렇지는 않다. 다윈은 모든 생명체들은 진화의 산물이며, 그들이 진화해 오는 과정 속에서 생산한 일정한 패턴이 분류 체계에 반영되었다고 보았다. 단, 분류는 유사성이 아니라 진화의 역사를 기준으로 행해져야만 한다는 점에서 모든 입장과 달랐으며 실제 분류의 결과도 다를 수밖에 없었다. 분류 단위 중 어느 한두 가지가 특권을 가질 수 없다는 것은 두말하면 입 아프다. 하위 단위는 상위 단위로 묶이고, 이 상위 단위는 더 상위 단위로 묶일 뿐이다. 그리고 이 모든 길

---

55) 실제로 린네는 강, 목, 속, 종으로 4분하거나 강, 목, 속, 종, 변종으로 5분하였다. 린네는 이 중 변종을 가장 덜 중요한 것으로 치부했다.

서는 개체적 차이 및 변이로부터 생산되었고, 지금도 여전히 생산되고 있다.

어떤 강(綱)에서도 거기에 종속되는 수많은 군들을 일렬로 늘어 놓을 수는 없다. 수많은 군들은 몇 개의 점을 중심으로 뭉치고, 이런 뭉치들이 또 다른 여러 점의 주위에 모여듦으로써 거의 무한한 고리를 조성해 가는 것으로 보인다. 각 종이 독립적으로 창조되었다는 견해를 가지고는 모든 생물의 분류에서 나타나는 이런 거대한 사실을 어떻게도 설명할 수 없을 것이다. 그렇지만 이 사실은 앞의 도면에서 설명했듯이 멸종과 형질의 분기를 수반하는 유전 및 자연선택의 복합적인 작용을 통해 설명된다.(pp. 128~129)

다윈이 비판하는 "일렬로 늘어 놓는" 체계란 창조론과 진화론이 공유하던 공통의 모델인 사다리론이다. 이것은 '자연의 사다리'(Scala Naturae)나 '존재의 대연쇄'(Great Chain of Being)라고도 불리는데, 세상의 모든 존재들이 긴 사다리 위에 차례로 자리 잡고 있다. 보네의 사슬 개념을 나타낸 그림을 보라.[56] 오른쪽 맨 아래에는 불, 공기, 물부터 시작해서 위로 올라가면 황, 금속, 돌 등이 보인다. 그 위에는 식물, 곤충, 뱀, 어류, 조류, 네발동물, 원숭이, 오랑우탕을 거쳐 마침내 인간에 도달한다.[57] 그리고 인간 위에는 천사와 신이 있을 것이다. 이러한 자연의

---

56) 마이어, 『진화란 무엇인가』, 32~33쪽.
57) 오늘날에는 무생물로 분류되어 생물학의 대상이 되지 못하는 금속, 황은 물론 불과 공기와 물도 당당히 자리를 차지하고 있다. 비록 말석이긴 하지만 어엿한 박물학의 대상이었던 것이다.

사다리는 결코 변화하지 않으며, 이는 완벽을 향해 나아가는 방식으로 모든 것의 순서를 정한 창조주의 마음을 반영하는 것이라고 생각되었다. 다윈은 젊은 시절부터 이 모델을 벗어나기 위해 무진 애를 먹었고, 덤불숲 모델, 산호 모델, 나무 모델 등을 여러 측면에서 검토했다. 다윈에게는 어떤 모델도 흡족하지 않았지만 『종의 기원』에서는 그 중 제일 나은 것을 선택할 수밖에 없었다. 독자 여러분, 잠시 앞서 나왔던

존재의 대연쇄
'자연의 사다리'라고도 불리는 이 사다리 위에는 세상의 모든 생물만이 아니라 다양한 무생물들까지 동원되어 빽빽이 채워져 있다.

도면을 응시해 보라. 지질학적 역사를 총 집약하고 있는 그 그림이 모종의 형상으로 떠오를 때까지……. 자, 뭔가 보이시는가? 이제 4장의 마지막 문장이다.

생명의 나무, 거대한 동물

같은 강에 속하는 모든 생물늘의 유연관세는 가끔 큰 나무로 표시되곤 했다. 나는 이 비유가 대체로 진실을 말하고 있다고 믿는다. 푸른 싹이 움트고 있는 잔가지는 현생종을 표시하고, 과거 몇 년 동안 생겨났다 시리긴 잔가지들은 오랜 시기에 걸쳐 발생했던 종들 중 소멸된 종들에

해당한다. 성장하고 있는 잔가지들은 모두 성장의 각 시기마다 모든 방향으로 그 가지를 뻗어(분지하여), 주위의 잔가지들을 능가하고 멸망시키려고 한다. 이는 종이나 종의 무리가 '살아가기 위한 거대한 전투'(the great battle for life)에 있어 다른 종을 압도해 온 방식, 바로 그것이다.

작은 줄기가 큰 가지로 갈라지고, 이들은 차츰 더욱 작은 가지로 갈라져 가는데, 이들 작은 줄기도 그 나무가 어렸던 시절에는 싹이 움트기 시작하는 잔가지였다. 과거의 싹과 현재의 싹은 따로따로 갈라져 가는 많은 가지들에 의해 연결된다. 이것은 모든 소멸종과 현생종이, 어떤 군이 다른 군에 종속되는 방식으로 분류되는 사태를 잘 나타내고 있다. 나무가 아직 어릴 때 번창했던 많은 가지들, 그러나 지금은 불과 두세 개만이 큰 가지로 성장하여 여러 잔가지들을 달고 있다. 이와 마찬가지로 아득히 먼 과거의 지질 시대에 살고 있던 종 중에서 극소수의 것만이 현재 살고 있는 변화된 자손들을 남기고 있다. 나무가 성장하기 시작한 이래 많은 줄기와 가지가 시들어 떨어졌다. 이미 없어져 버린 온갖 크기의 가지들이 오늘날 생존하는 대표종을 갖지 않은 채 (우리에게는) 화석 상태로만 알려져 있는 여러 목, 과, 속을 나타내고 있다. 큰 나무의 여러 지점에서 볼 수 있듯이, 나무의 아래쪽 갈래에서 뻗어 나온 단 하나의 잔가지가 어떤 기회를 얻어 지금도 그 꼭대기에 살아 있는 경우가 있다.

이와 마찬가지로 우리는, 보호된 장소에 살면서 치명적인 경쟁을 모면해 온 오리너구리나 폐어(肺魚) 같은 동물들이, 생물의 커다란 두 가지를 (아주 근소한 정도이긴 하지만) 유연관계로 결합시키는 경우를 본다. 싹이 성장하여 새로운 싹을 내고, 이들 새로운 싹이 (만일 튼튼하다면)

가지를 뻗쳐 모든 방면에서 많은 연약한 가지들을 멸망시켜 나가듯이, '생명의 큰 나무'(the great Tree of Life) 또한 이미 죽어 부러진 가지들로 지각을 채우고, 분기하는 아름다운 가지들로 지표를 덮는 일을 세대를 거듭하며 계속하고 있다고 나는 믿는다.(pp. 129~130)[58]

이렇게 장대한 생명의 역사를 그린 다음, 다윈은 조금 멀찍이 떨어져 그것을 바라보았다. 순간 놀라운 발견이 다윈의 전신을 강타했다. 그것은 거대한 나무였다. 그리고 모든 지점들이 변이와 분기로 꿈틀거리는 거대한 동물이기도 했다. 다윈은 죽음 직전의 사람처럼 거기에서 지구의 모든 공간과 시간들이, 모든 생물과 무생물과 그들의 뭇 사건들이 순식간에 하나로 응축되는 것을 보았다. 그는 서둘러 『성경』을 집어 들었다.

『성경』에 따르면 하나님은 에덴 동산의 나무 열매를 여자와 아담에게 허락은 하였으되 동산 한가운데 있는 나무의 열매만은 먹지도 말고 만지지도 말라고 했다. 어기면 죽는다고 했다. 뱀이 여자에게 말했다. "너희는 절대로 죽지 않는다. 하나님은 너희가 그 나무 열매를 먹으면 너희의 눈이 밝아지고, 하나님처럼 되어서 선과 악을 알게 된다는 것을 아시고 그렇게 말씀하신 것이다." 결국 여자와 아담은 그 열매를 먹고 눈이 밝아져 부끄러움을 알게 되어 하나님으로부터 숨게 된다. 왜 숨느

---

58) 제거된 가지들과 계속 더 성장하는 가지들의 대조는 「요한복음」의 기술을 연상시킨다. "나는 참 포도나무요, 내 아버지는 그 농부라. 무릇 내게 붙어 있으면서 과실을 맺지 못하는 가지는 아버지께서 이를 제거해 버리시고, 무릇 과실을 맺는 가지는 더 많은 과실을 맺게 하도록 아버지께서 말끔히 손질하시느니라." 「요한복음」 15:1~2.

냐고 하나님이 다그쳐 묻자 아담은 여자 핑계를 대고, 여자는 뱀 핑계를 댄다. 하나님은 이들 셋 모두에게 벌을 내리셨는데, 그 중 하나가 여자에게 임신의 고통을 받게 하는 것이다. 아담은 자기 아내의 이름을 하와(생명)라고 했다. 그녀가 생명이 있는 모든 것의 어머니이기 때문이다.[59]

주 하나님이 말씀하셨다. "보아라 이 사람이 우리 가운데 하나처럼, 선과 악을 알게 되었다. 이제 그가 손을 내밀어서 생명나무의 열매까지 따먹고 끝없이 살게 해서는 안 된다." 그래서 주 하나님은 그를 에덴 동산에서 내쫓으시고, 그가 흙에서 나왔으므로 흙을 갈게 하셨다. 그를 쫓아내신 다음에, 에덴 동산의 동쪽에 그룹[60]들을 세우시고, 빙빙 도는 불칼을 두셔서, 생명나무에 이르는 길을 지키게 하셨다.[61]

인간과 뱀이 선악과를 먹음으로써 인식이 비롯되고 동시에 노동과 생명과 죽음의 장구한 역사가 시작되었다. '앎의 나무'(인식의 나무)의 열매를 따먹은 죄로 쫓겨난 이들은 살아가기 위해 끊임없이 분투하다가 결국은 죽음을 맞이하는 운명 속에 살아간다.

종신토록 허덕이며 수고해도 보람이 없고, 지쳐서 늘어져도 돌아갈 곳을 알지 못한다. 참으로 가엾지 않은가. 아직 살아 있다 해도 무슨 소용이 있는가. 몸이 늙고 마음도 따라 시들어 버린다. 크게 슬퍼할 일이로

---

59) 『성경전서』, 대한성서공회, 2001, 3~4쪽.
60) 살아 있는 피조물, 날개와 얼굴을 가지고 있는 것으로 생각됨. 『성경전서』, 4쪽.
61) 「창세기」 3:22~24.

다. 사람의 생애란 본래 이렇듯 어두운[어리석은, 芚] 것일까? 아니면 나만 어둡고 다른 사람들 중에는 그렇지 않은 사람도 있는 것일까?[62]

그후 오랜 세월이 흘러 사람의 아들 다윈이 태어나 생명의 실상을 깨쳤다. 그가 마침내 그려 낸 생명의 역사는 바로 거대한 나무였다. 에덴 동산에 있다고만 믿었던 생명의 나무. 그때 다윈은 깨달았다. 생명의 나무는 앎의 나무였고, 우리가 살아가는 이곳이 실은 에덴 동산이었음을. 그 순간 다윈이 살아 온 삶과 알아 온 모든 지식이 하나의 빛으로 합쳐지더니 갑자기 사라졌다. 진리를 깨닫는 순간은 환한 빛인가 싶더니 곧 암흑으로 화했다. 그러나 그는 두려워하지 않았다. 텅 빈 허공 속에서 자유롭게 노닐 뿐이었다.

신들의 세상

생물, 무생물 할 것 없이 세상 만물을 낳는 것은 바로 세상 만물 자체다. 저마다의 방식으로 신을 표현하며 살아가는 존재들은 또 다른 방식으로 신을 표현하는 타자들과 상호작용함으로써 세상 만물을 낳는다. 사람의 아들 예수는 다음과 같이 말했다. "너희 율법에 기록된 바, '내가 말하노라, 너희는 신들이로다'라고 하지 아니하였느냐!" 다윈이 비유적으로 말했던 대목을 기억하시는가? "자연선택은 날마다, 그리고 매시간마다 온 세계에서 아주 경미한 것까지 포함하여 온갖 변이를 자세히

---

62) 장자, 『장자』, 55쪽.

조사한다. 좋지 않은 것은 제거하고 좋은 것은 모두 보존하고 축적한다. 각 생물을 다른 생물 및 주변 생활조건에 관해 개량하는 일을 두드러지지 않게 말없이 계속한다." 예수는 안식일에 38년이나 된 병자를 고치고, 나면서부터 소경이었던 자를 고치셨다. 이에 유대인이 핍박을 가하자 예수는 이렇게 말하였다. "아버지께서 지금도 일하시니 나도 일한다."[63] 그러므로 생물들도 끝없이 일한다. 성선택, 동물과 식물의 짝짓기(교배와 교잡, 타가수정), 식물과 곤충의 상호적응, 멸종, 형질의 분기! 선택하고, 선택되며, 끊임없이 변신하는 생물들.

이 모든 진화는 어떻게 일어나는가? 유용한 변이가 점진적으로 누적됨으로써? 과연 그러했던가! 다시 한번 생명의 나무(294~295쪽 도표)를 보자. 모든 생명은 변이하며, 또 각 생명들은 서로 다르다(개체적 차이 및 변이). 개체적 차이란 동시대의 타자들과 다르다는 것이며, 변이란 부모로부터 달라진다는 것이다. 이 차이와 달라짐은 자손을 부모로부터 점점 더 멀어지게 하며, 또 서로에게서 멀어지게 한다. 그리하여 오랜 세월 뒤에는 마침내 부모는 물론 부모 세대의 모든 생존자들과도 크게 달라져 복수의 종이 탄생한다. 도면을 보자. A의 자손들로부터 8종이 생겨났다. a^{14}부터 m^{14}까지의 신종들은 어디서 왔는가? 먼저 a^1과 m^1은 A의 자손들 중 가장 A와 다른 새로운 변종으로부터 생겨났다(a^1과 m^1은 부채꼴 점선에서 양극단에 있는데, 양극단에 있는 것은 A에서 가장 많이 변했다는 것을 뜻하였다). 이어서 a^2와 s^2, m^2가 생긴다. 역시 가장 양극단으로 벌어진 것들이다. 물론 a^5에서 a^6으로의 이행이나 d^4에서 d^5

---

63) 「요한복음」 5:17.

로의 이행, m^9에서 m^{10}으로의 이행이 보여 주듯이, 늘 가장 극단적인 변종들만 선택되는 것은 아니다. 다만 지질학적인 긴 시간대를 기준으로 보면 많이 변할수록 새로운 장소를 많이 차지하는 경향을 보인다. 결국 신종들은 기존의 종에서 가장 멀리 벗어난 것들로부터 탄생했다("새로운, 변화된 자손을 산출하려는 투쟁").

　이것은 무엇을 의미하는가? 다윈 이전까지 개체란 종의 형상(이데아 혹은 본질)을 반영하는 존재였다. 개의 자손이 아무리 다양한 형태를 띠어도 결국은 개라는 종의 본질을 구현해야만 개가 될 수 있었다. 민들레의 자손도, 해파리의 자손도, 그 누구의 자손도 그러하였다. 그런 상황에서 변종이나 기형에 대한 오랜 무관심과 천대는 차라리 당연한 것이었다. 다윈은 그 세상에서 벗어났다. 그에게 진화란 '종의 질서로부터의 벗어남'이었다. 종의 질서로부터 최대한 벗어나는 일탈이 오랜 세월 동안 거듭됨에 따라 마침내 신종들이 창조되지 않았는가! 질서에서 벗어나고 계통에서 벗어나는 것들이 새로운 질서와 계통을 창출하지 않았는가! 종의 개체라면 마땅히 따라야 할 경로에서 일탈하는 변종들, 그들이 한없이 벗어나는 자취가 다시 후대의 길이 된다. 그의 자손들은 그의 자취를 열심히 따르면서, 또한 줄기차게 그 길에서 벗어났다. 다윈의 진화론에서 점진적으로 축적된 것은 실은 기존 질서로부터의 한없는 일탈이었다. 기존의 질서로 결코 회귀하지 않는 일탈이 끊임없이 거듭되는 것. 변종이 원형으로부터 한없이 멀어지는 것. 그것이 무수한 진화를 생산했다. 일탈과 변화야말로 진화와 창조의 힘이라는 다윈의 메시지는 19세기의 홀연한 빛이었다.

과정과 패턴의 과학

다윈이 발견한 패턴들은 세상 만물이 상호관계를 통해 빚어낸 것들이다. 성선택 원리나 형질 분기의 원리, 잡종강세나 근교약세의 법칙 등이 모두 그러하다. 이것은 생물과 무생물들에 의해 생산된 패턴들이다. 세상 만물은 이처럼 스스로 생산한 패턴을 타고 흐르는데, 그러다가 전혀 새로운 방향으로 벗어나기도 한다. 그것이 바로 새로운 패턴이 탄생하는 시간이다. 새로운 종이나 새로운 속, 과, 목, 강 등도 기존 질서로부터 벗어남으로써 생겨난 **결과**가 아닌가! 그러므로 원리나 법칙이나 패턴이 먼저 있고, 그에 따라 만물이 생겨나고, 또 운행한다는 이미지는 대단히 협소한 것이다. 세상 만물이 선재(先在)하는 어떤 초월적인 것에 의해 지배된다는 이미지는 전제(專制) 정치 체제의 직접적 산물일 뿐이다. 이런 세계상이 꼭 다윈만의 것은 아니다.

'흩어지는 구조'(dissipative structure)를 말한 화학자 일리아 프리고진(Ilya Prigogine) 또한 세계의 이런 실상을 포착하였다. 그에 따르면 물리학 법칙을 포함한 자연법칙들은 처음부터 '주어진' 것이거나 또는 논리적으로 암시된 것이 아니다. 그 법칙들은 서로 다른 종이 진화한 것과 유사한 길을 따라 진화한다. 사물이 점차 복잡해지면서 갈래질(bifurcation)과 증폭이 일어나고 새로운 법칙들이 나타난다. "만일 살아 있는 계가 없다면 어떻게 생물학 법칙에 대해 말할 수 있는가? 행성의 운동은 아주 늦게 등장한 것이다."[64]

수리물리학자 발터 티링(Walter Thirring)[65] 또한 '자연법칙이 진화하는가'라는 물음을 던지면서 이렇게 말했다(조금 길지만 중요한 발언이므로 주목해 주시기 바란다).

우리가 영원하다고 생각했던 자연계의 많은 것들(항성이나 원자, 그리고 질량 같은 양 등)이 단지 일시적인 형태에 불과하다는 사실이 밝혀졌다. 그리하여 오늘날 영원하다고 믿어지는 것은 자연계의 법칙뿐이다. 그러나 나는 교황 과학 아카데미에서 열린 '현실의 이해 : 문화와 과학의 역할'이라는 심포지엄에서 **자연계의 법칙이 필연적으로 영원한 것은 아니며, 법칙 또한 우주의 역사 속에서 진화할 수 있다는 점**을 설명하려고 시도하였다.

자연계의 법칙이 필연적으로 영원한 것은 아니라고? 하지만 그런 법칙들에 모순된다고 알려진 현상들이 전혀 없지 않은가? 티링에 따르면 그것은 "그다지 놀랄 일이 아니다. 모순되어 보이는 일이 일어날 때마다, 물리학 법칙을 당시까지 설명될 수 없었던 사건들에 적합하도록 조정해" 왔기 때문이다. 이어서 티링은 몇 가지 흥미로운 명제들을 제시한다. 첫째,

---

64) 존 브리그스·데이비드 피트, 『혼돈의 과학』, 김광태·조혁 옮김, 범양사 출판부, 1990, 150쪽. 법칙이든, 섭리든, 목적이든 그 어떤 것도 맨 처음이나 맨 마지막에 올 수 없다. 그런 것은 스스로 어떤 이름을 부여하든 결국은 유일신일 뿐이다.
65) 아래에 소개할 발터 티링의 발언은 그의 논문 「자연 법칙은 진화하는가」에서 인용한 것이다. 이 논문은 마이클 머피·루크 오닐 엮음, 『생명이란 무엇인가? 그후 50년』, 이상헌·이한음 옮김, 지호, 2003, 247~257쪽에 실려 있다. 우리에게 다소 생소한 인물이므로 이 책에 실려 있는 소개글의 일부를 인용한다. "그는 수리물리학 분야의 거장이며 CERN 이론 분과의 책임자였다. 현재는 빈의 에르빈 슈레딩거 연구소의 소장으로 있다. 그의 이름을 따서 현대 기초 이론과 실험 분야에서 큰 업적을 거둔 학자에게 발터 티링 상을 수여하고 있다."

하위 수준의 법칙들은 비록 상위 수준의 법칙들[66]과 모순되지는 않는다 해도 상위 수준의 법칙들에 의해 완전하게 결정되지는 않는다. 어떤 수준에서 기본적인 사실로 보이는 것도 보다 상위 수준에서 보면 순전히 우발적인(purely accidental) 것으로 보이는 일이 있다. 둘째, 하위 수준의 법칙들은 상위 법칙들에 의존하기보다는 자신이 관련되어 있는 주변 상황에 더 의존한다. …… 셋째, 법칙들의 위계 질서는 우주의 진화와 함께 진화해 왔다. **새로 창조된 법칙들은 최초에는 법칙이 아니라 단순한 가능성으로서 존재한 것이었다.**

조금 더 구체적으로 얘기해 보자. 예컨대 현재의 과학 이론들은,

우리가 세 가지 공간 차원과 하나의 시간 차원을 가진 세계에 살고 있다는 것을 토대로 삼고 있다. …… 하지만 최근의 사고방식에 따르면, 태초의 세계는 훨씬 더 많은 차원을 갖고 있었으며, 어떤 비등방성(anisotropy)에 의해 세 개의 차원만이 방대하게 팽창했다고 한다. 지금 다른 차원들은 붕괴된 상태이며, 다만 소립자들의 내부 대칭성 속에 흔적으로만 남아 있을 뿐이다. 이러한 4+x 차원의 분열은 모든 것이 완벽한 대칭을 이루고 있다고 보는 '만물의 이론'(Urgleichung) 안에는 결코 새겨져 있지 않다.

---

[66] 상위 수준의 법칙들과 하위 수준의 법칙들이 늘 엄밀히 구별되는 것은 아니다. 그러나 여기서는 상식적인 수준에서 충분히 이해할 수 있다. 예컨대 상위 수준의 법칙들이 더 미시적인 입자들에 관한 법칙이라면, 하위 수준의 법칙들은 그보다 더 큰 대상에 관한 법칙이라고 생각하면 된다.

그러니까 지금까지의 우주 및 지구의 역사를 법칙으로 완전히 환원하기는 불가능한 것이다. 흥미롭게도 이것은 물리학의 역사가 낳은 상황이기도 하다.

일견 모순되어 보이는 사실들을 조화시키기 위해 물리학은 자신의 개념을 확장해야 했고, 그럼으로써 예측능력을 잃었다. 한 예로 양자역학은 불확정성 관계라는 대가를 치르면서 입자의 파동성과 입자성을 기술한다. …… 마찬가지로 만물의 이론은 경험적 사실들과 모순되지는 않을 것이며, 모순이 있다면 변경이 가해질 것이다. 하지만 모든 것을 결정하는 것과는 거리가 아주 멀어질 것이다. **우주가 진화함에 따라 각각의 시점에서의 환경이 독자적인 법칙들을 창조해 온 것이다.**

이런 견해에 대해서 각기 다른 수준들 모두가 더 기본적인 원리의 각기 다른 구현 형태에 불과하다는 느낌을 받을 수도 있다. 헌데 이러한 직관을 더욱 엄밀히 하려고 할 때에 발생하는 난점은 무엇이 기본적인 원리인지에 대한 정당한 정의를 찾기가 어렵다는 점이다. …… 더 안좋은 경우에는 **시공의 차원성과 부호수**(符號數, the dimensionality and signature of space-time)**는 어쩌면 역사적인 우연**(historical accident)**의 결과인 것이다.** …… 이런 의미에서 우리에게 근본적으로 보이는 법칙들은 우주의 최초에는 법칙으로서가 아니라 단순한 가능성에 불과했던 것이나.

티링의 발언 중에 우리 얘기의 맥락에서 중요한 사항들을 정리해 보도록 하자. 첫째, 자연계의 법칙이 필연적으로 영원한 것은 아니며,

법칙 또한 우주의 역사 속에서 진화할 수 있다. 둘째, 하위 수준의 법칙들은 상위 수준의 법칙들에 규정되기보다는, 자신이 관련되어 있는 주변 상황에 더 의존한다. 셋째, 새로 창조된 법칙들은 최초에는 법칙이 아니라 단순한 가능성으로서 존재한 것이었다. 넷째, 우주가 진화함에 따라서 각각의 시점에서의 환경이 독자적인 법칙들을 창조하여 왔다. 다섯째, 시공의 차원성과 부호수는 어쩌면 역사적인 우연의 결과일 수도 있다.

티링은 물론 법칙의 중요성을 팽개치고 '우연 찬가'만을 읊어 대는 사람이 아니다. 하지만 그는 역사가 법칙에 의해 온전히 환원될 수 없다는 점 또한 잘 알고 있다. 나아가 역사의 과정에 의해 법칙들이 생산될 수 있다는 생각은 매우 탁월해 보인다.

동시에 발견된 상이한 역사

변화란 변질이요 퇴색이라 했다. 에덴으로부터의 추방 이후 역사는 타락과 죄의 역사였고, 요순 임금과 주(周)나라 이후의 모든 정치는 '좋았던 옛날'을 최대한 재현하려는 것이었다. '세상이 변했어'라며 인정이 따스하게 흐르던 옛날을 그리워하는 감정은, '요즘은 왜 조용필 같은 가수가 안 나오는 거야'라고 한탄할 때의 감정과 다르지 않다. 흥미로운 것은 이후 세대조차 '요즘은 왜 서태지 같은 가수가 안 나오는 거야'라고 한탄한다는 것이다. 역시 가장 순수하고 창조적이었던 것은 오래전 그날에만 가능했던 한바탕 꿈이런가!

인류는 오래도록 자연에서 끝없는 반복이나 쇠락만을 보았다. 물리적인 자연은 완벽하게 가역적인 세상이었다. 그러다가 새로운 변화가 찾아왔다. 19세기 자연과학이 자연에서 역사를 본 것이다. 열역학 제2법칙은 시간이 흐르면 엔트로피가 증가하며 마지막 단계에는 열적 평형, 다시 말해 열적 죽음[熱死]에 도달한다고 선언했다. 다윈이 자연에서 본 것 또한 역사였다. 그러나 그것은 열적 죽음이나 평형과는 다른 것이었다.

다윈의 이론은 종들의 자발적 요동에 관한 가정으로부터 시작된다. 그러고는 선택이 비가역적인 생물학적 진화로 이르게 한다. 그러므로 볼츠만(Ludwig Boltzmann)과 마찬가지로 무질서함이 비가역성에 이르게 하는 것이다. 하지만 **그 결과는 매우 다르다.** 볼츠만의 해석은 초기 조건들의 망각, 초기 구조들의 '파괴'를 의미하는 반면, 다윈적인 진화는 자생적 조직화(항상 증가하는 복잡성)와 연관되는 것이다.[67]

이 세상은 거대한 질서 속에서 영원히 순환하는 것이 아니라 끊임없이 변화한다. 다시는 원래 모습으로 돌아갈 수 없다. 그런데 이러한 변질은 퇴화나 퇴보 혹은 타락이 아니라 진화요 창조라는 것, 이것이 다윈의 메시지였다. 그러나 근대 사회는 다윈의 메시지를 거부하였다. 오히려 그를 이리저리 변형하여 철저히 근대화시켰다. 생명의 진화를 열역학 제2법칙에 대항하는 힘으로 해석해 버린 것이다. 세셰 사제는 열역학 제2법칙에 따라 시간이 지날수록 하향(下向)하다가 열적 죽음을

---

67) 일리아 프리고진·이사벨 스텐저스, 『혼돈으로부터의 질서』, 신국조 옮김, 고려원, 1993, 187쪽.

맞이하겠지만, 생명만은 그 흐름을 거슬러 올라가는(극복하는) 상향(上向)하는 힘이라는 것이다. 선과 악의 형이상학, 물질과 생명의 대립, 생명중심주의의 외피를 쓴 인간중심주의가 다시금 새로운 사상을 포위하였다. 특히 물질과 생명을 대립시키는 것은 하도 보편적인 현상이라 그렇지 않은 경우를 찾기가 힘들 정도다. 예컨대 현대의 위대한 사상가 화이트헤드(Alfred N. Whitehead)는 『이성의 기능』(Function of Reason) 맨 처음에 이렇게 썼다.

> 역사는 사건의 과정 속에서 두 개의 주도적인 경향을 노출시킨다. 그 한 경향은 물질적 성질을 가진 것들의 매우 완만한 해체 속에서 구현되고 있다. 눈에 뜨이지 않는 필연성 속에서 그 물리적인 것들에게는 에너지의 저하 현상이 있다. 그 활동의 근원들이 역사의 흐름 속에서 아래로 아래로 하향하고 있다. 그들의 물질 그 자체가 소모되어 가고 있는 것이다. 또 하나의 다른 경향은 매년 봄마다 반복되고 있는 자연의 싹틈에서 구현되고 있다. 다시 말해서 생물학적 진화의 상향적 과정에서 예증되고 있는 것이다.[68]

슈뢰딩거(Erwin Schrödinger) 또한 1943년의 강의에서 동일한 논법으로 생명을 설명하였다.[69] 한편 베르그송(Henri Bergson)은 어떠했던가? "베르그송의 관점에서 볼 때 변이들이 생겨나는 원인은 생명의

---

68) 앨프리드 노스 화이트헤드, 『이성의 기능』, 김용욱 옮김, 통나무, 1998, 21쪽.
69) 에르빈 슈뢰딩거, 『생명이란 무엇인가?: 물리학자의 관점에서 본 생명현상』, 서인석·황상의 옮김, 한울, 2005. 특히 144, 149쪽.

충력 속에 있다. 생명은 우주 속에서 물질적 운동과 대립하는 하나의 흐름 또는 운동으로 존재하며, 이것이 어느 순간 어떤 조건이 갖추어지면 물질의 운동 속에 삽입될 수 있다. 생명적 흐름은 언제나 구체화되기를 열망하는 잠재태이기 때문에 적절한 조건이 되면 물질과 '타협'한다."[70] 엔트로피 법칙의 하향화에 저항하며 그 흐름을 거슬러 올라가는 생명의 흐름. 물질은 자연법칙에 순응하고 생명은 그 자연법칙으로부터 벗어나려 한다. 이렇게 해서 생명에게 물질과는 다른 특권을 부여한 근대인들은, 그 다음으로 인간에게 다른 모든 존재들은 가지지 못한 특권을 부여하기에 이른다. 이제 그들은 '인간이 지성을 가지고 세계를 인식하고, 그럼으로써 그로부터 벗어나는 운동을 감행할 수 있다'라고 말할 때 어떠한 부끄러움도 느끼지 못한다. 다윈이 시동을 건 인간 소멸의 꿈은 이렇게 정체를 맞이하고 우리는 다시 인간을 중심으로 사고하기 시작하였다. 인간을 벗어나는 꿈이 더 나은 인간이 되는 꿈으로 왜소화되어 버린다.

다윈의 이상한 가족

다윈이 그린 생명수는 또 어찌 보면 핏줄들이 뻗어 나가는 것처럼 보이기도 한다. 하긴 혈통을 그린 계통도니까 그럴 법도 하다. 부모가 자식을 낳고 그 자식이 또 자식을 낳는 끝없는 생식(ordinary generation). 다윈이 살던 빅토리아 시대에는 이 혈통이라는 주제가 애호되었다. 많

---

70) 황수영, 『베르그손: 지속과 생명의 형이상학』, 이룸, 2003, 154쪽.

은 문학작품들이, 보통계급의 주인공이 실은 귀족이나 왕가의 혈통임이 밝혀져 원래 상태가 회복되는 이야기를 들려 주었다. 다윈이 좋아했던 셰익스피어의 희곡들 또한 왕위계승 문제를 자주 다루었다. 특권적인 혈통이 있다고 믿거나 강요하고 싶은 자들로 인해 혈통은 더욱 강조되었다. 『성경』도 어떻게 보면 혈통에 관한 이야기다. 인간은 조상의 원죄로 인해 본래 누려야 할 유산으로부터 추방당했지만, 하나님의 직계 후사(後嗣)인 예수의 중재에 의해 다시 복위되어 선민(選民)으로 거듭난다는 그런 이야기라는 점에서.[71]

다윈의 진화론은 모든 생명체들을 하나의 혈통으로 엮어 낸 이론이다. 다윈에 따르면 지구의 역사와 현재는 곧 거대한 가족 네트워크의 역사요 현재다. 그런데 이 가족…… 좀 묘하다. 이 가계도에는 사람만이 아니라 온갖 동식물이 빠짐없이 참여한다. 죽은 것들은 물론이고 아직 태어나지 않은 것들까지도 모두 한 핏줄이요 한 가족이다. 헌데 참된 혈통이 밝혀지면서 고귀한 특권적 혈통의 질서가 회복되기는커녕, 모든 존재가 하나의 혈통임이 밝혀지면서 명문가의 순수성은 진흙탕이 된다. 같은 혈통이라는 것 자체가 모욕이 되어 버린 것이다. "인간과 원숭이가 같은 조상에서 비롯되었다고!" 다윈의 얘기는 겨우 그 정도가 아니었다. 만물이 진화되었다는 견지에서 보면 쥐와 바나나와 돌멩이가 모두 한 핏줄 아닌가?[72] 그러니 다윈이 노예 제도를 혐오하고 모든 종류의 인종차별에 반대했던 것은 너무나 당연하다. 이것은 물론 현대과학

---

71) Beer, *Darwin's Plots*, p.57.
72) 박성관, 『종의 기원: 쥐와 소나무와 돌의 혈통에 관한 이야기』, 웅진주니어, 2007.

의 가장 기본적인 입장이기도 하다. 천문학의 빅뱅 이론이나 생물학의 원시 수프 이론(primordial soup theory)이 하는 얘기가 이거 아닌가! 그러나 진화론이 교양이 된 21세기에도, 인간과 화초와 커피 자판기와 빌딩이 모두 한 핏줄이라고 말하면 잠시 고개를 갸웃하게 되는 것은 왜 일까?

모든 존재가 한 핏줄이요 평등하다는 견해를 모욕적으로 느끼는 자는 누구인가? 인간은 동물과 다르다든가, 동물은 식물보다 고등하다든가, 생명은 이 세계에서 특별한 것이라는 모든 얘기는 비루하다. 인간이 박테리아나 지렁이랑 다를 바 없다는 거냐며 핏대를 올리는 건 무식한 짓이다. 그는 박테리아도, 지렁이도 모르고, 따라서 인간도 모르기 때문이다. 자기 이외의 타자를 깎아 내리는 방식으로밖에는 자신을 표현하지 못하기 때문이다. 스스로 빛을 내어 고귀함을 증명하는 태양이나 금에 비하면 한참 떨어지는 못난 존재들. 백인이 유색인종보다 우월하다든가, 남성이 여성보다 우월하다는 이야기와 뭐가 다른가? "왕후장상의 씨가 따로 있느냐"고 외쳤을 때, 모든 존재가 평등하다는 근대 혁명이 발생했을 때, 세계는 단조로워지고 일제히 타락하였는가? 다양한 신분이 존재하는 신분 사회가 모두 평등한 세계보다 더 다양한 것인가? 왕, 귀족, 평민, 천민은 네 가지 다양한 존재가 아니라 신분 제도라는 한 가지 질서를 반복적으로 표현하는 지루한 구조다. 모두가 평등했을 때 오히려 저마다 다른 방식으로 자신을 표현할 수 있다. 고등과 하등이라는 틀에서 벗어나 세상 만물이 표현하는 저마다의 고유성을 느낄 수 있는 세계, 이것이 다윈이 펼쳐 놓은 세계였다.

보론 : 다다익선(多多益善)의 사상 - 맬서스 비틀기

수많은 연구자들이 누차 지적하였고 또 다윈 스스로도 자서전에서 밝혔던 것처럼, 맬서스의 세계상은 다윈의 진화론에 커다란 영향을 끼쳤다. 생존할 수 있는 수보다 더 많은 생물들이 태어난다는 것(뭇 생물들의 다산성), 그러므로 생산수단을 둘러싸고 치열한 생존투쟁이 벌어지고 그 결과는 언제나 냉엄한 적자생존이라는 것. 이렇게 보면 생물의 다산성은 축복받아야 할 행운이기는커녕, 모든 고통과 악의 근원이요, 끊임없이 제거되어야 할 과잉일 뿐이다. 맬서스의 말을 직접 들어 보도록 하자.

> 프랭클린 박사에 따르면 동식물은 군집 생활을 하는 관계로 서로의 생존수단을 방해하게 되는데, 이것 말고는 그들의 번식성에 어떤 제한도 없다. …… 만일 이 지구상에 다른 식물이 전혀 존재하지 않는다고 가정하면, 그때에는 어떤 종류의 식물, 예컨대 회향(fennel)과 같은 식물이 점차 퍼져 마침내 이 지구 전체를 뒤덮게 될지도 모르며, 또 이 지구상에 다른 주민이 전혀 존재하지 않는다면 그때에는 불과 수세대 이내에 오직 단 하나의 국민, 예를 들어 영국 국민만으로 지구가 가득 찰지도 모르는 일이다. 이상과 같은 프랭클린 박사의 이야기는 이론의 여지없는 진실이다. 동물계고 식물계고 할 것 없이, 자연은 생명의 종자를 아낌없이 뿌려 댄다. 반면 그들을 양육하는 데 필요한 장소와 식량에 대해서는 꽤나 아끼는 편이다. 그 결과, 이 지구상에 내포되어 있는 생명의 종자는 만일 그것이 자유로이 발육해 갈 수만 있다면 몇천 년도

채 지나기도 전에 (설령 세계가 수백만 개라 해도) 세계를 모두 가득 채우게 될 것이다. 그런데 실제로는 만물을 지배하는 필연이라는 자연법칙이 그들을 일정한 한도 내에 멈추게 한다. 어떤 종류의 동식물이든 이 위대한 제한법칙하에 움츠러든다. 인류 또한 아무리 이성을 잘 발휘한다 해도, 그 법칙으로부터 벗어날 수는 없다.[73]

이처럼 맬서스에게 다산성(fecundity)은 곧 억압해야 할 위험이었다. 특히 가난한 자들의 다산성은 더더욱 엄혹한 조치가 가해져야 했다. 당시 영국 사회에 만연해 있던 맬서스적 통념에 따르면, 근로자들은 수적으로 풍부하고, 무책임하며, 따라서 몇 쯤 없어져도 좋은 존재에 불과했다.[74]

다윈 또한 다산성이 초래하는 어두운 응답을 모르지 않았다. 그러나 다윈은 바로 그 다산성이 변이성을 증대시키고, 변화와 발전을 위한 잠재력을 증대시킨다는 점 또한 놓치지 않았다. 형질 분기가 바로 그걸 잘 보여 주지 않았던가! 숫자를 늘려 가는 모든 우세한 종류의 변형된 자손은 자연계의 매우 다양화된 많은 장소에 잘 적응하는 경향이 있다. 그러니까 규모가 큰 집단은 형질(구조, 습성, 체질 등)에 있어서도 다양할 터이므로, 더 많은 장소에 잘 적응할 수 있을 것이다. 역으로 더 많은 장소에 퍼진 집단일수록 집단 내 다양성은 점점 더 커져 갈 것이다. 점점 더 새로운 형질들이 생겨나고, 강화되며, 이전에는 존재하지도 않던

---

73) 토머스 맬서스, 『인구론』. Beer, *Plots*, p.29에서 재인용.
74) Janet Browne, *Charles Darwin: The Power of Place*, New York: Alfred A. Knopf, Inc., 2002, p.25.

생활세계가 창출되기도 한다. 이런 점에서 다산성은 이 세계와 모든 생물들이 더욱 풍부해지는 원동력이기도 하다. 생물들이 많이 태어나고 또 서로 달라진다, 그리하여 세계는 점점 더 많은 집단들, 더 많은 세계들로 다양해진다. 많으면 많을수록 좋구나(多多益善)![75]

---

75) 고조(유방)가 일찍이 한신과 함께 여러 장수들의 능력을 마음 놓고 말하면서 각각 등차를 매긴 일이 있었다. 고조가 물었다. "나 같은 사람은 얼마나 되는 군대를 거느릴 수 있겠소?" 한신이 대답했다. "폐하께서는 그저 10만을 거느릴 수 있을 뿐입니다". 고조가 물었다. "그대는 어떠한가?" 한신이 대답하기를 "신은 많으면 많을수록 좋습니다(多多益善)"라고 하였다. 사마천, 『사기 열전 1』, 김원중 옮김, 민음사, 2009, 807~808쪽.

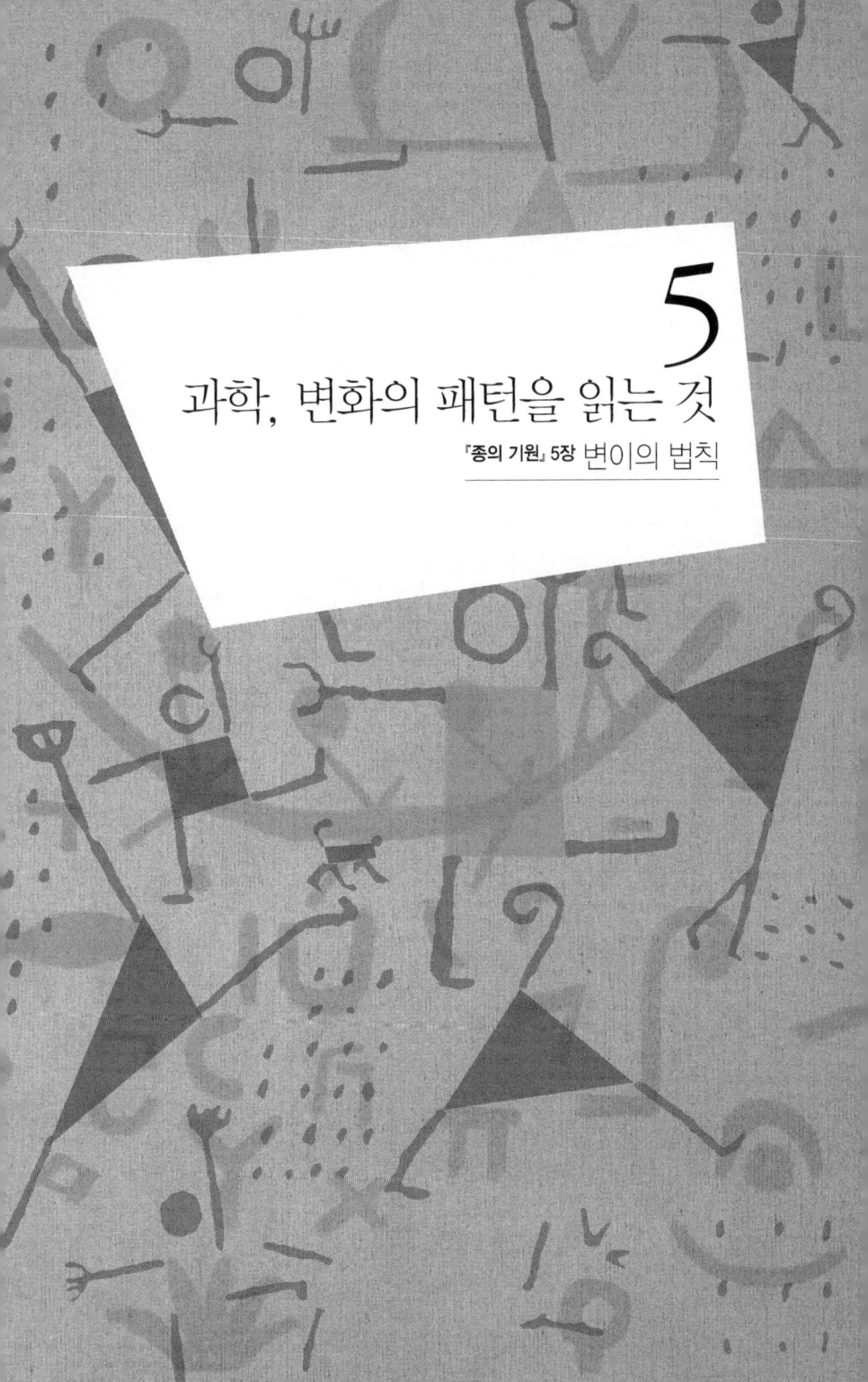

과학, 변화의 패턴을 읽는 것

『종의 기원』 5장 변이의 법칙

다윈이 쓴 『종의 기원』이라는 책을 가져왔는데 …… 이것은 그 …… 생명의 거대한 드라마를 보여 주는 책입니다. 존재하는 것은 먹이를 구하기 위해서 끊임없이 다른 것과 싸워야 되는 것이지요. 그러한 싸움은 선악이나 도덕을 초월한 것이지요. 다윈은 이 세계를 물리적이고 과학적인 시선으로 보는 사람이죠. 모든 것을 이성과 인식의 틀 안에서 설명하려고 애쓰는 사람이지요. 문장을 아주 잘 썼어요. 문장을 장엄하게 …… 생명을 가진 것들이 그 …… 수억만 년의 시간 속에서 멸망하고 도태하고 다시 변화시켜 가는 과정을 그린 것이죠. **이것이 세계를 바꾸잖아요, 이런 책이.** 세계를 확실히 바꿔 놓은 거예요. 세계의 반쪽을 바꿔 놓은 거예요. **이 책은 무서운 책이에요. 내가 이 책을 안 읽었으면 어떤 인간이 되었겠어요?**

— 김훈의 '내 인생의 책' 동영상(네이버 '지식인의 서재' 중, 강조는 인용자)

과학, 변화의 패턴을 읽는 것

현대 생물학 서적들은 변이와 유전이라는 주제에 이르면 이구동성으로 다윈의 무지와 오해 및 무관심을 지적한다. 유전에 대해선 완전히 오해했고, 유전법칙에 대해선 전적으로 무지했으며, 변이의 원인에 대해선 큰 관심을 보이지 않았다는 것이다. 이어 등장하는 것은 20세기 초 재발견된 멘델 유전학이다. 최종적으로 1930~40년대에 다윈의 자연선택설과 멘델 유전학, 그리고 생태학, 동물학, 고생물학의 성과들을 결합해 신다윈주의가 성립했다고 자랑스레 말한다. 신다윈주의란 현대의 종합설이라고도 불리는데, 흔히 진화론이라고 할 때 떠올리는 내용이 바로 (다윈의 진화론이라기보다는) 이 신다윈주의다. 대체 다윈은 변이와 유전에 관해 얼마나 무지했고 또 얼마나 무관심했길래 대부분의 생물학사가 이렇게 기술되고 있는 것일까? 그 위대하다는 다윈 샘이 그렇게 심한 죄를?

'본성 대 양육' 논쟁의 불모성

다윈의 오류는 주로 당대의 통념이었던 혼합유전설과 관련된 것이다.

현대 생물학자들에 따르면 혼합유전설의 오류는 멘델의 입자유전설이 20세기 초에 재발견됨으로써 근본적으로 극복되었다. 그것이 바로 과학적 유전학의 출발이었다. 현대 유전학이 눈부신 성과를 거두면서 20세기 내내 빛의 속도로 발전해 왔다는 사실에 대해서는 아마 대부분 이견이 없을 것이다. 그런데 우리는 현대 생물학이 유전자 환원주의에 지나치게 경도되어 있다는 비판 또한 심심치 않게 듣고 있다. 비주류 생물학자들은 이를 비판하며 환경의 중요성을 줄기차게 강조해 왔다. 유전자에 담겨 있는 정보가 현실에서 100% 발현되는 게 아니라, 환경과의 상호작용에 의해 크게 달라질 수 있다는 것이다. 이리하여 종종 반복되는 '본성 대 양육'(Nature-Nurture) 논쟁의 기본 구도가 설정된다. 이 논쟁에서 주류 생물학자들은 환경의 중요성을 무시하는 연구자는 아무도 없다며 비판자들에게 반박한다. 하긴 정도의 차이가 있을 뿐이지, 환경을 완전히 무시하는 생물학자가 어디 있겠는가! 그렇다면 상황은 간단해진다. 극단적인 유전자 환원론자는 현실 어디에도 없고, 다만 환경을 어느 정도로 중시하느냐의 차이만 있을 뿐이다. '본성파'와 '양육파' 간에 떠들썩한 싸움이 벌어졌지만 기실 그 내용을 따지고 들어가면 정도 차이만이 두드러진다.

    논쟁은 매번 격렬했지만 대부분 별 신통한 결론 없이 끝나고 말았던 이유는 뭘까? 나는 비주류 학자들의 환경에 대한 강조가 비록 매우 중요한 지적이었음에도 불구하고, 반쪽짜리에 불과했기 때문이라고 생각한다. 그랬기 때문에 이 논쟁에서 질적인 차이가 지워져 버린 것이다. 양 진영은 큰 줄기에 있어서 전혀 이견이 없다. 그들 모두 변이의 원천이 유전자이며, 환경은 이미 발생한 변이 중에서 유리한 것을 선택하고 불리한 것을 제거할 뿐이라고 생각한다(사실 이것이 현대 진화론의 핵심이기도 하다). 그러니 논쟁은 처음부터 끝까지 환경의 영향을 얼마나 중시하느냐 하는 '정도'의 문제를 둘러싸고 진행될 수밖에.

주류 과학자들만이 아니라 비판자들 또한 '변이의 원천은 유전자'라는 전제를 너무 자명하게 받아들였다. 변이는 물론 무작위적으로 발생하며, 이건 현대 생물학이 밝혀낸 매우 중요한 성과다. 문제는 양 진영 모두 변이가 무작위적으로 발생한다는 사실을 곧장 변이에 원인이 없다는 주장과 동일시했다는 점이다. 세상 어떤 일에서도 마찬가지지만, 특히 과학에서는 원인이 없다고 결론 내리기 전에 극도로 신중해야 한다. 생각해 보라. 그 자신은 어떤 것의 작용도 받지 않고, 오직 스스로의 변화에 의해 다른 모든 것에 영향을 끼치는 것이 과연 무엇인지를! 눈치 빠른 독자라면 벌써 알아차렸겠지만, 여기에는 기독교에서 믿는 신의 그림자가 짙게 어려 있다. 그럼 유전자는 왜 변화하는가? 물론 알 수 없다. 그건 변화의 원천이기 때문이다. 바로 이 지점, 알 수 없지만 모든 다양한 현상의 원인이 되는 이 지점 속에 신은 오롯이 깃들어 있다.

나는 무수히 발생하는 변이들에는 반드시 원인이 있으며, 유전적 변화에도 당연히 다양한 원인이 작용한다고 생각한다. 그것이 무엇일까? 다윈은 과연 이 문제를 고민했을까? 당연하다(당신이 다윈이라면 그러지 않을 수 있겠는가?). 그것도 아주 오랜 시간에 걸쳐 숙고에 숙고를 거듭했다. 물론 다윈은 유전에 관해 입자적으로 사고하는 발상 자체가 없었기 때문에 '유전자를 변화시키는 원인은 무엇일까'라는 식으로 질문하지는 않았다. 그의 질문은 이런 것이었다. '변이 혹은 변이성의 원인은 무엇일까?' '변이성이 자손 내에서 구체적인 변이로 드러나는 패턴은 과연 무엇인가?' 다윈은 이런 질문을 가지고 변이와 유전 문제를 고민하였다.[1] 그는 이 과정에서 수많은 선입견들과 난점의 정글을 헤쳐나가야만 했다. 그리고 마침내 다윈은 위대한 통찰을 얻어 냈다.

당대의 통념 '혼합유전설'

아! 그 전에 잠깐, 다윈 당시의 통념이었다는 혼합유전설 얘길 좀 해야 겠다. 현대의 독자들이 『종의 기원』을 읽으며 무의식 중에 멘델의 입자유전설을 오버랩시키지 않도록 하기 위해서다(입자유전설을 떠올리며 『종의 기원』을 읽으면 도처에서 이해할 수 없는 대목이 마구 튀어 나온다).

혼합유전설이란 자식의 형질은 아버지와 어머니의 형질이 액체처럼 혼합되어 생겨난다는 설이다. 이것은 과학 이론이기 이전에 너무나 당연한 상식이었고, 몇천 년간의 경험에 의해 수도 없이 확인되어 온 사실이었다. 그런데 여기에는 오래전부터 풀리지 않는 문제가 몇 가지 있었다. 그것은 사소한 예외라고 치부하기에는 너무나 인상적이고 중요한 문제였다. 우선 짝짓기를 할 때마다 액체성 물질이 섞인다면, 생물은 세대를 거듭함에 따라 원래 존재했던 차이가 희석되어 점점 균일해져 갈 것이다. 그런데 현실이 어디 그런가? 아무리 많은 세대가 지나도 사

---

[1] 굴드는 "다윈이 유전이라는 주제를 무시했다"는 통설이 잘못된 신화라고 말했다. "실제로 다윈이 출간한 글의 분량만 따져 봐도 유전 쪽이 자연선택 쪽보다 많았다". 그러나 다윈은 결국 "선택이란 주제로는 큰 성공을 거두었는데, 유전의 원리를 해결하는 데는 제한된 영향밖에 끼치지 못했다." 이런 사정이 다윈의 연구에 대한 회고적 오류를 낳았다는 것이다. Stephen J. Gould, *The Structure of Evolutionary Theory*, Cambridge, MA.: The Belknap Press of Harvard University Press, 2002, p. 336을 참조.

라지지 않는 변이가 있고, 게다가 그것들 중에는 희석되기는커녕 뚜렷이 반복되는 것들도 종종 있지 않은가! 둘째는 앞서도 종종 나왔던 '조상회귀'(혹은 귀선유전歸先遺傳, atavism) 현상이다. 어떤 형질은 왜 오랜 세월 동안, 심할 경우에는 몇백 세대 동안 나타나지 않다가 갑자기 다시 나타나는 것일까? 다윈 당시에 이 문제가 얼마나 골치 아팠던지, 사람들은 '모방의 원리'라는 신비한 원리를 끌어다가 설명이랍시고 내미는 형국이었다. 자식이 오래전 조상을 닮는다는 원리 때문에 자식이 오래전 조상을 닮는다는, 이런 설명 아닌 설명.

    이런 난점들을 듣고 나면 '아하! 그래서 멘델이 입자유전설을 창시했겠구나' 싶으시겠지만, 그건 멘델의 연구를 교양으로 이미 알고 있는 현대인들의 섣부른 착각이다. 이전 사람들은 우리와는 다른 방식으로 문제를 설정했다. '부모의 형질이 섞여서 자식이 태어나는 건 분명한데(이건 의심되지 않는다), 변이가 사라지지 않는다거나 오래전 조상의 형질이 갑자기 나타나는 현상은 왜 발생하는 것일까?' 당시 대부분의 사람들과 마찬가지로 다윈도 이런 식으로 질문을 던졌다. 그리고 짐작하겠지만, 이런 질문에서는 입자유전설이라는 답이 나올 수가 없다. 다윈은 이런 통념을 철석같이 믿었고 그런 한계 속에서 변이의 원인과 유전 메커니즘을 고민했다.[2] 그러니 얼마나 어려웠겠는가! 비록 간략하지만

---

[2] 현대의 학자들이 가장 중요하게 지적하는 다윈의 오류는 바로 **범생설(pangenesis)**이다. 다윈의 이 설에 따르면 "형질은 사람의 몸 전체에 퍼져 있는 제뮬(gemmule, 어린 싹)이라는 것에 의해 다음 세대에 전달된다. 제뮬은 마치 회유하는 연어 떼처럼 수십억씩 떼를 지어 생식기관으로 이동하고 정자 또는 난자 속에 축적된다. 정자가 난자를 수정시키면 부모의 '싹'이 한데 합쳐진다. 각각의 제뮬 하나하나는 부모의 몸 한 부분에서 왔기 때문에 이들은 결합하여 부모 모두의 특징을 가진 새로운 인간을 만들어 낸다". 칼 짐머, 『진화·시간의 강을 건너온 생명들』, 이창희 옮김, 세종서적, 2004, 119쪽.

혼합유전설이 어떤 것인지는 대충 감을 잡으셨을 터이니, 이제 더 우물거리지 말고 『종의 기원』 5장으로 곧장 쳐들어 가자. 첫 단락이다.

나는 지금까지 마치 변이가 우연히 일어나는 것인 양 말해 왔다. 물론 이것은 전적으로 부정확한 표현이다(하지만 각각의 변이의 원인에 대해서 우리가 얼마나 무지한지를 솔직히 인정하는 데에는 도움이 될 것이다). 어떤 학자들은 개체적인 차이나 극히 경미한 구조상의 차이를 낳는 것은 자식을 부모와 닮게 만드는 것과 마찬가지로 생식계통의 작용이라고 믿고 있다. 그러나 자연상태보다 사육재배하에서 변이와 기형이 훨씬 더 자주 발생한다는 사실, 그리고 넓은 분포 구역을 가진 종이 좁은 분포 구역을 가진 종보다 변이성이 더욱 크다는 사실을 생각해 보라. 나는 이런 사실들로 미루어 변이성은 일반적으로 각각의 종이 여러 세대가 이어지는 동안 처했던 생활상태와 관련이 있다고 결론짓게 되었다. 나는 1장에서 **생식계통이 생활조건의 변화에 현저히 민감하다**고 언급한 바 있다(이 언급이 진실하다는 것을 증명하자면 아주 많은 사실을 제시해야 하지만 여기서는 불가능하다). 그리고 **나는 자손들에게 나타나는 변이성을 양친의 생식계통이 기능적으로 교란된 탓으로 여긴다. 암수의 성 요소는 새로운 개체를 만들기 위해 합체되기 전에 영향을 받는 것으로 생각된다.**(pp. 131~132)

여러분이 지금 확인하신 바와 같이 다윈은 변이가 우연히 일어나지 않는다고 확언하였다. 게다가 생식계통의 작용을 중심으로 삼는 견해에 대해서는 두 가지 근거를 들어 비판을 하고 있기도 하다. 참고로 기존 과학자들은 생식과정에서 변이들이 우발적으로 발생한다고 주장했다. 변이의 발생 지점을 현대의 진화론자들과 동일한 곳에 설정하고 있는 것이다. 현대 진화론은 생식이 이루어진 뒤, 유전자의 복제과정에서 변이가 무작위적으로 발생한다고 주장하지 않는가! 물론 다윈 또한 생식계통 쪽에 주목했다. 다만 생식과정에서 왜 변이가 발생하느냐에 대해서는 생각이 크게 달랐다. 부모의 생식계통은 "짝짓기 이전에 **생활조건의 변화에 의해 교란되고** 이것이 변이성을 초래하는 가장 큰 원인"이라고 주장했던 것이다. 생활조건이라는 건 늘 변화하기 마련이므로 자연계에서도 변이는 발생할 수밖에 없다. 그런 생물들이 사육재배 조건 하에 가둬지면 그것은 곧 생활조건이 급격히 변화된 셈이다. 사육재배하의 생물들이 더 큰 변이성을 보이는 건 바로 이 때문이다. 변이에 대한 다윈의 기본적인 생각이, 당대의 과학이나 현대의 진화론과 어디가 같고 또 어디가 다른지 어느 정도 느끼셨을 것이다.

변이와 유전 그리고 자연선택

다윈은 자신의 학설을 (진화론이 아니라) "변화를 수반하는 유래"(descent with modification)의 학설이라고 불렀다. 그것은 곧 '변이를 수반하는 유전'이라는 말이다. 그럴 정도로 변이와 유전은 다윈 진화론의 핵심 요소다. 일단 변이가 활발히 일어나 줘야, 그 중에서 유용한 변이가 선택되고 해로운 변이가 제거될 수 있다. 다윈이 말했듯이 "유용한 변이 없이는 자연선택은 아무것도 할 수 없다". 유전도 변이 못지않게 중요하다. 아무리 자연선택에 의해 유용한 변이가 선택되어도 그것이 다음 세대로 계속 유전되지 않으면 말짱 도루묵이다.

변이가 다윈에게 얼마나 중요했는지는 『종의 기원』 전체의 목차를 들어가며 이 책의 1장에서 이미 설명한 바 있다. 한편 유전에 대해서는 『종의 기원』에서 별도의 주제로 다루지 않는데, 그것은 이 문제가 너무나도 복잡할 뿐만 아니라 대단히 골치 아픈 문제들을 담뿍 안고 있었기 때문이다. 그래서 다윈은 『종의 기원』에서는 이 문제를 전면화하지 않고, 약 10년 뒤인 1868년에 출간한 대저 『사육재배 동식물의 변이』에서 변이와 함께 유전 문제를 맘껏 다루게 된다(당연히 이 책은 『종의 기원』보다 훨씬 더 두껍다). 『종의 기원』의 다윈은 자세한 사례를 들고 일일이 검토할 수는 없으면서도 논리 전개상 그 문제에 대한 견해는 제시해야만 했다. 그 결과 그는 『종의 기원』에서 자신에게는 이 주제에 관한 "방대한 사실들"(copious facts)이 확보되어 있고, 얼마든지 "긴 자료"(a long list)를 제시할 수 있으며, "수많은 사실들"(numerous facts)이 자신의 견해를 지지한다고 반복해서 말할 수밖에 없었다. 그리고 제시하지 못한 근거들에 의해 "많은 양의 유전적 변화가 최소한 가능하다"는 말을 선언하는 것으로 만족해야 했다.

아무튼 변이와 유전은 자연선택에 꼭 필요한 요소였는데, 양자는 묘하게도 상호모순되는 성격이 있었다. 자식이 부모의 형질을 최대한 물려받는 유전 현상이 있어야만 진화가 가능한데, 동시에 유전의 원리를 어느 정도는 위반하는 사태가 일어나야만 새로운 형질들, 즉 변이가 생겨날 수 있다.[3] 유전과 유전을 위반하는 변이라는 상호모순되는 요소를 다윈은 어떻게 하나의 원리 안에 통일시킬 수 있었을까? 우선 변이 문제를 실마리 삼아 이야기를 풀어가 보자.

다윈 당시에는 변이에 관하여 크게 두 가지의 상반된 주장이 있었다. 그 첫째는, 변이는 일어날 수 있지만 그 역할은 미미하며 오랜 세월 뒤에까지 유전되지는 않는다는 주장이었다. 이것이 당시의 학자들이나 육종가들의 일반적인 견해였으며 진화론에 반대하는 강력한 근거이기도 했다. 이에 반해서 다윈은 이 세상에 매우 다양한 변이가 풍성하게 발생하며 유전의 경향 또한 강력하다고 믿었다. 비록 『종의 기원』에서는 이런 주장의 근거를 충분히 댈 수 없었지만, 1장과 2장을 포함해서 기회가 있을 때마다 최대한 강조하였다. 둘째는 연속창조론(continuous creation)이라는 것으로, 대단히 유리한 큰 변이가 매우 자주 발생하며, 이것이 곧장 진화로 이어진다는 입장이었다(우리는 4장에서 플리밍 젠킨의 비판과 관련하여 이들의 논리를 살펴본 바 있다). 다윈은 이 두번째 입장을 비판하기 위해서, 그렇게 큰 변이는 잘 일어나지 않으며, 한번 일어난 변이가 지속적으로 일어나리라는 보장은 어디에도 없다는 근거를 제시해야 했다. 다윈의 운명 한번 참으로 기구하다! 첫번째 주장과 두번째 주장 모두를 비판해야 하는데, 그 두 주장의 성격이 정반대되니 말이다. 첫번째 주장을 비판할 때는 변이의 다양성과 유전의 강력함을 주장해야 했고, 두번째 주장을 비판할 때는 거의 정반대되는 주장을 펼쳐야 했다. 우리에게는 너무나도 쉬워 보이는 다윈의 진화론이 이렇게도 힘겨운 논쟁을 거쳐야만 했다는 사실이 참으로 기괴하지 않은가!

---

3) Robert Olby, "Variation and Inheritance", *The Cambridge Companion to The "Origin of Species"*, eds. Michael Ruse and Robert J. Richards, Cambridge: Cambridge University Press, p. 33. 이 장의 변이와 유전에 관한 내용은 이 논문으로부터 큰 도움을 받았나.

만약 다윈 진화론의 핵심이 오늘날에 그대로 이어져 발전하였고, 따라서 현대의 진화론만 배워도 되는 상황이라면, 우리는 굳이 이러한 세세한 상황들까지 알 필요가 없다. 그러나 현대의 진화론이 지나친 유전자 환원주의에 빠져 있고, 우리는 반드시 이 상황을 타개해야만 한다고 느끼는 독자라면 어떨까? 그런 독자들은 다윈이 거쳐야만 했던 고투의 과정들을 구체적으로 살펴봄으로써 현대의 진화론과는 다른 새로운 비전을 시사받을 수 있을 것이다. 이런 점에서 『종의 기원』은 단순히 과학사의 한 이정표가 아니라, 오늘날 다시 불온하고 위험한 책으로 소생해야 할 책이다. 우리가 오늘날 이 책을 다시 읽어야 하는 이유이기도 하다.

현대의 독자들은 변이가 매우 다양하게 발생할 수 있다든가, 그렇게 발생한 많은 변이들이 유전된다는 다윈의 주장이 하나도 이상하게 들리지 않는다. 그러나 당시 대다수의 사람들은 변이가 그렇게 많이 일어날 수는 없다고 생각했으며, 발생한 변이들도 혼합유전에 의해 점점 희석된다고 보았다. 다윈 또한 이 두 가지 생각을 모두 공유하고 있었다. 그런데 이 주제에 관해 연구하는 과정에서 그는 변이성이라는 게 대단히 크고 다양할 수 있다는 보고서들을 접하게 되었다. 그는 크게 놀라며 당황스러워했다. 물론 수집한 자료들 중에는 사뭇 의심스러운 것들도 적지 않았기 때문에 스스로 많은 실험과 연구를 통해 그것을 걸러 내야만 했다. 그는 직접 실험해 보지 않고서는 그런 사실들을 확신할 수 없었기에 비둘기를 비롯해 수많은 생물들을 가지고 실험과 관찰을 거듭했다. 다윈은 비둘기 교배 실험을 통해 얼마나 다양한 변이가 발생할 수 있는지 확인했고, 이 놀라운 사실을 알려 주기 위해 라이엘을 초대하여 자신의 비둘기들을 직접 보여 주기도 했다.[4] 물론 혼합유전설은 여전히 믿고 있었다. 그러니 얼마나 머리가 빠개졌겠는가!

변이는 왜 발생하는가?

이제부터 다룰 변이와 유전 문제는 『종의 기원』에서는 주로 1장 「사육지배하에서의 변이」에서 다루어졌고, 5장에서는 그것을 간략히 재확인한 후 5장의 본 내용으로 들어간다. 그러나 이 책은 현대의 독자들을 감안하여 1장에서는 이런저런 사실들을 주로 소개하는 데 치중하였다. 그래서 변이성의 원인에 대한 다윈의 생각은 이 5장에서 주로 다루게 되었다.[5]

1장의 주제는 사육재배하의 생물이 자연상태의 생물보다 큰 변이성을 나타낸다는 것이었다. 다윈은 야생상태에 살던 생물이 사육재배하에 놓인 것 자체가 이미 조건이 크게 변화된 것이며, 그 결과 '생식계통이 교란되어 불규칙성이 높아진' 것으로 이해했다. 그러한 교란의 결과 임성이 저하되고(혹은 불임이 되고) 양친과 별로 닮지 않은 자손이 탄생한다는 것이다. "이렇게 다양한 현상을 볼 때, 생식계통은 사육재배라는 갇힌 조건하에서 불규칙해지므로 양친을 닮지 않은 새끼가 태어난다고 해서 그리 놀랄 일은 못 된다." 그리고 이러한 불규칙성은 원

---

4) Olby, "Variation and Inheritance", *The Cambridge Companion to The "Origin of Species"*, p. 36.
5) 1장의 첫번째 소제목은 '변이성의 원인'이고, 5장의 첫번째 소제목은 변이성의 원인인 '외적인 조건의 작용'(Effects of external condition)이다. 참고로 '외적인 조건의 작용'은 5판 이후에 '변화된 조건이 작용'(Effects of changed condition)으로 바뀐다.

예가 망하는 원인이기도 하지만 동시에 새롭고 멋진 산물의 원천이기도 하다는 다윈의 주장을, 여러분은 아직 기억하고 계실 것이다(부디 그러시기를!). 여기에서 중요한 것은, 생활조건의 변화가 그 생물의 형질을 직접 변화시키는 게 아니라, 생물의 생식계통을 교란하여 그들의 자손이 다양한 변이를 가지고 태어나게 만든다는 점이다. 이 점이 왜 중요한가?

간단히 라마르크의 진화론과 비교해 보자. 라마르크는 자연조건이 생물에 직접 작용한다고 주장하였다. 예컨대 추운 기후가 생물의 털을 두껍게 만든다는 것이다. 그리고 이것이 다음 자손에게 유전되고, 그 자손의 털은 더욱 두꺼워진다. 이런 과정이 오랜 세대에 걸쳐 반복됨으로써 결국 털이 아주 두꺼운 생물로 진화된다. 그의 용불용설 또한 마찬가지 메커니즘이다. 어떤 생물이 자신이 처한 조건에 필요한 기관은 자주 사용하고 필요치 않은 기관은 (거의) 사용치 않음으로써, 어떤 기관은 조금 더 발달하고 어떤 기관은 조금 더 퇴화된다. 이 과정이 여러 세대를 거쳐 반복됨으로써 극도로 발달한 기관과 극도로 퇴화된 기관을 낳는다. 이처럼 라마르크의 진화론에서 자연조건은 생물에게 직접 작용하여 확정적인(definite) 결과를 낳는다. 이리 보면 각 생물이 자신의 환경에 적합한 상태로 진화하는 것은 당연하다. 그런 점에서 라마르크는 외적 조건으로 진화를 설명했다고 할 수 있다. 흔히 라마르크의 진화론이 생물의 습성과 의지에 의해 진화를 설명했다며 비판하지만, 그의 이론 체계에서 습성과 의지의 변화는 조건의 변화에 의해 촉발되는 것이었다. "즉 환경의 변이는 이 환경과 상호작용하는 동물의 욕구를 변화시키고, 그에 따라 새로운 습성을 형성하게 하며, 이 새로운 습성은 기능 및 운동을 변화시켜 결국 기관의 변화를 야기한다는 것이다."[6]

다윈은 자연조건이 직접 작용하는 경우가 있다고 생각했다. 또한 용불용설이 옳은지 확인하기 위해 직접 집오리와 들오리의 골격을 여러 가지로 측정해 보았다. 역시나 예상한 대로 집오리는 들오리보다 날개뼈는 가볍고 다리뼈는 무거웠다. 집오리는 들오리보다 덜 날고 더 걸으니 그건 충분히 예상될 수 있는 사실이기도 했다. 가축들의 귀가 처져 있는 것도 "야생동물보다 위험에 처하는 경우가 드물어 귀 근육을 거의 사용치 않았기 때문"이라고 이해하며 용불용설을 긍정하였다. 그러나 다윈은 (우리가 1장에서 본) 여러 가지 근거를 바탕으로 "생활조건이 직접적인 영향을 미친다는 사실에 아주 약간의 중요성밖에 인정하지 않았다". 용불용 또한 고도로 중요한 것은 아니며 많은 경우 자연선택과 결합되어 작용하거나, 자연선택에 의한 결과와 뚜렷이 구분되지 않는다고 주장했다. 그보다 **변이성의 핵심 원인은 '생활조건의 변화와 그로 인한 생식계통의 교란'**이었다. 다윈이 연구해 본 결과, 인간 사회 안에 갇혀 버린 가축들은 생식계통이 여전히 어느 정도 기능하고 있기는 했지만 "매우 불규칙하게" 작동한다. 그 결과 부모와 완전히 닮지는 않은 자손들이 태어나는데, 이것이 바로 가축들의 현저한 변이성이다. 앞서 인용한 5장 첫 단락의 후반 부분을 다시 한번 보기로 하자.

생식계통은 생활조건이 변화에 매우 민감하다(이 사실을 증빙하자면 많은 사실들a long catalogue of facts을 죽 늘어 놓아야 하지만 여기서는 불가능하

---

[6] 장 바티스트 드 라마르크, 『동물 철학』, 이정희 옮김, 지식을만드는지식, 2009, 18쪽. 생틸레르 또한 자연조건이 직접 작용하여 생물에 변형을 초래한다고 주장했다.

다). 그리고 조건의 변화에 의해 양친의 생식계통이 기능적으로 교란되면 자손은 변이성을 띠게 된다(따라서 암수의 성 요소는 짝짓기를 하기 전에 이미 영향을 받는다고 생각된다). 그런데 생식계통이 교란되었다고 해서 왜 자손이 변이성을 띠게 되는지에 대해 우리는 매우 무지하다. 그렇긴 하지만, 자손들 각각의 구조의 편차를 통해 거기에 틀림없이 어떤 원인이 작용했다는 것은 분명히 알 수 있다.(pp. 131~132)

원인과 불확정성

다윈의 주장을 쉽게 이해하기 위해 라마르크의 진화론 및 현대 진화론과 비교해 보기로 하자. 우선 라마르크는 자연조건의 직접 작용을 주장한다는 점에서 양자 모두와 다르다. 그에 반해 다윈과 현대 진화론은 생식요소를 중시한다는 점에서 공통점을 가지고 있다. 하지만 양자 사이에도 커다란 차이가 있다. 현대 진화론은 양친의 생식 후 유전자가 복제되는 과정에서 변이가 발생한다고 본다. 변이 자체가 무작위적으로, 우연적으로 발생하는 것이다. 이렇게 무작위적으로 발생한 변이는 자연선택에 의해 특정한 방향성을 갖게 된다. 잘 아시다시피 이것이 바로 우리가 교과서에서 배우는 진화론이다. 반면 다윈은 짝짓기 이전에 이미 양친의 성 요소가 이러저러한 변화를 겪는다고 주장하였다. 이렇게 되면 변이는 우연이 아니라 어떤 원인, 즉 외적 조건(의 변화)이 작용하여 발생한 것이다. 다만 그것은 생식계통의 **교란을 통해 작용하므로, 외적 조건의 성질과 발생하는 변이의 성질 간에는 확정적인 관계가 전혀 없다.** 요컨대 틀림없이 원인은 있지만, 그 원인과 결과(즉 변이) 간의 관계가 불확정적인(indefinite) 것이다.

우리는 여기서 다윈의 진화론과 현대 진화론의 중요한 차이를 본다. 현대 진화론에서는 유전자가 복제되는 과정에서 저절로 변이가 발생한다. 그리고 이렇게 발생한 변이는 자연조건에 비추어 유리한 형질과 불리한 형질, 혹은 유불리를 따질 수 없는 형질로 갈린다. 따라서 변화의 원천은 유전자에 있고 환경은 사후에 작용할 뿐이다. 자연조건은 변이가 발생한 이후에나 의미를 가질 뿐, 변이가 발생하는 단계까지는 전혀 중요성을 갖지 못한다. 그러나 다윈의 진화론에서는 조건의 변화가 생식계통을 교란시켜 그 결과 변이가 발생한다. 이렇게 발생한 변이는 자연조건에 비추어 유리한 형질과 불리한 형질, 혹은 중립적인 형질로 갈린다. 그러므로 다윈의 진화론에서 자연조건은 변이 발생 이전이나 발생 이후 모두 중요한 요소로 작용한다. 다만 그것은 생식계통을 교란하는 방식으로 작용을 미치기 때문에 어떤 변이가 발생할지를 직접 결정하지는 못한다. 따라서 변이성의 원인은 자연조건과 생식계통 모두에서 찾아야 한다.

라마르크의 진화론에서는 자연조건의 변화에서 유래하지 않는 어떤 변이도 없다는 점에서 모든 변이는 근본적으로 **자연조건으로 환원된다**. 한편 **현대 진화론**에서는 유전자의 변화에서 유래하지 않는 어떤 변이도 불가능하다는 점에서 모든 변이는 근본적으로 **유전자로 환원된다**. 자연조건은 그 중 어떤 변이를 사후직으로 선택할 수 있을 뿐, 새로운 변이를 만들어 내지는 못한다. 그렇다면 다윈의 진화론은 어떤가? 외적 조건(의 변화)은 생식계통을 교란하여 변이를 낳으므로, 생식계통과 함께 변이를 발생시키는 주요한 요소의 하나다. 또한 그 변이들 중 어떤 것을

 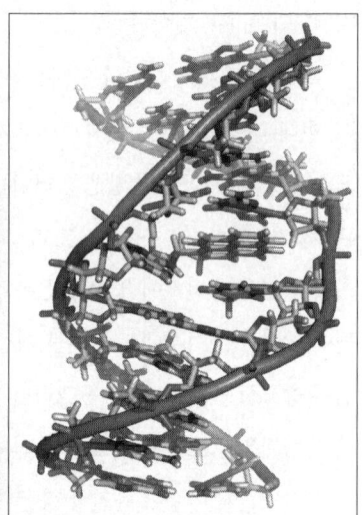

입자유전학의 아버지 멘델(왼쪽)과 DNA의 이중나선 구조

선택할지와 관련해서는 가장 중요한 요소다. 그러므로 변이의 원인이 어느 하나로 환원되지 않는다. 또한 변이를 일으키는 원인과 그 결과인 변이 간의 관계가 불확정적이기 때문에, 변이가 원인으로 온전히 환원되지도 않는다. 독자 여러분은 다윈의 진화론과 현대 진화론(즉, 신다윈주의) 중 어느 쪽이 옳다고 생각하시는가?[7]

많은 사람들과 마찬가지로 나 또한 현대 유전학의 성과는 매우 중

---

7) 사족 몇 마디. 우리는 앞에서 다윈의 진화론을 다른 두 가지 진화론과 비교하느라고 "외적 조건(의 변화)"이라는 부자연스러운 표현을 부득이하게 사용하였다. 지금까지 여러 번 강조했듯이 다윈은 생물과 생물의 관계를 가장 중시하였으며, 생물들의 관계와 무관한 외적인 조건 같은 건 그에게 존재하지 않는다. 그가 "외적 조건"이라는 말 대신 "생활환경의 변화"라는 말을 종종 사용한 것도 이런 점에서 이해할 수 있다. 그러므로 다윈이 불가피하게 외적 조건이라고 말할 때도 그것이 곧 무생물적인 조건으로 한정되지는 않는다. 또한 생물이든 무생물이든 언제나 무수한 차원에서 역동적인 변화를 겪고 있기 때문에 따로 변화라는 말을 덧붙이는 것도 실은 그리 자연스럽지 못한 표현이다.

요하다라고 생각한다. 하지만 변이성을 유전자 자체의 우연적 변화에서만 찾고, 자연조건과는 무관하다고 해석하는 것은 지나친 유전자 환원주의다. 안타깝게도 현대의 많은 과학자들은 유전자를 모든 변화의 원천이라 믿음으로써, 신을 유전자로 대체하고 있다. 21세기의 생물학이 그런 퇴행적 흐름을 되돌리기 위해서는, 다윈이 고투 끝에 밝혀낸 자연조건(의 변화)의 작용을 깊이 사유하여야 한다. 변이 발생 이후만이 아니라 변이의 전 과정에 참여하는 중요한 요소로서 적극적으로 고려해야 한다. 그러한 변화가 현대 유전학 및 생물학을 더욱 풍부한 차원으로 상승시킬 것이다.

지금까지 말한 것 이외에도 변이성에 대한 두 가지 중요한 의견이 더 있었다. 어떤 학자들은 모든 생물이 모든 환경하에서(under all circumstances) 선천적이고 필연적으로(inherent and necessary) 변이하는 성질이 있다고 주장하였다. 변이성이 생물에 내재하는 필연적 본질이라고 본 것이다. 또 어떤 학자들은 변종 간의 교배가 여러 가지 변이를 낳는 가장 중요한 원천이라고 주장하였다. 두 가지 모두 중요한 주장이었고, 또 그럴듯해 보이기도 했다. 그러나 다윈이 구체적으로 파고들어 보니 거기에는 어떠한 사실적 근거도 없었다. 다만 있는 것은 종 본질론뿐이었다. 다윈은 이처럼 수많은 견해들을 숙고하고, 끊임없는 실험과 관찰을 거쳐 마침내 『종의 기원』 1장 마지막에서 아래와 같이 선언했다.

나는 생식계통에 교란을 일으키는 **여러 가지 생활조건의 변화**(changed conditions of life)가 변이성의 가장 중요한 요인이라고 믿는다. 그리고 어떤 학자들이 생각하는 것처럼 모든 생물이 모든 환경하에서 **선천적이고 필연적으로 변이성을 갖는다고는 믿지 않는다.** 생활조건의 변화로 야기되는 변이는 생식계통의 교란을 거쳐 발생하기 때문에 불확정적일 수밖에 없으며, 그것이 결국 어떤 변이로 확정될지는 잘 알려져 있지 않은 다음의 여러 법칙들에 의해 달라진다. 부모의 형질이 자손에게 유전되는 정도, 상관 변이의 효과, 생활조건의 직접 작용, 사용과 불사용의 효과. 이상과 같은 요인들로 인해 자손에게서 발생하는 변이는 무한정 복잡해진다(infinitely complex). 기원이 다른 종끼리의 교배가 가축이나 작물의 기원에 중요한 역할을 했으리라는 것은 의심의 여지가 없다. 하지만 **변종 교배의 중요성은 동물에 대해서나 씨앗에 의해 번식하는 식물에 대해서 크게 과장되어 왔다.** 나는 그 어떤 변화의 원인보다도 **선택의 누적적 작용**이 (방법적으로 신속하게 적용되었든, 아니면 무의식적으로 완만하면서도 효과적으로 적용되었든지 간에) 훨씬 우세한 힘이었다고 확신하다.(p. 43)

동일한 사실과 상반된 결론

여기 한 가지 놀랍도록 흥미로운 사례가 있다. 그것은 다윈이 1855년에 접한 부아타르(Boitard)와 코르비에(Corbié)의 1824년 보고서다. 거기에는 여러 상이한 사육비둘기 품종들 간에서 태어난 잡종이 야생 참비둘기의 형질을 보였다는 내용이 들어 있었다.[8] 이에 크게 자극받은 다윈은 스스로도 비둘기를 상호교배시켜 보았고, 그 결과 매우 강건한 자손들이 태어난다는 사실을 확인하였다. 다윈은 당연히, 이것은 사육비둘기의 여러 품종들이 동일한 원종의 후예들임을 시사한다고 생각하였다. 어떻게 다르게 생각할 수 있겠는가? 그러나 놀라지마시라. **당시 육종가들은 전혀 다르게 생각했다.** 그들은 사육비둘기의 여러 품종에 해당하는 각각의 원종들이 아주 오래전에 자연계에 존재했었다고 믿었던 것이다. 더욱 놀라운 것은 부아타르와 코르비에 또한 자신들의 연구 결과가 여러 원종들이 존재했음을 증거한다고 생각했다. 이럴 수가! 말 그대로 다른 학자들은 다윈과 **동일한 사실들을 가지고 전혀 상반된 결론에 도달했던 것이다.**

다윈은 몇 가지 이유에서 다른 사람들의 견해를 강하게 부정하였다. 우선 엄청나게 많은 사육비둘기의 품종을 생각해 볼 때 최소한 그 원종이 7~8종류는 되어야만 한다. 그런데 당시에 알려져 있던 야생 참비둘기의 종류는 불과 두세 종류밖에 안 되었다. 조류학자들이 아직 발견하지 못했기 때문일까, 아니면 사육비둘기들이 생겨난 이후에 대부분이 멸종해 버린 것일까? 마찬가지로 소나 양, 말, 개 등도 품종이 무척이나 다양한데 그들의 야생종은 모두 어디로 갔단 말인가? 어느 쪽도 무리한 추론으로 보이며, 최소한 사실적인 근거가 없다는 점만은 확실하였다.

다윈에 따르면, **"교배에 의해 새로운 품종이 생겨날 수 있다는 것은 크게 과장된 견해"**였다. 예컨대 "이탈리안 그레이하운드, 블러드하운드, 불독 같은 매우 상이한 사육 품종들이 어떤 야생의 원종들 간의 교배를 통해 생겨났다면, 그 원종들이 숫자가 무척 많았어야 하며, 그들의 형질 또한 매우 극단적으로 달랐어야 한다". 우선 그 많았던 원종들은 현재 야생

---

8) Olhy, "Variation and Inheritance", *The Cambridge Companion to The "Origin of Species"*, p. 36.

에서 거의 찾아볼 수가 없다. 대체 모두 어디로 간 것일까? 다음으로, 실제 실험을 해보면 극단적으로 다른 품종이나 종 사이에서는 거의 중간적인 품종을 얻을 수가 없다. "숙련된 육종가인 세브라이트 경은 특별히 이 사실을 확인해 보기 위해 실험을 했지만 실패하고 말았다." 다윈도 비둘기를 가지고 유사한 실험을 해보았다. 최초의 교배로 생긴 1세대 새끼들은 서로 매우 닮았다. 그러나 바로 두번째 세대부터 새끼들은 서로 거의 닮지 않았고, 그 이후 세대부터는 점점 더 심해지면서 이런 실험 자체가 전혀 무망한 짓임이 분명해졌다. 두 가지의 매우 다른 품종 사이에서 중간적인 품종이 생겨나려면 극도의 주의와 오랜 기간 계속해서 선별 교배가 이루어져야만 한다. 그렇다면 수많은 원종들이 있었다고 주장하는 사람들은 다음과 같은 무리한 가정을 해야 한다. "아주 오래전 야생의 참비둘기들이 많이 존재했고, 당시 살았던 야만인들이 그 중 몇 가지 종을 완전히 가축화할 수 있었을 뿐만 아니라, 의도적으로나 우연적으로 극단적인 형질을 가진 품종을 잘 골라내서 교배시켰어야 하며, 이 같은 작업이 수많은 세대에 거쳐 세심하게 반복되었어야 한다. 나아가 그 원종들은 그후 대부분 멸종했어야 한다. 이처럼 많은 우연이 일관되게 겹쳐졌다고는 도저히 생각할 수 없다."(p. 24) 게다가 각각의 원종이 야생 상태에 존재하고 있었다는 주장은 **어느덧 다시 창조론으로** 돌아가는 것이기도 했다.

다윈이 1장에서 비둘기 얘기를 주구장창 늘어놓았던 걸 기억하시는가?(1장 전체 분량의 1/4이나 할애하면서). 다윈이 그래야 했던 이유는 물론 여러 가지를 들 수 있다. 그 중 한 가지는 여러분도 지금 보셨다시피, 당시 학자들과 육종가들이 동일한 비둘기 사례를 가지고 다윈과 전혀 다른 결론을 주장했기 때문이다. 다윈이 「머리말」에서 이미 이렇게 말하지 않았던가!

> 지금 내가 간행하는 이 '초본'이 불완전하다는 점에는 의심의 여지가 없다. …… 내가 내린 결론의 기초가 된 모든 사실과 그 전거에 대해 나중에 상세하게 발표할 필요를 가장 절감하고 있는 것은 누구보다도 나 자신이다. 왜냐하면 이 책 속의 어떠한 논점에 대해서도, 내가 도달한 결론과는 종종 **정반대되는 결론으로 이끄는 듯한 사실**을 제시할 수 있을 것이기 때문이다.(p. 2)

다윈은 당대의 학자들이 진화론과 "정반대되는 결론으로 이끄는 사실"이라고 믿었던 사례들을 방대하게 수집한 상태였다. 또한 대부분의 사실을 자신의 진화론에 입각하여 일관되게 설명할 수 있었다. 그러나 『종의 기원』에서는 그 많은 사례들을 하나하나 세세하게 검토하여, 그것이 왜 창조론이 아니라 진화론을 지지하는 근거인지를 밝힐 수가 없었다. 그래서 많은 주제들을 『종의 기원』 출간 이후의 과제로 넘겼다. 거기서는 한 권에 하나의 주제만을 집중적으로 다룸으로써 자신의 견해가 단지 사변이나 논증이 아니라, 자연계의 제반 사실에 대한 가장 과학적인 결론임을 마음껏 입증할 수 있었다. 그러나 모든 주제를 다 이후의 과제로 넘길 수는 없었다. 제한된 분량이나마 한 가지 사례 정도는 집중적으로 기술하여 자신의 주장이 결코 사변적인 게 아님을 입증해야 했다. 그럼으로써 자신의 다른 주장들 또한 신뢰할 만한 것임을 시사해야 했다. 이런 목적을 달성하기 위해 가장 좋은 것이 바로 사육비둘기였다. 비둘기는 영국 사람이면 누구나 잘 알고 있었듯이 종류가 무척 다양했고, 비둘기 간의 형질 차이도 현저하게 컸다. 이들은 마치 한 속에 속하는 다른 종들만큼이나 달라 보였다. 다윈이 1장에서 비둘기 얘기를 상세하고도 멋지게 펼쳐 놓은 데에는 이런 맥락이 있었던 것이다.

우리는 지금까지 자연조건(의 변화)이 생식계통에 교란을 야기하고, 그것이 변이성을 일으키는 가장 중요한 요인이라는 다윈의 핵심적인 주장을 자세히 살펴보았다. 다윈은 이런 내용을 『종의 기원』 1장에서 대부분 수행했기 때문에, 5장에서는 그 점을 간단히 확인만 하고 '변이의 법칙'에 대해 다룬다. 5장의 주된 과제는, 생식계통의 교란에 의해 발생하는 불확정적인 변이가 어떤 법칙에 의해 확정적으로 되는지를 밝히는 것, 그리고 변이를 야기하는 부차적인 요인들을 통일적으로 설명하는 것이었다. 다윈은 이제 이야기를 자연조건의 직접적 작용, 기후순화(acclimatisation), 용불용, 상관 변이 등의 순으로 풀어 간다. 우리는 이 중에서 용불용 문제를 주로 살펴보기로 한다.[9]

용불용 혹은 획득형질의 유전

1장 '습성의 작용'에서 말했듯이, 널리 퍼져 있는 상식과 달리 다윈은 획득형질 유전설과 용불용설을 받아들였으며, 반대하기는커녕 그것을 자기 이론의 보조적 원리로 사용하였다. 다만 다윈은 라마르크가 꽤 부차적인 것을 너무 중시했다는 점에서 의견을 달리 했을 뿐이다. 그렇다

---

[9] 자연조건의 직접 작용은 이미 여러 번 살펴보았고, 기후순화 문제는 좀 복잡하기 때문에 건너뛰고 (^^;), 상관 변이는 1장에서 이미 다루었다.

면 궁금하지 않은가, 현대 과학에서는 진화론과 도저히 양립할 수 없는 라마르크의 이론이, 과연 다윈에게서는 어떤 식으로 포괄될 수 있었던 것인지? 이제부터 살펴볼 문제가 바로 이것이다.

날지 못하는 새라는 말은 참으로 이상하게 들리겠지만, 실제로는 그런 상태에 있는 새들이 꽤 있다. 남미의 바다거북오리는 수면 위에서 퍼덕거릴 수 있을 뿐이어서, 그 날개는 에일즈버리(Aylesbury) 집오리와 거의 같은 상태에 불과하다. 지면에서 먹이를 구하는 몸집이 큰 새는 위험을 피할 때 외에는 좀처럼 날지 않는다. 따라서 육식동물이 살지 않는 대양도(大洋島)의 많은 새들은 날개가 거의 없는 상태다. 비교적 몸집이 크고 땅에서 먹이를 구하는 이 새들은 위험을 피할 때가 아니면 거의 날 필요가 없기 때문에, 이들의 이런 상태는 아마 날개의 불용에 의해 야기되었을 것이다. 실제로 대륙에 사는 타조는 마치 작은 네발짐승처럼 다리로 적을 쳐서 자신을 방어한다. 타조의 먼 조상은 기러기와 같은 습성을 지니고 있었으나, 세대를 거듭하는 동안 자연선택이 몸의 크기와 무게를 증가시켜 다리는 더욱 많이 사용되고 날개는 별로 사용되지 않아 마침내 날 수 없게 되었을 것으로 상상된다.(pp. 134~135)

그러나 주로, 혹은 전적으로 자연선택에 의해 발생한 구조의 변화를 불용 때문이라고 안이하게 치부해 버리는 수도 있다. 울러스턴에 따르면, 마데이라 제도에 사는 풍뎅이 550종 중 200종은 날개에 결함이 있어 날 수 없고, 29개의 속 중 23속에 속하는 모든 종이 이런 상태라고 하는 주목할 만한 사실을 발견했다. 세계 여러 지역에서 풍뎅이가 바람에 바다로 날려 가서 죽는 일이 빈번하다는 것, 마데이라 제도의 풍뎅이는 바람이 잦아 들고 해가 나올 때까지 가만히 숨어 있는 경우가 많다는 것 등을 고려한 결과, 나는 마데이라 제도의 풍뎅이에게 날개가 없는 것은 주로 자연선택에 의해서지만 별로 사용하지 않은 사정도 가세했으리라고 믿게 되었다. 여러 세대에 걸쳐 날개가 몹시 불완전하게 발달했거나 혹은 나태한 습성 때문에 거의 날지 않게 된 풍뎅이들은 바다로 날려 가 버리지 않고 살아남았을 것이고, 잘 날 수 있었던 것들은 빈번히 바다로 날려 가 죽어 버림으로써 멸망해 버렸을 것이다. 참고로 마데이라의 곤충들 중에서도, 지면이 아니라 꽃에서 먹이를 찾는 초시류(鞘翅類)나 인시류(鱗翅類)처럼 먹이를 얻기 위해 항상 날개를 사용해야만 하는 것들은 울러스턴의 추측대로 날개가 발달되어 있다. …… 이상의 사례들은 자연선택과 불용이 결합되어 나타난 현상이며, 그 중에서도 자연선택이 더 결정적으로 작용하여 나타난 결과다. 자연선택은 새로운 곤충들이 섬에 처음 왔을 때 바람과 잘 싸워 자신을 지키는 것이 유리할지, 아니면 그 싸움을 단념하고 (거의) 날지 않는 편이 유리할지에 따라 날개가 발달되는 곤충이 살아남든가, 아니면 날개가 퇴화되는 곤충이 살아남게 해준 것이기 때문이다.(pp. 135~136)

한 가지 덧붙일 것은 다윈이 당대인들과 마찬가지로 대부분의 형질이 유전된다고 믿었다고 해서 우연한 불구까지 유전된다고는 믿지 않았다는 점이다. 다윈은 5장에서 이렇게 말했다. "우연한 불구가 유전된다고 믿게 할 만한 증거는 충분치 않다"(1판 p. 135)고 말했다. 당연하지 않은가! 그런데도 오늘날 생물학자들은 획득형질 유전설에 대해 비판할 때, 이런 점을 지나치게 무시한다. 부모의 신체 일부가 훼손되었거나 아니면 운동을 열심히 해서 근육이 발달했다고 해서, 자손이 그 특징을 그대로 갖고 태어나지는 않는다며 다윈 당대의 과학자들을 바보로 만들고 있는 것이다. 여러분도 한번 생각해 보시라. 부모가 살다가 우연히 불구가 되었다고 해서 자식이 그런 불구를 갖고 태어날 리가 있겠는가? 부모가 아무리 운동을 열심히 했다고 해도, 태아가 태어나면서부터 근육질로 태어날 수가 있겠는가? 다윈도, 라마르크도, 그 누구도 그렇게 주장하지 않았다. 다윈도 직접 언급했지만, 우연한 불구가 대부분 유전되지 않는다는 건 누구나 알고 있었다(이걸 모를 수가 있겠는가?). 다만 라마르크나 다윈은 그런 몇 가지 예외적인 경우를 제외하면 부모가 가진 대부분의 형질들이 유전된다고 주장했던 것이다. 아울러 부모의 형질이 유전되지 않는 경우가 오히려 변칙(비정상)이라고 보았던 것이다. 그렇다면 현대 생물학자들과 (라마르크 및) 다윈의 진정한 차이점은 무엇인가? 전자는 부모가 후천적으로 획득한 형질들이 자손에게 '전혀' 유전되지 않는다고 주장하는 반면, 후자는 대부분이 유전된다고 주장했다는 점이다.

다윈이 들고 있는 눈의 예도 흥미롭다.

두더지나 땅구멍 속에 사는 설치류의 눈은 발육이 불완전하며, 어떤 경우에는 피부나 털가죽으로 안전히 덮여 있다. 이러한 눈의 상태는 물용에 따른 점차적인 퇴화로 여겨지지만 자연선택의 도움도 한몫했을 것이다. …… 땅속에 사는 동물에게는 눈이 꼭 필요한 게 아니기 때문에, 그 크기가 작아져 눈꺼풀이 달라 붙고 그 위로 털이 자라는 것은 그러한 동물에게 이익이 되는 일이다. 나아가 시력이 상실되는 대신, 촉각이나 수염이 길어지는 변화가 생기기도 한다. 그렇다면 자연선택은 불용의 작용을 끊임없이 돕는 셈이다.(p. 137, 끝에서 두번째 문장은 p. 138에서 끌어 옴)

다윈은 용불용설을 인정하는 가운데, 적지 않은 경우는 자연선택과 결합된다는 주장을 하고 있다. 달리 말해 용불용의 원리는 비록 부차적이긴 하지만 자연선택과 결합되면서 의미 있는 효과를 발생시킨다는 것이다. 주목할 것은 다윈이 용불용설과 획득형질 유전 문제를 다루면서 하고 많은 사례 중 눈과 날개를 들었다는 사실이다. 왜 그랬을까? 그는 눈과 날개가 진화의 산물임에 분명하지만(이에 대해서는 6장에서 자세히 다룬다) 눈과 날개의 발달이 곧 진화의 척도는 아니라고 생각했다. 방금 든 사례가 웅변하듯 눈이나 날개가 있다 해서 꼭 진화된 생물은 아닌 것이다. 따라서 다윈은 직선적 발전을 신봉하는 진화론자들과 달리 진화에 고등화와 복잡화 같은 방향은 존재하지 않는다고 보았고 이 점을 강조하고 싶었다. 그는 『종의 기원』에서 극히 적은 사례밖에 다룰 수 없었기 때문에, 예 하나를 들 때도 다목적 사례들만을 엄선했던 것이다.

다음으로 다윈은 상관 변이에 대해 다루는데, 이는 1장에서 보았듯이 한 부분이 변하면 체제상 그와 연계된 다른 부분이 함께 변하는 현상을 가리킨다. 상관 변이는 다윈의 진화론에서 매우 중요한 현상이므로 1장에 이어 5장에서도 자세히 다뤄지는데, 여기서는 반복하지 않기로 한다. 다만 이것이 왜 그렇게 다윈에게 중요했는지만 짚고 넘어가기로 하자. 그것은 "상관 변이가 유용성과는 관계없이, 즉 자연선택과는 관계없이 중요한 구조를 변화시키기" 때문이다. 예컨대 어떤 구조가 다른 구조의 진화로 인해 부수적으로 변화했다면, 새롭게 변화된 그 구조 자체는 그 생물에게 유용하지 않을 수가 있다. 그러므로 생물의 모든 특징을 유용성에 의해 설명하려는 시도는 우선 너무 무리한 논리를 낳는다는 점에서, 그리고 근본적으로는 이 세상이 선하게 설계되었다는 견해로 귀결된다는 점에서 다윈이 받아들일 수 없었다. 또한 어떤 구조가 정확히 어떤 구조와 상관되어 변이했는지를 밝혀내는 것은 무척이나 어려운 일이다. "알퐁스 드 캉돌은 식물 중 날개가 있는 씨앗은 개열과(開裂果, 과실이 터지는 종)가 아닌 열매에서는 발견될 수 없다고 말했다. [하지만 나는 캉돌의 견해와 달리 이 경우는 상관 변이가 아니라고 생각한다.] 나는 이 규칙을 씨 껍질이 열리기 전 때까지는 자연선택에 의해 씨앗에 점차 날개가 달릴 수 없다는 것으로 설명하고 싶다. 왜냐하면, 바람에 날려 가는 데 조금이라도 적합한 씨앗을 낳는 식물은 그렇지 못한 씨앗을 낳는 식물보다 유리하지만, 그 과정은 개열과에 속하지 않는 과실에서는 일어날 수 없기 때문이다."(pp. 146~147)

어떤 형질이 더 잘 변할까?

다윈은 (서로 다른 종을 구별하는) 종의 형질과 (서로 다른 속을 구별하는) 속의 형질 중에서 어느 쪽이 더 변이하기 쉬울지를 알고 싶어 한다. 헌데 이는 당시의 통념에 따르면 일반적인 규칙이 있을 수 없는 것이었다. 당시에는 종만이 (혹은 속까지 포함해서) 자연적으로 실재하는 단위이고, 특히 과 이상의 단위는 인간이 편의적으로 만들어 낸 분류 범주에 불과하다고 믿는 경우가 흔했다. 그러니 속 이상의 형질에 어떠한 자연적이고 실질적인 규칙성이 있을 리가 만무하였다. 그런데 다윈은 이렇게 차원이 다른 두 가지 형질을 한데 엮어 질문을 던졌으며 거기서 일반적인 규칙을 발견하려 했다. 그리고 이렇게 해서 얻어진 규칙은 속보다 상위 단위에 속하는 형질에도 적용되는 것이었다. 여러분도 잠시 생각해 보시라. 과연 종의 형질이 더 잘 변할지, 아니면 속의 형질이 더 잘 변할지?

답: 종의 형질이 속의 형질보다 변이하기 쉽다. 왜 그럴까? 속의 형질이란 같은 속에 속하는 종들이 공통적으로 갖고 있는 것이므로, 진화의 역사에서 볼 때 상이한 종들로 분화된 이후에는 변하지 않은 형질들이다. 이에 반해 종의 형질은, 여러 종들이 공통 조상으로부터 갈라져 나온 시기 이후에 변이하고 또 차이가 뚜렷해진 것이다. 그러므로 종의 형질은 속의 형질에 비해 더 최근에 변화된 것이며, 따라서 대체적으로 지금도 변이할 가능성이 더 크다고 볼 수 있다. 실제로 조사해 본 결과 다윈은 자신의 예상이 들어맞는다는 사실을 발견하였다. 각각의 종이 독립적으로 창조되었다는 견해로는 종의 형질과 속의 형질이 왜 변이성에 차이가 있는지를 설명할 수가 없다. 다윈은 예서 더 나아가 다음과 같은 신기한 사실도 설명할 수 있게 된다.

양성 간에 나타나는 2차 성징의 차이가 일반적으로 같은 속의 여러 종 사이에서 체제가 다른 바로 그 부분에서 나타난다는 것은 현저한 사실이다. …… 땅을 파는 막시류(膜翅類)에게 날개의 분맥(分脈) 양식은 큰 군에 공통된 것이므로 매우 중요한 형질이다. 그런데 어떤 속의 경

우이 분맥이 종에 따라 다르고, 또 같은 종에 있어서는 성에 따라 다르다.(p. 157)

폰텔라(요각목橈脚目, Pontella)의 경우 성징은 주로 앞더듬이와 다섯번째 쌍의 다리에서 나타나는데, 종의 차이도 주로 이 기관에서 나타난다.(3판 p. 175)

이런 희한한 일치는 왜 생겨나는 것일까?

나의 견해에서 볼 때 이 관계가 무엇을 의미하는지는 명확하다. 공통 조상의 구조 중 어떤 부분이 변이성을 갖게 되면 자연선택과 성선택은 이 부분의 변이에 작용하여 여러 종들이 자연질서 속의 무수한 장소에 적응하게 하였을 것이고, 또 같은 종의 암수를 상호적응하게 하였을 것이다[이상은 주로 자연선택의 작용]. 또한 암수를 서로 다른 생활 습성에 적합하게 하고 암컷을 차지하려는 투쟁에 수컷을 적응시키기도 했을 것이다[이상은 주로 성선택의 작용].(pp. 157~158)

다윈은 진화론에 입각하여 같은 속에 속하는 여러 종의 공통 조상을 떠올림으로써 이 문제의 답에 금세 도달할 수 있었다. 공통의 조상(혹은 초기의 자손)이 계속 변이히여 그후 여러 종이 생겨난 과정은, 공통 조상의 암수가 짝짓기를 통해 서로의 차이를 누적시켜 온 과정이기도 하다. 그러므로 이 동일한 시기에 변이성이 높았던 체부는 자연선택에 의해 종마다 다르게 누적되었을 터이며, 성선택에 의해 암수의 차이가 더욱 벌어졌을 것이다. 이처럼 이전에는 단순한 우연의 일치로 치부되던 것이 다윈의 진화론에 입각하면 합리적으로 해명이 되며 심지어 예측까지 가능해진다. 창조론자든 진화론자든 할 것 없이 다윈 이전에는 어떤 알 수 없는 신비나 우연한 현상에 맞닥뜨리면, 그 뒤에 어떤 미지의 섭리나 힘을 설정하여 설명하고자 했다. 즉 자연 바깥에 자연을 규정하는 힘을 상정한 것이었다. 그러나 다윈의 진화론에 따르면 자연을 자연 자체에 의해 설명할 수 있으며, 자연 바깥에 호소할 필요가 없게 된다. 단 주의할 것은 이렇게 과학적인 설명이 가능해졌다고 해서 자연의 신비함이 사라진 것은 아니라는 점이다. 다만 자연의 신비가 자연 자체에 내재하는 것으로 앎의 체계가 바뀌었을 뿐이다.

이와 동일한 원칙에 의해, 우리는 같은 속에 속하는 종들의 어떤 체부가 종별로 크게 다르다면(종의 형질이라는 얘기), 그것은 극도의 변이성을 가진다고 추리할 수 있다. 그와 반대로 아무리 이상하게 발달한 부분이라도 같은 속의 종들 간에 그런 양상이 비슷하게 관찰된다면(속의 형질이라는 얘기), 변이성의 정도는 극히 경미할 것이다. 그럼 이제 박쥐의 대단히 비정상적인(abnormal) 기관을 생각해 보자. 이처럼 비정상적으로 보이는 기관은 아무래도 변이성이 높지 않을까? 다윈은 이런 문제를 생각할 때 그 기관이 얼마나 비정상적으로 보이느냐에 너무 구애받아서는 안 된다고 말한다. 거기에 현혹되기보다는 그 박쥐의 기관과 근연종들의 기관이 얼마나 다른지에 주목해야 한다. '비정상적'이라는 다분히 주관적인 기준을, 다른 근연종과의 비교라는 객관적인 방법에 의해 대체하자는 것, 그것이 바로 다윈의 과학이었다.

박쥐의 날개처럼 아무리 비정상적인 기관일지라도 변화된 수많은 자손들에게 거의 같은 상태로 전해진 경우라면, 그것은 거의 같은 상태로 오랜 세월 동안 존속해 왔을 것이고, 따라서 다른 어떠한 구조보다 많은 변이를 할 수 없게 되었을 것이다.(p. 154)

반대로 아무리 정상적이고 중요하게 보이는 기관일지라도, 그것이 같은 속 내의 종들 간에 현저한 차이를 보이고 있다면 그것은 (지금까지 그래 왔듯이 앞으로도 당분간은) 강한 변이성을 띠게 될 것이다.

지금까지 본 바와 같이 다윈은 종의 형질, 속의 형질, 2차 성징을 비교함으로써 자연계의 다양한 현상들이 단순한 우연이 아니라 진화론에 의해 일관되게 설명된다는 것, 심지어 예측도 가능하다는 것을 잘 보여주었다. 우리는 여기에 더하여 두 가지 시사점을 확인하고자 한다.

우선 다윈에 따르면 어떤 종류의 형질이 종의 형질이고, 또 어떤 형질이 속의 형질인지는 일관되게 규정할 수가 없다. 어떤 속에 속하는 종들이 모두 공유하는 형질은 속의 형질이고, 종마다 다른 형질은 속의 형질이다. 우리에게는 이것이 너무나 당연한 동어반복처럼 보이는지라, 뭘 이런 걸 주장하기 위해 그렇게까지 애를 써야 했나 싶어진다. 하지만 다윈 당시에는 전혀 그렇지 않았다. 당시에는 비교적 중요해 보이는 구조나 기관의 특성은 상위 분류군의 형질이고, 상대적으로 사소해 보이는 형질들은 하위 분류군(예건대 종)의 형질이라고 보았다. 마찬가지 논리에 입각하여 너무나 기괴해 보이는 형질은 아주 예외적이고 잘 변하는 형질, 따라서 보편성이 결여된 일탈 같은 것으로 치부했다. 한편 속이나 과 이상의 분류 단위는 분류를 위해 인위적으로 만들어 낸 단위이고, 오직 종만이 자연계에 실재하는 단위라고 보기도 했다. 린네의 분류가 자연적이지 못하고 인위적인 분류에 불과하다는, 린네 이후 오래 이어져 온 비판도 바로 이런 이유에서였다. 이처럼 상반되는 내용의 두 가지 통념이 박물학자들을 사로잡고 있었다.

이런 상황에서 그저 비교를 통해서 종과 속의 형질을 판정하자는 다윈의 주장은 아무런 내용이 없는 것으로 보였다. 그에 반해 당시의 통념 쪽이 훨씬 더 학문적인 깊이와 일관성이 있는 것으로 비쳤음은 말할 필요도 없다. 그러나 당시의 통념은 종의 불변성과 특권성을 전제한 선입견에 불과했다. 그에 반해 다윈의 견해는 모든 생물이 진화의 과정에서 유래된 결과라는 일관된 통찰 속에서만 가능한 것이었다. 우리 현대인들이 다윈의 견해를 너무나 당연하다고 느끼는 것은, 다윈 혁명의 성공 이후를 살고 있기 때문이다. 다윈 혁명을 전후로 상식이 180도로 바뀐 것이다.

6 사실 진화론의 약점은……

『종의 기원』 6장 학설의 난점

사변에 한계를 가하는 것은 미래에 대한 반역이다.
— A. N. Whitehead, *The Function of Reason*. 문창옥, 『화이트헤드 과정 철학의 이해』에서 재인용.

인간 지성의 한계에 서 있다는 안타까운 감정 없이, 시간과 자연의 창조적 추이(생성 과정)의 신비를 명상한다는 것은 불가능하다.
— A. N. Whitehead, *The Concept of Nature*. 오영환, 『화이트헤드와 인간의 시간경험』에서 재인용.

사실 진화론의 약점은……

다윈이란 사람은 어찌나 신기한 화상인지, 책의 한 장을 통째로 할애하여 자기 학설의 난점을 밝힌다. 『종의 기원』 출간 후에 제기될 것으로 예상되는 반론들을 자기가 미리 제기하고 답도 제가 하고 있는 것이다. 가히 혼자 놀기의 진수라 할 수 있다. 그런데 이후의 내용을 보시면 아시겠지만, 이러한 자문자답은 6장에만 그치는 게 아니라 7장 「본능」, 8장 「잡종」은 물론 심지어 9장 「지질학적 기록의 불완전함에 대하여」까지 모두 포함된다. 우리는 이제부터 이 신기한 사내의 자문자답을 통하여 그가 왜 이러한 체제를 취했고 그 내용은 무엇이었는지, 거기에서 달성하려고 한 궁극적인 목표는 무엇이었는지 살펴보기로 한다. 첫 문장부터 보자.

> 독자들은 여기까지 읽어 오기 훨씬 전부터 이미 많은 난점들을 깨달을 수 있었을 것이다. 그 중에는 나를 당혹하게 할 만큼 심각한 것도 있다.(p. 171)

몇 년 전 주변 친구들과 『종의 기원』을 읽으며 함께 공부한 적이 있다. 나를 포함한 우리 모두는 '여기까지 읽어 오기 훨씬 전부터' 심신이 지쳐 버려서, 이제 그만 다윈이 다 맞다고 하고 책을 덮어 버리고 싶었던 적이 한두 번이 아니었다. 그런데 스스로 난점을 제기하고 이제부터 해결해 주겠다고 하니 우리는 모두 울고 싶은 심정이었다. 그렇지만 당시 대부분의 독자들은 정반대의 심정이었을 것이다. "이도 안 들어갈 주장을 지껄이며 여기까지 잘도 끌어 왔겠다. 오냐, 그래! 네 이론이 얼마나 황당한 얘기인지를 네 놈 입으로 직접 한번 얘기해 봐라, 뭐 이 부분은 좀더 연구가 필요하다는 등 희미한 소리라도 해봐라!" 하는 심정으로 이를 앙다물고 다음 쪽을 넘겼을 터이다.

그러나 다윈이 누군가! 그는 난점들을 명쾌하게 해결할 뿐만 아니라, 자기 이론의 난점을 오히려 자기 이론을 지지하는 증거로 만들어 버린다. 그 결과 그는 이 장이 끝나는 대목에서 "나는 지금까지의 논의에서 개별적인 창조 행위의 설로는 전혀 이해하기 어려운 수많은 사실에 대해 광명이 던져졌다고 생각한다"고 자신 있게 말할 수 있었다. '학설의 난점'은 단순히 방어나 옹호가 아니라 다윈 자신의 결정적인 승리를 선언하는 회심의 빵빠레였던 것이다. 나는 여러분이 이에 대해 다윈의 얄팍한 사술을 읽어 내기보다는 그가 참으로 오랫동안 스스로 묻고 스스로 답하는 과정을 반복해 왔다는 것을, 자기의 입장이 아니라 다른 사람의 입장에 서서 수천 번도 더 묻고 대답하였다는 것을 느껴 주시기 바란다.

다윈의 메모술

다윈의 메모술에 찬탄한 프로이트는 다윈의 연구가 얼마나 깊은 통찰을 바탕으로 이루어진 것인지 간파한 사람이었다.

위대한 과학자 다윈은 망각의 동기로 불쾌감이 중요한 역할을 한다는 통찰을 바탕으로 과학자들의 황금률을 제시했다.[1]

우리는 흔히 자기가 그런대로 합리적으로 판단한다고 믿고 있다. 그러나 다윈은 인간의 그런 막연한 믿음 저 밑바닥에 전혀 다른 힘이 작동하고 있다는 점을 깊숙이 들여다본 사람이었다. 사람이란 자기의 의견과 일치하지 않는 주장이나 자료를 접했을 때 불쾌감이 일게 마련이고, 그 결과 그런 것은 자기 의견에 부합하는 우호적인 주장이나 자료보다 쉽게 망각하고 마는 존재다. 그래서 다윈은 20여 년을 연구해 오는 동안 자신의 진화론에 어긋나는 사례들을 듣거나 읽게 되면 어떤 판단을 내리기 전에 일단 메모부터 했다. 다윈은 자서전에서 자신의 이런 습관을 소개한 바 있다.

『종의 기원』의 성공은 두 가지 커다란 줄기를 오래전부터 잡아 놓았으며, 그 사체가 일종의 개요인 방대한 원고를 결국 요약해 낸 덕이라고 생각한다. 그렇게 해서 더 놀라운 사실과 결론을 끌어낼 수 있었던 것

---

1) 지그문트 프로이트, 『일상 생활의 정신병리학』, 이한우 옮김, 열린책들, 1988, 210쪽.

이다. 또한 여러 해 동안 내가 얻은 일반적인 결과와 반대되는 관찰이나 사고를 담은 출판물이 발표되면 반드시 기록을 해두었다. 경험에 의하면 그렇게 상반되는 사실이나 사고는 호의적인 것보다 기억에서 훨씬 더 쉽게 사라지기 때문이었다. 이런 습관 덕분에 내 견해에 대한 반대 의견 중 내가 발견하지 못하거나 [『종의 기원』에서] 답변하지 않은 것은 거의 없었다.[2]

이런 점에서 나는 그가 머리보다도 삶이 천재였던 사람이라고 생각한다. 사실 『인간의 유래와 성선택』과 『인간과 동물의 감정표현에 대하여』 같은 대작도 이런 메모 습관 때문에 쓰여질 수 있었다. 이 사정은 『인간의 유래와 성선택』의 「서론」에 잘 나타나 있다. 서론의 첫머리를 보자.

이 책을 쓰게 된 이유를 간단히 설명하는 것이 이 책의 본질을 이해하는 데 가장 좋을 것 같다. 나는 여러 해 동안 인간의 기원, 즉 인간의 유래에 관한 많은 기록을 수집했다. 그렇다고 이 주제로 책을 내려는 의도가 있었던 것은 아니다. 내 견해에 반대하는 여러 편견을 그저 수집이나 해보자고 생각한 것은 사실이지만 나는 오히려 책을 내지 않기로 결심했었다. 『종의 기원』 초판에서 나는 "인간의 기원과 그 역사에 한 줄기 빛이 비춰질 것이다"라고 말했다. 이 말은 인간이 지구상에 출현한 방법이 다른 생물들과 동일하게 취급되어야 함을 뜻하는 것이었다.

---

[2] 찰스 다윈, 『나의 삶은 서서히 진화해왔다』, 이한중 옮김, 갈라파고스, 2003, 151~152쪽.

그 정도로 넌지시 말하는 것만으로도 충분한 듯했다. 그러나 지금은 사정이 완전히 달라졌다.[3]

아마 책을 내지 않으려 했다는 말까지는 진실이 아닌지도 모른다. 당시 여전히 기세등등했을 창조론과 인간중심주의를 감안한 발언일 수도 있기 때문이다. 하지만 그 나머지는 대부분 사실일 것이다. 이렇게 방대한(한글본으로 세 권에 달하는) 책의 시작이 자기 "견해에 반대하는 여러 편견을 그저 수집이나 해보자고 생각"한 것에서 출발했다니!

다윈 진화론의 난점들

이제부터 다윈이 스스로 제기하는 난점들 중에는 오늘날에도 여전히 논란 중인 것들도 있고, 비판자들도 미처 떠올리지 못했던 것들까지 들어 있다. 다윈은 과연 어떤 문제들을 스스로 난점이라고 여겼을까?

난점들은 몇 가지로 나눠 볼 수 있다. 첫째, 만약 종이 다른 종으로부터 미세한 점차적 변화에 의해 생겨난 것이라고 한다면 도처에서 무수한 이행형을 볼 수 없는 것은 무슨 까닭인가? 어째서 종은 우리가 보는 바와 같이 명확하게 구별되어 있으며, 모든 자연이 혼란에 빠져 있지 않은 것일까?

둘째, 박쥐 같은 구조와 습성을 지닌 동물이 그와 전혀 습성이 다른 동

---

[3] 찰스 다윈, 『인간의 유래 1』, 김관선 옮김, 한길사, 2006, 39쪽.

물이 변화함으로써 생겨났다는 게 대체 있을 수 있는 일인가? 자연선택이 한편으로는 파리 쫓는 역할을 하는 기린의 꼬리 같은 시시한 기관을 만들어 내고, 다른 한편으로는 비교할 수 없을 만큼 완전하고 놀라운 구조를 지닌 눈 같은 기관을 만들어 낸다는 것은 과연 믿을 수 있는 일일까?

셋째, 본능이 자연선택에 의해 획득되고 변화될 수 있는 것일까? 학식이 깊은 수학자들에게 발견되기 훨씬 이전에 실제로 행해져 온 것, 즉 꿀벌이 집을 짓는 놀랄 만한 본능은 어떻게 설명하면 좋을까?

넷째, 다른 종의 개체들 사이에 교배를 시키면 자손이 생기지 않거나 생겨나더라도 그 자손(잡종)은 불임이 된다. 잡종의 불임성은 아마도 잡종 자신에게는 이롭지 않을 터이니, 약간의 불임성이 계속 보존됨으로써 마침내 완전한 불임성이 획득되었을 수는 없다. 이 현상을 자연선택 원리로 설명할 수 있겠는가? 게다가 변종을 교배했을 때는 임성(稔性)이 손상되지 않는 경우가 많은데, 이는 또 어떻게 이해할 수 있는가?

다윈은 첫째와 둘째 난점을 6장에서 다루고, 셋째는 7장 「본능」에서, 넷째는 8장 「잡종」에서 다룬다. 한편 첫째 문제는 9장 「지질학적 기록의 불완전에 대하여」를 통째로 할애하여 보다 집중적으로 다루기까지 한다. 요컨대 6, 7, 8, 9장은 모두 '학설의 난점'을 다루고 있는 셈이다. 난점들에 대한 해명이 장별로 나뉘게 된 것은 물론 분량 때문이기도 하지만, 문제의 성격이 서로 다르기 때문이기도 하다. 우리는 편의상 첫째 문제는 제일 마지막에 다룰 것이다. 우선 진화론과 관련되어 가장 흥미를 끄는 둘째 문제부터 시작해 보자.

날개는 처음에 어떻게 생겨났을까?

여러분도 잘 알다시피, 오늘날 진화론에 대해 공격할 때 가장 많이 동원되는 예가 날개와 눈이다. 그렇게 복잡하고 정교한 기관이 어떻게 경미한 변화가 누적되어 생겨날 수 있겠으며, 제일 첫 단계에서의 날개나 눈이란 그 정의상 극히 미미한 수준이었을 텐데 그게 생존투쟁에서 얼마나 쓸모가 있었겠느냐는 것이다. 창조론자들까지 갈 것도 없다. 도킨스와 더불어 자타공인 다윈의 적자인 스티븐 제이 굴드부터가 『판다의 엄지』(The Panda's Thumb)에서 이렇게 말하고 있다.

> 구조의 이행과정에서 선조와 자손 사이의 매개 역할을 하는 일련의 설득력 있는 형태, 즉 실제로 기능할 수 있고 생존 가능한 생물을 상정할 수 있는가? 생존에 유리한 구조들이 완전히 발전하지 않은 초기 상태가 과연 어떤 용도가 있을까? 가령, 절반만 생긴 턱이나 반쪽짜리 날개가 무슨 도움이 되겠는가?[4]

창조론자들의 상투적인 논리다. 그런데 둘째 가라면 서러워할 진화론자 굴드가 이런 말을? 그렇다. 물론 굴드는 창조론자들과는 전혀 다른 목적에서 그렇게 말했지만, 그러나 그 논리 구조는 사뭇 유사했다. 그는 예컨내 날개의 진화를 경미한 변이의 섬신석 누석에 의해 설명하는 게 누가 봐도 무리라고 생각했다. 그런데도 진화론자들이 부자연스

---

[4] 스티븐 제이 굴드, 『판다의 엄지』, 김동광 옮김, 세종서적, 1998, 235쪽.

럽게 점진주의만을 고수하는 건, 다윈의 진화론 자체가 배타적으로 점진주의를 강조했기 때문이다. 굴드는 바로 이 지점을 혁신하지 않으면 진화론의 미래는 매우 불투명하다고 보았다. 우리는 굴드가 제기한 이 문제를 주로 13장에서 살펴볼 것이다. 여기서는 일단 날개나 눈의 진화 문제가 역시 난제라는 점, 창조론자들만이 아니라 굴드 같은 진화론자도 기존의 설명 방식에 문제를 제기했다는 점, 특히 굴드는 변이의 점진적 누적에 의한 설명을 비판했다는 점만을 짚어 두고 『종의 기원』으로 돌아가자. 다윈은 이것이 난제임을 잘 알고 있었고, 그렇기 때문에 더욱 침착하게 문제 곁으로 천천히 접근한다. 우선,

> 나의 견해에 반대하는 사람은 예컨대 육지에서 살던 동물이 도대체 어떻게 물속에서 사는 습성을 갖게 되었으며, 이 이행과정에는 어떤 동물이 있는 건지 묻고 있다. 그러나 동일한 육식동물의 무리에 있어서, 진정으로 수생적인 종과 엄격하게 육생적인 종 사이에 모든 중간 등급들이 있다는 걸 보여 주기는 어렵지 않다. 그리고 어느 것이나 생존투쟁에 의해 존속하고 있으므로 제각기 자연계에서 자기 장소에 잘 적응하는 습성을 지닌다는 것은 명백한 사실이다.
> 북미산족제비(Mustela vison)를 보면 이 동물의 다리에는 물갈퀴가 있으며, 털가죽과 짧은 다리와 꼬리의 형태 등이 수달과 비슷하다. 이 동물은 여름 동안은 물속에 잠수해 물고기를 잡지만, 긴 겨울 동안은 얼어붙은 물가를 떠나 뭍에 사는 생쥐 같은 동물을 잡아먹는다. 마치 족제비처럼.(pp. 179~180)

육생동물이 과연 어떻게 수생생활 습성을 갖게 된 건지, 이에 관해 우리는 여러 가지 가설을 만들어 볼 수 있겠다. 그리고 그 가설들을 둘러싸고 다양한 논쟁이 전개될 수 있을 것이다. 그런데 다윈은 가설이나 논쟁 이전에 일단 자연계를 섬세하게 살펴본다. 그러고 나면 엄격하게 수생적인 종과 육생적인 종만이 아니라, 다양한 중간 등급들이 있음을 확인하게 된다. 그들 모두가 저마다 환경에 적합하게 살아가는 것은 물론이다. 계절마다 생활방식이 다른 생물들도 있다. 모두가 자연계의 현실이고 또 자연스럽게 진행되는 현상이다. "육지에서 살던 동물이 도대체 어떻게 물속에서 사는 습성을 갖게" 되었는지 묻는 이들은, 어쩌면 인간 스스로 만든 육생생물과 수생생물이라는 말에 자신을 속박해 온 게 아닐까? 이후에도 다윈의 기본 노선은 동일하다. 창조론자나 기존의 과학자보다 더욱 합리적이고 과학적인 이론을 내기 전에, 자연계의 실상에 편견 없이 접근하는 게 그에게는 늘 최고로 중요했다. 더 합리적이고 과학적인 이론도 자연계의 실상을 풍요롭게 느끼는 데서 출발한다.

박쥐는 어떻게 날게 되었을까?

이와 다른 경우로, 만일 식충성 사족류(食蟲性 四足類)가 어떻게 공중을 나는 박쥐로 변화할 수 있었느냐고 묻는다면 문제는 훨씬 더 난해해진다. 그러나 이런 곤란은 그리 중대한 것이 아니다.
…… 다람쥐과를 살펴보기로 하자. 여기에는 꼬리가 약간 넓고 평평한 놈에서부터 몸의 뒷부분이 상당히 넓고 옆구리의 피부가 꽤 불룩한 놈, 그리고 소위 날다람쥐에 이르기까지, 점진적인 단계가 극히 세세하게

알려져 있다. 날다람쥐는 네 다리와 꼬리의 밑부분까지 폭이 넓은 피부로 결합되어 있는데, 이것이 낙하산 같은 역할을 하여 이 나무에서 저 나무로 놀랄 만큼 먼 거리를 날아갈 수 있다. 이러한 여러 가지 구조들이 있기 때문에 각 지역에 사는 다양한 종류의 다람쥐들은 새나 짐승으로부터 몸을 피할 수 있고, 먹이를 더 빨리 모을 수 있으며, 우발적인 추락 위험을 현저히 감소시킬 수 있다. 그렇지만 다람쥐의 이러한 구조들이 모든 자연조건하에서 가능한 최상의 것이라고는 할 수 없다. 기후나 식생(植生)이 변한다든가, 이와 경쟁하는 다른 설치류나 새로운 맹수가 이주해 온다든가, 옛날부터 같은 지역에 살던 다른 생물이 변화하는 경우들을 가정해 보라. 그런 경우라면 최소한 어떤 다람쥐들은 그런 상황 변화에 발맞추어 구조가 변화되거나 개량되지 않으면 개체수가 줄거나 멸종해 버릴 수가 있다. 그러므로 **변화하는 생활조건하에서 옆구리의 피막이 점점 넓어진 개체들이 연속적으로 보존되고, 그런 유용한 변화가 생겨난 종류들이 더 많이 번식을 하게 된다.** 이러한 자연선택의 누적 작용에 의해 마침내 완전한 날다람쥐(flying squirrel)가 생겨났다고, 나는 생각한다.(pp. 180~181)

다음으로 날여우원숭이(flying lemur)를 살펴보자. 이것은 전에는 박쥐류로 분류되었지만 지금은 식충류에 속한다고들 믿고 있다. 날여우원숭이는 옆구리 피막이 턱 밑에서부터 꼬리까지 매우 넓게 퍼져 있으면서, 긴 발가락이 달린 네 다리까지 감싸고 있다. 활공에 적합한 구조상의 단계적인 연결고리들이 지금은 날여우원숭이와 다른 식충류를 연결해 주고 있지 않지만, 과거에는 그런 고리들이 존재했었다고 가정하는 데에는 전혀 어려움이 없다. 나는 또한 피막과 연결된 날여우원숭이의 발가락과 앞쪽 팔이 자연선택에 의해 대단히 길어졌으리라는 것도 별 무리 없이 받아들일 수 있다. 바로 이것이 적어도 비상(飛翔)기관에 한해서는 이 동물을 박쥐로 변화시킨 것이다. 피막(皮膜)이 어깨 꼭대기에서부터 꼬리까지 펴져 뒷다리를 감싸고 있는 어떤 박쥐에서는, **아마도 원래 비행보다는 오히려 활공(滑空)에 적합했을 장치의 흔적을 볼 수 있다.**(p. 181)

진화론 비판자들은 실제 생물이 역사적으로 진화해 온 과정을 내놓아 보라고 윽박지른다. 그것은 물론 화석 기록의 불완전성으로 말미암아 거의 불가능한 일이다. 그러나 그렇기 때문에 화석 기록으로 창조론을 입증하는 것 또한 불가능하다. 그렇다면 우리의 앎을 진전시킬 수 있는 유력한 방법은 현생생물들의 다양한 종류들을 비교하여 그로부터 변화과정들을 추론하는 것이다. 다윈이 지금 채택하고 있는 방법이 바로 그것이다.

만약 열 몇 속(屬)의 조류가 멸종해 버렸다면, 날개를 단순히 파닥거리는 데만 쓰는 증기선오리(steamer duck), 물에서는 날개를 지느러미로 쓰고 육지에서는 앞다리로 쓰는 펭귄, 날개를 돛으로 쓰는 타조, 날개가 기능적으로 아무런 일도 할 수 없는 키위 등 이런 새들이 실제로 존재했으리라고 그 누가 감히 추측이나 할 수 있겠는가? 그렇지만 이들의 구조는 모두 그 새의 생활조건에 적합한(good) 것이다. 물론 그렇다고 해서 그것이 있을 수 있는 모든 조건에서 반드시 가장 좋은 것은 아니다. 한 가지 주의할 점은 이 구조들 모두가 조류가 완전한 비행력을 획득해 온 실제 자연의 역사를 단계적으로 나타내는 것이라고 추측해서는 안 된다는 점이다. 오히려 날개의 구조가 이토록 다양하다는 것은 이행 방식이 얼마나 다양할 수 있는지를 보여 주는 것이다.(pp. 181~182)

진화론자든 창조론자든 생물의 실제 역사를 근거로 주장을 펼치는 건 현실적으로 어렵다. 그런 상황에서 진화론 비판자들은 날지 못하는 생물이 비행능력을 갖게 되기는 불가능하다는 식의 주장을 폈다. 이에 대해 다윈이 할 일은 그런 일이 **불가능하지는 않으며**, 나아가 현생생물들의 행태와 구조 속에서 **얼마든지 가능하다**는 걸 보여 주는 것이었다. 다윈이 제시한 다양한 박쥐들의 다양한 활공능력은 비행능력의 진화가 전적으로 불가능한 일은 아님을 생생히 보여 준다. 이 사례는 또한 완전한 비행이 아니라 단순한 활공능력만 가지고도 생물이 생존하는 데 얼마나 유리할 수 있는지를 일깨워 준다. 그리고 날개라는 것이 (라마르크의 진화론에서처럼) 반드시 비행 목적을 향해 점진적으로 진화해 온 것도 아니다. 지느러미처럼 쓰일 수도 있고, 돛으로 쓰일 수도 있으며, 다른 생물을 쫓는 데 쓰일 수도 있다. 즉 다른 목적으로 쓰이며 진화해 오다 어떤 조건 속에서 날개로 전용(轉用)될 수도 있는 것이다. 물론 다윈의 사례는 진화의 역사를 그대로 반영하는 게 아니다. 재미있는 것은 그렇다고 해서 이 논증이 불충분하거나 미약한 건 아니라는 점이다. 오히려 다윈은 날개의 진화가 극도로 어렵긴커녕 충분히 가능하며, 나아가 날개와 비행의 진화에는 너무나 많은 이행 방식들이 있음을 '보여 준다'. 자연계의 '실제 생물들'을 통해서. 참으로 맑고 통쾌하지 않은가!

갑각류나 연체동물처럼 물속에서 호흡하는 동물강의 구성원들이 육지 생활에 **적응하고 있으며**, 공중을 나는 조류와 포유류, 곤충이 존재하고 있고, 또한 예전에는 날아다니는 파충류가 있었던 것으로 미루어 볼 때, 현재 지느러미를 퍼덕여서 물 위로 겨우 뛰어올라 선회하면서 멀리 활공하는 날치(flying-fish)가 완전한 날개를 가진 어떤 동물로 변화되었을지도 모른다는 것은 충분히 상상해 볼 만한 일이다. 만일 이런 일이 실제로 일어났다 해도, 초기의 이행상태에서는 이런 동물들이 드넓은 대양에서 살았으며, 초기의 비행기관은 오로지 다른 물고기들에게 잡아먹히지 않으려고 도망치는 데에만 쓰였을 따름이라는 사실을 상상이나마 해본 사람이 과연 있겠는가?(p. 182)

우리는 흔히 적응이라고 하면 자신을 환경에 수동적으로 맞춘다는 느낌을 받는다. 그런데 물속에서 호흡하는 생물들이 육지 생활에 적응하고 있는 것을 그렇게만 느껴야 할까? 다른 조건과 만났을 때 자신을 변형시킴으로써 힘차게 접속하는 능력 또한 보아야 하지 않겠는가! 그리하여 자신과 주변 생물들에게 새로운 환경을 조성하는 능력이라고 볼 수는 없겠는가! 한편 다윈이 날치를 보며 자유롭게 펼치는 상상은 얼마나 근사한가? 날치…… 얘는 어떤 물고기고 얼마나 잘 **날길래** 이런 이름이 붙었을까? 나는 이 물고기의 모습과 생태를 『현산어보를 찾아서』라는 책에서 (기의) 처음 보았다. 이 책은 다윈보다 50여 년 전 조선 땅에서 태어나 살다 간 정약전(1758~1816)의 『자산어보』(玆山魚譜)를 오늘날의 독자들을 위해 리라이팅한 책이다. 정약전은 자신보다 더 유명한 동생(다산 정약용)을 둔 사람으로 다윈 못지않은 당대의 박물학자

물고기의 날개
"지느러미를 퍼덕여 물 위로 겨우 뛰어올라 선회하면서 멀리 활공하는 날치가 완전한 날개를 가진 어떤 동물로 변화되었을지도 모른다".(『종의 기원』, p. 182)

였다고 할 수 있다. 흥미롭게도 이태원의 『현산어보를 찾아서』를 펼치면 맨 처음 나오는 물고기가 바로 이 날치다. 거기 실려 있는 내용을 중심으로 날치에 대해 좀 알아보자.

날치과에는 날치를 비롯하여 제비날치, 새날치, 매날치, 황날치, 상날치 등이 있는데, 높이 날 때면 공중 위로 7미터 정도 뛰어올라 500미터까지 날 수 있다고 한다. 날치는 먼저 꼬리로 수면을 강하게 쳐서 몸을 공중에 띄운다(이때 꼬리지느러미는 초당 50~70회나 파닥거린다). 그런 후 지느러미를 활짝 펼치고 글라이더처럼 활공하는 방식으로 비행한다. 그러니까, 새처럼 날개를 퍼덕여서 날아다니는 것은 아니다(정약전은 이것이 어떤 의미에서는 새의 날개와 같다고 표현했다). 물 위로 나오는 순간 속력은 시속 50~60km 정도이며, 나는 동안 꼬리지느러미를 조작하여 방향을 바꿀 수 있다. 최장 비행시간은 30~40초 정도로 알려져 있다. 날치류 중에는 가슴지느러미뿐만 아니라 배지느러미까지 크게 발달한 종류도 있다. 이들은 가슴지느러미만 사용하는 종류보다 더 먼 거리를 비행한다고 한다. 날치는 5~6mm 정도 크기의 치어일 때부터 비행 행동을 보인다. 『자산어보』에 주를 단 이청이라는 사람에 따르면 "어부들이 밤에 그물을 쳐 놓고 횃불을 밝히면, 무리지어 날아와 그물에 걸리게 된다. 때로는 사람들에게 쫓기다가 들판으로 날아가 떨어지기도 한다".[5]

정말 대단한 물고기네……. 얘는 종종 다른 큰 물고기들의 먹이가 되곤 하는데, 이것으로 보아 날치는 아마도 천적으로부터 달아나는 과정에서 비행능력을 발달시키게 된 것으로 보인다. 물고기들에게 물 바깥은 없는 거나 마찬가지인 세계였다. 그렇지만 날치와 같은 물고기들이 생겨난 뒤로 하늘은 새로운 삶의 공간이 되었다. 얼마전 신문에는 범고래에게 잡아먹힐 뻔한 순간 수면 위로 뛰어오르며 몸을 피하는 가오리의 모습이 실리기도 했다. 물 바깥에 펼쳐져 있는 하늘은 이들 물고기의 생명을 얼마나 많이 구해 주었을까?

여기서 자그마한 의문이 하나 솟는다. 그냥 날여우원숭이나 박쥐 얘기를 가지고 날개의 진화를 추론했으면 자기 이론을 방어하는 데 더 좋았을 터인데, 다윈은 굳이 날치같이 일견 무리해 보일 수도 있는 예를 들고 그것이 날아올랐던 어떤 순간을 상상해 보라고 요구한다. 이유가 뭘까? 앞서도 잠깐 언급했지만, 아마도 다윈은 생물이 난다는 게 가능한 정도를 넘어서 얼마나 다양한 방식으로 가능한지를 보여 주고 싶었을 것이다. 그러니까 날개의 진화는 너무너무 생기기 힘든 일이 아니라, 다양한 경로를 통해 얼마든지 생길 수 있었다는 게 다윈의 생각이었다. 자연은 어떤 빠듯한 가능성을 거우 실현시키는 가난한 세계가 아니다.

---

5) 이상 날치에 관해서는 이태원, 『현산어보를 찾아서 1』, 청어람미디어, 2002, 26~32쪽에서 주로 인용하고 거기에 다른 정보를 덧붙여 구성하였다.

가오리의 비상
공중을 나는 물고기는 날치뿐만이 아니다. 무언가의 위협으로부터 몸을 솟구쳐 공중으로 날아오른 가오리. 이 공중이라는 공간은 얼마나 많은 물고기의 생명을 구해 주었을까?

상상하기 힘든 여러 가지 일들이 얼마든지 일어날 수 있는 풍부한 세계다. 또 생각해 보면 나는 생물은 새만이 아니라 박쥐도 있으며 심지어 이들과 전혀 다른 날개의 구조를 가진 곤충들도 있지 않은가! 새는 팔이 진화한 것이라 해도 곤충은 어떻게 된 것인가? 곤충의 날개는 새나 박쥐의 경우처럼 팔이 변형된 게 아니라, 등에서 비롯된 전혀 다른 구조다. 그런 점에서 곤충은 우주 전체에서 천사와 같은 날개를 공유하는 유일한 존재다. 이들에 비하면 인간은 기껏해야 낙하산 같은 불편한 기구를 개발해 엄청 불편한 방식으로 쓰고 있을 뿐이다.

일반적으로 새는 육상생물에서 진화한 것이라고 생각되지만, 다윈의 거침없는 상상력은 물속에서 호흡하는 갑각류나 연체동물에서 진화했을 수도 있다는 과감한 발상을 가능케 했다. 그런데 이런 발상은 단지 '아니면 말고' 식의 무책임한 상상만은 아니었다. 앞서 5장 「변이의 법칙」을 다룰 때 빼놓았지만, 다윈은 거기서 "아래턱이 네 다리와 상동(相同)기관"임을 지적하였다.[6] "앞다리와 뒷다리, 그리고 턱과 네 다리"는 하나가 변이하면 다른 것도 함께 변이한다는 사실이 종종 관찰되기 때문이다. 그런데 날개는 다리가 변형된 것이다. 그렇다면 날개는 한때 물고기의 지느러미에서 진화한 것일 수도 있다. 다윈 말마따나 "지느러미를 퍼덕여 물 위로 겨우 뛰어올라 선회하면서 멀리 활공하는 날치가 완전한 날개를 가진 어떤 동물로 변화되었을지도 모른다".(p. 182)

나는 이 대목을 읽을 때마다 장중한 음악과 함께 날치가 마침내 공중 저 멀리 날아오르는 순간을 상상하곤 한다. 그리고 이 상상이 극대화되는 곳에서 『장자』는 시작된다.

북쪽의 어둠[北冥] 속에 물고기가 한 마리 있는데, 이름하여 곤(鯤)이다. 곤은 너무나 거대해 크기가 몇천 리나 되는지 알지 못한다. 그는 변해서 새가 되는데, 이름하여 붕(鵬)이라 한다. 붕의 등은 가로질러 몇천 리나 되는지 알 길이 없다. 힘차게 날아오르면 날개는 하늘 가득히 드리

---

6) "예를 들어 곤충의 입은 다리가 변형된 것이다." 이걸 실감하고 싶은 분은 앞다리(손)와 턱으로 뭔가를 집어서 옮겨 보라. "대부분의 절지동물은 먹이 조각을 잡아서 그것을 다리 사이의 복면(腹面) 중앙에 있는 식구(食溝)를 따라 입 쪽으로 보내는 데 보행각(步行脚, walking leg)을 사용한다." 물론 입의 아래턱은 다리가 변형된 것이다. 스티븐 제이 굴드, 『생명, 그 경이로움에 대하여』, 김동광 옮김, 경문사, 2004, 160~161쪽.

운 구름과 같다. 바다 기운이 움직여 대풍(大風)이 일 때 이 새는 남쪽의 어둠[南冥]을 향해 출발한다. 그 남쪽의 어둠은 하늘의 못[天池]이다.[7]

장자도 동물의 아래턱과 네 다리가 상동기관임을 알았던 것일까? 곤(鯤)이 본래 물고기 뱃속의 알[鯤鮞]을 뜻하는 말이었음을 알게 되면 우리의 신비로움은 커져만 간다.[8] 북쪽의 큰 어둠 속에 잠겨 있던 한없이 작은 우주의 시원으로서의 알, 그리고 거대한 물고기, 마침내 장대한 붕으로의 진화!

위에서 보았듯이 날치에서 새가 진화해 나왔을지 모른다는 상상은 다리와 아래턱이 상동기관이라는 지식이 배경에 깔려 있기도 했지만, 그것 말고도 중요한 측면이 있다. 진화론의 최대 약점 중 하나로 흔히 새나 박쥐의 절반쯤에 해당하는 동물을 화석 기록에서 전혀 찾아볼 수 없다는 사실이 지적되곤 한다. 그런데 만약 날치 같은 어류 중 일부가 조류로 진화했다면, 이 난점이 크게 약화된다. "비행능력을 가진 물고기들의 비행기관이 고도로 완성되어 생활투쟁에서 다른 동물들에 비해 결정적인 우위를 차지하기 전까지는, 땅 위나 물속에서 여러 가지 먹이들을 갖은 수단으로 잡을 수 있는 종속적인 형태들을 많이 발달시키지 못했을 것이다. 이런 까닭에 화석상태에서 이행적 종을 발견할 확률은 항상 적을 것이다."(p. 183) 그렇다면 다윈의 이런 상상은 얼마나 현실성이 있을까? 스티브 존스의 얘길 들어 보자.

---

7) 장자, 『장자』, 안동림 역주, 현암사, 1997, 27쪽.
8) 두산동아 사서편집국 엮음, 『동아 백년옥편』, 두산동아, 2008, 2089쪽.

DNA는 최초의 비행생물이 무엇이었는지를 입증해 준다. 새우는 곤충들의 먼 친척이었다. 새우의 DNA를 조사한 결과 한 세트가 초파리의 날개를 만드는 데 도움이 되는 유전자와 거의 동일하다는 사실이 드러났다. 새우의 변이체들은 …… 아가미로 사용되는 특별한 사지가 활동적이었다. 그것들은 날개가 몸을 흔들어 움직이는 데 처음 사용된 것이 아니라 익사를 막기 위한 수단으로 처음 사용된, 관절이 있는 다리로부터 진화되었을 것이 틀림없다는 사실을 보여 준다.[9]

박쥐나 날치의 예는 비행에 대한 우리의 선입견을 크게 교정해 준다. 전혀 날지 못하던 존재가 어떻게 날게 되었느냐고 물을 때, 거기에는 '비행', 즉 날개에 대한 신비주의가 깔려 있다. 하지만 날개는 가장 미미한 날개에서 고도로 완성된 날개로 진화한 것이 아닐 수도 있다. 박쥐나 날치가 보여 주듯이 공중을 미끄러지듯 나는 활공에서 시작되었을 수도 있는 것이다. 그리고 활공이 새의 비행보다 못난 것도 아니다. 각각의 구조와 습성은 (최선은 아닐지라도) 그 조건에 적합한 것이 아니던가! 우리는 앞에서 날개를 비행수단이 아니라 달려드는 적을 때리는 발차기 수단으로 쓰는 타조를 본 적이 있다. 이때 타조의 날개는 비행수단으로 쓰이기보다는 발차기 수단으로 쓰이는 게 그 조건에 더 적합한 것이다. 또한 다윈은 "타조처럼 날개를 돛으로 쓰는 새"를 언급하지 않았는가! 킥복싱의 고수가 다리를 주로 발차기 하는 데 쓴다고 해서, 골격이나 근육 등이 발차기에 고도로 적합화되어 있다고 해서, 다리의 원래

---

9) 스티브 손스, 『진화하는 진화론 : 종의 기원 강의』, 김영사, 2008, 230쪽.

목적이 발차기라고 믿는다면 얼마나 우스운 일인가! 마이어도 말했듯이, 어떤 생물의 어떤 구조와 기능이 현재 서로 잘 어울린다고 해서, 그 구조가 원래부터 그 기능을 위해 생겨난 것이라고 속단해서는 곤란하다. 예컨대 "물벼룩이 헤엄치는 데 쓰는 물갈퀴는 원래는 촉수(감각기관)였으며 지금도 여전히 촉수 기능이 작동한다. 그러나 이제 운동기관으로서의 기능을 획득하게 되었다". 아울러 "물고기의 폐는 부레로 전환되었고 절지동물의 말단은 완전히 다른 일련의 기능을 획득했다".[10)]

오늘날에도 진화론 비판자들은 이렇게 묻는다. "잘 뛰든가 잘 날든가 해야지, 어정쩡한 날개(중간형)라는 게 생존에 얼마나 유용하겠는가?" 이제 다윈에 힘입어 비행에 대한 신비주의를 깬 우리는 그 어리석은 질문에 현명하게 답할 수 있다. 날개의 초기 단계는 비행이 아니라 다른 많은 용도로 쓰였을 수도 있다(지금도 그러하듯이).[11)] 날개의 다양한 구조들은 날개의 진화가 충분히 가능하며, 그것도 여러 경로로 이루어졌을 수 있음을 보여 준다. 비행은 자연의 놀랄 만한 신비다. 그러나 자연 바깥에서 이식되어야만 하는 신비는 결코 아니다.

변신 이야기

세상의 많은 신화들은 변신 이야기로 가득하다. 오비디우스의 『변신 이야기』는 말할 것도 없고, 『서유기』에 나오는 손오공과 마귀들은 온갖 다양한 동물과 사물로 변신하여 숨막히는 싸움을 벌이기도 한다. 우리의

---

10) 에른스트 마이어, 『진화란 무엇인가』, 임지원 옮김, 사이언스북스, 2008, 405쪽.

'단군신화'도 따지고 보면 하느님의 아들이 사람으로 변신하고, 곰이 사람으로 변신하며, 그를 통해서 새로운 인간이 탄생한다는 이야기 아닌가? 이와 같이 동서고금을 막론하고 사람들이 변신에 대해 상상하며 끊임없이 이야기를 만들어 낸 것은, 변신 자체가 엄청난 힘이요 능력이라고 믿었기 때문이다. 세상의 모든 어린이들은 이 세상에서 가장 '쎈' 생물은 누구일까를 가지고 갑론을박한다. 호랑이를 내세우는 아이나 사자를 내세우는 아이나 확고한 이유를 가지고 덤벼든다. 그러다가 일대일로 싸우는 경우와 다대다로 싸우는 경우가 다를 수 있다는 주장이 제기되면 논쟁이 조금 어지러워진다. 이 싸움은 결국 독수리 같은 생물을

---

11) 참고로 다음의 신문 기사를 보라.
"새의 조상들이 날개를 사용하기 시작한 것은 날기 위해서가 아니라 몸을 낮춰 빨리 달리는 데 도움을 얻기 위해서라는 이론이 처음으로 입증됐다. 미국 몬태나주립대학의 조류연구소장 케네스 다이얼은 과학전문지 『사이언스』 최신호에 게재한 논문에서 메추라기와 자고새, 닭, 칠면조 등 이른바 '달리는 새'들을 관찰한 결과 맨 처음 새의 날개는 달리는 새들이 지면에 몸을 더욱 밀착시킬 수 있도록 하는 역할을 했음이 밝혀졌다고 주장했다. 이 같은 연구는 지금까지 새의 날개에 관한 양대 이론, 즉 나무 위에 살던 동물이 부드럽게 내려앉기 위해 날개가 진화됐다는 수상(樹上)서식론과 땅 위에 살던 동물이 달리는 데 도움을 받기 위해 날개가 진화돼 결국 날기에 이르렀다는 이른바 주행(走行)론 간 논쟁에서 주행론에 힘을 실어 준 것이다. 연구진은 갓 부화한 메추라기 새끼들을 관찰한 결과 이들의 짧은 날개는 처음에는 포식자를 피해 가파른 비탈이나 나무를 기어오르는 데 사용됐으나 날개를 사용하는 기술이 발달하면서 공중에서 날게 됐다는 결론을 내렸다. 다이얼은 새의 조상인 익룡(翼龍)이 여러 세대 동안 같은 과정을 거쳐 오늘날 보는 것과 같은 여러 형태의 '나는 새'로 진화했을 것이라고 말하고 "지금 보는 어린 자고새 새끼들의 행동이 아마도 옛날 익룡의 행동과 같았을 것이다. 이들은 억센 뒷다리를 가졌고 땅 위에서 태어나 땅위로 달렸다"고 덧붙였다. …… 다이얼의 연구에 대해 하버드대 척추동물 생체역학자 엔드루 비웨너는 "딴에 사는 새의 행동을 현실적으로 설명하고 진화의 중간과정에 있는 날개도 도움이 된다는 것을 보여 준 귀중한 연구"라고 평가했다. 로스앤젤레스 자연사박물관의 고생물학자 루이스 치애프는 "시조새도 빨리 달리기 위해 날개를 사용했을 가능성을 보여 준 것"이라고 말하고 "빨리 달리기가 날기를 배우는 데 중요한 단계라는 것을 보여 준 연구는 과거에도 있었으나 다이얼의 연구는 원시 단계의 새가 앞으로 기는 데 뿐만 아니라 퓨면에 몸을 밀착시키는 데에도 날개를 사용했음을 처음으로 입증했다"고 치하했다."「새의 날개 원래 기능은 '빨리 달리기'」(연합뉴스, 2003년 1월 17일)

떠올리는 어떤 아이에 의해 완전히 헝클어지며 대충 다른 문제로 넘어간다.

물론 호랑이도 쎄고, 독수리도 쎄며, 때로는 벌도 쎄다고 할 수 있다. 그런데 만일 이 세상에 다른 존재로 변신할 수 있는 생물이 있다면 그보다 더 쎈 놈은 없을 것이다. 무생물로도 변신할 수 있다면 더 바랄 나위가 없다. 사실 깃발이나 건물이 무슨 힘이 있겠는가? 그러나 어떤 극한 상황에서 그런 무생물로 변신할 수만 있다면 대체 누가 그를 당하겠는가? 만일 어떤 호랑이가 무시무시한 무기로 무장한 포수들과 마주쳤을 때 벌로 변신할 수만 있다면, 마귀에게 쫓기던 손오공이 깃발이나 건물로 변신할 수만 있다면 그는 오래도록 살아남아 많은 자손을 번식시킬 수 있을 것이다. 변신의 힘은 호랑이나 벌, 깃발이나 건물에 내재하는 것이 아니라 지금과 다른 것으로 바뀌는 것, 즉 변화 자체에 있는 것이다. 진화가 변신인 것도 이와 같다. 작은 변이들이 자연선택에 의해 특정한 방향으로 누적되면 어떤 일이든 일어날 수 있다. 단, 진화는 결코 회귀하지 못한다는 점에서 변신보다 못하고, 또 바로 그 점에서 변신을 훌쩍 초월한다.

곰이 고래가 되었다고?

1735년 『자연의 체계』를 내면서 린네는 "겉보기에는 엄청난 혼란이 있는 것 같지만 생물계는 최고의 질서를 갖고 있다"고 썼다. 하지만 그도 고래 앞에서는 허둥댈 수밖에 없었다. 그는 가까스로 이렇게 말했다. "고래는 물고기 생활을 하고 있지만 포유류의 구조를 갖고 있다." 고래는 육상 포유류처럼 심실과 심방으로 된 심장을 갖고 있으며, 온혈동물이고 폐가 있으며 새끼에게 젖을 먹이기 때문이다. 고래에게는 눈꺼풀이 있어 눈을 깜빡일 수도 있다. 하지만 사람들은 린네의 분류를 받아들이지 않았다. 다윈보다 10년 뒤에 태어나 갈라파고스 제도를 방문하기도 했던 동시대 작가 멜빌(Herman Melville). 그는 『백경』(Moby Dick)의 화자 이슈마엘의 입을 빌려 "고래가 물고기라는 옛날부터 전해 내려오는 생각을 믿는다"고 말함으로써 19세기인들의 상식을 대변했다. 고래는 오래전부터 신비감을 불러일으키는 동물이었다. 『성경』은 요나가 고래 뱃속에 갇혀 있었다고 했고, 멜빌은 모카 딕이라는 영물(靈物)에 매혹되어 『백경』을 썼다.[12] 다윈 또한 이 거대한 물고기를 그냥 지나치지 않았다. 고래라는 포유류가 어떻게 물속에서 살게 되었는지를 알고 싶었다.

    다윈은 포유류가 물속에 사는 이 희한한 수수께끼를, 그들이 땅 위에서 살던 포유류의 후손이라고 추론함으로써 풀고자 했다. 다리는 지느러미가 되었고, 꼬리는 양쪽으로 갈라진 꼬리지느러미가 되었으며, 코는 머리 위로 가서 붙었고, 덩치는 엄청나게 커졌다는 얘기다. 이런 SF소설보다 더 황당한 얘기를 펼치기 위해, 다윈은 먼저 자연에 번연히 존재하는 희한한 일들로 운을 떼었다.

---

12) 고래는 자기 동료들을 영리하고 집요하게 보호하는 등 대단히 영물스러운 면모를 가진 동물로 오래전부터 일컬어져 왔다. 멜빌이 살던 1830년대에도 고래잡이용 배들을 공격했던 모카 딕이라는 향유고래가 있었다. 그리고 이 모카 딕이라는 고래를 모델로 멜빌이 모비 딕을 창조하여 쓴 작품이 바로 『백경』이다. 이 작품에서 선장 에이허브는 별종 '모비 딕'에 매혹되어 결국 '고래되기'를 감행한다. 허먼 멜빌, 『백경』, 양병탁 옮김, 중앙미디어, 1995.

나는 남미에서 타이런트 플라이캐처(tyrant flycatcher)라는 새가 황조롱이처럼 이리저리 날기도 하고 또 때로는 물가에 가만히 앉아 있다가 물고기를 잡으려고 물총새처럼 돌진해 가는 것을 자주 보았다. 영국에서는 커다란 박새가 마치 나무발바리처럼 나뭇가지에 기어오르는 것을 보았는데, 이 새는 또한 때까치처럼 작은 새의 머리를 쳐서 죽이는 일이 많다. 게다가 나는 이 새가 나뭇가지 위에서 동고비처럼 주목(朱木)의 열매를 쪼아서 깨뜨리는 것을 보았으며, 그 소리를 들은 적도 몇 번이나 있다.(pp. 183~184)

자연에는 이런 이상한 일이 얼마나 많이 벌어지는가? 그러나 자연계에서 일어나는 모든 일은 자연스럽다. 다만 인간이 그동안의 경험에 비추어 볼 때 '부자연스러워 보일' 뿐이다. 자연계의 이런 실상에 독자의 주의를 환기하고 나서 다윈은 곰 얘기를 꺼낸다.

북미에서는 흑곰이 입을 크게 벌리고 몇 시간이나 헤엄치며 마치 고래처럼 수중곤충을 잡아먹는 것을 헌(Hearne)이 관찰했다고 한다. 굉장히 극단적인 얘기처럼 들리겠지만, 만일 곤충의 양이 일정하다면, 그리고 그 지역에 더욱 잘 적응된 경쟁자가 살고 있지 않다면, 자연선택에 의해 구조와 습성이 더 한층 수생생물의 구조와 습성으로 변하고 입이 더욱 커진 곰의 한 종족이 생겨나고, 그것이 마침내는 고래같이 기괴한 것으로 되지 말라는 법은 없다. **그것이 그리 어려운 일이겠는가?**(p. 184)

당연하게도 다윈의 황당한 고래 이야기는 별로 인기가 없었다. 어떤 신문은 "최근에 발간된 책에서 다윈은 넌센스에 불과한 '이론', 이를테면 곰이 일정 기간 동안 헤엄을 치면 고래가 된다는 식의 주장을 하고 있다"고 조롱했다. 다윈은 『종의 기원』을 낸 지 바로 1년 뒤에 나온 2판에서 이 부분을 서둘러 삭제했다.[13]

과연 다윈이 틀렸을까? 오늘날까지 이루어진 연구에 따르면 절반은 틀렸고 절반은 맞았다고 할 수 있다. 우선 다윈 이후 고래의 화석은 계속 발견되었지만 아무리 오래된 것도 오늘날의 고래와 근본적으로 다른 놈은 없었다. 그러나 『종의 기원』 출간 120주년이 되는 1979년, 마침내 '땅 위에서 살던 고래의 화석'이 발견되었다. 이 화석은 파키스탄에서 발견된 고래라는 뜻의 '파키케투스'(Pakicetus)로 명명되었는데, 이 포유류는 다른 어떤 척추동물도 갖고 있지 않은 방식의 귀뼈를 갖고 있었다. 파키케투스의 화석과 그 주변을 연구한 결과, 이 코요테 같은 동물은 키가 작은 관목과 아주 얕은 개울이 있는 육상에서 살았던 것으로 추정되었다. 그야말로 육지의 고래였던 셈이다.[14] 이리하여 현대의 학자들은 399쪽의 그림과 같은 계통도를 그렸다.

약 5,000만 년 전, 메조니키드(Mesonychid)라는 하이에나 비스무리한 짐승에서 고래의 진화가 시작되었다는 이야기는 설득력이 강하긴 하지만 여전히 가설 수준의 연구다. 게다가 다윈은 곰이 아니라 소나 하마를 생각했어야 옳았다. 그러나 육상생물이 수서생물로 얼마든지 변할 수 있다는 다윈의 통찰만큼은 날카로웠다. 완연한 육상생물부디 시

---

13) 칼 짐머, 『진화 ; 시간의 강을 건너온 생명들』, 이창희 옮김, 세종서적, 2004, 195~197쪽.
14) 같은 책, 197~198쪽.

작하여 반은 육상에서 살고 반은 물속에서 살던 동물로, 그리고 마침내 물속에서 살아가는 고래로 이어지는 기나긴 여정. 그리하여 곰, 아니 하마는 다시 물속으로 돌아왔다. 그리고 진화의 세계에서 한번 종의 경계를 넘어간 생물은 결코 원모습으로 돌아올 수 없다. 흰긴수염고래의 경우 150톤까지 자란다. 머리와 목은 더 짧아졌고 코는 뒤쪽으로 이동했다. 귀는 닫혔고 소리는 지방층을 통해 전해진다. 다리는 지느러미로 진화했고 등에는 조화를 이루는 여분의 뼈가 생겼다. 그리고 지느러미 같은 고래의 물갈퀴 속에는 손목과 손가락이 갖추어진 완벽한 손이 감추어져 있다. 현대 과학자들이 밝혀낸 이 사실을 다윈이 알았더라면 얼마나 기뻐했을까?

모든 생물이 현재 우리가 보는 모습대로 창조되었다고 믿는 사람은, 때때로 습성과 구조가 전혀 일치하지 않는 동물과 맞닥뜨렸을 때 놀라움을 느꼈을 것이다. 오리나 거위의 발에 붙은 물갈퀴는 누가 봐도 헤엄을 치기 위한 것임에 틀림없다. 그런데 고지대에 사는 거위는 물가에 가는 일이 거의 없는데도 발에 물갈퀴가 달려 있다. 또한 네 발가락에 모두 물갈퀴를 갖추고 있는 군함새[軍艦鳥]가 바다 위에 내려앉는 것을 본 사람은 오더번(Audubon)뿐이다. 반면 농병아리와 큰물닭은 발가락이 단지 막에 의해 테가 둘러져 있는 데 불과하지만 분명한 수생생물이다. 섭금류(涉禽類)의 막 없는 긴 발가락은 틀림없이 늪이나 떠다니는 식물 위를 걸어다니기 위한 것이다. 그러나 쇠물닭이나 뜸부기는 이 목에 속하면서도 거의 검둥오리만큼이나 수생이며, 또한 뜸부기는 거의 메추라기나 자고새만큼이나 육생이다. 고지대에 사는 거위의 물갈퀴

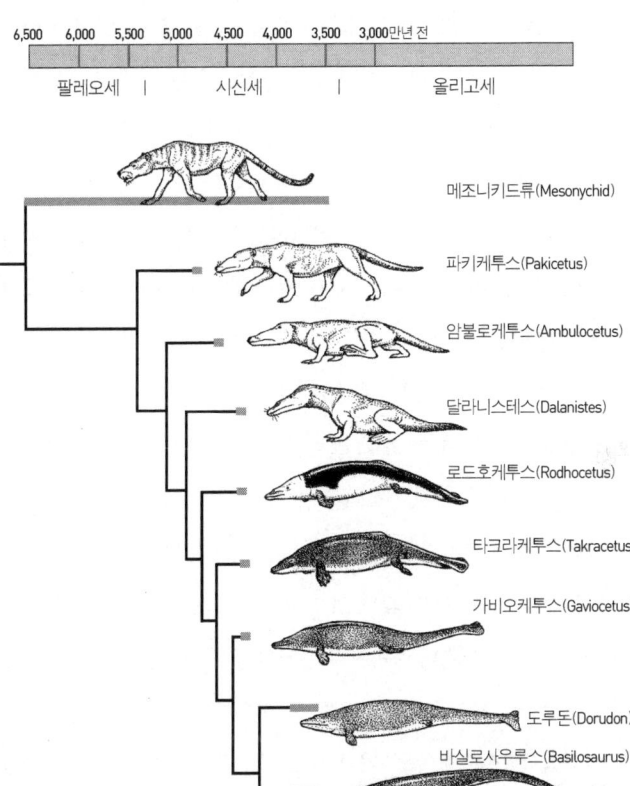

육상에서 수중으로
메조니키드로부터 현재의 고래에 이르는 계보도.

6장 _ 사실 진화론의 약점은······

발은, 구조는 그렇지 않다 해도 기능 면에서는 거의 발육부전 상태라고 볼 수 있다. 군함새의 발가락 사이에 깊이 패인 막은 그 구조가 변화하기 시작했음을 보여 주고 있다.

이러한 경우에 대해 각각의 생물이 모두 독립적으로 창조되었다고 믿는 사람들은, 어떤 생물을 이런 유형(type)에서 다른 유형으로 대치시키는 것이 창조자를 기쁘게 했다고 말할 것이다. 하지만 이것은 설명이 아니라 단지 사실을 그럴 듯한 말로 바꾸어 다시 말한 것에 불과하다. 그에 반해 생존투쟁과 자연선택의 원리를 믿는 사람은 다음 두 가지 사실을 인정할 것이다. 첫째, 모든 생물은 그 수를 증가시키려고 부단히 노력하고 있다. 둘째, 어떤 생물이든 습성과 구조가 조금이라도 변하여 같은 지역에 사는 다른 거주자보다 유리해진다면, 그 거주자의 장소가 자신의 장소와 매우 다르더라도 그 거주자의 장소를 차지해 버린다. 따라서 메마른 땅에 살거나 물속으로는 거의 들어가지 않으면서도 발에 물갈퀴가 달린 거위와 군함새가 있는가 하면, 습지가 아닌 초원에 살면서도 발가락이 긴 흰눈썹뜸부기가 있고, 나무가 자라지 않는 땅에 딱따구리가 있다든지, 잠수하는 막시류 곤충이나 바다쇠오리의 습성을 지닌 바다제비가 있더라도, 그는 전혀 놀라지 않을 것이다.(pp. 185~186)

절반의 눈이라고? 그런 걸 뭐에 써?

이제 눈 얘기로 옮겨가 보자. 도킨스는 『눈먼 시계공』에서 프랜시스 히칭의 『기린의 목: 다윈은 어디서부터 잘못 생각했나』의 한 대목을 인용했다. 조금 길지만 정리가 잘 되어 있어 한번 읽어 볼 가치가 있다.

눈이 제대로 기능하려면 최소한 **아래와 같은 조건이 완벽하게 갖추어져야 한다.** …… 눈은 청결해야 하고 적당한 수분이 있어야 한다. 이는 눈물을 분비하는 눈물샘과 감았다 떴다 할 수 있는 눈꺼풀의 상호작용으로 유지된다. 눈썹이 달린 눈꺼풀은 햇빛을 대충 거르는 필터의 역할도 한다. 그런 다음 빛은 눈의 바깥을 덮고 있으며 보호 기능을 하는 막(공막)에 있는 빛이 통과할 수 있는 작은 구역(각막)을 통과한 다음, 망막에 영상이 맺히게 하는 기능을 가진 수정체를 통과하게 된다. 망막에는 1억 3,000만 개의 간상세포(杆狀細胞)와 원추세포(圓錐細胞)가 있어서 빛을 전기적 신호로 바꾸는 반응을 한다. 이런 신호가 초당 약 10억 개씩 뇌로 전달되고 이에 따라 사람은 적절한 행동을 한다. 자, 이제 이런 일련의 과정 중, 어느 하나가 조금이라도 잘못되었다고 가정해 보자. …… **아마도 제대로 된 상이 만들어질 수 없음은** 명백할 것이다. 눈에 관한 한 전체가 완벽하게 조화를 이루어 제 기능을 발휘하든가 아니면 전혀 기능하지 못하든가 둘 중 하나다. 그러니 눈이 어떻게 다윈의 이론처럼 느리고 꾸준하며 무한한 개선과정을 통해 점진적으로 진화할 수 있었겠는가? 수천에 수천을 곱한 행운의 돌연변이가 동시에 일어나서 수정체와 망막이(둘 중 어느 하나만 없어도 제 기능을 하지 못하는데) 동시에 진화하는 일이 정말로 가능할까? **보는 능력이 없는 눈**이 개체가 생존하는 데 무슨 가치가 있을까?[15]

---

15) Francis Hitching, *The Neck of the Giraffe : Where Darwin Went Wrong*, New Haven, Conn · Ticknor and Fields, 1982. 리처드 도킨스, 『눈먼 시계공 : 진화론은 세계가 설계되지 않았음을 어떻게 밝혀내는가』, 이용철 옮김, 사이언스북스, 2004, 139~140쪽에서 재인용.

나는 이런 진화론 비판을 볼 때마다 어이가 없어지는데, 이건 과학적인 연구 이전에 얼른 생각해 봐도 금세 엉터리임이 드러나기 때문이다. 제대로 된 상이 만들어지지 않는다고 해서 눈이 무용할 리는 없지 않은가! 도킨스의 어떤 지인은 백내장 수술을 받았다. "그 사람의 눈에는 수정체가 없다. 안경이 없으면 그는 테니스를 즐길 수도, 사격을 할 수도 없어야 한다. 그러나 그는 눈이 아예 없는 것보다는 수정체 없는 눈이나마 있는 편이 훨씬 낫다고 확실하게 말했다. 수정체 없는 눈이라도 있으면 지금 자신이 벽을 향해 가고 있는지 사람을 향해 가고 있는지는 구별할 수가 있다."[16] 수정체 없는 눈을 가진 당사자가 야생동물이라면 어떨까? 그는 절벽 직전에 이르렀을 때 바로 그 불완전한 눈을 사용해 목숨을 구할 수도 있을 것이다. 수정체 없는 눈이라도, 모든 기능이 현저히 떨어진 5%의 눈이라도 생사의 갈림길에서 그를 구원할 수가 있다. 도킨스 말마따나 "완전히 눈 먼 것보다는 1%라도 보이는 쪽이 낫다. 5%보다는 6%가 낫고, 6%보다 7%가 낫다".[17]

마찬가지로 어처구니없는 내용이 '의태' 문제로 바뀌어 출현하기도 한다. 막대기를 닮은 대벌레나 나뭇잎과 흡사하게 생긴 곤충들은 그러한 위장 효과로 인해 포식자들에게 잡아먹히지 않을 수 있다. 나비들 중 많은 종류가 독이 있는 맛없는 나비를 흉내내어 목숨을 보전하기도 한다. 비판자들은 그렇게 정교하고 환상적인 의태가 어떻게 자연선택에 의해 진화될 수 있었겠느냐고 의기양양하게 질문한다. 초기에는 거

---

16) 도킨스, 『눈먼 시계공』, 141쪽.
17) 같은 책, 142쪽.

의 막대기나 나뭇잎을 닮지 않았을 터인데, 새나 원숭이나 사마귀들이 그렇게 조금밖에 닮지 않은 것 때문에 속을 리가 있겠느냐는 말이다. 내 참, 어처구니가 없어서. 이런 비판자들은 틀림없이 책상 위에서 생각을 굴리는 자들이다. 그들은 생물들이 구체적으로 어떻게 살아가는지, 자연의 상황이라는 게 구체적으로 어떤 것인지에 관심이 거의 없다. 오로지 밝은 형광등 밑에서 어떻게 하면 진화론을 곤경에 빠뜨릴 수 있을까에만 골몰한다. 여러분도 한번 기억을 떠올려 보시라. 실제 생물들이 어떤 자연환경 속에서 살고 있었는지?

실제로 포식자가 피식자를 발견하는 경우는 극히 다양할 것이다. 어두운 숲 속에서 멀리 떨어진 곤충 무리를 발견했을 때, 포식자의 눈에 곤충들의 모습이 어떻게 비칠지 생각해 보라. 막대기나 나뭇잎은커녕, 조금이라도 덜 반짝이는 곤충들은 살아남을 확률이 클 것이다. 이들은 막대기나 나뭇잎을 닮아서가 아니라 원래의 자기 모습에서 조금이라도 멀어졌다는 이유로 목숨을 건질 확률이 클 것이다. 또한 진화론 비판자들은 늘 눈을 완벽한 것으로 설정하는 습관이 있는데, 사실 포식자들이 모두 그렇게 좋은 눈만을 가질 리는 없지 않은가? 모든 생물이 얼마나 다양한지를 늘 잊지 말기로 "새끼 손가락 고리 걸어 꼭꼭 약속"하자. 아마도 새나 원숭이들은 형편없는 시각을 가지고 있고, 이들은 곤충이 갖고 있는 특징 중 한두 가지만을 제한적으로 파악할 것이다. 그럴 경우 막대기의 어떤 특징만을 조금이라도 닮은 곤충은 다른 모든 포식자에게는 잡아먹힐지라도 한 종류의 포식자로부터는 다른 곤충들보다 안전할 것이다. 이런 식의 과정이 수백만 년 동안 진행되면 그 결과는 어떨까? 몇 년이 아니라 수백만 년 동안 말이다. 아마도 그 과정에서 살아남은 곤충들은 점점 의태의 수준이 높아질 것이고, 또한 막대기의 좀더 많은 특징들이 부가될 것이다. 생물에게 가장 중요한 것은 다른 생물과의 관계라는 다윈의 말을 다시 한번 떠올리자. 포식자들 중에도 눈이 밝은 놈들이 점점 더 진화할 것이다(물론 코나 귀를 더 많이 활용하게 되는 놈들도 있으리라는 것은 두말하면 잔소리다). 이런 식의 상호적응이 수백만 년을 거친 후에는 마침내 도저히 믿기 어려운 의태가 만들어질 것이다 (이 과정이 지금도 계속되고 있으며 앞으로도 계속될 것임은 두말하면 또 잔소리다. 진화에 완성은 없다).

대부분의 독자들이라면 이 정도의 논증으로도 충분할 테지만, 다윈은 그보다 더 나아갔다(이보다 더? 다윈이 어디까지 나아갈지 상상이 되시는가!). 다윈은 진화론을 입증할 때 늘 두 가지를 잊지 않았다. 하나는 다양한 사실들로 충분히 입증해야 한다는 것이고, 또 다른 하나는 진화론 비판에 깔려 있는 전제를 해체해야 한다는 것이다. 첫번째에만 머문다면 사람들은 또 다른 이유, 또 다른 이유를 대면서 계속 진실을 외면하는 속성이 있기 때문이다(21세기에도 여전히 그러한 것처럼). 바로 이 두번째까지 고민하였기 때문에, 다윈은 단순한 과학자를 넘어서 인간의 사고를 혁신한 사상가가 될 수 있었던 것이다. 이제 도킨스의 얘기는 이쯤 듣고, 그 옛날에 다윈은 뭐라고 말하였는지 직접 들어 볼 시간이 되었다.

거리에 따라 초점을 조절하고, 어떤 양의 빛이 들어와도 다 받아들이며, 구면수차(球面收差)와 색수차(色收差)를 보정하는 등 감히 흉내조차 낼 수 없는 장치를 모두 갖추고 있는 눈이 자연선택에 의해 형성되었다고

상상하는 것은, 솔직히 고백하는 바이지만 극히 불합리한 이야기일 것이다.(p. 186)

어? 이거 진화론 비판자들이 오늘날에 주장하는 거랑 똑같잖아! 다윈 얘기는 자신이 봐도 눈이 자연선택에 의해 진화되었다는 주장은 참으로 불합리해 보인다는 것이다.

그러나 태양은 정지해 있고 지구가 그 주위를 돈다는 학설이 맨 처음 나왔을 때 인류의 상식은 그 학설을 허위라고 선언했다.(3판 p. 205)

다윈은 여기서 기독교의 창조론이 아니라 '상식'을 문제 삼고 있다. 그는 지구를 중심으로 바라보는 생각이 기독교의 주장 이전에 인류의 상식이고 과학이었다는 사실을 잘 알고 있었기 때문이다. 흔한 통념과는 달리, 기독교의 창조론은 사람들의 오랜 상식과 과학을 교리화한 것이다. 과학과 종교가 대립한다느니, 과학은 사실의 체계고 종교는 가치나 믿음의 체계라고 하는 상식은 근대 과학이 출현한 이후 그것도 서구 사회에나 끼워맞춰 볼 수 있는 얘기다. 즉, 대부분의 인류 역사에는 전혀 해당 사항이 없는 얘기다. 이 책의 「머리말」에서도 말했듯이 지구 중심적 천체관은 오랫동안 서구인들의 상식이요 과학이었다. 일상적인 경험, 과학적 근거, 실제 계측 능 거의 선 분야에서 태양 중심 모델보다 우월했다. 심지어 갈릴레이의 혁명 이후에도 근소한 차이로 열세를 보였을 뿐이었다(기억 나지 않는 분은 잠시 「머리말」로 돌아가시길). 창조론의 잘못은 근대 이후 상식과 과학이 크게 변하고 발전했는데도 여전히 과거의 상식과 과학을 고집한다는 데 있다. 이것을 과학과 종교의 본래적인 차이인 양 여기는 것은 '근대적인 너무나 근대적인' 편견이요, '서구 중심적인 너무나 서구 중심적인' 편견이다.[18]

상식은 인류의 오랜 지혜이지만 결코 절대적인 진리는 아니다. 그것은 여러 가지 사실을 이해하게도 해주지만, 새로운 발견을 가로막는 역할도 종종 저질러 왔다. 바로 이때 필요한 것이 이성이다. 그러나 다윈은 미묘하게도 이성을 절대시하지는 않았다. 그는 인간의 이성을 상상력과 한데 묶어 사유하였다. 그는 인간의 오류가 어떤 때는 이성 때문에, 또 어떤 때는 상상력 때문에 발생한다고 보았다. 이성이 문제일 때 다윈은 우리의 이성에 반하는 사태가 자연계에 얼마나 풍성한지를 보여 주었다. 한편 상상력이 문제의 원인일 때(바로 지금의 경우)는 강인한 지성의 힘으로 사람들을 상상력으로부터 해방시키려 했다. 상상력을 아무리 동원해도 눈 같은 복잡하고 정교한 기관이 어떻게 진화를 통해서 완성될 수 있는지 도저히 '공감'할 수가 없다는 점을 다윈은 충분히 수긍하고 있었다. 그리하여 이 대목에서 다윈은 바늘로 찔러도 피 한 방울 안 나올 정도로 최대한의 지성을 발휘하자고 호소하였다. 이성을 절대시하는 것도 편견이지만, 상상력의 해방적 측면만을 보는 것도 마찬가지로 편견이다. 이성이든 상상력이든, 자연과 마주했을 때 조우하

---

18) 말이 나온 김에, 갈릴레오 재판에 대해 한 마디 덧붙이기로 하자. 이 사건과 관련하여 기독교도들(물론 가톨릭과 개신교의 신자들 모두 포함)은 자기들이 사회적으로 혹은 과학적으로 무엇을 잘못했는지에 대해서는 종종 생각을 한다. 그러나 정작 자신들이 믿는 하나님에게 저지른 죄는 깊이 성찰하지 못하고 있다. 갈릴레오를 심판한 자들의 죄는 자기들을 하나님인 양 착각한 데 있다. 교회고 신부고 교황이고 할 것 없이, 이 세상 어떤 것도 진리를 독점할 수 없으며, 하나님을 대신해 (역시나 하나님의 자녀인) 다른 사람을 감히 심판할 수 없다. 그렇게 믿는 순간 자신이나 교회, 혹은 신부는 신이 된다. 그것이 바로 가장 큰 죄인 오만이요, 우상화다.

는 놀라운 사태를 축소시켜서는 안 된다, 결코!

이성은 내게 말한다. 만일 단순하고 불완전한 눈으로부터 복잡하고 완전한 눈에 이르기까지의 수많은 점진적인 단계가 존재했으며 그 각 단계가 모두 눈의 소유자들에게 유익하다는 것을 보여 줄 수 있다면, 더 나아가 만약 그 눈이 매우 조금씩이라도 계속 변이하며 또 그 변이가 유전된다면 어떨까? 만일 사실이 그렇다고 한다면 완전하고 복잡한 눈이 자연선택에 의해 만들어졌다고 믿는 데 있어서의 난점은 설령 우리의 상상으로는 극복하기 어려울지라도 이 학설을 전복하는 것으로는 생각되지 않는다.(pp. 186~187)

다윈은 이 많은 전제조건들을 이론적으로나 실증적으로 모두 충족시키겠다고 한다. 과연 다윈은 성공할 수 있을까? 물론이다! 그러니까 다윈이고, 그러니까 창조론을 전복할 수 있었던 것이다. 우선,

'신경이 어떻게 빛에 민감해지기 시작했는가'는 '생명 그 자체가 맨 처음 어떻게 비롯되었는가' 하는 것보다 우리에게 더 당면한 문제는 아니다.(p. 187)

하긴 그렇다. 지금 우리의 문제는 서의 눈 같지도 않은 단순한 무엇에서부터 어떻게 복잡하고 완전한 눈이 생겨날 수 있었겠느냐는 것이기 때문이다. 바로 이 당면한 문제로 들어가 다윈이 출발하는 대목은 언제 읽어도 눈부시다.

몇 가지 사실로 보아 어떤 민감한 신경이 빛을 느끼게 되고, 또 마찬가지로 어떤 민감한 신경이 (소리를 생겨나게 하는) 비교적 거친 공기의 진동을 느끼게 되었다고 추측하는 것 정도는 문제없을 것이다.(p. 187)

다윈이 4판에서 추가했듯이 "신경이라고는 찾아볼 길 없는 어떤 최하등 유기체가 빛을 느낄 수 있다는 사실"(4판 p. 215)이 당시에 이미 알려져 있었다. 이것은 생물만의 얘기가 아니다. 나는 이 대목을 볼 때마다 빛이 어루만져 주면 그 빛을 감수(感受)하여 따뜻해지는 검은 판자때기를 떠올린다. 뜨거운 커피의 체온을 감수하여 내 손에 전달해 주는 컵과 함께. 또 방구석에 처박혀 있는지조차 몰랐던 기타가 우연히 내 목소리를 듣고 부르르 떨며 자신의 존재를 표현했던 것도 기억하고 있다. 겨우 여섯 줄밖에 안 되지만 어떤 종류든 진동수가 맞는 소리만 들리면 언제든 '지~잉' 하며 소리를 내던, 지금은 없어져 버린 클래식 기타. 이처럼 무생물들도 자신의 고유한 기준에 따라 어떤 건 받아들이고 어떤 건 튕겨 낸다. 빛이든, 열이든, 소리든.

다윈이 이 대목을 맨 처음에 놓은 것은 본다는 것에 관한 신비주의를 깨기 위해서였다. 우리는 눈이라고 하면 곧장 고도로 복잡하고 완성된 기관이나 실제를 쏙 빼닮은 영상을 떠올리게 된다. 다윈은 바로 그런 연상 작용이 눈 문제를 해결하는 데 가장 큰 장벽으로 작용한다고 보았다. 그러나 다윈이 침착하게 보여 주었듯, 사실 눈이란 따지고 보면 결국 빛에 민감한 기관이다. 귀가 공기 중의 진동에 민감한 것이 설명 불가능한 신비가 아닌 것처럼 눈이 빛에 민감한 것 또한 매우 자연스러운 일이다. 이런 도입부를 통해 다윈은 눈이라는 감각기관의 신비주의를 해체하고 동시에 시각의 특권을 박탈했다. 그러니 우리는 여기서 자석의 자기장을 느끼는 철가루들을 연상해도 좋다. 눈에 보이지는 않지만 책받침이라는 장벽마저 뚫고 전해지는 자석의 끌어당기는 힘과, 그 힘에 흔쾌히 화답해 들러붙는 철가루들. 윤곽이 불분명한 냄새에 멍멍이들의 코가 얼마나 민감하게 반응하는지를 떠올려도 좋겠다. 아무튼 우리의 감각기관이 뭔가에 민감하다는 것은 놀랍긴 하지만, 불가능한 일은 전혀 아니다. 오히려 어디서나 경험할 수 있는 일상이다. 그렇지 않은가! 이런 식으로 독자의 공감을 확보한 다윈은 이제, 빛에 민감한 원시적인 신경에서부터 고도로 완성된 눈까지의 단계를 보여 주려 한다.

어떤 종에 있어서 한 기관이 완성되어 온 점차적 변화를 추적하려면 그 직계 조상만을 살펴보아야 하지만, 이것은 현실적으로 거의 불가능한 일이다. 따라서 우리는 같은 집단의 다른 종과 속을 살펴봄으로써 어떤 점진적인 단계들이 가능한지 알아내는 수밖에 없다. 서로 다른 강(綱)에 속하는 각종 생물의 기관이, 그것이 완성되어 온 단계들에 우연히 빛을 던져 줄 수도 있으니까 말이다. 어떤 큰 강에서 눈이 완성되어 온 초기 단계를 발견하려면 아마도 이미 알려진 최하부의 화석층보다 더 아래층까지 내려가 봐야 할 것이다.(p. 187)

이 인용문은 다윈이 문제의 해설만이 아니라, 우선 문제를 설정하는 데 있어서 얼마나 천재적인 사람인지를 잘 보여 준다. 우리는 현재 인간을 비롯한 척추동물의 눈이 실제로 어떻게 진화해 왔는지를 실증할 수는 없다. 화석상의 자료를 제시할 수도 없고, 현존하는 척추동물들은 이미 고도로 진화된 눈을 보유하고 있기 때문이다. 즉, 과거에서는 증거를 찾기 힘들고 현재에서는 아예 불가능하다. 그렇다면 이 문제를 과학적으로 다룰 수 있는 방법은 없는가? 다윈은 어려운 문제를 만날 때마다 관념적이고 사변적인 데로 빠지는 대신, 언제나 현재 생물들의 다양성과 차이에 주목하였다. 이 경우에는 현존하는 무척추동물의 시각기관이 얼마나 다양한가에 눈길을 돌렸다. 이들에 대한 비교 작업을 통해 진화해 온 역사를 추리하려고 한 것이다. 공시적 생물들을 통해 통시적 역사를 추리하기! 현재 자연계에 가장 단순하고 원시적인 시각기관부터 극도로 복잡하고 정교한 시각기관까지 모두 현존한다면, 또한 그런 시각기관들이 모두 각 생물에게 유용하다면, 아무리 복잡하고 정교한 눈이라도 점진적인 단계를 거쳐 진화해 올 수 없다고는 감히 주장하지 못할 것 아니겠는가!

눈이라고 일컬어지는 것 중 가장 단순한 기관은 한 개의 시신경으로 이루어져 있다. 이 시신경은 색소세포로 둘러싸여 있고 반투명 피부로 덮여 있으며 **수정체는 가지고 있지 않다**. 그러나 더 하등한 생물로 내려가면, 신경이 전혀 없는 색소 세포의 집합체를 볼 수 있다. 이런 특성을 지닌 눈은 확실한 시력을 가질 수는 없고 **다만 명암을 구별하는 데만 쓰일 따름**이다. 어떤 불가사리는 신경을 둘러싸고 있는 색소층에 작은 홈들이 있고 여기에 투명한 젤라틴성 물질이 가득 채워져 있는데, 이 부분은 마치 고등동물의 각막처럼 볼록하게 튀어나와 있다. 이것은 **영상을 형성하지는 않고, 단순히 광선을 한데 모아 물체를 훨씬 쉽게 감지할 수 있게 해줄 뿐**이다. 이러한 집광(集光)에서 우리는 영상을 만드는 진짜 눈의 형성으로 나아가는 가장 중요한 단계를 찾아낼 수 있다. 즉 시신경의 **노출된 끝을 집광 장치에서부터 알맞게 떨어진 거리에 갖다 두기만 하면** 그 위에 하나의 영상이 형성될 것이기 때문이다.(6판 p. 144)[19]

다윈은 진화론 비판자들이 불가능하다고 떠들어대는 '불완전한 눈'들이 실제 자연계에는 지천으로 깔려 있다는 사실을 보여 주며 논증을 시작한다. 바로 이 불완전한 것들에서 출발해 다윈이 어떻게 눈이라는 기관에까지 이르는지 직접 감상해 보시라. 읽다 보면 여러분은 『종의 기원』이 150년이나 묵은 과학책이란 사실을 간혹 잊게 될 것이다.

절지동물의 큰 강(綱)의 경우, 우리는 단지 색소로만 뒤덮여 있는 시신경에서부터 출발한다. 그런데 이 시신경은 이따금 일종의 눈동자를 형성하는데 수정체는 가지고 있지 않다. 곤충에서는 겹눈의 각막 위에 있는 수많은 자잘한 면들이 진짜 수정체를 형성하며, 원추체(圓錐體)들에는 변화된 신경섬유가 들어 있다. 절지동물에는 이런 기관들이 매우 다양하게 존재한다.(6판 pp. 144~145)

하등동물의 눈의 구조에서 그 단계들이 얼마나 폭넓고 다양하고 점진적인지, 그리고 현존하는 모든 생물의 수가 절멸된 생물의 수에 비해

---

[19] 눈에 관한 대목은 『종의 기원』의 이후 판본에서 수많은 수정과 보완이 이루어진다. 이후 제기된 비판과 새로 발견된 사실들을 계속해서 반영하였기 때문이다. 이 과정은 꽤나 복잡하기 때문에 이 책에서는 편의상 6판을 중심으로 기술하기로 하겠다. 번역은 『종의 기원』의 발췌 번역본인 찰스 다윈, 리처드 리키 엮음, 『종의 기원』, 박영목·김영수 옮김, 한길사, 1994를 수토 따른다.

얼마나 적은지를 명심한다면, 여러분은 어렵지 않게 다음의 사실을 믿을 수 있을 것이다. 즉, 색소로 뒤덮이고 투명한 막으로 둘러싸여 있는 시신경의 단순한 장치가 자연선택에 의해 (절지동물에 속하는 동물이라면 어느 것이든 다 가지고 있는) 완전한 시각기관으로 변했으리라는 사실을.(6판 p. 145)

눈을 변화시키고, 또 그 눈을 완전한 기관으로 보존하기 위해서는 **많은 변화가 한꺼번에 일어나야 하리라는 이유를 내세워 반대하는 주장이 있다.** 그러나 내가 가축의 변이에 대해 보인 바와 마찬가지로 그 변화들이 아주 미미하고 점진적이라면 그 모든 변화가 동시에 일어났다고 가정할 필요는 없다. 또한 여러 가지 다른 변화들이 동일한 일반적인 목적에 쓰일 수도 있는 것이다. 월리스는 이렇게 말했다. "수정체의 초점이 너무 짧거나 너무 길면, 그것은 곡도(曲度)나 밀도의 변경을 통하여 수정될 수 있다. 그런데 곡도가 불규칙하여 광선이 한 점으로 모이지 않는다면, 그때는 곡도의 규칙성 증가가 하나의 개량책이 된다. 따라서 눈조리개의 수축과 눈의 근육 운동은 시각 작용에 필수적인 것이 아니며, 다만 이 기관이 형성되어 가는 단계의 어느 시점에서 추가되고 완성될 수 있었던 개량에 지나지 않는다."(p. 145)

동물계에서 가장 고등한 척추동물문(門)의 경우는, 투명한 피부의 작은 주머니로 이루어져 있는 활유어(蛞蝓魚)의 눈에서부터 시작할 수 있다. 그것은 너무 단순해서 신경과 색소의 줄은 있지만 그밖의 다른 장치는 없다. 한편 어류와 파충류에서는 …… 점진적인 단계들의 범위가 매우 넓다. 사람의 경우에도 아름다운 수정체는 태아일 때 주머니 모양으로 접혀진 피부 속에 들어 있는 표피 세포가 쌓이고 쌓여서 형성되며, 그 유리체가 태아의 피하 조직으로부터 형성된다는 사실은 매우 의미심장하다. 그러나 놀랄 만한 것이긴 하지만 절대적으로 완전하다고는 할 수 없는 눈이라는 것이 과연 어떻게 형성되었는지, 이에 관해 올바른 결론에 도달하려면 **이론이 상상을 정복하는 것이 절대로 필요하다**.(pp. 145~146)

눈과 망원경을 비교하는 것은 거의 불가피한 일이다. 우리는 이러한 기계가 인간의 고도의 지혜가 오랫동안 계속하여 노력함으로써 완성시킨 것임을 알고 있다. 그래서 자연스레 우리의 눈도 이와 비슷한 과정에 의해 형성된 것이 아닐까 추론하게 되는 것이다. 그러나 이 추론은 좀 지나친 것이 아닐까? **창조자가 인간과 똑같은 지력을 가지고 일한다고 가정하는 것은 주제넘은 짓이 아닐까?** 만약 우리의 눈을 하나의 광학 기계와 비교해야만 한다면, 우리는 공간이 액체로 채워지고 그 밑에 빛을 느끼는 신경을 가진 투명한 조직의 두꺼운 층을 가정하고, 그러고 나서 이 층의 모든 부분이 그 밀도에 있어서 지속적으로 서서히 변화해 가면서 …… 하다고 상상하지 않으면 안 된다.[20] 이와 같은 과정을 몇백만 년 동안,

20) 나는 『종의 기원』을 인용할 때 여러 가지 변경을 하긴 했지만 최대한 다윈이 말한 것을 살리려고 노력했다. 그러나 이 대목은 나로서도 어쩔 수 없었다. 다윈은 '……' 부분에 그야말로 엄청나게 많은 내용을 집어넣었다. 그 구절들을 모두 살렸다면 아마 독자 여러분은 눈이 핑핑 돌다가 오심, 구토, 호흡곤란 등 다양한 증세를 경험한 다음, 결국 실신했을지도 모른다. 독자 여러분의 건강과 장수만세(!)를 위하여 생략했음을 밝혀 둔다. 관심 있는 분들은 『종의 기원』을 직접 참조해 주시기 바란다. ^^;

그리고 매년 많은 종류의 몇백만의 개체들에게 진행시켜 보라. 우리는 창조자의 작업이 우리 인간의 작업보다 더 뛰어나다고, 유리로 만들어진 것보다 살아 있는 광학 기계가 더 우수하다고 믿어서는 안 되는 것일까?(p. 146)

여기서 다윈이 창조자를 언급한 것은 참으로 절묘하다. 언뜻 보면 기독교 유일신을 말하는 것 같지만, 실은 자연 혹은 광의의 자연선택 원리를 가리키고 있다. 통상적으로 기독교인들이 말하는 신의 능력이나 특성은 무엇이던가? 그저 인간의 능력이나 특성을 최대한 증대시켜 구성한 것 아니던가? 다윈에 따르면 그건 인간의 주제넘은 짓이다. 왜 창조자가 인간과 같은 종류의 지력을 가지고 일해야 하는가? 4장에서 다윈이 인간과 자연을 대비시켰던 대목을 기억하시는가? 인간은 유한하지만 자연은 얼마나 장구한가? 또 인간은 자신의 용도와 애완을 위해서만 선택하지만 자연은 오직 자신이 돌보는 생물들의 선(善)을 위해서, 그 선에 의해서만 작동한다. 세상 만물들은 바로 이런 자연과정 속에서 창조되었다. 따라서 창조자는 자연 그 자체 혹은 광의의 자연선택이다. 다윈은 사람들이 신이라 부르는 게 실은 자연 자체이며, 나아가 자연이 우리가 상상한 신보다 더 풍요롭고 위대하다고 말하고 있는 것이다.

이거 설계한 놈이 대체 누구야?

현대 과학자들에 따르면 **인간을 포함한 포유류의 눈은** 설계되었다고는 도저히 믿을 수 없는 구조를 하고 있다. 눈 속으로 들어온 빛이 곧장 빛 감지 세포에 닿지 못하고 젤리 모양의 투명한 액체 부분을 통과하게 되어 있는 것이다. 여러 층의 뉴런과 모세관을 거치면서 빛은 매우 약화될 수밖에 없다. 또한 구조상의 문제로 인해 아예 보이지 않는 지점(소위 '맹점')까지 생겼다. 우리가 이러한 문제점들을 잘 느끼지 못하는 것은 그런 문제점들을 보상하기 위해 우리도 모르게 눈이 조금도 쉬지 않고 움직여 대며 영상 주변의 음영 변화를 포착하기 때문이다. 플라톤은 인간이 참된 진실(이데아)을 직접 보지 못하고 동굴에 비친 그림자를 통해서 간접적으로만 볼 수 있다고 했는데, 인간의 눈의 구조에 관한 한 그는 참으로 옳았던 셈이다.

 그에 비하면 **연체동물인 오징어의 눈은 '제대로' '설계'되었다**고 할 수 있다. 오징어의 눈은 빛이 오징어의 눈으로 들어와 곧장 시신경 끝의 광(光)감지 부분에 닿는다. 이렇게 감지된 신호는 신경 말단으로부터 뇌로 직접 전달되며, 중간에 이런저런 뉴런의 층을 거칠 필요가 없다. 이런 의미에서라면 오징어는 인간과 달리 이데아의 세계에 살고 있다고 할 수 있다. 한편 우리도 잘 알다시피 **곤충의 겹눈**은 이 둘과도 또 매우 다르다. 어떤 갑각류는 곤충과 같은 겹눈을 가지고 있기도 하다. 인간과 같은 종류의 카메라눈을 가진 연체동물도 있다. 이렇듯 대자연은 수많은 종류의 눈을 가지고 있다. 마이클 랜드에 따르면 **눈이 영상을 만드는 데 사용되는 원리는 아홉 가지가 있으며, 그 대부분이 여러 차례 독립적으로 진화했다고 한다.**[21] 한편 "비교해부학자들은 눈이 동물 계통에서 40번 이상 제각기 독립적으로 진화했을 뿐만 아니라 오늘날에도 표피 위에 존

---

21) 이 단락의 내용은 한길사판 『종의 기원』(171쪽)과 도킨스의 『눈먼 시계공』(150쪽), 그리고 짐머의 『진화』(187~188쪽)의 관련 대목을 적절히 종합한 것이다.

재하는 감광성(感光性, photosensitive) 점에서부터 모든 부속기관을 갖춘 완벽한 눈에 이르기까지 다양한 단계의 감광성 기관이 존재한다는 사실을 보여 주었다".[22]

눈이 영상을 만드는 원리는 밝혀진 것만 최소 아홉 가지다. 더욱 놀라운 것은 이들이 대개 상호독립적으로 진화한 것이라는 사실이다. 그러므로 눈은 아주 다양한 경로를 거쳐 다양한 종류로 만들어질 수 있는 것이다. 사람의 눈을 기준으로 하면 다른 눈들은 이곳저곳 잘못된 것이겠지만, 어쨌든 빛에 민감하게 반응하고 있음에 틀림없다. 게다가 사람의 눈은 고도로 정교하지도 완전하지도 않다. 불완전한 정도가 아니라 아예 거꾸로 된 구조여서, 오징어보다도 한참 떨어지는 수준이다. 만일 이런 눈이 누군가 설계한 것이고 그 설계자가 어느 정도라도 지성과 능력이 있는 존재였다면, 우리 인간의 눈이 이 지경까지는 되지 않았을 것이다. 그러나 진화란 본디 주어진 조건에서 조금씩 개량을 해나가는 것이기 때문에 자연계에서 이런 일이 발생한 것은 극히 자연스럽다.

나는 지금까지 여러 가지 얘기를 했지만, 어찌 보면 이건 복잡하게 생각할 필요도 없는 문제다. 눈이 완전한 게 아니라는 것은 여러분이 쓰고 있는 안경이나 렌즈가 이미 증명하고 있지 않은가? 눈 수술 받는 사람들은 또 얼마나 많은가? 아니 말 그대로 스치기만 해도 상하는 게 눈 아닌가! 그런데도 완벽하고도 정교하다는 상찬을 누려도 되는 것일까?

이제 다윈에서 좀더 나아가 현대 과학이 밝혀낸 눈의 신비를 생각해 보자. 연구 결과에 따르면 눈은 불완전하게든 완전하게든 바깥 대상

---

22) 마이어, 『진화란 무엇인가』, 310쪽.

을 그대로 비춰 주지 않는다. 이는 오관(五官) 모두에 해당되는데, 시각, 청각 등 오관을 통해 들어온 정보가 뇌로 갈 때를 보면 이 점이 분명해진다. 우리의 일상적인 경험에 따르면 시각과 청각은 매우 다르다. 그런데 놀랍게도 이 차이는 대상이 갖고 있는 빛과 소리의 물리적 차이에서 직접 비롯되는 것이 아니다. 오관을 통해 들어온 정보는 뉴런을 거칠 때 모두 전기 자극으로 변형되며 이 자극은 신경전달 물질이라는 화학물질로 이어지고, 또 다음 뉴런에서 전기 자극으로 번역되고 이어서 화학물질로 바뀐다. 이 과정은 수많은 뉴런을 거치면서 계속 반복된다. 따라서 신경 자극의 물리적 양상만 보면 그게 빛에 관한 정보를 운반하는지, 소리나 냄새에 관한 정보를 운반하는지를 분간하기는 불가능하다. 그렇다면 우리가 시각 정보, 후각 정보, 청각 정보 등의 다양한 정보들을 느끼는 이유는 뭘까? 그것은 뇌가 내부 모형(internal model)을 사용할 때, 보이는 세계와 들리는 세계와 냄새나는 세계에 각각 다른 종류의 모형을 사용하기 때문이다. 결국 시각과 청각이 다른 것은 우리가 시각 정보를 청각 정보와는 다른 방식으로 내부에서 사용하고 있기 때문이다.[23]

    다시 처음의 물음으로 돌아가 보자. 보는 기관의 진화가 기적 같은 일이라 점진적인 변이의 누적으로는 도저히 생겨날 수 없다고 했던가? 우리가 보았듯이 그런 기적은 자연스럽게 일어났으며 너무나도 많이 일어났다. 게다가 가장 완벽에 가까운 눈이라도 세계를 완벽하게 반영할 수는 없다. 뇌도 마찬가지지만 생물의 오관은 기본적으로 세계를 최

---

23) 도킨스, 『눈먼 시계공』, 70~71쪽.

대한 그대로 비추기 위한 기관이 아니기 때문이다. 뇌나 감각기관은 생물이 살아가기 위해 주변 여건을 자기 식으로 인지하려는 운동기관임을 잊지 말아야 한다. 자연은 우리가 상상치 못했던 일들이 무수하게 일어날 수 있고 또 실제로 무수히 발생해 온 풍요로운 세계다. 눈은 그런 자연의 신비 중 하나다. 그러나 자연 바깥에서 이식된 신비는 아니다.

다윈의 방법 : 이행

지금까지 살펴본 날개와 눈 얘기를 정리해 보면, 다윈이 과학하는 방식이 잘 드러난다.

   비판자들은 날개나 눈처럼 정교하고 완벽해 보이는 기관이 과연 자연스러운 방법으로 생겨날 수 있었겠느냐고 비판했다. 이 문제를 직접 해결하는 가장 확실한 방법은, 아득한 옛날로 돌아가 그때부터 지금까지 날개나 눈이 실제로 진화해 왔는지, 아니면 그런 것은 처음에 창조되었고 그것이 지금까지 그대로 이어져 온 것인지를 확인해 보는 것이다. 물론 이것은 전혀 불가능한 일이다. 실험과 완전한 입증이 대부분 불가능하다는 진화론 특유의 난점이 가로막고 있는 것이다. 다윈의 위대한 점은 바로 이런 성격의 문제를 과학적으로 사고하는 방법을 마련했다는 점이다.

   우선 그는 비판자들이 비행능력이나 시각 기능을 절대적 신비로 믿는다는 데 문제가 있다는 걸 알아차렸다. 그래서 다양한 비행 형태가 존재하고 비행을 위한 다양한 구조가 있다는 점을 들었고, 또 빛에 민감한 것을 소리에 민감한 것과 연결시킴으로써 그것이 자연스러운 현상임을 보여 주었다. 그러자 날개의 문제는, 단순한 비행에서 복잡한 비행에 이르는 점진적 단계를 확인할 수 있는지로 바뀌었고, 눈의 문제는 빛에 민감한 신경에서 고도로 완성된 눈에 이르는 점진적 단계를 확인할 수 있는지로 바뀌었다. 물론 이러한 확인 또한 쉬운 일은 아니었다. 그는 이 경우에도 역사적인 증거에 매달리기보다는 현생생물들의 다양한 차이 속에서 점진적인 단계를 유추하는 방식으로 전환함으로써 성공적으로 과제를 풀어냈다. 다윈도 말했지만, 현생생물의 점진적인 차이가 곧 눈이 실제로 진화해 온 과정은 아니다. 하지만 다윈은 그런 이행이 가능하며 그 방식이나 과정이 매우 다양할 수 있음을 보여 주었다. 우리는 지금도 자연계에서 다양한 종류의 비행 및 시각 기관을 볼 수 있지 않은가! 이렇게 침착하고도 치밀한 단계를 밟음으로써 마침내 다윈은 비판자들이 절대적 신비라고 주장한 것을 자연계 내의 신비로 전환시켰다. 사변에 의존하지도 않고 실증적 증거에만 매달리지도 않는 다윈의 방법, 이것이 진화론을 과학으로 승화시켰던 것이다.

하찮아 보이는 기관들

지금까지는 주로 너무나 완벽하고 정교해 보이는 기관들을 주로 살펴보았다. 그런데 자연계에는 그런 기관들만 있는 게 아니다. 창조론자들은 흔히 생물들의 구조나 습성이 얼마나 완벽한지를 들어 설계자의 존재를 증명하는데, 그런 걸 너무 강조하다 보니 대단히 하찮고 불완전해 보이는 현상에 대해선 갑자기 말문이 턱! 막히게 된다. 그러나 다윈은 이 세계 모든 현상이 자연적 진화과정의 산물이라고 보기 때문에, 하찮고 불완전한 현상은 자연스럽게 발생한다. 창조론에서는 난제인 것이 다윈의 진화론에서는 문제도 아닌 것이다. 요컨대 다윈의 진화론은 완벽에 가까운 현상은 물론, 하찮고 지극히 불완전한 현상까지 모두 하나의 원리하에 설명할 수 있다. 세상 모든 생물들은 라마르크나 창조론자들의 주장과 달리 완벽해지기 위해 살아가는 존재가 아니다. 극도로 완벽한 구조나 극도로 불완전하고 하찮은 구조는 모두 진화과정에서 산출되는 자연스러운 결과다. 그럼 하찮은 기관에 대해 조금 얘기해 보자.

기린의 꼬리가 파리를 쫓는다는 하찮은 목적을 위해 점진적인 변화에 의해 차츰 개량되어 현재의 목적에 이르렀다는 사실이 처음에는 나도 도저히 믿기지 않았다. 그러나 이 경우에도 너무 섣불리 단정해선 안 된다. 남미에서는 소나 그 밖의 동물의 분포와 존속이 곤충의 공격에 대한 저항력에 절대적으로 의존하고 있음을 우리는 알고 있기 때문이다. …… 커다란 네발짐승이 파리에게 죽음을 당하는 일은 거의 없지만, 끊임없이 귀찮게 매달려 대는 통에 체력이 약해져서 쉽게 병에 걸리고 먹이를 잘 구할 수 없거나 맹수로부터 잘 도망칠 수 없게 되는 일도 있기 때문이다.(p. 195)

나는 대체로 모기약을 안 뿌리고 살기 때문에 여름철만 되면 이 대목에 절실하게 공감한다. 모기 두세 마리 때문에 단잠을 설치면 얼마나 신경질이 나고 그 다음날 어찌나 피곤한지! 모기장을 치고 자면 또 얼마나 덥고 바람이 안 통해 갑갑한지! 행여나 모기가 들어올세라 모기장 출입할 때마다 무릎 꿇고 드나드는 인간의 모습이라니! '만물의 영장'

이라는 인간이 밤마다 모기 두세 마리 때문에 몇 개월 동안 체력이 약해지고 다음날 일에 지장까지 받는 신세니, 다른 큰 동물들의 고초는 또 얼마나 크랴! 아니, 그게 아닐지도 몰라. 우리가 이 고생을 하는 건 예전에 갖고 있던 꼬리가 퇴화되었기 때문일지도 몰라. 하~ 고거 지금까지 남아 있었으면 지금 수월찮이 유용하게 써먹을 수 있었을 텐데……!

호랑이도 감히 못 덤빈다는 그 큰 코끼리가 넓적한 귀를 연신 펄럭이는 것도 파리 때문이라고 한다. 혹시 파리가 코끼리 귓속에 들어와 알이라도 낳는다 치면, 그래서 구더기가 생겨 코끼리를 파먹어 들어가면…… 에그머니나~ 상상만 해도 무섭네. 이쯤 했으니 앞으로는 아무리 하찮아 보이는 기관도 그 생물에게는 결정적으로 중요할 수 있다는 점을 쉽게 잊지는 못하실거다. 그래도 혹시나 하는 노파심에 유대인들의 성전 『탈무드』에 나오는 구절을 덧붙여 둔다. "이 세상에는 강자가 약자를 두려워하는 경우가 네 가지 있다. 즉 사자는 모기를 두려워하고, 코끼리는 거미를 무서워하고, 전갈은 파리를 무서워하고, 매는 거미를 무서워한다. 제아무리 크고 힘센 자라 해도 반드시 약자에게 두려운 존재는 아니다. 또 아무리 약한 자라도 조건만 성립되면 강자를 굴복시킬 수가 있다." 어찌나 다윈스러운지……. 기린의 꼬리 이야기가 좀 미심쩍은 독자들도 있을 것이다. 그렇다면 다른 꼬리도 하나 더 보자.

대다수의 수생동물에게 꼬리는 참으로 중요한 운동기관이다. (히파와 부레의 관계로 미루어) 수생동물에게 기원했다고 알려진 많은 육생동물들의 경우, 꼬리가 일반적으로 존재하고 이것이 여러 많은 목적에 쓰이고 있다는 것은 아마도 그런 사실에 의해 설명될 것이다. 잘 발달된 꼬리는 수생동물일 때 형성된 것이며, 그후 움켜쥐거나 파리를 잡는 역할 또는 개꼬리가 그러하듯이 방향 전환을 돕는 보조 역할 등 온갖 종류의 목적을 위해 쓰여지게 된 것이리라. 허나 꼬리가 개의 방향 전환에 도움이 되는 정도는 극히 소소할 것이다. 꼬리가 거의 없는 산토끼만 해도 개보다 두 배는 빨리 방향을 바꿀 수 있기 때문이다.(p. 196)

꼬리 얘기가 나오니까 생각나는 게 있는데, 어떤 다큐멘터리에서 새끼 코끼리가 코로 엄마의 꼬리를 붙들고 걸어가는 모습을 보았다. 그것은 코와 꼬리 간에 새로운 결연관계가 탄생하는 순간이었다. 아마도 코와 꼬리의 구조가 그런 목적에 접합하도록 만들어져 있지는 않을 것이다. 또 코가 꼬리를 잡는 게 평소에 그리 중요한 의미를 갖지도 않을 것이다. 그러나 코와 꼬리의 이런 결연관계가 경우에 따라서는 매우 중요한 효과를 발휘할 수도 있다. 예컨대 코끼리떼가 기나긴 모래 바람을 헤치고 이동하는 과정에서 무리를 놓쳐 결국 목숨을 잃고마는 새끼 코끼리를 생각해 보라. 또 코끼리들이 이동할 때 맹수가 노리는 것은 무리에서 조금이라도 떨어진 어린 코끼리가 아니던가! 만일 코와 꼬리의 결연관계가 이런 경우에 코끼리 공동체에 큰 이익이 된다면, 새끼 코끼리의 그런 습성은 상호 학습되고 유전될 수 있을 것이며, 코끼리의 코와 꼬리는 상호적합하게 변화해 갈 수도 있을 것이다. 물론 코와 꼬리는, 개의 꼬리가 방향 전환에 그럭저럭 도움이 되는 정도의 관계에 그칠 수도 있을 것이다.

구조상의 어떤 변화가 어떤 원인(많은 경우에 정확히 알 수 없는)에 의해 생겨났을 때, 처음에는 그 생물에게 아무런 소용이 없을 수도 있다. 하지만 그 종의 자손들이 새로운 생활조건에 처했을 때는 이익이 될 수도 있고, 또 나중에 새로이 획득한 습성으로 인해 기왕의 어떤 변화가 그 생물에게 이로울 수도 있는 것이다. …… 콘도르의 벗겨진 머리 피부는 흔히 부패물 속을 마구 헤집기 위한 직접적 적응이라고 간주된다. 물론 그럴 수도 있지만 단순히 부패물 때문에 벗겨진 것일 수도 있다. 그런데 깨끗한 먹이를 먹는 칠면조의 수컷도 머리 피부가 벗겨져 있으므로 우리는 어떤 추리를 할 때 매우 신중해야 한다. 포유류 새끼의 두개골에 있는 봉합(縫合)은 분만을 돕기 위한 훌륭한 적응의 예로 자주 거론된다. 그게 분만을 쉽게 해주며 또한 분만에 없어서는 안 되는 요소라는 데는 의심의 여지가 없다. 하지만 단지 깨어난 알 속에서 나오기만 하면 되는 조류나 파충류도 두개골에 봉합이 있으므로, 이 구조는 상관변이에 의해 생겨난 다음, 고등 동물의 분만에 있어서 이용된 것이라고 추측할 수도 있다. 단지 통상적인 생식(ordinary generation)이 반복된 것만으로도 다양한 가축 품종들이 생겨났다. 그런 단순한 경우에도 그들이 지닌 여러 특징적인 차이들을 설명하지 못하니, 자연계의 종 사이에 나타나는 경미한 차이들의 상세한 원인에 무지하다는 것을 너무 무겁게 생각할 필요는 없을 것이다.(pp. 196~199)

공리주의를 비판하는 다윈

오늘날 우리가 보기에는 다윈이 들고 있는 사례가 재미있긴 한데, 어째 좀 지엽적이라서나 지나치게 번쇄하다는 느낌을 준다. 다윈은 지금 뭘

하려고 이런 얘기를 늘어놓은 것일까? 이를 이해하기 위해서는 당시 영국 사회에 공리주의(功利主義, Utilitarianism)가 크게 번창하고 있었으며 박물학자들도 그로 인해 종종 오류에 빠지고 있었다는 사실을 떠올려야 한다. 당시의 저명한 학자였던 존 스튜어트 밀(John Stuart Mill)은 『종의 기원』이 출간되던 1859년에 『자유론』(On Liberty)을 내놓았으며 1863년에는 『공리주의』(Utilitarianism)를 출간하였다. 당시는 다윈의 시대기도 했지만 밀의 시대기도 했던 것이다.

> 어떤 박물학자들은 최근에 생물의 모든 구조는 그 세세한 부분에 이르기까지 모두 다 그 소유자에게 이롭도록 산출된 것이라는 공리주의 교설에 대해 반대하고 나섰다. 그들은 매우 많은 구조들이 미(美) 자체를 위해서, 혹은 사람이나 창조주를 기쁘게 하기 위해서(단 창조주 문제는 과학적 논의의 범위를 벗어난다), 또는 단순히 다양성 자체를 위하여 창조되었다고 믿고 있다. 이런 생각이 만약 진리라면 내 학설은 절대적이고 치명적인 타격을 받을 것이다.(p. 199)

생물의 모든 특징이 그 소유자에게 이롭다고 하는 공리주의자들이나, 거기에 반대한다며 미 자체나 창조주의 기쁨을 들먹이는 자들이나, 참 뭘 어떻게 해줄 수도 없는 화상들이다. 그렇지만 그게 당시의 현실이었으니 어쩌랴! 게다가 요즘도 가만히 보면 많은 과학자들이 다양성이나 대칭 같은 것을 어떤 법칙인 양 제시하기도 하니, 오늘날에도 영 쓸모없는 논의는 아닐 것이다. 아니아니 그 정도가 아니지. 어떤 특징만 봤다 하면 그게 그 생물에게 어떤 이익이 되길래 진화한 걸까, 하는 방식으로 연구를 진행하는 생물학자들이 오늘날 대부분이 아닌가! 정신 차리고 다윈 얘길 들어 보자.

나는 많은 구조가 현재 그 생물에게 직접 도움이 되지 못한다는 점을 전적으로 인정한다. 우선 물리적인 조건은 생물의 구조에 사소한 변화를 일으키는데, 이때 모든 변화가 그 생물에게 유용하지는 않을 터이다. 상관 변이는 어떤 부분의 유용한 변화로 인하여 그 부분과 연관된 다른 부분이 따라 변하는 것으로, 이 다른 부분의 변화는 그 생물에게 반드시 유용하지는 않을 터이다. 그리고 이전에는 유용했던 형질이 현재는 직접 도움이 되지 않아도 조상회귀로 인해 자손 대에서 다시 출현할 수도 있을 터이다. 암컷을 매혹시키기 위해 미를 과시함으로써 발달되는 성선택의 효과는 적지 않은 경우 그 수컷의 생존에 유용하지 않을 터이다. 하지만 가장 중요한 것은, 어느 생물이든 그 **체제(oganisation)의 주요한 부분은 다만 유전에 의한 것**이며, 따라서 각 생물은 확실히 자연계의 자기 장소에 잘 적응되어 있지만, 현재 각 종이 가진 모든 구조가 그 생물의 생활 습성과 직접 관계 있는 것은 아니다. 앞서 말했듯이 고지대의 거위나 군함새가 가진 물갈퀴를 갖춘 발이 현재 이들에게 특별한 용도가 있지는 않을 것이다. 또한 원숭이의 팔, 말의 앞발, 박쥐의 날개, 바다표범의 지느러미에 있는 동일한 뼈가 이들 동물에게 특별히 쓸모가 있다고 믿을 수는 없다. 이런 구조는 유전에 의한 것으로 생각하는 편이 안전하다. 우리는 이 뼈들이 지금과 마찬가지로 예전에도 유전, 조상회귀, 상관 변이 등 몇 가지 법칙에 따라 자연선택에 의해 획득된 것이라 추측할 수 있다. 결국 생물의 모든 구조는 …… 조상들에게

특별한 작용을 하였거나, 그 자손들에게 작용을 하고 있거나 할 것이다.(pp. 199~200)

다윈의 주장을 요약하자면, 생물의 구조는 대체로 그 생물에게 유용하지만 그렇지 않은 경우도 많다는 것이다. 첫째, 물리적 조건은 여러 가지 사소한 변화를 야기하는데, 그 변화들이 모두 유용할 리는 없다. 둘째, 상관 변이로 인해 부수적으로 변한 기관들이 반드시 유용하리라는 법은 없다. 셋째, 예전에 유용했던 형질이 그저 남아 있는 일도 있다. 이 세 가지는 대체로 공리주의적 견해에 대한 비판이다. 그런데 인용문의 뒷부분에 보면 이런 공리주의 비판보다 더 중요한 이야기가 들어 있다. 그것은 체제의 주요 부분이 유전에 의한 것이라는 말이다.

예를 들어 보자. 원숭이의 팔, 말의 앞발, 박쥐의 날개, 바다표범의 지느러미. 이 기관들의 형태나 구조가 그 생물이 처한 조건과 관련하여 유용하다는 점은 두말할 필요가 없다. 이건 당시 창조론적 과학자들의 주된 논거이기도 했다. 그런데 다윈은 여기서 팔, 앞발, 날개, 지느러미의 뼈들이 모두 동일한 종류라는 사실에 새삼 주목하였다. 원숭이, 말, 박쥐, 바다표범은 서로 크게 다른 종류의 생물이며, 살아가는 방식도 크게 다르다. 그런 생물들이 동일한 뼈를 가지고 있는 걸, 그 동일한 뼈가 모두에게 유용하기 때문이라고 설명할 수는 없다. 그 뼈는 다만 유전에 의해 물려받은 것이고, 그것이 진화과정에서 조건에 적합하게 팔, 앞발, 날개, 지느러미를 받쳐 주게 된 것이다.

우리는 여기서 다윈 진화론의 중요한 특성을 엿볼 수 있다. 다윈은 생물이 갖고 있는 체제의 주요 부분은 다만 유전에 의한 것이라고 보았다. 그리고 지금 보았다시피 다윈은 유전에 어떤 방향성이라든가, 주변 환경에 적합하게 되어 가는 경향성 따위는 없다고 생각했다. 다만 자연선택이나 그 밖의 여러 가지 작용으로 인해, 그 요소가 각 생물에게 유용하도록 변형될 뿐이다. 다윈은 이런 입장에 서 있었기 때문에, 생물의 모든 구조가 유용하다는 입장(창조론이나 기존 과학자들, 그리고 공리주의자들)에 반대하였으며, 또 주요 구조들이 본래적으로 유용성이나 적합성을 향해 간다는 입장(예컨대 라마르크)에도 반대한 것이었다. 생물의 구조나 기관, 혹은 습성이 그 생물에게 대체로 유용한 것은 사실이지만 그렇지 못한 경우도 많다.

월리스와 다윈의 대결

다윈의 이런 주장은 뭐 주장이라고 할 것까지도 없어 보인다. 극단적인 견해를 펴는 일부를 제외하고서는 누가 이런 주장에 반대하겠는가? 그런데 놀랍게도 이런 주장에 반대하는 사람들이 적지 않았으며, 심지어 진화론자들 중에도 무척 많았다. 자연선택에 의한 진화론의 공동발견자라는 월리스부터가 그랬다. 그는 자연선택설을 다윈보다 더 극단적으로 밀고 나가 성선택도 인정하지 않았으며, 모든 것은 다 유용성이 있기 때문에 진화했다고 보았다. 이런 문제 때문에 다윈과 월리스는 이후 많이 다투고 대립하지 않을 수 없었다. 월리스는 당시 영국에서 활동하던 엄격한 선택주의자들의 리더 격이었다. 선택주의자들은 모든 진화적 변화의 원인을 자연선택으로 돌렸다. 다윈보다 자연선택의 힘을 더 강력하게 믿고 또 주장한 이들! 그들은 현재의 모든 구조나 요소들이 모두 유용하기 때문에 진화되었다고 보았다. 그리고 바로 이 순간 그들은 창조론자들의 자비로운 신성(神性)의 자리에, 자연선택이라는 전능한 힘을 대신 집어넣었다. 자연계의 조화라는 창조론적 관념이 다시 도입된 것이다. "자연선택은 변화의 주요 수단이기는 하지만 유일한 수단은 아니라고 확신한다"는 다윈의 말에 귀 기울이지 않은 결과는 실로 엄청난 것이었다. 월리스의 1867년 논문을 보라.[24]

특별한 기관, 특징적인 형태나 무늬, 본능이나 습관의 특이성, 종 간의 관계나 종 그룹 간의 관계 등 이 모든 것은 그것을 소유한 개체나 종족에게 현재 유용하거나 또는 과거에 유용하지 않았더라면 결코 존재할 수 없었을 것이다.

대단한 도그마다. 이런 도그마를 가진 사람들이 언제나 그렇듯이, 월리스는 생물체의 어떤 특징이 쓸모없어 보이는 것은 단지 우리의 지식이 불완전하기 때문이라고 주장하였다. 이제 그의 자연선택설은 선험적으로 옳은 이론이 되어 어떤 반증도 불허하게 되었다. 그 뒤는 더 형편없었다. 그는 결국 인간의 지성이나 도덕성은 자연선택의 산물이 아니라고 주장하게 되었다. 자연선택설이 자연계의 진화를 이끄는 유일한 힘이라는 점에서 한 치의 양보도 없었던 월리스가 왜 이 지경이 되었을까?

---

24) Alfred Russell Wallace, "Mimicry, and Other Protective Resemblances Among Animals", 1867. http://people.wku.edu/charles.smith/wallace/S134.htm에서 전문을 볼 수 있다. 이하 월리스와 다윈의 근본적인 차이에 대해서는 굴드, 『판다의 엄지』, 53~67쪽을 참고하였다.

야만인들이나 선사 시대 인류의 뇌를 보면 그 크기나 복잡성 면에서 가장 고등한 유형의 것과 비교해 전혀 손색이 없었다. 하지만 그들은 수준 높은 예술, 도덕, 철학, 법률 등이 전혀 없이 극히 초보적 문화와 빈곤한 언어만을 사용하고 있다. 그런 생활이라면 고릴라 뇌의 1.5배면 충분한데, 현대 서구인의 뇌와 다를 바 없는 뇌를 가진 것은 왜인가? ……
야만인들의 습관을 보면 어떻게 이런 능력이 자연선택에 의해 발달할 수 있었는지 도무지 이해할 수가 없게 된다. 왜냐하면 이 능력은 그들에게 결코 필요하지도 않고, 실제로 사용되지도 않았기 때문이다. ……
이 기관은 초기 인류에게는 필요없는 최신의 능력을 갖고 있기 때문에, 마치 인간이 미래에 진보할 것을 예측하고 미리 준비된 것처럼 보인다.

요컨대 필요 이상의 능력이란 그 정의상 자연선택의 산물일 수가 없다는 말이다.

이러한 현상들로부터 내가 도출해 낼 수 있는 것은 우월한 지성이 인류의 발전을 어떠한 특정한 방향, 특정한 목표를 향해서 이끌었다는 사실이다.

월리스의 사상 행로는 드라마틱하기 그지없다. 나름대로는 최선을 다해서 사색하고 연구했지만 그 길이 결국 창조주의 발견으로 이어졌다. 다윈은 간곡히 충고하였다. "청컨대 당신의 자식이자 동시에 내 자식이기도 한 것을 당신이 너무 완벽하게 죽이지는 말았으면 합니다." 하지만 월리스의 마음을 돌이킬 수는 없었고 결국 탄식 말고는 할 수 있는 게 없었다. 그리고 이런 편지를 썼다. "오늘 아침에는 기꺼이 당신의 견해 쪽으로 마음이 기울었다가 저녁에는 다시 과거의 입장으로 돌아왔습니다. 아무래도 그 입장에서 벗어나지 못하는 것은 아닐까 걱정이 됩니다."

창조론의 기본 관념 즉, "모든 것에는 '올바름'(rightness)이 있고 각각의 물건은 통합된 전체 속에서 일정한 지위를 갖는다는 믿음"을 벗어난다는 것은 얼마나 어려운 일인지! 굴드는 월리스의 경직된 선택론, 경직된 일원론은 가장 '현대적'이라고 하는 진화론에서도 종종 드러난다면서 이렇게 덧붙였다. "월리스의 경직된 선택주의는 오늘날 다윈의 '다윈론'(pluralism) 자체보다도 훨씬 더 유행하는 '신다윈주의'의 사고방식에 훨씬 더 가깝다." 그뿐이랴! 진화론자를 자처하면서, 언어나 예술, 이성, 도덕심 등을 근거로 '인간과 동물의 차이'에 대해 주장하는 학자들은 오늘날에도 넘쳐 난다. 인간과 동물의 차이라고? 인간과 동물이 다르다면 인간은 그럼 식물인가, 곰팡인가, 아니면 천사라도 된단 말인가? 인간과 동물이 같다는 주장도 마찬가지다. 백인이 인간과 같다든가, 남성이 인간과 같다는 말이 성립 가능한가? 인간이 동물의 한 종류고 생물의 한 종류라는 게 그렇게도 어려운 얘기일까? 인간의 특성이 있다면 그것은 인간이라는 동물, 혹은 인간이라는 생물의 특성이지 인간과 동물의 차이가 아니지 않은가?

흠흠…… 잠시 흥분했다. 그러나 여러분 중에도 나 같은 경험을 많이 하신 분들은 이런 내 복장 터지는 심정을 어느 정도는 공감하실 것이다. 나는 진화론에 찬동하는 것으로 보이는 어떤 학자가 태연한 표정으로 "인간이라는 게 참으로 복잡하고 미묘해요. 한마디로 인간은 동물과 천사의 중간이라고 할 수 있죠"라고 말하는 걸 들은 적도 있다. 내가 10여 년 전에 이 책을 처음 구상했을 때는 상황이 얼마나 심각한지를 몰랐다. 그래서 다윈의 진화론을 구체적으로 소개하면서 현대의 창조론을 비판하면 되겠거니 하는 식으로 대충 생각했었다. 그러나 창조론자들뿐만 아니라 일반 교양인들, 심지어 적지 않은 과학자들이 얼마나 창조론에 깊이 물들어 있는지를 절감하게 되면서 책의 방향은 크게 수정되었다. 창조론자고 진화론자고 할 것 없이 수많은 현대인들이 단단히 공유하고 있는 창조론을 비판하는 것이야말로 다윈을 오늘날에 다시 소생시키는 길이라고 생각하게 된 것이다. 현대의 교양인들 중에 창조론이 옳다고 주장하는 사람은 별로 없다. 그러나 창조론의 핵심인 인간중심주의와 목적론은 지천에 깔려 있다. 그들은 어떤 사례에도 흔들리지 않는다. 가장 대표적인 게 유전자 연구 분야다.

인간중심주의의 거처

인간을 포함한 대다수 동물들은 본질적으로 같은 유전자를 갖고 있는데, 인간과 침팬지의 유전자는 98.5%가 동일하다고 한다.…… 한편 가장 복잡한 유기체로 가장 진화된 종임을 믿어 의심치 않던 인간의 유전자는 약 35,000개로 복어(32,000~40,000)와 비슷하다. 또한 유전체 전체의 크기는 통상 "생물의 복잡성과 상관관계가 있으리라고" 간주되는데, 게놈지도가 완성되면서 드러난 결과는 복어가 4억 개, 인간은 31억 개인데, 양파는 180억 개, 도롱뇽은 840억 개, 폐어는 1,400억 개, 고사리는 1,600억 개, 아메바는 6,700억 개라는 점에서 이러한 통념을 여지없이 무너뜨려 버렸다. 이는 적어도 유전자 배열의 복잡성으로 생물체의 복잡성이나 진화 정도를 설명하려는 것이 잘못된 것임을 명확하게 보여 준다.[25]

유전학만이 아니라 현대 학문들은 모두 인간이 가장 고등하다는 전제를 깔고 있다(물론 대부분의 경우 입으로는 아니라고 한다). 그러므로 이런 결과 자체를 그냥 받아들이는 게 불가능하다. '세상에 침팬지는 그렇다 치고, 양파나 아메바는 어떻게 된 거지?' 과학자들이 늘 정색을 하고 강조하는 것처럼, 어떤 전제도 일체 갖지 않고 객관적인 사실을 있는 그대로 받아들이면 아무 문제없을 것을, 인간이 가장 고등할 거라는 막연한 믿음을 학문적 전제로 갖고 있으니까 당황스러울 수밖에. 그런데 당황한 후의 반응이 더 걸작이다. 이 결과에 대해 만일 상식을 가진 사람이라면, 첫째, 인간이 특별한 존재가 아니라거나, 둘째, 비슷한 결론이지만 이 중 유전체가 가장 많은 아메바가 가장 고등하다거나, 아니면 셋째, 유전체가 본질적인 정보를 담고 있다는 기본 전제가 틀렸다고 결론을 내려야 한다. 그렇지만 과학자들은 전혀 의외의 길을 간다. 일단 아메바가 가장 고등하다는 따위의 결론은 처음부터 배제된다. 그들의 과학적 의문과 결론은 이렇다.

의문 하등한 생물들이 어떻게 저리 유전자 수가 많을 수 있지?

---

25) 이진경, 「생명과 공동체 : 기계주의적 생태학을 위하여」, 『미-래의 맑스주의』, 그린비, 2006, 342~343쪽.

결론 그러므로 유전자 수 자체는 그리 중요하지 않다(이것이 자신들이 마음속에서 세웠던 전제인데……).

의문 인간과 침팬지의 유전자가 어쩜 저렇게 공통점이 많지?

결론 공통의 유전자를 저렇게 많이 갖고 있는데도 인간과 침팬지가 이렇게 많이 다른 것은 유전자 자체의 배열보다는 어떤 유전자가 어떻게 발현되느냐가 더 중요하다는 것을 보여 준다(침팬지와 인간이 다른 무수한 생물들에 비해 얼마나 비슷한지를 전혀 생각하지 않는다. 다윈의 논법을 따르면 인간과 침팬지의 차이는 침팬지와 초파리의 차이보다 작다).

앞의 문답은 제임스 왓슨의 것이고[26] 뒤의 문답은 어떤 생물학자의 강연에서 들은 이야기다. 뭐 대부분의 생물학자들이 여기서 크게 다르지 않을 것이다. 자기들이 행한 실증적 연구 결과가 전제를 흔드는데도

---

[26] 제임스 D. 왓슨·앤드루 베리, 『DNA : 생명의 비밀』, 이한음 옮김, 까치글방, 2005, 230~232쪽. 참고로 왓슨의 말을 인용해 두자. "유전자 수를 기준으로 하면, 우리는 작은 잡초보다 약간 더 복잡한 수준이다. 예쁜꼬마선충과 비교해 보면 더 정신이 확 들 것이다. …… 이렇게 구조적 복잡성에 놀라운 차이가 있음에도, 유전자 수로 보면 두 배도 차이나지 않는다. 이런 당혹스러운 불일치를 어떻게 설명할 수 있을까? 사실 전혀 당혹스럽지 않다. 그대로 놓고 보면, 인간이 자신의 유전적 하드웨어를 더 잘 활용할 능력을 가진 것뿐이다. 사실 나는 지능과 유전자 수가 적은 것 사이에 상관관계가 있다고 주장해 왔다. 나는 영리해지면, 즉 우리의 것이나 초파리의 것과 같은 꽤 좋은 신경 중추를 가지게 되면 비교적 적은(3만 5,000개를 적다고 한다면) 유전자를 가지고도 복잡한 기능을 할 수 있다고 생각한다. 우리의 뇌는 누리에게 눈도 없는 작은 선충이 능력을 훨씬 뛰어넘는 감각신경과 운동신경을 주었고, 그에 따라서 우리가 선택할 수 있는 행동의 종류도 훨씬 많다. 그리고 뿌리를 박고 사는 식물은 선택의 폭이 훨씬 더 작다. 식물은 모든 환경에 대처할 유전자원을 완전하게 갖추고 있어야 한다. 반면에 뇌를 가진 종은 추위가 닥치면 자신의 신경세포를 사용해서 더 좋은 환경을 추구하는 반응을 보일 수 있다. 따뜻한 동굴 속으로 들어가는 식으로 말이다." 같은 책, 227쪽. 더 인용할 필요가 있을까? 동물이 식물보다 더 고등하다는 전제, 인간이 다른 생물보다 더 고등하다는 전제가 아무 거리낌없이 활보하고 있다.

의문을 품지 않는 학문을 뭐라 불러야 옳을까?

남성이나 백인이 여성이나 유색인종보다 우월하다는 믿음은 지루할 정도로 오래 지속되었고 끔찍한 결과들을 많이도 생산했다. 만일 백인남성과 여성 혹은 유색인들을 유전자 차원에서 비교했을 때 (은밀히 기대했던) 차이들이 발견되지 않았다면, 백인남성이 특별한 존재가 아닐 수 있다는 의심 정도는 해봐야 하지 않을까? 그런데 그러기는커녕 '아하! 유전체 개수 자체는 그리 중요하지 않구나!'라고 결론내거나 '아하! 유전자 자체의 배열보다는 그게 어떻게 발현되느냐가 중요하구나!'라고 결론낸다면 당신은 어떤 표정으로 그 자를 바라보겠는가? 모르긴 해도, 내가 현재 다수의 생물학자들을 바라보는 시선과 별 차이가 없을 것은 분명하다.

나는 몇 년 전까지만 해도 과학자들을 비롯한 많은 사람들의 인간중심주의가 일종의 선입견이라고만 생각해 왔다. 그래서 이런저런 연구를 통해 그 선입견이 깨지면 되겠지라고 생각했다. 그런데 인간의 역사를 보면 동일한 형태의 선입견이 무수히 반복되어 왔고 그 강도가 전혀 약화되지 않았다는 것을 확인할 수 있다.[27] 귀족과 천민, 남성과 여성, 백인과 유색인, 인간과 동물, 동물과 식물, 생물과 무생물, 인간과 기계, 서구인과 비서구인 등등. 뭐 이런 목록은 얼마든지 만들 수 있다. 그런데 끔찍하게도 이런 구분들이 단지 선입견으로 그치질 않는다. 가장 가혹하고 비열한 차별이 바로 그런 구분을 근거로 행해진다. 지구의 온

---

27) 앤 드루얀·칼 세이건, 『잊혀진 조상의 그림자』, 김동광 옮김, 사이언스북스, 2008. 특히 19장 「인간이란 무엇인가」에 실린 예들을 보라. 인간중심주의가 얼마나 유치한 것인지, 그러나 또 얼마나 견고한 것인지 새삼 실감하게 된다. 인간에게는 과연 손톱만치라도 나아질 가능성이 있는 걸까?

갖 자원을 착취하는 데 대해서 비판하면 생물과 무생물의 구분선이 작동한다. 인권을 근거로 외국인 노동자 학대를 비판하면, 자국인 노동자와의 구분을 들이댄다. 생명의 고귀함을 근거로 동물 실험을 비난하면, 돈벌이 때문이라는 진실 대신 과학의 발전과 인간 생명의 고귀함을 말한다. 황금알을 낳는 낳는 이 '사업'이 과연 인간과 동물의 구분선 없이 가능하겠는가! 지금 이 순간에도 헤일 수 없이 많은 쥐와 새 등 많은 동물들이 살해당하고 있다. 과학과 의학 발전을 위하여, 바로 인간 자신을 위하여. 생각난 김에 동물원 얘기도 하자. 세계 곳곳에서 성업 중인 동물원은 당장 없어져야 할 잔혹 시설이다. 동물원이 왜 잔혹한 시설이냐고? 동물원에 가서 거기 있는 동물들의 눈망울을 들여다 보라. 그래도 모르겠으면, 입장을 바꿔 당신이 그곳에 감금되어 있다고 생각해 보라.

비열한 구분선들은 어떤 반증사례에도 흔들리지 않는다. 문제가 생기면 다른 종류의 구분선으로 대체한 다음, 하던 '사업'을 계속한다. 생명의 소중함을 말하면 인간 생명의 소중함으로 답하고, 인권을 들이대면 자국인의 권리로 답한다. 어찌 보면 인간의 역사는 이런 구분선들을 다른 유형으로 대체해 온 역사이기도 하다. 그런 구분선은 지배계급의 것이면서, 그에 동조해 온 자들 모두의 것이다. 그러므로 그에 동조해 온 '우리'가 그 구분선을 지우기 시작하면 견고해 보이던 구분선들도 흔들리기 시작할 것이다. 내친 김에 마저 이야기하겠다. 현대 사회에서 이 구분선을 가장 '강력하게+효과적으로' 긋고 있는 분야는 과학과 의학이다. 가장 많은 '사람'들이 동조하고 더욱 강화하고 있는 구분선도 바로 이것이다. 물질에 대해 생명을, 식물에 대해 동물을, 동물에 대해 인간을, 인간에 대해 모든 특권적인 인간들(백인, 남성 등)을 특권시하는 태도. 이 모든 것이 비열한 인간중심주의의 변주다. 나는 독자 여러분과 함께 이런 인간중심주의를 밑바닥까지 부수고 싶다. 어떻게? 인간의 진화를 통해서. 단, 이때 인간의 진화를 인간의 개선으로 착각하진 마시라. 진화란 곧 기존 종의 멸종이 아니던가! 인간의 진화란 인간의 멸종이자 아직 어떤 존재일지 알 수 없는 새로운 종의 탄생이다. 더 나은 인간이 아니라 인간이 아니게 되는 것. 인간의 장점을 더욱 축적시켜 나가는 게 아니라 인간으로부터 벗어나는 것.

세상은 왜 아름다운가?

생물이 인간을 기쁘게 하기 위해 아름답게 창조되었다는 믿음에 관해, 나는 미의 관념이라는 게 선천적인 것도, 불변하는 것도 아니라는 점을 지적하고자 한다. 여러 다른 종족의 남자들이 각기 그들 종족의 여인들을 예찬할 때, 그 미의 기준이 얼마나 다른가! 아름다운 사물이 오로지 인간의 만족만을 위해서 창조되었다고 주장하고 싶은 사람들은 인간이 나타나기 전에는 지구가 덜 아름다웠다는 것을 증명해야만 한다. 제3기의 아름다운 나환형(螺環形) 조개나 원추형 조개, 우아하게 조각된 것 같은 제2기의 암모나이트 조개는, 후세에 인류가 그것을 표본실에 넣어 두고 감탄하라고 창조되었겠는가? 규조류(硅藻類)의 미세한 구조만큼 아름다운 것도 달리 없는데, 이것들은 고배율의 현미경 아래에서 조사되고 그것을 보는 사람으로 하여금 경탄을 느끼게 하기 위해서 창조된 것일까? 꽃은 자연계의 가장 아름다운 산물이라고 생각된다. 그러나 꽃은 [인간의 눈이 아니라] 곤충의 눈에 잘 띄도록 초록색 잎과 대조적인 특성을 갖게 되었고, 그 결과 아름다움을 지니게 되었다. 바람에 의해서 수정되는 꽃은 결코 화려하게 채색된 꽃잎을 갖지 않는다. 여러 식물들은 항상 두 종류의 꽃을 피우는데 한 종류는 곤충을 유혹하기 위해 열려 있고 빛깔이 있으며, 다른 한 종류는 닫혀 있고 빛깔도 없으며 꿀도 결여되어 곤충이 결코 찾아들지 않는다. 그러므로 만약 곤충이 생겨나지 않았다면 식물은 아름다운 꽃을 갖지 않았을 것이며, 단지 바람에 의해 수정되는 전나무, 물푸레나무, 벼과 식물, 시금치, 쐐기풀 등에서 볼 수 있는 것과 같은 보잘것없는 꽃만을 피웠을 것이라고 결론지을 수 있다. 그리고 마찬가지 방식으로 익은 딸기나 체리, 또는 진홍빛 장과(漿果) 열매의 아름다움은 단지 그 열매가 먹혀서 그 종자가 배설물에 섞여 전파되도록 새나 짐승을 유인하는 역할을 할 뿐이다.(6판 pp. 160~161)

인간이 세상의 무수한 존재들에게서 아름다움을 느낄 수 있는 것은 인간 또한 꿀벌이나 원숭이, 박쥐와 마찬가지로 진화의 과정에서 생겨난 산물이기 때문이다. 따라서 당연한 일이지만, 우리가 느끼는 아름다움은 이 세상이 펼쳐 보이는 아름다움의 극히 일부에 불과하다. 당신도 들은 적이 있을 것이다, "이렇게 아름답고, 이토록 정교하며, 이처럼 완벽하게 조화로운 세상이 어떻게 진화에 의해 생겨날 수 있었겠느냐"는 말을. 나는 이 말을 들을 때마다 전혀 상반된 두 가시 생각이 강렬하게 솟구쳐 오른다. "이 세상이 얼마나 추하고 불완전하며 고통으로 가득 차 있는지를 저 사람은 알지 못하는 것일까?" 또한 그는 "이 세상이 얼마나 아름답고 정교하며 완벽한지를 자신이 다 느끼며 산다고 생각하는 것일까". 한번 상상해 보시라, 우리의 오감이 채 다 파악하지 못하는 이 세상의 장려함을 꿀벌과 박쥐와 소나무와 곰팡이들이 어떻게 만들고 느끼며 살아가고 있을지를……, 우리가 감지하지 못하는 초음파와 자외선과 그 밖의 무수한 차원들로 뒤엉켜 있을 세상을……. 이런 상상을 하다 보면 문득 다윈이 바라본 세상의 모습이 정녕 어떤 것이었는지 잠시만이라도 엿보고 싶어진다. 나락과도 같이 어두운가 하면 눈부실 정도로 찬란한 세상. 치열한 생존투쟁과 선(善)하기만 한 자연선택은 둘이 아니었다. 그 소용돌이 앞에서 현기증을 일으킬 수 있는 사람만이 다윈이 느낀 세계에 참여할 수 있을 것이다.

한편 나는 대단히 화려한 모든 새, 몇몇 물고기들, 파충류, 포유류 또는 멋지게 채색된 나비 무리 같은 수많은 동물들의 수컷이 아름다움 자체를 위해서 아름답게 되었다는 것을 기꺼이 인정한다. 그러나 이것은 인간의 기쁨을 위해서가 아니라, 아름다운 수컷이 암컷에 의해 계속 선호된 과정, 즉 성선택의 결과다. 새의 노래도 마찬가지다. 우리는 이러한 모든 사실로부터 동물계 대부분에 걸쳐 아름다운 색과 음악적인 소리에 대한 취향이 거의 비슷하다는 것을 추론할 수 있다. 새와 나비에서는 암컷이 수컷만큼 아름다운 색을 띠고 있는 예를 많이 볼 수 있는데, 이는 분명 성적 선택에 의해서 획득된 색채가 수컷에게만 전달되질 않고 양성 모두에게 전달되었기 때문일 것이다. 미적 감각이 처음에 인간과 하등동물의 마음에서 어떻게 발달되었는가 하는 것은 매우 모호한 문제다. 습성이 어느 정도 역할을 한 듯하지만, 각각의 종의 신경계의 구조에 어떤 근본적인 원인이 있음에 틀림없다.(6판 pp. 161~162)

아름다움은 객관적인 실재인가 아니면 주관적인 구성물인가? 이것은 미학의 오랜 주제 중 하나다. 여러분은 지금까지의 얘기를 통해 다윈이라면 어떻게 답했을지 짐작할 수 있을 것이다. 아름다움은 자연계에 실재한다는 점에서 단순한 주관적 구성물도 아니고, 생물들과 독립적으로 존재하지 않는다는 점에서 객관적 실재만도 아니다. 그것은 생물들 모두가 참여해서 만들어진 상관적 구성물이요 상관적 실재다. 따라서 대부분의 생물들이 아름답다고 느끼는 대상의 특성은 대체로 공통될 것이겠지만, 생물의 종류마다 크게 다를 수도 있을 것이다. 아울러 지금 지구가 과시하는 아름다움은 진화과정에서 생겨난 것이고 그러므로 끊임없이 변해 갈 것이다. 그리고 언젠가는 사라질지도 모른다. 세상에 진화하지 않는 것은 없다.

다윈은 6장에서 '고도로 완성된 복잡한 기관'과 함께 '너무나 하찮아 보이는 기관'이 모두 자연선택에 의해 진화된 것임을 설파하였다. 앞선 5장에서도 "과실의 솜털이나 과육의 빛깔 같은 사소한 형질도 곤충의 공격을 좌우하거나 체질적 차이와 상관관계를 맺고 있음으로써 확실히 자연선택의 작용"을 받을 것이라는 사실에 대해 예를 들었다. 여기서는 좀더 나아간다.

자연선택은 각 생물을 같은 지역에 살며 경쟁하는 거주자들만큼만 완전하게, 또는 그들보다 조금 더 완전하게 만드는 데 불과하다. 이것이 바로 자연계가 도달할 수 있는 완전함의 정도다. …… 뉴질랜드의 토착 생물은 서로서로 비교해 보면 완전하다. 그러나 현재는 유럽에서 수입된 동식물 대군(大軍)의 신격 잎에 급속히 굴복하고 있다. 자연선택은 절대적 완전함을 낳지 않는다. 훌륭한 권위자의 말에 따르면, 최고도로 완성된 기관인 눈조차도 빛의 수차(收差)에 대한 보정은 완전하다고 할 수 없다. 우리의 이성은 우리로 하여금 자연계의 비할 데 없는 수많은 장치에 감격해서 찬탄케 하지만, 그 똑같은 이성이 다른 어떤 장치는 그다지 완전치 않다는 것을 깨닫게 해준다. 그리고 절대적으로 완전한 것은 어디서도 발견할 수 없다(pp. 201~202).

난초나 그 밖의 많은 꽃들이 곤충을 매개로 수정받기 위해 지니고 있는 여러 가지 교묘한 장치는 얼마나 찬탄스러운 일인가! 그렇지만 전나무가 얼마 안 되는 꽃가루를 우연히 밑씨(胚珠)에 날려 보내기 위해 짙은 꽃가루 구름을 만들어 내는 모습까지 완전하다고 여길 수 있겠는가! 우리는 엄마가 자식에게 헌신하는 모성애를 볼 때 찬탄하지만, 그런 식이라면 여왕벌이 자기 딸인 젊은 여왕벌을 태어나자마자 죽여 버리게 하거나, 혹은 젊은 여왕벌과 싸워 스스로 자멸해 버리도록 내모는, 모성증오라는 야만적 본능 또한 찬탄받아야 마땅한 일이다. 모성애든 모성증오든 그 공동체를 위해서는 이롭기 때문이며, 따라서 자연선택이라는 가차없는 원칙에 비추어 보면 필경 같은 것이기 때문이다.(pp. 202~203)

극도로 완전해 보이는 것이든, 너무나 하찮고 형편없어 보이는 것이든, 자연계에서 일어나는 모든 일은 그럴 만한 사정에 의해서 일어나며, 그런 의미에서 모두 자연스러운 일이다. 이런 모든 일을 대할 때, 인간은 자신이 특정한 진화과정을 밟아 생겨난 존재 중 하나임을 잊어서는 안 된다. 자신의 경험과 척도가 절대적이라고 생각해서는 안 된다. 이것은 너무나 완전하므로 자연스럽게는 생겨날 수 없다든가, 저것은 너무나 혐오스러운 짓이므로 사악한 것임에 틀림없다고 함부로 단정해서는 안 된다. 인간의 모든 상식과 척도는 진화의 산물이기 때문이다.

6장을 마치면서 다윈은 이렇게 썼다.

이 장에서 나의 학설에 대해 제기될 수 있는 몇 가지 난점과 반론에 대해 논했다. 그 중에는 아주 중대한 것이 많다. 하지만 나는 이 논의를 통해 개별적인 창조 행위의 설로는 전혀 이해할 수 없는 수많은 사실에 대해 밝은 빛이 던져졌다고 생각한다.(p. 203)

진화론은 모든 것을 완벽하게 설명하는 이론이 아니다. 다만 무지나 편견에 서둘러 무릎 꿇는 대신, 새로이 던져진 빛을 가지고 자연 현상을 하나하나 비춰 보며 사유해 나아가려는 태도요, 그렇게 해서 얻어진 잠정적인 결론일 뿐이다. 그러나 그렇게 해서 하나하나 드러나는 자연의 진실은 얼마나 놀라운가!

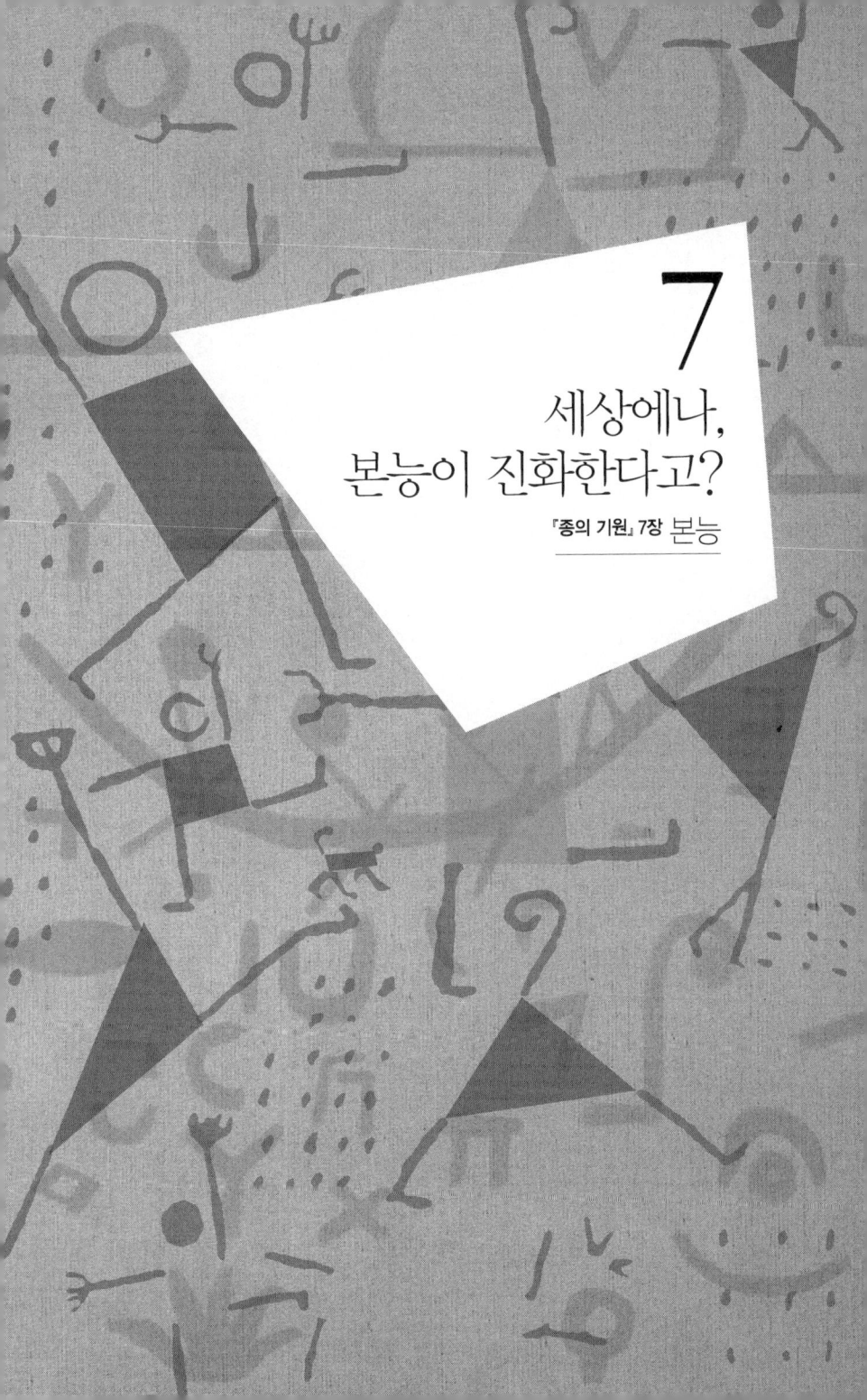

7
세상에나, 본능이 진화한다고?

『종의 기원』 7장 본능

플라톤은 『파이돈』에서 우리가 "필연적으로 가지는 이데아"는 경험에서 발생하는 게 아니라 선재(先在)하는 영혼에서 생겨난다고 말했다. 선재하는 영혼을 원숭이로 고쳐 읽을 것.
— 혈기방장한 20대의 다윈이 비밀리에 쓰던 「M 노트」에서. *Charles Darwin's Notebooks, 1836~1844*.

이제 인간의 기원이 밝혀졌으니, 형이상학이 번성할 터이다. 비비원숭이를 이해하는 자가 로크보다 형이상학에 더 많은 공헌을 할 것이다.
— 같은 책.

세상에나, 본능이 진화한다고?

 갑자기 눈앞에 무엇인가 다가오면 순간적으로 눈이 감기고, 맛있는 걸 보거나 머리에 떠오르기만 해도 입속에 침이 고인다. 쥐는 고양이를 본능적으로 무서워한다. 나방은 불빛만 보면 달려들지만, 바퀴벌레라면 일단 불빛을 피하고 본다. 귀소본능도 있고 프로이트가 말한 죽음본능도 있다. 원초적 본능, 킬러본능, 보호본능, 가로본능, 사치본능, 동물적 본능, 모성본능 등, 세상에는 참 본능도 많다. 이렇게 낯익은 본능이건만 조금만 더 생각을 진전시켜 보면 참으로 알 수 없는 것이 또 이 본능이다.
 우선, 이 본능이란 건 대체 어디서 온 것일까? 특히 고도로 복잡한 벌집을 짓는 꿀벌의 본능 같은 것은 처음부터 주어진 것일까, 아니면 반복된 경험이나 학습에 의한 걸까? 둘째, 인간의 지성적 행동과 여타 동물의 본능적 행동 사이에는 넘을 수 없는 심연이 있는 걸까, 아니면 정도의 차이만 있는 걸까? 크게 이 두 가지 문제를 둘러싸고 인류는 오래전부터 오늘날까지 질문과 대답을 거듭해 왔다. 당신은 어느 쪽인가? 창조론자나 인간중심주의자라면 앞쪽의 대답을 취할 것이고, 진화론자라면 뒤쪽의 대답을 취할 것이다. 다윈은 물론 앞쪽의 대답을 부정하고 비판했다.

본능을 별도로 다루다

다윈은 6장에서 자기 학설의 난점을 크게 네 가지로 제시하였고 그 중 두 가지만 6장에서 다루었다(이 책에서는 그 중 한 가지 문제만 다루었다. 날개와 눈, 기린의 꼬리……). 그러면서 다만 "이 장에서는 처음 두 항목에 대해 논하고, 본능과 잡종은 다른 장에서 취급하기로 한다"(p. 172)고 말했다. 독자들은 별 생각없이 분량 문제 때문이겠거니 여겼다. 물론 그 이유도 있다. 하지만 특히 '본능'이라는 주제와 관련해서는 그거 말고도 세 가지 이유가 더 있었다.

우선은 본능 현상이 너무 신비롭고 난해하다는 성격과 관련이 있다. 당대의 독자들은 물론 다윈조차 과연 본능 현상들을 자연선택이라는 단순한 원리로 충분히 설명할 수 있는지 크게 의문스러워했다. 자연선택처럼 우연적이고 주먹구구식의 메커니즘에 의해 어떻게 저토록 완벽한 본능이 만들어질 수 있었겠는가! 다윈은 오랜 고투 끝에 해답을 얻었지만 그것을 독자들에 납득이 가도록 설명하는 것은 또 다른 과제였다. "본능의 문제는 앞의 여러 장에서 벌써 진술해야 했을지도 모른다. 그러나 나는 이 문제를 따로 취급하는 게 좋겠다고 생각했다. 그것은 많은 독자들이 예컨대 꿀벌이 벌집을 만드는 놀라운 본능이야말로 나의 학설 전체를 뒤집기에 충분할 정도의 난점이라고 여길 것이기 때문이다."(p. 207) 이런 연유로 다윈은 별도의 장을 마련하여 여러 가지 본능의 유형들을 세세하게 다루어야 했던 것이다. 이를 통해 새가 둥지를 짓는 본능과 꿀벌이 벌집을 짓는 본능 사이의 아득한 거리를 메워 자연스럽게 연결시켜야 했다.

두번째는 본능의 출처와 관계된 문제로서, 다윈은 본능이 창조주에 의해 주어진 것도 아니지만 반복된 습관에 의해 확립된 것도 아니라고 생각했다. 다시 말해서 그는 본능 문제에 관해 당대의 누구도 생각지 못한 답을 발견했던 것이다. 그러므로 이 문제야말로 창조론(적 과학)과 기존의 진화론을 결정적으로 붕괴시킬 수 있는 최적의 사례였다. 다윈이 이 문제를 해결하기까지 참으로 고통스러운 시간이 필요했지만, 그 결과 얻어 낸 승리는 그 자신도 상상치 못했을 정도로 눈부신 것이었다.

끝으로 본능 문제를 해결하는 것은 다윈 인생 최대의 과제와 직결되는 문제였다. 연구를 시작한 초기부터 인생이 끝나는 날까지 다윈의 궁극적 목적은 결국 인간이 동물의 하나요 생물의 하나라는 것, 따라서 유일하게 특별한 존재가 아님을 밝히는 것이었다. 과거의 창조론자만이 아니라 오늘날 많은 과학자들도 인간이 세상에서 가장 특별한 존재라고 주장한다. 그리고 그 핵심적 근거는 인간이 사회적 동물이며, 동물의 본능과는 질적으로 다른 도덕심(혹은 양심)과 지성을 갖고 있다는 것이다. 달리 말하면 인간은 다른 동물에게는 없는 도덕심과 지성을 갖고 있기 때문에 사회를 구성할 수 있다는 주장이다. 창조론의 핵심에 이 같은 인간중심주의가 있다는 것을 간파한 다윈은 이를 타파하기 위해 평생을 바쳤다. 그런데 난해하기 그지없는 본능 문제를 연구해 마침내 해답을 발견해 보니, 그 내용은 곧장 창조론과 인간중심주의의 핵심을 붕괴시키는 것이었다. 다윈은 본능 연구의 이러한 의미를 표면에 내세

우지는 않았지만, 7장 전체의 구조와 내용은 바로 이 주제를 향해 면밀하게 조직되어 있다.[1]

자연신학, 라마르크, 다윈

얘기를 조금만 더 구체화시킨 다음, 「본능」 장으로 들어가기로 하자. 6장에서 다룬 날개와 눈, 그리고 7장에서 다루는 본능은 모두 완벽에 가까운 현상이라는 점에서 닮아 있다. 많은 생물들이 갖추고 있는 완벽에 가까운 구조와 본능. 다윈은 이 두 가지 문제를 무려 6장과 7장, 두 장에 걸쳐서 중요하게 다룬 셈이다. 그것은 이 문제가 그 자체로 중요해서이기도 하지만, 동시에 그것이 자연신학이 맘껏 휘두르던 전가의 보도였기 때문이다. 자연신학자들은 완벽한 구조와 본능이 전지전능하시고 한없이 자비로우신 창조주께서 우리 피조물들에게 선사하신 선물이라고 주장했다. 한편 라마르크로 대변되는 진화론은 이 문제를 어떻게 설명했던가? 완벽한 구조에 대해서는 생물의 진화라는 것 자체가 본래 진보하는 경향이 있다며 목적론에 기댔고, 다양한 본능에 대해서는 습성이 무수히 반복되며 강화되고 그것이 우연히 유전됨으로써 고정되었다고 설명했다. 그렇다면 당대의 박물학자들은 대부분 어떤 입장을 취했는가? 그들은 연구를 거듭할수록 생물들의 본능이 얼마나 완벽한가를 절감했고, 따라서 고도로 발달한 생물들의 본능이 단순한 습성의 반복에 의해

---

[1] 이 세번째 측면과 관련해서는 A. J. Lustig, "Darwin's Difficulties", *The Cambridge Companion to The "Origin of Species"*, eds. Michael Ruse and Rober J. Richards, Cambridge : Cambridge University Press, 2009에서 많은 도움을 받았다.

진화하는 것은 불가능하다고 결론지었다. 그러므로 창조주를 명시적으로 전제하지 않는다 해도, 본능을 타고나는 것이라 보았다는 점에서 이들 또한 근본적으로 창조론자였던 것이다.

그런데 라마르크 식 진화론은 물론 자연신학에도 심각한 약점이 있었다. 따라서 다윈은 우선 이들이 설명해 낸 현상을 마찬가지로 설득력 있게 설명하고, 나아가 그들의 입장에서는 해결 불가능한 문제를 자연선택설에 의해 훌륭히 설명해야 했다. 이 과제를 모두 해결하기 위해 다윈은 혼신의 힘을 기울였고 마침내 답을 찾는 데 성공하였다. 바로 그 순간 라마르크 식 진화론과 자연신학의 설명이 스스로 무너졌고, 동시에 인간중심주의가 땅 속으로 꺼져 버렸다. 다윈 스스로도 소스라칠 만한 일대 사건이었다. 우리는 이제부터 7장의 내용을 하나하나 다룰 터인데, 다윈의 마음속에 들어 있던 이러한 '구도'를 염두에 두고 차근차근 따라가 보기로 하자.

다윈이 문제를 설정한 방식

우선 나는 생명 자체의 기원 문제를 다루지 않는 것과 마찬가지로 정신 능력의 기원에 관해서도 취급할 생각이 없다는 것을 미리 밝혀 두고자 한다. 우리는 단지 같은 강에 속하는 동물들의 본능 및 그 밖의 다양한 심리적 성질에만 관심을 가질 것이다.(p. 207)

우리는 꿀벌이 본능에 따라 정교한 집을 짓는 것을 볼 때, 대체 저 본능은 어디서 생겨난 것일까 한없이 신비로워한다. 타고난 것인가 아니면 단순한 행동이 무수히 반복되면서 복잡해지고 그것이 후손에게 대대로 이어져 온 것인가? 이런 상황 때문에 우리는 마치 그런 정교한 본능의 기원이 문제의 핵심인 것처럼 착각하고 만다. 바로 이 착각 때문에 모든 게 어그러진다. 그러니 정신차리고 이 첫 순간부터 문제를 바로 보아야 한다. 우리는 짐승이 먹이를 먹거나, 나무가 물을 빨아들이는 현상에 대해서는 대체로 극히 자연스러운 생물의 모습이라고 받아들인다. 우리가 신비스러워하는 본능 현상은 주로 대단히 복잡하고 정교한 것들이다. 꿀벌들이 짓는 벌집을 보라. 우리 '고등한 존재인 인간'이 지으려고 해도 무수한 경험과 고도의 기하학이 필요한 건축물을, 아무런 경험도 없는 벌들이, 완성된 건축물의 형태를 머릿속에 그리지도 않은 채, 모두 다 똑같은 행동을 함으로써 태연히 만들어 내는 것을 도저히 이해할 수 없는 것이다. 다윈은 이런 놀라운 현상의 기원을 직접 밝혀내기보다는, 우리가 흔히 자연스럽게 받아들이는 다른 생물들의 본능적 행동이 이들의 본능적인 행동과 질적으로 연속적인 것임을 밝혀내고자 했다. 아무리 경이로워 보이는 본능 행동도, "같은 강에 속하는 다른 동물들의 본능 및 다양한 심리적 성질"에서 점진적으로 진화할 수 있는 것이라면, 그 신비는 걷힐 것이다. 이 얘기가 좀 얼떨떨하시겠지만, 이후 다윈이 밟아 나가는 과정을 보시면 이게 얼마나 기가 막힌 수순인지 점차 실감하시게 될 것이다.

나는 본능에 대해 정의를 내릴 생각은 없다. 하지만 뻐꾸기가 본능에 따라 이주하고 다른 조류의 둥지에 알을 낳을 때 이 본능이라는 말이 어떤 뜻인가는 누구나 다 알 것이다. 우리 인간이 그것을 하려고 해도 경험이 필요할 행동을, 어떤 동물이, 특히 아주 어린 새끼가 경험도 없으면서 무의식 중에 행할 때, 또한 많은 개체들이 무슨 목적인지도 모른 채 모두 똑같은 행동을 할 때, 우리는 그 행동을 흔히 본능적이라고 일컫는다. 그런데 나는 이러한 본능의 특질 중 그 어느 것도 보편적이지 않다는 것을 보여 줄 수 있다. 피에르 위베 씨가 말했듯이, 자연의 단계상 극히 하층에 위치하는 동물조차도 소량의 판단이나 이성이 때로 작용하고 있는 것이다.(pp. 207~208)

다윈은 우선 본능에 대해 정의를 내리는 대신 상식적인 용법에 준하여 논하겠다고 함으로써 추상적이고 소모적인 논의로 빠져들지 않을 수 있었다. 그리고는 극히 하층에 위치하는 동물조차도 소량의 판단이나 이성(a little dose of judgement or reason)이 작용한다는 단서를 단다. 비록 한 문장에 불과하지만 이것은 매우 중요한 대목이다. 우리는 흔히 인간의 정신(이성이나 판단)과 동물의 본능은 어떻게 다른가 묻곤 한다. 그리고 인간의 행동 중에서도 정신이 개입되어 이루어지는 행동과, 본능이 주로 작용하는 행동을 구분하기도 한다. 그러나 철두철미한 진화론자 다윈에게는 본능과 정신 사이에 어떤 심연도 없었다. 양자는 모두 정신능력이 정도의 차이를 보이는 것에 불과하다. 뭐라고? 하등하기 그지없는 동물들에게도 정신적인 능력이 있단 말이야? 본능과 정신능력 사이에 질적인 차이가 없다구? 다윈은 자신의 수상이 사실임을 일마든지 "보여 줄 수 있었다". 그러나 피에르 위베를 빌려 "자연의 단계상 극히 하층에 위치하는 동물조차도 소량의 판단이나 이성이 때로 작용하고 있다"는 한마디만을 적어 두었다. 이것 역시 다윈이 방대한 사실 자료를 수집하고 있었지만 『종의 기원』에서는 그것을 모두 드러낼 수 없었기 때문이다. 다윈은 섣불리 두세 가지 사례를 제시해 보았자 더 많은 반론과 의구심을 살 뿐이라는 걸 너무나도 잘 알고 있었다.

피에르 위베도 비슷한 얘기를 했다는 데서 알 수 있듯이, 다윈의 이런 생각은 영국이 전통적으로 감각주의적 인식론(sensationalist epistemology)을 갖고 있었다는 점과도 관련이 있다. 그에 반해 대륙에서는 동물을 영혼이 없는 기계라고 보고 있었다(데카르트는 개가 영혼이 없는 기계이므로 발로 차도 고통을 느낄 수 없다고 말한 바 있다). 물론 대륙 학자들이라고 해서 모두 데카르트의 길을 따르지는 않은 것처럼, 영국의 학자들도 모두 하나의 입장을 취한 것은 아니었다. 어쨌거나, 둘 중에서 현대의 과학 정신에 더 부합하는 쪽은 동물을 영혼 없는 기계로 보는 입장 쪽이었다. 반면 동물에게도 어느 정도 자유로운 행동이 가능하다고 본 학자들은 동물의 그런 능력이 창조주에 의해 주어진 것이라 믿었다. 독자 여러분이라면 어느 쪽을 택하시겠는가? 글쎄, 동물을 영혼 없는 기계로 보는 입장도 썩 내키진 않지만, 그렇다고 해서 동물의 다소나마 자유로운 행동능력을 창조주에 의해 주어진 것으로 보는 입장도 받아들이긴 그렇고…… 흠…… 다윈은 어땠을까? 지금 당신이 고민하는 것과 비슷한 고민을 했다. 그리고 기존 학자들과 전혀 다른 제3의 길을 열었다. 동물의 생각하는 능력에 대해 심오한 통찰을 하면서도 창조주를 전혀 필요로 하지 않았으니 말이다. 그는 또한 인간과 동물의 정신능력에는 정도의 차이만 있지 종류의 차이는 없다고 믿었다. 그러므로 다윈은 학자들이 주장하는 본능에 대한 특질들 중 "그 어느 것도 보편적이지 않다는 것을 보여 줄 수 있다"고 말할 수 있었고, 이 주장을 『종의 기원』이후 다른 저작들을 통해 충분히 입증하였다. 우리는 그 중 한 권을 통해, 『종의 기원』을 출간하던 시점에 다윈이 이미 품고 있던 생각이 무엇이었는지 더듬어 보기로 하자.

우리가 볼 책은 다윈이 사망하기 일 년 전인 1881년에 출간한 생애 마지막 작품 『지렁이의 작용에 의한 옥토(沃土)의 형성 및 그 습성의 관찰』(이후에는 『지렁이와 땅』이라 부르겠다)이다. 대학자의 마지막 작품치고 참으로 초라한 주제다. 지렁이와 땅이라니! 우리는 흔히 "지렁이도 밟으면 꿈틀한다"느니, "땅을 파면 돈이 나오냐 쌀이 나오냐" 같은 말들을 한다. 그만큼 지렁이나 땅이 하찮고 가치없는 존재들이라는 말일 것이다. 그러나 다윈은 이런 미미한 생물과 심지어 생명이 없는 흙에게까지 한없이 따스한 애정을 품었다. 좀더 정확히 말하면 지렁이에 대한 관심은 그의 어린 시절부터 죽을 때까지 일생 동안 계속되었다.

어린 시절 다윈은 종종 외갓집에 머물곤 했다. 그러던 어느 날 조시아 삼촌은 어린 찰스에게 땅을 뒤적여 보라고 했다. "그리고 지렁이들의 행동을 관심 있게 지켜보게 했다. 그것은 그가 결코 잊을 수 없는 순간이었다. 비글호 항해에서 돌아와 다윈이 지질학회에서 동료 과학자들에게 발표한 첫번째 논문 중 하나도 바로 '옥토 형성에 관하여'였다. 그는 계속 그 주제에 관심을 가져 40년 동안 자료를 수집, 기록하고 실험했다."[2] 70세 생일이 다가오던 어느 날 그는 자신의 인생도 이제 서서히 저물고 있다는 걸 깨달았다. 그리고 연구해 온 주제 중 아직 책으로 출간하지 못한 것 하나를 떠올렸다. 다윈은 오래된 노트를 꺼내며 그 옛

---

2) 시릴 아이돈, 『찰스 다윈』, 김보영 옮김, 에코리브르, 2004, 270쪽.

날 어린 시절로 돌아가 그토록 사랑하던 지렁이와 땅이라는 주제 속에 몰입했다. 다윈은 71세 때 쓴 자서전에서 이 사정을 소박하게 밝혀 놓았다.

> 지금(1881년 5월 1일) 『지렁이와 땅』이라는 작은 책의 원고를 인쇄소에 보냈다. 이 주제는 그다지 중요한 것은 아니어서 독자들의 흥미를 끌 수 있을지 모르겠다. 하지만 내게는 재미있는 주제였다. 이는 40년 전 지질학회에서 발표한 짧은 논문을 완성한 것으로 옛 시절의 지질학적 사고를 되살려 주었다.[3]

책은 출간 후 2년도 안 되어 8,000부가 팔려 나갔고 많은 독자들이 지렁이와 땅을 생태적으로 바라보도록 인도해 주었다. 다윈이 치열한 생존경쟁에만 눈먼 사람이라는 막연한 인상은 얼마나 편협한 것인지! 이 감동적인 책에서 지렁이들은 땅속을 이리저리 헤집고 다니면서 흙을 먹고 똥을 싼다. 그리고 아래쪽의 흙을 표층으로 밀어 올린다. 이것이 바로 비옥한 토양이 만들어지는 과정이다. 그러니, 땅이란 건 아무 생명도 없는 '환경'이 아니었다. 반대로 구슬땀을 흘리면 온갖 곡식들이 자라나도록 하나님이 조성해 놓은 보물창고도 아니었다. 그게 어떤 창조주에 의해서 조성된 것이라면, 그 창조주는 지렁이를 비롯한 수많은 벌레들이었다. 다윈의 말을 들어 보라.

---

3) 찰스 다윈, 『나의 삶은 서서히 진화해왔다』, 이한중 옮김, 갈라파고스, 2003, 165쪽.

쟁기는 인류의 가장 오래된 발명품이자 가장 가치 있는 것 중 하나다. 그러나 사실은 인류가 출현하기 훨씬 이전부터, 땅은 지렁이에 의해 끊임없이 경작되어 왔고, 지금도 경작되고 있다. 이렇게 하등한 체제를 가진 동물로서, 세계의 역사에 이토록 중요한 역할을 수행한 존재가 또 있는지 의심스러울 정도다.

땅은 단순히 주어진 조건이 아니라, 지렁이를 비롯하여 셀 수 없이 많은 생물들과 무생물적 조건들이 다차원적인 상호작용을 한 결과다. 생명 세계를 전체적인 시야에서 본다면 인간의 쟁기질도 그런 생물들의 활동 중 하나인 것이다. 문화(culture)가 경작활동(cultivate)의 산물이라면, 인간과 더불어 많은 땅속 생물들과 무생물적 조건들이 모두 문화의 생산자라 해야 할 것이다.[4] 이 책 이야기를 하자면 또 한이 없을 테니, 아쉽지만 여기서는 스티븐 제이 굴드가 멋지게 요약한 글에서 우리의 주제와 관련된 대목만을 발췌해 보기로 하자.[5]

다윈은 지렁이가 나뭇잎이나 다른 물체를 끌어들여 터널 입구를 막는 데 주목하였다. 그는 지렁이가 나뭇잎 중 어느 부분을 집어서 터널 안

---

[4] 제임스 B. 나르디, 『흙을 살리는 자연의 위대한 생명들』, 노승영 옮김, 상상의숲, 2009에는 지렁이를 비롯해 수많은 생물들이 땅속에서 어떻게 활동하고 그 결과 어떤 놀라운 일이 생기는지 상세히 그려져 있다.

[5] 1985년에 『지렁이와 땅』의 원판을 리프린트해서 출간한 책(Charles Darwin, *The Formation of Vegetable Mould, Through the Action of Worms, with Observations on Their Habits*, Chicago: University of Chicago Press, 1985)에 스티븐 제이 굴드는 서문을 달아 다윈의 지렁이 연구를 멋들어지게 상찬했다. 나는 이것을 『지렁이와 땅』 일역판에서 보았다. チャールズ·ダーウィン, 『ミミズと土』, 平凡社, 2004, 206~311쪽.

으로 끌어들이는가를 조사하기 위해 교묘한 실험을 하였다. 지렁이가 이 물체들을 다루는 방법을 통해 지렁이의 지능이 어느 정도인지를 추측하려 한 것이었다. 그는 우선 지렁이가 잎을 아무렇게나 끌어당기는 건 아님을 보여 주어야 한다고 생각했다. 그래서 실험과 관찰을 통해 지렁이가 물체의 어느 부분을 끌어당기는지를 세 가지 범주(첨단부, 중앙부, 기부基部)로 나누어 기록했다. 그 결과 지렁이는 통상적으로 끌어당기기 쉬운 첨단부를 선호하지만, 첨단부 쪽을 끌어당기기 어려운 나뭇잎의 경우에는 다른 부분부터 우선 끌어당긴다는 사실을 발견했다(석남石南의 잎은 기부 쪽이 첨단부보다 좁은 경우가 많다. 지렁이는 석남의 잎 중 66%를 기부부터 끌어당겼다).

[보통 과학자들이 그리하듯이] 지렁이에게 판단력을 부여하지 않고도 이런 현상을 설명하는 방법들을 검토해 보자. 첫번째 방법은 지렁이가 시행착오를 통해 가장 쉬운 해결책을 선택한다고 보는 것이다. 하지만 다윈은 첨단부부터 '올바르게' 끌어당겨진 잎의 대부분은 다른 방식을 시도한 후 포기된 것이 아님을 보여 주는 실험을 했다. 두번째 방법은 지렁이는 단순하고 자동적이며, 유전적인 본능에 의해 '최선의' 방식으로 작업하는 것이라고 설명하는 것이다. 다윈은 이런 설명 또한 기각하였다. 지렁이가 서식하는 땅에 자라고 있는 잎이나 물체(다윈은 종잇조각을 오려서 놓아 보기도 했다), 혹은 매우 이상한 형태의 잎을 사용해 몇 가지 실험을 해본 결과, '가느다란 끝을 우선 끌어당긴다'는 단순한 본능적 규칙으로는 설명할 수 없는 증거들이 있었기 때문이다. 다윈은 "지금까지 기술해 온 방법으로 행동한 지렁이의 선조가, 전혀 알지 못하는 외국산 식물의 잎이나 이상한 물체에 관해서까지 본능을 발달시켰다

고는 믿기 어렵다"고 했다.

만일 지렁이가 잎을 현명하게 고르는 방식이 시행착오의 결과도 아니고 자동적인 본능 덕분도 아니라면, 예상 외의 매력적인 결론이 우리를 기다리고 있다고 다윈은 추론한다. 그것은 지렁이가 나름대로의 지능을 갖고 있다고 결론내리는 것이다. 지능이란 여러 가지 중 하나를 골라낼 수 있는 선별능력이라고 정의되지 않는가! 지렁이는 잎을 골라내는 행위를 통해 지능의 정의에 훌륭하게 부합하는 능력을 보여 주었다.

이상의 과정을 거쳐 다윈 샘 가라사대,

만일 지렁이가 물체를 끌어당기기 전에 혹은 터널의 입구를 막기 전에, 물체를 어떤 식으로 끌어당기는 게 가장 좋을지를 판단할 수 있다면, 지렁이는 그 형태에 대해 어떤 개념을 갖고 있어야만 한다. 이러한 개념은 아마도 지렁이가 촉각기관의 역할을 하는 몸의 첨단부를 물체의 다양한 측면에 접촉함으로써 획득할 것이다. …… 만일 지렁이가 어떤 물체의 형태나 터널의 형태에 대해 조야하나마 어떤 개념을 형성할 능력이 있다면, 지렁이에게 지능이 있다고 할 수 있다. 왜냐하면 지렁이는 동일한 환경에 처한 인간과 거의 동일한 방식으로 행동을 하기 때문이다. …… 사람들은 누구나 그런 일은 있을 수 없다고 생각할 것이다. 그러나 그런 결론에 대해 자연스레 일어나는 불신감을 상쇄할 만한 지식을 하등동물의 신경계에 대해 우리가 갖고 있는지는 의심스럽다.[6]

6) ダウィン, 『ミミズと土』, 302~304쪽.

보통 가장 하등하다고 평가하는(즉 무시하는) 지렁이에게도 근본적인 의미에서의 판단능력, 즉 지성이 있으니 다른 모든 생물은 어떻겠는가! "자연의 단계상 극히 하층에 위치하는 동물조차도 소량의 판단이나 이성이 때로 작용하고 있다"는 말은 싸구려 감상이나 아무렇게나 내뱉은 말이 아니었다. 본능에 대해 다윈이 갖고 있던 생각과 이미지를 나름 살펴보았으니, 다시 『종의 기원』으로 돌아가자.

"라마르크, 꼼짝마랏!"

프레데리크 퀴비에와 옛날의 몇몇 형이상학자들은 본능을 습성에 견주었다. 이 비교는 본능적 행위가 이루어지는 바로 그 당시의 심적인 상태에 대해서는 정확한 개념을 주지만, 본능이 어떻게 생겨났는지에 대해서까지 그런 정확한 개념을 주지는 못한다.(p. 208)

본능과 습성을 어떻게 구별해야 하는지는 복잡하며 종종 뒤섞이기까지 한다. 다윈은 양자가 실행되는 양태만 보면 구별하기 어려울 때가 많지만, 본능과 습성은 기원에 있어서 크게 다르다는 점을 분명히 하였다. 다윈의 화살이 라마르크를 정면으로 겨냥하고 있다는 게 분명히 드러나는 대목이다.

습관적 행동이 유전된다고 가정하면, 본래 습성이었던 것과 본능과의 유사성은 구별할 수 없을 만큼 밀접해진다. 모차르트가 세 살 때 '거의'가 아니라 '전혀' 연습을 하지 않고 피아노로 어떤 곡을 연주했다면, 그는 정말로 본능적으로 연주했다고 말해도 좋을 터이다. 그러나 수많은 본능 대부분이 습성을 통해 한 세대 동안에 얻어지고, 그것이 유전에 의해 다음 세대로 전해졌다고 상상한다면 그것은 심각한 오류일 것이다. 꿀벌이나 개미떼에게서 볼 수 있는 더없이 놀라운 본능들이 습성에 의해 획득된 것이 아니라는 것을, 나는 분명하게 증명할 수 있다.(p. 209)

흠…… 얘기가 무지하게 어려워지네! 본능이 습성과 똑같지도 않고, 습성이 유전되어 본능화된 것도 아니라면, 결국 처음부터 갖고 태어나는 것일 수밖에 없지 않은가? 그렇게 되면 실질적으로 창조론으로 이어질 텐데……. 실제로 영국의 많은 학자들이 바로 이 길을 걸었다. 이렇듯 다윈 앞에는 라마르크가 간 길과 동시대 영국 학자들이 가고 있던 길이 있었다. 그 어느 쪽도 택할 수 없는 그는 결국 길 없는 곳에 전혀 새로운 길을 내기로 마음먹었다(대체 어떤 해결책일까?).

생물이 현재의 생활상태하에서 살아가는데, 본능이 신체 구조와 마찬가지로 중요하다는 사실은 누구나 인정할 수 있을 것이다. 그리고 그런 생활조건이 변했을 경우 본능의 경미한 변화가 그 종에게 유리할 수 있다는 것은 최소한 가능한 이야기일 것이다. 만약에 본능이 조금이라도 변화 가능하다는 것을 증명할 수 있다면, 나는 자연선택이 본능의 변이를 이익이 되는 한에서 보존하고 끊임없이 축적해 간다는 것에 대해 어떤 곤란도 없다고 생각한다. 내가 믿는 바로는, 지극히 복잡하고도 신기한 본능은 모두 이와 같이 해서 생겨난 것이다.(p. 209)

우리는 놀라운 본능이 주어진 것인지, 후천적으로 획득된 것인지 궁금해 한다. 그런데 다윈은 우선 본능이 변화할 수 있다는 점에 주목하였다. 그리고 그것이 자연선택에 의해 보존되고 축적되어 새로운 본능이 생겨난다는 식으로 논의를 이끌고 있다. 눈치채셨겠지만, 이것은 다윈이 종의 기원에 대해서 논의하던 방식과 동일하다. 우리는 무의식 중에 종이나 본능이 불변한다고 가정하기 때문에, 그것이 아득한 옛날에 어떠했는지를 밝혀내야만 한다고 생각한다. 그래가지고는 창조론자든 진화론자든 감당할 수 없는 신비의 바다에서 헤맬 수밖에 없다. 그러나 만일 종이나 본능이 변화하는 것이라면, 우리는 새로운 종이나 새로운 본능이 어떻게 생겨나는지를 물을 수 있다. 그리고 그것이야말로 우리가 과학적인 방법에 의하여 연구하고 검증할 수 있는 내용인 것이다. 헌데 다윈이 방금 말한 내용은 자기가 앞서 비판한 두 입장과 뭐가 다른 거지?

신체적 구조가 어떤 습성, 즉 사용에 의해 변화하고 또 불용에 의해 감소되거나 상실되듯이, 본능도 똑같으리라고 나는 믿는다. 그러나 여러 사례를 볼 때 본능에 저절로 일어나는[7] 변이에 대해 습성의 효과는 자

---

7) 초판에서는 accidental이라고 썼다가, 5판에서 spontaneous로 고친다. 이 두 단어를 강하게 대비하자면 accidental은 변화의 원인이 외부에 있음을 함축하고, spontaneous는 내부에 있음을 함축한다. '본능에 저절로 일어나는 변이'를 '본능의 자발적 변이'라고 옮길 수도 있겠다. 다윈이 용어 선택에 고심한 이유는 이 변이가 외부의 원인에 의해 수동적으로 발생하는 것도 아니지만, 스스로의 의지에 의해 발생하는 것도 아니라고 생각했기 때문이다. 아울러 다윈이 우연히 일어나는 사태는 없다는 점에서 우연에 반대했고, 처음 주어진 조건에 의해서 이후 과정이 확정되지는 않는다는 점에서 필연에 반대했다는 점도 주목할 필요가 있다(우리는 5장의 '원인과 불확정성' 대목에서 원인과 결과의 불확정적 관계에 대해 이야기한 바 있다). 실제로 극단적 우연론은 필연론과 동일해진다.

연선택이 미치는 효과에 비하면 대체로 부차적일 뿐이다. 여기서 본능에 저절로 일어나는 변이라는 것은, 신체적 구조의 경미한 편차를 생겨나게 하는 것과 마찬가지로 미지의 원인(unknown causes)에 의한 것을 가리킨다. 결국 복잡하고 정교한 본능은 경미하고 유용한 수많은 변이가 서서히 축적되어 형성되는 것이다.(pp. 209~210)

종의 기원에 대해 설명했던 것과 동일한 논법이다. 그럼 이제 구체적으로 이 설명이 어떤 설명력을 발휘하는지 보도록 하자. 아무리 훌륭한 논법이라도 자연현상을 실제로 설명할 수 없다면 무의미하니까.

앞에서 다윈은 본능이 왜 변하는지는 실증적으로 알 수 없지만 어쨌거나 생활조건의 변화와 관련된 것으로 귀착시켰다. 이 주장에 대하여, 생활조건이라는 게 그렇게 쉽게 바뀔 수 있겠느냐는 반론과 우리가 알 수는 없지만 만물은 끊임없이 변화한다며 옹호하는 입장이 있을 수 있다. 물론 세상 만물은 끊임없이 변화하므로 생활조건도 계속 변할 수밖에 없다. 그렇지만 이렇게만 말하자니 좀 막연하다는 느낌을 지울 수가 없다. 실제로 다윈은 그렇게 막연한 것에만 의존하지 않고 좀더 나아갔다.

때때로 본능의 변화는 같은 종이 일생의 다른 시기에, 혹은 1년 중의 다른 계절에 또한 갖가지 다른 환경 아래 처했을 때, 서로 다른 본능을 가짐으로써 용이해질 수도 있다. 이러한 경우 그 중 어떤 한 가지 본능이 자연선택에 의해 보존될 것이다. 나는 자연계에 살고 있는 같은 종 안에서 본능이 얼마나 다양한지에 대해 증명할 수 있다. 유럽과 북미를 제외하고는 동물의 본능이 거의 관찰된 바가 없으며, 또 멸종된 종의 경우에는 본능을 전혀 알 수 없는 데도 불구하고, 지극히 복잡한 본능으로 이끄는 여러 단계들을 널리 발견할 수 있다는 사실은 나를 계속 놀라게 했다.(p. 210)

이처럼 다윈은 자연계를 면밀히 관찰함으로써, 같은 종이라도 다양한 본능을 보이고 있다는 것, 그리고 본능 중에도 극히 단순한 것에서부터 극도로 복잡한 것까지 다양한 단계가 있다는 것을 발견하였다. 그렇다면 다음 문제는 이런 다양한 본능들이 어떻게 각 생물에게 이로운지를 밝혀내는 것이다. "얼핏 보면 오로지 다른 개체의 이익을 위해서만 행해지는 것으로 보이는 가장 두드러진 예는 진딧물이 자기의 달콤한 분비물을 자발적으로(voluntarily) 개미에게 제공하는 것이다."(p. 210) 그러나 다윈이 여러 가지 방법으로 실험해 본 결과 진딧물이 분비물을 내는 행위는 아마도 그것이 없어지는 게 편리하기 때문이며, "어린 진딧물까지도 이런 식으로 행동하는 것으로 보아 그 행위는 경험의 결과가 아니라 본능적인 것임을 알 수 있었다."(p. 211)

다시 인위선택에 기대는 다윈

자연상태에서 본능이 어느 정도 변한다는 것과 그런 변이가 유전된다는 것은 자연선택과 관련하여 너무 중요한 요소이므로, 나는 여기서 가능한 한 많은 예를 들어야 할 것이다. 그러나 지면 관계상 그럴 수가 없다. 나는 다만 **본능은 확실히 변이한다는** 사실을 확언하는 것으로 그칠 수밖에 없다. …… 예컨대 어떤 적에 대한 공포는 경험에 의해서나 다른 동물이 그 동물을 두려워하는 것을 보고 강해지긴 하지만, 갓 깨어난 새에게서 볼 수 있듯이 본능적인 성질임에 틀림없다. 그러나 이미 다른 데서 말했듯이, 무인도에 사는 여러 동물들의 경우 인간에 대한 공포는 서서히 습득된다. 영국에서는 큰 새가 작은 새보다 인간을 더 무서워하는데, 이는 인간에게 박해를 더 많이 받았기 때문이다. 당연히 무인도에서는 큰 새가 작은 새보다 사람들을 훨씬 덜 무서워한다. 영국에서는 그토록 조심성 많은 까치도 노르웨이에서는 마치 이집트의 까마귀처럼 사람을 두려워하지 않는다.(pp. 211~212)

다윈이 말하는 이미 다른 데란 『비글호 항해기』를 말한다. 그는 비글호 항해 기간 중 이런 현상을 여러 번 경험하는데 예컨대 유명한 갈라파고스 제도에서의 체험도 그 중 하나다. 흉내지빠귀, 핀치, 굴뚝새, 산적딱새, 비둘기, 수리 등, 그곳의 모든 뭍새들은 공통적으로 사람을 무서워하지 않았다. 모자로 잡을 수도 있었고, 나무에 앉은 매를 총구로 밀어 떨어뜨릴 정도였다. 게다가 예전에는 사람에 대한 두려움이 더 없었기 때문에 "모자나 팔 위에도 종종 내려앉는 것들을 산 채로 잡을 수 있었다".[8] 우리가 잘 아는 도도에게도 이와 관련된 슬픈 이야기가 있다. "포르투갈 선원들이 1507년 모리셔스 섬에 도착했을 때, 개체수가 많았던 도도들은 아주 유순했고, '신뢰한다'고밖에 볼 수 없는 방식으로 선원들에게 다가왔다. 그들이 신뢰하지 않을 이유가 있을까? 수천 년

---

8) 찰스 다윈, 『비글호 항해기』, 권혜련 외 옮김, 샘터사, 545~546쪽.

동안 그들의 조상들이 한번도 포식자와 마주친 적이 없었으니 말이다. 슬프게도 그 신뢰가 문제였다. 불운한 도도새들은 포르투갈 인들에게, 나중에는 네덜란드 인들에게 곤봉으로 맞아 죽었다." 이러한 "살육과 다른 간접적인 영향들이 겹쳐짐으로써" 도도새는 2세기도 채 되지 않아 멸종했다. "분류학의 아버지인 린네는 잔인하게도 이 새에게 디두스 이넵투스(Didus ineptus)라는 이름을" 붙였다. "도도라는 이름은 어리석다는 뜻의 포르투갈 어에서 유래"한 말이다.[9] 신뢰를 어리석음으로 번역하는 생물종은 과연 얼마나 현명한 것일까? 아무튼 다윈은 이때의 경험을 통해 새가 인간을 슬슬 피하는 본능이 어디나 똑같지는 않다는 사실과 본능이 비교적 아주 짧은 기간 안에도 바뀔 수 있다는 사실을 알게 되었다.

> 자연상태에서 태어난 같은 종의 여러 동물들이 일반적 성향에 있어서 극도로 다양화되어 있다는 것과 관련하여 나는 수많은 사실들을 제시할 수가 있다. 야생동물의 기묘한 습성에 대해서도 몇 가지 예를 인용할 수 있는데, 이 습성이 만일 그 종에게 유리한 것이라면 자연선택을 통하여 새로운 본능을 발생시킨 것인지도 모른다. 그러나 나는 이와 같은 상세한 사실을 들지 못하는 일반적 서술로는 독자들의 마음에 희미한 효과밖에 남길 수 없다는 것을 잘 알고 있다. 나는 중요한 증거가 없이는 말하지 않는다는 나의 단언을 되풀이할 수밖에 없다.(p. 212)

---

9) 리처드 도킨스, 『조상 이야기』, 이한음 옮김, 까치글방, 2005, 308쪽.

다윈은 비글호 항해 기간부터 시작해서 평생 동안 너무나 놀라운 사실들을 많이 관찰하였다. 그리고 그 앞에서 기존의 생각이 얼마나 무력하고 편협한 것인지도 절감했다. 게다가 새로운 사상을 갖게 된 뒤로는 이미 알고 있던 사실들도 전혀 다르게 볼 수 있었다. 그 결과 다윈의 자연은 다른 사람들이 알고 경험하는 자연과 전혀 다른 게 되어 버렸다. 자연선택설을 독자들에게 충분히 이해시키기 위해서는, 다윈 자신이 경험하고 또 새롭게 해석한 자연의 수많은 사례들을 모두 제시해야만 했다. 새로운 자연관에 새로운 학설(자연선택설)이 결합해야만 했던 것이다. 그러나 그럴 수가 없지 않은가! 여러분은 「머리말」에서부터 지금까지 다윈이 "여기서는 자료를 충분히 제시할 수 없다"고 말하는 걸 지겹도록 들어 왔다. 그나마 내가 여러분을 배려하여 최대한 그 표현을 뺐는데도 이 정도다.

다윈은 이 대목에서도 너무나 안타까운 마음을 금할 길이 없었다. 이집트와 영국과 무인도의 새가 얼마나 다른지를 말하고, 이미 『비글호 항해기』에서도 말했다고 상기시키는 것 정도로는 택도 없었다. 본능이 확실히 변이한다는 것에 대해 "많은 사실들을 상세하게 설명하지 않고 이같이 개략적으로 말하는 것 가지고는 독자들의 마음에 희미한 효과 밖에 주지 못한다는 것을 나는 잘 알고 있다"라고 말한다. 다윈은 더 이상의 미련을 버릴 수밖에 없었다. 그런 그가 다시 기댈 곳은 누구나 잘 알고 있는 사육동물, 즉 가축들뿐이었다. 다윈이 1장을 사육재배하의 변이로 시작하고, 『종의 기원』의 곳곳에서 가축과 작물들에 기댄 것은 이러한 상황이 낳은 고육지책이기도 했다. 자, 우리의 가축들에게로 가 보자.

가축의 본능, 그 기원과 상실

자연상태하에서 본능이 변이할 수 있고 또 유전될 수 있다는 것, 그리고 실제로 그러하다는 것은 사육동물들의 몇 가지 사례를 간단히 고찰함으로써 충분히 이해할 수 있다. 여기서 우리는 습성 및 우발적 변이의 선택과정이 가축의 심리적 성질을 변화시키는 데 뚜렷한 역할을 해내는 것을 볼 수가 있다. 사육동물의 정신적 특질이 얼마나 많이 변이하는가는 잘 알려진 사실이다. 고양이만 봐도 어떤 놈은 집쥐를 잡고, 또 어떤 놈은 생쥐를 잡는다. 그리고 이런 경향은 유전된다고 알려져 있다. 여러 가지 기질이나 기호, 나아가 극히 기묘한 버릇까지가 어떤 정신상태나 어떤 시기와 결합하여 유전된다는 진기하고 믿을 만한 여러 가지 사례를 들 수가 있다.(pp. 212~213)

그러나 여기서는 우리에게 친근한 개의 여러 품종을 예로 들기로 하자. 어린 포인터는 처음 사냥에 데리고 나갔을 때부터 사냥감의 위치를 알린다든가, 다른 개들을 도와준다. 이것은 의심할 여지가 없는 사실이며 나도 직접 뚜렷한 실례를 본 적이 있다. 레트리버는 잡은 짐승을 찾아오는 능력을 어느 정도까지는 유전받았고, 셰퍼드는 양 떼에게 덥석 달려들지 않고 그 주위를 뛰어다니는 행동 경향을 유전받았다. 어린 동물이 경험도 없이 하는 행동, 게다가 어느 개체나 거의 똑같이 하는 행동, 또한 각 품종이 목적도 모르고 열심히 기뻐하며 하는 행동(어린 포인터가 주인에게 협력하고 있다는 사실을 모른 채 사냥감의 위치를 알리는 행동은 배추흰나비가 그 이유를 알지도 못한 채 양배추 잎에 알을 낳는 행동과 다를 바가 없다), 이런 행동들이 진정한 본능과 본질적으로 다른 것이라고는 생각할 수 없다. 어떤 이리는 전혀 훈련을 받지 않았음에도 사냥감 냄새를 맡자마자 동상처럼 부동 자세를 취하고 있다가 특유의 걸음걸이로 천천히 앞으로 기어간다든가, 또 다른 종의 이리가 사슴 무리에 덤벼들지 않고 주위를 뛰어다니거나 그 무리를 먼 곳으로 몰고가는 것을 볼 때, 우리는 이런 행동들은 본능적인 것이라 확언할 수 있다.(p. 213)

야생에서는 없던 본능이 사육하에서 발생했다는 것은 그렇다 치고, 과연 사육된 본능은 유전된다고 할 수 있을까?

서로 다른 품종의 개들을 교배시켜 보면 이처럼 사육된 본능들이 얼마나 강하게 유전되고, 또 얼마나 신기하게 뒤섞이는지 잘 드러난다. 불독과 단 한 번 교배한 그레이하운드는 이후 몇 세대 동안 용기와 고집불통을 나타냈으며, 어떤 셰퍼드는 그레이하운드와 한 번밖에 교배되지 않았는데도 그의 전 가족에게는 산토끼를 사냥하는 경향이 나타났다. 예컨대 르 루아는 늑대를 증조부로 둔 어떤 개에 대해 기술한 바 있는데, 이 개는 단 한 가지 점에서, 즉 부름을 받았을 때 곧장 주인에게 오지 않는 점에서 야생 조상의 흔적을 나타냈다고 한다.(pp. 213~214)

물론 이런 주장에 대해서는 얼마든지 비판이 가능하나.

사육본능은 단지 오랫동안 지속적으로 강제된 습성이 유전되어 성립한 것이라고들 한다. 그것은 사실이 아니다. 어느 누구도 공중제비비둘기에게 공중제비하는 방법을 가르치고자 한 사람은 없었을 것이고, 아마 가르칠 수도 없었을 것이다. 나는 공중제비하는 것을 한 번도 본 적 없는 어린 새가 공중제비하는 모습을 실제로 보았다. 어떤 비둘기 한 마리가 우선 이 기묘한 습성의 경향을 조금 나타내고, 이후 이어진 수많은 후속 세대에서 가장 우수한 개체가 선택됨으로써 오늘날과 같은 공중제비비둘기가 생겨났을 것이다. 글래스고 부근에는 공중제비를 하지 않고서는 18인치 정도의 높이도 날지 못하는 집공중제비비둘기도 있다. 개에게 사냥감을 가리키도록 훈련시키는 것은, 어떤 개가 그런 성질의 경향을 자연적으로 나타내지 않았더라면 누가 생각이나 했겠는가?

사냥감을 가리키는 행위는 먹이에게 달려들려는 준비를 하는 동물의 자세를 지나치게 과장한 것에 지나지 않을 것이다. 그런 경향이 일단 나타나면 뒤따르는 각 세대에 있어서의 방법적 선택과 강제적 훈련의 유전적인 효과가 그런 경향을 완성시켜 나갈 것이다. …… 이리하여 새로운 본능이 나타난다. 한편 이 말은 곧 자연적인 본능이 사육하에서는 상실될 수도 있다는 것을 뜻한다. 여러 품종의 닭이 둥지에 잘 앉지 않거나 전혀 앉지 않는 사례에서 그것을 알 수 있다.(pp. 214~215)

이상의 논의를 통해 우리는 다음과 같은 결론을 얻을 수 있다. 사육하에서 사육본능이 획득되었고 자연본능은 상실되었다고. 그 일부분은 습성에 의한 것이고 또 일부분은 세대를 거듭하는 동안 특수한 심리적 습성이나 행동을 인간이 선택하고 축적함으로써 이루어진 것이다.(p. 216)

본능의 비극?
제 몸보다 큰 뻐꾸기 새끼에게 먹이를 먹이고 있는 오목눈이. 다른 새의 둥지에 알을 낳는 뻐꾸기의 본능은 어디에서 온 것인가? 이 본능은 사악한 것인가? 그 와중에도 남의 자식에게 먹이를 먹이는 오목눈이의 본능은 또 어디서 온 것인가?

아주 특별한 네 가지 사례

이처럼 다윈은 사육동물들의 다양하고 신기한 본능적 행동을, 변이와 유전, 그리고 선택의 메커니즘에 의해 설명하였다. 다윈은 이것으로 어느 정도 워밍업이 되었다고 보고, 이제 자연계의 진짜 문제, 즉 뻐꾸기가 다른 새의 둥지에 알을 낳는 본능, 개미가 노예를 만드는 본능, 꿀벌이 집을 짓는 본능을 다룬다. 그리고 마지막으로 중성불임 곤충의 사례를 다룬다.

이 사례들은 매우 신기하고 놀라운 본능이라는 점에서 당연히 진화론이 과학적으로 해명해야 할 문제였다. 그러나 우리도 쉽게 알 수 있듯이 본능과 관련하여 진화론이 해명해야 할 문제들은 이것 말고도 많았다. 그런 많은 문제들 중에서 다윈이 특별히 이 네 가지 사례를 선택한 이유는 무엇이었을까? 우선 뻐꾸기와 개미의 사례는 당시 자연신학자들이나 자연신학적 관점을 갖고 있던 박물학자들이 해결하지 못해 괴로워한 대표적인 문제들이었다. 다음으로 꿀벌의 사례는 인간중심주의의 강력한 근거를 허물 수 있는 절호의 사례였다. 끝으로 중성불임 곤충의 사례는 습성을 핵심 원리로 하는 당시 진화론(라마르크 포함)을 결정적으로 분쇄할 수 있는 사례였다. 이 네 가지 사례를 모두 자연선택의 원리로 설명하는 데 성공한다면 다윈의 진화론은 생물의 본능 현상을 과학적으로 설명하는 유일한 원리가 될 수 있을 것이었다.

자연신학의 취약점

자연신학은 세상의 놀라운 질서와 아름다움을 내세워 전지전능하고 자비로운 설계자, 즉 신의 존재를 간접적으로 입증했다. 그런데 바로 이런 이론 구조 때문에 '이 세계에 악은 왜 존재하는가'라는 골치아픈 문제가 언제나 따라다녔다. 신학자들은 신정론(神正論, theodicy) 혹은 호신론(護神論)이라는 이름하에, 이런 사악한 현상들을 신의 섭리하에서 설명하려 애썼다. 기근과 죽음은 왜 있으며 이 세상에 온갖 악행은 왜 저리도 넘쳐나는가? 이런 문제는 그나마 인간의 원죄 운운하며 대충 얼버무릴 수도 있었다. 하지만 자연계 곳곳에서 볼 수 있는 사악한 사례들은 대략난감 그 자체였다.

뻐꾸기가 다른 새의 둥지에 알을 낳고, 남의 집에서 알을 깨고 나온 뻐꾸기 새끼는 원래 그 집의 자식인 어린 새끼나 알을 둥지 밖으로 밀어

내 떨어뜨려 버린다. 이것은 그 둥지의 부모 새가 제공하는 모든 자원을 독차지하기 위한 행동이다. 한편 살아 있는 쐐기벌레를 마비시켜 그 몸 안에 알을 낳는 말벌들은 또 어떤가? 그 안에서 부화된 말벌의 유충은 쐐기벌레를 내부에서부터 천천히 파먹으며 나온다. 쐐기벌레의 신경계와 중요 기관들은 최대한 보존해 주는데, 그것은 자기의 식량원을 파괴하지 않기 위해서다. 쐐기벌레는 아마도 그리스도의 수난 못지않은 고통을 겪으며 서서히 죽어 갈 것이다.[10]

대체 쐐기벌레에게 무슨 죄가 있길래 전지전능하시고 한없이 선한 신께서 저런 고통을 허락하신 것일까? 노예를 만드는 개미의 본능은 왜 생겼으며, 또 노예로 잡혀가 종생토록 노역에 시달리는 노예개미에게는 왜 그런 고통을 안겨 주신 것일까? 자연신학자들은 이 문제에 명쾌한 답을 할 수 없었다. 특히 뻐꾸기 새끼나 말벌 유충의 사악한 행동은 그 자신에게는 명확히 이익이 된다는 점이 어려움을 더욱 가중시켰다. "생육하고 번성하라"는 신의 명령을 착실하게 수행하는 게 극도로 혐오스러운 악을 낳는 현상, 거기에 숨어 있는 신의 선하신 섭리는 과연 무엇이란 말인가? 다윈이 1860년 에이사 그레이에게 보낸 편지에서 이렇게 썼다. "이 세상은 너무나 많은 불행으로 가득 차 있는 것 같습니다. 저 자비롭고 전지전능하신 하느님께서 의도적으로 말벌을 살아 있는 몸뚱이 속에서 먹고살도록 창조하셨으리라고는 도저히 믿을 수가 없습

---

10) A. J. Lustig, "Darwin's Difficulties", *The Cambridge Companion to The "Origin of Species"*, p. 121.

니다." 물론 다윈은 『종의 기원』에서 뻐꾸기와 개미의 사례를 자연선택에 의해 명쾌하게 설명할 뿐, 자연신학의 결정적 약점을 공격하고 있다는 속내는 겉으로 드러내지 않았다.

뻐꾸기의 본능

뻐꾸기는 왜 남의 둥지에 알을 낳으며 그렇게 태어난 뻐꾸기 새끼는 어쩌면 그리도 혐오스러운 본능을 갖고 태어나는 것일까? 다윈은 몇몇 박물학자들의 견해에 공감하면서 이야기를 시작한다.

> 몇몇 박물학자들은 남의 둥지에 알을 낳는 뻐꾸기의 본능이, 이 새가 2~3일 간격으로 알을 낳는 데에 직접적인 원인이 있다고 가정하고 있다. 이렇게 알을 낳기 때문에 만약 뻐꾸기가 자기가 낳는 알을 모두 품어야 한다면, 맨 처음 낳은 알들은 얼마 동안 부화되지 않고 그대로 있어야 할 것이다. 그렇지 않으면 출생 시점이 다른 새끼들과 알들이 같은 둥지 속에 함께 있어야 한다. 더구나 뻐꾸기는 매우 이른 시기에 다른 둥지로 옮겨 가는 습성으로 인해 불편함은 한층 더 심해질 것이다. 그리고 처음에 부화한 새끼는 아마도 수컷에 의해 키워져야 할 것이다. 그런데 놀랍게도 이런 상황에 실제로 처해 있는 현생생물이 있다. 바로 아메리카 뻐꾸기다. 이 뻐꾸기는 둥지를 만들고 알과 잇따라 부화한 새끼를 모두 한 둥지에 거느리고 있다. 아메리카 뻐꾸기가 이따금 다른 새의 둥지에 알을 낳는다는 주장도 있고 또 그것을 부인하는 설도 있다. …… 나는 이따금 다른 새의 둥지에 알을 낳는 것으로 알려진 여러

새들의 사례를 몇 가지 들 수 있다.(pp. 216~217)

자! 우리 유럽 뻐꾸기의 고대 조상이 아메리카 뻐꾸기와 같은 습성을 지니고 있으며, 가끔씩 다른 새의 둥지에다 알을 낳았다고 가정해 보자. 만일 이 옛적의 새가 더 일찍 다른 곳으로 이주할 수 있음으로 인해 이익을 얻었거나, 또 앞서 말한 여러 가지 문제 때문에 자기가 직접 기른 새끼 쪽이 부실하고 반대로 다른 둥지의 양어머니가 기른 새끼 쪽이 더 튼튼해졌다면, 이 새끼나 어미새는 다른 것들보다 훨씬 유리했을 것이다. 또 이렇게 길러진 새끼는 유전을 통해 이따금 나타나는 어미새의 습성을 쉽게 따를 것이다. 그리하여 다른 새 둥지에 알을 낳기도 더 쉬워질 것이고 새끼도 훨씬 더 튼튼하게 자랄 것이다. 나는 이런 과정이 지속되어 뻐꾸기의 특이한 본능이 생겨났다고 믿는다. 최근에 확인된 사례는 이 문제와 관련하여 시사하는 바가 크다. 아돌프 뮐러에 따르면 종종 맨땅에서 알을 낳고 품으며 새끼에게 먹이를 주는 뻐꾸기가 확인되었다고 한다. 이러한 보기 드문 사실은 아마도 오래전에 상실했던 둥지짓는 본능이 다시 살아난 예(즉, 조상회귀의 예)일 것이다.(p. 217, 4판부터 6판까지 일부 내용 수정 및 추가)

한편 "갓 깨어난 어린 뻐꾸기는 그의 다른 젖형제들을 밀어내는 본능과 힘과 특유한 모양의 등(背)을 가지고 있다. 이 때문에 그의 젖형제들은 추위와 굶주림으로 마침내 죽어 버리고 만다".(4판 p. 260) 이 기묘하고 밉살스런 본능, 게다가 그런 본능을 실현시키기 위한 특별한 신체구조(특이하게 생긴 등)까지 갖추고 태어나다니! 뻐꾸기 어미와 새끼의 이런 본능과 구조는 과연 선한 것일까, 악한 것일까? 상식적인 사람이라면 이렇게 말해야 할 것이다. 뻐꾸기들이 많이 태어나고 잘 자라는 것은 선할지 모르지만 그 일은 매우 사악한 과정을 통해 실현된다고!

그런 습성과 구조가 가장 잘 발달되어 있는 어린 뻐꾸기는 가장 튼튼하게 자라날 것이다. 이러한 본능은 이해하기 어려울 정도로 기묘해 보이지만, 아마도 맨 처음에는 새끼가 조금 자라 힘이 생겼을 때 단순히 무의식적으로 느끼게 된 불안에서 출발한 것이었을 것이다. 그리고 이런 습성이 개량되어 다음 세대의 더 어린 나이에 전달되었을 수도 있다. …… 신체의 각 부분이 어떤 나이에서든 개체적인 변이를 일으키기 쉽고, 또 그 변이는 그에 상응하는 나이에 유전되는 경향이 있다면, 새끼의 본능과 구조는 어미의 그것과 마찬가지로 틀림없이 천천히 변화했을 것이다.(6판 p. 214)

이 대목에 이어서 다윈은 오스트레일리아 뻐꾸기, 타조, 벌 등의 사례를 가지고, 자연계에는 아주 불규칙하고 부분적인 기생생물부터 유럽 뻐꾸기 수준에 육박하는 엄청난 기생생물까지 살고 있다는 것을 보여 준다. 초보적인 기생생활을 하던 고대의 뻐꾸기 조상이 현재처럼 고도로 발달(?)한 기생생활로 진화하는 일이 전혀 불가능하지 않다는 점을 보여 준 것이다.

뻐꾸기 사례에서 우리는 두 가지에 주목해야 한다. 우선 세상만사를 선한 원리로 설명하려는 자연신학이 악한 현상 앞에서 약한 모습을 보이는 것과 달리, 다윈의 진화론은 그런 선악을 전제하지 않기 때문에 혐오스러운 본능 앞에서 하등의 곤란을 느끼지 않는다. 다만 문제되는 것은 뻐꾸기의 본능과 구조가 어떤 과정을 거쳐 진화되었는지를 밝혀 내는 것뿐이다. 지금 다윈은 논리적인 전개과정과 자연계의 실례를 통해 이 과제를 수행하였다. 두번째로 중요한 것은 구조와 습성의 유전에 대한 대목이다. 여기서 다윈은 사실 라마르크와 다르지 않은 얘기를 하고 있다. 생물들은 이런저런 습성이나 구조를 갖고 태어나며, 살아가면서 획득한 습성과 강화된 구조가 다음 세대로 전달된다. 혐오스러운 행동을 위한 구조와 본능을 뻐꾸기 새끼가 처음부터 갖고 태어나는 것은 이로써 충분히 설명된다. 요컨대 뻐꾸기 사례에서는 자연신학이 설명할 엄두도 못 내는 것을 아무런 어려움 없이 해결하였으되, 라마르크 식 진화론과의 차이점은 드러나지 않은 셈이다.

노예를 만드는 본능

노예개미는 19세기로 막 접어들던 무렵 처음 발견되었고, 이는 당시 유럽 사회에 커다란 충격을 주었다. 인간만이 아니라 개미도 노예제를 운영한다니…… 그게 정말일까? 자연에는 왜 그런 혐오스러운 풍습이 있는 것일까? 반면 이 발견에 크게 기뻐한 자들도 있었다. 당시 노예제도 옹호론자들은 인간들의 노예제도가 얼마나 '자연스러운' 일인지 보라며 의기양양했다. 천박하고 사악한 지들! 하긴 오늘날에도 자연계의 일부 현상을 근거로 자본주의 사회의 착취와 미국의 약소국 침략을 '정글의 법칙'이나 '자연 현상'이라 부르는 자들은 얼마나 많은가! 아니 그 전에, 자연계에서는 일반적이지 않은 생존경쟁 현상을 자연계의 일반원리요 법칙이라고 주장한 자들은 소위 과학자라 자처하는 생물학자들 아닌가? 확고한 노예제도 폐지론자 가문에서 자랐고, 남미 여행길에서 노예제도의 끔찍한 실상을 직접 목격한 다윈은 최소한 이 현상 앞에서 고심하고 또 고심했다.

이 주목할 만한 본능은 포르미카 루페센스(Formica rufescens)라는 개미에게서 처음으로 발견되었다. 이 개미는 절대적으로 노예들에 의존해서 살아가며 만일 노예의 도움이 없으면 1년도 못 가서 멸종할 것이다. 수캐미와 생식력 있는 암캐미는 아무 일도 하지 않으며 일개미, 즉 불임성 암캐미들은 노예사냥에는 매우 열심이지만 다른 일은 하지 않는다. 집을 지을 줄도, 애벌레를 기를 줄도 모른다. 낡은 집이 살기 불편해서 이주를 해야 할 때에도 이주를 결정하는 것은 노예들이며, 실제로 이 노예들이 주인들을 턱으로 물어서 옮겨다 준다. 이 주인들은 전적으로 무력하다. 피에르 위베는 노예를 한 마리도 넣지 않고 이 개미 30마리를 가두어 둔 다음, 가장 좋아하는 먹이 및 (일하도록 자극하기 위해) 애벌레와 번데기를 넣어 주었지만 그들은 아무 일도 하지 않았다. 심지어 스스로 먹는 일조차 하지 못해 굶어 죽는 놈도 많았다. 이에 피에르 위베가 노예인 포르미카 푸스카(Formica fusca)를 한 마리 넣어 주었더니, 이 노예는 곧 일을 시작해 살아남은 개미들에게 먹이를 주어 목숨을 건졌다. 또 방도 몇 개 만들고 애벌레도 돌보는 등 상황 전반을 제대로 잡아 놓았다. …… **만일 우리가 노예를 만드는 '다른 개미들'을 전혀 알지 못했다면** 이토록 놀라운 본능이 어떻게 완성될 수 있었는지 **추측하기 힘들었을 것이다.**(p. 219)

포르미카 상기네아(Formica sanguinea)가 노예를 만드는 개미라는 것도 역시 위베에 의해 처음 알려졌다. 이 종의 습성은 대영 박물관의 스미스(F. Smith)에 의해 관찰되었다. 나는 이들을 신용하지만, 그래도 회의적인 마음으로 이 문제에 다가서려고 노력했다. 노예를 만드는 본능처럼 이상하고 혐오스러운 일이 과연 진실일지 의심한 것은 다들 이해할 수 있을 것이다. 따라서 나는 여기에 나 자신이 관찰한 몇 가지 사실을 좀더 상세하게 진술하고자 한다.(p. 219)

다윈은 노예제가 다른 동물들에게서도 발견된다는 사실에 오래도록 의구심을 품었지만, 『종의 기원』을 출간하기 좀 전에 마침내 노예를 만드는 개미를 직접 발견하고 세심히 관찰할 기회를 얻었다. 평소에 혐오하던 인간의 풍습을 자연에서 관찰한 다윈은 심한 불쾌감을 느꼈다.

나는 이 종의 집을 열네 군데나 파 보았는데, 그때마다 거기서 포르미카 푸스카종의 암컷인 노예 몇 마리를 발견하였다. 이 포르미카 푸스카종의 수컷과 생식력 있는 암컷은 자기들 무리에서만 볼 수 있을 뿐, 포르미카 상기네아종의 집에서는 관찰된 적이 없었다. 노예는 붉은 빛깔의 주인들과 달리 **검은 빛깔**에 크기도 주인의 절반도 되지 않아 얼핏 보기에도 크게 차이가 났다.[11] 집을 약간 흩트려 놓았더니, 노예들은 즉시 밖으로 나와 주인들과 똑같이 무척 흥분해서 집을 방어했다. 집을 좀더

---

11) 노예개미의 색깔이 검다는 사실은 흑인 노예들의 검은 피부를 연상시켰고, 노예제도가 자연의 원리라는 당시 옹호론자들의 주장에 힘을 더해 주었다.

흐트러뜨리고 애벌레나 번데기를 노출시키자, 노예는 주인들과 협력하여 열심히 그것들을 안전한 장소로 옮겼다. 따라서 노예들은 전적으로 자기 집에 있는 것처럼 느끼는 것임에 틀림없었다. 나는 3년간에 걸쳐 6월과 7월에 서리(Surrey)와 서섹스(Sussex)에서 하루에 몇 시간씩 포르미카 상기네아종 개미의 집 몇 개를 관찰해 보았다.(p. 220)

어느 날 나는 요행히도 포르미카 상기네아종이 다른 집으로 이주하는 광경을 목격하였다. 그런데 노예가 주인을 운반하는 포르미카 루페센스종과는 달리, 주인이 턱으로 노예를 물고 조심스럽게 운반하고 있었다. 또 어떤 날에는 노예잡이 개미 스무 마리 가량이 같은 장소를 자주 왔다갔다 하는 모습이 눈에 띄길래 주의깊게 살펴보았는데, 분명히 먹이를 찾아다니는 것은 아니었다. 노예잡이 개미들은 노예종(포르미카 푸스카)의 독립적인 집단에 접근했다가 심한 반격을 받았던 것이다. 노예잡이들은 작은 적들을 끊임없이 죽이고는, 죽은 시체를 먹이로 삼으려고 자기들 집으로 운반해 갔다. 그러나 노예로 기를 번데기는 하나도 얻지 못했다. 그래서 나는 다른 포르미카 푸스카종의 집에서 번데기 덩어리를 파내어 전투 장소에 가까운 노출된 지점에 놓아 보았다. 그러자 폭군들은 번데기 무더기에 맹렬히 달려들더니 앞다투어 물고 갔다. 아마 이 폭군들은 이 싸움에서 자기들이 마침내 승리하였다고 생각했을 터이다.(p. 221)

이와 동시에 나는 똑같은 장소에 다른 종, 즉 포르미카 플라바(Formica flava)종의 번데기 한 무더기를 놓아 두었는데, 아까의 조그만 노란 개미 중 몇 마리는 아직도 부서진 개미집의 파편에 들러붙어 있었다. 포르미카 플라바는 아주 드문 경우를 제외하고는 거의 노예가 되지 않는다. 게다가 이 종은 비록 몸집은 매우 작지만 대단히 용감해서, 나는 이들이 다른 개미들을 흉포하게 공격하는 모습을 본 적도 있다. 내가 포르미카 푸스카의 번데기와 포르미카 플라바종을 같은 장소에 둔 이유는, 포르미카 상기네아가 (자신들이 습관적으로 노예로 삼는) 포르미카 푸스카의 번데기와 (작고 사나운) 포르미카 플라바를 구별할 수 있는지 확인해 보고 싶었기 때문이다. 그들은 이 두 종류를 즉시 구별했다. 그들은 포르미카 플라바의 번데기 근처에 가거나 그 집에서 떨어져 나온 흙만 밟아도 화들짝 놀라며 잽싸게 도망쳤다. 그러나 15분쯤 지나 작은 노란 개미들이 모두 사라지자 용기를 내어 포르미카 푸스카의 번데기를 운반해 갔다.(p. 222)

어느날 저녁 나는 포르미카 상기네아의 또 다른 집단을 찾아갔는데, 포르미카 푸스카의 시체와 많은 번데기를 가지고 귀가하는 개미들을 여럿 발견하였다(포르미카 푸스카가 시체 상태였기 때문에, 나는 이들이 함께 이주하는 게 아니라는 걸 알았다). 전리품을 가지고 오는 개미들의 기다란 행렬 뒤를 약 40야드 정도 쫓아 빽빽하게 자라난 히스 수풀까지 갔는데, 그곳에서 상기네아종 가운데 마지막 한 마리가 번데기를 날라 오는 걸 목격하였다. 그러나 나는 그 무성한 수풀 속에서 짓밟혀 부서진 포르미카 푸스카종의 보금자리를 발견하지는 못했다. 필시 그 보금자리는 그곳에서 아주 가까운 곳에 있었을 터이다. 왜냐면 푸스카종 두세 마리가 극도로 흥분한 채 주위를 마구 헤집으며 돌아다니고 있었으며, 그 중 한 마리는 자기 번데기를 입에 문 채, 약탈당한 자기 집을 뒤덮고 있는 잔가지 위에서 절망적인 모습으로 꼼짝 않고 있었기 때문이다.(pp. 222~223)

상기 네 아종의 본능이 실제 어떤 단계를 거쳐 생성되었는지는 감히 추측해 보려 하지 않겠다. 그러나 노예를 만들지 않는 개미들도 다른 종의 번데기가 집 가까이에 흩어져 있으면 그것을 식량으로 운반해 가는 것을 목격할 수 있기 때문에, **원래는 먹이로 저장된 번데기가 발육하게 되고, 이리하여 뜻하지 않게 사육된 개미가 거기서 자기 고유의 본능에 따라 자신이 할 수 있는 일을 하는 경우가 있을 것이다.** 만일 그들의 존재가 그들을 잡아 온 종에게 유용하면(즉 직접 일개미를 낳는 것보다 밖에서 그들을 잡아오는 편이 더 이익이라면), 원래 먹이로 쓰려고 번데기를 모으던 습성이 자연선택을 통해서 강화되고, 이것이 노예를 기르는 아주 다른 목적을 위해 영구화될 수 있었을 것이다. 이런 본능은 일단 획득되기만 하면(비록 그 유용성이 매우 적을지라도) 자연선택은 그 본능을 증대하고 변화시켜 마침내 루페센스종처럼 비굴할 정도로 노예에 의존해 사는 그런 개미가 형성되었을 것이다.(pp. 223~224)

다윈의 추론에 따르면 노예를 만드는 본능과 노예로 살아가는 본능은 처음부터 존재한 것이 아니었다. 즉 어떤 개미도 주인본능과 노예본능을 갖고 태어나지 않았다. 싸우기도 하고 협동하기도 하면서 자연스럽게 살아가던 와중에 '뜻하지 않은 사건'이 발생하였고 이것이 노예제를 촉발하였다. "원래는 먹이로 저장된 번데기가 발육하게 되고, 이리하여 뜻하지 않게 사육된 개미가 거기서 자기 고유의 본능에 따라" 살아가게 된 것이다. 노예를 만드는 본능이라고 하니까 너무나 불가해하게만 느껴졌지만, "먹이로 쓰려고 번데기를 모으는 습성"이나 어디서 태어났건 제 본능대로 열심히 살아가는 모습은 얼마나 자연스러운 것인가! 뻐꾸기 사례도 마찬가지였지만 본능은 변화할 수 있는 것이다. 그리고 변화된 본능은 자연선택에 의해 강화되어 새로운 본능의 탄생으로 이어질 수 있다. 이때 그 생물은 새로운 본능을 가지고 종전까지와는 "아주 다른 목적"을 수행하게 된다. 먹이를 모으는 본능이 노예를 기르기 위한 본능으로 변화된 것이다. 아마도 이들은 오랜 시간 뒤에는 또 전혀 다른 본능을 획득하게 될지도 모른다. 무수한 생물들이 진화해 온 오랜 역사 속에서 얼마나 많은 본능들이 사라지고 또 새로 획득되었겠는가! 그리고 그때마다 생물들이 행동을 하는 목적은 또 얼마나 자주 바뀌었겠는가!

누가 주인이고 누가 노예인가?

개미와 뻐꾸기의 기이한 본능에 대해, 다윈은 다른 종류의 생물들의 사례와 자연선택 원리를 결합함으로써 훌륭하게 설명해 냈다. 그리고 이것이 다윈 진화론에 어떤 함의를 갖는지도 앞서 살펴본 바 있다. 그런데 이 두 가지 사례는 묘하게도 내게 본능의 문제와는 다른 새로운 생각들을 갖도록 자극하였다. 당신도 어쩌면 읽으면서 비슷한 의문이 일었을지 모르겠는데, 노예개미나 주인개미라는 말이 참으로 기이하지 않은가! 당대는 물론 오늘날의 과학자들도 엄청난 능력을 가진 개미를 노예개미라 부르고, 완전히 무능력한 개미를 주인개미라 부르고 있다. 그리고 어째서 이런 야만적인 노예제가 동물계에서도 시행되고 있는지를 과학적으로 밝혀내려 한다. 그런데 우리는 문제의 출발점에서부터 비합리적인 오류를 저지른 게 아닐까? 상식적인 말의 용법에 따르면, 주인이란 어떤 어려운 상황에서도 자신의 능력을 최대한 발휘하며 살아가는 존재고, 노예란 어떤 상황에서도 수동적으로 살아가는 존재다. 그렇다면 자식을 보살피는 건 고사하고 스스로 먹을 의지와 능력마저 없어져 버린 개미야말로 수동적 노예의 극치가 아닌가? 그런데 왜 우리는 이들을 정반대로 호명하게 되었을까?

역사 이래 인간이 만든 모든 계급 사회에서 주인 위치에 있던 자들은 노동을 거부하였으며 노예들에게만 노동을 강요하였다. 그 결과 주인과 노예는 능력으로 나뉘지 않고 노동을 얼마나 하느냐로 나뉘게 되었다. 이건 오늘날에도 변치 않는 사실이어서, 우리가 어떤 회사에 가보더라도 거기 있는 사람 중에 누가 '노예개미'고 누가 '주인개미'를 금방 구별할 수 있게 된다. 일하기 가장 불편한 복장으로 무기력하게 앉아 있는 자와 옷부터 아예 작업복을 입고 바삐 왔다갔다 하는 자가 첫눈에 구별되지 않는가! 가만히 따져 보면 이런 원리는 우리 사회를 전반적으로 지배하고 있다. 열심히 노동하는 것은 휴일이나 노년에 노동하지 않기 위해서다. 하긴 휴가조차 재충전이라고 부르는 사회니 말 다했다. 학창 시절에 열심히 공부해야 하는 것은 나중에 노동하지 않고 편하게 살기 위해서다. 누군가 말했듯이 인간의 본질인 노동에서 해방될 때에만 인간적인 삶을 산다고 느끼는 기묘한 사태.

이런 사회에서 자라난 과학자들이 "인간적인 너무나 인간적인" 기준을 가지고 주인개미와 노예개미를 구별하게 된 건 그러므로 당연한 일일 것이다. 만일 주인과 노예를 지금까지처럼 노동의 여부가 아니라 능력의 정도로 구별하게 되면, 개미들의 풍경은 전혀 다르게 보일 것이다. 어떤 상황에 처하더라도 자신의 능력을 최대한 발휘하여 삶을 영위하고 또 최대한 남을 돕고 살아가는 포르미카 푸스카는 삶의 진정한 주인이다. 그리고 "비굴할 정도로 노예에 의존해 사는" 포르미카 루페센스는 노예 중의 노예다. 한편 이런 시선하에서라면 정작 궁금하고 또 해명해야 할 문제는 왜 포르미카 루페센스는 저토록 무능력한 삶의 노예로 전락했는가가 아닐까? 만일 이런 시선으로 인간 사회의 현재 모습과 과거 역사들을 바라보면 우리 앞에 어떤 새로운 풍경이 펼쳐질지…… 궁금하지 않은가!

걸식과 자선, 근면-자조-협동

'노예개미'의 출중한 능력, 뻐꾸기 어미와 새끼의 출중한 기생성, 그리고 그것을 아는지 모르는지 잘도 키워 주는 다른 새의 모습, 이것은 우리에게 또 다른 생각거리를 선물한다. 인간 과학자들에게는 이 현상이 너무나 기이하게 보였고, 따라서 과학적으로 해명해야만 하는 '문제'로 비쳐졌다. 물론 그것은 기이한 현상이다. 그러나 이 자연현상을 지나치게 부자연스럽게 느끼는 것은, 우리가 극히 기묘한 사회(즉 인간 사회)에서 태어나고 자랐기 때문이기도 하다. 혹시 여러분은 우리가 요즈음 나와 남, 내 새끼와 남의 새끼를 너무 심하게 구분하고 있다고 느껴 보신 적 없는가?

우리는 지금 지나치게 나와 남을 구별하는 사회에 살고 있다. 이것이 좋다 나쁘다 이전에, 역사적으로 볼 때 이런 구별을 가장 심하게 하는 사회에 살고 있다는 말이다. 이런 사회에 살고 있는 과학자들이 유전자든 소립자든 개체를 기본적인 단위로 삼고 그것을 연구하는 데 매진하는 것은 그러므로 '자연스러운' 일이다. 그러나 앞서 3장에서도 말했듯이 개체는 자연계의 출발점일 수가 없다. 경쟁이고 협동이고 간에 무리 생활이 전제되지 않는다면 개체의 생존부터가 불가능하다. 그리고 더욱 중요한 것은 함께 무리를 짓는 존재들이 같은 종만을 의미하는 건 아니라는 점이다. 60억 인간이 하나도 빠짐없이 협동을 한다 해도 산소를 생산하는 박테리아나 식물이 없으면, 아득한 오래전부터 오늘날까지 계속 땅을 일구어 온 지렁이 등 땅속생물들이 없으면, 물이나 햇빛 같은 선물이 없으면 60억 인구 모두 10분도 채 넘기지 못하고 죽고 말 것이다. 그렇다면 가장 기본적인 출발점은 다양한 종류의 크고 작은 생태계가 아닌가! 동종 생물들도 중요하지만, 그보다 훨씬 더 중요한 것은 다른 종의 생물이나 무생물 조건이 아닌가! 그러므로 모든 생물에게 가장 중요한 능력은 남보다 뛰어난 형질이나 협동정신 이전에 수많은 타자들과 **함께 살아가는 능력**이다.

모든 생물은 태양을 비롯해서 한없이 퍼 주는 온갖 타자들 때문에 살아가고 있다. 그것이 제 이익을 위해서든 다른 존재의 이익을 위해서든, 모든 활동은 기본적으로 탕진과 선물이다. 그 바탕 위에서 경쟁도 하고 협동도 하고 또 다른 활동도 무수히 하며 살아가고 있는 것이다. 그러므로 우리는 모두 걸인이며 또한 선물을 주는 자다. 내가 원치 않아도 우리의 삶 자체가 선물이요, 아무리 뛰어난 능력을 갖고 있어도

99.99%는 기생을 통하여 얻는다. 모든 동식물은 물론이요, 박테리아나 바이러스, 나아가 태양이나 지구가 다 그러하다. 세상 만물이 다양한 것은 퍼 주는 방식과 얻어 먹고, 얻어 입는 방식이 서로 간에 다르기 때문이다.

이런 생각을 한 뒤로 나는 남에게 음식과 옷을 빌리는 것에 대해 좀 다른 생각을 갖게 되었다. 그러고 보니 '근면-자조-협동'이 그동안 내 삶을 얼마나 지배해 왔는지도 선명히 드러났다. 열심히 일해서 스스로 생활력을 확보하고 선진조국 창조를 위해 협동하자는 새마을운동의 모토. 그런 눈으로 볼 때 구걸이란 세상에서 가장 부끄러운 일이다. 또한 스스로 생산을 거부하고 사람들에게 음식을 빌리는 스님들은 가장 죄질이 나쁜 사회적·도덕적 범죄자다. 그런데 이들로 인해 조성되는 탁발은 이런 사회적·도덕적 기준을 여지없이 부숴 버린다. 보시자들은 스님들에게 연민을 느끼지도 않고 주는 자의 우월함도 느끼지 않는다. 보시자와 탁발승은 서로 누군지도 모른다. 언제 또 만날지도 알 수 없고 설령 다른 곳에서 다시 만난다 해도 알아볼 길이 없다. 법문과 음식을 **교환하는 것도 아니다**. 뭔가의 대가도 아니고 언젠가는 돌려주겠다는 약속도 없다. 스님들은, 음식을 마련하려고 열심히 노동했지만 실패한 자들도 아니다. 보시자들이 선해서 그런 것도 아니다. 탁발승이 위대한 수행자인지 아닌지도 알 수 없다. 그저 일방적으로 주고 일방적으로 받을 뿐이다. 그런데 바로 이런 일방적 행위야말로 모든 생물과 무생물들이 날마다 행하는 전형적인 행동이다. 그에 비하면 동등성 원리를 핵심으로 하는 교환은 이런 일방적 선물 행동의 아주 특수한 사회·역사적 형태다.

우리 사회 최고의 미덕은 '자립심에 기반한 상호협동'이다. 그리고 이런 정신을 가장 완벽하게 구현하는 인물 유형은, 시장 좌판에서 시작해 지독한 고생 끝에 모은 몇십 억의 자산을 대학에 기부하는 할머니다. 비생산자를 자처하는 스님들과는 아주 대척점에 있는 유형이다. 그런데 그런 할머니들이 헤쳐 나온 지독한 고생길의 실상은 과연 어떤 것일까? 처음에는 떡볶이 장사나 채소 장사로 시작했겠지만, 그렇게 한푼 두푼 모은 돈이 몇십 억으로 불어나는 과정은 과연 어떤 것이었을까? 이런 생각에 머리가 복잡해지던 내게 『유마경』(維摩經)의 주인공 유마힐은 이런 길을 보여 주었다.

언제 어느 때나 중생을 위한다는 생각으로 걸식해야 합니다. 궁극적으로는 먹지 않기 위해 걸식해야 하며, 사람들의 먹는 데 대한 집착을 없애고 싶기 때문에 걸식해야 하며, 남이 베푸는 음식도 받고자 하기 때문에 걸식해야 합니다.[12]

걸식과 보시는 수행자와 재가자 모두 먹는 데 대한 집착을 없애기 위해 함께 벌이는 활동이다. 그러므로 걸식은 수행자가 수행을 잘 하기 위한 수단이 아니라, 그 자체가 중생을 위한 행동이고 수행자의 수련이다. 생산이든 선물이든, 주는 행동이든 받는 행동이든 집착 없이 행하고 나와 남의 구별 없이 행하는 것, 그것이 아마도 걸식을 통해 도달하고자 하는 바일 것이다. 유마힐은 또 이렇게 말했다. "음식을 베푸는 사람

---

12) 유마힐, 『유마경』, 장순용 옮김, 시공사, 1997, 61쪽. 여기서 "먹지 않기 위해 걸식"한다는 말은 진짜 먹지 않는다는 말이라기보다는 먹는 데 집착이 없다는 말일 것이다.

들은 작은 과보도 없고 큰 과보도 없으며, 이익됨도 없고 손해됨도 없으니, 이는 바로 부처님의 길로 들어가는 것"[13]이라고. 앞서 말한 할머니의 일생이 만일 이런 걸식의 원리에 따른 것이었다면 그것은 가히 깨달음의 과정이었으리라. 그러나 그 일생이 먹고 입는 데 대한 자신과 남의 집착을 줄이는 과정이 아니었다면, 다른 수많은 아줌마들의 지독한 고생길을 생산하는 사회 과정의 반복이었다면 어떨까? 어느 쪽이든 한 가지는 분명하다. 그가 한 고생이나 쾌척한 액수의 크기 자체에는 "작은 과보도 없고 큰 과보도 없다".

우리 근대인들은 일방적 주기와 받기를 너무나 많이 상실했다. 수많은 존재들이 내게 퍼 주고 있다는 사실이나 내가 끊임없이 주는 존재요 또 받는 존재라는 사실조차 잊어버렸다. 남에게 얻어먹고 도움받는 것을 부끄러워하며, 연민과 동정 없이는 남을 돕기 힘들어한다. 그런 우리에게 최고의 도덕은 '자립심에 기반한 상호협동'이며, 그 바탕에는 교환의 원리가 깔려 있다. 그런데 현실에서는 완벽하게 대등한 교환이 불가능하므로, 대차대조표상의 불일치는 끊임없이 우월감과 열등감을 생산한다. 맘 편하게 얻어먹지도 못하고, 맘 편하게 퍼 주지도 못하는 영원한 불안과 초조. 우리는 자립심을 얻는 대신 얻어먹고 퍼 주는 능력을 잃어버렸다. 그런 우리의 눈에 뻐꾸기나 노예개미의 행동은 '도저히 이해할 수 없는' 것이다. 남의 새끼, 심지어 다른 종의 새끼를 키워 주는 새는 멍청하고 기만당한 것으로밖에는 보이시 않는다. 이렇게밖에 느끼지 못하는 우리의 마음이야말로 어쩌면 뻐꾸기나 개미의 본능보다 기

---

13) 같은 책, 62쪽.

이한 것일지 모른다. 생물학자들을 포함해 우리 근대인들은 이 세상 모든 생물과 무생물의 전형적 활동으로부터 얼마나 멀어져 버린 것일까? 개미와 뻐꾸기를 설명하려고 하기 이전에, 그들을 보며 먼저 나 자신에게 질문을 던져 보자.

개체가 아니라 무리이며, 사랑이 아니라 연대다

러시아의 지리학자이자 혁명가였던 크로포트킨(Pyotr Alexeyevich Kropotkin, 1842~1921), 그는 걸작 『상호부조론: 진화의 한 요소』(1902)에서 생물이 이기적이고 개체주의적이라는 생물학(나아가 근대의 모든 학문)의 전제 자체를 날려 버린다. 보통 우리는 서로 뺏고 빼앗기는 것을 동물적인 본능이라고 설정한 다음, 그러나 인간은 진화과정에서 이성과 사회성이 발달했기 때문에 자신의 이기심을 자제하고 서로 협동할 수 있다고 말한다. 크로포트킨은 이와 정반대로 생각했다. 그는 대부분의 동물들이 서로 연대하고 협동한다고 보았다. 인간이 연대하고 협동할 수 있는 것도 무리생활에서 터득한 상호부조의 습성을 아직 잃어버리지 않고 계속 진화시켜 왔기 때문이다. 물론 크로포트킨도 생물들이 살아가는 과정에서 때로 치열하게 투쟁한다는 것쯤은 잘 알고 있었다. 다만 그는 생물의 투쟁과정을 남들보다 좀더 섬세하게 살펴보려고 노력했다. 그는 생물들의 생존투쟁을 첫째, 자연조건과의 관계나 적들 간에 발생하는 종 외적인 투쟁과 둘째, 종 내부에서의 상호경쟁이라는 두 가지 측면으로 구별하였다. 그가 보기에 다윈에게서는 두 가지 측면이 모두 중요했으나 그 후계자들은 주로 두번째 측면만을 강조하면서, 동물들의 사교성이나 사회적 본능의 중요성은 훨씬 과소평가 해 왔다.[14] 그가 『상호부조론』를 쓴 것은 바로 이 두번째 요소를 강조하기 위해서였다. 상호부조 및 상호지지는 동물들에게 있어서만이 아니라 인간의 역사가 발전해 오는 과정에서도 매우 중요한 것이었다.[15]

크로포트킨이 자타공인 다윈의 적자(嫡子)였던 토머스 헉슬리와 『19세기』지를 통해 치열한 논쟁을 벌인 것은 그러므로 당연한 일이었다. 헉슬리는 다윈의 이론을 피상적으로 이해한 대표적인 사상가지만, 바로 그렇기 때문에 가장 대중적인 다윈의 적자일 수 있었다. 반면 크로포트킨은 그런 다윈주의자들을 강력하게 비판하였고, 그러면서 자신의 주장은 다윈의 이론 중 온전히 펼쳐지지 못한 측면을 더욱 발전시킨 것이라고 말했다. 한마디로 다윈과 다윈주의자들 간에는 근본적인 차이가 있다는 말이었다. 다윈주의자들과 다윈, 혹은 크로포트킨 사이에 무엇이 그토록 달랐던 것일까?

헉슬리는 자연이란 생물들이 자기 이익을 걸고 무자비한 투쟁을 벌이는 전장이라고 주장했다. 그에게는 인간 또한 문화에 의해 길들여지지 않으면 이기적이고 개인주의적인 존재에 불과했다. 그러나 크로포트킨은 인간이란 덕과 자비로움을 갖고 태어나지만 사회에 의해 타락하는 존재였다. 그는 이기심이 동물적인 유산이고 도덕성이 문화의 산물이라는 믿음을 받아들이지 않았다. 오히려 협동은 다른 동물과 마찬가지로 인간이 지닌 아주 오래된 동물생활의 전통이었다.[16] 이처럼 크

---

14) 『상호부조론』의 1914년 판 「서문」에서. 표트르 크로포트킨, 『상호부조론』, 하기락 옮김, 형설출판사, 1983, 14~15쪽.
15) 같은 책, 15쪽.

로포트킨과 헉슬리는 정반대의 관점에서 인간의 본성을 파악하였다. 그러나 보다 더 근본적이고 중요한 차이는 크로포트킨이 인간을 개체가 아니라 동물 무리의 한 종류로 여겼다는 점이다.

크로포트킨은 어떻게 이런 통찰을 얻을 수 있었을까? 여기에는, 다윈이 영국의 목가적 자연만을 전부로 알다가 비글호 항해 시, 특히 남미에서 전혀 다른 자연을 체험하면서 사고에 근본적인 전환을 이룩했던 것과 비슷한 사정이 있었다. 크로포트킨은 『상호부조론』의 1902년 초판 「서문」에 이렇게 썼다.

> 나는 젊었을 때, 동시베리아와 북만주를 두루 여행한 적이 있었는데, 그때 가장 인상에 남는 것은 동물생활에서 볼 수 있었던 두 측면이다. 첫 번째는 무자비한 자연에 대하여, 거의 모든 종류의 동물이 맞서지 않을 수 없는 극도로 준엄한 생존투쟁이었다. 자연의 힘이 정기적으로 일으키는 생명의 대량 파괴였다. 그 결과 내가 관찰한 광대한 지역에서 생물의 수는 극히 적었다. 두번째는 동물들이 많이 모여 사는 소수의 지역에서조차, 같은 종에 속하는 동물들끼리 생존수단을 둘러싸고 잔인한 투쟁을 벌이는 장면을 찾아볼 수 없었다는 사실이다(나는 그런 장면을 발견하기 위해 열심히 노력했다). 대다수의 다윈주의자들(다윈의 경우, 늘 그랬던 것은 아니지마는)이 생활투쟁의 지배적인 특징이요, 진화의 중요한 요인이라 간주했던 그 현상을 발견할 수 없었던 것이다. …… 이 같은 사실에서 나는 젊었을 때, 다음과 같은 것을 이해했다. 즉 다윈이

---

16) Philip Appleman(ed.), *Darwin*, New York : W. W. Norton & Co., 2000, p. 518.

'과잉번식에 대한 자연의 통제'라고 부른 것이야말로 자연계에서는 압도적으로 중요하고, 그것에 비하면 생존수단을 둘러싼 동일한 종의 각 개체가 행하는 싸움 같은 것은 여기저기서 어느 정도 있을 수 있기는 하지만, 그리 대단한 것은 못된다는 것을.[17]

인류 사회에 대한 그의 견해도 주목할 만하다.

인류 사회의 기초는 사랑도 아니고 동정도 아니다. 그것은 인간 연대의 의식이다(비록 본능 단계에 불과하다 할지라도). 각자의 상호부조의 실천에서 얻어진 힘을 무의식적으로 알아차리는 것이다. 각자의 행복이 만인의 행복에 밀접히 의존한다는 것, 개인으로 하여금 다른 사람들의 권리를 그 자신의 권리와 평등하다고 생각하게 해주는 정의감 혹은 공평감을 무의식적으로 알아차리는 것이다.[18]

크로포트킨이 맞닥뜨린 자연은 루소의 것도, 홉스의 것도 아니었다. 그는 자신이 발견한 연대 의식이 사랑이나 동정과는 전혀 다르다는 것까지 통찰해 냈다. 그런데 크로포트킨의 주장에는 심각한 문제가 한 가지 있었다. 그는 상호부조나 연대가 생물들에게 얼마나 중요하며 보편적인지는 잘 보여 주었지만, 상호부조나 연대가 어떻게 진화를 일으키는지는 밝혀내지 못했기 때문이다.

---

17) 크로포트킨, 『상호부조론』, 17쪽.
18) 같은 책, 22쪽.

꿀벌이 벌집을 짓는 본능

정교하기 그지없는 벌집 구조를 조사하면서 감탄하지 않는다면 그 사람은 매우 둔감한 사람임에 틀림없다. 수학자들에게서 들은 말이지만 벌들은 집을 지을 때 귀한 밀랍은 가능한 한 적게 쓰고 꿀은 최대한 저장할 수 있도록, 그에 적합한 모양으로 벌집을 만든다고 한다.(p. 224)[19]

벌집이 이토록 놀라운 것이므로, 다윈은 비둘기 얘기에 맞먹는 복잡하고 긴 설명을 하고 있다. 그러나 당신은 조금 있다가 다윈 최대의 난제 중 하나인 중성불임 곤충과 만나야 한다. 그러므로 체력 비축 차원에서 이 내용은 간단하게만 소개하기로 하겠다(기쁘지 아니한가!).

숙련공이 밀랍을 가지고 실물 모양대로 벌집을 만들려면 최적의 도구와 자를 가지고도 매우 힘들겠지만, 벌들은 어두운 벌통 안에서도 이 집을 잘도 만든다. 그들이 어떻게 필요한 그 모든 각도와 평면을 만들 수 있고, 나아가 그 결과 벌집들이 정확하게 만들어졌다는 것을 어떻게 감지할 수 있는지, 상상조차 안 될 정도다. 그러나 이런 어려움도 찬찬히 생각해 보면 첫인상만큼 그리 크지는 않다. 이 모든 아름다운 작업이 몇 가지 단순한 본능에서부터 이루어진다는 사실을 나는 증명해 보일 수 있다.(p. 224)

---

19) 꿀벌이 부지런히 모으는 꿀은 밀랍을 만드는 데도 쓰이지만, 주된 용도는 벌집을 따뜻하게 만드는 것, 즉 난방 연료다. 꿀벌의 전반적인 생태에 대해서는 위르겐 타우츠, 『경이로운 꿀벌의 세계 : 초개체 생태학』, 유영미 옮김, 이치사이언스, 2009를 참조.

점진적인 단계라는 대원칙에 눈을 돌려, **자연이 우리에게 자신의 작업 방법을 보여 주지는 않는지** 살펴보기로 하자. 벌이라는 생물의 계열을 그려 보자. 한쪽 끝에는 낡은 고치 안에 꿀을 넣어 두고 때때로 그 고치에 짧은 납관(蠟管)을 덧붙여서, 서로 분리되어 있고 매우 불규칙한 둥근 벌집을 만드는 호박벌이 있다. 이 계열의 다른 쪽 끝에는 각 방이 육각 프리즘 모양인 …… 이층짜리 집을 만드는 꿀벌이 있다. 호박벌의 집과 꿀벌의 집 사이의 계열에는 멕시코의 멜리포나 도메스티카(Melipona domestica)의 벌집이 있다.(p. 225)

다윈은 이번에도 문제의 대상(꿀벌)에만 매몰되지 않고 자연의 다양한 생물들에 의지하고 있다. 척추동물의 눈을 설명하기 위해 다양한 무척추동물들을 불러들였듯이, 꿀벌의 집을 설명하기 위해 다른 벌들을 불러들인 것이다. 언제나 "자연이 스스로 드러내는 작업 방법"을 참조하는 다윈! 행여나 부족하다고 느낄까 봐 그가 실제로 행한 실험도 길게, 아주 길게 곁들여 주었다. 의심도 많고 한없이 자상하기도 한 다윈! 그런데 나는 공간을 상상하는 능력이 매우 결핍된 공간치라서, 꿀벌이 벌집을 짓는 대목을 읽을 때마다 여간 졸리고 몽롱한 게 아니었다. 무지하게 복잡한 미로에 대해 도면 없이 말로만 설명 들을 때의 고통이 이런 것일까? ^^; 나와 여러분 모두를 위해 자세한 설명은 생략하고 다음으로 넘어간다(또한 기쁘지 아니한가!). 휘리릭!

만약 멜리포나종이 구형의 방을 서로 일정한 거리를 갖도록 만들고, 이들을 이중의 층 속에 대칭적으로 배열하였다면, 이때의 구조는 벌집이 구조와 마찬가지로 완전한 것이 될 것이다. 나는 이런 생각을 바탕으로 **아래의 내용**을 적어 케임브리지 대학의 밀러 교수에게 보냈다. 이 **기하학자**는 친절하게도 내가 쓴 내용을 다 읽고서 엄밀히 정확하다는 답장을 보내 왔다.(p. 226)

'아래의 내용'은 여러분을 위해(^^;) 생략하기로 하고 그의 결론으로 곧장 이동한다(이렇게 마구 생략해도 화내지 않으면 또한 군자가 아니겠는가! 군자가 못 되시는 분들은 『종의 기원』을 직접 펼치시기를). 한 번 더 휘리릭!

따라서 멜리포나종이 이미 소유하고 있는 본능을 우리가 약간 변화시킬 수만 있다면, 이 벌은 꿀벌과 마찬가지로 놀랄 만큼 완전한 구조의 집을 지을 수 있을 것이다. 우선 멜리포나종이 정확히 구형의 방을 똑같은 크기로 만들 수 있다고 가정하자. 멜리포나종이 이미 어느 정도까지 이것을 해내고 있으며, 여러 곤충들이 나무에다 거의 완벽에 가까운 원주형 구멍을 마치 컴퍼스를 사용한 것처럼 뚫고 있으므로, 이는 별로 놀랄 만한 일은 아닐 것이다. 다음에는 멜리포나종이 이 방들을 수평인 층들에 배열할 수 있다고 가정하자. 이것은 멜리포나종이 실제로 원통형의 방들을 만들면서 방을 늘어놓는 방식이다. 그리고 **함께 일하고 있는 동료들**(coworkers)과 얼마나 떨어져 있는지를 정확하게 판단할 수 있다고 가정하자. 이들은 실제로 구형끼리 항상 크게 교차하게끔(intersect) 만들 만한 **거리 판단능력**을 갖고 있으므로, 교차하는 여러 점을 완전히 평평한 표면에 의해 결합하지 않는가! 또한 같은 층에 인접하는 여러

방의 교차에 의해 육각 기둥 모양이 만들어진 뒤에 벌은 꿀을 저장하기 위해 필요한 만큼 육각 기둥의 길이를 길게 해야만 한다고 가정하자. 이것은 서투른 땅벌이 낡은 고치의 원형의 입 위에 남의 원통을 덧붙이는 것과 마찬가지의 일이다. 생물들 자신에게는 그다지 놀랍지도 않은 본능(즉 새가 둥지를 만들 수 있게 이끄는 본능보다 놀랍다고 할 수 없는 본능)을 이처럼 변경함으로써, 꿀벌은 그들의 독특한 건축적 능력을 자연선택을 통해 획득하였으리라고 나는 믿는다.(pp. 227~228)

다윈은 멜리포나종을 택하여 그들이 현재에도 늘 하고 있는 일로 줄기를 삼고, 거기에 다른 생물들이 늘 하고 있는 행동들을 끌어다가 약간의 변경을 가했다. 물론 이 과정에서 자연계에 실제로 있지 않은 일은 전혀 더하지 않았다. 그런데도 벌어진 일은 너무나 놀라운 것이었다. 처음에 출발할 때만 해도, 기하학적으로 완벽한 꿀벌의 벌집과 호박벌의 "불규칙한 둥근 벌집" 사이에는 건널 수 없는 심연이 깊이 패어 있었다. 그러나 이제 그 심연은 온데간데없이 사라지고 그 자리에는 어느새 수많은 종류의 벌들로 가득 차 있다. 다윈은 꿀벌이 집을 짓는 놀라운 본능 행동 앞에서도 평소의 태도를 굳게 견지하였다. 먼저 그는 (종과 마찬가지로) 본능이 변화할 수 없다고 단정짓지 않았다. 그리고 사변적 가능성을 공상하는 대신 다양한 동물들의 차이(다양성)로부터 실마리를 구했다. 자세한 내용은 『종의 기원』에 '다' 나와 있다. 어쨌거나 기나긴 이야기 끝에 다윈이 제시한 결론은 이러하다. "알려져 있는 모든 본능 중에서 가장 놀랄 만한 꿀벌의 본능은 단순한 본능의 경미하고 순차적인 변화가 자연선택에 의해 다수 이용되어 생겨난 것"이다.

그렇다면 이제 과학자들이 탐구해야 할 것은 자연계 도처에 '단순한 본능'들이 대체 얼마나 다양하게 웅성거리고 있는지, 또 그것은 어떻게 경미하고 순차적으로 변화하는지이다. 이런 물음이 솟아난 순간, 우리 앞에는 지금과는 전혀 다른 세상이 펼쳐진다. 단순하다고만 여기던 세상만사와 모든 만물이 다 경이롭고 신비해 보이며, 세상은 그것들이 시시때때로 자아내는 경미하고 순차적인 변화들로 가득 찬다. 새가 둥지를 짓는 모습도 신비롭고 동종의 많은 새들, 아니 심지어 같은 새라도 매번 얼마나 다르게 집을 짓는지 놀라워할 수 있다. 하루하루 살아가는 단순한 생활이 얼마나 경이로운 것인지 느낄 수 있을 때 신비와 일상은 서로 스며들기 시작한다. 다윈은 또 이렇게 덧붙였다. 본능의 완전함은 "자연선택에 의해 달성된 것"이므로 그 조건하에서는 대단히 적합하지만 그 이상으로 완전한 것은 아니다. 조건이 요구하는 것 이상을 자연선택은 할 수 없다. 그러므로 완전해 보이는 것도 절대적으로 완전한 것은 아니며, 단순한 것도 그저 단순한 것만은 아니다. 이것이 바로 다윈이 발견한 세계의 실상이었다. 그런데 우리는 여기에서 한 가지 중요한 사실을 빼먹었다. 단순한 본능들이 경미하게 변형되어 꿀벌의 벌집까지 만들어질 수 있다는 것은 알겠는데, 그 수많은 경미한 변형들이 점진적인 단계를 거쳐서 마침내 꿀벌의 벌집까지 향하게 한 추진력은 과연 무엇인가?

꿀벌의 오래된 조상들은 대체 어떤 이로운 점 때문에 그토록 길고도 점진적인 단계를 거쳐 고도로 완벽한 건축본능을 획득하게 되었을까? …… 테게트마이어에게 들은 바에 따르면, 꿀벌이 제 몸에서 1파운드의 밀랍을 분비하기 위해서는 12~15파운드의 마른 설탕이 필요하다고 한다. 그리고 마른 설탕을 얻기 위해서는 그보다 훨씬 더 많은 액체꿀이 필요하다. 그밖에도 꿀은 많은 용도로 사용되는 무척 중요한 자원이다. 그런데 우리도 잘 알다시피, 벌은 대단한 노고를 무릅써야만 충분한 꿀을 얻을 수가 있다. 따라서 밀랍을 최대한 절약한다는 것은 어떤 종류의 벌에 있어서나 성공의 가장 중요한 요건이다. …… 만일 땅벌의 본능이 조금 변화되어 2개의 방이 서로 인접되도록 집이 지어지면, 공통된 벽의 존재로 인해 밀랍과 노동이 모두 절약될 것이다. 여기서 땅벌들이 방을 점점 더 규칙적으로, 또 더욱 접근시켜 만들어, 마치 멜리포나종의 벌집방처럼 한 덩어리 속에 모여들게 되면, 점점 더 많은 땅벌들이 이익을 얻을 것이다. 벌집방의 경계면 대부분이 인접하게 되므로 많은 노력과 밀랍이 절약되기 때문이다. 또한 같은 원인에 의해서 멜리포나종이 방들을 현재보다 더 접근시켜 한층 규모 있게 집을 짓는다면 이익이 될 것이다. 구형면이 완전히 없어지고 모두 평면으로 대체되며, 멜리포나는 꿀벌과 똑같은 납판을 만들 것이기 때문이다. 자연선택은 건축의 완전도를 이 단계 이상으로 이끌 수는 없다. 우리가 알 수 있는 한 노력과 밀랍을 절약하는 데 꿀벌의 벌집이 절대적으로 완전하기 때문이다.(pp. 233~235)

자연선택 과정의 원동력은 애벌레를 넣기 위해 더 든든하고 석낭한 방을 만드는 것과 이 방을 만들 때 **밀랍과 노동력을 최대한 절약하는 것**이었다. 이처럼 최소의 노력과 밀랍으로 튼튼하고 적당한 벌집을 만든 개체는 성공하였고, 그것이 새로 획득한 **경제적 본능**을 유전에 의해 새로운 무리에게 전달하고, 이 무리가 생존투쟁에서 성공을 위해 가장 좋은 기회를 갖게 되었을 것이다.(p. 235)

이리하여 불가사의하게만 느껴지던 꿀벌의 본능은 과학적으로 설명되었다. 임무를 마친 다윈은 다음 주제인 중성불임 곤충으로 독자들을 데려간다. 그런데 다윈을 따라 다음 주제로 넘어가기 전에 조금 정신을 차리고 생각해 볼 게 있다. 지금까지 다윈이 그려 낸 꿀벌의 모습, 누군가를 많이 닮은 것 같지 않은가? 시간과 자원을 최대한 절약하는 **경제적 원리**, 서로 간의 거리를 파악하며 동료들과 협력하는 **사회적 능력**, 컴퍼스를 사용한 것만큼이나 정확하게 실행되는 **기하학적 능력**, 그리하여 완성된 벌집의 수학적·기하학적 완벽함. 이것은 동물의 본능과 질적으로 다르다고 수도 없이 강조되어 온 인간의 지적·사회적 특성 아닌가! 여기서 그 누가 본능과 지능(혹은 지성) 간에 심연을 찾아낼 수 있겠는가! 게다가 다윈은 이런 진화과정 속에 어떤 초월적인 존재도 끌어들이지 않았다. 출발점은 현재 자연계에 살고 있는 생물들의, 단순하지만 다양한 본능뿐이었다.

다윈은 젊은 시절 모든 생물이 진화에 의해 생성되었으며, 또 앞으로도 진화과정에서 무수한 생물들의 절멸과 새로운 종의 진화가 발생할 것임을 깨달았다. 그리고 이 발견은 인간을 전 우주에서 가장 특별한 존재라 믿는 인간중심주의를 허무는 것임을 깨달았다. 갈릴레이가 지구가 세상의 중심이 아니라는 것을 발견했다면, 다윈은 인간이 세계의 중심이 아니라는 것을 발견했던 것이다. 그러므로 진화론을 주장하는 것과 인간중심주의를 비판하는 것은 둘이 아니었다. 꿀벌의 본능을 진화론에 의해 설명한 것은 동시에 인간이 유일한 지적 존재라는 주장에 대한 근원적 비판이었던 것이다. 다만 다윈은 전자를 앞에 내세우고 후자는 그 속에 은밀히 흐르게 하면서 후일을 기약했다.

다윈의 무서운 생각

인류는 자기 자신이 특별한 존재라는 낯뜨거운 주장을 지루하게 반복해 왔다. 근거도 언제나 똑같아서 하나는 지성(혹은 이성)이요, 또 하나는 사회성(도덕성)이다. 근데 이 두 가지는 구별되는 능력이기도 하지만 동시에 긴밀히 연관된 것이기도 하다. 이성을 갖고 있기에 본능적인 욕망에만 휘둘리지 않고 도덕적 행위를 할 수 있고, 그래서 사회생활을 할 수 있는 것이니 말이다. 다윈이 젊은 시절에 쓴 비밀노트에는 이런 구절이 적혀 있다. "도덕적 감각이 없으면 사회는 불가능하다. 마치 꿀벌의 본능 없이는 꿀벌의 벌집이 불가능한 것과 마찬가지다."[20] 『종의 기원』을 출간하기 10여 년 전부터 이미 인간의 도덕적 감각과 꿀벌의 본능을, 인간의 사회와 꿀벌의 벌집을 견주어 생각한 것이다. 이 책에서 인간의 지성을 은밀히 비판한 다윈은, 10여 년 뒤 출간한 『인간의 유래』에서 인간중심주의에 직격탄을 날렸다. 다시 한번 꿀벌을 불러들여 이른바 도덕성이라는 게 무엇인지, 어떻게 생겨난 것인지를 보여 준다.

우리는 6장 후반부에서도 벌에 대한 이야기를 들은 적이 있다. "엄

---

20) Paul H. Barrett et al.(eds), *Charles Darwin's Notebooks, 1836~1844*, Ithaca, N.Y.: Cornell University Press, 1987, p.6U9.

마가 자식에게 헌신하는 모성애를 볼 때 찬탄하지만, 그런 식이라면 여왕벌이 자기 딸인 젊은 여왕벌을 태어나자마자 죽여 버리게 하거나, 혹은 젊은 여왕벌과 싸워 스스로 자멸해 버리도록 내모는 모성증오라는 야만적 본능 또한 찬탄받아야 마땅한 일이다. 모성애든 모성증오든 그 **공동체**를 위해서는 이롭기 때문이며, 따라서 자연선택이라는 가차없는 원칙에 비추어 보면 필경 같은 것이기 때문이다."『종의 기원』에서는 아직 이런 식으로 가볍게 암시만 할 수밖에 없었다. 도덕에 관한 인간 중심적 편견이 너무나 강고하기 때문에, 인간과 다른 하등동물의 정신능력을 자세한 사례를 들어 전면적으로 비교하지 않으면 설득력을 얻기 힘들었기 때문이다. 『종의 기원』 출간 10년 후, 드디어 때가 왔다고 느낀 다윈은 이 과제에 착수했다. 그리고 마침내 『인간의 유래와 성선택』(The Descent of Man and Selection in Relation to Sex, 1871)과 『인간과 동물의 감정 표현에 대하여』(The Expression of the Emotions in Man and Animals, 1872)라는 방대한 저작을 출간했다. 꿀벌을 끌어들여 인간의 도덕 문제를 정면으로 다루는 다윈을 보라!

극단적인 사례지만 만약 인간이 꿀벌과 아주 똑같은 상황에서 똑같은 방식으로 양육된다면 어떻게 될까 상상해 보자. 그런 상황에서라면 우리의 결혼하지 않은 처녀들은 일벌이 꼭 그렇게 하듯이 자신의 오빠나 남동생 죽이는 걸 신성한 의무로 여길 것임에 틀림없다. 그리고 어머니들은 가임기의 딸들을 죽이려 들 것이다. 이런 행위를 방해하겠다는 생각은 누구도 품지 않을 것이다.[21]

아마도 그럴 것이다. 다윈이 여기서 말하려는 바는 이것이 끔찍하다느니, 인간도 그런 동물들과 별로 다를 바 없다느니 하는 단순한 얘기가 아니다. 이어지는 문장을 보자.

꿀벌이나 그 밖의 사회적 동물들은 바로 이 같은 상상의 사례에서 **시(是)와 비(非)에 대한 감정, 즉 양심이라는 걸 갖게 될 것이다.** 내가 이런 말을 하는 이유는 각 개체들이 어떤 경우에는 강하거나 지속적인 본능을, 또 다른 경우에는 강하지도 지속적이지도 않은 본능을 소유하려는 내적인 감각을 갖고 있기 때문이다. 그래서 어떤 충동을 따르느냐를 둘러싸고 내적인 투쟁이 종종 일어났을 것이다. 과거에 받은 인상을 끊임없이 되새기며 서로 비교하면서 만족감이나 불만족스러움, 심지어는 고통도 느꼈을 것이다. 그리고 어떤 내적 감시장치(inward monitor)가 그 동물에게 두 충동 중에서 어느 충동을 따라 행동하는 게 더 나은지를 알려 줬을 것이다. 한 경로는 가야만 하는 길이고 다른 경로는 가서는 안 되는 길이었을 것이다. 하나는 옳았을 것이고 다른 하나는 옳지 않은 것이었을 것이다.[22]

우리는 흔히 인간만이 도덕과 양심을 지닌다고 말하며, 짐승들은 본능에 따라 잔인한 짓이건 뭐건 닥치는 대로 저지른다고 말한다. 혹은 본능에 따른 개의 행동이 얼마나 숭고할 수 있는지를 상찬하며, 은혜를

---

21) 찰스 다윈, 『인간의 유래 1』, 김관선 옮김, 한길사, 2006, 170쪽.
22) 같은 책, 170~171쪽.

모르는 놈은 개만도 못하다고 짖어대기도 한다. 그러나 다윈이 드는 사례들은 짐승들이 하는 행위와 인간이 하는 행위 사이에 근본적인 차이가 없다는 것, 만일 차이가 있다면 정도의 차이지 종류의 차이가 아니라는 것을 보여 준다. 공동체를 위해 신성한 의무를 수행하려 하고, 과거에 그에 부합했던 행위와 그렇지 못했던 행위를 비교함으로써 만족스러워 하거나 불만스러워 하는 것. 이것이 바로 양심 혹은 도덕성이라는 것이다. 자연선택은 이런 본능을 가진 개체가 많은 공동체를 번성케 하고 그렇지 못한 공동체를 제거할 것이다. 이리하여 인간은 자기에게 이로운 자를 죽이면 살인자로 징벌하고 해로운 자를 죽이면 위인으로 찬양한다. 특히 대규모로 적을 죽인 자는 '민족의 성웅'으로 승화되면서 도덕성, 희생정신 등의 수식어가 가득 따라붙는다.

7장의 꿀벌 이야기는 본능에 대한 진화론적 해명이기도 하지만, 크게 보면 『인간의 유래와 성선택』과 『인간과 동물의 감정 표현에 대하여』에 이르러서야 어느 정도 완결되는 인간중심주의 비판의 한 과정이기도 하다. 노파심에 덧붙이자면 다윈의 이야기를 "인간의 이성과 도덕성이 결국 하등동물의 본능에 '불과'하다"는 비판으로 읽어서는 곤란하다. 그런 해석은 다윈이 그토록 사랑했던 다양한 하등동물들을 은연중에 무시하는 처사다. 우리는 조금 다른 시각에서 다윈의 주장을 볼 필요가 있다. 사실 인간중심주의는 인간을 중시하기 때문에 잘못된 게 아니라, 인간이 소중하다는 근거를 다른 존재들의 비루함에서 찾기 때문에 잘못되었고 나쁜 것이다. 그런 사고방식은 단지 인간과 동식물을 구별하는 데 그치지 않고 가장 인간다운 백인, 정상인, 남자와, 그러지 못한 유색인, 비정상인, 여자 등을 구별하는 데 쓰인다. 그리고 이것이야말로 인간중심주의의 실제적 목적이자 효용이다. 내가 인간중심주의에 그토록 흥분하고 격렬하게 반대하는 것도, 다윈의 인간중심주의 비판에서 미래의 새로운 빛을 찾으려는 것도 바로 이런 점에서다. 이성적이고 도덕적인 존재와 비이성적이고 비도덕적인 존재를 구별하는 게 아니라, 지성과 도덕성이 얼마나 다양한 방식으로 존재하고 있고, 또 다양한 방식으로 진화해 갈지 다윈과 함께 깊이 생각해 보자.

일생일대의 난제

이제 우리는 다윈에게 최대의 고통과 최고의 환희를 안겨 준 중성불임 곤충 문제에 당도하였다. 그것은 "처음에 나로서는 도저히 극복할 수 없는 것이었으며, 실제로 나의 모든 학설에 치명적인 것이라 여겨졌다". 그야말로 다윈 진화론이 "부딪친 가장 중대하고도 특수한 난제"였다. 로버트 리처즈는 설득력 있는 논의를 통해, 다윈이 진화론에 관한 책을 한없이 뒤로 미루었던 가장 큰 이유가 바로 이 문제를 해결하지 못했기 때문이라고 주장했다.[23] 그러나 우리가 오늘날 『종의 기원』을 읽을 수 있게 된 것에서 이미 알 수 있듯이, 다윈은 천신만고 끝에 그 문제를 풀고 말았다. 그것은 1858년 월리스로부터 운명의 편지를 받기 직전의 시점이었다. "나는 자연선택의 원리를 굳게 신뢰하고 있었지만, 이 중

---

23) A. J. Lustig, "Darwin's Difficulties", *The Cambridge Companion to The "Origin of Species"*, p.118. 중성불임 곤충의 문제가 과연 『종의 기원』의 집필 및 출간을 한없이 미룬 문제였는지는 학자들 간에도 논란이 있다. 그러나 그런 주장이 가능할 정도의 지독한 난제였다는 점에 대해서는, 누구도 부정하지 못할 것이다.

성 곤충의 예를 그 원리에 의해 풀어내기 전까지는 자연선택이 이 정도로까지 유효한 것인지 미처 예상치 못했다는 사실을 고백해야겠다." 7장의 후반부에 실린 이 문장에는 이 문제가 해결되었을 때 다윈이 느낀 놀라운 환희가 생생히 배어 있다. 과연 이 일생일대의 난제는 구체적으로 어떤 것이었고, 또 회심의 해결책은 무엇이었을까?

다윈은 이 문제를 다룸으로써 자연선택설의 결정적 승리를 선언하고자 했다. 그렇기 때문에 웬만한 문제는 건드리지도 않는다. 처음부터 매우 어려운 문제를 선정한 다음 신속하게 해결하고, 그보다 더 어려운 문제→신속한 해결, 더 어려운 문제→신속한 해결 식으로 숨가쁘게 달려서 마침내 가장 어려운 문제에까지 도달한다. 나는 차장으로서 다윈 기장님이 운전하시는 '중성불임 곤충호'가 점점 더 속도가 빨라질 거라는 사실을 승객 여러분에게 미리 알려드리는 바이다. 자! 마음의 준비가 되셨으면, 모두 승선하시라. 출발!!!

자연선택 이론에 대한 반례로 아주 많은 본능을 들이댈 수 있다. ······ 하지만 나는 특히 어려운 한 가지 문제, 즉 곤충 공동체에서 볼 수 있는 중성 혹은 불임성 암컷에 대한 한 가지 문제에만 한정하여 이 문제를 고찰하고자 한다. 이들 중성 곤충들은 흔히 수컷이나 생식력 있는 암컷과 크게 다른데, 불임성이라서 자기와 같은 것을 낳지 못하기 때문에, 특히 가치 있는 주제가 될 수 있다.

이러한 곤충 중에서도, 나는 불임성 개미인 일개미만을 다루려고 한다. 일개미가 어찌해서 불임성이 되었는가는 어려운 문제다. 그러나 자연상태의 곤충이나 절지동물들이 불임이 되는 현상은 그리 드물지 않다. 가령 이런 불임성 곤충들이 사회성 곤충이고 또 대다수가 일은 할 수 있지만 생식은 하지 못하는 상태로 태어나는 것이 그 공동체에 유익했다면, 자연선택을 통해 이런 현상이 일어나는 데 대해 특별히 어려운 점은 없다. ……

더 어려운 문제는 일개미가 가슴 모양이 다르다거나 날개가 없다거나 또는 눈이 없는 것 같은 그런 구조적인 면에, 또한 수컷이나 생식력 있는 암컷과 그 본능이 크게 다르다는 점에 있다. 본능에 한정해서 살펴본다면, 일개미와 생식력 있는 암컷 사이의 커다란 차이에 대해서는 꿀벌을 예로 드는 편이 훨씬 낫다. 만약 일개미가 보통 동물과 별로 다르지 않은 존재였다면, 나는 그 모든 형질들을 유익한 변화들이 유전되어서 서서히 획득된 것이라고 주저없이 가정했을 것이다. …… 그러나 일개미는 그 부모와 크게 다를 뿐만 아니라 절대적으로 불임이기 때문에 자신에게 일어난 변화를 자손에게 결코 전달할 수 없다. 따라서 반론을 제기하고자 한다면, 이 경우가 어떻게 자연선택 이론과 조화를 이룰 수 있느냐고 물어야 마땅하다.(pp. 235~237)

기어를 몇 차례나 바꾸며 벌써 문제의 핵심에 도달했다. 물론 아직 입구에 불과하지만 간단하게나마 문제를 요약해 드릴까 한다. 만일 일개미가 다른 개미들과 별 차이가 없고 다만 불임이라는 점만 다르다면, 이것은 그렇게까지 어려운 문제가 아닐 것이다. 불임성 자손이 태어나는 것은 자연계에 그리 드문 현상이 아니기 때문이다. 그러나 일개미는 구조나 본능이 다른 수컷이나 생식력 있는 암컷과 크게 다르다. 다윈의 진화론에 따르면 구조나 본능은 처음부터 그러한 것이 아니라 수많은 경미한 변이가 자연선택에 의해 축적되어 진화한 것이어야 한다. 그런데 일개미는 불임이기 때문에 자신에게 발생한 구조 및 본능상의 변화를 자손에게 전달할 수가 없다. 자! 다윈 씨, 이 문제를 자연선택설로 어떻게 설명하시겠소?

> 우선 우리는 여러 상이한 구조가 특정한 연령이나 한쪽 성(性)과 연관되어 유전되는 경우가 …… 수없이 많다는 사실을 상기해야 한다. 또한 우리는 한쪽 성뿐만 아니라, 예컨대 많은 새들의 혼인용 깃털이나 수컷 연어의 갈퀴 달린 턱처럼 생식기관이 활발하게 움직이는 짧은 기간과 연관되어 나타나는 차이도 많이 있음을 알고 있다. 따라서 나는 어떤 형질이 곤충 공동체 내의 어떤 구성원들의 불임 상태와 연관성을 가지는 데 대해 아무런 어려움도 느끼지 않는다. 진짜 어려움은 이렇게 상호연관되어 있는 변화들이 어떻게 해서 자연선택을 통해 축적될 수 있느냐다.(p. 237)

정말 어려운 문제가 아닌가! 불임이든 뭐든 자연에는 어떤 일도 일어날 수 있지만, 그렇게 일어난 변화가 특정한 방향으로 계속 누적되려면 일단 유전이 되어야만 하지 않겠는가! 자, 이제 여러분도 다윈이 왜 중성불임 곤충 문제 때문에 그토록 오랜 세월을 괴로워했는지 공감하시게 되었을 것이다. 아울러 이 문제가 자연신학과 라마르크 식 진화론은 손도 못 대는 문제였다는 앞서의 이야기도 상기해 주시기 바란다. 자연신학에 따르면 세상 만물은 "생육하고 번성하라"는 신성한 명령을 수행하도록 태어났다. 그리고 창조주께서는 모두가 그렇게 할 수 있도록 완벽에 가까운 구조와 본능을 선사하셨다. 그렇다면 평생 일만 하는 선한 백성(개미)이 태어날 때부터 불임인 이 억울한 사연은 대체 어디 가서 하소연해야 한단 말인가! 개미가 무슨 따먹지 말라는 사과에 손을 댄 것도 아닐 테고……. 라마르크의 입장에 서면 상황은 더 심각해진다. 라마르크는 구조나 본능상의 뚜렷한 특징들은 반복된 습관(혹은 사용)에 의해 강화되고 그것이 자손에게 전해지면서 확립되었다고 주장했다. 그런데 중성불임 곤충은 자손을 낳지 못한다. 그러니 어떻게 유전이 되겠는가! 게다가 자연계에는 일생에 단 한 번만 사용되는 본능도 관찰된다. 이것이 어떻게 반복된 습성에 의해 획득되었겠는가? 자연신학과 라마르크 식 진화론이 손도 못 대는 이 문제, 만일 다윈이 이 문제를 풀 수만 있다면, 자연선택설만이 유일하게 과학적인 설명임을 결정적으로 입증할 수 있을 것이었다. 하지만 어떻게?

다윈은 중성불임 곤충의 문제를 당시 출간되어 있던 『곤충학 입문』(Introduction to Entomology)에서 읽고 큰 충격을 받았었다. 그가 이 문제 앞에서 얼마나 좌절했는지는 책의 여백에 남아 있는 온갖 좌절의 메모들로 충분히 알 수 있다. 예컨대, "중성곤충은 자손을 낳지 않는다! 그들의 본능은 어떻게 획득될 수 있었을까?"[24] 사실 다윈은 사회성 곤충(개미, 벌 등)에 대해 아주 오래전부터 깊은 관심을 갖고 연구해 왔다 (다윈은 모든 문제에 대해 이러지 않았는가!). 청년 시절에 이미 피에르-앙드레 라트레이유의 개미 연구서를 읽었고, 프랑수아 위베와 피에르

---

24) A. J. Lustig, "Darwin's Difficulties", *The Cambridge Companion to The "Origin of Species"*, p. 118.

위베(둘은 부자지간이다)가 쓴 벌과 개미에 대한 연구서도 읽었다. 피에르 위베의 책에는 수많은 주석들을 달아 가며 연구했고, 우리도 보았듯 개미 등을 논할 때 매우 중요하게 활용되었다.[25] 그처럼 오래전부터 방대한 연구를 해왔지만 문제 해결의 실마리는 도무지 잡히지가 않았다. 그러던 1857년의 어느날(『자연선택』을 쓰고 있던 시점이다!), 다윈은 예전에 읽었던 유아트의 『가축의 품종, 관리, 질병』(1834)이라는 책을 다시 펼쳤다. 거기에는 육종가들이 좋은 형질을 가진 개체뿐만 아니라 그 개체가 속한 종족(family)에 주목한다는 대목이 적혀 있었다. 다윈은 드디어 해결의 열쇠를 발견했고 『종의 기원』 7장에 이렇게 쓸 수 있었다.

해결의 열쇠

어떤 야채를 가지고 요리를 해보니 그 야채의 질이 아주 좋다는 걸 알았다고 해보자. 원예가는 그런 특성을 가진 야채를 또 얻고 싶겠지만 그것은 이미 요리되어 없어져 버렸다. 그런데 원예가는 그 잃어버린 야채 대신 그 야채가 속한 종족의 종자를 심는 것으로 충분하다. 그에게는 그 야채와 거의 같은 특징을 가진 야채를 얻으리라는 확신이 있다. 소를 키우는 사람은 살과 지방이 거의 차돌박이 무늬로 되어 있는 것을 좋은 것으로 여기는데, 이런 특질은 소를 죽이기 전에는 알 수 없다. 앞의 원예가와 마찬가지로 소를 키우는 사람들은 확신을 가지고 그 소가 속한 종족의 소를 키워 성공을 거둔다. 뿔이 대단히 긴 거세된 수소

---

25) A. J. Lustig, "Darwin's Difficulties", *The Cambridge Companion to The "Origin of Species"*, p. 115.

를 낳는 소는, 아마 어떤 수소와 암소가 교미되었을 때 가장 긴 뿔을 가진 거세된 소가 태어나는지를 주의깊게 관찰함으로써 얻을 수 있었을 터이다(인위선택의 작용). 그런데 이 거세된 수소가 자기와 똑같은 새끼를 낳을 수는 없다. 베를로 씨(M. Verlot)에 의하면, 겹꽃인 1년생 자라난화(紫羅爛花, stock)의 어떤 변종은 오랫동안 정성껏 잘 선택하면 반드시 겹꽃이며, 열매를 맺지 않는 종자를 많이 만들어 내고, 또한 홑겹에 열매를 맺는 종자도 다소 만들어 낸다고 한다. 바로 이 후자에 의해 이 변종은 번식하는 것인데, 이는 우리의 예에서 생식력 있는 수놈과 암놈 개미에 비교될 수 있다. 한편 겹꽃을 가진 불임성 식물은 중성 개미에 비교될 수 있다.(pp. 237~238, 4판에서 6판까지 후반 부분 보충)

다윈은 중성불임 곤충이라는 난제 앞에서 다시 한번 인위선택에 기대기로 했다. 야채, 소, 자라난화의 사례는 육종가들이 특정한 불임생물을 낳는 종족을 선택함으로써, 그런 불임생물의 특징이 점점 더 강화될 수 있다는 사실을 보여 준다. 불임 자체는 우연한 현상이고 또한 불임생물은 자신의 특징을 직접 자손에게 물려줄 수 없지만, 육종가들에 의해 그가 속한 종족이 선택됨으로써 계속 태어날 수 있다. 게다가 그런 불임생물이 뛰어난 형질을 갖고 있기만 하다면, 육종가들은 세심하게 관찰하여 더 뛰어난 불임생물을 낳는 부모들을 교배시킬 것이다. 이런 간접적인 과정이 선택 효과를 발휘하여 중성생물의 형질은 점점 더 특별한 성질을 띠게 될 것이다. 그것이 지금까지 육종가들이 실제로 해온 일이다. 그렇다면 이런 일이 자연계에서도 일어날 수 있을까? 물론이다. 2장과 4장에서 자연선택의 원리를 그렇게 자세히 설명하지 않았던가?

이처럼 자연선택은 개체뿐만 아니라 종족(family)에도 적용되어, 바람직한 목적을 이룰 수 있다. 만일 그 군집 내 어떤 구성원의 (불임 상태와 상관되어 있는) 구조나 본능의 경미한 변화들이 그 군집에 유리하다면, 그리하여 그 군집이 크게 번성하였다면, 그 결과 많은 암컷과 수컷이 태어날 것이며 또한 불임성 구성원도 많이 태어났을 것이다. 그리고 이 군집의 생식력 있는 암컷과 수컷은 그들의 자손에게 똑같은 변이를 갖는 불임성 구성원을 낳는 경향을 물려주었을 것이다. 이 과정이 되풀이됨으로써, 오늘날 우리가 많은 사회성 곤충에서 보는 것처럼, 같은 종이면서도 생식력 있는 암컷과 불임성 암컷 사이에 막대한 차이가 생겼음에 틀림없다.(p. 238)

아하! 그렇구나. 정말 다윈 대단하구먼. 그렇게 어려워 보이던 중성불임 곤충 문제도 결국 이렇게 해서 끝나 버렸구먼…… 싶으시겠지만 다윈의 '중성불임 곤충호'는 겨우 이 정도에서 멈추지 않는다.

그러나 우리는 아직 난점의 절정에 이르지 못했다. 진정으로 어려운 점은 여러 종류의 개미의 중성자들(neuters)이 생식력 있는 암컷이나 수컷과 다를 뿐만 아니라, 그들끼리도 서로 다르다는 사실, 그 때문에 두세 **계급**(castes)으로 나뉘어 있다는 사실이다. 그뿐만 아니라 이들 계급은 흔히 점진적 차이를 보이는 게 아니라, **완전하고도 명확하게 구별된다**. 마치 같은 속의 두 종이나 아니 같은 과의 **두 속만큼이나 서로 크게 다르다**. 에시턴(Eciton)속(屬)에는 중성의 일개미와 병사개미가 있는데 이 둘은 턱 모양과 본능이 크게 다르다. 크립토세루스(Cryptocerus)속에는 한 계급의 일개미만이 용도를 알 수 없는 이상한 방패를 머리에 얹고 있다. 멕시코산 미르메코시스투스(Myrmecocystus)속에는 다른 계급의 일개미에 의해 양육되면서 결코 집을 떠나지 않는 일개미 계급이 있다. 이 일개미의 배[腹]는 거대하게 발달해 있고, 여기서 일종의 꿀을 분비한다. 이 꿀은 유럽의 개미가 보호하고(guard) 감금해 두는(imprison) 진딧물, 즉 가축이 분비하는 것과 같은 일종의 꿀이 되어 있다.(pp. 238~239)

중성자들이 계속 선택될 수 있다는 것은 앞서 다윈이 잘 해결한 바 있다. 그러나 지금 제기된 문제는 이 중성자들이 서로 확연히 구별되는 두세 계급으로 구별되는 현상이다. 구조나 본능이, 심할 경우에는 같은 과의 두 속만큼이나 크게 다르다고 하니 이게 대체 어찌된 일인가! 다윈은 먼저 "이처럼 불가사의하고 충분히 확인된 사실들 앞에서도 내 학설을 취소하지 않는다면, 나는 자연선택 원리를 너무 과신한다고 여겨질 것"(p. 239)이라고 운을 뗀 다음 자신의 견해를 밝힌다.

중성 곤충이 모두 한 계급에 속하는 경우부터 생각해 보자. …… 아마도 순차적으로 일어난 경미하고 유리한 변이는 처음에는 같은 둥지의 모든 중성자에게 생겨나질 않고, 소수의 것에게만 생겨났을 것이다. 그리고 유리한 변화를 가진 중성자를 가장 많이 낳은 양친이 속한 군집이 오랫동안 계속해서 선택작용을 받고, 그리하여 결국 모든 중성자가 같은 바람직한 형질을 지니게 되었을 것이다.(p. 239)

차이의 심오함

우리는 앞에서 양친으로부터 중성불임 곤충이 태어나는 경우를 검토하였다. 그때 우리는 그렇게 태어난 중성 곤충들이 서로 다른 형질을 가질 수 있다는 점을 따로 고려하지 않았다. 다윈은 지금 바로 그 점을 고려하자고 하는 것이다. 다윈이 그렇게도 강조했던 '개체적 차이'! 하긴 한 부모에게서 태어난 자손이 모두 다르다는 것쯤은 우리도 잘 알고 있다. 그런데 다윈이 생물에게서 본 개체적 차이는 우리의 막연한 통념보다 훨씬 더 강렬하고 심오한 것이었다. 다윈은 『종의 기원』 2장에서 '개체적 차이'를 다룰 때 이미 이 점을 지적하였으나, 우리는 이야기가 너무 복잡해지지 않도록 생략하였다. 이제 그 대목을 볼 때가 되었다.

> 누구나 알고 있는 바와 같이, 같은 종의 개체들이 크게 다른 구조를 갖는 경우가 종종 있다. 여러 동물의 암컷과 수컷, 곤충에 있어서 불임성 암컷 또는 일벌레의 두세 계급, 많은 하등동물의 미성숙기 및 유충기 등에서 이런 예를 볼 수 있다. 또한 동물과 식물 모두 동종이형(同種二形, dimorphism)과 동종삼형(同種三形, trimorphism)의 경우도 있다. 가령 월리스는 말레이 군도에서 어떤 나비 종의 암컷이 중간 변종에 의해 연결되지 않는, 현저하게 다른 두 가지 형태 혹은 세 가지 형태로 규칙적으로 나타나고 있음을 밝혔다.(p. 46, 4~6판에서 많은 수정 및 추가)

그러고 보니 그러네! 같은 종이라도 암컷과 수컷은 얼마나 다른가? 공작 수컷들의 크고 현란한 부채와 그렇지 못한 공작 암컷, 혹은 몸집이 암수 간에 몇 배나 차이나는 동물을 떠올려 보라. 우리 인간은 그나마 성적 이형성(sexual dimorphism)이 크게 완화된 종이지만, 예컨대 남성에 비해 여성이 더 털을 많이 상실했다는 점에서 여전히 확인 가능하다. 암수 간의 이러한 차이를 성적 이형성이라고 부르는데, 이것은 자연계에 너무나 흔한 현상인지라 이형성에 포함시키지 않는 경우도 있다.[26] 우리가 앞서 보았던 성선택 원리도 이러한 성별 차이를 확대시키는 경향이 있다. 다윈의 『인간의 유래와 성선택』이 바로 이 점을 집중적으로 다룬 책이 아니었던가! 우리가 너무 익숙한 나머지 당연시해서 그렇지, 암컷에게서 수컷이 태어난다는 사실은 얼마나 경이로운가! 같은 말이지만 암컷이 서로 크게 다른 수컷과 암컷을 낳을 수 있는 것은 얼마나 경이로운 능력인가! 변태하는 하등동물의 유충, 번데기, 성충은 또 얼마나 다른가! 다윈은 13장에서 분류 문제를 논하면서, 크게 다른 암수와 변태의 각 단계를 과연 같은 종류의 생물이라고 분류해도 좋은지 묻는다. 종 분류란 기본적으로 유사성을 기준으로 하는 것인데, 그런 점에서 볼 때 암수와 변태생물들은 커다란 난점을 제기하는 것이다. 예컨대 인간 수컷은 인간 암컷과 더 비슷할까, 아니면 침팬지 수컷과 더 비슷할까? 아~ 또 새로운 문제로 빠지지 말고 이 문제는 13장으로 확실히 미루자. 여기서는 한 부모에게서 대단히 다른 생물이 단번에 태어날

---

26) 예컨대 "코끼리바다표범 암컷의 몸무게는 대개 수컷의 1/4도 되지 않으며, 그들과 새끼들은 수컷들이 서로 싸울 때 깔려 죽는 일이 다반사이다". 이런 "성적 이형성, 즉 암수가 크게 달라지는 현상은 일부다처제 종, 특히 하렘 사회를 지닌 종에게서 가장 뚜렷이 나타나는 경향"이 있다. 이런 경향은 한성(限性) 유전자(sex-limited gene)와 관련되는데, 이 유전자는 암수 모두에게 들어 있지만 한쪽 성에서만 켜진다. 리처드 도킨스, 『조상 이야기』, 이한음 옮김, 까치글방, 2005, 231쪽. 성적 이형설과 성선택에 대한 흥미로운 설명은 같은 책, 295~307쪽을 참조.

수 있다는 사실에 주목하기로 하자. 또한 한 개체도 일생 중 얼마나 달라질 수 있는지도 잊지 말자. 모든 생물은 끊임없이 변화하지만 특히 변태하는 하등동물은 진화와 관련하여 시사하는 바가 매우 크다. 유충, 번데기, 성충의 각 단계마다 생물은 얼마나 크게 변하는가! 편의상 이 세 단계를 주로 얘기하지만, 실제 변천 단계는 무지하게 많고 다양하다. 만일 어떤 단계에서 모종의 원인에 의해 더 이상 발달하지 않게 된다거나, 아예 새로운 단계로 나아간다면 어떤 생물이 탄생하겠는가? 우리는 13장에서 이러한 생물들의 변신능력을 자세히 다룰 것이다.

우리는 흔히 생물의 진화를 변화무쌍한 자연조건과 연관지어 생각한다. 그러면서 그 자연이라는 것 속에 모든 생물 개체들이 포함된다는 사실은 자주 망각한다. 모든 생물 개체는 얼마나 이질적인 요소들로 구성된 다양체(multiplicité)인가! 인간 하나만 생각해 봐도 이를 절감할 수 있다. 수많은 세포는 말할 것도 없고 각종 박테리아와 바이러스들, 그리고 철이나 산소, 칼슘 등 무생물 요소들이 득시글거리고 있지 않은가! 이 세상 어떤 개체도 다른 존재(생물과 무생물 모두) 없이는 생존할 수 없는 것처럼, 어떤 개체도 이질적인 요소들로 구성되지 않는다면 단 한시도 살아갈 수 없다. 개체는 또한 하나의 거대한 공동체(community)다.[27] 구성요소들이 공통점을 갖고 있어서가 아니라, 매우 이질적인 무수한 요소들이 개체의 삶이라는 공통의 사건을 생산한다는

---

[27] "'공통된 것'이란 오직 차이 나는 것들 사이에만 존재하고, 오직 차이 나는 것들만이 생산할 수 있는 어떤 것이다. 다양한 차이들, 여러 특이점들이 소통하며 공통된 것을 생산하는 것, 그것을 우리는 코뮌이라고 부른다. 따라서 우리의 코뮌은 동일체가 아니라 다양체이다. 그리고 코뮌주의 선언은 이러한 다양체의 실재에 대한 선언이다." 고병권·이진경 외, 『코뮌주의 선언』, 교양인, 2007, 10쪽.

점에서 그러하다. 그리고 변태하는 생물들은 하나의 개체가 얼마나 다양한 삶을 생산할 수 있는지를 강렬하게 보여 준다. 이런 다양체가, 이런 공동체가 매번 상이한 자손들을 낳는다는 것은 얼마나 자연스러운 일인가! 한편 다윈은, 한 식물에 난 여러 꽃들이 모두 크게 다르다는 점에도 주목하였다. 개체가 여러 이질적인 요소들로 구성된 정도를 넘어서, 개체에 수많은 상이한 개체들이…… 아! 이 문제도 너무 깊이 들어가지 말자. 관심 있는 독자들은 『종의 기원』 6판의 7장(즉, 기존의 6장과 7장 사이에 새로 삽입된 장), 그 중에서도 170~175쪽 언저리부터 파들어 가 보시길…….

어쨌든 모든 자손들이 그 부모와 얼마나 다를 수 있는지, 또 서로 간에 얼마나 차이가 클 수 있는지는 충분히 공감하셨을 테니 이걸로 됐다. 중성불임 곤충 문제로 다시 돌아가자. 앞에서 다윈은 "경미하고 유리한 변이가 처음에는 중성자 중 소수의 것에서만 발생했을 것"이라고 말했다(같은 부모에게서 난 자손들이 얼마나 다양한 차이를 보이는지를 상기하자).

이 견해에 의하면 우리는 같은 둥지 속에서 구조의 점진적 단계를 나타내는 중성 곤충을 때때로 발견해야 하는데, 실제로 이것이 발견되고 있다. 유럽산 중성 곤충을 주의깊게 관찰한 사례가 극히 소수에 불과하다는 점을 고려할 때, 매우 빈번히 발견된 것이라 할 수 있다. F. 스미스 씨는 몇 종의 영국산 개미가 크기와 때로는 색깔까지 서로 뚜렷이 다르며, 극단적인 형태가 같은 둥지에서 끄집어 낸 개체들에 의해 연결될 수 있음을 보여 주었다. …… 포르미카 플라바종은 큰 일개미아 작은 일개미, 그리고 몇몇 중간 크기의 것을 가지고 있다. …… 이 중 큰 일개미는 분명히 식별할 수 있는 홑눈[單眼]을 가지고 있으나, 작은 일개미의 안점(眼點)은 발육부전이다. 이들은 단지 크기만이 아니라 시각 기관까지도 다르다. 하지만 나는 같은 둥지에서 꺼낸 중간 크기의 일개미가 정확히 중간 상태의 외눈을 가지고 있다는 것을 굳이 적극적으로 주장하지는 않겠지만 충분히 믿고 있다.(pp. 239~240)

F. 스미스 씨가 보내 준 서아프리카의 쏘는개미(Anomma)를 예로 들어 보자. 이들의 중성 계급에 속하는 개미들은 크기에서 엄청난 차이가 난다. 나는 이 차이를 여러분이 실감할 수 있도록, 실측치 대신 사람의 크기에 비례해 표현해 보겠다. 한 무리의 목수 일꾼이 집을 짓는다고 하자. 그 중에 많은 사람들의 신장이 5피트 4인치[약 162.5cm]이고, 16피트[약 488cm] 정도 되는 사람도 많다. 그런데 후자인 키 큰 일꾼은 전자인 키 작은 일꾼에 비해 머리는 세 배가 아니라 네 배나 되고, 턱은 거의 다섯 배나 된다. 일개미의 차이는 이것만이 아니다. 일개미의 턱은 크기도 다르지만 모양도 많이 다르고, 이빨의 모양과 수도 놀랄 만치 다르다. 그렇지만 우리에게 중요한 사실은, 비록 일개미가 상이한 크기의 여러 계급으로 나뉘어짐에도 불구하고, 우리가 알아차리지 못할 만큼 점진적인 단계로 연결되어 있다는 것이다. 나는 이 사실을 확신을 가지고 말할 수 있다. 왜냐하면 J. 러보크 경이 나를 위해, 내가 해부한 여러 가지 크기의 일개미의 턱을 사생기(camera lucida)로 그려 주었기 때문이다. 또한 베이츠 씨도 흥미로운 책 『아마존 강변의 박물학자』에서 이와 흡사한 예를 기술한 바 있다.(pp. 240~241, 마지막 문장은 4판에서 추가)

이제 '중성불임 곤충호'는 거의 마지막 여정으로 치닫고 있다. 다윈이 안내하는 최후의 풍경을 잘 보시라!

이러한 사실들을 볼 때, 자연선택은 생식력 있는 개미 양친에게 작용함으로써 모두 같은 모양의 턱을 가진 대형 중성자를 산출할 수도 있고, 저마다 다른 턱을 가진 소형 중성자를 산출할 수도 있다. 그리고 마지막으로 (이게 바로 어려움의 클라이맥스인데) 크기와 구조가 일정한 한 무리의 일개미와, 그리고 동시에 크기와 구조가 상이한 일군의 일개미를 규칙적으로 산출할 수 있다. 쏘는개미의 경우처럼, 점진적인 계열이 처음에 산출되고, 다음에 그들을 산출한 어미가 자연선택에 의해 더 많이 살아남음으로써 극단적인 형태가 점점 더 많이 산출되었을 것이다. 그리하여 마침내 중간적 구조를 가진 것이 전혀 산출되지 않게 된 것이라고 나는 믿는다.(p. 241)

바로 이런 식으로 해서, 양친과는 물론 서로서로도 크게 다른 불임 일개미들이 같은 둥지에서 살고 있는 경이로운 사태가 생겨난 것이다. 우리는 분업이 문명인에게 유리한 것과 같은 원칙에 입각하여, 이들 불임 일개미의 산출이 곤충의 사회적 공동체에 있어서 얼마나 유용했을지를 이해할 수 있다. 다만 인간은 획득된 지식과 제조된 도구로써 일하는 데 반해, 개미는 유전된 본능과 유전된 기관 및 도구로써 일한다는 점에서 차이가 있다. 이런 차이로 인해 개미 사회에서의 완전한 분업은 일개미가 생식불능이 됨으로써 이루어질 수 있었던 것이다. 만일 일개미가 생식력을 갖고 있었다면 그들은 교배하여 그 본능이나 구조가 뒤

섞여 버렸을 것이기 때문이다.(pp. 241~242)

이제 환희의 순간이다.

나는 자연선택 원리를 굳게 신뢰하고 있었지만, 만일 중성곤충의 예가 내게 그 사실을 확신시켜 주지 않았더라면, 자연선택의 원리가 이렇게까지 큰 효과가 있으리라고는 미처 예상치 못했을 것이다. 그러므로 나는 자연선택의 힘을 보여 주기 위해, 또 이것이 나의 이론이 맞닥뜨린 가장 중요하고도 특별한 난제였기 때문에, 물론 충분치는 않지만 이 예를 길게 진술해 온 것이다(p. 242).

다윈의 목소리는 이제 자못 의기양양하기까지 하다. 자! 이제 라마르크에게 최후의 일격을 가할 순간이 왔다.

이 사례는 또한 식물에서와 마찬가지로 동물에서도, 연습이나 습성(exercise or habit)의 작용 없이, 저절로 일어난 다수의 경미하고 유리한 변이가 축적됨으로써 구조가 변화될 수 있음을 보여 준다는 점에서 매우 흥미롭다. 왜냐하면 일개미나 불임성 암컷에 한정된 특수한 습성은 아무리 오랫동안 계속된다 해도, 자손을 남길 수 있는 수컷이나 생식력 있는 암컷에게 영향을 줄 수는 없기 때문이다. 나는 이 명확한 중성 곤충의 예를, 라마르크의 유명한 습성 유전의 학설에 대한 반증 사례로 제시하는 자가 지금까지 아무도 없었다는 사실이 놀랍다.(p. 242)

생물의 특이한 본능이나 구조와 관련하여 인류는 오래도록 전혀 해명하지 못했다. 창조주가 특별히 부여해 주었다고 주장한 자연신학자들이나 원래부터 그런 것을 타고났다고 주장한 과학자들은 설명을 한 것이 아니라 설명할 수 없다는 것을 달리 표현했을 뿐이다. 한편 습성의 반복과 우연한 유전에 의해 설명한 라마르크는 일생에 단 한 번만 사용되는 습성이나 구조를 설명할 수 없었고, 특히나 중성불임 곤충의 예 앞에서는 무력할 수밖에 없었다. 다윈은 자연선택이 중성불임 곤충이 아니라 그 부모에게 작용함으로써 유리한 변이가 계속 축적될 수 있고 그 결과, 구조 및 본능상의 커다란 변화가 일어날 수 있다는 점을 탁월하게 설명하였다. 이리하여 다윈은 결정적인 승리를 거두었다.

다윈은 7장의 논의를 총괄하면서 이렇게 덧붙였다.

> 뻐꾸기의 새끼가 의붓형제를 둥지에서 밀어내는 본능, 개미가 노예를 만드는 본능, 맵벌과의 애벌레가 살아 있는 쐐기벌레의 몸 안에서 그 몸을 먹는 본능. 우리는 이 혐오스러운 본능을 모두 종마다(혹은 개별적으로) 부여되었거나 창조된 본능으로 보기보다는, 모든 생물을 증식시키고, 변이시키며, 강자를 살리고 약자를 죽게 하여 진보(advancement)의 길로 이끄는 일반적 법칙의 자그마한 결과라고 보는 쪽이 훨씬 더 만족스럽다고 생각한다.(p. 243~244)

다윈은 자연계에서 발견되는 사악한 본능을 자연 자체에 의해 설명하였다. 자연은 선악과 무관한 비도덕적 세계이므로, 인간의 감정에 혐오를 야기하는 현상들도 얼마든지 일어날 수 있다. 그러므로 창조론과 같은 난점은 일체 발생하지 않는다. 그러나 (반도덕적인 게 아니라) 비도덕적인 자연이 일반적으로 모든 생물을 증식시키고, 변이시키며, 강자를 살리고 약자를 죽게 하여 진보의 길로 이끄니 얼마나 다행스러운가! 그리고 그 엄청난 진보의 과정에서 혐오스러운 현상은 비교적 적게 일어난다는 사실은 또한 얼마나 다행스러운가!

8
불륜은 힘이 세다

『종의 기원』 8장 잡종

부부는 인간의 시작이다. 부부가 있은 다음이라야 부자(父子)가 있고, 부자가 있은 다음이라야 형제가 있으며, 형제가 있은 다음이라야 위아래가 있다. …… 부부는 이와 같이 만물의 시초이다. 궁극적으로 말해 천지는 한 쌍의 부부이다. 그러므로 천지가 있은 다음이라야 만물이 있게 된다. 그렇다면 세상 만물은 모두 둘 사이에 생겨나고 어느 한쪽에게서 생겨나지 않음이 명백하다. 그런데 또 일(一)은 이(二)를 낳고 이(理)는 기(氣)를 낳으며 태극은 하늘과 땅이라는 양의(兩儀)를 낳을 수 있다고들 하는데, 이는 대체 무슨 뜻인가! …… 반복해서 따지고 들면 둘이 아닌 것이 없는데, 이른바 일(一)을 어디서 보았기에 그렇듯 망언을 지껄인단 말인가! 이리하여 나는 사물의 시작을 연구하다가 부부가 바로 그 실마리임을 알게 되었다. …… 그렇다면 부부란 도대체 어떤 관계이기에 이럴 수 있는 것일까! 이럴 수 있는 것일까!
—이지, 『분서』.

불륜은 힘이 세다

8장은 6장에서 학설의 난점으로 거론되었던 것 중 네번째 문제, 즉 잡종의 불임에 대해 다룬다. 그때의 질문을 상기해 보자. "다른 종의 개체들 사이에 교배를 시키면 자손이 생기지 않거나 생겨나더라도 그 자손(잡종)은 불임이 된다. 잡종의 불임성은 아마도 잡종 자신에게는 이롭지 않을 터이니, 약간의 불임성이 계속 보존됨으로써 마침내 완전한 불임성이 획득되었을 수는 없다. 이 현상을 자연선택 원리로 설명할 수 있겠는가? 게다가 변종을 교배했을 때는 임성(稔性)이 손상되지 않는 경우가 많은데, 이는 또 어떻게 이해할 수 있는가?"

별 희한한 질문도 다 보겠네! 아예 다른 종끼리 구태여 교배를 시킨다는 것도 괴상쩍은 일이지만, 설령 교배가 가능하다 해도 거기서 새끼가 안 생기는 게 당연하지 그게 왜 문제인가? 물론 노새 같은 예외가 있긴 하지만, 그건 그야말로 예외 아닌가! 그리고 노새가 분명히 확인시켜 주듯이, 태어난 방식이 그렇게 비정상적이니 그런 자(즉 잡종)가 자손을 남기지 못하는 건 당연하지 않은가? 이게 뭐가 이상하며, 또 그걸 왜 자연선택 원리가 따로 설명해야 한단 말인가? 뭐 대충 이런 반응을 보일 독자분들이 계실 것 같은데, 사실 나부터가 이 장을 처음 읽었을 때 꽤나 어리둥절했었다. 물론 다윈 당시의 과학자들 또한 이걸 딱히 문제라고 생각지 않았다.

일반적으로 박물학자들은 서로 다른 종이 교잡되었을(intercrossed) 때 생물들끼리 마구 뒤섞이지 않도록, 특별히(=종별로, specially) 불임성이 부여되었다고 본다. 만일 한 지역에 사는 종들이 자유로이 교배할 수 있다면 종들이 모두 구별을 유지하기 곤란했을 터이므로, 얼핏 보기에는 이런 견해가 타당한 것처럼 생각된다.(p. 245)

다윈 당시의 학자들만이 아니라 현대 생물학자들도 이런 비정상적인 교잡이 비정상적인 결과를 낳는다는, 극히 정상적인 견해를 갖고 있다. 마이어의 말을 들어 보자.

다윈주의자는 언제나 살아 있는 생물의 각 성질들이 어떻게 진화되어 왔는지 알고 싶어 한다. 따라서 그는 이런 질문을 던질 것이다. "왜 종이라는 것이 존재하는 걸까? 왜 유성생식을 하는 생물종의 살아 있는 개체들은 종이라는 단위로 묶이는 걸까? 왜 생명의 세계가 단순히 독립적인 개체들로 이루어져서 각 개체들이 자신과 어느 정도 비슷한 다른 개체들을 만나 생식을 하도록 되어 있지 않는 걸까?" 그 이유는 당연하다. 서로 다른 종 사이에서 태어난 잡종(hybrid)에 대한 연구가 이러한 질문에 답을 줄 것이다. 잡종은 거의 예외 없이 열등한, 많은 경우에 제대로 살지 못하거나 생식력이 없는 자손을 생산한다. 동물 잡종의 경우에 특히 그러한 경향이 강하다. 이는 성공적인 상호교배를 위해서는 매우 정교하게 균형 잡히고 조화를 이룬 시스템인 유전자형이 서로 비슷해야 한다는 사실을 입증한다. 이종교배에서처럼 그런 조건을 충족시키지 못할 경우, 잡종의 접합체는 균형이 맞지 않고 조화를 이루지 못하는 부모 유전자의 조합을 갖게 되고 그 결과 생존이나 생식이 불가능한 개체가 태어나게 된다.

이제 종의 의미는 상당히 분명해진다. **종의 격리 메커니즘은 균형 잡힌 조화로운 유전자형을 그 상태 그대로 보전하기 위한 장치라고 할 수 있다. …… 격리 메커니즘은 열등하거나 생식력 없는 잡종이 생겨나는 것을 막는다. 따라서 종의 보전을 자연선택이 유지시킨다고 볼 수 있다.**[1]

이것은 마이어가 주장한 '생물학적 종 개념'으로 현대 생물학에서 가장 보편적으로 수용되고 있는 종 개념이다. 참고로 말해 두자면 마이어는 여러 생물들의 공통점과 차이점에 기반한 종 개념(소위 유형론적 종 개념)을 비과학적인 과거의 유물이라 비판한다.[2] 마이어 식의 종 개념에 따르면 많이 닮았어도 짝짓기를 통해 자손을 낳을 수 없는 경우는 같은 종이 아니고, 두 종류의 생물이 아주 크게 다를지라도 짝짓기를 해서 자손을 낳을 수 있으면 같은 종이 된다. 비슷하다든가 많이 안 닮았다든가 하는 기준이 너무 주관적일 수 있는 데 반해, 생물학적 종 개념

---

1) 에른스트 마이어, 『진화란 무엇인가』, 임지원 옮김, 사이언스북스, 2008, 333~334쪽. 현대 생물학은 다른 종 간에 생식상의 장벽을 조성하는 요소들로 서식지 격리, 시간적 격리, 행동적 격리, 기계적 격리, 생식세포 격리, 잡종 생존력 약화, 잡종 생식력 약화, 잡종 와해 등을 들고 있다. 닐 캠벨 외, 『생명과학』, 전상학 외 옮김, 바이오사이언스, 2008, 494~495쪽.
2) 마이어, 『진화란 무엇인가』, 328쪽.

이 주장하는 생식적 격리는 훨씬 더 객관적이며 또 과학적인 기준으로 보인다. 과연 이런 식의 종 개념과 불임에 대한 견해를 다윈은 어떻게 생각했을까? 가장 중요한 두 가지 점과 관련하여 8장에서 두 문장만 인용해 보기로 하자.

> 종이 자연계에서 교잡하고 뒤섞이는 것을 방지하기 위하여 여러 가지 불임성이 특별히(=종별로) 부여된 것이라고 생각하는 것은 …… 아무런 이유도 없다.(p. 276)

> 자연선택이 종들로 하여금 상호불임성이 되도록 작용할 수 있었는가 하는 점을 고찰함에 있어서 …… 깊이 고찰한 결과 내게는 이러한 일이 자연선택을 통해 생겼을 리가 없다고 생각되었다.(4판 pp. 311~312)

다윈의 주장인즉슨 불임성은 어떤 이유나 목적 때문에 특별히 부여된 게 아니며, 자연선택에 의해서 생겨난 일도 아니라는 것이다. 그러니 마이어 같은 '다윈주의자'들은 어떤지 모르겠으나, 다윈 자신은 마이어(를 비롯한 현대 생물학자들)와 근본적으로 견해가 다르다. 현대 생물학은 종들 상호 간에 엄격히 분리되어 있는 질서에 어떤 이유나 목적이 있다고 주장하고, 불임성이 종별로(특별하게) 부여되었다고 주장한다는 점에서 종에 관해 창조론적 입장에 선다. 독자 여러분은 하도 질 낮은 창조론에 익숙한 나머지 이렇게 '과학적인' 창조론을 접하면 그 정체를 착각하실 수도 있다. 그러나 이런 것이야말로 근본적인 종별(특수) 창조론(special creation)이며, 종에 본질이나 의미(목적)가 있다고 믿는

잡종과 불임성
숫사자와 암호랑이 사이에서 탄생한 두 마리의 라이거. 이들은 서로를 보며 무엇이라 여기고 있을까?

본질주의이자 목적론이다. 마이어는 사실 이 세 가지 관념에 맞서 평생 동안 열정적으로 투쟁했으며, 저서 도처에서 이를 명시적으로 비판하였다. 하지만 안타깝게도 마이어를 비롯한 많은 생물학자들의 진화론에는 종에 대한 본질주의와 목적론이 곳곳에 스며 있다. 현대 생물학자들이 '목적도 없고, 방향도 없는 진화'를 굳게 믿고 또 주장한다고 해서 목적론이나 창조론에서 벗어나 있으리라는 보장은 없다. 창조론 혹은 목적론은 그리 만만한 게 아니다. 가장 보편적인 종이 가장 변이성이 크다는 다윈의 주장을 기억하시는가! 현대 생물학자들은 다윈의 이런 주장을 가장 보편적인 종이 가장 안정적인 종이라는 식으로 비꿔 버렸다.

앞서도 몇 차례 얘기했지만, 우리가 오늘날 『종의 기원』을 읽어야 하는 이유는 현대 과학의 핵심을 조야하게나마 파악하고 있는 고전이어서가 아니라, 다윈이 현대의 과학자들과 여러 가지 핵심적인 지점에서 대립하기 때문이다. 양자가 핵심적인 측면에서 대립한다는 것은 곧 다윈의 진화론이 틀렸거나 아니면 현대 생물학이 창조론이라는 것이다. 물론 다윈이 모든 문제에서 옳은 것은 결코 아니다. 어떤 주장이 옳은지는 논리와 근거 모두에 있어서 비판적으로 검토되어야 마땅하다. 바로 이런 관점에서 이제부터 8장 「잡종」을 성심성의껏 검토해 보기로 하자. 궁금하지 않은가, 다윈이 틀렸을지 아니면 현대의 생물학자들이 다윈의 핵심적인 주장을 창조론으로 바꾸어 버린 것일지? 단 그 결과가 어떻게 나오든 결코 해서는 안 되는 일이 한 가지 있다. 마이어 같은 주장을 펼치면서 거기에 '다윈주의'라는 이름을 달아서는 안 된다는 것이다. 다윈의 이야기는 이렇게 시작된다.

그런데 내 생각에 최근 몇몇 저자들은 잡종이 불임이라는 사실의 중요성을 너무 과소평가하는 것 같다. 자연선택설에 있어서 이것은 특히 중요한 문제다. 왜냐면 잡종의 불임성은 잡종 자신에게는 이롭지 않을 것이며, 따라서 약간의 불임성이 계속 보존됨으로써 마침내 완전한 불임성이 획득되었을 수는 없기 때문이다.(p. 245)

불임성이 종 간 질서를 어지럽히지 않기 위해 특별히 부여된 것도 아니고, 자연선택에 의해 생겨난 것도 아니라면, 그럼 이 희한한 현상은 왜 생겨난 것일까?

나는 불임성이 특수하게 획득되거나 부여된 성질이 아니라, 획득된 다른 차이에 의한 우연적인(부수적인, incidental) 일임을 제시할 수 있다.(p. 245)

자, 이제부터 이 흥미로운 문제에 관해 다윈이 어떤 견해를 제시하는지 보기로 하자. "이 문제를 생각할 때 **근본적으로 다른 두 가지 사실**이 한데 섞여 버리는 것이 일반적이다. 다른 종 간의 최초 교배시 자손이 생기지 않는 불임성과 그 교배에서 생겨난 잡종이 다음 자손을 낳지 못하는 불임성." 즉, 서로 다른 종 간의 교배에서 자손이 생겨나지 않는 것과 설령 자손이 생겨나도(노새처럼) 그 자손(잡종)이 다음 자손을 낳지 못하는 것, 이 두 가지 현상을 뒤섞어서 혼동해서는 안 된다는 얘기다. 어떤 점에서 그러한가?

서로 다른 순종끼리 교배할 때, 각각의 순종은 생식기관이 완전한 상태임에도 불구하고, 새끼는 아주 적거나 아니면 전혀 태어나지 않는다. 한편 그렇게 해서 적으나마 태어난 잡종(hybrid)은 생식기관을 현미경으로 관찰했을 때 완전해 보여도 기능적으로는 불능(impotent)이다. …… 순종 부모의 경우 배(胚)를 형성해 가는 암수 양성의 요소는 완전하나, 잡종 자손의 경우에는 이들이 거의 발달해 있지 않거나 불완전하다. …… 사람들은 이 두 가지 불임을 모두 특별히 부여된 것, 즉 우리의 이해력을 넘어서는 것으로 간주함으로써, 두 가지 현상의 근본적인 차이가 지워져 버렸다.(p. 246)

문제가 슬슬 어려워지려 한다. 다윈 또한 마찬가지였을 것이다. 바로 이때 다윈을 구해 주는 것은 또다시 변종이다.

변종은 공통의 조상에서 유래된 것으로 알려져 있는데, 이 변종끼리의 교잡으로 새끼가 태어난다는 사실, 또한 그렇게 태어난 잡종(mongrel)이 생식력을 가진다는 사실은 나의 이론에 있어서 종의 불임성과 동등하게 중요하다.(p. 246)[3]

지금 다윈은 순종과 잡종과 변종을 한데 엮고 있다. 다윈은 어차피 종(species) 자체를 특별한(special) 것으로 보지 않기 때문에, 이 삼자를 (그 어느 것도 특권화시키지 않은 채) 나란히 늘어놓을 수 있었고, 이들이 임성 및 불임성과 관련하여 어떤 패턴을 보이는지 살필 수 있었다. 자, 이제부터 펼쳐지는 다윈의 얘기는 추리소설보다도 흥미진진하다. 이야기가 어떻게 전개될지, 결말은 어떻게 지어질지 전혀 예상할 수 없는, 그러나 다 듣고 나면 평범한 우리 일상일 그런 고급 추리물. 잘 들어 보시라.

이 문제에 거의 일생을 바친 양심적이고도 뛰어난 관찰자인 쾰로이터(Kölreuter)와 게르트너(Gärtner)가 쓴 많은 논문과 저서를 보면, 어느 정도의 **불임성이 매우 일반적이라는 사실**에 깊은 인상을 받게 된다. 쾰로이터는 이 규칙을 **보편적**이라 보았다. …… 그래서 대다수의 학자들이

---

[3] 『종의 기원』에서는 순종 간에 태어난 잡종을 hybrid, 변종 간에 태어난 잡종을 mongrel이라 부른다.

다른 종으로 분류하는 두 종류 사이에 완전한 임성이 발견되면(10가지 경우가 있었다), 그는 주저없이 그들을 변종으로 취급하였다. 게르트너도 그 규칙을 보편적인 것으로 간주하였으나, 그는 쾰로이터가 내세운 10개의 예가 완전한 임성을 갖지는 않는다고 반론을 폈다. 그러나 게르트너는 …… 불임성이 어느 정도인지를 제시하려 할 때, 조심스럽게 종자수를 세어 보는 것으로 만족했다. 그는 항상 두 종을 처음 교배시켰을 때 생겨난 종자(잡종)의 최대수, 그 잡종이 낳는 종자의 최대수, 그리고 자연하에서 순종 사이에 태어나는 종자의 평균수를 비교하였다. 그러나 **중대한 과오의 원인**이 여기에 도입되었을 것이다.(pp. 246~247)

우선 어느 정도의 불임성이 매우 일반적이라는 사실에는 우리도 강한 인상을 받게 된다. 불임이면 불임이고, 가임(可妊, 可稔)이면 가임이지 어느 정도의 불임성이란 뭔 말인가? 또 쾰로이터가 이것을 자연계의 보편적 규칙으로 봐서, 다른 종이라 믿었던 두 종 사이에서 자손이 생기면 곧장 변종으로 취급했다는 얘기도 흥미롭다. 이건 현대 생물학의 종 개념과도 일맥상통하는 얘기 아닌가? 흥미롭구먼! 그런데 다윈이 말한 중대한 과오란 무엇이었을까?

잡종을 얻기 위한 식물은 거세되어야 하며(즉 꽃밥이 제거되어야 하며), 때로는 (이게 더욱 중요한 문제인데) 곤충에 의해 다른 식물의 꽃가루가 운반되지 못하도록 격리되어야 한다. 게르트너가 실험한 대부분의 식물은 화분에 심어 집안에서 길러졌다. **이런 과정은 틀림없이 식물의 임성을 종종 해쳤을 것이다.** …… 게르트너는 가장 우수한 식물학자들이 변종으로 분류하는 보통의 청색 나도개별꽃(Anagallis arvensis)과 적색 나도개별꽃(Anagallis coerullea)을 여러 번 되풀이해 교배시켜 그것이 완전히 불임이란 걸 알아냈다. 그는 다른 몇 가지 유사한 예에서도 같은 결론에 도달했다. 그러나 그밖의 많은 종들을 교배시켰을 때, 정말로 게르트너가 믿었던 만큼 불임이 될지는 **의심스럽다.**(p. 247)

다윈은 원래 식물에 관한 지식이 극히 부족한 사람이었다. 겸손한 말이긴 하지만, 스스로 "민들레와 데이지도 거의 구별 못 하는 사람"[4]이라 자처하기도 했다. 그렇지만 한번 관심을 갖게 된 뒤로 완전히 식물에 몰입하게 되었고 수많은 자료를 읽었으며 스스로 여러 가지 실험을 거듭했다. 또한 학자들이 종에 대해 품은 뿌리 깊은 선입견이 어떤 근거도 없다는 사실을 깊이 이해하고 있었다. 다윈의 의심은 단지 꼭 그렇기만 하겠는가 하는 식의 막연하고 부정적인 게 아니라, 무척이나 탄탄한 근거가 있었던 것이다.

실제로 완전한 임성이 어디서 끝나고 불임성이 어디서 시작되는지를 알기는 극히 어렵다. 일찍이 존재했던 사람들 중에서 가장 경험이 풍부했던 두 관찰자가 동일한 종에 대해 정반대 결론에 도달했다는 사실만 봐도 분명하다. 또한 어떤 형태를 종으로 분류하고 또 어떤 형태를 변종으로 분류할지에 대해 …… 학자들 간에 의견이 얼마나 분분한가! 그렇게 보면

---

4) Janet Browne, *Charles Darwin: The Power of Place*, New York: Alfred A. Knopf, Inc., 2002, p. 166.

불임성이나 임성이 종과 변종을 명확히 구별해 주는 기준이 못 된다는 사실을 알 수 있다. 또한 여기서 얻어지는 증거들에는 점진적 단계가 있으며, 또 다른 체질상이나 구조상의 차이에서 유도되는 증거와 마찬가지 정도로 의심스러운 것이다.(p. 248)

다윈의 얘기는 임성과 불임성을 구별하는 게 극히 어려우며, 그 이유는 실제로 완전한 임성과 완전한 불임성 사이에 무수한 점진적 단계가 있기 때문이라는 것이다. 다른 학자들은 임성이 자연스러운 것이고 불임은 비정상적인 과정의 결과라는 선입견을 굳게 믿고 있었다. 그러므로 틀림없이 다른 종이라 믿었던 종류 사이에 자손이 태어나면, 그들은 별개의 종일 수 없으므로 같은 종의 변종이라고 분류했던 것이다. 그러나 이렇게 되면 다른 종이기 때문에 자손이 생겨나지 않는 게 아니라, 자손이 생겨나지 않기 때문에 다른 종으로 분류되는 셈이다. 따라서 다윈처럼 임성과 불임성이 무수한 점진적 단계를 가진다는 사실을 발견할 가능성은 애초부터 봉쇄되어 있다. 결과에 따라 종과 변종의 지위를 바꿔 버리기 때문이다. 결국 임성과 불임성에 관한 한, 종과 변종은 어떤 실험 결과가 나와도 전혀 변할 수 없는 닫힌 원이 되어 버린다. 어떤 관찰이나 실험 결과도 반론으로 작용할 수 없는 범주, 그런 걸 과연 과학적 범주라 할 수 있을까?

게다가 게르드니 같은 학자는 실험을 할 때 '거세'를 하거나 '곤충'이 개입하지 못하게 했으며, 대부분 "화분에 심어 집안에서" 길렀다. 거세를 하면 그 생물에 얼마나 큰 변화가 야기되었겠는가? 또 충매화의 경우에는 곤충을 차단한 것이 얼마나 결정적인 영향을 미쳤겠는가? 최분에 심어 실내에서 길렀다는 것은 야생동물을 사육조건하에 두었다는 격인데, 이게 또 얼마나 커다란 변화를 초래했을 것인가? 다윈이 1장에서 사육재배가 특히 그 생물의 생식계통에 민감한 영향을 끼친다고 말한 것을 상기하자. 이 모든 처리(treatment)는 식물에게 엄청난 변화를 가져왔을 것이며, 당연히 임성에도 근본적인 변화가 생겨났을 것이다. 당대의 학자들은 이런 처리에 그다지 마음 쓰지 않았으며, 종과 종, 그리고 변종 사이에 이미 절대적인 구분선을 쳐 놓았기 때문에, 실험 결과는 어떤 회의도 불러일으키지 않으면서 기존의 이론을 완벽하게 증명할 수 있었다. 다윈은 서로 다른 종은 물론 종과 변종을 절대적으로 구별하지도 않았고, 또 생명에 대한 깊은 애정과 이해를 갖고 있었기 때문에 그들처럼 생명체들을 함부로 '처리'하지도 않았다. 그리고 결정적인 것은, 그가 불임에 대해 전통적인 통념에 거의 물들지 않았기 때문에 여러 학자들의 연구 결과를 창조적으로 활용할 수 있었다는 점이다. 불임에 대한 전통적인 통념이란 무엇인가?

불임과 잉태

잉태와 불임. 아득한 옛날부터 오늘날에 이르기까지 동일한 믿음하에 반복되고 있는 주제! 생산성, 다산성 같은 말들은 얼마나 활기차고 왕성하고 행복한가! 그에 반해 불임은 어둡고 절망적인 것. 아무것도 낳지 못하는 불임의 세월이니 불모의 대지니 하는 오래된 비유. 잉태와 생산에는 축복과 미래가, 불임에는 치료받아야 할 이상(異常), 심지어는 질서의 위반에 대한 죗값이 연결되기도 한다. 의학에서 정의하는 불임도 부정적인 언사들로 가득하다. '동물이나 식물의 생식기가 **제대로 발달하지 않아서** 임신을 **못 하는** 현상'이며, '수정-배아 발달-자궁 내 착상 중 어느 한 단계에서라도 **이상**이 있으면' 발생하는 **오류**. 그러므로 **치료받아야 할 이상**. 원인은? '남성 요인, 난소 기능 **저하**, 배란 **장애**, 난관 **손상**, 면역학적 **이상**' 등이다. 이런 통념은 생물학에서도 그대로 번역된다. 서로 다른 종끼리는 짝짓기가 일어나지 말아야 정상이며, 일어난다 해도 자손이 생기지 않아야 하며, 자손이 생긴다 해도 그 다음 자손은 태어나지 않아야 한다. 자연계의 종의 질서를 해치는 부자연스럽고 비정상적인 행위에는 불임이 따른다.

물론 다윈도 불임이 좋은 것이라고는 하지 않았다. 그러나 나쁜 것도 아니었다. 그럼 뭐란 말인가? 앞서 1장에서 읽었던 문장을 다시 곱씹어 보자.

이렇게 다양한 현상을 볼 때, 생식계통은 갇힌 상태하에서 불규칙해지므로 양친을 닮지 않은 새끼가 태어난다고 해서 그리 놀랄 일은 못 된다. 불임성은 원예가 망하는 원인이라고 일컬어져 왔다. 그러나 위에 말한 견해에 따르면 **불임성이 생겨나는 원인 때문에 변이성이 생겨나는 것이다. 그리고 변이성이야말로 밭에서 나는 모든 멋진 산물의 원천이다.** (p. 9)

기억나시겠지만, 다윈에 따르면 생활조건의 변화로 인해 변이성이 강화되며 그 결과 불임도 생겨나고 멋진 작물도 생겨나는 것이다. 이런 점에서 다윈의 사고는, 선한 요소나 행위를 잉태와 연관짓고, 악한 요소나 행위를 불임과 연관짓는 사고방식과 전혀 다른 것이었다. 그는 다양한 자연현상들이 선악이라는 초월적 원리에 의해 지배당한다는 믿음을 단연코 거부하였다. 어떤 작용에 의해 변이성이 강화되며 이것이 무수한 결과를 낳을 수 있다. 불임과 멋진 작물은 다만 그 점진적인 단계의 양극단일 뿐이다. 다윈은 선악이라는 초월적 섭리에 지배당하지 않음으로써 다양한 현상을 그 자체로 볼 수 있었다. 자! 이제 보라, 다윈 앞에서 저마다 제 빛깔과 향기를 뿜는 현상들을!

게르트너는 몇몇 잡종을 순종인 어버이와 교배되지 않도록 주의하면서 6~7세대에서 10세대까지 길러 보았는데, 그 결과 임성이 크게 감소하는 경향을 보였다고 분명히 밝혔다. …… 그러나 나는 그들의 임성이 너무 가까운 근연의 것을 번식시켰기 때문에 감소한 것이라고 믿는다. 나는 수많은 실험과 다른 사람의 많은 사례를 수집함으로써 그와 다른 사실을 알게 되었다. 근연의 동계교배(同系交配)는 임성을 낮추지만, 뚜렷이 다른 개체나 변종과 가끔 교배를 시키면 그 생물의 임성은 높아진다. 이는 비록 생물학자들의 일반적인 견해와는 다르지만 **사육재배가들 사이에서는 거의 보편적인 신념**이다. …… 매우 경험이 풍부한 잡종 육성가 허버트는 게르트너와 동일한 종으로 실험해 보았다. 그 결과 뚜렷이 다른 종 상호 간에는 어느 정도의 불임성이 있지만(이것은 쾰로이터 및 게르트너의 실험 결과와 같다), 그에 못지않게 **어떤 잡종은 완전한 임성을 지닌다**는 것을 강조하였다. …… 허버트의 실험 결과가 게르트너와 달랐던 이유는, 허버트가 원예 기술이 뛰어나고 또 자유롭게 사용할 수 있는 온실을 갖고 있었기 때문일 것이다. 허버트의 실험 중 놀라운 사실은 …… 로벨리아(Lobelia)속의 몇

몇 종이나 히페아스트룸(Hippeastrum)속의 모든 종은 자기 자신의 꽃가루보다 **현저하게 다른 종의 꽃가루에 의해 훨씬 쉽게 수정되어 잡종을 낳는 식물이 있다는 것이다.** …… 왜현호색(Corydalis)속에도, …… 여러 난초에도 거의 모든 개체는 이런 특수한 상태에 있다.(pp. 248~250, 5판에서 부분 추가)

허버트는 뚜렷이 다른 종은 자손을 낳지 못하는 경향이 있지만, 어떤 잡종은 완전한 임성을 지닌다고 강조하였다. 물론 게르트너나 쾰로이터라면 이런 잡종을 낳은 부모종을, 다른 종이 아니라 변종들이라고 변경함으로써 문제 자체를 해소해 버렸을 것이다. 그러나 다윈은 스스로 많은 실험을 하고, 통념에 지배당하지 않는 눈으로 다른 학자들의 사례들을 연구함으로써 전혀 다른 세상을 보았다. **"뚜렷이 다른 개체나 변종과 가끔 교배를 시키면 그 생물의 임성이 높아진다."** 이것은 정말이지 **놀라운 발견**이었다. 두 종류의 생물 간에 자손이 생기느냐 안 생기느냐는 절대적으로 갈릴 수 있는 문제가 아니다. "뚜렷이 다른 개체나 변종과 가끔 교배를 시키면 그 생물" 자체의 "임성이 높아진다". 즉 임성은 높아지거나 낮아질 수 있는 것이며, 특히 많이 다른 개체나 변종과 교배시키면 대체로 임성이 높아진다는 것이다. 많은 식물들이 자신의 꽃가루보다 "현저하게 다른 종의 꽃가루에 의해 훨씬 쉽게 수정되어 잡종을 낳는다"지 않는가!

서로 다른 종이 자손을 낳지 못하고, 낳더라도 다음 세대의 자손을 낳지 못하는 것은 물론 두 종의 차이가 크기 때문이다. 문제는 사람들이 이 결론을 지나치게 일반화시켰다는 점이다. 즉, 공통점이 많은 종류 사이에서는 자손이 태어날 수 있고 적은 종류 사이에서는 자손이 태어나지 않는다, 양자 사이에는 심연이 있고 그것이 바로 종 간의 거리라고 믿어 버린 것이다. 이에 대해 다윈은 무엇을 주장한 것인가? 양자가 너무 달라도 자손을 낳을 수 없지만 너무 닮아도 임성은 떨어진다. 특히 여러 세대에 걸쳐 근연 간의 동계교배가 반복되면 임성은 현저히 떨어진다. 귀족들의 오랜 근친상간 관행이 그 결과를 잘 보여 주지 않는가?

다윈은 이러한 현상과 이미 잘 알려져 있던 변종 간 교배의 경우를 엮는다. 변종 간 교배에서는 일반적으로 강건성과 높은 임성을 갖춘 자손들이 태어난다. 이것은 동종 간보다는 공통점이 적지만 이종 간보다는 공통점이 많다. 즉 비슷하면서도 어느 정도의 차이가 있는 것이다. 뒤에 다윈은 이 두 가지에 한 가지 중요한 현상을 더 결합시킴으로써 자연계의 일반적인 경향을 도출해 낸다. 이제 다윈은 비판을 넘어 자신의 견해를 제시한다. 먼저 가축의 사례를 가볍게 터치하면서 시작한다.

현대 생물학자들 대부분이 지지하는 팔라스의 이론에 따르면, 가축은 대부분 둘 혹은 그 이상의 토착종에서 유래하고 교잡에 의해 혼합되어 왔다. 이 견해가 맞다면 토착종이 처음 낳은 잡종에 높은 임성이 있었거나 아니면 처음에는 그렇지 않았지만 사육하에서 세대가 거듭되는 동안 높은 임성을 갖게 되었다고 보아야 한다. 후자가 확실히 맞을 것이다. …… 결국 식물과 동물의 교잡에 의해 확인된 사실을 종합해 보면, 최초의 교배에 있어서나 그렇게 해서 태어난 잡종에 있어서나 어느 정도의 생식 불능성은 있지만, 그것이 절대로 보편적이지는 않다.(pp. 253~254)

이어서 다윈은 구체적으로 불임성이 어떤 이유나 목적을 가진 것인지 검토한다. 과연 어떤 결과가 나올까?

최초 교배시의 불임성과 그 교배로 인해 생겨난 잡종의 불임성을 지배하는 규칙은 과연 무엇일지 살펴보기로 하자. 우리의 주된 목적은 **종이 마구 교배하여 뒤섞이는 것을 막기 위해 종에게 특별히 그런 규칙이 부여된 것인지**를 생각해 보는 데 있다. …… 이미 설명했듯이 최초의 교배에 있어서나 (그렇게 해서 태어난) 잡종에 있어서나 임성의 정도는 [학자들의 선입견과는 크게 다르게] 영(零)에서부터 완전한 임성까지 다양하다. …… 같은 속에 속하는 한 종의 꽃가루를 다른 종의 암술머리에 [예컨대 붓으로] 발랐을 때, 임성은 절대적인 영점에서부터 거의 완전한 임성까지 …… 완전한 단계적 차이를 보인다. 어떤 기이한 예에서는 식물 자신의 꽃가루보다 더 큰 과잉 임성조차 나타나기도 한다.(pp. 254~255)

임성의 정도가 영(0)에서부터 완전한 임성에 이르기까지 다양하다는 것은 실로 놀라운 결과다. 그때그때 행한 실험에 미세하게 차이가 있었던 것이 아닐까? 혹은 같은 속에 속하는 종들이라도 분류학상의 지위는 다를 수가 있으니 다양한 결과가 나올 수 있었던 것은 아닐까? 등등의 여러 가지 의문이나 의심이 있을 수가 있다. 헌데 그러한 의문과 의심을 가장 많이 가졌던 사람이 바로 다윈이다. 다윈이 조금 아까 말하지 않았는가, 그래서 "수많은 실험과 다른 사람의 수많은 사례를 수집"했다고!

그러나 분류학적 유연과 교배의 용이성은 결코 엄밀하게 대응되지 않는다. …… 같은 과 안에서도 패랭이꽃속의 경우는 대단히 많은 종이 극히 쉽게 교배할 수 있었지만, 그에 반해 장구채속의 경우는 극히 가까운 혈연의 종 사이에서도 …… 잡종이 생겨나지 않았다. …… 상반교배(reciprocal cross)는 이를 더 극적으로 보여 준다. 상반교배란 예컨대 우선 수말과 암탕나귀를 교배시키고, 다음으로 암말과 수탕나귀를 교배시키는 걸 가리킨다. …… 쾰로이터에 따르면 미라빌리스속의 잘라파(Mirabilis jalapa)종은 같은 속의 롱기플로라(Mirabilis longiflora)종의 꽃가루에 의해 쉽게 교배되며, 이렇게 생긴 잡종은 충분한 임성을 갖는다. 쾰로이터는 이번에는 성을 바꾸어 잘라파종의 꽃가루와 롱기플로라종을 수정시키려 하였으나 8년간에 걸친 200여 회의 실험에도 불구하고 완전히 실패하였다. 많은 학자들이 여러 생물을 가지고 실험을 해서 동일한 현상을 관찰하였다. …… 접목의 경우에도 이와 유사한 흥미로운 현상이 있다. …… 보통 오리밥나무는 건포도나무에 접목될 수 없다. 반면 건포도나무는 어렵긴 하지만 오리밥나무에 접목시킬 수가 있다. …… 심지어 마가목(Sorbus)속의 몇몇 종은 다른 종에 접목되면, 자기 뿌리에 있을 때보다 2배나 많은 열매를 맺는다. …… 요컨대 많은 경우 두 종 사이의 교배능력은 분류학적 유연이나 어떤 형질상의 차이와 관계가 없는 셈이다. 우리가 알기 힘든 어떤 체질상의 차이가 작용할 것인데, 아마도 그것은 생식계통에 국한될 것이다.(pp. 257~263)

검토 결과 다윈은 이렇게 결론을 내린다.

이상과 같은 기묘하고도 복잡한 사실들을 생각해 볼 때, 단순히 **자연계의 종의 질서를 유지하기 위해 불임성이 부여되었다는 설명은 이해할 수 없다.** 서로 뒤섞여 버리는 것을 방지할 필요는 어느 종에서건 똑같을 터인데, 갖가지의 종이 교배했을 때 불임성이 다양한 것은 무슨 까닭인가? 어느 종은 쉽게 교배되는데 그렇게 해서 생겨난 잡종은 매우 불임성이 크고, 다른 종은 교배하기는 대단히 곤란했지만 일단 교배에 성공하면 임성이 현저하게 높은 잡종이 태어나는 까닭은 무엇인가? 같은 종의 개체들을 상반교배시켰을 때 결과에 큰 차이가 종종 나타나는 것은 또 어째서인가? 더 나아가서 잡종의 산출이 허용되어 있는 이유는 무엇일까? 종에게 잡종을 생성하는 특별한 능력을 주고 나서는, 정작 그 잡종이 번식해 가는 것은 다양한 정도의 불임성에 의해 저지한다는 것은 그야말로 기묘한 배려가 아닌가?(p. 260)

기존의 견해에 대한 다윈의 비판이 통렬하다. 그렇다면 다윈은 불임성을 단순히 우연이라고 생각했을까, 아니면 어떤 원인이나 일정한 경향을 찾아냈을까? 다시 다윈의 사유가 빛을 발한다.

이제 최초 교배의 불임성과 잡종의 불임성의 원인에 대해 생각해 보자. 우선 이 두 가지 경우는 성격이 크게 다르다는 점을 주목해야 한다. 즉, 두 순종 간 교배의 경우 암컷과 수컷의 생식요소는 완전한데, 그렇게 해서 태어난 잡종의 경우는 생식요소가 불완전하다. 최초 교배의 경우 난점의 원인은 다양하다. 꽃가루관이 씨방에 미치지 못할 정도로 암술대기 긴 게 문제리든가, …… 이런 문제는 없는데 배(胚)를 발달시킬 수

없다든가, …… 배는 발생하는데 일찍 죽어 버린다든가 하는 경우 등이 있다.(p. 263)

그러니까 최초 교배가 불임인 경우는, 암수의 생식요소보다는 종 간의 차이가 원인이라고 보아야 한다. 그에 반해 "잡종의 불임성은 성적 요소가 불완전하게 발달해 있으므로 문제가 좀 다르다". 상이한 종의 암수 요소가 합쳐져서 하나의 자손(잡종)을 낳았으니, 그의 전반적인 체제, 특히 생식요소는 얼마나 새롭고 기이한 것이겠는가? 서로 종류가 다른 종의 암수를 결합하여 건강하고 훌륭한 자손이 생겨난다는 것은 확률상으로도 극히 희박하지 않겠는가? 뭐 이건 그리 어려울 게 없는 얘기다. 다윈은 그런데 이 문제를 생각지도 못한 다른 문제와 연결시킴으로써, 새로운 차원으로 상승시킨다.

지금까지 여러 번 진술한 대로, 동식물은 그들의 자연상태에서 다른 곳으로 옮겨지면 생식계통에 중대한 영향을 받기 쉽다. 실제로 이것은 동물을 사육하는 데 커다란 장애로 작용한다. 이렇게 하여 생긴 불임성과 잡종의 불임성 간에는 많은 유사점이 있다. 어느 경우에나 불임성은 일반적인 의미의 건강과는 관계가 없으며, 때때로 몸이 커지거나 훨씬 더 강건해지는 경우까지 있다. 양자의 불임성의 정도는 매우 다양하며, 수컷 쪽의 생식요소가 상하는 경우도 많지만 암컷의 생식요소가 상하는 경우도 있다. …… 그런데 한 분류군 안의 어떤 종은 생활환경이 크게 변화하더라도 임성이 손상되지 않는 수가 있고, 또 다른 종은 보통과는 다른 임성을 가진 잡종을 산출하는 수도 있다. 어떤 특정한 동물이나 식물이 사육재배하에서 자손을 낳을지 못 낳을지에 대해, 실제로 해보지 않고서 미리 장담할 수 있는 사람은 아무도 없다.(pp. 264~265)

생물이 새롭고 부자연스런 상황에 처해졌을 때, 혹은 두 종의 부자연스런 교배에 의해 잡종이 만들어졌을 때, 그들의 생식계통은 (일반적 건강상태와는 무관하게) 매우 비슷한 방식으로 영향을 받게 된다는 걸 알 수 있다. 전자는 …… 생활조건이 교란된 것이고, 후자는 외적인 조건은 그대로지만 (생식계통을 포함한) 두 생물의 구조와 체질이 하나로 혼합됨으로 인해 체제가 교란된 것이다. 왜냐면 상이한 두 체제가 혼합되었을 때, 발생과정이나 주기적 작용, 여러 체부나 기관의 상호관계 내지는 생활조건과의 관계가 얼마간이라도 교란되지 않는 경우는 있을 수 없기 때문이다.(pp. 265~266)

"생물이 새롭고 부자연스런 상황"(예컨대 사육재배)에 처해졌을 때와 "두 종의 부자연스런 교배에 의해 잡종이 만들어졌을 때"를 비교한다는 게 좀 어색하긴 하지만, 일단 양자가 드러내는 양상이 유사하다는 점은 주목할 만하다. 그런데 다윈은 이를 또 다른 두 관계와 엮는다. 그러고는 앞의 두 가지 경우와 지금 들 두 가지 경우가 평행관계에 있다고 주장한다. 얘기가 한층 더 복잡해진다. 하긴 현대 생물학자들도 무의식 중에 전제하는 종별 창조론을 해체한다는 게 그리 쉬운 일이겠는가!

생활상태의 경미한 변화가 생물에게 이익이 된다는 것은 상당히 많은 증거에 의해 옛날부터 거의 보편적으로 믿어져 왔다고 생각한다. 농부나 정원사가 씨앗이나 덩이뿌리[塊根]를 어떤 토양이나 기후에서 다른 토양이나 기후로 자주 옮기며, 나아가 그 과정을 역으로 되풀이하는 데서 그 사실을 알 수 있다. 동물이 질병의 회복기에 있는 동안 생활습관상의 거의 모든 변화가 크게 이롭다는 것은 명백한 사실이다. 또 식물에서든 동물에서든 같은 종의 매우 다른 개체 사이에서, 즉 서로 다른 계통이나 아품종의 성원 사이에서 교배가 행해지면 자손이 건강하고 생식력이 강해지며, …… 반면 여러 세대에 걸쳐 같은 생활상태에 놓여 있는 근친 간에 동계교배가 행해질 경우 자손은 거의 반드시 허약하고 왜소해지며 불임성이 야기된다는 명백한 증거가 있다.(pp. 266~267)

머리가 조금 복잡하시겠지만 걱정 마시라. 다윈 샘이 친절하게 정리해 주신다.

결국 한편으로 생활조건의 경미한 변화는 대부분의 생물에게 이익이 되고, 다른 한편 경미한 교잡은 …… 자손에게 강건함과 임성을 준다. 이 두 계열의 사실(즉 같은 종인데 약간 다른 생활상태하에 노출되었거나, 아니면 약간 변이한 암수 간의 교배)은 …… 본질적으로 생명의 원리와 관계가 있는 어떤 공통된, 그러나 정확히 알지는 못하는 어떤 유대에 의해 결합되어 있는 것 같다.(p. 267)

생활조건의 경미한 변화와 경미한 교잡, 양자는 매우 다른 사건이지만 동일한 효과를 낳을 수 있다. 즉, 전자는 생활조건이 변함으로써, 후자는 생물(경미한 교잡에 의해 태어난 자손) 자체가 변함으로써, 결국은 **생물과 생활조건의 경미한 불일치라는 동일한 효과**를 낳는 것이다. 게다가 원인이 뭐건 간에, 생활조건과 생물의 경미한 불일치는 대체로 생물에게 이롭다는 것이다.

변화의 과학

지금까지 중요한 얘기는 다 되었다. 다윈은 마지막으로 이 내용을 자신의 진화론에 입각하여 정리하면서 일반적인 의미를 이끌어 낸다.

> 사람들 중에는, 종과 변종은 본래 다른 것이며, 또한 변종끼리는 쉽게 교배하여 완전한 임성을 갖춘 자손을 낳는다는 기존의 주장을 반복하면서 지금까지 내가 펼친 논의가 잘못되었다고 주장할 수도 있을 것이다. …… 그런데 앞서 말했듯이 이런 주장은 자연계의 변종들을 조사해 보면 곧장 헤어나기 어려운 곤란 속으로 빠져든다. 왜냐하면 이제까지 변종이라 불려 온 두 종류가 어느 정도에서든 서로 불임이라는 사실이 판명되면, 양자는 대다수의 박물학자에 의해 즉시 별개의 종으로 취급당한다. 예컨대 파란 나도개별꽃과 붉은 나도개별꽃, 프리물라 베리스(Primula veris)와 프리물라 엘라티오르(Primula elatior)는 영국의 많은 일류 박물학자들에 의해 변종으로 여겨지고 있지만, 게르트너는 그것들을 교배시켰을 때 완전한 임성을 볼 수 없다고 하면서, 각각을 의심의 여지없는 종으로 분류해 버렸다. 만약 우리가 이런 식의 순환논법에 사로잡힌다면 당연하게도 자연계에서 태어난 모든 변종의 임성을 인성해야 한다.(pp. 267~268)

사육하에서 생겨난 변종에 눈을 돌려 봐도 마찬가지 의문에 휩싸이고 만다. 예컨대 독일의 스피츠견이 다른 개보다 여우랑 잘 교잡된다는 사실, 남미의 토착 사육견 중 어떤 것은 유럽 개와 쉽게 교잡되지 않는다는 사실 등을 보면, 누구나 이 개들은 별개의 몇몇 토착종들로부터 유래했다고 생각할 것이다. 하지만 외관상으로는 서로 심하게 다른 사육 재배 변종, 예컨대 비둘기나 양배추의 많은 변종이 완전한 임성을 지니고 있다는 것은 분명한 사실이다. 나아가 서로 지극히 밀접히 유사함에도 불구하고, 교배해 보면 전적으로 불임인 종은 또 얼마나 많은가.(p. 268)

"나는 지금까지 같은 종의 여러 변종을 교배하면 반드시 임성을 지니는 것처럼 말해 왔다. 하지만 다음에 간단히 발췌하는 몇 가지 예에서는 일정한 양의 불임성이 존재한다는 증거를 거부하지는 못할 것이다." (p. 269) 이어서 다윈은 몇 가지 예를 드는데, 주로 자신과 적대되는 입장의 학자들, 즉 임성과 불임성이 종을 구별하는 틀림없는 규범이라고 생각하는 학자들이 든 사례에서 취함으로써 설득력을 높인다. 이 사례들은 중요하긴 하지만 매우 복잡하다. 아쉽지만 그 중 딱 한 가지만 보고 곧장 결론으로 가겠다(슬프다. T.T).

쾰로이터는 '보통 담배'(common tobacco)의 한 변종은 매우 동떨어진 어떤 한 종과 교배했을 때, 다른 여러 변종보다도 그 임성이 높다는 주목할 만한 사실을 증명했다.(p. 271)

이 사례가 중요한 것은 이종 간 교배도 아니고 변종 간 교배도 아니기 때문이다. 이 사례와 함께 우리가 생략한 많은 사례들을 통해 다윈은 알게 되었다. 어떤 생물의 임성은 그 생물이 종이냐 변종이냐, 아니면 종과 교배되느냐 변종과 교배되느냐 하는 차원보다도, 그 생물의 변이성이 얼마나 큰가로 판가름난다는 것을.

불임성은 특별히(종별로) 부여된 것이 아니라, 서서히 획득된 여러 가지 변화, 특히 교배된 종류의 생식계통에 많이 일어나는 변화에 기인하여 우연히(부수적인, incidental) 생겨난 것이다.(p. 272)

요컨대 여러 가지 변화, 특히 생식계통에 일어난 변화가 다양한 정도의 임성을 야기한다는 것이다. 이리하여 다윈은 임성/불임성의 문제를 변이성의 문제로 일반화할 수 있게 되었고 종과 변종을 절대적으로 구별할 수 없다는 사실을 다시 한번 확인하게 된다.

종 간 교배에 의한 자손과 변종 간 교배에 의한 자손에 대해 비교해 보자. 게르트너는 종과 변종 사이에 뚜렷한 선을 긋기를 열망했지만, 결국 종 간의 잡종과 변종 간의 잡종 사이에 극히 사소한 차이밖에 …… 발견하지 못했다.(p. 272)

나는 이 문제를 아주 간결하게 논하고자 한다. 가장 중요한 구별은 변종 간의 1대 잡종은 종 간 잡종보다 변이하기 쉽다는 사실이다. …… 게르트너는 나아가 아주 가까운 혈연의 종 간 잡종은 아주 다른 종 간의 잡종보다 변이하기 쉽다고 말하는데, 이 사실은 변이성의 정도가 점차적으로 이행하고 있음을 나타낸다. 변종 간 잡종과 비교적 임성이 높은 종 간의 잡종은 여러 세대에 걸쳐 번식시켰을 때, 그 자손에게 현저한 양(extreme amount)의 변이성이 나타난다는 사실이 잘 알려져 있다. …… 변종 간의 종이 세대를 거듭해 가다 보면 그 변이성은 종 간 잡종의 경우보다 클 것이다.(pp. 272~273)

다윈은 1장에서부터 지금까지 종과 변종은 절대적으로 구분할 수 없다고 했다. 그런데 학자들은 종과 변종이 일반적으로 임성을 기준으로 (거의) 명확히 구분할 수 있다고 주장했다. 다윈은 8장에서 그런 주장에 어떤 난점들이 있는지를 자세하게 설명했지만, 결국은 그런 주장이 "대체적인 사실을 반영"한다고 말한다. 그럼 뭐가 달라진 거지? 다윈의 주장을 간략히 정리하자면, 종과 변종은 변이성에서 차이가 나며, 양자가 임성에서 차이를 보이는 것은 이러한 변이성의 차이에 따른 부수적 결과라는 것이다.

변종 간 잡종이 종 간 잡종보다 변이성이 크다는 사실은 전혀 놀랄 만한 일이 못 된다. 왜냐면 변종 간 잡종의 양친은 당연히 변종이며, 그 대부분은 사육재배 변종이기 때문이다. …… 그리고 이 사실은 대부분의 경우 그 변이성이 최근에 생겨난 것임을 의미한다. …… 나는 앞에서 생식계통이 생활조건의 변화에 매우 민감하며, 그로 인해 종종 생식불능이 되거나 양친과 닮지 않은 자손이 태어날 수 있다고 말했다. 종 간 교배의 잡종 1대는 안정적인 생식계통을 가진 부모로부터 유래했기 때문에 변이하기는 쉽지 않다. 그러나 이 잡종은 다른 종의 암수 성 요소가 뒤섞임으로써 생식계통 자체는 큰 변화가 생겼을 수 있다. 따라서 그들의 자손은 고도로 변이성이 강하다.(p. 273)

8장의 기나긴 논의를 거쳐 다윈은 종과 변종, 그리고 임성과 불임성에 대한 온갖 기괴하고 불규칙한 현상들을 일관되게 해명하였다. 임성과 불임성은 생식계통의 차이 혹은 교란으로 인해 발생하는 결과들 중 일부다. "불임성이 생겨나는 원인 때문에 변이성이 생겨나는 것이다. 그리고 변이성이야말로 밭에서 나는 모든 멋진 산물의 원천이다." 불임과 임성에 대한 선악 이분법은 사라졌고 그 자리에 완전한 불임에서 온전한 임성까지의 무수한 단계가 모습을 드러냈다. 그리고 이 단계들은 변이성을 중심으로 해서 새롭게 배치되었다.

잡종에 관한 논의는 다윈의 진화론 전반에 있어서도 매우 중요한 의미를 가진다. 우선 경미한 변화가 생물 자신에게 유리하듯이, 경미한 교잡은 임성을 높인다는 다윈의 주장을 생각해 보자. 당시 사람들은 혼합유전설에 지배되고 있었기 때문에 새로운 변이가 아무리 많이 발생해도 교잡으로 인해 결국 희석될 수밖에 없다고 보았다. 또한 변이는 대체로 해롭고, 잡종은 임성이 약하거나 (거의) 없다고 보았다. 물론 다윈도 혼합유전설을 믿었다. 하지만 그는 교배나 교잡에 희석의 효과만 있다고 보지는 않았다. 경미한 교잡은 변이성을 높임으로써 자손의 임성과 강건성을 대체로 강화시키기도 한다. 4장에서는 교잡이 강건성을 높이는 측면을 강조했다면, 8장에서는 임성을 높이는 점을 강조한 것이다. 또한 종과 변종 사이의 절대적 분할선도 다시 한번 박박 지웠다. 그래서 그는 8장의 마지막을 다음과 같이 장식할 수 있었다. "이 장에서 간단히 설명한 여러 사실은, 종과 변종은 근본적으로 구별될 수 없다는 견해에 반하는 것이 아니라, 오히려 그 견해를 지지해 준다고 생각한다."(p. 278)

남은 문제 1. 자연선택과 불임성

우리는 앞에서 마이어의 주장에 반하는 『종의 기원』의 문장 두 개를 들었었다.

> 종이 자연계에서 교잡하고 뒤섞이는 것을 방지하기 위하여 여러 가지 불임성이 특별히(=종별로) 부여된 것이라고 생각하는 것은 …… 아무런 이유도 없다.(p. 276)

> 자연선택이 종들로 하여금 상호불임성이 되도록 작용할 수 있었는가 하는 점을 고찰함에 있어서 …… 깊이 고찰한 결과 내게는 이러한 일이 자연선택을 통해 생겼을 리가 없다고 생각되었다.(4판 pp. 311~312)

독자 여러분은 이제 다윈이 왜 위와 같은 주장을 했는지 이해하실 수 있을 것이다. 그런데 종 간 불임이 자연선택에 의해 생겨난 게 아니라는 다윈의 주장은 충분히 설명되지 않은 거 아닌가? 사실 『종의 기원』 초판에서는 이것을 내용적으로만 주장하였고, 명시적으로 주장한 것은 4~6판에서였다. 그렇기 때문에 불충분하다고 느끼실 수도 있다.

하지만 나는 『종의 기원』 초판의 내용만으로도 불임이 자연선택에 의한 진화과정의 **파생 현상**임이 드러났다고 생각하고 또 그렇게 기술해왔다. 만족스럽지 못한 분들은 『종의 기원』 6판의 「최초의 교잡 및 종 간 잡종의 불임성의 기원과 원인」 중 앞 대목을 참고하시기 바란다. 이 내용까지 집어넣으면 분량이 너무 많아지고, 또 매우 복잡해지기 때문에 아쉽지만 생략했음을 밝혀 둔다. 다만, 여러분이 정말 궁금해할 만한 문제와 관련하여 그 내용 중 일부를 소개하기로 하겠다.

발단의 종이 그의 원종(parent-form, 원형체)이나 다른 변종과 교잡되었을 경우 경미한 불임이 발생하였다면, 그것은 그 발단의 종에게도 이로웠으리라고 인정할 수 있다. 왜냐하면 그로 인해 원종이나 다른 변종과 피가 훨씬 덜 섞일 것이기 때문이다. 그렇지만 그러한 최초의 불임성의 정도가 자연선택에 의해 증가되어, 많은 종에 공통되는 속이나 과의 위치에까지 분화된 종에 보편적일 정도까지 다다르는 단계를 고찰하고자 애쓰는 사람은, 이 문제가 극도로 복잡하다는 걸 알게 될 것이다. 깊이 고찰한 결과 내게는 이러한 것이 자연선택을 통해 생겼을 리가 없다고 생각되었다.(6판 pp. 247~248)

생식불능인 중성곤충에 관해서는 …… 그들의 불임성으로 인해 다른 집단보다 유리해졌기 때문에 자연선택에 의해 서서히 누적되었다고 믿을 만한 이유가 있다. 그러나 사회적 집단에 속하지 않는 각 개체의 동물들은 다른 변종과 교배했을 때 다소 불임이 된다 할지라도, 그것은 자신에게 아무런 이익이 되지 못하거니와, 같은 변종의 다른 개체에게

어떤 이익을 간접적으로 주어 그로 인해 그 개체를 보존케 하는 일도 없을 것이다.(6판 p. 248)

그러니까 부분적인 불임성은 해당 종에게 이로울 수 있지만(이건 우리도 금방 생각해 낼 수 있는 것이다), 그런 정도만을 가지고 자연계 전반에 걸쳐 다양하게 확인되는 불임성이 진화되었다고는 할 수 없다는 것이다.

남은 문제 2. 종 간 장벽은 실재하는가?

종 간 불임은 자연선택의 결과가 아니라 다윈이 말한 대로 성적 체질 차이에 따른 여러 결과 중 하나다. 종이 다르면 성적 체질의 차이도 클 가능성이 많으며, 따라서 종 간 장벽도 아무 때나 마구 붕괴되지는 않는다. 하지만 그렇다고 절대적 장벽도 아니다. 그래서 마이어도 "생물학적 종 개념은 오직 유성생식을 하는 생물에만 적용할 수 있다"[5]고 개념 규정을 하고 있다. 그러나 유성생식을 하는 생물에서도 비록 소수이긴 하지만 "다른 종끼리 교미할 수 있다. 사로잡아 새끼를 낳게 하면 생식력 있는 자손을 낳는 것도 있을 것이다. 오리도 그렇게 하며, 거위도 기꺼이 유전자를 교환하고, 꿩도 이종교배되어 아주 다양한 색깔과 유형을 만든다. 생물의 여러 부문들 사이의 장벽이 인간에 의해 그토록 쉽게 허물어질 수 있다는 사실은 그 장벽이 절대 변경할 수 없는 것이 아님을

---

5) 마이어, 『진화란 무엇인가』, 332쪽.

입증한다."⁶⁾ 한편 조금 아까 말한 무성 동식물의 경우는 더욱더 엄청나다. "무성 동식물은 분류학자들의 악몽인데, 그것들은 광범위한 유형으로 존재하고, 각각이 점차 다음 유형으로 변화하기 때문이다. 민들레는 수천 가지 다른 종으로 나뉘어지는데, 이들은 모두 자신이 사는 곳에 적응하고 거의 연속적으로 혼합된다. 식물학자들은 종종 이들을 분류하기를 포기하고 '집합체'(aggregates) 혹은 '복합체'(complexes)라고 부른다."⁷⁾

그러니까 이종 간의 생식적 격리는 절대적인 게 아니며 따라서 생물학적 종 개념은 성립될 수 없다. 그렇다면 그렇게 해서 드물게나마 태어나는 잡종들은 이후 어떻게 되는가? 스티브 존스의 설명을 마저 들어보자. "때로 …… 잡종이 나타나기도 한다. 어떤 것은 불임성이고 어떤 것은 즉사할 정도로 연약한 반면, 어떤 것은 오랜 시간 동안 성공적으로 살아간다." "잡종들은 아무리 잘 생존해도, 또 아무리 안정돼 보여도, 삶이 너무 힘들어지면 자연의 시험대에 올라 실패할 수 있다." 스티브 존스는 이 점을 엘니뇨 사태를 맞은 갈라파고스 핀치들(다윈의 그 핀치들)을 예로 들어 설명해 준다. "핀치들 간의 장벽은 샐 수 있다. 50번 중 한 번은 다른 종의 새들과 교미한다(어떤 섬에서는 전혀 다윈의 핀치로 간주되지 않는 새들과도 교미한다). …… 언뜻 보면 그들의 자손은 합법적인 결합이 낳은 자손보다 나쁘지 않으며, 대개 살아남아서 다른 어떤 동물 못지않게 번식한다. …… 엘니뇨 때 갈라파고스 군도는 강우량이 엄

---

6) 스티브 존스, 『진화하는 진화론 : 종의 기원 강의』, 김영사, 2008, 306쪽.
7) 같은 책, 311쪽.

청나게 증가해 평년의 최고 7배까지 된다. 바다는 따뜻해지고 영양분은 대부분 사라진다. 육지에서는 자연이 폭발한다. 식물들은 울창하고 푸르게 우거지며, 핀치들은 여러 번 잇달아 새끼를 낳고 잡종이 번성한다. 그 결과 종들 사이의 중간쯤 되는 새들이 많이 나타난다. 엘니뇨가 점점 약해지면 폭우에 이어 가뭄이 온다. 핀치들 대부분이 죽고, 즉시 선택이 작용하기 시작한다. 그것은 잡종들에게 가장 큰 형벌을 내린다".[8] 생활 조건이 열악해지면서 새로 생겨난 잡종들은 기존의 종에 비해 매우 불리한 처지에 놓인다.

요컨대 스티브 존스는 종 간 교배로 새로운 잡종이 태어날 수는 있지만 대부분 자연선택에 의해 절멸되고 만다고 보는 것이다. 생물학자들 대다수는 기본적으로 마이어의 생물학적 종 개념을 받아들이니 비슷하게 생각할 것이다. 실제로도 대부분의 잡종은 그들의 말대로 매우 불리한 처지에 놓일 것이다. 그러나 모든 경우에 그러리라는 법은 없다. 현재의 자연조건하에서 유리한 종이 언제까지나 유리하라는 법은 없다. 특히 자연조건이 크게 변화할 때에는 (평상시에 비해) 잡종도 많이 생겨나고 (평상시에 비해) 잡종들의 성공 확률도 높아질 것이다. 앞서 살펴보았듯이, 다윈은 생물학적 종 개념에 해당하는 견해 및 그런 발상에 대해 반대의견을 표명했다. 그것이 바로 8장의 주된 논지 중 하나였다. 과연 이후 생물학의 발전은 어느 쪽의 손을 들어 줄 것인가? 혹은 전혀 새로운 견해가 등장할까?

---

8) 존스, 『진화하는 진화론』, 305~310쪽.

다윈의 식물 연구 『식물의 수정』[9]

우리는 앞서 다윈이 게르트너의 식물 실험 대신 허버트의 실험 결과를 받아들이는 대목을 본 바 있다. 게르트너가 식물을 "거세"하고 "곤충이 개입하지 못하게 격리"하였으며, 대부분을 "화분에 심어 집안에서" 기름으로써 식물에게 너무나 많은 변화를 일으켰기 때문이다. 또한 게르트너와 쾰로이터는 실험 결과 새롭고 이상한 현상이 보이더라도 종과 변종을 선험적으로 분리하는 통념 속에 그것들을 희생시켜 버렸다. 그런데 쾰로이터와 게르트너가 누군가? 다윈도 말했듯이 "식물의 교배와 불임성에 관해 거의 일생을 바친 양심적이고도 뛰어난 관찰자들"이 아닌가! 우리는 이들의 사례를 통해 살아 있는 식물을 실험하고 관찰한다는 것이 얼마나 어려운 일인지를 실감할 수 있다. 어떤 조건하에 생물을 둘 것인지, 또 나타난 결과들은 어떻게 해석해야 하는지 등이 연구자들마다 크게 다를 수 있는 것이다. 또 실험은 몇 번이나 반복해야 유효하다고 판정할 수 있을지도 참으로 어렵다. 그럼 다윈은 과연 어떤 식으로 실험하고 그 결과를 관찰했을까? 우리는 『종의 기원』 이후 다윈이 낸 저작 중 하나인 『식물의 수정』을 통해 이를 살펴보고자 한다. 여기에는 다윈이 중요하게 받아들인 허버트도 나온다. 물론 다윈은 그의 결과 또한 크게 뛰어넘어 새로운 경지를 개척한다.

『식물의 수정』의 원제는 『식물계의 타가수정과 자가수정의 효과』

---

[9] 『식물의 수정』에 관한 내용은 『식물의 수정』 일역판에 실린 옮긴이(야하라 데쓰카즈矢原徹一)의 해제 「'식물의 수정' 다섯 가지 연구분야를 낳은 저작의 선견지명과 한계」를 참고하여 정리하였다. チャールズ R. ダーウィン, 『植物の受精』, 矢原徹一 翻訳, 文一総合出版, 2000, 385~428쪽.

(*The Effects of Cross and Self Fertilisation in the Vegetable Kingdom*, 이하 『식물의 수정』)이며, 초판은 67세 때인 1876년에 나왔다. 약 스무 권에 달하는 다윈의 저작 중 열여섯번째에 해당한다. 다윈은 『식물의 수정』 1장에서 "나는 지난 37년간에 걸쳐 '타가수정에 대한 꽃의 적응' 이라는 주제에 이끌려 수많은 관찰을 거듭해 왔다"고 말했다. 그렇게 오래 연구를 해왔다는 게 정말일지 조금 의심스럽기도 하지만 다윈은 정확히 37년간이라고 쓰고 있다. 다윈 말대로 37년 전이면 1839년(30세)인데, 5년 동안의 비글호 항해에서 영국으로 돌아온 것이 1836년(27세), 그것도 10월이었으니 겨우 3년도 될까말까한 시간 뒤에 식물의 타가수정에 대한 연구를 시작한 셈이다. 당시 그는 신진 지질학자로서 화려하게 학회에 데뷔를 하고, 『비글호 항해기』(1839)로 명성을 얻었으며 산호초나 남미 지질학에 관한 논문 및 저작 준비에 바쁜 나날을 보내고 있었다.[10] 한편 종이 변화하는 메커니즘을 해명하기 위해 맹렬한 기세로 사육재배 생물의 육종에 관한 자료를 모으고, 노트를 쓰기 시작했다. 1839년에는 결혼도 해서 새 가정을 꾸렸고, 그 해에 큰 아들이, 1841년에 큰 딸이 태어나는 등 자식들도 쑥쑥 솟아올랐다. 분주하기 이를 데

---

10) 산호초 연구는 1842년 『산호초의 구조와 분포』(*The Structure and Distribution of Coral Reefs*)로 출간되었다. 이 책을 통해 다윈은 거초, 보초, 환초 등 모든 종류의 산호초가 어떻게 형성되었는지를 설명하는 새로운 이론을 제시하였다. 이는 기존의 해저 분화구에 의한 설명에 반하는 것이었고, 다윈 이후 여러 번 논란이 있었지만 **결국 오늘날 정설로 평가받고 있다**. 다윈은 비글호 항해 기간 중에 킬링 섬에서 산호초의 성인(成因)을 조사했는데 그 과정에서 해저 분화구에 의한 설명(라이엘도 이 설을 지지하고 있었다)이 틀렸다고 생각했다. 라이엘에게 심취되어 있던 시기에도 비판적 태도를 잃지 않았던 것이다. 비글호 항해에서 돌아와 가장 먼저 손을 댄 작업이 바로 이 산호초에 대한 것인데, 이것은 약 20개월의 연구를 통해 완성되었다. 다윈의 학설이 제출되자 라이엘은 솔직하게 자기의 오류를 인정했다. 정용재, 『찰스 다윈』, 민음사, 1988, 64~61쪽, 76쪽, 션 B. 캐럴, 『한 치의 의심도 없는 진화 이야기』, 김명주 옮김, 지호, 2008, 225~228쪽.

없는 시절이었다. 그런 바쁜 와중에 다윈은 일찍이 식물의 수정에 관한 연구를 개시하고 있었다는 것이다.[11]

다윈은 왜 식물의 수정에 관심을 갖게 되었을까? 이걸 이해하기 위해서는 식물의 수정에 관한 당대의 통념이 오늘날의 상식과는 전혀 달랐다는 점을 알 필요가 있다. 당시 대다수의 식물학자들은 꽃을 자가수정하는 존재라고 믿고 있었다. 신은 식물을 완전한 자웅동체로, 즉 자가수정에 의해 한 개체만으로 자손을 남기는 생명체로서 창조하셨다는 창조론적인 사고방식이 식물학자들을 또한 지배하고 있었던 것이다. 또한 꽃의 빛깔이나 형태의 아름다움은 신이 만드신 아름다움일 뿐, 생물학적 기능 따위는 가질 리가 없다고 간주되었다. 그러나 일찍부터 진화론자였던 다윈의 입장에서는 꽃의 빛깔이나 형태 또한 자연선택과 무관할 가능성이 극히 적으며, 아마도 어떤 적응적 기능을 가지고 있을 터였다. 대체 꽃의 빛깔이나 형태는 어떤 기능을 하는 것일까? 이 의문을 파고드는 가운데 다윈은 당시의 상식과는 달리, 꽃은 통상적으로 타가수정을 한다는 발견에 이르게 되었다. 나아가 동물과 식물은 왜 교미나 교배를 하며 유성생식을 하는 것일까, 다시 말해서 생물에게는 왜 성이라는 것이 있을까라는 의문도 일었다. 이 의문을 자연선택의 관점에서 제기하면 '유성생식에는 대체 어떤 적응적 기능이 있는 것일까?'로 된다.

---

11) 시기 문제와 관련하여 우리는 세 가지 자료를 참고할 수 있다. 첫째, 『식물의 수정』과 같은 해에 출간한 자서전, 둘째, 다윈이 자신의 생각을 기록한 노트들, 셋째 평생 주고받은 방대한 분량의 편지들. 이 세 가지를 종합해 봤을 때 최소한 1838년에는 이 문제에 관심을 갖게 되었으며 1839년부터는 스스로 관찰하기 시작했다는 것을 알 수 있다.

청년 다윈이 이 문제에 의문을 품기 시작한 이후, 한 걸음 한 걸음 전진하며 나이 쉰에 『종의 기원』을 내고, 마침내 67세에 『식물의 수정』을 출간하는 과정은 참으로 감동적이다. 그렇지만 여기서 다윈의 전부를 얘기할 수는 없다. 아주 최소한으로만 줄이고 줄여서 살펴볼 수밖에. 그가 젊은 시절 쓴 비밀노트 중 「B 노트」 96번에는 벌써 다음과 같이 적혀 있다.

식물은 웅성(雄性)기관과 자성(雌性)기관을 함께 갖추고 있어도 다른 식물로부터 영향을 받는 게 아닐까? 그렇다면 모든 식물은 서로 섞일 것이고, 결국 다른 식물의 꽃가루 때문에 품종을 유지하기가 어렵다는 얘기가 된다. 이에 대해 라이엘이 무슨 논의를 해놓지는 않았을까?[12]

「E 노트」 중 1838년 11월에 쓰여진 부분을 보자.

존 아저씨는 꿀벌이 틀림없이 무수한 식물을 수분(受粉)시킨다고 한다. 어떤 양배추 종자를 사면 대부분이 어떤 변종으로 돌아가 버리는데, 존 아저씨에 따르면 그것은 교배 탓이라고 한다.[13]

다윈이 한없이 순진한 마음으로 모든 현상에 신기해하고 기존의 설명 체계에 의문을 품는 모습은 아름답다. 그런 점에서만 보면 다윈은 평

---

12) 「B 노트」, Paul H. Barrett et al.(eds), *Charles Darwin's Notebooks, 1836~1844*, Ithaca, N.Y. : Cornell University Press, 1987, p. 194.
13) 「E 노트」, Barrett et al.(eds), *Charles Darwin's Notebooks, 1836~1844*, p. 401.

생 어른이 되지 못한 사람이었는지도 모른다. 1839년 4월 1일에는 식물 육종연구가인 윌리엄 허버트(William Herbert, 1778~1847)에게 식물의 교배와 잡종과 유전에 관한 질문지(질문은 총 9가지)를 쓴다.[14] 이 편지가 계기가 되어 같은 해 6월 26일에 또 다음과 같은 편지를 쓴다. 여러분이 읽으신 꽃과 곤충 관련 대목에 대해 30세의 다윈이 어떤 생각을 품고 있었는지 잘 읽어 보시기 바란다.

남미의 지질학에 대해 관심이 있으시다 하기에, 실례가 될지 모르겠지만 『비글호 항해기』 한 권을 보내드립니다. 식물학에 관해서는 아무것도 쓰여져 있지 않은 책이지만, 어딘가 흥미를 가지실 만한 구석이 있길 바라는 마음입니다. 제 질문에 대해서 헨즐로 교수를 통해 장문의 답변을 보내 주신 친절에 깊이 감사드립니다. 선생님께서는 아마릴리스속[15]의 잡종에 대해서 "같은 꽃의 꽃가루로는 과실이 생기지 않지만, 다른 그루의 꽃가루로는 과실이 생긴다"고 쓰셨지요. **다른 그루의 꽃가루가 과실을 더 잘 맺게 한 것은 꽃가루를 달고 있는 그 그루의 성질 때문인건지, 아니면 단지 다른 꽃이나 다른 그루의 꽃가루라면 같은 변종이어도 과실이 잘 생기는 것인지, 반드시 알고 싶습니다.** 또한 편지에서는 크로커스

---

14) 다윈은 동식물의 육종에 관한 자료를 모으다가 『아마릴리스(Amaryllidaceae) 및 교배육종 식물 일반에 관한 논고』(1837)를 쓴 허버트를 알게 되었다. 다윈은 케임브리지 대학 시절의 은사 헨즐로 교수의 중개를 통해 허버트로부터 식물 육종에 관련된 다양한 지식을 얻으려고 했다. 다윈의 질문지는 헨즐로 교수를 통해 허버트에게 도착하였고 허버트는 4월 5일에 헨즐로 교수에게 답신을 보낸다.
15) 백합 같은 아름다운 꽃이 피는 수선과의 관상식물.

(Crocus)[16]를 교배하는 것은 곤란하다고 하셨죠? 『원예 회보』지에 전번에 발표하신 논문에서는 이 예를 언급하시면서 유럽의 히스도 마찬가지라고 하셨는데, 만일 제가 잘못 이해한 것이 아니라면, 꽃이 피기 전에 꽃가루가 숙성되기 때문에 교배가 어렵다고 설명하셨습니다. 하여 반드시 선생님의 고견을 구하고 싶은 문제입니다만, **이러한 꽃에서는 (턱을 사용하여 꽃을 비틀어 여는 힘이 있는) 곤충이나 다른 어떤 존재가 동 시기에 인접한 장소에서 피어 있는 같은 종의 다른 꽃으로부터 꽃가루를 운반하는 일이 있을 수 없다고 결론내리고 계신 것인지요?**

이렇게 여쭙는 것은 제가 믿게 된 바에 따르면, 종자로 번식하는 생물 중에는 영구히 자기 자신만으로 자손을 남기는 암수한그루 같은 건 존재하지 않기 때문입니다. 즉 어떤 개체의 경우든 마찬가지지만 오랜 시간을 거치는 과정에서 가끔은('아주 드물'게라도) 다른 개체에 의해 수정되는 일, 바꿔 말하자면 모든 식물은 암수딴그루의 속(屬)과 마찬가지 방식으로 수정되는 일이 있기 때문입니다.[17]

다윈의 마음결이 손에 잡히는 듯하다. 자연이 제아무리 복잡한 패턴을 종횡으로 펼칠지라도 맑은 거울 같은 다윈의 호기심으로부터 끝까지 본 모습을 감출 수는 없으리라. 무서우리 만치 순진한 다윈의 질문······. 허버트는 6월 27일에 답장을 보내오는데 그 편지에는 "크로커스나 영국의 히스는 개화 전에 꽃밥으로부터 꽃가루가 떨어지는데, 꽃

---

16) 붓꽃과의 다년초. 봄에 피는 사프란의 원예명.
17) ダーウィン, 『植物の受精』, 390쪽.

봉오리의 꽃잎이 단단히 닫혀 있기 때문에 교배를 위해서 꽃봉오리를 열어 꽃밥을 취하는 것은 대단히 어렵다네. 곤충이 다른 개체로부터 꽃가루를 운반하는 것은 불가능하다고 단언할 수는 없지만, 자기의 꽃가루로 늘 수정하는 꽃이 있다는 것은 분명하다고 생각하네"라는 내용이 적혀 있었다. 다윈과 허버트 사이에 교환된 서신들을 보면 당시의 상식은 오늘날의 상식(꽃이 일반적으로 타가수정을 한다는 것, 곤충이 식물의 타가수정에 중요한 역할을 한다는 것)과 크게 달랐다는 것이 확연하게 드러난다.

1839년(30세) 여름에 다윈은 스스로 아마(亞麻)꽃의 이형성(二型性)에 대해 관찰을 한다. 이 관찰은 후에 앵초 속의 이형화주성(異型花柱性) 연구로 이어졌다. 1841년에는 슈프렝겔(Christian Konrad Sprengel, 1750~1816)의 저작 『꽃의 재배와 수정에서 발견된 자연의 신비』(*Das entdeckte Geheimnis der Natur im Bau und in der Befruchtung der Blumen*)를 읽는다. 이 저작은 곤충이 식물의 가루받이를 돕는다는 것, 꽃의 형태가 곤충에 의한 가루받이에 적합하도록 되어 있음을 체계적으로 기술한 최초의 연구서이고, 오늘날에는 꽃 생태학의 출발점으로 간주되는 책이다. 그러나 당시에는 철저히 과거에 묻혀 버린 책에 불과했다. 슈프렝겔과 동시대에 같은 나라에 살았으며 식물학에도 조예가 깊었던 대문호 괴테는 슈프렝겔의 저작에 대해 이렇게 비난을 퍼부었다. "자연은 노동자가 아니라 예술가처럼 행동한다. 자연의 창조물과 그 기관의 목적은 그 자체로서 완결되어 존재하는 것이다. 그것들을 특정 목적을 위한 어떤 도구처럼 간주할 수 있는 것은 시야가 협소한 인간뿐이다." 대가 괴테에 의해 받아들여지지 않았던 슈프렝겔은 두 번 다시 식물학 연구서를 쓰지 않았다. 그리고 그후 다윈의 시대에 이르기까지, 양성화는 자가수정을 하는 것이라는 통념이 식물학을 계속 지배했다. 허버트에게 보낸 편지를 통해 볼 때, 다윈은 1839년의 시점에 이미 이 통념을 의심하고, 식물은 일반적으로 타가수정한다는 생각에 도달했음을 알 수 있다.

다윈은 『종의 기원』에서도 당시까지의 연구 결과를 조금은 드러냈다. 그러나 식물 실험을 통한 본격적인 연구는 1860년(51세)부터 시작된다. 그는 우선 자택 부근에 자생하고 있는 각종 난초를 재료로 해서 난초꽃의 형태가 타가수정을 위한 뛰어난 적응임을 밝혀냈다. 그럼으로써 양성화는 자가수정하도록 창조되었다는 그때까지의 통념을 결정적으로 타파했다. 다윈이 1862년(53세)에 출판한 『곤충에 의해 수정되는 난초의 다양한 장치들』(The Various Contrivances by which Orchids are Fertilised by Insects, 1862. 2판은 1877년에 출간)은 『종의 기원』만큼은 아니었지만, 커다란 경이와 상찬의 대상이 되었다. 당시 사회에서 난초의 아름다움이나 조형(造型)의 기묘함은 신이 창조하신 미의 상징으로만 간주되고 있었다. 다윈의 난초 연구가 통념을 타파하자 그후 힐데브란트, 델피노, 헤르만, 뮐러 등의 연구가 속속 이어져, 양성화가 일반적으로 타가수정한다는 사실이 널리 인정되게 되었다.

그런데 양성화는 왜 일반적으로 타가수정을 하는 것일까? 자가수정은 확실한 제 종자를 생산한다는 점에서 분명히 우월하다. 그럼에도 불구하고 대다수의 식물들이 타가수정에 적응하는 쪽으로 진화했다는 것은 타가수정에 어떤 이점이 있기 때문일 터이다. 그 이점이란 대체 어떤 것일까? 이것이 『식물의 수정』에서 다윈이 다룬 문제다. 다윈은

1866년에 유전 법칙을 찾을 목적으로 좁은잎해란초(Linaria vulgaris)를 가지고 실험을 하다가, 자가수정에서 유래한 식물보다 타가수정에서 유래한 식물 쪽이 더 잘 성장한다는 걸 알게 되었다. 다음 해 다윈은 카네이션을 사용하여 같은 실험을 반복하여 똑같은 결과를 얻었다. 당시 다윈은 "나는 완전히 흥분하고 말았다"라고 썼다. 그후 그는 『식물의 수정』이 출간된 1876년까지 30과 52속 57종의 식물에 대해 인위적으로 타가수정과 자가수정을 행하여 타가수정에서 유래하는 자손이 일반적으로 성장력과 번식력이 뛰어나다는 걸 확인하였다(다윈은 많은 식물들을 여러 세대에 걸쳐서 실험하였다. 예컨대 둥근잎나팔꽃은 10세대에 걸쳐 실험을 행하였다). 『식물의 수정』은 이처럼 37년간에 걸친 사색과 11년간에 걸친 실험이 담겨 있는 책이다. 『종의 기원』이 당대의 극심한 반발에도 불구하고 사람들의 마음과 머리를 사로잡은 것은 이토록 끈질기고 성실한 연구가 속속들이 배어 있었기 때문이다.

이리하여 『식물의 수정』은 오늘날에도 널리 인정되고 있는 근교약세(자가수정에서 유래한 싹이 타가수정에서 유래한 싹보다 키가 작고 종자를 적게 맺는다)와 잡종강세(교배하는 개체가 유전적으로 크게 다른 만큼, 타가수정에서 유래하는 싹의 유리함은 보다 현저하다)라는 법칙을 확립하였다. 그런데 놀랍게도 이게 끝이 아니었다. 자가수정을 여러 세대 동안 계속해 보니, 식물이 자가수정에 어느덧 적응하여 성장력이나 번식력이 모두 회복된 새로운 계통이 나타나는 게 아닌가! 현대의 독자들에게도 놀라울 이 현상은 아직까지 그 원인이 분명히 밝혀지진 않았지만 그런 사실이 있다는 것은 인정되고 있다. 아마 다윈이 4~5년 실험하고서 결론을 내렸다면 이런 놀라운 발견은 하지 못했을 것이다. 그러나 그는 할 수 있는 한 최대한 실험하고 또 실험했다. 예컨대 10세대에 걸쳐서 관찰을 거듭한 둥근잎나팔꽃은 일년초이기 때문에 실험하는 데만 10년이 걸렸다.[18] 다윈의 식물학에 대해 더 소개하지 못하는 게 아쉽지만, 이쯤에서 그칠 수밖에 없겠다. 『식물의 수정』이 어서 번역되어 여러분도 쉽게 접할 수 있길 바랄 뿐이다.

18) 둥근잎나팔꽃의 경우 제6자가수정 세대에서, 타가수정에서 유래한 싹보다 키가 커지는 현상이 발견된 것이다. 다윈은 이 개체를 '영웅'(hero)이라 명명하고, '영웅'에 핀 꽃을 자가수정하여 제7자가수정 세대를 길렀다. 그 결과, 영웅의 자손들은 다른 제7자가수정 세대의 식물은 물론, 제7타가수정 세대의 식물보다 크게 자랐다. 이런 관찰로부터 다윈은 "자가수정이 어떤 점에서는 유리하다는 생각을 피하기 어렵다"고 결론내린다. 그리고 이 생각을 인정함으로써, "곤충이 거의 방문하지 않고, 따라서 타가교배를 거의 하지 않는 식물이 존재하는 것을 이해하기 쉬워질 것이다"라고 말했다. 앞서 언급한 『식물의 수정』 일역판의 번역자인 야하라 데쓰카즈에 따르면 다윈이 발견한 이 놀라운 사실은 현재에도 완전히 해결되어 있지 않다고 한다. 앞으로 더욱 연구가 진행되면 좀더 신빙성 있는 해석이 나오겠지만, 어쨌거나 다윈이 관찰한 것 자체는 사실로 평가되고 있다. 그렇다면 다윈은 그런 신기한 현상에 대해 어떻게 해석했을까? 다윈은 근교약세와 잡종강세까지 포함하여 종합적인 판단을 내리는데, 한마디로 말해서 자가수정을 계속하는 만큼 식물은 자가수정에 적응하게 된다는 것이다. 어쨌거나 자가수정이 모든 경우에 다 불리하지는 않은 것이다. 예컨대 꽃가루를 날라 주는 곤충이 적은 환경에서는 자가수정이 타가수정보다 유리해지고, 그리하여 자가수정을 계속함으로써 더욱 자가수정이 유리해져 가는 것이다.

9 & 10
멸종과 진화의 전지구적 드라마

『종의 기원』 9장 지질학적 기록의 불완전에 대하여
『종의 기원』 10장 생물의 지질학적 천이(遷移)에 대하여 하나님을 알 만한 일이 사람에게 환히 드러나 있습니다. 하나님께서 그것을 환히 드러내 주셨습니다. 이 세상 창조 때로부터, 하나님의 보이지 않는 속성, 곧 그분의 영원하신 능력과 신성은, 사람이 그 지으신 만물을 보고서 깨닫게 되어 있습니다.
―「로마서」1장 19~20절.

멸종과 진화의 전지구적 드라마

다윈은 6장 「학설의 난점」에서 크게 네 가지 난점을 스스로 제기했고 8장까지의 내용을 통해 그 중 세 가지를 해결했다. 이제 마지막 남은 난점이자 오늘날에도 가장 중요하게 논란이 되고 있는 '이행형 부재' 혹은 '잃어버린 고리'(missing link) 문제를 다룰 차례다. 다윈이 이 문제를 제일 마지막에 다룬 것은 가장 해결하기 어려운 문제이기도 하고, 또 내용상 지질학과 생물의 지리적 분포를 다루는 10, 11, 12장으로 자연스럽게 이어지는 문제이기도 하기 때문이다. 여기서 잠시 9장부터 12장까지의 성격을 미리 밝혀 두기로 하자. 장 제목에서 알 수 있듯 9장과 10장은 지질학(시간의 차원)에 대한 것이고, 11장과 12장은 지리적 분포(공간의 차원)가 주제다. 한마디로 이 네 장은 다윈의 진화론을 시간과 공간 차원에서 펼친 것이다. 이를 통해 다윈은, 시간과 공간 두 차원 모두에서 창조론은 무기력하며 오직 진화론만이 설명력 있는 이론임을 입증한다. 그리고 4장 「자연선택」 중 '멸종이 중요한 결정적인 이유'에서 말한 것처럼 10장은 따로 다루지 않는다. 그 내용 중 일부는 4장에서 이미 다뤘고 11장 및 12장과 겹치는 대목은 거기서 다루기로 한다.

고생물학자들과 지질학자들에 맞서는 다윈

다윈은 지질학자였다. 생물 및 진화의 세계에 처음 눈을 뜬 것도 라이엘의 『지질학 원리』를 통해서였고, 비글호 항해에서 돌아온 뒤에도 주로 지질학 연구를 통해 학계에서 활동하였다. 남미의 지질학적 사실들, 화산섬의 여러 현상, 산호초의 구조와 분포, 현생 및 화석 만각류에 대한 방대한 전문 논문들(monographs), 포유류 화석에 대한 연구 등이 모두 그러하다. 따라서 『종의 기원』 출간 이전에 이미 '런던 지질학회'에서 수여하는 최고의 영예인 울러스턴 메달(Wollaston Medal)을 수여받은 것은 자연스러운 일이었다.[1] 다윈이 진화론자가 된 핵심적인 계기도 남미 여러 지역을 지질학적으로 관찰하고 다양한 생물들이 지리적으로 분포되어 있는 양상을 폭넓게 연구한 다음, 양자를 깊이 숙고한 끝에 연결시킴으로써 가능했던 사건이었다. 그러니 지질학과 생물의 지리적 분포에 관한 장이 『종의 기원』에서 네 장이나 차지하는 것도 이상할 게 없다. 한 가지 흥미로운 점은 다윈이 이 내용을 『종의 기원』의 가장 후반부에 배치했다는 점이다. 왜 그랬을까?

다윈이 9장 끝부분에서 썼듯이, 당시의 "가장 저명한 고생물학자들, 즉 퀴비에, 오웬, 아가시, 바랑드, 픽테, 폴코너, 포브스 등과 가장 위대한 지질학자들, 즉 라이엘, 머치슨, 세지윅[2] 등이 모두 이구동성으로, 때로는 격렬하게 종의 불변성(immutability of species)을 주장했다". 당

---

1) Sandra Herbert and David Norman, "Darwin's Geology and Perspective on the Fossil Record", *The Cambridge Companion to The "Origin of Species"*, Cambridge : Cambridge University Press, 2009, p. 129.

대 최고의 과학자들이었던 만큼, 그들에게는 각자 자신의 전문적인 연구를 바탕으로 다양하고도 탄탄한 근거가 확보되어 있었다. 방금 거명된 사람들 중 머치슨(Sir Roderick Impey Murchison, 1792~1871)은 우리가 오늘날에도 널리 쓰고 있는 실루리아기(Silurian, 실루레스는 남웨일스에 살았던 고대 부족의 이름이다), 데본기(Devon, 데본은 잉글랜드의 남서부 지방), 페름기(Permian, 페름은 머치슨이 중요한 발견을 한 러시아의 페름시에서 온 이름이다)라는 명칭을 만든 사람으로 당시 왕립지질학회의 회장이자 1830~40년대 최고의 지질학자 중 한 명이었다. 세지윅은 케임브리지 대학의 지질학 교수로서 캄브리아기라는 명칭을 만들었고, 데본기라는 명칭을 머치슨과 함께 만들기도 했다. 현재 런던자연사박물관에도 그의 이름이 붙어 있을 정도로 당대의 저명한 학자였다. 그런데 다윈은 전에 다니던 에든버러 대학에서 지질학에 흥미를 완전히 잃은 나머지 케임브리지에서도 세지윅의 지질학 강의를 듣지 않았다. 불행 중 다행인 것은, 케임브리지 시절에 헨슬로 교수(다윈에게 비글호 승선을 권유했던 사람)의 권유로 슈루즈베리 부근의 지질도를 작성해 보았고, 또한 그의 권유로 세지윅 교수의 웨일스 지질학 탐사에 동행하게 되었다는 사실이다. 세지윅은 다윈에게 지질도를 작성시키는 등 철저히 교육을 시켰다. 만일 헨슬로 교수가 없었다면 다윈은 비글호를 타지도 않았을 것이고, 탔더라도 지질학에 완전히 문외한인 상태로

---

2) 라이엘과 머치슨, 세지윅에 대해서는 마이클 J. 벤턴, 『대멸종 : 페름기 말을 뒤흔든 진화사 최대의 도전』, 류운 옮김, 뿌리와이파리, 2007의 2장 「머치슨, 페름계를 명명하다」와 3장 「격변론의 종말」을 참조. 이 책의 1~3장은 당대의 쟁쟁했던 고생물학자와 지질학자들이 구체적으로 무슨 생각을 했고 어떤 논쟁을 벌였는지 흥미롭게 소개해 준다.

탔을 것이다. 만일 그랬다면 다윈은 『종의 기원』의 저자가 될 수 없었을 것이다. 참고로 세지윅이 캄브리아기라고 이름 붙인 캄브리아는 다윈과 함께 갔던 웨일스의 로마식 이름이다.

이렇듯, 지금 우리에게는 너무나 생소하지만 이들은 모두 당대의 쟁쟁한 학자들이었는데 그들은 모두 종의 불변성을 확신했다. 반면 다윈은 그들과 정반대로 진화를 확신하게 되었다. 다윈이 먼저 『종의 기원』 전반부에 '새로운 견해'의 모습을 이론의 여지없이 제시해야 했던 것, 그리고 9장부터 12장까지 무려 네 장을 할애하여 자세하게 이들의 주장을 논파해야 했던 것에는 이런 상황이 크게 작용하였다. 심지어 『종의 기원』이 출간된 후에도 저명한 학자들 대부분은 다윈에 반대하였고 가장 친하게 지내던 라이엘조차 오랜 시간이 흐른 뒤에야 다윈의 이론을 받아들였다. 과연 인류 역사상, 과학 역사상 다윈보다 더 힘든 상황에 처한 학자가 또 있었을까?

자연의 불연속성

지질학적 연구 결과와 생물의 지리적 분포가 진화론에 제기하는 최대의 문제는 자연이 불연속적이라는 사실이다. 자연계에는 물론 연속적인 측면도 있지만 불연속성이 훨씬 더 강하다. 중간종은 물론 중간속이나 중간과, 중간목, 중간강, 중간문 같은 것은 자연계에서 찾아볼 수 없다. 그들 사이에 깊디깊은 심연이 있는 셈이다. 현재만 그런 게 아니다. 과거의 화석 기록을 보면 자연의 불연속성은 더욱 뚜렷하다. 분명히 연속된 지층인데도 각 지층의 생물상은 현저히 다르다. 한 무리의 종이 한 지층에서 돌연 출현하기도 하고 또 갑자기 소멸되기도 했다. 이런 '객관적 사실'들을 이론에 그대로 반영하면 창조론은 물론 진화론도 설 곳이 없다. 지층마다 기존의 생물이 없어지고 전혀 새로운 생물들이 생겨나는 현상을 창조론은 설명할 수가 없고, 지층마다 생물군이 현저히 불연속적인 현상 앞에서는 진화론이 무기력하다. 만일 과학이 관찰된 현상을 있는 그대로 정리한 것이라면 우리는 도약진화론자나 연속창조론자가 되어야 했을 것이다. 실제로 당대에 이런 이론들이 있었고, 우리는 5장에서 다윈이 연속창조론자로 몰리는 장면을 보기도 했다. 1900년대 초 드 브리스를 비롯한 유전학자들이 돌연변이설을 주장한 것도 자연계의 이러한 불연속성을 강하게 고려했기 때문이다.

과학은 물론 1차적으로 자연현상을 존중해야 한다. 그러나 그것은 반쪽에 불과하다. 자연현상은 매우 복잡하고 다양하며 또 상호모순적일 때조차 종종 있다. 우리는 방금 자연계의 불연속성에 대해 강조했지만, 자연계에는 비록 드물긴 해도 지독한 연속성 역시 엄연히 존재한다. "1억 년 이상 가시적인 변화를 겪지 않고 남아 있는 생물들"을 생각해보라. "동물로는 투구게(트라이아스기), 무갑류새우와 램프조개(실루리아기) 등이 있으며, 식물 중에서도 은행(쥐라기), 아라우카리아(아마도 트라이아스기로 추정된다), 쇠뜨기(페름기 중기), 소철(페름기 말기) 등이 있다."[3] 연속적이기도 하고 불연속적이기도 한 자연현상, 우리는 이 모순되고 복잡한 사실들을 어떻게 보아야 하는가?

과학에 이론이 필수적인 것은 이 때문이다. 과학은 자연현상에 바

---

[3] 에른스트 마이어, 『진화란 무엇인가』, 임지원 옮김, 사이언스북스, 382쪽.

탕을 둔 합리적 이론을 만들고 그에 의해 모순되어 보이거나 원인 불명인 현상들을 일관되게 설명해야 한다. 수많은 관찰과 연구를 거치고도 저명한 과학자들이 '종의 불변성'을 믿었던 것은 자연계의 사실들을 잘못된 이론에 의해 해석했기 때문이다. 잘못된 이론의 바탕에 목적론과 인간중심주의가 깔려 있었다는 점은 앞서도 누차 밝힌 바 있다. 흔히 사람들은 사실을 그 자체로 보아야 한다고 주장한다. 그러나 궁극적으로 말해서 그런 사실은 없다. 우리는 어떤 이론이나 선입견 없이 사실과 독대할 수 없다. 우리가 택할 수 있는 최선의 길은 올바른 이론을 바탕으로 사실을 존중하고 이해하는 것이다. 바꿔 말하면 올바른 이론을 가지고 있어야만 사실을 사실대로 볼 수가 있다.

우리는 지금까지 다윈이 기존의 많은 연구 결과들을 하나하나 뒤집는 과정을 따라왔고, 그리하여 낡은 오류가 무너지고 새로운 견해가 떠오르는 것을 보았다. 그렇다면 9~10장에서 다루는 지질학적 문제와 관련해서 학자들이 갖고 있던 낡은 오류는 무엇이었을까? 그것은 자연의 현재 모습이 과거의 역사를 부족하나마 어느 정도는 반영하고 있다는 막연한 믿음이었다. 바로 이것이 오류의 핵심임을 간파한 다윈은 9장 끝부분에서 이렇게 말했다. "자연의 지질학적 기록이 어느 정도 완전하다고 생각하는 사람들은 …… 틀림없이 나의 학설을 당장 거부해 버릴 것이다." 그런 막연한 믿음을 비판하고 다윈은 "지질학적 기록이 극도로 불완전하다"고 주장한다. 『종의 기원』 9장은 지질학적 기록이 왜 불완전할 수밖에 없는지, 그리고 이런 열악한 상황 속에서 기존의 연구 결과들을 어떻게 해석해야 하는지를 탐구한다. 9장은 이렇게 시작된다.

종의 불연속성

종의 형태들이 서로 뚜렷이 구별되고 그들 사이를 연결해 줄 수 있는 고리(중간형)들이 없다는 것은 분명히 이해하기 힘든 사실이다. 연속되어 있는 넓은 지역을 보면 물리적 조건은 점차적으로 변화하는데, 왜 이 종과 저 종은 서로 뚜렷이 구별되고, 그 사이에는 아무것도 없는 것일까?(p. 279)

만일 생물이 자연조건에 맞게 창조되었거나(창조론), 자연조건에 적응해서 진화해 온 것(다윈 이전의 진화론)이라면 왜 물리적 조건은 점진적으로 변하는데 생물들은 종별로 뚜렷이 구분되어야 하는가?

어째서 이 같은 중간형들을 일반적으로 볼 수 없는가에 대해 나는 지금까지 여러 가지 이유를 말해 왔다. 각각의 종의 생활은 열이나 습도 등이 규정하는 기후보다 이미 확립된 다른 생물들의 존재에 훨씬 더 중대하게 의존하고 있는데, 이러한 **지배적인 생활조건(다른 생물들의 존재)**은 열이나 습도처럼 점진적으로 이어지지 않는다. 중간적인 여러 변종들은 …… 변화와 개량이 진행되는 동안 파괴되어 소멸되어 버리는 것이 일반적이다. 요컨대 무수한 중간적 고리들을 자연계 어디에서도 볼 수 없는 것은 주로 새로운 변종들이 어버이 종들을 소멸시켜 버리는 자연선택 과정에 따른 결과다.(pp. 279~280)

무수한 중간형들은 자연계의 기나긴 역사 속에서 전멸되어 갔기 때문에 현재의 종과 종 사이는 텅 비어 있다는 것이다. 대체로 수긍할 수 있는 설명이다. 그러나 이 답변은 또 다른 질문을 부른다. 그렇다면 그 기나긴 시간 동안 절멸된 무수한 종류들이 지층 속에 화석 기록으로 남아 있겠네? 그러나 지질학적 기록은 우리의 이런 기대를 확연히 배신하며 다시 한번 자연의 불연속성을 과시한다.

확실히 지질학은 그러한 미세한 점진적 단계의 유기적 연쇄(organic chain)를 보여 주지 않는다. 어째서 모든 지질학적 암층이나 지층이 그러한 중간적인 고리들로 가득 차 있지 않은 것일까? 아마 그것은 자연선택 이론에 대한 가장 명백하고 중요한 반론일 것이다. 내가 믿는 바로는, 이 문제에 대한 해답은 지질학적 기록이 극도로 불완전하다는 데서 찾아야 한다.(p. 280)

"자연선택 이론에 대한 가장 명백하고 중요한 반론"에 대한 다윈의 답이 퍽 허탈하다. 게다가 뒤에 나오겠지만, 앞으로도 부분적인 개선은 가능하겠지만 근본적인 해결이 가능할지는 장담할 수 없다고 한다. 지질학적 기록은 그 본성상 완전하기가 힘들다는 것이다. 하긴 화석 기록이 100% 보존되어 있을 리는 없으니 딴은 맞는 말이다. 본성상 매우 불완전할 수밖에 없는 자료들을 가지고 완전하다고 가정하면 문제가 더 커질 수가 있다. 자신이 가진 이론에 사실들을 억지로 두드려 맞출 위험이 있으니까 말이다. 그렇다면 다윈은 화석 기록으로부터 어떤 자연의 메시지도 읽어 낼 수 없다고 주장한 것일까? 물론 그렇지는 않다. 이제부터 다윈은 왜 지질학적 기록이 불완전한지, 그리고 어느 정도로 불완전한지를 설명하고, 그 전제 위에서 당시 제기된 여러 가지 문제들을 하나하나 검토한다.

퇴적과 침식, 광대한 시간

영화 「쇼생크 탈출」의 어느 대사처럼 "지질학은 시간과 압력에 대한 학문이다". 앤디는 그 힘을 잘 알고 있었기 때문에, 조그만 망치로 벽을 긁고 또 긁어냄으로써 마침내 탈옥에 성공할 수 있었다. 그 누가 상상할 수 있었겠는가, 오랜 시간의 반복이 단단한 장벽에 압력을 가해 그런 엄청난 사건을 낳을 수 있으리라고! 지질학과 관련된 대부분의 오해와 착각도 시간의 이런 엄청난 힘에 대한 과소평가에서 비롯된다. 지질학적 자료가 제기하는 이행형 문제를 다루면서, 다윈이 먼저 시간에 대해 언급하는 것은 그러므로 당연한 일이다.

> 화석 유해 속에서 무한히 많은 연결 고리들을 찾을 수 없다는 앞서의 문제와 별도로, 생물들에게 그렇게 많은 변화가 생겨나기에는 시간이 불충분하다는 반론도 충분히 제기될 수 있다. 모든 변화는 자연선택을 통해서 매우 천천히 발생해 왔기 때문이다. 실제로 지질학자가 아닌 독자들에게 시간의 경과라는 것에 대해 막연하나마 이해시킬 수 있는 사실들을 생각해 내기는 정말 불가능에 가깝다. 장래의 역사가들로부터 자연과학에 혁명을 일으켰다고 인정받을 만한 라이엘의 대저 『지질학 원리』를 읽고도 과거 시대가 시간적으로 얼마나 무한히 광대했는가를 인정하려 들지 않는 사람은 당장 이 책을 덮어 버리는 게 낫다. (p. 202)

오늘날 과학자들은 우주의 역사를 약 137억 년, 지구는 46억 년쯤 된다고 추정한다. 우리는 이런 시간 관념에 익숙하기 때문에 다윈이 지구의 나이 문제에 심하게 골머리를 썩이는 걸 보면 선뜻 이해가 안 간다. 당시에는 지구가 6천 년 정도 되었다는 주장도 있었고(이런 사람들, 오늘날에도 있다), 그렇게까지는 아니더라도 어쨌든 몇천만 년이나 몇 억 년 정도나 될 리는 없다는 주장이 대세였다. 이런 '젊은 지구론'에 반대하는 학자들도 꽤 있었지만 실증적인 근거는 댈 수 없었다. 다만 무지하게 오래되었을 것이라고 추정할 뿐이었다. 이런 상황에서 다윈은 지구의 장대한 시간에 대해 어떻게든 공감시켜 보려고 애를 쓴다. 현대의 독자들은 그의 호소에 '이미' 공감하고 있을 테니 간단히만 살펴보자.

시간의 경과에 관해 조금이라도 이해하려는 사람은, 몇 년에 걸쳐 몸소 겹겹이 쌓인 지층의 많은 퇴적물을 조사하고, 바다가 오래된 암석을 깎아서 새로운 퇴적물을 만들고 있는 상태를 관찰해 보아야 한다. 별로 단단하지 않은 암석으로 이뤄진 해안선을 걸으며 그것이 붕괴되어 가는 과정을 주의해서 보는 것도 좋은 방법이다. 대부분 밀물이 암벽에 닿는 것은 하루에 두 번, 그것도 짧은 시간뿐이며, 그때 파도가 잔돌이나 모래를 날라 왔을 경우에 한해서만 암벽을 파고들 수 있다.(pp. 282~283)

다윈, 은근히 유머스럽다. 정말 웃기지 않는가! 시간의 흐름에 대해 실감하기 위해, 해안선을 걸으면서 하루에 두 번밖에 닿지 않는 밀물을 관찰하고, 거기에 잔돌이나 모래가 실려 왔나 안 왔나 "주의해서" 본다는 게? 그래 봤자 얻을 것은 "시간의 경과에 관해 조금 이해"할 수 있는 정도다. 사실 "바닷물만으로는 암석이 (거의) 침식되지도 않는다". 나윈은 침식과정에 관해 여러 학자들의 견해를 제시하며 이 문제를 상세하게 논한다. 그러고는,

> 바닷가에 대한 바다의 작용을 자세히 연구하는 사람은 암초성 해안이 무너져 가는 과정이 얼마나 완만한가에 대해 매우 심각한 인상을 받을 것이다. 이 문제에 관한 휴 밀러가 행한 관찰과 뛰어난 관찰자인 조던 힐의 스미스(Smith of Jordan Hill)가 행한 관찰은 무척 감명 깊은 것이다. 이 같은 감명을 마음에 새기고서 몇천 피트 두께의 역암상(礫岩床)을 살펴보기 바란다. 아마도 다른 퇴적물보다 신속히 만들어졌을 이러한 암상은 깎여서 둥글게 된 잔돌로 이루어져 있다. 이 잔돌들 각각에 찍혀 있는 시간의 각인을 볼 때, 우리는 이 덩어리가 얼마나 서서히 집적된 것인가를 잘 알 수 있다. …… 램지 교수는 영국의 여러 지방에 있는 암층들의 두께 대부분을 실제로 측정하고, 일부는 추정하여 …… 총 72,584피트라는 결론을 얻어 냈다. 게다가 우리나라에서는 얇은 암층에 불과한 것이 대륙에서는 수천 피트에 달하는 두께로 되어 있다. 그런데 대다수 지질학자들에 따르면 겹쳐져 있는 암층들 사이에는 장대한 공백의 시기가 있다. …… 도대체 얼마나 많은 시간이 소비된 것일까?(pp. 283~284)

다음에는 반대로 침식되는 과정 또한 얼마나 많은 시간을 필요로 하는지에 대해 역시 여러 학자들의 연구를 바탕으로 설명한다. 그리고

이렇게 말한다. "이런 사실들에 대해 고찰하다 보면, 영원이라는 것에 대해 이해하려고 헛되이 노력할 때 느끼는 감정 같은 걸 느끼게 된다." (p. 285) 여기에 자세히 쓰지는 않겠지만 『종의 기원』의 이 대목을 보면 당시 지질학자들이 지나온 시간에 대해 얼마나 경외의 감정을 가졌을지 상상이 간다. 이후 판본에서 수정, 보완된 것까지 읽다 보면 자칫 지루할 수도 있지만 난 무척 감동하며 읽었다. 15년 전쯤 나를 매혹시켰던 어느 소설이 선연하게 오버랩되었기 때문이다.

그것은 존 파울즈의 『프랑스 중위의 여자』라는 소설이었다. 번역자가 밝혔듯이 제대로 번역하면 원래는 '프랑스 중위 놈과 놀아난 년'이라고 할 만한 제목인데 점잖게 손을 본 것이다. 500쪽이 넘는 분량이지만, 많은 사람들이 증언하듯이 한번 빠져들면 헤어나기 힘들다. 주인공은 이름도 찰스고 신분이나 지질학에 대한 취미와 풍부한 교양을 볼 때 다윈을 연상시키는 인물이다(물론 다윈의 전기적 사실과 일치하지는 않는다). 내가 읽은 번역본은 오래전 것으로 (번역 자체는 좋은 것 같았는데) 교열 상태가 최악이었다. 아니 교열 단계를 건너뛰고 출판된 책인 거 같았다. 게다가 매 장이 시작될 때마다 영국 어느 지방의 지질학적·지리학적 사실들이 거대한 지층처럼 버티고 있었다. 잘 알지도 못하는 지역의 돌과 바위와 바람의 방향과 기후에 대한 긴 이야기, 그 사이에는 오자와 탈자들이 어지러이 춤을 추었다. 그럼에도 이 책에서 벗어날 수 없었던 것은 장마다 달려 있는 멋진 제사(題詞)들, 손에 잡힐 듯이 전해져 오는 빅토리아 시대의 인물들, 그리고 사라라는 여인의 통상적인 매력을 벗어난 매력 때문이었다. 혼을 쏙 빼앗긴 것은 소설의 마지막쯤에 이르렀을 때인데, 앞에서 그렇게 나를 괴롭혔던 지질학적 풍경들이 소설 전체의 내용에 속속들이 배어들면서 장대한 시간의 파노라마로 펼쳐졌던 것이다. 가히 소설로 쓴 빅토리아 시대의 지질학이었다. 다행히 새 번역이 나와 있으니 관심 있는 분이라면 손에 잡아 보시길. 나는 비록 그 험한 번역본으로 읽었지만 그래도 그 시절 고투 끝에 맛본 감동의 순간은 내 인생의 지층 속 소중한 암층으로 남아 있다. 당시의 독서 체험 때문에, 『종의 기원』의 이 대목을 읽으며 당시 지질학자들이나 다윈의 심정에 좀더 공감할 수 있었는지도 모른다.

다윈은 앞서의 일반적인 얘기를 늘어놓은 다음, 당시 "잘 알려진 윌드(Weald) 지방의 삭박(削剝, denudation)"(p. 285)에 대해 이야기한다. 삭박이란 침식 작용에 의해 바위가 노출되는 것을 말한다. 다윈은 이런저런 계산을 통해서 "앞서 말한 데이터에 입각하면 윌드 지방의 삭박에는 306,662,400년, 즉 대충 3억 년이 필요했을 것임에 틀림없다"(p. 287)고 썼다. "제2기의 후반부터 3억 년 이상의 오랜 세월이 소요되었음이 확실하다"(p. 287)고도 썼다. 그러니 그렇게 "장대한 세월이 유전(流轉)하는 동안에"(p. 287) 얼마나 많은 생물들이 무한한 세대를 이어가며 살아 왔을 것인가! 3억 년이라는 시간은 다윈이 신중에 신중을 기해 그동안 흘러갔을 시간을 제딴에는 최소한도로 추정한 것이었다. 그러나 당시 과학자들은 다윈의 '3억 년설'을 보고만 있지 않았다. 당시 옥스퍼드 대학의 고생물학자 존 필립스는 다윈이 윌드 지방의 삭박 기간을 3억 년이라 계산한 것은 "수학을 남용"한 결과라며 자신의 계산 결과를 제시했다. 또한 당시의 저명한 물리학자였던 톰슨도 강력한 반론을 제기했다(기억하실지 모르겠지만, 톰슨의 이런 비판에 대해서는 「머리말」에서도 잠시 언급한 바 있다. 기억이 나실지⋯⋯ ^^;). 다윈은 3억 년을 1억 년에서 1억 5천 년 사이라고 서둘러 수정했다가 3판 이후에는 아예 윌드 지방에 대한 긴 서술을 모두 빼버렸다.[4]

얼마나 긴 시간이 흘렀을지 최대한 호소력 있게 설명한 다음 다윈은 본 주제로 들어갔다. "그럼 이제 우리가 보유한 가장 풍부한 지질학 박물관에 눈을 돌리자. 그런데 거기에 보이는 진열품들은 얼마나 빈약한가!"(p. 287) "고생물학 분야에서 수집한 표본들이 매우 불완전하다는 것은 누구나 인정한다."(p. 288) 실제 존재했을 생물 중 극소수만이, 그것도 많은 경우 파손된 채 발견되었다. "온몸이 연약하고 부드러운 생물은 보존되지" 않으며, "수많은 암층은 (암층 형성에 걸렸을 시간보다 훨씬 더) 광대한 시간의 간격에 의해 서로 떨어져 있다".(p. 289)

이제까지의 여러 가지 고찰에 의하면, 지질학적 기록은 전체적으로 볼 때 극도로 불완전함에 틀림없다. 그러나 만약에 우리가 어떤 하나의 암층에만 주목할 때에도, 그 암층의 시작 부분에 존재하는 종과 끝 부분에 존재하는 종을 연결하는 여러 변종들을 찾아볼 수 없는 이유는 무엇

---

4) "톰슨 경(W. Thomson)은 지각이 응고한 것은 2천만 년 이하였거나 많이 잡아도 4억 년 이전으로까지 거슬러 올라갈 수는 없으며, 현실적으로 생각해 보면 9천8백만 년에서 2억 년 이하의 기간에 불과할 것이라고 결론지었다. 크롤 씨는 캄브리아기 시대 이래 약 6천만 년이 경과하였다고 추산하였다."(6판 p. 286) 이것은 당대 최고의 물리학자였던 톰슨의 반론이었기 때문에 사회적으로도 큰 반향을 불러일으켰다. 이것은 다윈을 가장 고통스럽게 만든 문제 중 하나였다. 그럼에도 불구하고 다윈은 힘을 냈다. 톰슨이 말했듯이 지각이 2억 년 전에 응고되었고 또 크롤이 말했듯이 캄브리아기 이후 6천만 년이 지났다면, 캄브리아기 이전 생명의 역사는 길어 봤자 1억 4천만 년밖에 안 된다. "그러나 캄브리아기층 이래 확실히 일어나고 있는 생물의 수많은 변화를 생각해 볼 때 크롤이 잡은 6천만 년은 너무나 짧은 시간이며, 캄브리아기에 생존했던 다양한 생물들을 생각해 볼 때 톰슨이 그 이전 시간이라고 잡은 1억 4천만 년은 결코 충분치 않다."(6판 p. 286) 다윈과 톰슨 중 누가 옳았는지에 대해 역사는 이미 판정을 내려 주었다.

인가?(물론 아주 드물게 그런 변종들을 볼 수는 있지만 너무나 사례가 적다.) (pp. 292~293)

이에 대해 『종의 기원』에는 여러 가지 가능성이 제시된다. 그 중 두 가지만 보자면 첫째, "한 지층이 형성되기까지 대단히 장대한 세월이 흘렀겠지만, 한 종이 다른 종으로 변화하는 데 필요한 기간에 비하면 짧았을 것"(p. 293)이다. 둘째, 하나의 암층이라고 하면 막연히 연속적인 것처럼 생각되겠지만 "하나의 암층이 상이한 광물 성분을 함유한 암상들로 이루어져 있다는 것을 볼 때, 침적(沈積)과정은 자주 중단되었다고 상상할 수 있다."(p. 295)

어떤 종이 지층 중간에서 갑자기 출현했다가 또 갑자기 없어지는 이유는 뭔가? 이것은 그 종이 그때 처음 생겨났다가 급격히 멸종한 것일 수도 있지만 그보다는 다른 곳에서 서식하던 생물이 그 지역으로 이주해 왔거나 그 지역 생물이 다른 지역으로 이주해 갔기 때문일 수도 있다. 우리는 유럽이 전세계에서 얼마나 작은 지역인지를 …… 잊곤 한다.(p. 293)

생물의 화석만이 아니라,

광물들도 한 지층의 암상(巖床) 안에서 얼마나 상이하고 다양하던가? 우리는 침적과정의 속도가 매번 다를 수 있고, 또 얼마나 자주 중단되었는가를 잊어서는 안 된다. 어떤 암층의 아래쪽 임싱이 융기되고, 침식

되고, 물속에 가라앉고, 같은 암층의 위쪽 암상에 다시 덮여진 예는 또 얼마나 많겠는가!(p. 296)

그리고 결정적으로 이렇게 말한다.

화석이 풍부한 퇴적층은 암층(巖層, formation)이 침하되는 기간에 생겨날 터인데, 이 시기는 새로운 변종이나 종이 비교적 적게 형성된다. 반면 상승하는 기간에는 육지의 면적과 그 부근에 이어진 바다의 얕은 부분의 면적이 증대하고, 그에 따라 생물의 새로운 생존 장소들이 생겨났을 것이다. 이는 새로운 변종이나 종이 형성되는 데 유리한 환경이다. 그렇지만 이 기간에는 생물이 화석화되기 힘들다. 자연은 이행형 혹은 연쇄 형태가 자주 발견되지 못하도록 막아 왔다고 할 수 있다.(p. 292)

그렇게 보면 지질학적 기록이 불연속적인 것은 우연이 아니라 필연에 가까운 것이다. 이것 말고도 당시 지질학계에서 제기되는 의문은 한두 가지가 아니었다. 당시는 지질학이 급속도로 발전하던 시기였기 때문이다. 새로이 발굴된 땅속에 입이 쩍 벌어질 만큼 놀랍고 기괴한 모습들이 가득했다. "최근 10년 동안에 여러 가지 발견으로 인해 고생물학의 사고방식에 많은 점에서 혁명이 일어났다. 그러므로 생물의 변천에 대해 지금 시점에서 성급하고 독단적인 판단을 내려서는 곤란하다. 그것은 마치 어떤 박물학자가 오스트레일리아의 불모지에 5분 정도 머문 것 가지고 그 나라의 생물의 수나 분포에 대해 어떤 결론을 내리려는 것과도 같다."(p. 306)

지금으로부터 150년 전으로 돌아가 다윈의 시대를 상상해 보라. 새로운 화석들이 여기저기서 발견되고 지질학적인 연구 결과들도 속속 쌓이고 있었다. "고생물학의 초창기였던 이때는 세계 각지에서 새로운 발견들이 이어지면서, 오늘날의 도마뱀이나 악어보다 훨씬 큰, 대홍수 이전의 거대한 파충류라는 놀라운 개념과 씨름해야만 했다. 같은 시기, 지질학자들은 암석의 층서를 풀어 내고 있었다. 오늘날 지질시대와 연대에 대한 이해의 기초를 놓은 사람들이 바로 그들이다."[5] 그러나 그런 활발한 연구활동도 과거에 비해서 그런 것이지, 인류의 역사 전체 혹은 지구의 역사 전체로 보면 이제 막 시작되고 있었던 것이나 마찬가지였다. 그런 상황에서 생명의 역사에 대해 어떤 결론을 내리려 했다면 얼마나 성급한 일이겠는가! 다윈 말마따나, 오스트레일리아의 어느 '불모지'에 내려 5분 정도 머문 것 가지고 그 나라 전체 생물의 수와 분포와 연속성에 대해 어떤 결론을 내리려고 하는 격이다. 그가 해야 할 일은 자신의 현재 처지를 겸손하게 자인하고, 좀더 많은 지역의 생물들과 지질학적 특성들을 연구하는 것이리라. 하지만 다윈 당대의 학자들은 앞다투어 새로운 결론을 내리려 했다. 그에 반해 다윈은 필사적으로 그런 허황된 욕심을 자제하며, 빈약한 자료들을 가지고 적합한 정도의 추리를 하는 데 선용했다. 그는 더 이상의 구구한 잡설을 늘어놓는 대신 아름답고도 간결한 비유로써 9장을 마무리했다. 그것이 저 유명한 역사책의 비유다.

---

[5] 벤턴, 『대멸종』, 21쪽.

자연의 지질학적 기록이 완전하다고 생각하는 사람들은 …… 틀림없이 나의 학설을 거부해 버릴 것이다. 나는 라이엘의 비유를 좇아 자연의 지질학적 기록은 기록 자체가 불완전하고 또 변화하는 방언으로 씌어진 세계사로 간주한다. 게다가 그 세계사 중에서도 우리는 고작 두세 나라만 서술되어 있는 마지막 권밖에 가지고 있지 않다. 모든 장(章)이 다 남아 있지도 않고 3장, 7장, 11장 하는 식으로 띄엄띄엄 남아 있다. 각 장, 각 쪽에도 불과 몇 줄만이 보존되어 있다. 역사를 기술한 언어도 완만하게 변화해 왔는데, 장이 중단되었다가 다시 이어지기 때문에 각 사건을 기술한 낱말 자체도 서로 다르다. 현재는 3장과 7장이 연속되어 있지만(마치 지층이 그러하듯이) 두 장이 연속적이지 않음은 물론이다. 그런데도 우리는 생명의 형태들이 연속된 지층에 파묻혀 있어야 하고, 또 마치 급격하게 생성된 듯한 그릇된 인상을 갖게 되는 것이다. 우리가 이런 점에 유의한다면 앞서 토의한 여러 가지 난점은 크게 줄어들거나 사라지기까지 한다.(pp. 310~311)

다윈은 물론 불완전한 화석 자료와 지질학적 기록들을 가지고 이런 저런 설명을 시도하기도 했다(예컨대 서루 멀리 떨어진 지층일수록 그 안의 생물 화석이 큰 차이를 보이는 경향 등). 그러나 그런 설명은 우리의 상황인식에 방해되는 측면이 더 강했다. 그런 화석이나 현재의 지구 상태가 생명의 역사를 불완전하나마 반영한다는 이미지를 주는 것이다. 우리는 지금 불완전한 자료를 가지고 있다기보다는, 불연속성 아니 차라리 단절을 시사하는 자료들을 가지고 있다. 다윈이 불완전하다는 말 대신 '극도로 불완전하다'는 표현을 사용한 것은 그 때문이다. 지구와 생명의 기나긴 역사에 군데군데 구멍이 많이 뚫려 있다기보다는, 거꾸로 남아 있는 자료가 군데군데 있을 뿐인 것이다.

그렇기 때문에 다윈은 "자연은 이행형이 자주 발견되지 못하도록 막아 왔다"고 말하고, 그것도 모자라 오스트레일리아의 불모지에 5분 머문 박물학자의 비유라든가, 남은 것보다 없어진 게 훨씬 더 많은 너덜너덜한 역사책의 비유까지 들었던 것이다. 요컨대 그는 지질학적 기록과 화석 자료들을 가지고 역사의 연속성을 확보하려고 한 게 아니라, 오히려 현재 우리가 가진 자료가 극도로 단절적임을 설명코자 한 것이었다. 그는 지질학과 화석 연구도 필요하지만, 그 이전에 지나간 시간의 광대함을 깊이 절감하고 현재 남아 있는 것이 긴 역사의 파편들뿐이라는 걸 자각하는 게 더 중요하다고 믿었다. 예를 들어 보자. 만약 어떤 역사학자가 100년 전쯤의 구한말의 역사를 연구한다면, 오늘날과의 차이도 발견하겠지만 그에 못지않게 연속성도 강하게 확인할 수 있을 것이다. 그가 500년 전쯤의 조선 시대로 거슬러 올라가면 어떨까? 아니 천 년 전의 고려 시대로 올라가면? 상대적으로 연속성은 줄어들고 불연속성은 늘어날 것이다. 그렇다면 6천 년 전, 6만 년 전이라면 어떻겠는가? 시간을 훌쩍 뛰어넘어 6천만 년 전, 6억 년 전이라면 어떻겠는가? 남은 자료가 거의 없을 뿐만 아니라, 그나마 남아 있는 것들도 6억 년이라는 세월(당신은 이 시간을 실감하실 수 있겠는가?)의 풍상에 시달려 완전히 변성(變性)된 못난이들밖에 없을 것이다. 이런 상황에서 우리가 할 일은 그런 파편들을 이어 연속적인 생명의 역사를 구축하는 게 아니라, 그런 파편들이 생명의 역사에 어떤 시사점을 주는지 숙고하는 것이다. 다윈이 잡았던 방향이 바로 이 쪽이다.

사실 오늘날에는 지구와 우주의 역사가 얼마나 장구한지에 대해 다윈처럼 애걸복걸하며 호소할 필요가 없다. 오히려 지구가 6천 살밖에 안 된다든가, 길어야 1만 년 정도라는 식의 주장을 하려는 쪽이 지구 46억 년설이나 우주 137억 년설 앞에서 엄청 고군분투해야 하는 게 현실이다. 그러니 우리는 다윈이 다만 지구가 무지무지 오래되었을 것이라고 믿으며 고군분투했었다는 점만 알아 두고 넘어가기로 하자.

"도저히 설명할 수 없는 문제"

그런데 아무리 사정이 그렇다 해도 이런 식으로 대충 마무리 지을 수 없는 최대의 난제가 있었다. 바로 캄브리아기 대폭발이라는 놀라운 현상이었다. 다윈 당시에 화석이 발견된 가장 오래된 지층인 캄브리아기 지층에는 복잡한 생물들이 너무나도 다양하게 들어 있었고 그 아래 지층에서는 그 조상이었을 단순한 생물은커녕 생명의 흔적조차 거의 찾아볼 수 없었던 것이다. 캄브리아기에는 복잡한 무척추동물들이 다양하게 등장하는데, 그 이전 화석에서는 기껏해야 박테리아나 남조류 같은 것들밖에 없었다. "초기의 생물 기록을 최초로 해명한 위대한 지질학자 로더릭 임페이 머친슨은 캄브리아기 폭발이야말로 신이 생물을 창조한 순간임이 분명하다고 생각했다. 머친슨은 『종의 기원』이 나오기 5년 전에 이미 캄브리아기 폭발을 진화에 대한 명백한 반증이라고 분명히 말했다. 그는 가장 오래된 삼엽충의 복안(複眼)이 정교한 설계를 갖추고 있다는 사실을 극찬하며 이렇게 말했다."[6]

가장 초기의 생물들이 남긴 흔적은 이미 조직체로서 고도로 복잡화되어 있었음을 나타내고 있고, 따라서 하등한 존재로부터 고등한 존재로의 변형(transmutation)이라는 가설을 완전히 배제한다는 것이다. 최초로 내려진 창조의 명령이 동물을 주위 환경에 완벽하게 적응하도록 보증했으며, 지질학자로서 출발이 있었다는 것은 인정하지만 가장 초기의 갑각류의 눈을 구성하는 다수의 홑눈 속에서, 척추동물의 형태의 완벽함에서 볼 수 있는 것과 같은, 신의 전지전능함의 증거를 볼 수 있는 것이다.[7]

크게 당황한 다윈은 그저 이렇게 말할 수밖에 없었다.

나의 학설이 진실하다면 가장 오래된 캄브리아기[8] 지층이 퇴적되기 이전에 캄브리아기부터 현재까지의 모든 기간보다 더 긴 세월이 경과했을 것이며, 이 광대하고도 전혀 알려지지 않은 기간에 세계가 생물들로 가득 차 있었다는 것은 논란의 여지없이 명백하다. 그렇지만 이 광대한 최초의 시기의 기록이 왜 발견되지 않느냐는 의문에 대해서 나는 만족할 만한 대답을 할 수가 없다. …… 이것은 현재로서는 **설명할 수 없는 문제**로 남겨 둘 수밖에 없다.(pp. 307~308)

6) 스티븐 제이 굴드, 『생명, 그 경이로움에 대하여』, 김동광 옮김, 경문사, 2004, 79~80쪽.
7) 같은 책, 80쪽.
8) 『종의 기원』 초판에는 이 대목이 '실루리아기'로 되어 있다. 초판을 낼 당시에는 캄브리아기와 실루리아기를 구분하는 문제가 아직 논란 중이었기 때문이다. 이것이 캄브리아기로 수정되는 것은 『종의 기원』 6판에 가서이다. 그렇지만 혼란을 막기 위해 다윈이 "실루리아기"라고 쓴 것을 이 책에서는 모두 "캄브리아기"로 바꿔 썼다.

다윈은 지질학적 기록이 불완전하다는 점, 캄브리아기 이전에 긴 시간(캄브리아기부터 지금까지의 시간보다 더 긴 시간)이 흘렀으리라는 점 등을 들어 힘겹게 대응했다. 『종의 기원』이 출간되고 2년 후인 1861년에 파충류와 조류의 중간형인 시조새 화석이 발견되었지만 그 외에는 추가적인 증거가 너무나도 없었고, 시조새가 진짜 조류와 파충류의 중간형인지에 대해서도 다윈 사후까지 논쟁이 벌어질 만큼 불확실했다. 그러니 과학자들이 캄브리아기 대폭발 앞에서 진화론에 반대했던 것은 극히 자연스러운 일이었다. "다윈 당시에는 캄브리아기 이전의 화석이 단 하나도 발견되지 않았으며, 캄브리아기 대폭발로 등장한 복잡한 무척추동물들이 지구 최초의 생물들이라는 주장이 **화석 증거로 뒷받침되었다**. 그처럼 다양한 형태의 생물들이 처음부터 그렇게 복잡한 구조를 갖추고 동시에 출현하였다면, 하나님이 캄브리아기를 창조의 순간(즉 6일 동안)으로 삼았다고 주장할 수 있지 않을까?"[9]

화석 증거가 진화론에 반대하고 오히려 창조론의 손을 들어 주었다는 역사적 사실이 무척이나 기괴하지 않은가! 시대의 차이라는 게 얼마나 클 수 있는지, 다윈 혁명이 세상을 얼마나 바꿔 놓았는지 절절히 보여 주는 대목이다. 나는 2009년 초 어느 텔레비전 프로에 나가서 다윈 당시에는 많은 화석들이 창조론의 증거였다고 말한 적이 있다. 그후 인터넷 검색을 하다가 과학에 관심이 많은 사람들이(심지어 과학자들도) 말도 안 되는 얘기라며 비난한 것을 보았다. 그러나 당시에는 진화론이 말도 안 되는 얘기였고, 창조론은 몇몇 난점은 있었지만 온갖 증거들로

---

9) 스티븐 제이 굴드, 『다윈 이후』, 홍욱희·홍동선 옮김, 사이언스북스, 2009, 169~170쪽.

탄탄히 지지되는 과학적 이론이었다. 『종의 기원』이 출간된 이후에도 한동안은 상황이 별로 달라지지 않았다. 수많은 저명한 학자들과 맞서 홀로 싸워야 했던 다윈은 외롭고 불안했다. 어서 화석 기록이 더 많이 발견되어 캄브리아기 이전에도 수많은 조상종들이 우글거리고 있었음을 증거해 주기만을 바라고 있었다.

캄브리아기 지층을 더 파보니……

다윈도 죽고 시간은 흘러 20세기가 되었다. 캄브리아기 지층의 생물들이 더 많이 발견되고 캄브리아기 이전 시기의 지층도 계속 발굴되었다. 이 대목까지 읽은 독자 여러분은 '아하! 이제 드디어 진화론이 옳다는 게 증명되었겠구나' 싶으시겠지만, 상황은 다윈 당시보다 진화론에 몇 배나 더 불리해졌다. 어떻게 그럴 수가…….

고생물학자 찰스 둘리틀 월컷(Charles Doolittle Walcott, 1850~1927)이 1909년 캐나다의 로키 산맥에 있는 버제스 혈암(頁巖, Burgess shale)에서 엄청난 양의 화석 동물군을 발견했다. 버제스 동물군(Burgess fauna) 화석은 캄브리아기 중기에 해당하는 것으로 캄브리아기 대폭발이 일어나고 3천만 년 내지 4천만 년 가량 지난 시점의 것들이다. 이들은 몸이 부드러운 생물들이었는데도 기적적으로 골격과 부속지(附屬肢) 등이 화석으로 남아 20세기에 와서 발견되었던 것이다. 조사해 보니 5억 년도 더 전에 살았던 이 동물들은 단순하고 원시적인 생물이기는커녕 고도로 복잡하고 그 자체로 완성된 행태를 과시하고 있었다. 이후 캄브리아기 이전 시기의 생물 화석들(예컨대 오스트레일리아에서 발견된 에디아카라 동물군Ediacara fauna 등)이 여러 차례 발견되었는데, 이 화석들은 또 정반대의 이유로 다윈의 진화론에 불리한 증거들이었다. 그 화석들은 캄브리아기 생물들의 조상이라고 하기에는 너무나도 원시적이고 단순했기 때문이다. 다윈 시대 이후 훨씬 더 많은 양의 화석이 발견되었지만 화석 기록이 보여 주는 생물들의 불연속성은 더 심해져만 갔다. 한숨만 푹푹 나오는 상황이었다. 점진주의적 진화론은 설 곳이 없었다.

그런데 세상이란 게 참 재미있는 것이어서, 이렇게 진화론에 반하는 증거들이 진화론에 거의 충격을 주지 못했다. 세상은 이미 진화론으로 대세가 기울었기 때문에 학자들은 그 자료들을 대단히 '진화론적으로' 해석할 수 있었다. 월컷은 전형적인 '다윈주의' 생물학자였다. '다윈주의적 진화론'에 따르면 첫째, 단순하고 원시적인 생물로부터 복잡하고 고등한 생물들이 진화해 왔어야 하고, 둘째, 초기에는 소수의 종만이 존재하다가 시간이 흐르면서 다양한 종들과 속, 과, 목, 강, 문, 계가 생겨났어야 했다. 월컷은 기괴하게 생긴 캄브리아기 생물들에 잠시 당황하긴 했지만 자신의 신념에 따라 그것들을 일단 현생생물들의 조상종이라고 분류해 버렸다. 그후 언젠가는 본격적인 연구를 해보리라 마음먹었지만 결국 그는 여러 가지 사정으로 인하여 그 꿈을 이루지 못했다.

반전

시간은 또 흐르고 흘러 1970년대가 되었고, 이때 또 한 번의 충격적인 발표가 세상을 놀라게 했다. 해리 휘팅턴(Harry Whittington)과 데

렉 브리그스(Derek Briggs)와 사이먼 콘웨이 모리스(Simon Conway Morris), 이 세 사람이 등장하여 월컷의 해석에 반기를 든 것이었다. 그들은 월컷이 현생동물들의 조상이라고 분류했던 많은 생물들이 실은 현생종들과 전혀 무관한 생물들이라고 주장했다. 예컨대 버제스 시대의 절지동물들은 기본적인 구조가 너무나 다양해서, 가장 기본적이고 근본적인 차이로만 구분해도 20종류가 넘는 설계상의 차이가 존재했다. 하지만 현재의 절지동물들은 다 합쳐 봐야 겨우 네 종류에 불과하다. 생물학의 분류 단위 중 거의 최상층에 속하는 문(門)의 수가 현재로 오면서 늘기는커녕 급감했다는 것이다. 우째 이런 일이?! 캄브리아기 동물들이 지금의 생물들과 얼마나 다르고 다양했던지 사이먼 모리스는 오돈토그리푸스(Odontogriphus)를 찾아냈을 때 "이런 제기랄 또 새로운 문(門)이잖아"라고 했을 정도였다. 여기서 이들의 발견이 얼마나 충격적이었는지를 함께 실감해 보자.

무엇보다도 그들의 생김새부터가 '충격' 그 자체였다. '눈이 다섯 달린 코끼리' 같은 오파비니아를 보라. 꽃처럼 자루가 있고 그 위에 꽃받침처럼 생긴 구조, 그 안에 입과 항문이 아물려 있는 동물은 어떤가?(디노미스쿠스) 세탁기 배수호스처럼 생긴 놈도 있었고(아이쉐아이아), 아파트 단지처럼 생겨 가지고 수중에서 배영을 하던 놈도 있었다(사로트케르쿠스). 캄브리아기 최대의 포식동물 아노말로카리스(약 90센티미터)에 이르러서는 더 이상 놀랄 기운도 없었다. 얘는 머리가 없는 갑각류, 몸통이 없는 새우 같은 생물, 한가운데 구멍이 뚫려 있는 해파리, 아예 다른 동물문으로 추방된 납작하고 얇은 판자 등으로 구성되어 있었다. 당연히 처음에는 이 네 가지가 각기 별도의 생물(혹은 그 부분들)이

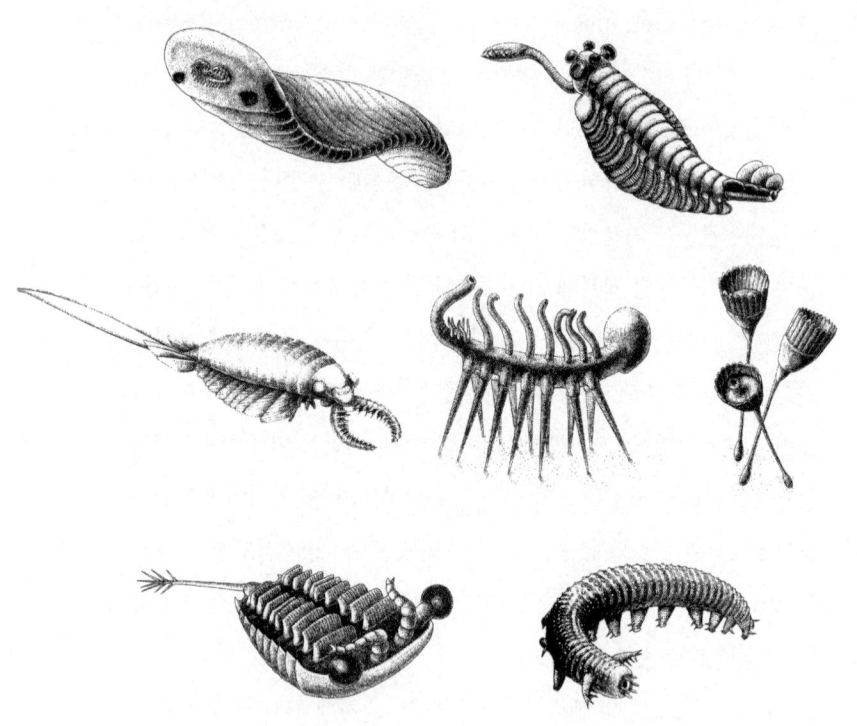

캄브리아기의 동물들
캄브리아기의 동물들은 현재의 동물군으로는 분류할 수 없을 정도로 다양하고 기묘한 생김새들을 지니고 있었다. 왼쪽 위부터 시계방향으로 오돈토그리푸스, 오파비니아, 디노미스쿠스, 아이쉐아이아, 사로트케르쿠스, 아노말로카리스, 가운데는 할루키게니아.

라 생각했었다. 그러나 연구자들의 끝없는 노고와 번득이는 상상력은, 결국 그 모두가 한 생물의 부분들임을 발견해 냈다. 와~ 세 연구자에게 박수를!(아노말로카리스['기묘한 새우']라는 이름도 '몸통이 없는 새우' 만을 가리키는 용어였다). 물론 현재의 절지동물과 닮은 놈들도 없진 않았다. 하지만 실제 해부학적 구조가 너무 달라서 현생동물군에 포함시키는 건 꿈도 꿀 수 없었다. 하고 있는 꼴이 얼마나 비현실적이었는지 이름도 환각에서 따와 할루키게니아(hallucigenia)라 명명된 놈까지 있었다.

앞에서 기본 설계상의 차이를 문 수준의 차이라고 했는데 이게 얼마나 어마무지한 차이인지 좀 실감할 필요가 있다. 그러지 못하면 그런 문들이 폭발적으로 분출한다는 게 얼마나 불가능에 가까운 일인지를 느낄 수 없기 때문이다. 문 수준의 폭발을 주장하는 굴드에 대해 도킨스는 격렬하게 반발하면서, '문 수준의 도약'이니 '강 수준의 도약'이라는 말은 그렇게 함부로 쓸 수 있는 게 아니라고 비판했다(이 둘의 논쟁에 대해서는 조금 뒤 이야기할 것이다). 문 수준의 도약이란 불가사리로부터 대구가 생겨나는 식의 도저히 있을 수 없는 일이며, 그보다 낮은 강 수준의 도약도 새 한 쌍이 포유류를 낳는 수준의 도약이다. "방금 새끼를 낳은 어미새가 둥지 안에 새근거리는 한 마리 포유류를 바라보는 모습을 상상해 보면 굴드의 주장이 얼마나 엉터리인지 금방 알 수 있다."[10] 그런 생물은 태어날 수도 없지만 설령 태어난다 해도 태어나자마자 죽을 것이다.[11] 문 수준의 도약이라는 건 사실 거의 불가능에 가까운 어마무지한 변화인 것이다. 그런데 그런 문들이 캄브리아기의 짧은 기간 안에 갑작스레 수십 가지씩이나 생겨났다는 것이다. 게다가 이후 문의 수는 늘어나기는커녕 반의 반도 안 되게 줄어들어 버렸다. 갑작스러운 진

---

10) 리처드 도킨스, 『무지개를 풀며 : 리처드 도킨스가 선사하는 세상 모든 과학의 경이로움』, 김산하·최재천 옮김, 바다출판사, 2008, 308쪽.
11) 참고로 버제스 동물군의 화석을 재해석한 주역 중 한 명인 사이먼 모리스의 "『창조의 시련』(The Crucible of Creation, 1998)은 굴드의 견해 거의 대부분에 관하여 비판적인 내용을 담고 있다". 같은 책, 311쪽.

화, 그리고 역사가 진행될수록 줄어드는 다양성. 이런 걸 과연 진화라고 부를 수나 있을까? 진화를 주장하려면 도약진화론이나 돌연변이설 쪽에 붙어야 하는 게 아닐까? 어쨌거나 최소한 다윈 식의 점진주의적 진화론으로는 감당키 어려운 '증거들'이었다.

다윈의 진화론에서는 작은 변화들이 누적되어 큰 변화가 생겨난다. 이를 오늘날에는 소진화(microevolution)가 누적되어 대진화(macro-evolution)가 발생한다고 표현한다.[12] 여러 개체로 구성된 한 종이 시간이 흘러 진화하여 몇 가지 종이 생겨나고, 이들이 더 진화하고 더 크게 달라지면서 더 많은 종들이 생겨나면 결국 하나의 속을 이루게 된다. 이 과정을 생물계 전체의 역사에 적용시키면 과, 목, 강, 문 등의 상위 분류군들도 모두 이렇게 생겨나는 셈이다. 우리가 앞서 보았던 『종의 기원』의 유일한 그림을 다시 보시라(이 책 294~295쪽). 애초에 계(예컨대 동물계와 식물계), 문(연체동물문, 절지동물문 등), 강, 목, 과, 속, 종이 먼저 있는 게 아니라(이런 식이라면 창조론에 가까울 것이다), 기나긴 시간 속에서 종이나 속 등의 하위 분류군이 늘어나고 진화한 결과 상위 분류군들이 생겨나는 구조인 것이다. 헌데 버제스 혈암(頁巖)을 비롯한 현대 고생물학의 연구 결과는 이런 기본적인 원리와 전혀 부합하지 않는다. 오히려 상반된다고 해야 옳을 정도다. 버제스 혈암의 화석 증거들이 진화론에 뭐가 그리 문제가 되는 건지, 좀 정리해 보기로 하자.

첫째, 캄브리아기에 갑자기 다양하고 풍부하며 복잡한 생물군들이

---

12) 소진화는 종 수준이나 그 이하에서 일어나는 진화를, 대진화는 종 수준 이상에서 일어나는 진화를 말한다. 그러므로 진화라고 할 때는 보통 대진화를 가리킨다.

폭발적으로 등장한다는 것부터가 큰 문제다. 이전 시기의 수많은 변화들이 점진적으로 누적되어 캄브리아기에 복잡한 생물들이 생겨나질 않은 것이다. 게다가 천만 년에서 천오백만 년 정도의 '극히 짧은 기간' 안에 한꺼번에 등장한 것도 이해하기가 힘들다. 천만 년에서 천오백만 년 정도의 시간을 극히 짧은 기간이라고 말하는 게 좀 어색하시겠지만, 지질학자들은 이런 장구한 시간을 흔히 (극히) "짧은 기간"이라고 표현한다. 하긴 지구에서 생명이 탄생한 38억 년 전부터 생각해 보더라도 천만 년~이천만 년이라면 1/380~1/190밖에 안된다. 지구가 생겨난 46억 년 전부터 캄브리아기까지의 약 40억 년, 그리고 캄브리아기부터 현재까지의 약 5억 년을 생각해 볼 때, 1~2천만 년의 시간이란 40억 년과 5억 년 사이에 낀 틈 같은 순간 아니겠는가! 그런데 그 순간에 다세포 생물들이, 그것도 수많은 문들이 일제히 분출해 나왔으니 대폭발 중에서도 대폭발이 아닐 수 없다.

둘째, 그보다 더 심각한 문제는 캄브리아기 이후 현재까지 약 5억 년 동안 새로운 상위 분류군들이 늘어나기는커녕 크게 격감해 왔다는 점이다. 캄브리아기에 살았던 많은 문 중 오늘날까지 남아 있는 것은 극소수에 불과하다. 물론 지구에 급격한 재난이 닥쳐 와서 많이 줄었을 수는 있다. 비록 진화론 입장에서는 어째 좀 모냥빠지는 사태이지만 충분히 있을 수 있는 자연스러운 일이다. 그렇다면 전체 문의 수가 줄어든 것은, 절멸된 문 수에 비해 새로 생겨난 문이 적기 때문일까? 참으로 놀랍게도 캄브리아기 이후에 새로운 문은 전혀 생겨나지 않고 줄기만 했다는 게 현대 생물학의 연구 결과다. 문의 수가 크게 줄어든 건 격변적인 사건들에 의해 설명할 수도 있지만, 5억 년이 넘는 기간 동안 새로운 문이 전혀 생겨나지 않은 것은 진화론으로는 어찌 설명할 방도가 없다. 창조론자들이 캄브리아기 대폭발을 창조의 근거로 삼을 만하지 않은가! 게다가 오늘날에도 150년 전 선배들의 일을 반복하고 있는 소수의 창조론자들을 보라. 그들은 투구게, 무갑류새우, 램프조개, 은행, 아라우카리아(Arau caria), 쇠뜨기, 소철 등과 함께 진화사의 연속성을 보여 주는 살아 있는 화석 증거들이라 할 만하다.

새로운 반전과 진검 승부

그러나 난세는 영웅을 부른다고 했던가! 진화론에 일대 위기가 닥친 이 시점에 스티븐 제이 굴드의 기념비적인 저작 『생명, 그 경이로움에 대하여』(*Wonderful Life: The Burgess Shale and the Nature of History*, 1989)가 출간되었다. 굴드는 버제스 혈암의 캄브리아기 동물상이 던져 준 충격을 정면으로 응시하며 다윈의 진화론에 일대 혁신을 시도했다. 자신이 닐스 엘드리지와 함께 일찍이 1970년대 초부터 주장한 단속평형설(斷續平衡說, punctuated equilibrium)[13]을 무기로 창조적인 해석을 해낸 것이다. 이제부터 우리는 굴드가 어떤 식으로 이 난국을 헤쳐 나갔는지, 그리고 이에 대해 도킨스는 얼마나 뜨거운 반론을 가하면서 정통 다윈주의를 수호하고자 했는지, 아울러 마이어 등 다른 학자들은 이 문

---

13) Eldredge, Niles and Stephen. J. Gould, "Punctuated Equilibria: An Alternative to Phyletic Gradualism", ed. Thomas J. M. Schopf, *Models in Paleobiology*, San Francisco: Freeman Cooper and Co., 1972. 단속평형설의 기본 발상은 에른스트 마이어의 이소성(異所性, allopatric) 종 분화를 더욱 확장한 것이라 볼 수 있다.

제에 대해 어떤 반응을 보였는지 등을 살펴볼 것이다.

도킨스와 굴드의 논쟁은 현대 생물학계만이 아니라 학계 전체를 보더라도 매우 모범적인 논쟁에 속한다. 말만 무성한 여느 논쟁들과는 달리 서로 극명하게 대립하면서도 매우 생산적이고 계발적인 결과를 낳았다. 굴드는 좌우 양혹을 맹렬히 휘두르며 진화론에 혁신의 바람을 일으켰고, 도킨스는 날카로운 잽과 교과서적인 스트레이트로 응수하며 다윈 가(家)의 적자임을 과시했다. 1941년생 동갑내기 둘이 펼친 불꽃 튀는 진검 승부는 학계 안팎을 달구었고 다윈의 진화론은 더욱 깊고 풍부해졌다. 과연 굴드가 다윈의 혁신에 성공한 것일까? 아니면 도킨스가 굴드의 어설픈 수정 시도로부터 다윈을 지켜낸 것일까? 한 가지 인상적인 사실은 두 사람 모두 자신이야말로 진정한 다윈주의자라고 주장했다는 점이다. 죽어서도 행복한 다윈!

연속성 대 단속성

앞서 말했듯이 자연은 많은 불연속성과 상호모순되는 현상을 보인다. 그러니 자연 현상만을 놓고 보면 창조론이나 격변설 쪽이 더 적실할 때가 많다. 반면 다윈의 진화론은 그런 '현상'과 이론에 대항해 이 세계의 근본적 연속성을 주장한 이론이다. 굴드는 물론 다윈의 연속적인 세계에 동의한다. 그러나 그 연속적인 과정 속에 대단히 불연속적인 패턴이 관찰되며, 나아가 그것이 우연이나 지엽적인 사실이 아니라 진화사의 특성을 드러내는 주요한 패턴이라고 주장했다. 연속적이지만 점진적이지는 않다는 것, 그것을 굴드는 단속평형이라는 말로 표현했다. 단속평형이란 **단(斷)**절적인 진화가 발생하고, 이후 장기간의 **평형**상태가 **이어 진다(續)**는 말이다. 굴드는 이 이론을 내걸며 점진주의적 진화론(점진적인 변화가 누적되어 큰 변화, 즉 진화가 일어난다는 기존의 진화론)에 정면으로 반대하였고, 캄브리아기 대폭발 현상도 새롭게 해석할 수 있었다.

첫째, 굴드는 화석 기록이 보여 주는 신종의 돌연한 출현과 이후의 오랜 정체 현상을 "사실 그대로 수용해야 한다"고 주장한다. 실제로 다윈 이후 현재까지 수많은 곳에서 화석이 추가로 발굴되었지만 '돌연한 출현과 이후의 오랜 정체' 패턴을 크게 변경시키지는 못했다. 캄브리아기에도 "다세포 생물이 출발함과 동시에 최대의 다양성에 도달했고 이후 격감이 발생해 몇 종류의 설계밖에 살아남지 않았다". 이것은 캄브리아기 전이나 후의 화석 기록이 불완전하기 때문이 아니라 진화의 패턴이 원래 그렇기 때문이다. 마이어도 말했듯이 이런 현상은 자연계에서 드물지 않게 볼 수 있다. "하나의 생물계통도 변화가 천천히 진행되는 시기와 빠르게 진행되는 시기를 경험할 수 있다. 이런 현상을 보이는 잘 알려진 예로 폐어(肺魚)가 있다. 폐어는 해부학적으로 약 7,500만 년에 걸쳐서 구조적 변화를 겪었다. 그런데 그후 2억 5,000만 년 동안은 거의 추가적인 변화가 거의 일어나지 않았다. 상위 분류군이 미성숙 단계와 성숙 단계에서 진화의 변화 속도에 이와 같이 커다란 차이를 보이는 것은 **거의 예외없이 일어나는 법칙**이다. 식충목(insectivore)과 비슷한 조상에서 박쥐가 진화하는 데에는 불과 몇백만 년밖에 걸리지 않았다. 그러나 그후 4,000만 년 동안 박쥐의 기본적인 신체 계획에는 아무런 변화가 일어나지 않았다. 고래도 마찬가지다."[14] 만일 그렇다면 작은 변화가 누적되어 큰 변화를 낳고 큰 변화가 누적되어 더 큰 변화를 낳는다는 점진주의적 도식은 사실과 거리가 먼 허구에 불과하다. 굴드의 주장은 이 정도에서 그치지 않았다.

둘째로, 그는 초기에 상위 분류군(예컨대 문)이 폭발적으로 등장하고 시간이 갈수록 점점 하위 분류군들이 등장한다고 주장함으로써, **다윈의 역원뿔형도를 완전히 거꾸로 뒤집어 버렸다.** 생물의 다양성은 다윈이나 현대 생물학이 주장하듯이 역원뿔형으로 증가하는 게 아니라, 갈수록 감소한다는 것이다. 한마디로 '단순한 것에서 복잡하고 다양한 것으로'가 아니라 '복잡하고 다양한 것에서 단순한 것으로'의 진화. 여기서 오해해선 안 될 것이 하나 있다. 굴드는 상위 분류군들은 시간이 흐를수록 줄어들지만, 각 속의 한도 내에서 종은 점점 더 다양해진다고 하였다. 요컨대 속 이상의 수준에서는 이질성이 줄어들지만, 속 이하의 수준에서는 다양성이 증가한다는 것이다. 캄브리아기 대폭발과 이후 상위 분류군의 격감은 그런 점에서 진화사의 예외가 아니라 전형이다. 이것을 대멸종 때문이라고 생각할 사람들을 위하여 굴드는, 대멸종이 없는 경우에도 진화는 일반적으로 동일한 패턴으로 진행된다고 주장하며 통계 자료를 제시했다. 굴드의 주장은 너무 놀라워서 말도 안 나온다. 한마디로 놀랠 노자다. 이 어처구니없는 사실에 더 놀라고 싶은 분들은 『다윈 이후』의 15장 「캄브리아기 대번성」을 직접 읽어 보시라.

그리고 셋째, 놀라움을 금치 못하는 사람들에게 숨 돌릴 틈도 주지 않고 굴드가 가한 마지막 타격. 그는 어떤 설계가 소멸되고 또 어떤 설계가 살아남을지는 **주로 우연에 따라 결정된다**고 말했다. 다시 말해 해부

---

14) 마이어, 『진화란 무엇인가』, 384~385쪽.

학적 우수성이나 복잡성(소위 '뛰어난 경쟁능력')이 생존을 보장해 주지 않는다는 말이다. 이거 뭐 너무 황당해서 이젠 놀랍지도 않네. 가만가만 정신 수습하고, 다윈이 뭐라 했는지부터 다시 떠올려 보자. 다윈은 더 우수한 형질을 가진 생물이 살아남고 이 과정이 누적되면서 새로운 종이 진화된다고 했다. 그리고 이것은 곧 덜 개량된 낡은 종이 멸종되는 과정이기도 하다. 이것이 바로 다윈이 진화와 멸종을 자연선택에 의해서 **동시에** 설명한 방식이었다. 굴드는 다윈의 주장을 중요하게 수정 혹은 변경하였다. 아니 이 정도면 이미 다윈주의의 한계를 훌쩍 벗어난 것인지도 모른다. 굴드는 불경하게도 자연선택에 의한 진화를 종 수준으로(혹은 속 수준까지) 한정하였다. 그리고 그보다 상위 분류군의 진화는 점진적으로가 아니라 단기간에 폭발적으로 일어난다고 주장하였다. 상위 분류군 중에서 어떤 문, 강, 목 등이 소멸될지는 주로 우연적으로 결정된다. 굴드는 잘 알려진 공룡 멸종 문제를 통하여 이 문제를 설명해 주었다.

만일 약 6,500만 년 전에 거대한 소행성이 지구에 충돌하지 않았더라면,[15] 지금 우리가 여기서 진화론을 논하고 있는 일 같은 건 있을 수 없겠지요. 왜냐하면 멸종 전까지 1억 년 이상 포유류와의 경쟁에서 훨씬 더 우월했던 공룡이 그후 1억 년 정도의 시간 동안 계속 우월하지 못할 이유는 어디에도 없으니까요. 사람들은 소위 "포유류의 시대"(공룡 멸

---

15) 굴드는 지금 소위 앨버레즈 충돌설에 입각하여 공룡의 멸종을 설명하고 있다. 앨버레즈 충돌설은 공룡의 멸종을 해명하는 가장 설득력 있는 가설이다. 그러나 확고한 사실 수준에 도달하지는 못했으며, 좀더 연구가 진행되어야 한다.

종 이후부터 지금까지의 신생대)가 공룡이 우월했던 시대의 반 정도밖에 안 된다는 사실을 망각하고 있어요.[16]

공룡의 멸종 원인에 대해서는 여러 가지 추측이 있었지만 여기서 굴드가 비판하고 있는 것은 다윈주의의 전통적인 견해, 즉 경쟁적 배제에 의해 설명하는 입장이다. 공룡은 경쟁과정에서 어떤 불리한 특징 때문에 다른 생물에게 밀려났다는 것이다. 공룡이 너무 커져서 생존에 불리했다는 식의 설명이 대표적인 경우다. 그런데 이런 설명은 사실 너무 우월했기 때문에 결국 멸종당했다는 얘기며, 계보상으로 보면 다윈 당시의 '적자필멸론'을 잇는 것이다(적자필멸론은 5장에서 적자생존을 다룰 때 등장한 바 있다). 헌데 공룡이 누군가? 1억 년 이상이나 잘 살아오던 건장한 애들 아닌가? 그런 애들이 어떤 점에서 열등했길래 밀려났으며 심지어 멸종까지 당했단 말인가? 물론 공룡이든 누구든 불리한 조건에 처하면 얼마든지 멸종될 수 있다. 다만 기존 진화론자들의 문제는, 어떤 하나의 종이 멸종된 과정을 구체적으로 조사하기 이전에 먼저 경쟁적 배제의 원리를 떠올리고 그에 맞추어 멸종된 종이 어떤 점에서 불리한 형질을 지녔을까 찾아나선다는 점이다.

다윈도 말했지만, 어떤 생물이 어떤 시기에 살아가고 있다는 것은 무언가 유리한 특징을 가지고 있기 때문이다. 그런데 생물들이 크게 격감하는 시기에는 기존의 특징이 대단히 불리하게 작용할 수도 있다. 혹은 이전에는 아무런 중요성도 없던 어떤 특징이 그 생물의 생존을 크게

---

16) 学研, 『科学10大理論 : 進化論争 特集』, 学研, 1997, 22쪽.

도울 수도 있다. 이처럼 급변기에 어떤 특징이 유리할지 불리할지는 실제 그런 상황에 도달해 보기 전에는 알 수도 없고, 또 미리 결정되지도 않는다. 역사적인 대멸종이 일어났을 때는 더욱 그러하다. 이때 사전 예측이 불가능한 것은 상황이 너무나 복잡해서 알기 힘든 게 아니라, 상황이 닥치기 전에 그 의미가 미리 결정되어 있지 않다는 **역사**의 본성 때문이다.

이런 놀라운 이야기들을 속사포처럼 퍼부음으로써 결국 굴드는 무슨 얘기를 한 것일까? 우선 화석 기록이 보여 주는 급격한 단절과 그 이후의 오랜 정체는 지질학적 기록의 불완전성 때문이 아니다. 오히려 그런 양상이야말로 본래 진화의 패턴이라는 것이다. 만일 굴드의 주장이 옳다면 화석 기록이 보여 주는 이행형 부재는 진화론의 난제가 아니라 오히려 (굴드가 새로이 제시한 진화론의) 증거가 된다. 또한 새로운 종류의 생물들이 갑자기 출현하는 것처럼 보이는 화석 기록도, 화석 기록의 단절성으로 인한 착시가 아니다. 진화는 본래 폭발적으로 일어나기 때문이다. 이런 놀라운 설명을 받아들인다면 진화론의 이론 구조는 혹독한 변경을 겪어야만 한다. 그러나 아마도 굴드에게는 이것이 아프기는커녕 도리어 신바람 나는 일일 것이다. 그는 이참에 생물학과 자연과학, 아니 서구 사회 전체를 오랫동안 지배해 온 역사에 대한 통념, 즉 점진주의적 진보주의를 전복하고자 했다. 굴드의 주장에 따르면, 첫째, 역사에는 우월한 생물이 살아남아 계속 진보해 가는 내재적 경향 따위는 없다. 둘째, 상위 분류군들은 하위 분류군들이 점점 더 진화하여 마침내 발생하는 게 아니라, 어떤 환경조건에서 폭발적으로 탄생한다.[17] 셋째, 이렇게 생겨난 상위 분류군 중 어떤 문, 강, 목 등이 절멸될지는 주로 우연적으로 결정된다. 생물이 진화해 온 역사는 **자연법칙을 위배하지는 않지만 자연법칙에 의거하여 다 설명되지도 않는다.**

굴드가 옳았을까 : 마이어의 경우

굴드는 기존의 진화론만이 아니라 서구의 전통적인 사유체계에 선전포고를 때림으로써, 많은 학자들의 뜨거운 논쟁을 불러일으켰다. 현대 종합설의 주역 중 하나인 에른스트 마이어는 어떤 입장을 보였을까? 독자 여러분 중 굴드의 엄청난 주장과 현란한 언변에 어안이 벙벙해진 분이 있다면 마이어의 이야기를 들으며 여유를 찾으시기 바란다. 그는 우선 지나친 적응주의자들에 대해 비판한다.

> 수년 동안 우연과 필연(적응) 가운데 어느 쪽이 진화에서 더 우세하게 작용하는가에 대해 상당히 뜨거운 논쟁이 벌어졌다. 열성적인 다윈주의자들은 현존하는 생물의 모든 측면을 적응의 결과로 돌리는 경향이 있다. 그들은 각 세대마다 엄격하고 철저한 선택과정을 통해 개체군이 솎아진다는 점을 강조한다. ……
> 그러나 안타깝게도 철저한 적응주의자들 중 일부는 자연선택이 두 단계의 과정이라는 점을 간과하는 듯하다. 확실히 적응성의 선택은 진화

---

17) 캄브리아기에 고차 분류군들(새로운 설계)이 왜 갑자기 폭발적으로 증가했는가에 대해서는 여러 가지 설이 있다. 굴드는 이 이견들을 크게 세 가지로 정리해 준다. ①처음 채워진 생태학적 통, ②유진체계를 지향하는 역사, ③체계의 특성으로서의 초기 다양화와 그 이후의 고정. 굴드, 『생명, 그 경이로움에 대하여』, 343~351쪽.

의 두번째 단계에서 가장 중요한 요소다. 그러나 이 단계 전에 첫번째 단계가 있다. 바로 선택의 재료가 되는 변이를 생산하는 단계다. 그리고 이 단계에서는 확률론적 작용(우연)이 우세하다. 그리고 생명 세계의 어마무지한, 때로는 기괴하게 느껴질 정도의 엄청난 다양성을 만들어 낸 것은 바로 이 변이의 무작위성이다. 맨 앞의 단계는 단세포 진핵생물(원생생물)의 엄청난 다양성이다. 마굴리스와 슈바르츠는 이 계에 36개 이상의 문이 존재하는 것을 확인했다. …… 또 다른 전문가는 이 계에 약 80개의 문이 존재한다고 본다. …… 단세포 진핵생물이 환경에 잘 적응하기 위해서 정말로 그토록 많은 수의 서로 다른 신체 계획이 필요한 것일까? ……

다세포 생물들 사이의 다양성과 그 모든 차이들이 단순히 잘 적응하기 위해 필요했던 것일까? 버제스 혈암 동물군의 특이한 생물 유형들을 살펴보자. 그러면 우리는 그들 중 상당수는 우연한 돌연변이에 의해 탄생한 뒤 자연선택으로 제거되지 않은 채 남은 것이라는 생각을 떨칠 수 없을 것이다. …… 뿐만 아니라 우리는 우연이 진화의 두번째 단계, 즉 개체의 생존과 번식에서도 상당한 역할을 수행한다는 점을 기억해야만 한다. 그리고 적응성의 모든 측면이 모든 세대마다 시험되는 것은 아니다.

또는 약 35가지에 이르는 동물의 문을 살펴보자. 이들은 캄브리아기 초기에 존재했던 60개 남짓 되는 신체 계획 가운데 살아남은 것들이다. 이 문들의 차이를 연구해 보면 그 차이가 필수 불가결한 것이라는 인상은 들지 않는다. 각 문의 독특한 형질들의 대부분 또는 전부는 자연선택이 너그럽게 통과시킨 발달상의 우연한 사건에 기인한 것으로 보인다. 반면 절멸해 버린 생물들의 실패는 어쩌면 (앨버레즈 소행성 충돌과 같은) 우연의 결과일지도 모른다. 굴드는 자신의 저서 『생명, 그 경이로움에 대하여』에서 그와 같은 우연을 주된 주제로 삼고 있다. 그리고 나는 그의 견해가 대부분 맞다는 결론에 도달했다.[18]

진화가 진정 놀라움을 불러일으키는 부분이 바로 이 부분이다. 후생동물(metazoa)[19]의 생성에서 우리는 화석 기록이 나타난 직후 동물이 서로 비교적 유사한 일련의 목(目)으로 구성되어 있다가, 이 목들이 시간이 흐름에 따라 서로 점점 달라졌을 것이라고 예상할 수 있다. 그러나 사실은 이러한 가정과 크게 다르다. 후생동물이 약 5억 5천만 년 전 화석 기록에서 처음 나타났을 때, 그 화석 기록에는 그후 절멸되어 버린 4~6가지의 특이한 신체 계획도 포함하고 있었다. 그 밖의 모든 캄브리아기의 문들은 지금까지 생존하고 있다. 그리고 상당히 놀랍게도 그 오랜 기간 동안 각 문의 기본적 신체 계획에는 큰 변화가 없었다. 각각의 문을 살펴보면 동일한 상황을 마주하게 된다. 현존하는 절지동물의 강(綱)은 이미 캄브리아기에도 동일한 신체 계획을 가진 채 존재하고 있었다. 그런데 캄브리아기의 절지동물 가운데 소수의 특이한 유형은 오늘날 존재하지 않는다. 나는 이러한 증거를 통해서 캄브리아기에는 지금보다 더욱 다양한 신체 계획들이 실현되었을 것이라는 결론에 동의한다. 뿐만 아니라 캄브리아기 이후 5억 년 동안 근본적으로 새로운 신

---

18) 마이어, 『진화란 무엇인가』, 445~448쪽.
19) 흔히 한 개의 세포로만 이루어지는 원생생물을 제외한 다른 모든 생물들을 가리킨다. 이들은 대부분 다세포 생물이며, 우리가 동물이라고 할 때 흔히 떠올리는 생물들이 바로 이들이다.

체 계획은 나타나지 않았다.[20]

원핵생물에서는 그들이 존재한 그 오랜 기간 동안 점점 더 복잡해졌다는 증거를 찾아볼 수 없다. 진핵생물 사이에서도 그러한 경향에 대한 증거는 찾아볼 수 없다. 물론 다세포 생물은 전반적으로 원생생물보다 더 복잡하다. 그러나 동시에 식물과 동물의 많은 계통들이 복잡한 상태에서 단순한 상태로 진화되어 온 것을 볼 수 있다. 예를 들어 포유류의 두개골은 판피어류(板皮魚類) 조상에 비해 훨씬 덜 복잡하다. **점점 더 복잡해지는 경향과 더불어 점점 더 단순해지는 경향 역시 어디에서든 찾아볼 수 있는 것이다. …… 모든 생명이 점점 더 복잡해지려는 내재적 경향을 가졌다고 가정하는 모든 이론들이 완전히 반박되었다. 더 복잡한 것이 진화적으로 진보한 것임을 나타내는 근거는 어디에서도 찾아볼 수 없다.**[21]

이렇게 읽다 보면 정말로 마이어는 굴드의 놀라운 견해가 "대부분 맞다는 결론에 도달"한 것 같아 보인다. 과연 그럴까?

일부 저자들은 단속평형 현상이 다윈의 점진적 진화라는 개념과 상충한다고 주장하였다. 그러나 이는 옳지 않다. 언뜻 보기에는 도약진화 이론이나 불연속 이론을 지지하는 것처럼 보이는 단속평형 현상조차도 실제로는 철저히 개체군적 현상이며 따라서 점진적일 수밖에 없다. 이

---

20) 마이어, 『진화란 무엇인가』, 409~410쪽.
21) 같은 책, 431쪽.

현상은 진화의 종합의 결론과 모든 측면에서 결코 충돌을 일으키지 않는다.[22]

어떤 점에서 그러한가?

오늘날에는 캄브리아기 초기에(지금으로부터 5억 4,400만 년 전부터) 그토록 많은 동물 유형이 갑작스럽게(100만 년~2,000만 년 동안) 나타난 것처럼 보이는 것이 사실은 화석의 보존 상태 때문에 빚어진 오해임이 분명하게 드러나고 있다. 분자시계를 이용할 경우 동물 유형들의 기원은 약 6억 7,000만 년 전까지 거슬러 올라간다. 그러나 6억 7,000만 년 전과 5억 4,400만 년 전 사이에 살았던 동물들은 매우 작고 골격이 없기 때문에 화석으로 보존되지 못했다.

그럼 왜 그후 5억 년 동안 주요 신체 구조 유형이 새롭게 나타나지 못했는가 하는 문제는 더욱 복잡하고 오늘날까지도 다 풀지 못한 수수께끼다. 그러나 분자 유전학이 설명의 실마리를 제공해 주었다. 현존하는 생물들의 경우 발생은 조절 유전자들의 '협력'을 통해 매우 엄격하게 통제되고 있다. 선(先)캄브리아기에는 아마 그러한 조절 유전자가 적은 수로 존재하고 또한 통제 역시 비교적 덜 엄격하게 이루어졌을 것이다. 그 결과 구조 유형의 대표적 변화가 신속하고 빈번하게 일어날 수 있었을 것이다.[23]

---

22) 같은 책, 526쪽.
23) 같은 책, 545~546쪽. 지금 마이어가 캄브리아기 대폭발의 원인에 대해 설명하는 방식이 603쪽 각주 17에서 나왔던 '유전체계를 지향하는 역사'설이다.

마이어는 굴드의 몇 가지 주장에 동의하지만 그에 못지않게 중요한 부분에서는 이견을 보이기도 한다. 우선 **상위 분류군**이 후기보다 초기에 더 많다는 점, 시간이 많이 흐를수록 새로운 상위 분류군들이 늘어나지는 않았다는 점, 앞서 페어를 설명한 대목에서도 알 수 있듯이 변화는 초기에 급격하게 일어나고 이후에는 거의 정체상태에 가깝다고 본 점(게다가 마이어는, 상위 분류군이 미성숙 단계와 성숙 단계에서 진화의 변화 속도에 이처럼 커다란 차이를 보이는 것은 **거의 예외없이 일어나는 법칙**이라고 말했다)에서, 그는 굴드에 동의한다. 그러나 중요한 차이도 몇 가지 있다. 우선 굴드는 캄브리아기에 보이는 다양한 생물들이 폭발적으로 생겨났다고 본 반면, 마이어는 큰 변화가 있었다는 점은 인정하지만 굴드가 단절성을 지나치게 강조했다고 본다. 그는 "아마도 후생동물은 이미 그 전에도 2억 년 정도 존재했을 것으로 생각된다"[24]라고 말했다.

결국 그는 기존의 신다원주의를 부정하지 않는 한도 내에서 최대한 굴드의 주장을 수용했다고 할 수 있다. 본래 단속평형설 자체가 기본적으로 마이어 자신의 이소성(異所性, allopatric) 종 분화 이론에서 출발한 것이니 자연스러운 일이기도 하다. 이렇게 되면 굴드의 얘기는 진화 과정이 때로 대단히 급속할 수 있다는 주장이 되어 버리며, 실제로 많은 생물학자들이 굴드의 주장을 이런 식으로 이해하고 있다. 굴드의 일부 지나친 표현을 잘 손질하면 굳이 못 받아들일 것도 없다는 마이어의 반응도 그래서 가능한 것이다. 물론 우리가 앞서 보았듯이 굴드의 주장은 그 이상이었다. 하지만 다른 학자들이 오해한 것만도 아닌 게, 굴드

---

[24] 마이어, 『진화란 무엇인가』, 410쪽.

자신이 '급속한 진화'라는 표현을 자주 사용했고 또 그것이 단속평형설의 핵심인 것처럼 종종 말했기 때문이다. 우리는 여기서 그의 단속평형설이 1972년에 발표된 이론이라는 사실을 염두에 두어야 한다. 굴드는 혁신적인 주장을 펼치기만 한 게 아니라 이후 많은 비판과 새로 발견된 과학적 사실들을 반영하면서 계속 변화, 발전시켰다. 참고로 내가 앞에서 소개한 굴드의 주장도 다소 차이가 나는 그의 많은 글들 중에서 뽑은 것이라는 사실을 염두에 두시기 바란다. '급속한 진화'는 이해도 쉽지만 오해도 쉬운 표현이었다.

도킨스의 강력한 카운터 펀치

다윈의 적자를 자처하는 도킨스는 마이어처럼 점잖지 않았다. 그는 굴드 식의 '수정 다윈주의'가 아니라 '정통 다윈주의'(혹은 신다윈주의)를 세상에 제대로 알릴 기회를 만난 것인 양, 그동안 갈고닦은 내공을 최대치로 출력하여 불같은 펀치 세례를 퍼부었다. 도킨스는 『눈먼 시계공』에서 아예 한 장을 할애하여(9장 「구멍 난 단속평형설」) 단속평형설을 비판하였으며, 『생명, 그 경이로움에 대하여』에 대한 서평을 비롯하여 여러 글을 통해 다채로운 공격을 가하였다. 우선 『생명, 그 경이로움에 대하여』에 대한 서평은 가벼운 잽으로 시작한다. "『생명, 그 경이로움에 대하여』는 대단히 잘 쓰여진 책이자 대단히 중구난방인 책이다."[25] 그러

---

25) 리저느 노킨스, 『악마의 시도 : 도킨스가 들려주는 종교 철학 그리고 과학 이야기』, 이한음 옮김, 바다출판사, 2007, 378쪽.

고 나서 곧바로 원투 스트레이트를 날린다. 굴드는 "버제스의 동물상이 오늘날 지구 전체의 동물상보다 더 다양했던 것이 틀림없다고 결론을 내린다. 그는 자신의 결론이 다른 진화론자들에게 대단히 충격적일 것이라고 단언하며, 자신이 기존에 확립되어 있던 역사관을 뒤엎었다고 생각한다. 하지만 첫번째 주장은 설득력이 없으며, 두번째 주장은 명백히 틀렸다."[26] 도킨스는 여러 권의 책을 통해서 자신의 이런 호언장담에 걸맞는 멋진 비판을 보여 주었다.

그 비판의 첫째로 도킨스는 굴드가 현생동물을 분류한 특징들로 캄브리아기 화석동물들을 분류했다는 점에서 오류를 범했다고 지적한다.

굴드는 버제스 동물상이 초다양성을 지닌다는 자신의 주장을 어떻게 뒷받침해야 할까? 그러려면 '신체 기본 계획'과 분류에 관한 현대의 편견에 물들지 않은, 자신의 잣대를 동물들에게 갖다 대야 한다. 그것은 여러 해에 걸쳐 해야 할 일이며, 결코 설득력을 얻지 못할 수도 있다. 두 동물이 얼마나 다른가를 보여 주는 진정한 지수는 그들이 실제 얼마나 다른가이다. 하지만 굴드는 그들이 알려져 있는 문들의 구성원인가 여부를 묻는 쪽을 더 선호한다. 그러나 알려져 있는 문들은 현대에 구축된 것들이다. 현대 동물들이 상대적으로 얼마나 닮았는가 여부로 캄브리아기 동물들이 서로 얼마나 닮았는지를 판단하는 것은 현명한 방법이 아니다.[27]

---

26) 도킨스, 『악마의 사도』, 380쪽.
27) 같은 책, 381쪽.

캄브리아기 동물들이 만일 현생생물들의 조상이라면 그들은 적어도 5억 년 이상 변화하여 오늘에 이르고 있는 셈이다. 그런데 굴드는 "동물들이 계속해서 변화할 수 있는 기능적인 장치임을 진정 이해하지" 못하고 단순히 오늘의 잣대를 과거에 들이댔다는 것이다. 캄브리아기 동물들에 대해 어떤 판정을 내리기 위해서는, 먼저 그들을 서로서로 비교하고 아울러 당시의 다른 동물들과 비교하여 제대로 분류하는 작업이 선행되어야 한다. 그것은 오랜 시간에 걸친 연구와 버제스 혈암 이외의 많은 화석들을 필요로 할 것이다. 이런 연구들은 현재 그린란드 북부의 시리우스 파세트, 중국 남부의 청장(澄江)에서 발굴된 새로운 캄브리아기 지층에 대해 이루어지고 있다. 도킨스가 『조상 이야기』를 통해 들려주는 바에 따르면, 아직 더 많은 연구가 진행되어야 하겠지만, 지금까지의 결과로 보아 기존의 신다윈주의 진화론을 포기해야 하는 어떤 결과도 나오지 않았다.[28] 현대의 생물들은 "지난 5억 년 동안 분화를 거친 존재들이라는 사실"을 절대로 잊어서는 안 된다. 만일 우리가 실제로 캄브리아기로 거슬러 올라가면 "그들은 두 문의 현대 후손들 사이의 거리보다 서로 훨씬 더 가까웠을 것"이다. 혹은 "캄브리아기 동물학자들은 그들을 각기 다른 문으로 놓지 않고, 말하자면 아강 수준으로 놓을 것이다".[29] "모든 새로운 문은 새로운 종이라는 형태로 시작되어야" 한다는 점을 잊지 말자.[30]

논쟁의 승패를 떠나서, 굴드가 "철저한 본질주의와 플라톤의 이상

---

28) 리처드 도킨스, 『조상 이야기』, 이한음 옮김, 까치글방, 2005, 485~495쪽.
29) 같은 책, 495쪽.
30) 도킨스, 『악마의 사도』, 380쪽.

형태에 걸려 맥을 못 춘다"[31]는 도킨스의 비판은 참으로 날카로웠다. 현대 생물학이 본질주의와 플라톤의 이상형태에 빠져 있다고 비판한 게 바로 굴드의 핵심 주장이었는데, 같은 내용을 굴드에게 돌려주는 식으로 강력한 카운터 펀치를 날린 것이다.

둘째, 도킨스는 캄브리아기와 관련하여 확실한 사실은 이때 화석 증거들이 갑자기 늘어났다는 사실뿐이라고 주장한다. 이것은 (굴드 등이 주장하는 대로) 당시 복잡한 다세포 생물들이 폭발적으로 탄생했기 때문인지, 아니면 그런 생물들은 이전에도 다수 존재했는데 진화과정에서 캄브리아기에 단단한 골격을 갖게 되어 화석으로 많이 남게 된 건지, 그것도 아니면 어떤 이유로 인해 이 시기에 화석화 과정이 유독 급속히 진행된 것인지, 여러 가지 가능성이 있다는 지적이다. 캄브리아기에 새로운 문이 폭발적으로 탄생했다는 "유일한 증거는 사실 부정적인 증거다. 캄브리아기 이전의 생물 문 화석은 거의 없다. 그러나 조상 화석이 발견되지 않는 그 화석동물에게는 반드시 어떤 조상이든 있어야 한다. 무에서 튀어나올 수는 없다. 그러므로 화석화되지 않은 조상이 반드시 있어야만 하며, 화석의 부재가 동물의 부재를 의미하지는 않는다".[32] 도킨스는 "분자시계에 의한 최근의 몇몇 연구는 주요 문의 분기점을 선캄브리아기 이전으로 깊숙이 밀어넣고 있다"[33]는 사실과, 좀 미미하나마 선캄브리아기에도 생물계는 일정한 다양성을 보인다는 점을 제시한다.[34]

---

31) 도킨스, 『악마의 사도』, 381쪽.
32) 도킨스, 『무지개를 풀며』, 312~313쪽.
33) 같은 책, 312쪽.

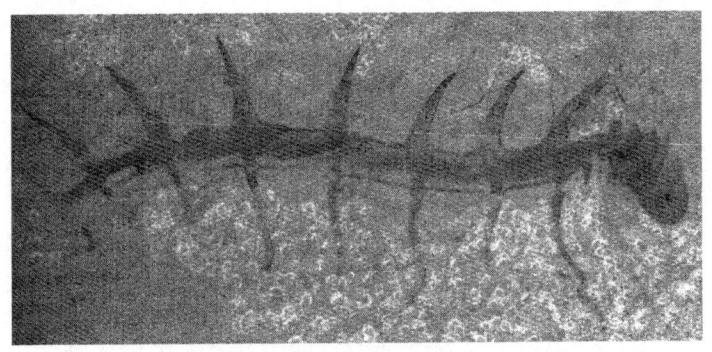

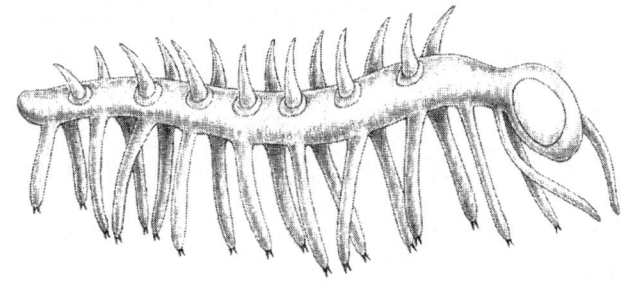

도약은 없다?
할루키게니아의 화석(위)과 재현도(아래). 선캄브리아기 동물들의 '기괴'한 모습은 새로운 문들의 폭발을 과시하는 듯하다. 하지만 새로 발견된 화석에 의거해 다시 그려진 할루키게니아 재현도를 보라. 과연 새로운 문이라고 불릴 만큼 기괴한 것일까?

때마침 도킨스가 목에 힘을 줄 수 있는 화석이 중국에서 발견되었다. 앞서 휘팅턴 등이 발견한 할루키게니아 그림(592쪽)을 보아 주시기 바란다. 걔는 등에 "이쑤시개 같은 장대들"이 있었고 아래에는 가시같이 생긴 것들이 양쪽으로 있어서, 한때 이걸 다리 삼아 걸어다녔을 것으

---

34) 도킨스, 『조상 이야기』, 493쪽.

로 추정되었다. 그 모습이 얼마나 기괴했는지 어찌저찌하여 간신히 설명을 해낸 당시 연구자들도 자기 주장을 썩 믿는 눈치는 아니었다. 그런데 새로 발견된 화석에 따르면 "이쑤시개 같은 장대들"이 한 쌍 더 있었다. 새로 재현한 그림을 보라. 장대들 한 짝을 더 달고 예전 그림을 거꾸로 뒤집었더니 훨씬 더 현실적인 동물이 되었다. 이것은 유조(有爪)동물, 즉 '발톱벌레'에 해당되는 것으로 보이는데, 현대의 유조동물은 열대지방에 널리 분포하고 있다. "할루키게니아와 현대 유조동물의 관계는 아직 논란거리"[35]지만 어쨌든 현생생물과 '전혀' 닮지 않았다고 확언할 수만은 없게 되었다.

셋째, 도킨스가 보기에 "엘드리지와 굴드의 지적은 다윈과 그 계승자들을 해결하기 어려운 문제에서 구해내는 방법으로 적절하게 제안될 수도 있었다. 실제로 처음에는 그들의 이론도, 최소한 부분적으로 그런 측면에서 제안되었다. …… 그러나 실제로는 그렇지 않았다. 정작 그들이 택한 길은, 특히 저널리스트들이 열심히 추종했던 후기 저작에서, 자신들의 생각을 다윈의 생각이나 신다윈주의의 종합설과 근본적으로 '대립'하는 것인 양 떠들어 대는 것이었다. 그들은 다윈주의 진화관인 '점진설'이 그들 자신의 돌발적이고 변덕스럽고 산발적인 '단속평형설'과 대립된다는 점을 강조하는 방법을 사용했다."[36] 굴드는 분야를 가리지 않는 엄청난 박식과 독자들을 꼼짝 못하게 만드는 멋진 화술로 심지어 "스튜어트 카우프만, 리처드 리키, 로저 르윈 정도의 일급 과학자들

---

35) 도킨스, 『조상 이야기』, 484쪽.
36) 도킨스, 『눈먼 시계공』, 390~392쪽.

도 그의 해로운 시적 과학에 현혹"[37]시키는 데 성공했다. 굴드가 주장한 실제 내용은 진화과정이 때로 매우 급속할 수 있다는 점, 따라서 중간적 이행형이 발견되기 쉽지 않다는 점을 효과적으로 보여 준 것인데, 굴드는 그런 주장이 마치 다윈의 생각과 대립하는 것처럼 선전하였다. 다윈의 점진주의적 진화론은 아무리 미미한 변이라도 그것이 생존에 유리하면 누적되어 언젠가는 커다란 변화를 낳을 수 있다는 점에서 점진주의일 뿐이지, 세상에 진화의 속도가 늘 일정할 거라고 생각하는 바보가 어디 있겠는가! 굴드의 단속평형설은 결코 새로운 게 아니라 '**고속 점진주의**' 같은 것이다. "신종은 빠른 진화적 변화의 과정을 통해 출현하지만 다음 세대에서 새 종이 생기는 것처럼 즉석은 아니기 때문에 화석 자료상 매우 급격해 보이는 것이다. 변화는 여러 세대에 걸쳐 단계별로 차근차근 일어나지만 외견상 갑작스러운 도약으로 보인다. 그 이유는 중간 단계의 생물들이 다른 곳(예를 들어 어느 외딴 섬)에서 살았거나, 화석화되기엔 너무 빠르게 사라졌기 때문이다. 1만 년은 지층으로 판별하기엔 너무 짧은 시간이지만 큰 진화적 변화가 작은 단계를 거쳐 점진적으로 일어나기에는 충분하다."[38]

넷째, 굴드는 문 수준의 폭발을 주장했는데, 이건 현실에서 전혀 불가능한 얘기다. 그런데 앞에 거명한 저명한 학자들도 굴드의 주장을

---

37) 도킨스, 『무지개를 풀며』, 310쪽. 이 세 사람은 모두 자기 분야의 저명한 학자들이다. 스튜어트 카우프만의 저작 중에서는 『혼돈의 가장자리』(사이언스북스), 리처드 리키의 경우에는 『인류의 기원』(사이언스북스), 『오리진』(세종서적) 등이 한국어로 번역되어 출간되었다. 리키는 『종의 기원』을 발췌하고 부분적으로 현대적 관점에서 해설을 덧붙인 『종의 기원』(한길사)의 저자이기도 하다. 로저 르윈의 저작 중에서는 『진화의 패턴』(사이언스북스) 등이 번역되었다.

38) 도킨스, 『무지개를 풀며』, 297쪽.

"캄브리아기에 출현한 문들이 공동 조상을 갖지 않고 독립적으로 발생했다는 주장을 펴는 것으로"[39] 이해하였다. 생각해 보라. 조상이 없는 후손이란 게 있을 수 있는가? 굴드가 주장하듯 진화과정이 아무리 빠르게 진행된다 해도, "한 쌍의 종이 속 등의 단계들을 차례로 거쳐 결국 문 수준으로 인정될 정도로 갈라"[40]지는 과정은 결코 생략될 수 없다. 이런 단계를 거치지 않고 곧장 여러 문들이 생겨났다는 것은 무슨 얘긴가? 이들도 모두 어쨌거나 부모나 조부모가 있을 터인데, 만일 강 수준의 도약만 해도 "새 한 쌍이 포유류를 낳는 수준의 도약이다".[41] 그런 포유류는 태어날 수도 없지만 태어난다 해도 곧장 죽었을 것이다. 변이라는 것은 보통 해롭기 마련이고 극히 일부가 이로울 수 있다. 바로 이 극히 일부의 유리한 변이가 다윈 진화론의 재료인 것이다. 같은 종의 보통 개체들과 조금 다른 변이도 이 정도인데, 다른 강, 아니 다른 문에 속하는 부모(혹은 조부모)로부터 새로운 문이 새로 생겨났다는 게 대체 말이 되는가? 아무리 상상력이 뛰어난 도약진화론자들도 기껏해야 한 종에서 다른 종이 거대한 돌연변이로 인해 생겨났다고 주장한 정도였다. 세상에 문이 몇 세대만에 새로 생겨나다니!

도킨스의 비판은 그 자체로도 훌륭하지만 더욱 놀라운 건 그가 다윈의 이야기를 거의 그대로 살려 가면서 이 비판을 수행한다는 점이다. 이런 방식의 비판은 그냥 자기 주장을 하는 것보다 훨씬 어려운 일이다. 한 가지 궁금한 것은, 그는 상위 분류군들이 주로 우연적으로 사라진다

---

39) 도킨스, 『무지개를 풀며』, 310쪽.
40) 도킨스, 『조상 이야기』, 490쪽.
41) 도킨스, 『무지개를 풀며』, 308쪽.

는 굴드의 주장을 어떻게 반박했을까, 하는 점이다. 마이어도 이건 대략 맞다고 하지 않았는가? 그러나 도킨스가 누군가! 바로 이 지점에서 도킨스는 다윈을 그대로 인용하다시피 하며 더욱 힘차게 반론한다.

"확언하건대 나는 언제나 대멸종이 진화 역사의 단계적 과정에 매우 깊고 극적인 영향을 끼쳤다고 믿어 왔다. 그럴 수밖에 없지 않은가? 그러나 대멸종은 다윈주의적 과정이 재차 출발하도록 터를 닦아 줄 뿐 다윈주의적 과정의 하나는 아니다."[42] "적자생존은 주요 계통들의 생존이 아니라 개체 생존을 의미한다. 정통 다윈주의자는 주요 멸종들이 대체로 운에 따른 것이라는 생각을 기꺼이 받아들일 것이다."[43] "신다윈주의적 자연선택은 종내(種內) 선택이지 종간(種間) 선택이 아니다. …… 난 대멸종이 선택적인지 아닌지는 질문할 필요가 없다고 생각한다."[44] 그걸 받아들이지 않는 사람들은 종보다 상위 수준의 분류군도 자연선택의 대상이라고 오해하는 사람들, 즉 굴드 일당뿐이다. 도킨스의 얘기인즉슨, 본래 자연선택(혹은 적자생존)은 개체 수준에서 선택하는 것인데, 이걸 굴드 등 일부 진화론자들이 다수준 선택설을 주장하면서 종이나 그보다 상위 분류군까지 선택의 대상으로 만들어 버렸다는 것이다. 도킨스에 따르면 본래 자연선택은 종의 상위 분류군에서는 무의미한 것이다. 그러니 대멸종이 상위 분류군들의 절멸에 끼친 영향은 당연히 우연적일 수밖에. 잘못된 개념 설정이 오류를 낳은 셈이다.

매우 거칠게나마 굴드와 도킨스의 주장을 캄브리아기 대폭발을 중

---

42) 같은 책, 299~300쪽.
43) 도킨스, 『악마의 사도』, 383쪽.
44) 같은 책, 300쪽.

심으로 정리해 보았다. 도킨스는 거의 그의 책에서 인용하는 것만으로도 논지를 얼추 소개할 수 있었는데 이는 그가 워낙 명료하고 핵심을 탁탁 집는 식으로 글을 썼기 때문이다. 반면 굴드의 경우는 내가 이리저리 끼워 맞추며 어렵사리 정리해야 했는데, 그것은 주로 굴드의 거침없는 상상력과 현란한 수사학, 그러면서도 특정한 구절을 빼내기 어려울 정도로 매끄럽게 쓰여진 문장 때문이었다. 굴드의 글에는 묘한 구석이 있어서 분명히 과학책인데 수시로 감동을 받게 만들고, 도킨스는 폭발적인 유머와 한없이 사랑스러운 재치로 나를 무수히도 웃게 만들었다. 인용하려고 뒤적거리다가 어느덧 이 주제와 상관없는 부분까지 다시 읽게 만든 이 화상들. 아직 두 사람과 만나 보지 못한 독자들은 둘 중 누구의 책이든 일단 집어드시길……. 행복과 짜릿한 지적 자극을 만끽하실 수 있을 거라 보증한다.

물론 굴드와 도킨스, 마이어 말고도 캄브리아기에 대해 견해를 제시한 과학자들은 많이 있다. 리처드 포티(『생명: 40억 년의 비밀』, 까치글방), 로저 르윈(『진화의 패턴』, 사이언스북스), 앤드루 파커(『눈의 탄생』, 뿌리와이파리) 등, 국내에 소개된 것만도 적지 않다. 나처럼 실제로 화석을 본 것도 아니고 이 분야에 전문적인 훈련을 쌓은 사람도 아닌 사람들은, 논쟁의 승패 및 결과와 관련하여 과학자들의 이후 연구 결과를 흥미롭게 지켜볼 수밖에. 단, 한 가지 중요한 점을 미리 밝혀 둘 필요가 있겠다. 도킨스는 굴드와 엘드리지의 단속평형설이 본질적으로 점진적 진화론이라고 말했다.[45] 굴드의 주장이 이 정도 얘기라면, 도킨스가 말했

---

45) 도킨스, 『눈먼 시계공』, 397쪽.

듯이 다윈도 이미 『종의 기원』 4판과 그 이후의 판에서 같은 내용을 제시한 바 있다. "많은 종은 일단 형성된 다음에는 결코 변화하지 않는다. 종이 변화하는 기간은 연수로 측정하기에는 무척 긴 기간이지만, 그 종이 같은 모습을 유지하고 있던 기간에 비한다면 무척 짧을 것이다."[46] 그러므로 굴드의 주장이 기존의 다윈주의와 크게 다를 구석도 별로 없다. 그러나 굴드의 주장은 비록 마이어의 이소성 종 분화론에서 출발했지만, 단지 속도 문제에만 머물지 않고 훨씬 더 많이 나아간 것이다. 우리는 13장에서 굴드의 견해를 새로 조명할 것이며, 그것이 마굴리스 등의 주장과 결합하여 얼마나 혁명적인 얘기로 상승하는지도 확인할 것이다.

---

46) 같은 책, 396쪽.

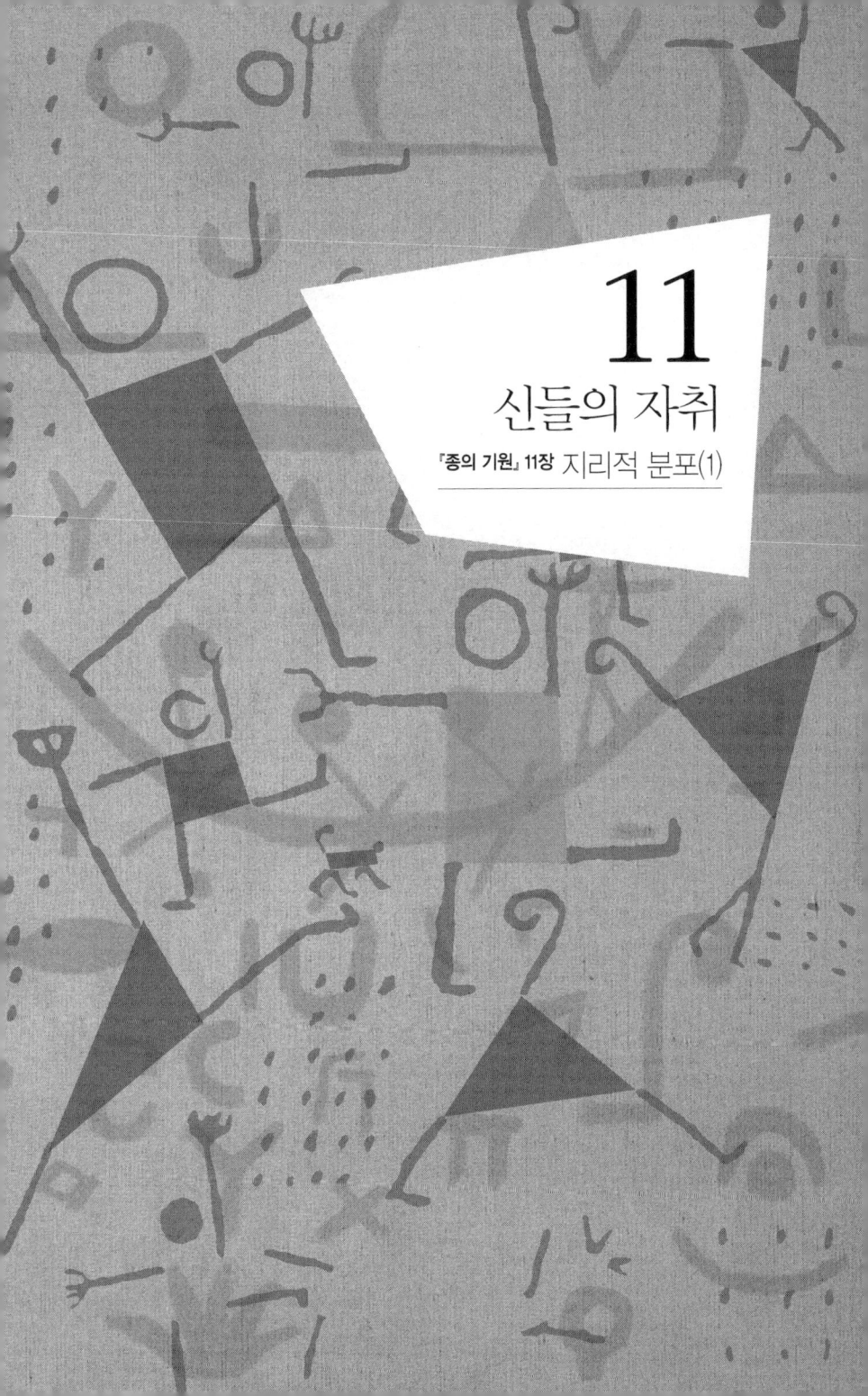

11
신들의 자취
『종의 기원』 11장 지리적 분포(1)

굴원의 글은 간결하되 그 문장은 미묘하고, 그의 의지는 깨끗하고 행동은 청렴하다. 문장은 사소한 것을 적었지만 담은 바는 매우 크며, 사소한 예를 들었으나 그 뜻은 심원하다. 그의 뜻이 깨끗하였기에 그가 비유한 사물들이 저마다 향기를 발하고……
— 사마천, 『사기 열전』.

신들의 자취

『종의 기원』은 6판까지 나왔는데, 판이 바뀔 때마다 엄청나게 많은 곳을 수정 및 삭제, 보완하였다. 그 결과 최종판은 초판에서 무려 75%나 변경되었다. 그런데도 11장과 12장은 사소한 변경을 제외하고는 거의 그대로 보존되었다. 『종의 기원』 출간 전후로, 세계 각지의 다양한 생물상에 대해 새로운 사실들이 쉴 새 없이 보고되었는데도 말이다. 다윈이 『종의 기원』을 쓰던 당시 이미 얼마나 방대하게 자료들을 수집하고 치밀하게 추론을 했는지 능히 짐작할 수 있다. 사실 11장 「지리적 분포(1)」과 12장 「지리적 분포(2)」는 별로 사람의 눈길을 끄는 제목은 아니다. 하지만 실제 읽어 보면 독자를 완전히 매료시키면서 가슴을 탁 트이게 해주는 내용이라, 가히 『종의 기원』의 백미로 꼽을 만한 장들이다. 여기에는 온갖 생물들이 세계 각지로 어떻게 퍼져나갔는지, 그리하여 서로의 관계에 어떤 변화가 발생했는지가 방대한 스케일과 섬세한 터치로 그려져 있다. 역시 뭐든지 외모만 보고 판단할 일이 아니다. 11장은 이렇게 시작된다.

수많은 생물들이 지구 표면에 어떻게 분포되어 있는지를 고찰할 때 매우 인상적인 사실 몇 가지가 있다. 우선 여러 지역에 사는 생물들의 유사성이나 차이가 **기후나 그 밖의 물리적 조건으로는 완전히 설명할 수 없다는 사실**이다. …… 광대한 아메리카 대륙을 미국의 중앙부에서부터 남쪽 끝지점까지 여행해 보면, 거의 모든 기온 아래서 습윤한 지역, 건조한 사막, 높은 산, 초원, 삼림, 늪지, 호수, 큰 강 등 극도로 다양한 조건들을 접할 수 있다. 이런 신세계의 기후나 조건들 중 구세계와 평행해 있지 않은 것은 거의 없다. …… 구세계와 신세계의 모든 조건에는 그렇듯 평행성이 있는데도 살고 있는 생물에는 어쩌면 이리도 큰 차이가 있는 것일까!

남반구에서 남위 25°와 35° 사이에 있는 오스트레일리아, 남아프리카, 남아메리카 서부를 비교해 보라. 우리는 이들 세 지역에서 모든 조건들이 극도로 유사한 곳을 여럿 발견할 수 있지만, 이 세 지역보다 식물상과 동물상이 다른 곳 또한 거의 없을 것이다. 반면 남위 35° 이남과 남위 25° 이북 지역은 위도상의 차이에서 알 수 있듯이 기후가 크게 다르다. 그럼에도 불구하고 남위 35° 이남 지역의 생물들은 기후가 거의 같은 오스트레일리아 및 아프리카에 사는 생물들보다 남위 25° 이북 지역의 생물들과 훨씬 밀접한 관계를 갖고 있다.(pp. 346~347)

다윈은 이런 놀라운 현상에 대해 일찍이 비글호 항해 시절부터 주목한 바 있다. 그는 "남아메리카의 온대 지역 동식물들이 유럽의 온대 지역 동식물들보다 남아메리카의 열대지역에 사는 종들과 더 닮았다는 사실을 관찰하였다. 더 나아가 다윈이 남아메리카에서 발견한 화석들은 현생종들과는 분명히 다르지만, 현생종들과의 유사점을 고려할 때 다른 대륙이 아닌 남아메리카 대륙의 생물이었다".[1] 거참, 신기하네! 어떻게 이런 일이 생긴 거지?

두번째로 인상적이고 중요한 사실은 어떤 장벽, 즉 생물들의 **자유로운 이주를 막는 장애물들이 여러 지역의 생물들 간의 차이와 밀접한 관련이 있다**는 점이다. 신세계와 구세계의 거의 모든 육생생물이 보여 주는 큰 차이를 생각해 보라. …… 또한 동일 위도상의 오스트레일리아, 아프리카 및 남미에 사는 생물들 간의 큰 차이를 생각해 보라. …… 같은 대륙에서도 마찬가지다. 높이 솟아 있는 산맥, 큰 사막, 심지어는 큰 강의 경우에도 각 장벽의 양쪽에는 다른 생물들이 살고 있다.(pp. 347~348)

바다는 또 어떤가? 남아메리카 및 중앙아메리카의 동쪽 해안과 서쪽 해안 이상으로 바다의 동물상이 다른 곳은 없으며, 어류, 패류, 게 등을 살펴 봐도 공통된 생물은 거의 없다. 생각해 보면 두 동물상은 좁은 파나마 지협에 의해 서로 격리되어 있는 데 불과하다(파나마 지협 양쪽에 살고 있는 어류들은 대략 30% 정도가 같은 것이다. 이런 연유로 박물학자들은 이 지협이 예전에는 뚫려 있었다고 굳게 믿게 되었다). 한편 아메리카 대륙 서쪽으로는 광막한 대양이 펼쳐져 있어, 이동하는 생물들이 기착할 섬이 거의 없다. …… 이 지대 너머 태평양 동부의 여러 섬에 이르면, 서기서는 또 전혀 다른 동물상과 만나게 된다. 결국 아메리카의 동해와

---

[1] 닐 캠벨 외, 『생명과학』, 전상학 외 옮김, 바이오사이언스, 2008, 457쪽.

서해, 그리고 태평양 동부의 바다에는 서로 다른 세 개의 해양 동물상이 살고 있는 것이다.(p. 348, 5~6판에서 보충)

반면 태평양 동부의 섬들로부터 서쪽으로 멀리 향해 가면, 이때는 통과 불능의 장애물이 없다. 이주자들이 쉴 수 있는 무수한 섬과 길게 이어진 해안들이 있으며 그런 식으로 해서 지구를 반 바퀴 돌면 아프리카 연안에 이른다. …… 동아메리카, 서아메리카, 태평양 동부의 여러 섬의 동물상에서는 조개든, 게든, 물고기든, 거의 하나도 공통된 게 없지만, 태평양에서 인도양에 이르는 광대한 바다에는 전반적으로 공통의 어류가 다수 분포하고 있다. 게다가 거의 정반대의 경도(經度)에 해당되는 태평양 동부의 여러 섬과 아프리카의 커다란 동해안에서는 다수의 조개류가 공통적으로 발견된다.(pp. 348~349)

여러분은 지금 다윈의 말이 한편 이해가 가면서도 또 어떻게 보면 당연한 거 아닌가, 이게 뭐가 이상한 건가 싶기도 하실 거다. 그도 그럴 것이, 세계를 바라보는 눈이 다윈 혁명 이후로 완전히 달라졌기 때문이다. 조금 더 다윈을 따라가 보자.

세 번째로 중요한 사실은 같은 …… 대륙이나 바다에 사는 생물들 간의 …… 유연(類緣)관계다. …… 박물학자들은 북쪽에서 남쪽으로 여행하면서, 서로 밀접하게 연관되어 있기는 하지만 서로 다른 종에 속하는 연속적인 집단들이 서로 대치하고 있는 현상을 보면서 언제나 깊은 인상을 받는다. 그들은 혈연관계가 무척 가깝지만 종류는 다른 새들이 거의 똑같은 가락으로 지저귀며, 전적으로 똑같지는 않으나 매우 닮은 구조의 둥우리에 거의 똑같은 색채의 알이 있는 것을 볼 수 있다. …… 남미 코르디예라(cordillera)의 높은 산봉우리에 오르면 비스카차(bizcacha)의 고산성 종을 볼 수 있으며, 물가를 바라보면 해리(海狸, 비버)나 사향쥐는 보이지 않고 아메리카형 코이푸(Coypu)와 카피바라(Capybara)가 눈에 띈다. …… 아메리카 연안에서 떨어져 있는 섬들은 어떤가? 이 섬들은 지질학적 구조의 면에서는 아메리카와 크게 다름에도 불구하고 거기 살고 있는 생물들은 (모두 특유한 종이긴 하지만) 본질적으로 아메리카형에 해당한다. …… 우리는 이런 사실들 속에서 …… **물리적 조건과는 관계없는 모종의 깊은 유기적 유대**를 본다. 이 유대가 과연 무엇인지 조사하려 들지 않는 박물학자는 호기심이 없는 사람임에 틀림없다.(pp. 349~350)

모종의 깊은 유대, 그것은 나의 학설에 입각하면 매우 간단히 유전에 의해서라고 답할 수 있다. …… 이런 견해에 의하면 같은 속의 수많은 종들은 세계의 아주 먼 지역에서 서로 떨어져 살고 있더라도 원래는 똑같은 원산지에서 생겨났음에 틀림없다. 왜냐하면 그들은 같은 조상에서 유래하기 때문이다. …… 그에 반해 여러 지역에서 각각의 종들이 창조되었다면 (생겨났다면), 즉 동일한 종이 멀리 떨어진 지역에서 각각 생겨날 수 있다면, 어째서 유럽과 오스트레일리아 또는 남미에 공통된 포유류가 하나도 발견되지 않는 것일까? 유럽의 수많은 동식물들이 미국이나 오스트레일리아에 귀화할 수 있었고, 북반구와 남반구처럼 서로 멀리 떨어진 지점에서 완전히 같은 원산식물들이 발견되는 데서 알 수 있듯이,

생활조건은 거의 같다. 그런데도 어째서 공통된 포유류는 발견되지 않는 것일까?(pp. 350~353)

종이 해당 지역의 조건에 맞게 생겨난(창조된) 것이라면, 그래서 수많은 공통의 식물이나 조류들이 두 대륙에서 발견되는 것이라면, 어째서 공통된 포유류는 하나도 없는 것일까? 현대의 우리들은 그 이유를 금방 알 수 있다. 예컨대 새는 바다를 건너 다른 대륙으로 얼마든지 갈 수 있지만, 날지 못하는 포유류는 그럴 수가 없기 때문이다. 다윈의 해답 또한 그러하다. 이리 허탈할 수가! 그런 건 다윈의 해답이고 뭐고 이전에 너무 당연한 거 아닌가? 아무리 150~200년 전 사람들이래도 그렇지, 이런 생각을 해내지 못했다는 건 정말 이해할 수가 없네! 아니 그럼 이렇게 생각 안 하면 대체 어떻게 '생각'할 수 있다는 거지? 역시 기독교의 위세는 대단했구만, 이런 발상조차 불가능했다니 말이야! 뭐 이렇게 생각하고 말 수도 있다. 하지만 당시 사람들이 정말로 이런 생각을 못했을까? 전혀 그렇지 않다. 심지어 창조론 내에서도 이런 생각은 얼마든지 가능하다. 『종의 기원』에서 다윈도 이렇게 말하고 있다. "그래서 우리는 박물학자들에 의해 크게 논의되어 온 문제, 즉 종은 지구 표면의 한 지점에서 창조된 것인지, 아니면 여러 지점에서 창조되었는지 하는 의문에 부딪친다.[2] [만일 전자를 택할 경우] 동일한 종이 어딘가 한 지점

---

[2] 당시 다원발생론자(polygenist)들은 주요 인종들이 각기 별개의 종으로 창조되었다고 주장했다. 반면 일원파생론자(monogenist)들은 단일한 기원을 주장했고, 에덴 동산에서 시작하여 불평등한 퇴화를 거친 결과 각 인종이 각기 다르게 등급지어진다고 보았다. 그러니까 이 문제는 노예제 및 인종평등 개념과 결부된 중대한 사안이었던 것이다. 다윈은 진화론자로서, 또한 노예제에 대한 격렬한 반대자로서 당연히 일원파생론자였다. 굴드, 『판다의 엄지』, 김동광 옮김. 세종서적, 1999, 210쪽.

에서 현재 발견되는 것과 같은 멀리 격리된 여러 지점으로 어떻게 이주할 수 있었는가 하는 것을 이해하기가 극도로 곤란한 예가 많다는 것은 사실이다."(p. 352) 물론 이것은 과학자들 사이에서의 논쟁이었다. 그리고 다윈도 말했지만 이동설을 택할 경우 커다란 난점이 버티고 있었다. 그래서 적지 않은 학자들이 전자를 택했고 그럴 경우 제기되는 몇 가지 문제들(예컨대 상이한 대륙에서 공통된 포유류는 왜 발견되지 않느냐는 문제)을 해결하느라고 골머리를 썩었던 것이다. 이런 얘길 듣고 나면 독자 여러분은 얼추 이해는 되겠지만, 아니 이동설을 택하면 무슨 심각한 문제가 그리 많길래…… 싶어지실 것이다. 예를 들어 보자. 포유류가 이동 못한 거까지는 이동설이 맞다고 치고, 만일 그렇다면 식물들은 어떻게 그토록 멀리까지 이동한 것일까? 이제부터 점점 확인하시겠지만 다윈이 진화론에 바탕을 둔 이동설을 채택하기까지는 실로 엄청난 수수께끼들을 풀어야 했다. 우선 식물 문제부터 처리하면서 슬슬 시동을 걸어 보자. 다윈 가라사대,

그 대답은 어떤 종류의 식물은 여러 가지 산포(散布, disperasal) 수단에 의해 서로 멀리 떨어진 지대를 가로질러 이주해 갔고, 그에 반해 포유류는 이주할 수 없었다는 것이다.(p. 353)

포유류에 비해 조류가 더 많이 세계 곳곳에 분포되어 있다는 건 누구든 쉽게 이해할 수 있다. 헌데 다윈의 말은 조류만이 아니라 식물도 포유류보다 더 많이 산포될 수 있었다는 게 아닌가? 동물의 핵심적인 특징은 움직이고 이동한다는 것이고, 식물이란 바닥에 붙박혀 이동할

수 없는 존재다. 그런데 다윈은 거꾸로 포유류는 장벽에 막혀 건널 수 없는 아득히 먼 곳을 식물들은 건널 수 있었으며, 그것도 여러 종이 그렇다지 않는가! 나중에는 식물만이 아니라 민물고기나 민물조개 등도 아주 멀리까지 이동할 수 있다고까지 주장할 것이다. 조개들에게 발이나 날개가 달린 것도 아닐 테고……. 다윈 씨, 좀 이상한 사람 아냐? 어떻게 그런 말씀을?

생물들이 한 지점에서 다른 지점으로 어떻게 이동해 갔는지, **정말로 설명하기 어려울 때가 많다**. 그러나 정말로 그런 이동은 불가능한 것일까? …… 이 문제와 관련하여 현재 멀리 격리되어 살고 있는 같은 종에 대해 모두 논의하는 것은 부질없으며 또한 불가능한 일이다. 우리는 그 중에서 가장 설명하기 어려운 몇 가지 사실을 중심으로 생각해 보기로 하자.(pp. 353~354)

다윈의 진화론에 따르면 생물은 특정한 지역에서 생겨났고 그것이 여러 곳으로 분포되었어야 한다. 그런데 지구에서 발견되는 여러 현상들은 이런 입장을 견지하기 힘들게 한다. 다윈은 11장과 12장을 통해 그 중에서도 가장 어렵고 대표적인 문제 세 가지를 멋지게 해결한다. 그것은 난제를 해결하는 과정이자 동시에 지구 전체의 실상을 보는 일이다. 이 여행이 끝나면 여러분은 알게 될 것이다, 세상 많은 생물들이 저마다의 발과 날개를 갖고 있다는 것을, 우리 모두가 서로에게 발이요 날개며, 바람이자 물이라는 것을!

우선 같은 종이 멀리 떨어진 산마루 꼭대기에 존재하며, 또한 북극 지방과 남극 지방이라는 멀리 떨어진 지점에 존재한다는 사실. 둘째 민물에서 사는 생물들이 널리 분포한다는 사실. 셋째 몇백 마일이나 되는 큰 바다로 격리된 섬과 대륙에 같은 육생종이 산다는 사실.(p.354)

어떤가? 이거 정말 신기한 일 아닌가? 재미있는 것은 창조론이나 다윈 이전의 진화론이라면 이런 문제들을 아주 쉽게 설명할 수 있었다는 점이다. 산마루 꼭대기라는 조건, 북극과 남극이라는 추운 환경, 민물이라는 동일한 조건, 바로 이 유사한 조건하에서 유사한 생물들이 산다는 게 뭐가 이상한가? 아무리 멀리 떨어져 있는 두 지역도 기후를 포함한 환경조건이 유사하면 유사한 생물들이 사는 게 **당연한 거 아닌가?** 이건 창조론이나 (다윈 이전의) 진화론에 입각하면 설명까지 갈 것도 없이 **너무나 자연스러운 현상이었다.** 반면 단순히 '유전'만 가지고, '통상적인 생식 및 이주'라는 간명한 원리만 가지고 설명하려던 다윈은 무척이나 힘든 길을 가야했다. 그리고 마침내 새로운 길을 여는 데 성공했다. 그런 다윈의 눈에 창조론과 기존의 진화론은 외관상의 대립에도 불구하고 근본적으로 동일한 관념을 공유하고 있었다. 환경조건과 생물, 양자의 조화 및 일치! 그에 대해 다윈의 진화론은 완전히 새로운 발상을 제기했으니, "지금까지 내가 자주 말해 온 것처럼 생물 상호 간의 관계가 모든 관계 중에서 가장 중요하다"는 발상이 바로 그것이다. 외무 조건과의 관계는 물론 중요하지만, 생물에게 가장 중요한 것은 생물 상호 간의 관계다. 이 관점 하나 붙들고 다윈은 험로를 개척해 나가려 하는 참이다.

이때 다윈이 손을 뻗치는 동아줄은 바로 '산포'다. 생물들이 지구에서 얼마나 역동적으로 산포하는지를 깨달을 수 있다면, 우리는 신의 기적적인 창조나 '원래' 생물은 현재 처해 있는 조건에 적합하게 되어 있다는 식의 사상적 게으름에서 벗어날 수 있다. 역으로 말하면, 우리는 생물들이 얼마나 멀리까지 이동할 수 있는지 잘 모르기 때문에, 그리고 생물과 무생물이 얼마나 복잡한 상호관계 속에서 서로 돕는지 모르기 때문에, 또한 지질학적 시간이라는 장구한 세월 동안 어떤 일이 일어날 수 있는지 감히 상상치 못하기 때문에, 기적이나 '원래 그렇다'는 식의 생각에 쉽사리 굴복하고 마는 것이다. 우리는 이 세계를, 생물과 무생물을 더 잘 알아야 한다.

나는 방금 전에 '생물과 생활조건의 조화'가 창조론과 (다윈 이전의) 진화론이 공동으로 품고 있던 통념이라고 했다. 하지만 독자 여러분이 크게 공감하셨을 거라고는 기대하지 않았다. 그래도 신이 개재되고 안 되고는 큰 차이 아닌가? 게다가 신학적인 태도와 과학적인 태도는 아주 질이 다른 거 아닌가? 뭐 이런 생각들을 자연스럽게 하셨을 터이다. 다윈의 혁명이 위대한 것은 바로 이 때문이다. 오늘날 우리가 볼 때도 근본적으로 대립된다고 느껴지는 두 가지 사상이, 실은 동일한 통념을 기반으로 하고 있다는 걸 간파해 냈으니 말이다. 다윈은 생물의 갖가지 특징들을 주변 조건으로 환원하여 설명하는 창조론적 과학자들과 진화론자들에 정면으로 맞섰다. 그 조건들을 무시로 가로지르고 또 조건을 타고 이동하기도 하면서 끊임없이 진화하는 생물들, 생물과 무생물이 접속하여 새로운 환경이 창출되는 사태들을 보여 주는 혁명가 다윈! 생활조건 또한 얼마나 역동적으로 변동하는지를 통찰한 다윈! 그는 정적인

'분포'의 문제를 역동적인 '산포'의 문제로 바꿔 버릴 것이다. 이제부터 그가 펼쳐 보이는 자연계의 실상을 감상하시라.

우리는 우선 기후의 변화나 육지의 높낮이의 변화를 떠올려 볼 수 있다. 지금은 막혀 있지만 예전의 기후조건에서는 연결되어 있는 두 지역이 있을 수 있다. 지금은 지협으로 막혀 있지만 …… 예전에는 육지의 높낮이 변화로 인해 두 바다가 연결되어 있었을 수가 있다. 지금은 바다가 펼쳐져 있지만 예전에는 육지가 섬과, 또는 이 대륙과 저 대륙이 연결되어 있어, 육생생물을 한쪽에서 다른 쪽으로 통과시킨 일도 있을 것이다.(p. 356)

당시에도 "지질학자들은 누구나 현존 생물의 시대가 된 뒤로 높낮이에 큰 변동이 일어났다는 사실에 반대하지 않았"다. 물론 과학적인 근거도 있었다. 오늘날 우리도 잘 알고 있듯이 "빙하기 동안에는 여러 지역의 물이 얼어붙어 빙산을 이루고 있었기 때문에 해수면은 90미터나 내려갔다. 그래서 베링 해협의 물은 완전히 말라붙었으며 이로 인해 아시아 대륙과 아메리카 대륙은 서로 연결되어 있었다. 당시 수많은 포유류가 이 베링의 육로를 가로질러 이동하였다. 말과 낙타의 조상들 역시 이때 아메리카에서 아시아로 이동하였고, 매머드 및 들소를 비롯한 많은 포유류는 아메리카로 건너갔다. 아시아인들 역시 이때 아메리카로 건너갔으며, 남미와 북미의 인디언들은 바로 그들의 후손이다."[3] 이

---

3) 찰스 다윈, 리처드 리키 엮음, 『종의 기원』, 박영목·김영수 옮김, 한길사, 1994, 282쪽.

렇게 구체적으로까지는 아니었지만 당대인들도 대체로 이런 사실들을 알고 있었다. 특히 다윈은 산호 연구의 대가가 아니었던가! 그는 산호의 고리 혹은 환초(環礁)는 예전에 섬이었던 것이 가라앉는 과정에서 그 섬 위에 자라나는 것이었다고 생각하였다. 지금 우리가 보는 환초는 예전에 그곳에 섬이 있었음을 보여 주는 증거인 것이다. 그러므로 지금의 세상이 옛날부터 늘 이러했으리라고 상상해서는 안 된다. 그러나 다윈은 그와 상반된 사실 즉, 대양의 섬들은 대부분 화산 활동으로 생겨났기 때문에 결코 대륙과 연결된 적이 없다는 사실도 잘 알고 있었다. 그는 이처럼 상반되어 보이는 여러 현상들을 일관되게 설명해야 한다고 느꼈다.

> 에드워드 포브스(Edward Forbes)는 대서양의 모든 섬들이 최근에 유럽이나 아프리카와 연결되어 있었으며, 유럽 역시 미국과 연결되어 있었을 것이라고 주장하였다. 심지어 어떤 학자들은 이런 방식으로 모든 대양에 다리를 놓아, 거의 모든 섬을 어딘가의 대륙과 연결시켜 놓기도 했다. 만일 포브스의 견해가 신용해도 좋은 것이라면, 최근에 어느 한두 대륙과 결합되어 있지 않았던 섬은 거의 없다는 걸 인정해야 한다. 이 견해는 같은 종이 어떻게 지극히 먼 지점까지 산포해 갔을까 하는 '고르디우스의 매듭'(Gordian knot)을 끊어 버리고 난점의 대부분을 해결한다.(p. 357)

한 가지 잊지 말아야 할 것은, 다윈이 인용하는 과학자들은 대부분 창조론적 과학자들이라는 사실이다(이 장만이 아니라 『종의 기원』 전체에서 그러하다). 아까도 말했지만, 동시창조설과 이동설의 대립은 당시 과학자들 사이에서의 논쟁이었고, 그 과학자들은 대부분 창조론적 과학자들이었다. 지금 인용된 포브스만 해도 그렇다. 이 책의 9장 앞부분을 다시 한번 인용하자면, 당시의 "가장 저명한 고생물학자들, 즉 퀴비에, 오웬, 아가시, 바랑드, 픽테, 폴코너, 포브스 등과 가장 위대한 지질학자들, 즉 라이엘, 머치슨, 세지윅⁴⁾ 등이 모두 이구동성으로, 때로는 격렬하게 종의 불변성(immutability of species)을 주장했다". 종 불변성을 주장한 학자들 명단에 포브스의 이름이 똑똑히 박혀 있다. 그런 포브스가 지금 이동설을 버젓이 주장하고 있지 않은가! 그러니까 당시에는 동시창조설만 있었고, 이동설은 진화론자인 다윈이 처음 제기했다고 하는 건 천만의 말씀이다. 다른 경우에도 마찬가지지만, 다윈이 맞서 싸웠던 상대는 모든 생물이 한순간 뿅! 하고 창조되었다는 창조론자라기보다는, 동시창조설이나 이동설 등을 제기하며 치열하게 논쟁을 벌이던 과학자들이었다. 요컨대 다윈은 이동설을 지지하되 그들 모두와 달리 진화론을 근거로 하고 있었던 셈이다. 11장과 12장이 전반적으로 동시창조론을 비판하지만, 동시에 이동설 또한 도처에서 비판하는 것은 그런 까닭이다. 지금 이 대목이 바로 기존의 이동설 비판이다.

다윈이 볼 때, 당시 과학자들은 난제와 맞닥뜨릴 때마다 구체적이고 과학적인 탐구를 하는 대신, 기후나 높낮이의 큰 변동을 편리한 대로 갖다붙였다. 한마디로 이랬을 수도 있고 또 저랬을 수도 있다는 식

---

4) 라이엘과 머치슨, 세지윅에 대해서는 마이클 J. 벤턴, 『대멸종: 페름기 말을 뒤흔든 진화사 최대의 도전』, 류운 옮김, 뿌리와이파리, 2007의 2장 「머치슨, 페름계를 명명하다」와 3장 「격변론의 종말」을 참조.

의 설명이었다. 다윈은 당시 과학자들의 이런 행태를 알렉산더가 '고르디우스의 매듭'을 끊어 버린 일화[5]에 빗대어 비판하고 있다. 흔히 '고르디우스의 매듭'은 굉장히 풀기 어려운 문제에 대한 비유이며 소위 '알렉산더 식 해법'(Alexandrian solution)은 복잡한 문제를 대담한 방법으로 푸는 걸 상징한다. 하지만 다윈은 지금 복잡한 문제를 제대로 해결하지 않고 난폭하게 처리해 버렸다는 측면을 부각시키고 있다. 알렉산더가 끝내 세계 정복이라는 꿈을 달성하지 못했듯이, 당시 과학자들이 눈앞의 과제는 손쉽게 해결했지만 장기적이고 거시적인 차원에서 문제를 제대로 풀지는 못했다는 점에 주목한 것이다.

물론 현재의 모든 대륙에서 높낮이에 커다란 변동이 일어났다는 사실에 대해 우리는 풍부한 증거를 가지고 있다. 하지만 최근에 여러 대륙들을 서로 연결하거나, 또는 중간에 있는 수많은 대양의 섬과 연결할 만큼 광대한 변화가 일어났다는 증거는 없다.(p. 357)

게다가 "수많은 대양도(大洋島)들이 거의 보편적으로 화산성 구조라는 것"(p. 358)을 보라. "만약에 대양도가 그들의 주장대로 본래는 육지의 산릉(山陵)이었다면 적어도 몇몇 섬은 화강암, 변성편암, 오래된

---

[5] 기원전 333년 알렉산더는 마케도니아와 그리스의 연합군을 이끌고 동방원정길에 올랐다. 그는 소아시아를 정복하는 과정에서 소아시아의 중앙에 있는 고르디우스에 들어섰다. 그곳의 제우스 신전에는 기둥에 짐수레가 한 대 단단히 묶여 있었는데 이 매듭을 푸는 사람이 아시아를 지배한다는 전설이 내려오고 있었다. 그런데 이 매듭은 너무나도 절묘하게 묶여 있었기 때문에 아무도 풀지 못하고 있었다. 이 이야기를 들은 알렉산더는 신전으로 가서, 허리에 찬 칼을 뽑아 들고 단칼에 그 매듭을 끊어 버렸다. 이후 알렉산더는 인도 원정길에 올랐다가 실패하고 돌아올 수밖에 없었으며 결국 겨우 32세의 나이로 말라리아에 걸려 사망하고 만다.

함화석성 암석 등으로 되어 있어야 할 터인데, 실제로는 화산성 물질의 단순한 축적으로 이루어져 있는 것이다."(p. 358)

몇 가지 과학적인 사실들을 불확실한 범위에까지 무리하게 연장하는 외삽법(外揷法)이야말로 다윈이 가장 경계한 태도였다. 그리고 대양도의 지질학적인 특성이 보여 주듯이 그러한 주장이 해결하지 못하거나 그에 반하는 중요한 사실들도 여럿 있지 않은가! 대충 넘어가지 못하는 성격 때문에 험난한 길을 자초하는 다윈! 그는 자신의 극히 간단한 원리(통상적인 생식 및 이주)와 그때까지 확인된 과학적 사실들만을 챙겨 가지고, 이제부터 사유의 힘으로 난제들을 정면돌파하려고 한다. 그의 난제란 발도 없고 날개도 없는 생물들이 어떻게 그 먼 곳까지 갈 수 있었겠느냐는 것이었다. 11장과 12장의 주제인 산포가 떠오르는 순간이다.

> 나는 소위 우연적 분포 방법(accidental means of distribution)이라고 일컬어지는 것, 그러나 사실은 수시적 분포 방법(occasional means of distribution)이라고 일컬어져야 할 것에 대해 살펴보고자 한다.(p. 358)

다윈은 현재 생물들이 지리적으로 분포되어 있는 현상을, 과거 오랜 세월에 걸쳐 생물들이 세계 각지로 산포된 결과로 보았다. 정적인 분포 현상을 동적인 산포과정의 산물로 보았던 것이다. 그리고 그는 산포의 양상이 우연적인 게 아니라 수시적인 것임을 분명히 했다. 생물들은 산포될 수도 있고 안 될 수도 있는 게 아니라, 끊임없이 산포된다는 점에서 차라리 필연적이라고 해야 한다. 헌데 그 필연적인 일이 규칙적이고 반복적이라기보다는 너무나 불규칙하고 다양한 방식이라는 점에서, 다윈은 수시로 산포된다고 표현하는 것이다. 이제부터 여러분은 박물학자 다윈이 반평생 동안 보고 듣고 실험하고 연구했던 그 모든 것들을 총동원하여, 혼란스럽기 그지없는 현상들을 일관되게 설명해 내는 일대 장관을 보게 된다. 그리고 마침내 목도하게 될 것이다, 뭇 생물들과 무생물들이 어느 곳으로든 움직이고 격렬하게 충돌하며 변화하는 이 세계, 바로 우리가 살고 있는 이 지구를……

씨앗은 때때로 여러 방식으로 수송될 수가 있다. 통나무는 표류하다가 이곳저곳의 섬에, 심지어는 망망대해 한복판에 떠 있는 섬에까지 밀려 올라간다. 태평양의 산호섬에 사는 원주민은 도구로 쓰는 돌을 전적으로 표류해 온 나무의 뿌리에서 얻는데, 그런 돌은 왕에게 비싼 세금으로 바쳐진다. 나는 여러 가지로 조사한 결과, 불규칙한 형태의 돌이 나무뿌리에 박혀 있을 때에는 대부분 작은 흙덩이가 단단히 붙어 있어 오랜 시간의 수송에도 씻겨나가지 않는다는 사실을 발견했다. 수령(樹齡)이 약 50년 된 참나무의 뿌리에 이와 같이 '완전하게' 갇혀 있었던 작은 흙덩이에서 3개의 쌍떡잎식물이 발아했다.(pp. 360~361)

쌍떡잎식물의 씨앗이 흙, 돌, 나무, 바닷물과 접속하여 머나먼 거리를 이동한 후 마침내 발아하는 기막힌 순간, 가슴 깊숙한 곳에서 쩌릿한 스파크가 인다. 게다가 원주민과 왕의 얘기까지 곁들이는 다윈의 이야기 솜씨! 곧이어 여기에 새가 접속한다.

바다 위에 표류하고 있는 새의 시체는 곧바로 잡아먹히지 않고 계속 떠내려가는 경우가 종종 있다. 그런데 이 새의 모이주머니 속에 있는 여러 종류의 씨앗은 오랫동안 생명력을 유지한다.(p. 361)

과연 씨앗이 저런 식으로 먼 거리를 이동한 뒤에도 다시 발아할 수 있을까?

예컨대 완두콩이나 살갈퀴의 씨앗은 바닷물에 며칠간 담가 두면 죽어버리지만, 인공 소금물에 30일간 떠 있게 한 비둘기의 모이주머니에서 꺼낸 몇몇 종류는 놀랍게도 거의 모두가 발아했다.(p. 361)

완두콩이나 살갈퀴의 씨앗이 바닷물과 곧바로 접속하면 죽어 버리지만, 그 사이에 비둘기의 모이주머니가 끼어들면 상황이 전혀 달라진다. 씨앗이 그 안에서 생명력을 유지하다가 놀랍게도 발아하는 것이다. 식물의 분산에 대한 다윈의 이야기가 서서히 고조되고 있다. 이때 살아 있는 새가 나타나 씨앗을 더 먼 곳으로 데려간다.

살아 있는 새는 거의 틀림없이, 씨앗을 수송하는 데 매우 효과적인 역할을 한다. 나는 많은 종류의 새가 종종 강풍에 날려 대양을 건너고 그리하여 아득히 먼 곳까지 당도하는 사실을 아주 많이 들 수 있다. 비행 속도는 …… 최소한 시간당 35마일 정도다. …… 나는 2개월에 걸쳐 우리 집 정원에서 작은 새들의 배설물 속에서 열두 종류의 씨앗을 주웠는데, 조금도 손상되지 않아 보였다. 그 중 몇 개를 실험삼아 심어 보았더

11장_신들의 자취 | 639

니 발아했다. 이보다 더 중요한 사실이 있다. 조류의 모이주머니는 위액을 분비하지 않으며, 또 내가 실험에 의해 확인한 바에 의하면 씨앗의 발아에 조금도 해를 끼치지 않는다.

새가 다량의 먹이를 발견하고 정신없이 먹은 다음, 12시간 내지 18시간 동안 한 알의 씨앗도 모이주머니를 통과하지 않았다는 사실이 실증적으로 밝혀졌다. 새는 그 시간 동안 500마일 정도는 어렵지 않게 바람을 타고 날아갈 수 있다. 매가 기진맥진한 새를 노린다는 사실은 잘 알려져 있다. 새가 바람을 타고 가다가 매에게 잡아먹히면 이 새의 모이주머니가 찢겨지고 그 안에 있던 내용물은 쉽게 흩어질 수 있을 것이다. 브렌트가 내게 알려 준 바로는, 그의 친구 중 한 명은 프랑스에서 영국으로 전서비둘기를 날려 보내는 걸 단념할 수밖에 없었다고 한다. 그 이유는 영국 연안에 있는 새들이 도착하는 전서비둘기를 대단히 많이 죽여 버리기 때문이다. 어떤 매나 올빼미는 먹이를 통째로 삼켜 버린 다음 12시간에서 20시간 후 토해 내는데, 내가 동물원에서 행한 실험에 의하면 이 내용물 중에는 발아능력을 유지한 씨앗이 포함되어 있었다. 귀리, 밀, 조, 능소화(凌霄花), 마, 토끼풀, 사탕무 등의 몇몇 씨앗은 여러 종류의 사나운 새들의 위 속에 12시간에서 21시간 동안 머무른 뒤에도 발아했다. 사탕무 씨앗 두 개는 이틀 하고도 14시간이나 그런 상태로 있다가 발아했다.(pp. 361~362)

나는 11장과 12장을 읽다 보면 어느새 진화론이니 창조론이니 하는 것들을 다 잊어버리고 다윈의 이야기 속으로 빠져든다. 그가 평생 쌓아 온 다양한 연구와 경험이 하나로 융합된 순간, 지구는 섬세하고도 웅

혼한 실상을 드러낸다. 지구의 뭇 존재들이 저리도 숨 가쁘게 먹고 싸고 움직이고 죽고 태어나고 있는데, 새와 씨앗과 바닷물과 바람 할 것 없이 모든 존재들이 뜨겁게 얽히고설키며 무수한 탄생과 소멸의 드라마를 연출하고 있는데, 나는 그런 지구의 모습과 열기에 얼마나 무지하고, 또 무심한가! 이뿐만이 아니다. 민물에서는 또한 어떤 사태가 벌어지고 있을까?

나는 민물고기가 다수의 육생식물이나 수생식물의 씨앗을 먹는 것을 보았다. 어류는 새들에게 자주 잡아먹히기 때문에 씨앗이 이 장소에서 저 장소로 수송될 수 있다. 나는 많은 종류의 씨앗을 죽은 물고기의 위 속에 밀어 넣고, 그 물고기를 잡아먹는 매, 황새, 펠리컨 등에게 줘 보았다. 이 새들은 몇 시간이나 지난 뒤에 그 씨앗들을 덩어리로 토해 내거나 배설물로 배출하는데, 그 씨앗의 대부분이 발아능력을 유지하고 있었으나 몇몇 종류의 씨앗은 이 과정에서 언제나 손상되었다.(p.362)

이뿐이랴, 하늘에서는 또 어떤 일이 벌어지는가!

메뚜기는 바람에 의해 육지에서 아득히 먼 곳으로 날려 가곤 한다. 나는 아프리카 해안으로부터 370마일[약 595km]이나 떨어진 곳에서 한 마리를 잡은 적이 있으며, 훨씬 더 먼 곳에서 잡은 사람들도 있다고 한다. 로우 씨(R. T. Lowe)는 라이엘 경에게 1844년 11월에 메뚜기떼가 마데이라 섬을 휩쓸었다고 보고하였다. 헤아릴 수 없이 많은 메뚜기들이, 마치 심한 눈보라가 휘날릴 때의 눈조각처럼 두텁게 뭉쳐져 망원경이 닿는 하늘 높은 곳까지 미치고 있었다. 2~3일 동안 이 메뚜기떼들은 지름이 적어도 5, 6마일이나 되는 큰 타원형을 이루며 천천히 돌면서 밤에는 큰 나무 위에 모여들었는데, 그 나무는 완전히 메뚜기들로 덮여 버렸다. 이윽고 메뚜기들은 출현할 때와 같이 갑자기 바다를 건너 사라져 버렸는데, 그 뒤에는 두 번 다시 이 섬에 찾아오지 않았다. 지금도 나탈(Natal)의 여러 지방에서는 많은 현지 농부들이, 비록 뚜렷한 증거는 없으나, 큰 메뚜기떼에 의해 남겨진 배설물 속에 섞여 있던 유해한 종자들로 인해 해로운 식물이 도입된다고 믿고 있다.(6판 pp. 326~327)

새의 부리와 발은 일반적으로 매우 청결하지만, 때로는 흙이 묻어 있는 것을 볼 수 있다. …… 흙에는 언제나 씨앗이 꽉 차 있다. 해마다 지중해를 건너가는 몇백만 마리의 메추라기에 대해 좀더 생각해 보자. 그런 메추라기의 발에 묻어 있는 흙이 이따금 소수의 작은 씨앗을 포함하고 있다는 걸 의심할 수 있겠는가?(pp. 362~363)

해마다 지중해를 건너가는 몇백만 마리의 메추라기…… 으아~!!!! 다큐멘터리 영화 「지구」에서 가창오리떼 30만 마리가 일제히 날아가는 장면을 보았는가! 짙은 먹물을 수십만 개의 붓에 먹여 황혼녘의 창공에서 일제히 터는 듯한 엄청난 사태! '겨우 30만 마리'가 그러니 해마다 지중해를 건너가는 '몇백만 마리'의 메추라기는 어떻겠는가! 이 대목은 판을 거듭하면서 온갖 신기하고 근사한 사례들이 계속 추가되고 수정되었다. 특히 4판에서 6판까지 추가된 내용을 보자.

나는 어떤 자고새의 다리에서 61그레인[6], 또 다른 경우에는 22그레인의 마른 진흙을 긁어 낸 적이 있는데, 이 흙 속에는 살갈퀴의 씨만큼 큰 조약돌이 들어 있었다. …… 산도요새의 발에 붙어 있었던 9그레인의 흙덩어리 속에 골풀(Juncus bufonius)의 씨앗이 한 알 들어 있었는데, 그것이 발아해서 꽃을 피웠다. 영국의 철새에 지대한 관심을 가지고 있는 스웨이슬랜드는 종종 할미새나 검은딱새류의 새들이 영국에 도착해 아직 육지에 내려앉기 전에 총을 쏘아 떨어뜨린 적이 있는데, 이 새들의 발에 작은 흙덩이가 붙어 있는 것을 여러 차례 보았다고 알려 주었다. …… 뉴턴 교수가 보내 준 붉은다리황새(Caccabis rufa)의 왼발에는 180그램이나 되는 굳은 흙덩어리가 붙어 있었다. 나는 이 흙을 3년간 보존해 두었다가 잘게 부숴서 물을 주고 종 모양의 유리그릇을 덮어 놓았다. 그랬더니 거기서 자그마치 82포기의 식물의 싹이 나왔다. 이것들은 흔히 볼 수 있는 귀리와 적어도 화본과의 한 종류를 포함하는 12개의 외떡잎식물, 그리고 어린 싹으로 미루어 보건대 적어도 3개의 다른 종으로 이루어진 70개의 쌍떡잎식물이었다. 이런 사실을 볼 때 해마다 강풍을 타고 광활한 바다 위를 가로질러 가는 많은 새들, 해마다 이주하는(예를 들면 지중해를 횡단하는 수백만 마리의 메추라기들) 새들이 종종 발이나 부리에 흙을 묻혀 그 속에 있는 씨앗 몇 개를 수송한다는 사실을 의심할 수 있겠는가?(6판 p. 328)

온갖 생물과 무생물들이 식물의 씨앗을 날라다 주는 장면은 언제

---

[6] 1그레인은 약 0.0648그램이다.

일본 목련의 부활
고대 일본에서 살던 목련이 약 2천 년 동안의 동면에서 깨어나 꽃을 피웠다. 꽃잎의 개수가 현대의 야생 목련과 다르다.

읽어도 감동적이다. 세상 모든 존재는 협력을 하거나 경쟁을 하기 이전에 함께 살아가는 존재, 상호의존하는 존재다. 게다가 감탄에 감탄을 자아내는 씨앗의 은근하고도 강인한 생명력! 여기서 잠시 애튼보로가 쓴『식물의 사생활』의 한 대목을 보자.

> 1982년 일본에서 고대의 거주지를 발굴했다. 이 거주지는 대략 2,000년 전 야요이 문화 때의 것으로 추정되었다. 이곳에 살았던 농경부족은 땅에 구덩이를 파고 곡식을 저장했다. 발굴된 곡식 구덩이 중 하나의 바닥에서 벼의 낟알이 몇 개 나왔다. 검게 그을러 죽은 것들이었다. 그런데 그 중 한 개는 다른 것과 모양이 달랐다. 이 낟알을 심고 물을 주었더니 살아났다. 그것은 목련이었다.

이 되살아난 목련은 잎사귀와 나무의 전반적인 모양으로 보아 일본의 농촌에서 야생으로 자라는 목련의 일종인 매그놀리아 코보스(Magnolia kobus)라는 것은 누가 봐도 의심의 여지가 없었다. 그러나 11년 뒤 첫 번째 꽃이 피었을 때 현존하는 일본의 야생 목련과 다른 점이 나타났다. 야생 목련의 꽃잎은 6장이다. 헌데 부활된 목련은 8장이었다. 이듬해에 30송이 이상의 꽃이 피었다. 꽃잎의 수는 6장에서 9장까지 여러 가지였다. 꽃잎수가 일정하지 않은 것이 이 나무만의 돌연변이적인 특성인지 아니면 원래의 유전적인 특징인지 현재로서는 단정하기 어렵다. 만약 후자의 경우라면 이 식물은 오래전에 지구에서 사라진 고대종의 유일한 생존자가 된다. 이 개체는 오래 잠들어 있는 동안 다른 유사종들이 겪어야 했던 진화론적인 압력을 받지 않은 것이다. …… 이는 식물이 씨의 형태로 (바람을 타고, 또 곤충에 묻어서 공간을 탁월하게 이동할 뿐만 아니라) 시간을 뛰어넘는 여행에서도 뛰어난 능력을 발휘한다는 것을 의미한다.[7]

다윈은 세상을 바라봄에 있어서 공간적으로 얼마나 떨어져 있느냐에 구애받지 않았다. 생명이 있고 없고에도 집착하지 않았다. 그리하여 전세계의 뭇 존재들을 불러내어 지구의 참 모습을 그려 낼 수 있었다. 시간적 제약도 다윈을 막을 수는 없었다. 전지구적 드라마의 총 감독 다윈은 아득한 과거에 지구를 누비던 빙산을 끌어 온다.

---

[7] 데이비드 애튼보로, 『식물의 사생활』, 과학세대 옮김, 까치, 1995, 38쪽.

빙산에는 흙이나 돌이 실려 있으며, 잔가지와 동물의 뼈와 육지에 사는 새의 둥우리까지도 실어 나른다. 빙산이 북극 지방이나 남극 지방의 한 지역에서 다른 지역으로, 그리고 빙하기 때는 현재의 온대 지방에서 다른 지방으로 종자를 운반했으리라는 것을 나는 거의 의심할 수가 없다. 북대서양에 있는 아조레스 제도에는 대륙에 좀더 가까운 여러 대양도보다는 유럽과 공통된 식물들이 대단히 많으며, 또한 그곳의 식물상이 위도에 비하면 얼마간 북방적인 성격을 띠고 있는 것으로 미루어 보아, 나는 이 섬들이 빙하기에 얼음이 실어 나른 씨앗을 일부 갖고 있으리라고 생각했다. 라이엘 경은 내 부탁을 받아들여 하르퉁에게 편지를 보내, 이 섬들에서 표석(漂石, boulder)을 본 적이 있는지 물어 보아 주었다. 그의 회답에 의하면, 이 제도에서는 산출되지 않는 화강암이나 그밖에 다른 암석의 큰 파편이 발견되었다고 한다. 따라서 우리는 과거에 빙산이 이들 대양 한가운데의 여러 섬의 해안에 암석들을 상륙시켜 놓았으며, 동시에 북쪽 식물의 씨앗 역시 그곳으로 실어 날랐으리라고 추론할 수 있다.(p. 363)

빙산에 의해 추리를 전개하고 표석을 가지고 그 추리를 보완하는 다윈. 헌데 표석이란 뭘까? 이것은 빙하에 의해 먼 지역에서 운반되어 왔다가 빙하가 소실되면서 남게 된 암석이다. 당연히 부근의 암석과는 종류가 아주 다른 암석일 경우가 많다. 사실 이 표석이라는 것은 당시만 해도 창조론자들이 뻐기는 증거였다. 주변 암석과는 전혀 다른 암석이 저 혼자 덩그러니 존재한다는 것은 부자연스러운 일이고, 따라서 전지 전능하신 절대자께서 각 지역마다 균형을 맞추기 위해서 혹은 자신의 손길의 자취를 남기기 위해서 그곳에 놓았다는 설명에 자연주의자들은 마땅히 할 말이 없었다. 그랬던 표석을 다윈은 빙산에 의한 이동으로 훌륭히 설명해 내면서, 나아가 식물이 얼마나 광범위하게 이동할 수 있는지 보여 주는 근거로 활용하고 있다. 이 대목 못지않게 박진감 넘치는 스티브 존스의 이야기를 들어 보시라!

숲은 항상 이동할 준비가 되어 있다. …… 빙하가 후퇴할 때 나무들이 뒤에서 밀어닥친다. 북아메리카에서는 가문비나무속이 최초로 이주했으며, 소나무가 그 뒤를 이었다. 각각의 식물은 3년마다 1.6킬로미터씩 엄청난 속도로 여행했다. 그 다음에 밤나무가 이주해 왔다. 이 식물은 1년에 90미터씩 더 위엄 있게 전진했지만, 무거운 씨앗을 가진 이 커다란 나무에게 그것은 전력질주나 다름없다. …… 숲의 여행은 계속된다. …… 글레이셔 만의 후퇴하는 빙하는 1750년 유럽인들에 의해 최초로 발견된 이후 96킬로미터씩 후퇴했다. 잘 발달한 숲이 텅 비어 있던 바닥을 뒤덮는 데는 고작 100년밖에 걸리지 않았다. 북부의 새와 곤충도 곧바로 도착했다. 기후가 너무 빨리 변해 고난을 이기고 진화하지 못했을지도 모르지만, 대신 그들은 이동했다.[8]

오늘날의 우리도 신비로운 경외감을 품게 하는 식물의 광대한 이동, 당시 독자들은 얼마나 열광했겠는가!

---

[8] 스티브 존스, 『진화하는 진화론 : 종의 기원 강의』, 김영사, 2008, 429~430쪽.

이렇게 다양한 수송 방법들이 몇 세기 아니 몇만 년 동안 해마다 작용해 왔다는 것을 고려해 볼 때, 많은 식물들이 널리 옮겨지지 않았다면 **그게 더 이상한 일이 아닐까?** 이런 수송방법들이 때로는 우연한 일이라고 할 수도 있겠지만, 엄밀하게 말하면 그것은 옳지 못한 말이다. 바다의 조류(潮流)는 우연한 것이 아니며 계절적인 강풍도 역시 마찬가지다.(pp. 363~364)

바다가 어떤 식으로 흘러가고 계절적인 강풍이 언제 어떤 방식으로 불지는 누구도 확언할 수 없다. 하지만 그렇다고 해서 바다가 흐르지 않을 수 있다거나 강풍이 1년 내내 불지 않을 수도 있는 건 아니다. 바다나 계절풍은 극히 불규칙하긴 하지만 어떤 식으로든 이런저런 흐름을 만들어 낸다는 점에서 우연이라기보다는 필연에 가까운 것이다. 앞서 다윈은 이를 수시적인 양상이라고 표현한 바 있다.

단, 위에서 말한 어떤 수송 방식도 씨앗을 아주 먼 거리까지 실어 나를 수는 없다는 것을 알아야만 한다. 왜냐하면 씨앗은 그렇게 오랫동안 바닷물에 노출되면 생명력을 유지하지 못하며, 새의 모이주머니나 내장에 들어 있는 상태로는 장시간 운반될 수도 없기 때문이다. 그렇지만 수백 마일 정도 펼쳐진 바다를 횡단하거나, 혹은 섬에서 섬으로, 혹은 대륙에서 가까운 이웃 섬으로 수시로 수송하기에는 충분했을 것이다. 물론 한 대륙에서 다른 먼 대륙으로 수송할 수는 없었을 것이고, 따라서 서로 다른 대륙의 식물들이 뒤섞이지는 않았을 것이다. 현재 우리가 대륙마다 다른 식물상을 보는 것은 바로 그 때문이다.(p. 364)

바닷물이나 계절풍 또한 수시적이라고 해서 편리할 때 마구 근거로 갖다 붙여서는 곤란하다. 상상력을 무한대로 발휘하되 과학자로서의 침착함을 잃지 않는 다윈!

해류는 진로 방향을 볼 때 북미에서 영국까지 씨앗을 실어 나를 수는 없을 것이다. 설령 운반해 오는 일이 있다 해도 영국의 기후에 견뎌 낼 수는 없을 것이다. 설령 견뎌 낸다고 해도 대영제국처럼 수많은 생물이 사는 섬이 유럽이나 다른 대륙으로부터 이주자를 받아들이는 일은 없었을 것이다. …… 그렇지만 본토에서 멀리 떨어진 섬에 생물이 많이 살고 있지 않다고 해서, 이 섬이 식민자들(colonist)을 받아들였을 리가 없다는 식으로 논하는 것은 큰 오류다. …… 생물이 거의 없는 곳, 그래서 씨앗을 절멸시키는 곤충이나 새가 (거의) 없는 곳에서는, 바로 그 이유 때문에 일단 그곳으로 올 수 있었던 씨앗들은 대부분이 발아하여 생존을 계속할 수 있었을 것이다.(pp. 364~365)

영국에 다른 곳으로부터 온 식물이 적은 반면 멀리 떨어진 섬에는 식민자들이 정착하고 있다. 이렇듯 불규칙해 보이는 현상을 다윈은 일관되고도 섬세하게 설명해 내고 있다. 우선 해류의 방향을 고려해 볼 때 타 지역에서 영국으로 오는 것은 곤란해도 영국에서 다른 섬으로 가는 것은 가능하다. 게다가 '대영제국'에는 기존의 생물들이 매우 많다. 이미 온갖 경쟁을 통해 엄청난 진화가 이루어져 있기 때문에 외부로부터의 이민자의 침입에 호락호락 무너지지 않는 것이다. 그러나 생물이 거의 없는 섬들의 경우에는 식민자들이 그곳으로 일단 옮겨 갈 수만 있다면 커다란 성공이 약속되어 있는 것이다. 다윈은 지금 영국과 대양도의 식물에 대해 얘기하고 있지만, 머릿속에서는 세계 곳곳으로 진출하여 식민지를 개척하고 있는 대영제국의 활약상이 오버랩되고 있었다. 지구 곳곳에서 많은 인간들이 산포되고 있었지만, 대영제국으로의 유입보다는 '그보다 못한' 비서구 사회로의 유입, 아니 영국 식민자들의 침입이 압도적인 현실.

점점이 떨어져 있는 고산성 생물들

다윈의 현란한 산포 이야기를 통해 역동적인 지구상이 좀 잡혔다면, 이제 앞서 제기되었던 극히 곤란한 문제들을 하나하나 처리해 보자. 우선 "몇백 마일이나 되는 저지대를 사이에 두고 서로 떨어져 있는 여러 고산성 동식물들이 대부분 같다는 사실"부터 보기로 하자.

> 알프스나 피레네 산맥의 적설(積雪) 지방이나 유럽의 최북단에 동종의 많은 식물들이 살고 있는 것은 주목할 만한 사실이다. 그러나 이보다 더욱 놀랄 만한 것은 미국의 화이트 산에 살고 있는 식물들이 모두 캐나다 동부에 있는 래브라도 반도의 식물과 꼭 같으며, 또한 …… 유럽의 고산식물과도 거의 동일하다는 사실이다.(p. 366)

유럽 내의 멀리 떨어진 두 지역은 물론 영국과 유럽, 신대륙처럼 바다로 인해 절대적으로 격리되어 있는 지역들의 고산식물들이 (거의) 동일하다는 건 무엇을 의미하는가? 유럽 내에서라도 고산식물들은 저지대의 기후조건에는 견디지 못할 것인데 어떻게 멀리 떨어진 고산지대까지 이동하였겠는가? 유럽의 고산식물이 바다를 건너 영국이나 신대륙으로 이동하였다고 상상하는 것은 더더욱 무리스럽다. 차라리 창조론이나 기존의 진화론처럼 비슷한 기후조건마다 비슷한 종들이 창조되었다고(생겨났다고) 보는 게 훨씬 더 합리적이고 또 현실에 부합하는 추론이 아니겠는가!

이런 놀라운 사실들로 인해 그멜린은 일찍이 1747년에 같은 종이 수많은 다른 지점에서 상호독립적으로 창조되었음에 틀림없다는 결론에 도달했다.(p. 365)

생물들의 지리적 분포 양상을 자세히 연구하면 할수록 다수지역 창조론(동시창조론, multiple creation)은 힘을 얻어 갔다. 도대체가 그 먼 곳까지, 심지어는 대양을 넘어서까지 식물들이 이동할 수 있었으리라고는 생각할 수가 없었다. 지리적 장벽은 생각의 장벽이기도 했던 것이다. 그들은 창조주께서 비슷한 지역에는 비슷한 생물을 각각 창조하셨음에 "틀림없다는 결론에 도달했다". 비슷한 생물을 비슷한 자연조건으로 설명하는 것은 과학자들 또한 마찬가지였다. 그러나 다윈은 그들이 넘지 못한 생각의 장벽을 부숴 버렸다. 그는 지리적 장벽을 가로지르는 생물들의 능력을 보았고, 온갖 생물 및 무생물들이 접속하여 이계(異界)로 뛰어드는 사태를 수도 없이 관찰했다. 또한 지구가 얼마나 격동하는 유동체(流動體)인지, 그리고 장구한 지질학적 시간 동안 기후는 또 얼마나 그새 변동했는지를 잊지 않았다. 다윈은 과학과 관찰과 상상력의 힘으로 생각의 장벽을 가로질러 버렸다. 아득한 옛날부터 수많은 생물과 무생물들이 그리했던 것처럼. 그리고 오직 자연만이 자연을 설명하게 했다. 그러자 오랜 세월 장벽 앞을 굳건하게 지켜 온 창조주가 연기처럼 사라져 버렸다.

빙하기의 추억

다윈은 먼저 에이사 그레이나 에드워드 포브스 등이 제안한 빙하 시대 가설을 더욱 정교하게 가다듬어 무장한 다음, 자신의 '변화를 수반하는 유래'설만으로 일관되게 설명해 간다. 자, 이제 다윈의 시나리오에 귀를 기울여 보자.

> 빙하기는 이 사실을 간단하게 설명해 준다. …… 우리는 최근의 지질 시대에 중앙 유럽과 북아메리카가 북극 기후를 띠고 있었음을 입증해 주는 거의 모든 종류의 증거를 갖고 있다. 스코틀랜드 및 웨일스의 여러 산을 살펴보면 쭉쭉 줄이 간 측면이나 반들반들한 표면 혹은 돌출해 있는 표석 등을 볼 수 있다. 이것은 불탄 집의 흔적이 화재를 증거해 주는 것보다 명백하게, 최근까지 빙하가 이 지역의 골짜기를 메우고 있었다는 사실을 말해 준다.(p. 366)

빙하기가 서서히 다가왔다가 지나갔다고 가정한 다음, 빙하 작용이 끼쳤을 영향을 생각해 보기로 하자. 한기가 다가오면 …… 북쪽에 사는 생물들은 점점 남하하여 원래 온대 지방에 살고 있던 기존 서식자들의 자리를 차지하였을 것이다. 기존의 온대 지방 서식자들은 점점 남쪽으로 밀려나다가, 결국 장애물에 막히게 되면 사멸하고 말았을 것이다. 산지는 눈과 얼음으로 뒤덮이고 이전에 고산 지대에 살던 서식자들은 평지로 내려온다. 추위가 절정에 달할 무렵에는, 북극의 동물상과 식물상이 알프스나 피레네 산맥, 심지어는 스페인에 이르기까지 유럽의 중앙 부분 전체를 덮었을 것이다. 현재는 온대 지방인 미국마저도 마찬가지로 북극의 동식물에 의해 뒤덮였을 것이다. 이렇게 생각할 수 있는 이유는 (당시 남쪽으로 내려갔다고 생각되는) 현재 극지 부근에 살고 있는 생물들이 전세계적으로 놀라우리만치 동일하기 때문이다.(p. 366)

시간이 흘러 기후가 다시 온화해짐에 따라 온대 지방에 있던 북극성 생물들은 북쪽을 향해 퇴각하고, 온대 지방 생물들이 그 뒤를 따라 올라온다. 눈은 산기슭에서부터 녹기 시작하므로, 북극성의 종류들은 눈이 녹아 생물이 없는 땅을 우선 점거하였을 것이다. 점점 더 따뜻해짐에 따라 같은 무리들이 북쪽으로 계속 여행하는 동안에 산기슭을 차지한 종류들은 더 높은 곳으로 올라간다. 그리하여 기후가 예전처럼 다시 따뜻해졌을 때에는 얼마 전까지 유럽과 북미의 저지대에 떼를 지어 살고 있던 동일종들이, 신세계와 구세계의 북극 지방이나 또는 서로 멀리 떨어진 많은 고립된 산꼭대기에서 모습을 보이는 것이다.(p. 367)

이리하여 우리는 미국과 유럽의 산지(山地)처럼 매우 멀리 떨어져 있을 뿐만 아니라 대양으로 가로막혀 있는 지점에서 많은 식물들이 어떻게 동일힐 수 있는지를 이해할 수 있다. 또한 어느 산맥의 고산성 식물이 그 정북쪽에서 생활하는 북극성 종류와 유독 근연인 까닭도 이해할 수 있게 된다. 추위가 닥친 데 따른 이주나 다시 따뜻해져서 행해진 재이주의 방향은 보편적으로 정남향이나 정북향이었을 것이기 때문이다. …… 스코틀랜드의 고산식물과 …… 피레네 산맥의 고산식물은 북스칸디나비아의 식물과 특히 혈연이 가깝다. 미국의 고산식물도 래브라도의 고산식물과 가까운 혈연이고 시베리아 산들의 고산식물은 같은 나라의 북극 지역의 고산식물과 가까운 혈연이다. 이처럼 나의 견해는 예전의 빙하 시대에 일어난 완전히 확인된 사실들에 근거한 것이며, 유럽 및 미국에 있어서의 고산성 및 북극성 생물이 현재 보이고 있는 분포를 극히 만족스럽게 설명한다고 생각한다.(pp. 367~368)

과학적 근거에 생물들의 이동능력(및 새로운 환경에 적응하는 능력)을 결합하여 합리적으로 추론을 전개한 결과, 다윈은 창조론자나 기존의 어떤 과학자보다도 만족스럽게 난제들을 해결해 냈다. 우리는 사실 이 정도만 해도 괜찮은데, 세심한 완벽주의자 다윈 씨는 지치지도 않고 물릴 줄도 모른다. 여러 고산식물들이 어떤 연유로 북극 지방의 식물들과 근연인지는 해명해 냈지만, 그들 간에 드러나는 비교적 작은 차이들이 자꾸만 눈에 밟혔기 때문이다.

북극 지방의 종들은 집단적으로 이주하였기 때문에 …… 그들 간의 상호관계는 크게 교란되지 않았을 것이며, 따라서 그들에게는 그리 큰 변화가 일어나지 않았을 것이다. 그러나 기후가 따뜻해지면서 여기저기의 산꼭대기에 격리된 생물들은 사정이 달랐을 것이다. …… 이들은 산꼭대기로 이동하는 과정에서 빙하기가 시작되기 이전에 그곳에 존재했던 옛날의 고산종과 서로 섞였을 가능성도 있으며, 일마간 다른 기후의 영향도 받았을 것이다. 그리하여 고산 지대로 올라간 북극성 생물들 간의 상호관계는 어느 정도 교란되었을 것이며, 결과적으로 그들은 북극 지방으로 올라간 같은 종들보다 변화하기 쉬웠을 것이다. 오늘날 유럽의 큰 산맥에 살고 있는 고산성 동식물들을 비교해 보면, 많은 종들이 변하지 않은 채 그대로 남아 있지만 개중 일부는 변종으로, 그리고 또 일부는 각각 다른 산맥을 대표하는, 근연이긴 하지만 엄연히 다른 종으로 존재한다.(pp. 368~369)

나는 앞서 말한 견해를 확장하여 다음과 같이 추리하는 쪽으로 강하게 기울고 있다. 예컨대 지금보다 더 따뜻했던 선신세(鮮新世, Pliocene)나 그보다 좀 이전의 시대에는 동일한 동식물이 거의 연속적이었던 극 주위의 육지에 살고 있었을 것이다. …… [종이로 된 평평한 지도가 아니라 둥그런] 지구의를 놓고 보면, 북극권에는 거의 연속된 육지가 서유럽에서 시베리아를 걸쳐 미국 동부에까지 이어지고 있음을 알 수 있다! 이곳의 동식물들은 모두 빙하기가 시작되기 훨씬 이전부터 조금씩 추워짐에 따라 서서히 남쪽으로 이주했을 것이다. 우리는 현재 유럽과 미국에서 대부분은 변화된 상태로 있는 그들의 자손을 보고 있는 것이다. 이렇게 보면 북아메리카와 유럽의 생물 사이에 동일성은 극히 적음에도 불구하고 유연관계가 있다는 사실을 이해할 수 있다. 두 지역 사이의 거리를 생각하고 또한 쌍방이 대서양으로 격리되어 있음을 생각한다면, 이것은 매우 주목할 만한 유연관계다. 게다가 이렇게 보면 수많은 관찰자들에 의해 지적된 기이한 사실까지도 이해할 수 있는 사실로 바뀐다. 그것은 제3기 후기의 유럽의 생물과 미국의 생물이 현재보다 더 상호 밀접한 관계를 갖고 있었다는 사실이다. 비교적 따뜻했던 그 시대에는 구세계와 신세계의 북쪽 부분은, 생물의 상호이주를 위한 다리 구실을 했던 육지에 의해 거의 연속적으로 이어져 있었으며, 이 육지는 후에 추위로 인해 통과할 수 없게 된 것이라고 생각되는 것이다.(pp. 370~371)

이제 다윈은 창조론자들과 과학자들에게 심판을 내린다(물론 다윈에게 이들은 둘이 아니지만 말이다).

북아메리카, 지중해, 그리고 일본의 동부 및 서부 해안의 바다에, 또 북아메리카 및 유럽의 온대 지방의 육지에 현재 살고 있거나 혹은 일찍이 살고 있었던 생물들이, 동일성은 없지만 유연을 가진다는 이런 예는 **창조론으로는 설명이 되지 않는다. 그런 생물들이 여러 지역의 물리적 조건의 유사성에 따라 유사하게 창조되었다고는(생겨났다고는) 주장할 수 없다.** 왜냐하면 예컨대 남아메리카의 몇몇 지역을 남아프리카나 오스트레일리아의 여러 지역과 비교해 보면, 모든 물리적 조건 하나하나가 아주 비슷한 지역이라도 생물들이 전혀 판이하기 때문이다.(p. 372)

창조론자들과 기존의 박물학자들은 세계 각지의 생물들을 "물리적 조건의 유사성"에 따라 설명했다. 그들과 달리 다윈은 물리적 조건을 역동화하고 거기에 생물들의 이동성과 상호관계를 결합함으로써, 장구한 시간과 다양한 공간들을 교직(交織)함으로써, 현재 생물들의 지리적 분포 양상을 설명해 냈다. 거기에는 창조주나 '원래 그런 섭리' 따위는 필요없었다. 생물과 환경의 조화는 자연스러운 과정이 산출한 결과였으며, 이 과정은 앞으로도 계속 변화해 나갈 것이었다. 그에게는 최초의 섭리도 최종적인 결과도 없었다. 온전히 자연주의적인 다윈의 설명은 이전에 설명되었던 현상들을 훨씬 더 만족스럽게 해명했고, 인간의 이해를 거부하는 것만 같던 기이한 사태들까지도 맑고 밝게 드러내었다.

다윈은 이 뒤에도 무척이나 많은 사례들과 다소 전문적인 논의를 통해 자신의 주장을 확고히 했지만 우리는 여기에서 그치기로 한다. 아쉽지만 우리에게는 11장 못지않은 난제들을 통쾌하게 날려 버리는 12장이 기다리고 있기 때문이다. 아쉬운 걸로 치자면 한이 없다. 사실 지금까지 여러분이 읽어 온 내용들도 다윈이 너무나 쉽고 생생하게 얘기해서 그렇지, 행간마다 당대의 거대한 논쟁들이 속속들이 배어 있는 것이었다. 나는 다윈이 그려 내는 지구의 실상을 거대한 풍경화처럼 전하고 싶은 마음에 그런 걸리적거리는(^^;) 것들을 모두 쳐냈다. 그러나 이제 11장도 끝나 간다고 생각하니 마지막 미련이 나를 자꾸 끌어대고, 또 이 문제에 더 관심 있을 독자들도 있겠지 싶어 '걸리적거린 것들' 중 몇 가지라도 남기고자 한다.

『종의 기원』 집필 직전의 변경

육지의 높낮이 변화를 만능열쇠인 양 휘두른 과학자들의 견해를, 다윈이 고브니우스의 내답에 비유하며 일정한 한계 내에서만 받아들였다는 얘기를 기억하실 것이다. 다윈은 『종의 기원』에서 표면적으로는 에드워드 포브스를 비판했지만, 사실 이런 이론의 핵심은 라이엘의 것이었다. 당시 박물학계에서 라이엘의 영향력은 대단한 것이었고 포브스의 이론 자체도 라이엘의 영향을 받은 것이었다. 다윈도 『종의 기원』을 쓰기 직전까지는 그런 알렉산더 식 해법에 의존하고 있었다. 1856년 『자연선택』이라는 미완의 대저를 쓰는 시점까지 그러했다.[9] 『종의 기원』 직전까지 다윈이 생각한 그림은 이런 것이었다. 먼저 생물들에게는 이제나저제나 끊임없이 다양한 변이들이 발생하고 있었다. 그러다가 육지가 침강하여 기존의 대륙이 여러 개의 크고 작은 섬들처럼 변했다. 변종들은 저마다 격리된 섬 속에서 진화에 유리한 조건을 맞이하였다. 혼합유전의 효과도 대륙보다는 훨씬 약하고 새로운 조건에 적응도 해야 했기 때문에 섬들마다 상이한 진화의 과정이 진행되었다. 그리하여 이전의 대륙 시절에 비해 급속한 종 분화(speciation)가 이루어졌다. 그후 다시 육지가 융기하여 섬들이 또 대륙으로 이어졌다. 생물들이 다시 같은 지역에 살게 되긴 했지만 이미 뚜렷한 종들로 갈라진 다음이라 아주 비슷한 종들 간의 경쟁을 제외하고는 서로 뚜렷이 다른 종들로 살아가게 되었다. 다만 이전에는 대체로 같은 종들이었기 때문에 근연종이라는 증거는 남아 있는, 그러나 상당히 차이를 보이는 별개의 종들. 어떤가? 수시적 분포니 새들의 모이주머니니 하는 복잡하고 너절한 얘기들 따위는 할 것도 없이 훨씬 더 간명한 설명 방식 아닌가?

---

9) 이 문제에 관심 있는 독자들은 Janet Browne, *Charles Darwin : Voyaging. Volume 1 of a Biography*, London : Jonathan Cape, 1995, pp. 514~521을 참조하시기 바란다. 이 멋진 책은 곧 한글 번역본을 얻을 것이라 한다.

그러나 다윈은 이런 설명이 끝내 만족스럽지 않았다. 우선 여러 차례 침강과 융기가 있었던 건 분명할 터이지만, 구체적으로 언제 어떤 양상으로 일어났는지가 불분명한데 그걸 아무 때나 갖다 붙여도 되는 걸까? 과연 마지막 빙하기 이후 유럽이 바다 밑으로 내려간 적이 있었을까? 최근의 지질 시대에 바다가 가라앉아 육지다리가 생긴 적이 있을까? 그는 점점 라이엘의 학설이 의심스러워졌다. 이렇게 불확실한 의문점들이 있는 상태에서 그런 설을 전면 수용할 수는 없었다. 게다가 다윈은 생물에게 가장 중요한 게 생물과 생물의 관계라고 믿는 사람 아닌가! 그런 다윈에게 침강-융기 반복설은 조건으로 모든 걸 환원한다는 점에서 일면적이라 느껴졌다. 그렇지만 또 딱히 뾰족한 대안도 없었다. 이런 시간이 1844년 「에세이」를 쓸 때부터 1856년까지 계속 이어졌다. 그러다 『종의 기원』을 쓰기 직전에 홀연 구원의 빛이 보였다. 그것은 바로 형질 분기의 원리라는, 4장에서 보았던 그 원리였다.[10] 이 원리를 잘 결합시키기만 한다면, 많은 경우의 종 분화를 침강-융기의 반복 없이도 설명할 수 있었다. 기후 변화라는 조건에도 좀더 역동적인 의미를 부여하였다. 추워졌다 더워졌다 하는 기후의 변동으로 인해 생물들의 이동 루트가 열렸다 닫혔다 할 수 있었다. 설령 거대한 대륙의 침강과 융기가 없던 시기에도 생물들의 활로가 늘 지금과 같지는 않았을 터였다. 물론 형질 분기의 원리는 이미 4장에서 설명했기 때문에 11장과 12장에서 또 다루지는 않는다. 다만 침강과 융기를 제 편할 때 갖다 붙이는

---

10) Peter J. Bowler, "Geographical Distribution in the Origin", *The Cambridge Companion to The "Origin of Species"*, eds. Michael Ruse and Robert J. Richards, Cambridge : Cambridge University Press, 2009, p. 155를 참조.

다른 과학자들을 비판하고, 자연선택의 양상을 역동적으로 표현하는 데 그친다. "이주나 격리 스스로는 아무 일도 할 수 없기 때문이다. 이런 원리[자연선택 원리]는 다만 생물을 새로운 상호관계하에 놓음으로써, 또한 그보다는 못한 정도에서지만, 주위의 물리적 조건에 대한 새로운 관계에 둠으로써만 작용할 수 있는 것이다."(p. 351)

다윈이 『종의 기원』 직전까지 갖고 있다가 폐기한 생각, 그것은 4장의 '멸종이 중요한 결정적인 이유'에서 잠시 언급했듯이 에른스트 마이어의 이소성 종 분화 이론과 상당히 유사하다. 이소성 종 분화란, 부모 종으로부터 지리적으로 격리됨으로써 소규모 개체군의 종 분화가 급속히 진행되고, 이것이 결국 생식적 격리, 즉 신종의 탄생으로 이어진다는 이론이다.[11] 여기서 핵심은 격리, 즉 다른 장소(異所)로의 이동이다. 한 개체군에서 발생한 변이들이 격리로 인해 동종의 다른 개체군들과 섞이지 않고(유전자 확산gene flow 효과의 차단) 계속 누적될 수 있는 것이다. 여러분도 얼추 느끼셨겠지만, 격리가 유전자 확산 메커니즘을 차단한다는 것은 (비록 유전 메커니즘에 대한 생각은 전혀 다르다 해도) 다윈의 과거 모델에서 격리가 혼합 유전의 효과를 차단한다는 것과 같은 이야기다. 새로 발생한 변이가 희석되지 않고 계속 누적되는 효과를 초래한다는 점에서 정확히 상응하는 것이다. 그런데 마이어의 이론과 달리, 다윈이 새로 펼친 이론에서는 격리(예컨대 섬으로의 이주)가 신종 탄생의 필수적인 요소가 아니었다. 그보다는 형질이 활발하게 분기되고 경쟁이 더 치열한 대륙에서 종 분화가 더 보편적으로 이루어진다고 주

---

11) 이 이론에 대해서는 마이어, 『진화란 무엇인가』를 참조.

장했다. 마이어는 자신의 '새로운' 이론이 다윈이 폐기한 '과거'의 생각과 대단히 유사하다는 걸 알고 있었을까? 오늘날 생물학 교과서의 저자들은 이소성 종 분화 이론을 가장 비중 있게 채택하고 있는데, 다윈의 이러한 변경에 대해서는 어떻게 생각하고 있는 것일까?

자연 다큐멘터리나 다윈 관련 서적에서 갈라파고스는 다윈이 진화론을 발견한 장소로 신성시되고, 핀치새들은 그 신화의 둘도 없는 주인공이다. 그런데 막상 다윈의 책을 읽어 보면 다윈은 갈라파고스 군도의 생물상을 진화의 모델이 아니라 특수한 사례로 보았다는 사실이 드러난다.[12] 『비글호 항해기』에서의 갈라파고스 제도는, 무척 중요한 곳임에는 틀림없지만 진화론의 탄생지로서의 위엄은 서려 있지 않다. 다윈은 그곳에서 창조론을 강하게 의심하게 되면서 자연주의적인 설명이 필요하다고 절감했을 뿐이다. 『종의 기원』을 펼쳐 봐도 마찬가지다. 갈라파고스 제도나 그 유명한 핀치새는 하나의 사례로 등장할 뿐 진화론의 전형적인 패턴으로서 그려져 있질 않은 것이다. 섬이나 격리는 다윈의 진화론에서 특수한 상황의 하나일 뿐이다.

한편, 다윈이 라이엘과만 차이를 드러낸 건 아니었다. 『종의 기원』에는 그의 오랜 친구 후커의 생각과도 다른 내용이 적혀 있었다. 다윈은 후커가 장래에 분포 문제에 관하여 유럽의 지도적 과학자가 될 거라 믿었으며, 식물에 관해 많은 의견을 나누었다. 실제로 후커는 『종의 기

---

12) 다윈이 형질 분기의 원리를 발전시킴으로써, 섬으로의 이주가 종 분화의 필수적인 요소가 아니게 되었다는 점, 갈라파고스 군도의 상황이 분기가 발생하는 특별한 사례지 전형적인 모델이 아니게 되었다는 점에 대해서는 Bowler, "Geographical Distribution in the Origin", *The Cambridge Companion to The "Origin of Species"*, p. 155를 참조.

원』 출간 2년 뒤 『지리적 분포』라는 책을 냈고, 또 직접 빙산을 목격한 사람이기도 했다. 그런데 후커는 식물이 빙산을 타고 이동했을 거라는 생각에 개연성이 무척 부족하다고 보았고, 그 대신 육지확장에 의한 육상 다리 쪽을 선호했다. 다윈은 무분별한 육상 다리 건설에 반대했고 이 것은 여러분도 이미 확인한 바 있다. 이렇게 보면 다윈은 당대 지질학의 권위자(라이엘)와 식물학 및 지리적 분포의 권위자(후커) 모두에게 비판을 가했던 셈이다(그들은 자신의 절친한 동료들이기도 했는데……). 심지어 후커는 1880년대까지도 '거대한 남극 대륙설'(a great Antarctic continent)을 옹호하였다. 가장 친했던 이들 두 사람에 대해서도 그랬으니 나머지 다른 저명한 과학자들과의 의견 차이는 얼마나 컸겠는가!

또한 초판에서는 지구 전체가 빙하기에 거의 동시에 한랭해졌다는 설을 채택하였지만 5판과 6판에서는 먼저 북반구가 추워지고 그 다음에 남반구가 추워졌다는 크롤의 새로운 설을 긍정적으로 받아들였다. 이것이 주요한 사항으로서는 거의 유일하게 초판과 달라진 내용이었다. 이리하여 지구 전체를 좀더 구체적으로 기술할 수 있었고, 11장과 12장의 전체 논거도 더욱 탄탄해졌다. 아닌게 아니라 초판에서는 약간의 난점이 있었다. 지구 전체가 (거의) 동시에 한랭해졌는데 왜 주로 북반구의 생물들만 남반구로 흘러넘쳐 자신의 후예들을 남겼는가, 왜 남반구의 생물들은 거의 북반구로 가지 않았는가 하는 문제가 있었다. 물론 다윈이 이 문제를 간과한 것은 아니었다. 북반구의 대륙이 더 넓어서 경쟁이 더 치열했고 그로 인해 더 다양한 종들이 진화되어 있었으며, 따라서 남반구에 비해 북반구의 생물들이 더 강건하고 더 공세적이었다는(aggressive) 설명을 초판에도 넣어 두었다. 이 설명은 다윈의 이론

체계에서 자연스레 유도된 것이기는 하지만, 제국주의적인 비유에 강렬히 호소했던 것 또한 사실이었다.[13] 크롤의 설을 받아들이니 다윈의 설명이 얼마나 더 번듯해졌는가! 『종의 기원』에서 걸러 낸 내용들은 이 밖에도 적지 않은데, 아쉬워 못 견디겠는 독자들은 여러분 가까이에서 평화롭게 쌔근거리고 있는 『종의 기원』을 직접 펼쳐 보시라! ……(뒤적뒤적)……(쿵!)…… 미련을 버리셨으면, 이제 시원한 빙하를 타고 11장의 마지막 대목으로 이동하자.

나는 지금까지 제시한 견해로 오늘날 대단히 멀리 떨어져 있는 북쪽과 남쪽, 그리고 그 사이의 산맥에 살고 있는 같은 종과 근연종의 분포를 둘러싼 난점들이 일거에 제거되리라고는 결코 생각지 않는다. …… 정확한 이주 경로도 알 수 없다. 왜 어떤 종은 이주하고 다른 종은 이주하지 않았는지, 왜 어떤 종은 새로운 형태를 낳고 다른 종은 전혀 변하지 않은 채로 남아 있는지에 대해서도 설명할 수 없다.(pp. 380~381)

지금까지 길게 온갖 얘기를 다 늘어 놓고 이제 와서 이게 무슨 소린가 싶으시겠지만, 다윈은 자신이 수행해야 할 과제가 무엇인지 정확히 알고 있었다. 사실 우리 인간들은 어떤 현상 하나에 대해서도 구체적이고 완벽한 설명을 할 능력이 거의 없다. "왜 네덜란드의 바닷가에 밀려 오는 주인 없는 신발들은 왼쪽이 오른쪽보다 두 배 더 많을까? 그리고

---

13) Bowler, "Geographical Distribution in the Origin", *The Cambridge Companion to The "Origin of Species"*, p. 164를 참고.

스코틀랜드의 바닷가에 밀려 오는 신발들은 왜 그 반대인지"[14] 당신은 알고 있는가? 과학자들이 연구한다고 해서 구체적이고 완벽한 설명이 가능할까? 뭐 나는 신발의 지리적 분포 양상에 대해서 하나도 안 중요하다고까지는 생각지 않지만, 그보다 조금은 더 중요한 문제들이 있다고 생각한다. 또 신발 문제가 풀리지 않는다고 해서 우리가 자연주의적인 설명을 포기해야 한다고도 보지 않는다. 다윈도 비슷하게 생각했던 듯하다. 그가 스스로 설정했던 과제는 분포와 관련된 모든 문제를 다 해결하는 것이 아니라, 한 곳에서 생겨난 생물이 많은 장벽들을 넘어 멀리까지 분포할 수 있는지를 확인하는 것이었다. 다윈은 가장 어려울 성싶은 경우들을 선정한 다음, 생물들이 멀리 퍼져나가는 것이 결코 불가능하지 않으며 나아가 수시적인 수송 수단을 통해 얼마든지 분포해 갈 수 있다는 것을 보여 주겠다고 했다. 즉 그의 과제는 다수지역 창조론에 비해 단일지역 산출론이 현재의 지리적 분포 양상을 훨씬 더 잘 설명할 수 있다는 걸 보여 주는 데 있었다. 그는 그 산출지가 구체적으로 어딘지, 왜 어떤 생물은 이주했는데 다른 생물은 안 했는지 같은 문제에 결코 빠지지 않았다. 그런 것은 밝혀지면 좋겠지만, 그렇지 않더라도 다수지역 창조론이 오류라는 것, 단일지역 산출론 혹은 이동설이 옳다는 것은 분명했다.

다윈의 이런 노선은 9장과 10장에서 지질학적 증거를 다룰 때도 마찬가지였다. 생명이 언제 최초로 생겨났는지, 최초의 종은 어떤 모습이었는지에 대해 다윈은 결코 논하지 않았다. 중요한 것은, 그런 문제를

---

14) 존슨, 『진화하는 진화론』, 421쪽.

밝혀내지 않더라도 진화론의 진실성과 창조론의 오류성은 명백하다는 사실이다. 『종의 기원』을 통해 이 점을 받아들인다면, 이후의 인류는 자유로운 정신 하나만 가지고 과학을 할 수 있을 것이었다. 다윈은 자기 이후에 올 과학자들이 창조론이나 목적론, 인간중심주의 같은 장애물 없이 생명과 자연의 세계를 신나게 내달릴 수 있도록 자기 시대의 과제를 수행한 것이었다. 다윈은 이 과제가 만족스러울 정도로 해결되었음을 확인한 다음 비유적인 표현으로 11장을 마무리 짓는다.

나는 세계가 최근에 큰 변화의 주기 하나를 경험했다고 믿으며, 이 사실을 자연선택에 의한 변화와 결합한다면 여러 생물의 분포에 관한 수많은 사실들이 설명 가능하다고 확신한다. 생명의 흐름이 어느 짧은 기간에 북쪽과 남쪽으로부터 흘러와서 적도에서 뒤섞였을 터인데(개중에는 적도를 넘은 것들도 있다), 북쪽에서부터 흘러온 쪽이 남쪽으로부터 흘러온 쪽보다 힘이 커서 결국 생명의 흐름이 남쪽으로 범람했다고 할 수 있다. 북쪽 생물들은 거주지가 훨씬 넓고 개체수도 많으며 자연선택과 경쟁에 의해 남쪽 생물들보다 고도의 완성 단계까지 나아갔기 때문에, 적도 지대에서 뒤섞인 (힘이 열세인) 남쪽 종류들을 물리쳤을 것이다. 바닷물의 흐름은 표류물들을 해안선에, 그것도 해변에서 수위(水位)가 가장 높은 곳에 남기고 물러간다. 그와 마찬가지로 생명의 흐름(the living waters)은 살아 있는 표류물들을, 북극 지방의 서시대에서부터 적도하의 훨씬 높은 곳까지 완만하게 상승하는 선을 따라, 현재의 여러 산꼭대기에 남겨 놓고 간 것이다. 이렇게 남겨진 갖가지 생물들은 마치 거의 도처에서 산속 깊이 밀려 올라가 생존을 계속하고 있는, 그리하여 이전에 주위의 저지대에 살았던 주민들에 대한 극히 흥미로운 기록이 되어 있는 야만인에 비유할 수 있을 것이다.(p. 379, 382)

식물은 이동하지 못한다는 생각, 식물은 영혼이 있으되 잠들어 있다는 믿음은, 100년도 못 사는 주제에 세상 만물을 자기의 척도로 재단해 버리는 인간의 어리석은 오해다. 다윈이 그려 냈듯이 모든 생물은 이동할 수 있는 능력이 있고 그 능력을 맘껏 펼치며 살아간다. 더욱이 다른 생물들 및 무생물들과 접속하면 그 위력은 상상을 초월할 정도다(그런데 타자들과 접속하지 않는 것은 불가능하다. 모든 존재들은 접속 방식에서만 다를 수 있을 뿐 접속하지 않는 것은 불가능하다). 활동이란 죽어 있는 조건을 배경으로 주체가 움직이는 게 아니라, 이것이 저것과 접속되어 하나의 새로운 흐름을 창출해 내는 것이다. 이것과 그것이 생물이냐 무생물이냐, 스스로의 의지로 그렇게 하느냐 아니냐는 부차적이다. 만물은 스스로를 표현함으로써 다른 것과 접속하고, 접속함으로써 변신한다. 사람들이 식물들에게 무슨 발이나 날개가 달린 것도 아닌데 어떻게 그 먼 거리까지 이동할 수 있었겠느냐고 물었을 때, 다윈은 식물의 씨를, 새와 물고기를, 바람과 물과 흙을, 빙하와 기후의 변화를 가리켜 보였다. 식물들은 또 다른 자신(씨앗)들을 세상에 낳아[表現] 세상 만물과 접속시켰다. 그들의 날개는 수시로 활동하는 다른 생물들과 온갖 무생물들이었다.

생물이건 무생물이건 세상 만물은 서로 얽히고설키며 끊임없이 활(活)/동(動)한다. 우리가 굳건히 발 딛고 산다는 지구라는 것도 끊임없이 갈라지며 충돌하는 지각판들의 집합이요, 핵심부는 뜨겁게 들끓는 마그마다. 그런 불덩이와 조각들이 하나의 속도를 생산하며 맹렬하게 돌고 있다. 지구만이 아니다. 뉴턴이 오래전에 말했듯이 우주의 모든 별과 행성들은 서로를 끌어당기면서 거대한 궤도를 그리며 돌아간다. 우주 내 모든 사건들이 벌어지는 무대라고만 여겨졌던 시간과 공간은 또 어떤가! 아인슈타인은 특수상대성 이론에 의해 시간과 공간을 '통합'하여 이 시공간이 '휜다'는 걸 보여 주었다. 최근의 점입자 이론은 초미세 영역

시공간 거품을 표현한 모식도

을 서술할 때 시공간이 심하게 뒤틀리고 격렬하게 요동하는 현상을 시공간 거품(spacetime foam)이라고까지 부르고 있다. 위의 그림을 보라. 우리가 아무런 움직임이나 변화가 없다고 치부하는 공간의 한 지역을 점점 더 확대해 본 그림이다. 맨 위의 레벨, 즉 초미세 영역에서 일어나는 양자적 요동('양자 거품')을 보라. 플랑크 길이 10^{-33}센티미터(상상할 수 있겠는가, 약 10억×10억×10억×100만 분의 1센티미터라는 초미세 단위를!)보다 '짧은' 슈퍼울트라짱 미세한 영역에서 일어나는 격렬한 요동![15] 이와 반대로 세상에서 제일 큰, 얼추 약 1,000억 개 정도 된다고

---

15) 브라이언 그린, 『엘러건트 유니버스』, 박병철 옮김, 승산, 2002, 211쪽.

하는 은하들 또한 끊임없이 탄생하고 또 멸종하며 진화하고 있지 않은가! 생명이 있느냐 없느냐에 구애되어 우주 만물이 이처럼 끊임없이 활동하고 상호작용한다는 사실, 새로 태어나고 또 죽어 간다는 사실을 잊어서야 되겠는가! 『종의 기원』 11장은 지구의 역동적인 실상을 제시하며 우리에게 이런 질문을 던진다. 이렇듯 변화무쌍하게 활동하는 우주 만물 속에서 과연 너의 날개는 무엇인가, 그리하여 너는 무엇으로 변신하고 있는가?

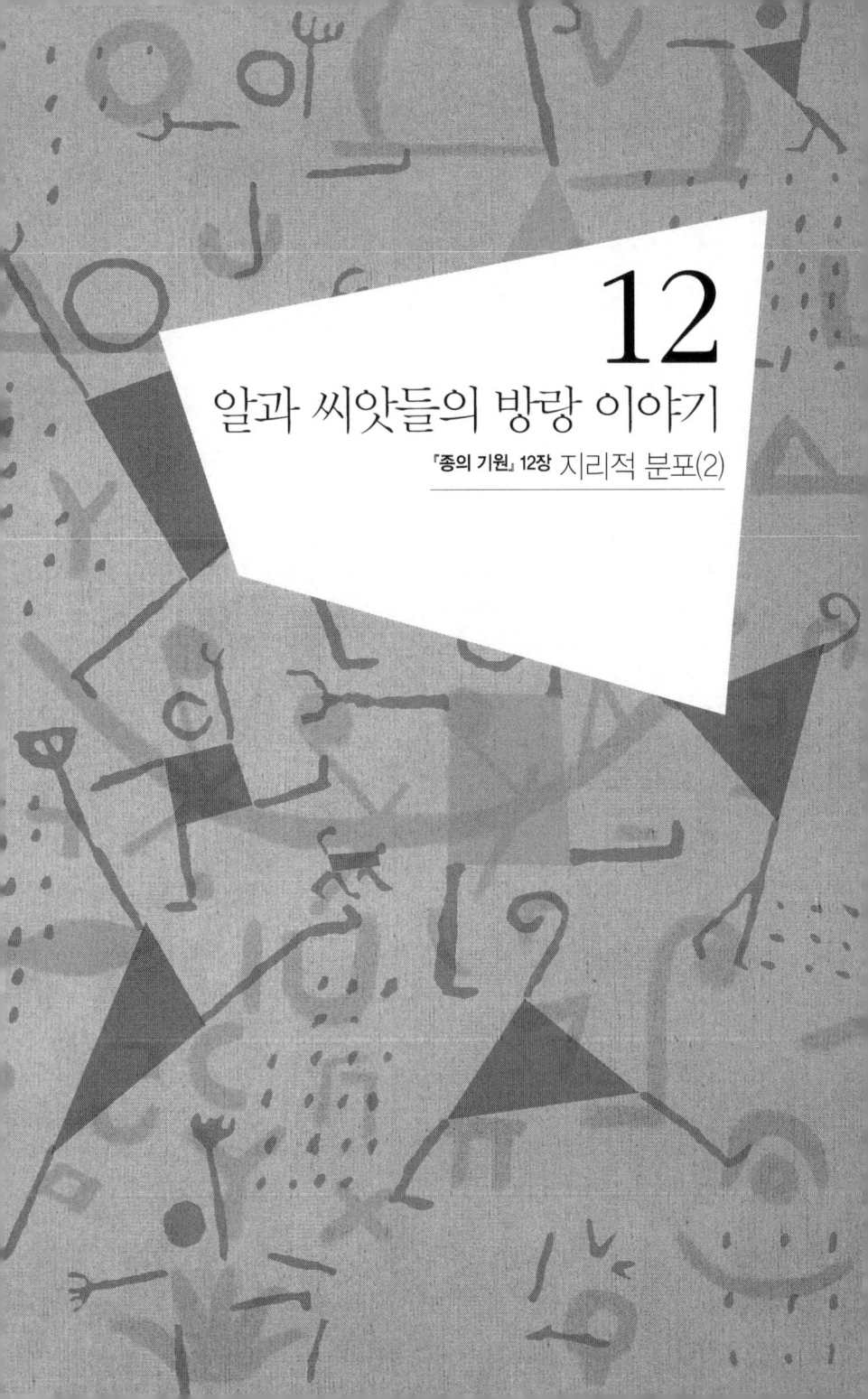

12
알과 씨앗들의 방랑 이야기
『종의 기원』 12장 지리적 분포(2)

제자가 남곽자기(南郭子綦)에게 물었다. "어찌 된 일입니까? 육체란 것이 본래 고목처럼 될 수 있고, 마음도 불 꺼진 재가 될 수 있는 겁니까? 지금 책상에 기대신 모습은 예전에 기대고 계시던 모습과 다릅니다." 남곽자기가 대답했다. "언(偃)아, 참 훌륭한 질문이로구나! 나는 지금 나를 잃어버렸다. 너는 그걸 알 수 있겠느냐?"
— 장자, 『장자』.

알과 씨앗들의 방랑 이야기

12장은 앞 장의 식물 분포 문제보다 훨씬 더 어려워 보이는 민물생물의 분포 문제로 시작한다. 처음부터 분위기가 심상치 않다.

> 호수나 하천은 육지라는 장벽으로 분리되어 있으므로 민물생물은 널리 분포해 갈 수 없었을 것이고, 또한 바다는 그보다 더 통과하기 힘든 장벽이므로 민물생물이 멀리 떨어진 나라까지 퍼져 있으리라고는 생각되지 않아 왔다.(p. 383)

당연하다. 민물에 사는 조개나 식물, 물고기들이 발이나 날개가 달린 것도 아닌데 어떻게 멀리 떨어진 민물로 퍼져 갈 수가 있었겠는가! 그런데 바로 다음에 이런 문장이 턱! 하니 붙어 있다. "하지만 실제로는 그와 정반대다".(p. 383) 이건 또 무슨 말인가? 예외도 있는 정도가 아니라 정반대라고?

많은 민물종들이 매우 광범위하게 퍼져 있을 뿐만 아니라 근연종들도 전세계적으로 분포되어 있다. 브라질에서 처음으로 민물생물들을 채집했을 때 나는 그 부근에서 살고 있는 육지생물들은 영국의 생물들과 매우 다른 반면, 민물곤충과 조개류 들은 영국의 것들과 비슷하다는 사실을 발견하고 크게 놀랐었던 것을 지금도 생생하게 기억하고 있다.(p. 383)

아니! 이게 어떻게 된 거지? 육지생물들이 다르다는 건 뭐 지역이 멀리 떨어져 있으니까 당연한 거지만, 어떻게 브라질에 사는 민물곤충과 조개류들이 영국의 것들과 비슷할 수 있지? 이건 자연조건을 중시하는 창조론이나 기존의 진화론으로는 이럴 수도 없고, 저럴 수도 없는 현상이었다. 다윈에게도 만만치 않은 난제임에 분명했다. 그러나 다윈은 담대하게 선언한다.

민물생물들이 널리 퍼질 수 있는 **능력(power)**은 대부분의 경우, 이 생물들이 제가 사는 지역의 이 연못에서 저 연못까지, 또는 이 하천에서 저 하천까지의 짧은 거리를 빈번히 이동하는 데 고도로 **적응**해 있다는 것으로 설명할 수 있다. 민물생물들이 널리 퍼져 있다는 사실은 이러한 **능력의 거의 필연적인 결과**다.(p. 383)

대체 다윈은 민물생물들의 무슨 능력을 믿길래 이렇듯 호언장담을 하고 있는 걸까? 그리고 현재의 분포 양상이 그런 능력의 필연적인 결과라고?

이 문제와 관련하여 우리는 여러 가지 경우를 생각해 볼 수 있지만 그 가운데 가장 설명하기 어려운 문제인 어류에 관한 것부터 보기로 하자. 얼마 전까지만 해도 멀리 떨어진 두 대륙에는 민물고기 중 동일한 종은 결코 살지 않는다고 굳게 믿어졌었다. 그러나 최근에 귄터 박사는 갈락시어스 아테누아투스(Galaxias attenuatus)가 태즈메이니아(Tasmania), 뉴질랜드, 포클랜드 제도, 또 멀리 남미 대륙 본토 내에까지 살고 있다고 지적한 바 있다. 이는 매우 놀라운 예로서, 아마도 예전의 어느 온 난한 시기에 남극 지방의 한 중심으로부터 널리 흩어졌을(산포되었을, disperse) 것이다. 이 놀라운 현상은, 만일 이 속의 어떤 종이 매우 광활한 바다를 건널 수 있는 능력이 있었다고 생각한다면 그리 놀랄 만한 것도 못 된다. 예컨대 230마일[약 370km]이나 떨어져 있는 뉴질랜드와 오클랜드 제도에도 동일한 종이 서식하고 있다. 사실 민물고기는 흔히 동일한 대륙 내의 민물에서도 상당히 변덕스럽게 분포하고 있다. 인접한 두 하천에 있어서도 약간의 종은 같으나 약간의 종은 전혀 다르지 않은가!(6판 pp. 343~344)

자, 이제부터 또 다윈의 현란한 구라가 시작될 듯한 분위기다. 나는 이 대목을 읽을 때면 마르케스의 『백 년 동안의 고독』이 떠오르곤 한다. 마르케스는 이 작품에서 어찌나 황당무계한 이야기들을 잔뜩 늘어놓았는지 많은 독자와 평론가들로부터 대단히 환상적인 작품이라는 평을 들었다. 하지만 정작 마르케스 본인은 "이 작품에서 사실에 근거를 두지 않은 내용은 단 한 줄도 없다"라고 말했다. 요컨대 모두 사실 그대로는 아니지만 사실과 무관한 내용은 하나도 없고, 사실보다 더 사실적이라는 말씀. 다윈의 지구 이야기도 그러하다. 그의 많은 주장이 우리의 상식에 위배되지만, 가만히 따져 보면 거의 다 사실에 근거한 이야기들로 구성되어 있다. 지구가 살아 움직인다든가, 무생물과 생물이 함께 참여하여 진화를 이루어 나간다는 이야기에는 비유나 상징 같은 것은 일체 들어 있지 않다. 온갖 식물들과 민물생물들이 멀리 떨어진 지역에까지 수시로 이동한다는 것이, 언뜻 듣기에는 과장이나 비유처럼 들리지만 그것이야말로 진실이다. 식물이 이동하지 못한다든가 민물생물들이 다른 민물로 이동할 수 없다는 철석같은 믿음이야말로 오히려 오류요 허구다.

헌데 우리는 왜 오류에 빠지는가, 그리고 내가 오류에 빠져 있다는 사실조차 모르는 건 또 왜인가? 그것은 바로 이 세상 모든 존재들을 각각 독립적인 존재라고 근거 없이 가정하기 때문이다. 하긴 민물에 사는 조개나 식물들이 어떻게 스스로 다른 민물로 갈 수 있겠는가? 이 대륙의 육생식물이 어떻게 저 대륙으로 이동할 수 있겠는가? 그러나 세상 만물 중 저 혼자 살아가는 것은 없으며 모두 다 함께 살아간다. 공통의 이익을 위하여 다른 생물들과 협동한다는 차원의 얘기가 아니다. 진실은 그보다 더 심오하고 근원적이며 일상적이다. 세상 만물은 다른 존재들 없이는 단 하루도 살 수 없으며 아예 태어나는 것부터가 불가능하다. 다른 존재란 수많은 생물들은 물론 무생물들까지 포함된다. 같은 종류의 다른 개체들이 포함된다는 것은 두말하면 입 아프다. 식물의 씨앗과 물고기와 새와 바닷물의 접속을 잊었는가? 꽃가루와 바람과 토끼풀과 꿀벌을 잊었는가? 이들의 관계는 협동 이전에 상호의존이라는 이름의 삶의 조건이다. 경쟁도 협력도 이 조건 위에서 가능하다. 다윈을 흉내내어 말해 보자. 모든 존재가 함께 살아간다는 사실을 입으로 인정하는 것보다 쉬운 일은 없다. 그러나 이 사실을 늘 염두에 두는 것보다 어려운 일은 없다. 다윈과의 산책은 온 세상에 미만해 있는 일상적이고도 심오한 이 진실을 마음에 새길 수 있는 좋은 기회다. 그럼 다윈의 구라, 아니 지구의 실제 이야기를 계속 들어 보자.

어류가 우연한 방법으로 때때로 옮겨진다는 것은 있음 직한 일이다. 예컨대 인도에서는 살아 있는 물고기가 회오리바람에 의해 먼 곳으로 옮겨 떨어지는 일이 드물지 않으며, 그 물고기의 알이 물 밖에서 오랜 시간 생명력을 가진다는 사실도 이미 알려져 있다. 그러나 민물고기가 퍼지게 된 것은 주로 하천계들이 서로 혼류(混流)될 수 있도록 근세(近世)의 강바닥에 변화가 일어났기 때문이다. 때로는 강바닥의 변화 없이 홍수로 인해 급격히 퍼질 수도 있다. …… 오래전 옛날부터 양측 하천계의 혼입을 막아 온 산맥이 있는 경우, 그 양쪽에 서식하는 어류들 간에 뚜렷한 차이가 있다는 것도 이 견해를 입증해 준다.(p. 384)

바닷물에 사는 어류도 주의 깊게 다루면 민물생활에 순응시켜 갈 수가 있다. 발랑시엔에 의하면 민물산에만 한정되어 있는 어류 무리는 하나도 없다고 한다. 따라서 우리는 민물군에 속하면서 바다에 산란하는 어류들의 경우, 해안을 따라서 멀리까지 유영하는 동안에 차츰 변화해서 멀리 떨어진 육지의 민물에 적응할 수도 있었으리라는 상상을 해볼 수 있다. 민물 패류 중 어떤 종들은 매우 널리 분포되어 있으며, 그것의 근연종들은 전세계적으로 번성해 있다. 이들의 분포 양상을 처음 접했을 때는 나도 매우 당혹스러웠다. 왜냐하면 알이 새에 의해 운반되는 것으로는 보이지 않는 데다가, 성체나 알은 바닷물 속에서 곧 죽어 버리기 때문이다. …… 그러나 내가 관찰한 두 가지 사실(아직 관찰되지 않은 많은 사실들이 이 밖에도 많이 있으리라는 사실은 의심할 바가 없다)이 이 문제에 다소간 광명의 빛을 비춘다.(pp. 384~385)

나는 개구리밥으로 뒤덮인 연못에서 물오리들이 갑자기 모습을 나타낼 때 등에 개구리밥이 붙어 있는 것을 **두 차례나 보았다.** 그때 문득 어떤 기억이 떠올랐는데, 나는 언젠가 약간의 개구리밥을 한 양어(養魚) 연못에서 다른 양어 연못으로 옮기는 중에 나도 모르게 조개 몇 개를 함께 옮겨 버린 적이 있었다. 그러나 이보다 더 효과적인 경로가 있을 것으로 생각된다. 나는 야생 연못에서 잠자고 있는 새의 발 대신, 오리의 발을 민물 조개류의 **알**이 많이 부화되고 있던 양어 연못에 담가 보았다. 그랬더니 갓 부화된 극히 작은 조개류들이 그 발에 상당히 많이 기어올랐으며 물에서 꺼내 흔들어도 떨어지지 않을 정도로 단단히 붙어 있었다. 물론 이 조개들은 어느 정도 성장한 뒤에는 자연히 떨어졌다.(p. 385)

하지만 행여 오리발에 붙어서 물속에서 빠져나오는 데 성공했다고 해도 갓 부화된 조개류가 대기 중에서 얼마나 오래 숨쉬며 살아남을 수 있겠는가?

갓 부화된 이런 연체류는 물속에 사는 것이 본성이지만, **습한 공기 속에서는** 오리발에 붙은 채 12시간에서 20시간 동안 살아 있었다. 그만한 시간이면 오리나 왜가리는 적어도 1,000킬로미터는 날아갈 수 있으며, **또 만일 바람을 타고** 바다를 건너 대양의 섬이나 그 밖의 먼 곳에 가면 연못이나 개울에 내리게 될 것이다. 라이엘 경도 내게 삿갓조개(Ancylus, 민물조개의 일종)가 단단히 붙어 있는 물방개부치 한 마리를 잡은 적이 있다고 알려 주었다. 또한 같은 과에 속하는 수생갑충 콜림베테스(Colymbetes)가 육지로부터 80킬로미터 정도 떨어져 있던 비글호 갑판 위로 날아 온 적도 있었다. 그것이 **순풍을 탄다면** 얼마나 더 멀리 날아갈 수 있을지에 대해서는 아무도 장담할 수 없다.(pp. 385~386)

인간은 물속에 빠지면 죽고, 물고기는 물바깥에 나오면 죽는다. 그러므로 이들에게는 물속과 물바깥의 세상이란 생과 사를 가를 만치 절대적으로 분리된 공간이다. 그러나 삿갓조개와 콜림베테스에게는 다르다. 그들에게 물바깥이란 오리와 왜가리와 바람과 접속하여 자유로이 유영(遊泳)할 수 있는 공간, 요컨대 습도가 조금 다른 공간일 뿐이다. 물고기도, 새도, 비행기도 물과 대기의 흐름[流]을 타고 유영하는 존재들이다. 삿갓조개와 콜림베테스는 습도의 차이에 따라 유영에서 비행으로, 비행에서 유영으로 전환할 수 있는 변신의 귀재다.

방랑자들을 주목하라!

식물에 관해서 말하자면, 많은 민물종들이나 심지어 습지식물들까지도 대륙 전체나 가장 멀리 떨어진 대양의 여러 섬에 이르기까지 널리 분포해 있다는 사실이 아주 오래전부터 알려져 있다. 나는 여러 가지 분산 방식이 이 사실을 설명할 수 있다고 생각한다. 앞에서 나는 새의 부리나 다리에 때때로 소량의 흙이 묻어 있었다고 언급했다. 섭금류(涉禽類, wading birds)는 연못 가장자리의 깊은 흙탕이 있는 곳까지 곧잘 오곤 하는데, 그것이 날아갈 때에는 발이 흙투성이가 되기 쉬울 것이다. 섭금류는 최대의 **방랑자**로 대양 안의 대단히 먼 불모의 섬에도 이따금 모습을 나타낸다는 것을 나는 증명할 수 있다. 이때 그들은 도중에 바다에 내리는 일이 없기 때문에 다리에 붙은 진흙이 씻겨지지 않을 뿐만 아니라, 육지에 닿으면 본성에 따라 민물 서식지를 찾아간다. 나는 **연못의 흙탕이 얼마나 많은 종자들로 가득 차 있는지**에 대해 식물학자들조차 잘 알고 있다고는 믿지 않는다.(p. 386)

나는 몇 차례에 걸쳐 소규모 실험을 해보았는데, 그 중 가장 뚜렷한 예만을 제시하도록 하겠다. 2월에 어떤 작은 연못 이곳저곳에서 진흙 세 숟가락을 퍼낸 다음, 흙이 건조된 후 무게를 재어 보니 200그램에도 못 미쳤다. 나는 뚜껑을 덮어 이걸 6개월간 서재에 두고 식물의 싹이 틀 때마다 뽑아서 수를 세었다. 세어 보니 종류도 많았지만 총 개체수가 537포기나 되었다. 끈적끈적한 그 흙은 아침 커피잔 하나를 채울 정도의 소량에 불과했는데도 그 정도였다. 이 같은 사실로 미루어 볼 때, 만약에 섭금류가 민물식물의 **씨앗**을 아주 멀리 떨어진 곳, 특히 아직 생물이 거의 살고 있지 않은 연못이나 하천으로 옮긴 적이 없었다면, 따라서 그 식물의 분포 범위가 아주 크지 않았다면 그게 오히려 더 설명하기 어려웠을 것이라고 나는 생각한다. 이와 동일한 매개 작용이 작은 민물 동물의 **알**에도 작용할 수 있었을 것이다.(pp. 386~387)

다윈은 지면의 부족으로 인해 방대하게 수집한 사례 중에서 가장 어려운 사례만을 골라 해결하는 방식을 택했다. 기존의 자연관하에서는 해결하기 힘든 난제로만 보였던 사태들! 그러나 결론 부분에 이르러 보면 독자들은 어느덧 이것이야말로 자연스럽지 않은가, 민물생물이 널리 분포하지 않았다면 그것이 더 기이하지 않았겠는가, 라는 다윈의 말에 고개를 주억거리게 된다. 한 가지 덧붙일 것은 다윈의 실험 방식은 언제나 최소 비용으로 최대 효과를 낸다는 점이다. 심지어 이 실험에서는 아무 비용도 안 들이고, 다만 식물이 싹틀 때마다 흰머리 뽑듯 하나씩 뽑아냈을 뿐이다. 악필이 붓을 탓하고 무능한 과학자들이 비싼 실험 장비만 요구한다, 고 말하면 입자 가속기 돌리는 과학자들이 살짝 열받을까 ^^;

아마 여러 가지 다른 미지의 원인들도 가세했을 것이다. 민물고기는 삼킨 종자를 토해 내는 경우도 많지만, 어떤 종류의 종자는 먹어 버린다는 얘기를 앞에서 한 바 있다. 작은 물고기들도 황색 수련이나 가래 같은 중간 크기의 종을 삼켜 버린다. 왜가리나 그 밖의 새들은 몇 세기 동안이나 매일 물고기를 찾아 먹는 생활을 계속해 왔고, 물고기를 먹은 후에는 다른 물가를 찾거나 바람에 날려서 바다를 건너가게 된다. 그리고 씨는 몇 시간 뒤에 작은 알갱이에 섞여 토해지거나 배설되는데, 그때까지 씨앗은 발아능력을 그대로 지니고 있다. 나는 아름다운 수련인 넬룸비움(Nelumbium)의 종자가 대단히 크다는 걸 알고 있었고, 또 수련의 분포에 관한 알퐁스 드 캉돌의 얘기를 상기해 볼 때, 이것이 널리 퍼져 나간 방법에 대해서는 도저히 설명할 수 없을 거라고 생각했다.

그러나 오더번은 왜가리의 위(胃)에서 남방 지역의 큰 수련 종자를 발견했다고 말했다. 그래서 생각해 본 건데, 넬룸비움같이 종자가 큰 식물은 아마도 이렇게 날아가지 않았을까 싶다. 먼저, 이 식물의 종자를 먹은 왜가리가 멀리 떨어진 연못으로 날아간다. 그리고 거기서 물고기를 실컷 잡아 먹고는 토해 내거나 배설한다. 마지막으로 거기에는 발아하기에 적당한 상태의 씨앗이 종종 섞여 있을 것이다. 혹은 새가 새끼에게 먹이를 줄 때 종종 물고기를 떨어뜨린다는 사실이 알려져 있는데, 그 과정에서 씨앗이 떨어지는 일도 있을 것이다. …… 예컨대 융기하는 중인 섬에 맨 처음 연못이나 개울이 생겼을 때, 그곳에는 생물이 살고 있지 않을 것이므로 1개의 씨앗이나 알이라도 도착하기만 하면 번식할 수 있는 충분한 기회가 있었을 것이다.(pp. 387~388)

이제 우리는 세번째이자 최대의 난제 즉, 대양도의 생물상 문제에 도달하였다.(pp. 388~389)

민물고기와 민물식물에 이어 우리는 최대의 난제와 만나게 되었다. 대양도의 생물상을 보면 대단히 기묘한 현상들이 나타나는데, 이는 창조론은 물론 기존의 과학 이론으로는 전혀 해결할 수 없는 것이었다. 앞서도 얘기했지만 기존의 과학자들은 대양에 존재하는 많은 섬들이 예전에는 대륙과 이어져 있었다고 추정함으로써, 대륙과 대양도의 생물상이 보여 주는 유사성을 설명했다. 그들은 그런 식으로 많은 골치 아픈 문제들을 한칼에 베어 버릴 수는 있었지만, 이제부터 이야기할 기묘한 현상들에는 손도 못 대고 있었다. 다윈은 자신의 극히 간단한 견해, 즉 모든 것은 공통의 조상에서 유래하며, 이후 오랜 시간에 걸쳐 전세계로 퍼져 나가 오늘에 이르렀다는 견해만을 가지고 이 난제들과 정면 대결을 벌인다.

> 대양도의 생물상을 보면 종의 수는 적은데, 고유종의 수는 많다. 이는 같은 면적의 대륙과 비교해 보면 금세 알 수 있다. 알퐁스 드 캉돌은 식물에 대해, 울러스턴은 곤충에 대해 이러한 사실을 확인하였다. 예컨대 높은 산과 다양한 지형을 가지고 남북으로 780마일[약 1,255km] 이상 펼쳐져 있는 뉴질랜드가 그렇다. …… 주변의 오클랜드와 캠벨과 채텀의 외곽 섬들까지 모두 합쳐도 이곳에는 단지 960종의 꽃식물만이 서식하고 있다. 케임브리지 주와 같이 지형적으로 단순한 곳에서도 847종의 식물이 있으며, 앵글시 섬과 같은 작은 섬에도 764종이나 산다는 사실을 상기해 보라! **우리는 물리적 상태만으로는 이런 차이가 생겨날 수 없고 뭔가 그 밖의 다른 요인이 작용했으리라고 생각지 않을 수 없다.** …… 게다가 북부 대서양에 있는 척박한 어센션 섬의 경우, 원래는 여섯 종 미만의 꽃식물밖에 없었다는 증거가 있으나 지금에 와서는 …… 많은 식물 종들이 귀화되어 있다. 세인트헬레나 섬에는 귀화된 동식물들이 많은 토착생물들을 거의 전적으로 절멸시켜 버렸다고 믿을 만한 근거가 있다.(pp. 389~390, 4판에서 부분 수정)

대륙 지역과 대양도는 동일 면적을 비교해 볼 경우, 왜 종수에 있어서 현저한 차이가 날까? 또 모든 생물들이 제가 사는 환경에 적합하게 창조되었더라면(생겨났더라면), 토착생물들은 다른 환경에서 이주해 온 동식물들에 비해 훨씬 더 유리했을 텐데, 어째서 그들 중 다수가 새로운 이주자들에게 절멸당해 버린 걸까? 종이 개별적으로 창조되었다고 믿는 창조론이나, 예전에는 대륙과 섬들이 모두 이어져 있었다는 과학 이론 가지고 이런 현상을 설명할 수 있겠는가? 그러나 이런 어려운 난제들도 다윈의 견해에 입각하면 명쾌하게 설명된다. 대륙에서 살던 생물들이 여러 수송 수단에 의해 대양도까지 이를 수는 있지만 쉬운 것만은 아니다. 그러므로 종수가 한정되어 있는 것은 당연하다. 그리고 "대륙으로부터 고립된 새 지역에 도착한 종은 새로운 동료들과 경쟁해야 하므로 현저하게 변화하기 쉽고, 그 과정에서 변화된 자손의 무리가 생겨날 가능성이 많다."(p.390) 그러니 대륙의 생물들과는 다른 고유종이 많을 수밖에!

물론 여기에는 물리적 조건 또한 부차적으로 중요하다는 말을 덧붙여야 한다. "갈라파고스 제도에는 육생조류 26종 중에 21종(어쩌면 23종)이 특산종인 반면, …… 남미에서 갈라파고스 제도가 떨어져 있는 만큼 북미에서 떨어져 있는, 특수한 토양을 가진 버뮤다 섬에는 고유한 육생조류를 단 한 가지도 찾아볼 수 없다."(3판 p.422) 물리적 조건이 다르니 결과도 다를 수밖에, 다윈은 물리적 조건을 최우선시하는 견해에 반대한 것이지 물리적 조건을 무시한 게 아니었다. 당연히 그러지 않았겠는가!

대양도에는 어떤 강(綱) 자체가 아예 없는 경우가 있는데, 그럴 경우 다른 강들이 그에 해당하는 지위를 차지하고 있다. 따라서 갈라파고스 제도에서는 파충류가, 뉴질랜드에서는 날개 없는 거대한 새들이 포유류

포유류의 지위
이구아나는 물론 파충류다. 하지만 갈라파고스 제도의 이구아나는 대륙에서라면 포유류가 차지했을 지위를 점하고 있다.

의 지위를 차지하고 있거나 최근에 차지했다. 식물의 경우 갈라파고스 제도에서는 …… 서로 다른 목들의 수의 비율이 다른 지역과는 크게 다르다. 일반적으로 **물리적 조건의 차이를 가정함으로써** 이런 차이를 모두 설명하지만, 그런 설명은 상당히 미심쩍다. 오히려 **이주의 용이성 여부가 환경의 성질만큼이나 매우 중요한 역할**을 했던 듯하다.(pp. 391~392)

많은 과학자들은 물리적 조건을 중시하는 게 대단히 과학적인 태도라도 되는 양 으시댔다. 하지만 그런 태도는 따지고 보면 '유사한 조건에 유사한 생물들'이라는 도식에 불과하며, 이 도식에는 신한 섭리나 지적인 배치가 전제되어 있었다. 생물들은 조건을 다양한 방식으로 반영하는 숙명적 존재요, 조건들은 아예 생명력이나 활동력이 없는 것들이었다. 흥미로운 일은 이렇게 물리적 조건을 중시하던 과학자들이 도저히 풀기 어려운 난제에 봉착했을 때 벌어진다. 그들은 이 세상에 자연법칙으로는 다 이해할 수 없는 어떤 신비가 있다고 탄식하면서 창조론의 품에 안긴다. 이 창조론에서 저 창조론으로 곧장 이동하기. 자연 혹은 물리(物理)에 대해 수동적이고 결정론적인 속성만을 허용하는 인간중심주의의 지루한 운명.

> 어떤 대양도에는 포유동물이 한 마리도 살고 있지 않은데, 씨앗에 훌륭한 갈고리가 달려 있는 고유 식물종이 있다. 이 갈고리는 의심할 여지없이 씨가 네발짐승의 털에 달라 붙어 운반되는 데 쓰이는 것이다. …… 이 식물은 어떤 방법에 의해 이 섬으로 운반되었을 것이며, 그 뒤 이 식물에 일어난 여러 변화에도 불구하고 여전히 갈고리를 갖고 있어 하나의 고유종을 이루었을 것이다. 그리하여 이 갈고리는 섬에 사는 많은 투구풍뎅이의 위축된 날개가 그런 것처럼 쓸모없는 부속물이 되고 만 것이리라.(p. 392)

만일 생물들이 제가 사는 환경에 적합하게 창조되었다면(생겨났다면), 갈고리는 다 뭐고 위축된 날개는 또 뭐란 말인가!

또 다른 신기한 현상도 있다. 바로 대양도에는 개구리나 두꺼비, 혹은 도롱뇽 같은 양서류가 살지 않는다는 사실이다. 나는 이 사실을 확인하

는 데 무척이나 애를 먹었지만, 결국은 그것이 엄밀한 진실임을 알게 되었다.(p. 393)

우리 현대인에게는 다윈이 이 사실을 확인하는 데 무척 애를 먹었다는 게 잘 이해가 안 된다. 대양도는 대륙하고 떨어져 있으니까 양서류나 포유류 같은 것은 이동하기 어려웠을 것이고, 반면 날아다니는 조류나 (포유류 중에도) 박쥐 같은 놈들은 얼마든지 서식 가능했을 터이다. 이게 뭐가 신기한가? 헌데 당시 사람들은 이게 신기했다는 '신기한' 사실! 왜 그랬을까? 그들은 대륙에서 멀리 떨어진 대양도에 대륙의 식물과 (거의) 동일한 종들이 서식하고 있다는 사실을 '유사한 조건에 유사한 생물'이라는 틀로 이미 설명하였다. 그래 놨으니, 만약 그렇다면 왜 유독 양서류는 대양도에서 찾아볼 수 없느냐는 물음 앞에서 꿀먹은 벙어리가 될 수밖에. 창조론자든 아니든, 생물은 제가 사는 환경에 적합하게 생겨났다고 믿는 한, 대양도의 양서류 부재 현상은 신기할 수밖에 없다. 모든 것에는 적합한 때와 장소가 있다는 이 오래된 믿음이 창조론자든 반(反)창조론자든, 대부분의 사람들을 사로잡고 있었다(지금은 어떨까? 많이 달라졌을까?). 이 세상은 어떤 섭리나 법칙에 의해 생겨났고 또 지금도 그에 의해 운행되고 있다는 믿음, 거기에 세상 만물 중 인간이 가장 고귀한 혹은 가장 고등한 존재라는 믿음이 더해진 것, 그것이 바로 다윈 이전의 창조론과 진화론, 아니 서구 사상 전체가 공유하던 믿음이었다. 다윈이 『종의 기원』을 통해 전복하려고 한 것은 바로 이 공통된 믿음이었다. 다윈의 비수(匕首)가 창조론자들의 목을 겨누며 날아가는 장면에 환호를 보내던 많은 과학자들은 그 화살촉이 자신들의 목 또한 겨누고 있다는 사실을 눈치채지 못했다. 150년 전에 다윈이 날렸던 비수가, 자연조건을 최우선으로 고려하여 생물의 특징과 분포를 설명하려는 목적론자들을 향했던 것이라면, 우리 현대인들도 마냥 박수만 치고 있을 수는 없지 않을까?

대양도에는 양서류가 서식하지 않는다. 뉴질랜드와 뉴벨칼레도니, 안다만 제도 등만이 예외일 뿐 다른 대양도에는 모두 양서류가 살지 않는다(그러나 뉴질랜드와 누벨칼레도니를 과연 대양도로 분류할 수 있는지는 의문스럽다). 그토록 많은 대양도에 개구리, 두꺼비, 도롱뇽 등이 일반적으로 존재하지 않는다는 것은 그 섬들의 **물리적인 조건으로는 설명할 수 없다. 사실 많은 대양도의 환경은 이런 양서류들이 사는 데 적합해 보인다.** 예컨대 마데이라 제도나 아조레스 제도 및 모리셔스 제도에 개구리가 도입되자마자 귀찮을 정도로 많이 번식했다는 사실은 이 점을 잘 보여 준다. 양서류 동물이나 그들의 알은 바닷물에서는 즉시 죽어 버리기 때문에 대양을 건너 퍼지기는 대단히 어려웠을 것이며, 따라서 엄밀한 의미의 대양도에 왜 이들이 존재하지 않는가는 자연스레 이해할 수 있다. 그러나 **창조설에 입각해서는 왜 그곳에서만 이들이 창조되지(생겨나지) 않아야 했는가를 설명하기는 매우 어렵다.** (p. 393, 4판에서 부분 수정)

우리는 흔히 창조론은 아무 근거도 없이 그저 성경 구절만을 반복하고, 과학자들은 물리적 조건을 중시해서 설명한다고 생각한다. 그러나 다윈이 방금 말했듯 물리적 조건을 최우선시하는 관점이 바로 신학자들과 당시 과학자들의 공통 전제였다. 신의 섭리라 부르든 자연의 섭리라 부르든 '유사한 조건에 유사한 생물'이란 생각은 결국 목적론이다 (내가 보기에는 현대의 과학자들은 목적론이 뭔지 잘 모르는 것 같다). 그런 생각 속에서 생물들은 자연조건에 수동적으로 적응(신학자라면 '순응'이라고 부르겠지만)해 살아가는 존재일 뿐이다. 반대로 인간은 그런 조건을 창조적으로 개척하고 변경할 수 있는 '다른 종류의' 존재가 된다. 창조론자들과 과학자들이 이구동성으로 물리적 조건을 최우선시했을 때, 그로부터 다른 생물들을 수동적 존재로 보고 인간을 '전혀 다른 종류'의 존재로 상승시키는 결론은 이미 예정되어 있었다. 물론 많은 과학자들은 인간을 동물과 전혀 다른 종류라고 말하기보다는 동물 중에 가장 진화된 존재라고 부르기를 선호한다. 그렇지만 언어나 이성, 도덕, 사회성 등을 인간만의 전유물이라고 주장할 때, 그들 또한 인간을 '전혀 다른' 생물이라고 믿는 속생각을 여지없이 드러낸다. 목적론과 인간중심주의는 사실상 같은 것임을 이보다 잘 보여 주는 예가 또 있을까!

생물은 수동적인 존재가 아니다. 다윈이 말했듯이, 생물들이 세계 각지에 다양하게 분포해 살고 있는 것은 생물들이 가진 "능력의 거의 필연적인 **결과**"다. 생물이 다양한 장소에 널리 분포한 것, 또 그에 적합한 생활을 하며 살고 있는 것은 그들의 능력의 결과다. 이를 통해 다윈은 신학과 과학이 오래도록 공유해 온 통념을 부수고 인류에게 새로운 생각을 선물하였다.

첫째, 생물이 조건에 적합한 구조와 생활습성을 가진 것은 외부의 절대자가 태초에 부여한 섭리도 아니고, 자연이란 것이 본래 그래서 그런 것도 아니다. 우리가 원인이나 섭리라고 믿는 것은, 실은 생물의 능력이 진화과정을 거치면서 산출한 결과일 뿐이다. 게다가 대부분의 생물이 처한 조건에 적합한 것은, 부적합한 생물들이 멸종해서 발생한 **파생적 결과**다. 다윈이 '형질 분기'와 멸종을 늘 하나의 쌍으로 제시한 것은 거기에 어떤 선한 섭리(신의 섭리든, 자연의 섭리든)도 끼어들지 못하게 하기 위해서였다.

둘째, 생물들의 능력이란 창조론자들이 말하는 것처럼 외부에서 그 생물 안에 심겨진 것도 아니고, 목적론에 빠진 과학자들이 말하는 것처럼 그 생물 자체의 내재적인 능력도 아니다. 생물들의 능력은 수동적인 것도 아니지만 능동적인 것도 아니다. 그것은 자기와 다른 생물 및 무생물과 접속되는 능력이며, 지금까지의 자신을 잃고 새로운 사태 속으로 자신을 내던지는 능력이다. 능동성이 최고도로 발휘되는 순간은 자신을 최대한 잃는 순간이다("자신과 닮지 않은 자손을 낳기 위한 가열찬 투쟁"). 그 강렬한 접속에서 새로운 사건이 발생하고 사건의 반복은 진화를 낳는다.

셋째, 현재 생물들이 생활환경에 적합한 것은 진화과정의 결과다. 따라서 그것은 자연의 최종적인 모습이 아니라 잠정적인 상태며, 이후 수많은 변화들로 인해 결국은 변경될 것이다. 그토록 잘 적응해 살고 있던 생물들이 외래 생물들의 침입에 쉽사리 굴복하는 것은 어떤 상태도 결코 최종적인 것일 수 없음을 선연하게 보여 준다. 현재의 자연이 고도로 정교하고 조화로운 건 사실이지만, 자연이 펼칠 수 있는 조화와 완벽성은 지금의 현실이나 우리의 상상을 훨씬 초월한다. 생명의 역사는 무수한 신종의 탄생과 그보다 더 압도적으로 많은 종들의 절멸을 통해 이 사실을 여실히 증명한다. 또한 신종의 탄생에 대해서도 이 기회에 말해 둘 것이 있다. 새로운 종이 탄생한다는 것은 함께 사는 주변 생물들에게는 자신의 환경이 크게 변했다는 걸 의미한다. 그것은 다른 생물들의 변이와 진화를 어떤 식으로든 촉진할 것이고, 그런 변화가 최근에 새로 탄생한 신종의 환경을 급격히 변화시켜 또 다른 진화를 촉진할 것이다. 새로운 종의 탄생은 완성이 아니라 더 거대한 진화의 재료다. 다시 다윈의 지구 이야기로 돌아가자.

포유류도 마찬가지다. 나는 매우 오래된 여러 항해기를 주의 깊게 살펴보았으나 …… 대륙이나 대륙에 딸린 큰 섬으로부터 500킬로미터 이상 떨어진 섬에 육생 포유류가 있다는 사례는 하나도 발견하지 못했다(원주민이 가축으로 사육하는 경우는 당연히 제외). …… 늑대 비슷한 여우가 살고 있는 포클랜드 제도가 예외라면 예외라고 할 수 있겠으나, 이 제도는 450킬로미터 떨어진 곳에 있는 본토에서 쭉 연결되어 있는 대륙붕 위에 솟아 있기 때문에 대양도로 간주할 수가 없다. 더욱이 북극 지방에서는 오늘날에도 흔히 그런 일이 일어나듯이 옛날에 빙산이 여우를 실어 왔을지도 모르는 것이다.(pp. 393~394)

여우가 빙산을 타고 대양도로 이동하는 모습은 상상만 해도 재미있다. 발바닥은 좀 시렸겠지만 세상 어떤 놀이기구보다도 근사했을 빙산. 이동 중에 수도 없이 스쳐 지나갔을 지구의 다양한 풍경들은 또 얼마나 장관이었겠는가! 그리고 다윈은 논의 전개상, 원주민이 가축으로 사육하는 것을 제외했지만, 사실 그것 또한 야생동물과 인간의 접속이 낳은 결과다. 린 마굴리스는 『생명이란 무엇인가』에서 인간이 달에 착륙했을 때 우주인의 신발에 붙어 있었을 박테리아를 떠올렸다. "인간들을 죽이지 않고 적당히 길들여 놨더니, 자식들 제법이네! 히유, 또 이 새로운 곳에서 새로운 인생, 아니 박테리아생을 시작해 볼까나!"

유독 섬에서만 포유류를 창조할 만한 시간이 없었다고는 할 수 없을 것이다. …… 대양도에는 육지 포유동물은 없지만 하늘을 나는 포유류는 거의 모든 섬에 존재한다. 뉴질랜드에는 전세계 어디에서도 찾아볼 수 없는 박쥐가 2종 있으며, 노퍽 섬, 비티 제도, 보닌 섬, 캐롤라인 및 마리안 제도, 모리셔스 섬 등지에는 모두 그 섬 특유의 박쥐가 살고 있다. 일반적으로 가정되고 있는 창조의 힘은 왜 멀리 떨어져 있는 섬들에 박쥐는 창조해 놓고 다른 포유류는 한 마리도 창조하지 않았을까? 나의 견해에 입각하면 이 의문에 쉽게 답할 수가 있다. 육생 포유류는 광대한 바다를 건널 수 없지만 박쥐는 날아서 건널 수가 있기 때문이다. 나는 낮에 박쥐가 대서양 위로 높이 날아가는 모습을 본 적이 있다.(p. 394)

비슷하지만 다른

섬의 생물과 관련하여 가장 놀랍고도 중요한 사실은 이들이 가장 가까운 본토의 생물과 혈연은 가깝지만 동일종은 아니라는 것이다.(p. 397)

섬과 대륙은 대부분의 경우 조건이 많이 다르다. 그러므로 물리적 조건의 차이만큼 두 지역의 생물들도 달라야 '자연스럽다'. 이 점에 대해 창조론자와 기존 과학자 사이에는 차이가 없다. 이들 모두 물리적 조건을 가장 중요시하며, 다만 창조론자는 그 위에 신이라는 단계를 하나

더 놓을 뿐이다. 그런데 실제로 조사해 보면 섬과 본토의 생물은 무척 가까운 혈연관계가 있음과 동시에 동일종은 아니라는, 아~주 골치아픈 특징을 보인다. 가까운 혈연관계에 대해서야 육지가 예전에는 모두 연결되어 있었다는 설명으로 대처할 수 있었지만, 같은 종은 아니라는 사실은 마땅한 설명을 찾지 못했다(대부분의 학자들이 종은 불변한다고 믿었다는 사실을 잊지 말자!). 반면 물리적 조건의 차이를 중시하는 학자들은 동일종이 아니라는 사실은 설명할 수 있었지만 가까운 혈연관계는 설명하기 힘들었다. 두 생물상이 비슷하지만 왜 다른지, 다르지만 왜 가까운지를 동시에 설명해야 하는 난제에 부딪쳤을 때 당대인들은 무척이나 갈팡질팡했을 것이다. 인간이 신의 뜻을 모두 헤아릴 수는 없다고 할 수도 있었고, 예전에는 대륙과 붙어 있었다든가 떨어져 있었다고 편의적으로 갖다 붙일 수도 있었다. 하지만 어느 쪽도 개운치는 않았다.

여기가 아메리카 대륙인감?

적도 아래에 위치한 갈라파고스 제도는 남미 대륙의 해안에서 1,000킬로미터나 떨어져 있는 태평양의 화산섬이다. 그런데 여기 생물들은 남미 대륙에 서식하는 생물들을 방불케 하는 특징을 가지고 있다. ······ 이 제도에 온 박물학자들은 자신이 마치 아메리카 대륙에 서 있는 것처럼 착각할 정도다. 갈라파고스에서 창조되었다고 상상되는 종들이 대체 왜 그토록 멀리 떨어져 있는 아메리카에서 창조된 종과 혈연이 가깝다는 명확한 특징을 지니고 있는 것일까? 생활조건, 섬들의 지질학적인 성질, 섬들의 높이나 기후 등 그 어느 것도 남아메리카 연안의 조건과 유사하지 않다. …… 다른 한편 갈라파고스 제도와 아프리카 서해의 베르데 곶 제도[현재의 카보베르데 공화국]는 같은 화산성 토양에다가 섬들의 기후나 높이, 크기 등에서도 상당한 유사한데, 그럼에도 불구하고 살고 있는 생물들은 완전히 다르다! …… 베르데 곶 제도의 생물들은 아프리카 생물들과 유연관계를 갖고 있다. 이 위대한 사실들은 개별적·독립적 창조라는 통상적인 견해로는 어떤 설명도 불가능하다. 그러나 나의 견해에서 본다면 갈라파고스 제도는 …… 아메리카로부터, 베르데 곶 제도는 아프리카로부터 이주해 오는 생물들을 받아들이기 쉬웠을 것이 분명하다.(pp. 397~399)

조건이 전혀 다른데도 생물상 간에 근연관계가 명확한 경우(갈라파고스 제도와 남미 대륙), 그런가 하면 조건이 무척이나 유사한데도 양쪽의 생물상이 전혀 다른 경우(갈라파고스 제도와 베르데 곶), 이 두 경우 모두에 대해 물리적 조건을 중시하는 과학자들과 창조론자들은 설명할 방도를 못 찾고 있었다. 아울러 (다윈은 언급하지 않았지만) 예전에 모든 육지가 이어져 있었다는 견해도 명함을 내밀 수 없었다. 제도에 살고 있는 생물들은 남미 대륙의 생물들과 매우 비슷하지만, 엄연히 다른 종류의 종들이기 때문이다.

이 책의 주장대로 갈라파고스 제도는 아메리카 대륙에서, 베르데 곶 제도는 아프리카에서 수시적인 수송 수단에 의해 이주가 이루어져 왔고, 이후 식민자들이 정착하는 과정에서 기존 생물들과 경쟁을 겪으면서 여러 가지 변화가 발생했다고 생각하면 설명이 가능해진다. 그들은 지극히 멀리 떨어진 곳에 퍼져나간 뒤에도 유전의 원리에 의해 원래의 출생지를 무심코 발설하고 있는 것이다.(pp. 398~399)

섬의 생물과 가까운 대륙의 생물은 극히 가까운 혈연이지만 종류 자체는 다르다. …… 이러한 법칙이 **동일 제도 안에서도 소규모로나마 반복되는 현상**은 너무나 흥미롭다. 예컨대 갈라파고스 제도의 여러 섬들에는 극히 가까운 혈연의 종이 살고 있어 매우 놀랍다. 각 섬의 생물들은 대개 섬마다 다르긴 하지만 세계 어느 곳의 생물과도 비교가 되지 않을 만큼, 밀접하게 상호 유연관계에 있다. 이것이야말로 나의 견해에서 자연스레 예견되는 일이다. 섬들은 동일한 원천(주변의 대륙)으로부터, 혹은 상호 간에 이주자를 받아들일 수 있을 만큼 서로 가까이에 위치하고 있기 때문이다. 그러나 섬들의 고유한 생물 사이에 큰 차이가 있다는 사실은 내 견해에 반대하는 논거가 될 수도 있을 것이다. **섬들은 대부분 육안으로 보일 정도로 가까우며, 지질학적 환경이나 위도, 기후 등도 모두 유사한데, 어떻게 해서 섬마다 종들이 달라지게 되었을까?**(pp. 399~400)

무척이나 흥미로운 문제다. 섬의 생물상은 대륙에서 기원하였기 때문에 대륙의 생물상과 근연관계에 있지만, 또 이후 오랜 세월 동안 다양한 변화가 발생하기도 했을 터이다. 뭐 이건 충분히 이해가 가는 설명이다. 헌데 다윈이 지금 얘기하는 건, 근연이면서도 뚜렷이 다른 종으로의 진화 현상이 같은 제도(諸島) 내에서도 관찰된다는 것이다. 제도를 구성하는 섬들은 매우 근연의 생물상을 보여 준다. 제도의 생물상이란 본래 동일한 원천(대륙의 생물종)에서 진화된 것이므로, 이것은 다윈의 "견해에서 자연스레 예견되는 일이다". 그러나 초점을 (대륙과 무관하게) 섬들의 고유한 생물들에만 맞출 경우 상호 간에 "큰 차가 있다는 사실"이 두드러진다. 다윈은 제도 내 생물들의 밀접한 근연관계를 동일한 원천을 근거로 설명했는데, 비록 큰 차이는 아니지만 그들이 서로 다른 종으로까지 진화했다는 것은 너무 심하지 않은가? 게다가 제도 내의 각각의 "섬들은 대부분 육안으로 보일 정도로 가까우며, 지질학적 환경이나 위도, 기후 등도 모두 유사한데, 어떻게 해서 섬마다 종들이 달라지게 되었을까?"

앞에서 다윈은 전세계의 생물상이 각각 유사한 경우와 다른 경우 모두를 설명했다. 그것은 사실 이전의 창조론자들과 다른 과학자들도 이리저리 끼워맞춰 가며 어쨌든 간에 해결을 하는 한 문제였었다. 다만 다윈은 그것을 진화론에 입각해서 설명했다는 게 가장 두드러진 차이였다. 즉 진화론으로도 얼마든지 설명할 수 있다는 걸 보여 준 것이었다. 그런데 지금 다윈 자신이 제기한 문제는 난이도가 전혀 다르다. 각 섬의 생물상들이 상호 극히 밀접하면서도 분명히 구별되는 현상, 즉 유사성과 차이를 동시에 보이는 현상을 설명해야 하는 것이다. 게다가 서로 무척이나 가깝고 물리적 조건도 거의 유사하다. 이 현상은 창조론자나 기존의 과학자들은 엄두도 못 낼 문제였고, 사실 다윈에게도 그리 만만한 문제는 아니었다. 모순적인 자연현상을 모순적이지 않게 설명해야 하니 말이다.

나는 오랫동안 이 문제를 커다란 난제처럼 생각해 왔다. 하지만 그것은 주로 그 지역의 **물리적 조건이 생물에게 있어서 가장 중요하다고 생각하는**

뿌리 깊은 오해에 기인하는 것이다. …… 예컨대 오래전 옛날 대륙에서 온 어떤 생물종이 몇몇 섬에 정착했을 때, 혹은 그 생물이 그후 주변의 다른 섬으로 퍼져 나갔을 때, 그들은 각각 자신이 정착한 섬에 살고 있던 상이한 생물들과 경쟁을 해야 했을 것이다. 그럴 경우 그들은 저마다 **상이한 생활조건에 처하게 된 것이다.** …… 이때 그 생물에 변이가 발생했다면, 자연선택은 서로 다른 섬에서 서로 다른 변종을 선호했을 것이다.(pp. 400~401)

다윈이 고심했던 것은 그 또한 "뿌리 깊은 오해"에서 온전히 자유롭지 않았기 때문이다. 그러나 그는 "물리적 조건 못지않게 자신이 경쟁해야 하는 다른 종들의 특징이 중요하다"는 사실에 유념함으로써 마침내 이 모순되는 현상을 설명할 수 있게 되었다. 다윈의 설명은 이런 것이다. 각 섬의 고유종들은 오래전 옛날에는 대륙에 살던 하나의 생물종이었는데, 그 종의 개체들이 모종의 수송 수단에 의해 갈라파고스 제도의 여러 섬에 산포되었다. 그렇게 흩어진 그 생물종의 개체들에는 (다른 모든 생물들과 마찬가지로) 다양한 변이가 발생했고, 그 결과 여러 가지 변종들이 생겨났을 것이다.

예컨대 ㄱ변종과 ㄴ변종이 있었다고 해보자. 그리고 이 두 가지 변종은 다른 섬들에도 살고 있었다고 하자. 이 두 가지 변종 중 어떤 변종이 오랜 시간 후에 뚜렷한 종으로 발전하였는지는 각 섬의 조건에 따라 달라졌을 것이다. 여기서 각 섬들의 조건이라면 물리적인 여건도 포함되지만, 각 섬에 이미 살고 있는 거주자들이 어떤 생물들이냐가 그에 못지않게(일반적으로는 이쪽이 훨씬 더) 중요하다. 만일 어떤 섬에 이미 거주하고 있던 생물종이 ㄱ변종과 경쟁관계에 있는 것이었다면, 그 섬에서는 ㄴ변종이 좀더 쉽게 득세하여 이후 뚜렷한 변종, 즉 새로운 종(ㄴ종)으로 진화하였을 것이다. 반면 다른 섬에서는 ㄴ변종과 경쟁관계에 있는 거주자들이 살고 있었다면, 이때는 반대로 ㄱ변종이 득세하여 결국 새로운 종(ㄱ종)으로 진화하였을 것이다. 물론 ㄱ종과 ㄴ종은 모두 유전의 강력한 힘으로 말미암아 원래의 출생지는 물론, 그들이 원래 하나의 종이었음을 은연중에 발설하고 있을 것이다. 다윈은 이러한 식으로, 각 섬의 고유종들이 극히 근연관계에 있으면서도 엄연히 구분되는 별개의 종인 이유를 설명할 수 있었다.

우리는 인간의 손으로 귀화된 다수의 종이 새로운 나라로 놀라운 속도로 산포되었다는 사실에 너무 익숙한 나머지, 대부분의 종들도 이렇게 산포되었을 것이라 추론하기 쉽다. 그러나 새로운 나라에 귀화된 종류들은 일반적으로 토착생물들과 극히 가까운 혈연의 것이 아니라 **뚜렷하게 다른 종**이며, 알퐁스 드 캉돌의 말처럼 매우 많은 경우 **아예 다른 속의 생물**이라는 데 주의해야 한다.(p. 402)

외래종이 새로운 지역에 자리 잡고 번성해 갔다면 우리는 당연히 그 생물이 토착생물들과 유사한 특징을 많이 가졌을 거라고 지레짐작한다. 그러나 다윈은 이 자연스러워 보이는 추론에 또다시 '유사한 조건에 유사한 생물'이라는 생각이 잠입해 왔음을 간과하지 않는다. 실제 대부분의 귀화생물들은 그런 '당연해 보이는 추론'과는 반대로 토착생물들과 아주 먼 혈연관계의 것들이다. 이것은 다윈의 견해에 따르면 오히려 당연한 일이다. 경쟁자가 많은 종류보다는 별로 없는 종이나 변종들이 생존하여 자손을 남기기가 훨씬 더 쉬웠을 테니까 말이다. 물리적 조건 못지않게 다른 생물들과의 관계가 (대부분 훨씬 더) 중요하다는 다윈의 통찰은 얼마나 의미심장한가! 세계 각지에 살고 있는 생물들의 구조와 습성이 현재의 생활환경에 매우 적합한 것은 사실이다. 그러나 이게 자연이 할 수 있는 최대치는 아니다. 자연은 새로운 이주자들의 침입을 맞이하여 기존에는 상상도 할 수 없었던 새로운 장을 펼칠 수 있기 때문이다. 오랜 시간 동안 형질 분기에 의해 새로 생겨난 변종들을 수도 없이 먹이고 키워 온 것처럼 말이다.

이것으로 전세계의 유사한 생물상과 뚜렷이 다른 생물상, 나아가 유사하면서도 동시에 뚜렷이 다른 생물상을 모두 설명해 낸 다윈은, 이 11장과 12장의 내용을 정리한다.

이 두 장에서 나는 다음과 같은 사실을 표현하려고 노력해 왔다. 만일 우리가 …… 기후나 육지의 높낮이 변화가 끼친 무수한 영향에 대해 무지하다는 사실을 인정한다면, 또한 생물을 수시로 실어 나르는 온갖 희한한 수송 방법들이 얼마나 많은지에 대해 **근본적으로 무지하다는 사실을 기억한다면**, 또한 한 종이 넓은 지역에 걸쳐 연속적으로 분포하였다가 그 뒤에 중간 지대에서는 절멸하는 일이 **얼마나 흔한가를 염두에 둔다면**, 같은 종의 개체는 어디서 발견되든지 간에 모두 같은 조상에서 유래되었다는 것을 믿는 데 따르는 어려움은 극복할 수 있다. …… 나는 지리적 분포에 관한 중요한 사실들은 지금까지 이야기한 바와 같이 대체로 이주와 그 이후의 변화 및 새로운 종류의 증식으로 설명할 수 있다고 생각한다. 우리는 동물구역과 식물구역을 분리시키는 데 땅이나 물, 바다의 깊이 같은 장벽이 매우 중요하다는 사실을 이해했다. 아속, 속, 과 등 서로 연관되어 있는 생물군이 왜 특정한 지역 내에 국지화해 있는지, 남미에서 볼 수 있듯이 위도가 서로 다른 평원 및 산지, 그리고 숲과 늪, 사막 등의 생물들이 왜 그토록 신비한 방식으로 연결되어 있는지, 그 생물들이 과거에 같은 대륙에 살다가 절멸된 생물들과도 모종의 방식으로 연결되어 있는 이유는 무엇인지, 우리는 모두 이해할 수 있게 되었다.(pp. 406~408)

다윈은 우리가 자연계의 다종다양한 이동에 대해 얼마나 무지한지, 그리고 우리의 상식에 반하는 현상들이 자연계에 얼마나 흔한지를 알려 주었고, 그 모든 현상들을 통상적 생식 및 이주라는 단순한 원리로 모두 설명하였다. 이제 지구의 실상에 대한 새로운 이론을 맞이할 시간이다.

어째서 물리적 조건이 거의 같은 두 지역에 때때로 전혀 다른 생물들이 서식하는지도 알 수 있다. 이는 이주생물들이 그 지역에 들어간 뒤 **시간**이 얼마나 흘렀는가에 따라, 그리고 어떤 종류에는 침입을 허용하고 다른 종류에는 불허하는 **교통의 상태**(the nature of the communication)에 따라, 다른 침입자들 및 기존의 토착생물들과 많건 적건 직접적인 **경쟁**을 하게 되었는지 여부에 따라, 또한 이주자들이 얼마나 **신속하게 변이**할 수 있었는가에 따라, 여러 지역에서 **물리적 조건**(physical conditions)과는 무관하게, 무제한적으로 다양한 생활조건이 틀림없이 생겨났을 것이다

(그곳에서는 거의 끝없는 생물들의 작용과 반작용이 발생했을 것임에 틀림없다). 그렇기 때문에 우리는 오늘날 어떤 생물집단은 매우 많이 변하고 어떤 집단은 조금만 변화했으며, 또 어떤 집단은 상당한 기세로 발달하고 다른 집단은 보잘 것 없이 남아 있는 사실을 발견하게 되는 것이다.(pp. 408~409)

장구한 시간, 다양한 방식으로 열렸다 닫혔다 하는 교통로, 침입자들이 다른 침입자들 및 기존의 토착생물들과 벌인 경쟁, 생물 자체의 변이 속도 등, 이런 다양한 요소들이 결국 물리적 조건과는 무관하게 (independently, 독립적으로) '무제한적으로 다양한 생활조건'을 낳았다. 생물들은 그 장 안에서 거의 끝없이 작용하고 반작용한다. 그리고 이 작용과 반작용이 또한 생활조건을 극도로 다양화시켰다. 다윈은 지금 물리적 조건과는 무관한 생활조건에 대해 말했다. 그것은 또한 수많은 생물과 무생물의 끝없는 작용(action)과 반작용(reaction)의 결과기도 하다. 여기서 생물과 무생물, 환경과 주체는 절대적으로 구분되지 않는다. 그런 '비현실적' 이분법은 생물을 어떨 때는 주체로, 또 다른 때는 조건의 반영물로 보면서 갈팡질팡한다. 그에 반해 다윈이 제시한 역동적인 세계에 있어서 생물은 수동적이거나 능동적(active)이기보다는 끊임없이 작용하고(active) 반응하는(reactive) 참여자다. 무생물들 또한 그런 것처럼.

자연신학자들과 박물학자들은 지리적 분포상의 다양한 차이들을 '활기 없는' 물리적 조건의 차이로 설명하려 했다. 그에 반해 다윈은 '무제한적으로 다양한 생활조건'을 내세웠고, 그것이 '끝없는 생물들의 작용과 반작용'의 다른 표현임을 밝혀 주었다. 생명체들은 물리적 조건의 차이나 변화를 반영하는 수동적 존재가 아니라, 끝없는 작용(능동적 존재?)과 반작용(수동적 존재?)을 감행하는 존재다. 생물은 자연을 나름대로(종과 개체의 특성에 따라) 표현하며, 그러한 표현을 통해 생활조건이라는 장을 만들어 내는 자연의 부분(part)이요, 참여자(participant)다. 바다, 민물, 바람, 모이주머니의 파열, 습도, 대기, 토사물과 배설, 흙, 날씨 등의 접속에서 보았듯이, 무생물과 다양한 사건들 또한 당당한 참여자다. 이토록 다양한 생물체와 무생물과 사건들로 충만한 자연, 그 앞에서 생물들이 주체고 무생물들이 대상이라는 오만한 생각, 생물들은 조건의 반영이라는 초라한 생각은 모두 연기처럼 사라진다.

 격변론(catastrophism)이나 연속창조론은 지질학적 기록을 증거로 멸종과 신종의 탄생이 단절적으로 반복되어 왔다고 주장했다. 다수지역 창조론은 멀리 떨어진 지역의 생물상이 현저히 다르다는 걸 증거로 생물종들이 각 지역마다 독립적으로 생겨났다고 주장했다. 다윈은 이들에 맞서 지구의 과거와 현재가, 저곳과 이곳이 어떻게 연결되어 있는지를 보여 주었다. 이제 다윈은 9장과 10장의 시간 이야기와, 11장과 12장의 공간 이야기를 하나로 결합한다. 그러자 인류의 오랜 역사를 덮어 왔던 뿌연 안개가 걷히고 장대한 시공간의 드라마가 떠오른다.

 각각의 종 및 종의 무리는 시간에 있어서 연속적이며 공간에 있어서도 연속적이다. 과거 시대의 장기간의 계열을 볼 때나 현재 멀리 떨어진 지역을 볼 때, 서로 많이 닮은 생물도 있고 크게 다른 생물들도 있다. 우리의 이론에 의하면 시간과 공간 전체에 걸친 이러한 여러 가지 관계들을 이해할 수 있다. 같은 지역에서 시대가 변천함에 따라 크건 작건 변화해 온 생물들, 거리가 먼 지역에 이주한 뒤에 크건 작건 변화해 온 생물들, 이들은 모두 **통상적인 생식**이라는 동일한 유대로 연결되어 있다. …… 어느 쪽의 경우든 변이의 법칙은 동일했으며 수많은 변화들은 **자연선택**이라는 동일한 힘에 의해 축적되어 왔다.(p. 409)

뭇 생물들이 다른 생물과 무생물, 그리고 수많은 사태와 접속하여 광범위하게 산포하고 새로운 종들로 진화하는 전지구적 드라마는 이렇게 끝이 난다. 이제 12장을 덮고 바깥으로 나가 보라. 그리고 세상 어디에고 가득 차 있으며 이리저리 떠돌아 다니고 있는 알과 씨앗들을 보라. 11장과 12장 곳곳에서 먼지처럼 날리던 작디작으며 어리디어린 알과 씨앗들의 모험을 떠올려 보라. 그들은 통상적인 생식의 산물이지만 또한 부모와 크게 다른 불초자(不肖子)들이다. 전지구적 드라마는 바로 이러한 통상적인 생식 즉, 고도로 유기화된(organized) 성체로부터 탈기관화된(deorganized) 씨앗과 알이 탄생하는 사건에서 시작된다. 씨앗과 알은, 성체가 생의 과정에서 획득한 유기적 질서와 기관들을 상실한 탈기관체(corps sans organes)[1]이며 그런 의미에서 정확히 혼돈(混沌, chaos)의 덩어리다. 이들은 상실을 통해 성체들은 꿈도 꾸지 못한 생물들, 무생물들, 사건들과 접속하였다. 그리고 그 무한 차원의 접속양상에 자연선택이 작동하였다. 장구한 시간에 걸친 '통상적인' 생식과 '자연스

---

1) 질 들뢰즈와 펠릭스 가타리의 개념 탈기관체(혹은 기관 없는 신체)에 대해서는 이진경, 『노마디즘 1』, 휴머니스트, 2002의 6장 「기관 없는 신체에 관하여 : "인간은 자신이 본래 무엇이라고 생각하는가?"」, 그리고 이정우, 『천하나의 고원 : 소수자 윤리학을 위하여』, 돌베개, 2008, 38~47쪽을 참조.

러운' 선택, 이것이 지금 우리가 살고 있는 이 세계를 낳았다. 그리고 지금까지 그랬던 것처럼 세상은 이후로도 자신과 닮지 않은 세상을 낳을 것이고, 그것이 또 다른 세상을 낳을 것이다. 지금의 '나'를 잃고 처음부터 다시 시작하는 반복이 무수한 차이를 낳으리라! 그렇게 살아 온 지구가, 씨앗들이, 알들이 우리에게 묻는다. "나는 지금 나를 잃어버렸다. 너는 그걸 알 수 있겠느냐?"

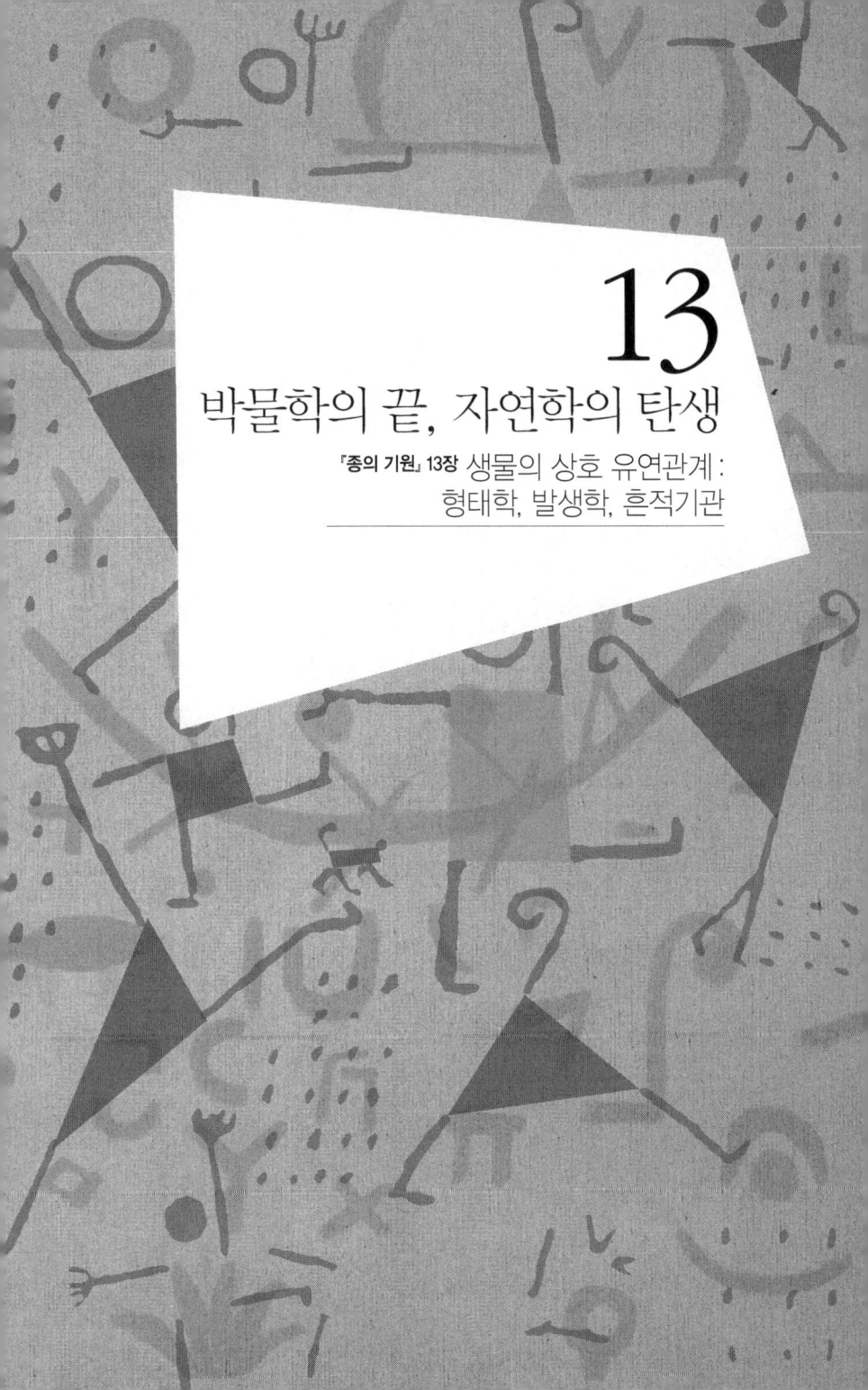

13
박물학의 끝, 자연학의 탄생

『종의 기원』 13장 생물의 상호 유연관계 :
형태학, 발생학, 흔적기관

대부분의 저자들은 분류가 신이 생물을 창조할 때 따른 법칙들을 발견하려는 노력이라고 말합니다. 그러나 이것은 참으로 공허한 말입니다. 분류는 창조되던 시점의 질서도, 한 유형(예컨대 인간)과 얼마나 가까운지도 의미하지 않습니다. 사실 그것은 아무것도 의미하지 않습니다.
— 다윈이 1843년 워터하우스에게 보낸 편지에서. 에이드리언 데스먼드·제임스 무어, 『다윈 평전 : 고뇌하는 진화론자의 초상』.

박물학의 끝, 자연학의 탄생

본문으로서는 실질적으로 마지막에 해당하는 13장. 여기서 다윈은 과거와 현재의 모든 생물들을, 배와 성체들을, 심지어 흔적들까지도 이리저리 비틀어 한데 엮는다. 복수(複數)의 시간과 공간이 가로지르며 충돌하는 어지러운 소용돌이. 다윈은 그 굉음과 스파크에 매혹된다. 태어나고 살고 낳고 죽는 모든 생물들이 진화와 멸종을 낳았으며 그것이 장대한 자연의 체계를 생산했음에 전율한다. 자연 스스로 자연계의 경이로운 다양성과 질서를 생산했으니, 자연에 대한 앎은 오직 자연을 통해서만 가능할 터이다. 이제부터 다윈의 자연학이 도도하게 펼쳐진다.

분류

모든 생물은 큰 무리(群) 아래 작은 무리를 두는 방식으로 분류할 수 있다. 이 분류는 결코 별들을 성좌로 묶는 것처럼 자의적인 것이 아니다. …… '변이'를 취급한 2장과 '자연선택'을 다룬 4장에서, 나는 최대의 변이를 하는 종이 가장 널리 퍼져 있고 흔한 종임(즉 비교적 큰 속에 속하는 우세한 종임)을 제시하려고 노력했다. 이렇게 생겨난 변종, 즉 발단의 종은 결국 새로운 종으로 변해 간다. 그리고 이런 종은 유전의 원리에 따라 새로운 우세한 종을 생겨나게 하는 경향을 갖는다. 따라서 현재 우세종을 다수 포함하고 있는 무리는 일반적으로 그 크기를 계속 늘려 가는 경향이 있다. 나아가 각각의 종의 변이해 가고 있는 자손은 자연의 질서 안에서 가능한 한 많은 상이한 장소를 차지하려고 하기 때문에, 그들의 형질은 끊임없이 분기해 가는 경향이 있다. …… 나아가 개체수가 늘고 형질이 분기되기 시작하는 종류는, 그다지 분기하지 않고 개량되지 않은 종들을 멸망시키는 경향이 항상 관찰된다. …… 이 과정이 장구한 시간에 걸쳐 진행되면, 단일한 조상에서 유래하는 다수의 종은 속으로 묶이고, 속은 과와 목에 포함되며, 이 모든 것은 다시 하나의 강으로 묶이게 된다. 작은 무리가 큰 무리로 묶이고, 그것이 다시 더 큰 무리에 묶이는 박물학상의 위대한 사실은 이러한 방식으로 완전히 설명된다.(pp. 411~413)

생물들의 "작은 무리가 큰 무리에 묶이고, 그것이 다시 더 큰 무리에" 묶이는 것은 "박물학상의 위대한 사실"이다. 생물들을 하나하나 분류해서 하나의 단위를 설정하고 또 다른 생물들을 가지고 다른 단위를 설정한다. 이렇게 해서 수많은 생물들을 분류해 가면 결국 작은 단위는 큰 단위들로 묶을 수 있고 그것은 더 큰 단위들로 묶을 수 있다. 이것은 자연계가 단지 우연적이거나 불규칙한 세계가 아니며, 자연에는 하나의 질서(혹은 체계)가 있다는 사실을 강력히 시사한다. 따라서 오래전부터 사람들은 고도의 질서가 자연계를 지배하고 있다고 생각했고, 그것을 파악하려 노력해 왔다. 그런데 지금 다윈은 그런 생각을 단박에 뒤집고 있다. 자연계에서 고도의 질서가 확인되는 것은 사실이지만 그것은 세상 만물이 어떤 질서에 지배되기 때문이 아니다. 오히려 끊임없이 태어나고 죽어 간 생물들, 그들의 변화무쌍한 삶의 과정이 그런 질서를 생산해 왔다. 질서는 원인이 아니라 결과이며, 따라서 이후 생물들의 삶이 변화해 감에 따라 현재의 질서 또한 크게 달라질 것이다.

다윈의 논리는 신종이 탄생하는 과정을 속, 과, 목, 강의 수준으로까지 상향시킨 것이었다. 그렇게 하면 생물들이 왜 이토록 다양한지, 그러면서도 어쩌면 그토록 정교한 체계를 구성하는지를 동시에 설명할 수 있다. 체계 곳곳에 뚫려 있는 구멍들은 멸종으로 자연스레 설명할 수 있다. 현대의 독자들에게는 다윈의 이러한 설명이 극히 과학적이고 당연한 사실처럼 들린다. 허나 당시 독자들에게는 다윈의 주장이 너무 사변적인 것처럼 들렸다. 다윈이 말한 대로 신종이 생겨났는지도 의문이지만 설령 그렇다 쳐도 그것을 고차적인 상위 분류 단위에까지 마구 확장해도 된다는 보장이 없지 않은가! 다윈의 얘기는 나름대로 개연성이 있는 '설명'일 뿐. 수많은 사실에 근거한 귀납적 결론이 아니지 않은가! 하긴 다윈은 별다른 근거 없이 이렇게 비약했다.

[4장에 제시했던 도표에서] 가로선들은 각각 1천 세대를 나타낸다고 가정해 왔는데, 1백만 세대 또는 1억 세대를 나타내는 것이라고 해도 되고, 또한 화석 유해를 간직하고 있는 지층들을 나타내는 것이라고 할 수도 있다.(p. 124)

1천 세대에서 1억 세대로, 아무런 매개 없이 단숨에 비약하는 다윈. 물론 그렇게 할 수만 있다면, 이 그림은 지구의 진화사 전체를 압축한 게 되고, 큰 무리 아래 작은 무리들이 묶이는 것은 당연해진다. 그러나 어떤 근거로? 이것은 국지적으로만 관찰되는 혈연관계를 지구 역사 전체로 비약시킨 것 아닌가? 다윈이 지금까지 논증한 것은 신종의 진화에 대한 것이었지 않은가! 훨씬 더 높은 차원의 분류 단위도 그렇게 해서 생겨났다는 건 그런 논증을 무리하게 외삽한 거 아닌가!

사실 당시 박물학자들도 생물들이 이런저런 혈연관계로 맺어진다는 유래관념은 갖고 있었다. 그런 관념을 다양한 방식으로 활용하기까지 했다. 그러나 유래관계만 가지고는 모든 것을 설명할 수 없었기 때문에, 그 밖의 다양한 요소들을 함께 활용하여 종합적으로 결정했던 것이다. 반면 다윈은 오직 '변화를 수반하는 유래'만 가지고 자연을 설명해야 하며 또 그럴 수 있다고 주장했다. 또한 종과 속만이 아니라, 과, 목, 강 등 상위 분류 단위들도 모두 그런 자연적 과정의 산물이라고 주장했다. 만일 다윈의 주장이 맞다면 자연의 분류체계는 진정 자연의 역사와 현재를 그대로 비추는 '자연의 체계'가 될 것이다. 그것은 분류의 원리와 방법을 진화론에 입각하여 온전히 자연화하려는 야심찬 시도였다. 그러나 어떻게?

자연의 체계란 무엇인가?

박물학자들은 소위 **'자연의 체계'**에 따라 각각의 강 속에 종, 속, 과를 배열하려고 시도한다. 그런데 이 **'체계'란 도대체 무엇을 의미하는가?** 어떤 저자들은 그것을 단지 가장 비슷한 생물을 모아서 배열하고 가장 닮지 않은 생물들을 분리시키기 위한 방편에 지나지 않는 것으로 간주하고 있다. 혹은 일반 명제를 될 수 있는 한 간단명료하게 말하기 위한 인위적 수단에 불과하다고 간주한다. …… 그러나 **다수의 박물학자들은 자연적 체계에 뭔가 더 많은 의미가 포함되어 있다고 생각한다.** 그들은 그런 체계가 **창조자의 계획**을 현시하고 있다고 믿는다.(p. 413)

박물학자들은 수많은 생물들을 강, 목, 과, 속, 종 안에 묶음으로써 분류를 행했고, 그 결과 생성되는 체계를 린네의 주저 제목을 따라 '자연의 체계'라 불렀다. 다윈은 이 체계 자체에 대해서는 크게 문제 삼지 않았다. 문제는 '이 체계란 도대체 무엇을 의미하는가', 혹은 '이 체계는 어떻게 해서 가능한가'였다. 어떤 사람들은 단순히 편의상의 수단이라고 생각했다. 만일 이렇다면 자연의 분류체계는 별들을 별자리로 묶는 것처럼 자의적인 행위에 불과하다. 그러나 대부분의 박물학자들은 그리 생각지 않았다. "자연적 체계에는 뭔가 더 많은 의미가 포함되어 있다"고 믿었다. 그럴 수밖에 없던 것이, 자신은 그저 여러 생물들을 보이는 그대로 분류했을 뿐인데, 그 결과 너무나 심오한 질서와 체계가 드러났기 때문이다. 이 체계는 대체 어디에서 온 것인가? 자기 머릿속에도 들어 있지 않았고 다양하고 불규칙한 대상들에게서도 직접 찾아볼 수 없는 것, 하지만 자신이 경험한 그 무엇보다도 더 정교하고 조화롭고 심오한 것. 바로 이 지점에서 박물학자들은 '창조자의 계획'을 읽어 낸다. 뜬금없이 갑자기 웬 '창조자'? 게다가 '계획'?

과학사들은 자연에서 발견되는 질서가 인간의 이성이 생각할 수 있는 것보다 훨씬 더 정교하고 뛰어나다는 데 놀랐다. 자연이 인간의 산물보다 더 정교한 체계를 표현하고 있다면, 그것은 인간의 이성보다 더 고도의 능력을 가진 존재의 표현일 것 아니겠는가! 물론 분류의 결과 작성된 체계가 빈틈없이 완벽한 모습은 아니었다. 종과 속 수준에서는 고도의 질서가 확인되었지만 그보다 상위 단위에서는 여기저기 구멍이 뻥뻥 뚫려 있었다. 그렇다면 과연 과학자들은 이런 문제점 때문에 체계를 찾으려는 시도를 포기했을까? 물론 그렇지 않다. 몇몇 예외가 자연에서 진리를 찾으려는 그들의 열망을 꺾을 수는 없었다. 기존에 확인된 질서의 강렬함과 정교함을 모두 우연의 결과라고 할 수는 없지 않은가? 이런저런 문제점들은 아마도 생물이 아직 충분히 수집되지 못했고 또 인간의 지식이 완전치 못하기 때문 아니겠는가! 예외적인 현상들은 그들의 탐구열을 더욱 뜨겁게 달구었다. 신의 질서를 찾으려는 열망, 그것은 과학자들이 잡다하고 우연적인 현상을 그저 기술하는 데 만족하지 않고 더 높은 수준의 진리를 찾으러 나서게 했다. 신학은 과학의 강력한 동력이었다.

그런데 초자연적인 질서를 주장하는 과학자들끼리도 근거는 매우 달랐다. 우선 페일리나 퀴비에로 대표되는 기능주의자들. 그들은 모든 생물들의 구조와 기능이 저마다 처해 있는 상이한 조건에 놀라울 정도로 안성맞춤이라는 사실에 주목했다. 반면 오웬이나 지금부터 살펴볼 루이 아가시(Louis Agassiz, 1807~1873) 같은 구조주의자(혹은 형식주의자)들은 이러한 기능주의에 격렬히 반대하였다.[1] 아가시는 생몰연대에서 알 수 있듯이 다윈과 동시대 사람이며, 미국을 대표하는 하버드 대학의 고생물학자였다. 그는 구체적인 생물들 하나하나에 매몰되지 말고, 분류학이 드러내는 큰 질서에서 신의 장엄함을 보라고 말했다. 기능주의자들의 주장은 우리도 꽤 익숙한 것이니(오늘날에도 여러분 주위에 많이 있으니까) 여기서는 아가시의 주장을 조금 더 자세히 살펴보자.

아가시에게 종은 신의 마음속 이상(理想, idea)을 구현한 것이며, 실제 생물들은 그 이상을 불완전하게 잠시 구현했다가 사라지는 존재들이었다. 나아가 분류체계에서 드러나는 종 간의 심오한 관계들은 신의 생각의 구조를 표현하는 것이었다. 이런 생각을 바탕으로 아가시는 당시의 유물론적 견해와 기능주의적 견해를 모두 반대했다. 우선 유물론 비판부터 살펴보자. 그가 보기에 유물론적 견해는 아예 상대할 필요도 없으리만치 허술한 것이었다. 물론 그들의 주장처럼 이 세계에 자연법칙이 작용하고 있는 것은 분명한 사실이다. 물이 일정한 온도와 압력 하에서는 반드시 끓는다는 걸 누가 부정하겠는가! 그러나 생명은 물질과 달리 자연법칙으로부터 직접 예측될 수 있는 존재가 아니다. 자연계의 생물들을 널리 관찰해 보라! 단일한 환경에 너무나도 상이한 생물들이 잘 살아가고 있지 않은가! 반면 매우 상이한 환경에서 너무나 유사한 유형의 생물들이 수도 없이 반복되고 있지 않은가!("명백히 드러나는 비물질적 연계성"!) 만일 자연법칙이 이 세계를 지배한다면 어떻게 이런 일이 있단 말인가? 이것만 봐도 생명의 세계를 '완전히' 설명하기 위해서는 자연법칙보다 훨씬 고차적인 질서가 필요하다는 걸 알 수 있다. 게다가 상이한 생물들이 모두 각각의 환경에 훌륭하게 적응하며 살아

---

1) 아가시의 견해에 대해서는 Stephen J. Gould, *The Structure of Evolutionary Theory*, Cambridge, MA. : The Belknap Press of Harvard University Press, 2002, pp. 271~278을 참조.

가는 모습을 보라. 생명의 이러한 경이로움은 "만물을 필연적인 운명에 구속시키는 고정불변의 단조로운 자연법칙"이 아니라 "전능한 지성의 자유로운 생각"의 산물이다. 물질 세계의 영향으로부터 자유로운 신의 정신이여! 나아가 지질학적 기록이라는 더 강력한 증거를 보라. 연속적인 지층들을 연구해 보면 환경이 시간에 따라 변화한 패턴은 뚜렷하지 않지만, 생명의 역사는 점진적인 변화의 패턴이 뚜렷하다(물론 아가시에게는 이것이 진화가 아니라 연속적 창조의 증거였다). 물리법칙은 고정불변이며 특정한 방향을 갖지 않는데, 그것이 어떻게 생명 역사의 점진적인 변화를 낳을 수 있었겠는가? 게다가 동일한 자연법칙이 반복되어 마침내 인간의 출현을 초래하였다는 게 말이 되는가?

간단히 말해서 생명 현상은 고정불변한 자연법칙으로는 다 설명할 수 없다는 주장이다. 게다가 인간까지 그런 법칙에 복속시키려는 발상이라니……. 독자 여러분 중에는 아가시의 이런 주장이 구태의연한 신학(적 과학)에 불과하다고 여기는 분도 있을 것이다. 그런데 자연의 법칙과 생명의 질서를 대비시키는 사고방식이 과연 구시대적인 유물이기만 할까? 나는 오히려 오늘날의 사고방식에서 아가시의 논법을 자주 발견한다. 이미 4장의 '동시에 발견된 상이한 역사'에서도 언급했지만, 현대 과학이 생명을 정의하는 방식을 보라. 생명이란 물질과 달리 자연계의 법칙(즉 엔트로피 법칙)을 국지적으로 거스르는 현상이라고 설명하지 않는가![2] 자연계의 법칙과 대비되는 생명, 단순한 물질과 복잡하고 역동적인 생명의 대비. 더욱 흥미로운 것은 과학에 대해 매우 비판적인

---

2) 물론 생명체는 이것을 국지적으로만 거스를 뿐, 전체적으로는 엔트로피의 법칙이 훼손되지 않는다.

현대 사상가들 또한 마찬가지로 사유한다는 점이다. 생명이나 인간은 자연법칙만으로는 환원되지 않는다는 주장이나, 생명을 창발 현상으로 이해하려는 태도가 그러하다.[3] 역시나 생명은 단순한 물질과는 다른 어떤 것이라는 얘기다.

창조론자와 진화론자, 현대 과학자들과 그에 대한 비판가들, 이들은 서로 매우 상반되는 주장을 하고 있지만 물질과 생명을, 자연과 인간을 대립시킨다는 점에서는 차이가 없다. 그들 모두 아가시처럼, 물질과 자연을 "단조롭고 황량하며 필연적인 운명"과 연관지으며, 생명과 인간은 그와는 뭔가 다른 존재라고 추켜세운다. 물질과 자연은 필연의 감옥에 유폐시키고 생명과 인간은 자유의 초원에 풀어 놓는 이 발상, 서구의 근대 이후 현재에 이르기까지 한번도 주류의 자리를 빼앗긴 적이 없는 이 허구적인 대립구도, 이것이 바로 다윈의 적이었다.

다윈에게는 생명도, 인간도 모두 지극히 자연스러운 존재였다(당연하지 않은가!). 그에게 생명은 신에 의해 특별히 창조된 것도 아니었지만, 물질의 법칙을 극복하는 초자연적인 존재도 아니었다. 생명은 자연의 일부이므로 자연을 극복하려고 발버둥친다거나 어쩔 수 없이 자연에 순종해야 한다거나 하는 그런 존재일 수가 없다(당연하지 않은가!). 다만 자연스럽게 태어나 자연스럽게 분투하며 살아갈 뿐이다. 그리고 그 결과 진화하고 또 절멸되어 갈 뿐이다. 이 세상을 살아가면서 우리는 헤일 수 없이 많은 신비와 힘과 경이로움을 느낄 수 있지만, 초자연적인

---

[3] 생명을 창발현상으로 이해하는 것은 매우 중요한 통찰이지만, 물질과 생명을 대립시키는 구도를 더욱 강화시키기도 했다.

일이란 한 톨도 없다. 외관상 아무리 특별하고 기이해 보여도, 결국 생명과 인간이란 자연의 운행 속에서 자연스럽게 진화해 나왔고 또 자연스럽게 살아가는 존재들이다. 이런 당연하고도 지극히 자연스러운 생각이 왜 그토록 어려운 것일까? 다윈의 진화론을 지지한다는 사람들도 여전히 물질과 생명, 자연과 인간을 대립시키는 이유는 무엇일까?

이유는 간단하다. 그런 당연한 생각에 반하는 현상들이 인간들의 마음을 사로잡기 때문이다. 사실 인간이나 생명을 자연의 일부라고 생각하는 것은 얼마나 쉬운가? 그렇게 생각 안 하는 게 불가능하지 않은가? 그러나 그렇게만 생각해서는 곤란한 문제들이 한둘이 아니기 때문에 인간들은 뭔가 다른 질서, 다른 의미 체계에 자꾸 의존하려 한다. 예컨대 자칭 진화론자라면서 인간과 동물의 차이를 논하는 사람을 보라. 인간이 동물의 한 종류인데 "인간과 동물의 차이"라는 말이 성립하는가? 이런 당연한 사실이 왜 그리도 쉽게 망각되는 것일까? 다른 건 몰라도 죽음에 대한 관념만은 인간에게 고유하지 않느냐는 사상가. 뭐 이런 논법을 펼치는 사상가들은 현대에도 너무나 많다. 도덕적 감정, 언어, 예술 등등을 들어 인간을 특별한 존재로 만들고 싶어 하는 사람들이 얼마나 많은가! 재미있는 것은 그들이 자신을 창조론자랑은 꽤나 다른 사람이라고 믿는다는 점이다. 창조론이라는 게 실은 그런 인간중심주의에서 생산되는 것인데도 말이다.

인간들은 자연이나 물질에게서는 인간적인 현상들을 찾아볼 수 없다고 믿는다. 인간이기 때문에 그런 허황된 믿음을 갖고, 그런 믿음을 갖기 때문에 계속 인간으로 살아가는 것이다. 다윈의 진화론은 바로 이런 인간에서 벗어난 사상이다. 그러니 이게 얼마나 어려운 것인가! 인간을 벗기만 하면 너무나도 쉽지만, 스스로 인간이기를 고집하는 한 온진한 이해에 결코 도달할 수 없는 것, 그것이 바로 다윈의 진화론이다. 다윈은 일찍이 진화론을 확신했을 때부터 인간의 이런 생각을 타겟으로 삼았다. 『종의 기원』으로 진화론의 승리가 명백해진 상황에서 출간한 책이 『인간의 유래와 성선택』, 『인간과 동물의 감정 표현에 대하여』라는 사실을 잊지 말자. 이 세 권의 책은 3부작으로 읽을 때 다윈의 의도가 더 잘 드러난다. 다윈은 먼저 『종의 기원』을 통해 인간이 가장 벗어나기 힘들어 하는 문제(즉 종의 불변성이라는 믿음)를 과학적으로 비판하였다. 그리고 나서 다음 두 권의 책을 통해 인간이 일반 생물들과 다른 특별한 존재가 아니라, 진화과정의 산물임을 입증하였다. 이 세 권의 저작은 그런 점에서, 인간을 인간으로부터 벗어나게 하려는 비(非)인간적 기획이었다. 한 권 한 권이 모두 피나는 노력을 요구했지만, 그 중에서도 생을 걸어야 했을 만큼 힘들었던 건 물론 『종의 기원』이었다.

오늘날에는 진화라는 말이 매우 자연스럽게 사용된다. 하지만 자연계에 엄연히 별개로 구별되는 종들이 변할 수 있다는 생각은 사실 극히 부자연스러운 것이다. 그런데 변할 수 있는 정도를 넘어서 지금까지 끊임없이 변해 왔으며 대부분의 종들이 절멸되었다는 주장, 나아가 앞으로도 기존 종의 멸종과 신종의 탄생이 무한히 이루어질 것이라는 주장은 한마디로 말도 안 되는 것이었다. 다윈 당시에 진화론을 가리킬 때 변성 돌연변이, 전성(轉成), 변환 등으로 번역될 수 있는, transmutation이라는 단어를 사용했던 것을 보라. 이 단어는 본래 납이나 구리 같은 평범한 금속이 금으로 변하는 걸 가리키는 연금술사들의 용어였다. 멀쩡한 종이 다른 종으로 변한다는 게 얼마나 얼토당토않게 여겨졌으면 이런 단어를 썼겠는가! 그 뒤 이 용어의 운명은 어찌 되었던가? "1760년대에 라부아지에가 원소의 본질을 규명하고, 1869년에 멘델레예프가 원소의 주기율표를 제안한 이후, 원소의 변성이라는 아이디어는 마술과 신비의 잡쓰레기 따위로 격하되면서 학문의 영역에서 완전히 추방되었다."[4] 그러나 20세기에 들어와 놀라운 일이 벌어진다. 종 불변설이 깨지는 과정과 묘하게도 겹치는 이 과정을 잠시 들여다 보자.

어니스트 러더퍼드는 1902년 "토륨이 '자발적 변환'을 거쳐 또 다른 원소로 바뀔 수 있다고 보고"하였다. 당연히 그는 "연금술을 조장하는 거냐며 각처에서 날아드는 비난의 화살을 한 몸에 받았다". 그러나 4년 전에 이미 우라늄 붕괴라는 낯설고 새로운 현상이 이미 발견된 바 있었고 "몇 해 지나지 않아 물리학자들은 실제로 자연계에서 변환이 일어난다는 사실에 대해 실질적으로 의견을 일치시켰다". 가장 놀라운 사건은 1930년대 말에 일어났다. 독일의 화학자 리제 마이트너와 오토 한은 공동으로 "우라늄보다 중성자가 하나 많은, 전혀 새로운 원소를 만들고자 했다. 그들은 중성자를 가지고 우라늄에 충격을 줌으로써 이를 실현하고자 했다. 실험 결과를 놓고 화학 분석을 하고 보니 그들의 계획은 실패한 것 같았다. 어떤 이유에서인지, 결국 찾아낸 것은 전혀 관련도 없는 크립톤과 바륨이라는 작은 원자들로 구성된 방사능에 오염된 몇 가지 생성물뿐이었다. 오토 한은 고개를 절레절레 저었지만, 마이트너 (1939년 자신의 실험 결과를 들었을 때 그는 막 나치 독일을 탈출하는 중

---

4) 에런 G. 필러, 『허리 세운 유인원 : 돌연변이가 밝히는 새로운 종의 기원』, 김요한 옮김, 프로네시스, 2009, 150쪽.

이었다)는 이를 전혀 다르게 해석했다. 마이트너는 크립톤의 원자번호[92]와 바륨의 원자번호[141]를 합하면 우라늄의 원자번호[235]와 거의 일치한다는 것을 깨달았다. 그녀는 우라늄에 충격을 가한 중성자가 어떤 거대 원자를 쪼개 더 작은 원소로 만든 것이 아닐까 생각했다. 마이트너의 생각은 옳았다. 그 실험은 핵분열을 일으켰던 것이다". 하나의 사물이, 그것도 원소가 전혀 다른 두 개의 원소로 바뀌었던 것이다. 이후 1942년 엔리코 페르미의 실험에서 "우라늄 235와 중성자 하나가 만나 잠깐 동안 우라늄 236이 되었다가 갈라지면서, 더 작은 원자가 되고 몇 개의 자유중성자를 방출"하였다. "이들 자유중성자는 다른 우라늄 원자를 때려, 연쇄반응을 일으킴으로써 우라늄을 전혀 다른 원소로 만들었을 뿐만 아니라, 아인슈타인이 예견한 대로, 물질을 에너지로 바꿀 수 있었다."[5]

원소가 다른 원소로 바뀔 수 있다는 사실, 게다가 물질이 에너지로 또 에너지가 물질로 바뀔 수 있다는 사실보다 충격적인 게 또 있을까! 마찬가지로 한 종이 전혀 다른 종으로 바뀔 수 있으며, 또한 새로운 종이 무수하게 생겨날 수 있다는 사실보다 충격적인 게 또 있을까? 원소나 종은 자연의 가장 기본적인 단위 아닌가? 그것이 다른 걸로 바뀌어 버릴 수 있다니, 그것도 자연스러운 방식으로……. 한마디로 20세기의 과학자들과 19세기의 다윈은 자연(nature)이 내재적 초월의 세계임을,

---

[5] "1760년대에 라부아지에가 ……"부터 여기까지의 인용문들은 필러, 『허리 세운 유인원』, 150~152쪽에서 인용한 것임. 참고로 아인슈타인의 유명한 공식 $E=mc^2$는 등호 왼쪽에 에너지(E)가 있고, 오른쪽에 물질의 질량(m)이 있는 데서 알 수 있듯이, 에너지와 물질이 상호전환될 수 있음을 함의하고 있다.

자연계가 원소와 종의 본성(nature)이 자연스레(naturally) 변화하는 세계임을 통찰했던 것이다.

그런데 여기서 멈춰서는 다윈 사상의 심오함에 진입할 수 없다. 흔히들 다윈 이전에는 옛 종의 멸종과 신종의 탄생이 인정되지 않았다고 생각하는데, 그것은 사실과 거리가 아주 멀다. 당시 많은 박물학자들이 지구 역사상 많은 종들이 멸종하고 새로운 종들이 태어났다는 사실을 인정하고 있었다. 지질학과 고생물학이라는 학문이 엄연히 있었는데, 그렇지 않을 수 있겠는가! 진화론에 절대 반대했던 퀴비에나 라이엘 같은 과학자들도 마찬가지였다. 퀴비에의 중대한 업적 중의 하나가 과학적 연구를 통해 멸종을 객관적 사실로서 확증했다는 점이다. 그렇다면 다윈의 주장은 뭐가 달랐던 것일까? 다윈의 진화론은 예전의 종이 멸종하고 새로운 종들이 태어났다는 주장과 전혀 다르다(그런 주장은 오히려 당시 연속창조론자들의 것이었다). 다윈은 한 종이 없어지고 다른 종이 생겨나는 게 아니라, 한 종이 수많은 상이한 개체들로 이루어지며 그 개체들의 차이가 형질 분기 원리와 자연선택 원리에 의해 신종의 진화로 이어진다고 주장했던 것이다.

이것은 서구의 전통적인 사상에서 완전히 벗어난 사유였다(우리는 3장의 '부모와 다를수록 유리하다'에서 이 점을 잠시 다룬 바 있다). 첫째, 이런 메커니즘에서는 연속창조론과는 달리, 신종이 탄생하기 위해서 자연 바깥의 원인에 의지할 필요가 없다. 자연이란 경이로운 사건들이 자연스레 무수히 발생하는 세계, 즉 내재적 초월의 세계인 것이다. 둘째, 이제 개체는 종의 불완전하고 일시적인 구현물이 아니게 된다. 거꾸로 종이야말로 개체 간의 차이와 변이의 산물이다. 따라서 종은 멸종의 운명을 피할 수 없고 새로운 종들은 지금-여기에서 늘 탄생하는 것이다. 이제 다시 생각해 보자. 이런 세계를 다윈 이전의 과학자들이 생각해 내지 못했다는 게 그리 이상한 일인가? 『종의 기원』을 읽고 대부분의 과학자들이 노발대발했다는 게 그리 이해하기 어려운 일인가? 오히려 한 인간이 이런 세계를 통찰했다는 것, 그리고 그것을 통일적인 이론으로 제시했다는 것이야말로 놀라운 사건이다. 여전히 물질과 생명, 자연과 인간을 대립시키고 있는 현대인들과 견주어 볼 때 더욱 그러하다. 이런 점에서 다윈은 우리의 현대적인 생각과 지식을 일찍 발견했던 과거의 위인이 아니라, 현대적인 앎의 체계에 여전히 불온한 기운을 불어넣고 있는 치열한 '현역'이다. 그러니 다윈을 읽지 않으면 어떤 인간이 되겠는가!

우리는 지금까지 아가시의 유물론 비판과 다윈의 자연주의를 이어서 살펴보았다. 흥미롭게도 당대의 과학자들은 대부분 유물론을 강하게 비판했다. 구조주의자고 기능주의자고 할 것 없이 권위 있는 과학자들은 대부분 그러했다. 물론 유물론을 적극적으로 주장하는 사람들도 있었던 건 사실이지만, 그들은 아직 급진적이고 불온한 소수의 사상가일 뿐이었다. 다윈 또한 당시의 유물론에 반대하였다. 그러나 다윈과 다른 과학자들 간에는 근본적인 차이가 있었다. 독자 여러분의 이해를 돕기 위해 당시의 상황을 정리해 보도록 하겠다. 당시 유물론자들은 자연법칙에 의해 모든 걸 설명하려 했고, 거기서 어긋나 보이는 많은 현상들은 모두 사변에 의한 설명을 시도했다. 자연법칙의 중시가 역설적이게도 사변철학을 낳았던 것이다. 이런 조야한 유물론에 반대한 대부분의 과학자들은 자연법칙보다 더 근원적인 질서와 법칙을 추구하였다. 그것이 신의 질서든 초월적인 자연의 섭리든, 어쨌든 물질적인 자연법칙만으로는 자연계의 현상이 충분히 설명되지 않는다고 믿었다. 반면 다윈은 자연을 더욱 풍요로운 세계로 봄으로써 자연주의를 전면화하였다. 그것이 그가 발견한 내재적 초월의 세계였다. 법칙이나 질서가 생산되는 것도 이 세계였고, 그것이 지배하는 세계도, 그로부터 벗어나는 세계도 '지금-여기'였다. 그런 점에서 다윈은 전혀 새로운 유물론을 주장하고 있었던 셈이다.

생물종의 진화를 둘러싼 대립은 이들의 차이를 잘 보여 준다. 우선 많은 과학자들은 종이라는 게 신에 의해 창조되어 지금까지 고정되어 있는 것, 혹은 원래 그런 것이라고 철석같이 믿음으로써 종의 진화를 부정하였다. 한편 다윈 이전의 진화론자들은 역사가 발전한다는 법칙에 따라 생물은 하등생물에서 고등생물로 진화한다고 주장했다. 다윈은 이렇게 상반되는 창조론자와 진화론자에게서 굳건한 공통점을 읽어 냈다. 그들은 모두 자연현상을 설명하기 위해 자연 바깥의 초월적인 질서와 법칙(신이든, 섭리든, 역사발전 법칙이든)을 끌어 왔던 것이다. 그러나 다윈에게 자연은 늘 스스로를 초월하는 세계였다. 따라서 진화는 자연스러운 과정이며, 거기에 어떤 초자연적인 원인이나 섭리도 필요없었다. 그러므로 다윈은 젊은 시절에 이미 유물론자가 되었으면서도,[6] 기존의 유물론적 견해에 크게 반대하였던 것이다. 그가 책의 출간을 한없

---

[6] 1838년에 쓴 「C 노트」의 한 구절. "신에 대한 사랑은 생물조직에서 비롯되나니, 오! 너 유물론자여! ······ 뇌의 분비물인 생각이 물질의 한 속성인 중력보다 더 경이로워야 할 이유가 무엇이란 말인가? 그것은 우리의 오만, 우리의 자기 찬양에 지나지 않는다." [「C 노트」, 166번]. Paul H. Barrett et al.(eds), *Charles Darwin's Notebooks, 1836~1844*, Ithaca, N.Y. : Cornell University Press, 1987, p. 291.

이 미루며 자신의 사상을 끊임없이 갈고닦았던 것은 기존의 유물론과는 다른 유물론, 차라리 자연주의의 전면화라 불러야 할 새로운 기획이 그만큼의 노력을 요구했기 때문이다.[7]

이제 아가시의 기능주의 비판 쪽으로 옮겨가자. 앞서 말했듯이 아가시의 형식주의(혹은 구조주의)와 퀴비에 등의 기능주의는 매우 대립되는 이론이었지만,[8] 다윈의 관점에서 보면 양자 모두 초월자의 존재를 주장하는 창조론이었다. 그런 점에서 이들 모두를 신학적 사유일 뿐이라고 치부할 수도 있다. 하지만 그 내막을 파고 들어가 보면 이들의 대립은 상동과 상사, 선천적 구조와 후천적 적응, 형식과 기능 등, 현대 과학에서도 매우 중요한 문제들을 둘러싼 것이었다. 여기서는 편의상 아가시의 기능주의 비판을 중심으로 당시의 대립을 파악해 보자.

우선 기능과 적응에 주목한 기능주의자들은 다양한 생물들이 다양한 환경에 대단히 적합하다는 점을 강조한다. 그 놀라운 적합성을 볼 때, 자연은 결코 마구잡이식 우연이 아니라 통일적인 질서를 갖춘 체계이고, 우리는 거기서 모종의 지성과 자비로움을 느낄 수 있다는 것이다. 물론 아가시 같은 구조주의자들도 이런 사실은 전혀 부정하지 않는다. 생물들의 환경에 대한 적응 앞에서 경탄하지 않을 자 그 누구랴! 그런데 아가시가 보기에 기능과 환경의 상관성은 생물의 형태를 물리적 원

---

7) 다윈은 라마르크와 『창조의 자연사적 흔적』의 저자가 이 중대한 기획을 망쳐 버렸다고 한탄했다.
8) 그런데 구조를 강조하는 아가시는 자기 주장의 근거로 기능을 중시한 퀴비에의 핵심 이론(즉, 4부문설)을 제시하였다. 역시 구조주의자로 불리는 오웬은 '영국의 퀴비에'로 불리기도 했다. 이 기묘한 사태는 우선 퀴비에의 학문 세계가 워낙 방대하고 치밀했기 때문에 창조적인 해석의 여지가 넓었다는 점, 또한 당시 과학계의 풍경이 오늘날과 여러 모로 달랐다는 점을 고려해야만 이해할 수 있다. 좀더 자세한 내용은 Gould, *The Structure of Evolutionary Theory*를 참조, 특히 p. 275.

인에 의해 설명하는 것이므로, 전지전능한 신의 존재나 능력과는 상관이 없다. 그런 것은 유물론자들이나 할 주장이다. 또한 생물은 조상으로부터 대대로 물려받아 온 구조의 제약이 너무 많기 때문에(오늘날로 말하면 유전의 구속성에 해당한다), 최적의 상태로 적응할 수가 없게 되어 있다. 그러므로 적응의 측면에서 신을 찾으려는 것은 역설적이게도 신의 능력이 자연의 조건에 어떤 식으로 제약받고 있는지를 드러내고 만다. 그런 이유로 아가시는 특정 개체의 특정한 적응에 주목하기보다는, 모든 개체가 어떤 조건에서도 동일하게 보여 주는 구조에 주목하자고 호소했다. 만일 그런 구조를 찾아낸다면 첫째, 자연조건에 의해 제약되지 않는 신의 능력을 증명할 수 있으며, 둘째, 신이 한 분뿐이라는 사실도 강력하게 입증될 수 있다(설계 원리가 생물마다 다르다면 신이 하나라고 주장하기 곤란하지 않겠는가!).

이런 맥락에서 아가시는 여러 상이한 동물들이 해부학적 구조에 있어서 유사함을 증명하고자 했다. 아가시의 주장대로라면 생물은 근본적 설계에 있어서 동일하고, 적응은 이런 설계가 구체적인 환경조건하에서 이차적으로 재조정된 것에 불과하다. 더 강하게 얘기하면, 생물들의 다양한 적응 현상은 더 심오한 질서의 동일성을 은폐하고 혼란을 조장한다는 점에서 근본적으로 환상이며 피상적인 것이다. 아가시는 당대 최고의 비교해부학자(퀴비에)와 발생학자(폰 바에르)의 연구 결과를 근거로 제시하였다. 퀴비에는 비교해부학 연구를 통해 동물들이 방사동물, 연체동물, 절지동물, 척추동물이라는 네 가지 설계로 구성되어 있음을 보여 주었다. 세상의 하고많은 동물들이 제아무리 다양한 적응 양상을 보이더라도, 몸의 체제는 네 가지 근본설계를 바탕으로 구축되어 있다는 것이다. 한편 폰 바에르는 퀴비에와 전혀 다른 연구방법(발생학)을 통해, 동물계에서 퀴비에와 동일한 체계를 발견하였다. 아가시는 이 두 사람의 전혀 다른 연구방법이 무서울 정도로 동일한 결과를 낳았다는 점에 깊은 인상을 받았다. 결국 모든 동물은 네 가지 기본 설계에 의해 조직되며, 네 가지 기본 방식에 따라 발생하여 성체가 되는 것이었다. 이들 네 가지 기본 구조와 발생방식은 구체적인 자연조건과는 무관한 것이었고, 따라서 자연법칙으로는 설명할 수 없는 것이었다. 적응은 이런 기본 구조(유형, type)가 부과하는 제약을 결코 넘어설 수 없다. 이런 제약으로 인해 환경에 최적의 적응을 한다는 건 애초부터 불가능하다. 고래의 이빨을 보라, 포유류 수컷의 젖꼭지를 보라. 그 앞에서도 모든 기관들이 다 훌륭한 기능과 의미가 있다고 주장할 수 있겠는가! 생물들은 기본 설계가 부과하는 원초적 형식, 그 근본적 구조에 따라 발생하고 구축되는 것이기 때문에, 생활상 직접 필요가 없는 그런 기관들도 생겨나지 않을 수 없다.

 이러한 과정을 통해 아가시는 다음과 같은 결론을 내린다. 동물들에게는 두 가지 측면이 있는데, 하나는 생활조건에 직접 부합되는 기능이요, 또 하나는 조건에 직접 관계없는 구조다. 앞에서 살펴보았듯이 후자의 구조야말로 그들의 본질적 성격을 구성한다. 이것이 바로 신이 부여해 주신 질서다. 인간은 각 개체나 종의 구체적 적응 양상에 매몰되는 대신, 더 고차적인 분류체계가 현시하는(계시하는, reveal) 질서를 심도 있게 이해해야 한다. 그것이 곧 신의 생각에 최대한 가까이 가는 길이자, 전 우주에서 인간에게만 맡겨진 고유의 사명이다.

 지금까지 우리는 아가시의 주장을 중심으로 당시 과학자들이 어떤 방식으로 생물을 대했었는지 더듬어 보았다. 곁가지로 신학적 사유가 의외로 과학을 발전시키는 꽤나 강력한 추진력이 될 수 있다는 사실도 어느 정도 실감할 수 있었다. 우리는 아가시의 입장을 주로 살폈지만, 그와 반대 입장의 기능주의자들도 튼실한 근거와 뛰어난 추론을 통해 과학을 발전시켰다. 그리고 앞서 말했듯이, 이들은 매우 상반된 주장을 펼치기는 했지만, 크게 보면 생물의 질서 속에서 신의 존재와 지성과 자비로움을 찾았다는 공통점이 있었다. 이런 확신은 생물을 더 깊이 연구하면 할수록 더욱 짙어져만 갔다. 이제 상황을 염두에 두고 다시 『종의 기원』으로 돌아가자.

다윈도 분류체계에는 "단순한 유사성 이상의 뭔가가 포함되어" 있다고 믿었다. 다만 그것은 창조자의 계획 따위와는 전혀 다른 것이었다. 그것은 자연 현상 이전이나 자연계 바깥에 존재하는 무엇이 아니었다. 세상의 모든 생물들은,

> 공통의 유래라는 유대로 연결되어 있으며 이것이야말로 생물들이 서로 유사하게 된 유일한 원인이다. 비록 이 유대는 생물들의 매우 상이한 변화 때문에 가려져 있지만, 우리의 분류에 의해 부분적으로 현시되어 있다고, 나는 믿는다. 이제부터 우리는, 분류할 때 따르는 규칙들을 살펴보고, 분류가 미지의 창조 계획을 나타내는 것이라고 볼 때와 단지 일반적 명제를 진술하여 상호 간에 많이 닮은 종류들을 묶기 위한 편의적 고안물에 불과하다고 볼 때 각각 어떤 곤란에 부딪치는지 고찰해 보기로 하자.(pp. 413~414)

분류학자들은 서로서로 닮은 정도를 가지고 생물들을 여러 가지 단위로 무리짓는다. 이렇게 무리지어진 단위는 큰 단위 아래 묶이고, 이것은 더 큰 분류 단위 아래 묶인다. 이것이 드러내는 질서는 대단히 정교하고도 오묘한 것이다. 과연 우리가 생물들을 이렇게 무리지을 수 있는 이유는 무엇이며, 거기서 정교한 질서가 드러나는 이유는 무엇인가? 혹자는 창조의 계획을 보았고, 또 혹자는 자연의 섭리나 초월적인 질서를 보았다. 그러나 다윈은 그런 이유가 따로 있다고 생각지 않았다. 일찍이 1843년의 편지(13장 맨 처음에 인용된 편지)에서 말했듯이 분류의 결과 얻어지는 체계는 **"아무것도 의미하지 않는다"**. 우리가 생물들을 특정한 방식으로 무리지을 수 있는 것은 실제로 생물들이 그런 식으로 무리지어 왔기 때문이다. 거기서 드러나는 정묘한 질서는 실은 생물들의 유래관계다. 요컨대 분류는 생물들의 관계를 기술한 것이지 그 너머나 근본에 있는 어떤 질서나 법칙을 "의미하지 않는다". 생물들이 서로 닮은 것은 공통의 조상에서 유래했기 때문이다. 그럼 다윈 이전까지 과학자들은 이 간단한 사실을 왜 몰랐을까?

그것은 생물들의 유래관계가 진화과정에서 발생한 방대한 변화로 가려져 있고, 크고 작은 멸종으로 인해 군데군데 끊겨 있기 때문이다. 즉 우리가 관찰할 수 있는 (과거 및 현재의) 생물들은 자신들이 그동안 맺어 온 유대관계를 부분적으로만 '현시'하고 있는 것이다. 이런 상황에서 현재의 생물들을 '있는 그대로' 관찰하는 과학자들은 유래의 측면을 부분적으로만 채택할 수밖에 없다. 유래관계 이외의 잡다한 원리와 규칙들이 필요해지는 것은 이 때문이다. 그런 연구의 결과가 자연적인 체계를 드러내지 못하는 것은 당연하다. 따라서 과학자들은 분류 결과 앞에서 양자택일을 강요당한다. 분류체계는 그저 편의적 고안물이거나 아니면 아직 완전히 알지 못하는 전능자의 창조 계획이거나. 그러니까 지금껏 자연의 체계가 전면화되지 못했던 것은 그걸 가로막는 난점들을 돌파하지 못했기 때문이다. 자연주의자 다윈은 이제 그 난점들을 하나하나 해결하고, 잡다하게 뒤섞여 있는 분류 원리와 규칙들을 '변화를 수반하는 유래'라는 학설하에 일관되게 통일하고자 한다.

중요한 기관이 중요하다?

당시 박물학자들은 심장이나 영양기관, 촉각의 구조와 아가미 등을 분류상의 중요한 기준으로 삼았다. 반대로 콧구멍에서 입으로 통하는 통로의 유무라든가, 곤충류에 있어서 날개가 겹쳐져 있는 모양, 목초식물의 단순한 얇은 털 등은 별로 중요치 않은 요소였다. 뭐 당연한 얘기 아닌가! 생존에 무척 중요한 기관이나 구조가 분류에서도 중시되어야 한다는 건 두말하면 잔소리 아닌가? 그런데…… 정말 그럴까?

생활습성을 결정하는 구조의 여러 부분들이나 각 생물이 자연질서 속에서 차지하는 일반적 장소가 분류에 있어서 매우 중요하다고 생각하기 쉽다(실제로 옛날에는 그렇게들 생각했다). **하지만 그 이상으로 잘못된 생각은 없다.** 생쥐와 땅쥐, 바다소[海牛]와 고래, 그리고 고래와 물고기가 외관상 닮았다고 해서 그 유사성에 어떤 중요성을 인정하는 사람은 없다. 그러한 유사성은 생물의 모든 생활과 긴밀하게 결합되어 있긴 하지만, 그것은 다만 적응적, 즉 상사적(相似的) 형질에 지나지 않는다. ……

오히려 체제의 어떤 부분이 특수한 습성과 적게 관계될수록 그 부분은 분류에서 중요하다는 것을 일반적인 규칙으로 삼아도 좋다.(p.414)

생물의 어떤 구조가 그 생물의 생활에서 얼마나 중요한지는 분류와 직접적인 관련이 없다고? 오히려 생활습성과 무관한 부분일수록 분류에서는 중요하며, 심지어 그게 분류의 일반적인 규칙일 수가 있다고? 현대의 독자들에게 꽤 의아하게 들릴 이 주장은, 그러나 당대에는 그리 특이한 생각만도 아니었다. 특히 아가시를 비롯한 구조주의자들은 더 그랬다.

오웬(Owen)은 바다소에 대해 이렇게 말했다. "생식기관은 동물의 습성 및 먹이와 가장 인연이 먼 것이므로, 나는 항상 그것이야말로 동물의 참다운 유연을 가장 분명하게 나타낸다고 간주해 왔다. 이런 기관의 경우에는 단지 적응적일 뿐인 형질을 본질적인 형질로 착각하는 일은 거의 없다." 식물에서도 마찬가지로, 생식기관과 그 산물인 종자는 분류에 있어서 최고도로 중요한 데 반해, 전 생명이 의존하고 있는 영양기관은 최초의 주요한 구분을 할 때 이외에는 별로 의미가 없다. 이것은 얼마나 주목할 만한 사실인가?(p.414)

지극히 타당한 주장이다. 이런 근거하에 오웬(Richard Owen, 1804~1892)을 비롯한 구조주의자들은 "단지 적응적일 뿐인 형질을 본질적인 형질로 착각하는" 기능주의자들에 대해 전적으로 반대했다. 대표적으로 오웬은 단지 비슷한 환경에 적응하기 위해 서로 닮게 된 것은 상사

(相似, analogy)라 부르고 참다운 유연관계를 담고 있는 골격상의 유사성을 상동(相同, homology)이라 불렀다.[9] 이런 이론을 바탕으로 오웬은 분류에서 1차적이고 근본적인 것은 상동적 유사성이라고 주장했다. 사실 『종의 기원』의 이 대목은 그런 오웬의 견해를 그대로 옮겨 놓은 것이다. 다윈이 이 점에서 오웬과 의견이 같기도 했지만, 그가 당대의 매우 저명한 과학자로서 권위가 대단했기 때문이기도 하다. 오웬은 비교해부학자이자 고생물학자로서 런던 자연사박물관의 관장을 역임하는 등, 빅토리아 시대의 대표적인 동물학자 중 한 명이었다. 그는 여러 모로 다윈과 관련이 깊은 사람이었다. 우선 다윈은 오웬이 1837년에 한 강의를 들었던 시점 전후로 진화론자로 전향했다. 아마도 오웬의 강의가 커다란 영향을 끼쳤을 것이다. 한편 다윈이 지질학자로서 명성을 얻게 된 책 『포유류의 화석』(Fossil Mammalia)도 오웬과 공동작업을 한 결과였다. 다윈이 비글호 항해 기간 중 채집해 온 멸종 포유류의 화석들을 오웬이 비교해부학을 무기로 하나하나 기술하고 정교하게 분류해 주었던 것이다.[10] 오웬은 영국의 암석에서 발견된 새로운 종류의 화석생물을 '공룡'

---

9) 오웬은 당시 크게 대립했던 퀴비에의 기능주의와 생틸레르의 형식주의(구조주의)를 하나로 통합하려 했다. 그래서 전자의 주장은 상사로, 후자의 주장은 상동으로 개념화한 다음, 이 두 가지 주제는 박물학에 필수적인 두 가지 구성요소라고 주장했다. 구조주의자로 분류되는 오웬이 기능주의의 대표자인 퀴비에의 4부문설을 수용한 방식도 이런 관점에서 이해할 수 있다. 역시 구조주의자였던 아가시 또한 퀴비에의 4부문설을 받아들였으며 죽는 날까지 강하게 고수하였다. 이런 기이한 현상은 다른 이유도 있었지만, 퀴비에의 이론이 구조주의에 상당히 부합되는 측면이 있었기 때문이다. 아가시는 네 부문 안에서는 적응적 목적을 위해 엄청난 다양성이 허용되지만(퀴비에의 기능주의 수용), 부문 간에는 절대로 넘을 수 없는 플랜(plan)상의 차이가 엄존한다고 보았다. Gould, *The Structure of Evolutionary Theory*, p. 275.

10) Sandra Herbert and David Norman, "Darwin's Geology and Perspective on the Fossil Record", *The Cambridge Companion to The "Origin of Species"*, Cambridge : Cambridge University Press, 2009, p. 129, 133을 참조.

(Dinosauria)이라 부름으로써 공룡이란 말을 처음 사용하기도 했다.

상동과 상사의 개념을 확립하여 비교형태학의 발전에 크게 공헌한 것도 그였다. 오웬 이전만 해도 사람과 말, 개, 고양이의 위팔뼈[上腕骨]를 모두 다른 이름으로 불렀다. 일반인들이 아니라 바로 과학자들이 해부학적 구조를 논할 때 그렇게 불렀다는 말이다. 하긴 고귀한 사람의 신체기관과 하등한 동물들의 기관을 같은 이름으로 부른다는 게 말이 되는가! 그러나 오웬은 "고양이와 사람의 팔뼈는 둘 다 위팔뼈라고 부를 수 있고 형태, 기능, 위치 관계 등이 매우 유사하므로, 둘 사이에는 분명 진정하고도 근원적인 동일성이 존재한다"라고 확신했다. 그들 모두가 상동관계에 있음을 확신한 오웬은 그 뼈들을 모두 위팔뼈라는 이름으로 통일해 버렸다.[11] 그래 놓고는 "형이상학적 문제를 피하기 위해, 그는 단지 해부학적 명명법을 간단히 하고자 했을 뿐이라고 주장했다". 이것이 바로 그의 상동 개념인데, 처음으로 정의를 내린 것은 1843년이었고, 이후 1848년에는 이를 자세히 풀어서 설명했다.[12] 『종의 기원』에서 그가 여러 번 중요하게 인용되는 것은 여러 모로 당연한 일이었다 (그의 이름은 『종의 기원』에서 총 32회나 등장한다). 그러면 그는 진화론자였을까? 『종의 기원』 출간 후 다윈의 학설을 지지했을까? 그가 저명한 과학자였다는 데서 이미 짐작하셨겠지만, 당연히 극력 반대했다. 지금까지 누차 얘기했듯이 당대의 과학자 대부분은 진화론에 반대했고, 특히 자연선택설에 대해서는 거의 아무도 찬성하지 않았다. 오웬은 원

---

11) 필러, 『허리 세운 유인원』, 47쪽.
12) 같은 책, 179~180쪽.

래부터 라마르크를 비롯한 진화론자들에 반대했으며, 『종의 기원』 출간 뒤에는 다윈의 자연선택설을 격렬히 비판함으로써 후대에 주로 다윈을 반대한 과학자로 기억되게 되었다(진화론을 전적으로 반대했는지는 상당히 모호하다). 최고의 과학자이자 한때 공동연구자였던 두 사람이 나중에는 철천지 원수가 되는 아이러니. 바로 그것이 다윈이 살던 세계였다.

오웬은 『종의 기원』이 출간된 직후인 1860년 4월에 『에든버러 리뷰』에 서평을 실어 다윈의 저서를 강하게 비판했다. 물론 당시 관행대로 익명의 서평이었지만 필자가 오웬이라는 사실은 금세 알려졌다. 이 글에서 오웬은 "자연선택에 의한 신종의 형성은 자연에서 관찰되지 않는다고 지적하면서, [『종의 기원』에] 자연선택설을 증명하는 사실은 없고 오직 있는 것은 저자의 신념뿐"이라고 쏘아붙였다. 오웬의 이러한 견해는 여러 종류의 동물을 비교해부학적으로 연구하고 화석 기록들을 종합적으로 판단해서 얻은 결과였다. 그는 파충류 화석에 대한 치밀한 연구를 바탕으로 "생물종이 변화해 가는 것은 맞지만 그것은 외부 환경과는 무관하며" "형태의 변화가 진보적 발달(즉 종의 진화)에 의한 것이라는 증거는 없다"고 주장했다.[13] 그는 "파충류의 여러 종들이 돌연 지표에 등장"했다고 확신했다. 그가 형편없는 학자여서 이런 주장을 한 것은 물론 아니었다. 그는 종이 변화해 왔다는 사실에 대해서는 충분히 동의했다. 다만 아직 그 원인을 확정할 만큼 증거가 충분치 않다고 인

---

13) 이상 오웬의 학설과 그의 다윈 비판에 대해서는 松永俊男, 『ダーウィン前夜の進化論争』, 名古屋大学出版会, 2005의 8장 「오웬과 진화론」(オーウェンと進化論)을 참조.

식했다. 그가 보기에 "귀납적 방법으로 동물학을 착실히 추진해 온 위대한 학자들은 종의 기원에 관한 가설을 만들려고 하지 않았다". 실제로 프랑스의 '위대한 박물학자' 퀴비에는 지구에서 생물상이 점차 변화해 왔다는 사실을 밝혀냈지만, 그 원인에 대해서는 감히 왈가왈부하려 하지 않았다. 오웬에 따르면, 오직 라마르크나 다윈같이 공상을 좋아하는 자들만이 무모하게 종이 변화해 온 원인을 논한다. 이런 오웬의 눈에 『종의 기원』이라는 책이 어떻게 보였겠는가! 당대 과학자들이 대부분 발표한 내용들을 가지고 그것도 한두 가지 사례만 툭툭 던지면서 자연스러운 선택이니 뭐니 하는 신비로운 얘기를 늘어놓는 다윈이 얼마나 한심해 보였겠는가?

　다시 한번 확인하는 바이지만, 기능주의자 퀴비에도, 형식주의자 오웬도 모두 진화론을 극력 반대했다. 그럼 다윈은 이들 기능주의자와 형식주의자들의 견해를 어떻게 처리했을까? 이후 보게 되겠지만, 다윈은 상이한 동물들이 동일한 구조를 갖는 것은 조상이 같기 때문이며, 여러 동물들이 다양한 기능과 습성을 가지는 것은 후손들이 자연선택에 의해 변화되었기 때문이라고 해석할 것이다. 다윈은 이런 식으로 (형식주의자들이 강조하는) 공통성은 유래 속에, (기능주의자들이 강조하는) 다양성은 변화 속에 담았다. 그런 다음 그걸 하나로 결합한 것이 바로 "변화를 수반하는 유래"였다. 어찌 보면 옳은 것 같기도 하고 또 어찌 보면 그서 기발한 아이디어에 불과한 것처럼 느껴지기도 한다. 이 장을 읽으면서 여러분도 함께 생각해 보시기 바란다. 이제 다시 『종의 기원』의 분류 얘기로 돌아가자. 중요한 기관과 구조가 분류에서도 중요하다는 통념을, 다윈이 오웬을 빌려 비판하던 중이었다.

중요한 기관이 분류학적으로 중요할 때도 물론 있다. …… 하지만 그 이유는 그런 기관이 종의 큰 무리를 통해 대단히 일정하게 나타날 때뿐이며, 그러한 일정성은 어떤 종이 생활조건에 적응하는 과정에서 조금밖에 변화하지 않았기 때문이다. 어떤 기관의 생리학적 중요성만으로는 그 기관의 분류상 가치가 결정되지 않는다. …… 어떤 무리를 연구하는 박물학자든 간에 이 사실에 놀라지 않는 사람은 하나도 없을 것이다. …… 갑각류 가운데 바다반딧불에는 심장이 있으나 이와 매우 근연의 속인 키프리스(Cypris)나 키테레이아(Cytherea)에는 그런 기관이 없다. 바다반딧불과의 어떤 종에는 잘 발달된 아가미가 있으나 다른 종은 갖고 있지 않다. 막시류 중 커다란 한 유(類)에서 촉각의 구조는 극히 일정하다. 그런데 다른 유에서는 다양하게 달라져 있으며, 게다가 그 차이는 분류에 있어서 완전히 종속적인 가치밖에 없다. 아마도 이 두 가지 유에서 촉각의 생리학적 중요성이 다르다고 할 사람은 없을 것이다. 같은 생물군의 어떤 중요한 기관이 분류 작업에서는 중요도에 큰 차이가 있을 수 있는데, 나는 그런 사례를 얼마든지 들 수 있다.(pp. 415~416, 4판에서 부분 추가)

세상에나, 심장같이 핵심적인 기관이 갑각류 정도의 분류 단위에 공통되지 않을 수 있다니! 또 같은 형질이 막시류의 어떤 유에서는 중요한 형질인데 다른 유에서는 그렇지 않다니! 요상한 건 이뿐만이 아니다. 이제부터 보겠지만, 너무너무 하찮은 특징들이 분류에서는 대단히 중요한 가치를 가질 수가 있다.

너무너무 하찮은 특징들

아까 보았던 오웬이 다시 등장한다.

> 생리학적으로는 거의 중요하지 않지만 그 생물군 전체를 정의하는 데 있어서는 고도로 유용한 형질들을 나는 얼마든지 들 수 있다. 오웬의 말에 따르면 어류와 파충류를 절대적으로 구별하는 유일한 형질은 콧구멍에서 입으로 통하는 통로의 유무이며, 유대류(有袋類)에 있어서는 턱의 모서리의 만곡(彎曲), 곤충류에서는 날개가 겹쳐져 있는 모양, 약간의 조류(藻類)에서는 단순한 색채다. …… 그 밖에도 목초식물의 꽃 이곳저곳에 나 있는 단순한 엷은 털, 척추동물의 털이나 깃털 같은 외피의 형질 등도 마찬가지 경우다.(pp. 416~417)

콧구멍에서 입으로 통하는 통로가 있느냐, 턱의 모서리가 어떻게 휘어 있느냐, 날개가 어떤 모양으로 겹쳐져 있느냐, 심지어 엷은 털이 있느냐, 피부가 어떠냐. 이런 것들은 그야말로 지엽적이고 피상적인 것들처럼만 느껴진다. 헌데 그런 게 어류와 파충류를 절대적으로 구별할 수 있게 한다고, 다윈과 오웬이 이구동성으로 말하고 있다. 그러나 이보다 더욱 놀라운 사태가 있다. 콧구멍만큼도 안 중요한 것, 털끝만 한 차이나 피상적인 중요성조차 없는 것, 한마디로 말해 하찮은 의미조차 없는 특징이 분류에서는 너무너무 중요할 경우가 있다. 대체 그런 어처구니없는 경우가 세상에 어디 있을까?

흔적기관, 즉 위축된 기관이 생리학적으로나 생명 유지에 있어 고도로 중요하다는 따위의 얘기는 아무도 하지 않을 것이다. 그러나 이런 상태에 있는 기관은 때때로 분류에 있어 고도의 가치를 갖는다. 어린 반추류의 위턱에 흔적으로 남아 있는 이빨이나 다리에 남아 있는 흔적적인 뼈는 반추동물과 후피동물 간의 밀접한 유연성을 파악하는 데 극히 중요한 역할을 한다. 이 사실을 부정할 자는 아무도 없을 것이다.(p. 416)

생물이 살아가는 데 중요한 기관이나 구조는 분류에서도 많은 경우 무척 중요하다. 그러나 방금 예로 든 너무너무 하찮은 기관이나 흔적밖에 안 남은 기관 따위도 분류에서 고도로 중요할 수 있다. 중요한 기관이 분류에서 중요하다는 것은 원리가 될 수 없음이 이로써 명백해졌다. 그렇다면 과연 무엇이 분류의 일관된 기준이어야 하는가? 아니면 그런 건 없고 그때그때 잘 판단할 수밖에 없는 것일까?

분류의 실태

다윈은 우선 박물학자들의 분류에 원리상의 문제가 있다고 지적한다. 많은 박물학자들은 중요한 기관이 중요하다는 원리를 내세우지만,

박물학자들이 실제로 연구할 때는 한 생물군을 정의하거나 특정한 종을 지시할 때 쓰는 형질의 생리학적 가치를 고려하지 않는다. 박물학자들은 다수의 종류에 공통적으로 나타나지만 다른 종류에게서는 나타나지 않는 형질을 발견하면, 게다가 그 형질이 거의 한결같다면, 그것에

높은 가치를 부여한다. 좀더 소수의 것에만 공통된 형질이라면, 그보다 낮은 가치를 부여한다.(pp. 417~418)

예컨대 하나의 종이란 무엇인가? 비슷한 구조나 형태, 습성 등을 가지고 생명을 유지하고 환경에 적응하며 살아가는 무리다. 그러므로 하나의 종을 지시한다는 것은 생리학상으로나 생활상으로 중요한 공통의 형질들을 지정하는 것이다. 당연한 일이다. 헌데 종들을 가지고 속이나 과, 목 등으로 분류를 할 때에는 상황이 정반대가 된다. 박물학자들이 안면몰수하고 형질의 생활상의 가치나 생리학적인 가치 따위를 거들떠도 보지 않는 것이다. 그 형질이 많은 종류의 생물에 공통적으로 나타나느냐 아니면 적은 종류의 생물들에게 나타나느냐만 본다. 이처럼 중요한 기관이나 구조가 실제 분류에서는 하등의 중요성을 갖지 못하는 이유는 뭘까? 박물학자들은 이 질문에 대답할 수 없었다. 그러나 분류에 대한 생각 자체가 달랐던 다윈에게는 문제도 아니었다. 그에게 분류는 생물들이 지금까지 생산해 온 유래관계를 표현하는 것이다. 그러므로 어떤 생물이 살아가는 데 그 형질이 중요하냐 아니냐는 그리 중요하지 않다. 아무리 사소해도 유래관계를 나타내는 것이면 분류에서 중요한 것이고, 조금밖에 나타내지 못하면 아무리 핵심적인 기관이라도 분류상의 가치는 미미하다. 앞서 보았듯이 심장이나 아가미처럼 아무리 중요한 기관이라도 이 원칙의 예외가 될 수는 없다. 또한,

많은 동물군에 있어서, 가령 혈액을 순환시키는 기관이나 정화하는 기관, 혹은 종족을 번식시키는 기관 같은 것은 거의 같다고 알려져 있으

며 분류에서도 큰 역할을 하고 있다. 그러나 어떤 종류의 군에게는 그러한 생활기관이 대단히 종속적인 가치밖에 없는 형질이라는 사실도 잘 알려져 있다.(p. 418)

그에 반해 상호 간의 유래를 드러낼 수만 있다면 사소한 형질도 얼마든지 중요해질 수가 있다. 더욱이,

사소한 형질일지라도 그것이 다른 형질들과 연관되어 나타난다면 분류상 매우 중요한 형질이 된다. 실제로 여러 형질이 연관된 형질의 총체는 매우 가치 있는 것이다. …… 그에 반해 아무리 중요한 형질이라도 그것에만 의존하여 분류하면 반드시 실패하고 만다.(p. 417)

유래관계를 중심으로 분류를 하면, 형질의 중요성을 기준으로 하는 경우보다 자의성이 크게 줄어들 수 있다. 물론 그것도 쉬운 과제는 아니며 따라서 학자들 간의 의견도 여기저기서 갈릴 수밖에 없다. 다윈도 이런 어려운 점들을 잘 알고 있었다. 그러나 골치 아픈 문제들이 있다고 해서 그때마다 창조자의 계획이나 초월적인 질서 같은 무의미한 세계로 후퇴해 가지고는 학술상의 진보는 난망하다. 우선은 유래관계를 중심으로 분류를 행한다는 원칙을 굳건히 견지하자. 그리고 이 원칙하에 합리적인 분류 규칙들을 새롭게 지정해 나가자. 그런데 다윈이 가만히 살펴보니 지금까지 분류를 행해 온 일급 학자들의 관행에는 귀한 규칙들이 많이 들어 있었다. 다만 규칙들 간의 관계가 중구난방이었고 초월론적 원리가 그것들을 심각하게 훼손하고 있었다. 따라서 다윈은 기존

의 규칙들을 검토하여 자신의 분류관하에 합리적으로 취사선택하여 일관된 체계를 구성하고자 한다. 자! 이제부터 기존 학자들의 삽다한 원리와 규칙들을 다윈이 어떻게 "변화를 수반하는 유래"하에 통합하는지 감상해 보시라!

성체보다 배가 중요하다?

우리는 어째서 성체의 형질 못지않게 배(胚)의 형질이 분류에서 중요한지도 이해할 수 있다. 이는 말할 것도 없이 우리의 분류는 발생의 모든 단계들을 포괄하기 때문이다. 그에 반해 **통상적인 견해에서는 배의 구조가 성체의 구조보다 분류에서 더 중요한 이유를 알 수가 없다.** 밀른-에드와르나 아가시 같은 위대한 박물학자들은 어떤 동물 분류에 있어서도 배의 형질이 가장 중요하다는 것을 강조하였으며, 이 생각은 타당한 것으로 매우 널리 받아들여지고 있다.(p. 418)

자연의 질서에서 중요한 것은 성체의 구조고, 배는 그런 성체로 잘 발달되면 그것으로 족한 것이다. 그런데도 분류에 있어서는 많은 경우 배 쪽이 더 중요하다. "꽃식물의 경우가 대표적인데, 이 식물들은 배의 여러 형질들(떡잎의 수와 위치, 어린 싹과 어린 뿌리의 발생 양식)에 의거하여 크게 두 가지로 양분된다. …… 우리는 여기서 분류에 유래의 관념이 암암리에 포함된다는 사실을 알 수 있다."(pp. 418~419) 또한 따개비의 경우 "저 유명한 퀴비에조차 따개비가 갑각류라는 사실을 알아채지 못하였다. 그러나 따개비의 애벌레를 한번 보기만 하면, 그것이 갑각

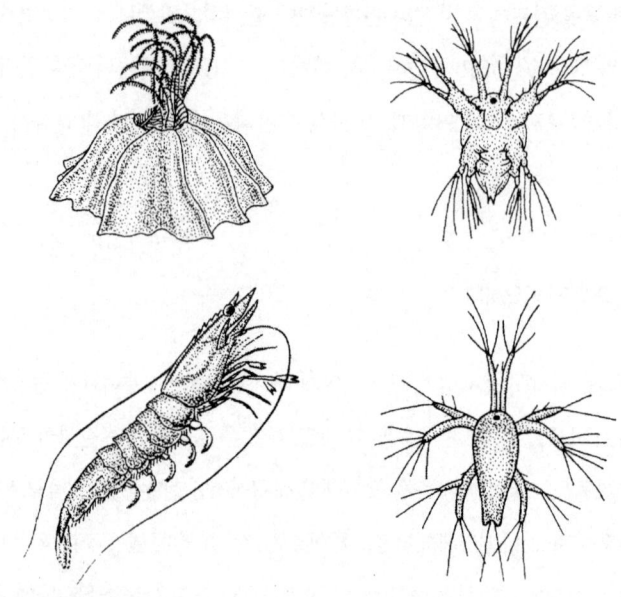

따개비와 새우의 상동성
오웬은 따개비와 새우의 성체를 상호비교하여 별도의 강으로 분류했지만, 그림에서 보듯이 유충의 모습은 따개비 역시 갑각류임을 분명히 보여 준다. 위는 따개비의 성체와 유충, 아래는 새우의 성체와 유충이다.

류임을 분명히 알 수 있다."(p. 440) 지금 다윈은 퀴비에만 언급했지만 실은 오웬도 따개비에 대해서는 실수를 저질렀다. 그는 상동 여부를 결정함에 있어서 배의 발생과정보다는 성체를 상호비교하는 쪽을 선호했다. 그 결과 오웬은 따개비를 갑각류와 환형동물 사이에 존재하는 별도의 강으로 분류하였다.[14] 그러나 유래관계에 주목하는 다윈은 따개비

---

14) Lynn K. Nyhart, "Embryology and Morphology", *The Cambridge Companion to the "Origin of Species"*, eds. Michael Ruse and Robert J. Richards, Cambridge : Cambridge University Press, 2009, p. 199.

의 발생과정을 놓치지 않았고, 그것이 갑각류임을 단번에 알아보았다. 다윈의 오랜 연구가 빛을 발하는 순간이었다. 사실 퀴비에나 오웬은 당대 최고의 비교해부학자였고, 전문 과학자로서의 명성과 권위는 다윈이 그들에 미칠 바가 못 되었다. 그런데도 다윈은 그들의 견해를 어린애 손목 비틀듯 쉽게 꺾어 버리고 있다. 여기에는 어떤 경우에도 유래관계의 원칙을 저버리지 않는 투철한 자연주의, 그리고 모든 가능성을 남김없이 검토하며 고투해 온 지난 20여 년간의 피눈물 나는 연구가 뒷받침되어 있었다. 그런 힘과 원칙이 있었기 때문에 그는 유래의 원리를 자신 있게 전면화할 수 있었다. 또한 아가시처럼 격렬한 반(反)진화론자의 견해일지라도 합리적인 것은 여유 있게 통합할 수 있었다.

자연상태의 종을 분류할 때, 사실상 모든 박물학자들이 유래라는 요소를 도입해 왔다. 그것은 그들이 최하 등급인 종을 규정할 때 암수 양성을 포괄하는 것만 봐도 알 수 있다. 암컷과 수컷이 중요한 특질에 있어서 얼마나 다른지를 박물학자들은 잘 알고 있다. 예를 들어 만각류의 암수와 양성체(암수동체)는 성체 단계에서는 거의 공통되는 형질이 없다. 하지만 암수와 양성체를 분리시키려는 사람은 어디에도 없다. …… 마찬가지로 박물학자들은 전문적인 의미에서만 동일 개체라 할 수 있는 스텐스트럽(Steenstrup)의 교대하는 모든 세대까지도 하나로 포함시킨다. 모노칸투스(Monochanthus), 미얀투스(Myanthus), 카타세툼(Catasetum) 등 이 세 가지 난초는 전에는 세 가지 속으로 각각 분류되었다. 하지만 이들이 때로 동일한 식물에서 생겨난다는 사실이 알려지자마자 곧 단일한 종에 속하는 변종들에 포함되었다(하지만 나는 이들이 같은 종의 수컷, 암컷, 암수동체임을 증명할 수가 있다). 박물학자들은 기형도, 변종도 하나의 종에 포괄시킨다. 그것은 기형이나 변종이 조상 종류와 닮기도 했지만, 그들이 같은 조상 종류로부터 유래되었기 때문이다.(p. 424)

만각류나 세 가지 난초의 사례는 형질상의 유사성보다 유래의 공통성이 더 근본적이라는 사실을 잘 보여 준다. 세대 교번을 통해 전혀 다른 종류의 생물이 계속 이어지는 경우에도, 같은 종으로 분류된다. 아니 더 정확히 말하면 다른 종류로 분류할 꿈도 꾸지 않는다. 사실 이것은 형질의 공통성이라는 분류의 대전제를 근본적으로 위배하는 것이다. 또한 떡잎의 수와 위치, 어린 싹과 어린 뿌리의 발생 양식처럼, 성체 시기에는 전혀 중요치 않은 배의 형질들을 가장 근본적인 분류 기준으로 삼는 관행도 마찬가지다. **이처럼 기존의 박물학자들 또한 유래의 관념을 다양한 상황에서 다양한 정도로 사용했다. 그러나 그들은 이것이 몇몇 경우에만 유효하지, 생물계 전체를 분류하는 근본 원리는 될 수 없다고 믿었다.** 또 실제 분류에서도 어떨 때는 배의 특징들을 비중 있게 고려했지만, 또 다른 때는 전혀 중시하지 않았다. **그러나 다윈에게는 배가 중요한 것이 결코 우연이 아니었다.** 아니 유래를 기준으로 삼는 그의 관점에서는 차라리 필연적인 것이기까지 했다.

유래라는 기준은 수컷과 암컷과 유충이 매우 뚜렷한 차이가 있을 때도 같은 무리로 묶을 수 있게 해줬고, 또 대단히 심하게 변화된 변종이나 기형을 분류하는 데에도 종종 활용되어 왔다. 이와 마찬가지로 유래라는 요소는, 비록 변화량이 크고 시간도 훨씬 더 많이 걸렸지만, 여러 가지 종들을 속 밑에, 여러 속들을 한층 더 높은 군 밑에 묶어 모든 생물을 자연의 체계하에 배치하는 데에 무의식적으로 사용되어 온 것이 아닐까? **나는 지금까지 유래라는 요소가 그처럼 무의식적으로 사용되어 왔다고 믿는다.** 그리고 이렇게 믿음으로써만, 우리는 탁월한 분류학자들에 의해 준수되고 있는 많은 규칙 및 지침들을 비로소 이해할 수 있다.(p. 425)

탁월한 분류학자들이 지켜 온 많은 규칙과 지침들을 자신의 원리하에 일관되게 통합해 내고 있는 다윈. 그는 이 원리를 더 밀어붙여 흔적기관으로까지 나아간다.

이렇게 생각하면 흔적기관이 왜 그렇게 중요시되는지도 쉽게 이해할 수 있다. 그것은 **각각의 종이 최근 직면했던 생활조건과 관련하여 변형되었을 가능성이 가장 적은 형질이 바로 흔적기관이기 때문이다.** 또한 형질은 아무리 사소한 것이라도 상관없다. 다수의 다른 종, 특히 생활습성이 매우 다른 것에서 널리 볼 수 있는 것이라면, 그것은 고도의 가치를 지닌다. 습성이 매우 다른 다양한 종류의 생물들이 여러 형질들을 공유하고 있다는 것은, 공통 조상으로부터의 유전에 의해서만 설명될 수 있기 때문이다. …… 그러므로 갖가지 습성을 지닌 큰 생물군 전체에 다수의 형질이 함께 나타나는 경우, 우리는 유래의 학설에 의거하여 그 형질들이 공통 조상으로부터 유전되었다고 거의 확신할 수 있다. **상관적이거나 집합적인 형질(correlated or aggregated characters)이 분류에서 특별한 가치를 지니는 것은 이런 이유 때문이다.** (pp. 425~426)

암수와 자웅동체, 변종과 기형을 모두 한 종으로 분류할 수 있는 것, 성체보다 배를 중시할 수 있는 것, 흔적기관이나 극도로 하찮은 기관들이 고도로 중요할 수 있는 것, 생활상 매우 중요한 구조나 기관보다 상이한 습성을 가진 종류들에게서 함께 나타나는 집합적 형질이 훨씬 더 중요할 수 있는 것. 이것은 많은 과학자들이 실제 분류에서 유용하게 사용하고 있는 규칙들이다. 그런데 이 훌륭한 규칙들이, 분류를 창조자의 계획의 현시라거나 인간의 편의적인 수단이라고 보는 입장에서는, 박물학자들마다 자의적으로 취사선택할 수 있는, 무원칙하고 우연적인 규칙들로 전락한다. 반면 유래에 기반한 분류(즉 계통적인 분류)하에서는 일관되게 구사할 수 있는 더없이 훌륭한 규칙들이 된다.

다윈은 어떤 규칙을 만나더라도 거침없이 판별하여 취사선택하였고, 이론적 근거들이 박약한 '좋은' 규칙들에게는 어엿한 근거를 마련해 주었다. 예컨대 당시 박물학계에서는, "모든 조류에 공통되는 많은 형질들을 정의하는 것은 너무나 쉬운 일이지만, 반면 갑각류에 대해서는 그러한 정의가 불가능하다고 알려져 있었다". 여러 동물들을 갑각류에 한데 묶으면서도 그들 모두에 공통된 형질을 정의할 수 없었던 상황. 역으로 말하면 공통 형질을 규정할 수 없는 상황임에도 그들을 버젓이 같은 갑각류로 분류할 수 있었던 기묘한 상황. 물론 **다윈의 이론하에서는 공통 형질이 없는 성체들도 얼마든지 같은 종류로 묶을 수 있다.**

분류는 때때로 **유연의 연쇄**(chains of affinities)에 의해 명백히 영향을 받는다. …… 갑각류의 경우 계열의 양극단에 있는 두 종류의 생물은 서로 공통된 형질이 거의 없을 때가 있다. 그렇지만 양 끝에 위치하는 두 종은 각각 (갑각류 내에 있는) 인근의 종과 근연이며, 이 인근의 종은 또 바로 이웃 종과 근연이라는 식으로 결국은 하나의 연쇄를 이룬다. 이리하여 관절동물[Articulata, 오늘날의 절지동물]은 갑각류에 속한다는 사실이 인정되었다.(p. 419)

형질의 공통성보다 유래의 공통성이 더 근본적인 분류 기준임을 잘 보여 주는 사례다. 갑각류의 양극단에 있는 두 종은 서로 공통된 형질이 거의 없을지라도, 인근의 종과 근연관계로 연결되어 전체적으로 하나의 연쇄를 구성한다. 대부분의 박물학자들이 분류는 그렇게 하면서도 타당한 근거는 대지 못했던 것을, 다윈이 멋지게 이론적 근거를 부여해 주는 순간이다. 분류 단위의 가치 문제도 꽤나 흥미롭다.

마지막으로 여러 종들로 구성되는 목이나 아목, 과나 속 같은 다양한 무리가 갖는 비교상의 **가치**에 관해서 말하자면, 그것들은 적어도 오늘날 거의 **자의적인** 것으로 생각된다. …… 숙련된 박물학자에 의해 처음에는 속으로 분류되었으나 나중에는 아과나 과의 계급으로 높여진 식물이나 곤충들이 있다. 그런데 그 이유는, 처음에는 간과되었던 구조상의 어떤 중요한 차이가 연구가 진전됨에 따라 나중에 발견되어서가 아니라, 근소한 차이를 보이는 많은 근연종들이 **나중에 발견되었기 때문에** 그렇게 된 것이다.(p. 419)

많은 박물학자들이 중요한 형질은 고차 분류군을 규정하는 것으로, 사소한 형질은 저차 분류군을 규정하는 것으로 생각했다. 그러니 그들 또한 유래의 관념을 암암리에 갖고 있지 않았던가! 때문에 속으로 분류해 놓은 식물이나 곤충이라도 이후 근연종이 많이 발견되면 곧장 아과나 과의 계급으로 승격되었다. 이때 형질 자체에는 아무런 변화도 없다는 점에 주목하자. 분류체계를 규정하는 것은 역시나 유래관계였던 것이다.

지금까지 다윈은 여러 가지 분류 관행들을 검토하고, 각각의 규칙들에 정당한 의미를 부여하여 주었다. 이제 그가 제시하는 견해와 만날 때다.

분류에 있어서 지금까지 거론한 여러 규칙, 보조 수단, 난점들은 아래와 같은 나의 견해에 의해 일관되게 설명할 수 있다. 나의 견해에 따르면 자연적 체계는 변화를 수반하는 유래에 의거한다. …… **따라서 참다운 분류는 계통적인 것이며 참다운 유연을 제시하는 형질들은 공통 조상으로부터 유전된 것이다.** …… 그리고 지금까지 박물학자들이 무의식적으로 탐색해 온 숨겨진 유대는 미지의 창조 계획이나 일반적인 명제의 진술이 아니며, 다소라도 닮은 대상을 그저 한데 묶었다 떼었다 하는 것도 아니다. **진정하고 유일한 유대는 공통의 유래다.** (p. 420)

너무너무 복잡하고 방사적인

다윈이 말하고 있는 '자연적인 체계'란, "마치 가계도처럼 계보적인(계통적인, genealogical) 배열을 하는 것이다. 헌데 각각의 무리는 오래도록 많은 변화를 겪어 왔을 것이므로, 그들을 속, 과, 목, 강 밑에 배치함으로써 그 변화량을 표시해야 한다".(p. 420) 이러한 계통적 분류관은 상위 분류군 간에 드러나는 복잡한 관계들도 설명해 내는 위력을 과시한다. 예컨대,

> 비즈카차라는 설치류는 유대류(有袋類)에 가까운 유연관계를 갖고 있다. 그런데 이 유연관계는 유대류 전체에 대한 일반적인 것이지, **유대류의 특정 종과 유연관계를 갖는 게 아니다.** …… 게다가 이 유연관계는 단순히 적응적인 것이 아니라 진정한 것으로 믿어진다.(pp. 429~430)

통상적인 분류에서 설치류는 설치류고, 유대류는 유대류다. 그런데 비즈카차라는 설치류는 (유대류의 어떤 특정한 종에 대해서가 아니라) 유대류 전체에 대해 유연관계를 가진다는 것이다. 이 희한한 사태는 대체 어떻게 이해해야 할까? 다윈은 이 현상을 "변화를 수반하는 유래"설로 일관되게 설명해 낸다. 우선 설치류와 유대류는 포유강에 속하는 두 목으로서, 공통 조상에서 갈라져 나왔거나 아니면 유대류에서 설치류가 갈라져 나왔을 것이다(어느 쪽이든 지금 맥락에서는 큰 상관이 없다). 그런데 그 과정에서 설치류의 한 종류인 비즈카차는 오래전 공통 조상의 형질 몇 가지를 강하게 유지해 왔다. 그리고 그 외의 형질에서는 다른 설치류와 비슷하게 변형되어 왔다. 유대류는 또 나름대로 공통 조상으로부터 크게 변화되어 왔다. 이 모든 과정의 결과 비즈카차는 설치류이면서, 설치류와 유대류의 공통 조상이 갖고 있던 형질을 다수 보유하게 된 것이다. 그래서 비즈카차는 특정 유대류가 아니라 유대류 전체와 일반적인 수준에서 유연관계를 보이게 된 것이다. 다윈이 행한 이런 설

명은 설치류와 유대류를 전혀 무관한 별개의 종류로 간주하는 사고 방식에서는 나올 수가 없다. 반면 변화를 수반하는 유래설에 따르면 합리적 설명이 가능하다. 현재 설치류와 유대류는 다른 종류긴 하지만, 오래전으로 거슬러 올라가면 공통 조상으로부터 갈라진 '혈족관계'가 있는 것이다. 이 혈족관계는 매우 복잡하고 뒤틀려 있을지 모르지만, 어쨌거나 이 관계 바깥에서 찾아야 할 비밀 따위는 없다. 분류의 결과 얻어진 체계는 생물들의 실제 관계일 뿐, 그 어떤 것도 따로 의미하지 않는다. 이리하여 우리는,

> 공통 조상으로부터 여러 종이 증식되고 형질도 점차 분기해 간다는 원리 및 그런 종들은 유전에 의해 약간의 형질을 공유한다는 원리에 의거하여, 동일한 과나 더 고차적인 군의 모든 성원을 결합시키는, **너무너무 복잡하고 방사적인**(excessively complex and radiating) 유연관계를 이해할 수 있다.(pp. 430~431)

다윈이 탄복할 만한 통찰력으로 밝혀냈듯이, 고차적인 상위 분류군들 간의 "너무너무 복잡하고 방사적인" 관계는 단순한 우연이 아니었다. 실제 생물들이 지금까지 엮어 온 온갖 유래관계들이 "너무너무 복잡하고 방사적인" 것이다. 그러니까 강이나 목 같은 상위 분류군도 종과 속 못지않게 자연적 단위이며, 분류군들 간의 관계 또한 자연적인 관계들의 표현인 것이다(린네의 경우 종만을, 혹은 종과 속만을 자연적 단위로 인정했다는 점을 상기하라!).

분류학의 새출발

이상과 같은 과정을 통해 다윈은 생물의 분류에 돌이킬 수 없는 혁명을 초래하였다. 우선, 모든 생물들을 체계적으로 분류할 수 있는 근거가 마련되었다. 이제 분류학자들은 초월적인 질서나 법칙에 의존하지 않고 생물들 간의 계보적 관계를 탐구하면 그것으로 충분하게 된 것이다. 진정한 자연적 체계는 지금까지 명멸해 간 모든 종들과 전세계에 널리 분포되어 있는 모든 종들을 포괄할 수 있으며, 또 그래야만 완성되는 체계였다. 둘째, 따라서 분류가 일반적인 명제의 진술이라는 견해나, 그 배후에 초월적인 섭리나 창조 계획이 있다는 견해는 모두 공허한 것으로 사라져 버렸다. 이리하여 자연현상은 자연과정에 의해서만 온전히 설명될 수 있게 되었다. 셋째, 종(혹은 종과 속)만이 자연적인 분류 단위고 나머지는 인위적이라는 기존의 견해가 타파되었다. 모든 분류 단위는 자연의 진화과정을 실제로 반영한다는 점에서, 린네의 '자연의 체계'는 다윈에 이르러 비로소 온전히 자연화되었다. 다윈은 이러한 자신의 견해를 13장의 앞 부분에서 명확히 제시한 바 있다. 좀 길지만 핵심적인 대목이니 잘 읽어 보기로 하자.

모든 생물은 큰 무리(群) 아래 작은 무리를 두는 방식으로 분류할 수 있다. 이 분류는 결코 별들을 성좌로 묶는 것처럼 자의적인 것이 아니다. 만약 어떤 무리는 오직 육지 생활에만, 또 다른 무리는 물속의 생활에만 적합하다면, 그리고 어떤 무리는 육식에만, 다른 무리는 식물성 물질을 먹기에만 적합하다면, 게다가 다른 점에서도 그와 같다면, 무리의 존재라는 것은 단순한 의미를 갖는 데 불과할 것이다. 그러나 자연계의 실상은 전혀 딴판이다. 사실 동일 아군(亞群)의 모든 성원조차도 상이한 습성을 지니고 있는 것이 얼마나 보편적인지는 잘 알려져 있다. '변이'를 취급한 2장과 '자연선택'을 다룬 4장에서, 나는 최대의 변이를 하는 종이 가장 널리 퍼져 있고 흔한 종임(즉 비교적 큰 속에 속하는 우세한 종임)을 제시하려고 노력했다. 이렇게 생겨난 변종, 즉 발단의 종은 결국 새로운 종으로 변해 간다. 그리고 이런 종은 유전의 원리에 따라 새로운 우세한 종을 생겨나게 하는 경향을 갖는다. 따라서 현재 우세종을 다수 포함하고 있는 무리는 일반적으로 그 크기를 계속 늘려 가는 경향이 있다. 나아가 각각의 종의 변이해 가고 있는 자손은 자연의 질서 안에서 가능한 한 많은 상이한 장소를 차지하려고 하기 때문에, 그들의 형질은 끊임없이 분기해 가는 경향이 있다. 나아가 개체수가 늘고 형질이 분기되기 시작하는 종류는 그다지 분기하지 않고 개량되지 않은 종들을 멸망시키는 경향이 항상 관찰된다. 이 과정이 장구한 시간에 걸쳐 진행되면, **단일한 조상에서 유래하는 다수의 종은 속으로 묶이고, 속은 과와 목에 포함되며, 이 모든 것은 다시 하나의 강으로 묶이게 된다. 작은 무리가 큰 무리로 묶이고, 그것이 다시 더 큰 무리에 묶이는 박물학상의 위대한 사실은 이러한 방식으로 완전히 설명된다.**(pp. 411~413)

이것은 13장의 맨 처음 단락으로 앞서도 인용한 바 있는데, 그때는 방금 강조한 부분을 생략하고 인용하였다. 현대의 독자들은 왜 이 부분이 뜬금없이 들어갔는지 도통 알 수가 없다. 그냥 저 앞에서 인용된 대로 그 부분을 빼면 오히려 더 자연스러운 것 같은데······. 자! 이제부터 당신도 한번 추리해 보시라. 다윈은 이때 대체 무슨 생각을 하고 있었던 것일까? 차분하게 시작해 보자.

생물종들의 다양성에 대해 유물론사들은 자연환경의 다양성을 대응시키고, 창조론자들은 신께서 각각의 환경에 맞는 종들을 창조하셨다고 주장하였다. 여러 차례 얘기했듯이, 따지고 보면 유물론자와 창조론자들은 공히 환경의 다양성과 생물의 다양성 간의 일치를 전제하고 있다. 선하고 지적인 섭리를 전제하고 있는 것이다. 헌데 이들 모두가 풀 수 없는 문제가 하나 있었다. 생물의 다양한 분류 단위들에 있어서, 작은 무리들은 큰 무리에 묶이고, 이것이 또 더 큰 무리에 묶이는 전반적인 현상은 왜 생기는 것일까? 이 "박물학상의 위대한 사실"에 대해 유물론자들은, 상위 분류 단위란 단지 인간이 편의상 만든 인위적인 체계라고 주장했다. 창조론자들은 창조주의 생각의 구조를 반영하는 것이라 주장했다. 크게 차이나 보이지만 양자 모두 합리적 설명이 불가능하다는 동일한 결론에 도달했던 것이다. 다만 전자는 그 점을 직접 표명한 것이고, 후자는 설명 아닌 설명을 제시한 것이다. 과연 작은 무리가 큰 무리에 묶이는 것은 단순한 우연일까? 아니면 우리가 알 수 없는 창조주의 깊은 속내의 산물일까?

다윈은 이를 '합리적으로' 이해하기 위해 출발점으로 되돌아 갔다. 실제 관찰해 보면 "자연계의 실상은 전혀 딴판이다. 사실 **동일 아군(亞群)의 모든 성원조차도 상이한 습성을 지니고 있는 것이 얼마나 보편적인지는 잘 알려져 있다**". 생물의 무리와 생활습성이 정확히 일치하지 않는다는 게 지금 제기된 문제랑 무슨 상관일까? 만일 생물들이 저마다 지금 자신의 자연환경에 완벽히 적응해 있고 다른 환경에서는 전혀 살 수 없다면, 또 먹이도 각 종류마다 확연히 갈려 있다면, 자연계의 다양한 무리들은 다원 말대로 단순한 의미만을 가질 것이다. 생물의 무리가 곧 그들이 처한 자연환경을 단순히 그대로 의미한다는 말이다. 그러나 실상은 '전혀 딴판'이다. 육생생물로 분류되는 무리가 모두 육지 생활만 한다든가, 수생생물 무리가 수중 생활만 한다든가 하질 않는다. 식성에서도 역시 마찬가지다.

다시 개체적 차이 및 변이에서 시작하자. 그리고 종을 정적으로 정의하지 말고 다윈을 따라 동적으로 정의하자. "가장 널리 퍼져 있고 흔한 종"은 "최대의 변이를 하는 종"이다. 이들로부터 많은 변종이 생겨나고, 그 중 많은 것들이 새로운 종으로 진화한다. 이 자손들은 "일반적으로 그 크기를 계속 늘려 가는 경향이 있다. 나아가 각각의 종의 변이해 가고 있는 자손은 자연의 질서 안에서 **가능한 한 많은 상이한 장소를 차지하려고 하기 때문에**, 그들의 형질은 끊임없이 분기해 가는 경향이 있다". 흔한 생물의 무리가 다양한 장소에서 살고, 식성을 포함하여 습성이 다양한 것은 이 때문이다. "나아가 개체수가 늘고 형질이 분기되기 시작하는 종류는 그다지 분기하지 않고 개량되지 않은 종들을 멸망시키는 경향이 항상 관찰된다. 이 과정이 장구한 시간에 걸쳐 진행되면, 단일한 조상에서 유래하는 다수의 종은 속으로 묶이고, 속은 과와 목에 포함되며, 이 모든 것은 다시 하나의 강으로 묶이게 된다. 작은 무리가 큰 무리로 묶이고, 그것이 다시 더 큰 무리에 묶이는 박물학상의 위대한 사실은 이러한 방식으로 완전히 설명된다." 이리하여 다윈은 생물들의 분류 질서는 왜 습성 및 환경과 완벽히 일치하지 않는지, 또 그럼에도 불구하고 왜 분류체계에는 고도의 질서가 확인되는지 설명해 냈다. "박물학상의 위대한 사실"이 마침내 숨겨 온 얼굴을 온전히 드러내는 순간이었다.

이처럼 다윈이 제시한 분류학은 매우 간명하고도 과학적인 것이었다. 하지만 『종의 기원』에서 확실한 것이라고는 아직 원리뿐이었다. 그리고 그에 입각하여 기존의 원리와 규칙들을 일관되게 통합할 수 있다는 걸 보여 주었을 뿐이다. 이런 분류 원리를 바탕으로 진정 자연적인 체계를 구성해 나가는 것은 이후의 과제였다. 단, 작업을 해나감에 있어서 언젠가는 완벽한 계통도를 그릴 수 있다고 기대해서는 안 된다. 다윈의 분류학은 초자연적인 질서나 법칙을 찾는 게 아니라, 오직 자연 안에서 발생한 사건들을 추적하는 것이기 때문이다. 게다가 모든 생물을 빠짐 없이 수집한다는 것도 불가능하고, 역사상의 크고 작은 멸종도 있었기 때문이다. 그러나 중요한 것은 우리가 이제 막 새로운 출발점에 섰다는 사실이다. 인류 역사상 처음으로 생물 분류에 자연의 빛이 비추기 시작했다는 점이다. 다윈은 지금까지의 분류학 이야기를 이렇게 마무리 짓는다.

> 아마도 우리는 어떤 하나의 강에서도 이리저리 뒤얽혀 있는 유연의 그물망을 완벽히 풀어 낼 수는 없을 것이다. 하지만 우리가 뚜렷한 목표를 설정하고, 미지의 창조 계획 같은 걸 찾지 않는다면, 완만하기는 해도 확실한 진보를 기대할 수 있을 것이다.(p. 434)

13장이 쓰여진 사정

이어지는 주제는 형태학과 발생학이다. 다윈은 형태학을 "박물학 중에서 가장 흥미로운 분야로, 그 진수라고도 할 수 있다"라고 썼다. 발생학은 "박물학 전체에 있어서 가장 중요한 주제의 하나"라고 했고, "중요성에 있어서 박물학상의 어떤 사실에도 뒤지지 않는 발생학의 주요한 여러 사실들"이라는 표현도 썼다. 그러나 다윈은 흥미롭게도 그토록 중요하다는 형태학에 달랑 7쪽을, 발생학에도 조금 더 긴 10쪽 정도만을 할애하였다. 아무 쓸모없는 흔적기관에 6쪽이나 할애한 것과 비교하면 이해할 수 없을 만치 적은 분량이다. 나이하트는 이렇게 된 이유를 다윈의 시간 부족에서 찾고 있다.[15] 그에 따르면 다윈은 월리스가 언제 정식 논문을 발표할지 모른다는 불안감에 쫓겨 한시라도 빨리 자연선택설을 공표하고자 했다. 형태학과 발생학에 대해서도 오랜 세월 동안 방대한 연구를 축적해 왔지만, 그것을 모두 충분히 다루기에는 시간 압박이 너무 컸다는 설명이다.[16] 사실 다윈이 쓰다가 중단했던 『자연선택』에도 이 두 주제는 아직 쓰여지지 않은 상태였다.[17] 그래서인지 형태학 쪽은 거의 다른 학자들의 견해로 채워져 있고 발생학 쪽은 매우 모호하고 혼란스러운 표현들로 가득 차 있다. 시간도 부족하고 준비상태도 여의치 않

---

15) Nyhart, "Embryology and Morphology", *The Cambridge Companion to the "Origin of Species"*, p. 197.

16) 그러나 이 두 분야에 관한 다윈의 연구는 아직 미완의 상태였다. 특히 발생학과 관련해서는 다윈의 이론이 구상만 되어 있었고 아직 완정된 이론에는 미치지 못하고 있었다. 다윈은 『종의 기원』 출간 후 자신의 생각을 더욱 가다듬어 1868년 출간된 『사육재배 동식물의 변이』에서 발표하는데 그것이 바로 유명한 범생설(pangenesis)이다. 참고로 범생설은 『사육재배 동식물의 변이』의 27장 「잠정가설로서의 범생설」에서 제시된다. 이것은 마지막 장인 28장 「결론」의 바로 앞장이다. Charles Darwin, *The Variation of Animals & Plants Under Domestication*, ed. Francis Darwin, London : John Murray, 1905, pp. 432~491.

17) 실제 『자연선택』 원고는 『종의 기원』으로 치면 1장부터 8장, 그리고 11장에 해당된다(내용상으로 보면, 11장과 같은 주제인 '지리적 분포'를 다루는 12장까지 포괄될 수 있다). Charles Darwin, *Charles Darwin's Natural Selection*, ed. R. C. Stauffer, Cambridge : Cambridge University Press, 1987, pp. 7~14.

았던 다윈! 그러나 그는 이 두 주제를 13장 안에 효과적으로 배치함으로써 13장 및 『종의 기원』 전체가 최대의 효과를 내도록 만들었다. 뒤에 보겠지만, 형태학과 발생학이라는 분야는 외관상의 특징만으로는 파악하기 힘든 생물들 간의 심오한 유래관계를 잘 드러내 준다. 따라서 원리 차원에 주로 머물렀던 앞서의 분류 이야기가 형태학과 발생학의 지지를 받아 더욱 생생해지고 설득력을 가지게 된다. 이런 점을 염두에 두고 이제 형태학과 발생학 쪽으로 이동하자.

형태학

방금 얘기했듯이, 형태학 쪽의 기술은 거의 대부분이 다른 학자들, 특히 형식주의자(구조주의자)들의 연구 결과를 그대로 인용한다. 다윈은 몇몇 대목에서 이 사실을 명시하지만, 그렇지 않은 대목들도 대부분이 그러하다. 참고로 다윈이 주로 기대고 있는 형식주의자들은 괴테, 생틸레르, 오웬이다.[18]

우리는 같은 강의 성원들이 생활습성과는 무관하게, 체제의 일반적 설계(the general plan of their organization)에 있어서 서로 유사하다는 것

---

18) 굴드는 『신화론의 구소』를 통해 괴테에서 생틸레르, 오웬으로 이어지는 형식수의 선통을 그려 냈다. 특히 괴테부터 오웬에 이르는 전통에 대해서는 Gould, *The Structure of Evolutionary Theory*, 특히 4장 "Internalism and Laws of Form : Pre-Darwinian Alternatives to Functionalism"과 10장 "The Integration of Constraint and Adaption(Structure and Function) in Ontogeny and Phylogeny : Historical Constraints and the Evolution of Development"를 참조. 참고로 『허리 세운 유인원』은 굴드와 유사하게 1990년대 이후 유전학의 성과를 괴테부터 현재에 이르기까지의 형식주의 전통과 결합시켜 흥미진진하게 설명한다. 필러, 『허리 세운 유인원』, 특히 1부와 2부 참조.

을 보아 왔다. 흔히 '기관의 상동' 문제라 표현되기도 하는 이 문제들은 형태학이라는 일반적인 명칭에 포함된다. …… 움켜쥐기에 적합한 인간의 손, 땅을 파기 위한 두더지의 앞발, 말의 다리, 돌고래의 물갈퀴, 박쥐의 날개 같은 것은 동일한 양식으로 만들어져 있으며 상대적으로 같은 위치에 같은 뼈를 갖고 있다. 세상에 이보다 더 흥미로운 문제가 또 있을까?(p. 434)

흔히 다윈의 진화론을 얘기할 때 가장 자주 인용되는 대목 중 하나다. 그런데 이것은 다윈이 주장한 게 아니라, 구조주의자들이 기능주의자들을 비판할 때 전형적으로 거론하던 내용이었다. 아! 그런데 다윈의 이야기를 계속 따라가기 전에, 이 인용문에서 한 가지 특이한 점을 지적하기로 하자. 이 대목은 『종의 기원』에서는 아주 드물게도 '인간'이 등장하는 곳이다. 재미있는 것은, 이 '인간'이 어떤 특수성이나 탁월함 때문이 아니라, 그저 다른 동물들과 마찬가지라는 점을 얘기하는 과정에서 잠시 얼굴, 아니 손만 비쳤다가 곧 사라진다는 점이다. 하긴 그의 '아버지'의 처지를 생각하면 그리 불평할 일도 못된다. '아버지'는 출연 횟수가 좀더 많긴 하지만, 그때마다 맡은 역할은 오류를 통해 진실을 드러내는 어릿광대의 것이었다. 그와 그의 아버지가 특별한 의미를 갖지 못하는 『종의 기원』의 세계, 그러나 거기에는 어떤 결핍도 없으며 오히려 훨씬 더 풍요롭고 광활하다. 자! 그럼 아까 하던 얘기를 마저 이어가자.

조프루아 생틸레르는 상동기관의 상호 결합관계가 극히 중요하다는 것을 강조했다. 즉 여러 체부의 모양이나 크기는 거의 무제한적으로 변할 수 있으나, 체부들은 같은 순서로 결합되어 있다는 것이다. 예컨대 상박(上膊)과 전박(前膊), 넓적다리와 정강이뼈의 위치가 바뀌는 것은 결코 볼 수 없다. 따라서 매우 다른 동물에 있어서도 상동관계에 있는 뼈에는 같은 명칭을 붙일 수 있다. 곤충의 입의 구성에서도 마찬가지로 위대한 법칙이 들어맞는다. 박각시나방의 현저하게 긴 나선형의 입술, 벌이나 빈대의 기묘하게 겹쳐진 입술, 갑충의 큰턱 이상으로 판이하게 다른 게 또 있을까? 그런데 너무나도 다른 목적을 수행하는 이 기관들도 실은 모두 윗입술, 큰턱 및 두 쌍의 작은턱이라는 동일 구조가 무수한 변화에 의해 형성된 것일 뿐이다. 갑각류의 입과 다리의 구성도 마찬가지 법칙에 의해 지배된다. 식물의 꽃도 마찬가지다.(pp. 434~435)

다윈도 확인해 주었듯이, 지금 이 내용은 형식주의자 생틸레르의 주장이었다. 그리고 상동관계의 뼈에 같은 명칭을 부여한 사람은, 앞서도 말했듯이 생틸레르의 계보를 잇는 형식주의자 오웬이었다.

같은 강에 속하는 성원들은 기본양식이 유사하다는 점을 효용이나 궁극적 원인에 의해 설명하려는 것은 절망적인 시도다. 이 점은 오웬의 극히 흥미로운 저서 『사지의 본성』(*Nature of Limbs*)에서 명확하게 확인되었다. 각각의 생명이 개별적으로 창조되었다는 통상적인 생각에 따른다면, 우리는 다만 그렇기 때문에 그렇다고밖에는 말할 수 없다. 조물주는 각각의 동물이나 식물을 지으시는 것이 기쁘셨다는 얘기다.(p. 435)

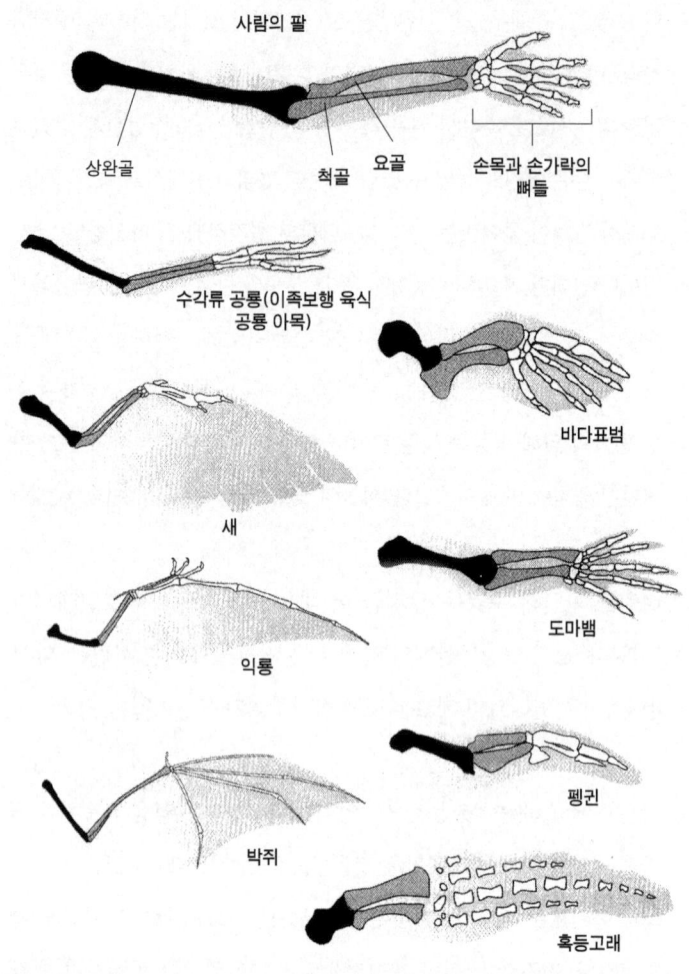

척추동물의 앞다리에서 나타나는 상동

사람, 공룡, 새, 익룡, 박쥐, 바다표범, 도마뱀, 펭귄, 혹등고래. 전혀 다른 이들의 내부 골격이 어쩌면 이리도 동일한지! 모든 동물의 골격에서 오직 하나의 설계만을 발견했을 때, 생틸레르와 오웬의 심장이 얼마나 격렬하게 고동쳤을지 상상해 보시라! 그들은 이렇게 외쳤다. "개구리든 박쥐든 사람이든 도마뱀이든 모두 하나의 주제를 변주한 것에 불과하다. 그 주제는 창조주가 계획한 것이다." (닐 슈빈, 『내 안의 물고기』, 김명남 옮김, 김영사, 2009, 57~58쪽)

기능주의자들은 기능(효용)과 목적(궁극적 원인)을 중심으로 생물을 바라보았다. 그리고 어떤 구조의 형태는 기능에 꼭 맞도록 적응(즉 최적화)되어 있다고 보았다. 예컨대 박쥐의 날개와 사람의 손은 전혀 상이한 목적을 수행하고 있으며, 박쥐와 인간의 체부들은 그런 목적(기능)을 수행할 수 있도록 상호 간에 매우 긴밀하게 공조하고 있다는 것이다. 그들은 "같은 강에 속하는 성원들이 기본양식에 있어서 유사하다는 사실조차" 기능과 목적에 의거하여 설명하려 하였다. 오웬은 그런 관점을 절망적인 시도로 치부하며, 훨씬 더 근사한 대안을 제시하였다.[19] 즉, 형태와 관련된 어떤 원형적 모델이 있고, 모든 척추동물은 그 모델에 속한 체부들이 연결관계를 달리함으로써 만들어진다고 보았던 것이다. 오웬을 포함한 형식주의자들은, 그토록 상이한 종들이 모두 파생되어 나왔을 공통의 구조(혹은 원형적인 구조)를 찾아내면 모든 유기적 형태의 근본 법칙을 발견할 수 있을 거라 믿었다. 이것은 뉴턴 법칙이 기계적인 세계에 제공한 토대를, 생물계에 제공해 주는 것이다. 나아가 이 법칙은 생물 분류의 튼실한 토대를 제공하여 진정한 '자연의 체계'를 드러내는 것이었다. 그러니 얼마나 중요한 과제였겠는가!

오웬의 상동 개념은 이러한 공통의 구조를 탐구한 끝에 얻어낸 귀한 성과였다. 오웬은 상동을 세 가지 유형으로 구별하였다. 우선 '일반 상동'(general homology)은 "어떤 신체 부분이든 오웬의 원형에 해당하는 부분과 가지는 관계를 뜻했다. '종 상동'(special homology)은 오

---

[19] 오웬의 견해는 커다란 변화를 겪는데, 그는 1833년만 해도 퀴비에 식의 기능적 견해를 지지했다. 하지만 1837년경에는 이미 조프루아의 관점으로 생물학을 조망하기 시작했다. 필러, 『허리 세운 유인원』, 173쪽.

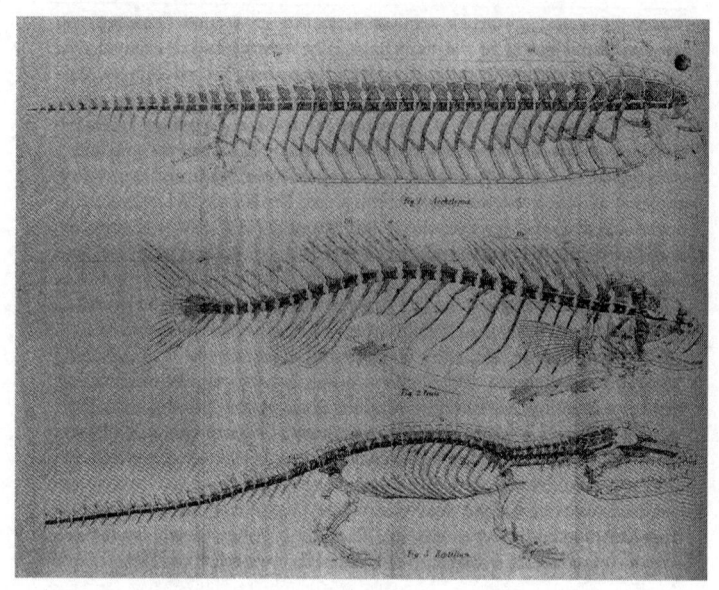

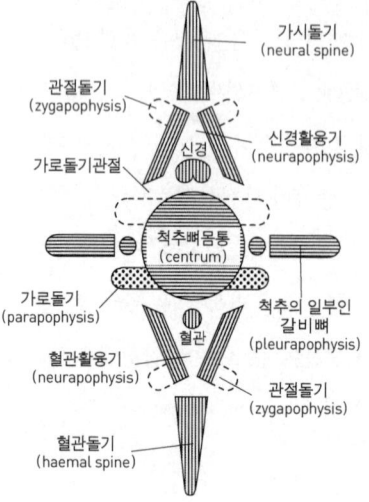

오웬의 원형 개념

위 그림: 오웬의 저서 『사지의 본성』(1849)에 실린 그림. 맨 위가 모든 척추동물의 원형이며, 가운데가 어류, 맨 아래가 파충류의 골격이다. 오웬은 어류와 파충류의 골격이 모두 맨 위의 원형에서 파생된 것이라고 주장했다. Stephen J. Gould, *The Structure of Evolutionary Theory*, p. 320.

왼쪽 그림: 오웬의 원형 혹은 이상(idea). 오웬에 따르면 척추동물의 모든 골격은 이 기본 플랜에서 파생되었다. Richard Owen, *Nature of Limbs*, 1849[에런 G. 필러, 『허리 세운 유인원』, 김요한 옮김, 프로네시스, 2009, 48쪽에서 재인용].

웬이 내린 정의 가운데 가장 널리 기억되고 있는 개념이다. 서로 다른 두 종을 비교했을 때, '모양과 기능은 다르지만 똑같은 기관'이라면 종 상동이다. 마지막으로, '계열 상동'(serial homology)은 하나의 체절로부터 그 다음 체절로 동일성을 공유하는 구조를 일컫는다. 각각의 척추뼈에서 나타나는 척추돌기나 곤충의 다리가 그 예다".[20] 인용문에서 다윈이 끌어 오고 있는 것은 오웬의 종 상동 개념이다(우리는 조금 뒤에 다윈이 오웬의 계열 상동 개념도 효과적으로 써먹는 대목을 보게 될 것이다). 놀랍지 않은가, 오늘날 진화론의 강력한 증거로 제시되는 상동관계가 본래는 진화론과 무관한 맥락에서(더 정확히 말하면 창조론적 입장에서) 제출되었다는 사실이! 상동 개념의 원조 오웬의 말을 직접 들어 보자.

> 상이한 동물들이 상응하는 동일 구조를 갖고 있다는 사실. 이 사실을 종별 적응의 원리[즉 기능주의 원리]는 설명할 수가 없다. 그런 상황에서 만일 그러한 상응성이 어떤 원형(archetype)의 표현이며, 창조주께서 그 원형을 사용하여 현생생물들을 빚는 것이 무척 기쁘셨으리라는 설명[형식주의의 원형론]마저 거부한다면, 남은 길은 유기적 원자들이 우연히 일치하여 그런 조화를 낳았다고 주장하는 것뿐이다.[21]

그는 생물들의 구조에 대해 합리적으로 설명할 수 있는 방식이 두 가지 있다고 보았다. 그게 바로 기능주의와 형식주의(구조주의)다. 그

---

20) 필러, 『허리 세운 유인원』, 180쪽.
21) Gould, *The Structure of Evolutionary Theory*, pp. 316~317.

런데 종 상동의 경우 기능주의적인 설명은 불가하다. 그렇다면 남은 것은 형식주의뿐이다. 만일 이마저 거부한다면 합리적인 설명은 불가능하다. 이게 오웬의 주장이었다. 얼핏 보면 『종의 기원』의 인용문과 상당히 흡사하다. 그런데 오웬의 근거가 원형이라는 점, 그리고 물질법칙에 구애되지 않는 창조주의 자유와 기쁨, 능력을 내세운다는 점에서 차이가 난다. 다윈은 오웬의 주장을 근거로 기능주의자들을 창조론으로 호명하면서 강하게 비판했지만, "조물주는 그런 식으로 각각의 동물이나 식물을 만들어 내는 것이 기쁘셨다는 것이다"라는 구절을 덧붙임으로써 형식주의자들 또한 창조론자로 호명하고 있는 것이다. 그렇다면 다윈은 이것을 어떻게 설명하는가? 오웬은 기능주의도 거부하고 형식주의도 거부하면 남은 것은 우연에 호소하는 수밖에 없다고 했는데, 과연 우연 대신 합리적인 설명이 가능할 것인가? 물론이다. 가능한 정도가 아니라 기능주의와 형식주의보다 훨씬 더 뛰어나고 자연스럽게 설명해 낸다. 보자!

자연선택설에 따르면 설명은 명확해진다. 이 학설에서는, 각각의 변형은 어떤 점에서 그 변형된 생물에게 유리하지만, 또한 상관 변이(correlation of growth)에 의해 체제의 다른 부분에 영향을 미치는 일도 종종 있다[어떤 변형은 그 생물에게 유리해서 존속되지만, 또 어떤 변형은 다른 체부의 변형에 따른 상관 변이로 인해 생겨났다가 존속되는 경우도 있다는 말]. 이러한 성질의 변화에서는 본래의 기본 양식을 변화시키거나 체부들의 위치를 바꿔 버리는 일은 (거의) 일어나지 않을 것이다. 사지의 뼈는 어느 정도 짧아지기도 하고 폭이 넓어지기도 하며, 점점 두꺼운 막으로 싸여 지느러미 역할을 하는 것으로 바뀌어 갈 수도 있다. 또한 물갈퀴를 갖춘 발의 모든(혹은 몇몇의) 뼈가 어느 정도 길어지고 그것들을 결합하는 막도 커져 날개의 역할을 하게 되는 수도 있다. 하지만 이러한 커다란 변화가 일어났다 하더라도 뼈의 구조나 수많은 체부의 결합관계를 변화시키는 경향은 생기지 않았을 것이다.

만약 모든 포유류, 조류, 파충류의 태곳적 조상('원형'이라고도 부를 수 있을)이 현존하는 일반적 기본양식에 따라 구성된 사지를 가지고 있었다고 가정해 보자(그걸 어떤 목적에 사용했든 간에 말이다). 만일 그렇다면 우리는 그 강 전체의 사지가 상동관계에 있는 이유를 즉시 인지할 수가 있다. 곤충의 입에 관해서도 마찬가지다. 우리는 다만 곤충의 공통 조상이 윗입술, 큰턱, 두 쌍의 작은턱을 가지고 있었고, 각 체부들은 매우 단순한 형태였을 것이라 가정해 보는 것으로 충분하다. 그 다음에는 자연선택에 의해 곤충의 입이 구조 및 기능에 있어서 무한히 다양하다는 점이 설명될 것이다. 그렇지만 어떤 기관의 일반적인 기본양식은 약간의 체부 위축으로, 그리고 결국에는 완전한 소실에 의해, 또 다른 여러 체부의 유합(癒合, soldering together)에 의해, 그리고 다른 여러 체부의 중복이나 증식에 의해(이런 모든 변이는 가능성의 범위 내에 있다고 알려져 있다), 매우 애매해져서 마지막에는 상실되고만 경우도 생각할 수 있다.(pp. 435~436)

동일한 기본양식은 공통 조상으로부터 물려받은 것이며, 생물들의 "무한한 다양성"은 다양한 변화들이 자연스럽게 선택된 과정(즉 자연선택)이 산물이다. 그러니까 다윈은 양 진영이 상반된 원리히에 설명헤

온 공통성과 다양성을 "변화를 수반하는 유래"에 의해 일관되게 설명해 낸 것이다. 특히 주목할 대목은 형식주의자들의 원형을 태곳적 조상으로 변경해 버린 곳이다. 오웬의 그토록 사랑스럽고, 추상적이며, 플라톤적인 원형을 다윈은 피와 살을 가진 조상, 즉 실제 존재했던 어떤 짐승으로 바꿔쳐 버린 것이다.[22] 오웬이 열받았던 것도 충분히 이해가 간다. 자기가 어렵사리 얻어 낸 연구 결과를 그대로 갖다 쓴 것도 짜증나는데, 핵심적인 형상을 비천한 짐승으로 타락시켰으니 얼마나 왕짜증이 났겠는가! 물론 다윈이 단순히 양 진영을 기계적으로 결합한 것은 아니었다. 그렇게 쉬운 것이었다면, 왜 양 진영이 서로를 불구대천의 웬수로 여겼겠는가! 다윈이 그토록 적대적이던 두 진영을 결합할 수 있었던 것은, 그들 모두를 역사의 축 위에 올려 놓았기 때문이다. 역사는 한편으로는 구속이며, 또 한편으로는 새로운 변화들이 생산되는 차이의 공장이다. 그런 역사 속에서 진화해 온 생물들이니, 한편으로는 유사한 유산을 가지면서 다른 한편으로는 수많은 차이들을 갖고 있을 수밖에. 화해 불가능할 것처럼만 보였던 동일성과 상이성. 그러나 다윈이 그 둘을 이리저리 달래 역사의 무대 위에 올려 놓자, 그들은 언제 그랬냐는 듯 흔쾌히 손을 맞잡고 변화무쌍한 춤사위를 펼치기 시작했다. 다윈은 그저 흐뭇하게 바라볼 뿐이었다.

참고로 말해 두자면, 인용문의 마지막 내용도 생틸레르가 이미 다 연구해 놓은 내용이었다. 생틸레르는 모든 동물들의 '설계의 통일성'(unity of design)을 주장했지만, 실제 생물들은 매우 다양한 변양(變樣,

---

22) Gould, *The Structure of Evolutionary Theory*, p. 326.

modifications)을 과시한다는 걸 잘 알고 있었다. 이런 현실을 설명하기 위해 그는 두 가지 원리를 제시하였다. 하나는 앞서 나온 "상동기관의 상호 결합관계"라는 원리였다. 즉, 여러 체부의 모양이나 크기는 거의 무제한적으로 변할 수 있으나, 기본적인 체부들의 위상학적 관계는 동일하다는 원리였다. 그리고 지금 인용문의 마지막 대목과 관련된 것이 그가 배에서 찾아낸 두번째 원리였다. 생틸레르에 따르면 배의 "골화(骨化) 센터'[centers of ossification, 연골의 뼈가 변하기 시작하는 지점들]는 상동을 드러낼 수 있는데, 성체 안에서는 두 뼈가 하나로 융합(fuse)되고 나면 그러한 상동성이 불분명해진다".[23]

이 다음에 이어지는 내용은 형식주의자들로부터 가져온 것이다. 그것은,

> 동일 개체의 여러 부분이나 기관을 비교하는 것이다. 생리학자들은 대부분 두개골의 여러 뼈는 일정 수의 척추뼈의 기본 부분들과 상동(즉, 수 및 결합 관계에 있어서 양자는 대응관계에 있다)이라 믿고 있다. 척추동물 및 관절동물의 성원들은 모두 앞다리와 뒷다리가 명백히 상동이다. 놀랄 만큼 복잡한 갑각류의 턱과 다리를 비교하는 경우에도 같은 법칙이 적용된다. 대부분 잘들 알고 있는 바와 같이, 꽃에 있어서 꽃받침, 꽃잎, 수술, 암술의 상대적 위치 및 그들의 세밀한 구조는, 변태한 잎이 나신형으로 배열되어 있는 것이라는 견해에 입각해서 보면 알기 쉽다. …… 또한 우리는 꽃이나 갑각류의 많은 동물에 있어서, 성숙한 다음에

---

23) 삘러, 『허리 세운 유인원』, 126쪽.

는 극도로 다른 기관들이 초기 발생과정에서는 완전히 같다는 걸 실제로 볼 수 있다.(pp. 436~437)

이것은 주로 오웬의 계열 상동과 관련된 문제다. 앞서 758쪽의 그림에서도 보았듯이, 오웬은 원형 척추뼈 하나로 척추와 두개골과 사지를 모두 설명하려고 하였다. 동일한 원형에서 파생된 것이니 모두 상동일 수밖에. 형식주의 전통의 시조격인 괴테도 일찍이 두개골과 척추뼈의 상동성을 지적하고 꽃의 여러 기관들을 잎의 변태로 설명한 바 있다.[24] 이어지는 『종의 기원』의 문장은 거의 형식주의자들의 목소리로 가득 차 있다.

[계열 상동과 관련된] 이런 사실들은 통상적인 창조설로는 뭐라 설명하기 힘든 것이다. **어째서 뇌는 척추뼈를 재현하는 그토록 많은 수의, 게다가 그토록 이상한 모양의 뼛조각들로 만들어진 상자 속에 들어가 있어야만 하는가?** 뼛조각이 분리되어 있는 두개골의 구조는 포유류의 분만 행위에 편리한 것임에는 틀림없지만, 오웬도 지적한 바와 같이, 조류의 두개골에 보이는 동일한 구조는 그런 이유로는 설명이 불가능하다. 박쥐의 날개와 다리는 전혀 다른 용도로 사용되는데, 그것을 형성하기 위해 어째서 같은 뼈가 창조된 것일까? 많은 부분으로 만들어진 극도로 복잡한 입을 가진 갑각류에서는 왜 그 때문에 다리의 수가 적어지는 것일까? 한편 **다리의 수가 많으면 입이 단순한 것은 어째서인가?** 각각의 꽃에 있어서의

---

24) 필러, 『허리 세운 유인원』의 2장 「척추뼈에 관한 괴테의 시적 생물학」을 참조.

꽃받침, 꽃잎, 수술, 암술은 뚜렷이 다른 목적에 적합한 것인데도, 어째서 모두가 동일한 기본 양식에 의해 구성되어 있을까?(p. 437)

다윈 이전의 과학자들은 이런 기묘한 사실들에 대해 이미 다양하고도 빼어난 설명을 제시해 놓았다. 골격의 상동은 생틸레르가 큰 틀을 잡아서 설명했고, 상이한 생물들이 다양한 환경에 다양하게 적응하며 살고 있다는 것은 자연신학자들과 기능주의자들의 전가의 보도였다. 이 두 가지를 상동과 상사라는 개념하에 종합한 것은 또한 오웬의 업적이었다. 그럼 다윈이 『종의 기원』에서 한 건 대체 뭐가 있지? 기껏해야 기존 과학자들의 연구 결과를 짜깁기한 다음에 군데군데 틈새마다 자연선택 같은 신비로운 말들을 덕지덕지 발라 놓았을 뿐이지 않은가! 오웬이 『종의 기원』 서평에서 지적한 바가 바로 이것이었다. 그들의 눈부신 업적을 생각하면 어느 정도 수긍할 수 있는 반응이기도 하다.

그러나 『종의 기원』은 정녕 새로운 책이요, 거기에 담긴 것은 정녕 새로운 과학이었다. 오웬을 비롯한 기존의 과학자들이 『종의 기원』을 제대로 읽어 내지 못한 것은, 거기에 어떤 새로움도 없어서가 아니라 오히려 그 새로움이 너무나 거대한 것이었기 때문이다. 다윈은 세상 만물의 온갖 신비로운 현상들뿐만 아니라, 기능주의와 형식주의처럼 극렬하게 대립하던 기존 견해들 또한 모두 역사라는 축 위로 올려 놓았다. 그것은 실로 오랜 세월의 고투를 요구한 엄청난 규모의 기획이었다. 다윈이 보여 주는 세상에서, 낡은 생물종들의 소멸이나 새로운 종들의 탄생 등, 그 어느 것도 미리 예비된 것은 없었다. 세상 만물의 원인은 오직 과정 속에 있었고, 따라서 모든 설명은 기원이니 초월적인 질서가 아니라 과정 하나하나를 통해 이루어져야 했다. 이것이 바로 다윈이 인류에게 제시한 새로운 역사 과학이었다. 다윈이 마침내 성공을 거두었을 때, 어지러이 뒤얽혀 있던 모든 생물들과 모든 견해들이 일관된 흐름 속에서 자연스럽게 잘 어울렸다. 바로 이렇게!

우선 (오웬이 관찰한 바와 같이) 동일한 부분이나 기관의 무한한 반복은 하등하거나 별로 변화되지 않은 생물의 공통적인 특질이다. 아마도 척추동물의 미지의 조상은 다수의 척추뼈를 가졌을 것이며, 관절동물의 미지의 조상은 많은 체절을 가졌을 것이다. 꽃식물의 미지의 조상은 나선형으로 배열된 하나(혹은 그 이상)의 잎을 가졌을 것이다. 우리는 앞에서 반복되는 체부는 수나 구조가 매우 변이하기 쉽다는 것을 살펴보았다. 따라서 자연선택은 그러한 반복 요소 중 일부를 포착하여 작용함으로써, 그것들을 완전히 다른 목적들에 적응시켰음에 틀림없는 것 같다. 그러나 …… 강력한 유전의 힘으로 말미암아, 이토록 다른 체부나 기관들 사이에 여전히 어느 정도의 근본적 유사성이 발견된다.(pp. 437~438)

다윈은 이제 형태학의 결론으로 향한다.

박물학자들은 흔히 이렇게 말한다. 두개골은 변태된(metamorphosed) 척추골이며, 게의 턱은 변태된 다리며, 꽃의 수술과 암술은 변태된 잎으로 형성된 것이라고. 하지만 좀더 정확히는 …… 어느 한쪽이 변태하여 다른 게 된 것이 아니라, 공통된 요소가 변태하여 두개골과 척추골이 생기고, 게의 턱과 다리가 나왔으며, 꽃의 수술과 암술이 나왔다고 보아야 한다. 그런데 박물학자들은 이런 말을 비유적인 의미로만 사용한다. 다시 말해서 그들은 어떤 원초적 기관이 …… 장기간의 유래과정을 거쳐 실제로 두개골이나 턱으로 변화되었다고는 결코 주장하지 않는다. 다만 이러한 변화가 외관상 너무나 뚜렷하므로, 이렇게 명백한 표현을 불가피하게 사용하고 있는 데 불과하다. 하지만 내 생각으로는 이 말을 문자 그대로의 의미로 써도 된다. 만일 다리나 단순한 부속지가 오랜 과정을 통해 실제 게의 턱으로 변태된 것이라면, 아마도 유전을 통해 보존되었을 많은 형질을 여전히 갖고 있다는 놀라운 사실도 부분적으로는 설명이 된다.(p. 438)

체부들의 차이는 자연선택이 전혀 다른 목적에 적응시킨 결과이고, 완전히 지워지지 않은 근본적 유사성은 곧 유전의 강력한 힘이 표현된 것이다. 이러한 견해에서는 기능주의자들의 창조주나 형식주의자들의 초월적 원형 따위는 전혀 필요가 없다. 장구한 역사 속에서 유전의 힘과 자연선택 원리가 작용한 결과 헤아릴 수 없이 많은 변태 즉, 변신(metamorphose)이 발생하였을 뿐이다. 나와 당신, 그리고 당신을 이루고 있는 수많은 요소들이 모두 그 결과다.

독자 여러분도 때로 자신의 턱과 다리와 머리에 대해 가만히 명상해 보시라. 과연 나의 머리란 뭘까? 턱이란, 다리란 무엇일까? 식물들의 꽃받침, 꽃잎, 수술, 암술과 잎을 명상해 보시라. 개체나 종만이 아니라 각 체부들이 겪어 온 광대한 시간을 헤아려 보시라. 앞서 보았던 식물의 씨, 새와 물고기, 바람과 물과 흙, 빙하와 기후의 변화를 모두 헤아려 보시라. 찬찬히 아주 찬찬히. 그러다 보면 어느 순간 세상의 모든 존재 하나하나는 유정(有情)한 것이건 무정한 것이건 할 것 없이 모두, 세상 모든 존재들과 전 우주가 겪어 온 광대한 시간들이 한데 응축된 것이라는 실상이 저절로 떠오를 것이다. "티끌 하나에 시방 세계가 모두 들어 있다"(一微塵中含十方)[25]는 의상 스님의 말은 단지 종교적 깨달음이나 문학적 비유에만 한정될 수 없다. 다윈의 진화론은 내 안에 우주의 전 역사와 모든 존재들이 서려 있다고 말한다. 그렇다면 나는 어디서 와서 어디로 가는가? 아니 그 이전에 나란 무엇인가?

다윈 시대의 한계를 넘어서 : 호메오 유전자

다윈은 6판에서 계열 상동 문제에 관해 몇 마디를 덧붙였다. "우리는 여기서 어떤 동물의 몸이 처음에 어떻게 해서 몇 개의 체절로 나뉘어졌는가, 또는 그것이 어찌하여 좌우 양측으로 나뉘면서 여러 기관들도 그에 상응하도록 나뉘었는가를 고찰할 필요는 없다. 왜냐하면 그러한 의문은 거의 연구를 뛰어넘는 문제기 때문이다."(6판 p. 384) 다윈이 당시 연구 수준을 뛰어넘는다고 했던 이 문제에 대해, 현대 생물학은 과연 답을 찾았을까? 아직 확언할 수는 없겠지만, 현재 생물학자들은 거의 결정적인 해답에 상당히 접근했다고 느끼고 있다. 이런 느낌을 안겨 준 것은 1980년대 이후 급속히 발달한 혹스(Hox) 유전자 연구다. 이것은 뒤에 이어질 '발생학' 주제와도 긴밀히 연관되는 문제이므로 잠시 짚고 넘어

---

[25] 의상조사, 『법성게 마음 하나에 펼쳐진 우주』, 정화 풀어씀, 법공양, 2006, 4쪽.

가기로 하자. 이 이야기는 현대 생물학자들이 초파리의 몸에 **돌연변이를 일으키는 유전자 여덟 개**를 확인했을 때부터 시작된다.

그 유전자들은 기다란 DNA 가닥 하나에 나란히 놓여 있었다. 그런데 머리 체절에 영향을 주는 유전자 다음에는 몸통 체절, 즉 날개가 달린 체절에 영향을 주는 유전자가 있었고, 그 다음에는 파리의 뒷부분 발생을 통제하는 유전자가 있었다. 한마디로 DNA 위에 배열된 유전자들은 …… 파리의 몸 구조를 앞에서 뒤로 배열한 것과 꼭 같았던 것이다.

남은 과제는 돌연변이를 일으키는 DNA의 구조를 확실하게 밝히는 일이었다. 스위스 생물학자 발터 게링의 연구실에서 일하던 마이크 레빈과 빌 맥기니스 그리고 인디애나 대학 톰 카우프만 실험실의 매트 스코트는 각 유전자의 중앙에 특징적인 짧은 DNA 서열이 있다는 것을 발견했다. 확인해 본 결과, 모든 종들이 거의 동일한 형태로 갖고 있는 서열이었다. 이 짧은 서열을 호메오박스(Homeobox)라 부르고, 호메오박스를 포함하는 여덟 개 유전자들을 혹스 유전자라고 부른다. 과학자들은 호메오박스 서열이 초파리가 아닌 다른 종에도 존재하는지 찾아 나섰고, 너무나 일관된 결과에 소스라치게 놀랐다. 몸을 지닌 동물이라면 무엇이든 혹스 유전자의 다양한 버전들을 갖고 있었던 것이다.

같은 유전자의 다양한 버전들이 파리와 쥐만큼이나 다른 생물의 몸을 앞뒤로 조직하는 데 참여하고 있었다. ……

혹스 유전자들은 몸의 비율도 결정한다. 머리, 가슴, 둔부 같은 영역들의 상대적 크기를 결정하는 것이다. 혹스 유전자들은 개별 기관들, 팔다리, 생식기, 장의 발생에도 관여한다. 혹스 유전자에 변화가 생기면 몸

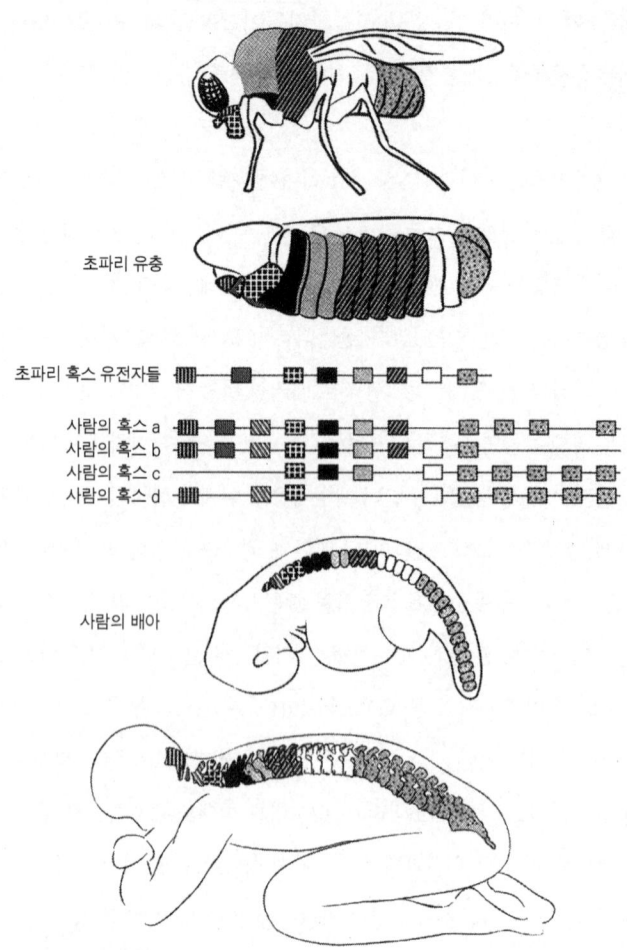

초파리와 사람의 혹스 유전자들

머리에서 꼬리 방향으로 몸이 조직될 때, 각 단계를 서로 다른 혹스 유전자들이 통제한다. 파리의 혹스 유전자들은 여덟 개가 한 DNA 위에 이어져 있다. 위의 그림에서 작은 상자가 유전자를 뜻한다. 사람의 혹스 유전자들은 네 개의 집합으로 나뉘어 있다. 파리든 사람이든, 유전자가 활성화하는 몸의 부위는 DNA상 유전자의 위치와 대응한다. 머리에서 활성화하는 유전자는 DNA 앞쪽에 있고, 꼬리에서 활성화하는 유전자는 DNA 뒤쪽에 있으며, 몸통에 영향을 미치는 유전자는 그 중간에 놓여 있다.

이 짜 맞추어지는 방식에도 변화가 온다.

혹스 유전자의 개수는 종마다 다르다. 파리 같은 곤충은 여덟 개, 쥐나 다른 포유류는 서른아홉 개가 있다. 그렇지만 쥐의 서른아홉 가지 혹스 유전자들은 죄다 파리에서 발견되는 유전자의 다른 버전들이다. 이러한 유사성을 볼 때, 파리의 유전자들이 중복됨으로써 포유류에 와서 개수가 더 많아진 듯하다. ……

계통수에서 더 멀리까지 거슬러 올라가, 우리 몸의 근본적인 부위를 만드는 데 관여하는 DNA 조각들도 종끼리 비슷하다는 사실을 발견할 수 있을까? 결과는 놀랍게도 '그렇다!'이다. 파리보다 더 단순한 동물이 인간과 연결되는 순간이다.[26]

만약 다윈이 다시 살아나 혹스 유전자에 대한 눈부신 연구 결과를 보았다면 얼마나 기뻐했을까? 그리고 또 얼마나 창의적인 해석을 시도했을까?

---

26) 닐 슈빈, 『내 안의 물고기』, 김명남 옮김, 김영사, 2009, 171~173쪽. 혹스 유전자를 포함한 호메오 유전자는 현재 매우 활발하게 연구되고 있는 분야 중 하나이다. 이 책에서는 편의상 가장 간명하게 설명되어 있는 『내 안의 물고기』를 인용하는 데 그쳤지만, 더 관심이 있는 독자들이 참고할 수 있는 좋은 책들은 이 밖에도 많다. 스콧 F. 길버트, 『발생생물학』, 강해숙 옮김, 라이프사이언스, 2007, 176~178쪽. 칼 짐머, 『진화 : 시간의 강을 건너온 생명들』, 이창희 옮김, 세종서적, 2004, 6장 「우연히 얻은 도구 상자 : 동물 진화의 기회 및 제약」, 마이어, 『진화란 무엇인가』, 222~226쪽. 이 밖에도 션 B. 캐럴, 『이보디보, 생명의 블랙박스를 열다』, 김명남 옮김, 지호, 2007을 전반적으로 참조할 수 있다. 다만 어떤 책을 읽어도 호메오 유전자에 대한 용어가 분명히 정의되지 않아 무척이나 골치가 아프다. 단 한 권의 예외는 도킨스의 『조상 이야기』다! 이 분야의 용어와 내용의 어지러움에 고생해 본 사람이라면 도킨스의 설명이 얼마나 간단명쾌하고, 심지어 우아하기까지 한지를 실감할 수 있을 것이다. 리처드 도킨스, 『조상 이야기』, 이한음 옮김, 까치글방, 2005, 466쪽을 참조. 호메오박스 유전자를 전체적으로 설명해 주는 457~468쪽도 유용하다.

발생학

앞서 말했지만, 다윈은 발생학이 "박물학 전체에 있어서 가장 중요한 주제의 하나"라고 했고, "중요성에 있어서 박물학상의 어떤 사실에도 뒤지지 않는 발생학의 주요한 여러 사실들"이라는 표현도 썼다. 한편 다윈이 만년에 쓴 자서전에 따르면 "『종의 기원』을 쓸 때 가장 만족스러웠던 때는, 수많은 강의 동물들에 있어서 배와 성체가 크게 다르다는 사실과, 같은 강에 속하는 여러 종들의 배가 매우 닮은 사실에 대해 작업을 할 때였다."[27] 적어도 다윈 자신의 말에 따른다면, 발생학은 더없이 중요한 문제였고 또 연구 결과도 극히 만족스러웠다. 그러나 당대의 반응은 전혀 아니올시다였다. 『종의 기원』에 대한 초창기 서평들은 발생학에 대한 다윈의 견해에 거의 주목하지 않았으며,[28] 다윈의 동료들 또한 몰라 주기는 마찬가지였다.[29] 나이하트의 말대로 여기에는 시간 부족, 독자적인 이론의 미완성, 너무 적은 분량 등 여러 가지 요인이 작용했을 것이다. 당대의 반응도 그리 미적지근했으니 현대의 독자들에게는 오죽하랴! 모호하고 혼란스러운 표현들 속에서 헤매다 보면, 지금 다윈이 뭔 소릴 하고 있는지조차 알 수 없을 때가 한두 번이 아니다. 그러나 몇 번 더 반복해서 읽고 또 이후의 판본도 겹쳐 읽어 가다 보면, 다윈이 발생학을 왜 그리 강조했는지 그리고 이 대목이 왜 그토록 만족스

---

27) 찰스 다윈, 『나의 삶은 서서히 진화해왔다』, 이한중 옮김, 갈라파고스, 2003, 154쪽.
28) 같은 책, 154쪽.
29) 『종의 기원』 출간 후 한 달이 채 못된 시점(1859년 12월 14일)에 다윈이 후커에게 보낸 편지에는, 그런 무반응에 대한 다윈의 당혹감이 피력되어 있다. Nyhart, "Embryology and Morphology", *The Cambridge Companion to the "Origin of Species"*, p.194.

러웠는지가 서서히 드러난다.『종의 기원』의 이 대목은 당시의 논쟁들과 다윈의 견해 변경 및 그의 치밀한 전략 등을 모두 고려하다 보면 한없이 복잡해질 수 있다. 그래서 이 책에서는 그 길 대신, 다윈의 주장을 최대한 명료한 형태로 이해하는 길을 택하기로 한다. 다윈은 먼저 매우 인상적인 사례로 길을 연다.

같은 강에 속하는 여러 종들의 배(胚)는 흔히 매우 닮았다. 폰 베어의 사례는 그 점을 더 없이 잘 보여 준다. 폰 베어는 말하기를, "포유류, 조류, 도마뱀, 뱀 및 아마도 거북의 배는 지극히 초기에는 전체적으로나 여러 부분이 발달하는 모양에 있어서나 서로 매우 닮았다. 크기로밖에는 분간하지 못하는 경우도 종종 있을 정도다. 내가 지금 갖고 있는 알코올에 담근 2개의 배는 이름표를 붙여 놓지 않아서 어떤 강에 속하는지를 전혀 알 수 없다. 도마뱀일 수도 있고 작은 새일 수도 있다. 혹은 극히 어린 포유류인지도 모를 일이다. 그럴 만치 이 동물들의 머리와 몸통이 이루어진 형태는 완벽하게 닮았다. 이들 배에는 아직 사지가 생겨나지 않았지만, 설령 초기 발생 단계에 사지가 존재했더라도 우리는 아무것도 알지 못했을 것이다. 왜냐하면 도마뱀이나 포유류의 다리, 조류의 날개와 다리는 모두 인간의 손발과 근본적으로 동일한 형태로부터 생겨나기 때문이다.(p. 439 및 6판 pp. 387~388)

이럴 수가! 같은 포유류만이 아니라 조류나 파충류까지 모두 배 단계에서는 이토록 동일하다니! 그것만이 아니다.

발생과정에 있는 갑각류의 경우, 그리고 다른 여러 가지 동물들이나 꽃들의 경우, 이들의 기관은 성숙한 뒤에는 극도로 다르더라도, 초기 발생 단계에서는 완전히 똑같다는 것을 실제로 볼 수 있다.(pp. 436~437)

이런 신비로운 현상은 왜 발생하는 것인가?(배의 공통성 문제) 또 그렇게 유사한 배가 어떻게 해서 크게 다른 성체들로 자라나는 것일까?(개체발생의 문제) 마지막으로, 당시 박물학자들은 발생 단계가 유사하면 대체로 근연생물로 인정하였는데, 거기에는 무슨 근거가 있는 것일까?(배 발생과 분류의 관계) 이런 문제들과 관련하여 19세기 초의 박물학자들은 저마다 다양한 의견들을 제시했고 격렬한 논쟁을 마다하지 않았다. 논쟁은 박물학 영역에만 머물지 않고 역사관이나 세계관과도 긴밀한 연관을 맺으며 퍼져 나갔다. 그런 면에서 (이제부터 볼) 다윈이 일으킨 혁명은 발생학의 혁명이자, 역사관과 세계관의 혁명일 수밖에 없었다. 이 점을 정확하게 이해하기 위해, 당시 크게 대립하던 두 가지 입장을 짚어 보기로 하자.

독일을 중심으로 형성된 첫번째 입장은, 자연에는 **일반적인 발전법칙**이 있고, 그것이 개체 및 생명의 전 역사를 지배한다고 믿었다. 그러므로 개체의 발생과정은 당연히 **단순한 것에서 복잡한 것으로 진보하는 과정**이었다. 화석 기록 또한 복잡성의 증가와 점진적인 진보라는 관점에서 해석하였다(영어의 development가 그러하듯이, 서구 언어에서는 발생과 발전이 동일한 단어 안에 담겨 있다).[30] 소우주(개체)든 대우주든, 시간이 흐름에 따라 복잡성이 증대되면서 진보해 간다는 점에서는 동일한 것이었다. 이런 관점에서 이들은 현생 고등동물의 배를 과거에 살았던 동물들의 성체 및 현재 하등동물들의 성체와 비교하였다. 예컨대 티데만(Friedrich Tiedemann, 1781~1861)은 포유류 태아의 뇌가 하등 척추동물의 성체 단계의 뇌를 거친다고 믿었다. 포유류의 태아는 초기에 먼저 어류의 뇌를 획득하고, 이후 파충류와 조류의 뇌를 거친 다음, 마지막으로 포유류의 뇌를 획득한다. 이것은 원초적인 배가 기나긴 지질학 시대를 거치면서 밟아 온 역사적 단계이기도 했다.[31] 따라서 가장 고등한 인간의 발생과정은 지구의 역사 발전과정을 모두 담고 있으며, 반면 '기형'은 정상적인 발생 단계가 중간에 돌연 정지한 것, 즉 덜 복잡하고 덜 진보된 비정상적 정지상태였다.[32]

이건 여러분에게도 그리 낯설지 않은 주장일 것이다. 오늘날 뇌 과학자들도 종종 이런 얘기를 하고 있지 않은가? 인간의 뇌는 하등동물의 뇌가 아래층에 있고, 그 위에 보다 고등한 동물의 뇌가 있으며, 맨 마지막으로 인간만의(혹은 영장류만의) 고유하고 뛰어난 뇌가 얹혀 있다고 주장하지 않는가? 동일한 주장은 얼마든지 복제되고 있다. 인간의 아기가 몇 살이 되면 어떤 하등동물의 뇌 수준이 되고, 또 몇 살이 되면 그보다 고등한 동물의 성체 수준에 도달한다는 둥. 사실 현대 과학자들의 이런 견해는 티데만 등이 이미 주장했던 것과 다를 바 없는 낡은 주장이

---

30) development라는 단어는 배가 펼쳐져 성체가 된다는 '발생'이라는 뜻과 일반적인 차원의 '발전', '발달'이라는 의미를 함께 가지고 있다.
31) Nyhart, "Embryology and Morphology", *The Cambridge Companion to the "Origin of Species"*, p. 201.
32) 다윈의 이론에서 기형이란 기존의 종에서 벗어나 새로운 종으로 가는 '과정'에 붙여진 이름이었다. 여기서도 알 수 있듯이, 다윈의 진화론은 단순히 기존의 과학만이 아니라 서구의 세계관 및 가치관 전체를 전복하려는 치밀하고도 집요한 시도였다.

다. 우리는 이런 편견의 다양한 버전들을 잘 알고 있다. 유색인종의 지능이 백인의 성장 단계 중 어디어디에 해당한다는 둥, 여성은 남성보다 정신적 능력이 떨어진다는 둥, 저능인들의 지능은 정상인의 몇 세에 해당한다는 둥. 현대 생물학이 달라진 게 있다면 백인 남성을 '인간'으로 대체했다는 점뿐이다. 어떤 분은 이 차이를 그래도 인종과 성의 편견을 넘어섰다는 점에서 긍정적으로 평가하실지 모르겠지만, 그보다는 세계 전체가 얼마나 서구화되어 있는지를 반영하는 게 아닐까? 모두가 암암리에 백인 남성을 표준으로 생각하는 세계, 백인보다 더 백인스러운 비서구인들······.

물론 당시 박물학자들이 모두 이런 식의 생각에 동의한 것은 아니었다. 아니 오히려 저명한 과학자들은 그런 식의 단순한 도식화에 크게 반대하였다. 우리가 잘 알고 있는 라이엘도 그랬다. 그는 『지질학 원리』 2권에서 티데만을 변형론자(transformist, 당시 진화론자들을 가리키던 말 중의 하나)라 소개하면서 확고한 반대 의견을 피력했다. 라이엘은 동물이 "결코 자신의 강의 한계를 넘어서 다른 강으로 넘어갈 수 없다"[33] 고 주장했다. 어류가 상승하여 파충류가 된다거나, 파충류가 조류의 뇌를 획득한다거나, 조류가 포유류의 뇌를 획득한다는 것은 상상할 수도 없는 일이었다. 세상에, 닭대가리나 새대가리가 인간의 고상한 이성과 도덕심 같은 것을 상상이라도 할 수 있겠는가! 인간의 태아가 왜 그런 비천한 것들의 단계를 통과해야만 성체가 될 수 있단 말인가! 당대의

---

33) Nyhart, "Embryology and Morphology", *The Cambridge Companion to the "Origin of Species"*, pp. 202~203.

저명한 과학자 라이엘이 반(反)진화론자였던 것, 『종의 기원』 출간 이후에도 한동안 견해를 바꾸지 않았던 것은 그러므로 당연한 일이었다.

그럼 라이엘 같은 사람들은 화석 기록이 보여 주는 이행양상을 뭐라 해석했을까? 그는 지층의 화석들을 철저히 자연조건에 입각하여 해석하였고, 그 결과 자신이 반대하던 변형론자들 못지않은 기괴한 결론에 도달했다. 우선 그는 "만일 전세계적으로 기온이 상승하면, 양치류를 비롯한 원시식물들이 육지를 뒤덮게 될 것"[34]이라고 적고는 이어서 이렇게 말했다. "그 다음 오늘날 우리 대륙의 고대 암석들에 기록이 보존되어 있는 동물속들이 되돌아올 것이다. 숲 속에서는 거대한 이구아노돈이, 바다 속에서는 어룡이 다시 출현할 것이며, 그늘진 목생(木生) 양치류 숲 사이에서는 익수룡이 날아다니게 될 것이다."[35] 라이엘은 동식물군들이 완전히 멸종되는 일은 없고 다만 잠시 사라질 뿐이라고 생각했다. 그랬다가 동일한 물리적 조건이 회귀하면 다시 출현할 것이라고 믿었던 것이다. 그는 진화론자(혹은 발전론자)들의 직선적 발전관에 대항해 순환론적 세계관을 대립시켰던 셈이다.[36]

이번에는 직선적 발전론자들과 정반대되는 견해를 살펴볼 차례다. 그것은 에스토니아 출신의 "발생학의 아버지" 카를 에른스트 폰 베어(Karl Ernst von Baer)로 대표되는 흐름이었다. 이들은 화석 기록이 점

---

[34] 마이클 J. 벤턴, 『대멸종 : 페름기 말을 뒤흔든 진화사 최대의 도전』, 류운 옮김, 뿌리와이파리, 2007, 84쪽.
[35] 같은 책, 85쪽.
[36] 다윈은 『지질학 원리』를 숙독했기 때문에 티데만과 라이엘의 견해 모두를 잘 알고 있었다. 물론 다윈은 티데만의 직선적 발전관에도, 라이엘의 순환론에도 반대했다. 다윈이 보기에, 전자는 추상적인 사변에다 지나친 목적론이었고, 라이엘은 물리적 조건(혹은 자연조건)을 과도하게 중시했다.

진적인 진보를 나타낸다는 데 대해 동의할 수 없었다. 그런 무익하고 비과학적인 사변 대신 이들은 현생생물들의 배를 비교하였다. 우선 폰 베어는 단세포 유기체로부터 인간에 이르기까지 직선적으로 발전한다는 견해에 반대하며, 대신 퀴비에의 4부문설을 지지하였다(그는 퀴비에의 부문embranchements을 유형types이라 불렀다). 생물들은 각각의 부문 내에서 연속적인 분화과정을 거치는 것이었다.[37] 그의 발생학이 잘 표현되어 있는 소위 '폰 베어의 법칙'을 보기로 하자.

1. 개체 발생과정에서 고차 분류군의 일반적 형질이 먼저 나타나고 저차 분류군의 특정한 형질이 나중에 나타난다. 따라서 모든 척추동물의 배는 아가미궁, 척삭, 척수, 초기 콩팥을 공유한다.
2. 특수한 형질은 '일반적인' 형질로부터 발생하며 가장 '특수한' 형질은 맨 마지막에 나타난다. 예컨대 모든 척추동물은 처음에 같은 유형의 피부를 가진다. 피부가 어류의 비늘, 파충류의 비늘, 조류의 깃털, 포유류의 털 등으로 발전하는 것은 그 뒤의 일이다. 마찬가지로 사지도 처음에는 모든 척추동물에서 본질적으로 같다. 이것이 다리, 날개, 팔로 뚜렷이 달라지는 것은 그 뒤의 일이다. 달리 말하자면 다른 종류의 생물이라도 발생 초기에는 비슷한 형태를 가지며, 차이는 이후 점차 벌어지면서 생기는 것이다.
3. 한 종의 배아는 발생과정에서 그보다 하등한 동물의 성체 단계를 거

---

[37] Nyhart, "Embryology and Morphology", *The Cambridge Companion to the "Origin of Species"*, p. 203.

치는 게 아니라, 다만 하등동물의 배와 유사한 상태에서 점차 달라지는 것이다. 예컨대 조류와 포유류의 배의 내장열(內臟裂, visceral clefts)은 어류 성체의 아가미틈(gill slit)을 세세하게 닮는 게 아니라, 어류나 다른 척추동물의 배의 내장열을 닮는다. 어류는 이 내장열을 더욱 정교화하여 제대로 된 아가미틈으로 발전시키는 것이고, 그에 반해 포유류는 이 내장열을 유스타키오관(Eustachian Tube) 같은 구조로 전화(轉化, convert)시키는 데 차이가 있다.
4. 그러므로 고등한 동물의 초기 배는 (하등동물과 같은 것이 아니라) 하등동물의 초기 배와 닮았다. 인간의 배는 결코 조류나 어류 성체의 단계를 거치지 않는다. 인간의 배는 처음에 조류나 어류의 배와 공통의 형질을 공유하는 것이다. 후기에 이들 배아는 다양하게 분기할 뿐, 어떤 배도 다른 종류의 성체 단계를 거치지 않는다.[38]

폰 베어는 개체 발생과정에서 일부 단계가 '보다 하등'한 생물의 모양과 다소 닮았다는 점을 확인했지만 그런 현상을 진화론적으로 해석하는 데에는 반대했다. 배 발생의 초기 단계란 다음 단계보다 단순하고 균일한 것이므로, 이후 단계는 당연히 이전 단계보다 분화되고 복잡해지는 것이 당연했다. 즉 개체 발생이란 단순한 것에서 시작해서 복잡한 형상으로 전이되어 가는 과정이었다.[39] 밀른-에드와르는 이를 좀더 밀고 나가 두 생물 간에 발생상의 공통점이 많으면 많을수록 분류상 가까

---

38) 킬버트, 『발생생물학』, 8~9쪽, Scott F. Gilbert, *Developmental Biology*, Sunderland, Mass. : Sinauer Associates, Inc., 2006, pp. 9~10.

운 자리에 놓여야 한다고 주장했다(다윈은 이러한 주장을 담은 밀른-에드와르의 글을 1846년에 읽은 바 있다).[40] 베어로 대표되는 이 진영은 직선적 진보를 거부하고 대신 각 유형 내에서의 분화(differentiation)를 주장하였으며, 퀴비에를 비롯해서 대체로 격렬한 반(反)진화론자였다. 하나님에 의해서든 미지의 섭리에 의해서든 어쨌거나 미리 네 개의 동물문이 정해져 있고, 모든 동물은 이 유형(즉 이데아)에서 결코 벗어날 수 없었다. 하긴, 어류가 파충류가 되고, 파충류가 조류가 되고, 조류가 인간이 된다는 게 상식적으로 말이 되는가? 새대가리가 인간이 될 수 있다니…… 끌끌!

우리는 지금까지 크게 두 진영으로 나누어 당시 발생학을 둘러싼 풍경을 짚어 보았다(중간에 라이엘의 순환론도 곁들였지만). 대략 상황이 머릿속에 그려졌으면, 이제 다윈이 이런 논란들 속에서 생물 발생의 신비를 어떻게 더듬어 가는지, 그 드라마를 추적하기로 하자. 우선 다윈은 기능주의적 견해를 간단히 타파하면서 출발한다.

같은 강에 속하는 여러 종들의 배를 살펴보면, 배의 구조적 유사성이 그 동물들의 **생존조건**과 직접 관련이 있다고는 생각할 수 없는 경우가

---

39) 에른스트 마이어, 『이것이 생물학이다』, 최재천 외 옮김, 몸과마음, 2002, 264쪽. 여기서도 알 수 있듯이, 폰 베어는 자연의 역사 전체를 직선적 발전으로 보는 입장에는 반대했지만, 배가 성체로 되는 과정은 복잡성이 증가하는 발전적 과정이라고 보았다. 마이어도 지적했듯이, 폰 베어는 목적론적 해석을 받아들이는 한편, 모든 생물종은 공통 조상에서 유래한다는 이론은 수용하지 않았던 셈이다. 당대의 학자들은 치열한 논쟁과 대립에도 불구하고, 단순에서 복잡으로 발전한다는 초역사적 법칙은 모두 공유하고 있었다.

40) Nyhart, "Embryology and Morphology", *The Cambridge Companion to the "Origin of Species"*, p. 203.

흔히 있다. 예컨대 척추동물의 여러 배의 경우, 아가미 틈새 가까이에 있는 동맥의 특이한 고리형 행로가 그 배가 처한 조건의 유사성 때문이라고는 상상할 수 없다. 포유류의 태아가 양육되는 어머니의 **자궁**, 새의 알이 부화되는 **둥지**, 개구리 알이 방출되는 **물속** 등이 서로 닮았다고 할 수 있겠는가? 그것은 인간의 손, 박쥐의 날개, 돌고래의 지느러미에 있는 유사한 뼈들이 생활조건이 유사하기 때문이라고 할 수 없는 것과 마찬가지다.(pp. 439~440)

그러나 생존조건과 긴밀히 관련되는 경우도 있긴 하다.

배의 어느 단계에 이르렀을 때 스스로 활동하여 먹이를 잡아야 하는 동물에서는 사정이 다르다. 이런 활동 시기는 일생에서 빨리 올 수도 있고 늦게 올 수도 있다. 그 시기가 언제 오든 생활조건에 대한 유충의 적응은 성체와 마찬가지로 완전하고도 훌륭하다. 이러한 특수한 적응(special adaptation) 때문에, 혈연이 가까운 동물들의 유충, 즉 활동적인 배의 유사성은 때로 매우 애매해진다. 그래서 두 가지 종이나 두 가지 종군(種群)의 성체가 다른 만큼이나 유충끼리도 서로 다른 경우가 있고, 혹은 훨씬 더 다른 예도 여럿 들 수 있다. 그러나 유충이 활동적일지라도 역시나 대다수의 경우에는 근연종의 배는 유사하다는 **법칙에 다소나마 밀접하게 따르는 것이다.** (p. 440)

다윈의 얘기를 간단히 정리해 보자. 첫째, 같은 강에 속하는 종들은 성체일 때 아무리 차이가 커도 배시기는 서로 유사하다. 그러나 둘째,

배 발생과정에서 환경의 압력을 많이 받는 경우는 유충에 큰 변화가 일어날 수 있고, 그 결과 다른 종의 유충 간에 많은 차이가 생겨날 수 있다. 또한 이른 시기부터 성체와 비슷해질 수도 있다. 셋째, 그럼에도 불구하고 대다수의 경우는 '근연종의 배의 유사성'이라는 법칙에 "다소나마 밀접하게" 따른다. 미리 얘기하지만, 발생학 쪽의 기술은 계속 이런 식이다. 일반적인 현상을 규정하고 이어서 예외적인 현상을 지적한다. 그런 다음 마지막에는 그렇지만 역시나 일반적인 현상이 대체적인 경향이라고 말한다. 이런 거추장스러운 이야기 구조 속에서 다윈이 말하려는 것은 무엇일까? 앞서 얘기한 두 진영은 크게 대립한 것이 사실이지만, 어떤 보편적인 법칙이나 발생의 규칙 같은 것이 있다고 전제하고 그것을 찾아간다는 점에서 동일한 면을 가지고 있었다. 다윈은 우선, 그 어떤 법칙이나 규칙도 보편적이지(universal) 않다는 점을 강조한다. 여기에는, 구체적인 생물들이 그런 초월적인 법칙이나 규칙을 부분적으로, 그리고 일시적으로 구현하는 모사물이 아니라는 생각이 깔려 있다. 그러나 또 한편으로 일반적인(general) 경향을 찾아볼 수 있는 것 또한 사실이다. 만일 생물들이 법칙이나 섭리의 구현물이 아니라면 이런 일반성은 어디서 오는 것일까? 아울러 비중은 작지만 언제나 발생하는 예외적 현상들은 또 어디서 오는 것일까? 바로 이 점이 다윈이 밝히려는 바다. 그렇기 때문에 다윈은 이후로도 먼저 대체적인 경향과 예외적 사례들을 기술하고, 결론에서는 생물들이 '근연종의 배의 유사성'이라는 법칙에 "다소나마 밀접하게" 따른다는 기술을 하게 된다. 다윈이 보여주는 세계가 복잡하고 다양하다 못해 지저분해 보이기까지 하는 것은 자연계의 실상이 그러하기 때문이다. 다윈은 자연계의 실상에 인간의 언어와 이론을 '적응'시키려고 할 뿐이다.

다윈은 앞에서 배의 유사성을 생존조건과 연관시키는 견해를 비판했다(물론 거기서 어긋나는 사례도 잊지 않았지만). 이번에는 배의 발생과정이 진척될수록 고등해져 간다는 통념(우리도 오늘날 여전히 이렇게 생각지 않는가!)을 검토한다.

배는 발생과정이 진척될수록 일반적으로 체제가 고등해져 간다. 나는 **체제가 고등하다거나 하등하다고 하는 말의 의미를 명확히 정의하는 건 거의 불가능하다**고 생각하지만, 부득이 이 표현을 사용하는 것이다. 이런 복잡한 사정이 있긴 하지만 그래도 나방보다 나비가 고등하다는 점에 대해서는 아무도 부정하지 못할 것이다. 하지만 어떤 경우에는 성숙한 동물이 유충보다 하등한 단계에 있다고 생각해야 하는 경우도 종종 있다. 기생(寄生) 갑각류 중 몇몇은 이 경우를 잘 보여 준다.(p. 441)

역시나 같은 방식이다. '하등-고등'이라는 용어의 애매한 점은 있지만, 대체적인 용법을 수용할 경우 발생과정이 진척될수록 생물의 체제가 고등해져 간다고, 일반적으로 말할 수 있다. 그러나 꼭 그렇지 않은 경우도 심심찮게 볼 수 있다. 얼추 눈치채셨겠지만, 여기에는 역사에 진보적인 발전법칙을 덮어 씌우려는 과학자들에 대한 비판이 담겨 있기도 하다. 독자 여러분은 다윈이 밝히려는 문제가, 이런 일반성은 어디서 유래하고, '꼭 그렇지는 않은' 경우는 어디서 유래하는가, 라는 점을 잊지 말아 주시기 바란다. 다윈은 이 두 가지를 단일한 틀 안에서 설명하려 할 것이다.

만각류의 제1기 유충은 세 쌍의 다리와 극히 간단한 홑눈 및 길게 뻗어나온 입을 갖추고 있다. 이 유충은 입으로 먹이를 잡아먹어 몸이 커진다. 나비의 번데기 시기에 해당되는 제2기의 유충은 여섯 쌍의 멋진 유영용(遊泳用) 다리와 한 쌍의 당당한 겹눈, 그리고 극도로 복잡한 더듬이를 갖고 있다. 이 유충의 입은 불완전하고 닫혀 있어서 먹이를 먹을 수 없다. 이 시기 유충의 기능은 잘 달라붙어 최후의 변태를 하기에 적당한 장소를 잘 발달된 감각기관으로 찾아내어, 활발한 유영능력으로 그곳에 도달하는 데 있다. 이것이 달성되면 그 다음은 평생 그곳에 정착하게 된다. 이렇게 되면 다리는 포착기관으로 변화되고 다시 잘 발달된 입이 생겨난다. 하지만 더듬이는 없어지고 두 눈은 작고 간단한 홑눈의 안점(眼點)이 되고 만다. 이 마지막 완성 단계에서 만각류는 유충 상태 때보다 체제상 고등하다고도 할 수 있고 하등하다고도 할 수 있다. 그런데 약간의 속의 경우에는 유충이 보통의 자웅동체 개체로 발달하거나, 아니면 내가 보웅체(補雄體, complemental male, 예컨대 수벌)라 명명한 것으로 발달한다. 후자의 경우 **발달은 확실히 퇴보다**. 왜냐하면 이 수컷은 생식기관을 제외하고 입이나 위나 그밖의 모든 기관을 갖지 않는, 단기간만 생존하는 단순한 주머니에 불과하기 때문이다.(p. 441)

다윈이 무려 8년간 심혈을 기울여 연구했던 만각류(따개비). 이들의 삶은 얼마나 다채로운가! 이 앞에서 직선적 발전법칙을 뇌까릴 수 있을까? 나는 이 대목을 읽을 때마다 진화론이고 뭐고 이전에 이들의 놀라운 일생에 대해 탄복하느라 정신을 못차린다. 이들의 생을 발전이라고 할 수도 있고, 퇴보라 할 수도 있고, 두 가지가 섞여 있다고 할 수도 있다. 그러나 더 중요한 것은 이토록 다양한 방식의 생을 표현하는 능력, 그 무시무시한 다양성이 아니겠는가! 이 사례는 물론 생물의 발달과정이 반드시 고등화 과정은 아니라는 점을 지적하고 있다. 그러나 거기에 담긴 함의는 그 이상이다. 우리가 개체라 부르는 존재는 실은 일생 중에 여러 번 크게 변할 수 있다는 사실, 일생이 아니라 차라리 다생(多生)이라고나 불러야 할 이 사태. 다윈은 뒤에 이것이 얼마나 자연스러우며 자연계에 널리 퍼져 있는 현상인지를 보여 줄 것이다. 다윈이 세번째로 검토하는 것은 성장에 주목하는 견해다.

> 우리는 배와 성체 사이의 구조상 차이를 너무나 많이 보아 온 나머지, 자칫 이 차이가 성장과 필연적인 관계가 있는 것이라 생각하기 쉽다. 하지만 박쥐의 날개나 돌고래의 지느러미가 배 안에서 처음 가시화되기 시작했을 때, 날개나 지느러미의 모든 부분이 적당한 비율로 윤곽을 드러내지 않아야 할 이유는 없다.(p. 442)

일반적으로 배와 성체는 크게 다르다. 따라서 배는 성장하면서 크게 변해 성체가 된다고 볼 수 있다. 당연하지 않는가? 배는 아직 희미한 것, 어린 것, 일반적인 것이고, 그것이 자라 특징이 뚜렷해지고 기관과 구조도 발달하여 어엿한 성체가 되는 것 아닌가? 그러니까 배 단계에서는 여러 종류의 생물이 유사할 수 있고, 발생 단계가 지날수록 그 종 특유의 특징, 그 개체 특유의 특징이 점점 더 뚜렷해지는 것 아닌가? 이 당연한 생각에 어떤 의의제기가 가능한가? 다윈이란 인간은 바로 그럴 때 의문을 품을 수 있는 인간이다. 다시 한번 강조하긴대, 다윈에게는 어떤 법칙이나 미리 정해진 운명 같은 게 없다. 오직 한 과정이 다른 과정을 산출하고 이 산출된 과정 위에서만 다음 과정이 산출될 수 있다. 처음에 미리 정해진 것은 없으며, 끝이 어떻게 될지도 정해져 있지 않다. 다윈은 성스러운 기원론과 종말론 모두를 거부한다. 과연 어떻게?

예컨대 오웬은 오징어에 관해 "변태는 일어나지 않으며, 두족류의 형질은 배의 여러 부분이 완성되기 훨씬 이전에 나타난다"고 말하였다. 육서 조개류 및 민물 갑각류도 거의 자신들의 고유한 형태를 갖고 태어난다. 반면 이 두 강에 속하는 해서류(海棲類)들은 발생과정에서 (상당히 혹은) 종종 거대한 변화를 경험하는 것도 사실이다. 오웬은 또한 거미에 대해서도 "변태라고 할 만한 것은 아무것도 없다"고 말했다.(p. 442, 4판에서 보충)

아! 머리가 너무나 힘들다. 자식들, 좀 일관되고 통일성 있게 살면 안 되나? 꼭 이렇게 각양각색으로 복잡하게 살아야만 하나? 그렇지만 가만히 생각해 보면, 생물들은 저마다 다양한 방식으로 살아갈 뿐이다. 자기 삶을 아무리 여러 번 바꿔도 그건 그들 '자유'다. 머리가 아픈 건 우리가 다양한 생물들의 삶을 좀 단순한 규칙으로 이해해 보겠다고 마음먹었기 때문이다. 엉뚱하게 생물들에게 화낼 일은 아니다. 뭐 그건 그렇지만…… 그 얘기를 듣고 나니 더 짜증이 난다. 하지만 독자 여러분! 이제 이 책도 거의 막바지에 도달했으니 힘을 내서 마지막 스퍼트를 하자. 사실 곤충 중에는 스무 번도 더 탈피하는 것이 있으며, 누차에 걸쳐 자신의 존재를 아예 바꿔 버리는 생물들도 많다. 그러니 나를 기준으로 고집하며 화를 내기보다는 아예 내 몸과 내 생각을 잃는 쪽을 택해 보기로 하자. '우리도 그들처럼' 새로운 모드로 변신해 보기로 하자, 바로 지금! 누가 알겠는가, 나를 잃으면 생각도 못 하던 새로운 세상이 펼쳐질지! 복잡하고도 다양한 자연의 실상을 그저 늘어놓기만 하던 다윈, 그가 이제 사유를 시작한다.

> 그럼 우리는 발생학에서의 이런 수많은 사실들을 어떻게 설명할 수 있을까? 배와 성체 사이에 구조상의 차이가 **일반적(general)으로는 큰데 보편적(universal)으로 반드시 그렇지는 않다**는 점, 배의 여러 부분이 성체가 된 후에는 서로 매우 달라져서 다른 목적의 일을 하는데, 성장 초기에는 서로 유사하다는 점, 동일한 강에 속하는 다른 종의 배가 일반적으로 서로 유사하다는 점(그러나 이런 현상이 보편적인 것은 아니라는 점), 배의 구조는 스스로 먹이를 잡아야 하는 활동적인 배를 제외하면, 생활 조건과 밀접한 관계를 갖지 않는다는 점, 배가 때로는 성체보다 고급스러운 체계를 갖고 있는 것처럼 보인다는 점. **나는 이 모든 사실들을 '변화를 수반한 유래'(descent with modification)라는 견해로 설명할 수 있다고 믿는다.** (pp. 442~443)

다윈이 제기하는 문제는 늘 골치를 지끈거리게 하지만 답은 언제나 동일하다. "변화를 수반하는 유래." 부모가 자식을 낳고 그 자식이 또 다른 자식을 낳는다. 그 과정에서 변화는 필연적이다. 헌데 이 변화가 일정한 방향을 갖게 되고 그것이 반복되어 오늘날 우리가 보는 자연계가 구성된 것이다. 그리고 이것은 앞으로도 계속 변화해 갈 것이다. 어기서는 어떤 법칙이나 초월자도 모두 추방당한다. 부모가 자식을 낳는다는 것, 자식은 부모를 닮지만 약간의 차이 또한 필연적으로 발생한다는 것, 그 중 유리한 놈은 생존과 번식에 더 유리하다는 것(유리한 놈이 유리하다는 동어반복). 여기에는 각종 과학이 전제하는 '대칭의 원리'라든가, '복잡화 경향', '순환론' 따위는 눈 씻고 찾아봐도 찾아볼 수가 없다. 대칭이든, 복잡화든, 순환이든, 그런 걸 누가 자연에 부과할 수 있단 말인가? 과학자들은 그걸 관찰의 결과라 강변하지만 실제로는 전제한 것 아닌가! 다윈에게는 오직 자연스러운 일들밖에 없다.

   그런데 이번 경우의 "변화를 수반하는 유래"는 조금 색다르다. 부모-자식 관계만이 아니라 개체의 일생 또한 여러 가지 변화가 수반되는 유래로 보기 때문이다. 즉 일생을 다생으로 보는 것이다. 참으로 무시무시하고 자유분방한 상상력이다. 이 점에서 다윈의 발생학은 배의 초기에 근본적인 것이 모두 정해져 있다는 전제를 깨는 작업이다. 자연에는 초월적인 창조자가 정해 준 섭리도, 진보라는 자연 외적인 법칙도 없다. 생물들이 살아 나가면서 생겨나는 변화들이 중요하다. 모든 초월론에 맞서 다윈은 이제 두 가지 새로운 원리를 제시한다. 변화는 꼭 이른 시기에만 일어나는 게 아니라는 것, 이렇게 일어난 변화는 자손 대(代)에서도 그와 상응하는 시기에 혹은 더 이른 시기에 나타나는 경향이 있다는 것(물론 그렇지 않은 경우들도 있다). 이게 뭐 그리 대단한 건지 어리둥절하시겠지만 그건 차차 얘기하기로 하고…… 그 전에 더 중대한 문제가 있다. 그건 바로, 이 두 가지 원리를 당시의 과학이 사실 수준에서 확인하기가 불가능했다는 점이다. 경험 차원에서의 개연성을 주장할 수는 있지만 말이다. 그래서 다윈은 다시 한번 사육재배의 사례에 호소한다. 변이가 언제 발생하건 간에 그것을 가장 유효하게 결정하는 것은 선택이라는 점을 독자들이 생생하게 받아들일 수 있도록.

우선 배의 운명이 처음에 모두 정해지는 건 아니라는 사실, 다시 말하면 이런저런 변이들이 개체의 일생 중 반드시 초기에만 발생하는 건 아니라는 사실에서 시작하자.

사람들은 기형이 종종 매우 이른 시기의 배에 영향을 미친다고 알고 있기 때문에, 마찬가지로 경미한 변이나 개체적 차이가 초기의 배에 반드시 나타난다고들 생각한다. 하지만 우리는 그런 증거를 거의 갖고 있지 않으며, 오히려 우리가 갖고 있는 증거들은 확실히 그 반대 방향을 가리키고 있다. 소나 말, 또는 애완동물을 키우는 사람들은 태어나서 상당 기간이 지난 뒤가 아니면 그 어린 동물들이 어떤 장점이나 체형을 갖게 될지 명확히 말할 수가 없다(이것은 널리 알려진 사실이다). 우리가 키우는 아이가 장차 키가 클지 작을지, 또는 얼굴 생김새가 정확히 어떻게 될지 장담할 수 없는 것과 마찬가지다. 그런데 우리에게 있어서 실질적인 문제는 각각의 변이가 생애의 어느 시기에 일어나느냐가 아니다. 그보다 중요한 것은 **어느 시기에 그 효과가 외부로 나타나느냐**다. 변이의 원인은 생식 행위 이전에 양친 모두나 혹은 어느 한쪽에 작용할 수 있다(아마 일반적으로 그러할 것이다). 그리고 변이는 암수의 생식 요소가 양친 또는 조상이 부닥쳤던 조건에 의해 영향을 받기 때문일 수도 있다. 하지만 설령 그렇더라도 그 영향이 **실제로 표현되는 것**은 훨씬 뒤의 일일 수가 있는 것이다. 예컨대 노년에만 나타나는 유전병이 한쪽 부모의 생식 요소로부터 아이에게 전해져 온 것저럼 날이다.(p. 443)

극히 어린 동물이 모태나 알 속에 있는 동안, 또는 부모의 양육과 보호를 받고 있는 동안은 대부분의 형질이 빠르게 나타나느냐 느리게 나타나느냐는 별로 중대한 문제가 아니다. 예컨대 긴 부리로 먹이를 잘 잡는 새일지라도 어미 새가 양육해 주는 동안에는 어린 새가 반드시 그런 긴 부리를 가질 필요는 없는 것이다. 그래서 나는 다음과 같이 결론짓는다. 각각의 종으로 하여금 현재의 구조에 이르게 하는 다수의 계기적(繼起的, successive) 변화들이 반드시 생애의 이른 시기에 일어나지는 않는다, 라고. …… 물론 극히 이른 시기에 출현하는 경우도 가능하다.(pp. 443~444)

나는 1장에서 변이가 양친의 일생 중 어느 시기에 처음으로 나타나든지, 그 변이는 자손에서 그에 상응하는 나이에 다시 나타나는 경향이 있다고 말했다. 심지어 어떤 변이는 해당되는 나이에만 나타날 수 있다. 누에나방의 유충, 고치, 성충의 각각에 있어서의 특징이나, 또한 거의 완전하게 성장한 소의 뿔이 바로 그런 예다. …… 나는 결코 언제나 그렇다고 말하는 것은 아니다. 변이가 자손에게 있어서 부모보다도 이른 시기에 나타난 예 또한 많이 들 수 있기 때문이다.(p. 444)

다윈의 얘기인즉슨, 변이의 원인은 심지어 배의 형성 이전에까지 거슬러 올라갈 수 있지만 중요한 것은 실제 변이가 발생하는 시기이며, 나아가 그 변이에 선택이 가해지는 조건이다. 그런 관점에서 보면 우리는 두 가지 원리를 여러 유보조건을 달아야 하지만 인정할 수 있다.

이 두 가지 원리 즉, 첫째, 경미한 변이는 일반적으로 생애의 그리 이르지 않은 시기에 나타나고, 둘째, 유전되는 것 또한 그에 상응하는 이르지 않은 시기라는 원리에 입각하면 앞서 설명한 발생학상의 중요한 사실들을 모조리 설명할 수 있다고 나는 확신한다.(p. 444)

얼핏 보면 별 특별할 것도 없어 보이는 이 두 가지 원리가 정말로 그런 효자 노릇을 할 수 있을까? 그전에 잠깐! 다윈은 이 과업을 수행하기에 앞서 사람들의 중요한 편견을 수정해야겠다고 느끼고 또 다른 얘기를 끼워 넣는다.

개에 대해 쓴 저자들은 그레이하운드와 불독은 겉으로 보기에는 몹시 다르지만 실제로는 극히 가까운 혈연의 변종이며, 아마도 동일한 야생 개에서 유래하였을 것이라고 주장하고 있다. 그래서 나는 그레이하운드의 새끼와 불독의 새끼가 서로 어느 정도 다른지를 조사해 보면 재미있겠다고 생각했다. 육종가들은 내게 두 종류의 강아지 간에는 어미 개끼리 다른 만큼의 차이가 있다고 말했다. 대충 보고 판정한 바로는 대체로 그런 것 같았다.(pp. 444~445)

그러니까 육종가들은 신체의 여러 부분의 상대적 비율이 성체일 때와 어릴 때 거의 차이가 없다고 믿었던 것이다. 그러나 다윈이 누군가? 저 스스로 직접 확인해 보지 않고서는 손톱만큼도 여론에 굴복하지 않는 '깐깐남' 아닌가?

하지만 어미 개와 생후 6일 된 강아지의 신체를 실제로 재어 보았더니, 강아지에서는 비례적 차이가 아직 완전한 정도에는 달하지 않았다. 나는 또 짐말과 경주마는 망아지 때부터 이미 성체만큼의 차이가 있다는 말을 들었다. 나는 이 두 종류의 말이 다른 것은 주로 사육하의 선택 때문이라고 확신하던 터라, 그 이야기는 나를 몹시 놀라게 했다. 그런데 두 종류의 말을 생후 3일 된 망아지와 주의 깊게 비교해 본 결과에 의하면, 망아지는 완전한 정도의 비례적 차이에 도저히 이르지 못하고 있었다.(p. 445)

비둘기의 수많은 사육품종이 하나의 야생종에서 유래한다는 증거는 결정적인 것이라고 나는 생각하기 때문에, 부화 후 12시간 이내의 갖가지 품종의 새끼들을 비교해 보았다. 나는 야생의 원종이나 파우터, 공작비둘기, 런트, 바브, 드래곤, 전서비둘기 및 공중제비비둘기 등의 종류의 부리, 입의 넓이, 콧구멍과 눈꺼풀의 길이, 발의 크기, 그리고 다리의 길이 등의 비례를 주의 깊게 측정하였다(그 상세한 사항은 여기서는 생략한다).[41] 이들 중 몇몇 종류는 성숙시에 부리의 길이나 모양, 그밖의 여러 형질에 있어서 뚜렷이 다르므로, 만일 그들이 자연상태에서 발견되었다면 다른 속으로 분류되었을 것임에 틀림없다. 그러나 이 여러 종류의 새끼들을 일렬로 늘어놓고 보면, 대부분 종류를 구별할 수는 있지만 비례적인 차이는 충분히 성장한 새의 경우와 비교도 안 될 만큼 작다. 몇 가지 특징적인 차이점(예컨대 입의 넓이)은 새끼에서는 거의 발견되

---

41) 괄호 속의 말도 다윈의 말이다. 적당한 때 끊어 주시는 다윈 샘의 센스!

지 않았다. 그렇지만 이 규칙에는 **주목할 만한 예외가 하나 있는데,** 공중제비비둘기의 새끼를 야생종인 참비둘기나 그밖의 다른 품종의 새끼들과 비교해 볼 경우가 그것이다. 이들의 새끼는 성숙한 새들 간의 차이와 맞먹을 정도의 비례적인 차이를 나타낸다.(pp. 445~446)

다윈이 주요한 사실을 설명할 때마다 계속 예외를 덧붙이는 것은, 통일된 원리하에 일반적 현상과 예외스러운 현상을 모두 설명하기 위해서다. 그러니 너무 귀찮아하지 말고 잘 보아 두시기 바란다.

이러한 사실들은 앞서 말한 두 가지 원리에 의해 설명할 수 있다. 개, 말, 비둘기를 사육하려는 사육가들은 그들이 거의 다 성장했을 무렵에 선택을 행한다. 그 동물들에게 바람직한 성질이나 구조는 완전히 성장했을 시기에 갖고 있으면 되는 것이므로, 사육가들은 그런 성질이나 구조가 생애의 어느 시기에 획득되었는지에 대해서는 무관심하다. 앞서 말한 여러 가지 예(특히 비둘기의 경우)는, 인위선택에 의해 누적되어 여러 품종에 가치를 부여하는 형질적 차이가, 일반적으로 생애의 그리 빠르지 않은 시기에 나타나며, 또한 그에 대응하는 그리 빠르지 않은 시기에 유전된다는 것을 보여 준다. 그러나 생후 12시간이면 고유의 형질에 도달하는 단면공중제비비둘기는 그것이 보편적인 규칙은 아님을 증명해 준다. 왜냐하면 그들의 경우 형질상의 차이는 보통보다 이른 시기에 나타나거나, 만약 그렇지 않다면 그 차이는 해당 시기가 아니라 그보다 더 이른 시기에 유전되었음에 틀림없기 때문이다.(p. 446)

이상의 논의를 거쳐 다윈은 드디어 '변화를 수반하는 유래'와 '발생에서의 변이와 유전'을 결합한다. 개체의 발생과정이 자연의 장구한 역사를 드러내는 순간이다.

자, 이제 앞에서 말한 사실들과 두 가지 원리를 …… 자연상태의 종에 적용시켜 보자. 어떤 오래된 조상종에서 유래하여 때때로 다른 습성 때문에 자연선택을 통해 변화된 일군의 조류를 생각해 보자. 그러면 연속적으로(계기적으로, successive) 일어나는 다수의 경미한 변이는 꽤나 늦은 시기에 생겨나고, 유전도 그에 해당되는 나이에 이루어져 왔기 때문에, 공통 조상에서 유래한 여러 종의 새끼들은 성체들끼리보다 더 많이 닮는 경향을 뚜렷이 보일 것이다. 이는 비둘기의 예에서 본 바와 같다. 우리는 이 견해를 과 전체나 대부분의 강에까지 확장할 수 있다. 예컨대 조상종에서는 걷는 다리로 사용되었던 앞다리가, 장기간에 걸친 변화과정에서 어떤 자손에서는 손으로, 다른 자손에서는 물갈퀴로, 그리고 또 다른 자손에서는 날개로 사용되는 데 적응해 갈 수가 있다.
또한 앞서 말한 두 원리로 인해, 같은 조상종에서 유래한 다양한 자손들도 배 단계에서는 앞다리가 여전히 서로 밀접한 유사성을 계속 가지게 될 것이다. …… 용불용이 오래 계속되어 어떤 종의 다리에 영향을 주었더라도, 그것은 주로 자력으로 생활해야 하는 성숙한 시기에나 그 종에게 영향을 미칠 것이기 때문이다. 그렇게 해서 획득된 결과는 그에 해당하는 성숙한 나이의 자손에게 전해졌을 것이다. 반면 어린 것은 용불용의 효과가 아직 거의 작용하지 않을 것이므로 아무런 변화가 없든가, 아주 경미한 정도로만 변화될 것이다.(pp. 446~447)

상이한 종들의 배가 매우 유사한 것은 공통의 조상에서 유래했기 때문이고, 성체가 매우 다른 것은 이후 자연선택에 의해 변화되었기 때문이다. 그런데 이 변화는 조상 때와 상응하는 시기에 발현되기 때문에 배에는 영향을 (거의) 미치지 않는다. 일반적인 경향은 이렇게 해서 말끔하게 설명되었다(너무 쉬운가!). 이제는 오랫동안 별러 왔던 예외적인 현상들을 처리할 차례다.

어떤 동물의 경우에는 연속적인 변이들이 어떤 미지의 원인으로 인해서 생애의 매우 이른 시기에 일어나거나, 혹은 변이의 각 단계가 처음 나타난 시점보다 더 빠른 시기에 나타나도록 유전되었을 수도 있다. 어느 쪽이든 간에 이런 동물들의 새끼나 배는 (공중제비비둘기에서 본 바와 같이) 일찍부터 성숙한 부모의 형태를 많이 닮게 될 것이다. 우리는 이미 이러한 방식이 오징어나 거미 등 동물의 몇몇 무리 전체에서, 혹은 곤충류에 속하는 진딧물 등의 경우에서 발생의 규칙이 되어 있다는 것을 본 바 있다. 우리는 이런 집단의 새끼들이 왜 어떠한 변태도 거치지 않고 이른 나이 때부터 부모를 많이 닮는지, 그 **궁극적인 원인(목적인, final cause)**은 바로 다음과 같은 **우발적인 사정(contingencies)의 결과**임을 알 수가 있다. 우선 …… 새끼가 매우 이른 시기부터 스스로 먹이를 구해야 하고, 둘째, 새끼가 그들의 양친과 **똑같은 생활습성**을 따르고 있다는 사정이다. 이럴 경우 어린 새끼들이 부모의 형태에 가깝게 변화하는 것은 생존을 위해서 **불가피한 일이 아닐 수 없었을 것**이다.(pp. 447~448)

배가 어떤 변태도 거치지 않고 이른 나이 때부터 부모를 많이 닮는 것, 거기에는 미리 정해진 법칙이 없다. 그것은 오직 배가 처하게 되는 "우발적인 사정에 따른 결과"일 뿐이다. 그리고 비록 우발적인 사정의 산물이긴 하지만, 그들의 생존을 위해서는 "불가피한 일"이기도 하다. 이 경우, 우발성과 필연성은 둘이 아니다. 한편 어떤 조건으로 인해 부모와 크게 다른 방식으로 변하는 경우도 있다.

한편 만일 동물의 어린 새끼나 유충이 부모와는 **다른 생활습성**에 따르는 게 유리하다든가, 그 결과 조금 다른 구조를 갖는 게 유리하다면, 해당되는 연령에 유전된다는 원리에 따라 활동적인 새끼나 유충은 자연선택에 의해서 쉽사리, 그것도 최대한도로 부모와 달라질 수 있을 것이다. 유충에서의 그러한 갖가지 차이들은 다음에 이어지는 발달 단계들 전체에 영향을 끼칠 것이다. 그 결과 제1기 유충은 2기 유충과 크게 달라질 수 있으며, 우리는 만각류에서 이미 그 예를 본 바 있다. 성체단계 또한 이동기관이나 감각기관이 필요없는 장소와 습성에 적합하게 될 수 있다. 이 경우, 변태는 퇴화다.(p. 448)

예외적인 현상 중 첫번째는, 배가 부모와 빨리 비슷해지는 경우다. 이 경우에 해당하는 새끼는 매우 이른 시기부터 스스로 먹이를 구해야 하며 따라서 일찍부터 그들의 양친과 **똑같은 생활습성**을 따른다. 이것은 신비하거나 예외적인 현상이기는커녕, "생존을 위해 불가피한 일이 아닐 수 없다". 두번째는 어떤 조건으로 인해, 배가 빨리 변화하되 이번에는 부모와 다른 방식으로 변하는 경우다. 만일 이런 일이 벌어질 경우

"다음에 이어지는 발달단계들 전체가 영향을 받을 것이다". 다양한 변태를 겪는 생물들은 이렇게 해서 탄생하는 것이다.

이리하여 우리는 어떤 동물의 변태 단계가 처음에 어떻게 획득되었으며, 또 이후 수많은 자손들에게 어떻게 전달되었는지를 이해할 수가 있다. 그 결과 이 동물은 자신의 **조상과는 전혀 다른 발생 단계**를 경과하게 된다. 오늘날 뛰어난 권위자들은 대다수 곤충의 다양한 유충 및 번데기 단계들이 이처럼 **적응에 의해 획득된 것이지, 어떤 고대 형태**(some ancient form)**로부터 유전된 것이 아니라는 사실**을 확신하고 있다.(6판 p. 394)

이것으로 다윈의 약속이 모두 이루어졌다. 두 가지 원리하에 "발생학상의 주요한 사실들이 모조리 설명되었다". 조금 얼떨떨하실 테니, 과연 정말 그러한지를 지금까지의 내용을 정리하면서 확인해 보자.

첫째, 가장 일반적인 경우의 생물들이다. 생물들이 한 조상종에서 유래되었으되, 자연선택에 의해 다수의 종으로 진화해 나온 과정을 생각해 보라. 이들이 겪은 다수의 경미하고 연속적인 변이는 꽤 늦은 나이에 발생하고, 자손 대에서도 그에 상응하는 시기에 발생한다. 따라서 새끼들은 성체들보다 훨씬 더 닮게 된다. 배가 성체와 크게 다른 사실과 상이한 종의 배들이 서로 매우 유사한 경우, 즉 가장 일반적인 경우가 이리하여 설명되었다.

둘째, 연속적 변이가 극히 이른 시기에 일어나거나 처음 출현했던 시기보다 더 이른 시기에 발현되는 경우도 있다. 이것은 배가 성체와 일찍부터 비슷해지는 경우, 즉 배와 성체의 차이가 그시 않은 경우를 설명해 준다. 참고로, 이 과정에서 조상들이 지녔던 발생 단계들 중 일부가 상실될 수도 있다(이런 점에서, 두 생물군의 발생 단계 중 일부가 다르다고 해서 반드시 다른 계통이라고 확신해서는 안 된다).

셋째는 가장 놀라운 경우로, 배의 발생 단계가 일찍부터 부모의 발생 단계에서 크게 벗어나는 경우다. 이런 변화는 이후 발생 단계들에 영향을 미칠 것이며, 동물의 다양한 변태 단계는 이리하여 생겨난 것이다. 변태의 각 단계가 독립적인 생명체라 할 수 있을 정도로 크게 다른 경우들도 많다. 그리고 생활조건에 따라서는 뒷 단계가 앞 단계보다 하등해질 수도 있다.

이리하여 왜 생물들의 발생에는 일반적인 경향이 있는지, 그럼에도 불구하고 왜 예외적으로 보이는 현상들도 있는지, 따라서 발생학에는 왜 보편적인 규칙은 불가능한지가 모두 설명되었다. 이것은 다윈이라는 한 과학자가 치열한 고투 끝에 달성한 위대한 업적이다. 이 과정에서 어떤 초월적인 섭리나 형이상학적인 가정도 끌어들이지 않았다는 점을 볼 때 더욱 그러하다. 후손들이 반복해서 닮게 되는 고대 조상의 어떤 원형도 없다(과학자들은 이런 과정에서 원형을 가정하고 후손들에게는 모방의 원리를 부과한다). 또한 네 가지 부문 간에 넘을 수 없는 심연도 없다. 그런 말들은 언뜻 보면 무척 자연스럽고 또 개연성도 높아 보인다. 그런데 자연이 그 규칙을 따라야 한다는 근거는 어디에도 없다. 관찰 이전이나 관찰 도중에 과학자들이 자연 바깥에서 자연 속으로 도입한 것일 뿐이다. 그것은 무지를 법칙이나 규칙, 질서 같은 말로 다시 말한(restate) 것에 불과하다.

이러한 다윈의 견해는 앞서 나왔던 직선적 발전관과는 어떻게 다른 것일까? 우선, 다윈의 견해에서는 개체와 자연 전체가 직선적으로 발전한다는 초월적 법칙이 개입하지 않는다. 둘째, 다윈은 현생종들(의 배들) 간의 '하등-고등' 관계를 인정하지 않는다. "포유류의 태아는 초기에 먼저 어류의 뇌를 획득하고, 이후 파충류와 조류의 뇌를 거친 다음, 마지막으로 포유류의 뇌를 획득한다"는 견해는 엄밀히 금지된다. 현생 생물들은 모두 공동 조상의 현생 후손이라는 점에서 동등하다. 셋째, 그러나 현생종의 배가 고대 조상의 성체를 닮았다는 것은, 몇 가지 유보조건을 달면서 인정한다. 그렇게도 논란이 많았던 이 세번째 문제에 대해서는 다윈의 말을 직접 들어 보자.

> 배는 별로 변화하지 않은 상태의 동물이며, 그런 한에 있어 조상의 구조를 나타내고 있다. 오늘날 어떤 두 동물군의 구조와 습성이 아무리 크게 다르더라도 그들이 (거의) 동일한 배 발생 단계들을 거친다면, 그들 두 무리는 (거의) 동일한 조상에서 유래된 것이며, 따라서 그만큼 가까운 관계라고 확신해도 좋을 것이다. 요컨대 배 구조의 공통성은 유래의 공통성을 나타낸다. 배의 구조가 유사하다는 것은 그 성체들이 아무리 크게 다르더라도 그들이 공동 조상의 후손임을 알려 줄 것이다. 예컨대 만각류는 겉보기에는 조개류와 몹시 유사하지만, 유충을 보면 갑각류라는 커다란 강에 속한다는 것을 금세 알 수 있다. 각각의 종 및 종들의 배 상태는 아직 크게 변화되지 않았던 옛날 조상의 구조를 **부문석으로(partially)** 보여 준다는 점에서, 우리는 어째서 옛날의 멸종된 종류가 그 자손인 현생생물들의 배를 닮았는지 명확히 이해할 수 있다. 아가시는 이것이 자연의 보편적인 법칙이라고 믿고 있다. 하지만 나는 이

법칙이 진실이라고 증명되기를 바라고 있을 뿐임을 여기에 고백해야 하겠다. 그 증명이란 것이 무척이나 어려울 것이기 때문이다. 그 믿음은 오늘날에는 여러 가지 배 안에 나타나 있다고 간주되는 옛날의 상태가, 변화의 오랜 도중에서의 계기적인 변이가 매우 이른 시기에 일어났든 지, 혹은 변이가 최초에 출현했을 때보다 이른 시기에 유전되었든지, 하는 경우에는 지워져 버렸을 것이기 때문이다. …… 그리고 이 **가정된 법칙**(supposed law)은 언젠가는 진실로 판명날 수도 있겠지만, 지질학적 기록이 그렇게 먼 시점까지 미치지 않고 있기 때문에, 이 법칙은 앞으로 오래도록, 어쩌면 영원히 증명될 수 없을지도 모른다.(pp. 449~450)

현생생물들의 배가 조상종들의 성체의 구조를 닮았다는 사실은 어느 정도 인정될 수 있다. 하지만 거기에는 이러저러한 예외들이 있으며, 증명 또한 불가능할 가능성이 적지 않다. 그것은 가정된 법칙으로서의 지위를 영원히 벗어나지 못할 수도 모른다. 이 문제와 관련하여 가까운 곳의 문장을 하나 더 인용해 보자.

많은 동물군의 경우, 배 또는 유충의 단계가 전군(全群)의 시조에 해당되는 성체의 상태를 **다소 완벽하게**(more or less completely) 나타낸다는 것은 **꽤 그럴직한**(probable) 일이다. …… 포유류, 조류, 어류 및 파충류의 배에 대해서 우리가 알고 있는 바에 의하면, 이 동물들은 아가미, 물갈퀴, 네 개의 지느러미 같은 다리, 그리고 긴 꼬리 등 수중생활에 적합한 모든 기관을 갖춘 어떤 오래된 조상의 변화된 자손이라는 생각 또한 **꽤 그럴직한** 것으로 보인다.(6판 p. 395)

역시나 마찬가지다. 배가 공동 조상의 성체의 상태를 "다소 완벽하게" 나타낸다는 가정된 법칙은 "꽤 그럼직하다". 대체 "다소 완벽하게"란 무슨 말일까? 그렇게까지 유보조건을 달고도 "꽤 그럼직한" 정도라니! 다소 모호하긴 하지만, 다윈이 어떤 생각을 하고 있었는지는 여러분도 대략 감을 잡으셨을 것이다. 그렇지만 어쨌든 다윈은 최종 결론을 유보하였다. 오늘날 생물학은 당시보다 훨씬 많은 지질학적 기록들을 갖게 되었고, 유전학적 연구 등 당시에는 꿈도 꾸지 못하던 종류의 정보들도 속속 추가되고 있다. 만일 이런 시대에 다윈이 『종의 기원』을 썼다면 과연 어떤 결론을 제시했을까?

한편, 진화론을 반대하던 폰 베어 등의 주장과는 얼마나 다를까? 다윈은 그들과 두 가지 점에서 크게 달랐다. 우선 자연계에는 네 가지 부문이든 뭐든 넘을 수 없는 장벽이나 심연 따위는 없다. 모든 생물은 공동 조상의 후손들이기 때문이다. 두번째로, 그들은 왜 개체가 발생할 때 먼저 일반적인 특징이 발현되고 점점 더 특수한 특징들이 발현되는지 설명할 수 없었다. 다만 관찰해 보니 대략 그런 순서로 발생하더라! 라는 식이었다. 나아가, 그러니까 일반에서 특수로, 단순에서 복잡으로 라는 법칙이 자연계를 지배한다고 믿었다. 반면 다윈은 그것이 공동 조상으로부터 현재의 다양한 종들이 생산되어 온 기나긴 과정의 축도(縮圖)임을 보여 주었다(물론 완벽한 축도는 있을 수 없지만). 심지어 "곤충의 다양한 유충 및 번데기 단계들은 이런 식으로 적응에 의해 획득된 것이지, **어떤 고대의 형태로부터 유전된 것이 아니**"라고도 주장했다. 요컨대 발생의 보편적 법칙이란 없으며, 배와 후손들이 따라야 할 원형도 없다. 일반적 경향을 종종 확인할 수 있지만, 그것은 신화과정의 결과다(그것도 무척이나 잠정적인).

　이상으로 우리는 생물들의 발생 양상에 대한 다윈의 견해를 살펴보았다. 여러분도 확인했듯이 그것은 진화론의 나무랄 데 없는 근거가 되어 주었다. 다윈이 13장 끝에서 말했듯이 "이 장에서 고찰된 여러 사실들은 이 세계를 채우고 있는 무수한 종, 속, 과는 모두 각각의 강 또는 무리의 범위에 있어서 공통 조상으로부터 유래된 것임을, 또한 그것들 모두는 유래과정에서 변화해 온 것임을 명백히 제시하는 것으로 보인다." (p. 403) 그런데 다윈의 발생학이 정립된 순간 또 하나의 놀라운 성과가 이루어졌다. 아마도 다윈이 만년에 그토록 만족스럽게 회상했던 것도 이 점과 깊은 관련이 있을 것이다.[42] 독자 여러분도 한번 지금까지 본 다양한 발생 양상들을 전체적으로 되돌아 보시라! 그게 결국 무엇이었는지 곰곰이 생각해 보시라. 다윈이 통찰한 바에 따르면, 개체의 다양하고도 복잡한 발생과정은 실은 그동안 생물들이 겪어 온 온갖 유래관계의 결과, 바로 그것이다. 개체는 태어나서 죽을 때까지 하나의 개체로서 존속하는 게 아니라, 그동안 변형되어 온 수많은 단계들을 일생을 통해 나름의 방식으로 다시 펼치는 것이다(물론 모든 과정이 다시 펼쳐지는 것도 아니며, 동일한 과정도 매우 불규칙하고 특이한 방식으로 반복되긴 하지만). 그런 점에서, 다윈은 발생학을 가지고 진화론을 지지한 데 그치지 않고, 유래관계를 가지고 생물들의 발생과정을 설명해 낸 셈이었다. 오래도록 신비 속에 덮여 있던 발생의 비밀이 풀리는 순간이었다. 어찌 기쁘고 만족스럽지 않았겠는가! 이것은 앞서 다뤘던 자연의 체계(분류)

---

[42] Nyhart, "Embryology and Morphology", *The Cambridge Companion to the "Origin of Species"*, p. 209.

와 형태학 쪽도 마찬가지다. 그 두 가지 또한 생물들이 진화해 온 과정의 (잠정적인) 결과니 말이다. 따라서 자연의 체계, 형태학, 발생학 등에 대한 과학은 온전히 역사를 통해서만 탐구되어야 하며 그 이외의 길은 없다. 박물학이 자연사로 변신하는 순간이었다.

지금까지 우리가 박물학이라 불러 온 것은 당시 사용되던 natural history의 번역어이며, 자연사라고 번역되기도 한다. 여기서 history는 '무엇에 대한 이야기'(his+story)를 뜻한다. 헌데 이 단어는 서구 근대의 시작을 전후로 '역사'라는 뜻으로 변환된다. 역사란 계속 축적되고 발전하는 것이며, 따라서 현재는 과거가 누적된 결과고, 이런 현재는 더욱 발전된 미래로 이어진다는 직선적 발전관이 이 말에 담기게 된 것이다. 우리가 세계사나 국사, 우주의 역사를 말할 때 작동하는 역사의 의미도 바로 이것이다. 이것은 기존의 순환론적 세계관이나 혹은 시간이 갈수록 만물은 퇴색되어 간다는 세계관, 혹은 초월적인 질서가 의연히 계속된다는 정적인 세계관에 대한 반동이었다. 다윈은 그때까지 존재하던 그런 일체의 세계관에 모두 반대했다. 순환론이든 발전론이든, 아니면 정적인 세계관이든 할 것 없이, 기존의 세계관은 모두 역사의 과정 하나하나를 섭리나 발전법칙 같은 것, 즉 초역사적인 무엇 속으로 모두 회수해 버리기 때문이다.

그에 반해 다윈의 세상에서는 모든 개체들, 모든 과정과 사건들 하나하나가 복잡하게 얽히면서 다양한 의미를 생산한다. 그러므로 우리가 뭔가를 이해하는 과정은 곧 그것이 겪어 온 관계들의 역사를 탐구하는 것이다. 의미를 찾기 위해 역사나 과정의 바깥을 헤맬 필요가 없다 (역사나 과정 바깥으로 나가는 순간 모든 과성믈은 그쪽으로 회수되어 버린다). 『종의 기원』을 통해 다윈이 사상 혁명을 일으킨 이후, 세계는 다른 것이 되었다. 이제부터 과학은 절대적인 질서나 발전법칙을 찾는 흐름과 역사의 과정을 온전히 드러내는 흐름이 치열하게 다투며 뒤엉키는 전장이 된다. 여러분은 다윈의 혁명이 왜 모든 갈등과 대립을 끝장내지 못했느냐고 물으실지도 모르겠다. 그러나 혁명이란 본디 끝이 아니라 새로운 시작이 아니던가! 혁명은 평화로운 죽음이 아니라 격렬하고도 거대한 폭우 같은 것, 그리하여 낡은 대지에 묻혀 있던 온갖 꽃들이 다투어 피어나기 시작하는 출발점이 아니던가!

새로운 내용이 추가되다

다윈은 4, 5, 6판에서 발생학 부분을 대폭 변경하고 보완한다. 여기에는 크게 두 가지 이유가 있는데, 하나는 『종의 기원』 출간 후 다윈의 진화론을 지지하는 연구 결과들이 속속 보고되었기 때문이다. 다윈은 그들 중 몇몇을 4판부터 반영해 넣는다. 두번째 이유는 좀더 중요한데 다윈이 초판의 서술에 대해 뭔가 불만스러웠다는 사정과 관련된다. 초판에서 다윈은 생물마다 발생 단계가 매우 다양한 것을 **주로 생물들이 발생과정에서 처하게 되는 조건에 의해** 설명하였다. 그런데 우리도 알다시피 다윈은 (물리적) 조건을 **우선시하는** 태도에 대단히 비판적인 사람 아닌가! 그래서 그는 발생학 부분을 계속 고쳐 나간다. 다윈이 발생학의 첫 부분에 초판에서는 볼 수 없었던 새로운 내용을, 그것도 적잖은 분량으로 집어 넣은 것을 보라!

발생학. 이것은 박물학 전체에 있어서 가장 중요한 주제 중 하나다. (우리 모두에게 매우 친숙한) 곤충의 변태는 몇 개의 갑작스러운 단계들로 이루어지는 것처럼 보이지만, 실제로는 수많은 점진적인 단계를 밟으며 진행된다. 러벅 경은 하루살이과의 어떤 곤충이 **20회 이상**이나 탈피하는 것을 보았으며, 그때마다 얼마만큼 변화하는지를 관찰하였다. …… 곤충 및 많은 갑각류는 발생과정에서 **생물의 구조가 얼마나 크게 변화할 수 있는지**를 잘 보여 준다. 이러한 변화 중 가장 뚜렷한 것은 하등동물에 있어서의 **세대 교번**(alternate generations)으로서, 가히 **발생과정에 있어서의 변화의 절정**(the climax of developmental transformation)이라고 할 수 있다. 폴립이 총총히 박혀 있고 바닷속 암석에 붙어 사는, 미세한 가지를 치는 산호(branching coralline)가 그 좋은 예다. 이 분지상(分枝狀) 산호는 처음에는 출아(出芽)에 의해서, 다음에는 옆으로 분열함으로써 물에 떠다니는 많은 해파리들을 낳는다. 그리고 이 해파리들이 알을 낳고, 그 알에서 유영(遊泳)하는 아주 작은 동물들이 부화되는데, 이 작은 동물들이 다시 암석에 달라 붙어 분지상 산호로 발달하게 된다. 이러한 순환과정이 끊임없이 되풀이된다는 것보다 **더 놀라운**(more astonishing) 사실이 있을 수 있을까?(6판 pp. 386~387)

생물들의 변이성이란 얼마나 엄청난 것인지, 그리고 그 앞에서 다윈이 얼마나 경탄하고 황홀해 하는지가 유감없이 드러나 있다. 변태는 흔히 갑자기 다른 단계들로 꽉! 꽉! 변하기 때문에 거기에 뭔가 미지의 힘이 작동하는 듯한 인상을 준다. 그러나 실은 수많은 점진적 단계를 밟으며 진행된다. 다윈이 변태의 점진성을 언급한 것은 그것이 자연스럽고 연속적인 과정임을 강조하고자 한 것이다. 스무 번 이상 탈피하는 것도, 그때그때 생물의 구조나 상태가 변하는 것도 모두 자연스러운 현상이라는 것이다. 달리 말하면 자연의 과정 자체가 본디 놀랍기 그지없다는 얘기다(자연이 밋밋한 변화밖에 하지 못할 거라는 막연한 선입견은 자연계의 실상 앞에서 사라진다). 다음으로 다윈은 변태과정과 세대 교번을 하나로 계열화한다. 변태 못지않게 놀라운 세대 교번을 변태의 절정이라고 볼 수 있다는 것이다.[43] 산호가 해파리들을 낳고, 해파리들이 또 알을 낳아서 이들이 다시 산호가 되는 순환과정은 얼마나 놀라운가! 그러나 다윈은 여기에서 멈추지 않는다. 곧장 더욱 놀라운 다음 단계로 치닫는다.

> 세대 교번과 **통상적인** 변태(ordinary metamorphosis)의 과정이 본질적으로 같다는 신념은 와그너의 발견으로 크게 강화되었는데, 그에 의하면 세시도미아(Cecidomyia) 파리의 유충이나 구더기는 **무성적으로**(asexually) 다른 유충들을 낳고, 최종적으로 이 유충들이 성숙한 암놈과 수놈으로 발달하여 알을 낳는 **통상적인** 방식으로 그 종류를 번식시킨다는 것이다.(6판 p. 387)

43) 변태란 나비 유충이 나비가 된다든가 올챙이가 개구리가 되는 것 등을 가리킨다. 즉, 동물이 성장과정에서 커다란 형태변화를 거치는 현상을 말하며, 이때 유충은 생식능력을 갖지 못한다는 특징이 있다. 한편 세대 교번이란 한 종류의 생물이 생식방법이 다른 세대가 주기적이거나 불규칙적으로 교대하는 것을 말한다. 즉 "[이배체二倍體인] 포자체胞子體 세대는 자손으로 [반수체半數體인] 배우체配偶體를 만들고 배우체 세대는 다음 포자체 세대를 형성한다". 닐 캠벨 외,『생명과학』, 전상학 외 옮김, 바이오사이언스, 2008, 252쪽.

산호가 해파리를 낳고 해파리가 알을 낳은 다음 그것이 다시 산호가 되는 것은 물론 엄청 놀라운 일이다. 하지만 그래도 그것은 '변태'의 절정이나 극한이라는 식으로 계열화시킬 수는 있지 않은가! 헌데 세시도미아 파리는 그런 수준을 훨씬 뛰어넘는다. 유충이나 구더기가 무성적으로 다른 유충들을 낳는데, 이것이 자라서 성체가 되는 게 아니라 암놈과 수놈으로 즉, 배우체(반수체)로 성장하여 결국 우리도 익숙한 유성생식으로 번식을 한다는 것이다. 대체 이런 놀라운 일은 어떻게 가능한가? 우리 인간과 이들을 비교해 보면 이게 얼마나 어처구니없는 일인지 금세 알 수 있다. 우리도 암컷과 수컷이 정자와 난자라는 반수체(배우체)를 만든다. 그리고 이것이 결합하여 배가 된다. 이 배는 이미 이배체로서 이후 그대로 자라기만 하면 성체가 된다. 헌데 세시도미아 파리는 생겨난 반수체(인간의 정자나 난자에 해당)가 또 다른 유충들을 낳는다는 게 아닌가? 그리고서 개들이 각각 암놈과 수놈으로 어엿이 성숙하여(이때까지도 이들은 반수체에 머문다) 결국 유성생식을 한다는 것 아닌가! 이럴 수가! 그러니 다윈이 이렇게 쓸 수밖에…….

와그너의 범상치 않은 발견이 처음 발표되었을 때, 나는 이 파리의 배가 **무성생식능력**을 획득한 것을 어떻게 설명할 수 있겠느냐는 질문을 받았다. 이것은 주목할 만한 문제다.(6판 p. 387)

사실 무성생식 자체가 특별할 것은 없다. 지구상의 생물들 대부분은 무성생식을 하기 때문이다. 독자 여러분 중에는, 무성생식을 하는 생물들이 유전적 다양성의 결여로 시달리다가 유성생식이 진화되어 왔다는 이야기를 들어 본 적이 있을 것이다. 그런데 이것은 사실이 아니다. 그건 동물계에 국한했을 때, 몇 가지 유보조건을 달고서나 할 수 있는 얘기다. 지구상의 생물들은 대부분 유성생식(정확히 말하자면 양성생식)을 하지 않는다. 그런 견해는 박테리아들부터가 당장 비웃고 나설 것이다. 그들은 다성생식을 할 뿐만 아니라 몇십억 년 전부터 지금까지 언제나 지구상 최대 거주자였다. 그러므로 무성생식을 하는 생물들이 유전적 다양성의 부족에 시달리다가 결국 유성생식이 진화되어 나왔다는 건 거짓이다.[44] 오히려 지금 다윈이 말하는 것처럼, 유성생식을 하는 생물들이 다시 무성생식 방식을 개발하기도 한다. 또한 무성생식을 하는 생물들도 가끔씩은 교배를 하는 게 일반적이라는 다윈의 주장 쪽이 훨씬 훌륭하다. 유성생식 신화는 지금도 많은 인간 생물학자들이 반복하고 있지만, 인간이 양성생식밖에 못하기 때문에 생겨난 주장일 뿐이다(이 이야기는 조금 있다가 박테리아들을 초대하여 좀더 자세히 듣기로 하자). 다시 『종의 기원』으로 돌아가자.

지금 다윈이 하는 얘기는 유성생식을 하는 파리의 배가 어떻게 그 이전 단계에 무성생식을 하는 능력이 생겨났느냐는 거다. 인간으로 번역해서 말하자면, 성숙한 암수가 정자와 난자를 낳았는데 이들이 다시 또 새로운 배우체들을 낳고 그들이 유성생식을 통해 인간을 번식시키는 격이라고나 할까? 이 놀라운 사례 앞에서 다윈은 언제나 그렇듯이 곧장 사색에 잠기지 않는다. 우선 자연계를 새로운 눈으로 둘러본다. 그리고 자연 스스로가 얘기해 줄 때까지 관찰하고 사색하기를 반복한다.

---

44) 앤드류 H. 놀, 『생명 최초의 30억 년』, 김명주 옮김, 뿌리와이파리, 2007에서 참조.

만일 이 사례가 유일한 경우라면 설명할 수 없겠지만, 이미 그림(Grimm)은 다른 종류의 파리 키로노무스(Chironomus)가 거의 똑같은 생식을 한다는 걸 보여 주었으며, 또한 그는 이러한 사례가 **그 목에서는 빈번히 일어난다**고 믿고 있다(키로노무스 파리의 경우, 그러한 **능력**power을 [세시도미아 파리처럼] 갖는 것은 유충 단계가 아니라 번데기 단계다). 나아가 그림은 이 경우가 어느 정도는 "세시도미아 파리의 단성생식과 패각충과(貝殼蟲科, Coccidae)의 단성생식(처녀생식, parthenogenesis) 사이에 있는 것"임을 증명하였다. 단성생식이라는 용어는 패각충과의 성숙한 암놈이 수놈과의 교배 없이 생식력 있는 알을 낳는 것을 의미한다. 여러 강에 속하는 동물들이 **비상하게 이른 시기에 통상적인 생식능력**(the power of ordinary reproduction)을 갖는다는 사실은 현재 알려져 있는 바다. 그러므로 이러한 단성생식을 점진적 단계에 따라 점점 어릴 때로 밀고 나가면 우리는 아마도 키로노무스의 신비한 사례를 설명할 수 있을 것이다(키로노무스는 변태 단계 중 번데기 단계에 해당한다).(6판 p. 387)

다윈은 이번에도 다른 생물들을 찾아냄으로써 의문을 풀어냈다. 만일 세시도미아 파리 같은 경우만 있었다면 유충이 생식능력을 갖는 것은 그야말로 불가해한 신비였을 것이다. 그런데 자연계에는 키로노무스 파리가 있었다. 키로노무스 파리는 생식능력을 갖는 시기가 (세시도미아 파리와 같은) 유충 단계가 아니라 그보다 늦은 번데기 단계였다. 정리하자면 얘는 우리 인간 같은 생물보다 일찍, 그리고 세시도미아 같은 생물보다 늦게 생식능력이 발휘되는 셈이다. 결국 세시도미아 유충의 무성생식은 키로노무스의 생식 시기보다 조금 더 앞으로 당겨졌다고 봄으로써 자연스레, 연속적으로 설명이 된다.[45] 그토록 신비로운 세대 교번 현상이란 생물들의 통상적인 생식능력이 "비상하게 이른 시기"에 발휘됨으로써 탄생한 것이다.

성적 성숙이 유생 단계에서 이루어지는 것은 자연계에서 그리 드문 일만은 아니다. 그런 경우 생활사의 끝에 있던 성체 단계가 잘라져 나가기도 한다. 도킨스에 따르면 이것은 "몸의 나머지 부분에 비해 성적 성숙이 촉진된 것(유형幼形조숙, progenesis)이 아니라, 성적 성숙에 비해 다른 모든 부위들의 성숙이 느려진 것(유형성숙, neoteny)이라고 볼 수도 있다. 유형성숙이든 유형조숙이든 간에, 그 진화적 결과를 유형진화(paedomorphosis)라고 한다. 그런 일이 가능하다는 것은 쉽게 알 수 있다. 다른 발달과정들에 비해 상대적으로 특정한 발달과정들이 느려지거나 빨라지는 일은 진화에서 늘 일어난다. 그것을 이시성(異時性, heterochrony)이라고 하며 …… 번식 발달이 나머지 발달들에 대해서 이시성을 띤다면, 성체 단계가 없는 새로운 종이 진화할 수도 있다. 악솔로틀에게 바로 그런 일이 벌어진 듯하다".[46]

지금까지 우리는 다윈이 4~6판에서 발생학의 첫머리에 새로 추가한 내용을 살펴보았다. 이를 통해 다윈은 생물들의 놀라운 변화능력을 유감없이 드러내고자 했고, 그 극한에 생식능력이 점점 더 이른 시기로 옮아 갈 수 있다는 사실을 놓았다. 그것은 도저히 있을 수 없는 일처럼 보이지만, 또 어찌 보면 "통상적인" 생식능력이 비상하게 이른 시기로 "앞당겨진 것일 뿐"이었다. 다윈은 독자들이 발생학이라는 주제에 들

---

45) 주의할 것은 생식능력이라 할 때, 우리 인간의 생식유형만을 떠올려선 안 된다는 것이다. (유성생식과 무성생식을 모두 포함해) 생식능력이란 곧 자기 재생산 능력(the power of reproduction)이다.

어서기 전에 우선 자연의 놀라운 실상을 강하게 각인시키고 싶었으리라. 세대 교번과 변태를 하나의 흐름 속에서 변주시키고 싶었을 것이다. 그리고 가장 중요하게는 배에 대한 통상적인 이미지도 완전히 역전시키고 싶었을 것이다. 다윈이 추가한 새로운 내용들을 붙여서 발생학 쪽을 다시 읽어 보면 어떤 느낌일까?[47]

흔히 사람들은 배를 아직 아무것도 아닌 것, 여린 것, 미완성인 것,

---

46) 도킨스, 『조상 이야기』, 353~354쪽. 이 책의 「악솔로틀의 이야기」에는 유형진화에 관한 흥미진진한 내용이 실려 있다. 유형진화라는 관점에서 보면, 타조는 "커다란 병아리"이고 "발바리는 지나치게 커진 강아지"다. 심지어 "일부 생물학자들은 인간을 어린 유인원으로 여긴다. 즉 결코 성장하지 않는 유인원이라고 말이다". 이런 생각을 좀더 밀고 나가면 어떻게 될까? 즉, 인간의 수명이 만일 200살, 300살까지 늘어난다면 인간은 노년에 어떤 모습으로 변할까? "그는 네 발로 다니고, 털이 수북하고, 악취를 풍기고, 바닥에 오줌을 싸면서도 모차르트의 아리아처럼 들리는 기괴한 무엇인가를 흥얼거리"는 유인원이 될 것이다. 같은 책, 118쪽.

47) 『종의 기원』 초판은 배가 발생 단계에서 발휘하는 능력(즉, 전방위적으로 변화될 수 있는 허술함) 및 그로 인해 초래될 수 있는 무수한 결과들을 거의 다루지 못했다. 그것은 본디 5장 「변이의 법칙」에서 총체적으로 다뤄져야 했던 문제였다(실제로 중단된 책 『자연선택』에서는 「변이의 법칙」 장에 들어 있었다). 그러나 다윈은 아직 그에 대해 확정적인 이론을 정립하지 못했다. 그러기에는 발생과정에서 발생하는 "잇달아 일어나는 여러 변이들"이 얼마나 엄청난 것인지를 너무나도 깊이 알고 있었다. 그랬기 때문에 다윈은 당대의 여느 과학자들처럼 역사발전 법칙이니 원인을 알 수 없는 네 가지 발생법칙이니를 섣불리 확언할 수 없었다. 이 점과 관련해 6장 「학설의 난점」의 말미를 보자.
"자연선택은 각 생물의 변이하는 체부를 현재의 (유기적 및 무기적) 생활조건에 적응시키는 것에 의해, 혹은 과거의 시대에 적응시켜 온 것에 의해 작용한다. 적응은 어느 경우에는 용과 불용에 의해 도움을 받고, 외적인 생활조건에 의해 미미한 영향을 받으며, **모든 경우에 있어**(in all cases) 수많은 성장과 변이의 법칙에 따르는 것이다."
다윈은 생물의 적응에 영향을 끼치는 세 요인을 꼽으면서, 유독 "수많은 성장과 변이의 법칙"을 "모든 경우에 있어"라고 강조했다. 반면 용불용은 "어느 경우에"(in some cases) 작용하고, 외적 생활조건은 "미미한" 영향을 끼칠 뿐이라고 했다. 다윈은 모든 경우에 작용하는 성장과 변이의 법칙, 그 중에서도 발생단계의 변화무쌍함을 외면할 수 없었다. 그렇지만 본격적으로 기술할 수도 없었다. 결국 그는 이 주제를 13장으로 돌려 최소한의 수준에서 다루는 길을 택한다. "발생단계에서 무수한 변화들이 잇달아 일어날 수 있지만, 실질적으로 중요한 것은 자연선택과 결합되어 진화에 영향을 미치는 변화다." 발생학 대목에서 다윈이 취한 이런 입장은 그런 사정하에 탄생한 것이었다. 발생학이 다윈에게 야기한 복잡한 문제들에 관심 있는 독자들은 Nyhart, "Embryology and Morphology", *The Cambridge Companion to the "Origin of Species"*, pp. 194~215를 참조.

언젠가는 성체로 완성되어야 할 것이라고만 여겼다. 한마디로 어리디어린 존재라는 것이다. 다윈에게 배는 아직 (거의) 아무것도 아니지만, 그렇기 때문에 어떤 일도 일어날 수 있는 '곳'이요 '때'였다. 생물의 발생 단계가 저토록 변화무쌍하고 수많은 신비를 품고 있는 것은, 배라는 게 너무나도 잘 변하는 것이기 때문이다. 아직 아무것도 아니기 때문에 무엇이라도 될 수 있는 것, 그것이 바로 배다. 그것은 환경의 영향만으로는 다 환원될 수 없는 배의 능력이다. 성체들은 종의 장벽은커녕 개체의 장벽도 간신히 넘을까 말까 한다. 그러나 배는 종이나 속 이상의 고차 분류군의 장벽들도 훌쩍 넘을 수 있다. 이 어긋남, 이 벗어남의 자취가 바로 새로운 생물이요, 새로운 발생 단계다.[48]

어린아이에게 언어를 가르쳤다고 뻐기는 어른들에게 너무 잘난 척하지 말라고 충고한 것은 레비-스트로스였다(어디서였더라?). 사실을 공정하게 말하자면 어른들은 어린이가 가지고 있는 무수한 능력 중 하나를 현실화시킨 것이다. 중국에서 태어났으면 중국어를 했을 것이고, 콜롬비아에서 태어났으면 스페인어를 했을 아이들. 그런 아이들이 어른들에게 특정 언어를 배울수록 다른 언어를 배울 능력은 급격히 감퇴

---

48) 배는 물론 일반적 단계들을 밟는다. 그러나 이때 일반적이란 것은 통상적인 의미와는 전혀 다른 것이다. 배가 밟는 일반성들은 "단지 개체-배를 통해서만 체험되고, 또 개체-배를 통해서만 체험 가능하다. 오로지 배만이 행할 수 있는 어떤 '사태들'이 있고, 오로지 배만이 피할 수 있거나 차라리 버텨낼 수 있는 어떤 운동들이 있다(가령 거북의 경우 앞다리는 180도의 상대적 자리 이동을 겪거나 목은 가변적인 숫자의 최초 척추골들이 앞쪽으로 미끄러져 나가야 생긴다). 배의 쾌거(快擧)들과 운명, 그것은 그야말로 살아낼 수 없는 것(l'inviable)을 살아 내는 데 있고, 또 골격을 모두 부러뜨리거나 인대들을 파열시킬지도 모르는 대규모의 강요된 운동들을 살아 내는 데 있다." 들뢰즈, 『차이와 반복』, 462쪽. "유형성숙에서는 심지어 정지조차 어떤 창조적 현실화의 측면을 지닌다. 원리상 역동성들의 변형을 가능하게 해주는 것은 시간적 요인에 있다." 같은 책, 464쪽.

된다. 다 자란 뒤에 새로운 언어를 배우려면 혀와 뇌가 무수한 고문을 당해야만 한다. 그렇다면 아이는 자라면서 능력이 확장되는 것일까 줄어드는 것일까? 혹은 배는 단순한 것에서 복잡한 것으로 진보하는 것일까, 아니면 풍요로운 것에서 단순한 것으로 좁아지는 것일까? 알쏭달쏭하다. 질문을 더 좋은 것으로 바꿔 보자. 과연 자라면서 더 풍요로워지고 더 깊어질 수는 없는 것일까? 다윈은 현명하게도 이 질문을 개체에서 맴돌게 하지 않고 자연 전체에 던졌다. 그리고 극히 만족스럽게 "참으로 그러하다!"고 답했다. 그것이 바로 자연의 체계고 생물들의 자유분방한 형태학이자 발생학이었다. 온갖 이질적 힘(능력)들이 다양하게 표현되며 서로 얽히고설키는 세계, 자연은 그토록 풍요로운 곳이었다.

흔적기관, 위축기관, 미발육기관

자연은 너무나 풍요로운 곳인지라 별 쓰잘데기 없는 것들도 있다. 아니 많다. 이 이야기는 다윈의 얘기를 죽 따라가기만 하면 된다. 찰스, 말씀하시죠!

> 쓸모없다는 낙인이 찍힌 이상한 상태의 기관이나 부분들은 **자연계 전반에 매우 흔하다. 고등동물 중에서** 이런 흔적기관을 하나도 갖지 않는 동물은 찾아보기 힘들다. 포유류의 수컷은 흔적 유방을 갖고 있다.[49] 내 생

---

49) 이 책을 읽는 독자들 중 포유류 수컷들은 자신의 가슴께를 더듬어 보시라. 건포도만도 못한 '아무 쓸 데 없는' 그것.

각에 조류의 '작은 날개'(bastard-wing)⁵⁰⁾는 발가락의 흔적 상태임에 틀림없다. 많은 뱀들은 폐엽(肺葉) 한쪽이 흔적기관이다. 어떤 뱀들은 골반과 뒷다리의 흔적이 있다. 고래 성체의 머리에는 이빨의 흔적이 없는데 고래의 태아에게는 이빨이 있고, 태내에 있는 송아지 위턱에는 잇몸을 뚫고 나오지 못한 이빨이 있다. …… 날개가 비행을 위한 것이라는 사실 이상으로 명백한 것은 없지만, 얼마나 많은 곤충들의 날개가 전혀 비행할 수 없을 만큼 작아져 있거나 아니면 굳게 유착되어 딱지날개 밑에 들어가 있는가?(pp. 450~451)

흔적기관의 의미는 종종 대단히 분명하며, 그걸 알아내지 못하기는 대단히 힘들다. 예컨대 모든 점에서 서로 매우 닮았지만 한쪽은 충분히 큰 날개인데, 다른 쪽은 막의 흔적밖에 없는 같은 속의 갑충이 있다(같은 종에서조차 이런 일이 있다). 이 경우 흔적적인 막이 날개에 해당된다는 것은 의심의 여지가 없다. 흔적기관 중에는 다만 미발달 상태일 뿐 여전히 잠재능력을 보유하고 있는 경우도 종종 있다. 예컨대 포유류 수컷의 유방이 그러하다. 수컷의 이 기관이 충분히 발달해서 젖을 분비했다는 예가 다수 기록되어 있다. …… 두 가지 목적을 위해 쓰이는 기관의 경우, 더 중요한 목적에 대해서는 흔적적이고 다른 목적에 대해서는 완전히 유효한 경우도 있다. 한편 하나의 기관이 본래의 목적에 대해서는 흔적적이면서 다른 목적에 쓰이는 일도 있다. …… 몇몇 어류의 경우 부레는 부력(浮力)을 준다는 고유의 기능에 대해서는 흔적적으로 보

---

50) 날개의 제1지에 나는 3~6개의 좀 단단한 작은 깃털.

이지만, 발생 초기의 호흡기관이나 폐로 전화(轉化)되어 있는 것이다. …… 단, 이 문제와 관련하여 주의할 것이 한 가지 있다. **조금이라도 유용한 기관은 그것의 발달 정도가 아무리 낮더라도, 옛날에 더 고도로 발달해 있었다고 믿을 만한 이유가 없는 한, 흔적기관이라고 단정해서는 안 된다는 점이다.** 그것은 발생 초기의 생태에 있는 것일 수도 있고, 좀더 발달하는 과정에 있는 것일 수도 있기 때문이다. 그런 경우와 달리 흔적기관은 결코 잇몸을 뚫고 나오지 못하는 이빨처럼 완전히 쓸모가 없거나, 단순히 돛의 역할을 할 뿐인 타조의 날개같이 거의 쓸모없는 것을 가리킨다. 그러나 흔적기관과 발생 초기의 기관을 구별하는 것이 곤란할 때도 종종 있다.(pp. 451~452, 뒤의 판본에서 보충)

지금까지 나는 흔적기관에 관한 주요한 사실들을 열거해 왔다. 이걸 되돌아 보면 누구나 틀림없이 크게 놀랄 것이다. **대부분의 체부 및 기관들이 제각기의 목적을 위해 최고도의 적응을 하고 있음을 명백히 알려 주는 추리의 힘이, 이런 흔적기관들이 불완전하고도 쓸모가 없다는 것을 마찬가지로 명백하게 말해 주기 때문이다.** 박물학의 여러 저서에서 흔적기관은 일반적으로 "상칭성(相稱性, symmetry)을 위하여", 또는 "자연의 계획을 완전히 하기 위하여"(to complete the scheme of nature) 창조된 것이라고 말하는데, **그것은 설명이 아니라 사실을 단순히 바꿔 말한 데 지나지 않는 것이다.** …… 설령 그런 설명을 받아들인다 해도 문제는 전혀 해명되지 않는다. 만일 비단뱀의 흔적적인 뒷다리와 골반이 자연의 계획을 완전히 하기 위해 존재하는 것이라면, **왜 다른 뱀에게는 그런 것이 없는가?** 혹성은 태양의 주위를 타원 궤도를 그리며 회전하기 때문에 위성도 혹성의 주위를 상칭성을 위해, 또한 자연의 계획을 완성하기 위해, 역시 타원 궤도를 따라 회전한다고 한다면, 그것으로 족하다고 생각해도 되는 것일까? 또 어떤 저명한 생리학자는 흔적기관의 존재 이유를 과잉 물질이나 유해한 물질을 배출하는 일을 한다는 가정에 의해 설명하고 있다. …… 하지만 나중에 흡수되고 마는 흔적적인 이가 귀중한 인산석회(燐酸石灰)를 배출해 버림으로써, 급속히 성장하는 소의 배(胚)에 대해 어떤 소용이 될까?(p. 453, 5판에서 보충)

당대의 과학자들은 흔적기관 앞에서 쩔쩔맸다. 한편으로는 궁색한 설명이나마 찾으려 애썼고 또 한편으로는 '대칭의 원리', '온전한 자연' 등의 근거 없는 이미지들을 과학에 도입하여 넘어가 보려 했다(이런 원리들은 21세기의 과학책들 속에서도 종종 발견된다. 놀라워라!). 그들은 "대체 왜 그랬을까?" 이 질문은 오늘날에도 과학자들이 여전히 그런 이미지들에서 제대로 해방되지 못했기 때문에 사뭇 중요하다. 당대의 저명한 학자들 대부분이 그렇게 찌질했던 이유는, 모든 사물에는 뭔가 효용이나 목적이 있다는 '합리주의적인 추론'에 얽매여 있었기 때문이다. 그들은 흔적기관에서도 구체적인 효용성을 찾으려 무진 애를 썼고, 거기에 실패하면 신의 섭리나 모종의 대칭성 따위를 가정해 버렸다. 다윈이 창조론, 목적론, 공리주의를 모두 반대하지 않을 수 있었겠는가! 그들과 정반대로 다윈의 세계 속에서는 미리 주어진 목적이나 질서가 이후 존재들의 삶을 규정하는 게 아니라, 존재들의 **삶과 역사 속에서** 목적이나 효용이 이리저리 휘날린다. 흔적기관이란 그 과정에서 목적이나 효용이 소멸되어 가는 것들일 뿐이다. 그것은 자연계에서는 생겨날 수밖에 없는 **필연적인 사태**며, 따라서 분류에서도 결정적인 중요성을 가질 수가 있다. 목적이나 효용으로부터 한없이 벗어나는, 그러나 분류에서는 고도의 가치를 가지는 흔적기관들. 신학자나 과학자들에게는 마지못해 대면해야 하는 천덕꾸러기였지만, 다윈에게는 너무나 사랑스러웠던 그들.

그렇다면 흔적기관의 기원은 무엇인가? …… 나는 불용이 주요한 원인이었다고 믿고 있다. 불용은 세대를 거듭해 가는 동안에 갖가지 기관을 점차적으로 퇴화시켜, 그런 기관은 마침내 흔적적으로 되고 말았다는 것이다. 예를 들어 어두운 동굴에 사는 동물이 시력을 잃어버린 경우, 또한 대양도에 살아 억지로 날아야 하는 일이 거의 없어 결국 나는 힘을 잃고만 새의 경우를 생각해 보라. 그리고 작은 섬에 사는 갑충의 날개에서 볼 수 있듯이, 어떤 조건 아래서 유용한 기관이 다른 조건 아래서는 유해하게 되는 경우도 있다. 이 경우 자연선택은 기관을 서서히 계속 퇴화시켜, 마침내 그것을 무해한 흔적기관으로 만들 것이다.(p. 454)

어떤 사람들은 흔적기관이 전혀 쓸모없는 것이라면 왜 그것이 아예 없어지지 않고 계속 나타나느냐고 물을지도 모른다. 참 좋은 질문이다. 그리고 그 질문을 던진 사람이 바로 다윈이다. 다윈은 언제나 그렇듯이 이 문제를 발생학의 다른 문제들과 엮으면서 시동을 건다(흔적기관이 '발생학' 주제 뒤에 놓인 데에는 이런 이유도 있다).

고래나 반추동물의 위턱의 이빨을 보라. 이 흔적기관은 배(胚)에서는 종종 발견되지만 성체가 되면 완전히 없어지고 만다(이것은 중요한 사실이다). 또한 흔적적인 체부 및 기관은 성체일 때보다 배일 때 상대적으로 더욱 크다(나는 이게 보편적 규칙이라고 믿는다).(pp. 452~453)

다윈의 대답을 벌써 눈치 채신 분도 있지 않을까? 다윈은 이 문제 역시 자연계에서 다양한 단계를 발견함으로써 해결하였다. 고래나 반추동물의 위턱의 이빨은 배 시기에만 발견되고 성체가 되면 완전히 없어진다. 만일 이것이 없어지지도 않고, 더 자라지도 않은 상태로 성체가 될 때까지 그대로 있다면 어떻게 될까? 딩동댕! 그것이 바로 우리가 보는 흔적기관이다. 다른 기관들과 비교했을 때 흔적기관의 상대적 크기가 성체일 때보다 배일 때 훨씬 큰 것은 그러므로 당연한 일이다. 배 시기까지만 자라고 그 이후 성장을 멈췄기 때문이다. "따라서 이런 기관은 적어도 배 단계에서는 흔적적인 것이 아니다. 다만 성체에 있어서도 이 기관들이 배 단계의 상태를 유지함으로써 결과적으로 흔적기관이 되는 것이다." 이렇게 되면 흔적기관이 왜 완전히 없어지지 않는지도 자연스레 이해가 된다.

불용이나 선택에 의해 어떤 기관이 축소되는 것은 일반적으로 생물이 성숙해져서 충분한 활동력을 갖게 되는 시기인데, 그러나 그런 일이 생애의 어느 시기에 일어났건 간에, 기관은 해당되는 나이에 유전된다는 원칙에 의해, 그와 같은 나이에 축소된 형태로 생겨난다. 따라서 배에서 그 기관의 영향을 받거나 혹은 축소되는 일은 좀처럼 일어나지 않는다.

이렇게 보면 왜 흔적기관이 배에서는 상대적으로 크고, 성체에서는 상대적으로 작은지도 이해할 수 있다.(p. 455)

흔적기관은 어떤 것의 **이전 상태의 기록**이자, 전적으로 유전의 힘에 의해 보존되어 온 것이다. 따라서 우리는 계통적인 관점에서 흔적기관이 분류에서 유용한 이유를 이해할 수 있다. 게다가 분류에 있어서 유용한 형질은 그 생물의 생활에 가치가 있느냐 없느냐와 무관하게 얼마나 일정하며 널리 볼 수 있느냐에 달려 있다는 점에서 볼 때, 흔적기관은 참으로 가치 있는 기준이 될 수 있는 것은 당연하기까지 한 것이다.(6판 p. 402)

흔적기관은 과거 상태의 기록이다. 헌데 그것은 생활상의 가치가 없는데도 남아 있기 때문에 분류에서 고도의 가치를 갖는다. 반면 생활상의 가치가 높은 형질들은 이전 상태로부터 많은 변형을 겪었을 터이므로, 분류상의 가치는 흔적기관보다 '마~이' 떨어진다. 다윈은 흐뭇한 마음으로 흔적기관을 쓰다듬으며 멋진 비유로 마무리를 짓는다.

흔적기관은 단어 속에 아직 남아 있지만 발음을 위해서는 필요가 없는 글자, 그러나 어원을 찾는 일에서는 아주 유용한 열쇠가 되는 글자에 비유될 수 있다. 흔적기관의 존재는 창조설의 입장에서는 도저히 일어날 성싶지 않은 현상으로서 기묘한 난제를 제기하지만, 변화를 수반하는 유래라는 나의 견해에 입각해 보면 오히려 예측될 수 있는 것이며, 유전의 여러 법칙에 의해 설명될 수 있는 것이다.(pp. 455~456)

세상 만물에서 구조와 기능의 완벽한 일치를 구하던 기능주의자들은 흔적기관 앞에서 무력했다. 상칭성 원리나 자연의 완전한 계획 같은 걸 들먹이는 자들도 마찬가지였다. 물론 앞서 등장했던 형식주의자들은 이것을 자신의 이론을 입증하는 데 썼다. 다윈은 형식주의자들의 그런 주장을 흔쾌히 받아들였다. 다만 형식주의자들의 경우 흔적기관을 설명하기 위해 신이나 섭리에 바탕을 둔 원형을 필요로 했지만, 다윈에게는 자연스러운 과정만으로 충분했다. 그것은 난점이기는커녕 필연적인 것이며 따라서 예측될 수 있는 것이기까지 했다. 이런 점에서 흔적기관은 멸종과 유사한 데가 있다. 그것은 섭리나 법칙을 전제하면 곤혹스러운 문제였지만 다윈의 진화론에서는 자연스러운 결과였으며, 자연의 체계를 완성하는 데 필수적인 것이었다. 이로써 『종의 기원』 13장은 막을 내린다.

현대 생물학이 그린 자연의 체계

다윈의 시대와는 비교할 수도 없을 만큼 많은 정보들이 축적되고 각종 첨단 기법들도 개발된 오늘날, 과학자들이 그리는 자연의 체계는 어떤 모습일까? 과연 다윈이 제시한 대략의 그림이나 기본 원리, 몇 가지 규칙들은 어떻게 되었을까? 그의 진화론에 중대한 변경은 없었을까? 이런 여러 궁금증을 해소하기 위해, 우리는 지금부터 현대 생물학이 그려낸 자연의 체계를 살펴보려 한다. 물론 이 주제에 관해서는 수많은 주장들이 있지만, 우리의 이야기는 지금의 취지에 따라 교과서적인 견해를 중심으로 얘기를 해보기로 하겠다. 우리가 선택한 것은 닐 캠벨의 『생명과학』(*Biology*)이다. 먼저 간략한 전사(前史)를 짚으면서 시작하자.
 "초기에 분류학자들은 알려진 모든 종을 식물과 동물 두 계로 분류하였다." 다양한 미생물들에 대해 알고는 있었지만 그들은 그리 중요한 존재가 아니었다. 학자들은 세균에게 "단단한 세포벽이 있다는 사실에 주목하여 이들을 식물계에 포함시켰다". 한편 균류는 "광합성을 하지도 않고 식물과 구조적으로 공통된 것도 거의 없었지만" 대부분이 자유로이 이동할 수 없다는 점에서 역시 식물로 분류해 버렸다. 한마디로 동물의 특징을 뚜렷이 드러내지 않는 것들은 모두 식물로 분류시켜 버렸던 셈이다. 이렇게 동식물을 중심으로 하는 이원적 체계는 1960년대 후반까지 계속되었다. 그러다가 "1960년대 후반에 많은 생물학자들이 모네라계(Monera, 원핵생물), 원생생물계(Protista, 대부분 단세포 생물로 구성된 다양한 계), 식물계, 균계, 동물계의 5계(five kingdoms)를 인정"하게 된다. 이리하여 균류는 따로 균계가 되었고, 원생생물계와 모네라계가 새로 생겼다. 모네라계가 생김으로써 세균들이 독자적으로 분류되기 시작한 중요한 시기였다. 한편 원핵세포와 진핵세포 간의 구별이 강조되었다는 점도 눈여겨볼 대목이다.[51]
 "그러나 5계 접근이 널리 채택된 직후 유전적 자료에 근거를 둔" 계통적 연구들이 "이 체계의 근본적인 문제를 드러내기 시작했다. 일부 원핵생물들은 진핵생물들과 다른 만큼이나 서로 많이 달랐다. 이런 차이 때문에 생물학자들이 3역(domain) 체계를 채택하게 되었다. 세균역(박테리아역 혹은 진정세균역, Bacteria), 고세균역(Archaea), 진핵생물

---

51) 캠벨 외, 『생명과학』, 555~556쪽.

역(Eukarya)의 3역은 계 수준보다 상위의 분류 수준이다. 이러한 역 체계의 타당성은 이제 완전히 서열이 밝혀진 수백 가지의 유전체 중 거의 100개에 대한 분석을 포함하여 진행된 많은 연구에 의해 확인되었다. …… 3역 체계는 생명의 역사 중 많은 부분이 단세포 생물에 대한 것이었다는 사실을 강조한다."[52]

그리하여 과학자들이 잠정적으로 얻은 것이 823쪽의 그림처럼 생긴 것이다.[53] 일단 여기서 두 가지만 지적하자. 첫째, 이 그림에서 동물과 식물이 그림의 제일 위쪽에 자리 잡고 있는데, 여기에는 어떤 근거도 없다. 이 그림을 90도 돌리든, 180도 돌리든 아무런 상관이 없다. 그저 이것을 그린 존재가 인간이기 때문에 제가 속한 '동물'과, 제가 친숙한 '식물'을 제일 높은 곳에 오도록 그렸을 뿐이다. 이거 말고도 인간 과학자들이 그린 진화사 그림들은 모두 (인간이 포함된) 진핵생물을 제일 위에 올려놓는다. 물론 딱히 그래야 한다는 근거는 적혀 있지 않다. 최근에는 사태가 좀더 심각해지고 있다. 과학자들이, 진핵생물이 가장 진화된 존재라는 식의 주장을 심심찮게 하고, 그 근거를 찾고 있는 것이다. "딱히 그래야 한다는 근거"들을 슬슬 대기 시작한 것이다. 이거 참!

자기가 최고이길 바라는 것, 가장 가치 있는 건 가장 높은 곳에 있으리라고 철석같이 믿는 것, 이런 유치한 생각들은 언제부터 생겨난 걸까? 전지전능하신 하나님이 무소부재(無所不在)하다면서 유독 저 높은 하늘에 계시다고 믿는 것과, 설마 동일한 믿음은 아니겠지?! 두번째 지

---

52) 캠벨 외, 『생명과학』, 556~557쪽.
53) 캠벨 외, 『생명과학』에서 이에 상응하는 그림은 『생명과학』, 556쪽의 그림 26.21을 참조. 마찬가지로 비슷한 그림이 도킨스, 『조상 이야기』, 611쪽에 실려 있다.

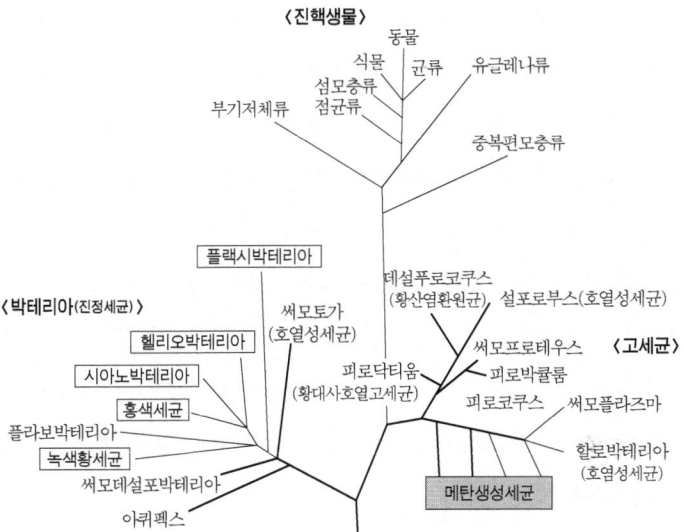

3역 체계
동물과 식물 두 계로만 나뉘던 생물의 분류체계가 5계로 바뀌었고, 이후에는 3역 체계가 채택되었다.

적힐 점은 무척 흥미로운데, 진핵생물이 고세균과 가깝고 이들에 비해 박테리아(진정세균)는 다소 먼 관계라는 사실. 고세균과 진정세균의 이름이 비슷한 것은 단지 우리가 그렇게 이름을 붙였기 때문이다. 진정세균이 볼 때는 인간을 포함한 진핵생물과 고세균들이 너무나 비슷해 보이고, 자기는 아예 다른 종류로 느껴질 것이다. 뭐 어떻게 생각할지는 각자의 자유지만, 최소한 과학적 관점에서는 진정세균의 입장이 옳다.

이보다 좀 전에 그려진 그림을 하나 보도록 하자. 이 그림에서 ①은 흔히 진핵생물을 탄생시킨 사건으로 지칭되는 순간이다. 어쩌면 이미 존재하던 진핵생물이 미토콘드리아를 보유하게 되는 사건일 수도 있다.⁵⁴⁾ 진핵생물이 이 사건 이전에 존재했었는지 여부는 아직 불분명하지만 어쨌든 현재의 진핵생물이 미토콘드리아를 보유하게 된 건 이 사건으로 인해서였다. 그것은 전혀 다른 두 생물(홍색세균의 조상과 진핵생물의 조상)이 결합되는 엄청난 사태였고 이것이 이후의 눈부신 진화과정에 커다란 기폭제가 되었다. 이 사건이 없었더라면 오늘날 우리가 보는 진핵생물의 다양성은 아마도 무망했을 것이다. 한편 ②는 미토콘드리아에 더해 엽록체까지 가지는 진핵생물이 탄생하는 순간이다. 미토콘드리아를 지닌 진핵생물의 조상과 시아노박테리아(cyanobacteria)의 조상이 만나 공생하게 됨으로써, 엽록체를 지닌 진핵생물이 탄생한 것이다.

지금 본 이 두 가지 그림은 생명의 역사에 대한 우리의 상식, 나아가 기존의 진화론에 대해 몇 가지 중대한 문제를 던지고 있다.

진화의 주된 동력과 메커니즘

방금 본 진핵생물의 탄생담은 1967년 린 마굴리스가 깜짝 놀랄 만한 가설을 제시하면서 시작되었다. 그녀의 얘기에 따르면, 엽록체와 미토콘드리아는 본래 독립적으로 살아가던 박테리아들이었다. 이들은 어느날 우연히 핵을 가진 생물에게 먹혔는데, 그 중 일부가 완전히 소화되지 않

---

54) "사실 정통 내부공생 이론에 따르면 미토콘드리아(mitochondria)의 전구체(前驅體)를 집어삼킨 세포는 이미 다른 중요한 특성들을 갖춘 버젓한 진핵생물이었다." 놀, 『생명 최초의 30억 년』, 194쪽. 본래 진핵생물이란 원핵생물과 구별해서 생긴 이름으로, 세포 안에 핵이 있고 여기에 염색체가 담겨 있는 생물을 가리킨다.

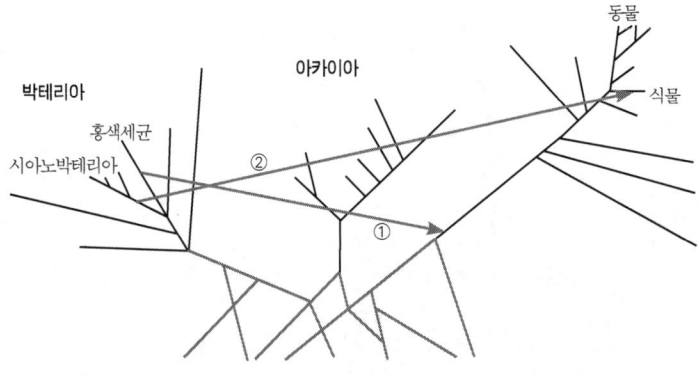

진핵생물의 탄생
①의 화살표는 진핵생물이 미토콘드리아를 가지게 되는 순간을, ②는 진핵생물이 엽록체를 가지게 되는 순간을 표현한다.

았다. 그런 소화불량 상태에서 서로 함께 오랜 세월을 지내다 보니 결국 공생하게 되었다. 뭐 대략 이런 식의 얘기였다. 여러분도 그러시겠지만 참으로 믿기 힘든 황당한 내용이었다. 이게 사실인지는 차치하고도 먹혔는데 어떻게 죽지 않을 수 있었을까? 그것은 먹힌 박테리아가 내는 물질이, 핵을 가진 생물(즉 숙주생물)이 분비하는 소화효소를 방해하였기 때문이다. 박테리아에서 흘러나와 숙주세포에 흡수되는 이 유기물이 아니었다면 박테리아는 숙주의 소화효소에 녹아 흡수되어 버렸을 것이다. 숙주생물은 박테리아를 소화시키지 못한 대신 값진 유기물을 받아먹을 수 있었고, 대신 박테리아는 숙주세포로부터 이산화탄소와 다른 양분들을 꾸준히 얻어먹었다.[55] 이런 물질 교환이 지속된 결과

---

[55] 같은 책, 185~186쪽.

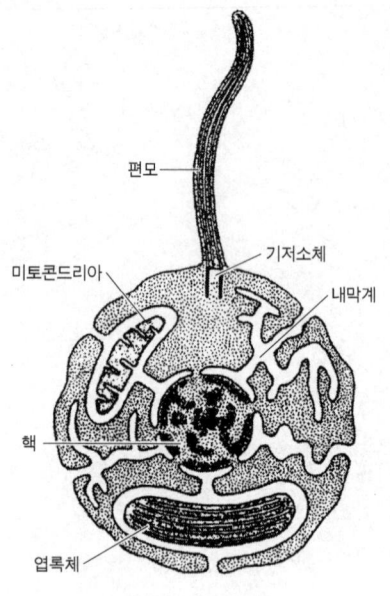

안에 있는 바깥
그림에서 볼 수 있듯이 미토콘드리아와 엽록체는 세포 안에 완전히 갇혀 있지 않다. 자체의 막을 가진 채 '안에 있는 바깥'에 머물면서 세포와 긴밀한 공생관계를 유지한다.

결국 숙주와 박테리아의 공생체가 탄생하였다. 이 사건은 새로운 종이나 속 혹은 과, 목, 강 등 그 어떤 분류군이 탄생한 것보다 몇천 배, 몇만 배나 더 크고 중요한 혁명이었다.

마굴리스의 이런 주장은 처음에는 말도 안 되는 주장이라고 비판받았다. 아니 비판받기 이전에 과학 잡지에 실릴 기회조차 얻지 못했다. 그녀의 논문은 1967년 『이론생물학 저널』이라는 잡지에 실리기 전에 열다섯 번이나 거절당했다. 그러나 막상 논문이 발표되고 이후 여러 분야에서 연구가 축적되면서 마굴리스의 세포 내 공생설은 확고한 지지를 얻어갔다. 과학자들은 과연 뭘 보고 세포 내 공생설을 지지하게 되었을까? 우선 엽록체와 미토콘드리아에 들어 있는 DNA는 핵 안의 DNA

와 사뭇 다른 염기서열을 가지고 있다. 한 생물의 세포 내에 들어 있는 핵과 미토콘드리아, 그리고 엽록체의 DNA가 서로 크게 다르다니! 더 놀라운 것은 엽록체의 구조, 광합성의 분자 시스템, 항생물질에 대한 반응 등이 같은 세포 안에 있는 핵이나 세포질이 아니라, 다른 생물(박테리아)과 매우 비슷하다는 사실이다. 엽록체에 DNA, RNA(Ribonucleic Acid, 리보 핵산), 리보솜(Libosome) 등이 모두 들어 있다는 놀라운 발견도 뒤를 이었다. 엽록체가 과거 독립적인 생물이었다는 주장을 강력하게 시사하는 사실이었다. 그런데 한 가지 이상한 사실이 있었다. 엽록체에는 현재 독립적으로 살아가고 있는 박테리아, 예컨대 시아노박테리아에 들어 있는 DNA의 10%도 들어 있지 않았던 것이다. 하지만 이것은 금세 해결되었다. 진핵생물과 공생체를 이룬 뒤 더 이상 필요없어진 유전자들을 잃었기 때문이라는 가설로 자연스럽게 설명이 되었기 때문이다. 실제로 많은 증거들이 이 가설을 지지해 주고 있다.[56]

 마굴리스의 이야기가 잘 표현되어 있는 세포 그림을 하나 보자. 지금까지 익히 보던 세포 그림하고 뭔가 좀 다르다. 무슨 아메바들로 구성된 삐에로가 흐물거리며 표정을 일그리고 있는 것 같다. 가만히 보면 미토콘드리아와 엽록체가 세포막 안에 들어 있질 않다. 핵과 세포질을 감싸고 있는 세포막에 의해 둘러싸여 있긴 하지만, 자체의 막을 가진 상태에서 세포막 바깥에 위치해 있다는 것 또한 분명하다. 안에 있는 바깥이라고나 할까! 이늘은 이처럼 세포막 바깥에 있지만 때때로 세포막을 통해 서로 연결되어 물질을 주고받는다. 세포막으로부터 상대적인 독립

---

56) 놀, 『생명 최초의 30억 년』, 183~186쪽.

을 유지한 채, 세포막 내의 물질들과 매우 긴밀한 공생관계를 이루고 있는 것이다. 헌데 이것 말고도 우리의 눈길을 끄는 게 또 한 가지 있다. 세포의 꼭대기에 붙어 있는 꼬리 같은 것을 보시라. 이것은 편모(鞭毛)라는 것으로서, 채찍처럼 생긴 털이라는 뜻이다. 이름 한번 그럴 듯하게 붙였다. 마굴리스는 이 편모 또한 원래 운동성이 강한 박테리아에서 유래된 것이라고 주장한다. 그러나 이 주장은 미토콘드리아나 엽록체에 대한 가설과는 달리 아직 많은 학자들의 동의를 얻지 못하고 있다. 그렇다면 이 편모는 과연 어디서 유래한 것일까? 이 문제에 좀더 확실한 답을 얻기 위해서는 제2, 제3의 마굴리스가 출현해야 할 것 같다.

    침입이나 약탈, 감염, 혹은 먹어 버렸다는 점에서 짝짓기나 사랑이라 불러도 좋을 어떤 사건.[57] 그런데 그것이 어느 한쪽의 파국으로 끝나지 않고 장기간의 소화불량 상태를 거쳐 결국 함께 살게 되었다. 이것은 유전체의 관점에서 보면 두 유전체가 결합한 것 혹은 한쪽 유전체가 다른 쪽 유전체로 이동한 것이다. 우리는 흔히 유전자의 이동이라고 하면 생식을 통해 부모에게서 자손에게 전해지는 경우, 즉 수직이동을 주로 떠올린다. 하지만 자연계에는 그에 못지않게 수평이동도 많이 발생했다. 그것은 전위인자(轉位因子)와 플라스미드(plasmid)의 교환, 바이러스 감염, 그리고 아마도 생물의 융합과 같은 과정에 의해 한 유전체에서 다른 유전체로 다른 유전자가 전이되는 과정인 **유전자 수평전이**

---

[57] 마굴리스의 표현에 따르면 미토콘드리아가 다른 생물을 '약탈' 혹은 '감염'시켰는데 이것이 결국 약탈자와 피약탈자의 합병으로 이어졌다고 한다. 린 마굴리스·도리언 세이건, 『생명이란 무엇인가』, 황현숙 옮김, 지호, 1999, 188쪽. 한편 그녀는 성(性)이 미생물의 소화불량에서 비롯되었다고 주장했다. "먼 옛날에는 먹기와 짝짓기가 동일한 것이었다고 생각된다. 우리 인간의 성의 행로가 미생물의 소화 불량에서 시작되었다니, 비낭만적으로 들릴지도 모르겠다." 같은 책, 202쪽.

(horizontal gene transfer)를 통해 일어났다. 또한 내부공생도 기이하게 들리는 것에 비해서는 그리 드물지 않다. 진핵생물에서만도 최소한 여섯 번 정도는 일어났다고 한다.[58] 수평전이는 "초기 생명사에서 어쩌다 한두 번 일어난 일이 아니라, 새로운 생물을 만들어 내는 지속적이고 꾸준한 수단인 것이다".[59] 앤드류 H. 놀의 말대로 "동맹에 의한 혁신이야말로 진화의 영원한 주제다".[60]

마굴리스는 "생물 계통수의 가지는 항상 갈라지기만 하는 것이 아니라 때로는 합쳐져서 기묘한 새 열매를 생성하기도 하는 것"[61]이라 말했다. 다윈의 분기 진화론에 경쾌하게 딴지를 거는 마굴리스! 그녀는 또 이렇게도 말했다. "생명은 공생으로 진화한 개체들의 진귀하고도 새로운 산물이다. 움직이고, 접합하고, 유전자를 교환하고, 우위를 차지하면서 원생대 동안 긴밀히 연합했던 박테리아는 **무수한 키메라**를 만들어냈다. 이종 세포 간의 신체적 합병을 통해 유성생식의 감수분열, 예정된 죽음, 복잡한 다세포성이 고안되었다."[62] 이것은 기존의 주류 생물학을 거스르는 중요한 메시지였다. 그녀의 이야기에 따르면 첫째, 진화의 주요 동력은 생존경쟁이 아니라 공생이었다. 둘째, 대규모 진화의 메커니즘은 경미한 변이의 점진적 축적이 아니라, 전혀 다른 생물들 간에 벌어지는 감염과 약탈, 혹은 섭취 후 소화불량 등 순간적이고 우발적인 사건

---

58) 놀, 『생명 최초의 30억 년』, 188쪽.
59) 같은 책, 51쪽.
60) 같은 책, 123쪽.
61) 마굴리스·세이건, 『생명이란 무엇인가』, 190쪽.
62) 같은 책, 208쪽.

에 의해 발생한다. 그녀의 이런 메시지는 아직 진화론의 주류 이론 속에 수용되지 않고 있다. 구체적인 연구 결과들이 광범위하게 수용된 것과는 사뭇 대조적인 현상이다. 딴은 그럴 수밖에 없는 것이, 이 메시지를 본격적으로 수용한다는 것은 곧 진화론의 핵심적인 논리들을 크게 변경하는 것이기 때문이다.

특히 그녀가 말하는 공생이 협동과는 다르다는 점이 문제가 된다. 협동론이라면 그나마 좀더 수용될 여지가 컸을 것이다. 좀더 협동적인 개체들이 그렇지 못한 개체들보다 생존경쟁에서 유리했다는 식으로 해석할 수 있기 때문이다. 실제로 지금 해석은 대체로 이렇게 이루어지고 있는 듯하다. 하지만 실상은 "전혀 딴판이다". 전혀 다른 생물들이 먹고 먹히는 과정에서 우연히 소화불량이 일어났고, 그것이 결국 진핵생물의 진화로 이어졌다. 그러니까 생명의 역사에서 가장 중요한 사건은 우연한 접촉의 부산물이고, 게다가 접촉 상대는 유사성이라고는 거의 찾아볼 수 없을 정도로 매우 다른 생물들인 것이다. 비슷한 생물들의 협동도 아니었고, 작은 변화들이 점진적으로 누적되어 큰 변화가 생겨난 것도 아니다. 그와 반대로 큰 변화가 우연히 일어난 뒤 공생체가 탄생하였으며, 이 사건으로 인해 이후 눈부시게 다양한 생물들이 진화해 나왔다. 유글레나류, 운동핵편모충류, 부등편모류, 와편모조류, 섬모충류, 홍조류, 녹조류, **식물**, 유각아메바, 점균류, 미포자충류, 균류, **동물** 등 헤아릴 수 없이 많은 진핵생물들이 바로 그 사건에 의해 분출해 나온 것이다.

나는 앞서 10장의 마지막 문장에서 이렇게 썼다. "우리는 13장에서 굴드의 견해가 마굴리스 등의 주장과 결합하여 얼마나 혁명적인 얘기로 상승하는지 확인할 것이다." 이제 그 이야기를 할 때가 왔다. 굴드는 경미한 변화가 점진적으로 누적되어 큰 변화가 일어난다는 기존의 진화론에 반대하였다. 그리고 대안으로 기존의 모델과 두 가지 점에서 정반대인 모델을 제시하였다. 첫째 진화는 점진적으로가 아니고 급속하게 발생한다. 둘째, 진화사의 커다란 변화들일수록 먼저 일어나고 규모가 작은 변화일수록 나중에 일어난다. 이러한 굴드의 견해는 너무나 이단적인 것이었고 따라서 이론을 발전시켜 가는 과정에서 여러 번 좌충우돌하기도 했다. 하지만 지금 마굴리스의 주장과 포개 보면 뚜렷이 드러나듯이, 그의 주장의 핵심은 참으로 빛나는 것이었다.

   그런데 기존 진화론에 대한 굴드와 마굴리스의 비판적 대안이 온전히 수용되지 못하는 이유는 뭘까? 그것은 많은 과학자들이 진화론을 점진주의라는 틀 안에서만 이해하고 있기 때문이다(도킨스나 마이어가 굴드의 이론을 '고속 점진주의' 같은 걸로 이해했던 대목을 상기하시라). 다윈이 실제로 점진주의적 진화론을 주장했다는 점에서 그것이 가장 정통적인 형태의 다윈주의 진화론인 것은 사실이다. 그런데 그런 입장을 완고하게 고집하는 것은 다윈이 당시 처했던 맥락을 너무 경시하는 게 아닐까? 다윈이 점진주의를 주장한 것은 그 자신의 생각이 그러기도 했지만, 당시 창조론과의 논쟁이라는 맥락을 좀더 감안해 줘야 하는 게 아닐까? 다윈은 창조론을 논파하는 과정에서, 어떤 놀라운 신체 구조나 능력, 혹은 본능도 점진적인 변이의 축적에 의해 충분히 설명할 수 있다는 논법을 구사했다.[63] 그것은 창조론자들이 닐개나 눈에 그어 놓은 설

---

63) 다윈은 『종의 기원』의 14장 「요약과 결론」에서 자신의 이론을 한마디로 이렇게 표현했다. "상당히 복잡한 기관이나 본능이 …… 개개 소유자에게 유리한 수많은 경미한 변이의 누적에 의해 완성된 것이라 믿는 깃."

대적인 선, 각각의 종들 사이에 그어 놓은 절대적인 선을 자연스러운 연속과정에 의해 설명해 내기 위한 탁월한 방법이었다. 다윈의 이러한 점진주의는, 좀더 넓은 차원에서 보자면 어떤 자연현상도 단절적이지 않다는 것, 즉 초자연적인 요소의 개입을 필요로 하지 않는다는 주장이었다. 요컨대 자연의 연속성에 대한 주장이었던 것이다.

오늘날 학문적 차원에서 창조론과의 논쟁은 별로 의미가 없다. 그보다는 진화론을 더욱 풍요롭고 깊이 있게 발전시키는 쪽이 훨씬 더 의미 있는 상황이다. 실제로 생물학은 물론 천문학이나 지질학을 포함한 많은 자연과학들은 진화론을 전제하지 않고는 연구 자체가 불가능한 상황 아닌가! 그렇다면 이제는 다윈의 진화론을 점진주의의 틀 안에 가두기보다는 자연의 연속성 내에서 최대한 확장하는 게 도리어 자연스러운 것 아닐까! 세상에는 급속한 변화도 있고, 완만한 변화도 있다. 작은 변화들이 축적되어 큰 사태로 발전하기도 하지만, 커다란 변화로 인해 새로운 장이 열리고, 그 열린 장 속에서 이후 수많은 변화들이 잇따르기도 한다. 사실 자연의 연속성 내에서라면 진화론자들이 급격한 변화를 수용하지 못할 이유는 어디에도 없다. 물론 주류 진화론자들(즉 신다윈주의자들)은 이런 것을 논리적으로는 부정하지 않는다. 어떤 급격한 변화도 미분하여 점진적 변화로 만들고, 그것의 적분으로 큰 변화를 설명하면 되는 것이다. 실제 도킨스가 굴드의 단속평형설을 "고속 점진주의"라고 불렀을 때 취했던 입장이 이런 것이다(점진주의를 벗어나지 않는 한에서라면, 변화의 속도쯤은 얼마든지 달라질 수 있다). 그래서 도킨스가 정리한 바에 따르면 굴드와 도킨스의 논쟁은 무의해진다. 그러나 그들 간의 진짜 대립은 진화의 속도라기보다는 진화를 점진적 변이의 누적의 결과로 볼 것이냐 아니면 폭발적인 사건으로 볼 것이냐다.

이제 이 논쟁에 마굴리스의 세포 내 공생설을 끌어 들여 보자. 홍색세균 박테리아의 조상과 진핵생물 조상의 결합은 초자연적인 사건이 아니다. 연속적인 자연의 과정임에 틀림없다. 이 점에서 진화론에 전혀 위배되지 않는다. 그러나 전통적인 진화론에서 말하는 점진적 변이가 누적되어 새로운 진핵생물이 탄생한 것은 아니다. 물론 전혀 다른 종류의 생물이 먹고 먹히며, 때로 감염도 되고 약탈도 당하면서 한동안 관계를 맺어 왔을 것이다. 그러나 숙주생물이 소화불량을 일으키는 순간, 혹은 기생 공생체(박테리아)가 숙주생물이 뿜어 대는 소화효소의 효과를 무화시키는 물질을 배출하게 된 순간, 전혀 다른 사태가 벌어졌다. 그들 간에 서로 물질을 교환하며 살아가는 공생관계가 조성되었고, 이것이 오래 지속되면서 아예 한 몸이 되어 버렸다. 여기에는 어떤 단절도 없다. 다만 기존의 관계가 전혀 다른 것으로 전변되는 사건이 발생했을 뿐이다. 이것은 앞서 말했듯이 자연계에서 그리 드문 현상만은 아니다. 엄청난 사건이긴 하지만 또한 충분히 일어날 수 있는 일이다. 이 과정을 미분하여 한없이 쪼갤 수는 있다. 그렇지만 역시나 사건 자체는 순간적으로 일어난 것이다. 달리 말하면 진핵생물의 조상에 경미한 변이가 발생하고, 그 변이가 오랜 시간 누적되어 마침내 미토콘드리아를 획득하게 된 게 아닌 것이다. 시아노박테리아의 조상과 진핵생물의 조상이 공생체를 이룬 사건 또한 마찬가지다. 진핵생물의 조상이 미토콘드리아와 엽록체를 보유하게 된 이후의 사태는 또 어떤가! 그 사건 이후로 얼마나 많은 진핵생물이 진화되어 나왔던가! 동물과 식물도 물론 그 과정에서 생겨났다. 결국 계(kindoms)보다 상위의 사건이 먼저 벌어지고,

이후 그보다 하위에 해당하는 진화가 발생한 것이 아닌가!

10장에서 소개한 대로 도킨스는 굴드가 주장한 "문 수준의 폭발"을 현실 가능성이 전혀 없는 주장이라고 비판했다. 강 수준의 도약만 해도 "새 한 쌍이 포유류를 낳는 수준의 도약이다". 그런 포유류는 태어날 수도 없지만 태어난다 해도 곧장 죽었을 것이라는 것이다. 그런데 문 수준의 폭발이라니! 하긴 도킨스의 말이 옳은 경우도 많다. 실제로 진핵생물의 조상이 미토콘드리아와 엽록체를 보유하게 되는 과정도 그랬을 것이다. 대부분의 경우 감염이나 약탈 혹은 박테리아가 먹혀 버림으로써 상황 종료되었을 테니까. 그러나 그 과정에서 우발적으로 소화불량이 발생하였다. 여기에 초자연적인 요소는 없다. 신 같은 초월적 존재를 끌어들이지 않고서도 자연스레 설명할 수 있는 과정이다. 그런 진핵생물은 태어날 수 있을 뿐만 아니라 태어난 이후 크게 번창할 수 있다. 오늘날 우리가 무수한 진핵생물들을 실제로 보고 있듯이. 우리는 굴드를 따라 이렇게 말해야 할 것이다. 생명의 역사에서 대규모 진화일수록 오히려 순간적인 사건에 의해 비롯되었다고.

우리는 지금, 자연적이고 연속적인 사태임에 틀림없지만 그 사태 이전과 이후가 전혀 달라지는 진화에 대해 이야기하고 있다. 이와 관련하여 역시나 중요하고도 흥미로운 예를 한 가지 더 들어 보자. 이것은 굴드가 『진화론의 구조』에서 생틸레르를 비롯한 형식주의자들을 적극적으로 수용하면서 제시하는 예다. 형식주의자들은 퀴비에가 네 문(척추동물, 관절동물, 연체동물, 방사동물) 사이에 그어 놓은 절대적 구분선을 지워 버렸다. 동일한 원형이 변형됨으로써 네 문이 파생되어 나왔다는 것이다. 반면 도킨스는 문은커녕 강 수준의 도약도 현실에서는 불가능하다고 주장했다. 하긴 실제 절지동물이 생식을 해서 척추동물의 시조가 태어난다든가, 역으로 척추동물의 자손 중에 절지동물의 조상이 갑자기 태어날 수는 없었을 것이다. 도킨스 말대로 그런 생물은 태어날 수도 없고, 설령 태어난다 해도 잠시도 살 수 없었을 것이다. 사람에게서 새우나 파리 같은 자식이 생겨날 수 있겠는가? 그렇게 태어난 자식이 제대로 삶을 살아갈 수 있겠는가? 나아가 그런 자식이 성장하여 자손을 번식하게 되는 걸 상상이나 할 수 있겠는가? 그래서 도킨스는 처음에 일어난 변화는 경미한 것이었고, 이것이 축적되어 새로운 종이 탄생하고, 진화과정이 점점 더 진전됨으로써 새로운 속, 새로운 과 등이 생겨났을 것이라고 주장했다.

우선 현생생물들의 여러 문들이 모두 공동 조상의 현생 후손이라는 사실에서 시작하자(창조론자가 아니라 진화론자들끼리의 논쟁이니까 이렇게 전제해도 무방할 것이다).[64] 그러니까 현생 인간이 현생 새우나 파리를 낳을 수는 없다. 파리나 새우도 마찬가지다. 그리고 당연한 얘기지만 식물이 동물을 낳거나 동물이 식물을 낳을 수도 없다. 허나 동물과 식물이 공동 조상의 후손임에는 틀림없다(진화론은 얼마나 놀라운 이론인가! 이런 어처구니없는 걸 사실이라고 주장하다니!).[65] 다음으로는 앞서

---

64) 문 정도가 아니라 예컨대 동물과 식물도 공동 조상의 후손이다.
65) 물론 식물에서 동물이 진화했거나 동물에서 식물이 진화해 나왔을 수도 있다. 만일 그렇다면 아마도 동물이 등장한 이후에 식물이 진화되어 나왔을 것이다. 동물과 시아노박테리아(조상)의 공생으로 엽록체가 세포에 추가되었을 가능성이, 원래 엽록체를 갖고 있다가 잃어버려 동물이 되는 쪽보다는 더 가능성이 높을 테니까. 현대 인간 과학자들은 대체로 공통 조상에서 동물과 식물이 따로 진화해 나왔다는 쪽을 택하고 있고, 그 근거들도 몇 가지 대고 있다. 하긴 동물 이후에 식물이 진화해 나왔을 가능성은 생각하고 싶지도 않을 것이다.

형태학 쪽에서 언급되었던 호메오 유전자를 데려 오자(기억하시는가?). 이 유전자는 간단히 말하면 눈이나 다리 혹은 척추 같은 부위를 만드는 게 아니라, 그런 부위들이 어느 시기에 어떤 위치에 어떤 순서로 발생할지를 지정하는 유전자라고 했다. 생물의 앞뒤축이나 등배축도 이 유전자들에 의해 지정된다고 했었다. 이런 관점에서 이제 우리의 관심사, 척추동물과 절지동물의 기본적인 신체 구조를 비교해 보자. 우리 인간을 보면 쉽게 알 수 있지만 척추동물은 주신경이 등쪽에서 죽 흐르는 반면, 절지동물은 배쪽에서 흐른다. 한마디로 신체의 주요한 구조가 위아래로 정반대 방향을 취하고 있는 것이다. 이것은 기묘한 차이다. 정반대라는 점에서는 전혀 다르다고 하겠지만, 한쪽을 반대로 뒤집으면 다른 쪽이 된다는 점에서는 매우 비슷하기 때문이다. 이 현상에 대해 진화론자답게 물어 보자. '어떻게' 이런 일이 생겼을까?

이것은 우리가 동물을 크게 선구(先口)동물과 후구(後口)동물로 나누는 것과 관련된다. 선구동물이란 원구(原口, 배에서 처음 있던 구멍)가 최종적으로 입이 되고 항문은 나중에 생기는 동물이다. 후구동물은 반대로 원구가 항문이 되고 입은 나중에 창자의 반대편 끝에 따로 구멍이 뚫려서 생긴다. 선구동물에는 절지동물, 연체동물 등이 들어 있고, 후구동물에는 인간을 포함한 척추동물 등이 들어 있다.[66] 얼추 눈치채셨겠지만, 절지동물과 척추동물의 몸 체제가 '정반대'인 것은 바로 이 동일한 부분(원구)이 입이 되느냐 항문이 되느냐와 관련된다. 등배축이 정반대이니 몸 구조 전체가 정반대로 생겨먹었을 수밖에(물론 100% 정반

---

66) 도킨스, 『조상 이야기』, 418~421쪽.

대라는 것은 아니고 주요한 구조가 그렇다는 뜻이다). 참, 이야기를 계속 하기 전에, 선구동물과 후구동물이라는 구분 대신에 배신경류와 등신경류라는 용어를 쓰기로 하자. 왜냐면 등신경류는 모두 후구동물이지만, 배신경류는 선구동물만이 아니라 일부 후구동물들도 포함하기 때문이다.[67]

    자, 이제 준비가 끝났으니 다시 아까의 질문으로 돌아가자. 이렇게 대칭되는 두 종류가 어떻게 해서 생겨났을까? 두 가지는 분명하다. 첫째, 두 종류는 모두 한 조상에서 유래되었다. 둘째, 그 조상의 주신경은 등쪽을 따라 흐르거나 배쪽을 따라 흘렀을 것이다. 그런데 어떻게 다른 쪽을 흐르는 전혀 새로운 종류가 진화해 나올 수 있었을까? 이야기를 쉽게 하기 위해, 이 공통의 조상은 주신경이 배쪽을 흘렀을 것이라고 가정하자(실제로도 이랬을 가능성이 크다). 다시 한번 강조하지만 이 배신경류를 현생 배신경류와 동일시해서는 안 된다. 도킨스에 따르면 등신경류와 배신경류가 갈라지는 것은 약 "5억 9,000만 년 전"쯤으로 볼 수 있다고 하니 말이다.[68] 어쨌거나 아주 오래된 배신경류에서 오늘날의 배신경류와 등신경류가 진화되었다. 그 옛적 배신경류에서 현생 배신경류의 조상이 나오는 것은 문제가 안 된다. 놀라운 것은 거기에서 정반대의 배치를 가진 등신경류가 진화해 나왔다는 것이다. 과연 어떻게? 이 물음에 대해 크게 세 가지 답이 가능하다. 첫째는 우리가 제시하는 것이고, 둘째는 도킨스의 주장이다. 또 다른 하나가 가능한데, 도킨스에

---

67) 같은 책, 432쪽.
68) 같은 책, 421쪽.

따르면, 공동 조상이 배신경 체제를 "고수하면서 서서히 해부 구조를 재배열한다는 것이다. 내가 볼 때 대단히 큰 체내 혼란을 훨씬 더 많이 수반할 것이기 때문에 설득력이 더 떨어지는 듯하다".[69] 우리도 그렇게 생각한다. 그러니 여기에서는 앞의 두 가지에 대해서만 검토해 보기로 하자.

먼저, 우리의 견해부터. 우리는 오래전 공동 조상의 자식이 배(胚) 발생과정에서 등배축을 지정하는 유전자에 어떤 변화가 발생했을 거라고 본다. 여기서 잠시 발생과정의 중요한 문제를 한 가지 알아 둘 필요가 있다. 우선 앞뒤축의 결정과 등배축의 결정은 배 발생과정 중 극히 초기에 일어나는 일이다. 그런 기본축이 결정된 뒤에야 다른 것들이 그 좌표계 속에서 배열될 수 있을 테니 당연히 그럴 수밖에. 그런데 여기서 한 가지 의문이 생길 수 있다. 예컨대 우리 인간을 생각해 보자. 우리 같은 다세포 생물은 결국 하나의 수정란 즉, 단세포 하나가 무수히 분열되어 만들어지는 것인데, 동일한 단세포에서 생겨난 다세포들이 어떻게 서로 다른 기관들로 분화되는 것일까? 아니 그 전에 앞뒤축과 등배축은 무엇을 기준으로 결정되는 것일까? 우리 몸의 세포에 들어 있는 유전정보는 정확히 똑같은 것인데 말이다. 바로 이 대목에서 중요한 게 호메오 유전자. 이 유전자들은 저마다 여러 가지 화학물질들이 분비되도록 지정하는데, 따라서 분열 중인 다세포의 각 부분들은 화학물질들의 농도가 모두 다르다. 바로 이 화학물질들의 상이한 농도에 따라 각 세포들이 상이한 방식으로 행동을 함으로써 앞뒤축과 등배축이 결정되는 것

---

69) 도킨스, 『조상 이야기』, 432쪽.

이다. 참고로 최근 연구 결과에 따르면 이때 어머니가 지닌 유전자들이 매우 중요한 역할을 한다.[70)]

만일 이러한 발생의 초기 과정에서 배의 호메오 유전자나 어머니가 지닌 유전자들에 이상이 발생하여 화학물질들의 농도가 기존의 배신경류와는 정반대로 조성되었다고 해보자. 우리는 바로 이런 사건이 등신경류 진화의 시초였을 것이라 생각한다. 헌데 이런 사건이 발생하는 시점은 배 발생 단계 중 극히 초기에 해당되므로, 이후 단계들에 있어서도 적잖은 변화들이 수반될 수밖에 없다. 따라서 등신경류가 배신경류의 정반대의 구조를 취하고 있지만 모든 요소들이 정반대일 수 없는 것은 자명하다.

이제 이 사건의 의미를 검토해 보자. 우선, 등신경류와 배신경류의 분기는 점진적인 과정이 아니라 호메오 유전자나 어머니가 지닌 유전자들에 이상이 생기는 단 한 번의 사건에 의해 발생하였다. 단, 한 가지 주의해야만 하는 사항은, 실제로 이 사건이 한 번만 일어났느냐 아니냐는 논점이 아니라는 점이다. 아마도 실제로는 발생상의 이러한 사건이 수도 없이 일어났을 것이다. 또한 뒤집어진 이후의 과정도 매우 여러 가지 경로로 수많은 실험이 시도되었을 것이다. 하지만 가장 중요한 사건, 즉 뒤집어지는 사태는 경미한 변이가 점진적으로 누적되어 온 결과가 아니라 본질상 단 한 번의 사태다. 공동 조상에서 현재의 배신경류와 등

---

70) "한 예로 초파리 어미의 유전형에는 비코이드(bicoid)라는 유전자가 있다. 이 유전형은 난자를 만드는 '보모'(nurse) 세포에서 발현된다. 비코이드 유전자가 만드는 단백질들은 난자 속에 담기는데, 난자의 한쪽 끝에서 농도가 높고 다른 쪽 끝으로 가면서 낮아진다. 그 결과 농도 기울기(그리고 그와 비슷한 것들)가 생기며, 그것이 전후 축이 된다. 그리고 그 축과 직각으로 유사한 과정을 통해서 기울기가 생기며, 그것은 등배축이 된다." 도킨스, 같은 책, 459쪽.

신경류가 진화되어 나온 과정을 이보다 더 설득력 있게 설명할 수가 있을까?

도킨스가 『조상 이야기』에서 시도하는 게 바로 '이보다 더 설득력 있는 설명'이다. 도킨스는 생틸레르 식의 설명을 "여러 장단점을 차감하여 결국은 약간 조심스럽게 지지하고 싶은 이론"이라고 말하며 자신의 견해를 펼친다. 그는 누워서 헤엄을 치는 아르테미아(Artemia)를 예로 든다. 아르테미아는 갑각류이므로 당연히 신경색(神經索)이 배쪽에 있고 심장은 등쪽에 있다(우리 인간이랑 정반대다). 그런데 이유는 알 수 없지만 희한하게도 누워서 헤엄을 치기 때문에 위쪽에 신경색이 있고 (여전히 배를 따라 흐르지만), 아래쪽에 심장이 있게 된다. 이런 일이 드물지만은 않은 게, 실제로 아르테미아와 정반대되는 거꾸로메기라는 어류가 있다. 얘는 어류니까 신경색과 심장의 위치가 우리 인간이랑 똑같은 방향에 있다. 헌데 희한한 건 얘도 누워서 헤엄치기 때문에 심장은 위쪽, 신경색은 아래쪽에 있게 된다. 거꾸로메기는 왜 그런지 짐작이라도 된다. 아마도 "수면이나 떠 있는 잎의 밑에 숨은 먹이를 잡아먹기 때문에 뒤집혀 헤엄을"[71] 치는 것이리라. 어쨌거나 둘 다 여간 희한한 놈들이 아니다. 그런데 여기서 중요한 것은 그게 무척이나 드문 현상이기는 해도 자연계에서 관찰되는 자연스러운 현상임에는 틀림없다는 사실이다. 즉, 드물게나마 일어날 수 있는 사건이라는 말이다. 이 두 생물, 특히 아르테미아에 관한 도킨스의 견해를 들어 보자.

---

71) 도킨스, 『조상 이야기』, 432~433쪽.

나는 아르테미아의 몸 뒤집기(inversion) 행동이 5억 년 이전에 일어났던 행동을 최근에 재현한 것이라고 본다. 오래전에 사라진 어떤 동물이, 모든 선구동물처럼 배쪽 신경색과 등쪽 심장을 가진 일종의 벌레가 아르테미아처럼 몸을 뒤집어서 헤엄치거나 기어 다녔다. …… **시간이 충분했다면, 즉 수백만 년 동안 '뒤집힌' 채 헤엄치거나 기어 다녔다면, 자연선택은 몸의 모든 기관과 구조를 뒤집힌 습성에 맞게 재형성할 것이다.** 최근에야 뒤집힌 현대의 아르테미아와 달리, 원래의 등배 상동기관의 흔적들은 지워졌을 것이다. …… 나는 척추동물로 이어지는 계통의 어딘가에서 바로 이런 일이 벌어졌으며, 그것이 지금 우리가 등쪽 신경색과 배쪽 심장을 가진 이유라고 믿는다. 현대의 분자발생학은 등배축을 규정하는 유전자(「초파리의 이야기」에서 만날 혹스 유전자들과 약간 비슷한 유전자)가 발현되는 방식을 조사하여 몇 가지 뒷받침할 증거들을 찾아냈지만, 여기서 세부 사항까지 다룰 수는 없다.[72]

기본적으로 생틸레르의 가설을 수용한다는 점, 호메오 유전자와 관련하여 이 문제를 바라본다는 점에서 우리의 견해와 일치한다. 그러나 차이는 매우 크다. 도킨스는 '정통 다윈주의자'답게 경미한 변이가 점진적으로 누적되어 새로운 종이 탄생하고, 이후 오랜 시간이 흐른 뒤에 거기서 더 많은 종들이 진화되어 새로운 속을 이룬다고 생각한다. 그리고 이런 과정이 계속되어 결국 대부분의 후구동물(즉, 등신경류)을 낳았을 거라 생각한다. 후구동물 같은 고차 분류군(선구동물/후구동물은 문보

---

72) 같은 책, 433~434쪽.

다도 높은 수준의 단위다)은 당연히 '몸 뒤집기 행동'부터 시작되어 새로운 종, 새로운 속, …… 새로운 문 등을 거쳐 오랜 시간이 흐른 뒤에 도달되었을 거란 얘기다.

과연 사건은 어떻게 시작되었을까? 배신경류가 뒤집기 행동을 했을 때, 아니면 배신경류의 발생과정에서 등배축이 뒤집혔을 때? 어느 쪽이든 지금 시점에서 확실하다고 단정할 수는 없다. 그렇지만 나는 우리의 가설이 가능성도 높고 훨씬 더 자연스럽게 현재의 등신경류를 설명한다고 본다. 상식적으로도 도킨스의 설명은 너무 부자연스럽지 않은가? 우리가 가정하는 발생상의 변화 없이, "수백만 년 동안 '뒤집힌' 채 헤엄치거나 기어다"닌다는 게 현실적으로 가능한 일일까? 그 과정에서 "자연선택이 작용하여 몸의 모든 기관과 구조를 뒤집힌 습성에 맞게" 정반대로 "재형성"(reshape)했다는 게 정말 가능한 일일까?(넙치처럼 얼굴이 상당 부분 뒤틀리는 건 가능하다고 해도 말이다). 내 생각에는 점진주의를 고수하려다 보니 그런 무리스러운 논리를 전개한 게 아닐까 싶다. 앞의 인용문에서 보았다시피 도킨스 또한 이 문제에 호메오 유전자를 관련짓는다. 다만 차이는, 우리는 거기서 생겨난 사건을 원인이라 보는 반면, 그는 그것을 등신경류와 배신경류가 공동 조상에서 유래되었다는 증거쯤으로 보는 듯하다.

「아르테미아의 이야기」에 담긴 더 일반적인 교훈은 이것이다. 진화에서 주요 전환들은 행동 습성의 변화들, 아마도 비유전적인 학습된 습성의 변화에서 시작되었고, 나중에야 유전적 진화가 뒤따랐을지도 모른다. 나는 하늘을 난 최초의 조류 조상, 육지로 올라온 최초의 물고기, 바다로 돌아간 최초의 고래 조상(다윈이 낚시하는 곰을 예로 들어 추정했던 것처럼)에 대해서도 비슷한 이야기를 할 수 있었을 것이라고 본다. 모험심 강한 개체의 습성 변화 뒤에는 기나긴 진화 기간에 걸친 미비한 사항들의 만회와 마무리가 뒤따랐다. 그것이 「아르테미아의 이야기」가 전하는 가장 큰 교훈이다.[73]

이런 식으로 해서 도킨스는 커다란 분류군의 탄생을 어쨌든 점진적인 과정이 누적된 결과로 설명하려 한다. 나는 배신경류와 등신경류의 진화를 도킨스처럼 설명하는 게 패나 부자연스럽게 느껴지지만, 그런 과정이 영 불가능하다고는 보지 않는다. 다만 여러 가지 큰 분류군들의 탄생을 획기적인 행동으로만 설명하려는 건 과욕이며, 그런 집착에는 부자연스러움이라는 대가가 따른다고 생각한다. 갑작스러운 변화는 행동 수준만이 아니라 발생과정이나 유전자 수준에서도 일어날 수 있다. 그런 급격한 변화들이 드문 사건이긴 하지만 외부의 초월자를 개입시켜야 할 만큼 초자연적인 사건은 아니다. 사실 따지고 보면 도킨스가 말하는 동물의 뒤집기 행동도 실은 매우 급격한 변화다. 어떤 동물이 몸을 180도 뒤집기 위해 처음에 1도, 다음에 2도, 또 이어서 3도 하는 식으로 180도까지 점진적이고 순차적으로 몸을 틀었을 리는 없다. 그런 과정이 수도 없이 반복되었을지라도 사건 자체는 일회적인 사건이다. 이런 의미에서 우리는 경미한 변이와 급격한 변화가 모두 자연스러운 사건이라고 생각한다. 그것은 행동, 발생과정, 유전자 등 여러 수준에서 발

---

73) 도킨스, 『조상 이야기』, 437쪽.

생활 수 있다. 그런 이질적인 변화들이 장구한 세월 동안 복잡하게 얽히면서 결국 이토록 다채로운 자연계가 생산되어 온 것 아니겠는가!

한 가지 더. 수많은 동물들이 혹스 유전자를 공유한다는 점을 생각해 보자. 현생동물들의 많은 혹스 유전자들은 완전히 똑같지는 않지만 동일한 유전자에서 유래되었다고 믿을 만큼 유사하다(유전자들 역시 유래관계로 이해해야 한다는 이 놀라운 사실!). 그런데 그 혹스 유전자의 수가 "초파리가 8개, 창고기가 14개"다.[74] 한편 "척추동물에는 유전자 중복으로 혹스 유전자가 네 세트 존재하는데, 각각의 세트는 절지동물에서 발견되는 한 세트에 해당한다".[75] "아마 그 유전자군 전체가 공동 조상 23[창고기]에서 현대 포유동물로 이어지는 계통의 어딘가에서 4배로 늘어났고, 그 뒤로 특정한 유전자들이 이따금 사라지곤 한 듯하다."[76] 그러니까 초파리나 창고기나 포유동물이 가진 혹스 유전자에 기본적인 차이는 없다. 다만 유전자 중복에 의해 세트가 늘어났고, 늘어난 이후 부분적인 상실이 있었을 뿐이다. 유전자 중복에 의해 혹스 유전자가 한 세트 더 늘어난 것은 장구한 진화의 역사에서도 손꼽을 만큼 중요한 사건이다. 도킨스는 과연 이 문제에 대해서도 경미한 유전자적 변이가 누적되어 온 결과로 설명하려 들까?

지금까지의 얘기를 사회나 역사에 적용시켜 생각해 보자. 인류가 거쳐 온 시간들을 눈 크게 뜨고 되돌아 보라. 거기에는 점진적 개선도 있었지만 급격한 혁명도 있었다. 현 체제를 전제하는 어떤 개선에도 대

---

74) 도킨스, 『조상 이야기』, 464쪽.
75) 눌, 『생명 최초의 30억 년』, 283쪽.
76) 도킨스, 『조상 이야기』, 464쪽.

중이 만족하지 못할 때 일어나는 게 바로 혁명 아니던가! 물론 혁명은 어떤 초자연적 요소도 개입하지 않는다는 점에서, 극히 자연스럽고도 연속적인 과정이다. 그렇다고 해서 그걸 점진적 변화들의 누적과 구별하지 못할 사람이 있을까? 실제 현실에서도 점진적인 개량파와 급진적인 혁명파가 격렬히 대립하지 않는가? 결국 사태는 소규모 개선이나 전보다 더한 반동으로 끝나기도 하지만, 전혀 새로운 혁명으로 폭발하기도 한다. 그 어떤 것도 현실적인 사태다. 여기서 최소한 두 가지는 분명하다. 첫째, 점진적 개선이 장래의 혁명을 보장하진 않는다. 오히려 격동기가 부분적 개선으로 귀결되는 것은 대부분 혁명세력의 처절한 패배다. 둘째, 혁명이 성공할 경우 그 장 속에서 그동안 억눌려 왔던 다양한 변화들이 격렬히 분출한다. 새로운 문들의 폭발이 이후 강, 목 등 보다 하위 수준에서 엄청난 진화가 일어날 수 있도록 마당을 펼친 것처럼.

자연과학을 비롯한 학문의 혁명과 전개 양상 또한 마찬가지다. 어떤 혁명도 이전의 성과가 없으면 일어날 수 없다. 그런 의미에서 역사는 연속적이다. 그러나 혁명은 그런 성과들의 결과가 아니다. 오히려 혁명은 이전에 존재했던 것들을 미증유의 방식으로 충돌시키고, 결합시켰을 때에만 발생한다. 그리고 이후 그보다 작은 규모의 변화들이 눈부시게 분출한다. 마치 "원시생명의 합병으로 [기존의] 단백질과 [기존의] 핵산이 한자리에서 상호작용할 수 있는 세포가 탄생"[77]했고, 이 혁명이 이후 눈부신 생명의 진화를 낳아 오늘에 이르렀듯이. 굴드는 거대한 규모의 진화가 먼저 발생하고 그 장 속에서 중소 규모의 진화가 발생한다

---

77) 놀, 『생명 최초의 30억 년』, 123쪽.

고 했다. 또한 진화는 극히 짧은 순간에 발생하고, 이후 오래도록 큰 변화 없이 지속된다고도 했다. 신기하게도 굴드의 주장은 생물들의 진화사만이 아니라, 사회나 학문의 전개 양상에도 훌륭하게 들어맞는다. 그것은 아마도 굴드의 이론이 단순히 기존의 과학 이론에 대한 비판이 아니라, 삶 전체에 대한 새로운 느낌에서 나왔기 때문이리라.

도킨스의 주장은 다윈의 주장에 매우 충실하다. 그야말로 정통 다윈주의라 부를 만하다. 이에 반해 굴드나 마굴리스의 주장은, 진화론은 진화론이되 다윈의 주장을 중대한 지점에서 변경한다. 그러니까 도킨스랑 굴드가 그렇게 티격태격했던 거 아닌가! 도킨스는 다윈을 받아들이면서 그가 갖고 있던 근대적 세계관(혹은 부르주아적 가치관)도 동시에 물려받았다. 개체 수준에서 작은 변화들이 생기고 그런 변화들 중 생존과 번식에 유리한 변이가 누적되어 결국 신종의 탄생으로 이어진다는 사고방식이 꼭 그러하다. 개혁은 점진적 단계를 밟아야 하며 각 단계는 모두 이롭다는 거, 얼마나 자연스럽고도 편안한 생각인가! 그런 입장에서 보면 급격한 변화는 대부분 해로울 수밖에 없다. 물론 급격한 변화가 성공하는 경우도 있다. 그러나 그런 경우도 자세히 들여다 보면 작은 변화들이 점진적으로 누적된 것이다. 다윈이 제안한 메커니즘이 바로 이러한 것이다. 앞서도 말했듯이 다윈이 활용한 핵심 재료들은 근대 경제학에서 가져온 것들이다. 그래서 그의 진화론은 근대 경제학으로 쉽게 번역된다.[78] 즉, 개체들 간의 치열한 생존투쟁(맬서스)이 자연선

---

78) 서구 근대 경제학과 다윈의 관련성에 대해서는 Gould, *The Structure of Evolutionary Theory*, pp. 121~125를 참조.

택이라는 "보이지 않는 손"(애덤 스미스)에 의해 결국 생물의 진화라는 선한 결과를 낳는다고. 실제로 부르주아 혹은 근대인들은 다윈을 이런 방식으로 수용했다. 나는 이 책에서 '생존경쟁'이 아니라 '생존투쟁'을, '(최)적자생존'이나 '자연도태'가 아니라 '자연선택'을 말함으로써 그들의 해석에 반대하였다. 그러나 이런 해석을 한다고 해도 다윈의 재료가 근대 경제학에서 온 것이라는 사실에는 변함이 없다. 다윈 스스로가 자신의 이론이 맬서스의 이론을 몇 배 더 강력하게 자연에 적용한 것이라고 말하지 않았던가! 다윈의 의식 속에서 근대 사회의 가치관이 주요하게 작동했다는 것 또한 부정할 수 없는 사실이다.

다윈의 위대한 점은 그런 원리들을 재료로 썼으면서도 거대한 사상 혁명을 이뤄 냈다는 데 있다. 그게 가능했던 것은, 그에게 부르주아적 가치관만이 아니라 온전한 자연주의라는 새로운 생각도 있었기 때문이다. 그는 선험적 원리나 선입견을 자연에 강요하기보다는, 자연계의 실상을 통해 자신의 생각을 검토하고 심판하는 사람이었다. 그는 자기의 주장과 '다른 사실들'도 함께 보았고, 따라서 내적으로 심각한 투쟁을 벌이지 않을 수 없었다. 수많은 생각들이 그의 안에서 충돌했고, 다윈은 그 충격을 동력 삼아 앞으로 나아갔다. 이걸 잘 보여 주는 것이 바로 『종의 기원』의 발생학 부분이다. 우리는 다시 한번 그곳으로 돌아가, 그가 어떤 투쟁을 거쳐 『종의 기원』의 발생학 부분을 썼는지 볼 것이다. 이를 통해 여러분은 다윈이 『종의 기원』에서 제시한 견해와 달리, 발생과정의 이른 시기에 큰 변화들이 잇따라 발발하는 사태에 대해 깊이 고민했다는 사실을 알게 될 것이다. 다만 그는 『종의 기원』을 쓰면서 자연선택에 의한 진화론을 효과적으로 제시할 목적으로 이쪽을 취하지 않았을 뿐이다. 나는 조금 아까 도킨스가 다윈의 주장에 매우 충실하다고 썼다. 이 말을 지금 문제에 적용한다면, 도킨스는 다윈이 『종의 기원』에서 채택한 견해에 충실하다고 말할 수 있다. 그에 반해 도킨스를 비판하며 우리가 제시했던 견해는 다윈이 최종 선택 이전에 검토했던 생각과 매우 유사한 것이다(도킨스는 아닐지 몰라도, 최소한 다윈은 우리의 견해가 비현실적이라고는 생각지 않았던 것이다). 이 문제는 사실 앞서 '발생학' 쪽에서 다뤘어야 옳지만, 문제가 너무 복잡해지는 것을 피하기 위해 거의 개재시키지 않았다. 지금 와서 보니 참 현명한 결정이었던 것 같다. ^^;

다윈의 망설임

다윈은 발생학에 관해 연구하던 초기에 이미 『종의 기원』에서 제시한 것과 거의 비슷한 견해를 갖고 있었다. 우선 1842년 「스케치」에서, 변이는 발생 기간 중 다양한 시기에 생길 수 있다, 하지만 선택과 (거의) 무관한 시기인 한 그런 변이가 언제 나타나느냐는 별로 중요치 않다고 한다. 1844년의 「에세이」에서도 내용은 대동소이하다. 중요한 것은 적응적 구조가 제때 갖춰지느냐다. 특히 선택이 그걸 보존하기 위해 작동하는 시기(대부분 성숙한 시기)에 갖춰지는 게 중요하다. 만일 변이가 늘 발생 초기에 일어나는 게 아니고, 나아가 후에 일어나는 경향이 있다면, 그리고 선택 또한 나중 단계에 작동하는 경향이 있다면, 이것은 성체에서의 차이들을 설명해 줄 것이다. 동시에 초기에는 선택이 작동하지 않기 때문에 성체 시기에 비해 배 시기에는 서로 닮을 것이다. 대략 이런 내용이다. 다윈이 실제로 그레이하운드와 불독, 그리고 뻐꾸기 새끼들

의 여러 체부들을 측정한 결과는 이런 생각이 옳음을 확인해 주었다.[79]

그러나 사태가 이렇게 간단할 리가 없다. 변이가 이른 시기에 일어날 가능성은 얼마든지 있으며 만약 일어난다면 이후 연속적인 변이가 발생할 가능성이 크다. 그런데도 다윈은 『종의 기원』에서 두 가지 원리, 즉 "경미한 변이는 일반적으로 일생의 그리 이르지 않은 시기에 나타나며, 자손에게서도 그에 해당되는 나이에 나타난다는 것"을 상정했다. 여러분 중에는 앞서 이 원리를 접했을 때, 이미 모종의 의구심을 품었던 분도 계실 것이다. 다윈이라고 안 그랬겠는가? 그는 『종의 기원』에서도 이 원리가 보편적이지 않다는 점을 계속 환기시켰고, 그래서 '발생학' 부분은 정말 모호하고 혼란스럽다. 나는 다윈의 발생학 이야기가 그렇잖아도 복잡했기 때문에, 그런 대목들은 거의 인용하지 않았다. 여기서도 다 인용할 수는 없다. 그 중 몇 가지만 보기로 하자.

나는 결코 언제나 그렇다고 말하는 게 아니다. 나는 변이(가장 넓은 의미에서)가 자손에게 있어서 부모보다 이른 시기에 나타난 예를 많이 들 수 있다.(p. 444)

왜 안 그렇겠는가? 부모에게서 발생한 어떤 변이가 자손에게 유전될 경우, 그건 부모 때보다 더 늦게 나타날 수도 있고 비슷한 시기에 나타날 수도 있으며 더 이르게 나타날 수도 있다. 그리고 더 강하거나 더 약하게 나타날 수도 있다. 어떤 경우가 특권적인 위치를 차지할 이유는

---

79) 이상 「스케치」와 「에세이」의 내용에 대해서는 Nyhart, "Embryology and Morphology", *The Cambridge Companion to the "Origin of Species"*, pp. 210~211을 참조.

없다. 물론 상식적으로 두 가지 생각을 할 수 있다. 첫째, 자손의 변이 또한 부모 때와 비슷한 시기에 나타날 가능성이 제일 높을 것이다. 둘째, 적은 경우지만 부모 때보다 일찍 발생하면 그 생물에게 훨씬 더 큰 변화가 초래될 것이다. 다윈을 고뇌에 빠뜨린 것은 당연히 두번째 경우였다.

하지만 다른 여러 경우에서는, 연속적 변화들 각각이 혹은 대부분의 변화들이 극히 이른 시기에 출현했을 가능성도 충분히 있다.(p. 444)

당연히 이런 가능성도 충분하다. 그런데 이것은 단순히 논리적인 가능성이 아니었다. 실제로 다윈이 그렇게나 세심하게 연구해 본 비둘기의 경우가 그랬다. "다만 이 규칙에는 주목해야 할 예외가 한 가지 있었다. 단면공중제비비둘기의 새끼는 …… 생후 12시간이면 이미 고유의 형질을 나타냈다."(p. 446) 이것은 다윈이 상정한 두 가지 원리가 "보편적인 규칙이 아님을 증명해 주었다. 왜냐하면 그 경우 특징적인 차이는 보통보다 이른 시기에 나타난 것이든가, 아니면 부모 때에 상응하는 시기 대신 그보다 더 이른 시기에 유전되어 왔음에 틀림없기 때문이다".(p. 446) 이밖에도 『종의 기원』에는 많은 '예외적 현상들'이 덕지덕지 들러붙어 있다. 다윈이 쓰다 중단했던 『자연선택』에는 이런 현상들이 예외적인 게 아니라 원리적인 차원의 의미를 부여받고 있었다. 두 군데만 인용해 보자. 우선, "어떤 변화는 발생 기간 중에서도 매우 이른 시기에 생기며, 그 생물의 전 체제에 대단한 교란을 야기시킨다고 가정한다면…… 그런 갑작스럽고 커다란 변이들을 어느 정도는 이해할 수 있다." 그리고 또 하나. "성숙한 상태에서 확인되는 변화들은 거의 필연적으로 더 이른 시기에 선행 변화를 겪었을 것이다."[80]

앞서 말했듯이 이것은 단순히 논리적인 가능성이 아니라 실제 사례들이 존재하고 있었다. 그리고 비록 진화론과는 무관한 맥락이었지만 다른 학자들 중에도 이런 사례에 주목한 사람들이 있었다. 다윈은 그 중에서도 두 사람의 견해를 앞의 인용문 조금 뒤에 붙여놓았다. 우선 프랑스의 곤충학자 브륄레(Gaspard Auguste Brullé, 1809~1873)는 1844년 논문에서 이렇게 주장했다. "성체 단계에서 복잡해지는 기관일수록 발생 단계에서 일찍 출현해야 한다." 한편 밀른-에드와르(Henri Milne-Edwards, 1800~1885)는 분류상 유연관계들을 정립하는 데에 발생학상의 분화를 기준으로 사용한 사람이었다.[81] 다윈이 밀른-에드와르의 견해를 처음 알게 된 것은 1846년, 즉 만각류 연구를 시작했던 시점이었다. 그것은 폰 바에르의 이론에 밀른-에드와르가 붙인 주석에 들어 있었다. 밀른-에드와르는 **"두 생물이 발생 단계상의 특징을 더 많이 공유할수록, 그들은 더 밀접한 유연관계에 있다"**고 했다. 이렇게 되면 발생학은 두 생물이 분류체계에서 얼마나 가까이 분류되어야 하는지를 확인하는 데 이용될 수 있을 것이었다.[82] 밀른-에드와르의 견해는 다윈에게 대단한 충격을 주었다.

---

80) Darwin, *Charles Darwin's Natural Selection*, p. 302. 다윈은 발생 기간 중 이른 시기의 어떤 변화가 그 생물의 전 체세에 대규모 교란을 야기할 수 있다고 보았다. 초기에 일어난 변화일수록 성체 시기에 큰 영향을 끼칠 수 있다는 것은 상식적으로도 충분히 가능한 생각이다. 게다가 다윈이 상관변이를 중시했다는 점을 생각해 보면 이것은 극히 자연스러운 논리라 할 수 있다.
81) Nyhart, "Embryology and Morphology", *The Cambridge Companion to the "Origin of Species"*, p. 211.
82) Ibid., p. 203.

다윈은 밀른-에드와르의 견해와 브륄레의 견해를 기발한 방식으로 종합하여 자신의 견해를 정립했다. 그것은 『종의 기원』에서 제시된 것과는 다분히 상반되는 것이었지만, 실은 그것이 바로 다윈이 『자연선택』에 써 놓았던 견해였다. 그는 밀른-에드와르의 견해를 자기 방식으로 해석하여, 공동 조상으로부터 일찍 갈라진 것을 발생 초기의 변형과 관련시켰다. 또한 그는 "새로운 변이들은 규칙적으로(normally), 발생 기간 중 마지막 시점이 아니라 이른 시기에 잇달아 일어난다고 생각하고 있었다".[83] 다윈은 이러한 내용을 담은 『자연선택』의 「변이의 법칙」 장을 끝낸 직후에 헉슬리에게 편지를 한 통 보냈다. 거기에서 다윈은 "공통의 배아 형태로부터 얼마나 많이 혹은 적게 분기했는가 (branching off)와 분류상의 유연관계가 동반한다"는 견해를 슬쩍 비쳤다. 그리고 "만일 브륄레……가 옳다면, 그것은 밀른-에드와르의 분류관에 어떤 빛을 던지는 것처럼 보인다"고 썼다. 이때 다윈이 생각한 것은 이런 내용이었다. 만일 두 생물이 발생 단계의 늦은 시기까지 매우 유사하다면 그들은 분류상 대단히 가까운 관계다. 헌데 발생 단계의 초기부터 크게 달라져 이후의 발생 단계를 거의 공유하지 않는 두 생물은 분류상 관계가 극히 멀다. 뭐 이런 견해 자체는 당시 많은 생물학자들도 동일하게 생각한 것이었다. 사실 독자 여러분이라도 이렇게 말고 또 어떻게 생각하겠는가!

헌데 다윈의 해석은 그게 끝이 아니었다. 그는 현생생물들의 배 발

---

83) Nyhart, "Embryology and Morphology", *The Cambridge Companion to the "Origin of Species"*, p. 212.

생 단계 중 초기 단계가 오래전 공통 조상들의 성체 단계를 **실제로**(단, 똑같이는 아니고 구조적이며 제한된 의미에 있어서) 반영한다고 믿었다. 그리고 여기에 분류관계가 **실제 생물들의 유래관계**를 반영한다는 믿음을 결합시켰다. 그렇게 되면 얘기가 어떻게 되는가? 우선, 우리는 같은 강 내의 다양한 생물종들은 배의 초기 단계에서는 구분할 수 없을 정도로 유사하다는 걸 알고 있다. 그 많은 종들 가운데 A, B, C 세 종을 골라 보자. 그 중 A와 B는 초기 발생 단계가 거의 유사하지만 발생과정의 중반기부터 달라져서 마침내 성체 단계에서는 크게 달라진다고 하자. 한편 C는 A와는 초기 단계만 공유하며, B와는 초기에서 중기까지 공유하다가 말기에 갈라져 성체가 많이 달라진다고 해보자.

이제 이 상황을 다윈 식으로 해석해 보자. 세 종 A, B, C는 초기 발생 단계를 공유하므로 모두 공통 조상의 후손들이다(이 공통 조상은 1억 5천만 년 전~1억 년 전에 살다가 멸종한 생물이라고 하자). 그러나 그들이 모두 동등한 후손들은 아니다. B와 C는 A와 초기 단계만 공유하며 중기부터는 확연하게 갈라진다. 이들이 갈라진 것은 1억 1천만 년 전에 생긴 발생이상 때문이다. B와 C는 중기 발생 단계까지 공유하지만 말기에 크게 달라진다. 이것은 8천만 년 전에 생겨난 발생이상 때문이다. 한편 그 옛날에 살았던 공통 조상은 배 발생 단계가 초기부터 말기까지 큰 변화 없이 매끄럽게 진행되었을 것이다. 그 결과 배와 성체가 기본 구조에 있어서 큰 차이가 없었을 것이나. 이상과 같은 이유로, B와 C는 A에 비해 조상을 좀더 많이 닮았을 것이다. 그러나 A, B, C 모두 배아의 초기 단계까지는 조상의 성체를 상당히 닮았을 것이다. 현생생물들의 배가 오래된 생물들의 성체와 (어떤 특수한 의미에서) 닮았다는 점, 배 발생 단계가 일찍 달라지는 생물들일수록 분류상으로도 멀다는 점 등은 이리하여 일관된 설명이 가능해진다.[84] 그것은 단순한 우연도 아니었고 신의 섭리도 아니었으며 후손이 조상을 닮는다는 신비한 규칙의 소산도 아니었다.

다윈이 헉슬리에게 보낸 편지에는, 이런 생각을 포함하여 『자연선택』의 모든 내용이 배경으로 깔려 있었다. 헉슬리가 그런 복잡다단한 세계를 알 턱이 없었다(다윈은 친한 주변 동료에게도 온전히 속을 털어놓지 않고 얼핏얼핏 속생각을 비쳤을 뿐이니까). 헉슬리는 당연히 부정적인 답장을 보내 왔다. 헉슬리는 브륄레가 드는 증거는 틀렸고, 논리 전개는 더 잘못되었다고 신랄하게 비판했다. 게다가 밀른-에드와르와 브륄레는 서로 다른 지점을 다루는 것이기 때문에, 전자가 후자의 근거를 제공하지 못한다고 써 왔다.[85] 헉슬리는 당시 33세의 젊은 나이였지만 자기 분야에서는 이미 탄탄한 실력을 갖춘 전문 과학자였다. 다윈은 그런 헉슬리의 견해를 경시할 수 없었다. 그는 『자연선택』에서 밀른-에드와르와 브륄레 관련 부분을 일단 삭제하였고, 헉슬리에게는 크게 상심했다

---

84) 지금까지의 얘기는 문제를 오직 발생학의 관점에서만 조명한 것이다. 그러므로 이러한 근거들을 가지고 곧장 분류학적 결론을 도출해서는 안 된다. 다윈은 발생학을 무시하는 태도에 반대했지만 절대시하는 태도에 대해서도 『종의 기원』에서 주의를 환기한 바 있다. 그는 자연의 체계를 구성하기 위해서는 생물들의 유래관계를 반영하는 모든 사실들, 즉 발생학이나 형태학적 사실들은 물론 화석상의 증거 등까지 모두 따져서 종합적으로 판단해야 한다고 생각했다.
85) 헉슬리가 다윈의 기대에 크게 어긋난 답장을 보낸 데에는, **다윈이 밀른-에드와르의 견해와 브륄레의 견해를 종합한 방식이 너무나도 기발했기 때문이다**. 다윈이 은밀하게 숨긴 복잡한 마음속을 자세히 들여다 보지 않고서는 얼토당토않은 것처럼 보일 수밖에 없었던 **기이한 종합**. 여기에 관심있는 독자들은 Darwin, *Charles Darwin's Natural Selection*, pp.275~279, 303~304. 그리고 Nyhart, "Embryology and Morphology", *The Cambridge Companion to the "Origin of Species"*를 참조하시길.

는 고백과 함께 의견에 감사한다는 답장을 보냈다. 그렇지만 다윈이 헉슬리의 견해를 전적으로 수용한 것은 아니었으며(그럴 리가 있겠는가!) 자신의 견해를 전적으로 폐기하지도 않았다.[86] 다윈은 아마도 이 문제를 마음속에만 담아 두었을 것이다. 그 뒤 『자연선택』은 중단되었고 다윈은 『종의 기원』 집필을 시작했다. 빠른 시간 안에 완성해야 했기 때문에, 전에 유보해 두었던 발생시의 변이 문제에 대해 새로 연구를 시작할 수는 없었다. 그는 『자연선택』 시점까지 품어 왔던 생각을 바꾸어, 1840년대 초중반에 이미 확립해 두었던 견해로 되돌아갔다. 그리고 그것을 변이의 문제가 아니라 분류의 체계라는 제한된 차원에서 다루게 된다.

『종의 기원』의 발생학 부분은 이상과 같은 변경과 회귀를 거쳐 쓰여졌다. 그래서 도처에 모호한 대목이 산재했고, 그런 탓에 다윈의 견해가 지닌 예리함과 충격이 상당히 둔화되었다. 『종의 기원』의 초기 서평들

---

[86] 이상과 같은 사정은, 현대의 다윈 연구자들의 줄기찬 노력 덕분에 드러날 수 있었다. "1985년 이후로만 따져도, 방대한 양의 자료가 출판되었다. 그 정점을 이루는 것이 꼼꼼하게 편집된 『찰스 다윈의 서간집』(1991년의 시점에 제7권에 이르렀다)이다. …… 일반적으로 말하는 '다윈 산업'(Darwin Industry)에서 나온 다음 산물은 1987년에 출판된 『찰스 다윈의 공책』(*Charles Darwin's Notebook, 1836~1844*)이라는 750쪽짜리 결정판이었다. 국제적인 연구팀이 다윈의 알아보기 힘든 암호 같은 원고들의 험난한 정글을 헤치며 공들여 조사한 끝에, 상상도 못 했던 보물이 모습을 드러냈다." 데스먼드·무어, 『다윈 평전』, 12~13쪽. 우리가 앞서 여러 번 인용한 다윈의 『자연선택』 원고도 마찬가지의 험난한 과정을 거쳐 출간되었다. 다윈의 글씨는 본인도 악필이라 자인하였고, 가족들도 알아보기 힘들었다고 한다. 그런 악필의 원고, 100년도 훨씬 더 전에 쓰여진 글들을 읽어 낸다는 게 얼마나 힘든 일이었겠는가? 여기서 상세하게 말할 수는 없지만 다윈의 노트와 원고 및 서간에는 온갖 약어와 개인적인 기호들도 한둘이 아니었다. 다윈의 온갖 기록들은 연구자들에게 축복이자 가혹한 형벌이다. 다윈은 역사상 그 어떤 과학자보다도 더 꼼꼼히 여러 가지 사항들을 기록했는데, 그 방대한 자료가 거의 모두 그대로 남아 있기 때문이다. 다 볼 수도 없고, 안 볼 수도 없고……. 인용문 중에 『찰스 다윈의 공책』은 우리도 앞서 몇 번 인용한 바 있는 Paul H. Barrett et al.(eds), *Charles Darwin's Notebooks, 1836~1844*, Ithaca, N.Y. : Cornell University Press, 1987이다. 국역본 『다윈 평전』에는 이 책이 1997년에 출판된 것으로 되어 있지만 원서에는 1987년으로 되어 있고, 실제 출판년도도 1987년이 맞다.

과 동료 과학자들 모두 이 부분에 주목하지 못했던 것도 그렇게 보면 딱히 이상한 일만도 아니었다. 우리는 그들을 충분히 이해할 수 있다. 아울러 다음과 같은 의문들에도 이제 답할 수 있게 되었다. 다윈이 왜 발생 초기의 변이 문제를 이론화하지 못하였는지, 왜 발생학을 「변이의 법칙」이 아니라 13장으로 돌려 분류 차원에서만 다루었는지, 그럼에도 불구하고 '두 가지 원리'에는 예외적인 사례들이 많이 있다는 사실을 왜 그리도 끊임없이 환기해야 했는지 등등.

하지만 『종의 기원』의 발생학은 그 자체로도 대단한 것이었다. 예컨대 그는 포유류, 조류, 어류 등에 대해 상당히 구체적인 수준까지 주장을 펼칠 수 있지 않았던가! "조상종에서는 걷는 다리로 사용되었던 앞다리가, 장기간에 걸친 변화과정에서 어떤 자손에서는 손으로, 다른 자손에서는 물갈퀴로, 그리고 또 다른 자손에서는 날개로 사용되는 데 적응해 갈 수가 있다. 또한 앞서 말한 두 원리로 인해, 같은 조상종에서 유래한 다양한 자손들도 배 단계에서는 앞다리가 여전히 서로 밀접한 유사성을 계속 가지게 될 것이다."(p. 447) 또한 "포유류, 조류, 어류 및 파충류의 배에 대해 알려진 바에 의하면, 이런 동물들은 아가미, 허파, 지느러미 모양의 사지, 긴 꼬리 등 수생생활에 적합한 기관을, 성체 상태에서 갖추고 있던 갑각류의 먼 조상의 변화된 자손임이 확실한 듯하다".(6판 p. 395) 게다가 발생학상의 주요한 사실들로 진화론을 더욱 굳건하게 지지하였고, 생물들의 발생 단계가 실은 진화사의 축도라는 것도 이론적 수준에서 밝혀냈다. 이만하면 만년의 다윈이 크게 만족스러워할 만한 성과임에 틀림없었다.

그러나 그는 손과 물갈퀴와 날개 같은 수준의 변화보다 더 기본적인 변화의 원인 또한 추적하였다. 그렇다면 우리가 앞서 다룬 배신경류와 등신경류의 분기에 대해 다윈은 어떻게 생각하고 있었을까? 생틸레르나 오웬 같은 형식주의자들은 이들이 모두 동일한 원형에서 파생된 생물들이라 주장하지 않았던가? 이에 대한 다윈의 견해는 무엇이었을까? 지금까지 보아 왔듯이 다윈은 이 문제를 깊이 연구하였다. 그러나 당시까지 확보된 정보들 가지고는 구체적인 이론을 펼칠 수 없다고 판단하였다. 다윈은 물론 "많은 동물들의 배나 유생이 무리 전체의 옛날 조상의 성체형을 다소나마 완벽하게(more or less completely) 나타낸다는 것은 꽤 그럼직한 일"이라고 썼다. 하지만 그것은 진실일 가능성이 있을 뿐 "완전하게 증명하는 일은 불가능할 것"이라고도 썼다. 다윈이 10장에서 지적했듯이, 당시까지 발견된 화석 중 "가장 오래된 포유류, 파충류 및 어류도 …… 여전히 각각 저마다의 강에 엄밀히 속해" 있었다. 그러니 "척추동물에 공통된 발생학적 특징을 지닌 동물을 찾아내는 일은 캄브리아층보다 훨씬 밑에 있는 지층에서 풍부한 화석을 발견하기 전까지는 불가능할 것"이 아니겠는가! 공통 조상의 구체적인 모습을 확인하거나 심지어 그려 볼 수도 없는 상황에서, 더 이상의 구체적 이론화는 힘들지 않았겠는가!

우리는 이제 다윈에 대해 이전보다 훨씬 더 잘 알게 되었다. 특히 그가 『자연선택』을 한창 쓰고 있던 시점까지 갖고 있던 견해를 알게 된 것은 큰 수확이 아닐 수 없다. 그러니 『종의 기원』에 나타난 견해만을 고집할 게 아니라 그가 품었던 다른 생각들에 대해서도 더 관심을 기울일 필요가 있다. 호메오 유전자에 대한 연구가 갈수록 심화되고 있는 이 시점에서는 더 그러하다. 다윈이 현대 생물학의 성과들을 가지고 새로이 연구할 수 있다면 그 결과는 어떤 것일까? 앞에서 배신경류와 등신경류의 진화에 관해 제시한 주장도 그 중 하나일 수 있을 것이다. 굴드의 『진화론의 구조』는 또 어떤가? 그는 이 책에서 생틸레르를 비롯한 형식주의자들의 견해와 호메오 유전학의 성과 등을 바탕으로 새로운 견해를 제시한 바 있다. 그것은 자연선택에만 의존하는 '외팔이 진화론'이 아니라 발생적 제약에도 함께 주목하는 '양 날개 진화론'이라 할 수 있다. 그의 견해가 얼마나 유효한 것인지는 이후 연구에서 검증되겠지만, 분명한 것은 진화론의 혁신을 위한 시도는 계속되어야 한다는 점이다.

보론 : 박테리아는 언제나 나를 흥분시킨다

본문에서 말했듯이, 생물이 무성적으로 다른 유충들을 낳는 것이나 아예 다른 존재로 변태해 버리는 것은 자연계에서는 아주 통상적인 일이다. 지구에서 가장 오래된 생물이자 가장 다수를 차지하는 생물, 그러니까 가장 성공한 생물인 박테리아는 그보다 더한 짓들도 한다. 그들은 갑자기 둘로 쩍 갈라지기도 한다(이때 태어나는 것은 자식일까 아니면 두 명의 자신일까?). 또한 주변에 있는 다른 박테리아에게 자신의 유전자를 주기도 하고, 또 받기도 한다.

또 죽은 세포가 주위환경에 흘린 DNA의 파편을 빨아들이는 박테리아도 있다. 더욱이, 바이러스가 실어 온 유전물질을 자신의 유전자에 끼워 넣는 족속도 있다. 사실 박테리아는 언제나 유전물질을 교환하는데, 이런 교환은 같은 개체군에 속한 두 개체 사이에서뿐 아니라 **종과 계가 다**

른 개체 사이에서도 일어난다. 짝짓기를 개체 사이의 유전물질의 교환으로 정의한다면, 박테리아는 단연 **짝짓기의 달인**이다. **원핵생물은 결코 유전자 다양성의 부족에 시달리지 않는다.**[87]

보통 생물학 책에는 유성생식이 유전적 다양성을 획득하기 위해 진화된 특별한 방식이라고 되어 있다. 유성생식은 단순한 이분법이나 출아법 같은 것에 비해 엄청난 비용이 들지만, 유전적 다양성을 보장해 주고 그 결과 다양한 자연환경의 변화에 더 효율적으로 적응할 수 있게 해 주었다는 식의 설명을 아마 여러분도 많이 들어 보았을 것이다. 나는 그런 설명을 처음 들었을 때 전혀 이해되지 않았다. 과학자들이 박테리아의 생활사를 모를 수가 없을 텐데, 어떻게 그런 주장을 할 수가 있지? 인간이 유성생식을 하니까 거기에는 뭔가 가장 진보된 측면이 있을 거라 철석같이 믿은 다음, 그게 뭘지 연구하고 있는 거 아닐까? 그러다 보니 이것저것 유용해 보이는 측면들도 발견된 거 아닐까? 진화는 진보가 아니라고 입버릇처럼 말하면서 어떻게 저리도 심한 인간중심주의와 진보주의적 역사관을 대놓고 얘기할 수 있지? 비용 대비 효과를 부끄러운 줄도 모르고 떠들어 대는 촌스러움(과학자들은 이런 인색한 장사꾼 근성을 경제학이라 부른다)에는 얼굴까지 다 화끈거렸다.

물론 처음에는 내가 책의 내용을 잘 이해하지 못했기 때문일 수도 있겠거니 생각했다. '책에 기술된 내용이 너무 소략해서 내가 이해하지 못한 건지도 몰라.' '좀더 많은 정보를 알게 되면 과학자들이 왜 그런 주

---

[87] 놀, 『생명 최초의 30억 년』, 224쪽.

장을 하는지 이해할 수 있을지도 몰라.' 그래서 이후 생물학 책을 읽을 때 이 문제와 관련된 대목을 유심히 읽어 보았다. 그런데 하나같이 똑같았다. 유성생식은 유전적 다양성을 위해 진화했다는 말의 반복뿐이었다. 그러다가 앤드류 H. 놀의 『생명 최초의 30억 년』에서 앞의 인용문을 읽게 되었다. 사실 너무 당연한 얘기 아닌가! 특별히 심오할 것도, 난해할 것도 없는 얘기다. 그저 유성생식에 관한 이론들을 박테리아의 생활과 견줘 보기만 하면 자동으로 얻어지는 결론이다. 이 세상 어떤 생물군보다도 더 다양한 박테리아가 이미 몇십억 년 전부터 저런 메커니즘하에 살아 오지 않았는가? 그런데 어떻게 무성생식이 유전적 다양성의 부족에 시달린 뒤에 유성생식이 진화했다고 말할 수 있는가? 인간을 포함한 몇몇 동물들이 유성생식을 한다고 해서 그 외의 생물들이 모두 '하등한' 무성생식을 해야 한단 말인가?

이쯤에서 조금 헷갈릴 독자들을 위해 달리 말해 보기로 하겠다. 나는 유성생식에 유용성이 있다는 주장 자체가 잘못되었다고는 생각지 않는다. 암수한몸인 생물들 혹은 무성생식을 하는 생물들도 종종 짝짓기를 해야 건강한 자손을 더 많이 낳을 수 있다고 다윈도 이미 얘기하지 않았는가! 내가 반대하는 것은, 무성생식을 하는 생물들이 유전적 다양성에 시달리다가 유성생식을 하는 생물들이 진화해 나왔다고 하는 주장이다. 이 둘은 그런 관계가 아니라, 생물들이 취할 수 있는 상이한 생식전략일 뿐이다. 그러니 앞으로는 인류를 포함한 동물들이 어떻게 유성생식을 진화시켰을까에만 골몰하기보다는, 박테리아를 비롯해 수많은 생물들이 펼치는 다성적(多性的) 세계에서 배우려는 노력도 좀 하자. 유성생식은 가장 고등한 방식도, 가장 발전된 방식도 아니다.

리처드 도킨스의 『조상 이야기』에는, 무성생식을 하지만 18속 360종이나 거느리고 있는 질형강(Bdelloidea) 이야기가 나온다(질형강은 윤형동물문에 속하는 네 강 중 하나다). 이들은 무성생식이 반드시 종 다양성과 대립되지는 않는다는 걸 보여 주는 귀한 사례다. 도킨스는 이들의 이야기를 이렇게 마무리짓는다. 윤형동물의 한 종류인 "담륜충(bdelloid)은 [무성생식이라는 방식을] 그토록 오래 간직했건만, 도대체 무성생식이 무엇이 잘못되었다는 것일까? 그것이 그들에게 적합하다면, 왜 나머지 우리들은 성의 막대한 이중 비용을 절약하기 위해 무성생식을 채택하지 않는 것일까?"[88] 도킨스는 유성생식에 관한 기존 주장들의 문제점을 잘 알고 있다. "성의 장점이 무엇인가…… 그것은 나보다 더 뛰어난 과학자들이 온갖 논문을 써가며 탐구했음에도 불구하고 아직 해답을 찾지 못한 질문이다." 따라서 자신의 이야기는 "성이 왜 생겼는가에 관한 이론이 아니라, 성의 결과에 관한 이론"이라고 한정한다. 그러나 그의 사유는 다른 "뛰어난 과학자들"과 함께 '무성생식에서 유성생식이 진화해 온 이유는 무엇일까'라는 질문에 갇혀 있다. 그들은 박테리아의 다성생식을 무시한 죄로 당분간 동일한 질문과 대답을 반복하는 형벌을 받을 것이다.

사실 이런 얘기들도 우리가 인간이니까 하는 거지, 박테리아는 이런 수준 낮은 얘기에는 관심조차 없을지 모른다. 아니 분명히 없을 것이다. 박테리아가 누리는 삶은 유성이니 무성이니 하는 차원을 훨씬 뛰어넘는다. 굳이 말하자면 박테리아들은 다성(多性) 세계를 산다. 이에 비

---

[88] 이 흥미로운 이야기는 도킨스, 『조상 이야기』, 468~478쪽을 참조.

하면 우리가 유성이라 부르는 것은 실은 양성에 불과하다. 박테리아 같은 다성 세상을 무성으로 돌리고 기껏 취한 게 두 가지 성이다. 그러고 나서 거기에서 벗어나는 건 중성이니 동성이니 하며 온갖 타박을 한다(나는 한참 전부터 동성애라는 명명이 퍽 부적합한 것으로 느껴졌는데, 아마도 이런 이유 때문이었던 것 같다). 박테리아가 다성 세계를 산다는 건 단지 그들의 섹스가 문란하다는 점만을 가리키는 건 아니다. 그들은 심지어 죽은 세포로부터도 유전정보를 받아들이고, 종이나 계가 다른 박테리아랑도 유전정보를 막 주고, 막 받는다. 자신이 둘로 갈라지기도 한다. 이런 박테리아를 다성적 존재가 아니면 뭐라 불러야 할까?

박테리아가 보여 주는 세계는 상상을 초월한다. 하지만 이것은 인간의 책이므로, 우리 수준에 맞추어 즉, 인간의 편견과 관련해서만 몇 가지 이야기해 보겠다. 우선, 박테리아는 하등하지 않다. '하등-고등'이란 말 자체가 나쁜 말이고 틀린 말이지만, 굳이 그 말을 쓰고 싶다면 박테리아가 몇천 배나 더 고등하다고 하자(아마 박테리아들은 '고등-하등'을 따지는 우리의 작은마음[小心]을 이해할 수 없을 것이다). 앞에서 본 생식 분야만 탁월한 게 아니다. 우리는 산소를 이용하는 호흡밖에 못 하지만, 그들은 용해된 질산염을 이용해 호흡을 할 수도 있다. 또한 황산염이온이나 철과 망간의 금속산화물을 이용하는 박테리아도 있다(산소를 이용한 호흡도 당연 가능하다). 박테리아는 눈부신 발효반응도 진화시켰다. 우리 인간은 하지 못하는 광합성도 한다. 사실 이 정도에 그친다면 말도 안 한다. 그들은 광합성과 다른 화학합성도 한다. 이런 박테리아들은 햇빛이 아니라 화학반응을 이용한다(햇빛이 생명의 원천이라는 말은 지당하고 심지어 겸손해 보이기까지 하지만, 많은 경우 인간의 편견에 불과하다).

이것뿐이랴! 그들은 우선 우리에게도 꼭 필요한 탄소를 순환시킨다(식물이 광합성을 할 때에도[소위 탄소동화 작용], 우리가 다른 생물을 먹을 때에도 탄소는 순환된다). 그밖에 황도 순환시키고, 질소도 순환시킨다. 이들이 없으면 우리는 살 수조차 없다. 우리는 '생명' 하면 대표적으로 식물과 동물을 떠올린다. 하지만 실상을 보면 식물과 동물은 박테리아들이 만들어 놓은 세상, 지금도 계속 운영하는 세상에 적응할 수 있도록 진화해 온 것이다.[89] 우리가 '생명' 하면 박테리아들을 떠올리게 되었을 때, 이 세상의 모습은 물론 진화론에 대해서도 전혀 다른 매우 풍부한 이미지들이 분출할 것이다.

---

89) 이상 박테리아에 관한 얘기들은 놀, 『생명 최초의 30억 년』의 여기저기서 가져 왔다. 박테리아에 대해 더 놀라고 싶은 독자들은 이 책을 마저 참조해 주시기 바란다. 이와 관련해서 톰 웨이크퍼드, 『공생, 그 아름다운 공존 : 진화를 이끌고 온 보이지 않는 힘, 미생물 이야기』, 전방욱 옮김, 해나무, 2004라는 재미있고 근사한 책도 강추한다. 한편 마굴리스나 굴드의 많은 책들도 박테리아들에 취한 상태에서 쓰여진 것들이다.

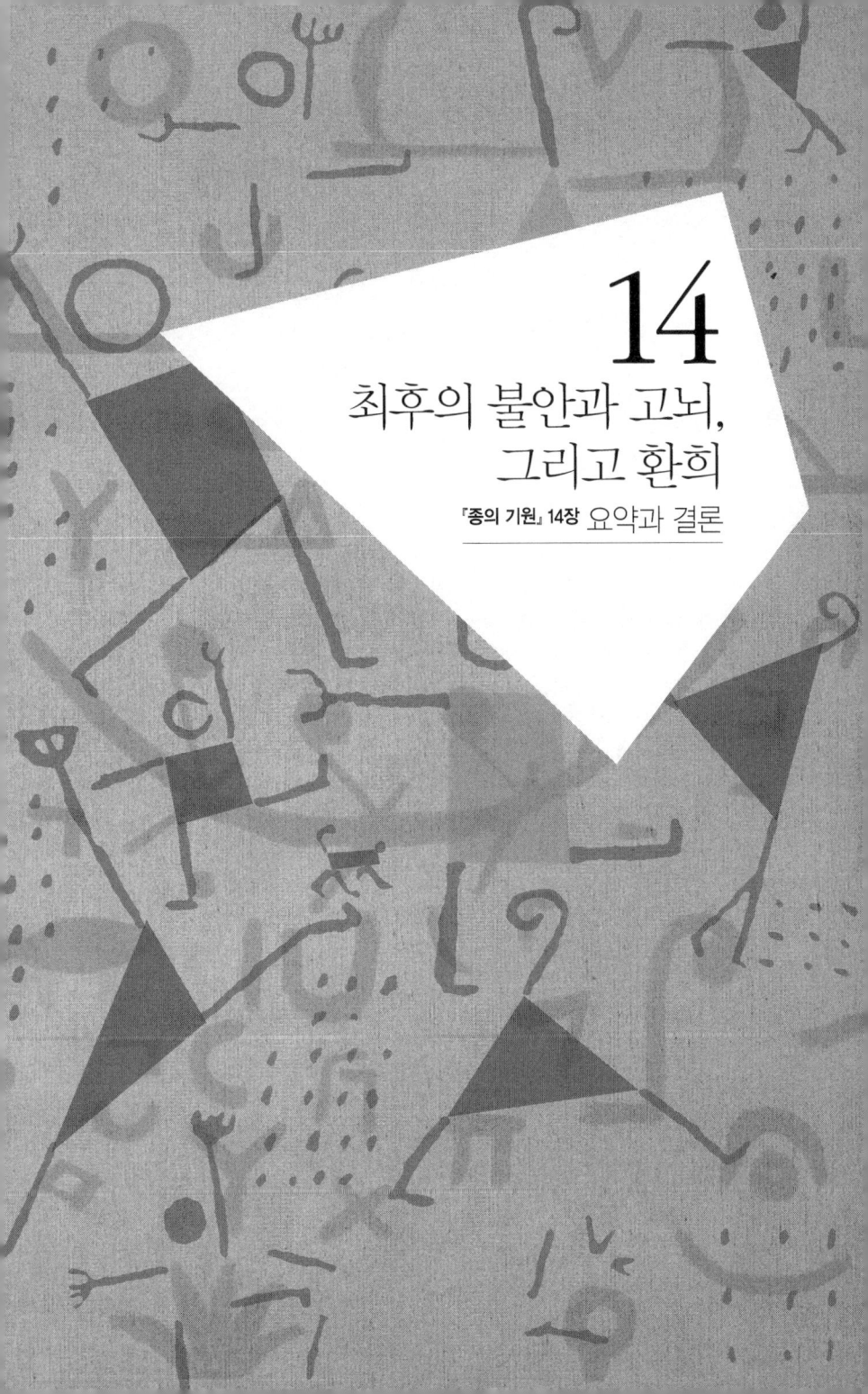

14
최후의 불안과 고뇌, 그리고 환희
『종의 기원』 14장 요약과 결론

그늘진 길을 따라 조용히 걷는 동안 끝없이 펼쳐지는 경치에 감탄하면서 내 감정을 표현하기에 적당한 말을 찾으려고 고심했다. 아무리 적당한 형용구를 떠올려 봐도 열대 지방에 와보지 못한 사람들에게 내 마음에서 일어나는 감동을 전달하기에는 역부족이다. …… 조만간 어떤 시점에는 이러한 감명이 사라지리라는 것을 알고 있지만 마음속에 이 장면을 영원히 새겨 두고자 무척 애썼다. 오렌지나무, 야자나무, 망고, 목생 양치류, 바나나의 형상 하나하나는 나의 뇌리에 선명하게 남아 있을 것이나, 이 모두를 어우러지게 해 완벽한 풍경으로 만드는 무한한 아름다움은 사라지리라. 그래도 그들은 남아서, 어릴 적 들었던 동화처럼 분명치는 않으나 대단히 아름다운 사물들로 가득 찬 그림이 되리라.
— 다윈, 『비글호 항해기』.

최후의 불안과 고뇌, 그리고 환희

세상에서 가장 긴 논의

이 책 전체가 하나의 긴 논의(논증, argument)이므로, 주요한 사실과 추론들을 간단히 요약하는 것이 독자들에게 편리할 것이다.(p. 459)

이것이 14장의 첫 문장이다. 어떻게 보면 평범할 수도 있는 이 문장, 그러나 독자는 왠지 모를 이유로 이 문장을 자꾸만 곱씹게 된다. "이 책 전체가 하나의 긴 논의"라고?! 그렇다. 사실 그의 진화론은 100% 논증될 수도 없고, 100% 실증될 수도 없는 것이었다. 마이어도 말했듯이, 다윈이 "『종의 기원』을 출간했을 때, 그는 자연선택을 입증할 만한 단 하나의 명확한 증거도 가지고 있지 못했다".[1] 따라서 그는 논증과 실증을 효과적으로 결합시켜야 했다. 그의 진화론은, 치밀한 논리와 풍부한 실증이 생화학적으로 결합되어 독자들의 마음에 새로운 사상이 싹터 나

---

1) 에른스트 마이어, 『진화란 무엇인가』, 임지원 옮김, 사이언스북스, 2008, 244쪽.

올 때, 바로 그때에만 참된 이론이 될 수 있었다.

다윈 진화론의 이러한 측면은 물리학만을 진정한 과학이라고 여기는 사람들에게는 불만스럽지 않을 수 없었다. 진화론 반대자들은 바로 이러한 불만에 편승하여 다양한 비판을 가하기도 하였다(오늘날에도 진화론 반대자들이 애용하는 수법이다). 다윈은 초판을 발간한 이후 몇 번에 걸쳐서 그러한 비판에 답하였다. 그는 우선 자연선택설이 만일 잘못된 이론이라면 『종의 기원』 전체에서 언급한 수많은 사실들을 어떻게 그리 만족스럽게 설명할 수 있었겠느냐 반문하며 다음과 같이 덧붙였다.

> 최근에 이것은 불확실한 논의 방법이라는 반론이 있었다. 그러나 그것은 보통의 일상사를 판단할 때에도 사용되는 방법이며, 가장 위대한 자연철학자들에 의해서도 종종 사용되어 온 방법이다. 빛의 파동설 역시 이 방법에 의해 도달한 것이며, 지구가 자신의 축 둘레를 회전한다는 신념도 최근까지는 거의 직접적이지 않은 증거에 의해 지지되었던 것이다. 생명의 본질이나 기원 같은 훨씬 더 고차적인 문제에 대해 과학은 아직 광명을 던지지 못하고 있다는 식의 반론도 타당치 못하다. 중력의 본질(끌어당기는 힘의 본질)이 무엇인지를 누가 설명할 수 있겠는가? 일찍이 라이프니츠는 "신비적인 성질과 기적을 철학에" 도입했다고 해서 뉴턴을 비난했지만, 오늘날에는 인력이라는 이 미지의 요소로부터 생기는 결과를 탐구하는 일에 반대하는 사람은 아무도 없다.(6판 p.421)

진화론은 실험에 의해서든 사실에 의해서든 완벽하게 증명될 수 있는 이론이 아니다. 이건 진화론이 역사 과학이라서 좀더 두드러지는 문제긴 하지만, 진화론만 그런 건 아니다. 다윈이 말했듯이 뉴턴의 중력이론도, 빛의 파동설도 모두 그러했다. 그뿐이랴! 원자 안에 들어 있다는 전자도, 염색체 안에 들어 있다는 DNA도 본 사람이 어디에 있는가? 우주가 진화해 온 과정을 본 사람이 어디에 있는가? 그러니 그런 이유로 진화론을 부정하려는 사람은, 천문학이나 물리학은 물론 전자나 DNA 같은 것들도 모두 부정하여야 한다. 그런 길을 가고 싶으면 가도 된다. 거기에는 논리적으로 하등의 문제가 없다. 다만 그곳은 과학과는 다른 세계다. 그런데 사실 이런 왈가왈부는 대부분 헛된 것이다. 진화론을 비판하는 사람들의 진심은 거기에 있지 않기 때문이다. 진화론이 사실이든 아니든 그들에게는 별로 상관이 없다. 마치 DNA가 있든 없든, 전자가 있든 없든 그들에게는 아무런 관심도 없듯이. 그들은 자신들이 믿는 어떤 신념에 진화론이 부합하지 않기 때문에 "진화론이 싫은 것"이다. 다윈은 2판과 3판에서 이런 내용을 추가했다.

이 책에서 언급한 견해가 **어째서 사람들의 종교 감정을 뒤흔드는지**, 나로서는 그 이유를 잘 알지 못한다. 그러나 사람들의 그런 인상은 일시적인 것에 불과하다. 일찍이 인간에 의해 이루어진 최대의 발견, 즉 중력이 끌어당기는 법칙도 역시 라이프니츠에 의해 "자연종교를, 그리고 아마도 계시종교를 파멸시키는 것"이라 공격받았다는 것을 상기하라. **유명한 저자이자 성직자인** 어떤 사람이 내게 이런 내용이 담긴 편지를 보내왔다. "스스로 발달하여 다른 유용한 생물이 될 수 있는 소수의 원시적인 종류를 신께서 창조했다고 믿는 것은, 하나님의 법칙에 의해 생겨난 빈 곳을 채우기 위해 새로운 창조행위가 필요하게 된다고 믿는 것과 다름없으며, 이것이 바로 신에 대한 고귀한 개념임을 알게 되었습니다."(pp. 514~515)

다윈의 치밀함을 엿볼 수 있는 대목이다. 그는 우선 자신의 진화론이 "어째서 사람들의 종교 감정을 뒤흔드는지" 이유를 잘 알지 못한다고 말한다. 그러고는 당시 『물의 아이들』(*The Water-Babies, A Fairy Tale for a Land Baby*)의 저자로 유명했던 찰스 킹슬리(Charles Kingsley, 1819~1875) 목사의 편지를 인용했다. 이를 통해 다윈이 하고자 한 말은 이런 것이었으리라. '나는 그저 자연적인 사실을 기술했을 뿐, 종교적 감정에 대해서는 건드릴 생각도 없었다. 사실 종교와는 별로 관련도 없다. 우리 영국인들이 그토록 숭앙하고, 또 자랑하는 뉴턴 샘의 발견도 그렇지 않은가? 처음에는 라이프니츠에 의해 반(反)종교적이라 비판받았지만, 요즘 정신이 제대로 박힌 사람치고 그런 주장을 하는 사람이 어디에 있는가! 킹슬리 목사, 그는 아무리 성직자라도 지적인 사람은 진화를 무조건 부정하진 않는다는 걸 잘 보여 주는 산 증인이다. 오히려 그는 생물들의 진화를 잘 수용해서 신에 대해 더욱 고귀한 개념을 갖게 되었다고 고백하지 않느냐? 결론적으로, 이 책의 주장이 왜 사람들의 종교적인 감정을 뒤흔드는지 "나는 알 수가 없다". 만일 종교적 감정이 흔들리는 사람들이 있다면 그건 그들의 지성이 아직 부족하기 때문이 아니겠느냐. 킹슬리 목사를 봐라.'

킹슬리의 편지는 아마도 선의에서 비롯된 것이리라. 흥미롭게도 이런 사고방식은 오늘날에도 종종 발견된다. 특히 창조론을 버릴 수는 없고, 그렇다고 현대 사회에서 진화론을 아예 거부할 수만도 없다고 판단한 기독교[2] 신자들이 그러하다. 그들은 신께서 "스스로 발달해 다른 유용한 생물이 될 수 있는 소수의 원시적인 종류를 창조했다고 믿는다". 이것은 선의일 경우도 많다. 하지만 사상적으로 보자면 그것은 진화론을 흡수 통합함으로써 창조론의 숨을 이어가기 위한 마지막 승부수다.

하지만 다윈이 누군가? 그는 창조론의 맨 밑바닥까지 파악하고 있었던 사람이다. 다윈은 그 밑바닥에 결코 뽑힐 수 없는 쐐기를 박아 놓았다. 자연선택에 의한 진화 메커니즘의 핵심에 있었던 것, 그것은 바로 생존을 위한 처절한 투쟁이 아니었던가! 자연선택은 형질 분기의 원리와 함께 멸종의 원리로 구성되어 있지 않았던가! 자연선택과 진화를 모두 인정하는 창조론자라면 생존을 위한 처절한 투쟁과 (대멸종을 포함하여) 대부분의 종들의 소멸을 함께 받아들여야 한다. 그 모두가 신의 사업이어야 한다. 신이 세상을 이렇게 창조했고 그것이 신의 섭리요 뜻이라면, 그것은 더 이상 전지전능한 존재도 아니고 선한 존재는 더더욱이 될 수 없다. 진화를 부정하면 현실과 대중에게 외면당하고, 진화를 받아들이면 신의 중요한 속성들을 부정해야 하는 상황. 다윈은 창조론과 목적론과, 인간중심주의를 이런 절체절명의 상황으로 몰아넣었다.

다윈은 자기 견해가 사람들의 종교적 감정을 흔드는 이유를 모르겠다고 말했다. 물론 그건 진심이 아니었다. 실은 그 이상이었다. 그는 창조론만이 아니라 서구 통념 전부를 으깨 버렸다. 우선, 그에게는 생존투쟁과 자연선택, 멸종과 형질 분기라는 두 가지 대립적 과정이 둘이 아니

---

[2] 앞서도 말했듯이, 이 책에서 기독교는 천주교와 개신교를 함께 이르는 말이다.

었다. 흔히 악과 선이라고 불리는 현상이 둘이 아니었던 것이다. 더 중요한 건, 그의 이론에서 기원이 특권을 박탈당한다는 사실이다. 심지어 신이 세상을 창조했다고 해도 좋다. '지금-여기'를 살아가는 우리에게 중요한 건, 종이 불변하는 실체가 아니라는 사실이다. 또 생물들은 앞으로도 무한히 진화해 나갈 거라는 사실이다. 신이 창조했든 빅뱅 때문에 시작되었든, 중요한 건 태초 시점에서는 예비되지 않은 방식으로 이 세상이 무한히 진화되어 나갈 거라는 사실이다. 신의 창조 의도를 파악해도, 빅뱅 순간을 완벽히 재구성해도 이후 진화되어 나갈 양상을 틀어쥘 수는 없는 것이다. 선악을 넘어선 세계, 처음이나 끝이 특권을 갖지 않는 세계, 모두가 다르고 끊임없이 변화하는 세계(개체적 차이 및 변이). 이런 세상을 긍정하는 사람이라면 늘 새로운 방식으로 자신을 잃고, 끊임없이 새로운 관계들을 구성할 것이다. 그러면서 소멸해 갈 것이다.

이러한 세계상이 쉽게 받아들여질 수 없다는 것쯤은 다윈 자신이 가장 잘 알고 있었다. 자신의 책에 영향을 받을 수 있는 사람들은 "융통성 있고 이미 종의 불변성에 의심을 갖기 시작한 소수의 박물학자들"(p. 482)뿐이었다. 나아가 그는 이렇게 말했다. "하지만 나는 장래에 대해서, 문제의 양면을 편견 없이 바라볼 수 있는 젊은 신진 박물학자들에 대해서, 확신에 찬 기대를 하고 있다. 종은 변할 수 있다고 믿게 된 사람은 누구나 양심이 명하는 바에 따라 자신의 신념을 양심적으로 표명함으로써 훌륭한 공헌을 할 것이다. 이렇게 함으로써만, 이 주제를 덮고 있는 편견의 무거운 짐이 제거될 수 있기 때문이다."(p. 482) 다윈의 기대는 지난 150년간 어찌 되었는가? 우리의 답은 낙관적이면서도 비관적이다. 지성적인 차원에서 진화를 부정하는 사람들은 거의 없지만, 목적론과 인간중심주의는 예나 지금이나 위세를 잃지 않고 있다. 진화론자는 늘지 않고 있으며, 심지어 창조론자들이 늘고 있는 사회도 많다. 과학자들은 이 사태에 적이 당황스러워한다. 대체 이 개명한 21세기에 우째 이런 일이!? 많은 과학자들이 팔 걷어 붙이고 '과학에 무지한 대중'을 계몽해 보았지만 어느 시점부터는 그것도 별 효력은 없는 듯하다.

왜 그런가? 문제의 소재지는 창조론이 아니라 지금의 세계 전체기 때문이다. 우리가 지금 살고 있는 이 세계, 여전히 인간중심주의와 목적론이 주류의 자리를 차지하고 있지 않은가! 과학자들? 그들 중 다수가 주류의 위치에서 근대적인 가치를 유포하느라 여념이 없다. 인간이 가장 고등하고, 진화된 존재라고 주장하며, 그 근거를 대는 자들은 누구인가? 기원강박증에 사로잡혀 태초의 순간에 목을 매고 있는 자들은 누구인가? 그러니 대중의 무지를 탓하기 전에, 현재 과학의 모습을 먼저 돌아볼 일이다. 여전히 굳건한 근대적 가치관을 철저히 따져 볼 일이다. 여기에는 다윈의 진화론도 예외가 될 수 없다. 계승할 것은 계승하되 혁신할 것은 '가차없이' 뜯어 고쳐야 한다. 150년 전의 다윈이 당대의 과학과 앎의 체계에 대해 그리 했던 것처럼.

다윈은 단순히 논증이나 실증만으로 독자들이 설복되리라고는 처음부터 기대하지 않았다. "치밀한 논리와 풍부한 실증이 생화학적으로 결합되어 독자들의 마음에 새로운 사상이 싹터 나올 때" 그런 독자들만이 자신의 이론을 참된 것으로 받아들일 것이었다. 그는 14장 전체 분량 중 약 2/3를 할애하여 전체 내용을 강렬하게 압축하였고, 나머지 1/3에 결론을 붙였다. 그것은 독자들의 심장에 최대한 강한 충격을 가하기 위한 것이었다. 14장의 요약 부분에 새로 덧붙여지는 내용은 하나도 없다. 그러므로 이 요약 부분이 매끄럽게 읽히는 사람이라면 『종의 기원』을 제대로 읽어 냈다고 자부해도 좋다. 지금 곁에 있다면 바로 읽어 보시라. 우리의 이야기는 요약 부분 이후부터 시작된다.

나는 이상으로 좋은 경미하고 유리한 연속적 변이의 보존과 누적에 의해 변화해 왔으며, 또한 현재도 완만하게 변화하고 있다는 것을, 내게 완전히 확신시켜 주는 주요 사실들과 고려사항들을 요약했다.(p. 480)

그렇다. 다윈이 『종의 기원』에서 말한 것은 이 이상도, 이 이하도 아니다. 그렇다면 우리는 곧바로 묻게 된다. 다윈은 "종의 변화라는 학설을 어디까지 넓게 확장시키려는가?"

이 질문에 답하기는 어렵다. 하지만 …… 나는 '변화를 수반하는 유래' 학설이 같은 강의 모든 성원을 포괄한다는 걸 의심할 수가 없다. 동물은 기껏해야 넷이나 다섯의 조상으로부터, 식물은 그 정도 혹은 보다 적은 수의 조상으로부터 유래되었다고, 나는 믿는다. 유추는 나를 한 단계 앞으로, 즉 동물과 식물의 전부가 어떤 하나의 원형(prototype)에서 유래한다는 신념으로까지 이끌어 준다. 하지만 유추는 사람을 기만하기 쉬운 안내자다. 그럼에도 불구하고 모든 생물은 화학적 조성이나 세포 구조, 성장과 생식의 여러 법칙에서 많은 것을 공유하고 있다. 이따금 동일한 독(毒)이 식물과 동물에게 비슷한 해를 끼친다거나, 오배자벌레가 분비하는 독이 들장미나 참나무에 기형적인 성장을 일으키게 하는, 극히 사소한 사실에서도 우리는 이를 확인할 수 있다. **따라서 나는**

유추에 의해 모든 생물은, 아마도 생명이 최초에 불어넣어진 어떤 하나의 원시 형태에서 유래되었을 것이라고 추론하지 않을 수 없다. (pp. 483~484)

헌데 진화론에 찬성하는 사람들 중에도 이런 의문은 생길 수 있다. "G. H. 루이스 씨가 역설한 것처럼, 생명의 처음 발단 단계에 있어서 많은 상이한 형태들이 발생되었을"(5판 p. 573) 가능성 말이다. 그 가능성도 배제해선 안 되는 것이 아닐까? 사실 이것은 나도 품었던 의문이다. 다윈의 "하나의 원시 형태"설은 이런 가능성도 검토한 후에 내린 결론일까? 물론이다.

그것은 확실히 가능한 일이다. 하지만 만일 그렇다면 그 많았던 형태들 중에서, 극히 소수의 것만이 변화된 자손을 남겼다고 결론지어도 될 것이다. 왜냐하면 내가 앞에서 척추동물, 관절동물 등과 같은 큰 강의 성원에 대해서 말한 바와 같이, 그 성원들의 발생학적인 상동구조나 흔적 구조 속에는 그들 모두가 단일한 조상으로부터 유래되었다는 명확한 증거가 들어 있기 때문이다. (5판 p. 573)

정말이지 바늘로 찔러도 피 한 방울 안 나올 사람이다. 어떤 가능성도 여유 있게 수용하면서, 또한 어떤 불확실한 상황도 미리 배제하지 않으면서, 자신의 큰 이야기는 계속 밀고 나갈 수 있는 사람. 이런 여유와 힘이 있었으니 세계 전체를 뒤바꿀 수 있었으리라. 그는 이어서 앞으로 박물학에 일어날 혁명에 대해 예언한다. 그리고 다음과 같이 덧붙인다.

유연관계, 유형의 공통성, 부계(父系), 형태학, 적응적 형질, 흔적기관 및 발육부전기관 같은 박물학자들의 용어는 더 이상 비유적인 게 아니라 명백한 의미를 갖게 될 것이다. 우리가 생물들을 바라보면서, 야만인이 배를 보고서 자신의 이해력(his comprehension)을 완전히 넘어서는 것인 양 바라보지 않게 되었을 때, 우리가 **자연의 온갖 소산을 제각기 역사를 가진 것으로 간주할 때**, 우리가 모든 복잡한 구조나 본능을 마치 어떤 위대한 기계적 발명이 많은 노동자들의 노동이나 경험, 추리, 실패 등의 총계라고 간주하는 것과 마찬가지로, 제각기 소유자에게 유용한 **여러 장치의 총계**라고 생각할 때, 나 자신의 경험에서 말하건대 박물학 연구는 지금보다 얼마나 더 흥미로워지겠는가!(pp. 485~486)

자연계를 대할 때, 거대한 배 앞에 선 야만인처럼 행동하지 말자!? 이 말을 야만인들이 들었으면 기분 나빴겠지만, 다윈의 말은 일차적으로 유럽인들 들으라고 한 말이었다. 어떤 복잡한 현상 앞에서도 스스로 생각해 보려는 태도를 포기하지 말자고 구슬리는 말이었다. 다윈의 말에 따르면, 문명인이란 자연의 소산을 역사적인 과정을 통해 이해하는 사람이다. 그런데 만약 이런 기준에 따른다면, 당시 유럽인들이 야만인이라 부르던 사람들은 정말로 야만적이었을까?

변이의 원인 및 법칙, 상관 변이, 사용과 불용의 효과, 외적인 조건의 직접 작용 등에 관해 **전인미답의 장대한 탐구 분야가 펼쳐질 것이다**. 사육재배 생물의 연구는 현저하게 높아질 것이다. 인간에 의해 육성된 새로운 변종은, 이미 기록되어 있는 무수한 종에 또 하나의 종을 첨가하는 의미 이상으로 중요하고도 흥미로운 연구 주제가 될 것이다. …… 먼 미래에는 훨씬 더 중요한 연구 분야들이 열릴 것이다. 심리학은 모든 정신적 힘과 능력이 점진적인 단계에 의해 필연적으로 획득되었다는 새로운 토대 위에 수립될 것이다. 인류의 기원과 역사에 광명이 비칠 것이다.(pp. 486~488)

다윈의 시선이 미래로 향할 때, 그의 목소리는 거의 예언자처럼 울려 퍼진다. 전인미답의 장대한 탐구 분야를 내다 보던 그의 가슴은 얼마나 요동치고 있었을까? 150년 뒤의 후예인 우리는 그의 예언이 실현된 세계를 살고 있다. 유전공학자들이 제조해 내는 "새로운 변종은, 이미 기록되어 있는 무수한 종에 또 하나의 종을 첨가하는 의미 이상"이지 않은가!(물론 이런 21세기가 다윈이 동경하던 아름다운 세상인지에 대해서는 극히 회의적이지만). 심리학이 전혀 새로운 토대 위에 수립되지 않았는가! "인류의 기원과 역사에 광명"이 비치지 않았는가! 헌데 좀 이상하다. 마지막 말은 뭔가? "모든 정신적 힘과 능력이 점진적인 단계에 의해 필연적으로 획득되었다니!" 좀더 가 보자.

내가 온갖 생물들을 특별한(종별, special) 창조물로서가 아니라 캄브리아기 최초의 층이 퇴적되기 훨씬 이전에 생존한 어떤 소수의 생물들의 직계 자손들이라고 볼 때, 그 **모든 생물들은 내게 고귀한 것으로 여겨진다.** 과거의 사실들에 의거해 판단컨대, 현존하는 어떤 종도 먼 미래까지 자신을 닮은 모습을 그대로 전하는 일은 없으리라 확실히 추론할 수 있나. 그리고 현존하는 종 중에 너나민 미래까지 자손을 진하는 것은 극소수에 지나지 않을 것이다. 왜냐하면 모든 생물이 무리로 묶여 가는 양상은, 각 속의 종 대다수가 또한 많은 속의 모든 종이 자손을 남기지 못하고 완전히 절멸되었음을 나타내기 때문이다. 장래로 눈을 돌려 보면, **최종적으로 승리를 얻어 새로운 우세종을 생겨나게 하는 것**은, 비교적 크고 우세한 무리에 속하며 일반적이고 널리 분포된 종일 것이라 예언할 수 있다. 현생생물들은 캄브리아기보다 훨씬 이전에 생존한 생물들의 계통을 이은 자손이므로, 우리는 생식에 의한 통상적 연속성이 일찍이 끊긴 적이 없으며, 또한 전세계를 황폐화시킬 만한 천재지변도 없었다고 확신할 수 있다. 따라서 우리는 **어느 정도 안심하고**, 상상할 수 없을 만큼 훨씬 이후의 장래를 내다볼 수가 있다. 그리고 자연선택은 다만 각 생물의 이익에 의해, 또 그 이익을 위해 작동하는 것이므로, **모든 신체적·심적 자질은 완성을 향해 진보하는 경향을 나타낼 것이다**.(pp. 488~489)

다윈의 모순?

이럴 수가! "모든 신체적·심적 자질은 완성을 향해 진보하는 경향을 나타낼 것"이라고? 이거 정말 다윈이 한 말 맞나? 다윈은 역사의 필연적 발전법칙 따위는 없다며 확고히 반대했던 사람이 아닌가? 예컨대 10장만 해도 그렇다. '현존 형태와 비교되는 고대 형태의 발달 상태에 관하여'를 보자.

현존하는 생물이 고대의 생물들보다 고도로 발달해 있는지에 대해 많은 논의가 있어 왔다. 박물학자들은 고등 종류라든가 하등 종류라는 것이 어떤 의미를 갖는지에 대해 서로 만족스러울 만한 정의를 내리고 있지 않기 때문에, 나는 여기서 이 문제는 언급하지 않으려고 한다. 하지만 나의 학설에 의하면, **어떤 특정한 의미에서는** 새로운 종류일수록 오래된 종류보다 고등하다고 할 수 있다. 왜냐하면 새로운 종은 모두 생존경쟁에 있어서 이전의 다른 종류보다 우세한 어떤 이점을 가짐으로써 생겨난 것이기 때문이다. …… 이러한 개량과정이 승리를 거둔 더 새로운 생물의 체제를 오래된 패배한 생물에 비해 현저하게 변화시켰을 것임에 틀림없다. **그러나 이런 식의 진보를 어떻게 조사할 수 있는지, 나로서는 모르겠다.** 예컨대 갑각류는 가장 고등한 종이 아니더라도 가장 고등한 연체동물을 패배시킬 수 있었을 것이다.(pp. 336~337)

요컨대, 하등과 고등을 만족스럽게 정의할 수는 없다는 것, 물론 어떤 특정한 의미에서는 새로운 종류가 고등하다고 할 수도 있다는 것, 그러나 그런 식의 진보를 어떻게 조사할 수 있는지 나로서는 모르겠다는 것. 이랬던 다윈이 어떻게 저런 말을?! 고생물학자 앨피어스 하이엇(Alpheus Hyatt)에게 보낸 서신에서는 아예 이렇게 대못을 박지 않았던가! "아무리 생각해 봐도 진보를 향한 내재적인 경향 같은 것은 없다고 결론 내릴 수밖에 없다네."[3] 하이엇은 내재된 발전과정에 의한 진화론을 제창한 사람이었다. 그러니 편지 내용으로 보나, 그 수신인으로 보나 다윈의 태도가 어떤 것이었는지는 명백하다. 그랬던 다윈이 어떻게 "어느 정도 안심하고" "모든 신체적·심적 자질은 완성을 향해 진보하

---

3) 스티븐 제이 굴드, 『풀하우스』, 이명희 옮김, 사이언스북스, 2002, 190~191쪽.

는 경향을 나타낼 것"이라고 주장할 수 있단 말인가?

우리는 지금까지 여러 가지 측면에서, 다윈이 통상적인 발전법칙론자들과 얼마나 다른지를 확인하여 왔다. 그런데 마지막에 와서 이게 무슨 짓인가?(우리가 지금까지 읽어 온 『종의 기원』도 이제 두 쪽밖에 남지 않았는데……).[4] 게다가 "장래로 눈을 돌려 보면, 최종적으로 승리를 얻어 새로운 우세종을 생겨나게 하는 것은, 비교적 크고 우세한 무리에 속하며 일반적이고 널리 분포된 종일 것이라고 예언할 수 있다"라고까지 말하다니! 결국에는 영장류, 더 정확하게 말하자면 지금 가장 "크고 우세한 무리에 속하며 일반적이고 널리 분포된 종"인 인간이 "최종적으로 승리를 얻을" 것이라는 말 아닌가! 이렇게 되면 다윈의 진화론을 통상적인 진보주의하에 이해해 온 근대인들이 크게 잘못한 것도 없지 않은가!

한두 구절 가지고 너무 심한 비약이라고? 하긴 다윈은 『종의 기원』을 포함한 여러 저작에서 매우 모순되는 표현을 한 게 사실이다. 그래서 "진보에 관한 다윈의 명백한 모순성은 과학사가들로 하여금 그에 대한 논문을 폭발적으로 발표하게 했다. 책 한 권이 온통 이 주제를 다룬 것도 있다".[5] 왜 안 그렇겠는가? 오늘날에도 진화는 진보인가 아닌가를 둘러싸고 논쟁이 치열하니, 다윈이 이 문제를 어떻게 생각했는지는 궁금하고도 중요한 문제가 아닐 수 없다. 한데 다윈의 표현들이 상호모순되다 보니 그의 "주장들을 일관성 있게 만들기 위한 억지스럽고 은밀한

---

4) 『종의 기원』 본문은 490쪽에서 끝나며, "모든 신체적·심적 자질은 완성을 향해 진보하는 경향을 나타낼 것이다"라는 문장은 489쪽에 적혀 있다.
5) 굴드, 『풀하우스』, 196쪽.

이론적 해석들을 구축하는 데 가장 큰 노력이 바쳐졌다".[6] 정말 궁금하다. 과연 다윈의 진화는 진보일까, 아닐까. 그리고 그는 진정 인간을 최후의 승리자로 생각한 것일까?

우선 스티븐 제이 굴드의 견해를 실마리로 삼아 시작하자. 굴드에 따르면, 다윈은 한편으로 "생명의 역사에 진보가 예정되어 있지 않다는 견해", 그래서 "서양인 동료들이 도저히 이해할 수 없었던" 견해를 일관성 있게 밀고 나갔다. 그러나 다른 한편, 그는 "진보를 존재의 근본 교의로 삼고 산업화와 세계 식민지 확장에 열을 올리던 당시 빅토리아 시대의 영국이 제공하던 안락한 생활을 누리고 있었다". 이렇게 상반되는 지적 요구와 사회적 요구 사이에서 다윈은 어느 한쪽으로 "마음을 정하지 못했다". 굴드에 따르면 이러한 다윈의 갈등이 결국 상호모순되는 표현, 일관되지 못한 모습을 낳았다는 것이다.[7] 뒤이어 본디 다윈 같은 위대한 사상가들의 생각에는 이런 모순들이 있게 마련이라며, 휘트먼의 시를 덧붙이기도 했다. "내 말이 모순되나? 좋아 그럼, 모순되자(나는 크고, 수많은 것을 포괄하지)."[8]

중요한 지적이고 호쾌한 해결책이다. 그렇지만 전적으로 찬성할 수 없는 견해이기도 하다. 나는 3장 「생존투쟁」의 '부모와 다를수록 유리하다'에서 '다윈 식 진보주의'에 대해 언급한 바 있다. 즉, 처음에(태초에) 필연적인 진보의 섭리나 법칙이 주어지지는 않는다는 점에서 그의

---

6) 같은 책, 196쪽.
7) 같은 책, 195쪽.
8) 같은 책, 196쪽. 원문은 다음과 같다. "Do I contradict myself Very well then, I contradict myself(I am large, I contain multitudes)."

이론은 통상적인 진보주의와는 달랐다. 하지만 자연선택에 의한 진화 과정이 점점 더 진보하는 경향을 생산한다는 점에서는 진보주의이기도 하다. 그에게 진보하는 경향은 자연과정의 내부에서, 즉 '유리한 것이 생존 및 번식에 유리하다'는 동어반복적 과정에 의해 생산되는 것이다. 따라서 생물들은 일반적으로 진보하지만, 퇴보하는 생물들도 간혹 생겨나게 된다. 요컨대 비록 "어떤 특정한 의미에서"긴 하지만 낡은 종류에 비해 "새로운 종류가 고등"화되는 경향을 어떻게 부정할 수 있겠는가! 또한 "현생생물들의 배가 오래된 생물들의 성체와 (어떤 특수한 의미에서) 닮았다"(13장의 '다윈의 망설임' 중에서)고도 하지 않았는가! 10장의 끝 대목을 보자.

지구 역사의 연속 시기를 살았던 서식자들은 모두 생활상의 경주에서 그들의 선조를 패퇴시켰으며, 그런 만큼 자연에서 더 높은 등급에 위치한다. 많은 고생물학자들이 생물체는 전체적으로 진보하고 있다는 막연하고 명확하며 정의할 수 없는 감정을 품는 것은 이런 이유에서일 것이다. 예전의 동물이 같은 강에 속하는 더 새로운 동물의 태아와 어느 정도까지 유사하다는 것이 이후 증명될 수 있다면, 앞서 말한 사실은 이해하기 쉬워질 것이다.(p. 345)

이러한 다윈 식 진보주의는 이후 판본으로 가면 더욱 명백해진다. 조금 앞에서 인용한 10장의 '현존 형태와 비교되는 고대 형태의 발달 상태에 관하여' 부분은 이후 판본에서 이렇게 수정된다.

4장에서 본 바와 같이, 성숙된 생물의 체부가 얼마나 분화되어 있고 특수화(전문화, specialization)되었는지가 그들이 얼마나 완성되었는지 혹은 그들이 얼마나 고등한지를 재는, 이제껏 나타난 바로는 최선의 표준이다. 또한 체부의 특수화는 각 생물에게 이로우므로, 자연선택은 각 생물의 체제를 더 한층 특수화되고 완성된 것으로 만들며, 그런 의미에서 고등케 하는 경향이 있다. 물론 자연선택은 단순한 생활조건에 적합한 많은 생물들을 미개량 상태의 단순한 구조로 계속 방치하는 경우도 있으며, 심지어는 퇴행 내지는 단순화시키는 경우도 있다. …… 또 다른 그리고 좀더 일반적인 방법에 의해서 새로운 종은 그들의 조상보다 더 우세한 것이 된다. 이는 그 새로운 종이 생활상의 경쟁에서 밀접하게 경쟁하게 되는 모든 구(舊)형태를 타파해야만 하기 때문이다. 그러므로 우리는 이런 결론을 내릴 수가 있다. 즉, 거의 같은 기후 밑에서 세계의 홍적세의 서식자가 현존하는 서식자와 경쟁하는 상태에 놓인다면, 마치 중생대의 종류들이 홍적세의 종류에 의해, 고생대의 종류가 중생대의 종류에 의해 타파되어 절멸된 것과 같이, 전자는 후자에 의해 타파되어 버릴 것이다. 따라서 **현대의 생물들은, 생활을 위한 전투에서 승리를 거두었다는 근본적인 기준에 의해, 그리고 기관의 특수화라는 기준에 의해 자연선택의 이론상 고대의 종류보다 높은 자리에 있어야 할 것이다.** 과연 실제로 다 그러한가? 대부분의 고생물학자들은 긍정적인 답을 할 것이다. 그리고 그런 대답은 비록 입증이 곤란하다 해도 진실한 것으로 인정해야만 할 것이다.(6판 pp. 409~410)

다윈은 물론 그렇지 않은 경우들이 있다는 걸 이후 판본에서도 잊지 않고 명시하였다. "어떤 곤충보다 오징어 쪽이 더 고등한지를 누가 알 수 있겠으며, 또 누가 단언할 수 있겠는가? …… 별로 고등하지 않은 갑각류가 가장 고등한 연체동물인 두족류(頭足類)를 물리칠 수도 있다."(6판 p. 412) 아울러 진보 경향이 "완전히 입증되지는 않았다"(4판 p. 402)는 것도 잘 알고 있었다. 실제로 라이엘과 브론, 후커 같은 학자들이 그 점을 지적했다는 걸 3판과 4판에서 삽입하기도 했다(더 뒤판에서는 빼버렸지만). 이처럼 그의 말 속에는 모순되어 보이는 표현들이 여럿 있다. 그렇긴 하지만 그의 전반적인 생각을 알 수 없는 건 아니다. 먼저 그는 두 가지 전제를 제시했다. 첫째, 고등과 하등에 대해 완벽하게 정의 내릴 수는 없다. 둘째, 이 생물이 저 생물보다 더 고등하다는 걸 잴 수 있는 완벽하게 정확한 수단 또한 없다. 이런 전제 위에서 다윈은 진화의 확고한 경향을 제시하였다. "생활을 위한 전투에서 승리를 거두었다는 근본적인 기준에 의해, 그리고 기관의 특수화라는 기준에 의해 자연선택의 이론상" 현대의 생물들은 "고대의 종류보다 높은 자리에 있어야" 한다. 다만 그것이 태초에 미리 정해져 있지는 않았다는 점, 그리고 모든 생물이 이런 경향을 따르지는 않는다는 점을 놓치지 않았다는 점에서 통상적인 진보주의자와는 달랐던 것이다. 다윈의 이러한 견해는 자신의 관찰과 사색에 사회 신분이 요구하는 이데올로기가 결합되어 형성된 것이었다.

따라서 나는 굴드의 견해를 취하지 않는다. 오히려 '정통 다윈주의자'인 도킨스의 견해가, 최소한 다윈을 해석하는 문제에 있어서는 더 올바르다(그의 진화관이 올바른지와는 무관하게). 도킨스는 진화가 생물이 환경에 대해 적응적 적합성을 증대시켜 온 과정이라고 본다. 그리고 도덕성 혹은 이타심 같은 특성도 '이기적 유전자'설을 통해 진화론적으로 설명해 냈다. 오해를 피하기 위해 한 가지를 덧붙여야겠다. (현대 진화론자들 대부분을 포함하여) 도킨스와 굴드는 모두 진화를 국지적 환경에 대한 수동적 적응으로 본다는 점에서, 나의 견해와 크게 다르다.

헌데 만일 나의 이런 해석이 옳은 것이라면, 다윈이 하이엇에게 써 보낸 내용은 어찌 되는 것인가? 다윈은 "아무리 생각해 봐도, 진보를 향한 내재적인 경향 같은 것은 없다고 결론 내릴 수밖에 없다"고 쓰지 않았던가! 맞다. 그런데 다윈이 부정한 것은 진보를 향한 경향이 아니었다. 그런 경향이 내재적으로 존재한다는 하이엇 식의 주장이었다. 진보를 향한 경향은 태초에 신이 부여한 것도 아니었고, 초월적인 자연법칙(혹은 역사법칙)이 강제한 것도 아니었다. 또한 날이 갈수록 진보해 가는 경향을 생물체들이 갖고 태어나는 것도 아니었다. 오직 자연선택 과정, 즉 "유리한 것이 생존 및 번식에 유리하다"는 동어반복적 과정이 반복됨으로써 진보를 향한 경향이 생산되었다는 것이다. 그러니 다윈이 자신의 생각 앞에서 얼마나 놀라고 또 만족스러웠겠는가!

최후의 문제

다윈 식 진보주의 문제는 이쯤 해 두고, 더 중요한 문제로 들어가자(이것이 우리가 풀어야 할 마지막 문제다). "다윈은 결국 인간중심주의자였는가?" 혹은 "다윈의 자연선택설과 마지막 대목의 인간중심주의적 발언은 모순되는 것인가?" 『종의 기원』에서, 아니 다윈의 문장 중에서 가장 유명하고 자주 인용되는 마지막 문장을 함께 보자.

갖가지 종류의 많은 식물들이 무성하게 덮여 있고, 그 숲 속에서 새들이 지저귀고 여러 가지 곤충들이 날아다니며, 벌레들이 그 습지를 기어 다니는, 그렇게 서로 뒤엉켜 있는 **강둑**을 바라보면서, **이 절묘하게 만들어진 형태들(생물들)**이 서로 매우 다르며 또 매우 복잡한 방식으로 서로 의존하고 있지만, 이들이 모두 우리 주위에서 작용하고 있는 법칙들에 따라 생산되었다는 것을 반추해 보는 것은 참으로 흥미로운 일이다. 가장 넓은 의미에서 보자면 이 법칙들이란, '생식'(재생, reproduction)을 수반하는 **'성장'**, 거의 생식 속에 함축되어 있는 **'유전'**, 외적 생활조건의 직접 및 간접적인 작용에 의해 생겨나는, 또한 사용 및 불사용에 의해 생겨나는 **'변이성'**, '생활을 위한 투쟁'을 야기하고 또한 '자연선택'의 결과로서 마침내는 '형질 분기와 덜 개량된 형태들의 절멸'을 수반하는 **높은 번식 '증가율'**이다. 이리하여 **자연계의 전쟁**(war of nature)으로부터, **기근과 죽음**으로부터, 우리가 생각할 수 있는 가장 고귀한 목적(일, object), 즉 **고등동물의 산출**이 직접적으로 따라 나온다(directly follows). 생명은 여러 가지 능력(힘, powers)과 함께 최초에 소수 또는 하나의 형태에 불어넣어졌다고 하는 이 견해, 그리고 이 행성이 고정된 중력법칙에 따라 회전하는 동안, 그토록 단순한 발단에서 극히 아름답고 극히 경탄할 만한 형태들이 무한히 진화해 왔으며, 현재도 진화하고 있다는 이 견해에는 장엄함이 깃들어 있다.(pp. 489~490)

다윈이 수도 없이 걸었을 강둑을 상상해 보시라. 갖가지 식물들과 새들과 곤충, 벌레들, 그리고 습지가 모두 뒤엉켜 있었을 그 강둑. 그 많은 생물들이 서로 다르고 매우 복잡하게 상호의존하지만, 그들 모두 우리가 날마다 경험하는 일상적인 법칙으로부터 생산되었다니! 그토록 단순한 발단에서 극히 아름답고 극히 경탄할 만한 형태들이 무한히 진화해 왔으며 지금도 진화하고 있다니![9] 이 얼마나 장엄한 견해인가! 나는 이 문장을 처음 접했을 때, 다윈이 이 세계를 장엄하다고 한 줄 알았다. 그런데 자세히 읽어 보니 장엄함이 깃들어 있는 곳은 자신이 제시한 진화 이론이었다. 왜 이렇게 썼을까? 다윈은 유물론에 기반한 자신의 진화론이, 기존의 어떤 이론보다도 장엄한 세계상을 담고 있다는 점에 가슴이 벅찼다. 창조론자들은 그동안 유물론과 진화론을 얼마나 상스럽고 천한 이론으로 대접해 왔는가! 하지만 다윈은 우리가 날마다 경험하는 일상적인 법칙으로부터, 또한 너무나 단순한 시작으로부터, 극히 아름답고, 극히 경탄할 만한 형태들이 무한히 진화해 왔고, 또 지금도 진화하고 있음을 보여 주었다. 태초에 고귀한 사명을 부여받아 그것을 실현해 왔다는 견해와 비교해도 전혀 초라하지 않았다. 또한 어떤 면에서는 더욱 소중하고 또 고귀한 것이 아닐 수 없었다. 이것이 다윈의 생각이었다. 생명과 여러 가지 힘, 그리고 지구의 회전에서부터 시작되는……. 아! 나도 다윈처럼 이 장엄한 문장으로 책을 끝낼 수 있었다면 좋았으련만.

헌데 여기에는 또 하나의 이야기가 들어 있다. 자연의 전쟁(캉돌)으로부터, 기아와 죽음(맬서스)으로부터, 가장 고귀한 목적(일, object) 즉 고등동물의 산출이 직접적으로 따라 나온다는 이야기가 들어 있는 것

---

[9] 이 구절로 『종의 기원』은 끝이 난다. 원문은 다음과 같다. "from so simple a beginning endless forms most beautiful and most wonderful have been, and are being, evolved."

이다. 결국 이 세계란 무엇인가! 서로 죽고 죽이는 전쟁은 그칠 날이 없고, 늘 기아에 시달리며 종생토록 수고하여도 결국은 죽음을 맞이하고 마는 세계. 고통과 저주와 죄와 죽음의 이 세계! 그런데 다윈은 자신의 진화론을 통해 구원의 빛을 발견했다. 이미 내세를 믿지 않게 된 그에게 유일한 구원은 바로 영혼의 불멸이었고, 영혼의 핵심은 바로 도덕 감정이었다. 그러한 도덕 감정을 가진 생물, 즉 고등동물이 죄와 죽음의 세계로부터 '직접적으로' 산출되는 것이다. 그러니 우리는 창조론이 아니고도 구원을 얻을 수 있다. 4장에서 말했듯이, 다윈은 "어떤 군이 최후의 승리자가 될지" 궁금해 했다. "어느 시기에 생존하던 종 가운데서 먼 장래까지 그 자손을 남기는 것은", 아무도 없으리라고 하는 대신 "극히 적으리라고 예언"했다는 대목도 덧붙인 바 있다. 그때 나는 이렇게 물었다. "최후의 승리자란 있을 수 없고, 먼 장래까지 자손을 남기는 종류도 역시 없으리라는 것을 어떻게 다윈이 모를 수 있었을까?" 이제 그 물음에 답해야 할 때가 왔다.

난제이자 꼭 풀고 싶었던 문제

다윈에게는 최대의 난제이자 꼭 풀고 싶었던 문제가 있었다. 그것은 도덕성이 자연선택에 의해 진화할 수 있었겠느냐, 하는 문제였다.[10] 물론

---

10) 다윈이 이 문제에 고투한 과정에 대해서는 Robert J. Richards, "4 Darwin's Theory of Natural Selection and Its Moral Purpose", *The Cambridge Companion to The "Origin of Species"*, eds. Michael Ruse and Robert J. Richards, Cambridge : Cambridge University Press, 2009, pp. 47~66을 참조.

이것은 다윈만의 문제가 아니었다. 『종의 기원』이 발표되었을 때 가장 문제가 된 게 진화론 자체보다는 그것이 윤리에 미치는 함의였다는 사실을 생각해 보라. 요즘도 창조론자들은 진화론이 윤리나 도덕성을 타락시킬 것을 가장 우려하고 있지 않은가! 다윈의 멘토이자 절친이었던 라이엘의 경우는 이를 잘 보여 준다. 그는 사회 분위기나 친한 동료들의 연구 동향을 보면서 정말 진화론이 맞는 게 아닐까 하며 점점 불안해 했다. 『종의 기원』의 출간은 라이엘의 불안을 극심한 고통으로 빠르게 악화시켰다. 이제는 더 이상 진화론을 부정하는 게 능사가 아니었다. 진화론을 받아들이는 걸 전제로 고민을 할 수밖에 없지 않을까? 그럴 경우 최대의 문제는 바로 도덕성이었다. 그는 "동물과 인간의 친족관계는 '인간의 동물적 본성'에만 국한되며, '도덕적이고 지적이고 발달하는 부분'은 인간에게만 창조된 것이 아닐까?"라고 생각해 보았다. "인류가 탄생할 때 '도덕'이 섬광처럼 생겼다는 생각, 불멸이라는 선물이 내려지는 신성한 순간이 있었다는 생각으로 기울었다."[11]

다윈은 『종의 기원』에 쓴 내용을 충분히 확신하고 있었으며, 아무리 오랜 시간이 걸려도 결국은 사람들의 동의를 얻을 걸로 믿었다. 그럴 경우 남는 문제는 바로 진화와 도덕의 문제다. 진화는 도덕과 무관한가? 아니면 도덕성도 진화의 산물인가? 만일 진화의 산물이라면 어떻게? 이건 단지 진화론을 방어하는 차원만이 아니라 다윈 자신의 문제기도 했다. 그는 내세나 초월적인 구원 따위는 믿지 않았다. 그러나 다른 한편으로 다른 방식이나마 모종의 구원 같은 걸 갈구하기도 했다. 이처럼

---

11) 에이드리언 데스먼드·제임스 무어, 『다윈 평전』, 김명주 옮김, 뿌리와이파리, 2009, 686쪽.

자연선택 원리에 의해 도덕성이 진화되었느냐는 난제 중에서도 난제였으며, 다윈 자신으로서도 꼭 풀고 싶었던 문제였던 것이다.

헌데 이게 왜 그토록 난제였을까? 우선 다윈은 도덕성이란 사회적 본능의 일종이자, 그 중에서 가장 고도로 발달한 것이라 보았다. 그렇다면 문제는 과연 사회적 본능이 어떻게 진화되었을지로 좁혀진다. 자신만의 이익 대신 자신이 속한 집단의 이로움을 추구하는 사회적 본능은 과연 어떻게 진화된 걸까? "본능 문제"가 "다윈 인생 최대의 과제와 직결되는 문제"(7장 「본능」 중 '본능을 별도로 다루다'에서)였던 것은 바로 이런 맥락에서였다. "연구를 시작한 초기부터 인생이 끝나는 날까지 다윈의 궁극적 목적은 결국 인간이 동물의 하나요 생물의 하나라는 것, 따라서 유일하게 특별한 존재가 아님을 밝히는 것이었다." 그러기 위해서는 인간중심주의 최대의 근거인 지성과 도덕성이 진화의 산물임을 밝혀야 했다. 물론 지성 쪽도 만만치는 않았지만 도덕성 쪽은 정말이지 지긋지긋하게 어려운 난제였다.[12] 그것은 인간 사회를 진화론적으로 해명하는 열쇠이기도 했다. 그가 젊은 날 비밀노트에 썼듯이, "도덕적 감각이 없으면 사회는 불가능"하기 때문이다. 그런데 과연 이러한 도덕적 감각은 어떤 과정을 거쳐 진화된 것일까?

물론 도덕적 감각을 지닌 개체를 많이 보유한 집단은 그렇지 못한 집단에 비해 경쟁에서 유리할 수가 있다. 6장 후반부에 등장했던 벌 이야기를 기억하시는가? "엄마가 자식에게 헌신하는 모성애를 볼 때 찬탄하지만, 그런 식이라면 여왕벌이 자기 딸인 젊은 여왕벌을 태어나자

---

12) 지성 쪽의 사정은 상대적으로 나았다. 사람들은 꿀벌의 놀라운 학습본능을 잘 알고 있었고, 따라서 인간의 지성과 동물의 지성 사이의 심연이 도덕성 쪽보다는 깊지 않았던 것이다.

마자 죽여 버리게 하거나 혹은 젊은 여왕벌과 싸워 스스로 자멸해 버리도록 내모는, 모성증오라는 야만적 본능 또한 찬탄받아야 마땅한 일이다. 모성애든 모성증오든 그 공동체를 위해서는 이롭기 때문이며, 따라서 자연선택이라는 가차없는 원칙에 비추어 보면 필경 같은 것이기 때문이다." 그런데 이 해답에는 결정적인 장애물이 있었다. 다른 집단과의 경쟁 이전에, "그런 개체들이 한 집단 내에서 다수를 차지하는 것은 어떻게 해서 가능한 걸까?" 자연선택은 개체의 이로움을 위해서만, 개체의 이로움에 의해서만 작동하는데, 거기서 어떻게 개체의 이로움에 반하는 결과가 산출될 수 있단 말인가?

이에 대해 다윈은 '유용한 습성이 유전된다'는 원리를 잠정적인 해결책으로 갖고 있었다(이것은 페일리로부터 파생된 '유용성의 법칙'이었다). 헌데 이 원리에는 문제가 있었다. 사회적 유용성은 종 전체가 어떤 습성을 채택하도록 인도하고, 그것은 반복 실행에 의해 본능화된다는 게 전제로 깔려 있었던 것이다. 또한 여기에는 유용한 습성이 반복을 통해 강화되고, 그것이 우연히 유전될 수 있다는 라마르크의 사고도 가세하고 있었다. 다윈은 진화론을 확신하던 무렵부터 '유용한 습성이 유전된다'는 생각에 사로잡혀 있었다. 완벽한 확신은 들지 않았지만 얼추 말은 되는 것 같았다. 또 그것 말고는 다른 길도 없어 보였다. 그렇지만 그것은 "일생에 한 번밖에 사용되지 않는 습성이나 구조를 설명할 수 없었고, 특히나 중성불임 곤충의 예 앞에서는 무력할 수밖에 없었다". 습성의 유전 말고는 정말 길이 없는 것일까? 우리도 앞서 확인했듯이, 해결책은 『종의 기원』 집필 직전의 시점에 떠올랐다. 7장 「본능」 중 '해결의 열쇠'에서 보았던 대목을 다시 한번 읽어 보자.

이처럼 자연선택은 개체뿐만 아니라 종족(family)에도 적용되어, 바람직한 목적을 이룰 수 있다. 만일 그 군집 내 어떤 구성원의 (불임 상태와 상관되어 있는) 구조나 본능의 경미한 변화들이 그 군집에 유리하다면, 그리하여 그 군집이 크게 번성하였다면, 그 결과 많은 암놈과 수놈이 태어날 것이며 또한 불임성 성원도 많이 태어났을 것이다. …… [이 과정은] 크기와 구조가 일정한 한 무리의 일개미와, 그리고 동시에 크기와 구조가 상이한 일군의 일개미를 규칙적으로 산출할 수 있다. …… [결국] 이 사례는 또한 식물에서와 마찬가지로 동물에서도, 연습이나 습성(exercise or habit)의 작용 없이, 저절로 일어난 다수의 경미하고 유리한 변이가 축적됨으로써 구조가 변화될 수 있음을 보여 준다는 점에서 매우 흥미롭다. 왜냐하면 일개미나 불임성 암컷에 한정된 특수한 습성은 아무리 오랫동안 계속된다 해도, 자손을 남길 수 있는 수컷이나 생식력 있는 암컷에게 영향을 줄 수는 없기 때문이다. 나는 이 명확한 중성 곤충의 예를, 라마르크의 유명한 습성 유전의 학설에 대한 반증 사례로 제시하는 자가 지금까지 아무도 없었다는 사실이 놀랍다.(p. 238, pp. 241~242)

먼저 어떤 소규모 생물집단에 자신의 이익이 아니라 집단의 이익을 위해 행동하는 희한한 변이체가 생겼다고 해보자. 위험한 적이 다가왔을 때 먼저 소리를 치는 동물을 떠올리면 쉽겠다. 이 동물이 자기 집단을 위해서 그러는지, 아니면 그저 겁이 너무 많아 비명을 지른 것인지는 중요치 않다(나는 종종 이 두 경우가 둘이 아니지 않을까 생각해 보곤 한다). 어쨌거나 이런 변이체(들) 때문에 그 집단은 위험을 모면하기 쉬울 것이고, 이 점에서 그렇지 못한 집단보다 유리할 것이다. 그런데 문제는 아까도 말했지만, 자연선택이 이 변이체 수준에서 작동한다는 점이다. 그 변이체 때문에 집단 전체는 유리하지만, 정작 변이체 자체는 포식자에게 더 빨리 포착되어 생존 및 번식에서 다른 개체보다 훨씬 불리하다. 그러므로 그런 변이체는 그야말로 일시적인 변이체일 뿐 집단 내에서 그 수를 점차 늘려 갈 수가 없다.

헌데 여기 또 하나의 자연선택이 작동한다(다윈이 발견한 종족, 혹은 가족family선택이 바로 이것이었다). 그 변이체는 비록 일찍 죽어 자손을 낳지 못할지라도, 변이체를 낳은 부모 및 그 가족 전체는 생존투쟁에서 유리할 수 있다. 중성불임 곤충이 바로 이런 선택원리에 의해 그토록 다양하게 늘어날 수 있었던 것 아닌가! 비록 그런 형질을 보유한 변이체들이 불임일지라도, "구조나 본능의 경미한 변화들이 그 군집에 유리하다면, 그리하여 그 군집이 크게 번성하였다면" "그 결과 불임성 성원도 많이 태어났을 것"이라 하지 않았던가! 우리의 사례에서, 사회적 본능으로 인해 자손을 못 남기고 일찍 죽는 변이체들은 중성불임 곤충에 해당된다. 도덕성은 이런 종족선택 원리에 의해 진화될 수 있다. 라마르크 진화론처럼 어떤 습성을 생물이 갖고 태어난다고 가정하고(이것은 창조론적인 가정이다), 반복을 통해 점점 진화한다고 하지 않아도 된다. 다윈은 이리하여 습성유전 학설을 버리고[13] 오로지 자연선택 원리만 가지고 도덕성의 진화를 설명할 수 있었다. 실제로 우리 인간을 포함한 영장류들이 이런 사회적 본능을 과시하고 있으며, 인간의 경우는 그것을 더욱 심화, 발전시켜 고도로 도덕적인 사회를 이루고 있지 않은가!

---

13) 물론 다윈이 '습성은 유전된다'는 설을 전적으로 버린 것은 아니었다.

물론 『종의 기원』에서는 인간의 진화 및 도덕성의 진화를 직접 논증하지 않았다. 섣불리 속생각을 발설하는 건 실패 가능성이 너무 높았기 때문이다. 확실한 설득을 위해서는 우선 진화론이 받아들여져야 했고, 나아가 후일 출간하게 되는 『인간의 유래와 성선택』만큼의 두터운 책이 필요했다. 그러나 『종의 기원』 속에는 이미 기본적인 논증의 골격이 다 들어 있었다. 『종의 기원』을 읽고 진화론을 받아들인 독자들이라면, 인간 또한 진화의 산물임을 받아들일 것이었다. 특히 7장 「본능」 장에 주목한 사람이라면 도덕성의 진화 또한 의심할 수 없으리라. 일반 독자들이 다윈의 이런 주장을 직접 접하려면 1871년과 1872년까지 기다려야 했다. 그렇지만 이미 다윈은 자신의 사업을 완수한 상태였다. 다윈은 벅차오르는 가슴을 억누를 수가 없었다. 그래서 그는 선언하지 않을 수 없었다. 인간의 "모든 정신적 힘과 능력은 점진적인 단계에 의해 필연적으로 획득되었던 것"이라고. 또한 우리 인간은 "비교적 크고, 우세한 무리에 속하며, 일반적이고 널리 분포된 종"이므로 우리야말로 "최종적으로 승리를 얻어 새로운 우세종을 생겨나게" 할 것이라고. 다윈이 어울리지 않게 "어떤 군이 최후의 승리자가 될지" 궁금해 했을 때 떠올렸던 것은 바로 우리 인간, 아니면 최소한 영장류였던 것이다. 이리하여 다윈은 "자연계의 전쟁으로부터, 기근과 죽음으로부터, 우리가 생각할 수 있는 가장 고귀한 목적, 즉 고등동물의 산출이 직접적으로 따라 나온다"고 쓸 수 있었다. 어찌 가슴 벅차지 않을 수 있었으랴![14]

이처럼 『종의 기원』의 마지막 단락에는 두 가지 이야기가 들어 있다. 하나는 이 어두운 세상에서 자연스러운 과정을 통해 고등동물이 산출되었다는 이야기고, 또 하나는 그토록 단순한 발단에서 극히 아름답고 극히 경탄할 만한 형태들이 무한히 진화해 왔으며 지금도 진화하고 있다는 이야기다. 이 두 가지 이야기는 상호 무관하지도 않지만 그렇다고 동일한 이야기도 아니었다. 독자 여러분은 이 중 어떤 쪽을 택하시겠는가? 죽음과 고통으로부터 마침내 구원에 이르는 고귀한 이야기? 아니면 장엄하고도 무상한 세계를 그려 낸 이야기? 그것도 아니면 다윈처럼 두 가지 이야기를 하나의 심장 안에 담고 터질 듯한 긴장을 안고 살아가는 것? 어느 쪽을 택하든 그건 독자들의 자유다. 다만 이 한 가지는 가슴속에 새겨 두자. 200여 년 전 지구에서 태어난 어떤 포유류가 이토록 팽팽한 긴장을 일생 동안 살아냈고 그리하여 『종의 기원』이라는 귀한 보물을 낳았다는 것을. 우리가 마지막 문장에서 듣는 장엄함은 그 긴장과 충돌의 굉음이라는 것을.

14) 다윈의 자연선택 과정은 흔히 기계적이고 조야한 것으로 간주된다. 그러나 로버트 J. 리처즈는 그런 통념을 비판하면서 다윈에게 자연선택 과정은 대단히 지적이고 도덕적인 것이었다고 주장한다. "자연이 무수한 피조물들의 희생을 초래했을 수는 있지만, 그것은 도덕적 존재의 창조라는, [우리가 생각할 수 있는 가장] 고귀한 '목적'(object) 혹은 의도하에서 그렇게 한 것이다." "우리 인간이야말로 자연선택에 의한 진화의 최종 목표라고 다윈은 믿었다"는 것이다. Richards, "4 Darwin's Theory of Natural Selection and Its Moral Purpose", *The Cambridge Companion to The "Origin of Species"*, p. 366. 리처즈의 이러한 견해는 자연선택에 의한 다윈의 진화론을 인간의 구원론과 강하게 결부시킨다. 다윈 자신이 속해 있는 인간이 바로 진화의 목표라는 자부심, 그것이 다윈을 청년 시절부터 강하게 추동했던 것은 분명하다. 1842년 「스케치」와 1844년 「에세이」부터 이미 '신 없는 우주를 사는 인간의 구원론'은 명백히 표현되어 있다. 하지만 우리는 또한 다윈에게 매우 종가 다른 힘과 새로운 세계 이미지가 있었다고 느낀다. 진화의 과정은 참으로 무상하고도 장엄한 것이라는 사실, 무상함과 장엄함이 둘이 아니라는 깨달음이 또한 다윈의 전 존재를 흔들었다. 다윈의 안에서, 또 디윈과 세계 사이에서 이토록 상이한 종류가 힘과 세계 이미지가 격렬하게 충돌하였다. 다윈이 생전에 남긴 많은 저작들은 그러한 충돌의 흔적들이다.

부록

『종의 기원』의 원목차

머리말

1장 사육재배하에서의 변이

변이성의 원인 / 습성의 작용 / 상관 변이 / 유전 / 사육재배 변종의 특징 / 변종과 종을 구별하는 일의 곤란함 / 한 종 또는 그 이상의 종으로부터의 사육재배 변종의 기원 / 사육에 의한 여러 비둘기들 / 그 차이와 기원 / 예부터 행해진 선택의 원리와 작용 / 방법적 선택과 무의식적 선택 / 우리의 사육재배 생물의 기원이 뚜렷하지 않은 점 / 인간의 선택력에 있어서 유리한 사정

2장 자연하에서의 변이

변이성 / 개체적 차이 / 의심스러운 종 / 분포 구역이 넓고 분산성이 높고 보통 종이 가장 많이 변이한다 / 어느 나라나 큰 속의 종이 작은 속의 종보다도 많이 변이한다 / 대부분의 큰 속의 종은 서로 극히 밀접하나 불평등한 관계가 있고, 그 분포 구역이 한정되어 있는 점에서 변종과 비슷하다

3장 생존투쟁

자연선택에 대한 관계 / 광의의 생존경쟁 / 등비수열적 증가율 / 귀화한 동식물의 급속한 증가 / 증가를 방해하는 것의 성질 / 경쟁은 보편적이다 / 기후의 영향 / 개체수에 의한 방호(防護) / 자연계 모든 동식물의 복잡한 관계 / 생활을 위한 투쟁은 동종의 개체 사이 및 변종 사이에서 가장 심하고, 같은 속의 종 사이에서 때때로 심하다 / 모든 관계 중에서 생물 대 생물의 관계가 가장 중요하다

4장 자연선택

자연선택 / 인간의 선택과 비교해 본 자연선택의 힘 / 중요치 않은 형질에 미치는 자연선택의 힘 / 일생의 모든 시기에 양성에 미치는 자연선택의 힘 / 성선택 / 같은 종의 개체 간에 이루어지는 교배의 보편성에 대하여 / 자연선택에 유리한 사정과 불리한 사정, 즉 교배, 격리, 개체수 / 완만한 작용 / 자연선택에 의해 일어나는 멸종 / 작은 지역에 서식하는 생물의 다양성과 순화(順化)에 관련된 형질의 분기 / 절멸을 통해

공통 조상에서 유래한 자손들에게 미치는 자연선택의 작용 / 모든 생물이 유군(類群)으로 나누어지는 것을 설명한다

5장 변이의 법칙
외적인 조건의 작용 / 자연선택과 연결된 용불용 / 비행기관과 시각기관 / 기후 순화 / 상관 변이 / 성장의 보상과 경제 / 사이비 상관 / 중복된 구조, 불완전한 구조 및 체제 준위(準位)가 열등한 구조는 변이하기 쉽다 / 이상하게 발달한 구조는 아주 변이하기 쉽다 / 종의 형질은 속의 형질보다 변이하기 쉽다 / 2차 성징은 변이하기 쉽다 / 같은 속의 종은 서로 비슷한 변이를 한다 / 오래 잃고 있었던 형질로의 복귀 / 총괄

6장 학설의 난점
변화를 수반하는 유래 학설의 난점 / 이행 / 이행적 변종의 부재와 희소 / 생활습성의 이행 / 같은 종이면서 매우 다른 습성들 / 혈연이 가까운 종과 몹시 다른 습성을 가진 종 / 극도로 완성된 복잡한 기관 / 이행의 방법 / 난점의 여러 가지 예 / 자연은 비약하지 않는다 / 별로 중요하지 않은 기관 / 어떤 기관도 절대적으로 완전하지 않다 / 자연선택설에 포괄된 '형의 일치'와 '생존조건'의 법칙

7장 본능
본능은 습성과 비교되지만 기원은 다르다 / 본능에는 단계적 차이가 있다 / 진딧물과 개미 / 본능도 변화한다 / 가축의 본능과 그 기원 / 뻐꾸기, 타조, 기생벌의 자연본능 / 노예를 만드는 개미 / 꿀벌과 그 집을 만드는 본능 / 본능의 자연선택설에 관한 난점 / 중성, 즉 불임 곤충 / 총괄

8장 잡종
최초 교배의 불임성과 잡종의 불임성의 구별 / 불임성은 보편적이지 않다. 즉, 같은 계통 교배에 의해 영향받으며, 사육에 의해 제거되는 여러 가지 불임성 / 잡종의 불임성을 지배하는 여러 법칙 / 불임성은 특별히 부여된 게 아니라, 다른 차이에 기인하는 우발적인 것이다 / 최초 교배 및 잡종의 불임성의 원인 / 변화된 생활조건의 효과와 교배외의 평행성 / 교배된 변종 및 그 잡종 자손의 임성은 보편적이지 않다 / 임성과 관계 없이 비교되는 종 간 잡종과 변종 간 잡종 / 총괄

9장 지질학적 기록의 불완전에 대하여
오늘날 중간적 변종을 볼 수 없는 것에 대하여 / 멸종한 중간적 변종의 성질과 그 수에 대하여 / 퇴폐의 침식이 빠른 데서 추정된 광대한 시간의 경과에 대하여 / 우리의 고생물학적 수집 표본의 빈약성에 대하여 / 암층의 단속성에 대하여 / 어느 암층에서

도 중간적 변종을 볼 수 없는 것에 대하여 / 알려져 있는 것 중 제일 아래쪽 부분의 화석에 있어서의 갑작스러운 출현에 대하여

10장 생물의 지질학적 천이(遷移)에 대하여

새로운 종이 서서히 계속적으로 출현하는 것에 관하여 / 그 종들의 변화 속도가 다르다는 데 관하여 / 일단 소멸한 종은 다시 출현하지 않는다 / 종의 무리는 출현이나 소멸에 관해서 단일 종과 마찬가지의 일반적 규칙에 따른다 / 멸종에 대하여 / 전세계에서 생물이 종류가 동시에 변화하는 것에 대하여 / 멸종종의 상호 유연관계 및 현생 종과의 유연관계에 대하여 / 예전의 여러 생물의 발달 상태에 관하여 / 같은 지역 내에서 일어나는 동일한 유형의 천이에 관하여 / 앞의 장 및 이 장의 총괄

11장 지리적 분포(1)

현재의 분포는 물리적 조건의 차이로는 설명할 수 없다 / 장벽의 중요성 / 같은 대륙에 있는 생물의 유연관계 / 창조의 중심 / 기후의 변화와 육지의 높낮이 변화 및 수시적 사건에 의한 산포 / 빙하 시대에 있어서 세계의 확장 및 변동과 연동된 산포

12장 지리적 분포(2)

담수 생물의 분포 / 대양도의 생물에 대하여 / 양서류 및 육생 포유류가 빠져 있는 것 / 섬의 생물과 그에 가장 가까운 본토 생물의 관계에 대하여 / 가장 가까운 원천으로부터의 식민과 그에 이어지는 변화에 대하여 / 앞의 장 및 이 장의 총괄

13장 생물의 상호 유연관계 : 형태학, 발생학, 흔적기관

분류, 무리에 종속하는 무리 / 자연적 체계 / 분류의 여러 규칙과 곤란들이, 변화를 수반하는 유래 학설에 의해 설명된다 / 변종의 분류 / 유래는 분류에서 항상 사용된다 / 상사적 혹은 적응적 형질 / 일반적이고 복잡하며, 방사적인 유연관계 / 멸종은 무리를 갈라놓고 구별되게 만든다 / 형태학, 같은 강의 성원들 사이, 그리고 동일 개체의 부분들 사이에 있어서 / 발생학, 변이가 유년기에 병발(竝發)하지 않고, 또한 해당되는 시기에 유전되는 것에 의해 설명되는 법칙들 / 흔적기관, 그 기원을 설명한다 / 총괄

14장 요약과 결론

'자연선택'설의 난점 요약 / 이 설에 유리한 일반적 요건 및 특수한 요건들 요약 / 종의 불변성이 일반적으로 신봉되고 있는 원인 / 자연선택설은 어디까지 확장되는가 / '박물학' 연구에 이 설을 채용했을 때의 효과 / 결론

이 책을 쓰면서 만난 책들

1. 다윈의 삶

두 권만 들자. 먼저, 에이드리언 데스먼드와 제임스 무어가 함께 쓴 역작 『다윈 평전: 고뇌하는 진화론자의 초상』(김명주 옮김, 뿌리와이파리, 2009)이 훌륭하다. 영어판 표지에 스티븐 제이 굴드의 추천사가 자랑스레 걸려 있는데, 그만한 자격이 있는 책이다. 이 책을 읽고 나면 다윈이 쓴 자서전 『나의 삶은 서서히 진화해왔다』(이한중 옮김, 갈라파고스, 2003)를 보자. 이건 그냥 읽으면 좀 심심한데, 『다윈 평전』을 읽은 뒤에 보시면 훨씬 더 좋다.

2. 『종의 기원』의 번역본

처음 『종의 기원』과 사귈 때, 읽을 만한 한글 번역서가 없어 애를 먹었다. 그러다가 일신서적출판사에서 1994년에 출간한 번역본을 알게 되었다. 이 책은 온갖 오식에 탈자로 가득 찬, 한마디로 눈 뜨고 읽을 수 없는 책이었다. 헌데 이 번역본은 신기하게도 엄청나게 놀라운 장점을 가지고 있었다. 초판을 가지고 번역을 하였으되, 이후 2판부터 6판까지 변경된 사항들을 (거의 모두) 각주에 상세히 밝혀 놓은 것이다. 이런 놀라운 책이 있다니……. 그런데 번역 상태는 최악이라니……. 나중에 알게 되었지만, 이건 일본에서 나온 동일한 체제의 『종의 기원』 일역판(『種の起原』, 八杉竜一 訳, 岩波書店, 2000)을 최악의 상태로 옮긴 것이었다. 그리고 이 일역판의 역자인 야스기 류이치에 따르면, 자신이 번역을 하고 있던 중에 모스 페컴(Morse Peckham)의 기념비적인 『종의 기원』 집주본(集注本)이 출간되었다고 한다(1959년의 일이다). 모스 페컴의 집주본은 『종의 기원』 1판을 본문으로 하고 거기에 2판 이후의 수정 및 변경 사항을 하나도 빠짐없이 나타낸 역작이다. 참고로 나는 이걸 2006년에 새로 낸 판으로 갖고 있다. Charles Darwin, *The Origin of Species, A Variorum Text*(ed. Morse Peckham, Philadelphia : University of Pennsylvania Press, 2006). 이 책과 일역판 집주본 덕분에 나는 초판 내용과 이후 판본의 내용을 쉽게 비교할 수 있었다. 인터넷의 다윈 온라인(The Complete Work of Charles Darwin Online)도 알아 두면 좋다 (http://darwin-online.org.uk). 『종의 기원』의 1판부터 6판까지 모두 볼 수 있을 뿐만 아니라, 다윈의 다른 저술과 노트 등도 찾아볼 수 있다.

아참, 한 가지 빠뜨릴 뻔했는데, 아쉽고 슬프게도 현재까지 나온 한글 번역본 중에는 추천드릴 만한 게 없다. 독자들이 애를 써도 잘 읽히지가 않고 고생 끝에 완독을 해도 별 느낌이 없는 거, 다 이유가 있었던 거다. 괜히 애꿎은 다윈이나 자신을 탓하지 마시기 바란다. ^^; 번역서의 문제점을 얘기하면 그럼 너는 왜 안 했느냐고 따져 물으실 분도 있을 것이다. 한편으로는 꼭 하고픈 마음과 될 수만 있다면 피하고 싶은 마음 사이에서 갈등했고, 또 한편으로는 먼저 『종의 기원』이 오늘날에도 읽을 가치가 있는지 널리 알려야 한다고 생각했다. 이제 부족하나마 『종의 기원』에 '대한' 책을 마쳤으니 정말 『종의 기원』'을' 번역할 때가 온 건가 싶기도 한데……. 아마도 참으로 기나긴 여정이 될 터이다. 이런 나의 고뇌를 일거에 해소시켜 줄 번역본, 편하게 '읽을 수 있는' 번역본이 조만간 나오길 기대한다. 그리고 그런 기대 사이로 『희랍인 조르바』의 작가 니코스 카잔차키스도 『종의 기원』을 번역했다는 사실이 문득 문득 떠오른다.

3. 다윈의 저작

다윈은 『종의 기원』 말고도 여러 권의 책을 썼다(이 대목에 놀라는 사람도 있다). 생전에 남긴 저서만 약 20여 권 된다(여기서는 꽤 많은 사람들이 놀란다). 『다윈 식 방법의 승리』로 유명한 생물학자 마이클 기셸린, 그는 다른 사람들의 책에 등장할 때 "다윈의 저서를 모두 독파한 기셸린은……"이라는 팡파레와 함께 등장하곤 한다. 서구에도 다윈의 저서를 다 읽은 사람은 거의 없는 것이다. ^^; 우리 귀에 가장 익은 것은 물론 『비글호 항해기』다. 샘터에서 2006년에 출간한 것(권혜련 외 옮김)과 가람기획에서 2003년에 낸 것(장순근 옮김)이 있다. 둘 다 괜찮은데, 이 책에서는 샘터본을 인용했다. 두 권으로 나온 『인간의 유래』(김관선 옮김, 한길사, 2006)도 있고, 『인간과 동물의 감정 표현에 대하여』(최원재 옮김, 서해문집, 1998)도 있다. 이외에도 많은 저작이 있지만 대부분이 번역되지 않았다. 그 중에서도 최소한 『식물계의 타가수정과 자가수정의 효과』(소위, 『식물의 수정』, 1876), 『지렁이의 작용에 의한 옥토(沃土)의 형성 및 그 습성의 관찰』(1881) 등은 얼른 번역되었으면 좋겠다.

4. 『종의 기원』을 다시 쓴 책들

이 책 말고도 『종의 기원』을 리라이팅한 시도들이 있었다. 먼저 해설서로는 기타무라 유이치(北村雄一)의 『다윈 '종의 기원'을 읽는다』(『ダーウィン'種の起源'を読む』, 化学同人, 2009)가 있다. 한글 번역본은 현재 없는 상태다. 한편 스티브 존스의 『진화하는 진화론』(김혜원 옮김, 김영사, 2008)은 『종의 기원』의 현대판을 자처하는 책이다. 이 두 권의 취지나 성격은 다소 다르지만, 현대 생물학(특히 주류)의 입장에서 『종의 기원』을 독해한다는 점에서는 대동소이하다. 따라서 다윈의 입장에서 『종의 기원』과 현대 생물학을 사유하는 나의 책과는 정반대 위치에 서 있는 책들이다. 『종의 기원』이라는 한 권의 책을 가지고 얼마나 다른 책이 생산될 수 있는지, 관심 있는 독자들은 비교해 보셔도 좋겠다. 청소년들이라면 몇 년 전에 내가 쓴 청소년판 리라이팅 『종의 기원』인 『종의 기원: 쥐와 소나무와 돌의 혈통에 관한 이야기』(웅진주니어, 2007)를 권한다.

5. 기억하고 싶은 노고들

다윈의 일기, 편지(다윈이 보낸 것만 약 1만 4천 통, 주고받은 걸 합치면 무려 3만여 통!!!), 비밀노트, 포켓다이어리 등이 여러 연구자들의 노고에 힘입어 속속 출간되고 있다. 대표적으로 Paul H. Barrett et al.(eds.), *Charles Darwin's Notebooks, 1836~1844*(Ithaca, N.Y. : Cornell University Press, 1987)가 있다. 이것은 다윈이 몰래 기록했던 비밀노트다. 하나만 더 들자면 Charles Darwin, *Charles Darwin's Natural Selection*(ed. R. C. Stauffer, Cambridge : Cambridge University Press, 1987)이 있다. 바로, 다윈이 『종의 기원』을 쓰기 전에 주구장창 써 나가던 『종의 기원』의 전신(前身) 『자연선택』이다. 대충 짐작하시겠지만 이런 종류의 자료들, 특히 비밀노트나 포켓다이어리, 편지 등은 제3자가 판독하기 참으로 힘든 자료들이다. 책 이름이나 사람 이름은 약자나 이니셜로 되어 있기 일쑤고, 심지어 다윈 자신만 알아볼 수 있는 경우, 최악의 경우 다윈이 어떤 구절을 인용한 다음 그 잡지나 책 이름을 착각해서 잘못 기재한 경우까지 있다. 연구자들은 먼저 다윈의 필체를 연구해야 했다(이 작업 이외에는 아무 쓸모없을 이런 연구에 시간과 정력을 바친 연구자들에게 박수를!). 그리고 다윈이 기록한 내용을 당대의 잡지나 서적들, 다윈의 서재에 꽂혀 있는 책들과 일일이 대조하였다. 다윈 같은 과학자도 위대하지만, 이런 노고를 아끼지 않은 많은 연구자들 또한 훌륭하고도 훌륭하다. 모쪼록 최대한 선용할 일이다.

6 그 밖의 책들

다윈의 『종의 기원』은 과학사에서 중요한 이정표의 하나로 간주될 뿐, 새로운 연구 대상이 되는 일은 거의 없다. 혹여 다윈이나 『종의 기원』에 대한 책이 있다 해도, 그 옛날에 이 정도면 훌륭했다는 식의 얘기만 반복된다. 그래서 여러분에게 추천할 만한 연구서나 대중서도 거의 없다. 이 점에서 1983년에 초판이 나온 질리언 비어(Gillian Beer)의 *Darwin's Plots*(Cambridge : Cambridge University Press, 2000)는 독보적인 책이다. 그런데 참으로 유감스럽게도 이 책의 한글 번역본은 권하기 곤란하다. 읽을 때마다 감동을 주는 저자의 심오하고 풍요로운 사유가 제대로 옮겨지지 못했기 때문이다. 그럼에도 여기에 적어 두는 이유는 두 가지다. 하나는 내가 다윈과 사귐에 있어서 가장 큰 영향을 준 책이기 때문이고, 또 하나는 언젠가 다시 한번 번역되길 바라는 마음에서다.

다윈과 『종의 기원』이 주제까지는 아니어도 매우 중요한 배경으로 활용되는 책들은 종종 찾아볼 수 있다. 그 대표적인 경우가 바로 굴드와 도킨스의 저서들이다. 우선, 스티븐 제이 굴드의 『다윈 이후』(홍욱희·홍동선 옮김, 사이언스북스, 2009). 특히 1부 「다윈주의」는 나랑 다윈을 소개팅시켜 준 글이다. 이 책을 비롯해서 굴드의 책은 모두 유익하고 재미있다. 게다가 다윈에 대해서도 수시로 소개해 주니 "이보다 더 좋을 순 없다". 다행히 그의 책은 거의 다 우리말로 번역되어 있기까지 하다. 몇 가지만 소개해 보자. 『판다의 엄지』(김동광 옮김, 세종서적, 1998), 『풀하우스』(이명희 옮김, 사이언스북스, 2002), 『생명, 그 경이로움에 대하여』(김동광 옮김, 경문사, 2004), 『레오나르도가 조개화석을 주운 날』(김동광·손향구 옮김, 세종서적, 2008). 한 가지 아쉬운 건 굴드의 사상적 유언이자 최후의 저서인 *The Structure of Evolutionary Theory*(Cambridge, MA. : The Belknap Press of Harvard University Press, 2002)가 번역되지 않았다는 점이다. 무려 1,500쪽에 가까우니 조만간 번역될 가능성도 적어 보인다. 그나마 위로가 되는 건, 그 책의 주요한 주제 중 하나를 다룬 에런 G. 필러의 『허리 세운 유인원』(김요한 옮김, 프로네시스, 2009)이 번역되었다는 사실이다.

굴드가 나왔으니 그의 치열한 맞수 리처드 도킨스를 빼놓을 수 없다. 도킨스는 『이기적 유전자』와 『만들어진 신』이 특히 유명하지만, 생물학이나 진화론과 관련해서 보자면 다른 두 권의 책을 먼저 추천하고 싶다. 우선, 『조상 이야기』(이한음 옮김, 까치글방, 2005). 인간부터 시작해서 진화의 역사를 거꾸로 밟아가는 아이디어가 신선하다. 다양한 생물들에 대해 공부할 수 있는 절호의 기회. 『눈먼 시계공』(이용철 옮김, 사이언스북스, 2004)도 재미있고 유익하다. 굴드와 마찬가지로 도킨스의 저작도 대부분 한글로 번역되어 있다.

7. 생물학을 사유하기 위하여

다윈을 읽기 위해서는 현대 생물학에 대한 사유가 필요하고, 이 사유에는 또 다윈에 대한 독해가 필요하다. 그런 의미에서 현대 생물학에 "대해 사유하게 해주는" 책 몇 권을 소개하겠다. 먼저 『생명의 느낌』으로 유명한 이블린 폭스 켈러의 『유전자의 세기는 끝났다』(이한음 옮김, 지호, 2002). 유전학의 발전 속도가 워낙 빠르다 보니 벌써 좀 지난 책이 되어 버렸다. 그렇지만 아직 더 좋은 책이 나오지 못한 상태에서, 여전히 재독삼독의 가치가 있는 책이다. 이에 대해 주류 생물학자들의 생각이 잘 담겨 있는 책으로는 『DNA : 생명의 비밀』(이한음 옮김, 까치글방, 2005)이 좋다. DNA 이중나선 구조의 발견자 제임스 왓슨이 앤드루 베리와 함께 쓴 책이다. 생물학, 나아가 생명에 대해 깊이 천착하고 싶은 독자들에게는 이진경의 『미-래의 맑스주의』(그린비, 2006)에 수록된 「생명과 공동체」를 추천한다.

생명의 발생과 초기 발전 양상에 대해 궁금한 독자들도 있을 터이다. 다윈이라면 이 문제를 어떻게 생각했을까? 나는 다윈이 시초에 특권을 부여하지 않았다고 누차 강조했지만, 시초나 초기에 대한 관심 자체가 잘못된 건 아니다. 특정 시점으로 모든 걸 환원하려는 태도만 갖지 않는다면 말이다. 과연 지구와 생명의 초기 모습은, 이후 발전과정은 어떠했을까? 환원주의에 말려들지 않으면서도 주제의 무게와 깊이를 잃지 않는 책으로 두 권이 떠오른다. 『제너시스, 생명의 기원을 찾아서』(고문주 옮김, 한승, 2008)에서 로버트 M. 헤이즌은 광물학 전문가로서의 이력을 살려 생명에 대한 사유에 새로운 길을 개척해 간다. 앤드류 H. 놀의 『생명 최초의 30억 년』(김명주 옮김, 뿌리와이파리, 2007)은 균형감각을 잃지 않으면서도 새로운 통찰력을 선사하는 책이다.

생명도 중요하지만 지구 자체에 대해 생각해 보는 것도 소중하다. 그리고 이 분야라면 역시나 제임스 러브록이다. 오래전에 나온 그의 책 『가이아: 지구의 체온과 맥박을 체크하라』(김기협 옮김, 김영사, 1995)가 좋은데, 도서관에서나 빌릴 수 있는 상황이다. 현재 시판 중인 책으로는 『가이아의 복수』(이한음 옮김, 세종서적, 2008)가 좋다.

나는 이 책에서 다윈이 생존경쟁이 아니라 생존투쟁을 말했으며, 그것은 상호의존과도 깊이 연관되어 있다고 주장했다. 이 문제에 대해 현대의 비주류 생물학자들은 주로 '공생'을 강조하는 경향을 보인다. 공생에 대한 훌륭한 책이라면 역시 린 마굴리스와 도리언 세이건의 『생명이란 무엇인가』(황현숙 옮김, 지호, 1999)다. 잘 알려지진 않았지만 톰 웨이크퍼드의 『공생, 그 아름다운 공존』(전방욱 옮김, 해나무, 2004)도 얇지만 '근사하고+재미있다'. 한마디로 훌륭하다. 덧붙이자면, 현대의 공생론이 상호이익이라는 덫에 걸려 들지 않고 몇 차원 더 높이 상승하기 위해서는, 상호의존 및 상호선택에 대한 다윈의 통찰을 깊이 연구할 필요가 있다.

현대 생물학에 대한 비판도 유용할 때가 있다. 과학적 근거에 무관심한 채, 소위 '인문학적' 비판에 너무 치중한 책들과는 세심하게 구별해야 하지만. 특히 이웃 일본에서는 의미 있는 다윈주의 비판서(혹은 신다윈주의 비판서)가 종종 출간되곤 한다. 예컨대 이케다 기요히코의 『굿바이 다윈?』(박성관 옮김, 그린비, 2009)도 그런 책이다.

8. 다윈에 대해 연구하고 싶으세요? 그렇다면……

우선 앞서 나온 비어의 *Darwin's Plots*를 잊지 말고 다시 꼽기로 하자. 굴드의 *The Structure of Evolutionary Theory* 역시 다시 한번 추가되어야 한다. 다윈 및 다윈 이후의 진화론을 굴드 식으로 요약하고, 진화론이 21세기에 멸종되지 않고 더더욱 진화하기 위한 결정적 대안 등이 담겨 있다. "그러니 어찌 읽지 않을 수 있으랴!" 세번째로는, 내가 이 책을 쓸 때 가장 큰 도움을 준 논문집 Michael Ruse and Robert J. Richards(ed.), *The Cambridge Companion to The "Origin of Species"*(Cambridge : Cambridge University Press, 2009)를 들고 싶다. 여러 필자들이 『종의 기원』의 주요 주제늘을 『송의 기원』의 순

서를 따라가며 탐구한 책이다. 『종의 기원』에 대한 서구 학자들의 연구 수준을 유감없이 과시한다. 아울러 같은 시리즈로 나온 Jonathan Hodge and Gregory Radick(ed.), *The Cambridge Companion to Darwin*(Cambridge : Cambridge University Press, 2003)도 소중하다. 한편 일본에서도 다양한 연구들이 나온 바 있지만 역시나 『종의 기원』 출간 150주년을 맞이 다윈 특집으로 꾸며진 『現代思想』 임시증간호가 참고하기 좋다(『現代思想 四月號臨時增刊號 ダーウィン '種の起源'の系統 樹』, 靑土社, 2009). 한 권 더 꼽자면 '게놈 프로젝트 이후의 진화론'을 주제로 꾸며진 『現代思想』 2006년 2월호(靑土社)를 들고 싶다. 나는 이 책들을 통해 많은 것을 배웠으며, 그들과 내가 어디까지 같이 가고 또 어디서 갈라지는지를 선명하게 알 수 있었다.

9. 끝으로

다윈과 진화론에 대해 공부하는 과정에서 다양한 책들과 만났다. 그걸 읽으며 나는 행복했고 또 많은 도움을 받기도 했다. 그 중에는 국내 저자들이 쓴 책도 있었지만 역시나 번역된 책들이 압도적으로 많았다. 그래서 나는 세계의 어떤 유명 저자보다도, 우리나라의 번역자들과 출판사 분들께 깊이 감사드린다. 외국에서 아무리 좋은 책이 나왔다 한들, 우리말로 번역이 안 되면 모두 그림의 떡 아닌가! 설령 먹을 수 있다 해도 대부분은 굉장히 오래 먹어야 하는 떡 아닌가! 번역서들이 슬픔과 번민을 안겨줄 때도 물론 있지만, 그래도 나는 대부분의 번역자들에게 늘 감사하며 그들의 선물을 누리고 있다.

찾아보기

ㄱ

갈라파고스 제도 463
감각 전달과정 417
감각주의적 인식론(sensationalist epistemology) 452
개체적 차이(individual differences) 73, 113~114, 135~136, 141, 178, 185, 195, 239, 244~246, 316, 322, 512, 750
거대한 남극 대륙설(a great Antarctic continent) 662
거주자들(inhabitants) 275~278
격변론(catastrophism) 700
고르디우스의 매듭(Gordian knot) 634, 636, 657
고속 점진주의 615, 831~832
골화 센터(centers of ossification) 763
공룡의 멸종 원인 600~601
공리주의(功利主義, Utilitarianism) 424, 426
공진화(coevolution) 257
교배(cross) 240, 246, 248, 251, 259, 523

교잡(intercrossing) 267~268
굴드, 스티븐 제이(Steven J. Gould) 83, 189, 207, 380, 430, 455, 598~603, 610, 614~615, 618, 846, 881
  단속평형설(斷續平衡說, punctuated equilibrium) 596~598, 606, 608~609, 614, 618, 832
  문 수준의 폭발 834
  『생명, 그 경이로움에 대하여』 596, 605, 609
  『판다의 엄지』 379
귀화(naturalization) 290
근교약세 260, 269, 562
근대 경제학 272
근연 536, 538, 544, 743
  ~관계 743
  ~의 동계교배(同系交配) 536, 538, 544
  ~종 배(胚)의 유사성 782
기능주의 711
기형(monstrosity) 110~111, 141~142, 239~240
기후의 작용 160~162

ㄴ·ㄷ

날치의 비행 386~387
내부 모형(internal model) 417
내재적 법칙(innate law) 235
내적 감시장치(inward monitor) 501
노예개미 471, 475, 477, 481, 483, 487
노예제도 475, 477
　~와 본능 480~481
눈이 영상을 만드는 원리 414~417
다산성(fecundity) 335~336
다성적(多性的) 세계 860
다세포 생물 606
다수지역 창조론(multiple creation) 651, 664
다양체(multiplicité) 514
다원론(pluralism) 430
다원발생론자(polygenist) 628
다윈, 찰스(Charles Darwin) 16, 18, 30, 39, 46, 53, 68, 114~115, 176~177, 193, 211~212, 231, 346, 363, 427, 451, 465, 475, 498, 507, 512, 568, 628~629, 658, 695, 713, 715, 718, 731, 847~849, 873, 891
　『곤충에 의해 수정되는 난초의 다양한 장치들』 562
　~과 라마르크의 자연조건에 대한 생각 비교 350~353
　~과 월리스의 근본적 차이 427~430
　본능 연구의 목적 447
　『비글호 항해기』 307, 311, 463, 465, 556, 660
　생물의 장소 개념 271, 273, 400
　「스케치」 222, 224~225, 848
　~식 진보주의 179, 881~882
　『식물계의 타가수정과 자가수정의 효과』 555~556, 558, 562~563
　『인간의 유래와 성선택』 49, 225, 231, 715
　「에세이」 222~225, 659, 848
　~의 분류학 749~751
　~의 비둘기 묘사 89~94
　~의 역사관 208
　~의 용어 사용 211~212
　~의 인간중심주의 비판 502~503
　~의 자연주의 718
　~의 진화론 14, 16, 33, 47, 75, 175, 177~178, 180, 184~185, 189, 192, 332, 348, 368, 380, 420, 426, 474, 481, 503, 505, 594, 597, 630, 714, 718, 754, 768, 832
　~의 진화론과 현대 진화론의 차이 352~353
　『자연선택』 854~855, 857
　점진주의적 진화 606, 615, 618
　『종의 기원』 6~7, 11~12, 14, 18, 54, 74, 114, 190~191, 211~212, 216, 225, 346, 359, 453, 528, 589, 623, 628, 658, 715, 730, 847~848, 894
　『종의 기원』의 구조 42
　『지렁이의 작용에 의한 옥토(沃土)의 형성 및 그 습성의 관찰』 453~454
　변화를 수반하는 유래(descent with modification) 345, 652, 708, 726, 731, 737, 745, 762, 787~788, 794, 874
다윈주의 528, 590
　신~ 191, 339, 430, 608, 611
　~의 한계 600
　~적 진화론 590

단성생식(parthenogenesis) 809
단일지역 산출론 664
대멸종 279~280, 617
대양도(大洋島) 636, 682, 684~686
   ~의 생물상 680~681, 693~694
대진화(macroevolution) 594
데본기(Devon) 569
도덕성 888~890, 894
도도새의 멸종 463~464
도약진화론 616
도킨스, 리처드(Richard Dawkins) 253, 609~618, 810, 832, 834~835, 837, 840, 844, 846, 861
   「아르테미아의 이야기」 841~843
   ~와 굴드의 논쟁 597
   이기적 유전자 884
동계(同系)교배 260
동시적 윤작(a simultaneous rotation) 289
동종삼형(同種三形, trimorphism) 512
동종이형(同種二形, dimorphism) 512
등비수열 154~155, 272, 278, 312
등신경류와 배신경류의 분기 839
등차수열 154~155, 272

ㄹ·ㅁ

라마르크, 장 바티스트(Jean-Baptiste Lamarck) 15~16, 68, 81, 84, 116, 360, 363, 448, 458~459, 475, 507, 518
   습성 유전의 학설 518
   ~의 진화론 82, 116~120, 177, 350, 352, 449
   ~의 진화론과 현대 진화론의 차이 352~353

라이엘, 찰스(Charles Lyell) 35, 58, 175, 280, 575, 658, 718, 776~777
라이트푸트, 존(John Lightfoot) 57
린네, 칼 폰(Carl von Linné) 58, 65, 145, 464, 709, 746
   『식물철학』 58
   ~의 생물 분류체계 58~61, 145, 315, 370, 747
   이명법(二名法) 58
   『자연의 체계』 145, 394
마굴리스, 린(Lynn Margulis) 181, 824~831
   세포 내 공생설 181, 833
마이어, 에른스트(Ernst W. Mayr) 109, 131, 206, 392, 524, 526~527, 603~608
   생물학적 종 개념 109, 131~132, 525, 552~554
   이소성 종 분화(allopatric speciation) 276, 608, 619, 660
맬서스, 토머스 로버트(Thomas Robert Malthus) 103, 154~155, 166~167, 169, 272, 283, 334~335, 846
   『인구론』 154, 283
머치슨, 로더릭 임페이(Roderick Impey Murchison) 569, 586
멘델, 그레고어 요한(Gregor Johann Mendel) 343
   입자유전설 343
멸종 278~281, 286~287, 314, 316, 688, 707
   ~의 원리 301, 305
모리스, 사이먼 콘웨이(Simon Conway Morris) 591
모성증오 440
목적론 45~46, 431, 687, 873

무성생식 807~808, 860~861
물리적 조건(physical conditions) 113,
573, 698
　~의 차이 690~691, 699
미의 표준 227, 232
밀른-에드와르, 앙리(Henri Milne-
Edwards), 851~852, 854
밀, 존 스튜어트(John Stuart Mill) 424

ㅂ

박물학 706
　~자 13~16, 50, 89, 472, 708~709,
　726, 734~735, 740
박테리아 824~827, 858, 860~863
발생에서의 변이와 유전 794
발생학 751~752, 772, 802, 804~805,
847
배(胚, embryo) 74, 773~774
　~의 동일성 773~774
버제스 동물군(Burgess fauna) 589, 593
버제스 혈암(Burgess shale) 589, 594,
596, 604
범생설(pangenesis) 343
베르그송, 앙리(Henri Bergson) 330~331
변양(變樣, modifications) 762
변이(變異, variation) 72, 74, 79, 84,
112, 136, 141, 178, 185, 195, 201, 239,
245~246, 316, 322, 346, 353, 469, 705,
750
　불리한 ~ 195
　상관 ~(correlated variation) 86~87,
　364, 425~426
　~에 관한 두 가지 상반된 주장 347

유리한 ~ 194, 198, 271, 277, 313
　~의 원천 340~341
　~의 유전 407, 467
변이성 240, 355, 535, 547, 805
　~의 원인 353, 355
　~의 차이 548
변종(variety) 67, 110~113, 138~139,
240, 530, 706
변태(metamorphose) 767, 805~806
　통상적인 ~(ordinary metamorphosis)
　806
변형(transmutation) 587
복합체(complexes) 553
본능 445~447, 458~462, 480~481,
495~496
　~의 변이 459, 461
　~의 유형 447
　~의 출처 447
본성 대 양육(Nature-Nurture) 논쟁 340
분화(differentiation) 780
불능(impotent) 529
불임성 526, 530~532, 535, 541~542,
547
　~의 원인 528~529
브륄레, 가스파르 오귀스트(Gaspard
Auguste Brullé) 851~852, 854
브리그스, 데렉(Derek Briggs) 591
비글호 30~31

ㅅ

사건들의 연쇄(the sequence of events)
210, 265
사육재배(domestication) 65, 76, 79, 97,
349, 465, 548

삭박(削剝, denudation) 579
산포(散布, disperasal) 629, 632~633, 637, 650, 673
상동(相同, homology) 728~729
　~관계 755
　~기관 389~390, 754
　~적 유사성 728
상반교배(reciprocal cross) 540
상사(相似, analogy) 728~729
상호경쟁 488
상호부조 488~489, 491
상호의존(interdependence) 169, 172, 180~181, 184~185, 273, 644, 674
상호적응 193~194, 404
상화(相和)관계 258
생명의 나무 321~322
생명의 흐름(the living waters) 665
생명중심주의 330
생물 간의 상호관계 53
생물의 지리적 분포 570
생식계통 77~79, 535, 542~543, 547~548
　~의 교란 349, 352~353
　~의 작용 344
　~의 차이로 인한 결과 548~549
생존경쟁 151, 165, 169~170, 174~175, 177, 179, 185
생존투쟁 153~154, 169~173, 179, 185, 194, 211, 219, 246, 334, 400, 438, 488, 490, 846
생틸레르, 조프루아(Geoffroy Saint-Hilaire) 127~128, 754~755, 762~763, 765
　설계의 통일성 762~763
생활습성 726~727, 749, 796

생활을 위한 투쟁(struggle for life) 151, 170~172, 198~199, 301
생활의 전투(the battle of life) 314
생활조건 544~545
　~과 생물의 경미한 불일치 545
　~의 변화 345, 355~356, 461
선택의 원리 98~100
선택적 친화력(selective affinities) 209
『성경』 57, 199, 319, 332
성선택(sexual selection) 54, 219, 221~222, 225~227, 231, 246, 313, 425, 438
　~과 자연선택의 차이 229~230
성적 이형성(sexual dimorphism) 513
세대 교번(alternate generations) 740, 805~806
세지윅, 애덤(Adam Sedgwick) 210
소진화(microevolution) 594
수시적 분포 방법(occasional means of distribution) 637
슈프렝겔, 크리스티안 콘라트(Christian Konrad Sprengel) 561
　『꽃의 재배와 수정에서 발견된 자연의 신비』 561
스미스, 애덤(Adam Smith) 103, 143, 255, 847
　보이지 않는 손 103, 847
　분업(the division of labour) 255
스펜서, 허버트(Herbert Spencer) 155, 213
습성 468
시공간 거품(spacetime foam) 667
식물상(flora) 290, 648
실루리아기(Silurian) 569
실제적인 추이(actual passage) 134, 137

ㅇ

아가시, 루이(Louis Agassiz) 710~712, 721~723
    ~의 기능주의 비판 721~723
    ~의 유물론 비판 719
알렉산더 식 해법(Alexandrian solution) 636, 658
암수딴그루 256, 560
암수한그루 256, 262, 560
암수한몸 249, 264, 860
암층(巖層, formation) 582
어셔, 제임스(James Ussher) 57
에디아카라 동물군(Ediacara fauna) 590
엔트로피 329, 331
연속성 대 단속성 597~599
연속창조론(theory of successive creations) 242, 347, 700, 718
열역학 제2법칙 329
오웬, 리처드(Richard Owen) 727, 729~731, 733, 762
    계열 상동(serial homology) 757, 764
    『사자의 본성』 755
    ~의 세 가지 상동 유형 757~759
    ~의 『종의 기원』 비판 730~731
    일반 상동(general homology) 757
    종 상동(speical homology) 757
왓슨, 제임스(James Watson) 85, 433
용불용설 81~82, 119, 350, 360, 362
우발적인 사정(contingencies) 795~796
우연적 분포 방법(accidental means of distribution) 637
울러스턴 메달(Wollaston Medal) 568
원시 수프 이론(primordial soup theory) 333
원종(parent-form) 551
원핵생물 606, 859
월리스, 앨프리드 러셀(Alfred Russel Wallace) 34~40, 66~68, 225~226, 412, 427~430
    『다윈주의』 37~38
월컷, 찰스 둘리틀(Charles Doolittle Walcott) 589~591
웩스퀼, 야콥 폰(Jakob von Uexküll) 272
    생활세계(Umwelt) 272~288, 336
유기적 연쇄(organic chain) 574
유래관계 735~736, 744, 746
『유마경』(維摩經) 486
유물론적 견해 711
유성생식 807~808, 860~861
유연(類緣)관계 62, 307, 314, 317~318, 626, 655, 745~746, 851~852
유연의 연쇄(chains of affinities) 742
유전 346, 426~427, 469, 507, 627, 631
    ~의 원리 706
유전자 431
    수평전이(horizontal gene transfer) 828~829
    ~와 인간중심주의 431~433
    확산(gene flow) 효과 660
    환원주의 340, 348, 355
유전체(genome) 431
유형성숙(neoteny) 810
유형조숙(progenesis) 810
유형진화(paedomorphosis) 810
의태 404
이시성(異時性, heterochrony) 810
이종교배 525
이중나선 모델 85
이행형 부재 567

인간중심주의 45~46, 231, 330, 431, 434, 436, 447, 449, 498, 503, 684, 687, 714, 873, 885
인위선택 196, 509
일상적인 생식(ordinary generation) 202
일원파생론자(monogenist) 628
잃어버린 고리(missing link) 567
임성 530, 532~533

ㅈ

자가수정 249, 251, 264, 563
자연도태 99
자연법칙 335, 711~712, 719
자연선택(natural selection) 35~37, 53, 66, 84, 89, 154, 179~180, 190~192, 194~195, 197, 203~206, 209~211, 213~215, 225~226, 232~233, 245, 250, 252~253, 258, 277, 301, 312~314, 316, 321, 364, 400, 405, 425, 427~429, 438, 446, 459, 461~462, 481, 495~496, 503~504, 506, 517, 526, 617, 660, 665, 731, 871, 883
 광의의 ~ 247, 252, 254~255, 414
 메커니즘 244~246
 ~설 82, 189, 259, 465, 504, 506, 760
 ~의 원리 509, 511, 518, 523, 718
 협의의 ~ 247, 255
자연신학 449, 470~472, 474
 ~자 448, 471, 519
자연의 사다리(Scala Naturae) 316~317
자연의 전쟁 166
자연조건 353
자연체제(the polity of nature) 277~278, 301

자웅동체 265, 267
잡종(hybrid) 524, 529, 549
 ~강세 260, 269, 563
적응 385
 방산(adaptive radiation) 287~288
적자생존 206, 210, 334
 최~ 213~214
적자필멸론 208, 601
전진에의 경향(tendency to progression) 121~122
점진주의 380, 831~832
 ~적 진보주의 602
정약전 385~386
『자산어보』 385~386
정향진화론(orthogenesis) 207
제뮬(gemmule) 343
젠킨, 플리밍(Fleeming Jenkin) 236, 241~243, 347
조상회귀 343, 425
존재의 대연쇄(Great Chain of Being) 117, 316~317
종별(특수) 창조론(special creation) 526, 543
종 본질론 180
종 분화(speciation) 658, 661
종의 격리 메커니즘 524
종의 불변성(immutability of species) 568, 570, 572, 635
종의 제조공장(the manufactory of species) 139
중성불임 곤충 469, 492, 498, 503, 506~507, 509~510, 512, 515, 517, 893
중성자(neuter) 510~511
중심 원리(central dogma) 85
지구 중심 모델 14~15

지구의 나이 44~45, 57, 576
지리적 분포 양상 664
지질학 57, 75, 278, 568, 575, 578, 718, 832
　~적 기록의 불연속 580~582, 584~585, 588
　~적 기록의 불완전성 602
진핵생물 606
진화론 11, 12~13, 15, 41~43, 446, 448, 588, 869
진화의 나무 294
집합체(aggregates) 553

ㅊ·ㅋ

차이의 양(amount of difference) 143~144
창조론 7, 12~13, 15, 447, 588, 714, 871
최초 교배 불임의 원인 541~542
침강-융기 반복설 659
침적(沈積) 581
캄브리아기 595~596, 604~605, 611~612
　대폭발 586, 588~589, 594~595, 598~599, 607, 617
퀴비에, 조르주(Georges Cuvier) 61, 116, 122, 125~126, 279, 718, 721~722, 731, 780
　복홍수설(復洪水說) 61, 124, 280
　4부문설 728, 778
　~의 동물 분류 122~124
크로포트킨, 표트르 알렉세예비치(Pyotr Alekseyevich Kropotkin) 488~461
　『상호부조론: 진화의 한 요소』 488~450

~와 헉슬리의 논쟁 489~490
크릭, 프랜시스(Francis Crick) 85
클라우지우스, 루돌프(Rudolf Clausius) 44
킹슬리, 찰스(Charles Kingsley) 870

ㅌ·ㅍ

타가수정 249, 251, 562
탈기관체(corps sans organes) 701
태양 중심 모델 14
톰슨, 윌리엄(William Thomson) 44, 579~580
통상적인 생식능력(the power of ordinary reproduction) 809~810
티데만, 프리드리히(Friedrich Tiedemann) 775~776
티링, 발터(Walter Thirring) 324~325, 327~328
파리 아카데미 논쟁 127~128
페름기(Permian) 569
페일리, 윌리엄(William Paley) 167~169, 891
　『자연신학』 167~168
편차(deviation) 88
포브스, 에드워드(Edward Forbes) 634~635, 658
폰 베어, 카를 에른스트(Karl Ernst von Baer) 777~780, 801
　~의 법칙 778~779
표석(漂石, boulder) 646~647
프리고진, 일리아(Ilya Prigogine) 324, 328
　흩어지는 구조(dissipative structure) 324

ㅎ

함께 살아가는 능력 484~485
허버트, 윌리엄(William Herbert) 559
헉슬리, 토머스(Thomas Huxley) 41, 190, 489, 854
현대 생물학 527~528, 543, 595, 612, 820
　~의 종 개념 531
형질 분기(divergence of character) 283, 285~287, 291, 305, 313~314, 316, 335, 661, 688, 718
형태학 751~753, 766
호메오박스(Homeobox) 769
호메오 유전자(Homeotic gene) 87, 771, 836, 839, 841
혹스(Hox) 유전자 768~771, 844
혼교(blend) 240, 246
혼합유전설 339~340, 342, 348, 549
화이트헤드, 앨프리드 노스(Alfred N. Whitehead) 330
　『이성의 기능』 330
획득형질 유전설 81, 83, 119~120, 360, 362
휘팅턴, 해리(Harry Whittington) 590, 613
흔적기관 734, 741~742, 814~819
　~의 원인 817